生命科学实验指南系列

Molecular Cloning: A Laboratory Manual (Fourth Edition)

分子克隆实验指南

（原书第四版）

（下册）

主　编　〔美〕M.R. 格林　J. 萨姆布鲁克

主　译　贺福初

副主译　陈　薇　杨晓明

科学出版社

北京

图字：01-2013-2619 号

内 容 简 介

分子克隆技术 30 多年来一直是全球生命科学领域实验室专业技术的基础。冷泉港实验室出版社出版的《分子克隆实验指南》一书拥有的可靠性和权威性，使本书成为业内最流行、最具影响力的实验室操作指南。

第四版的《分子克隆实验指南》保留了之前版本中备受赞誉的细节和准确性，10 个原有的核心章节经过更新，反映了标准技术的发展和创新，并介绍了一些前沿的操作步骤。同时还修订了第三版中的核心章节，以突出现有的核酸制备和克隆、基因转移及表达分析的策略和方法，并增加了 12 个新章节，专门介绍最激动人心的研究策略，包括利用 DNA 甲基化技术和染色质免疫沉淀的表观遗传学分析、RNAi、新一代测序技术，以及如何处理数据生成和分析的生物信息学，例如介绍了分析工具的使用，如何比较基因和蛋白质的序列，鉴定多个基因的常见表达模式等。本书还保留了必不可少的附录，包括试剂和缓冲液、常用技术、检测系统、一般安全原则和危险材料。

任何使用分子生物学技术的基础研究实验室都将因拥有一部《分子克隆实验指南》而受益。本书可作为学习遗传学、分子生物学、细胞生物学、发育生物学、微生物学、神经科学和免疫学等学科的重要指导用书，可供生物学、医药卫生，以及农林牧渔、检验检疫等方面的科研、教学与技术人员参考。

Originally published in English as *Molecular Cloning: A Laboratory Manual*, Fourth Edition, by Michael R.Green and Joseph Sambrook © 2012 Cold Spring Harbor Laboratory Press, Cold Spring Harbor, New York, USA

© 2017 Science Press. Printed in China.

Authorized simplified Chinese translation of the English edition © 2012 Cold Spring Harbor Laboratory Press. This translation is published and sold by permission of Cold Spring Harbor Laboratory Press, the owner of all rights to publish and sell the same.

图书在版编目(CIP)数据

分子克隆实验指南：第四版/（美）M.R.格林（Michael R. Green），（美）J. 萨姆布鲁克（Joseph. Sambrook）主编；贺福初主译. —北京：科学出版社，2017.3
（生命科学实验指南系列）
书名原文：Molecular Cloning: A Laboratory Manual (Fourth Edition)
ISBN 978-7-03-051997-9

Ⅰ.①分… Ⅱ.①M… ②J… ③贺… Ⅲ.①分子生物学-克隆-实验-指南 Ⅳ.①Q785-33

中国版本图书馆 CIP 数据核字（2017）第 042159 号

责任编辑：王 静 李 悦 刘 晶 夏 梁 / 责任校对：郑金红
责任印制：赵 博 / 封面设计：刘新新

科学出版社出版
北京东黄城根北街 16 号
邮政编码：100717
http://www.sciencep.com
天津市新科印刷有限公司印刷
科学出版社发行 各地新华书店经销
*
2017 年 3 月第 一 版 开本：880×1230 1/16
2025 年 1 月第 八 次印刷 印张：103 1/2
字数：2 808 000

定价：598.00 元（上、中、下册）
（如有印装质量问题，我社负责调换）

《分子克隆实验指南》（第四版）翻译及校对人员名单

主　译： 贺福初

副主译： 陈　薇　杨晓明

译校者名单：（按姓氏汉语拼音排序）

伯晓晨	陈红星	陈苏红	陈　薇	陈昭烈	陈忠斌
程　龙	迟象阳	丁丽华	付汉江	葛常辉	郭　宁
韩勇军	贺福初	侯利华	胡显文	李长燕	李建民
李伍举	梁　龙	林艳丽	刘威岑	刘星明	仇纬祎
邵　勇	宋　伦	宋　宜	孙　强	田春艳	铁　轶
童贻刚	汪　莉	王婵娟	王恒樑	王　建	王　俊
王　双	王友亮	吴　军	吴诗坡	徐俊杰	徐小洁
杨晓明	杨益隆	叶玲玲	叶棋浓	于长明	于　淼
于学玲	余云舟	张　浩	张令强	张　哲	赵　铸
赵　怡	赵志虎	郑晓飞	朱　力		

统筹人员名单：

王　琰	韩　铁	郑晓飞	阎明凡	徐俊杰	于学玲
张金龙					

译者序

　　天地玄黄，宇宙洪荒。人类的生命在日月星辰的映衬下显得如此微茫，但人类对科研探索的执着追求却给世界带来了翻天覆地的变化。1953年DNA双螺旋结构的发现解开了"生命之谜"，从此生物科技的发展突飞猛进。《分子克隆实验指南》一书就是在生物技术更新换代的背景下应运而生的。这部分子生物学领域的经典巨著、生命科学前沿科研的实验室"圣经"，自1982年问世以来便受到世界关注，后经1989、2001年两次再版，一直是科学实验和技术领域的中流砥柱，该书提供的精妙的实验室方案使它成为分子生物学领域的黄金标准。

　　本书为第四版，在第三版的基础上修订了核心章节，新增包括新一代测序技术、DNA甲基化技术、染色质免疫沉淀和生物信息学分析等前沿技术，并尽可能全面地囊括分子生物学的实验方法。为广大科研人员探索基因图谱提供了多种新的实验技术和方法。

　　近年来，生物科技步伐进一步加快，基因编辑等颠覆性生物技术风生水起，而《分子克隆实验指南》一书为基因的分离、克隆、重组、表达等研究承担着铺路石的职能，在整个生命科学领域，尤其是分子生物学领域发挥着不可或缺的基石作用，对人类生物技术的未来也将施以辐射式的深远影响。

　　军事医学科学院的广大学者，在繁忙的科研工作之余，秉承致之以求、精益求精、与时俱进的科研精神，挑灯夜战、牺牲节假日，在指定时间内将本书第四版译为中文。希望此书能进一步推动我国分子生物技术的更大、更快发展，助更多华人科学家取得不凡的成就。

　　是为序。

译　者

2017年3月

第四版前言

人类和模式生物全基因组序列的获得对各领域生物学家现有的科研方式产生了深远影响。对浩瀚的基因图谱的探索需要开发多种新的实验技术和方法，传统的克隆手册必然会过时，已建立的方法也会被淘汰，这都是《分子克隆实验指南》一书全新版本问世的主要推动力。

在准备《分子克隆实验指南》（第四版）的初期，我们进行了全面的回顾来决定哪些旧材料应被保留，哪些新材料需要补充，最难的是，哪些材料应该被删除。在回顾过程中，许多科学家提出了宝贵的建议，他们的名字在下一页的致谢中列出，我们对他们深表感激。

仅是一本实验室手册当然不可能涵盖所有的分子生物学实验方法，所以必须从中做出选择，有时是艰难的选择。我们猜测对于其中一部分选择，有些人会提出异议。然而我们的两个指导原则是：第一，《分子克隆实验指南》是"以核酸为中心"的实验室手册，因而总体上我们没有选取非直接涉及 DNA 或 RNA 的实验方法。所以，尽管本书中有分析蛋白质之间相互作用的酵母双杂交实验操作的章节，但并不包括许多其他的不直接涉及核酸的蛋白质间相互作用的研究方法。第二，本着 John Lockean "为尽可能多的人们做最多的善事"的思想，我们尝试囊括尽可能多的广泛用于分子和细胞实验室的以核酸为基础的方法。对我们而言，较为困难的任务是决定哪些材料应该被删除，而这个任务在与冷泉港实验室出版社协商之后难度大大降低，他们同意把较陈旧的方法放在冷泉港方案网站上（www.cshprotocols.org），方便大家免费获取。

由于新实验方法的激增，由一个人（甚至两个人）权威撰写所有相关的实验方法是根本不现实的。因此，与前一版《分子克隆实验指南》最大的不同是组织了众多领域内的专家们来撰写指定章节，提供指定方案。没有他们这些科学家的热心参与，本书不可能呈献给大家。

自第三版《分子克隆实验指南》问世后，各种商业化试剂盒层出不穷，这是一把双刃剑。一方面，试剂盒提供了极大的便利，尤其用于个别实验室非常规的实验操作；另一方面，试剂盒可能经常太过便利，使得使用者在进行实验时并不理解方法背后的原理。我们提供了商业化试剂盒列表，并描述它们如何工作，以尝试解决这一矛盾。

许多人对《分子克隆实验指南》（第四版）的出版发挥着重要的作用，我们对他们表示由衷的感谢。Ann Boyle 帮助《分子克隆实验指南》（第四版）起步，在项目早期也承担了关键的组织角色，后来，她的任务由其得力助手 Alex Gann 接手。Sara Deibler 在《分子克隆实验指南》（第四版）所有时期的各个方面都做出了贡献，尤其是协助撰写、编辑和校对。Monica Aalani 对第 9 章的内容和撰写做出了极大的贡献。

我们特别感谢冷泉港实验室出版社员工的热情支持以及卓越合作和包容，尤其是 Jan Argentine，她负责整个项目并把关财务。感谢我们的项目经理 Maryliz Dickerson、项目编辑 Kaaren Janssen、Judy Cuddihy 和 Michael Zierler，制作经理 Denise Weiss，制作编辑 Kathleen Bubbeo，当然还有冷泉港实验室出版社的幕后智囊 John Inglis。

Michael R. Green

Joseph Sambrook

致谢

作者希望感谢以下这些提供了十分有价值帮助的人员：

H. Efsun Arda	Nathan Lawson	Narendra Wajapeyee
Michael F. Carey	Chengjian Li	Marian Walhout
Darryl Conte	Ling Lin	Phillip Zamore
Job Dekker	Donald Rio	Maria Zapp
Claude Gazin	Sarah Sheppard	
Paul Kaufman	Stephen Smale	

冷泉港出版社希望感谢以下人员：

Paula Bubulya	Nicole Nichols	Barton Slatko
Tom Bubulya	Sathees Raghavan	

目　　录

上　　册

中　册

下　册

下　　册

第 17 章 利用报道基因系统分析基因表达调控

导　言

本章介绍的实验方法常用于检测和调控重组基因导入哺乳动物细胞中表达的蛋白质。方案 1 描述了一种β-半乳糖苷酶作为报道基因定量分析基因表达的方法。方案 2 和方案 3 提供了一种采用双萤光素酶替代β-半乳糖苷酶作为报道基因定量检测基因表达的方法。方案 4 展示了采用酶联免疫吸附试验（ELISA）的方法来定量检测绿色荧光蛋白（GFP）。最后，方案 5 说明如何利用四环素应答系统调控靶基因的表达。作为基因表达定性分析的主要手段，GFP 等荧光蛋白的特性和实际应用在信息栏"荧光蛋白"中已有详细的描述。

报道基因系统简介

报道基因可以作为细胞转录活性的指示剂，因而报道基因系统常被用于分析基因的调控元件。标准的重组方法一般是将感兴趣的调控序列与报道基因或表达载体上的标签相连接。然后将此重组体导入合适的细胞系中，以便通过测量报道基因的蛋白或分析报道基因的酶相关催化活性来测定它的表达。一个理想的报道基因既要在感兴趣的细胞中没有内源性表达，又要易于对其检测，检测方法要兼顾敏感性、可定量、快速化、可重复性和安全性。在这些条件下，转染的细胞群中报道蛋白的活性与稳态的 RNA 水平大致上是成比例的。表 17-1 中列举出了基本符合这些标准的报道蛋白。报道基因常用于研究启动子和增强子的强度，顺式作用元件和反式作用蛋白的相互作用，以及它们对环境变化的反应。为了识别和鉴定启动子与增强子的特征及功能，相关序列被克隆到报道基因的上游或下游，当将其导入细胞之后，报道蛋白的表达量与被检测基因的转录活性密切相关。无论是将启动子-报道基因构建的 DNA 载体与克隆反式作用因子 DNA 的表达载体，或者与感兴趣的 RNA 共转染，还是采用通过改变（如样品的）培养条件来激活反式作用因子的方式，都可以对反式作用因子进行分析。与克隆到报道基因上游的目的基因的启动子区域结合的蛋白质也可能是转录因子。例如，当在一个载体上的 HIV-1 的 Tat 蛋白在转染细胞中表达时，由于在另一个构建的载体上 HIV-1 的 LTR 序列与一个报道基因相连接，因此该报道基因表达的蛋白活性增加时能够反映 HIV-1 的 LTR 序列表达蛋白活性的增加（Montefiori 2009）。当报道基因的启动子与靶基因无关，且这两个基因均被导入同一载体上时，那么报道基因也能作为靶基因导入细胞的指示剂。此时，报道基因和靶基因都是独立表达的，这一优点表现在靶基因仅在特殊条件下才表达的时候。另外，报道蛋白还常用于在不改变目的蛋白的特性和功能的同时，分析它们的细胞内定位并跟踪其转运路径。

表 17-1　常用报道基因的对比

报道基因	作用方式	优点	缺点
氯霉素乙酰基转移酶（CAT；细菌）	CAT 通过使乙酰基与抗生素共价连接的方式来解除氯霉素的毒性，报道基因实验通常检测 n-丁酰基的一半从辅助因子 n-丁酰辅酶 A 转移到具有放射活性的氯霉素上，被修饰的氯霉素的迁移率发生改变，并且能够掺入有机溶剂	没有内源活性；可使用自动化的 ELISA	需添加底物；需破损样品；线性范围窄，只有三个数量级；不灵活；使用放射性同位素；可用非放射性检测，但敏感性差

续表

报道基因	作用方式	优点	缺点
分泌型碱性磷酸酶（SEAP；源于人胎盘的修饰酶）	通常使用显色底物磷酸对硝基苯酯（pNPP）进行检测；而目前多被更敏感的化学发光底物，如 1,2-二噁二酮 CSPD 取代	分泌型蛋白；允许在不同时间重复检测同一样品；可用便宜的比色法和高度敏感的荧光试验进行检测	在某些细胞中有内源性的活动；干扰测试的化合物的筛选
萤光素酶（lux；细菌）	细菌性萤光素酶（luxAB）能够催化还原型核黄素磷酸（FMNH$_2$）与长链脂肪醛的氧化，发出蓝绿色的光（波长为490nm）。将 LuxAB 基因与待测基因偶联，再加入长链醛基底物后，可检测发出的荧光。另外，若将全部的 lux 操纵子（lux CDABE）与启动子融合，则可为检测启动子的活动提供内源底物	在融合了整个操纵子（luxCDABE）后则不需要底物；敏感性非常高；原位无损伤监测；许多细胞中无内源性活性；更适合于检测与分析原核基因的转录	需氧；不耐热；含醛基的底物有毒；产生的光子不能对单细胞进行监测；比 luc 的线性范围窄；半衰期短；不适用于哺乳动物细胞；代谢成本高
β-半乳糖苷酶（β-gal；细菌）	β-Gal 能够催化β-半乳糖苷的水解反应，例如，乳糖可水解为两个单体。此报道基因的检测方法依赖于使用的底物，可使用显色法（例如，o-硝基苯基-β-D-半乳糖苷或 ONPG），组化方法（例如，5-溴化-4-氯代-3-吲哚-β-D-半乳糖苷或 X-Gal），荧光测定方法（例如，4-甲基伞形酮-β-D-半乳糖苷或 MUG），化学发光法（例如，含 1,2-二氧化物的底物），或电化学法（例如，p-氨基-β-D-半乳糖苷或 PAPG）	良好的特性与稳定性；多样化的读出过程；能在厌氧环境下发挥功能	需添加底物；有扩散性——需要将靶细胞进行隔离并使其通透化；在哺乳动物细胞内的活性可能会干扰测定结果
萤光素酶（萤火虫的）	催化萤光素酶的氧化，产生可被荧光光度计检测的光	高特异性；无内源性活性；动态范围广（7～8 个数量级）；无损伤，尽可能原位监测；价格比 lux 便宜；分析简便；可从多种生物中获取不同种类的萤光素酶	需要底物（萤光素）、氧气供应和 ATP
绿色荧光蛋白（GFP；水母）（自发荧光蛋白）	GFP 作为辅助蛋白先吸收由初级发光蛋白 aequorin 释放的波长为 470nm 的蓝光，后释放波长为 570nm 的绿光。许多 GFP 衍生物和其他改变了光谱性质的自发荧光蛋白，在相应的激发波长的光线下，通过对样本曝光来发挥报道蛋白的功能	自发荧光（无需底物）；无内源性活性；存在光谱特性变化的突变体；存在热稳定的突变体；较高的光稳定性；在现有光学系统下，原位无损伤可视化观察	需要翻译后修饰；敏感性低（不能进行信号放大）；需要自发荧光的样品；需要用氧气来激发荧光；敏感性低于 Lux、Luc、LacZ；反应时间慢于 Lux 和 Luc

报道基因在调控元件分析中的应用

大多数目前使用的报道基因分析是以测量生化反应的底物或报道蛋白自身所产生的光量子为基础的。该方法提供了所需的速率、准确度和敏感性等要求，特别适用于大规模的应用。例如，应用与机器人技术相结合的超灵敏光量子探测器、自动化液体处理装置，以及数据处理和控制软件，就能实施数百万样本量的快速高通量筛选（综述见 Alam and Cook 1990; East et al. 2008; Ghim et al. 2010）。光量子主要是在化学发光和荧光的过程中产生的。这两个过程的光量子都是从激发态分子轨道到低能轨道时发生能量转换而产生的。然而，它们的不同之处在于激发态轨道是如何形成的。在化学发光过程中，激发态是由化学反应的热能所产生，而荧光的激发态则是通过对光的吸收而产生。基于荧光的分析朝着亮度更高的方向发展，这是因为用于产生激发态的光量子能够以非常高的速率被样本所吸收。然而，这会导致背景更深而信号却相对较低，这主要是由于荧光计对样本吸收的高速率光量子和所分析荧光团发出的较少光量子无法进行区分。另一方面，化学发光反应的速率较慢，这使得其发光的亮度也相对较低，但该方法因为不需要光量子来产生激发态，所以它的背景较浅，相对于背景而言信号强度较高，能够精确检测光线的微小变化。化学发光分析更加适用于要求高敏感度、精确定量测定或多样本快速分析的实验。对于微观结构的图像分析，荧光几乎是普遍选择，这是由细胞结构的光学图像在很大程度上依赖于发射光的亮度所决定的。

方案 1 至方案 4 中广泛使用的三种报道基因：β-半乳糖苷酶（lacZ）、萤光素酶和绿色荧光蛋白（GFP）。关于上述每一种蛋白质的更多详细内容可在本章末尾的信息栏中查阅。下一部分内容简要讨论了 β-半乳糖苷酶的分析实验。至于萤光素酶的分析实验，则在本篇介绍的倒数第二部分进行了全面的阐述。

表位标记是另一种监测基因表达和蛋白质定位的方法。一个具有良好特性的表位标签可以作为兴趣蛋白的一部分表达，并参与针对特异性抗体的免疫反应。借助商业化的放射免疫测定，表位标记能够用于靶蛋白的免疫定位和定量检测。若要获取更多有关表位标记的信息，可以查阅 Bill Brizzard 在 2008 年发表的相关精彩评论，也可参阅信息栏中"表位标记"的有关内容。Chudakov 等在 2010 年发表的一篇综述为在基因表达分析中如何选择荧光蛋白这一问题提供了丰富的指导信息。

在一些商业网站上，如 Clontech 和 Life Technologies 公司的网上，可以搜索到利用表位标签和荧光蛋白构建融合载体的使用的详细说明，这两个公司生产的质粒占据大部分市场。

哺乳动物细胞提取物中 β-半乳糖苷酶的测定

在转染研究中，通常使用大肠杆菌的 β-半乳糖苷酶作为一种内参（Hall et al. 1983）。在经典的报道基因实验中，将含有连接真核基因启动子的报道基因的待测质粒，与少量含有连接组成型强启动子的 β-半乳糖苷酶基因的质粒共转染哺乳动物细胞。经过一段时间让它们表达，可以在细胞裂解液中检测到待测质粒和对照质粒表达出的酶活性。将报道基因的活性除以 β-半乳糖苷酶的活性，可以将报道基因的值进行标准化（见下）。CAT 和萤光素酶常作为报道基因与 β-半乳糖苷酶一起使用。含有 β-半乳糖苷酶基因的表达载体是可以获得的，该基因构建在多种真核细胞中，具有高表达活性的启动子（例如，SV40 的早期启动子、鲁斯氏肉瘤病毒长末端重复启动子，以及巨细胞病毒即刻早期启动子区域，有关质粒的描述见第 15 章方案 1 中图 15-1）的下游。

在大多数类型的哺乳动物抽提物中，内源性β-半乳糖苷酶的活性比较低，转染过程中酶活性经常能被检测到高达 100 倍的增加。通过努力，β-半乳糖苷酶也可以在某些特殊的、有很高内源性β-半乳糖苷酶活性的细胞（如肠内皮细胞和人胚肾 293 细胞）中作为内对照。因为内源性β-半乳糖苷酶的热不稳定性通常比细菌β-半乳糖苷酶的低，加热就可去掉内源性β-半乳糖苷酶，从而使对照质粒中表达的β-半乳糖苷酶仍然保留（Young et al. 1993）。此外，大多数哺乳动物的β-半乳糖苷酶与溶酶体结合，因此活性的最适 pH 是酸性的。大肠杆菌β-半乳糖苷酶的最适 pH 是中性或略偏碱性的。在 pH 为 7.5 时测量β-半乳糖苷酶的活性可以减弱哺乳动物β-半乳糖苷酶的影响。更详细的内容请参见信息栏中"β-半乳糖苷酶"的内容。

β-半乳糖苷酶的活性可用几种不同的方法对其报道基因进行标准化。其中一种方法是，首先对一系列转染细胞中一定量的蛋白质单独提取后进行测定和对比，然后采用标准量的蛋白质对报道基因和β-半乳糖苷酶分别测定分析。最后，用β-半乳糖苷酶的活性来标准化报道基因的活性（或报道蛋白的数量）。

另一种方法则是首先测定固定量提取物中β-半乳糖苷酶的活性，然后对含有相同β-半乳糖苷酶活性的提取物中报道基因进行检测分析。在固定量的提取物中，这两种方法可以任意选用，再将结果用确定的β-半乳糖苷酶的活性进行标准化（例如，将单位报道基因的活性除以单位β-半乳糖苷酶的活性）。在某些报道基因如萤光素酶中，使用不同的萤光素酶底物能够同时确定等份细胞裂解液中β-半乳糖苷酶和萤光素酶的含量。

哺乳动物细胞提取物中萤光素酶的测定

萤光素酶催化的生物荧光反应是以 dioxetane 结构的形成和分解为基础的（详细内容请见信息栏 "萤光素酶"）。在许多实验室中，萤光素酶都是报道基因的最佳选择。

- 与其他常用的报道基因相比，萤光素酶测定是最敏感的测定之一。萤光素酶突出的高敏感性测定适用于：弱启动子分析，使用少量 DNA 和细胞的转染研究，以及对低转染率细胞系的检测。
- 检测萤光素酶不需使用放射性物质。
- 萤光素酶的半衰期短（<3h），启动子活性下调后，酶活性能够迅速降低，这是一个非常有用的特性。当该启动子的活性应对某个信号下调时，可利用该特性对启动子活性进行分析。
- 能生成单参数的测量值，因此采用 96-、384-或 1536-孔板进行高通量筛选时，基于萤光素酶的检测是理想的选择。广泛用于高通量筛选的萤光素酶都来源于甲虫（包括萤火虫）、花虫（海肾属）和水母等物种（de Wet et al. 1987; Bronstein et al. 1994; Himes and Shannon 2000）。

通常，使用的缓冲液中含有裂解细胞的去垢剂和启动发光反应的萤光素酶底物，加入缓冲液后可以对细胞内的萤光素酶进行定量。因为在添加试剂之前无需进行样本处理，所以这些应针对报道基因的检测较为方便，只需加入试剂就能读出荧光结果。因为副反应可能产生游离的基团，引起酶的不可逆性失活，所以荧光可以缓慢衰减。为了使荧光的稳定时间延长数分钟至数小时，就需要对荧光反应进行一定程度的抑制，以便降低荧光衰退的速率，从而避免因检测多个样本，随时间的增加影响测量的结果。例如，砷酸盐抑制剂能够降低荧光反应中闪光的亮度，加入一定量的 ATP 后能够延长发光时间。甚至在这种条件下，每个样本仅有不超过 10^{-20} mol 萤光素酶的条件下，仍可以被检测到。这相当于每个细胞约大概含有 10 个分子的萤光素酶。作为一种选择，稳定剂（例如，辅因子辅酶 A，即 CoA）已被数家商业制造商所利用，它能阻止脱氢萤光素——一种重要的萤火虫萤光素的污染物，对萤光素酶的抑制。目前所使用的萤光素都是合成制备的，一定程度上不含有脱氢萤光素。

　　某些萤光素酶检测系统包括两种物种的萤光素酶，它们具有不同生化特性和/或不同底物。另外，每种萤光素酶都由不同的载体表达。若用一种萤光素酶作为"对照组"，则另一种即为"实验报告组"。对照组萤光素酶的表达用于对实验报告组的结果标准化，如变异的细胞数或转染效率。当把对照组的载体与实验组的载体共转染时，对照组的报道基因由组成型启动子驱动。另一种情况是同一质粒表达出两种萤光素酶，这种情况下实验组基因与萤火虫萤光素酶相连，组成型真核启动子与对照萤光素酶相连。总的来说，双报道基因测定通过以下几个方面提高了实验的准确性和效率：①减少了实验中的一些能使某些重要关联变模糊的因素；②去除实验体系中固有的干扰现象；③消除了不同样本之间因转染效率或细胞活性引起的差异。

　　最常用的双报道基因是检测萤火虫和花虫的萤光素酶活性。这些萤光素酶使用不同的底物（萤火虫和花虫的萤光素酶的底物分别是甲虫萤光素和 coelantrazine），因此根据各自的酶活特性，可以将这些萤光素酶的活性进行区分。这种方法需要每个样本依次加入两种试剂，并在每次加入试剂后均检测所发出的荧光。加入第一种试剂会激活萤火虫萤光素酶的反应；再加入第二种试剂会猝灭萤火虫萤光素酶的活性，转而启动花虫萤光素酶的反应。在某些情况下，只需加入单一底物，就能检测到两种萤光素酶都被激活。这可减少整体检测量和所需处理的液体量。经过改良后的甲虫萤光素酶（Chroma-Luc[1] System; Promega）能够和萤火虫萤光素酶及一种通用底物联合应用，因为这两种萤光素酶所发出的红光和绿光很容易区分。这两个萤光素酶高度类似的结构确保了它们对细胞内的生化改变也有着相似的反应，有利于结果的标准化。

　　荧光光度计或有单光子计数能力的普通闪烁计数器常用于检测光萤光素酶的反应中所发出的光。目前，光度计的超灵敏性以及能够针对多孔板进行大量检测处理，使它们成为了萤光素酶测定的最好的工具。某些荧光光度计可以直接将试剂加入到细胞裂解液内（如 Promega 的 GloMax 961 微板光度仪）。一些将试剂加入后定时检测信号的自动化操作有助于提高结果的一致性。当萤光素酶的浓度在 10^{-20} 至 10^{-13} mol（0.001pg）的范围的时候，所能检测的光线亮度和有效线性范围都与萤光素酶的浓度是成比例的，但普通闪烁计数器的灵敏性却较低。然而灵敏性的限度可根据所使用的仪器发生变化。在对实验样品进行分析之前，应该确定每个仪器的测量限度。商业化的荧光光度计有许多种类型。虽然这些设备相当昂贵，但分析的速度却可能使一台机器有可能被数个实验室所共享。例如，Promega 公司生产的 GloMax 荧光光度计可以检测萤火虫和海肾的萤光素酶。

　　萤光素酶报告测定经过了许多次改良，包括加入改变反应中的发光动力学的辅酶 A（Wood 1991），使用稳定萤光素酶的小分子。另外，还通过修饰萤光素酶的 cDNA 序列对用于哺乳动物细胞表达的萤光素酶进行了优化，具体方法包括：除去过氧化物酶靶向的序列，消除预测会形成 RNA 二级结构的序列，增添最佳的翻译起始序列（Kozak 序列），将昆虫最适的三联密码子替换成哺乳动物的最适密码子，萤光素酶 cDNA 的上、下游插入多聚腺苷酸序列，去掉该 cDNA 内的限制性酶切位点。一个含有高度修饰的萤光素酶 cDNA 的商品化的萤光素酶载体范例就是 Promega 公司生产的 pGL4 系列载体（图 17-1）。

　　为实验选择合适的萤光素酶载体需要考虑以下几个方面：

- 要做单个还是两个萤光素酶测定；
- 主要使用哪个报道基因（萤火虫或海肾的萤光素酶）；
- 所研究的调控元件是启动子元件还是无启动子的增强子元件，在什么情况下载体中已包括 TATA 启动子；

---

1 http://www.promega.com/aboutus/corporate/trademarks/.

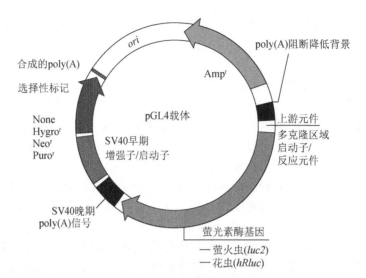

图 17-1 基因图谱显示了 pGL4 载体系列的特征。pGL4 载体包括：①无启动子的基本载体，含有针对所选启动子的多克隆位点；②含有一个最小启动子的载体；③含有反应元件和一个最小启动子的载体；④含有启动子的载体，可用于表达对照或共报告载体。该载体包括合成的 *luc2* 或 *hRluc* 报道基因和一个哺乳动物选择性标记基因（hygromycin, neomycin, or puromycin resistance）。关于上述载体的信息，参见 http://www.promega.com/tbs/tm259/tm259.pdf. 潮霉素、新霉素或嘌呤霉素抗性。

- 所研究的启动子是弱启动子（那么信号强度需要调至最大）还是强启动子（将会快速获取表达的报道蛋白）；
- 是否需要稳定的细胞系；
- 优先选择哪种标记物。

步骤 2 和步骤 3 阐述了一些方法，用于检测转染于乳动物细胞中的 pGL4 载体内所表达萤光素酶（图 17-1）。步骤 2 阐述了一种检测由单一萤光素酶报道基因所表达的萤光素酶的方法，能获得细胞中基因表达数据，不但速度很快，而且相对便宜。步骤 3 阐述了一种双报道基因检测，可采用萤火虫和花虫的萤光素酶报道基因。

四环素应答表达系统

如果认真地建立并谨慎地使用四环素应答表达系统，它是一种很好的对转染到真核细胞中的基因保持调控的方法。下面讨论的系统（方案 5 中所采用的）是经过几年发展起来的，已经成功地在很多生物中用于调控基因表达，包括培养的哺乳动物细胞、两栖类细胞、植物细胞（Baron and Bujard 2000; Gossen and Bujard 2002）和酿酒酵母（Gossen and Bujard 2002; Ariño and Herrero 2003）；转基因生物包括果蝇 （Landis 2003）、鱼类（Knopf et al. 2010）和植物（Weinmann et al.1994; Zeidler et al. 1996）；被直接转入特定基因的哺乳动物组织（Stieger et al. 2009）；转基因老鼠 （Sun et al. 2007; Schönig et al. 2010）和非人灵长类动物（Favre et al. 2002; Steiger et al. 2006）。在使用基于四环素的表达系统时，要注重对mRNA 半衰期的测定（如 Chen et al. 2008）。有关可诱导表达的更全面信息，可参见 Vilaboa 和 Voellmy（2006）及 Gonzalez-Nicolini 等（2006）。

在 2011 年，已发表的（http://www.tetsystems.com/support/references/）成功应用四环素激活系统的范例已超过了 8000 例，其内容涉及在培养细胞或转基因动物中进行的疾病模型、药物筛选、RNA 干扰和大量的基因功能研究。

在大肠杆菌中，当缺失四环素时，来源于转座子 10（Tn10）的 Tet 抑制蛋白，通过锚定抑制 Tn10 上的四环素抗性操纵子中的基因转录（图 17-2，上图）。商业化 Tet 系统的技术（源于 Clontech；借助 TET 系统的发展）就是基于这个系统的，它由两个完整的控制环路组成，最初定义为 tTA-依赖 （Gossen and Bujard 1992）和 rtTA-依赖（Gossen et al. 1995）的表达系统。目前它们通常指方案 5 中采用的"Tet-Off 系统"（如 tTA-dependent）和 "Tet-On 系统" 2（如 rtTA-dependent），对于不同的 Tet 诱导系统及它们的发展历史等详细信息的说明，请参见信息栏"四环素"的内容。

Tet-On 和 Tet-Off 系统

在每一种系统中（Tet-On 和 Tet-Off），重组四环素调控的转录因子（tTA 或 rtTA）通过与 tTA/rtTA-应答启动子 P_{TRE} 相互作用，激活所研究的基因表达（图 17-2）。上述表达可以被效应分子四环素或其衍生物[例如，多西环素（Dox）所调控（请参见信息栏"四环素"的内容）]。四环素是以改变 tTA 和 rtTA 转录因子与 DNA 的亲和性的方式来发挥作用的。当 rtTA 与 Dox 相结合时，蛋白质的构象会发生变化，以便与 P_{TRE} 相结合，从而激活转录。与此明显相反的是，tTA 和 P_{TRE} 的相互作用仅发生在 Dox 缺失的时候。换句话说，在 Tet-Off 系统中，Dox 存在时，系统的基本状态得以维持；排除 Dox 时，系统被诱导。在 Dox 存在的情况下，Tet-On 系统可被激活。

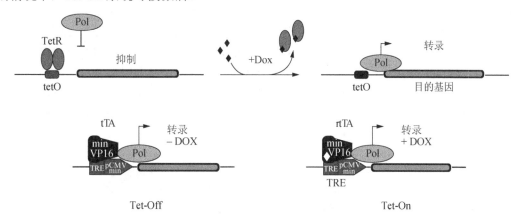

图 17-2　四环素调控基因表达的原则。Tet 调控的转录激活因子是包含了一个可与 DNA 结合的 TetR 结构域的融合蛋白，且该结构域参与构成 HSV VP16 中最小的转录激活结构域。在最近生产的 Tet 开关中对哺乳动物细胞基因表达中每一种转录激活因子都进行了优化，存在时会被激活。在 Tet-Off 系统中，多西环素存在时使系统维持在基本状态，而撤除多西环素时系统被诱导激活。Tet-On 系统在多西环素存在时被活化。

如图 17-2 所示（下图），两种依赖 Tet 的调控环路是由四个基本元件组成的[1]。

● tTA（或 Tet-Off）是一种耦合转录因子，它是由原核的 Tet 抑制子——TetR 与真核的转录激活结构域（目前最普遍使用的是 HSV VP16 的酸性结构域）相融合而成的。TetR 模体能与特定序列的 DNA 结合，对四环素敏感，并与 tTA 融合蛋白形成二聚体。因此，TetR 和 tTA 对四环素的反应相类似：与抗生素结合后，与它们的同源结合位点——tet 操纵子（tetO）的亲和力降低。

● rtTA（或 Tet-On）与 tTA 的不同之处在于它的 TetR 内有四个突变位点。这使转录因子对四环素的反应产生了完全相反的效应。rtTA 需要借助四环素才能与 tetO 相结合。值得关注的是，特定的四环素衍生物，如多西环素（Dox）或无水四环素 ATc，可用于 rtTA 的表型优化的开发。

● P_{TRE} 是一种响应 tTA 和 rtTA 的合成启动子。它是由一个最小形式的 RNA 聚合酶 II

---

1 Tet-On and Tet-Off are trademarks of Clontech Laboratories, Inc; www.clontech.com/US/Support/Trademarks.

的启动子组成的，如巨细胞病毒（CMV）启动子，它在缺少额外与多聚 tetO 序列融合的转录因子结合位点时会转录沉默。这种设计使 P_{TRE} 的活性依赖于与 tTA 或 rtTA 的结合。这种合成响应 tTA/rtTA 的启动子，它在启动子的复制起始点的选择，以及操纵子的精确排列顺序等方面的设计很是灵活。最开始的版本是由一个 CMV 最小形式的启动子融合了 7 个 tetO 序列所组成的，被称为 P_{tet-1}（Gossen and Bujard 1992）。

- 多西环素作为四环素的一种衍生物，目前已成为了 Tet-On 和 Tet-Off 系统的首选效应物。即使 Tet-Off 系统所处的浓度低至 1～2ng/mL，Tet-On 系统所处的浓度 ≥80ng/mL 时，它仍能以高度的亲和力与 tTA 和 rtTA 相结合，并完全发挥其效应。

建立 Tet 系统基因稳定表达的细胞系

瞬时转染的细胞中，Tet 系统的动态范围比在整合有靶基因拷贝及其反式激活因子的稳定细胞系中小得多（如 Freundlieb et al. 1999）。为了使抑制状态和诱导状态的差异达到 1000 倍，必须建立整合有 tTA 或 rtTA 基因和靶基因拷贝的稳定细胞系。可以采用两种方式。

1. 把感兴趣的靶基因克隆到"应答"质粒中，该质粒带有一个复合启动子，通常由 7 个串联的 tetO 拷贝和巨细胞病毒极早期启动子构成（图 17-3A）。把编码反式激活蛋白 tTA/rtTA 的基因克隆到另一个"调控"质粒中，放在合适的哺乳动物启动子下游（图 17-3B）。然后用这两个质粒转染选定的哺乳动物细胞，建立双稳定细胞系；转染通常分两个阶段：首先，调控质粒用于建立能组成型表达 tTA 的稳定细胞系；然后用应答质粒转染这些细胞，进一步筛选亚细胞系，这些亚细胞系能够在不含四环素或多西环素时依赖反式激活因子的表达而表达需要量的靶基因产物。在某些情况下，使用已建立的整合有调控质粒拷贝的细胞系可以减少顺序转染和筛选的工作量（如 Gossen and Bujard 1992; Wu and Chiang 1996）。Clontech 公司有几个这种类型的细胞系出售。

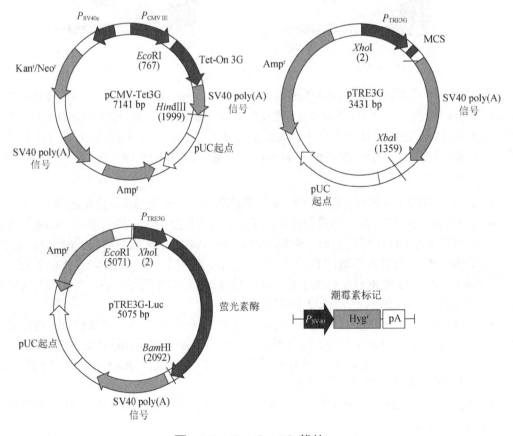

图 17-3　Tet-On 3G 载体。

2. 此外，反式激活因子基因和靶基因可以克隆在单个质粒中。因为这样两个基因可以同时转染哺乳动物细胞，省去了一轮乏味的筛选工作。而且，也可以减少由于调控基因和靶基因分别整合在不同的染色体位点而造成的表达差异（Schultze et al. 1996）。

无论用单个质粒还是两个质粒建立的稳定细胞系，使靶基因获得最大表达并不需要所有的串联 tetO 序列都结合 tTA 分子。每个细胞含有 6000～10 000 个 tTA 分子使整合拷贝应答质粒的表达水平提高 10^5 倍。事实上，更大量四环素依赖的反式激活因子可能是有毒性的（请见 Howe et al. 1995; Shockett et al. 1995; Saez et al. 1997）。

所有的诱导表达系统对感兴趣的基因的表达都有一定程度的疏漏。多种因素都会导致背景的颜色加深，包括两个内在因素——载体设计和主要核酸序列，还有外在因素——细胞类型和染色体整合位点（请见信息栏"四环素"的内容）。

致谢

感谢 Promega 公司的 Kevin Kopish 和 Clontech Laboratories 的 Baz Smith 在技术及撰写方面的支持，感谢 Ryan Chong 和耶鲁大学医学院在本章信息栏"荧光蛋白"部分图 2 中提供的图片。

参考文献

Alam J, Cook JL. 1990. Reporter genes: Application to the study of mammalian gene transcription. *Anal Biochem* **188**: 245–254.

Ariño J, Herrero E. 2003. Use of tetracycline-regulatable promoters for functional analysis of protein phosphatases in yeast. *Methods Enzymol* **366**: 347–358.

Baron U, Bujard H. 2000. Tet repressor-based system for regulated gene expression in eukaryotic cells: Principles and advances. *Methods Enzymol* **327**: 401–427.

Brizzard B. 2008. Epitope tagging. *BioTechniques* **44**: 693–695.

Bronstein I, Fortin J, Stanley PE, Stewart GSAB, Kricka LJ. 1994. Chemiluminescent and bioluminescent reporter gene assays. *Anal Biochem* **219**: 169–181.

Chen CY, Ezzeddine N, Shyu AB. 2008. Messenger RNA half-life measurements in mammalian cells. *Methods Enzymol* **448**: 335–357.

Chudakov DM, Matz MV, Lukyanov S, Lukyanov KA. 2010. Fluorescent proteins and their applications in imaging living cells and tissues. *Physiol Rev* **90**: 1103–1163.

de Wet JR, Wood KV, DeLuca M, Helinski DR, Subramani S. 1987. Firefly luciferase gene: Structure and expression in mammalian cells. *Mol Cell Biol* **7**: 725–737.

East AK, Mauchline TH, Poole PS. 2008. Biosensors for ligand detection. *Adv Appl Microbiol* **64**: 137–166.

Favre D, Blouin V, Provost N, Spisek R, Porrot F, Bohl D, Marmé F, Chérel Y, Salvetti A, Hurtrel B, et al. 2002. Lack of an immune response against the tetracycline-dependent transactivator correlates with long-term doxycycline-regulated transgene expression in nonhuman primates after intramuscular injection of recombinant adeno-associated virus. *J Virol* **76**: 11605–11611.

Freundlieb S, Schirra-Müller C, Bujard H. 1999. A tetracycline controlled activation/repression system with increased potential for gene transfer into mammalian cells. *J Gene Med* **1**: 4–12.

Ghim CM, Lee SK, Takayama S, Mitchell RJ. 2010. The art of reporter proteins in science: Past, present and future applications. *BMB Rep* **43**: 451–460.

Gonzalez-Nicolini V, Sanchez-Bustamante CD, Hartenbach S, Fussenegger M. 2006. Adenoviral vector platform for transduction of constitutive and regulated tricistronic or triple-transcript transgene expression in mammalian cells and microtissues. *J Gene Med* **8**: 1208–1222.

Gossen M, Bujard H. 1992. Tight control of gene expression in mammalian cells by tetracycline-responsive promoters. *Proc Natl Acad Sci* **89**: 5547–5551.

Gossen M, Bujard H. 2002. Studying gene function in eukaryotes by conditional gene inactivation. *Annu Rev Genet* **36**: 153–173.

Gossen M, Freundlieb S, Bender G, Müller G, Hillen W, Bujard H. 1995. Transcriptional activation by tetracyclines in mammalian cells. *Science* **268**: 1766–1769.

Hall CV, Jacob PE, Ringold GM, Lee F. 1983. Expression and regulation of *Escherichia coli lacZ* gene fusions in mammalian cells. *J Mol Appl Genet* **2**: 101–109.

Himes SR, Shannon MF. 2000. Assays for transcriptional activity based on the luciferase reporter gene. *Methods Mol Biol* **130**: 165–174.

Howe JR, Skryabin BV, Belcher SM, Zerillo CA, Schmauss C. 1995. The responsiveness of a tetracycline expression system differs in different cell lines. *J Biol Chem* **270**: 14168–14174.

Knopf F, Schnabel K, Haase C, Pfeifer K, Anastassiadis K, Weidinger G. 2010. Dually inducible TetON systems for tissue-specific conditional gene expression in zebrafish. *Proc Natl Acad Sci* **107**: 19933–19938.

Landis GN, Bhole D, Tower J. 2003. A search for doxycycline-dependent mutations that increase *Drosophila melanogaster* life span identifies the *VhaSFD*, *Sugar baby*, *filamin*, *fwd* and *Cctl* genes. *Genome Biol* **4**: R8. doi: 10.1186/gb-2003-4-2-r8.

Montefiore DC. 2009. Measuring HIV neutralization in a luciferase reporter gene assay. *Methods Mol Biol* **485**: 395–405.

Saez E, No D, West A, Evans RM. 1997. Inducible gene expression in mammalian cells and transgenic mice. *Curr Opin Biotechnol* **8**: 608–616.

Schönig K, Bujard H, Gossen M. 2010. The power of reversibility regulating gene activities via tetracycline-controlled transcription. *Methods Enzymol* **477**: 429–453.

Schultze N, Burki Y, Lang Y, Certa U, Bluethmann H. 1996. Efficient control of gene expression by single-step integration of the tetracycline system in transgenic mice. *Nat Biotechnol* **14**: 499–503.

Shockett P, Difilippantonio M, Hellman N, Schatz D. 1995. A modified tetracycline-regulated system provides autoregulatory, inducible gene expression in cultured cells and transgenic mice. *Proc Natl Acad Sci* **92**: 6522–6526.

Stieger K, Le Meur G, Lasne F, Weber M, Deschamps JY, Nivard D, Mendes-Madeira A, Provost N, Martin L, Moullier P, Rolling F. 2006. Long-term doxycycline-regulated transgene expression in the retina of nonhuman primates following subretinal injection of recombinant AAV vectors. *Mol Ther* **13**: 967–975.

Stieger K, Belbellaa B, Le Guiner C, Moullier P, Rolling F. 2009. In vivo gene regulation using tetracycline-regulatable systems. *Adv Drug Deliv Rev* **61**: 527–541.

Sun Y, Chen X, Xiao D. 2007. Tetracycline-inducible expression systems: New strategies and practices in the transgenic mouse modeling. *Acta Biochim Biophys Sin (Shanghai)* **39**: 235–246.

Vilaboa N, Voellmy R. 2006. Regulatable gene expression systems for gene therapy. *Curr Gene Ther* **6**: 421–438.

Weinmann P, Gossen M, Hillen W, Bujard H, Gatz C. 1994. A chimeric transactivator allows tetracycline-responsive gene expression in whole plants. *Plant J* **5**: 559–569.

Wood KV. 1991. The origin of beetle luciferases. In *Bioluminescence and chemiluminescence: Current status* (ed Stanley P, Kricka L), pp. 11–14. Wiley, Chichester, UK.

Wu S-Y, Chiang C-M. 1996. Establishment of stable cell lines expressing potentially toxic proteins by tetracycline-regulated and epitope-tagging methods. *BioTechniques* **21**: 718–725.

Young DC, Kingsley SD, Ryan KA, Dutko FJ. 1993. Selective inactivation of eukaryotic β-galactosidase in assays for inhibitors of HIV-1 TAT using bacterial β-galactosidase as a reporter enzyme. *Anal Biochem* **215**: 24–30.

Zeidler M, Gatz C, Hartmann E, Hughes J. 1996. Tetracycline-regulated reporter gene expression in the moss *Physcomitrella patens*. *Plant Mol Biol* **30**: 199–205.

方案 1 哺乳动物细胞提取物中β-半乳糖苷酶的测定

本方案中包含了数种检测哺乳动物细胞中报道基因载体表达的β-半乳糖苷酶活性的方法。第一种方法简单快捷，能在可见光的光谱分析仪上进行观察。值得一提的是，有些制造商销售一些相对比较便宜的试剂盒，用来检测哺乳动物细胞裂解液中的β-半乳糖苷酶（例如，Sigma-Aldrich 生产的β-半乳糖苷酶报道基因活性检测试剂盒；Life Technologies 公司的β-半乳糖苷酶检测试剂盒）。许多试剂盒都含有相同的反应缓冲液，我们把它们列出来并附在本方案中。与此同时，有些试剂盒由于含有特定的细胞裂解液，因此具有多种底物酶检测功能，包括β-半乳糖苷酶、氯霉素乙酰基转移酶、萤光素酶等（例如，来自 Promega 公司的含有报道基因裂解缓冲液的β-半乳糖苷酶检测系统）。方案中另一种检测真核生物细胞裂解液中的β-半乳糖苷酶的方案是利用化学发光的方法，此方法具有高度的酶学检测灵敏性和高通量检测的可行性，因此较比色法检测β-半乳糖苷酶更为通用。许多公司出售的试剂盒中包含了β-半乳糖苷酶的发光底物（例如，Promega 公司的β-乙二醛酶[1]检测系统，Clontech 公司的发光的®-半乳糖苷酶检测试剂盒 II）。

ONPG

邻硝基苯酚-β-半乳糖苷酶（ONPG）是最广泛应用于检测真核和原核细胞中的β-半乳糖苷酶的反应底物。ONPG 本身无色，经过水解反应后产生邻硝基苯酚，后者在碱性溶液中的颜色呈现为黄色（其中在 pH 10.2 时最大吸收光波长为 420nm）（更多关于 ONPG 水解过程的介绍，可参见信息栏"β-半乳糖苷酶"）。当 ONPG 的含量过量时，反应溶液的 OD_{420} 值随着反应时间和β-半乳糖苷酶浓度呈现线性增长（详见 Lederberg 1950；Hestrin et al.1955；Pardee et al. 1959；Miller 1972, 1992 文献报道）。整个反应可以通过添加 Na_2CO_3 浓缩液而终止，Na_2CO_3 的添加使得反应溶液的 pH 上调至约 11，从而灭活β-半乳糖苷酶，使邻硝基苯酚在 420nm 处的吸收值最大。

材料

为正确使用本方案中的器材和危险试剂，必须查阅相应的材料安全数据表并咨询所在机构的环境卫生和安全办公室。

本方案的专用试剂标注<R>，配方在本方案末提供。常用储备溶液、缓冲液和试剂标注<A>，配方见附录 1。储备溶液应稀释至适用浓度后使用。

试剂

β-半乳糖苷酶，大肠杆菌（如来自 Sigma-Aldrich 公司）
转染了目的 DNA 的哺乳动物细胞

使用本书中第 15 章的转染方法将含有β-半乳糖苷酶报道基因的质粒转染细胞（例如，Clontech 公司的系列 pβ-半乳糖苷酶报道载体，见图 17-4）。通常我们建议转染以及后续的报道基因检测实验进行三次的重复，便于以后的统计学分析。

裂解缓冲液<R>

---

1 http://www.promega.com/aboutus/corporate/trademarks.

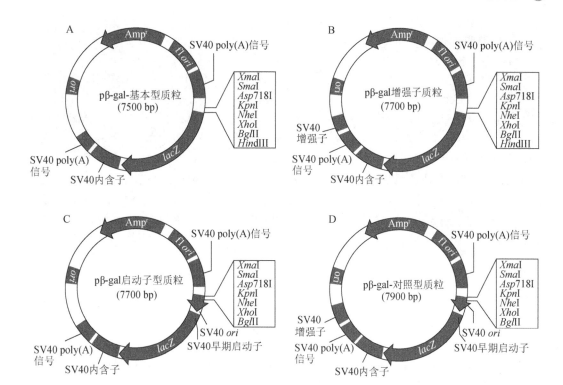

图 17-4　pβ-gal 载体系列真核表达载体。 本图系统总结了携带β-半乳糖苷酶的编码基因的 pβ-gal 报道基因载体的特点。该系列的所有载体均含有：①来自于丝状噬菌体的复制起始位点（fl ori）；②来自于大肠杆菌的质粒复制起始位点（ori）；③SV40 复制起始位点，便于在哺乳动物细胞中的复制；④在原核细胞中的氨苄霉素抗性筛选标记（Amp^R）；⑤多聚腺苷酸（poly A）的附加信号添加在 lacZ 位点的 5'上游，用于降低来自上游序列的通读转录所造成的背景。待测的 DNA 序列被克隆至 lacZ 基因 5'端的多克隆位点（MCS）中。具体图谱介绍如下：（A）pβ-gal 基本型质粒，该质粒缺失真核启动子和增强子序列。该质粒被用于作为阴性对照质粒或者作为载体研究克隆的启动子。（B）pβ-gal 增强子质粒，缺失 SV40 启动子但是含有 SV40 增强子。这个载体可被用于研究克隆的启动子序列。（C）pβ-gal-启动子型质粒，该质粒缺失 SV40 增强子但是含有 SV40 启动子。这个质粒可以用来检测克隆的增强子活性。（D）pβ-gal 对照型质粒含有 SV40 的早期启动子和增强子，可以用来作为阳性对照检测和比较不同的启动子及增强子原件对于基因表达的调控活性差异。

裂解液<R>
Mg^{2+}溶液（100×）
MgCl₂（0.1mol/L）/β-巯基乙醇（4.5mol/L）

　　在使用前，从 14.7mol/L 储存液中添加合适剂量的β-巯基乙醇。

Na₂CO₃（1mol/L）<R>
ONPG（1×）<R>

　　具体参见信息栏"ONPG"和"β-半乳糖苷酶底物"。

无钙盐和镁盐的磷酸盐缓冲液（PBS）
磷酸钠缓冲液（0.1mol/L,pH 7.5）<A>
Tris-Cl（1mol/L,pH 7.8）

设备

荧光光度计

　　该实验方法应用于管状或是平板的荧光光度计，如果使用平板型荧光光度计，需要使用不透明性 96 孔微量滴定板，并且需要多通道移液器保证试剂的加样速度及混合的均一性。

β-半乳糖苷酶底物

这套检测方法基于大肠杆菌中的β-半乳糖苷酶水解 ONPG 从而释放邻硝基苯酚和β-D-半乳糖（Lederberg 1950）。在水溶液中邻硝基苯酚呈现黄色，并且最大吸光光度值在 420nm。从 Lederberg 发明该项检测方法至今，更灵敏的检测β-半乳糖苷酶活性的底物（见信息栏"β-半乳糖苷酶"）已被开发并广泛应用于商品化的试剂盒中。利用化学发光或荧光性底物的检测方法比传统的利用 ONPG 的检测方法更为灵敏，同样β-半乳糖苷酶的环境比 ONPG 法要灵敏 20～100 倍（Jain and Magrath 1991; Beale et al. 1992）。与此同时，利用比色底物的替代物氯酚红β-D-半乳糖苷进行检测也比使用 ONPG 的灵敏度高出 10 倍以上（Simon and Lis 1987）。多种经常使用的β-半乳糖苷酶的底物可以见信息栏"β-半乳糖苷酶"。

 ## 方法

转染细胞的收集

1. 将生长在 90mm 组织培养板上的单层转染后细胞的培养液轻轻地吸取弃除，然后用 5mL 不含钙盐和镁盐的 PBS 溶液洗涤细胞三次。

> 在细胞转染 48～72h 以后可以检测到最大水平的β-半乳糖苷酶。然而转染载体的表达效率还依赖于驱动β-半乳糖苷酶表达的启动子和其他外界环境因素。

2. 将培养皿倾斜适当角度，静置 2～3min，将剩余的 PBS 流至一边，并吸取干净。向每一个平板里加入 1mL PBS，并使用细胞刮将细胞刮取至微离心管中，将离心管置于冰上，直到所有板的细胞收集完成。

3. 室温下，最大转速离心 10s，收集离心管中的细胞悬液，将收集到的细胞用 1mL 预冷的 PBS 重悬，再经离心收集细胞。将细胞沉淀与离心管壁之间的少量 PBS 吸干。此步细胞沉淀可以储存在-20℃，留作后续分析，或者按照步骤 4 中的方法制备细胞提取物。

> 注意：使用带有一次性吸头的移液器吸取 PBS。将吸头置于液体的表面轻轻吸取液体，在将液体从离心管吸出来的过程中，将吸头尽量远离细胞沉淀，同时要将微型离心管壁上的上清液吸取干净。

细胞提取物的制备

4. 通过反复冻融法或含去垢剂溶液温育法裂解细胞。后者可使β-半乳糖苷酶和其他标记基因在 96 孔微量滴定板上检测而显得更高效快捷（Bignon et al. 1993）。

通过反复冻融法裂解细胞的方法

i. 将从 90mm 板上收集的细胞重悬在 100μL 0.25mol/L 的 Tris-Cl 缓冲液中，剧烈混匀使细胞分散。

ii. 将细胞在干冰/乙醇浴中冻结，然后在 37℃解冻，重复三次后，裂解细胞。尤其注意裂解细胞时的 EP 管用不溶于乙醇的墨水笔标记。

iii. 在 4℃以最大转速离心裂解后的细胞悬液 5min，并且将上清液转移至新的离心管。

iv. 将上清液中的 30μL 留作β-半乳糖苷酶实验，将剩余上清液存储在-20℃。

> 注意：用于检测实验的细胞提取物的具体量，取决于驱动β-半乳糖苷酶基因表达的启动子的强度、细胞转染的效率、检测中的孵育时间。如果采用热处理的方法去除掉细胞内源的β-半乳糖苷酶，可以在试验前 50℃孵育细胞裂解液 45～60min。萤光素酶也可以被预热处理方法灭活，经过预热处理的细胞可以分别在不同的 EP 管中被检测。

用含去垢剂的缓冲液裂解细胞

i. 将步骤 3 得到的细胞沉淀重悬于 500μL 裂解液中，37℃孵育 15min。通常每 35 mm 培养板培养的细胞用 30μL 裂解液进行细胞提取物的制备。

ii. 室温下最大转速离心 10min，去除沉淀，并将上清液重新转移至新离心管。

iii. 将 30μL 的上清液用于 β-半乳糖苷酶检测。将剩余的液体在液氮中快速冻结，并长期保存于-70℃。

注意：用于检测实验的细胞提取物的具体量，取决于驱动β-半乳糖苷酶基因表达的启动子的强度、细胞转染的效率、检测中的孵育时间。如果采用热处理的方法去除掉细胞内源的β-半乳糖苷酶，可以在试验前 50℃孵育细胞裂解液 45～60min。萤光素酶也可以被预热处理方法灭活，经过预热处理的细胞可以分别在不同的 EP 管中被检测。

检测β-半乳糖苷酶

5. 对每份待检测的转染细胞的裂解液，应混合：

Mg^{2+}溶液（100×）	3μL
ONPG（1×）	66μL
细胞提取物	30μL
磷酸钠盐（0.1mol/L，pH 7.5）	201μL

在整个实验中较为重要的部分是阳性对照和阴性对照的设立。设立两种对照的目的是为了检测内源性的抑制剂和β-半乳糖苷酶。所有的对照需要添加 30μL 空转染细胞的提取物。此外，阳性对照需要加入 1μL 的商业化大肠杆菌β-半乳糖苷酶（50U/mL）制剂。β-半乳糖苷酶的商品化制剂是将 3000U/ml 的β-半乳糖苷酶稀释在 0.1mol/L 磷酸钠（pH7.5）溶液中。在使用前，将 1μL 的β-半乳糖苷酶母液添加至 60μL 的 0.1mol/L 磷酸钠溶液（pH 7.5），得到工作浓度为 50U/mL 的酶。大肠杆菌的β-半乳糖苷酶的 1 个单位定义为是 37℃，1min 水解 1μmoL 的 ONPG 底物所需的酶量。

6. 在 37℃孵育 30min 或反应直至出现浅黄色。在大多数类型的细胞裂解液中，内源性β-半乳糖苷酶的活性非常低，即便孵育时间长达 4～6h。

7. 在每个试管中加入 500μL 1mol/L 的 Na$_2$CO$_3$ 终止反应。使用分光光度计，在 420nm 波长处读取溶液的吸光光度值。

该检测方法的线性范围是 0.2～0.8 OD$_{420}$。如果测出的实验结果超出这个范围，通过减少蛋白量重复实验。通常将提取物稀释在 0.25mol/L Tris-Cl（pH7.8）的溶液中降低蛋白浓度。

讨论

生物化学家计算β-半乳糖苷酶的特异活性，并将β-半乳糖苷酶的活性值表述为每毫克细胞蛋白的酶活单位。1 单位的大肠杆菌的β-半乳糖苷酶被定义为在 37℃，1min 水解 1μmol ONPG 底物所需的酶量。这个数值可以用来标定已确定表达特异活性的标志基因的表达强度。然而许多分子生物学家仅简单地将在单位体积内报道基因的活性与β-半乳糖苷酶活性的比值作为表征转染效率的参量，而通常忽略特异性活性的计算。

附加方案 化学发光实验检测β-半乳糖苷酶活性

下述方案使用的是化学发光底物（2′-螺旋金刚烷基）-4-甲氧基-4-（3′-β-吡喃型半乳糖苷）苯-1,2-二氧环丁烷 AMPGD（也叫 Galacton Star）和光敏增强剂宝石蓝-II。β-半乳糖苷酶检测时所处的溶液环境通过水诱导的猝灭降低了化学发光信号的强度。解决这一问题的有效方法是添加增强子，它可以通过将水与化学信号产生的位点隔离，增强光线信号的释放效率（Bronstein et al. 1996）。祖母绿增强剂是通常使用的增强剂，是一种溶于水的四聚体的盐，为含有 0.1%萤光素钠的聚苄基甲基乙烯基苄基氯化铵。通常添加祖母绿增强剂可以使光量子的产生效率增加 100 倍。其他的基于特异性底物和特异性用途的化学发光增强剂也被研制和广泛应用于实际科研检验中。在这些增强剂中，有的可以增加信号强度，但有的仅仅是提高了信噪比。虽然祖母绿和祖母绿 II 增强剂比起其他增强剂可以产生更多的信号强度，但是因为光电探测器的饱和不太可能发生，祖母绿和宝石蓝-II 增强剂可以产生更大的动态光谱动态范围。大部分增强剂将光吸收的最大波长略微偏离 475nm，从而避免了来自二氧杂环丁烷的干扰（表 17-2）。

表 17-2 利用化学发光方法检测β-半乳糖苷酶活性时常用的增强剂

增强剂组成	吸收波长/nm	信号强度	信噪比
祖母绿	542	高	高
宝石蓝	461	中度	最高
宝石红	620	中度	中度

附加材料

为正确使用本方案中的器材和危险试剂，必须查阅相应的材料安全数据表并咨询所在机构的环境卫生和安全办公室。

本方案的专用试剂标注<R>，配方在本方案末提供。常用储备溶液、缓冲液和试剂标注<A>，配方见附录 1。储备溶液应稀释至适用浓度后使用。

试剂

化学发光性β-半乳糖苷酶底物（例如，来自 Applied Biosystem 公司的 Galacton-Star 底物；或者将 Galacto-Star 反应底物用 Galacto-Star[1] 反应液稀释，目录号 T1056）

大多数供应此项底物的公司是提供底物 50×标准浓度储液。也有提供粉状底物的，通常配制成终浓度为 10mg/mL 的反应液比较合适。

反应液<R>

反应稀释液<R>

宝石蓝-II[1] 增强剂（多聚苄基三丁基氯化铵）

设备

X 射线胶片

化学发光法可以用 X 射线感光胶片记录结果，不过这个方法并没有被广泛使用，是因为相比起光敏检测仪器，其检测阈值更低。虽然在信号强度较高的时候，X 射线感光胶片法的确能产生持久性的可视结果，而荧光光度计常用于对信号的定量检测。

方法

β-半乳糖苷酶活性检测中细胞裂解液的制备

1. 用方案 1 的步骤 1～4 制备转染后细胞的提取液，并留取 10～40μL 的细胞裂解液用作β-半乳糖苷酶的检测实验。

---

1 Galacto-Star 和宝石蓝染料是 Applied Biosystem 的注册商标。参见 http://www3. appliedbiosystems.com/ cms/ groupsportal/documents/generaldocuments/cms_073784.pdf 的技术资料。

注意：用于检测实验的细胞提取物的具体量，取决于驱动β-半乳糖苷酶基因表达的启动子的强度、细胞转染的效率、检测中的孵育时间。如果采用热处理的方法去除掉细胞内源的β-半乳糖苷酶，可以在试验前50℃孵育细胞裂解液45～60min。萤光素酶也可以被预处理方法灭活，经过预热处理的细胞可以分别在不同的EP管中被检测。

检测β-半乳糖苷酶的化学发光实验

2. 将整个实验中用到的反应液和反应底物预热至室温。

大多数的商业化β-半乳糖苷酶底物提供稀释液和50×母液。在这种情况下，将4μL的反应底物添加至196μL的反应液中。如果提供的底物浓度为10mg/mL，则需要在每个反应体系中添加200μL。根据检测实验的数目决定配制反应液的总体积量。

3. 将不同样本的10～40μL的细胞裂解液分装至加样管中（或者添加至白色平底的不透明微量滴定96孔板中）。

为了保持检测信号始终在线性检测范围内，需要随时调整细胞提取物的具体量，如果个别样品在蛋白质表达水平上有较大差异，可以调整样品的稀释倍数，同时保证最终测试体积不变，并根据稀释倍数调整最终读数。

4. 在每种细胞裂解液中添加200μL的反应缓冲液，轻轻混匀。室温（20～25℃）孵育60min。在60min孵育过程中产生的光信号还可以持续大于1h时间，因此孵育后0～60min之间均可以对信号进行检测。

化学发光法对β-半乳糖苷酶的检测

5. 利用管状/平板光度剂或者闪烁计数仪检测化学发光信号。

类似地，X射线胶片可以记录化学发光信号（见下面的步骤6和步骤7）。

管装荧光光度计

　　i. 如果整个检测在使用试管的荧光光度计中进行，则可直接将样品放入仪器，也可以将样品转移至荧光光度计的试管中，再放入配套的仪器中。

　　ii. 在5～10s内检测光吸收信号。

平板荧光光度计

　　i. 将白色平底的96孔微量滴定板放入平板荧光光度计。

　　ii. 在5～10s内，记录光信号。

闪烁计数仪

　　i. 将整个反应液转移至0.5mL微离心管中。

推荐使用保持样品的直立放置的闪烁计数仪的适配子。

　　ii. 将试管置于闪烁计数仪适配子的固定垫中，并将适配子放在闪烁计架上，将信号的收集时间设置为15s以上。

　　iii. 使用闪烁计数仪上的单光子计数程序检测化学发光信号。

在使用该计量方法时，需咨询相应的仪器制造商进一步了解单光子计量软件。

X射线胶片

也可以将X射线胶片覆盖在白色平底不透明的96孔微量滴定板上记录发出的光。在感光胶片上的点状结果可以通过于阳性和阴性对照的比较中进行定量分析。注意，X射线感光胶片的灵敏度比起荧光光度计和闪烁计数仪的计量方法低几个数量级。

6. 将X射线胶片覆盖在微量滴定器平板上，并用塑料膜包裹胶片，将硬物置于胶片上使其保持固定的位置。

7. 将感光胶片在室温下曝光5～30min。

配方

为正确使用本方案中的器材和危险试剂，必须查阅相应的材料安全数据表并咨询所在机构的环境卫生和安全办公室。

裂解缓冲液

Tris-Cl（pH 7.8）	0.1mol/L
Triton X-100	0.5%（*V/V*）

如需添加去垢剂（见步骤 4），可使用 0.125%（*V/V*）去垢剂 NP-40 替代此处的 Triton-X 100。

裂解液

磷酸钠盐（pH 7.8）	100mmol/L
Triton X-100	0.2%

Na$_2$CO$_3$（1mol/L）

将 10.6g 无水 Na$_2$CO$_3$ 溶解在 100mL 水中。

ONPG（1×）

将 ONPG 以 4mg/mL 浓度溶解在 0.1mol/L 磷酸钠盐（pH7.5）中。

反应缓冲液

磷酸钠盐（pH 7.0）	100mmol/L
MgCl$_2$	1mmol/L

反应缓冲液的稀释液

磷酸钠盐（pH 7.5）	100mmol/L
MgCl$_2$	1mmol/L
宝石蓝-II增强剂	5%

参考文献

Beale EG, Deeb EA, Handley RS, Akhavan-Tafti H, Schaap AP. 1992. A rapid and simple chemiluminescent assay for *Escherichia coli* β-galactosidase. *BioTechniques* 12: 320–323.

Bignon C, Daniel D, Djiane J. 1993. β-Galactosidase and chloramphenicol acetyltransferase assays in 96-well plates. *BioTechniques* 15: 243–245.

Bronstein I, Martin CS, Fortin JJ, Olesen CE, Voyta JC. 1996. Chemiluminescence: Sensitive detection technology for reporter gene assays. *Clin Chem* 42: 1542–1546.

Hestrin S, Feingold DS, Schramm M. 1955. Hexoside hydrolases. *Methods Enzymol* 1: 231–257.

Jain VK, Magrath IT. 1991. A chemiluminescent assay for quantitation of β-galactosidase in the femtogram range: Application to quantitation of β-galactosidase in lacZ-transfected cells. *Anal Biochem* 199: 119–124.

Lederberg J. 1950. The β-D-galactosidase of *Escherichia coli* strain K-12. *J Bacteriol* 60: 381–392.

Miller JH. 1972. *Experiments in molecular genetics*. Cold Spring Harbor Laboratory, Cold Spring Harbor, NY.

Miller JH. 1992. Procedures for working with *lac*. In *A short course in bacterial genetics: A laboratory manual and handbook for* Escherichia coli *and related bacteria*, Unit 3, pp. 71–80. Cold Spring Harbor Laboratory Press, Cold Spring Harbor, NY.

Pardee AB, Jacob F, Monod J. 1959. The genetic control and cytoplasmic expression of "inducibility" in the synthesis of β-galactosidase by *E. coli*. *J Mol Biol* 1: 165–178.

Simon JA, Lis JT. 1987. A germline transformation analysis reveals flexibility in the organization of heat shock consensus elements. *Nucleic Acids Res* 15: 2971–2988.

方案 2 单萤光素酶报道基因实验

本方案依据萤光素酶测定系统（Promega[1]）分析萤火虫萤光素酶。尽管此分析实验可以使用实验室配置的溶液完成，但在最适的条件下，商业化的萤光素酶报道基因载体和分

---

1 http://www.promega.com/aboutus/corporate/trademarks/.

析试剂盒对萤光素酶的检测可以完美得超过 8 个数量级，灵敏度达到 10^{-20}mol（Wood 1991），一般可以达到 CAT 分析灵敏度的 100 倍（Alam and Cook 1990）。试剂盒包括一个细胞裂解缓冲液、测定底物、测定缓冲液。这些溶液使用方便，价格相对较低，并可做个性化改良以产生更强的信号。例如，本方案中介绍的试剂盒中含有的辅酶 A 能够进行动力学改良（Wood 1991），可以使酶的转换数提高，导致光强度增加，光的持续时间能增加到至少 1min。

不同转染类型的细胞，获得最大萤光素酶活性所需的 ATP 浓度也不同。例如，对于 HepG2 细胞来说，此实验中 ATP 最适浓度为 2mmol/L（Brasier et al. 1989），而在小鼠 L 细胞中，最适浓度则为 0.3mmol/L（Nguyen et al. 1988）。由于过多的 ATP 会因变构抑制导致酶活性降低（DeLuca and McElrov 1984），对于萤光素酶分析中用到的每种细胞系，都应当依据经验来确定 ATP 的最适浓度。如需要考虑影响最佳酶活性测量的其他方面因素，可参考下面信息栏中"萤光素酶活性测定的优化"部分。

萤光素酶活性测定的优化

保证在萤光素酶线性范围内分析是非常重要的。在非线性范围内两种酶样本信号 2 倍的差异可转变为同样样本在线性范围内 100 倍的差异。对于每个转染体系来说，确保获得的信号与加入的裂解液体积相称也是非常重要的。

细胞冻融裂解会导致萤光素酶的失活和低效的复苏（Brasier et al.1989）。因此，缓冲液中包含了非离子化去污剂，如 Triton X-100，是裂解转染细胞质膜以释放胞质萤光素酶的首选。在去污剂的使用浓度下，核膜依然是完整的，不会释放染色质到细胞裂解产物中。新型的人工合成的萤光素酶的作用更加强大，当联合双萤光素酶分析实验使用温和的裂解缓冲液时，可以耐受充分裂解所需的反复冻融（见方案 3）。

在一个特定环境下，转染细胞中萤光素酶表达量是启动子功能强弱的体现，同样也是萤光素酶 mRNA 转运翻译和酶循环动力学功能强弱的体现。尽管在 pGL4 系统中改良的萤光素酶已经消除了很多由酶特性引起的差异，但由于细胞系的不同，在转染后萤光素酶表达量达到最大所需的时间在 16～120h 之间大幅波动。

如果使用荧光光度计，因荧光光度计在高光照强度下可达到信号饱和，在开展实验前首先应测定仪器光检测的线性范围。为了绘制光单位与相对酶浓度的标准曲线，使用添加了 1mg/mL BSA 的 1× 裂解液来稀释萤光素酶(纯化的萤光素酶或者细胞裂解产物)。添加 BSA 是非常必要的，可以保证萤光素酶不会因吸附作用而在溶液中丢失。Promega 公司提供重组萤火虫萤光素酶（QuantiLum Recombinant Luciferase，目录号 E1701）。萤光素酶的活性用细胞裂解液中每毫克蛋白的相对光单位数来表示。

这里叙述的萤火虫萤光素酶基本分析方法是在 Wet 等（1987）和 Promega（2009）描述的方法基础上修改的版本，使用萤光素酶报告 100 测定系统（Promega，目录号 E1500）。此方案使用包含去污剂的溶液来裂解细胞。当需要海肾萤光素酶作为报道基因时，使用海肾萤光素酶检测系统（Promega，目录号 E2810，E2820）。这两种系统的主要区别在于使用的底物不同。海肾萤光素酶的底物使用腔肠，这是一种在化学上有别于 D-Luciferin 的萤光素底物（参见信息栏"萤光素酶"）。试剂盒中已提供了分析所需的所有试剂，实验室也可制备自己的萤光素酶分析试剂。

材料

为正确使用本方案中的器材和危险试剂，必须查阅相应的材料安全数据表并咨询所在机构的环境卫生和安全办公室。

本方案的专用试剂标注<R>，配方在本方案末提供。常用储备溶液、缓冲液和试剂标注<A>，配方见附录 1。储备溶液应稀释至适用浓度后使用。

试剂

细胞裂解液<R>

培养皿中转染了目的 DNA 的哺乳动物细胞

使用第 15 章中的转染方案将萤光素酶报道基因载体转染细胞。重复两次实验。对于高通量的筛选，转染细胞可在≥96 孔的微量滴定板中培养和处理，用可直接从培养板中读数的荧光光度计来计数。

萤光素酶检测缓冲液<R>

萤光素酶检测试剂（Promega，目录号 E1483）<R>

在低于 25℃温度下溶解萤光素酶分析试剂，并在使用前混合均匀。未使用的萤光素酶分析试剂保存在-70℃条件下。每次使用前将试剂恢复到室温。每个反应需要 100μL 萤光素酶分析试剂来起始酶活性。

萤光素酶细胞裂解试剂（CCLR）（Promega，目录号 E1531）

此缓冲液可以用于裂解任意类型细胞。保存在-20℃。1 体积的 5×萤光素酶 CCLR 需添加 4 体积水。使用前需将 1×裂解缓冲液恢复至室温。

萤光素溶液<R>

无钙盐镁盐的磷酸盐缓冲液（PBS）<A>

设备

细胞刮刀（贴壁细胞使用）
荧光光度计
不透光多孔板或荧光光度计管

 方法

光强度是对萤光素酶催化效率的检测，因此与温度相关。萤光素酶活性的最适温度大约为室温（20～25℃）。在测量前将萤光素酶分析试剂充分放置至室温是非常重要的。为了确保达到室温，可将待融化的萤光素酶分析试剂放置于密封管中水浴至少 30min，使其维持与环境温度一致。待测样品也应放置于室温条件下。一般来说，萤光素酶活性在 1×裂解液中可在室温下稳定几小时。如特殊情况不能保证室温，样品可在冰上放置 12h。样品温度过低（0～4℃）将导致酶活性降低 5%～10%。

1. 准备细胞裂解液。

对于贴壁细胞

i. 在转染后 24～72h 之间，用不含钙盐镁盐的 PBS 清洗细胞。加入和吸出 PBS 时动作要轻柔，因为一些哺乳动物细胞（如人胚肾 293 细胞）在太用力地吹打下很容易浮起来。尽量吸除 PBS。

通常，在 24～72h 内萤光素酶基因在转染细胞中表达最强，但还需参考信息栏中"萤光素酶"具体的注释信息。

ii. 添加足够的 1×裂解液覆盖细胞（例如，400μL/60mm 培养皿，900μL/100mm 培养皿，96 孔板每孔 20μL）。

在这一步，培养在 96 孔板中的细胞，如需要的话可储存在-70℃。直接开展实验则可按照萤光素酶分析方案进行。

  iii. 摇动几次培养皿保证裂解液完全覆盖了细胞。轻轻振荡缓冲液，用刮棒将细胞从培养皿中刮下来。将细胞裂解产物转移到 1.5mL 的微量离心管中。继续进行步骤 7。

对于非贴壁细胞

  i. 将细胞移至 15mL 管中。用 PBS 洗细胞，1500r/min 离心 5min。

  ii. 每 10^6 个细胞加入 100μL 裂解液。

  iii. 用微量移液器重悬细胞使其不发生聚团。将裂解产物转移至 1.5mL 微量离心管中。

2. 涡旋振荡微量离心管 10~15s，室温下最高转速（12 000g）离心 5~10min。将上清液小心转移到一个新的 1.5mL 离心管中。

  离心不充分会导致荧光光度计读数不准确。

  培养在 96 孔板中的非贴壁细胞可在用板离心机离心后同样方法处理。

3. 用快速比色分析，如 Bradford 分析（见第 19 章，方案 10）测定裂解产物中总的蛋白浓度。

  在此步骤中细胞裂解产物可在-70℃下保存至少 2 年。

4. 分析萤光素酶。

  萤光素酶分析试剂盒和样品应在分析开始前放置恢复至室温。

手动荧光光度计分析

  i. 每个微量离心管加入 100μL 萤光素酶分析试剂，每个样品一管。

  ii. 使荧光光度计先执行一个 2s 的测量前延迟程序，然后萤光素酶活性读数测量 10s。如果已产生足够的光，可缩短读数时间。

  当使用更短的分析时间时，确认荧光光度计已超过应有的时间段以保证读数取在信号曲线的平坦部分内。

  iii. 向加有萤光素酶分析试剂的微量离心管中加入 20μL 细胞裂解液。吹打 2~3 次混匀或稍稍涡旋振荡。

  iv. 将离心管放入荧光光度计中开始读数。

  见"疑难解答"部分。

带有进样器的单管荧光光度计分析

  i. 用萤光素酶分析试剂预灌注荧光光度计进样器至少 3 次，或按照生产商推荐的方法。

  为避免自动荧光光度计中试剂的损失，尽量去除加样系统中所有残留的液体（如去离子水、乙醇洗液）。将实验中使用的试剂预灌注通过空的进样器，以防止在试剂池中循环往复的试剂被稀释和污染。

  ii. 在荧光光度计管中加入 20μL 细胞裂解液。

  iii. 设定荧光光度计先执行一个 2s 的测量前延迟程序，然后萤光素酶活性读数测量 10s。如果已产生足够的光，可缩短读数时间。

  iv. 将管子放在荧光光度计中，注射 100μL 萤光素酶分析试剂开始读数。

  见"疑难解答"部分。

读板读数荧光光度计分析

  i. 用萤光素酶分析试剂预灌注荧光光度计进样器至少 3 次，或按照生产商推荐的方法。

  为避免自动荧光光度计中试剂的损失，尽量去除加样系统中所有残留的液体（如去离子水、乙醇洗液）。将实验中使用的试剂预灌注通过空的进样器，以防止在试剂池中循环往复的试剂被稀释和污染。

  ii. 编写程序使荧光光度计执行合适的延迟和测量次数。

反应的光强度会持续将近 1min 然后慢慢衰减，半衰期约为 10min，一般延迟时间为 2s，读数时间为 10s。

iii. **放置读板至荧光光度计中，每孔加入 20μL 细胞裂解液。**

使用进样器每孔加入 100μL 萤光素酶分析试剂，然后立刻读数。荧光光度计自动读取读板下一个孔，反复执行注射-读数过程。

iv. **测量 10s 一个周期产生的光强度。**

如果产生足够的光分析时间可大幅缩短。例如，一个 96 孔板总的读数时间可小于 5min。

见"疑难解答"部分。

疑难解答

问题（针对所有分析中步骤 4.iv）：信号超出荧光光度计的线性范围。
解决方案：用 1× 裂解缓冲液稀释样品。

配方

为正确使用本方案中的器材和危险试剂，必须查阅相应的材料安全数据表并咨询所在机构的环境卫生和安全办公室。

▲细胞裂解液及萤光素酶测定试剂须在实验前准备完毕。

细胞裂解缓冲液

试剂	终浓度
双甘氨肽（pH 7.8）	25mmol/L
$MgSO_4$	15mmol/L
EGTA	4mmol/L
Triton X-100	1%（*V/V*）

使用前，用 1mol/L 的二硫苏糖醇储存液使其终浓度为 1mmol/L。测试每 100mm 培养皿细胞约需要 1mL 细胞裂解缓冲液。

萤光素酶检测缓冲液

试剂	终浓度
磷酸氢二钾（pH 7.8）	15mmol/L
双甘氨肽	25mmol/L
$MgSO_4$	15mmol/L
EGTA	4mmol/L
ATP	2mmol/L

使用前，用 1mol/L 的二硫苏糖醇储存液使其终浓度为 1mmol/L。

萤光素酶检测试剂

1. 将萤光素酶检测缓冲液（Promega；目录号 E4550 105 mL；其他体系 10mL）加入装有冻干的萤光素酶分析底物（Promega，目录号 E151A）的小瓶中。

2. 将溶解的试剂进行分装，避免反复冻融。分装后可在 -20℃储存 1 个月以上，或在 -70℃储存 1 年以上，但不能放置在干冰中。

也有直接使用的萤光素酶检测试剂（Promega，目录号 E1483）。

萤光素溶液

试剂	终浓度
双甘氨肽	25mmol/L
$MgSO_4$	15mmol/L
EGTA	4mmol/L
Luciferin	0.2mmol/L

使用前，用 1mol/L 的二硫苏糖醇储存液使其终浓度为 1mmol/L。萤光素溶液中加入 1～2μmol/L CoA 可产生更强、更持久的光强度。

参考文献

Alam J, Cook JL. 1990. Reporter genes: Application to the study of mammalian gene transcription. *Anal Biochem* **188**: 245–254.

Brasier AR, Tate JE, Habener JF. 1989. Optimized use of firefly luciferase assay as a reporter gene in mammalian cell lines. *BioTechniques* **7**: 1116–1122.

DeLuca M, McElroy WD. 1984. Two kinetically distinguishable ATP sites in firefly luciferase. *Biochem Biophys Res Commun* **123**: 764–770.

de Wet JR, Wood KV, DeLuca M, Helinski DR, Subramani S. 1987. Firefly luciferase gene: Structure and expression in mammalian cells. *Mol Cell Biol* **7**: 725–737.

Nguyen VT, Morange M, Bensaude O. 1988. Firefly luminescence assays using scintillation counters for quantitation in transfected mammalian cells. *Anal Biochem* **171**: 404–408.

Promega. 2009. Promega Technical Bulletin on Luciferase Assay System. http://www.promega.com/~/media/Files/Resources/Protocols/Technical%20Bulletins/0/Luciferase%20Assay%20System%20Protocol.ashx.

Wood KV. 1991. The origin of beetle luciferases. In *Bioluminescence and chemiluminescence: Current status* (ed Stanley P, Kricka L), pp. 11–14. Wiley, Chichester, UK.

网络资源

Protocols and Applications Guides: Bioluminescent Reporters

http://www.promega.com

方案 3　双萤光素酶报道基因实验

此方案改编自 Promega 公司的双萤光素酶报告测定系统[1]。该方法使用萤火虫萤光素酶和海肾萤光素酶，在单一样品中依次检测这两种酶的活性。在加入可以产生稳定萤光信号的化学试剂之后，萤火虫萤光素酶的活性被第一个检测。随后加入第二种化学试剂，在猝灭萤火虫萤光素酶活性的同时，激活海肾萤光素酶的反应。在加入这个试剂 1s 时间内，萤火虫萤光素酶的猝灭速度至少是伴随着的海肾萤光素酶激活速度的 10^5 倍（这里的猝灭指的是剩余荧光强度≤0.001%）。这个试剂同样可以稳定海肾萤光素酶信号，使得在测量过程中信号的衰减速度降低。这个方法快速、灵敏、特异性强，即使使用手工荧光光度计操作，两种萤光素酶报道基因的活性也能在 30s 内完成。两种报道基因在任何检测的宿主细胞中不存在内源活性，萤火虫萤光素酶线性检测灵敏度可≤1fg（约 10^{-20}mol），海肾萤光素酶活性的检测灵敏度可达约 30fg（约 $3×10^{-19}$mol）。萤光素酶活性可表述每毫克细胞裂解蛋白所发出的荧光强度。在这个实验方案中，两个完全独立的萤光素酶活性同时被检测，而两者的荧光强度的比值可以作为报道基因活性的检测方法。

共转的质粒中的启动子的反式作用很有可能影响报道基因的表达（Farr and Roman 1992），尤其是当启动子的活性很强的时候。在实验前优化转染混合物中载体 DNA 的量和报道基因的比例是一个十分明智的做法。萤火虫萤光素酶和海肾萤光素酶检测实验的敏感性，以及荧光光度计检测的宽大线性范围（一般有 5~6 个数量级）可以精确测定差距很大的实验组和对照组的荧光光度值。因此，可以加入相对少量的对照组报道基因来得到一个低水平和组成性表达的对照组萤光素酶活性。建议使用实验组载体和对照组报道基因载体的比值大约为 10∶1 到 50∶1（或者更大）的组合抑制启动子之间的反式作用。

---

1 http://www.promega.com/aboutus/corporate/trademarks.

材料

为正确使用本方案中的器材和危险试剂，必须查阅相应的材料安全数据表并咨询所在机构的环境卫生和安全办公室。

本方案的专用试剂标注<R>，配方在本方案末提供。常用储备溶液、缓冲液和试剂标注<A>，配方见附录 1。储备溶液应稀释至适用浓度后使用。

试剂

培养的转染了萤火虫萤光素酶和海肾萤光素酶表达 DNA 载体的哺乳动物细胞

按照具体的实验要求和已有载体的基因特点，萤火虫萤光素酶和海肾萤光素酶可以被交替用于对照组或者实验组的报道基因。萤光素酶报道基因载体转染细胞（使用第 15 章中的转染方法的一种）。重复两次实验。高通量筛选中，转染的细胞可在≥96 孔的微量滴定板中培养和处理，用可直接从培养板中读数的荧光光度计来计数。

pGL4 系列的载体可以为对照组的报道基因的表达提供一个方便启动子。在海肾 pGL4 系列载体中可选择三种启动子，分别是单纯性疱疹病毒（herpes simplex virus, HSV）、胸苷激酶（thymidine kinase, TK）、猴肾病毒 40（simian virus 40, SV40）和巨细胞病毒（cytomegalovirus, CMV）。TK 启动子提供从低到中等水平的海肾蛋白的表达水平，它是在众多保证双报道基因蛋白表达水平超过背景 3 个数量级的共转染实验中最常用也是最好的选择。这些表达水平并不高，因此对照组载体不会与实验组载体竞争表达。

萤光素酶检测试剂 II（Luciferase Assay Reagent II, LAR II, Promega）<R>
被动裂解缓冲液（Passive Lysis Buffer, PLB, Promega）<R>

加 4 倍体积的水到 1 倍体积的 5×PLB 中，混合均匀。使用前，将 1×裂解缓冲液恢复到室温。

不含钙盐和镁盐的磷酸盐缓冲液（PBS）<A>
Stop & Glo[1] Reagent (Promega)<R>

设备

细胞刮刀（贴壁细胞使用）
荧光光度计
不透明的多孔板或者荧光光度计用小管
硅化聚丙烯管或者小的玻璃瓶

方法

1. 准备细胞裂解液。

利用刮刀主动裂解贴壁的细胞

i. 在转染后 24～72h 之间，吸去培养细胞的培养基，用不含钙盐和镁盐的 PBS 洗细胞。加入和吸出 PBS 时动作要轻柔，因为一些哺乳动物细胞（如人胚肾 293 细胞）在太用力地吹打下很容易浮起来。尽量吸除 PBS。

通常，在 24～72h 内萤光素酶基因在转染细胞中表达最强，但还需参考信息栏中 "萤光素酶" 具体的注释信息。

ii. 每个培养皿中加入足够的 1×PLB 覆盖细胞（例如，200μL/35mm 培养皿，400μL/60mm 培养皿，1mL/100mm 培养皿，250μL /6 孔板的每个孔或者 100μL/12 孔板每个孔）。使用细胞刮刀刮下贴壁细胞。

试剂盒中提供的裂解缓冲液不需要使用非离子去污剂，如 Triton X-100，它可以增强空肠、海肾萤光素酶的底物的自发萤光。此外，裂解缓冲液中加入了消泡剂，可以阻滞试剂经过自动加样装置强力注入样品时产生的气泡。气泡的消除更有利于持续检测输出的萤光并且防止仪器的污染。

---

1 http://www.promega.com/aboutus/corporate/trademarks.

iii. 吹打裂解液数次获得均一的悬浮液。

iv. 把裂解液移到另一个试管或者小瓶子里，进行步骤 2 和步骤 3。采用台盼蓝不相容试验检测细胞活性来确定细胞是否完全裂解。

　　见"疑难解答"部分。

　　通常，在 LTR 检测前没有必要清除裂解液中的细胞碎片。然而，如果需要对蛋白质浓度定量（步骤 2），需要用冷冻微量离心机以最高转速离心 30s 获得上清液。转移上清液到新的管子中，留作浓度检测和报道基因分析用。

细胞活性检测

台盼蓝是一种活体染料，能够选择性扩散进死细胞中，从而区分活细胞和死细胞。

1. 将 1 倍体积的 0.4%台盼蓝和 1 倍体积的细胞悬浮液混合，室温下孵育约 3min。
2. 在血细胞计数板上滴一滴混合液，混匀 3~5min，光学显微镜下观测。没有染色的细胞代表活着的细胞。

被动裂解生长在多孔板的贴壁细胞

i. 吸去培养基，用足够的 PBS 轻柔地清洗细胞，随后完全吸去 PBS。

ii. 每个培养皿中加入足够的 1×PLB 覆盖细胞（例如，200μL/35mm 培养皿，400μL/60mm 培养皿，1mL/100mm 培养皿，250μL/6 孔板每个孔或者 100μL/12 孔板每个孔）。

　　参考步骤 1.ii.

iii. 室温下，在摇摆平台或轨道振动器上温和地摇晃培养皿长达 15min 以保证细胞被裂解液完全覆盖。进行步骤 2 和步骤 3。

　　见"疑难解答"部分。

　　因为在 LTR 检测前没有必要清除裂解液中的细胞碎片，报道基因检测完全可以直接在培养皿的孔上进行。

　　然而，蛋白质浓度定量需要将细胞裂解液转移至试管或小管子，用冷冻微量离心机以最高转速离心 30s 获得上清液。

　　96 孔板里的非贴壁细胞可用板离心机离心后同样方法处理。

裂解贴壁细胞

i. 将贴壁细胞转移到 15mL 的管子里。用 PBS 清洗细胞，1500r/min 离心 5min。

ii. 每 10^6 个贴壁细胞加入 100μL 裂解液。

iii. 微量移液器吹散细胞团来重悬细胞。将裂解液转移到一个 1.5mL 的离心管中。进行步骤 2 和步骤 3。

2.（可选）一般可以通过快速的比色来确定裂解液中蛋白质浓度，如 Bradford 测定（参考第 19 章，方案 10）。推荐用水或者不含去垢剂或还原剂的缓冲液稀释裂解液，以降低 PLB 的背景效应。在同样的缓冲液中用 BSA 建立一个蛋白质浓度标准曲线。细胞裂解液可以在 -70℃存放最少 2 年。

3. 双萤光素酶报道基因检测。

LARII、Stop & Glo 试剂和测试样品需要在检测萤光素酶前恢复到室温。

手动荧光光度计分析

i. 在每个光度计测试管中加入 100μL 的 LAR II 试剂，一个样品一管。

ii. 设定荧光光度计先执行一个 2s 的测量前延迟程序，然后每个报道基因的读数测量时间为 10s。

iii. 在含 LAR II 的光度计测试管中加入 20μL 细胞裂解液，移液管吹打混匀 2~3 次。

▲切记不要涡旋振荡，因为涡旋振荡会使萤光素酶溶液形成微膜覆盖在管子的周边，不利于与后续的 Stop & Glo 试剂混合。

iv. 将测试管放入光度计，起始阅读，记录所测的萤火虫萤光素酶活性数值。

v. 加入 100μL 的 Stop & Glo 试剂，稍作振荡混匀，将样品放回光度计，起始阅读，记录海肾萤光素酶活性的数值。

vi. 每个管子重复步骤 iii～v。

带有进样器的单管荧光光度计分析

i. 用 LAR II 试剂预灌注荧光光度计的进样器至少 3 次，或者按照使用 LAR II 试剂的仪器手册推荐的方法。

为避免自动荧光光度计中试剂的损失，尽量去除加样系统中所有残留的液体（如去离子水、乙醇洗液）。将实验中使用的试剂预灌注通过空的进样器，以防止在试剂池中循环往复的试剂被稀释和污染。

ii. 在每个光度计的测试管中加入 100μL 的 LAR II 试剂，一个样品一管。

iii. 设定荧光光度计先执行一个 2s 的测量前延迟程序，然后每个报道基因的读数测量时间为 10s。

iv. 在含 LAR II 的光度计测试管中加入 20μL 细胞裂解液到光度计测试管中，移液管吹打混匀 2～3 次。

▲切记不要涡旋振荡，因为涡旋振荡会使萤光素酶溶液形成微膜覆盖在管子的周边，不利于与后续的 Stop & Glo 试剂混合。

v. 将测试管放入光度计，起始阅读，记录所测的萤火虫萤光素酶活性数值。

vi. 加入 100μL 的 Stop & Glo 试剂，稍作振荡混匀，将样品放回光度计，起始阅读，记录海肾萤光素酶活性数值。

vii. 重复步骤 ii～vi 直到所有的样品被测完。

读板读数荧光光度计分析

i. 一个进样器用 LAR II 试剂预灌注，另一个进样器用 Stop & Glo 试剂预灌注。给荧光光度计设置合适的延滞/检测时间（2s 的测定前延迟时间后跟着 10s 测定时间）和注射体积（每种试剂 100μL）。

ii. 将每孔加了 20μL 细胞裂解液的板直接放入荧光光度计。

进样器在孔中加入 100μL 的 LAR II，然后这个孔的读数被迅速检测。随后加入 Stop & Glo 试剂，海肾萤光素酶活性被检测。荧光光度计移到另一个孔，反复执行注射-读数过程。

讨论

背景荧光产生的原因

当检测非常少量的萤光素酶时，可能很有必要从总的荧光信号中排除背景信号。就萤火虫萤光素酶的测定而言，背景荧光主要来自仪器和样品管。样品管的背景信号（尤其是有聚苯乙烯造的样品管）可能源于静电或者磷光。样品管的操作和储存要仔细小心静电的产生，而且样品在荧光检测前应该远离阳光或者非常亮的光源。

荧光光度计的电子设计也可以很大地影响它能检测到的背景信号的水平。许多荧光光度计在缺少荧光样品时也不能读到"0"。为了确定由仪器和样品管带来的背景信号，一般采用以下步骤。

1. 用 PLB 制备没有转染的对照组细胞（nontransfected control cell, NTC）的裂解液。

2. 在 20μL 的 NTC 裂解液中加入 100μL 的 LAR II。

3. 检测荧光活性。

哺乳动物细胞裂解液不表达内源的荧光素活性；NTC 裂解液中低的、可见的荧光可能来源于仪器，也可能来自于进行萤光素酶反应的测量板或者测量管。因为背景信号中的相对噪声非常大，需要执行 5～10 次光度计的阅读，获得具有统计意义的仪器、测量板或测量管背景的平均读数。

使用高质量的不透明物板可以防止邻近孔信号的溢出，而这正是高荧光信号的另一来源。除此之外，荧光光度计的机件和阅读单个孔荧光信号的能力需要在正式实验之前加以检测。每个仪器注射的方法和检测荧光的方式都是不同的，这会造成很明显的互相干扰。

除了以上的背景荧光的来源之外，腔肠素在溶液中的非酶促氧化发出的自发荧光也可以影响海肾萤光素酶活性的检测。尽管这种现象很少会发生，PLB 和 Stop & Glo 试剂也可以明显地减少这种现象对结果的影响。可以按照下面的方法检测荧光背景，从而去除荧光背景对全部海肾萤光素酶测量值的影响。

1. 使用 PLB 制备 NTC 细胞裂解液。

2. 在 20μL 的 NTC 裂解液中加入 100μL 的 LAR II。

3. 在样品测量管中再加入 100μL 的 Stop & Glo 试剂。

4. 检测荧光活性。

最后，如果海肾萤光素酶的荧光反应的亮度比开始的萤火虫萤光素酶荧光反应亮度少 1000 倍，萤火虫萤光素酶反应残留的荧光可以影响海肾萤光素酶的测量值。萤火虫萤光素酶对海肾萤光素酶活性的影响也可以发生以下两种情况：Stop & Glo 试剂与样品和 LAR II 的混合液的混合不充分，或者开始注射进入的 LAR II 覆盖在测量管的管壁，但是再次注射入的 Stop & Glo 试剂不能覆盖相同的部位。这种情况下，按照下面的方法检测荧光背景。

1. 使用 PLB 制备表达高水平的萤火虫萤光素酶细胞的裂解液。

2. 在 20μL 的 NTC 裂解液中加入 100μL 的 LAR II。

3. 检测萤火虫萤光素酶的活性。

4. 加入 100μL 的 Stop & Glo 试剂。

5. 测定荧光。

6. 减去肠腔素酶自发荧光和仪器而产生的背景荧光（上面检测到的）。

荧光光度计进样器的清洗

完全清洗暴露在 Stop & Glo 试剂中的进样器十分重要。一种萤光素酶猝灭成分与塑料材料有温和但可逆的亲和性。因此，痕量的荧光猝灭试剂能够污染样品，明显抑制萤火虫萤光素酶报道基因的活性。Stop & Glo 试剂应使用特有的进样器。在一轮检测之后，使用下面的实验方案保证进样器是干净且可以用于下一次检测的。

1. 用大约 3 次泵空体积的去离子水重复灌注/清洗清除进样器中的 Stop & Glo 试剂。

2. 准备 70%的乙醇作为清洗试剂。用至少 5mL 的 70%乙醇注入进样器，完全注满系统的空隙体积，清洗系统的整个管道，这样可以让进样器浸泡在乙醇清洗液中至少 30min。

一些泵需要在乙醇清洗试剂中超过 30min 来完成完全的表面清洗（参考制造商的操作指南）。除装备有聚四氟乙烯管的荧光光度计，装备其他类型的管子，如聚乙烯管，需要延长浸泡时间到 12～16h（过夜）来确保将进样器中的 Stop & Glo 试剂完全清除。

用大约 3 次泵空体积的去离子水完全清洗掉所有残留的乙醇。

疑难解答

问题（步骤 1）：细胞裂解不充分。

解决方案：细胞长得过多会不易于彻底裂解。可以增加 PLB 的体积或者延长处理的时间来保证完全的裂解。细胞在准备裂解的时候，细胞的融合度应该≤95%。在某些情况下，对细胞进行数次的冻融循环将能保证细胞的完全降解。

配方

为正确使用本方案中的器材和危险试剂，必须查阅相应的材料安全数据表并咨询所在机构的环境卫生和安全办公室。

萤光素酶检测缓冲液（LAR II）

这种试剂主要用来重悬试剂盒中在 LAR II 中冻干的萤光素酶检测底物。LAR II 在-20℃可以稳定保存 1 个月。反复冻融 LAR II 会降低检测效果。因此，一般将多余的 LAR II 分装成几份用于每次实验并冻存在-70℃，这能稳定保存长达一年。因为 LAR II 的组分是热不稳定的，冻住的组分一般置于室温下的水浴中融化。融化了的试剂在使用前必须通过颠倒小瓶几次或者温和地振荡混匀 LAR II 中密度和组分形成的梯度。

被动裂解缓冲液（PLB）（提供的是 5×浓度）

使用前一般将 1 倍体积的 5×PLB 加入到 4 倍体积的蒸馏水中混匀配成足量的 1×工作液。剩下的 5×PLB 应该放在-20℃保存。这种缓冲液不需要刮除细胞或者反复冻融（主动裂解）快速裂解培养的哺乳动物细胞。额外的 PLB 可以独立地购买（Promega，目录号 E1941）。

Stop & Glo 试剂

在玻璃瓶或硅酮处理的聚丙烯管中，用 50 倍体积的 Stop & Glo 缓冲液稀释 50×Stop & Glo 试剂。理论上 Stop & Glo 试剂是现配现用。该试剂 22℃保存48h 活性会下降 8%。如有必要，Stop & Glo 试剂可以放在-20℃保存 15 天，活性不发生下降。它可以在室温下反复冻融 6 次，而活性只下降 15%。

已准备的冷冻保存的试剂应该在室温下的水浴中融化，而且使用前要混合均匀，以避免刚解冻的时候存在密度和组分梯度。

参考文献

Farr A, Roman A. 1992. A pitfall of using a second plasmid to determine transfection efficiency. *Nucleic Acids Res* 20: 920. doi: 10.1093/nar/20.4.920.

网络资源

Protocols and Applications Guides: Bioluminescent Reporters http://www. promega.com

方案 4　酶联免疫吸附试验定量检测绿色荧光蛋白

作为报道分子，绿色荧光蛋白（green fluorescent protein，GFP）主要用于观察转染基因的表达并追踪 GFP 融合蛋白。由于 GFP 浓度和其荧光强度的短期线性关系，用荧光强度测量 GFP 蛋白丰度的方法并不灵敏。但是，具有与 GFP 高度结合能力的特异性抗体的应用，使得精确测量 GFP 表达水平的相关实验得以发展，甚至可以达到皮摩尔数量级的水平。关于 GFP 及相关荧光蛋白分子特征的描述，详见信息栏"荧光蛋白"。

本方案提供了酶联免疫吸附试验（enzyme-linked immunosorbent assay，ELISA）的概述。这项技术被用于量化转染细胞中 GFP 的表达水平。目前，许多商品化的 GFP-ELISA 试剂盒也可用来替代这份方案。它们通常用预涂有 GFP 抗体的 96 孔板，采用一种三步 ELISA 方案进行试验。这些试剂盒提供纯化的作为标准化的 GFP、抗 GFP 一抗的抗体，检测抗体二抗和底物。这里描述的方案是间接 ELISA 实验，应用抗 GFP 的一抗和结合有辣根过氧化酶的二抗，辣根过氧化酶的活性可用比色法来测定。为了得到精确的量化结果，可用已知浓度的纯化 GFP 蛋白溶液建立标准化曲线。这份方案只要换用其他相应特异性的一抗，可普适于其他任何报道分子蛋白。

材料

为正确使用本方案中的器材和危险试剂，必须查阅相应的材料安全数据表并咨询所在机构的环境卫生和安全办公室。

本方案的专用试剂标注<R>，配方在本方案末提供。常用储备溶液、缓冲液和试剂标注<A>，配方见附录 1。储备溶液应稀释至适用浓度后使用。

试剂

碳酸氢盐/碳酸盐包被缓冲液（100mmol/L）<R>

抗原应在包被缓冲液中稀释，以便于将抗原固定在涂板上。

封闭液（含有 1%BSA 的 PBS）

用于封闭蛋白结合位点，并作为一抗和二抗的稀释液。请在使用前稀释，稀释浓度按照制造商的建议浓度，一般为 1：10 至 1：1000。

转染了可编码 GFP 的质粒的哺乳动物细胞的细胞裂解液

生色底物：TMB 溶液（0.4 mg/mL）和过氧化氢溶液（含 0.02%过氧化氢的柠檬酸缓冲液）

使用前，等体积混合两种溶液。预混合的稳定溶液为含有色原体和过氧化氢的溶液，这两种原料已有商业化产品。关于上述试剂的更多信息，请参见信息栏"用于酶联免疫反应吸附测定（ELISA）的色原体"部分。

GFP，纯化的（用于制作标准曲线）

一抗

来源于任何物种的抗 GFP 抗体均可使用，但需确保此抗体设计用于 ELISA 试验。

二抗，连接有辣根过氧化酶

酶联的二抗必须对一抗具有种属和个体特异性。连接有碱性磷酸酶的抗体可作为辣根过氧化酶的替代物。请选择一种能与哺乳动物细胞裂解液来源兼容的结合酶。肺泡细胞含有高水平的碱性磷酸酶，而红细胞中含有高水平的过氧化物酶。这些内源的酶可能会造成很高的背景噪声，影响结果判读。

终止液（2mol/L H_2SO_4）

洗液（含有 0.05% Tween -20 的 PBS 溶液）

设备

ELISA 平板（96 孔）

塑料覆盖物（在孵育的过程中密封 ELISA 平板）

酶标仪（96 孔）

用于酶联免疫反应吸附测定（ELISA）的色原

连有碱性磷酸酶的抗体应用最广泛的底物是 pNPP（p-nitrophenyl phosphate，对硝基磷酸苯酯）。在室温下孵育 15～30min 后，反应中生成可在 405nm 下检测的黄色硝基苯。在反应体系中加入等体积的 0.75mol/L NaOH 可终止上述反应。

连有辣根过氧化物（HRP）的酶，其底物是可分解为水和氧气的过氧化氢。这一反应伴随着氢供体（色原）的氧化作用，而色原在这一过程中发生颜色变化。与辣根过氧化酶一起使用的色原有：

- TMB（四甲基联苯胺）。这是应用最广泛的辣根过氧化酶的色原底物。随着氧化反应的进行，这一底物在 370nm 和 652nm 处存在蓝色的吸收峰。添加硫酸或磷酸可终止反应并使产物颜色变为黄色，该产物在 450nm 处具有吸收波长。2mol/L H_2SO_4 即可终止反应的进行。
- OPD（邻苯二胺盐酸盐）是一种光敏性的底物，其终产物的吸收波长在 492nm 处。
- ABTS（2,2′-连氮-双[3-乙基苯并噻唑啉磺酸]）可生成绿色终产物，这种产物的吸收波长在 416nm 处。

 # 方法

用抗原包被孔

1. 取 50μL 经碳酸盐涂层缓冲液稀释的抗原（即细胞裂解液），用其包被 96 孔的 ELISA 平板。抗原浓度不应超过 20μg/mL。重复试验三次。应在试验过程中设置一个仅有碳酸盐涂层缓冲液而没有任何抗原的空白孔作为对照。

2. 用包被缓冲液梯度稀释纯化的 GFP 溶液，各取 50μL 包被平板，制备标准曲线。

> 高浓度的 GFP 溶液可使相应孔中的蛋白结合位点发生饱和，导致误差。通常，纯化蛋白的最大值≤2μg/mL。如果需要，可使用更广泛的抗原浓度区间，通过标准化实验的方法构建不同的标准曲线，从而确定一抗灵敏度的线性范围；或可从抗体的制造商处获得这一范围值。

3. 用表面有黏合剂的干净塑料薄膜覆盖平板，以防平板干涸，并将平板在室温下孵育 2h 或在 4℃条件下孵育过夜。

4. 弃掉平板中的包被液，并用 200μL 洗液洗三次。在水槽上轻晃平板，去除 PBS。在一叠纸巾上拍打平板去除残余的洗液。

封闭自由的蛋白质结合位点

5. 加入 200μL 封闭液封闭已包被孔内的残留的空白蛋白结合位点。可以用多道移液器来保证试验的简便性和精确性。

6. 用塑料薄膜覆盖平板，并在室温下孵育 2h 或在 4℃条件下孵育过夜。

7. 如步骤 4 中所述，重复洗涤平板两次。

添加抗体

8. 用封闭液将一抗稀释到生产商推荐的使用浓度。每个抗原包被的孔中加入 100μL 稀释过的一抗。

9. 用塑料薄膜覆盖平板，并在室温下孵育 2h。

10. 如步骤 4 中所述，重复洗涤平板三次。

11. 事先用封闭液稀释连有辣根过氧化酶的二抗至制造商推荐的合适浓度。每孔中加入 100μL 稀释后的二抗。

12. 用塑料薄膜覆盖平板，并在室温下孵育 1~2h。

13. 如步骤 4，重复洗涤平板三次。

测定 GFP 含量

14. 每孔加入 100μL 底物溶液，用多道移液器保证精确性。在暗处孵育平板直至颜色充分变化（5~30min）。

15. 颜色充分变化后，每孔加入 100μL 终止液终止反应。

> 测试仪能读取的最大 OD 值因使用的设备而异。判定何时结束反应的一个标准为：颜色强度不应超过仪器检测阈值上限。

16. 在 450nm 处读取每个孔的吸光度（光密度）。

> 参见"疑难解答"。

17. 去除样品和标准物中的空白读数。用梯度稀释液的测量数据，并以浓度为横坐标（对数标度）、吸光度为纵坐标建立标准曲线（线性）。

18. 将样品浓度与标准曲线拟合。用得到的样品值乘以相应的稀释因子，以便于修正用缓冲液稀释溶液带来的误差。

> 如果测试样品的信号强度高于最大的标准值，那么抗原需要被进一步稀释，并从步骤 1 开始重新分析。由于反应是酶活反应，因此在添加底物后再稀释终产物会得到不正确的结果。

❧ 疑难解答

问题（步骤 16）：信号强度太低。

解决方案：如果信号强度非常低，延长一抗的孵育（步骤 9）时间，可在 4℃ 条件下过夜。

❧ 配方

为正确使用本方案中的器材和危险试剂，必须查阅相应的材料安全数据表并咨询所在机构的环境卫生和安全办公室。

碳酸氢盐/碳酸盐包被缓冲液（100mmol/L）

试剂	含量
Na_2CO_3	3.03g
$NaHCO_3$	6.0g
蒸馏水	1L

在 1L 蒸馏水中溶解 3.03g Na_2CO_3 和 $NaHCO_3$，调节 pH 至 9.6。

方案 5　用四环素调控基因表达建立细胞系

转染基因的表达能够受到对四环素敏感的表达系统的调节（详见本章的导言部分）。以下的方法是基于 Clontech 公司的四环素诱导表达系统中的 Tet-On[1] 3G 系列。这些系统引入

---

[1] http://www.clontech.com/US/Support/Trademarks?sitex=10020:22372:US&PROD=WxhZdLfIj99G4FhmUPCranJ1:S&PROD _pses= ZG84E62907FD5697701543E0B37491307E67680DBAC085E727E84E594964A3DF68F49436E8254A47DF25C7C2902006955F CCEBFE455F714F11.

了一个由 rtTA 组成的 Tet-on 3G 转录激活蛋白，利用在人类细胞中一种加强的"反转录病毒进化"策略，优化了 rtTA 的效应子的敏感性。通过把 Tet-On 系统的组分嵌入到人类免疫缺陷病毒（HIV）-1 的基因组，致使病毒蛋白的表达和病毒的复制依赖于多西环素（Dox）的加入（Zhou et al. 2006）。HIV-rtTA 病毒的长期培养产生了多种病毒突变体，某些病毒突变体获得了 rtTA 蛋白的突变，从而使其转录活性提高到原来的 7 倍，对多西环素的敏感性也提高了将近 100 倍。四环素响应启动子（这里称为 P_{TRE3G}）由最小的 CMV 启动子组成，这个启动子通过系统地引入了一系列合理的修饰进一步减少了背景的表达（Loew et al. 2010）。在非常低浓度的 Dox（5～10ng/mL）条件下，Tet-on 3G 转录激活蛋白也能够结合并激活位于 P_{TRE3G} 启动子后面的基因，在某些细胞系的诱导和未诱导的细胞中，目的蛋白的表达差异可以高达 27 000 倍（参考 http: // www.clontech.com; Resource Application Notes: Tet-On 3G Inducible Expression System—Lowest Background, Highest Sensitivity）。

建立响应 Dox 诱导目的基因表达的细胞系主要包括以下几个步骤：

1. 把目的基因克隆到一个反式激活载体上；
2. 瞬时转染克隆载体并表达目的基因；
3. 建立和筛选能够高效表达目的基因的双稳定克隆。

除了没有详细地描述稳定细胞系的来源外，本方案描述了细胞系建立的所有实验步骤。总之，稳定细胞系的建立如图 17-5 所示：用能编码新霉素选择标记的 Tet-On 3G 反式激活质粒转染未转化的细胞（图 17-6），筛选能够诱导表达 Tet-On 3G 的稳定转化子，然后把应答载体和线性的 DNA 片段共转染到这些克隆中，这里的应答载体是指将目的基因克隆在 P_{TRE3G} 启动子下游的质粒（图 17-7），线性的 DNA 片段能够编码嘌呤霉素或者潮霉素选择性标签（图 17-8）。在药物存在的条件下，筛选能够正常生长的细胞，成功构建应答 Dox、目的基因高表达的双稳定细胞系。

使用 Tet-On 3G 系统时的实际考虑

最小的细胞巨化病毒启动子的基本活性因细胞而异，它可能受到应答质粒上的增强子或其他转录调节子等 DNA 序列影响。在构建双稳定细胞系之前，需要在一个或多个靶细胞系以及标准细胞系如 HeLa 中进行瞬转实验，来比较最小启动子的基础活性。理论上，转染入靶细胞的应答质粒的基本活性不会比转染入 HeLa 细胞中的活性高。

在此方案中描述的 Clontech 的 Tet-On 3G 诱导表达系统受到严格控制，与上一代 Tet-On 系统相比，它的基因的基础表达水平更低。

对含有目的基因的 pTRE3G（pTRE3G-GOI）进行功能检测是建立稳定双敲 Tet-On 细胞系的先决条件。此方案中，pCMV-Tet3G 和表达四环素调节的目的基因的 pTRE3G 以 1：4 的最优诱导比例用第 15 章所描述的任何一种方法瞬转到一些容易转染的细胞系，如 NIH-3T3 或 HEK293 细胞系中。另外，也可以仅把质粒 pTRE3G-GOI 转染到新创建的 Tet-On 3G 细胞系。对于其他细胞可以采用其他的转染方法，同时优化筛选策略来进行功能检测（可以参见第 15 章选择合适的转染方法）。还需要一种合适的基因特异性的分析方法来检测诱导效率，像免疫印迹、Northern Blot、qRT-PCR 等基因特异性功能分析方法。

使用转染细胞的多群落（多克隆）而不是筛选单克隆，因在传代培养过程中某些低诱导水平细胞克隆的过度生长将能影响诱导效率的一致性，会导致筛选得到的但是诱导水平低的克隆子的过度生长。因此，仔细筛选表达 Tet-On 3G 反向激活蛋白（一种改良的 rtTA）的细胞并建立稳定细胞系作为第一步是非常必要的。同样重要的是接下来对目的基因被调控表达的双稳定细胞系的筛选。

尽管可以使用含有抗性标记闭合环状质粒筛选稳定细胞系，但下面的方法中使用的是线性筛选标记——纯化的含有标志基因（潮霉素或嘌呤霉素抗性）、SV40 启动子和 SV40 多聚腺苷酸化信号的线性 DNA 片段（图 17-8）。这可以使筛选的克隆变少，同时筛选出来的克隆子诱导能力也较强。另外，共转染的线性选择标记启动子对目的基因的基础表达水平的影响比含有 tetO 序列的质粒上的选择标记的启动子对目的基因的基础表达水平干扰少。这是因为质粒稳定整合经常会导致该质粒的多个拷贝共整合到单一位点，如果组合性选择标记也包含在含有 tetO 序列和目标基因的应答质粒上（如组成性启动子与 tet-响应启动子，TRE 存在一种自动的 1：1 的比例），在多个克隆子上，选择标记上使用的组成性的启动子能够通过以下几种方式影响目的基因的基础表达：①在一个或更多的串联整合中与 TRE 并列排列；②在这个区域招募高浓度的内源转录因子。但是，因为线性选择标记通常是以 1：20 以下比率与应答质粒共转染（即线性标记低于 20 倍），这些类型的干扰不太可能发生。

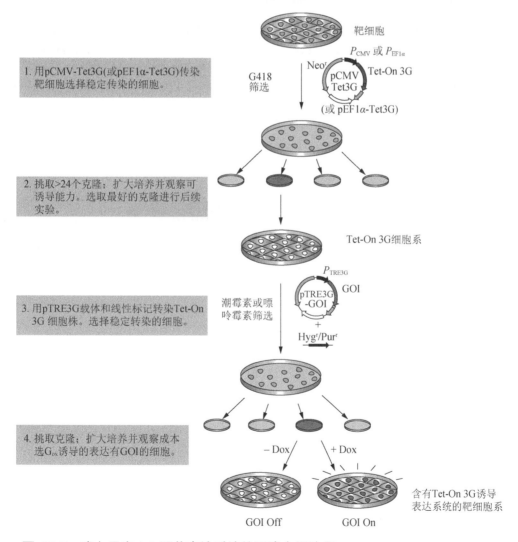

图 17-5 建立具有 tet 调节表达系统的双稳定细胞系。此流程图总结了建立 Tet 系统调节目的基因（GOI）表达的细胞系的步骤（经 Clontech 允许重绘并修改）。

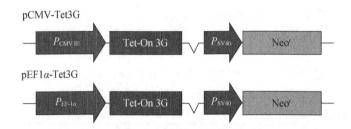

图 17-6 Tet-On 3G 系统中的反式激活载体。pCMV-Tet3G 由 CMV 启动子启动组成性地表达 Tet-On 3G 蛋白。pEF1α-Tet3G 利用来自 EF1α 延长因子的启动子来表达转录激活因子。后一个质粒用于一些具有随时间沉默 CMV 启动子趋势的细胞类型中，如造血细胞和干细胞（Sirven et al. 2001; Kim et al. 2007）（经 Clontech 允许重绘并修改）。

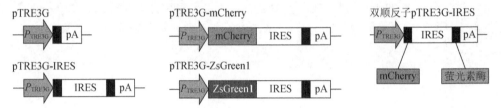

图 17-7 Tet-On 3G 系统中的应答载体。所有应答载体包含一个 pTRE3G 启动子，pTRE3G 是用于表达靶基因的标准质粒载体，pTRE3G-IRES 可诱导共表达两种靶基因。通过使用 mCherry 或者 ZsGreen1 系统表达的红色或绿色荧光蛋白到监控诱导效率。此外，通过在两个多克隆位点（MSC）的两侧引入优化的内部核糖体进入位点（IRES），载体中具有双顺反子的版本能同时表达两个目的基因。基于检测 mCherry 和 ZsGreen1 蛋白表达，该载体允许来自同一 mRNA 转录物的、分别带有 mCherry 和 ZsGreen1 蛋白的两个目的基因作为独立的蛋白质同时分别表达，并进行基于颜色的即时检测（经 Clontech 公司许可重绘和修改）。

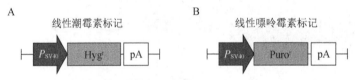

图 17-8 Tet-On 3G 系统中的线性选择标记。使用潮霉素或嘌呤霉素作为线性选择标记对可诱导表达克隆进行筛选（经 Clontech 公司许可重绘和修改）。

材料

为正确使用本方案中的器材和危险试剂，必须查阅相应的材料安全数据表并咨询所在机构的环境卫生和安全办公室。

本方案的专用试剂标注<R>，配方在本方案末提供。常用储备溶液、缓冲液和试剂标注<A>，配方见附录 1。储备溶液应稀释至适用浓度后使用。

试剂

培养的哺乳动物细胞

该方案使用 NIH-3T3 细胞，同时，也可使用其他细胞。用适当的培养基培养细胞。

Dox<R>

Tet-On 系统能很好地响应 Dox，但对四环素不响应（Gossen and Bujard 1995）。

DMEM 培养基<R>

不含四环素的胎牛血清（10%）

血清中经常会发现污染四环素，当使用 TET 表达系统时，可以显著地提高基础表达水平。因此，在使用前应当检测血清。另外，许多公司（包括 Clontech 在内）销售检测过的不含四环素血清。

G418 重硫酸盐（100mg/mL 的活性原液）<R>

HEPES 缓冲盐<A>

潮霉素 B（50mg/mL 的储备液中）<R>

线性化的潮霉素/嘌呤霉素标记

pCMV-Tet3G（或者 pEF1a-Tet3G），调控质粒

> 用在纯化过程中能够很好地去除细菌内毒素的转染级质粒 DNA 提取试剂盒纯化封闭环状质粒 DNA（例如，无内毒素的质粒大提试剂盒，QIA-GEN）；或者如第 1 章中所描述的，DNA 也可以通过柱色谱或溴化乙锭-氯化铯纯化梯度离心法纯化。把纯化好的 DNA 按 0.2~2mg/mL 溶解在无菌的 Tris-EDTA 缓冲液或水中，使用 260nm/280nm 的比值确定 DNA 的纯度，比例应该是 1.8。

磷酸缓冲液<A>

含有目的基因的 pTRE3G-GOI 载体（即目的基因 GOI），应答质粒

> 利用标准的重组 DNA 方法，把目的基因克隆到 pTRE3G 载体上。参考 http://www.clontech.com 关于 pTRE3G 系列载体的详细资料与克隆策略。

> 参阅 pCMV Tet3G 条目中的注意事项。

pTRE3G-Luc 对照载体

pTRE3G 载体

嘌呤霉素（50mg/mL 的储备液）<R>

> 可以使用嘌呤霉素替代潮霉素。

萤光素酶检测试剂

> 参见方案 2

Tris-EDTA <A>

设备

细胞刮刀

检测萤光素酶的荧光光度计

塑料克隆环

> 以直立位置把克隆环放在真空密封脂中灭菌。

聚苯乙烯管

组织培养皿（10cm）

组织培养板（6 孔、24 孔、96 孔）

方法

瞬时转染细胞进行功能测试

1. 在转染前 1 天，把适当数量的贴壁细胞铺在 6 孔板中，用 DMEM 培养基培养。

> 通过使用更多或更少的细胞，并选择适当大小的用于组织培养塑料制品，该方法可以按比例放大或缩小。

2. 参照第 15 章中所述的方法或根据制造商的说明书，用要求的转染试剂把调控和应答质粒共转染到靶细胞，每个孔转 1μg pCMV Tet3G 和 4μg 的 pTRE3G-GOI，实验对照组是必不可少的。样本的转染如下表所示：

	孔					
	1	2	3	4	5	6
pCMV-Tet3G	1μg	1μg	1μg	1μg	1μg	1μg
pTRE3G-GOI	4μg	4μg	4μg	4μg	—	—
pTRE3G	—	—	—	—	4μg	4μg
Doxycycline（多西坏素）	—	—	100~1000ng/mL	100~1000ng/mL	—	100~1000ng/mL

使用的 Dox 的最佳浓度是由转染细胞的经验处理所得，从较低的浓度范围起始，例如 200ng/mL。

▲ 从这个时间点开始，将细胞培养在 5%CO$_2$，37℃ 和 Dox 存在的条件下。Dox 在细胞培养液中的半衰期是
24h。因此，在细胞培养过程中要保持靶基因的连续诱导表达，需要每 48h 补充 Dox。

3. 24～48h 后，将每个孔的细胞收集，收集沉淀，采用适合目的基因检测的方法比较
目的基因在诱导与非诱导表达水平的差异。

由于瞬时转染的细胞比稳定细胞系含有更多拷贝数的 TRE 质粒，瞬时转染的诱导倍数（GOI 最大与基础表达
量的比值）比经筛选的稳定和双稳定克隆的细胞系要低（10～100 倍）。

转染并选择独立的 G418 抗性克隆

4. 接种细胞到 6 孔板的含有完全 DMEM 培养基的单孔里，接种细胞的密度要适宜，
以保证细胞转染后 48h 达到融合。16～18h 后，用要求的转染试剂与恰当的实验方法将 2μg
pCMV-Tet3G（或 pEF1α-Tet3G）转染到靶细胞中。

使用少于瞬时转染要求的 DNA 量进行稳定转染，将确保 G418 筛选后分离得到单个的克隆。

5. 48h 后，将 6 孔板中的细胞传到 4 个 10cm 培养皿中，不加 G418。

6. 再过 48h 后，加入对细胞系具有最佳筛选效果浓度的 G418，对于大多数细胞系，
包括 NIH3T3，通常为 400～500μg/mL。

7. 每 4 天用新鲜的加有 G418 的培养基换掉原来的培养基，如果有必要，换液的频率
可以加快。3～5 天后未整合质粒的细胞开始死亡。

避免对细胞进行二次传代，因为在筛选条件下传细胞会使细胞克隆太多，从而影响细胞的有效分离。

8. 大约 2 周后，G418 抗性克隆开始出现，当克隆稳定后（在筛选的 12～15 天），在
培养板底部画圈来描出每个克隆的边界。将培养基从平板吸出，把无菌的塑料克隆环放在
平板包围单个克隆，重复此操作直到每个克隆都被挑起。筛选细胞的要求是，在平板上选
择那些大的、健康的、被完美隔开且容易辨别的单个克隆细胞。

9. 用约 100μL 的磷酸缓冲盐快速洗涤克隆。为使细胞分散开来，加入 2 滴 1×胰蛋白
酶-EDTA（约 100μL）并孵育 30～60s。用无菌的 1mL 移液管吸头上下吹打细胞使其松动。

10. 将每个克隆转移到含有 1mL G418 选择培养基的 24 孔板的一个孔中。

用有限稀释技术克隆悬浮培养的细胞（见附加方案"有限稀释法筛选悬浮细胞的稳定克隆"）。

11. 在 G418 的维持浓度（100～200μg/mL）的条件中培养克隆。当融合后，将每个孔
的细胞分离至 6 孔板中的 3 个孔里用以下的标准流程进行检测和保种：

　　i. 用 PBS 快速洗涤细胞。

　　ii. 24 孔板每孔使用 0.4mL 的胰酶-EDTA 孵育细胞 1～3min。

　　iii. 用 0.3mL 的含有 G418 的选择培养基稀释细胞，或使用 10% 的胎牛血清稀释细
　　　 胞，同时停止胰酶的作用。

TetR 的单克隆抗体可以通过 Western 杂交分析，用来识别表达 Tet-On 3G 蛋白的克隆。然而，Western 分析并
不能用来替代诱导能力的功能性测试，因为 Tet-On 3G 的最高表达克隆常常不能提供最高的诱导能力。

并不是所有被挑出的克隆都能耐受分离并扩大。尽管有可能通过筛选少于 24 个克隆来找到理想的克隆，但是
检验多个克隆通常能够得到高的成功率和避免耽误时间。

检测 Tet-On 3G 克隆的诱导能力

12. 对于要检测的某个克隆，我们可以把 6 孔板当中一个孔的 1/3 细胞接种到一个新 6
孔板的一个孔中。

依赖筛选试验的结果，在储存板上的细胞可以扩大培养。

13. 剩下的 2/3 细胞也分到另一个 6 孔板的两个孔中，让细胞贴壁过夜，用需要的转染
试剂和合适的方法往每个孔中转染 5μg pTRE3G-Luc 质粒。

14. 4h 后，用新鲜的、含有 100～1000ng/mL 的 Dox 添加到两个重复孔中的一个，另

一个孔不添加 Dox。

15. 24h 后，按方法 2 中所描述的检测萤光素酶的活性并计算诱导倍数，例如：

$$\frac{(+\mathrm{DoxRLU})}{(-\mathrm{DoxRLU})}$$

式中，分子表示在含有 Dox 的细胞裂解液中每毫克蛋白的相对光单位；分母表示在不含有 Dox 的细胞裂解液中每毫克蛋白的相对光单位。

16. 挑选能得到最高诱导倍数（最大与基础表达水平的比率）的克隆进行扩大培养和进一步的检测。

17. 在扩大培养之后，迅速冻存每一株理想的 Tet-On 3G 克隆子。

　　参考信息栏"稳定细胞系的冻融"采取合适的方法冻存细胞。

　　参考信息栏"稳定细胞系的冻融"采取合适的步骤将冻存细胞株扩大培养。

构建双稳定可诱导的细胞株

18. 将 Tet-On 3G 表达的细胞株（来自步骤 17）铺在 6 孔板的一个孔中，细胞的密度要适宜，保证细胞转染后，在含有 G418 的培养基中 48h 后达到融合。如果使用刚刚解冻的细胞，在进行到下一步之前要先让细胞恢复一段时间。

　　参考信息栏"稳定细胞系的冻融"采取合适的步骤将冻存细胞株扩大培养。

19. 用合适的转染试剂和方法将 2μg pTRE3G-GOI 和 100ng 线性选择标记（嘌呤霉素或潮霉素）共转染，始终让 pTRE3G-GOI 质粒和线性选择标记保持在 20：1 的比例（即使用 20 倍以下的线性标记）。

20. 48h 后，把融合细胞分到 4 个 10cm 直径的皿中（不加选择性抗生素）。

21. 再过 48h 后，加入一定的选择浓度的潮霉素或嘌呤霉素，抗性药物的浓度是通过优化确定的。

　　转染前经验性确定潮霉素或嘌呤霉素的最低浓度，此浓度在几天内能杀死所有未转染的细胞，不同的细胞有不同的最低浓度，通常情况下，100μg/mL 潮霉素或者 3μg/mL 嘌呤霉素就足以用来筛选转染的 NIH-3T3 细胞，在 50～400μg/mL 潮霉素或 0.25～10μg/mL 的嘌呤霉素的情况下，大多数细胞都能有效地被杀死。

22. 每隔 3 天更换新鲜的含有潮霉素或者嘌呤霉素的完全培养基，如有必要，可以提高更换培养基的频率。3～5 天后没有整合质粒的细胞就开始死亡。

　　避免了二次传代细胞，因为在选择培养条件下再次贴壁的细胞可能导致板中含有太多的克隆，不利于进行有效的克隆分离。

23. 两周之后，抗药性的克隆开始出现，当克隆大到足够转移时，按照步骤 8 和步骤 9 所描述的方法，用克隆圆筒或者碟子收集大而状态良好的集落，然后把每一个集落种到 24 孔板中，每个孔含有 1～1.5mL 新鲜的、含潮霉素或者嘌呤霉素的完全培养基，尽可能多地分离克隆，至少要 24 个克隆。

　　用有限稀释技术克隆悬浮培养的细胞（见附加方案"有限稀释法筛选悬浮细胞的稳定克隆"）。

24. 将克隆在维持浓度的 G418 以及潮霉素或者嘌呤霉素条件下培养，当细胞长满时，把细胞从 6 孔板的 1 个孔分到 3 个孔进行检测和培养。

筛选双稳定可诱导细胞株

25. 对每一个需要分析的克隆，我们可以把来自于 6 孔板中单个孔里的 1/3 细胞接种到另外一个新 6 孔板的一个孔中。

　　根据筛选试验的结果，在储存板上的细胞可以扩大培养。

26. 剩下的 2/3 细胞也分到另外一个 6 孔板的两个孔中，一个孔中添加 100～1000ng/mL Dox，继续培养细胞 48h。

27. 收集细胞，然后用靶基因特异的方法比较诱导和未诱导的细胞株中靶基因表达的差异。

28. 选择具有最高诱导倍数的克隆进行扩大培养和进一步分析。

29. 尽可能地扩大培养和冻存理想的克隆。

参考信息栏"稳定细胞系的冻融"采取合适的步骤将冻存细胞株扩大培养。

稳定细胞系的冻融

每个冻存管中细胞的冻存密度至少是 $1 \times 10^6 \sim 2 \times 10^6$ 细胞/mL 冻存液（70%～90%的 FBS、0～20%的培养基[不含选择抗生素]和 10% DMSO），也可以采用含有同样组分的商品化冻存液。

解冻冻存的稳定细胞系时，在培养 48～72h 之后往培养基中添加合适的选择抗生素。尤其对于一些贴壁不牢靠的细胞（如 HEK293 来源的细胞系），新解冻的细胞可能需要培养 48h 才能完全贴壁。稳定或者双稳定 Tet 细胞系需要在含有维持浓度的 G418 和/或潮霉素（或者嘌呤霉素）条件下的完全培养基中培养，抗性药物的维持浓度是通过优化确定的。

优化 Dox 浓度

30. 一旦最好的克隆筛选出来（见步骤 28），就需要确定能够高效诱导目的基因表达所需 Dox 的最低浓度，在接下来的实验中就可以采用此浓度的 Dox。

 i. 用胰酶消化 6 孔板中其中一个长满细胞的孔，然后把这些细胞均匀地分到 24 孔板的 6 个孔中。

 ii. 在这 6 个孔中依次滴加 0ng/mL、1ng/mL、10ng/mL、50ng/mL、100ng/mL 和 1000ng/mL 的 Dox，继续培养细胞；

 iii. 24h 后分析目的基因的诱导表达水平。

附加方案　有限稀释法筛选悬浮细胞的稳定克隆

为了避免形成含有多个克隆混合的细胞系，采用有限稀释的方法来筛选悬浮细胞，下面的方案描述通过稀释稳定转染细胞从而保证在检测诱导表达之前 96 孔板的每个孔中只有一个稳定细胞克隆。

方法

1. 往 6 孔板的一个孔中接种 $1 \times 10^6 \sim 1.5 \times 10^6$ 个细胞，并添加 3mL 的完全培养基。

2. 用合适的转染试剂和转染方法，往细胞中转染 5μg 的质粒（参考第 15 章），培养 48h。

3. 1100r/min 离心收集细胞，在离心管中加入 6mL 含有合适抗生素的培养基重悬，筛选稳定整合子（如用 G418 筛选 pCMV-Tet3G 或 pEF1-Tet3G）。

4. 细胞培养一周。

5. 稀释步骤 4 中的细胞，达到 96 孔板的每个孔只含有 1 个细胞，具体步骤如下：

　　i. 将 2mL 完全培养基中的细胞分装成 100μL 每份（1/20 储备稀释液）。

　　ii. 准备 4 个管子，每管含有 5mL 完全培养基，从步骤 5i 的 1/20 储备稀释液中，每管加入：

　　　　管 1：10μL；

　　　　管 2：20μL；

　　　　管 3：30μL；

　　　　管 4：40μL

　　　　混合均匀。

　　iii. 从管 1 开始，往 96 孔板的每个孔中添加 50μL 液体细胞，依照类似的方法，把管 2～4 的细胞分别添加到 3 个不同的 96 孔板中（一共 4 板，每板对应一个管子）。

6. 让 4 个板中的细胞生长，至其中有一个板有一半的孔能有肉眼可见的细胞为止。

7. 从细胞在一半的孔中显示生长的板上挑选 24 个克隆，扩大培养，先把每个克隆扩大到 24 孔板的每个孔，长满后扩大到 6 孔板的每个孔，再长满。

　　　　如果一个 96 孔板上只有一半孔显示出生长，这就意味着这个板的每个孔平均接种不超过一个细胞，这些孔中显示生长的细胞很可能来自单个细胞克隆。

8. 当步骤 7 得到的 24 个克隆子的每一个克隆长满了 6 孔板的 3 个孔，我们就可以把其中一个孔作为保种的储存细胞，另外两个孔添加或不添加 Dox，检测目的基因的诱导表达（参考主方案的步骤 1～3）。

配方

为正确使用本方案中的器材和危险试剂，必须查阅相应的材料安全数据表并咨询所在机构的环境卫生和安全办公室。

Dox（1mg/mL）

用双蒸 H_2O 制备 1mg/mL 的储备液，过滤除菌，分装，-20℃避光保存，1 年内使用。

DMEM 培养液

试剂	终浓度
DMEM	1×
青霉素	100U/mL
链霉素	100μg/mL
谷氨酰胺	2mmol/L
不含四环素的胎牛血清	10%

（Tet 系统提供的 FBS）

血清中经常会发现污染四环素，当使用 TET 表达系统时，可以显著地提高基础表达水平。因此，在使用前应当检测血清。另外，许多公司，包括 Clontech 在内的许多公司销售检测过的不含四环素血清。

G418 重硫酸盐（配方）（100mg/mL 活性母液）

G418 刚制成的时候，活性并不是 100%，通过生物分析的方法，制造商确定其活性。为了制得 100mg/mL 的 G418 活性母液，需要考虑添加多少 G418 才能得到 100mg 有活性的 G418。例如，如果瓶子上说明活性是 736μg/mg，就表示它含有 73.6% 有活性的 G418。因此，每毫升的母液就需要称取（1000/736）×100=135.86mg 的 G418。用 HBS 或者 PBS 溶解，过滤除菌，分装保存在-20℃（稳定保存 6 个月至 1 年）。

潮霉素 B（50mg/mL 的母液）

用水溶解，过滤除菌，分装保存在-20℃（稳定保存 2 年以上）或放到 4℃（稳定保存 1 年以上）。

嘌呤霉素（50mg/mL 的母液）

用水溶解，过滤除菌，分装保存在-20℃（稳定保存 2 年以上）。

参考文献

Gossen M, Bujard H. 1995. Efficacy of tetracycline-controlled gene expression is influenced by cell type: Commentary. *BioTechniques* 19: 213–215.

Kim S, Kim GJ, Miyoshi H, Moon SH, Ahn SE, Lee JH, Lee HJ, Cha KY, Chung HM. 2007. Efficiency of the elongation factor-1α promoter in mammalian embryonic stem cells using lentiviral gene delivery systems. *Stem Cells Dev* 16: 537–545.

Löew R, Heinz N, Hampf M, Bujard H, Gossen M. 2010. Improved Tet-responsive promoters with minimized background expression. *BMC Biotechnol* 10: 81. doi: 10.1186/1472-6750-10-81.

Sirven A, Ravet E, Charneau P, Zennou V, Coulombel L, Guétard D, Pflumio F, Dubart-Kupperschmitt A. 2001. Enhanced transgene expression in cord blood CD34⁺-derived hematopoietic cells, including developing T cells and NOD/SCID mouse repopulating cells, following transduction with modified trip lentiviral vectors. *Mol Ther* 3: 438–448.

Zhou X, Vink M, Berkhout B, Das AT. 2006. Modification of the Tet-On regulatory system prevents the conditional-live HIV-1 variant from losing doxycycline-control. *Retrovirology* 3: 82. doi: 10.1186/1742-4690-3-82.

网络资源

Resource application notes: Tet-On 3G Inducible Expression System—Lowest Background, Highest Sensitivity. Clontech Laboratories, Inc. http://www.clontech.com

信息栏

 ## 荧光蛋白

　　荧光蛋白（fluorescent protein，FP）或自发荧光蛋白（autofluorescent protein，AFP）是指即使在没有额外的底物、辅基或蛋白质的条件下也能够在特定的激发光照范围内发出荧光的蛋白质（Larrainzar et al. 2005）。绿色荧光蛋白（GFP）是最先被发现的荧光蛋白。随同伴侣分子钙结合发光蛋白（aequorin）一起，GFP 能发出一种独特的绿色可见荧光，在能生物发光的水母维多利亚多管发光水母（*Aequorea victoria*）的伞部边缘形成光环（Harvey 1952）。在过去的 30 年中，GFP 和其他的 FP 在生物领域成为了最吸引人和最实用的蛋白家族之一。它们不仅成为解析蛋白质结构和光谱功能之间关系的有效工具，同时，它们还越来越多地用作标记分子，参与研究范围涵盖了从细菌到转基因小鼠的基因表达和细胞内进程的各个阶段。

　　GFP 是 Shimomura 等（1962）发现的，它是包含 238 个氨基酸残基的多肽（相对分子质量 26 888），由跨越 *A.victoria* 基因组 2.6kb 的三个外显子编码（Prasher et al. 1992）。该蛋白质在多种包括热、极端 pH 和化学变性剂等苛刻条件下都能保持稳定（Ward and Bokman 1982），而且在甲醛固定后会持续发出荧光（Chalfie et al. 1994）。但是，它在还原条件下荧光会很快熄灭（Inouye and Tsuji 1994）。

　　GFP 发射光谱的峰值在 508nm（Johnson et al. 1962），波长与活的 *Aequorea* 组织的发射光谱相近，但与纯 *Aequorea* 的发光蛋白的化学发光光谱距离较远，*Aequorea* 的发光蛋白发出的光是蓝色的，峰值接近 470 nm。在纯化并结晶 GFP 的过程中，发现当两个蛋白质共吸附在阳离子支持物时，钙激活的 aequorin 能够有效地将自身荧光能量转移给 GFP（Morise et al. 1974）。当能量以 Foster 类型机制从钙激活的 aequorin 转移给 GFP 时会发出绿光。激活的 aequorin 发出的蓝光可以被含有环形结构[4-（*p*-羟基苯亚甲基）咪唑啶-5-1]的六肽发色团（开始于 GFP 的 64 位残基）捕获，环状结构是通过环的位置 1 和 2 结合到肽骨架上的（Shimomura 1979）。

得益于对天然存在的生物发光蛋白的协同研究以及它们的人工合成衍生物的开发，现在大量的荧光蛋白已经能够被使用。此外，"原始"的 GFP 发色团（Shimomura 1979；Cody et al. 1993）适于操作，并且能够保持在不同波长光线下发出荧光的核心能力。因此，科学界现在能够利用 GFP 和其他相关的自然存在的荧光蛋白的几种变体，包括在其他变异体中的红色荧光蛋白样（Gross et al. 2000）和类 Kaede（Mizuno et al. 2003）红色发色团（表 1 和表 2）。许多在光谱变异的 FP 的开发使对活系统的研究中发生了革命性的变化。Osamu Shimomura、Martin Chalfie 和 Roger Y. Tsien 因这些成就获得 2008 年的诺贝尔化学奖，以表彰他们在绿色荧光蛋白（GFP）的发现和发展方面的贡献（Nobel 基金 2008；http:// www.nobelprize.org/nobel_prizes/nobelguide_che.pdf）。

表 1　挑选出的单体荧光蛋白的性质

蛋白质	激发峰/nm	吸收峰/nm	EC/（$M^{-1} \cdot cm^{-1}$）	QY	相对亮度	pK_a	备注 [a]
Sirius	355	424	15 000	0.24	0.11	<3.0	B-,pH++,Ps+
Azurite	383	447	26 000	0.55	0.43	5.0	pH+, Ps+
EBFP2	383	448	32 000	0.56	0.54	4.5	pH+, Ps+
Tag-BFP	402	457	52 000	0.63	0.99	2.7	B+,pH++, Ps+,mat+
mTurquoise	434	474	30 000	0.84	0.76	4.5	B+,pH+, Ps+
ECFP	434	477	32 500	0.40	0.39	4.7	pH+
Cerulean	433	475	36 000	0.57	0.62	4.7	pH+, Pi-
TagCFP	458	480	37 000	0.57	0.64	4.7	pH+, mat+
mTFP1	462	492	64 000	0.85	1.65	4.3	B+,pH+, Ps+
mUKG1	483	499	60 000	0.72	1.31	5.2	B+,pH+
mAG1	492	505	55 000	0.74	1.23	5.8	B+
AcGFP1	475	505	50 000	0.55	0.83	—	
TagGFP2	483	506	56 500	0.61	1.05	5.0	Ps+,pH+, mat+
EGFP	489	509	55 000	0.60	1.00	5.9	Ps+
mWasabi	493	509	70 000	0.80	1.70	6.5	B+,pH-, Ps-
EmGFP	487	509	57 500	0.68	1.19	6.0	Ps-[b]
TagYFP	508	524	64 000	0.62	1.20	5.5	pH+, mat+
EYFP	514	527	84 000	0.61	1.55	6.5	B+,pH-, Cl-
Topaz	514	527	94 500	0.60	1.72	—	B+
SYFP2	515	527	101 000	0.68	2.08	6.0	B+, Ps-
Venus	515	528	92 200	0.57	1.59	6.0	B+,Pi-, Ps-,mat+
Citrine	516	529	77 000	0.76	1.77	5.7	B+, Ps-
mKO	548	559	51 600	0.60	0.94	5.0	pH+, Ps+,mat-
mKO2	551	565	63 800	0.57	1.10	5.5	
mOrange	548	562	71 000	0.69	1.49	6.5	B+,pH-, Ps-
mOrange2	549	565	58 000	0.60	1.06	6.5	pH-, Ps+, mat-
TagRFP	555	584	100 000	0.48	1.42	<4.0	B+,pH+
TagRFP-T	555	584	81 000	0.41	0.99	4.6	pH+, Ps+
mStrawberry	574	596	90 000	0.29	0.79	<4.5	pH+, Ps-
mRuby	558	605	约 90 000	0.35	1.06	4.4	pH+, Ps-
mCherry	587	610	72 000	0.22	0.48	<4.5	pH+, Ps+
mRaspberry	598	625	86 000	0.15	0.39	—	Ps-
mKate2	588	633	62 500	0.40	0.76	5.4	Ps+,mat+
mPlum	590	649	41 000	0.10	0.12	<4.5	PH+,B-, Ps-
mNeptune	600	650	67 000	0.20	0.41	5.4	mat-
T-Sapphire	399	511	44 000	0.60	0.79	4.9	PH+
mAmetrine	406	526	45 000	0.58	0.78	6.0	Ps-
mKeima	440	620	14 400	0.24	0.10	6.5	B-,PH-

注：经美国生理学协会许可从 Chudakov 等（2010）复制。

第二和第三栏的颜色表示这个蛋白质的波谱的波长是确定的（彩图请扫封底二维码）。

a. B-，低光度；B+，高光度；Ps-，低光稳定性；Ps+，高光稳定性；pH-，低 pH 稳定性；pH+，高 pH 稳定性；pH++，极端 pH 稳定性；mat-，缓慢成熟；mat+，快速成熟；Cl-，Cl 敏感；Pi-，强可逆光灭活作用。

b. 显著的快速漂白成分（Shaner et al. 2005）。

表2 挑选出的二聚体和四聚体荧光蛋白的性质

蛋白质	激发峰 /nm	吸收峰 /nm	EC/（M⁻¹·cm⁻¹）	QY	相对亮度	pKₐ	备注 ª
AmCyan 1	458	489	39 000	0.75	0.89	—	T
Midori-Ishi Cyan	472	495	27 300	0.90	0.74	6.6	D,B+,PH-
copGFP（ppluGFP2）	482	502	70 000	0.60	1.26	4.3	T,B+,PH+,Ps+,mat+,Ag-
TurboGFP	482	502	70 000	0.53	1.12	5.2	D,B+,PH+,Ps+,mat+
ZsGreen	493	505	43 000	0.91	1.19	—	T,B+
TurboYFP	525	538	105 000	0.53	1.69	5.9	D,B+,PH+,mat+
ZsYellow 1	529	539	20 000	0.65	0.39	—	T
TurboRFP	553	574	92 000	0.67	1.87	4.4	D,B+,PH+,mat+
dTomato	554	581	69 000	0.69	1.44	—	D,B+, Ps+
DsRed2	563	583	43 800	0.55	0.73	—	T,B+
DsRed-Express	555	584	38 000	0.51	0.59	—	T,Ps+,Mat+
DsRed-Express2	554	591	35 600	0.42	0.45	—	T,Ps+,Mat+
DsRed-Max	560	589	48 000	0.41	0.60	—	T,Ps+,Mat+
AsRed2	576	592	61 000	0.21	0.39	—	T
TurboFP602	574	602	74 400	0.35	0.79	4.7	D,B+,PH+,,mat+,Ps-
RFP611	555	606	120 000	0.48	1.75	—	T,B+,Ps-
Katushka	588	635	65 000	0.34	0.67	5.5	D,B+,PH+,Ps+,mat+
Katushka2	588	633	69 000	0.37	0.77	5.5	D,B+,PH+,Ps+,mat+
AQ143	595	655	90 000	0.04	0.11	—	T,B-

注：经美国生理学协会许可从 Chudakov 等（2010）复制。

第二和第三栏的颜色表示这个蛋白的波谱的波长是确定的（彩图请扫封底二维码）。

a. T，四聚体；D，二聚体；B-，低光度；B+，高光度；Ps-，低光稳定性；Ps+，高光稳定性；pH-，低 pH 稳定性；pH+，高 pH 稳定性；pH++，极端 pH 稳定性；mat-，缓慢成熟；mat+，快速成熟；Ag-，聚集反应。

结构和功能

GFP 晶体结构的解析为它被观测到的许多物理性质提供了解释（Ormo et al. 1996；Yang et al. 1996）。该蛋白质由一个β桶状结构封装一个位于中心的α螺旋构成，β桶状结构又由 11 条链（β片层）组成。残基 Ser-65、Tyr-66h 和 Gly-67 环成的发色团包含在一个短的螺旋结构内，而螺旋结构自身埋在紧密交织的 11-链组成的β桶状结构内（Ormo et al. 1996；Yang et al. 1996；Brejc et al. 1997）。发色团隔绝在β"罐子"里赋予了 GFP 许多物理特性，包括对尿素、去污剂、蛋白水解、热变性，以及在某些情况下对甲醇固定的抗性。GFP 的二级和三级结构为该蛋白质的功能提出了一种机制。Head 等（2000）报道了对来自 *Aequorea aequorea* 的 aequorin 的晶体结构的解析，为钙敏感发光蛋白的生物荧光机制提供了进一步的细节。有趣的是，这种结构在几种 GFP 类的荧光蛋白中都保守，甚至那些来自于非生物发光生物体荧光蛋白也是如此（Chudakov et al. 2010）。

GFP 发色团不需要海葵那样特殊的生物合成路径。而且，它可以在很多平常不产生荧光的细胞中产生。GFP 进行的是自身催化的分子内反应，以翻译后的形式产生荧光，天然蛋白的发光时间大约能持续 4h（Heim et al. 1994；Inouye and Tsuji 1994）。该反应包括三聚体 Ser-65、脱氢-Tyr-66 和 Gly-67 的环化与氧化（Heim et al. 1994）。分离的发色团、完整的 GFP 和合成的发色团都有很相似的光谱特性：它们的最大吸收光波长在约 390nm，并在 480nm 处有一个小一些的吸收峰（Morise et al. 1974；Ward et al. 1980；Cody et al. 1993）。但是，只有完整的 GFP 可以发出绿光（主峰在 509nm，肩峰在 540nm）（Morise et al. 1974）。因为两个吸收峰的比值对 pH、温度和离子强度等因素敏感（Ward and Bokman 1982），所以可能存在有两种不同形式的发色团，分别是质子化和去质子化的酪氨酰羟基团（Brejc et al. 1997；Palm et al. 1997）。证实这个假设的是最近的结构学研究。对 GFP 野生型、GFP-S65T 和 GFP-F64L/65T（EGFP）等突变型的分子动力学研究为这些发色团中的构象及化学变化如何影响它的功能提供了解释（Haupts et al. 1998）。

就在 GFP 被发现后不久，从非生物发光的物种珊瑚虫 Anthozoa 中分离出多个与 GFP 显著同源的荧光蛋白。其中第一个分离到的荧光蛋白是一个红色荧光蛋白，它的最大发射光谱的波长在 583nm，显著地"红移"在其他的 GFP 变异体之外（Matz et al. 1999）。近几年，从其他的发色团的结构特征来看，最常见的自然存在的光谱群是青色、绿色、红色，以及红-绿色光可变的荧光蛋白和紫-蓝非荧光色素蛋白（图 1）。

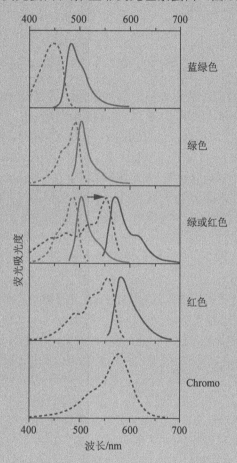

图 1　广泛地与天然 GFP 类蛋白重叠的主要光谱类别的代表性光谱。激发（虚线）和发射（实线）波长如图所示。所示的光转换前（绿线）、后（红线）的光谱针对于枫样的绿-红色可光转换的荧光蛋白。所示的吸收波谱针对的是一种色素蛋白[重新绘制于 Chudakov 等（2010），经美国生理学协会许可（彩图请扫封底二维码）。

所有的 GFP 样蛋白（GFP-like protein）都有寡聚化的趋势。甚至原始的 GFP，曾被认为是单体，能在水母体内相应的生理浓度形成二聚体（Culter and Ward 1997）。一些荧光蛋白以很强的二聚体形式存在，而多数在纳摩尔浓度下以稳定的同源四聚体形式存在。四聚体结构首先在 *Discosoma* sp. 的 DsRed 晶体学研究中被破译（Wall et al. 2000；Yarbrough et al. 2001）。每个 DsRed 单体通过两个独特的界面与两个邻近的蛋白分子接触。疏水的界面包含有一簇紧密填充的、被一组极性侧链环绕的疏水残基。亲水的界面包含有很多氢键与连接极性残基的盐桥，并且包含埋藏的水分子。此外，它被一个罕见的、由每个单体的羧端残基形成的"卡环"所稳定。包埋在桶内的氨基酸的侧链在发色团的结构和光谱特性的微调中发挥着必不可少的作用。最重要的残基位于β链的中间，它们与发色团邻近。4 号链上严格保守的氨基酸残基 Arg-96 和 111 号链上的氨基酸残基 Glu-222 参与骨架的环化与催化活性（Sniegowsky et al. 2005a,b）。侧链上 148、165、167 和 203 位的残基（分别在 7 号、8 号和 10 号链上）与发色团的 66 位酪氨酸保持接触，是它们自身质子化状态（阴离子或中性的）、极化状态、空间构象（顺式或反式）和旋转自由度的主要决定因素（Chudakov et al. 2010）。这些侧链的变异决定了激发和发射光谱、这个蛋白质是发出高亮度荧光还是几乎完全不发荧光，同时可以促进发色团的可逆光控开关在这两种不同状态之间转换。因此，几个有趣且非常有用的突变体已经通过残基诱变而开发出来。例如，广泛应用的 GFP 的黄色荧光蛋白突变体，携带有 Thr203Tyr，但是，用 Ile 或 His 替代后产生了一个受紫外光激发的 GFP 变体 T-Sapphire。

在实际应用中荧光蛋白重要的特性

GFP 在 *Aequorea* 以外的生物体中依然保留发出荧光的能力（Chalfie et al. 1994）表明它的活性不需要抗体、辅因子或酶底物等其他介质。这些最初的发现为 GFP 作为标记分子用于秀丽隐杆线虫（*Caenorhabditis elegans*）（Chalfie et al. 1994）、细菌和酵母（Flach et al. 1994；Nabeshima et al. 1995；Yeh et al. 1995；Niedenthal et al. 1996）、果蝇（Wang and Hazelrigg 1994；Barthmaier and Fyrberg1995）、斑马鱼（Amsterdam et al. 1995）、植物（Chiu et al. 1996）及培养的哺乳动物细胞（Mar-shall et al. 1995；Misteli et al. 1997）开辟了道路。现在 GFP 可以有效地作为报道分子用于转基因动物中，如小鼠（Ikawa et al. 1995；Chiocchetti et al. 1997；Okabe et al. 1997；Zhuo et al. 1997）和被人们称为"转基因艺术"的过程，从而创造多种荧光宠物，如绿色荧光兔子、鱼和猴子。人们早期将野生型 GFP 作为多方面报道基因面临的困难已经通过在 GFP 或是其他的 FP 掺入修饰而被完全克服，并且实现了快速、有效的表达。这些修饰包括用于哺乳动物细胞中密码子的优化、单体修饰、增加发光强度与时长并减少自发荧光的突变，移除 FP 基因的隐藏剪接位点。通过广泛的结构驱策和位点定向诱变研究，使 FP 以更适用于实验的需求的形式表达，以及对新 FP 持续的发现与发展，现在已经得到了大量的 FP 突变体，这些 FP 的光谱范围涵盖了整个可见和非可见光谱区域（如表 1 和表 2 所示）。很多情况下，这些荧光蛋白比野生型 GFP 具有显著优点。FP 也可根据特殊的应用而进行修饰（如下所示），如通过掺入降解的模序而加快降解，将荧光蛋白拆分成互补的两部分使其仅在两者再结合时才发光。

荧光蛋白载体通过标准的方法导入细胞或生物体中进行瞬时或稳定表达（见第 15 章）。然后可以用常规的荧光显微、流式细胞术和光谱学手段跟踪这些载体的命运（如它们的转运和表达）。因为荧光蛋白的检测不需要细胞的渗透与固定，所以不太可能引入假象。而且，表达 FP 融合蛋白很少对细胞有毒性，虽然定位在细胞核中的融合的蛋白质可能比定位在细胞骨架中造成更大的破坏性副作用（T Misteli and D Spector, 未发表）。

尽管反复试验可以对每个 FP 变体在特定的实验中的作用提供最优评价，但是了解荧光蛋白的重要特性以对它们实际应用和帮助进行合适的选择是很重要的。

亮度与表达

敏感性与信噪比在很大程度上依赖于所使用的荧光蛋白的亮度，一般情况下，亮度高的 FP 需要的激发光剂量比较低，产生的光损害效应也会低。很多自然存在的荧光蛋白的特征是高亮度，这不仅取决于超过 $100\,000\,M^{-1}\cdot cm^{-1}$ 的摩尔消光系数，以及接近理论极值 1 的荧光量子产率。沿着可视光的波谱，能够得到的最大亮度的 FP 的发射峰在 $500\sim530nm$（绿色和黄色 FP），而更低的发射峰则趋向蓝色和远红荧光蛋白。然而，近期的研究进展已经得到发射峰位于蓝色和远红区域具有更高亮度的变体（如表 1 和表 2 所示）。

由于更好的信噪比，低亮度的 FP 可能更适合用于长时间的试验中。体外 FP 的荧光亮度测定值并不能与它在体内的亮度相匹配，因为细胞内的因素如转录和翻译效率、mRNA 和蛋白质的稳定性及发色团的成熟率都会影响体内的亮度。另一个限制是无毒 FP 的表达效率。通常，优化用于哺乳动物细胞的 FP，尤其是橙色、红色和远红荧光蛋白（DsRed-Monomer），但是不包括 JRed 和 DsRed 单体（Shaner et al. 2005），在 37℃ 能够很好地表达与折叠。其他例子还有紫外激发 T-Sapphire、黄色荧光蛋白（YFP）变体 Venus 和 GFP 变体 Emerald。

成熟

发色团的成熟涉及一系列连续的共价修饰，尤其是橙色与红色 FP，这对蛋白质成为荧光蛋白是一个限速步骤。发色团的成熟依赖氧浓度和温度，这需要花费几分钟（Nagai et al. 2002）到几小时不等的时间，在计时 FP 中，甚至要花费数天才能成熟（如下所示）（Terskikh et al. 2000）。大部分使用中的用于标记细胞、细胞器和感兴趣的蛋白质或进行各种定量试验的荧光蛋白的成熟半衰期从 40min 到 1～2h。然而，在一些应用中，如启动子激活的早期检测，标记研究者感兴趣的快速降解蛋白或监测单一的翻译活动，需要能快速成熟的 FP，例如，快速成熟的黄色 FP 允许直接实时观察单个蛋白分子的产生（Yu et al. 2006）。

光稳定性

光稳定性在长时间的实验中是一个关键的考虑因素，这取决于保护 FP 发色团蛋白外壳的特性。此外，包括光源、光强、光脉冲频率及激发波长在内的多种实验参数都会影响 FP 的光猝灭程度。例如，在共聚焦显微镜下，mRaspberry 的耐光性优于 mPlum，但在大范围的照射下则相反（Shcherbo et al. 2009）。此外，一些 FP 的可逆光猝灭和发生的暂时性猝灭会影响定量试验的结果。一般来说，尽管需要注意实验中所使用的成像系统，文献中的数据（Shaner et al. 2005）可以用于作为选择高光稳定性 FP 的指导。建议在进行大规模的定量试验之前，实际检测合乎需要的颜色的荧光蛋白的光稳定性。

寡聚化

大部分野生型 AFP 的二聚化/四聚化的本质在先前的融合蛋白实验中曾受到大量关注。此外，如果目的蛋白本身具有寡聚化，那么，为避免蛋白聚集将不能使用会发生寡聚化的 FP。在多年对 FP 天然的低聚化趋势的研究之后，创造单体红色 FP 的挑战被 Roger Tsien 和他的同事们解决了（Campbell et al. 2002）。自此以后，很多其他的低聚化 FP 已经通过引入突变被设计成单体（如 Shaner et al. 2004）。一些低聚化的 FP 也被设计表达为串联的二聚体，其中，两份 FP 的基因被用短而灵活的连接体融合成头尾相连的形式（Campbell et al. 2002；Fradkov et al. 2002）。除了用于蛋白融合，一个 FP 并不需要处于单体状态，天然的低聚化 FP 也是理想的。然而，高浓度时的聚集限制了低聚化形式的应用，尤其是在制备稳定的细胞系和转基因动物的时候。

pH 敏感性

因为在很多生理过程中 pH 的变化是常见的，并且荧光蛋白的荧光亮度依赖于 pH，这个参数能显著影响定量试验的结果。随着 pH 的升高，荧光蛋白的荧光显著增加，在 pH 为 8～9 时达到最大值，并能保持稳定直到 pH 升到 10～13，这时候发色团蛋白出现变性和/或降解。pK_a 即某个荧光蛋白达到最适 pH 的最大亮度的 50% 时的 pH，因此成了每个实验设置都要考虑的因素。通常，pH 依赖性最显著的是黄色荧光蛋白（pK_a 5.5～6.5），其次是绿色荧光蛋白（pK_a 5～6），而蓝色、红色和远红色变体一般对 pH 的敏感性较低。

荧光蛋白诸如 TagBFP 和 agRFP 的 pK_a 值较低，分别是 2.7 和 3.8，能够用于酸性细胞器如内涵体、溶酶体和高尔基体的可视化研究。拥有相似 pH 依赖性的荧光蛋白通常被用于双色标记的定量实验和 FRET（如下所示）。另一方面，荧光蛋白对 pH 的依赖性能被有效地用来监测活体细胞 pH 的变化和膜泡运输。

超动力绿色荧光蛋白

2009 年，哈佛大学 David Liu 实验室报道了通过广泛的诱变，用带正电的氨基酸完全替换了非保守的溶剂暴露的残基后，赋予了该荧光蛋白意料不到的特性。这个增压的 GFP 理论上带有 +36 净电荷，能够高度抗聚集。该荧光蛋白在煮沸和冷冻之后仍能保持荧光性质，并能通过静电可逆地与 DNA、RNA 和蛋白质形成复合体。增压的 GFP 甚至能与转染试剂类似，将像蛋白质和 siRNA 这样的大分子货物转运到多种细胞的细胞质中（McNaughton et al. 2009）。

机制研究已经揭示了 +36 GFP 通过小窝蛋白和网格蛋白非依赖内吞的途径进入细胞，因为使用特异的细胞内吞抑制剂如制霉菌素、非律平和氯丙嗪未能阻止 +36 GFP 的内化。然而，对细胞表面聚糖蛋白合成具有重要作用的 ATP 硫酸化酶的抑制剂氯酸钠和肌动蛋白聚合抑制剂细胞松弛素都能够阻止 GFP 的内化（McNaughton et al. 2009）。这些特征表明 +36 GFP 的摄入采用一种与其他转染因子完全不同的机制。因此，+36GFP 能够用于转染对现有转染因子有抵抗作用的细胞。+36 GFP 已经能被有效地用于传递 siRNA 进入多种细胞系，包括那些能抵抗阳离子脂质介导的转染，如 IMCD 细胞、3T3-L 前脂肪细胞、大鼠嗜铬细胞瘤 PC12 细胞及 Jurkat T 细胞——这四种细胞系都是在使用阳离子脂质体 2000 进行 siRNA 转染时出现抵抗作用的（McNaughton et al. 2009）。在使用 +36 GFP 作为 DNA 转染时面临的主要问题是，大部分的大核酸被传递进了内涵体。将 +36 GFP 与血凝蛋白衍生物内吞体裂解多肽构建融合蛋白后能将物质递进多种哺乳动物的细胞质中并随后表达。+36 GFP 在鼠类的血清中能保持稳定，并且能显著地增强与之结合的 siRNA 和质粒 DNA 在血清中的稳定性。

由于转染效率更高，使用超动力的 GFP 进行转染似乎优于其他的超动力阳离子肽类如聚赖氨酸和聚精氨酸，鉴于这一额外的优势，GFP 可用作转染的标示物，允许转染细胞进行选择。其他的好处包括可通过简单混合而不用复杂的缓冲液和连接试剂就可将 +36 GFP 与核酸形成复合物。

荧光蛋白和定性因素的应用

蛋白标记

FP 最成功的应用是在活体细胞或组织中监测融合蛋白的动力学定位及命运。最初的报道是关于果蝇卵子生成过程中对核蛋白（RNP）颗粒的追踪（Wang and Hazelrigg 1994），从那时候起，FP 已经靶向并在几乎每个主要的细胞器中成功地表达（如图 2A）。文献中大量的报道是关于进行多种生理活动的可视化研究，包括高尔基体的动态特性研究（Cole et al. 1996；Presley et al. 1997）、观察细胞骨架的活动（Olson et al.1995）、追踪分泌途径（Wacker et al. 1997）、跟踪蛋白转移事件（Lee et al. 1996）和细胞质移动（Finger et al. 1998）。此外，用 FP 标记病毒和细菌蛋白实现了监测及实时成像病原体感染的过程（例如，见图 2B）（Sherer et al. 2007）。用 FP 多色标记实现了蛋白质分子在细胞内共区域定位的可视化（例如，见图 2C）。一般来说，FP 能够在活细胞中实时跟踪与其融合的伴侣的水平与定位、迁移、相互作用和降解作用。*Aequorea* 物种中的天然单体 FP 和天然四聚体的单体变体 FP 在融合蛋白中能够很好地起作用（Shaner et al. 2007）。很多重组策略能将 FP 标签融合至目标蛋白的氨基末端或羧基末端（Hughes 1998）。有些情况下，靶蛋白不能忍受加到末端的标记物，若是在 FP 和与其融合的伴侣之间的氨基酸区域插入一些含有富含甘氨酸的连接子，则可能会阻止蛋白质之间潜在的空间干扰。有时候，将 FP 标签插入靶蛋白的编码序列中能使标记物正确地折叠，产生有功能的发色团（例如，见 Siegel and Isacoff 1997；Rocheleau et al. 2003）。在细胞内过表达荧光蛋白可能会引起问题。例如，有人认为在酵母中高水平表达 GFP 能导致细胞内蛋白的错误定位。几个目的蛋白的多色成像有赖于这些过表达蛋白的积累效应，这些过表达的蛋白质不能扰乱活细胞，但却要在同一时间能发出足够被检测的亮光。并且，所有的融合蛋白表达应该在一个相对的水平，从而避免光发散到其他非特异的光谱频道。尽管在瞬时转染期间调整载体浓度可能克服这一难题，但是合理的做法是建立最适表达水平的稳定细胞系进行长期的定量试验并保证结果的可重复性。

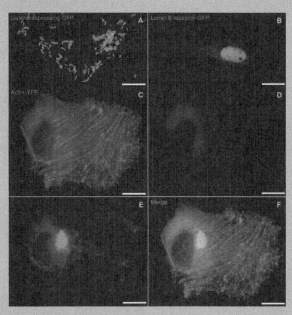

图 2　活 HeLa 细胞的多色标签。（A）HeLa 细胞被构造使用表达与含棕榈酰化信号的 GAP-43 蛋白氨基末端 20 个氨基酸融合的红色荧光蛋白（棕榈酰化 RFP）的载体转染 HeLa 细胞，该融合荧光蛋白融合进含棕榈化信号的 GAP-43 蛋白的氨基末端 20 个氨基酸以能够标记细胞血浆膜。这些细胞被表达绿色荧光蛋白（GFP）的细菌 *Listeria monocytogenes* 感染。（B）HeLa 细胞共转染被构造表达与 RFP 融合的细胞色素 c 氧化酶靶向序列，以及与 GFP 融合的核纤层蛋白 B 的载体、被融合进 RFP 作为线粒体红色荧光蛋白（Mito-RFP）标示物的细胞色素 c 氧化酶和融合有 GFP 作为细胞核标示物的核纤层蛋白 B 共转染。这两种表达红光和绿光的荧光蛋白分别作为线粒体（Mito-RFP）和细胞核的标示物。（C~F）HeLa 细胞共转染分别被表达有细胞骨架指示蛋白肌动蛋白、点附着指示蛋白 zyxin 和高尔基体指示蛋白 TGN138 的质粒共转染，三种质粒分别融合黄色、红色和青色荧光蛋白，在同一个细胞中进行观察。（F）所有的标示物的合并图像成像。细胞在感染（A）或转染（B-F）24h 后固定，并且用带有尼康 60×1.4NA Apo 油物镜的 Hamamatsu Orca ER 相机的倒置显微系统（Nikon Eclipse TE-2000）观察。标尺=10μm（Images courtesy of Ryan Chong and Pradeep D. Uchil, Yale Medical School.）（彩图请扫封底二维码）。

光漂白作用

　　光漂白技术能被用于具有任何功能性荧光蛋白融合的载体中评估活细胞蛋白的流动性，也可用来研究外部因素对蛋白流动的影响。这个信息是非常有价值的，因为蛋白质在一个细胞内的运动与其功能活性和与其他分子的相互作用紧密相关。光漂白作用能通过两种方法进行分析：①在光漂白后荧光复现（FRAP），在一个被强烈光照漂白的小区域，荧光恢复的速率取决于细胞上未被漂白的其他区域的蛋白迁移进已经漂白区域的速率；②光漂白中的荧光损失（FLIP），监控被重复漂白区域的邻近区域中荧光信号衰退的速率（for review，见 Lippincott-Schwartz 2003）。尽管检测快速蛋白运动存在限制，例如，使用强光源时产生的过度光毒性不适合用于某些荧光蛋白，光漂白技术还是经常被用于测量和比较蛋白质的流动性。其中一个例子就是解密了细胞核中高迁移率族蛋白的运动（Phair and Mistelli 2000）。

亚细胞定位分析

将一个蛋白质与 FP 融合能使其靶向定位各种亚细胞区域，使细胞器可视化并研究细胞的融合与分裂事件。将已知的信号模序与 FP 融合能将融合蛋白靶向到想研究的细胞小室（VanEngelenburg and Palmer 2008），因此，这些序列必须要能避免其进入非靶向的区域。

启动子活性

当研究者将 FP 克隆到感兴趣的启动子下游后，FP 能用作启动子活性的时间与空间的指示剂。它们不仅能用在特定的遗传背景、特定的细胞与组织中、特定的时间，还能响应细胞外部影响，标出启动子的活性（如 Chalfie et al.1994）。尽管使用 FP 的敏感性不如基于酶的实验，但是它们能使细胞在避免外源干扰，如细胞裂解时实现体内可视化，而且使用多个荧光蛋白作为报道分子实现了多个启动子的多色荧光成像。一个荧光蛋白的成熟速率和在细胞内的半衰期（更新率）对启动子的活性分析十分重要。慢成熟的 FP 在时间上相当地延迟了可探测的荧光信号的出现及对启动子活性的追踪。由于单体状态不能满足追踪启动子活性的需求，快成熟四聚体 FP 被成功应用于此项研究。同样，荧光蛋白的更新率也能相当地影响对启动子活性的追踪，因为高稳定性的荧光蛋白能在启动子活性关闭后的数小时或数天内发出荧光。然而，FP 的生命周期能够通过融合相应的不稳定信号来调节，增加细胞内 FP 的降解速率（Li et al. 1998）。这些报道分子在活系统内能够监测相继的启动子的激活和失活，以研究活细胞内潜在的基因调节网络和循环过程机制。在一种称为双分子荧光互补（BiFC）的实验方法中，拆分的 FP 能重组成有功能的蛋白质是同时追踪两个启动子的实验中的一种可选择的实验方法（Zhang et al. 2004）。在多色的双分子荧光互补（BiFC）实验中，使用一组携带具有不同光谱特性点突变的多个 FP 片段，能分析在特定系统中活化的一组启动子（Hu and Kerppola 2003）。

计时器

一个新的且具有进化意义的研究领域是发展"timer FP"，它能随时间变化而改变颜色，允许事后检测暂时性的表达。由于 timer FP 具有高度变化的成熟率，从几分钟到几小时或几天不等，它们能被用于分析不同时间跨度的进程。第一个被报道的 timer FP 是 DsRed-E5，能在合成后的几小时内产生绿色荧光，但随后即转换成为红色荧光的形式（Terskikh et al. 2000）。这一特性提供了一个监测很多细胞事件的方式，如不同组织的基因表达动力学；区分具有近期活化启动子的细胞与具有持久活化启动子的细胞；分析依赖年龄的细胞器分布和研究蛋白运动（Chudakov et al. 2010）。timer FP 随着单体的基于 mCherry 计时器荧光蛋白（快速 FT、中速 FT 和慢速 FT）的发展，该技术能在几小时，最多一天之内将荧光从蓝色变为红色。近期，计时荧光蛋白变得更经得起实验的检验（Subach et al. 2009）。

特殊应用

研究蛋白质与蛋白质的相互作用

　　FP 已经至少可用于三种主要研究蛋白质与蛋白质相互作用的技术：荧光共振能量转移（FRET）技术、荧光交互关联光谱（FCCS）技术和荧光蛋白拆分互补技术。

- FRET：测量两个荧光蛋白分子之间的能量转移现在已经成为了在活细胞中监测蛋白质与蛋白质间相互作用的最常见方法（Piston and Kremers 2007）。在此，一个具有高能量的、受激发的发色团（即在一个较短的激发-发射波长范围内操作）能通过一个称为 FRET 的非辐射的偶极-偶极联动机制转移一些自身激发的能量至一个具有更长波长范围的受体发色团。两个目的蛋白被融合成相应的供体与受体 FP。假设相互作用把荧光蛋白带到足够接近而且使得彼此之间出现有利的定向，当这两个蛋白质相互作用时，它们的 FP 标签之间发生的 FRET 将会被检测到。两个分子间 FRET 的效率与它们之间距离以负六次方的比率降低，所以一般要在少于 10nm 的距离内才能产生可检测的能量转移。这样，在活细胞中的分子的相互作用能被显微镜、光谱学和流式细胞术进行分析（Piston and Kremers 2007）。FRET 甚至能使用现代荧光显微镜用几种方法定量：①减少供体的荧光亮度（荧光量子的产量）；②增加供体的激发后受体的荧光亮度；③降低供体的荧光寿命；④减少发射光的极性。一些理想化的 FRET 的荧光蛋白对已经被鉴定并已商品化。

- FCCS：荧光交互相关光谱技术（FCCS）是基于荧光关联光谱（FCS）而建立的，FCS 能在限定体积内单分子水平上探测到荧光强度的波动，因此能在活细胞里定量测量分子的平均浓聚与弥散率。在双色 FCCS 中，两个不同的发色团的信号波动被同时记录，因为它们在活细胞内的相互作用，使研究者能评估两种类型分子弥散的相互依赖性（如 Kohl et al. 2002; Bacia et al. 2006）。为能同时有效地激发两个不同的发色团，FCCS 需要两个激光束对齐同一个共焦的点。或者，也可以选择使用荧光颜色不同却能被同一波长激发的两种荧光蛋白，但要求一个具有小的而另一个具有大的斯托克斯转移（如 Kogure et al. 2006）。另一个普遍的选择是用一个在双色 FCCS 中能相对有效激发多个荧光蛋白的双光子光源（Kim et al. 2005）。与需要发色团足够接近并达到优势定位的 FRET 相比，FCCS 不依赖荧光蛋白间确定的距离，因此，在载体构建方面具有更高的自由度。FCCS 也不需要高表达水平，因此能减少对正常细胞生化过程的干扰。

- 荧光互补技术（荧光蛋白拆分互补技术）：荧光互补技术使用双荧光蛋白原理，但拆分蛋白不能自发结合。因此，荧光的出现完全依赖于与荧光蛋白融合的蛋白质分子的相互作用（Hu et al. 2002）。对比于 FRET 测量法，因为需要花数小时形成一个成熟的荧光发色团，该 BiFC 分析法不适合于实时监测目标蛋白的相互作用。然而，使用 BiFC 时，由于信号的积累，即使是非常弱的相互作用也能被检测到，使得荧光互补技术与 FRET 相比灵敏度增强。

光激活荧光蛋白（PAFP）

　　光激活荧光蛋白（PAFP）代表一类与荧光蛋白不同的蛋白质，它的荧光能被一束特定波长的光脉冲打开。它们可作为蛋白质、细胞器、组织的选择性光标签，能在独立的光通道中检测到，而未激活的分子不可见。它能对在活细胞中感兴趣的目标进行准确的标记和追踪，还能增强信噪比和进行超分辨成像。光激活的分子基础依赖发色团可逆的顺-反转换，这伴随着邻近氨基酸构象的变化，这种构象变化能产生导致显著改变蛋白质光谱特性的、可逆的、光诱导的光转换。光激活荧光蛋白领域正在快速发展，每几个月都有新的光激活蛋白出现。可逆的光激活荧光蛋白在激发下，荧光展示出可逆的增加或减少，例如，从绿色至红色的 Dendra2（现在由 Clontech[1] 推向市场）（Gurskaya et al. 2006），由无色到红色的可激活 rsCherry 和 rsCherryRev（Stiel et al. 2008），被用来重复追踪蛋白的运动和增强快速运动蛋白成像（称为蛋白河流）；然而不可逆转的光激活蛋白，如绿色-紫罗兰色 PA-GFP（Patterson and Lippincott-Schwartz 2002）能被用来可视化地实时追踪蛋白与细胞器。

使用 FP 的资源

荧光蛋白的信息栏主要倚重于 Chudakov 等发表的一篇优秀且详细的综述（2010）。更多的关于在多种生物中使用野生型和突变型荧光蛋白作为基因表达的标示分子的信息可以在 Shaner（2005）和 Zhang（2009）撰写的综述中找到。Roger Tsien（作为在分子生物学、细胞生物学、生物化学中使用荧光蛋白的先驱与 Osamu Shimomura 和 Martin Chalfie 一同分享了 2008 年的诺贝尔化学奖）的诺贝尔获奖演说也是相当令人着迷的。

现在已经有大量表达荧光蛋白变体的表达载体（天然的和突变的），许多专门的 FP，包括 PAFP、FRET 蛋白对、计时荧光蛋白及 FP 的抗体现在都能通过商品化得到。Clontech 公司可能有最全的荧光蛋白表达载体；GFP 的抗体可从包括 Clontech 和 Life Technologies 在内的多家公司获得。

参考文献

Amsterdam A, Lin S, Hopkins N. 1995. The *Aequorea victoria* green fluorescent protein can be used as a reporter in live zebra fish embryos. *Dev Biol* 171: 123–129.

Bacia K, Kim SA, Schwille P. 2006. Fluorescence cross-correlation spectroscopy in living cells. *Nat Methods* 3: 83–89.

Barthmaier P, Fyrberg E. 1995. Monitoring development and pathology of *Drosophila* indirect flight muscles using green fluorescent protein. *Dev Biol* 169: 770–774.

Brejc K, Sixma TK, Kitts PA, Kain SR, Tsien RY, Ormo M, Remington SJ. 1997. Structural basis for dual excitation and photoisomerization of the *Aequorea victoria* green fluorescent protein. *Proc Natl Acad Sci* 94: 2306–2311.

Campbell RE, Tour O, Palmer AE, Steinbach PA, Baird GS, Zacharias DA, Tsien RY. 2002. A monomeric red fluorescent protein. *Proc Natl Acad Sci* 99: 7877–7882.

Chalfie M, Tu Y, Euskirchen G, Ward WW, Prasher DC. 1994. Green fluorescent protein as a marker for gene expression. *Science* 263: 802–805.

Chiocchetti A, Tolosano E, Hirsch E, Silengo L, Altruda F. 1997. Green fluorescent protein as a reporter of gene expression in transgenic mice. *Biochim Biophys Acta* 1352: 193–202.

Chiu WL, Niwa Y, Zeng W, Hirano T, Kobayashi H, Sheen J. 1996. Engineered GFP as a vital reporter in plants. *Curr Biol* 6: 325–330.

Chudakov DM, Matz MV, Lukyanov S, Lukyanov KA. 2010. Fluorescent proteins and their applications in imaging living cells and tissues. *Physiol Rev* 90: 1103–1163.

Cody CW, Prasher DC, Westler WM, Prendergast FG, Ward WW. 1993. Chemical structure of the hexapeptide chromophore of the *Aequorea* green-fluorescent protein. *Biochemistry* 32: 1212–1218.

Cole NB, Smith CL, Sciaky N, Terasaki M, Edidin M, Lippincott-Schwartz J. 1996. Diffusional mobility of Golgi proteins in membranes of living cells. *Science* 273: 797–801.

Culter MW, Ward WW. 1997. Spectral analysis and proposed model for GFP dimerization. In *Bioluminescence and chemiluminescence: Molecular reporting with photons* (ed. Hastings JW, et al.), pp. 403–406. Wiley, New York.

Finger FP, Hughes TE, Novick P. 1998. Sec3p is a spatial landmark for polarized secretion in budding yeast. *Cell* 92: 559–571.

Flach J, Bossie M, Vogel J, Corbett A, Jinks T, Willins DA, Silver PA. 1994. A yeast RNA-binding protein shuttles between the nucleus and the cytoplasm. *Mol Cell Biol* 14: 8399–8407.

Fradkov AF, Verkhusha VV, Staroverov DB, Bulina ME, Yanushevich YG, Martynov VI, Lukyanov S, Lukyanov KA. 2002. Far-red fluorescent tag for protein labelling. *Biochem J* 368: 17–21.

Gross LA, Baird GS, Hoffman RC, Baldridge KK, Tsien RY. 2000. The structure of the chromophore within DsRed, a red fluorescent protein from coral. *Proc Natl Acad Sci* 97: 11990–11995.

Gurskaya NG, Verkhusha VV, Shcheglov AS, Staroverov DB, Chepurnykh TV, Fradkov AF, Lukyanov S, Lukyanov KA. 2006. Engineering of a monomeric green-to-red photoactivatable fluorescent protein induced by blue light. *Nat Biotechnol* 24: 461–465.

Harvey EN. 1952. *Bioluminescence*. Academic, New York.

Haupts U, Maiti S, Schwille P, Webb WW. 1998. Dynamics of fluorescence fluctuation in green fluorescent protein observed by fluorescence correlation spectroscopy. *Proc Natl Acad Sci* 95: 13573–13578.

Head JF, Inouye SI, Teranishi K, Shimomura O. 2000. The crystal structure of the photoprotein aequorin at 2.3 Å resolution. *Nature* 405: 372–376.

Heim R, Prasher DC, Tsien RY. 1994. Wavelength mutations and post-translation autoxidation of green fluorescent protein. *Proc Natl Acad Sci* 91: 12501–12504.

Hu CD, Kerppola TK. 2003. Simultaneous visualization of multiple protein interactions in living cells using multicolor fluorescence complementation analysis. *Nat Biotechnol* 21: 539–545.

---

1 http://www.clontech.com/US/Support/Trademarks?sitex=10020:22372:US&PROD=WxhZdLflj99G4FhmUPCranJ1:S&PROD_pses=ZG84E62907FD5697701543E0B37491307E67680DBAC085E727E84E594964A3DF68F49436E8254A47DF25C7C2902006955FCCEBFE455F714F11.

Hu CD, Chinenov Y, Kerppola TK. 2002. Visualization of interactions among bZIP and Rel family proteins in living cells using bimolecular fluorescence complementation. *Mol Cell* 9: 789–798.

Hughes T. 1998. Heterologous expression of the green fluorescent protein. In *Cells: A laboratory manual. Volume 2: Light microscopy and cell structure* (ed. Spector DL, et al.), pp. 78.1–78.8. Cold Spring Harbor Laboratory Press, Cold Spring Harbor, NY.

Ikawa M, Kominami K, Yoshimura Y, Tanaka K, Nishimune Y, Okabe M. 1995. A rapid and non-invasive selection of transgenic embryos before implantation using green fluorescent protein (GFP). *FEBS Lett* 375: 125–128.

Inouye S, Tsuji FI. 1994. Evidence for redox forms of the *Aequorea* green fluorescent protein. *FEBS Lett* 351: 211–214.

Johnson FH, Shimomura O, Saiga Y, Gershman LC, Reynolds GT, Waters JR. 1962. Quantum efficiency of *Cypridina* luminescence, with a note on that of *Aequorea*. *J Cell Comp Physiol* 60: 85–103.

Kim SA, Heinze KG, Bacia K, Waxham MN, Schwille P. 2005. Two photon cross-correlation analysis of intracellular reactions with variable stoichiometry. *Biophys J* 88: 4319–4336.

Kogure T, Karasawa S, Araki T, Saito K, Kinjo M, Miyawaki A. 2006. A fluorescent variant of a protein from the stony coral *Montipora* facilitates dual-color single-laser fluorescence cross-correlation spectroscopy. *Nat Biotechnol* 24: 577–581.

Kohl T, Heinze KG, Kuhlemann R, Koltermann A, Schwille P. 2002. A protease assay for two-photon crosscorrelation and FRET analysis based solely on fluorescent proteins. *Proc Natl Acad Sci* 99: 12161–12166.

Larrainzar E, O'Gara F, Morrissey JP. 2005. Applications of autofluorescent proteins for in situ studies in microbial ecology. *Annu Rev Microbiol* 59: 257–277.

Lee MS, Henry M, Silver PA. 1996. A protein that shuttles between the nucleus and the cytoplasm is an important mediator of RNA export. *Genes Dev* 10: 1233–1246.

Li X, Zhao X, Fang Y, Jiang X, Duong T, Fan C, Huang CC, Kain SR. 1998. Generation of destabilized green fluorescent protein as a transcription reporter. *J Biol Chem* 273: 34970–34975.

Lippincott-Schwartz J, Altan-Bonnet N, Patterson GH. 2003. Photobleaching and photoactivation: Following protein dynamics in living cells. *Nat Cell Biol* 2003 Suppl: S7–S14.

Marshall J, Molloy R, Moss GW, Howe JR, Hughes TE. 1995. The jellyfish green fluorescent protein: A new tool for studying ion channel expression and function. *Neuron* 14: 211–215.

Matz MV, Fradkov AF, Labas YA, Savitsky AP, Zaraisky AG, Markelov MK, Lukyanov SA. 1999. Fluorescent proteins from nonbioluminescent Anthozoa species. *Nat Biotechnol* 17: 969–973.

McNaughton BR, Cronican JJ, Thompson DB, Liu DR. 2009. Mammalian cell penetration, siRNA transfection, and DNA transfection by supercharged proteins. *Proc Natl Acad Sci* 106: 6111–6116.

Misteli T, Caceres JF, Spector DL. 1997. The dynamics of a pre-mRNA splicing factor in living cells. *Nature* 387: 523–527.

Mizuno H, Mal TK, Tong KI, Ando R, Furuta T, Ikura M, Miyawaki A. 2003. Photo-induced peptide cleavage in the green-to-red conversion of a fluorescent protein. *Mol Cell* 12: 1051–1058.

Morise H, Shimomura O, Johnson FH, Winant J. 1974. Intermolecular energy transfer in the bioluminescent system of *Aequorea*. *Biochemistry* 13: 2656–2662.

Nabeshima K, Kurooka H, Takeuchi M, Kinoshita K, Nakaseko Y, Yanagida M. 1995. p93dis1, which is required for sister chromatid separation, is a novel microtubule and spindle pole body-associating protein phosphorylated at the Cdc2 target sites. *Genes Dev* 9: 1572–1585.

Nagai T, Ibata K, Park ES, Kubota M, Mikoshiba K, Miyawaki A. 2002. A variant of yellow fluorescent protein with fast and efficient maturation for cell-biological applications. *Nat Biotechnol* 20: 87–90.

Niedenthal RK, Riles L, Johnston M, Hegemann JH. 1996. Green fluorescent protein as a marker for gene expression and subcellular localization in budding yeast. *Yeast* 12: 773–786.

Okabe M, Ikawa M, Kominami K, Nakanishi T, Nishimune Y. 1997. 'Green mice' as a source of ubiquitous green cells. *FEBS Lett* 407: 313–319.

Olson KR, McIntosh JR, Olmsted JB. 1995. Analysis of MAP 4 function in living cells using green fluorescent protein (GFP) chimeras. *J Cell Biol* 130: 639–650.

Ormo M, Cubitt AB, Kallio K, Gross LA, Tsien RY, Remington SJ. 1996. Crystal structure of the *Aequorea victoria* green fluorescent protein. *Science* 273: 1392–1395.

Palm G, Zdanov A, Gaitanaris GA, Stauber R, Pavlakis GN, Wlodawer A. 1997. The structural basis for spectral variations in green fluorescent protein. *Nat Struct Biol* 4: 361–365.

Patterson GH, Lippincott-Schwartz J. 2002. A photoactivatable GFP for selective photolabeling of proteins and cells. *Science* 297: 1873–1877.

Phair RD, Misteli T. 2000. High mobility of proteins in the mammalian cell nucleus. *Nature* 404: 604–609.

Piston DW, Kremers GJ. 2007. Fluorescent protein FRET: The good, the bad and the ugly. *Trends Biochem Sci* 32: 407–414.

Prasher DC, Eckenrode VK, Ward WW, Prendergast FG, Cormier MJ. 1992. Primary structure of the *Aequorea victoria* fluorescent green protein. *Gene* 111: 229–233.

Presley JF, Cole NB, Schroer TA, Hirschberg K, Zaal KJM, Lippincott-Schwartz J. 1997. ER-to-Golgi transport visualized in living cells. *Nature* 389: 81–85.

Rocheleau JV, Edidin M, Piston DW. 2003. Intrasequence GFP in class I MHC molecules, a rigid probe for fluorescence anisotropy measurements of the membrane environment. *Biophys J* 84: 4078–4086.

Shaner NC, Campbell RE, Steinbach PA, Giepmans BN, Palmer AE, Tsien RY. 2004. Improved monomeric red, orange and yellow fluorescent proteins derived from *Discosoma* sp. red fluorescent protein. *Nat Biotechnol* 22: 1567–1572.

Shaner NC, Steinbach PA, Tsien RY. 2005. A guide to choosing fluorescent proteins. *Nat Methods* 2: 905–909.

Shaner NC, Patterson GH, Davidson MW. 2007. Advances in fluorescent protein technology. *J Cell Sci* 120: 4247–4260.

Shcherbo D, Murphy CS, Ermakova GV, Solovieva EA, Chepurnykh TV, Shcheglov AS, Verkhusha VV, Pletnev VZ, Hazelwood KL, Roche PM, et al. 2009. Far-red fluorescent tags for protein imaging in living tissues. *Biochem J* 418: 567–574.

Sherer NM, Lehmann MJ, Jimenez-Soto LF, Horensavitz C, Pypaert M, Mothes W. 2007. Retroviruses can establish filopodial bridges for efficient cell-to-cell transmission. *Nat Cell Biol* 9: 310–315.

Shimomura O. 1979. Structure of the chromophore of *Aequorea* green fluorescent protein. *FEBS Lett* 104: 220–222.

Shimomura O, Johnson FH, Saiga Y. 1962. Extraction, purification and properties of aequorin, a bioluminescent protein from the luminous hydromedusan, *Aequorea*. *J Cell Comp Physiol* 59: 223–239.

Siegel MS, Isacoff EY. 1997. A genetically encoded optical probe of membrane voltage. *Neuron* 19: 735–741.

Sniegowski JA, Lappe JW, Patel HN, Huffman HA, Wachter RM. 2005a. Base catalysis of chromophore formation in Arg96 and Glu222 variants of green fluorescent protein. *J Biol Chem* 280: 26248–26255.

Sniegowski JA, Phail ME, Wachter RM. 2005b. Maturation efficiency, trypsin sensitivity, and optical properties of Arg96, Glu222, and Gly67 variants of green fluorescent protein. *Biochem Biophys Res Commun* 332: 657–663.

Stiel AC, Andresen M, Bock H, Hilbert M, Schilde J, Schonle A, Eggeling C, Egner A, Hell SW, Jakobs S. 2008. Generation of monomeric reversibly switchable red fluorescent proteins for farfield fluorescence nanoscopy. *Biophys J* 95: 2989–2997.

Subach FV, Subach OM, Gundorov IS, Morozova KS, Piatkevich KD, Cuervo AM, Verkhusha VV. 2009. Monomeric fluorescent timers that change color from blue to red report on cellular trafficking. *Nat Chem Biol* 5: 118–126.

Terskikh A, Fradkov A, Ermakova G, Zaraisky A, Tan P, Kajava AV, Zhao X, Lukyanov S, Matz M, Kim S, et al. 2000. "Fluorescent timer": Protein that changes color with time. *Science* 290: 1585–1588.

Tsien RY. 2010. Nobel lecture: Constructing and exploiting the fluorescent protein paintbox. *Integr Biol* 2: 77–93.

VanEngelenburg SB, Palmer AE. 2008. Fluorescent biosensors of protein function. *Curr Opin Chem Biol* 12: 60–65.

Wacker I, Kaether C, Kromer A, Migala A, Almers W, Gerdes HH. 1997. Microtubule-dependent transport of secretory vesicles visualized in real time with a GFP-tagged secretory protein. *J Cell Sci* 110: 1453–1463.

Wall MA, Socolich M, Ranganathan R. 2000. The structural basis for red fluorescence in the tetrameric GFP homolog DsRed. *Nat Struct Biol* 7: 1133–1138.

Wang S, Hazelrigg T. 1994. Implications for *bcd* mRNA localization from spatial distribution of exu protein in *Drosophila* oogenesis. *Nature* 369: 400–403.

Ward WW, Bokman SH. 1982. Reversible denaturation of *Aequorea* green fluorescent protein: Physical separation and characterization of the renatured protein. *Biochemistry* 21: 4535–4550.

Ward WW, Cody CW, Hart RC, Cormier MJ. 1980. Spectrophotometric identity of the energy transfer chromophores in *Renilla* and *Aequorea* green fluoresecnt proteins. *Photochem Photobiol* 31: 611–615.

Yang F, Moss LG, Phillips GN. 1996. The molecular structure of green fluorescent protein. *Nat Biotechnol* 14: 1246–1251.

Yarbrough D, Wachter RM, Kallio K, Matz MV, Remington SJ. 2001. Refined crystal structure of DsRed, a red fluorescent protein from coral, at 2.0-Å resolution. *Proc Natl Acad Sci* 98: 462–467.

Yeh E, Skibbens RV, Cheng JW, Salmon ED, Bloom K. 1995. Spindle dynamics and cell cycle regulation of dynein in the budding yeast *Saccharomyces cerevisiae*. *J Cell Biol* 130: 687–700.

Yu J, Xiao J, Ren X, Lao K, Xie XS. 2006. Probing gene expression in live cells, one protein molecule at a time. *Science* 311: 1600–1603.

Zhang J. 2009. The colorful journey of green fluorescent protein. *ACS Chem Biol* 4: 85–88.

Zhang S, Ma C, Chalfie M. 2004. Combinatorial marking of cells and organelles with reconstituted fluorescent proteins. *Cell* 119: 137–144.

Zhuo L, Sun B, Zhang CL, Fine A, Chiu SY, Messing A. 1997. Live astrocytes visualized by green fluorescent protein in transgenic mice. *Dev Biol* 187: 36–42.

网络资源

Nobel Web AB (Nobel Foundation). The Nobel Prize in Chemistry 2008
http://www.nobelprize.org/nobel_prizes/nobelguide_che.pdf

表位标记

概述

通过重组 DNA 技术，把含有目的氨基酸残基的融合蛋白的氨基端或是羧基端共价结合到载体序列上。通常，当载体序列携带有用的抗原决定簇，该融合蛋白就被称为进行了抗原表位标记（epitope tag）。"表位标记"这个术语现在与各种类型的"已知"和"易于检测"的蛋白质结构域和基序同义，它们能与蛋白质融合，用于鉴定未经纯化的感兴趣的蛋白质。该技术主要的优点是能够使用经过很好鉴定且高度特异的抗体或是表位特异性的配体来研究感兴趣的蛋白质，从而避免耗时、耗力又充满不确定性的生产和鉴定抗体的过程。

最早的表位标记是为了纯化蛋白质而设计的，能够大规模地制备识别表位标记上基序的配体或抗体连接的柱子。最早整合到商业化的蛋白质表达载体中的标记包括 Flag、6xHis 及谷胱甘肽-*S*-转移酶（GST）等。在最初的 Flag 标记系统中，使用了钙依赖结合的抗 Flag M1 单克隆抗体，含 Flag 标记的蛋白质能被 EDTA 洗脱（Hopp et al.1988），而含 6xHis 标记的蛋白质则是利用金属螯合色谱法来纯化的（Hochuli et al. 1988）。类似的，含 GST 标记的蛋白质是利用谷胱甘肽珠子来纯化的（Smith and Johnson 1988）。除了这些商业化的标记以外，很多学术团体改进了 HA 标记（Field et al. 1988）及 c-myc 标记（Evan et al. 1985），抗表位标记最初是在酿酒酵母（*Saccharomyces cerevisiae*）和 *Schizosaccharomyces pombe*（Bahler et al. 1998; Longtine et al. 1998）中成为了可用于蛋白质鉴定的分析工具。自从人们认识到抗原表位标记在蛋白纯化以外的作用后，引起了整个标记及相关抗体/配体领域的快速发展，目前抗原表位标记也能用于哺乳动物蛋白的分析。表 3 中列举了一些常用的抗原表位标记、相应的表达载体及检测试剂，它们中的大部分可以从多个供应商通过商业途径获得。同时该表也列举了一些以前存在的标记的抗体（例如，抗 Flag M2 单抗[Brizzard et al. 1994]及抗 6xHis 标记的抗体[Kaufman et al. 2002]）。通常，一种特异识别抗原表位的单抗可以用于免疫染色、免疫印迹、免疫沉淀及免疫纯化。前面所提到的荧光蛋白也许是目前开发的最重要的表位标记。

表 3　常见表位标记

表位标记	应用	介绍	检测	参考文献
人 c-Myc	IA, Co-IP, WB, IF	EQKLISEEDL	单抗 9E10 针对合成的人 c-myc 的 409～439 残基免疫而来	Evan et al. 1985; Munro and Pelham 1986, 1987; Pelham et al. 1988; Squinto et al. 1990; Adamson et al. 1992; Sells and Chernoff 1995
流行性感冒病毒红细胞凝集素	IA, Co-IP, WB, IF	YPYDVPDYA	单抗最初是针对合成的对应 H3 亚型的流行性感冒病毒红细胞凝集素 75～110 位氨基酸残基免疫而来。抗体 12CA5 和 3F10, 识别整个的抗原决定簇 YPYDVPDYA，该 9 肽是商品化的，可用于把融合蛋白从单抗中释放出来	Niman et al. 1983; Wilson et al. 1984; Field et al. 1988; Swanson et al. 1991; West et al. 1992; Marck et al. 1993; Sells and Chernoff 1995
Flag 序列	IA, Co-IP, WB, IF	DYKDDDDK; Flag 被设计成疏水且可以用于免疫纯化的标记物，可以通过蛋白水解切割从靶蛋白中除去。Flag 表位羧基端的 5 个氨基酸是根据肠激酶对其天然底物牛胰蛋白酶原的切割位点改变而来的	单抗 4E11 能够特异性的针对 Flag 序列, 以钙离子依赖性的方式与之结合，EDTA 等螯合剂处理或是低 pH 条件下相互解离。目前该抗体基本被商业化的不依赖于钙离子的 M2 和 M5 单抗所代替	Davie and Neurath 1955; Hopp et al. 1988; Knott et al. 1988; Prickett et al. 1989; Slootstra et al. 1996
6xHis	IA, Co-IP, WB, IF	HHHHHH	针对 6-His、6xHis 和 HIS-11 的抗体	Hochuli et al. 1988
谷胱甘肽-S-转移酶（GST）	IA, Co-IP, WB, IF	220 个氨基酸残基的 GST 序列	Anti-GST 抗体 eg-mAb gst-2	Smith and Johnson 1988
蛋白 A	AP, Co-IP	分离自金黄色葡萄球菌含有 IgG 结合结构域的蛋白 A	所有的 IgG, 但是亲和性会随着种属及 IgG 的亚型而变化	Uhlén et al. 1983
麦芽糖结合蛋白（MBP）	AP	麦芽糖结合蛋白最初纯化的方法利用了与麦芽糖结合蛋白具有天然亲和力的交联的淀粉酶	MBP 抗体	di Guan et al. 1988
几丁质结合结构域（CBD）	AP	环状芽胞杆菌几丁质酶的几丁质结合结构域，结合蟹壳中分离的几丁质基质。最初的纯化方法依赖于 CBD 融合蛋白与几丁质珠子的相互作用	CBD 抗体	Chong et al. 1997
S-标记	AP	S-肽段；核糖核酸 A 蛋白水解切割产生的短的氨基端序列（S-肽段），它能够高度亲和地结合 S-蛋白（核糖核酸 A 的剩余部分）。S-肽段标签融合的蛋白质通常使用 S-蛋白纯化。目前有 S-肽段的单抗	S-肽段抗体	Hackbarth et al. 2004

续表

表位标记	应用	介绍	检测	参考文献
链球菌-标签 II	AP	WSAPQFEK：8 个氨基酸残基多肽能够结合链霉亲和素	工程化的链霉菌-内动蛋白亲和柱子	Schmidt and Skerra 2007
Avitag	AP, ELISA	GLNDIFEAQKIEWHE；用来自大肠杆菌的生物素连接酶高效靶向催化单生物素与含 15 个氨基酸残基多肽标记进行结合	结合到抗生素蛋白/链霉亲和素包埋的柱子	Tucker and Grisshammer 1996
钙调蛋白-结合肽（CBP）	AP	钙调蛋白-结合肽，这是一个来源于肌肉肌球蛋白轻链激酶的含有 26 个氨基酸残基的羧基末端片段，在生理 pH 且钙存在的条件下能与钙调蛋白具有很高的亲和力。当钙离子被移除后，钙调蛋白发生构象变化，从配体上解离	钙调蛋白亲和树脂	Rigaut et al. 1999
CD（生物中心法则）	AP	18 个氨基酸的外显子；CD 盒，特别设计的 DNA 分子，在可读框周围含切割的供受位点，将 CD 盒插到目标基因的内含子中会产生一个新的、被 CD 盒可读框所代替的外显子，该外显子被两个有功能的杂合内含子所包围，因此：①该基因会含有一段特异的核苷酸序列；②其 mRNA 也被标记一段特殊核酸序列；③其蛋白也含有一段特殊肽序列	特异的核苷酸或是抗体探针可用于引进的特异标签	Jarvik et al. 1996

注：IA，免疫亲和；Co-IP，免疫共沉淀；WB，免疫印迹；AP，亲和纯化；ELISA，酶联免疫吸附试验；IF，免疫荧光。

实际考虑

通过使用已经存在的 PCR 的程序，在不影响内源启动子活性的基础上，将标签的核苷酸序列掺入表达蛋白的 DNA 序列中，一个标签可以在不严重影响蛋白质功能的情况下，融合到大多数蛋白的氨基端、羧基端或是其他部位（Prasad and Goff 1989; Anand et al. 1993; Ross-Macdonald et al. 1997）。但只要可能，应该通过定性（蛋白免疫印迹检测）或功能实验（酶活检测）对蛋白质进行检测，从而确定标签蛋白的活性。大多数情况下，融合蛋白的表达是在异源启动子的控制下，如 CMV，通常会造成感兴趣的基因的异常表达。这并不表示抗原表位标记不能被用于作为内源调控的通路，如研究细胞周期的调控-调控的基因。通过重组技术可以将标签蛋白导入在蛋白内源启动子控制的蛋白质上（Sung et al. 2005）或是染色体上（Chen et al. 2006），从而可以在生理条件下追踪该蛋白质的表达。

然而，在采用某种特定的抗原表位标记策略之前，充分的文献调研有助于确定选择的表位标记是否有类似的应用。虽然蛋白质与蛋白质之间，表位标记有所不同，但用特定标记物进行相似方法探索这个事实就已经提高了成功的可能性，并且对如何使用那些在一般的研究方案中不存在的表位标记，提供一些想法和详细的信息。有一点非常重要，所选择标记的抗体或是结合配体不能与表达标记标记蛋白的宿主细胞中的蛋白质发生交联反应。但是，应该记住，尽管概率很小，因为这些表位大多数来自于激素或是癌基因，与细胞中物质具有免疫交叉反应。此外还有很重要的一点，在靶蛋白中选择适当的标记插入位点，从而不会影响拓扑结构（如疏水信号结构）或是转运信号（核转运信号或是内质网滞留序列）的功能。但是，应尽可能地把表位标记物加到靶蛋白的氨基或是羧基端，那样它们最可能接近抗体，且最不可能干扰靶蛋白的功能。

当表位标记用于免疫纯化时，最好选择一个可以从靶蛋白中移除的标记。有时候，去除标记对于保持蛋白质功能、提高溶解性或是降低抗原性是必需的。虽然不能保证成功，但是可以通过在表位标记和靶蛋白之间的肽接头中插入蛋白酶切割位点来完成标记的去除。表 4 中列举了常用的用于标记去除的蛋白酶切割位点，用酶去除标记经常效率不高（因为不能达到切割位点），而且有时候是具有破坏性的（因为切割的蛋白酶并不完全特异或是有污染了非特异蛋白酶）（Nagai and Thogersen 1987; Dykes et al. 1988）。

表 4　用于去除标记的蛋白酶切割位点

蛋白酶	切割位点描述	识别肽段
肠激酶	高度特异的丝氨酸蛋白酶被用于将 Flag 标记从融合蛋白上切除	Flag 的 Lys-X 位点； N-Asp-Tyr-Lys-Asp-Asp-Asp-Asp-Lys-X-C 注意如果 X 位点含有脯氨酸，该多肽不能被切割
凝血酶	一种能够选择性切割 Arg—Gly 键的丝氨酸内切酶。人及牛凝血酶有相同的肽段识别序列	P4-P3-Pro-Arg/Lys-X-P1'-P2' 注意 P4 和 P3 为疏水残基，P1'和 P2'为非酸性残基，Arg /Lys-X-P1'为易断裂的键 P2-Arg / Lys-X-P1' 注意当 P2 或 P1'为甘氨酸时，Arg / Lys-X-P1'为易断裂的键
激活的因子 X（Xa）	与凝血酶类似，催化 Arg—Thr 和 Arg—Ile 化学键的水解	Ile-Glu（或 Asp）-Gly-Arg—X 有时候可能会根据靶蛋白的构象切割其他的碱性残基。注意识别位点中如果为脯氨酸位于精氨酸之后，因子 Xa 不能切割该位点

应用

自从 Munro 和 Pelham（1984）介绍抗原表位标记技术以来，它已经被用来解决多种实验问题，包括表达蛋白的检测、定位和纯化。感兴趣的蛋白质可以用直接针对表位的免疫试剂盒检测，而且可以在没有功能测定的情况下用亲和层析的方法纯化（Field et al.1988）。此外，因为标记的蛋白质可以很明确地从相关蛋白质中区分出来（Davis and Fink 1990），所以它的大小和定位可以通过 Western 印迹和免疫荧光来确定（Munro and Pelham 1986, 1987; Geli et al. 1988; Pelham et al. 1988; Swanson et al. 1991），它的生物合成形式和翻译后修饰可以通过脉冲式标记和免疫沉淀来追踪（Kolodziej and Young 1989; Squinto et al. 1990），它与其他蛋白质的相互作用可以通过免疫共沉淀进行探索（Kolodziej and Young 1989; Squinto et al. 1990）。最后，随着质谱技术的发展，对多肽测序愈发灵敏，抗原表位标记已经越来越多地应用于纯化蛋白复合物及鉴定复合物中的组分（Ogryzko et al. 1998; Shao et al. 1999; Chang 2006）。虽然不可能提供一份相关文献的全面清单，但是在下面列出了最近有关抗原表位标记技术的主要应用。

- 基因表达及定位。通过免疫印迹及 ELISA 的方法，抗原表位标记技术已经被用来研究多种生物组织的基因表达。如果因为较低的表达水平和蛋白质不稳定，利用单个表位很难检测到的融合蛋白，可以通过添加多个表位使灵敏度提高

（Nakajima and Yaoita 1997; Hernan et al. 2000）。融合蛋白一旦表达，可以用免疫荧光的方法进行定位。这个技术对于研究具有高度标志序列特性的基因家族亚型的定位很有帮助，这些同种型蛋白序列具有很高的一致性，很难制备针对不同亚型蛋白的特异抗体（Scherer et al. 1995; Toyota et al. 1998）。表位标记技术还可以通过靶向蛋白到特异位置对蛋白质进行区域作图（Xu et al. 1998）。

- 相互作用。通过免疫共沉淀及 Western 印迹检测，表位标记技术广泛地应用于研究体外和体内的蛋白质-蛋白质相互作用。近期一些例子包括，用带 Flag 标记的 COX2 来鉴定其相互作用的泛素连接酶的支架蛋白（Neuss et al. 2007），用带 myc 标记的 FKBP38 来与 presenelin 1 及 presenelin 2 进行免疫共沉淀（Wang et al. 2005）。两个相互作用的蛋白质如果没有可用的抗体，可以使每个蛋白质结合不同的标记。然后识别一个表位的抗体用于免疫沉淀，而另一个表位的抗体用于检测免疫共沉淀的蛋白质。这种情况下为了确定相互作用的特异性，通常进行交互的免疫沉淀实验来进一步确认。而且，需要着重指出的是，因为通过免疫沉淀确定的候选蛋白可能不是直接与诱饵蛋白相互作用，所以比较明智的方法是用其他方法来证明是否存在直接的相互作用。

- 蛋白复合物的纯化。很多情况下，生物功能不是由单个蛋白来执行的，而是由蛋白复合物来执行的。所以，必须鉴定并纯化复合物中的所有蛋白质。酵母等生物体中，存在对执行同一功能的所有组分进行鉴定的遗传学方法，但是仍需要纯化蛋白复合物来研究它们的生化功能。表位标记技术提供了一种通过免疫亲和层析和免疫共沉淀纯化复合物的方法（Chiang and Roeder 1993; Ogryzko et al. 1998; Shao et al. 1999）。

- 串联亲和纯化。也许抗原表位标记技术最重要且发展最大的应用是将不同的标记串联以应用于特性相近的蛋白质纯化中。该法结合了两种甚至更多的标记所需的特性，能将标记蛋白快速、干净地分离出来，并且，如果需要的话，还能得到其在细胞裂解液中相互作用蛋白，例如，Flag 和 His 双标记的融合蛋白既可以被 Flag 抗体检测，又能被金属螯合色谱纯化（DiCiommo et al. 2004）。最广为人知的 TP 标记含有 IgG 结合结构域和钙调蛋白结合肽，两者之间含有用于两步纯化过程中的来自烟草蚀纹病毒（TEV）蛋白酶的切割位点（Rigaut et al. 1999）。首先，被标记的蛋白质用蛋白 A 的亲和性进行纯化，结合到蛋白 A 的融合蛋白通过 TEV 蛋白酶切割后进行释放。接着，洗脱的融合蛋白在钙离子存在的情况下利用钙调蛋白亲和性进行纯化，结合的蛋白质通过 EGTA 的孵育被释放。而且，串联亲和纯化(TAP)后可以利用质谱的方法鉴定与诱饵标记蛋白作用的蛋白质。最近，报道了一个比较短的 4.6kDa 的 TAP 标记——SF-TAP 标记（Gloeckner et al 2007），这个串联标记是由 Strep-tag II 和 Flag 标记串联而成的。

参考文献

Adamson P, Paterson HF, Hall A. 1992. Intracellular localization of the P21rho proteins. J Cell Biol 119: 617–627.

Anand R, Bason L, Saedi MS, Gerzanich V, Peng X, Lindstrom J. 1993. Reporter epitopes: A novel approach to examine transmembrane topology of integral membrane proteins applied to the α1 subunit of the nicotinic acetylcholine receptor. Biochemistry 32: 9975–9984.

Bahler J, Wu JQ, Longtine MS, Shah NG, McKenzie A III, Steever AB, Wach A, Philippsen P, Pringle JR. 1998. Heterologous modules for efficient and versatile PCR-based gene targeting in Schizosaccharomyces pombe. Yeast 14: 943–951.

Brizzard BL, Chubet RG, Vizard DL. 1994. Immunoaffinity purification of FLAG epitope-tagged bacterial alkaline phosphatase using a novel monoclonal antibody and peptide elution. BioTechniques 16: 730–735.

Chang IF. 2006. Mass spectrometry-based proteomic analysis of the epitope-tag affinity purified protein complexes in eukaryotes. Proteomics 6: 6158–6166.

Chen YI, Maika SD, Stevens SW. 2006. Epitope tagging of proteins at the native chromosomal loci of genes in mice and in cultured vertebrate cells. J Mol Biol 361: 412–419.

Chiang CM, Roeder RG. 1993. Expression and purification of general transcription factors by FLAG epitope-tagging and peptide elution. Pept Res 6: 62–64.

Chong S, Mersha FB, Comb DG, Scott ME, Landry D, Vence LM, Perler FB, Benner J, Kucera RB, Hirvonen CA, et al. 1997. Single-column purification of free recombinant proteins using self-cleavable affinity tag derived from a protein splicing element. *Gene* 192: 271–281.

Davie EW, Neurath H. 1955. Identification of a peptide released during autocatalytic activation of trypsinogen. *J Biol Chem* 212: 515–529.

Davis LI, Fink GR. 1990. The *NUP1* gene encodes an essential component of the yeast nuclear pore complex. *Cell* 61: 965–978.

DiCiommo DP, Duckett A, Burcescu I, Bremner R, Gallie BL. 2004. Retinoblastoma protein purification and transduction of retina and retinoblastoma cells using improved alphavirus vectors. Invest. *Ophthalmol Vis Sci* 45: 3320–3329.

di Guan C, Li P, Riggs PD, Inouye H. 1988. Vectors that facilitate the expression and purification of foreign peptides in *Escherichia coli* by fusion to maltose-binding protein. *Gene* 67: 21–30.

Dykes CW, Bookless AB, Coomber BA, Noble SA, Humber DC, Hobden AN. 1988. Expression of atrial natriuretic factor as a cleavable fusion protein with chloramphenicol acetyltransferase in *Escherichia coli. Eur J Biochem* 174: 411–416.

Evan GI, Lewis GK, Ramsay G, Bishop JM. 1985. Isolation of monoclonal antibodies specific for human c-*myc* proto-oncogene product. *Mol Cell Biol* 5: 3610–3616.

Field J, Nikawa J, Broek D, MacDonald B, Rodgers L, Wilson IA, Lerner RA, Wigler M. 1988. Purification of a RAS-responsive adenylyl cyclase complex from *Saccharomyces ceverisiae* by use of an epitope addition method. *Mol Cell Biol* 8: 2159–2165.

Geli V, Baty D, Lazdunski C. 1988. Use of a foreign epitope as a "tag" for the localization of minor proteins within a cell: The case of the immunity protein to colicin A. *Proc Natl Acad Sci* 85: 689–693.

Gloeckner CJ, Boldt K, Schumacher A, Roepman R, Ueffing M. 2007. A novel tandem affinity purification strategy for the efficient isolation of native protein complexes. *Proteomics* 7: 4228–4234.

Hackbarth JS, Lee SH, Meng XW, Vroman BT, Kaufmann SH, Karnitz LM. 2004. S-peptide epitope tagging for protein purification, expression monitoring, and localization in mammalian cells. *BioTechniques* 37: 835–839.

Hernan R, Heuermann K, Brizzard B. 2000. Multiple epitope tagging of expressed proteins for enhanced detection. *BioTechniques* 28: 789–793.

Hochuli E, Bannwarth W, Döbeli H, Gentz R, Stuber D. 1988. Genetic approach to facilitate purification of recombinant proteins with a novel metal chelate adsorbent. *Nat Biotechnol* 6: 1321–1325.

Hopp TP, Prickett KS, Price VL, Libby RT, March CJ, Cerretti DP, Urdal DL, Conlon PJ. 1988. A short polypeptide marker sequence useful for recombinant protein identification and purification. *Nat Biotechnol* 6: 1204–1210.

Jarvik JW, Adler SA, Telmer CA, Subramaniam V, Lopez AJ. 1996. CD-tagging: A new approach to gene and protein discovery and analysis. *BioTechniques* 20: 896–904.

Kaufmann M, Linder P, Honegger A, Blank K, Tschopp M, Capitani G, Pluckthun A, Grutter MG. 2002. Crystal structure of the anti-His tag antibody 3D5 single-chain fragment complexed to its antigen. *J Mol Biol* 318: 135–147.

Knott JA, Sullivan CA, Weston A. 1988. The isolation and characterisation of human atrial natriuretic factor produced as a fusion protein in *Escherichia coli. Eur J Biochem* 174: 405–410.

Kolodziej P, Young RA. 1989. RNA polymerase II subunit RPB3 is an essential component of the mRNA transcription apparatus. *Mol Cell Biol* 9: 5387–5394.

Longtine MS, McKenzie A III, Demarini DJ, Shah NG, Wach A, Brachat A, Philippsen P, Pringle JR. 1998. Additional modules for versatile and economical PCR-based gene deletion and modification in *Saccharomyces cerevisiae. Yeast* 14: 953–961.

Marck C, Lefebvre O, Carles C, Riva M, Chaussivert N, Ruet A, Sentenac A. 1993. The TFIIIB-assembling subunit of yeast transcription factor TFIIIC has both tetratricopeptide repeats and basic helix–loop–helix motifs. *Proc Natl Acad Sci* 90: 4027–4031.

Munro S, Pelham HRB. 1984. Use of peptide tagging to detect proteins expressed from cloned genes: Deletion mapping of functional domains of *Drosophila* hsp 70. *EMBO J* 3: 3087–3093.

Munro S, Pelham HRB. 1986. An Hsp70-like protein in the ER: Identity with the 78 kd glucose-regulated protein and immunoglobulin heavy-chain binding protein. *Cell* 46: 291–300.

Munro S, Pelham HRB. 1987. A C-terminal signal prevents secretion of luminal ER proteins. *Cell* 48: 899–907.

Nagai K, Thøgersen HC. 1987. Synthesis and sequence-specific proteolysis of hybrid proteins produced in *Escherichia coli. Methods Enzymol* 153: 461–481.

Nakajima K, Yaoita Y. 1997. Construction of multiple-epitope tag sequence by PCR for sensitive Western blot analysis. *Nucleic Acids Res* 25: 2231–2232.

Neuss H, Huang X, Hetfeld BKJ, Deva R, Henklein P, Nigam S, Mall JW, Schwenk W, Dubiel W. 2007. The ubiquitin- and proteasome-dependent degradation of COX-2 is regulated by the COP9 signalosome and differentially influenced by coxibs. *J Mol Med* 85: 961–970.

Niman HL, Houghten RA, Walker LE, Reisfeld RA, Wilson IA, Hogle JM, Lerner RA. 1983. Generation of protein-reactive antibodies by short peptides is an event of high frequency: Implications for the structural basis of immune recognition. *Proc Natl Acad Sci* 80: 4949–4953.

Ogryzko VV, Kotani T, Zhang X, Schlitz RL, Howard T, Yang XJ, Howard BH, Qin J, Nakatani Y. 1998. Histone-like TAFs within the PCAF histone acetylase complex. *Cell* 94: 35–44.

Pelham HRB, Hardwick KG, Lewis MJ. 1988. Sorting of soluble ER proteins in yeast. *EMBO J* 7: 1757–1762.

Prasad VR, Goff SP. 1989. Linker insertion mutagenesis of the human immunodeficiency virus reverse transcriptase expressed in bacteria: Definition of the minimal polymerase domain. *Proc Natl Acad Sci* 86: 3104–3108.

Prickett KS, Amberg DC, Hopp TP. 1989. A calcium-dependent antibody for identification and purification of recombinant proteins. *BioTechniques* 7: 580–589.

Rigaut G, Shevchenko A, Rutz B, Wilm M, Mann M, Seraphin B. 1999. A generic protein purification method for protein complex characterization and proteome exploration. *Nat Biotechnol* 17: 1030–1032.

Ross-Macdonald P, Sheehan A, Roeder GS, Snyder M. 1997. A multipurpose transposon system for analyzing protein production, localization, and function in *Saccharomyces cerevisiae. Proc Natl Acad Sci* 94: 190–195.

Scherer PE, Tang Z, Chun M, Sargiacomo M, Lodish HF, Lisanti MP. 1995. Caveolin isoforms differ in their N-terminal protein sequence and subcellular distribution. Identification and epitope mapping of an isoform-specific monoclonal antibody probe. *J Biol Chem* 270: 16395–16401.

Schmidt TGM, Skerra A. 2007. The Streptag system for one-step purification and high-affinity detection or capturing of proteins. *Nat Protocols* 2: 1528–1535.

Sells MA, Chernoff J. 1995. Epitope-tag vectors for eukaryotic protein production. *Gene* 152: 187–189.

Shao Z, Raible F, Mollaaghababa R, Guyon JR, Wu CT, Bender W, Kingston RE. 1999. Stabilization of chromatin structure by PRC1, a Polycomb complex. *Cell* 98: 37–46.

Slootstra JW, Kuperus D, Plückthun A, Meloen RH. 1996. Identification of new tag sequences with differential and selective recognition properties for the anti-FLAGw monoclonal antibodies M1, M2 and M5. *Mol Divers* 2: 156–164.

Smith DB, Johnson KS. 1988. Single-step purification of polypeptides expressed in *Escherichia coli* as fusions with glutathione-*S*-transferase. *Gene* 67: 31–40.

Squinto SP, Aldrich TH, Lindsay RM, Morrisset DM, Panayotatos N, Bianco SM, Furth ME, Yancopoulos GD. 1990. Identification of functional receptors for ciliary neurotrophic factor on neuronal cell lines and primary neurons. *Neuron* 5: 757–766.

Sung H, Chul Han K, Chul Kim J, Wan Oh K, Su Yoo H, Tae Hong J, Bok Chung Y, Lee CK, Lee KS, Song S. 2005. A set of epitope-tagging integration vectors for functional analysis in *Saccharomyces cerevisiae. FEMS Yeast Res* 5: 943–950.

Swanson RN, Conesa C, Lefebvre O, Carles C, Ruet A, Queemeneur E, Gagnon J, Sentenac A. 1991. Isolation of *TFC1*, a gene encoding one of two DNA-binding subunits of yeast transcription factor τ (TFIIIC). *Proc Natl Acad Sci* 88: 4887–4891.

Toyota N, Uzawa H, Shimada Y. 1998. Assembly of force-expressed troponin-I isoforms in myofibrils of cultured cardiac and fast skeletal muscle cells as studied by epitope tagging. *J Muscle Res Cell Motil* 19: 937–947.

Tucker J, Grisshammer R. 1996. Purification of a rat neurotensin receptor expressed in *Escherichia coli. Biochem J* 317: 891–899.

Uhlén M, Nilsson B, Guss B, Lindberg M, Gatenbeck S, Philipson L. 1983. Gene fusion vectors based on the gene for staphylococcal protein A. *Gene* 23: 369–378.

Wang HQ, Nakaya Y, Du Z, Yamane T, Shirane M, Kudo T, Takeda M, Takebayashi K, Noda Y, Nakayama KI, et al. 2005. Interaction of presenelins with FKBP38 promotes apoptosis by reducing mitochondrial Bcl-2. *Hum Mol Genet* 14: 1889–1902.

West AH, Clark DJ, Martin J, Neupert W, Hartl F-U, Horwich AL. 1992. Two related genes encoding extremely hydrophobic proteins suppress a lethal mutation in the yeast mitochondrial processing enhancing protein. *J Biol Chem* 267: 24625–24633.

Wilson IA, Niman HL, Houghten RA, Cherenson AR, Connolly ML, Lerner RA. 1984. The structure of an antigenic determinant in a protein. *Cell* 37: 767–778.

Xu L, Gonzalez-Agosti C, Beauchamp R, Pinney D, Sterner C, Ramesh V. 1998. Analysis of molecular domains of epitope-tagged merlin isoforms in Cos-7 cells and primary rat Schwann cells. *Exp Cell Res* 238: 231–240.

β-半乳糖苷酶

大肠杆菌β-半乳糖苷酶（相对分子质量 465 412; EC 3.2.1.23）是由相同多肽亚单位组成的四聚体，每个亚单位由 1023 个氨基酸构成。该多肽由 lac 操纵子的第一个基因（lacZ）编码。Fowler 和 Zabin（1978）确定了β-半乳糖苷酶的氨基酸序列，Kalnins 等（1983）报道了 lacZ 基因的核酸序列（GenBank 登录号 V00296）。β-半乳糖苷酶晶体的 X 射线衍射分析表明，该四聚体显示出 222 点对称（Jacobson et al. 1994）。每个多肽链折叠成 5 个连续的结构域，此外在氨基端还有约 50 个氨基酸的片段。该片段对应于α-肽，以后会更详细地介绍。β-半乳糖苷酶的合成由乳糖和其他某些半乳糖苷诱导，它催化两种酶促反应：

- 水解β-D-半乳糖吡喃糖苷[该酶对于在大肠杆菌中把乳糖（1,4-O-β-D-吡喃型半乳糖-D-葡萄糖）这种二糖水解成葡萄糖和半乳糖是必需的（图3，左图）]。
- 乳糖转换成异乳糖（1,6-O-β-D-吡喃型半乳糖-D-葡萄糖）的转半乳糖苷反应。异乳糖是 lac 操纵子的真正诱导物（图3，右图）（Muller-Hill et al. 1964; Jobe and Bourgeois 1972）。

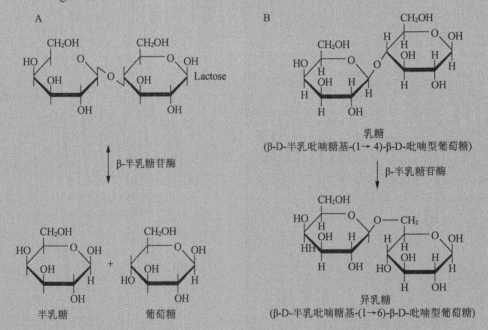

图3　β-半乳糖苷酶的催化反应。水解β-D-半乳糖吡喃糖苷（左）和乳糖转换（右）。

β-半乳糖苷酶还可以与一系列合成的乳糖类似物相互作用，这些类似物中用其他部分代替葡萄糖（图4）。这些代替物包括：

- 生色底物 o-硝基苯-β-D-半乳糖苷（ONPG）、5-溴-4-氯-3-吲哚-β-D-半乳糖苷（X-gal）和氯酚红β-D-半乳糖吡喃糖苷（CPRG）。
- 生荧光底物如 4-甲基伞形酮-β-D-半乳糖苷（MUG）、试卤灵（resorufin）β-D-半乳糖吡喃糖苷（Res-Gal）、荧光素 2-β-D-半乳糖吡喃糖苷（FDG）和 9H-（1,3-二氯-9,9-dime-thylacridin-2-one-7-yl）β-D-半乳糖吡喃糖苷（DDAO 半乳糖苷）。
- 化学发光底物 6-O-β-吡喃型半乳糖荧光素和 3-（2'-螺旋金刚烷）-4-甲氧基-4-（3''-磷酰氧基）苯-1,2-二氧杂环丁烷（AMPGD，也叫 Galacton-Star）（Bronstein et al. 1989）。

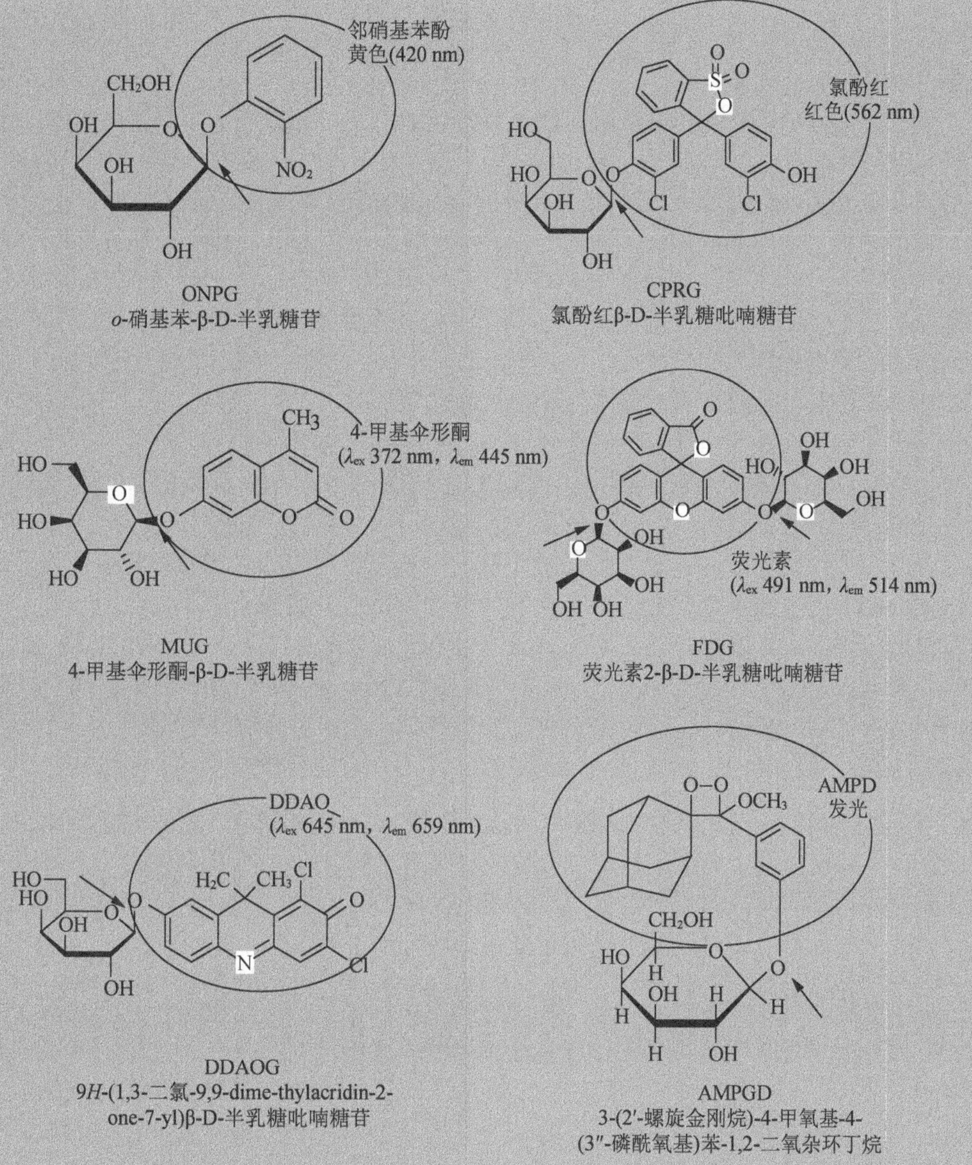

图 4　β-半乳糖苷酶水解底物。 每个底物的发色基团用圆圈标记。

● 抑制剂，如 p-氨苯基-β-D-硫代半乳糖苷（p-aminophenyl-β-D-thio- galactoside，TPEG），
用于 lacZ 融合蛋白的亲和纯化（Germino et al. 1983; Ullmann 1984）。

β-半乳糖苷酶可以忍受对其氨基端和羧基端的氨基酸进行删减和替换。氨基端最多
可以删除 26 个氨基酸并换上多种其他蛋白质的数百或更多别的蛋白质的残基，也不会影
响酶活性（Brickman et al. 1979; Fowler and Zabin 1983）。羧基端有两个氨基酸是可有可
无的，能被其他编码区代替而产生有活性的嵌合β-乳糖苷酶（Ruther and Muller-Hill
1983）。

β-半乳糖苷酶还有一个特别有用的特征：不需要该酶的氨基端和羧基端在同一个分
子中就能产生β-半乳糖苷酶活性。两个无活性的多肽链，一个缺少氨基端区域（α-受体），
另一个缺少羧基端区域（α-供体），无论在体内或体外它们都形成四聚体活性酶（Ullmann
et al. 1967; Ullmann and Perrin 1970）。这种异常的互补形式称为α-互补，在分子克隆中常
用于检测外源 DNA 序列是否插入编码β-半乳糖苷酶氨基端（α-供体）片段的载体中（更
多详细内容请见第 3 章方案 14）。

定量分析

水解 ONPG

大肠杆菌培养物中的β-半乳糖苷酶活性通常用分光光度法分析。因为该酶切割β-半乳糖苷键（见图4），所以它会水解合成的生色底物 ONPG，产生在水溶液中为黄色 o-硝基酚。反应的进程可以通过检测 420nm 处的吸光值来追踪（Lederberg 1950）。

细菌细胞先用甲苯或氯仿做渗透处理并用含高浓度β-巯基乙醇的缓冲液悬浮（Miller 1972），再进行测定。与 ONPG 一起培养一段时间后，用 Na_2CO_3 终止反应，然后测量 OD_{420} 值。因为 420nm 吸收值包括了 o-硝基酚的吸收值和细菌碎片对光的散射，所以反应混合液必须进行短时间的离心（在微型离心机中离心 60s），然后测定上清液的 OD_{420}。细菌培养物中β-半乳糖苷酶的活性用 Miller 单位表示：

$$β\text{-半乳糖苷酶单位}=F（1000×OD_{420}，t×v×OD_{600}）$$

式中，OD_{420} 是反应混合物在 420nm 的吸光值；OD_{600} 是测酶活前细菌培养物在 600nm 的吸光值；t 是反应时间，用 min 表示；v 是用于测定的培养物体积（mL）。Miller 单位与每分钟每个细菌增加的 o-硝基酚量成正比；1mL 完全诱导的大肠杆菌野生型培养物含有约 1000U β-半乳糖苷酶活性，而非诱导的培养物所含的活性小于 1U。

大肠杆菌β-半乳糖苷酶还在哺乳动物细胞中表达（请见 Hall et al. 1983）。Miller 测定法稍作修改，就能用于测定在培养的脊椎动物细胞（Norton and Coffin 1985）及酵母（Rose and Botstein 1983; Sledziewski et al. 1990）中表达的细菌β-半乳糖苷酶和酵母。

其他的分析底物

近年来，最初的分析底物 ONPG 已经被另外的几个底物所代替，这些底物均含有易断裂的β-半乳糖苷键，该键的断裂可导致具有在可见或在 UV 波长范围内可测量吸光值的发色、发光或发荧光复合物的释放（详见图4）。

组织化学染色

β-半乳糖苷酶在很多方面都是一种理想的组化标记分子。它很稳定；它在培养的哺乳动物细胞、酵母、果蝇或转基因哺乳动物中既不表现出对宿主有害，也不表现出对宿主有益。此外，存在一种灵敏的发色测定方法（见下），可以产生非扩散的、颜色很亮的产物。最后，除了少数特殊的例子，在几乎所有真核细胞中，β-半乳糖苷键的水解由溶酶体中只有在酸性条件下有活性的酶催化。因为这些酶在测定 lacZ 的中性 pH 条件下无活性，所以背景染色可以忽略。

替代的吲哚染料在 20 世纪 50 年代首次用于非特异酯酶的组化定位（综述请见 Burstone 1962）。可以用这些染料是因为酶反应释放出的吲哚很快氧化成不溶的靛青，很容易在酶活性位置看到。60 年代早期，通过使用 5-溴-3-吲哚-β-葡萄糖吡喃糖苷，"靛青原理"被成功地用于哺乳动物葡萄糖苷酶的组织化学定位（Pearson et al. 1961）。J. Horwitz 和他的同事在底特律癌症研究所合成了一系列新的二卤吲哚化合物（Horwitz et al. 1964））后，该项工作扩展到β-半乳糖苷酶的分析（Pearson et al. 1963）。其中一个化合物是 X-gal，可以以被β-半乳糖苷酶水解成 5-溴-4-氯-靛青（图5）。

真核生物中，β-半乳糖苷酶组化反应在冰冻切片上进行（Goring et al. 1987）、或在用乙醛缓冲液（Sanes et al. 1986）或非缓冲液的甲醛（Login et al. 1987）固定的培养细胞和组织块上进行、或用在微波炉中固定戊二醛的切片（Murti and Schimenti 1991）上进行。因为β-半乳糖苷酶是一种细胞质酶，在淋巴细胞等只含有少量细胞质的真核细胞中染色有些困难。这个问题可以通过使用一种改良型的β-半乳糖苷酶（Bonnerot et al. 1987）来消除，它带有来自于 SV40 大 T 抗原的氨基端核转运信号（PKKKRKV）。这种改良型的酶迁移到细胞核周围位置，在核孔附近积累，最终使组织化学染色比较集中，提高了β-半乳糖苷酶检测的灵敏度，并且使它能在复杂的组织中被精确定位。

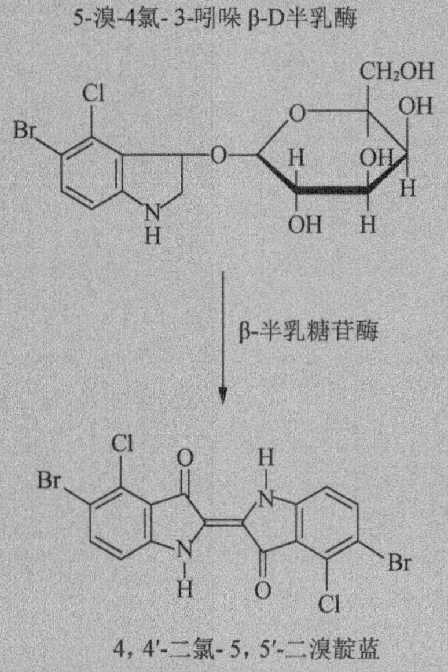

5-溴-4氯-3-吲哚 β-D半乳酶

β-半乳糖苷酶

4,4'-二氯-5,5'-二溴靛蓝

图 5   β-半乳糖苷酶将 ONPG 转化成 ONP。

β-半乳糖苷酶组化染色的起源

1967 年，在巴斯德研究所工作的 Julian Davies 试图开发出非破坏性的组化染料，使他能够区分 *lac*⁺ 和 *lac* 克隆。该目标需要找到一种特殊的生色底物，可能被β-半乳糖苷酶水解成既不扩散又无毒的深色底物。Davies 高兴地发现苯基-β-半乳糖苷可以产生符合要求的颜色反应，但他有些不满意，因为它们会转变成有毒的硝基苯，足以杀死试图鉴别的细胞。可以理解，这种情况使既健谈又是威尔士人的 Davies 有些受挫感。他向来访的 Mel Cohn 表达他威尔士式的愤怒，很幸运，后者记起曾读过 Horwitz 及其同事的短文，其中介绍了把卤二代吲哚化合物作为用于β-半乳糖苷酶的组织化学染料（Horwitz et al. 1964）。Davies 的下一个问题是劝说巴斯德研究所的人买一些 X-gal。那时候，X-gal 还没有商品化，委托合成每克需要 1000 美元。多次讨论后，他们订购了 X-gal，合成后递交到他们手上。X-gal 不但灵敏、无毒，而且被证实是一种非常漂亮的组化试剂，在有β-半乳糖苷酶表达的所有类型的动植物中产生美丽的画面。

在他们最初的文章里，Pearson 等（1963）提到脑中的β-半乳糖苷酶活性水平很低。这让巴斯德研究所的人很难理解，因为在他们的意识中，β-半乳糖苷酶和智力有明显的联系。Jacques Monod 第一次看到诱导后细菌克隆的亮蓝色，他评论说，这证明了大肠杆菌是世界上最聪明的生物。

参考文献

Bonnerot C, Rocancourt D, Briand P, Grimber G, Nicolas J-F. 1987. A β-galactosidase hybrid protein targeted to nuclei as a marker for developmental studies. *Proc Natl Acad Sci* 84: 6795–6799.

Brickman E, Silhavy TJ, Bassford PJ Jr, Shuman HA, Beckwith JR. 1979. Sites within gene *lacZ* of *Escherichia coli* for formation of active hybrid β-galactosidase molecules. *J Bacteriol* 139: 13–18.

Bronstein I, Edwards B, Voyta JC. 1989. 1,2-Dioxetanes: Novel chemilumi-nescent enzyme substrates. Applications to immunoassays. *J Chemilu-min Biolumin* 4: 99–111.

Burstone MC. 1962. *Enzyme histochemistry, and its applications in the study of neoplasms*, 304. Academic, New York.

Fowler AV, Zabin I. 1978. Amino acid sequence of β-galactosidase. XI. Peptide ordering procedures and the complete sequence. *J Biol Chem* 253: 5521–5525.

Fowler AV, Zabin I. 1983. Purification, structure, and properties of hybrid β-galactosidase proteins. *J Biol Chem* 258: 14354–14358.

Germino J, Gray JG, Charbonneau H, Vanaman T, Bastia D. 1983. Use of gene fusions and protein–protein interaction in the isolation of a bio-logically active regulatory protein: The replication initiator protein of plasmid R6K. *Proc Natl Acad Sci* 80: 6848–6852.

Goring DR, Rossant J, Clapoff S, Breitman ML, Tsui L-C. 1987. In situ detection of β-galactosidase in lenses of transgenic mice with a γ-crys-tallin/lacZ gene. *Science* 235: 456–458.

Hall CV, Jacob PE, Ringold GM, Lee F. 1983. Expression and regulation of *Escherichia coli lacZ* gene fusions in mammalian cells. *J Mol Appl Genet* 2: 101–109.

Horwitz JP, Chua J, Curby RJ, Tomson AJ, DaRooge MA, Fisher BE, Maur-icio J, Klundt I. 1964. Substrates for cytochemical demonstration of enzyme activity. I. Some substituted 3-indolyl-β-D-glycopyranosides. *J Med Chem* 7: 574–575.

Jacobson RH, Zhang X-J, DuBose RF, Matthews BW. 1994. Three-dimen-sional structure of β-galactosidase from *E. coli*. *Nature* 369: 761–766.

Jobe A, Bourgeois S. 1972. *lac* repressor–operator interactions VI The nat-ural inducer of the lac operon *J Mol Biol* 69: 397–408.

Kalnins A, Otto K, Rüther U, Müller-Hill B. 1983. Sequence of the *lacZ* gene of *Escherichia coli*. *EMBO J* 2: 593–597.

Lederberg J. 1950. The β-D-galactosidase of *Escherichia coli* strain K-12. *J Bacteriol* 60: 381–392.

Login GR, Schnitt SJ, Dvorak AM. 1987. Rapid microwave fixation of human tissues for light microscopic immunoperoxidase identification of diagnostically useful antigens. *Lab Invest* 57: 585–591.

Miller JH. 1972. *Experiments in molecular genetics*. Cold Spring Harbor Laboratory, Cold Spring Harbor, NY.

Müller-Hill B, Rickenberg HV, Wallenfels K. 1964. Specificity of induction of the enzymes of the *lac* operon in *Escherichia coli*. *J Mol Biol* 10: 303–308.

Murti JR, Schimenti JC. 1991. Microwave-accelerated fixation and lacZ activity staining of testicular cells in transgenic mice. *Anal Biochem* 198: 92–96.

Norton PA, Coffin JM. 1985. Bacterial β-galactosidase as a marker of Rous sarcoma virus gene expression and replication. *Mol Cell Biol* 5: 281–290.

Pearson B, Andrews M, Grose F. 1961. Histochemical demonstration of mammalian glucosidase by means of 3-(5-bromoindolyl)-β-D-gluco-pyranoside. *Proc Soc Exp Biol Med* 108: 619–623.

Pearson B, Wolf PL, Vazquez J. 1963. A comparative study of a series of new indolyl compounds to localize β-galactosidase in tissues. *Lab Invest* 12: 1249–1259.

Rose M, Botstein D. 1983. Construction and use of gene fusions to *lacZ* (β-gal-actosidase) that are expressed in yeast. *Methods Enzymol* 101: 167–180.

Rüther U, Müller-Hill B. 1983. Easy identification of cDNA clones. *EMBO J* 2: 1791–1794.

Sanes J, Rubinstein JL, Nicolas JF. 1986. Use of recombinant retroviruses to study post-implantation cell lineages in mouse embryos. *EMBO J* 5: 3133–3142.

Sledziewski AZ, Bell A, Yip C, Kelsay K, Grant FJ, MacKay VL. 1990. Superimposition of temperature regulation on yeast promoters. *Meth-ods Enzymol* 185: 351–366.

Ullmann A. 1984. One-step purification of hybrid proteins which have β-galactosidase activity. *Gene* 29: 27–31.

Ullmann A, Perrin D. 1970. Complementation in β-galactosidase. In *The lactose operon* (ed Beckwith JR, Zipser D), pp. 143–172. Cold Spring Harbor Laboratory, Cold Spring Harbor, NY.

Ullmann A, Jacob F, Monod J. 1967. Characterization by in vitro comple-mentation of a peptide corresponding to an operator-proximal seg-ment of the β-galactosidase structural gene of *Escherichia coli*. *J Mol Biol* 24: 339–343.

萤光素酶

　　萤光素酶可以使萤火虫在夏天的夜空里一闪一闪地翩翩起舞。然而，萤光素酶在给孩子们带来无尽快乐的同时，也帮助了许多对哺乳动物基因转录感兴趣的生物学家。广泛应用在高通量筛选中的萤光素酶主要有甲虫萤光素酶（包括萤火虫萤光素酶和叩头虫萤光素酶）、海肾萤光素酶和水母蛋白（这是一种专门的用于监控胞内钙浓度的萤光素酶）。除了诸如萤火虫和甲虫的肠道、一些细菌和海洋生物等例外，萤光素酶活性并没有在真核细胞中发现，因此，萤光素酶可以作为启动子分析研究中优秀的报道基因。自然界中萤光素酶反应在本质上是生物发光反应，正如"生物性发光"所表明的那样，就是活体自身产生光源。这个过程源通过能量从激发态的分子轨道转移到低能轨道产生光，而激发状态是由放热化学反应产生的。目前多数用于启动子分析中的萤光素标志基因主要源自萤火虫、海肾和水母蛋白（de Wet et al. 1985, 1987; Bronstein et al. 1994）。

萤火虫萤光素酶

　　萤火虫萤光素酶是一个 61kDa 的单体酶，在底物特异性、萤光释放动力学、异构化调节和胞内稳定性等方面具有非常典型的特性。萤光素酶在 Mg^{2+} 存在的条件下可以催化两步氧化反应（图6）。

　　第一步是通过 ATP 激活萤光素（lucifery 羧酸盐）产生一个有活性的酸酐。第二步是第一步产生的活性中间体和氧反应生成瞬时存在的氧杂环丁烷，随后分解成氧化产物氧化萤光素和 CO_2。与底物分子混合后，萤火虫萤光素酶还能产生一个持续超过 15s 起始闪光直至衰变的低水平持久萤光。这个动力学的简示反映了酶产物缓慢的释放，因此最初反应后限制催化过程的周转。

luciferase + luciferin + ATP + Mg^{2+} → luciferase • luciferyl-AMP +PPi,

luciferase • luciferyl-AMP t+O_2 → luciferase + oxyluciferin +AMP +CO_2 +light

　　de Wet JR 等（1987）最早使用萤火虫萤光素酶基因，他们分离出萤火虫萤光素酶基因，并将它们在哺乳动物细胞中以活性的酶形式表达出来。因为酶活检测敏感和便利性，以及蛋白质合成与酶活性之间的紧密相关性，使得天然的萤火虫萤光素酶适于作为报道基因。萤火虫萤光素不需任何翻译后修饰，从它的 mRNA 翻译成多肽之后就能形成有活性的酶。而且，当它从核糖体释放后就会立即产生催化能力。除此之外，萤光素酶在细胞内的半衰期非常短（约 3h）。从萤光素酶报道基因实验开始报道以来，进行了多次改良，包括改良萤光素酶基因使它在哺乳动物细胞中具有更高的表达水平、使用不同的检测试剂如 Co A 来改变萤光的释放动力学，或者使用能稳定萤光素酶小分子，以及分离和表达来自不同生物体的萤光素酶基因（de Wet et al. 1987; Bronstein et al. 1994; Himes and Shannon 2000）。此外，这些酶都被优化适合在哺乳动物细胞中表达。这些改进使萤光素酶分析表现出更高的灵敏度，酶浓度的线性范围超过 7 个数量级。

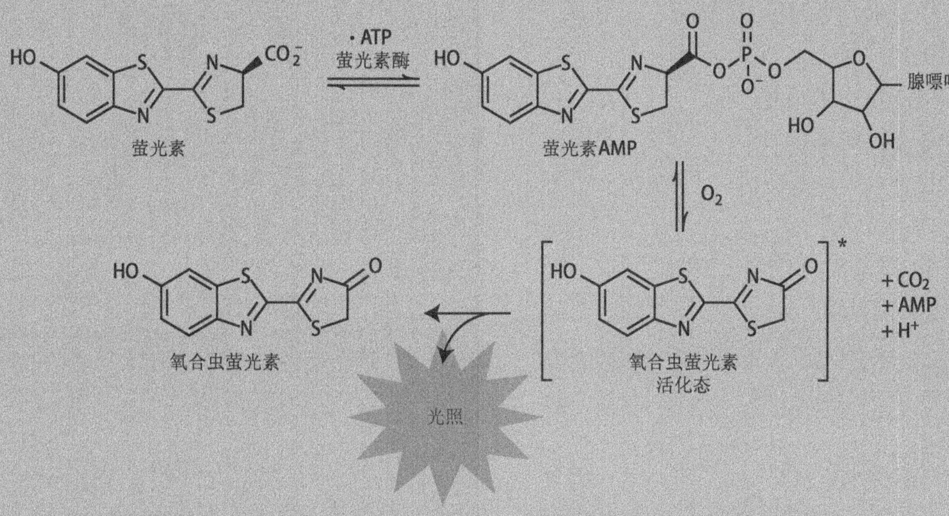

图 6　萤火虫萤光素酶催化的反应。

海肾萤光素酶

　　海肾萤光素酶是一 36kDa 的单体酶，催化腔肠素的氧化产生腔肠酰胺和 480nm 的蓝色荧光（图 7）。

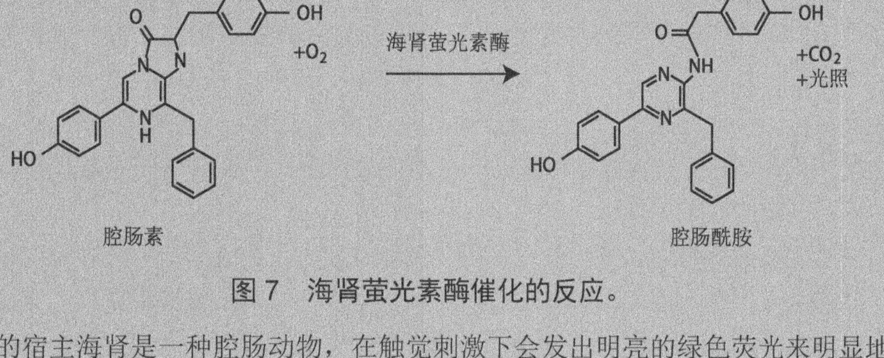

图 7　海肾萤光素酶催化的反应。

　　它的宿主海肾是一种腔肠动物，在触觉刺激下会发出明亮的绿色荧光来明显地避开可能的捕食者。这个绿色荧光是萤光素酶和绿色荧光蛋白相互作用产生的，是一个典型的天然存在的生物发光共振能量转移（BRET）。作为一个报道分子，海肾萤光素酶由 *Rluc* 基因编码，并且其天然提纯产物中含有 3% 的碳水化合物。然而，就像萤火虫萤光素酶一样，它不需要翻译后修饰调控就以活性形式存在，因此它可以直接作为一个报道基因，具有很多如萤火虫萤光素酶一样的优点和萤火虫萤光素酶类似，由海肾萤光素酶催化的荧光反应液具有很强的灵敏度，线性范围超过 6 个数量级。

双萤光素酶反应

双萤光素酶检测标准方法是利用两个可以分别编码不同萤光素酶的质粒。不推荐将两个萤光素酶构建在一个质粒上，因为这会导致交叉干涉并由此产生质粒上的连读及诱导共表达（Fan et al. 2005）。实验中，使用含 CRE/启动子-萤火虫萤光素酶和含 SV40 启动子的海肾萤光素酶作为内参，两个报道基因放入同一个载体的时候，不管处于相同或相反的方向，诱导 CRE 启动子会使两个报道基因交互反应。然而，两个萤光素酶在不同质粒上表达就不产生交叉诱导。通过将 siRNA/miRNA 靶向插入萤火虫萤光素酶基因 3'端，可以成功地分析 siRNA/miRNA 的活性（如 Promega 公司的 psiCheck 和 pmiRGLO 质粒），这种方法中，因为两个报道基因都是组成性表达的，萤光素酶表达的调控是翻译后调控。

参考文献

Bronstein I, Fortin J, Stanley PE, Stewart GSAB, Kricka LJ. 1994. Chemiluminescent and bioluminescent reporter gene assays. *Anal Biochem* 219: 169–181.

de Wet JR, Wood KV, Helinsky DR, DeLuca M. 1985. Cloning of firefly luciferase cDNA and the expression of active luciferase in *Escherichia coli*. *Proc Natl Acad Sci* 82: 7870–7873.

de Wet JR, Wood KV, DeLuca M, Helinski DR, Subramani S. 1987. Firefly luciferase gene: Structure and expression in mammalian cells. *Mol Cell Biol* 7: 725–737.

Fan F, Paguio A, Garvin D, Wood KV. 2005. Using luciferase assays to study G-protein-coupled receptor pathways and screen for GPCR modulators. *Cell Notes* 13: 5–7.

Himes SR, Shannon MF. 2000. Assays for transcriptional activity based on the luciferase reporter gene. *Methods Mol Biol* 130: 165–174.

四环素

最早的四环素-氯四环素（金霉素）是 1948 年由 Benjamin Minge Duggar 从金色链霉菌中发现的一种天然存在的抗生素，它的杀菌谱很广，包括革兰氏阳性菌、革兰氏阴性菌和原生生物。从那以后，土霉素也很快地从相同的土壤微生物土霉菌中被发现。土霉素结构的确定使得四环素得以在 1952 年大量工业合成。到 1980 年，大约 1000 种四环素的衍生物被分离和/或合成，据估计，每年全球能生产 500t 的该类药物（参考 Chopra et al. 1992 的综述）。2005 年，替加环素这个新的四环素亚群的第一个成员，被命名为"甘氨酰环素"，其被引进用于治疗那些对传统四环素等杀菌药有抗性的微生物（Kasbekar 2006）。所有这些化合物都有一个共同的四环碳骨架，这些碳环骨架可以在 C 5、6、7 位支撑各种基团，也可以通过与碳 11、12 位结合的氧原子直接结合 Mg^{2+}（图 8）。尽管四环素类抗生素在结构上有很多相似之处，但是替加环素在 D-9 位有一个取代基，被认为与其广谱的杀菌活性有关。

四环素主要从外膜经由外膜蛋白——F 蛋白组成的孔通道被动扩散进入细菌细胞。然而，向前从周质空间进入质膜则不需要经过一些特殊的蛋白通道。除此之外，四环素跨过质膜是由 pH 或者电子梯度推动的自由扩散来完成的。四环素通过结合核糖体（$K_a \approx 10^9$mol/L）和干扰密码子与反密码子间相互作用来抑制细菌的生长（参见 Tritton 1977; Gale et al. 1981; Chopra 1985; Chopra et al. 1992 的综述）。尤其是四环素阻止氨酰-tRNA 结合到 30S 核糖体亚基的受体上。四环素紧密但是可逆地与 30S 亚基上由来自至少 4 个蛋白质的残基组成的单一位点（S3、S7、S14 和 S19），以及 16S rRNA 的 893～1054 区域的残基进行结合。

大肠杆菌对高浓度的四环素产生抗性的主要机制涉及多聚体逆向转运蛋白，即 Tet

蛋白，它嵌在细菌内膜上，可以交换质子并催化来自胞质的四环素-Mg^{2+}向外运输（Franklin 1967; McMurry et al. 1980; Kaneko et al. 1985; Hickman and Levy 1988; Yamaguchi et al. 1990; Thanassi et al. 1995）。在一些已知的 Tet 逆向转运蛋白中，由转座子 Tn10 和质粒 pBR322 编码的 TetA 蛋白在分子克隆中是最重要的，它长达 399 个氨基酸，含有 2 个结构域（Backman and Boyer 1983），每个结构域包含 6 个跨膜片段。这两个结构域可以通过富含带正电残基的 30~40 个氨基酸组成的胞质环相连接（Chopra et al. 1992）。

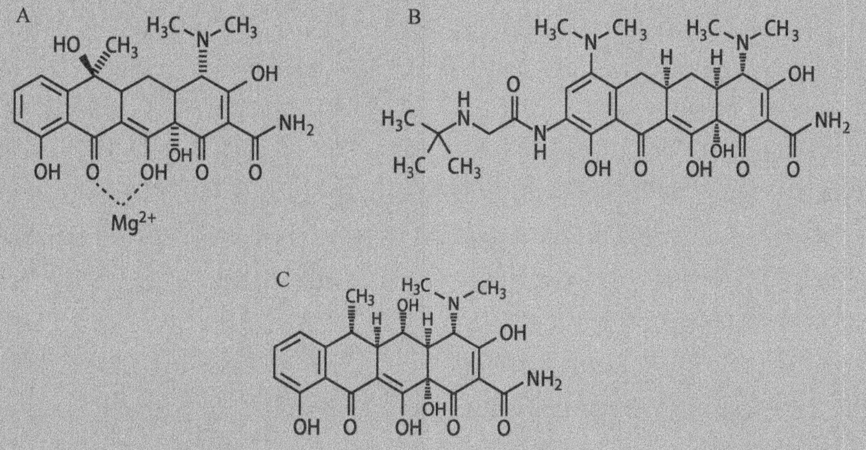

图 8 四环素和其衍生物的结构。 四环素骨架中的碳原子携带四环素衍生物中的替代基团。（A）四环素-Mg^{2+}；（B）替加环素；（C）多西环素。

TetA 高浓度的时候，阳离子从细菌细胞转运出来的速率很高，使膜去极化，从而威胁细胞的生存能力（Eckert and Beck 1989）。为防止这种灾难，TetA 的表达受一种具有螺旋-转角-螺旋结构的抑制蛋白严谨控制（TetR，24kDa），这种蛋白质是 *tetR* 基因的产物。没有抗生素的时候，该抑制分子的同源二聚体紧密地结合（$K_d=10^{11}$ mol/L）在两个 15bp 回文操作子序列（tetQ1，2）的大沟上，从而阻止分开转录的基因 *tetR* 和 *tetA* 的表达（Hillen et al. 1984; Heuer and Hillen 1988; Kleinschmidt et al. 1988; Hillen and Berens 1994; Hinrichs et al. 1994; Helbl et al. 1995; Orth et al. 2000）。所以 TetR 是一种很强的负调控因子，可以调控本身基因和 tetA 基因的转录。

四环素-Mg^{2+} 与 TetR 结合（$K_a=10^9$ mol/L），引起 TetR 构象变化，从而使抑制分子对 tetO 的亲和力降低 9 个数量级（Kleinschmidt et al. 1988; Lederer et al. 1995）。结合常数的差异可以保证 tetR 的转录在没有四环素的时候受到抑制，当有不足以影响蛋白质合成的低浓度四环素存在时，又可以诱导其转录。目前已获得 TetR（Orth et al. 1998）、TetR-四环素-Mg^{2+} 复合物（Hinrichs et al. 1994; Kisker et al. 1995）及 TetR-TetO 复合物的晶体结构（Orth et al. 2000）。

多西环素（Dox）是一个水溶性的四环素类衍生物（图 8），目前是几乎所有 Tet 调控基因表达系统中优先使用的效应分子。在浓度低至 1~2ng/mL 的 Tet-Off 系统和浓度低至 80ng/mL 的 Tet-On 系统中 Dox 非常有效（解释见下文）。凭借良好的药物安全记录，以及完美确定的药理学特点，如极好的组织穿透性和真核细胞的低毒性，Dox 成为应用于组织培养和所有生物体的最佳效应分子。

Tet 诱导表达系统[1]

有多种形式的 TetO 和 TetR 用于调控转染入真核细胞的靶基因的表达。因为抑制分子、操纵子和效应子等所有成分来源于原核，所以这些系统对于宿主内在基因的表达虽有影响，但是影响很弱。

Tet 抑制系统

该抑制系统[最初由 Gatz 等（1991）发表]中，靶基因的起始转录受 Tet 抑制分子的反式调控。构建重组体时，在感兴趣基因的转录起始位点的上游和小启动子的下游包括数个串联的 tetO 元件。在可以表达 Tet 抑制分子的真核细胞内，从该启动子进行的表达可以被严密调控。没有四环素时，抑制分子结合顺式作用元件并干扰 RNA 聚合酶 II 的转录起始（Heins et al. 1992）。有四环素时，抑制解除，允许感兴趣的基因进行转录。通过选择合适的启动子，在靶细胞中可以获得 Tet 抑制分子组织特异性的表达。

Tet 抑制系统已经成功地应用于转基因植物（Furth et al. 1994; Wu and Chiang 1996），最好的结果是在烟草中取得的（Gatz et al. 1991, 1992; Gossen et al. 1993, 1994; Gatz 1995）。但是，在哺乳动物细胞中建立的相应系统的努力充其量只获得了部分成功，或许因为抑制强启动子需要能使 tetO 元件饱和的、足够高浓度的抑制分子。Tet 抑制分子这样的浓度很难在哺乳动物细胞中维持（Gossen et al. 1994）。

Tet 反式激活蛋白系统（Tet-Off 系统）

把 TetR 转换成转录反式激活因子可以更有效地控制转染入真核细胞的基因的表达。在这些结构设计中，具有反式转录激活蛋白功能的 TetR 的一部分只是作为响应 Dox 的 DNA 结合结构域而不是抑制剂。将 TetR 与 I 型单纯疱疹病毒（HSV-1）VP16 蛋白羧基端酸性亚基融合，形成转录激活因子（tTA）（Gossen and Bujard 1992; Weinmann et al. 1994; Gossen et al. 1995），当不存在四环素的时候，可以与插入小启动子上游的串联 tetO 序列结合，从而诱导下游靶基因的转录。加入 Dox，会引起四环素反式激活因构象的改变（tTA 或 Tet-Off），使 tTA 不能与 tetO 序列结合，关闭基因的转录。这将导致以剂量依赖的方式降低靶基因的表达。当去掉抗生素后，tTA 能再次激活靶基因的转录。几小时之内，基因产物以线性速率积累，浓度可以提高到>100 000 倍。

至 2011 年 3 月，超过 8000 篇文献描述了在细胞和转基因生物中，四环素反式激活系统的成功应用。详细的引用列表可参考网址 http://www.tetsystems.com。该系统的成功应用需要对克隆进行仔细筛选，原因是靶基因整合进染色体 DNA 的活化转录区会导致未诱导阶段基因表达水平的组成性表达升高。

反向 Tet 反式激活蛋白系统（Tet-On 系统）

反向四环素反式激活系统中使用 Tet 抑制因子（rTetR）的突变体与野生型蛋白只有4 个氨基酸的差异（Gossen et al. 1995），但具有完全相反的行为。将 rTetR 与 VP16 的激活结构域结合，形成"反向"rTA（rtTA），它在没有效应物的时候抑制转录，在有 Dox 或四环素酐时激活转录（Gossen and Bujard 1993）。所以，在系统中加入诱导物之前，受 rtTA 控制的基因可能保持抑制状态。来自 Clontech 的商品化的 rtTA 系统对 Dox 或四环

1 http://www.clontech.com/US/Support/Trademarks?sitex=10020:22372:US&PROD=WxhZdLfIj99G4FhmUPCranJ1:S&PROD_pse s=ZG84E62907FD5697701543E0B37491307E67680DBAC085E727E84E594964A3DF68F49436E8254A47DF25C7C2902006955F CCEBFE455F714F11.

素酐的敏感性比对四环素高约 100 倍。1996 年研发的最早期的商品化 Tet-On 系统整合了以基本的 P_{TRE2} 反应启动子为代表的第一代 tet 诱导表达系统。

在细胞培养过程中，tTA 系统和 rtTA 系统是几乎等效的。两者都可在几个数量级上调控基因活性的表达，而且诱导的动力学反应都很快。决定使用何种系统可根据以下原则选择：如果一个基因仅仅需要偶尔开启表达，而在其他大部分时间内保持非活化状态，那么 rtTA（Tet-On）系统更适用因为其默认状态即失活态（如缺少 Dox 时）。相反地，如果一个活化的基因偶尔需要关闭表达，选择 tTA（Tet-Off）更加合适。rtTA（Tet-On）系统通常在体内更加有意义，因为该系统所需的 Dox 更少，阴性对照更加干净。

自调节的 Tet 系统

为了提高靶基因的表达水平，以及抑制在哺乳动物细胞中组成型表达 tTA 造成的毒性，Shochett 和他的同伴使 tTA 置于 tetO 反应元件的调控之下（Shockett et al. 1995; Shockett and Schatz 1996）。因此，在稳定转染细胞中 tTA 的表达可以受自身调控，还可以受 Dox 的调控。有抗生素的时候，在巨细胞病毒小启动子的启动下组成型地表达少量 tTA，但它不能结合 tTA 和靶基因上游的 tetO 序列。当去除系统中的抗生素后，tTA 分别结合到两套 tetO 序列上，驱动它自身和靶基因的表达（图 9）。

用这个系统稳定转染 3T3 细胞，重组活化基因 1（RAG1）和重组活化基因 2（RAG2）的表达水平有很大的提高，可诱导的转化克隆的比例也提高了（Shockett et al. 1995）。类似地，在表达萤光素酶报道基因的转基因鼠中，自身调控系统比惯常的反式激活系统的表达水平高了 1～2 倍。但是在这个自身调控系统里基础表达水平也有很大提高，所以诱导倍数是减少的。

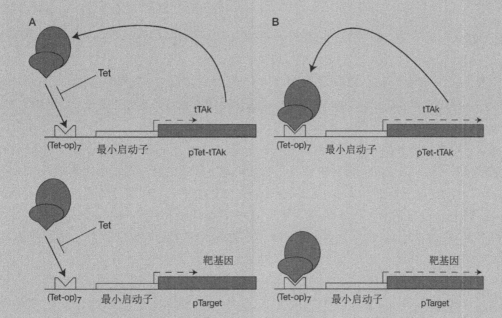

图 9 **可诱导基因表达的自调控策略。** pTet-tTAk 中，将 tTAk 基因处于 tetP 的调控下，这样可以使 tTA 实现自我调控表达。tetP 由 7 个拷贝的 tet 操纵子序列串联排列[（Tet-op）$_7$]及其下游含有 TATA 框和转录起始位点的 hCMV 最小启动子区域构成。靶基因的表达同样受 tetP 控制。tTA 蛋白用两个相邻的椭圆表示，代表蛋白质的两个结构域（用于 DNA 结合与反式激活）。（A）有四环素（Tet）存在时，hCMV 小启动子只有基本活性，表达非常低水平的 tTA 蛋白，而且四环素通过与 Tet-op 的结合，阻断 tTA 蛋白的产生，所以靶基因和 tTA 的表达都维持在低水平。（B）去掉四环素后，小量存在的 rTA 结合 Tet-op，刺激 tTA 基因的表达。更高水平的 tTA 蛋白会刺激更高水平的 tTA 基因的表达，从而刺激靶基因的表达[经美国国家科学学会允许，从 Shockett et al.（1995）中修改]。

基本活性减低的 Tet 系统

靶基因可能会有高水平的基础转录，原因可能是：缺乏反式激活因子结合时的激活；四环素或强力未能抑制 tTA 介导的反式激活；靶基因整合到转录活跃的染色体位点（Furth et al. 1994; Howe et al. 1995; Kistner et al. 1996）。近年来发展了一些改进来抑制靶基础转录。为了抑制基本转录，构建了四环素控制的转录沉默子（tTS），从而抑制对 rtTA 响应的启动子活性。这些沉默子是嵌合蛋白，由经过改良的 Tet 抑制子（TetR）与哺乳动物 Kox1 或者 Kid 等蛋白质的抑制子结构域融合而成（Deutschle et al. 1995; Forster et al. 1999; Freundlieb et al. 1999）。不存在 Dox 时，tTS 的同源二聚体结合在靶基因上游的 *tetO* 序列，抑制转录。有 Dox 存在时，静默子与 *tetO* 解离，使 rtTA 的同源二聚体在同一位置与 *tetO* 结合，激活靶基因的转录。因为 rtTA 与 Dox 的亲和力比 tTS 或者 tTA 低大约 100 倍（Gossen et al. 1995），所以本方法可能是成功的。低浓度的 Dox 可以允许 tTS 结合 *tetO* 序列，但不允许 rtTA 与 *tetO* 结合。相反，高浓度的 Dox 可以允许 rtTA 结合 *tetO* 序列，但不允许 tTS 结合。当 tTS 与 rtTA 在同一细胞表达，不存在 Dox 时，tTS 结合靶基因上游的 *tetO* 位点，抑制靶基因的转录。存在高浓度的多西环素时，rtTA 结合靶基因上游的 *tetO* 位点，抑制靶基因的转录。该系统中，如果 tTS 和 rtTA 形成仍可以结合 *tetO* 的异源二聚体，那么抑制与激活之间的转换可能会相互让步。为 tTS 和 rtTA 装上不相容的、来自不同类 TetR 蛋白的二聚体形成结构域可以避免这个问题（Rossi et al. 1998; Schnappinger et al. 1998; Baron et al. 1999; Forster et al. 1999; Freundlieb et al. 1999）。

在另一种改良 TetR 的方法中，Tet 应答的启动子原件已经被改进来减低基本的泄露。通过改变 CMV 启动子的数量、位置和 *tetO* 位点的距离，同时利用靶向缺失最小限度地缩短 CMV 启动子，获得"二代"tet 可调节的启动子，这个启动子通过高度减少基本的泄露水平却不影响靶向基因的表达而显示出一种比原始的 P_{TRE} 高 500~1000 倍的调控效率（Agha-Mohammadi et al. 2004）。Clontech 公司的 Tet-On 高级系统插入了一个相似的、经过改良的启动子，这个载体被称为"PTIGHT"。最近，Clotech 第三代 Tet-表达系统已经问世，通过修饰 rtTA（Tet-On 3G）和 Tet 应答的启动子（7 个 *tetO* 序列融合到最小限度的 CMV 启动子），P_{TRE3G} 载体使其几乎完全消除了系统中的泄露表达问题（Loew et al. 2010）。这种逆向的转活化蛋白也已经通过插入突变而改善，该突变体不仅能消除 Dox 不存在时对 *tetO* 残留的亲和活性，还可以增加与 Dox 的亲和性（Zhou et al. 2006）。此外，Tet 应答的启动子（P_{TRE3G}）的序列已经被优化来减少目的基因的背景表达。因此，这些系统应该能应用到高 Dox 浓度难以实现的体内组织研究（脑组织等）。

最后，Clontech 公司近期完成了对 Tet-On 3G 系统的改善和商业化，它用一个自转换的反式活化蛋白（Tet-Express）诱导表达。这个 Tet-Express 系统与 Tet-On 3G 系统相似，从一个含有 P_{TRE3G} 可诱导启动子的载体中表达转入的基因。然而，没有必要去创造一个 rtTA 表达的细胞系，而是将自转换 Tet-Express 反式激活蛋白直接添加到细胞培养介质中。这种 Tet-Express 反式激活子是一种纯化后的 tTA 蛋白，它含有一个修饰的氨基酸序列使自身能通过蛋白转导通路直接进入细胞。因为当四环素类物质不存在时，Tet-Express 能结合并激活表达，这一过程并不需要 Dox 激活转录。

参考文献

Agha-Mohammadi S, O'Malley M, Etemad A, Wang Z, Xiao X, Lotze MT. 2004. Second-generation tetracycline-regulatable promoter: Repositioned *tet* operator elements optimize transactivator synergy while shorter minimal promoter offers tight basal leakiness. *J Gene Med* 6: 817–828.

Backman K, Boyer HW. 1983. Tetracycline resistance in *Escherichia coli* is mediated by one polypeptide. *Gene* 26: 197–203.

Baron U, Schnappinger D, Helbl V, Gossen M, Hillen W, Bujard H. 1999. Generation of conditional mutants in higher eukaryotes by switching between the expression of two genes. *Proc Natl Acad Sci* 96: 1013–1018.

Chopra I. 1985. Mode of action of the tetracyclines and the nature of bacterial resistance to them. In *The tetracyclines* (ed Hlavka JJ, Boothe JH), pp. 317–392. Springer-Verlag, Berlin.

Chopra I, Hawkey PM, Hinton M. 1992. Tetracyclines, molecular and clinical aspects. *J Antimicrob Chemother* 29: 245–277.

Deutschle U, Meyer WK, Thiesen HJ. 1995. Tetracycline-reversible silencing of eukaryotic promoters. *Mol Cell Biol* 15: 1907–1914.

Eckert B, Beck CF. 1989. Topology of the transposon Tn10-encoded tetracycline resistance protein within the inner membrane of *Escherichia coli*. *J Biol Chem* 264: 11663–11670.

Forster K, Helbl V, Lederer T, Urlinger S, Wittenburg N, Hillen W. 1999. Tetracycline-inducible expression systems with reduced basal activity in mammalian cells. *Nucleic Acids Res* 27: 708–710.

Franklin TJ. 1967. Resistance of *Escherichia coli* to tetracyclines. Changes in permeability to tetracyclines in *Escherichia coli* bearing transposable resistance factors. *Biochem J* 105: 371–378.

Freundlieb S, Schirra-Müller C, Bujard H. 1999. A tetracycline controlled activation/repression system with increased potential for gene transfer into mammalian cells. *J Gene Med* 1: 4–12.

Furth PA, St Onge L, Böger H, Gruss P, Gossen M, Kistner A, Bujard H, Hennighausen L. 1994. Temporal control of gene expression in transgenic mice by a tetracycline-responsive promoter. *Proc Natl Acad Sci* 91: 9302–9306.

Gale EF, Cundliffe E, Reynolds PE, Richmond MH, Waring MJ. 1981. *The molecular basis of antibiotic action*, 2nd ed. Wiley, New York.

Gatz C. 1995. Novel inducible/repressible gene expression systems. *Methods Cell Biol* 50: 411–424.

Gatz C, Kaiser A, Wendenberg R. 1991. Regulation of a modified CaMV 35S promoter by the Tn10-encoded Tet repressor in transgenic tobacco. *Mol Gen Genet* 227: 229–237.

Gatz C, Frohberg C, Wendenberg R. 1992. Stringent repression and homogeneous derepression by tetracycline of a modified CaMV 35S promoter in intact transgenic tobacco plants. *Plant J* 2: 397–404.

Gossen M, Bujard H. 1992. Tight control of gene expression in mammalian cells by tetracycline-responsive promoters. *Proc Natl Acad Sci* 89: 5547–5551.

Gossen M, Bujard H. 1993. Anhydrotetracycline, a novel effector for tetracycline controlled gene expression systems in eukaryotic cells. *Nucleic Acids Res* 21: 4411–4412.

Gossen M, Bonin AL, Bujard H. 1993. Control of gene activity in higher eukaryotic cells by prokaryotic regulatory elements. *Trends Biochem Sci* 18: 471–475.

Gossen M, Bonin AL, Freundlieb S, Bujard H. 1994. Inducible gene expression systems for higher eukaryotic cells. *Curr Opin Biotechnol* 5: 516–520.

Gossen M, Freundlieb S, Bender G, Müller G, Hillen W, Bujard H. 1995. Transcriptional activation by tetracyclines in mammalian cells. *Science* 268: 1766–1769.

Heins L, Frohberg C, Gatz C. 1992. The Tn10-encoded Tet repressor blocks early but not late steps of assembly of the RNA polymerase II initiation complex in vivo. *Mol Gen Genet* 232: 328–331.

Helbl V, Berens C, Hillen W. 1995. Proximity probing of Tet repressor to tet operator by dimethylsulfate reveals protected and accessible functions for each recognized base-pair in the major groove. *J Mol Biol* 245: 538–548.

Heuer C, Hillen W. 1988. Tet repressor–tet operator contacts probed by operator DNA-modification interference studies. *J Mol Biol* 202: 407–415.

Hickman RK, Levy SB. 1988. Evidence that TET protein functions as a multimer in the inner membrane of *Escherichia coli*. *J Bacteriol* 170: 1715–1720.

Hillen W, Berens C. 1994. Mechanisms underlying expression of Tn10 encoded tetracycline resistance. *Annu Rev Microbiol* 48: 345–369.

Hillen W, Schollmeier K, Gatz C. 1984. Control of expression of the Tn10-encoded tetracycline resistance operon. II. Interaction of RNA polymerase and Tet repressor with the tet operon regulatory region. *J Mol Biol* 172: 185–201.

Hinrichs W, Kisker C, Düvel M, Müller A, Tovar K, Hillen W, Saenger W. 1994. Structure of the Tet repressor–tetracycline complex and regulation of antibiotic resistance. *Science* 264: 418–420.

Howe JR, Skryabin BV, Belcher SM, Zerillo CA, Schmauss C. 1995. The responsiveness of a tetracycline expression system differs in different cell lines. *J Biol Chem* 270: 14168–14174.

Kaneko M, Yamaguchi A, Sawai T. 1985. Energetics of tetracycline efflux system coded by Tn10 in *Escherichia coli*. *FEBS Lett* 193: 194–198.

Kasbekar N. 2006. Tigecycline: A new glycylcycline antimicrobial agent. *Am J Health Syst Pharm* 63: 1235–1243.

Kisker C, Hinrichs W, Tovar K, Hillen W, Saenger W. 1995. The complex formed between Tet repressor and tetracycline-Mg^{2+} reveals mechanism of antibiotic resistance. *J Mol Biol* 247: 260–280.

Kistner A, Gossen M, Zimmermann F, Jerecic J, Ullmer C, Lubbert H, Bujard H. 1996. Doxycycline-mediated quantitative and tissue-specific control of gene expression in transgenic mice. *Proc Natl Acad Sci* 93: 10933–10938.

Kleinschmidt C, Tovar K, Hillen W, Poerschke D. 1988. Dynamics of repressor–operator recognition: The Tn10-encoded tetracycline resistance control. *Biochemistry* 27: 1094–1104.

Lederer T, Takahashi M, Hillen W. 1995. Thermodynamic analysis of tetracycline-mediated induction of Tet repressor by a quantitative methylation protection assay. *Anal Biochem* 232: 190–196.

Löew R, Heinz N, Hampf M, Bujard H, Gossen M. 2010. Improved Tet-responsive promoters with minimized background expression. *BMC Biotechnol* 10: 81. doi: 10.1186/1472-6750-10-81.

McMurry L, Petrucci RE Jr, Levy SB. 1980. Active efflux of tetracycline encoded by four genetically different tetracycline resistance determinants in *Escherichia coli*. *Proc Natl Acad Sci* 77: 3974–3977.

Orth P, Cordes F, Schnappinger D, Hillen W, Saenger W, Hinrichs W. 1998. Conformational changes of the Tet repressor induced by tetracycline trapping. *J Mol Biol* 279: 439–447.

Orth P, Schnappinger D, Hillen W, Saenger W, Hinrichs W. 2000. Structural basis of gene regulation by the tetracycline inducible Tet repressor–operator system. *Nat Struct Biol* 7: 215–219.

Rossi FM, Guicherit OM, Spicher A, Kringstein AM, Fatyol K, Blakely BT, Blau HM. 1998. Tetracycline-regulatable factors with distinct dimerization domain allow reversible growth inhibition by p16. *Nat Genet* 20: 389–393.

Schnappinger D, Schubert P, Pfleiderer K, Hillen W. 1998. Determinants of protein–protein recognition by four helix bundles: Changing the dimerization specificity of Tet repressor. *EMBO J* 17: 535–543.

Shockett PE, Schatz DG. 1996. Diverse strategies for tetracycline-regulated inducible gene expression. *Proc Natl Acad Sci* 93: 5173–5176.

Shockett P, Difilippantonio M, Hellman N, Schatz D. 1995. A modified tetracycline-regulated system provides autoregulatory, inducible gene expression in cultured cells and transgenic mice. *Proc Natl Acad Sci* 92: 6522–6526.

Thanassi DG, Suh GSB, Nikaido H. 1995. Role of outer membrane barrier in efflux-mediated tetracycline resistance of *Escherichia coli*. *J Bacteriol* 177: 998–1007.

Tritton TR. 1977. Ribosome–tetracycline interactions. *Biochemistry* 16: 4133–4138.

Weinmann P, Gossen M, Hillen W, Bujard H, Gatz C. 1994. A chimeric transactivator allows tetracycline-responsive gene expression in whole plants. *Plant J* 5: 559–569.

Wu S-Y, Chiang C-M. 1996. Establishment of stable cell lines expressing potentially toxic proteins by tetracycline-regulated and epitope-tagging methods. *BioTechniques* 21: 718–725.

Yamaguchi A, Udagawa T, Sawai T. 1990. Transport of divalent cations with tetracycline as mediated by the transposon Tn10-encoded tetracycline resistance protein. *J Biol Chem* 265: 4809–4813.

Zhou X, Vink M, Berkhout B, Das AT. 2006. Modification of the Tet-On regulatory system prevents the conditional-live HIV-1 variant from losing doxycycline-control. *Retrovirology* 3: 82. doi: 10.1186/1742-4690-3-82.

网络资源

Tet Systems http://www.tetsystems.com

（张令强　王婵娟　译，田春艳　校）

第 18 章　RNA 干扰与小 RNA 分析

导　言

　　RNA 干扰（RNAi）是指与靶基因序列具有同源性的双链 RNA（dsRNA）使该基因表达沉默。RNA 干扰最早发现于植物细胞中（Napoli et al. 1990），随后在动物细胞中也发现了该现象（Guo and Kemphues 1995）。在发现 dsRNA 能够引起高效而可靠的基因沉默现象后，RNA 干扰进入实际应用（Fire et al. 1998）。RNA 干扰通路在几乎所有的真菌、植物和动物中高度保守，这使得它迅速成为功能基因组学中一种反向遗传学工具（图 18-1）。

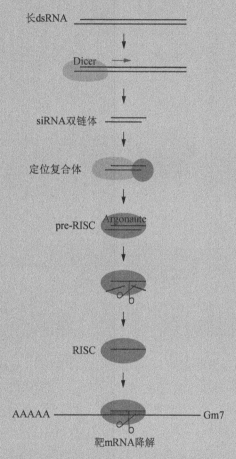

　　图 18-1　RNA 干扰过程总结。 在细胞质中，dsRNA 被 Dicer 酶切割，产生包含 5′ 端单磷酸和 3′ 端突出 2 个非配对核苷酸的双链 siRNA。新生的双链 siRNA 进入含有 Argonaute 蛋白的 RNA 诱导沉默复合体（RISC）。RISC 复合体通过感知 siRNA 双链体的热力学不对称性，区分向导链（黑色）和信使链（蓝色）。信使链由于 Argonaute 蛋白的限制性内切核酸酶活性而发生移除，而向导链则停留在成熟的 RISC 复合体，并引导对互补 mRNA 靶基因的切割（彩图请扫封底二维码）。

　　首次 RNA 干扰实验主要使用外源性制备的 dsRNA 诱发基因沉默（Fire et al. 1998; Kennerdell and Carthew 1998; Misquitta and Paterson 1999）。后续有关 RNA 干扰的机制研究发现了一个新奇的复合体，即 ATP 依赖的长 dsRNA 逐步转化为功能性小 RNA-蛋白复合体。长 dsRNA 被 RNase III 核糖核酸酶 Dicer 切割产生 21～23 个核苷酸的双链小干扰 RNA（siRNA），这种 siRNA 5′端含单磷酸、3′端含 2 个突出的非配对核苷酸（Bernstein et al. 2001; Hutvágner et al. 2001; Lee et al. 2004）。随后，双链 siRNA 结合 Argonaute 蛋白，形成前体 RNA 诱导沉默复合体（pre-RISC）。pre-RISC 的组装需要能够感知 siRNA 双链末端相对热力学稳定的蛋白质参与，以便区分 siRNA 双链中哪一条是"向导链"（反义链），哪一条是"信使链"（有义链）（Khvorova et al. 2003; Schwarz et al. 2003; Tomari et al. 2004）。信使链由于 Argonaute 蛋白的限制性内切核酸酶活性而被移除，而向导链则停留在 RISC 复合体中（Matranga et al. 2005; Rand et al. 2005）。信使链的释放使得 pre-RISC 转变为成熟的 RISC，而后，反义链将 RISC 引导至目标 mRNA 的互补位点。最后，由成熟 RISC 内的 Argonaute 蛋白切割目标 mRNA 使其降解（图 18-2）。

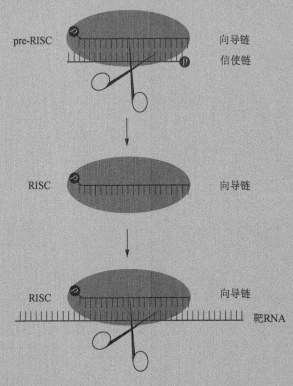

图 18-2　RNA 诱导沉默复合体（RISC）。双链 siRNA 与 Argonaute 蛋白结合，生成含 siRNA 双链的 pre-RISC。然后 Argonaute 催化信使链（蓝色）的切割。切割后的信使链片段被释放，生成仅包含向导链（黑色）的成熟 RISC，向导链将 RISC 引导至互补靶 mRNA（彩图请扫封底二维码）。

　　长链 dsRNA 不能在哺乳动物体细胞中诱发 RNA 干扰，因为它能诱导干扰素反应和一系列抗病毒反应，最终导致细胞内 RNA 的非特异性降解和广泛抑制蛋白合成（Minks et al. 1979; Manche et al. 1992）。然而，siRNA 的发现（Hamilton and Baulcombe 1999; Zamore et al. 2000）使得人们可以通过合成 siRNA 双链来抑制哺乳动物体细胞内同源基因的表达（Elbashir et al. 2001）。

　　siRNA 仅是动植物体内多种类型小 RNA 中的一种（Ghildiyal and Zamore 2009）。丰度最高的一种小 RNA 是微小 RNA（microRNA）。1993 年，Ambros 和他的团队发现了首个 miRNA，即 *lin-4*，其功能是控制线虫（*Caenorhabditis elegans*）的时间进行性发育（Lee et al. 1993）。多年之后，在多种双侧对称动物（bilateral animal）（如蠕虫、苍蝇、人）中发现了第二个 miRNA——*let-7*，这说明 miRNA 是生物进化过程中保守的基因表达调控分子（Pasquinelli et al. 2000; Reinhart et al. 2000）。

　　miRNA 是长度约为 22 个核苷酸的内源性小 RNA，由初级 miRNA（pri-miRNA）转录体中 70 个核苷酸长的发夹结构，经过经典 miRNA 通路或者 mirtron 通路加工而成

（Miyoshi et al. 2010）。这两条通路的不同表现主要在对 pre-miRNA 发夹结构的加工机制上。在经典 miRNA 通路中，pri-miRNA 被 Drosha 酶及其 dsRNA 结合蛋白 Pasha/DGCR8 切割，而后 pre-miRNA 发夹结构被释放（Denli et al. 2004; Gregory et al. 2004）。而在 mirtron 通路中，pre-miRNA 发夹结构由 RNA 剪接机器和索套（lariat）去分支酶释放（Okamura et al. 2007; Ruby et al. 2007）。随后，这两种类型的 pre-miRNA 发夹结构都被 Exportin-5 转运至细胞质（Yi et al. 2003; Okamura et al. 2007）。在细胞质中，Dicer 及其伴侣蛋白 Loquacious（Loqs）/TRBP/PACT 在 pre-miRNA 发夹结构的环结构附近切割生成 miRNA/miRNA*双链体（Chendrimada et al. 2005; Forstemann et al. 2005; Jiang et al. 2005; Saito et al. 2005; Lee et al. 2006）。生成的双链 miRNA/miRNA*进入 RISC 复合体，然后 miRNA*被移除。miRNA 通过 miRNA 的种子区域（2～8 个核苷酸）与 mRNA 3′UTR 的靶位点之间的碱基互补配对将 RISC 引导至靶 mRNA，并通过抑制 mRNA 翻译或破坏其稳定性调控内源性靶基因的表达（Bartel 2009）。

　　miRNA 来自于 RNaseII 转录生成的不完全配对发夹结构这一发现，使人们可以进行类似于 siRNA 的 miRNA 人工合成。目前尚无证据显示哺乳动物体细胞能够自然产生 siRNA。miRNA 前体的模拟物——小发夹 RNA（shRNA）可以在细胞内被 Dicer 酶加工形成功能性的双链小 RNA。目前已经获得大量的人类和小鼠 shRNA，可以利用质粒或病毒载体表达 shRNA 文库，进行全基因组范围的 RNA 干扰筛选（请见信息栏"全基因组 RNA 干扰：后基因组学时代的功能基因组学"）。miRNA 也是一种重要的内源性调控因子，miRNA 功能阻断技术是重要的反向遗传学工具，可以用于鉴定基因的功能（请见方案 10～方案 12）。最后，高通量测序技术的进展使得越来越多内源性小 RNA 被鉴定出来，目前该技术已成为小 RNA 生物学及生物化学研究中不可或缺的方法。

　　siRNA 为反向遗传学提供了有力的研究工具，并开启了新的研究领域。本章将描述 RNA 干扰技术在抑制特定基因表达进行功能缺失分析方面的应用，并对检测特定和广谱性小 RNA 表达的研究方法以及抑制特定种类内源性小 RNA（如 miRNA）的方法加以总结。

词汇表

ASO

　　ASO 即反义寡核苷酸，是指短的（16～53 个核苷酸）、合成的低聚核苷酸，用于阻断 RNA（包括 miRNA）的功能。反义寡核苷酸通常与小 RNA 高度互补，结构上包含化学修饰过的核苷酸或者在两端添加特定序列，以提高其结合靶序列的亲和力并使其抵抗细胞内核酸酶降解。

BLAST

　　基础的局部比对搜索工具（BLAST），这是一种算法，用于计算两种核苷酸或氨基酸序列之间相似性的统计学意义，特别是一个未知序列与数据库中已知序列之间的相似性（见 BIOINFS）。

cDNA

　　cDNA 是以 RNA 为模板，在反转录酶作用下生成的互补 DNA。

CDS

CDS 是指成熟 mRNA 中可以被翻译为蛋白质的编码序列区域,自起始密码子开始至终止密码子结束。

dsRNA

dsRNA 即双链 RNA,是由两条互补链复性形成的 RNA 分子,可以被 Dicer 酶切割形成 siRNA。

Endo-siRNA

Endo-siRNA 即内源性小干扰 RNA（siRNA）,是一类存在于几乎所有真核生物中的小干扰 RNA 分子。

exo-siRNA

exo-siRNA 即外源性小干扰 RNA（siRNA）,是指通过体内或者体外技术生成且生物基因组上不编码,能诱导基因沉默的一类小干扰 RNA 分子。病毒感染或者实验方法导入的双链 RNA 可以启动外源性小干扰 RNA 的生成。

miRNA

microRNA 是一类含有约 22 个核苷酸的内源性小 RNA,存在于植物和动物体内。miRNA 由含有 70 个核苷酸的发夹状前体经 Dicer 酶作用而生成,miRNA 可以通过破坏靶 mRNA 的稳定性、抑制靶 mRNA 的翻译来对靶 mRNA 发挥调控作用。

piRNA

piRNA 是指 piwi 相互作用 RNA,是一类内源性小干扰 RNA,能特异性地与动物细胞中 Argonaute 蛋白的类似物 PIWI 结合。piRNA 不能由 dsRNA 形成。

RISC

RISC 即 RNA 诱导沉默复合体,是一种靶向 siRNA 的限制性内切核酸酶,能在小向导 RNA 第 10 个碱基配对的核苷酸 5′端磷酸二酯键处催化切割靶 RNA。简言之,RISC 包含一个小 RNA 向导链和一个 Argonaute 蛋白。

RNA 干扰（RNAi）

RNA 干扰是由双链 RNA 诱发的对目的基因表达的序列特异性沉默作用。

shRNA

shRNA 即小发夹 RNA,是 siRNA 或 miRNA 的前体,包含一个 19~29 个核苷酸的"茎"和一个 4~15 个核苷酸的"环"结构。shRNA 在转录后可以从细胞核转移至细胞质,在细胞质中其环结构被 Dicer 酶切割,释放出 siRNA。shRNA 可以自然生成,也可经人工制备并用作基因沉默的工具。

shRNAmir

shRNAmir 即第二代 shRNA,将 siRNA 包裹于自然界生成的 pre-miRNA 之中。与标准的 shRNA 相比,shRNAmir 对靶 mRNA 的沉默效率更高。

siRNA

siRNA 即小干扰 RNA,是一种双链 RNA,长度为 21~23 个核苷酸,其 3′端含有两个突出的非配对碱基。siRNA 与 RISC 结合后,一条链即信使链被移除,另一条链即向导链则引导 RISC 对互补的靶标 RNA 分子实施切割和降解。

> **UTR**
>
> UTR 即非翻译区域，位于成熟 mRNA 的 5′端和 3′端，不编码蛋白质，但具有翻译调控功能，并参与调节 mRNA 的稳定性和细胞内定位。

应用 RNA 干扰进行反向遗传学研究

应用长链 dsRNA 抑制基因表达

在植物以及大多数真菌、非哺乳动物及其细胞系中，应用外源性长链 dsRNA（方案 5 和方案 6）或者表达长反向重复 RNA 转录物能够诱发细胞内相应 mRNA 的降解（Fire et al. 1998; Kennerdell and Carthew 1998; Misquitta and Paterson 1999）。哺乳动物卵母细胞和 dsRNA 诱导干扰素反应缺失的哺乳动物细胞系中，长链 dsRNA 和反向重复 RNA 转录物也能够诱发 RNA 干扰。dsRNA 诱导的干扰素反应是一种天然免疫反应。长度超过 30bp 的 dsRNA 能够激活 2′, 5′-寡腺苷酸合成酶和蛋白激酶 R，它们能激活 RNase L 并使真核起始因子 2 的 α 亚基（eIF2-α）失活（Minks et al. 1979; Manche et al. 1992）。干扰素反应诱导 mRNA 的非特异性降解和广泛抑制蛋白质合成，最终诱发细胞凋亡。因此，使用长链 dsRNA 对特定基因进行抑制性研究已不再可能。

长链 dsRNA 的设计

一般来讲，500～800bp 长度的 dsRNA 分子可用于靶向外显子，尤其是编码序列（CDS）（Hannon 2003）。据报道，如果目标 mRNA 与另一条 mRNA 的同源序列长度超过 19bp，目标 mRNA 的表达就能被有效抑制（Kulkarni et al. 2006）。因此，利用 dsCheck、E-RNAi、BLAST（表 18-1）（详见第 8 章）或者类似的计算手段寻找 dsRNA 的有义链或反义链与细胞内 mRNA 之间的同源性是该技术的关键点。此外，还要注意靶向同一条 mRNA 的 dsRNA 的其他区域引起的 RNA 干扰效应。

表 18-1　dsRNA 和 siRNA 设计工具

名称	URL	概述	参考文献
dsRNA 设计工具			
dsCheck	http://dscheck.rnai.jp	dsRNA 选择和 off-target 分析	Naito et al. 2005
E-RNA 干扰	http://e-rnai.dkfz.de	dsRNA 和 siRNA 选择	Arziman et al. 2005
siRNA 设计工具			
Ambion siRNA Target Finder	http://www.ambion.com/techlib/misc/siRNA_finder.html	基本 siRNA 选择；没有特定选择性	Ambion
BIOPREDsi	http://www.biopredsi.org/start.html	基于中枢网络的算法，涵盖基因组范围	Huesken et al. 2005
BLOCK-iT RNA 干扰 Designer	https://rnaidesigner.invitrogen.com/rnai express/setOption. do?designOption=sirna	一种灵活的 siRNA 设计工具，允许特异性评价	Invitrogen
CAPSID	http://cms.ulsan.ac.kr/capsid/	抗病毒 siRNA 选择	Lee et al. 2009
DSIR	http://biodev.extra.cea.fr/DSIR/DSIR.html	基于线性模式的算法和基于基本序列的 siRNA 功能预测	Vert et al. 2006

续表

名称	URL	概述	参考文献
OptiRNA	http://optirna.unl.edu/	提供 mRNA 结构预测，但不提供特异性分析	Ladunga 2007
side	http://side.bioinfo.ochoa.fib.es/	为效率预测和特异性分析提供高通量的 siRNA 设计	Santoyo et al. 2005
siDESIGN Center	http://www.dharmacon.com/ DesignCenter/DesignCenter Page.aspx	根据热力学参数和序列特征选择 siRNA，包含毒性序列基序和特异性检测	Thermo Fisher Scientific（Dharmacon Products）
siDirect2.0	http://siDirect2.rnai.jp/	提供 siRNA 效率分析、特定性质分析以及脱靶效应分析	Naito et al. 2009
siDRM	http://sidrm.biolead.org/	基于 disjunctive rule merging（DRM）的毒性分析和特异性分析工具	Gong et al. 2008
Sirna	http://sfold.wadsworth.org/sirna.pl	基于靶标可接近性的选择，不提供特异性分析	Ding et al. 2004
siRNA Design Software	http://i.cs.hku.hk/～sirna/ software/sirna.php	基于多工具的 siRNA 选择，包括靶标可接近性评价	Yiu et al. 2005
siRNA Design Tool	http://www1.qiagen.com/ Products/GeneSilencing/ SiRnaDuplexes/HPFlexible.aspx	基于热力学偏性的选择；无特异性分析	QIAGEN
siRNA Selection Server	http://jura.wi.mit.edu/bioc/ siRNAext/	提供多种设计参数，包括多态性和特异性分析，并提供多种输出格式	Yuan et al. 2004
siRNArules 1.0	Downloadable from http:// sourceforge.net/projects/ sirnarules/	开放 JAVA 程序资源，但不能进行灵活性检查	Holen 2006
siSearch	http://sisearch.cgb.ki.se/	基于能量特征分析进行 siRNA 的效率评估	Chalk et al. 2004
SVM siRNA Design Toolbeta	http://www5.appliedbiosystems. com/tools/siDesign/	基于超功能 siRNA 分析标准进行选择	Applied Biosystems

长链 dsRNA 的体外合成

利用来自噬菌体的 RNA 聚合酶如 T7、SP6 和 T3 等进行体外合成是制备 RNA 干扰实验所用长链 dsRNA 的一种简便而快速的办法（方案 4）。应用体外转录反应制备单独的有义链或反义链也是值得推荐的方法，尤其是在制备富含 GC 的 dsRNA 时。应用这种方法可以在将有义链和反义链进行复性之前分别对其质量进行评估。此外，还可以采取将正义模板和反义模板混合在一个体外转录体系内，或者利用两种反向的 RNA 聚合酶启动子对同一条模板进行转录的方法制备 dsRNA。

- 质粒模板。有两种方法可以制备质粒模板。一种方法是：选定 dsRNA，将与其有义链或反义链对应的DNA 片段克隆至带有噬菌体RNA 聚合酶启动子质粒的多克隆位点。另一种方法是：将 DNA 片段克隆至质粒，使其位于一对反向的噬菌体 RNA 聚合酶启动子中间。这两种方式中，在体外转录之前都需要利用限制性内切核酸酶在插入片段的两端将插入的 DNA 片段线性化，以确保相应转录物 RNA 的长度。
- PCR 模板。T7、SP6 或 T3 噬菌体启动子长度较小，仅 19bp，这使得它们能够被连接在正向或者反向 PCR 引物的 5′端。利用一条连接启动子的正向引物和一条未连接启动子的反向引物，可以通过 PCR 反应对正义或者反义模板进行体外转录扩增（方案 4）。也可以利用一对融合了启动子的 PCR 引物同时对同一条模板进行扩增。从体外转录的 RNA 得率来看，PCR 模板要优于质粒模板，这是因为前者可以在不增加反应体系中 DNA 总量的情况下提高模板的摩尔浓度。

反向重复 dsRNA 的内源性表达

为了进行体内应用，可以构建表达长链发夹状 RNA 的表达体，方法是装配正义和反义序列，并利用间隔区将它们隔开，以产生反向重复序列（Lee and Carthew 2003）。克隆反向重复序列具有挑战性，但使用内含子作为间隔区能够提高构建体在细菌体内的稳定性，从而使克隆更容易实现。长链发夹状 dsRNA 的内源性表达可以通过 RNA 聚合酶 II 启动子（如 CMV）或者二元表达系统（如 GAL4/UAS）在特定细胞系或者转基因动物体内引起持续、可诱导和组织特异性的基因沉默。这一方法的主要不足在于反向重复序列的构建比较耗时。出于此原因，在本章中没有叙述长链发夹状 RNA 的构建（Haley et al. 2008; Ni et al. 2011）。

应用 siRNA 抑制特定基因的活性

长链 dsRNA 的导入能够在小鼠卵母细胞、早期胚胎、胚胎干细胞和胚胎癌细胞（Svoboda et al. 2000; Wianny and Zernicka-Goetz 2000; Billy et al. 2001; Yang et al. 2001），以及植物、蠕虫、果蝇体内诱导特定和高效的 RNA 干扰。但是，早期在哺乳动物体细胞中用长链 dsRNA 诱导 RNA 干扰的尝试未能成功，因为长链 dsRNA 作为一个前体会诱导干扰素反应。这种通常被视为病毒感染反应的天然免疫反应能够诱导 RNA 的非特异性降解以及广泛抑制蛋白质生物合成，最终导致细胞凋亡。使用 3′端带有 2 个非配对碱基的 21～23 个核苷酸的双链 siRNA，即一种 RNA 干扰信号通路的中间体，能模拟长链 dsRNA 经 Dicer 酶切割后的自然产物可以克服这一障碍（方案 2 和方案 3）（Caplen et al. 2001; Elbashir et al. 2001, 2002）。后续研究表明，内源性表达的 siRNA 和 shRNA 引起靶基因特异性抑制的效率与转染外源性 siRNA 相当。

siRNA 设计

最初，siRNA 序列的选择是基于实验经验而获得的（Elbashir et al. 2001, 2002）。最近，生物信息学工具被用来设计 siRNA（表 18-1），目前多个数据库收录了经过实验确证的 siRNA 和 shRNA。值得推荐的是，在设计新的 siRNA 之前可以通过搜索已有的 siRNA 数据库和科研文献来寻找已确证的 siRNA。如果不能获得已确证的 siRNA，则应该为每个靶基因设计 3～5 条候选 siRNA（Pei and Tuschl 2006）。以下将介绍如何挑选有效和特异性强的 siRNA。有关 siRNA 设计的详细过程请参考 Birmingham 等（2007）的研究。

- 目标区域。siRNA 通常以 mRNA 的 CDS 序列为靶点，因为一般认为，相对非编码序列而言，CDS 序列容易成为 RNA 干扰的靶点且多态性更低。然而，当 CDS 不容易找到合适的 siRNA 结合位点，或者为了区分两个编码区相同但 3′非翻译区（UTR）不同的基因时，3′端 UTR 也可以利用。5′端 UTR 和剪接点通常不被考虑，因为它们可能会被细胞内蛋白质复合体（如翻译起始机器或者外显子连接复合体）所包裹。
- 长度和非配对结构。尽管 20～25 个核苷酸长度、包含 2 个非配对碱基形成的 3′端突出"尾巴"的双链 siRNA 显示出了与常规 siRNA 相当的效率，但常规的双链 siRNA 依然是长度为 21 个核苷酸、两端包含 2 个非配对碱基形成的 3′端突出"尾巴"，模拟了 Dicer 酶体内切割的主要产物。长度超过 30 个碱基的双链 RNA 能够在哺乳动物体细胞中诱导干扰素反应。一些长度超过 23 个碱基的 RNA 双链体能够诱导细胞特异性的干扰素反应（Reynolds et al. 2006）。
- 热力学不对称性。进入 RISC 的 siRNA 链被称为"向导链"（图 18-2）。这一 siRNA 链的 5′端碱基配对较为松弛（动力学稳定性稍差），被 RNA 干扰机器识别为向导（Khvorova et al. 2003; Schwarz et al. 2003）。向导链进入 RISC，两者之间的这种结合会通过 5′端的 G：U 错配得到加强。反之，也可以通过化学修饰减弱信使链（向导链的反义链，目标 mRNA 的同义链）与 RISC 的结合（Nykanen et al. 2001; Chen et al. 2008）。
- GC 含量和核苷酸偏好。有关 siRNA 设计的大量分析显示：具有生物学功能的 siRNA 不能含有回文（palindromic）序列和内在重复序列，并且 GC 含量达到 30%～52%。回文序列或者内在重复序列会形成二级结构，干扰与 RISC 以及目标 mRNA 的结合

（Patzel et al. 2005）。GC 含量过高或者过低会干扰两条 siRNA 链的分离，减慢与 RISC 的结合。此外，成熟 RISC 与目标 mRNA 的强烈结合会妨碍切割产物的释放，使酶的转换效率降低（Haley and Zamore 2004; Tang and Zamore 2004）。有关高效 siRNA 性质的多因素分析显示：向导链的第 1~第 7 个碱基应该是 U 或者 A，第 10 个碱基应为 A 或者 U，第 19 个碱基应为 G 或者 C（Pei and Tuschl 2006）。这些"规律"预示了向导链的结合喜好，使其与靶标保持适当的亲和力，促进对靶标的多轮切割。

- RNA 干扰介导的脱靶效应。RNA 干扰介导的脱靶效应是指双链 siRNA 的向导链或信使链介导的对基因表达的非特异性抑制，具有浓度依赖性（图 18-3）（Jackson et al. 2006a）。RNA 干扰介导的脱靶效应通常会在 siRNA 发挥类似内源性 miRNA 的作用时发生，即通过小 RNA 向导链的"种子序列"（2~7 位或 2~8 位核苷酸）与其目标 mRNA 结合（Lim et al. 2005; Lin et al. 2005; Birmingham et al. 2006）。目前已经有多种消除这种脱靶效应的方法。尽管通过同源性搜索（如 BLASTn 或者 Smith-Waterman 算法）来减少可能存在脱靶效应的 siRNA 的方法应用比较广泛，但这一方法仍不能消除大多数的脱靶效应，这是因为无法避免第 6 位和第 7 位核苷酸与细胞内 mRNA 匹配的偶然情况。通过将针对同一 mRNA 的多个无相关性 siRNA 混合使用以降低每一种 siRNA 浓度的方法可提高 RNA 干扰的特异性（Kittler et al. 2007），但是这种方法有着严格的适用要求。对 siRNA 向导链的第 2 位核苷酸进行不依赖于序列的化学修饰同样可以提高效率，这一方法减少了 siRNA 对既定靶标以及靶标之外 mRNA 的亲和力（Jackson et al. 2006b）。唯一被证实的可提高 RNA 干扰特异性的方法是设计 siRNA 分子，使其正确的 RNA 链进入有功能的 RNAi 酶复合体，或者可以对信使链进行化学修饰，以阻止其通过 RNA 干扰途径发挥作用（Elmén et al. 2005）。

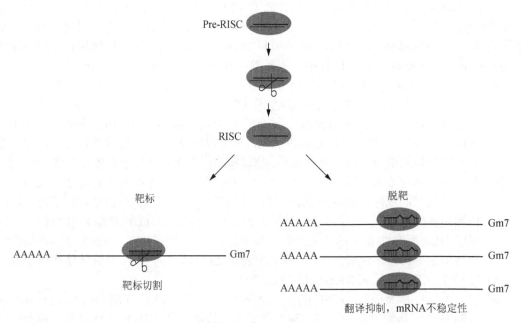

图 18-3　siRNA 介导的脱靶反应。siRNA 与其靶标完全匹配后，引导 RISC 对目的 mRNA 进行切割，即通常所说的 RNA 干扰过程。但是，siRNA 也可以发挥类似细胞内 miRNA 的作用，即通过部分碱基配对与其 RNA 靶标相匹配。这种 miRNA 的作用偶尔会导致对非靶标 mRNA 的抑制作用，即脱靶效应。

- 天然免疫反应和毒性。在哺乳动物中，如果 siRNA 包含富含 G 和 U 的序列基序，如 GUCCUUCAA 或者 UGUGU，那么此 siRNA 有可能通过 Toll 样受体激活细胞内的天然免疫通路（Hornung et al. 2005; Judge et al. 2005; Marques and Wil-liams 2005; Sioud 2005）。然而，其他的免疫刺激因素仍然有待鉴定，因为有一些 siRNA 虽富含 G 和 U 却不能激活免疫受体，而另一些缺少 GUCCUUCAA 或者 UGUGU 基序的 siRNA 反而具有免疫刺激活性。针对 176 个随机挑选的 siRNA 进行比较研究，鉴定出 UGGC 是一个毒性基序，能引发细胞死亡（Fedorov et al. 2006）。已知的免疫刺激活性和毒性基序可以通过计算预测而避免。另外，化学修饰，如锁状核酸（locked nucleic acid，LNA）（图 18-4）和对免疫刺激活性和毒性基序进行 2'-O-甲基化核酸修饰可以用于抑制其天然免疫刺激活性（Judge et al. 2006）。

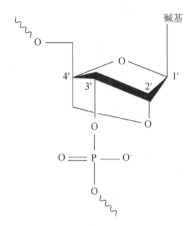

图 18-4　锁状核酸的化学结构。 LNA 是一种类似于亚甲基 2'-O, 4'-C 连接的核苷酸，限制核糖向 C3' 内（"North"）靠拢，这是存在一种 A 型 RNA 螺旋中的几何学结构。在 DNA 中每 3 个位点引入一个 LNA 将使 B 型螺旋变为 A 型螺旋，可以提高分子的热稳定性（3~8℃/核苷酸）。LNA-取代寡核苷酸增加的热稳定性（T_m）使得它们可以作为理想的检测小 RNA 表达的短引物和探针，以及用以阻断小 RNA 功能的反义寡核苷酸（ASO）。

siRNA 的体外制备

- 化学合成 siRNA。合成 siRNA 应用广泛，这种方法的得率和纯度都比较高。对合成 siRNA 还可以进行一系列化学修饰以提高 siRNA 的稳定性、降低脱靶效应，以及（或者）阻止激活天然免疫反应。多家公司，包括 Ambion、Thermo Scientific Dharmacon、QIAGEN 和 Sigma-Aldrich Proligo 等都能提供高质量的合成 siRNA。在用于细胞之前，合成的正义和反义 siRNA 需在体外复性形成双链 siRNA（方案 1）。

- 利用酶学反应从长链 dsRNA 生成 siRNA。利用重组 Dicer 酶或者细菌 RNase III 对体外转录获得的长链 dsRNA 进行酶学消化也可以获得双链 siRNA（Yang et al. 2002）。与合成 siRNA 相比，对长链 dsRNA 酶消化可以生成不同种类的 siRNA，提高了生成功能性 siRNA 的可能性。然而，体外酶学反应生成 siRNA 的主要不足之处在于：这些 siRNA 在使用时不易选择对照。理论上，对照 siRNA 不应该与实验 siRNA 具备相同的种子序列。由于体外酶切生成的确切 siRNA 无从得知，那么也就无法选择精确的对照，因此，无法区分究竟是既定靶标 mRNA 还是脱靶基因的特定表型表达发生下调。

- 体外转录。利用合成的、含有噬菌体启动子的 DNA 寡核苷酸模板，经体外转录可以生成 siRNA。通常，这一方法通过核酸酶或者核酶消化，确保产物拥有确定的末端以及（或者）5'端单磷酸或者羟基末端。这一方式能够以较低成本快速生成多个不同 siRNA，但是风险主要存在于污染的三磷酸 RNA 会触发天然免疫反应（Kim et al. 2004）。

siRNA、shRNA 和 shRNAmir 的细胞内表达

在细胞内利用 DNA 模板表达 siRNA、shRNA 和 shRNAmir（miRNA-adapted shRNA）能够诱导瞬时、持续或者可诱导的基因沉默，有助于对功能缺失表型进行系统分析。

- 基于 DNA 的 siRNA 表达。在基于 DNA 的 siRNA 表达方法中，siRNA 的有义链和反义链由同一质粒中不同的 RNA 聚合酶 III 启动子转录而成。转录后，有义链和反义链通过分子内配对形成双链 siRNA 并触发 RNA 干扰（Lee et al. 2002; Miyagishi and Taira 2002）。两条 siRNA 链在细胞核内的杂交有可能会由于向细胞质转运而无效；shRNA 以及类似策略已经取代上述方法。

- shRNA。shRNA 可以作为单链 RNA 分子转录形成，与含有 19～29 个核苷酸的"茎"结构和 4～15 个核苷酸"环"结构的前体 miRNA（pre-miRNA）类似。转录后，shRNA 由细胞核转运至细胞质，在细胞质中，"环"结构被 Dicer 酶切割产生 siRNA（Castanotto et al. 2002; McManus et al. 2002; Paddison et al. 2002）。有两种方法可用来表达 shRNA：①基于 PCR 的 shRNA 表达盒（PCR-derived shRNA-expression cassettes）；②shRNA 表达质粒或病毒载体。基于 PCR 的 shRNA 表达盒可以避免克隆过程，并且能够快速生成大量 shRNA，主要用于筛选功能性 shRNA。这一方式由于缺乏抗生素筛选标记而仅能瞬时诱导基因沉默。

  相反，shRNA 表达载体能够整合到基因组或者作为游离基因稳定地复制，既可以用于瞬时表达 shRNA，也可以用来建立转基因的 RNA 干扰细胞系或动物，实现针对不同发育阶段和组织类型基因功能缺失的系统研究。

- shRNAmir。目前，通过将人 pre-miR-30 的茎序列替换为所需的 siRNA 序列可以构建 shRNAmir（图 18-5）。这样，siRNA 被植入天然 pre-miRNA 之中，实现 Drosha 和 Dicer 酶对 siRNA 的有效切割，最终促进 siRNA 向导链与成熟 RISC 的相互作用。与标准 shRNA 相比，shRNAmir 能对靶标进行更高效的抑制（约提高 12 倍）。因此，shRNAmir 被称为"第二代 shRNA"（Zeng and Cullen 2002, 2003; Zeng et al. 2003; Silva et al. 2005）。

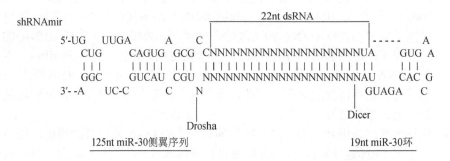

图 18-5　通过将人 pre-miR-30 的茎序列替换为所需 siRNA 序列构建 shRNAmir。 生成的 shRNAmir 包含 miR-30 初级转录物中 19 个核苷酸环和 125 个核苷酸侧翼，提高了 RNA 干扰效率（经 Macmillan Publishers 允许，摘自 Silva et al. 2005）（彩图请扫封底二维码）。

小 RNA 分析

小 RNA 表达检测

Northern 杂交和 RNase 保护实验

基于变性聚丙烯酰胺凝胶的 Northern 杂交（方案 7）是在检测小 RNA 大小和丰度方面应用最广泛的方法。大多数 miRNA 能够用 5′ 端 ^{32}P-放射性标记的 DNA 寡核苷酸探针进行快速检测。StarFire 寡核苷酸探针含有多个 3′ 端 α-^{32}P 放射性标记，提高了探针的特异性从而拥有更高的敏感性（Behlke et al. 2000）。LNA 寡核苷酸探针提高了杂交的信号/噪声值，并且敏感性提高 10 多倍，使得检测效果更好；但是，LNA 寡核苷酸价格成本较高（Válóczi et al. 2004）。在标准的小 RNA 分子 Northern 杂交方案中，小 RNA 通过紫外线（UV）辐照与尼龙膜发生交联。其他方法中，已有报道：使用 1-乙基-3-（3-二甲基氨丙基）碳化二亚氨（EDC）介导的化学交联可以使敏感度提高 25~50 倍（Pall et al. 2007; Pall and Hamilton 2008）。RNase 保护实验比 Northern 杂交敏感度更高，但是我们不推荐这种方法，因为该方法所提供的小 RNA 亚型的长度和丰度信息不够可靠（Sijen et al. 2001）。

定量反转录聚合酶链反应（qRT-PCR）

传统的定量 RT-PCR（第 7 章、第 9 章）不能检测小 RNA 的表达，原因是小 RNA 的长度不足以提供两条引物的结合空间。但是，传统的定量 RT-PCR 可用来定量与 mRNA 长度相当的初级 miRNA（pri-miRNA）。继检测 miRNA 前体首次被报道（Schmittgen et al. 2004）之后，至今已经建立了 3 种基于定量 PCR 的 miRNA 检测方法：①通过多聚腺苷酸化延伸 miRNA 的 3′端，然后利用带有 3′ 端简并锚定序列（degenerate anchor）和 5′ 端通用标签的多聚（T）连接分子对延长后的 miRNA 进行反转录。最终，利用 miRNA 特异性正向引物和通用反向引物扩增 cDNA，并进行 SYBR Green 检测（Shi and Chiang 2005）。这种方法可以通过一个反转录反应对多个 miRNA 进行相对定量。②利用带有 5′端通用标签的 miRNA 特异性反转录引物合成第一链 cDNA，然后利用 miRNA 特异并进行了 LNA 修饰的引物，以及便于 SYBR Green 检测的通用引物进行扩增（Raymond et al. 2005）。③利用 miRNA 特异、含有茎-环结构的反转录引物合成第一链 cDNA，然后利用带有 5′ 端标签的 miRNA 特异性引物和带有特异性 TaqMan 探针的通用引物进行扩增（Chen et al. 2005）（方案 8）。与 miRNA 特异性反转录引物相比，茎-环结构反转录引物的碱基堆积（base-stacking）可以提高 miRNA 特异性反转录引物双链体的热稳定性，进而提高了反转录反应的特异性和敏感性。小 RNA 特异性引物的 5′ 端标签用于使其 T_m 值优化，从而进一步改善引物的特异性和敏感性。TaqMan 小 RNA 检测方法（Applied Biosystems 公司）广泛用于分析 miRNA 和 siRNA。目前，该方法能够对 1~10ng 总 RNA 中的小 RNA 进行至少 6 个数量级范围的定量分析。

小 RNA 的芯片检测

小 RNA 的芯片检测比 Northern 杂交检测通量更高，广泛用于小 RNA 尤其是 miRNA 表达谱检测（Krichevsky et al. 2003; Esquela-Kerscher and Slack 2004; Liu et al. 2004; Nelson et al. 2004）。探针标准化和 miRNA 标记是获得高特异性和高敏感性小 RNA 芯片的关键因素。为了达到均一的杂交条件，可以利用混合修饰的核苷酸如 LNA（Castoldi et al. 2006），或者调整探针长度（Baskerville and Bartel 2005）将探针和 miRNA 之间的 T_m 值进行标准化处理。此外，使用荧光染料直接标记 miRNA 已被广泛用于避免反转录和 PCR 扩增带来的偏差。芯片技术的主要不足在于芯片只能用于研究已知的小 RNA 或者生物信息学预测的小 RNA。此外，不存在一种标准芯片，能适用于检测内源性 siRNA（endo-siRNA）、外源性 siRNA（exo-siRNA）以及 Piwi 相互作用 RNA（piRNA）。这些小 RNA 种类繁多（Ghildiyal and Zamore 2009），超出了最大芯片平台的探针数量。

原位杂交检测小 RNA 表达模式

利用 LNA 修饰 DNA 探针（12～22 个核苷酸）的原位杂交，可以对特定细胞、组织、器官，以及完整胚胎的小 RNA 进行检测。最近报道了一种新的方法，即在 miRNA 的 5′-磷酸与附近蛋白质氨基之间进行 EDC 介导的交联，可以阻止组织中 miRNA 降解（Pena et al. 2009）。目前的原位杂交方法可以检测 miRNA 前体和成熟 miRNA，但是不能将二者区分开来（Wienholds et al. 2005; Kloosterman et al. 2006;Obernosterer et al. 2007）。

小 RNA 克隆和测序

小 RNA 克隆（方案 9）和测序是鉴别新的小 RNA 的有力工具。在过去的 8 年内，已经发展了一系列针对含有不同 5′端或 3′端化学结构小 RNA 的鉴定方法，但基本原则都是相似的。这些基本原则包括：将小 RNA 序列 3′端或 5′端与特定分子（linker）连接，接着通过 RT-PCR 扩增构建小 RNA cDNA 文库，最后进行 DNA 序列分析。起初，小 RNA cDNA 文库被克隆到质粒中作为串联体（concatamer），通过传统的 Sanger DNA 测序技术进行分析（Djikeng et al. 2001; Lagos-Quintana et al. 2001）。现在，可以实现大量平行的高通量测序（第 11 章），测序长度大幅度提升，同时降低了经济成本（Aravin et al. 2006; Girard et al. 2006; Lau et al. 2006; Brennecke et al. 2007; Ghildiyal et al. 2008; Li et al. 2009）。由于对小 RNA 的测序频率（"阅读"）与其丰度成正比，所以如果采用严格的标准化策略，高通量测序可以实现对相同或不同样本间小 RNA 表达的相对定量。

使用反义寡核苷酸抑制小 RNA 的功能

2004 年以来，反义寡核苷酸（ASO）成为在细胞系、果蝇、斑马鱼、小鼠，以及非人类灵长动物体内研究个别 miRNA 功能缺失的有力工具。ASO 还具有用于治疗药物的潜能（Hutvágner et al. 2004; Meister et al.2004; Esau 2008; Horwich and Zamore 2008; Petri et al. 2009）。经典的 ASO 是合成的寡核苷酸，长度为 16～53 个核苷酸，其碱基、核糖、磷酸二酯骨架或者末端带有不同的化学修饰。长度超过 miRNA 的 ASO 含有一个与其目标 miRNA 互补的中心区，两边带有相同数量的侧翼序列。增加 ASO 长度可以提高对 miRNA 功能的抑制能力。核苷酸修饰包括 2′-O-氟代、2′-O-甲基化、2′-O-甲氧基乙基、2′-脱氧以及 LNA。骨架修饰包括硫代磷酸和肽核酸（peptide nucleic acids）（Fabani and Gait 2008）。这些修饰保护 ASO 免受细胞内核酸酶的降解作用，提高其亲和力和特异性。此外，末端进行如胆固醇和细胞穿透性肽（cell-penetrating peptide）修饰，可促进 ASO 向细胞内的转运。ASO 的制备以及在哺乳动物细胞和果蝇 S2 细胞内抑制 miRNA 功能的应用将在方案 10～方案 12 中介绍。

致谢

感谢 Hannon 实验室分享其原创的小 RNA 克隆方案；感谢 Klaus Förstemann, Jennifer Broderick, Michael Horwich, Vasily Vagin, Megha Ghildiyal 和 Stefan Ameres 等对本章中的方案加以润色；感谢 Zamore 实验室成员为本章提供的有益讨论和建议。

参考文献

Aravin A, Gaidatzis D, Pfeffer S, Lagos-Quintana M, Landgraf P, Iovino N, Morris P, Brownstein MJ, Kuramochi-Miyagawa S, Nakano T, et al. 2006. A novel class of small RNAs bind to MILI protein in mouse testes. *Nature* 442: 203–207.

Arziman Z, Horn T, Boutros M. 2005. E-RNAi: A web application to design optimized RNAi constructs. *Nucleic Acids Res* 33: W582–W588.

Bartel DP. 2009. MicroRNAs: Target recognition and regulatory functions. *Cell* 136: 215–233.

Baskerville S, Bartel DP. 2005. Microarray profiling of microRNAs reveals frequent coexpression with neighboring miRNAs and host genes. *RNA* 11: 241–247.

Behlke MA, Dames SA, McDonald WH, Gould KL, Devor EJ, Walder JA. 2000. Use of high specific activity StarFire oligonucleotide probes to visualize low-abundance pre-mRNA splicing intermediates in S. pombe. *BioTechniques* 29: 892–897.

Bernstein E, Caudy AA, Hammond SM, Hannon GJ. 2001. Role for a bidentate ribonuclease in the initiation step of RNA interference. *Nature* 409: 363–366.

Billy E, Brondani V, Zhang H, Müller U, Filipowicz W. 2001. Specific interference with gene expression induced by long, double-stranded RNA in mouse embryonal teratocarcinoma cell lines. *Proc Natl Acad Sci* 98: 14428–14433.

Birmingham A, Anderson EM, Reynolds A, Ilsley-Tyree D, Leake D, Fedorov Y, Baskerville S, Maksimova E, Robinson K, Karpilow J, et al. 2006. 3′ UTR seed matches, but not overall identity, are associated with RNAi off-targets. *Nat Methods* 3: 199–204.

Birmingham A, Anderson E, Sullivan K, Reynolds A, Boese Q, Leake D, Karpilow J, Khvorova A. 2007. A protocol for designing siRNAs with high functionality and specificity. *Nat Protoc* 2: 2068–2078.

Brennecke J, Aravin AA, Stark A, Dus M, Kellis M, Sachidanandam R, Hannon GJ. 2007. Discrete small RNA-generating loci as master regulators of transposon activity in Drosophila. *Cell* 128: 1089–1103.

Caplen NJ, Parrish S, Imani F, Fire A, Morgan RA. 2001. Specific inhibition of gene expression by small double-stranded RNAs in invertebrate and vertebrate systems. *Proc Natl Acad Sci* 98: 9742–9747.

Castanotto D, Li H, Rossi JJ. 2002. Functional siRNA expression from transfected PCR products. *RNA* 8: 1454–1460.

Castoldi M, Schmidt S, Benes V, Noerholm M, Kulozik AE, Hentze MW, Muckenthaler MU. 2006. A sensitive array for microRNA expression profiling (miChip) based on locked nucleic acids (LNA). *RNA* 12: 913–920.

Chalk AM, Wahlestedt C, Sonnhammer EL. 2004. Improved and automated prediction of effective siRNA. *Biochem Biophys Res Commun* 319: 264–274.

Chen C, Ridzon DA, Broomer AJ, Zhou Z, Lee DH, Nguyen JT, Barbisin M, Xu NL, Mahuvakar VR, Andersen MR, et al. 2005. Real-time quantification of microRNAs by stem-loop RT-PCR. *Nucleic Acids Res* 33: pe179. doi: 10.1093/nar/gni178.

Chen PY, Weinmann L, Gaidatzis D, Pei Y, Zavolan M, Tuschl T, Meister G. 2008. Strand-specific 5′-O-methylation of siRNA duplexes controls guide strand selection and targeting specificity. *RNA* 14: 263–274.

Chendrimada TP, Gregory RI, Kumaraswamy E, Norman J, Cooch N, Nishikura K, Shiekhattar R. 2005. TRBP recruits the Dicer complex to Ago2 for microRNA processing and gene silencing. *Nature* 436: 740–744.

Denli AM, Tops BB, Plasterk RH, Ketting RF, Hannon GJ. 2004. Processing of primary microRNAs by the Microprocessor complex. *Nature* 432: 231–235.

Ding Y, Chan CY, Lawrence CE. 2004. Sfold web server for statistical folding and rational design of nucleic acids. *Nucleic Acids Res* 32: W135–W141.

Djikeng A, Shi H, Tschudi C, Ullu E. 2001. RNA interference in Trypanosoma brucei: Cloning of small interfering RNAs provides evidence for retroposon-derived 24–26-nucleotide RNAs. *RNA* 7: 1522–1530.

Elbashir SM, Harborth J, Lendeckel W, Yalcin A, Weber K, Tuschl T. 2001. Duplexes of 21-nucleotide RNAs mediate RNA interference in cultured mammalian cells. *Nature* 411: 494–498.

Elbashir SM, Harborth J, Weber K, Tuschl T. 2002. Analysis of gene function in somatic mammalian cells using small interfering RNAs. *Methods* 26: 199–213.

Elmén J, Thonberg H, Ljungberg K, Frieden M, Westergaard M, Xu Y, Wahren B, Liang Z, Ørum H, Koch T, et al. 2005. Locked nucleic acid (LNA) mediated improvements in siRNA stability and functionality. *Nucleic Acids Res* 33: 439–447.

Esau CC. 2008. Inhibition of microRNA with antisense oligonucleotides. *Methods* 44: 55–60.

Esquela-Kerscher A, Slack FJ. 2004. The age of high-throughput microRNA profiling. *Nat Methods* 1: 106–107.

Fabani MM, Gait MJ. 2008. miR-122 targeting with LNA/2′-O-methyl oligonucleotide mixmers, peptide nucleic acids (PNA), and PNA-peptide conjugates. *RNA* 14: 336–346.

Fedorov Y, Anderson EM, Birmingham A, Reynolds A, Karpilow J, Robinson K, Leake D, Marshall WS, Khvorova A. 2006. Off-target effects by

siRNA can induce toxic phenotype. *RNA* 12: 1188–1196.

Fire A, Xu S, Montgomery MK, Kostas SA, Driver SE, Mello CC. 1998. Potent and specific genetic interference by double-stranded RNA in Caenorhabditis elegans. *Nature* 391: 806–811.

Förstemann K, Tomari Y, Du T, Vagin VV, Denli AM, Bratu DP, Klattenhoff C, Theurkauf WE, Zamore PD. 2005. Normal microRNA maturation and germ-line stem cell maintenance requires Loquacious, a double-stranded RNA-binding domain protein. *PLoS Biol* 3: pe236. doi: 10.1371/journal.pbio.0030236.

Ghildiyal M, Zamore PD. 2009. Small silencing RNAs: An expanding universe. *Nat Rev Genet* 10: 94–108.

Ghildiyal M, Seitz H, Horwich MD, Li C, Du T, Lee S, Xu J, Kittler EL, Zapp ML, Weng Z, et al. 2008. Endogenous siRNAs derived from transposons and mRNAs in Drosophila somatic cells. *Science* 320: 1077–1081.

Girard A, Sachidanandam R, Hannon GJ, Carmell MA. 2006. A germlinespecific class of small RNAs binds mammalian Piwi proteins. *Nature* 442: 199–202.

Gong W, Ren Y, Zhou H, Wang Y, Kang S, Li T. 2008. siDRM: An effective and generally applicable online siRNA design tool. *Bioinformatics* 24: 2405–2406.

Gregory RI, Yan KP, Amuthan G, Chendrimada T, Doratotaj B, Cooch N, Shiekhattar R. 2004. The Microprocessor complex mediates the genesis of microRNAs. *Nature* 432: 235–240.

Guo S, Kemphues KJ. 1995. par-1, a gene required for establishing polarity in C elegans embryos, encodes a putative Ser/Thr kinase that is asymmetrically distributed. *Cell* 81: 611–620.

Haley B, Zamore PD. 2004. Kinetic analysis of the RNAi enzyme complex. *Nat Struct Mol Biol* 11: 599–606.

Haley B, Hendrix D, Trang V, Levine M. 2008. A simplified miRNA-based gene silencing method for Drosophila melanogaster. *Dev Biol* 321: 482–490.

Hamilton AJ, Baulcombe DC. 1999. A species of small antisense RNA in posttranscriptional gene silencing in plants. *Science* 286: 950–952.

Hannon GJ. 2003. RNAi: A guide to gene silencing, pp. vii, 436. Cold Spring Harbor Laboratory Press, Cold Spring Harbor, NY.

Holen T. 2006. Efficient prediction of siRNAs with siRNArules 1.0: An opensource JAVA approach to siRNA algorithms. *RNA* 12: 1620–1625.

Hornung V, Guenthner-Biller M, Bourquin C, Ablasser A, Schlee M, Uematsu S, Noronha A, Manoharan M, Akira S, de Fougerolles A, et al. 2005. Sequence-specific potent induction of IFN-α by short interfering RNA in plasmacytoid dendritic cells through TLR7. *Nat Med* 11: 263–270.

Horwich MD, Zamore PD. 2008. Design and delivery of antisense oligonucleotides to block microRNA function in cultured Drosophila and human cells. *Nat Protoc* 3: 1537–1549.

Hueskken D, Lange J, Mickanin C, Weiler J, Asselbergs F, Warner J, Meloon B, Engel S, Rosenberg A, Cohen D, et al. 2005. Design of a genomewide siRNA library using an artificial neural network. *Nat Biotechnol* 23: 995–1001.

Hutvágner G, McLachlan J, Pasquinelli AE, Bálint E, Tuschl T, Zamore PD. 2001. A cellular function for the RNA-interference enzyme Dicer in the maturation of the let-7 small temporal RNA. *Science* 293: 834–838.

Hutvágner G, Simard MJ, Mello CC, Zamore PD. 2004. Sequence-specific inhibition of small RNA function. *PLoS Biol* 2: pe98. doi: 10.1371/journal.pbio.0020098.

Jackson AL, Burchard J, Leake D, Reynolds A, Schelter J, Guo J, Johnson JM, Lim L, Karpilow J, Nichols K, et al. 2006a. Position-specific chemical modification of siRNAs reduces "off-target" transcript silencing. *RNA* 12: 1197–1205.

Jackson AL, Burchard J, Schelter J, Chau BN, Cleary M, Lim L, Linsley PS. 2006b. Widespread siRNA "off-target" transcript silencing mediated by seed region sequence complementarity. *RNA* 12: 1179–1187.

Jiang F, Ye X, Liu X, Fincher L, McKearin D, Liu Q. 2005. Dicer-1 and R3D1-L catalyze microRNA maturation in Drosophila. *Genes Dev* 19: 1674–1679.

Judge AD, Sood V, Shaw JR, Fang D, McClintock K, MacLachlan I. 2005. Sequence-dependent stimulation of the mammalian innate immune response by synthetic siRNA. *Nat Biotechnol* 23: 457–462.

Judge AD, Bola G, Lee AC, MacLachlan I. 2006. Design of noninflammatory synthetic siRNA mediating potent gene silencing in vivo. *Mol Ther* 13: 494–505.

Kennerdell JR, Carthew RW. 1998. Use of dsRNA-mediated genetic interference to demonstrate that frizzled and frizzled 2 act in the wingless pathway. *Cell* 95: 1017–1026.

Khvorova A, Reynolds A, Jayasena SD. 2003. Functional siRNAs and miRNAs exhibit strand bias. *Cell* 115: 209–216.

Kim DH, Longo M, Han Y, Lundberg P, Cantin E, Rossi JJ. 2004. Interferon induction by siRNAs and ssRNAs synthesized by phage polymerase. *Nat Biotechnol* 22: 321–325.

Kittler R, Surendranath V, Heninger AK, Slabicki M, Theis M, Putz G, Franke K, Caldarelli A, Grabner H, Kozak K, et al. 2007. Genome-wide resources of endoribonuclease-prepared short interfering RNAs for specific loss-of-function studies. *Nat Methods* **4:** 337–344.

Kloosterman WP, Wienholds E, de Bruijn E, Kauppinen S, Plasterk RH. 2006. In situ detection of miRNAs in animal embryos using LNA-modified oligonucleotide probes. *Nat Methods* **3:** 27–29.

Krichevsky AM, King KS, Donahue CP, Khrapko K, Kosik KS. 2003. A microRNA array reveals extensive regulation of microRNAs during brain development. *RNA* **9:** 1274–1281.

Kulkarni MM, Booker M, Silver SJ, Friedman A, Hong P, Perrimon N, Mathey-Prevot B. 2006. Evidence of off-target effects associated with long dsRNAs in *Drosophila melanogaster* cell-based assays. *Nat Methods* **3:** 833–838.

Ladunga I. 2007. More complete gene silencing by fewer siRNAs: Transparent optimized design and biophysical signature. *Nucleic Acids Res* **35:** 433–440.

Lagos-Quintana M, Rauhut R, Lendeckel W, Tuschl T. 2001. Identification of novel genes coding for small expressed RNAs. *Science* **294:** 853–858.

Lau NC, Seto AG, Kim J, Kuramochi-Miyagawa S, Nakano T, Bartel DP, Kingston RE. 2006. Characterization of the piRNA complex from rat testes. *Science* **313:** 363–367.

Lee YS, Carthew RW. 2003. Making a better RNAi vector for *Drosophila*: Use of intron spacers. *Methods* **30:** 322–329.

Lee RC, Feinbaum RL, Ambros V. 1993. The *C. elegans* heterochronic gene *lin-4* encodes small RNAs with antisense complementarity to *lin-14*. *Cell* **75:** 843–854.

Lee NS, Dohjima T, Bauer G, Li H, Li MJ, Ehsani A, Salvaterra P, Rossi J. 2002. Expression of small interfering RNAs targeted against HIV-1 rev transcripts in human cells. *Nat Biotechnol* **20:** 500–505.

Lee YS, Nakahara K, Pham JW, Kim K, He Z, Sontheimer EJ, Carthew RW. 2004. Distinct roles for *Drosophila* Dicer-1 and Dicer-2 in the siRNA/miRNA silencing pathways. *Cell* **117:** 69–81.

Lee Y, Hur I, Park SY, Kim YK, Suh MR, Kim VN. 2006. The role of PACT in the RNA silencing pathway. *EMBO J* **25:** 522–532.

Lee HS, Ahn J, Jun EJ, Yang S, Joo CH, Kim YK, Lee H. 2009. A novel program to design siRNAs simultaneously effective to highly variable virus genomes. *Biochem Biophys Res Commun* **384:** 431–435.

Li C, Vagin VV, Lee S, Xu J, Ma S, Xi H, Seitz H, Horwich MD, Syrzycka M, Honda BM, et al. 2009. Collapse of germline piRNAs in the absence of Argonaute3 reveals somatic piRNAs in flies. *Cell* **137:** 509–521.

Lim LP, Lau NC, Garrett-Engele P, Grimson A, Schelter JM, Castle J, Bartel DP, Linsley PS, Johnson JM. 2005. Microarray analysis shows that some microRNAs downregulate large numbers of target mRNAs. *Nature* **433:** 769–773.

Lin X, Ruan X, Anderson MG, McDowell JA, Kroeger PE, Fesik SW, Shen Y. 2005. siRNA-mediated off-target gene silencing triggered by a 7 nt complementation. *Nucleic Acids Res* **33:** 4527–4535.

Liu CG, Calin GA, Meloon B, Gamliel N, Sevignani C, Ferracin M, Dumitru CD, Shimizu M, Zupo S, Dono M, et al. 2004. An oligonucleotide microchip for genome-wide microRNA profiling in human and mouse tissues. *Proc Natl Acad Sci* **101:** 9740–9744.

Manche L, Green SR, Schmedt C, Mathews MB. 1992. Interactions between double-stranded RNA regulators and the protein kinase DAI. *Mol Cell Biol* **12:** 5238–5248.

Marques JT, Williams BR. 2005. Activation of the mammalian immune system by siRNAs. *Nat Biotechnol* **23:** 1399–1405.

Matranga C, Tomari Y, Shin C, Bartel DP, Zamore PD. 2005. Passenger-strand cleavage facilitates assembly of siRNA into Ago2-containing RNAi enzyme complexes. *Cell* **123:** 607–620.

McManus MT, Petersen CP, Haines BB, Chen J, Sharp PA. 2002. Gene silencing using micro-RNA designed hairpins. *RNA* **8:** 842–850.

Meister G, Landthaler M, Dorsett Y, Tuschl T. 2004. Sequence-specific inhibition of microRNA- and siRNA-induced RNA silencing. *RNA* **10:** 544–550.

Minks MA, West DK, Benvin S, Baglioni C. 1979. Structural requirements of double-stranded RNA for the activation of 2′,5′-oligo(A) polymerase and protein kinase of interferon-treated HeLa cells. *J Biol Chem* **254:** 10180–10183.

Misquitta L, Paterson BM. 1999. Targeted disruption of gene function in *Drosophila* by RNA interference (RNA-i): A role for nautilus in embryonic somatic muscle formation. *Proc Natl Acad Sci* **96:** 1451–1456.

Miyagishi M, Taira K. 2002. U6 promoter-driven siRNAs with four uridine 3′ overhangs efficiently suppress targeted gene expression in mammalian cells. *Nat Biotechnol* **20:** 497–500.

Miyoshi K, Miyoshi T, Siomi H. 2010. Many ways to generate microRNA-like small RNAs: Non-canonical pathways for microRNA production. *Mol Genet Genomics* **284:** 95–103.

Naito Y, Yamada T, Matsumiya T, Ui-Tei K, Saigo K, Morishita S. 2005. dsCheck: Highly sensitive off-target search software for double-stranded RNA-mediated RNA interference. *Nucleic Acids Res* **33:** W589–W591.

Naito Y, Yoshimura J, Morishita S, Ui-Tei K. 2009. siDirect 2.0: Updated software for designing functional siRNA with reduced seed-dependent off-target effect. *BMC Bioinformatics* **10:** p392. doi: 10.1186/1471-2105-10-392.

Napoli C, Lemieux C, Jorgensen R. 1990. Introduction of a chimeric chalcone synthase gene into petunia results in reversible co-suppression of homologous genes in *trans*. *Plant Cell* **2:** 279–289.

Nelson PT, Baldwin DA, Scearce LM, Oberholtzer JC, Tobias JW, Mourelatos Z. 2004. Microarray-based, high-throughput gene expression profiling of microRNAs. *Nat Methods* **1:** 155–161.

Ni JQ, Zhou R, Czech B, Liu LP, Holderbaum L, Yang-Zhou D, Shim HS, Tao R, Handler D, Karpowicz P, et al. 2011. A genome-scale shRNA resource for transgenic RNAi in *Drosophila*. *Nat Methods* **8:** 405–407.

Nykanen A, Haley B, Zamore PD. 2001. ATP requirements and small interfering RNA structure in the RNA interference pathway. *Cell* **107:** 309–321.

Obernosterer G, Martinez J, Alenius M. 2007. Locked nucleic acid-based in situ detection of microRNAs in mouse tissue sections. *Nat Protoc* **2:** 1508–1514.

Okamura K, Hagen JW, Duan H, Tyler DM, Lai EC. 2007. The mirtron pathway generates microRNA-class regulatory RNAs in *Drosophila*. *Cell* **130:** 89–100.

Paddison PJ, Caudy AA, Bernstein E, Hannon GJ, Conklin DS. 2002. Short hairpin RNAs (shRNAs) induce sequence-specific silencing in mammalian cells. *Genes Dev* **16:** 948–958.

Pall GS, Hamilton AJ. 2008. Improved northern blot method for enhanced detection of small RNA. *Nat Protoc* **3:** 1077–1084.

Pall GS, Codony-Servat C, Byrne J, Ritchie L, Hamilton A. 2007. Carbodiimide-mediated cross-linking of RNA to nylon membranes improves the detection of siRNA, miRNA and piRNA by northern blot. *Nucleic Acids Res* **35:** pe60. doi: 10.1093/nar/gkm112.

Pasquinelli AE, Reinhart BJ, Slack F, Martindale MQ, Kuroda MI, Maller B, Hayward DC, Ball EE, Degnan B, Müller P, et al. 2000. Conservation of the sequence and temporal expression of *let-7* heterochronic regulatory RNA. *Nature* **408:** 86–89.

Patzel V, Rutz S, Dietrich I, Köberle C, Scheffold A, Kaufmann SH. 2005. Design of siRNAs producing unstructured guide-RNAs results in improved RNA interference efficiency. *Nat Biotechnol* **23:** 1440–1444.

Pei Y, Tuschl T. 2006. On the art of identifying effective and specific siRNAs. *Nat Methods* **3:** 670–676.

Pena JT, Sohn-Lee C, Rouhanifard SH, Ludwig J, Hafner M, Mihailovic A, Lim C, Holoch D, Berninger P, Zavolan M, et al. 2009. miRNA in situ hybridization in formaldehyde and EDC-fixed tissues. *Nat Methods* **6:** 139–141.

Petri A, Lindow M, Kauppinen S. 2009. MicroRNA silencing in primates: Towards development of novel therapeutics. *Cancer Res* **69:** 393–395.

Rand TA, Petersen S, Du F, Wang X. 2005. Argonaute2 cleaves the anti-guide strand of siRNA during RISC activation. *Cell* **123:** 621–629.

Raymond CK, Roberts BS, Garrett-Engele P, Lim LP, Johnson JM. 2005. Simple, quantitative primer-extension PCR assay for direct monitoring of microRNAs and short-interfering RNAs. *RNA* **11:** 1737–1744.

Reinhart BJ, Slack FJ, Basson M, Pasquinelli AE, Bettinger JC, Rougvie AE, Horvitz HR, Ruvkun G. 2000. The 21-nucleotide *let-7* RNA regulates developmental timing in *Caenorhabditis elegans*. *Nature* **403:** 901–906.

Reynolds A, Anderson EM, Vermeulen A, Fedorov Y, Robinson K, Leake D, Karpilow J, Marshall WS, Khvorova A. 2006. Induction of the interferon response by siRNA is cell type- and duplex length-dependent. *RNA* **12:** 988–993.

Ruby JG, Jan CH, Bartel DP. 2007. Intronic microRNA precursors that bypass Drosha processing. *Nature* **448:** 83–86.

Saito K, Ishizuka A, Siomi H, Siomi MC. 2005. Processing of pre-micro-RNAs by the Dicer-1-Loquacious complex in *Drosophila* cells. *PLoS Biol* **3**: pe235. doi: 10.1371/journal.pbio.0030235.

Santoyo J, Vaquerizas JM, Dopazo J. 2005. Highly specific and accurate selection of siRNAs for high-throughput functional assays. *Bioinformatics* **21**: 1376−1382.

Schmittgen TD, Jiang J, Liu Q, Yang L. 2004. A high-throughput method to monitor the expression of microRNA precursors. *Nucleic Acids Res* **32**: e43 doi: 101093/nar/gnh040

Schwarz DS, Hutvágner G, Du T, Xu Z, Aronin N, Zamore PD. 2003. Asymmetry in the assembly of the RNAi enzyme complex. *Cell* **115**: 199−208.

Shi R, Chiang VL. 2005. Facile means for quantifying microRNA expression by real-time PCR. *BioTechniques* **39**: 519−525.

Sijen T, Fleenor J, Simmer F, Thijssen KL, Parrish S, Timmons L, Plasterk RH, Fire A. 2001. On the role of RNA amplification in dsRNA-triggered gene silencing. *Cell* **107**: 465−476.

Silva JM, Li MZ, Chang K, Ge W, Golding MC, Rickles RJ, Siolas D, Hu G, Paddison PJ, Schlabach MR, et al. 2005. Second-generation shRNA libraries covering the mouse and human genomes. *Nat Genet* **37**: 1281−1288.

Sioud M. 2005. Induction of inflammatory cytokines and interferon responses by double-stranded and single-stranded siRNAs is sequence-dependent and requires endosomal localization. *J Mol Biol* **348**: 1079−1090.

Svoboda P, Stein P, Hayashi H, Schultz RM. 2000. Selective reduction of dormant maternal mRNAs in mouse oocytes by RNA interference. *Development* **127**: 4147−4156.

Tang G, Zamore PD. 2004. Biochemical dissection of RNA silencing in plants. *Methods Mol Biol* **257**: 223−244.

Tomari Y, Matranga C, Haley B, Martinez N, Zamore PD. 2004. A protein sensor for siRNA asymmetry. *Science* **306**: 1377−1380.

Válóczi A, Hornyik C, Varga N, Burgyán J, Kauppinen S, Havelda Z. 2004. Sensitive and specific detection of microRNAs by northern blot analysis using LNA-modified oligonucleotide probes. *Nucleic Acids Res* **32**: pe175. doi: 10.1093/nar/gnh171.

Vert JP, Foveau N, Lajaunie C, Vandenbrouck Y. 2006. An accurate and interpretable model for siRNA efficacy prediction. *BMC Bioinformatics* **7**: p520. doi: 10.1186/1471-2105-7-520.

Wianny F, Zernicka-Goetz M. 2000. Specific interference with gene function by double-stranded RNA in early mouse development. *Nat Cell Biol* **2**: 70−75.

Wienholds E, Kloosterman WP, Miska E, Alvarez-Saavedra E, Berezikov E, de Bruijn E, Horvitz HR, Kauppinen S, Plasterk RH. 2005. MicroRNA expression in zebrafish embryonic development. *Science* **309**: 310−311.

Yang S, Tutton S, Pierce E, Yoon K. 2001. Specific double-stranded RNA interference in undifferentiated mouse embryonic stem cells. *Mol Cell Biol* **21**: 7807−7816.

Yang D, Buchholz F, Huang Z, Goga A, Chen CY, Brodsky FM, Bishop JM. 2002. Short RNA duplexes produced by hydrolysis with *Escherichia coli* RNase III mediate effective RNA interference in mammalian cells. *Proc Natl Acad Sci* **99**: 9942−9947.

Yi R, Qin Y, Macara IG, Cullen BR. 2003. Exportin-5 mediates the nuclear export of pre-microRNAs and short hairpin RNAs. *Genes Dev* **17**: 3011−3016.

Yiu SM, Wong PW, Lam TW, Mui YC, Kung HF, Lin M, Cheung YT. 2005. Filtering of ineffective siRNAs and improved siRNA design tool. *Bioinformatics* **21**: 144−151.

Yuan B, Latek R, Hossbach M, Tuschl T, Lewitter F. 2004. siRNA Selection Server: An automated siRNA oligonucleotide prediction server. *Nucleic Acids Res* **32**: W130−W134.

Zamore PD, Tuschl T, Sharp PA, Bartel DP. 2000. RNAi: Double-stranded RNA directs the ATP-dependent cleavage of mRNA at 21 to 23 nucleotide intervals. *Cell* **101**: 25−33.

Zeng Y, Cullen BR. 2002. RNA interference in human cells is restricted to the cytoplasm. *RNA* **8**: 855−860.

Zeng Y, Cullen BR. 2003. Sequence requirements for micro RNA processing and function in human cells. *RNA* **9**: 112−123.

Zeng Y, Yi R, Cullen BR. 2003. MicroRNAs and small interfering RNAs can inhibit mRNA expression by similar mechanisms. *Proc Natl Acad Sci* **100**: 9779−9784.

网络资源

Thermo Scientific DharmaFECT 4
http://www.dharmacon.com/product/productlandingtemplate. aspx?id¼239&tab¼1

方案 1　双链 siRNA 制备

本方案介绍如何将合成的 siRNA 有义链和反义链复性形成双链 siRNA，以及利用非变性聚丙烯酰胺凝胶电泳对双链 siRNA 进行分析。

材料

为正确使用本方案中的器材和危险试剂，必须查阅相应的材料安全数据表并咨询所在机构的环境卫生和安全办公室。

本方案的专用试剂标注<R>，配方在本方案末提供。常用储备溶液、缓冲液和试剂标注<A>，配方见附录 1。储备溶液应稀释至适用浓度后使用。

试剂

丙烯酰胺：双丙烯酰胺（19∶1，40%，*m/V*）

过硫酸铵（10%，*m/V*）<A>

复性缓冲液（10×）<R>

2′脱保护缓冲液[100mmol/L 乙酸，用四甲基乙二胺（TEMED）调整 pH 至 3.8]

DNA 分子质量标准

非变性凝胶上样缓冲液（10×）<R>

无核酸酶水

siRNA

　　　　从寡核苷酸供应商获得（见步骤2）

SYBR Gold（10 000×）（Life Technologies 公司，目录号 S-11494）或者 10mg/mL 溴化乙锭

TBE 缓冲液（5×，0.5×）<A>

设备

离心机

加热模块（37℃，60℃，95℃）

微量离心管（1.5mL）

聚丙烯酰胺凝胶电泳仪

分光光度计

真空离心蒸发浓缩器或者替代品

紫外灯

涡旋振荡仪

方法

1. 根据导言中介绍的原则以及 siRNA 设计工具选择 siRNA 序列（表 18-1）。

2. 从寡核苷酸供应商获得 siRNA（如 Dharmacon 公司）

　　　合成的 siRNA 寡核苷酸通常为冻干粉，里面含有 2′-O-bis（2-acetoxyethoxy）-methyl ether（2′-ACE）或者其他的保护剂。去除 2-ACE 的方法：将 siRNA 溶解于 400μL 的 2′脱保护缓冲液，涡旋振荡 10s，60℃孵育 30min，然后使用离心蒸发装置（Savant 真空离心蒸发浓缩器或其替代品）在室温下使 siRNA 干燥。

3. 将 siRNA 溶解于无核酸酶水。使用分光光度计测量 siRNA 的浓度（第 6 章）。将 RNA 溶液放置冰上以防止 RNA 降解。

4. 进行以下复性步骤，生成 20μmol/L 的双链 siRNA 溶液。

有义链 siRNA	2nmol
反义链 siRNA	2nmol
复性缓冲液（10×）	10μL
无核酸酶水	补足至100μL

5. 95℃孵育 5min，37℃孵育 2h。将 siRNA 溶液保存于-20℃或者-80℃。

　　　复性生成的双链 siRNA 在-20℃可稳定保存至少 6 个月，-80℃可稳定保存至少一年。

6. 利用以下试剂制备一块浓度为 12%的非变性聚丙烯酰胺凝胶（如 Bio-Rad Mini-PROTEAN, 8cm×7.3cm×0.75mm）（第 2 章，方案 3）。

TBE 缓冲液（5×）	1mL
丙烯酰胺：双丙烯酰胺（19：1，40%，*m/V*）	1.5mL
去离子水	补足至 5mL
室温下混匀，而后加入：	
过硫酸铵（10%，*m/V*）	50μL
TEMED	5μL

7. 迅速混匀上述溶液，然后将其倒入制胶仪中使其聚合。

8. 将双链 siRNA 溶解于 2μmol/L 的 1×非变性胶上样缓冲液中。

9. 将正义和反义 siRNA 分别溶解于 4μmol/L 的 1×非变性胶上样缓冲液中。

10. 每个样品上样 5μL，在 0.5×TBE 缓冲液中进行电泳，电压 5V。电泳需要在低电压条件下进行以避免样品受热变性。

11. 电泳结束后，使用 SYBR Gold（1∶10 000 溶解于 0.5×TBE 缓冲液中）或者溴化乙锭（1∶20 000 溶解于 0.5×TBE 缓冲液中）在室温下染色 5min，在紫外线下观察 RNA 条带。

双链 siRNA 的电泳速度可能比 DNA 分子质量标准或者用作对照的单链 siRNA 稍微慢一些。

配方

为正确使用本方案中的器材和危险试剂，必须查阅相应的材料安全数据表并咨询所在机构的环境卫生和安全办公室。

复性缓冲液（10×）

试剂	数量（配制 100mL）	终浓度（10×）
乙酸钾（2mol/L）	50mL	1mol/L
HEPES-氢氧化钾（KOH）（1mol/L，pH7.4）	30mL	300mmol/L
乙酸镁（1mol/L）	2mL	20mol/L
水	补足至 100mL	

室温下储存。

非变性胶上样缓冲液（10×）

试剂	数量（配制 100mL）	终浓度（10×）
Ficoll-400	15g	15%（m/V）
Xylene cyanol FF	250mg	0.25%（m/V）
溴酚蓝	250mg	0.25%（m/V）
水	补足至 100mL	

分装为 1mL，−20℃储存。

方案 2　通过转染双链 siRNA 在哺乳动物细胞中进行 RNA 干扰

长链 dsRNA 不能用于多数哺乳动物细胞中，这是由于它能诱导干扰素反应而引发基因表达和细胞凋亡的变化。本方案介绍了一种向哺乳动物细胞中转入短的双链 siRNA 的方法，双链 siRNA 因其长度过短而不能引起与 dsRNA 相关的序列非特异性反应。本方案适用于 24 孔板中生长的细胞。如果使用了其他规格的多孔板、培养瓶或者培养皿，则需要根据培养孔的表面积换算细胞密度和试剂用量（表 18-2）。

表 18-2　哺乳动物细胞转染所用的细胞、DharmaFEC T4 转染试剂和 siRNA（或者 ASO）体积

培养板或皿	24 孔	12 孔	6 孔	6cm	10cm
每孔表面积/cm²	2	4	10	20	60
DMEM+10%FBS/mL	0.45	0.9	1.8	4.5	9
A 管					
DMEM/μL	24	48	96	240	480
10μmol/L 双链 siRNA 或者 12.5μmol/L ASO/μL	1	2	4	10	20
B 管					
DMEM/μL	24	48	96	240	480
DharmaFECT 4 转染试剂/μL	1	2	4	10	20
总体积/mL	0.5	1	2	5	10

材料

为正确使用本方案中的器材和危险试剂，必须查阅相应的材料安全数据表并咨询所在机构的环境卫生和安全办公室。

试剂

DharmaFECT 4 转染试剂（Dharmacon 公司，目录号 T-2004）

Dulbecco's 改良 Eagle's 培养基（DMEM）

Dulbecco's 磷酸盐缓冲液（PBS），不含钙和镁

热灭活的胎牛血清（FBS）

哺乳动物细胞系（如 HeLa 或者 NTera2）

青霉素和链霉素

双链 siRNA（10μmol/L）（详见方案 1）

胰蛋白酶-EDTA 溶液

设备

离心机

锥形离心管（50mL）

免疫荧光、Western 印迹、定量 RT-PCR 或者 Northern 杂交用设备（步骤 10）

层流生物安全柜（Ⅱ级）

微量离心管（1.5mL）

体视显微镜

组织培养皿（10cm）

组织培养箱（37℃，5% CO_2），一定湿度

组织培养板（24 孔）

方法

准备转染用细胞

1. 细胞在 DMEM 培养基（含有 10%胎牛血清、100U/mL 青霉素以及 100μg/mL 链霉素）中培养，37℃、5% CO_2 生长至 90%单层。

2. 使用胰蛋白酶-EDTA 溶液消化细胞使其脱离培养板，然后将细胞重悬于无抗生素、含有 10%胎牛血清的 DMEM 培养基中。24 孔板每孔接种此细胞悬液 500μL。

3. 将细胞在 37℃、5%CO_2 培养箱中孵育过夜，使其达到转染时所需的 30%～40%单层（约每孔 5×10^4 个细胞）。

> 最佳细胞密度因细胞系的生长特性而变化。请考虑转染试剂使用说明中的细胞特异性说明或者通过试验来判断最佳细胞密度。

准备转染溶液

所有的体积都是以单孔实验计算。但是，建议至少进行 3 次平行重复实验。进行多孔转染时，额外增加 10%的试剂以避免在分装时造成损失。

4. 向一个装有 24μL DMEM 培养基（无抗生素和血清）的微量离心管中加入 1μL（10pmol）双链 siRNA，轻轻颠倒混匀。

5. 向另一个装有 24μL DMEM 培养基（无抗生素和血清）的微量离心管中加入 1μL DharmaFECT 4 转染试剂，轻轻颠倒混匀。

> 高效转染是实现基因沉默的一个必备条件。在本方案中，使用 Thermo Scientific 公司的专为 siRNA 转染研制的 DharmaFECT 4 转染试剂，它能够高效、低毒地向一系列哺乳动物细胞中转入 siRNA（http://www.dharmacon.com/product/productlandingtemplate.aspx?id=239&tab=1）。

6. 将两种混合液在室温下孵育 5min。将 siRNA 混合液缓慢加入 DharmaFECT 4 转染试剂混合液中，轻轻颠倒混匀，室温下静置 20min，使之形成 siRNA-脂质体复合物。

转染和基因敲减分析

7. 将细胞培养液（步骤 3）更换为 450μL 无抗生素、含 10%胎牛血清的 DMEM（预先平衡温度至 37℃）。

8. 将 50μL siRNA-脂质体转染培养液（步骤 6）加入每个孔内。努力将液体均匀加入孔内，加完后轻轻晃动混匀。

9. 将细胞置于 37℃、5%CO_2 培养箱中培养。

> 如果 1 天后观察到细胞毒性，请将转染试剂更换为新鲜的无抗生素、含 10%胎牛血清的 DMEM，继续培养。

10. 对基因敲减（knock down）效果的分析：通过免疫荧光和 Western 印迹法（第 19 章），利用特异性识别目标蛋白的抗体检测目标蛋白的表达水平，通过定量 RT-PCR（第 9 章）或者 Northern 杂交（第 6 章）检测目标 mRNA 的减少量。

> 大多数情况下，目标 RNA 的减少通过目标蛋白表达水平的降低而表现出来。一些蛋白质可能半衰期较长，那么实现蛋白质的敲减就需要更长的时间。
>
> 请参见"疑难解答"。

疑难解答

问题（步骤 10）：没有检测到基因敲减。

解决方案：这可能是由于转染效率不高，或者 siRNA 降解。可以通过以下方法解决。

- 重新转染带有荧光标记的双链 siRNA。
- 使用其他转染效率更高的转染试剂或 siRNA。对使用 DharmaFECT 4 转染效率低的细胞系，可以使用其他转染试剂如 DharmaFECT 1，2 和 3（Dharmacon 公司，目录号 T-2001，T-2002，T-2003），Lipofectamine RNA 干扰 MAX Lipofectamine 2000（Life Technologies 公司，目录号 13778-075，11668-019），或者 TransIT-TKO siRNA 转染试剂（Mirus 公司，目录号 MIR 2150）。
- 利用非变性聚丙烯酰胺凝胶检查双链 siRNA。
- 如果发生降解，重新制备双链 siRNA 并重复全部实验。

问题（步骤 10）： 发现 siRNA 作用没有预想的好。

解决方案： 本方案中使用的双链 siRNA 的浓度是 20nmol/L。在 1～100nmol/L 优化双链 siRNA 的浓度。

靶向同一基因的不同 siRNA 的沉默效率会不同。应该针对既定 mRNA 的几条不同双链 siRNA 进行比较。

方案 3　通过转染双链 siRNA 在果蝇 S2 细胞中进行 RNA 干扰

本方案介绍一种通过试剂向果蝇 S2 细胞转运 siRNA 以触发 RNA 干扰的有效方法。本方案适用于 24 孔板内培养的细胞。如果使用其他规格的多孔板、培养瓶或者培养皿，需要根据培养孔的表面积换算细胞密度和试剂用量（表 18-3）。

表 18-3　果蝇细胞转染所用细胞、DharmaFECT 4 转染试剂和 siRNA（或者 ASO）的体积

培养板或培养皿	24 孔	12 孔	6 孔	6cm	10cm
每孔表面积/cm²	2	4	10	20	60
Schneider's 果蝇培养液+10%FBS/mL	0.45	0.9	1.8	4.5	9
A 管					
Schneider's 果蝇培养液/μL	24	48	96	240	480
1μg/mL dsRNA，10μmol/L 双链 siRNA 或 12.5μmol/L ASO/μL	1	2	4	10	20
B 管					
Schneider's 果蝇培养液/μL	24	48	96	240	480
DharmaFECT 4 转染试剂/μL	1	2	4	10	20
总体积/mL	0.5	1	2	5	10

材料

为正确使用本方案中的器材和危险试剂，必须查阅相应的材料安全数据表并咨询所在机构的环境卫生和安全办公室。

试剂

DharmaFECT 4 转染试剂（如 Dharmacon 公司，目录号 T-2004）

果蝇 Schneider 2（S2）细胞（如 Life Technologies 公司，目录号 R690-07）

热灭活的胎牛血清（FBS）

Schneider's 果蝇培养液（如 Life Technologies 公司，目录号 11720-034）

双链 siRNA（10μmol/L）（方案 1）

设备

离心机

锥形离心管（50mL）

免疫荧光、Western 印迹、定量 RT-PCR 或者 Northern 杂交用设备（步骤 9）

层流生物安全柜（Ⅱ级）

微量离心管（1.5mL）

体视显微镜

组织培养皿（10cm）

组织培养箱（25℃），一定湿度

组织培养板（24 孔）

方法

转染用细胞的制备

1. 用含有 10%胎牛血清的 Schneider's 果蝇培养液培养 S2 细胞，细胞在 25℃湿润的培养箱中生长至至少 90%单层，密度达每孔 $8 \times 10^6 \sim 10 \times 10^6$ 个细胞。

2. 在 50mL 消毒锥形离心管中，用含有 10%胎牛血清的 Schneider's 果蝇培养液（25℃）将细胞稀释至 2.75×10^5 个/mL。

3. 向 24 孔板每孔中加入 450μL 细胞悬液（1.24×10^5 个细胞）。在 25℃湿润的培养箱中培养细胞。

准备转染溶液

所有的体积都是以单孔实验计算，但是，建议至少进行三次平行重复的实验。进行多孔转染时，额外增加 10%的试剂以避免在分装时造成损失。

4. 在一个灭菌微量离心管中加入 24μL 无血清 Schneider's 果蝇培养液，然后向其中加入 1μL（10pmol）双链 siRNA，轻轻颠倒混匀。

5. 在另一个无菌微量离心管中加入 24μL 无血清 Schneider's 果蝇培养液，然后向其中加入 1μL DharmaFECT 4 转染试剂，轻轻颠倒混匀。

6. 将两种混合液在室温下孵育 5min。将 siRNA 混合液缓慢加入 DharmaFECT 4 转染试剂混合液中，轻轻颠倒混匀，室温下静置 20min，使之形成 siRNA-脂质体复合物。

转染和基因敲减分析

7. 将 50μL siRNA-脂质体转染溶液加入每个孔稀释过的（步骤 3）细胞中。轻轻地前后直线移动培养板使之混匀。不要旋转培养板，以免使中间的细胞脱落，降低转染效率。

8. 将细胞置于 25℃湿润培养箱中培养 2～6 天。

> 一般没有必要更换培养液，除非细胞密度达到 1×10^7 个/mL，因为 DharmaFECT 4 转染试剂对果蝇 S2 细胞无明显毒性。

9. 对基因敲减效果的分析：通过免疫荧光和 Western 印迹（详见第 19 章）法，利用特异性识别目标蛋白的抗体检测目标蛋白的减少量，以及通过定量 RT-PCR（详见第 9 章）或者 Northern 杂交（详见第 6 章）检测目标 mRNA 的减少量。

请参见"疑难解答"。

疑难解答

问题（步骤 9）：没有实现基因沉默。

解决方案：双链 siRNA 可能发生降解。重新制备双链 siRNA 并转染。

问题（步骤 9）：siRNA 的沉默效率不如预期的高。

解决方案：本方案中使用的双链 siRNA 的浓度为 20nmol/L。在 1～100nmol/L 优化双链 siRNA 的浓度。

靶向同一基因的不同 siRNA 的沉默效率会不同。应该对既定 mRNA 的几条不同双链 siRNA 进行比较。

问题： 蛋白质表达降低量小于 90%。

解决方案： 返回步骤 1，制备新鲜的双链 siRNA 并对同一细胞进行第二次转染。

方案 4　体外转录法制备 dsRNA

该方案是简单而且得到广泛应用的、利用 PCR 模板制备双链 RNA 的体外转录反应。该方法制备的 dsRNA 可以用于在某些细胞或者组织中诱发 RNA 干扰。

材料

为正确使用本方案中的器材和危险试剂，必须查阅相应的材料安全数据表并咨询所在机构的环境卫生和安全办公室。

本方案的专用试剂标注<R>，配方在本方案末提供。常用储存溶液、缓冲液和试剂标注<A>，配方见附录 1。储存溶液应稀释至适用浓度后使用。

试剂

琼脂糖凝胶（1%）

复性缓冲液（10×）<R>

ATP、CTP、GTP、UTP（每种 100mmol/L）

二硫苏糖醇（DTT）（1mol/L）<A>

DNA 分子质量标准

dNTP 混合液，每种 10mmol/L

乙醇（100% 和 70%）

Ficoll-Orange G 上样缓冲液（6×）<R>

非变性凝胶上样缓冲液（10×）<R>

无核酸酶水

寡核苷酸引物

PCR 缓冲液（10×）<R>

酚：氯仿（1：1，V/V）

无 RNA 酶的胰腺 DNA 酶Ⅰ（2U/μL）（如 Promega 公司的 RQ1）

乙酸钠（3mol/L，pH 5.2）<A>

SYBR Gold（10 000×）（如 Life Technologies 公司，目录号 S-11494）或者溴化乙锭（10 mg/mL）

T7 RNA 聚合酶（20U/μL）

T7 转录缓冲液（10×）

TAE 缓冲液（50×，1×）<A>

Taq DNA 聚合酶（2.5U/μL）

TBE 缓冲液（5×，0.5×）<A>

PCR 用 DNA 模板

设备

琼脂糖凝胶电泳仪

离心机

微量离心管（1.5mL）

PCR 管（0.5mL，薄壁）

Primer3 软件

分光光度计

热循环仪

涡旋振荡器

方法

制备体外转录用 DNA 模板

1. 在有关的数据库或者根据序列数据，分析目的基因的 mRNA、cDNA 或者基因组序列。

2. 选择长度为 500～800bp 的靶区域作为 dsRNA 模板。

3. 利用 BLASTn（请见第 8 章）对有义链和反义链进行同源性分析。如果某条链与非目的靶基因同源，则重复步骤 2。

4. 用 Primer3 软件设计长度为 20～24 个核苷酸的正向和反向引物，使其 T_m 值约为 60℃（http://primer3.sourceforge.net/）（请见第 8 章）。

5. 将 T7 启动子序列（5′-TAATACGACTCACTATAGGG-3′）加到两条引物的 5′端。需要准备带有或者不带有 T7 启动子序列的正向和反向引物（两对引物）。

6. 分别进行两套 PCR 反应，生成 RNA 有义链和反义链所使用的 DNA 模板。每生成一个 DNA 模板，需要将下列试剂在 1.5mL 试管中配制成一个 500μL 的 PCR 体系：

模板 DNA	__a
无核酸酶水	加至 395μL
PCR 缓冲液（10×）	50μL
dNTP 混合液（每种 10mmol）	10μL
正向引物（10μmol）	20μL
反向引物（10μmol）	20μL
Taq DNA 聚合酶	5μL（12.5U）
总反应体积	500μL

　　a 用作 PCR 的模板，使用 0.05～100ng 克隆的质粒或噬菌体 DNA，0.5～5μg 基因组 DNA，或者 10～20μL 反转录反应生成的 cDNA。

7. 轻微混合，涡漩离心 1～2s 将试剂甩至试管底部，然后将其分装到为 0.5mL 薄壁 PCR 管中，每份 100μL。

8. 将试管放入热循环仪中，按下列程序进行 25 个扩增循环：

　　i. 94℃　　　　2min

　　ii. 94℃　　　　45s

　　iii. 50℃　　　　45s

　　iv. 72℃　　　　60s

　　v. 再次重复 ii～iv，24 个循环。

    vi. 72℃   5min

    vii. 4℃   保存

    viii. 结束

9. 同时，用 TAE 缓冲液制备一块 1% 的琼脂糖凝胶（第 2 章）。

10. PCR 反应结束后，将 5μL PCR 产物与 1μL 6×Ficoll Orange G 上样缓冲液混合后上样，通过电泳分析 PCR 产物。Orange G 染料位于电泳的前沿而不会在电泳时遮盖任何条带。

11. 将步骤 10 剩余的 DNA 扩增产物转移至一个新的 1.5mL 微量离心管中，加入 1/10 体积的乙酸钠（3mol/L，pH 5.2）和 2.5 倍体积的无水乙醇，涡旋混匀，在-20℃或者更低的温度下放置 30min 以上，使 PCR 产物沉淀。4℃最大转速离心 30min，弃去上清。

12. 用 1mL 70%乙醇洗沉淀以去除残留的盐类。4℃最大转速离心 5min，最大可能地弃去上清（70%乙醇），然后将离心管开盖放置数分钟使乙醇挥发。

13. 将 DNA 沉淀溶解于 50μL 水。

制备 dsRNA

14. 将 T7 RNA 聚合酶置于冰上放置，其他试剂室温放置。室温下，按下列配方在 1.5mL 微量离心管中配制一个 100μL 的体外转录体系：

无核酸酶水	56.5μL
T7 转录缓冲液（10×）	10μL
PCR 模板 DNA	5μL
ATP（100mmol/L）	5μL
CTP（100mmol/L）	5μL
UTP（100mmol/L）	5μL
GTP（100mmol/L）	8μL
DTT（1mol/L）	0.5μL
T7 RNA 聚合酶	5μL（100U）

    如果实验需要更多的 RNA，等比例扩大反应体系。

15. 轻轻涡旋 1～2s 使试剂离心至试管底部。

16. 37℃孵育 2h。

17. 加入 5μL（10U）无 RNA 酶的胰腺 DNA 酶 I（RNase-free pancreatic DNase I）。

18. 轻轻涡旋 1～2s 使试剂甩至试管底部。

19. 37℃孵育 30min。

20. 加入等体积的酚：氯仿（1:1，V/V），涡旋 20s。4℃最大转速离心 15min，分离固相、液相，将液相层转移至一个新的 1.5mL 微量离心管中。

21. 向液相中加入 1/10 体积的乙酸钠（3mol/L，pH 5.2）和 2.5 倍体积的无水乙醇，涡旋混匀，在-20℃或者更低的温度下放置 30min 以上，使 PCR 产物沉淀。4℃最大转速离心 30min。

22. 弃去上清。加入 1mL 70%乙醇洗涤沉淀，以去除残留的盐类。4℃最大转速离心 5min 使 RNA 沉淀，最大限度地弃去上清（70%乙醇），然后将离心管开盖放置数分钟使乙醇挥发。

23. 将 RNA 沉淀溶解于 100μL 的无核酸酶水中。利用吸收光分光光度计测量 RNA 的浓度（请见第 6 章）。

    测量 RNA 浓度时，将 2μL RNA 溶解于 198μL 水中，在 260nm 波长处测量吸光度，利用下面的公式计算浓度：

$$C = (A_{260} \times 稀释度) / (10\,313 \times 核苷酸数)$$

    式中，C 是物质的量浓度，稀释度是 100。

    请参见"疑难解答"。

24. 使两条链复性，生成 0.5μmol/L 的 dsRNA 溶液：

正义 RNA	50pmol
反义 RNA	50pmol
复性缓冲液（10×）	10μL
无核酶水	加至 100μL

25. 将试管放在热循环仪中，95℃　1min，关闭热源使温度缓慢降至室温。

26. 按照步骤 21、步骤 22 的方法沉淀 RNA。

27. 将沉淀溶于水中，制成 1μg/μL 的储备液，-80℃ 保存。

> 复性后的 dsRNA 在 -80℃ 可稳定保存一年，但要避免反复冻融。
> 请参见"疑难解答"。

检查 dsRNA 的完整性

28. 用 0.5×TBE 缓冲液配制一块 1% 的琼脂糖凝胶。

29. 将 dsRNA（步骤 27 中得到的）和 ssRNA（步骤 23 中得到的有义链和反义链，作为对照使用）溶解于 1× 非变性凝胶上样缓冲液中，终浓度为 0.1μg/μL。

30. 每个样品上样 5μL，在 0.5×TBE 缓冲液中进行电泳，恒压 75V。

31. 电泳结束后，室温下用 SYBR Gold（1∶10 000 溶解于 0.5×TBE 缓冲液）或者溴化乙锭（1∶20 000 溶解于 0.5×TBE 缓冲液）染色 10 min，在紫外光下观察 RNA 条带。

> 与同样长度的 DNA 标准或者相应的单链 RNA 相比，dsRNA 的电泳迁移率稍微慢一些，电泳时要注意平行对照。
> 请参见"疑难解答"。

疑难解答

问题（步骤 23）：没有检测到转录产物。

解决方案：更换连接到引物上的 T7 启动子（步骤 5）。

检查体外转录使用的试剂（步骤 14）；确认所有的试剂都已添加，并且 T7 聚合酶有活性。使用新鲜的 NTP 和 DTT 进行体外转录反应。

问题（步骤 31）：发现污染条带或与 PCR 产物（步骤 10）同样大小的条带。

解决方案：凝胶中有污染条带表明由于 RNA 酶的污染导致 RNA 降解。要求实验全程都要戴手套，并且要经常更换。使用无 RNA 酶的试剂、试管和移液器吸头。使用 RNA 凝胶电泳专用的 TBE 缓冲液和电泳装置。与 PCR 产物（步骤 10）同样大小的条带表明 DNA 酶 I 失活。对于仍然含有带有模板 DNA（步骤 23 中）的体外转录 RNA（步骤 16）或纯化后的 RNA 要用不同批次 DNA 酶 I（来自步骤 17～步骤 19）处理，并重复纯化和复性过程（步骤 20～步骤 27），然后再进行电泳检测 dsRNA（步骤 28～步骤 31）。

配方

为正确使用本方案中的器材和危险试剂，必须查阅相应的材料安全数据表并咨询所在机构的环境卫生和安全办公室。

复性缓冲液（10×）

试剂	数量（以 100mL 计）	终浓度（10×）
乙酸钾（2mol/L）	50mL	1mol/L
HEPES-氢氧化钾（1mol/L，pH 7.4）	30mL	300mmol/L
乙酸镁（1mol/L）	2mL	20mmol/L
水	补足 100mL	

室温保存。

Ficoll-Orange G 上样缓冲液（6×）

试剂	数量（以 100mL 计）	终浓度（6×）
Ficoll-400	15g	15%（*m/V*）
Orange G	250mg	0.25%（*m/V*）
水	补足 100mL	

分装为 1mL，−20℃ 保存。

非变性凝胶上样缓冲液（10×）

试剂	数量（以 100mL 计）	终浓度（10×）
Ficoll-400	15g	15%（*m/V*）
二甲苯蓝	250mg	0.25%（*m/V*）
溴酚蓝	250mg	0.25%（*m/V*）
水	补足 100mL	

分装为 1mL，−20℃ 保存。

PCR 缓冲液（10×）

试剂	数量（以 100mL 计）	终浓度（10×）
Tris-HCl（1mol/L，pH 8.3）	10mL	100mmol/L
KCl（2mol/L）	25mL	500mmol/L
$MgCl_2$（1mol/L）	1.5mL	15mmol/L
明胶（Gelatin）（2%，*m/V*）	5mL	0.1%（*m/V*）
水	补足 100mL	

分装为 1mL，−20℃ 保存。

T7 转录缓冲液（10×）

试剂	数量（以 100mL 计）	终浓度（10×）
Tris-HCl（1mol/L，pH 7.9）	40mL	400mmol/L
亚精胺（Spermidine）（1mol/L）	2.5mL	25mmol/L
$MgCl_2$（1mol/L）	26mL	260mmol/L
Triton X-100	1mL	0.1%（*m/V*）
水	补足 100mL	

分装为 1mL，−20℃ 保存。

网络资源

Primer3 软件　http://primer3.sourceforge.net/

方案 5　采用 dsRNA 浸泡果蝇 S2 细胞进行 RNA 干扰

　　该方案是一种通过用含有 dsRNA 的培养液浸泡果蝇 S2 细胞来诱导 RNA 干扰的简便方法。与转染方法（方案 3）相比，浸泡操作需要的步骤更少，而且节省了转染试剂的费用，因此可用于高通量的 RNA 干扰筛选。而且，浸泡避免了转染试剂可能带来的毒性，但是，通过浸泡向果蝇 S2 细胞转运 dsRNA 的效率与转染（方案 6）方法相比较低。对于通过浸泡 dsRNA 难以抑制其表达的基因，可以通过多次转染 dsRNA 获得抑制作用。本方案介绍的浸泡方案用于 6 孔板内培养的细胞。如果使用其他规格的多孔板、培养瓶或者培养皿，需要根据培养孔的表面积换算细胞密度和试剂用量（表 18-4）。

表 18-4　果蝇细胞浸泡所用细胞、DharmaFECT 4 转染试剂和 siRNA（或者 ASO）的体积

培养板或培养皿	24 孔	12 孔	6 孔	6cm	10cm
每孔表面积/cm²	2	4	10	20	60
浸泡培养基					
Schneider's 果蝇培养液/mL	0.2	0.4	1	2	3
1μg/μL dsRNA/μL	3	6	15	30	45
Schneider's 果蝇培养液+10%FBS/mL	0.4	0.8	2	4	6
生长培养基总体积/mL	0.6	1.2	3	6	9

材料

为正确使用本方案中的器材和危险试剂，必须查阅相应的材料安全数据表并咨询所在机构的环境卫生和安全办公室。

试剂

果蝇 Schneider 2（S2）细胞（如 Life Technologies 公司，目录号 R690-07）
dsRNA（1μg/μL）（方案 4）
热灭活的胎牛血清（FBS）
Schneider's 果蝇培养液（如 Life Technologies 公司，目录号 11720-034）

设备

锥形离心管（50mL）
免疫荧光、Western 印迹、定量 RT-PCR 或者 Northern 杂交用设备（步骤 8）
层流生物安全柜（Ⅱ级）
体视显微镜
组织培养皿（10cm）
组织培养箱（25℃），一定湿度
组织培养板（6 孔）

方法

制备浸泡用细胞

1. 用含有 10%胎牛血清的 Schneider's 果蝇培养液培养 S2 细胞，细胞在 25℃湿润培养箱中生长至 5×10^6～10×10^6 个干细胞/mL。

2. 室温下 1000g 离心 3min，弃去上清，将细胞重悬于无血清的 Schneider's 果蝇培养液中，密度为 1×10^6 个细胞/mL。

3. 向 6 孔板每孔中加入 1mL 细胞悬液（1×10^6 个细胞）。

4. 在 25℃湿润的培养箱中培养细胞。

dsRNA 浸泡细胞和基因敲减效果分析

5. 向每孔细胞中加入 15～30μg dsRNA。轻轻地前后直线移动培养板。不要旋转，以免使中间的细胞脱落而影响细胞摄入 dsRNA 的效果。

6. 细胞在 25℃湿润的培养箱中孵育 30min。

7. 每孔加入 2mL 含有 10%胎牛血清的 Schneider's 果蝇培养液。

8. 细胞在 25℃湿润培养箱中培养 2～6 天。对基因敲减效果的分析：通过免疫荧光和 Western 印迹法（第 19 章），利用特异性识别目标蛋白的抗体检测目标蛋白表达的减少量，以及通过定量 RT-PCR（第 9 章）或者 Northern 杂交（第 6 章）检测目标 mRNA 的减少量。

请参见"疑难解答"。

疑难解答

问题（步骤 8）： 目的基因没有发生沉默。
解决方案： dsRNA 可能降解。使用新鲜制备的 dsRNA 重新进行实验。

方案 6　采用 dsRNA 转染在果蝇 S2 细胞中进行 RNA 干扰

尽管使用浸泡法可以将 dsRNA 导入果蝇 S2 细胞，但在实验中，发现转染的效率更高。dsRNA 转染法主要适用于 24 孔板，如果使用不同直径的其他多孔板、培养瓶或者培养皿，则需要根据孔的表面积计算细胞密度和试剂体积（方案 3，表 18-3）。

材料

为正确使用本方案中的器材和危险试剂，必须查阅相应的材料安全数据表并咨询所在机构的环境卫生和安全办公室。

试剂

DharmaFECT 4 转染试剂（Dharmacon，目录号 T-2004）
果蝇 S2 细胞（Life Technologies，目录号 R690-07）
dsRNA（1μg/μL）（方案 4）
热灭活的胎牛血清（FBS）
果蝇 S2 细胞培养基（Life Technologies，目录号 R690-07）

设备

锥形离心管（50）
层流生物安全柜（II 级）
体视显微镜
组织培养皿（10cm）
组织培养箱（25℃），一定湿度

组织培养板（24 孔）

方法

参照方案 3 中的步骤 1～步骤 9，但是步骤 7 中的 dsRNA 的浓度调整为 1μL（1μg）/孔。

见方案 3 中的"疑难解答"。

方案 7　小 RNA 的 Northern 杂交分析

该方案描述如何运用 Northern 杂交检测 15～150 个核苷酸的小 RNA（图 18-6）。通过聚丙烯酰胺凝胶电泳分离总 RNA，再采用半干法进行转膜。RNA 通过紫外线照射交联至尼龙膜上，在 Church 缓冲液中对 RNA 和 α-^{32}P 标记的寡核苷酸探针进行杂交，并用磷酸成像分析技术（phosphorimager analysis）进行检测分析。使用包含两个结构域的 StarFire 探针可以提高杂交探针的放射特性。StarFire 探针 5′ 端的结构域可以特异性地与目标小 RNA 杂交，3′ 端结构域可以与携带 10 个脱氧胸腺嘧啶核苷的 5′ 端寡聚核苷酸相互结合，从而在 StarFire 探针的 3′ 端形成可以与 DNA 聚合酶相互结合的 10[α-^{32}P]脱氧腺苷（请见信息栏"StarFire 探针"）。

材料

为正确使用本方案中的器材和危险试剂，必须查阅相应的材料安全数据表并咨询所在机构的环境卫生和安全办公室。

本方案的专用试剂标注 <R>，配方在本方案末提供。常用储备溶液、缓冲液和试剂标注 <A>，配方见附录 1。储备溶液应稀释至适用浓度后使用。

试剂

丙烯酰胺：双丙烯酰胺（19：1, 40%, m/V）

[α-^{32}P]dATP（6000Ci/mmol, 10mCi/mL）

硫酸铵（10%，m/V）　<A>

Church 缓冲液 <A>

甲酰胺上样电泳缓冲液 <A>

[γ-^{32}P]ATP（6000Ci/mmol, ≥10mCi/mL）

miRNA StarFire 核酸标记仪（DNA 合成技术）

StarFire 探针（50 个核苷酸以上，聚丙烯酰胺凝胶电泳纯化）

StarFire 通用模板（高效液相层析）

StarFire10×混合缓冲液（100mmol/L Tris 7.5, 50mmol/L MgCl$_2$, 75mmol/L DTT）

StarFire 终止缓冲液（10mmol/L EDTA）

Exo- Klenow DNA 聚合酶

RNA 样品和 5′端 ^{32}P-放射性标记的 RNA 分子质量标准（如 RNA Decade 标准, Ambion 公司，目录号 AM7778）

SDS（20%，m/V）<A>

SSC（1×，20×）<A>

合成的寡核苷酸探针（DNA、RNA 或 LNA-modified DNA）

T4 多聚核苷酸酶（10U/μL）

T4 多聚核苷酸酶缓冲液（10×）<R>

TBE 缓冲液（5×和 0.5×）<A>

TE 缓冲液（pH 8.0，10×和 1×）<A>

TEMED（四甲基乙二胺）

尿素

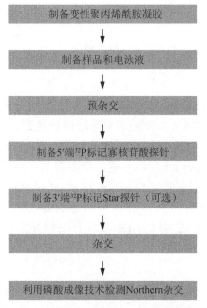

图 18-6　小 RNA Northern 杂交流程图。

设备

印迹滤纸（加厚）

加热模块（95℃）

杂交箱（如微型 Autoblot 杂交箱，Bellco Glass，目录号 7930-10110）

杂交管（如 Autoblot 试管，35mm×150mm, Bellco Glass，目录号 7910-35150）

磁力搅拌器

带正电荷尼龙膜（如 Amersham Hybond N+; GE Healthcare）

磷酸成像仪（如 FUJI FLA-5000）和成像软件（如 ImageGauge v 4.22）

磷酸成像板

聚丙烯酰胺凝胶装置（如 Bio-Rad Mini-PROTEAN, 8cm×7.3cm×0.75mm）

Saran 保鲜膜

半干法转膜设备（如 Trans-Blot SD Semi-Dry Transfer Cell; Bio-Rad）

Sephadex G-25 旋转紫外交联仪（如 Stratalinker UV Crosslinker; Stratagene）

方法

制备变性聚丙烯酰胺凝胶

1. 配制含 8mol/L 尿素的 15%变性聚丙烯酰胺凝胶（第 2 章，方案 3）：

TBE 缓冲液（5×）	2mL
丙烯酰胺：双丙烯酰胺（19∶1，40%，*m/V*）	3.75mL
尿素	4.8g
去离子水	至 10mL

2. 室温条件下用磁力搅拌器搅拌溶液至尿素完全溶解。

3. 确定胶规格并组装配胶设备。

4. 加入 100μL10%（*m/V*）的过硫酸铵。

5. 加入 10μL（TEMED）四甲基乙二胺。

6. 快速混合溶液并灌胶，插 10 孔梳子。室温下聚合 20min。

样品制备及电泳

7. 将 5～10μg 的总 RNA 样品与上样缓冲液等体积混合，终体积为 10μL。

　　RNA 样品总量由检测到的 RNA 丰度决定。

8. 95℃加热 5min，置冰上冷却。

9. 冲洗胶孔除去尿素，保证条带一致且整齐，然后上样 10μL/孔，必须设立含 10×5′端 ^{32}P-放射性标记的 RNA 标准。按照说明书，使用 T4 聚苷酸激酶和[γ-^{32}P] ATP 对 RNA 分子质量标准进行标记，然后稀释 200 倍，使其适合小 RNA 的杂交检测。

10. 用 0.5×TBE 缓冲液 200V 电泳约 1h，直至溴酚蓝至胶底部。

半干法 RNA 转膜

11. 根据胶大小，切一张带正电荷的尼龙膜和两张加厚印迹滤纸，并浸入 0.5×TBE 缓冲液中，室温浸泡 10min。

12. 在铂阳极放一张预浸湿的印迹滤纸，并用塑料移液管排尽气泡。

13. 在印迹滤纸的上面放一张提前浸湿的膜，并排尽气泡。

14. 小心地将胶转移至第一层膜上，并排尽气泡。

15. 将另外一张提前浸湿的印迹滤纸放在胶上，并排尽气泡。

16. 将阴极与胶膜组合（sandwich stack）连接并盖上保护盖，恒压 20V 转膜 1h。

17. 转膜完成后，将湿膜放在一张滤纸上，254nm 紫外线照射（Stratalinker; 120 000μJ 的自交联装置）交联 RNA 至膜上。

　　紫外交联将 RNA 固定于膜上，从而使印迹可以被多次反复检测。

18. 将交联后的膜放入杂交管中，RNA 面向内。加入 20mL Church 缓冲液，将杂交管放入杂交箱中孵育 1h，37℃旋转预杂交过夜。

制备 5′端 ^{32}P-放射性标记的寡核苷酸探针

19. 相同长度的探针可以与小 RNA 完全互补，5′端标记反应所用试剂：

无核酸酶的水	6μL
DNA 寡核苷酸探针（25μmol/L）	1μL
T4 多核苷酸酶反应缓冲液（10×）	1μL
T4 多核苷酸酶（10 U/μL）	1μL
[γ-^{32}P] ATP（6000 Ci/mmol，≥10mCi/mL）	1μL

20. 37℃反应 1h。

21. 根据使用说明书，用 Sephadex G 25 旋转层析柱分离出未掺入的[γ-^{32}P] ATP。

制备 3′端 ^{32}P 标记的 StarFire 寡核苷酸探针（可选）

22. 用 1×TE 缓冲液溶解 StarFire 通用模板至浓度为 12.5μmol/L。

23. 用 1×TE 缓冲液溶解 StarFire 通用探针至浓度为 100μmol/L。

24. 用无核酸酶的水将 StarFire 通用探针稀释至 0.5μmol/L。

25. 在 0.5mL 的微量离心管中混合以下试剂：

StarFire 缓冲液（10×）	1μL
StarFire 探针（0.5μmol/L）	1μL
StarFire 通用模板（12.5μmol/L）	1μL

26. 用移液器将溶液混合，然后 95℃加热 1min。

27. 取出试管冷却至室温（约 5min）。短暂离心并收集试管底部反应物。

28. 加入 6μL[α-^{32}P] dATP（6000Ci/mmol, 10mCi/mL）和 1μL 的 Exo-Klenow DNA 聚合酶，移液器轻吹混匀。

29. 室温孵育 2h，加入 40μL StarFire 反应终止缓冲液。

30. 按照说明书，用 Sephadex G25 旋转层析柱分离未掺入的[α-^{32}P]dATP。

杂交

31. 预杂交后（步骤 18），向预杂交溶液中加入 5'端 ^{32}P-放射性标记的探针或 3'端 ^{32}P-放射性标记的 StarFire 探针，孵育 2h 或者过夜。

> 选择其中一种方法，相同序列的 3'端 ^{32}P-放射性标记的 StarFire 探针较 5'端 ^{32}P-放射性标记的探针敏感。
>
> 孵育 2h 可以获得 80%以上杂交信号，如需获得更高杂交信号可选择孵育过夜。

32. 杂交完成后，将杂交溶液小心转移到 50mL 的锥形离心管中，-20℃储存。

33. 用 30mL 1×SSC 和 0.1%（m/V）SDS 混合液洗涤瓶子两次。

34. 用 30mL 1×SSC 和 0.1%（m/V）SDS 混合液 37℃洗膜 10min，重复洗两次。

35. 用 Saran 保鲜膜封闭湿膜，并置于磷酸成像板上过夜。

36. 磷酸成像仪（如 FUJI FLA-5000）读取杂交信号，并用相关软件（如 ImageGauge V4.22）对其进行分析。

> 参见"疑难解答"。

不同样品小 RNA 相对丰度分析

37. 根据使用说明,用 ImageGauge 软件对同一样品原始杂交信号和背景信号进行定量，并从原始信号中减去背景信号，即得到小 RNA 特异杂交信号。

38. 500mL 0.1%（m/V）SDS 煮膜 10min，从印迹中剥离（strip）出探针。用 Saran 保鲜膜封闭湿膜，并将其置于磷酸成像板上过夜，从而检测探针剥离是否成功。若信号未完全消除，需重复此步骤。

39. 将膜与内参特异性探针杂交（如样品中含有一个小核 RNA、tRNA 或 5S 核糖体 RNA），如上所述，此方法可以检测各个样品内参的特异杂交信号。

40. 对目标小 RNA 杂交信号通过内参特异性杂交信号进行标准化，不同样品的标准化值即可用于比较目标小 RNA 的相对丰度。

样品中小 RNA 绝对量分析

41. 订购一种与目标小 RNA 序列完全相同的 RNA 寡核苷酸序列，并将其稀释成一系列浓度（10^{-1}～10^3 fmol）。

42. 将稀释的 RNA 寡核苷酸和样品上样至变性聚丙酰胺凝胶，如上所述进行 Northern

杂交（步骤 7～步骤 36）。

43. 绘制 RNA 寡核苷酸稀释样品浓度与特异杂交信号（确保减去背景）关系曲线，并对比两者的杂交信号从而得到标准曲线。根据标准曲线确定各个样品中小 RNA 的绝对量。

> 本实验中，用磷酸成像仪对 Northern 印迹进行分析，其可以分析线性信号多达 5 个对数数量级。

> 大多数 miRNA 和一些高丰度内源性 siRNA 和 piRNA 连接 5'端 ^{32}P 放射性标记的 DNA 或 RNA 寡核苷酸探针后，更容易被检测。对于一些低丰度的小 RNA，推荐使用 3'端 ^{32}P-放射性标记的 StarFire 寡核苷酸探针或 5'端 ^{32}P-放射性标记的 LNA-修饰的寡核苷酸探针进行检测。

🔹 疑难解答

问题（步骤 36）：没有检测到信号，但是检测到了 5'端 ^{32}P 放射性标记的分子质量标准。
解决方案：尝试以下方法。

- 检查探针序列是否与待检测目标小 RNA 完全互补。
- 将探针用 15%变性聚丙烯酰胺凝胶分离后，用磷酸成像仪检测探针是否标记完全。
- 检查内参。
- 为了提高灵敏度，用 5'端 ^{32}P 标记的 RNA 寡核苷酸探针或者 5'端 ^{32}P 标记的 LNA-修饰的 DNA 寡核苷酸探针，将温度分别升高至 60℃或 70℃。

问题（步骤 36）：检测到背景杂交信号较高。
解决方案：将预杂交延长至过夜。最后一次洗涤步骤重复两次或更多次。

🔹 配方

为正确使用本方案中的器材和危险试剂，必须查阅相应的材料安全数据表并咨询所在机构的环境卫生和安全办公室。

T4 多聚核苷酸激酶反应缓冲液（10×）

试剂	体积（1mL）	终浓度（10×）
Tris-HCl（1mol，pH7.6）	700μL	700μmoL
MgCl$_2$（1mol）	100μL	100μmoL
DTT（1mol）	50μL	50μmoL
H$_2$O	150μL	

-20℃保存。

方案 8　反转录定量 PCR 分析小 RNA

Northern 杂交可以揭示小 RNA 的表达水平，同时也可揭示小 RNA 的长度，并且是小 RNA 验证和定量的标准。然而，Northern 杂交不能用来检测低丰度小 RNA，也不能检测大量的小 RNA 种类。相比之下，定量 RT-PCR 更加敏感并且可以适用于高通量处理（图 18-7）。此方案来源于 Applied Biosystems 公司的 TaqMan 小 RNA 测定技术 （Life Technologies 公司，2011）。TaqMan 小 RNA 检测技术是针对长度为 17～200 个核苷酸 RNA 的定量检测设计的，包括 siRNA 和 miRNA。TaqMan 小 RNA 检测主要依赖于一套经确证的寡核苷酸体系，其中包括一个茎-环 RT 引物、一对 PCR 引物和一个 TaqMan 探针。其他的有关运用定量 RT-PCR 对 RNA 进行定量的信息请参考第 9 章。

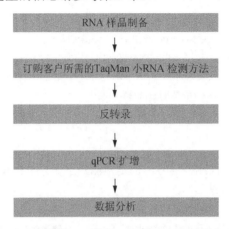

图 18-7 小 RNA 定量 RT-PCR 分析流程图。

材料

为正确使用本方案中的器材和危险试剂，必须查阅相应的材料安全数据表并咨询所在机构的环境卫生和安全办公室。

本方案的专用试剂标注<R>，配方在本方案末提供。常用储备溶液、缓冲液和试剂标注<A>，配方见附录 1。储备溶液应稀释至适用浓度后使用。

试剂

mirVana miRNA 提取试剂盒（Isolation Kit）（Ambio AM1560）或 TRIzol 试剂（Life Technologies, 目录号 15596-026）

无核酸酶水

RNA 样品，总 RNA 对照和内源性 RNA 对照（如 TaqMan 小 RNA 对照）

TaqMan microRNA 反转录试剂盒

TaqMan 小 RNA 检测试剂盒

TaqMan Universal PCR Master Mix II, 不含 uracil N-glycosylase（UNG）

TE 缓冲液（pH 8.0, 10× 和 0.1×）<A>

设备

带微孔板转头的离心机

加热模块

PCR 板（96 孔）

PCR 管

实时 PCR 热循环仪

方法

RNA 样品制备

1. 根据使用说明书，用 mirVana miRNA 提取试剂盒或 TRIzol 试剂提取总 RNA，并将总 RNA 溶于水中。

2. 运用分光光度计测量 RNA 浓度和纯度（第 6 章）。

　　标准总 RNA 的 A_{260}/A_{280} 值为 1.8～2.1。

订购客户所需的 TaqMan 小 RNA 检测序列

3. 根据 TaqMan Small RNA Assays 设计工具（https://www5.appliedbiosystems.com/tools/smallrna/）设计 TaqMan 小 RNA 检测序列。

　　每个客户定制的 TaqMan 小 RNA 检测序列包含一个茎-环 RT 引物、一个正向 PCR 引物、一个 TaqMan MGB 探针和一个反转录 PCR 引物。前三者的序列对目的小 RNA 具有特异性。

反转录

4. 将 TaqMan MicroRNA 反转录试剂盒中的试剂置冰上溶解，用 0.1×TE 缓冲液把 RT 引物稀释成 5× 工作液浓度。

5. 在 1.5mL 试管中加入以下试剂，在冰上将其混合制成 RT 混合液。

　　以下为总体积 15μL RT 反应液，根据需要体积对以下 RT 反应液的体积进行调整，并配制 10% 的富余体积以弥补在混合过程中的损失。

dNTP（100mmol/L）（含 dTTP）	0.15μL
MultiScribe 反转录酶（50U/μL）	1μL
反转录缓冲液（10×）	1.5μL
RNA 酶抑制剂（20U/μL）	0.19μL
无核酸酶水	4.16μL
总 RNA（来自步骤 1）	5μL（1～10ng）
总体积	12μL

6. 轻轻涡旋振荡，离心 1～2s 收集试管底部的反应物。

7. 每 15μL 的 RT 反应液中，取出 12μL 含总 RNA（步骤 5）的 RT 混合液加入到 96 孔板的各个孔中。

8. 向含 RT 混合液的 96 孔板的各个孔中加入 3μL 的 5×RT 引物。

9. 盖上 96 孔板，离心 1～2s 收集底部反应物。

10. 将 96 孔板冰上静置 5min，然后置于热循环仪中。根据以下程序进行反转录：

　　i. 16℃　　　　30min

　　ii. 42℃　　　　30min

　　iii. 85℃　　　　5min

　　iv. 4℃　　　　保存

　　v. 结束

11. 若不立即进行 PCR 扩增，需将 RT 反应液置于-20℃储存，或者立即进行 PCR 扩增。

qPCR 扩增

　　每个反应设置 3 个平行试验组，且每块板中需包含：每个 cDNA 样品中的小 RNA 含量检测组，内参检测组，用来检测背景信号的无模板对照组。

12. 冰上溶解 TaqMan Assay（20×）。冰上准备定量 PCR 混合液，在 1.5mL 的离心管中加入以下试剂：

　　每个样品的 3 个平行组所用试剂体积如下，并配制 10% 的富余以弥补混合过程中的损失。

TaqMan 小 RNA 检测试剂（20×）	3.3μL
RT 反应产物	4.4μL

TaqMan Universal PCR Master Mix II（2×）	3.3μL
无核酸酶水	25.3μL
总体积	66μL

13. 反复颠倒试管数次至混匀，离心 1～2s 收集试管底部反应物。

14. 96 孔板中，向 3 个平行试验组的各个孔中加入 20μL 定量 PCR 反应混合液。

15. 盖上 96 孔板，离心 1～2s 收集底部反应物。

16. 将 96 孔板置于实时 PCR 热循环仪上，运行以下程序进行 cDNA 扩增：

    i. 95℃   10min

    ii. 95℃   15s

    iii. 60℃   60s

    iv. 运行步骤 16 中 ii 和 iii，重复 39 个循环以上

    v. 4℃保存

    vi. 结束

数据分析

17. 根据实验设计，可运用不同统计方法对小 RNA 的表达情况进行分析。例如，相对标准曲线、相对 C_T、DART-PCR 或 S 形曲线拟合法（SCF）等（第 9 章）。

参考文献

Life Technologies Corporation. 2011. *Applied Biosystems by Life Technologies TaqMan® Small RNA Assays.* Life Technologies Corporation, Carlsbad, CA.

方案 9 构建小 RNA 高通量测序文库

小 RNA 克隆和高通量测序的结合是纯化和鉴别细胞或组织中小 RNA 的有效先进技术。本方案描述了用于 Illumina Genome Analyzer 高通量分析的 19～29 个核苷酸小 RNA 的克隆方法，通过聚丙烯酰胺凝胶从总 RNA 样品中分离纯化小 RNA，并进行两步连接反应：小 RNA 3′ 端与 5′ 腺苷酸 DNA 连接物的连接；以及小 RNA 5′ 端与 RNA 连接物的连接。此后，通过反转录和 PCR 制备高通量测序所需的小 RNA cDNA 文库。图 18-8 中的流程描述了建立 cDNA 文库的具体步骤，图 18-9 描述了建立小 RNA 文库的具体步骤。

材料

为正确使用本方案中的器材和危险试剂，必须查阅相应的材料安全数据表并咨询所在机构的环境卫生和安全办公室。

本方案的专用试剂标注<R>，配方在本方案末提供。常用储备溶液、缓冲液和试剂标注<A>，配方见附录 1。储备溶液应稀释至适用浓度后使用。

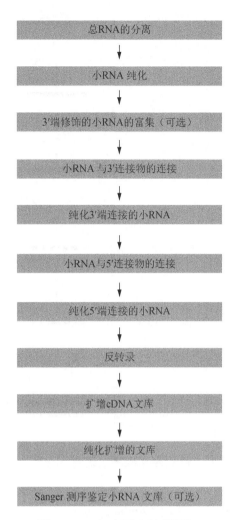

图 18-8　文库建立流程图。

试剂

丙烯酰胺：双丙烯酰胺（19∶1，40%，*m/V*）

过硫酸铵（10%，*m/V*）<A>

硼砂/硼酸缓冲液（5×，pH8.6）<R>

氯仿

二甲基亚砜（DMSO）

DNA 分子质量标准（100bp）

dNTP 混合物（每种浓度为 10mmol/L）

3′端连接反应缓冲液<R>

乙醇（100% 和 80%）

溴化乙锭

Ficoll-Orange G 上样缓冲液（6×）<R>

甲酰胺上样缓冲液　<A>

肝糖原（20μg/μL）

连接物：3′端连接物（5′-rAppTCGTATGCCGTCTTCTGCTTGT/ddc/-3′）

　　　　5′端连接物（5′-GUUCAGAGUUCUACAGUCCGACGAUC-3′）

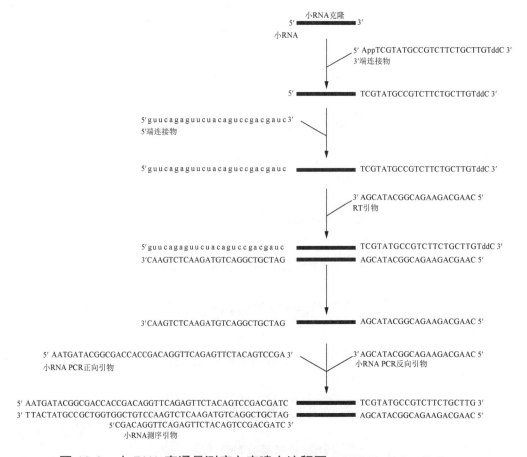

图 18-9　小 RNA 高通量测序文库建立流程图（彩图请扫封底二维码）。

M13 的正、反向引物

mirVana miRNA 分离提取试剂盒（Ambion, 目录号 AM1560）或 TRIzol 试剂（Life Technologies, 目录号 15596-026）

GTG 琼脂糖凝胶

苯酚（pH 7.9）

酚：氯仿：异戊醇（25：24：1, V/V/V, pH 8.0）

PuReTaq Ready-To-Go PCR Beads（GE Healthcare, 目录号 27-9558-01）

反转录引物（5′-CAAGCAGAAGACGGCATACGA-3′）

RNA Century Marker（Ambion, 目录号 AM7140）

总 RNA 样品

小 RNA PCR 正向引物（5′-AATGATACGGCGACCACCGACAGGTTCAGAGTTCTACAGTCCGA-3′）

小 RNA PCR 反向引物（5′-CAAGCAGAAGACGGCATACGA-3′）

乙酸钠（3mol/L, pH5.2）<A>

氯化钠（0.3mol/L 和 0.6mol/L）<R>

高碘酸钠（200mmol/L）<R>

SuperScript III 反转录酶（Life Technologies, 目录号 18080-093）

5× 第一链缓冲液

0.1mol/L　　　　　DTT

SYBR Gold （10 000×）（Life Technologies, 目录号 S-11494）

合成的小 RNA 分子质量标准（18 个、30 个和 60 个核苷酸）

避免目的小 RNA 样品对小 RNA 分子质量标准造成污染，需对合成的 RNA 寡核苷酸 5'端进行羟基化而不是磷酸化修饰，以避免其与 5'端连接物发生连接反应。分子质量标准不应与待测物种的基因组序列相对应，从而可以用生物信息学分析排除污染序列。

T4 RNA 连接酶 2，截短的（NEB，目录号 M0242L）或 T4 RNA 连接酶 2，截短的 K2276（NEB，目录号 M0351L）

T4 RNA 连接酶和 10×T4 RNA 连接酶缓冲液（Ambion，目录号 AM2140）

TAE 缓冲液（50×和 1×）　<A>

TBE 缓冲液（5×和 0.5×）　<A>

四甲基乙二胺（TEMED）

TOPO TA 克隆试剂盒（Life Technologies，目录号 K4500-01）

尿素

设备

离心机

玻璃托盘

加热模块

微量离心管（2.0mL, 1.5mL）

NanoDrop 分光光度计

PCR 管（0.5mL）

聚丙烯酰胺凝胶装置

刀片（新）

Thermo 热循环仪

紫外灯（302nm）

涡旋振荡仪

方法

总 RNA 纯化

1. 按照使用说明书，用 mirVana miRNA 分离提取试剂盒（Ambion，目录号 AM1560）或 TRIzol 试剂（Life Technologies，目录号 15596-026）纯化总 RNA，并溶解于水中。

2. 通过紫外分光光度计检测 RNA 的浓度和纯度（第 6 章）。

  标准的总 RNA 的 A_{260}/A_{280} 值为 1.8～2.1。

从总 RNA 中纯化 19～29 个核苷酸的小 RNA

3. 配制含 8mol/L 尿嘧啶的 15%变性聚丙烯酰胺凝胶（长 20cm×宽 16cm×厚 1.5mm），用 6 孔梳子（左右两边的两个小孔，深 17mm×宽 5mm×厚 1.5mm，小孔上样分子质量标准，中间 4 个大孔用来上样品，深 17mm×宽 30mm×厚 1.5mm）（如方案 7 所述）。

4. 在 0.5×TBE 缓冲液中 35 W 恒定功率预电泳 30 min。

5. 用 50μL 水稀释 100μg 总 RNA，并加入等体积的甲酰胺上样缓冲液进行混合。用甲酰胺上样缓冲液稀释人工合成的 18 核苷酸和 30 核苷酸 RNA 寡核苷酸，并配制成终浓度为 1μmol/L，用作小 RNA 分子质量标准。

6. 95℃加热样品和分子质量标准 5min，然后置冰上冷却。

7. 洗涤聚丙烯酰胺凝胶孔以洗去尿嘧啶，每个大孔中加入总 RNA 样品 100μL（来自步骤 5）。聚丙烯酰胺凝胶边缘小孔加入 10μL（10pmol 每孔）小 RNA 分子质量标准混合液（来自步骤 5）。

8. 0.5×TBE 缓冲液中恒定功率电泳，至溴酚蓝距离孔缘约 6cm。

9. 电泳完成后，室温下用 SYBR Gold（用 0.5×TBE 缓冲液 1∶10 000 稀释）将胶固定在洁净的玻璃托盘中 5min。将胶固定于玻璃托盘之前必须在托盘中加入染色剂。

10. 在 302nm 紫外灯下观察 RNA，用新刀片切下 18～30 个核苷酸之间且包含 RNA 的凝胶，并将切下的凝胶放入预先称量好的 2.0mL 微量离心管中。

11. 每 100mg 凝胶中加入 300μL 0.3mol/L 氯化钠，室温下旋转过夜以洗脱小 RNA。

12. 加入 1μL 20μg/μL 糖原和 3 倍体积的无水乙醇沉淀小 RNA。涡旋混合，将混合液置于-20℃或-20℃以下保存 3h。4℃最大转速离心 30min，收集底部沉淀。

13. 用 1mL 80%乙醇洗涤沉淀 1 次，洗去残留盐分。4℃最大转速离心 15min 以回收小 RNA。打开离心管管口，在实验台上静置数分钟，尽可能除去 80%乙醇。

14. 将沉淀物溶解于 13μL 无核酸酶的水中。

氧化法富集 3′端修饰的小 RNA（可选）

与动物 miRNA 不同，动物 Piwi 相互作用 RNA（piRNA）和苍蝇内源性 siRNA 的 3′端都被 2′-O-甲基化，从而降低其与 3′端连接物的反应效率。此外，相同细胞中 2′-O-甲基化的 piRNA 或 siRNA 丰度通常较 miRNA 丰度低。通过氧化反应将 miRNA 末端的 2′,3′-羟基氧化成醛基，从而阻断其与 3′端连接物的连接，并增强 2′-O-甲基化小 RNA 的测序效率。

15. 依次加入下列试剂，建立 40μL 的氧化反应体系：

H_2O	14μL
小 RNA（19～29 核苷酸）	13μL
硼砂/硼酸缓冲液（pH8.6）（5×）	8μL
高碘酸钠（200mmol/L）	5μL

高碘酸钠（200mmol/L）必须现配现用。

16. 移液管轻轻吹打混合溶液，离心 1～2s 收集试管底部反应物。

17. 反应物 25℃孵育 30min。

18. 加入 229μL 水、1μL 20μg/μL 糖原以及 3mol/L 乙酸钠（pH5.2）30μL。移液管轻轻吹打混匀，并加入 3 倍体积的无水乙醇。涡旋以混合溶液，-20℃或-20℃以下保存过夜。

19. 4℃最大转速离心 30min，收集试管底部沉淀。

20. 用 1mL 80%乙醇洗涤沉淀物以清除残留盐分。4℃最大转速离心 15min 以回收小 RNA。打开管口，实验台上静置数分钟，使 80%乙醇尽可能挥发干净。

21. 将沉淀物溶解于 13μL 无核酸酶的水中。

小 RNA 与 3′端连接物连接

22. 依次加入以下试剂，建立 20μl 的 3′端连接反应体系：

试管 A	
小 RNA（19～29 个核苷酸）（来自步骤 21）	13μL
3′端连接物（100μmol/L）	1μL
3′端连接反应缓冲液（10×）	2μL
二甲基亚砜（DMSO）	2μL
截短的（truncated）T4 RNA 连接酶 2（NEB）	2μL（400 U）
总体积	20μL

截短的（truncated）T4 RNA 连接酶 2 催化腺苷酸化连接物与小 RNA 3′端连接时不需要 ATP，并可以有效阻止分子内和分子间小 RNA 的连接。

23. 为准确检测 3′端连接的小 RNA，需依次加入以下试剂，配制 3′端连接分子质量标准。

试管 B	
H_2O	11μL
合成的 RNA 寡核苷酸（18 核苷酸）	1μL（100pmol）
合成的 RNA 寡核苷酸（30 核苷酸）	1μL（100pmol）
3′端连接物（100μmol/L）	1μL
3′端连接反应缓冲液（10×）	2μL
二甲基亚砜（DMSO）	2μL
截短的 T4 RNA 连接酶 2（NEB）	2μL（400 U）
总体积	20μL

24. 轻轻敲打试管 A 和 B 外壁，混匀。离心 1～2s，使试剂置于试管底部。

25. 试管 A 和 B 均 4℃过夜。

26. 试管 A 中加入 20μL 甲酰胺上样缓冲液（来自步骤 25）。

27. 试管 B 中加入 180μL 甲酰胺上样缓冲液，配制 3′端连接分子质量标准（来自步骤 25）。

28. 试管 A 和 B 于 95℃加热 5min，置冰上冷却。

3′端连接小 RNA 纯化

29. 配制含 8mol/L 尿嘧啶的 15%变性聚丙烯酰胺凝胶（长 20cm×16cm×1.5mm），用 20 孔梳子（孔大小：深 17mm×宽 5mm×厚 1.5mm）（方案 7）。

30. 0.5×TBE 缓冲液中 35W 恒定功率预电脉 30min。

31. 洗去胶孔中的尿素，每孔加入 40μL 3′端反应样品（来自步骤 28）。不同样品之间至少空一个孔，避免交叉污染。胶左右两侧边缘孔上样 40μL 3′端连接分子质量标准（来自步骤 28）。

32. 0.5 ×TBE 缓冲液恒定功率 20W 电泳，至溴酚蓝移至胶底部。

33. 按照步骤 9 所描述的方法将胶固定好。

34. 302nm 紫外灯下观察 RNA，对应在两个分子质量标准之间的位置，用新刀片切下包含 RNA 的凝胶（图 18-10）。将切下的凝胶放入预先称重的 1.5mL 微量离心管中。

35. 如步骤 11～步骤 14 所述，对 3′端连接的小 RNA 进行洗脱、沉淀并溶解。

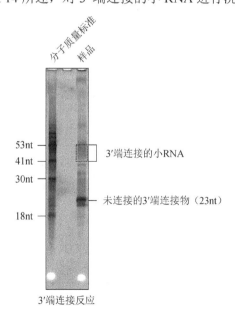

图 18-10　凝胶检测 3′端连接小 RNA 大小。

连接小 RNA 与 5′端连接物

36. 在 1.5mL 的微量离心管中，一次加入下列试剂，建立 20μL 5′端连接反应体系：

3′端连接的小 RNA（来自步骤 35）	13μL
5′端连接物（100μmol/L）	1μL
T4 RNA 连接酶缓冲液（10×）（Ambion）	2μL
二甲基亚砜（DMSO）	2μL
T4 RNA 连接酶（Ambion）	2μL（10U）

37. 轻轻敲打试管外壁，混匀。离心 1～2s，使试剂处于试管底部。

38. 4℃过夜。

39. 加入等体积的甲酰胺上样缓冲液，终止反应。95℃加热 5min，置冰上冷却。

5′端连接小 RNA 纯化

40. 如步骤 29 和步骤 30 所描述，配制 10%的变性聚丙烯酰胺凝胶并预电泳。

41. 向 78μL 甲酰胺上样缓冲液中加入 1μL（10pmol）合成的 60 个核酸的 RNA 寡核苷酸与 1μL（1μg）RNA Century 分子质量标准，配制成 RNA 分子质量标准。95℃加热 5min，置冰上冷却。

42. 洗去胶孔中的尿素，向各个孔中加入 40μL 5′端连接反应样品（步骤 39），不同样品之间至少空一个孔，避免交叉污染。左右两侧边缘孔中加入 40μL RNA 分子质量标准。

43. 如步骤 32 和步骤 33 所述，电泳并固定。

44. 302nm 紫外灯下观察 RNA，并用新刀片切下 60～100 核苷酸包含 RNA 的凝胶，放入预先沉重的 1.5mL 微量离心管中。

45. 如步骤 11～步骤 13 所述，洗脱并沉淀 5′端连接的小 RNA。

46. 将沉淀物溶于 20μL 水中。

反 转 录

47. 向含有 20μL 5′端连接的小 RNA（来自步骤 46）试管中加入 1μL（100pmol）反转录引物。

用移液枪轻轻吹打混匀，离心 1～2s，使试剂处于试管底部。

48. 72℃孵育 2min。

49. 室温下最大转速离心 1min，置冰上冷却。

50. 混合以下试剂，配制 RT 混合液：

H$_2$O	4μL
第一链（first-strand）反应缓冲液（SuperScript 反转录酶 III 提供）	10μL
dNTP 混合物（10mmol/L）	5μL
DTT（0.1mol/L）	1μL

51. 向试管中加入 16.8μL RT 混合液，并将其分装成两管：＋RT 和－RT，每管 18μL。

52. 向＋RT 管中加入 2μL（400U）的 SuperScript 反转录酶 III，向－RT 管中加入 2μL 水。

53. 50℃孵育 1h，再 70℃加热 15min 灭活反应。

cDNA 文库扩增

54. 混合以下试剂，配制引物混合物：

H$_2$O	90μL
小 RNA PCR 正向引物（100μmol/L）	1μL
小 RNA PCR 反向引物（100μmol/L）	1μL

55. 在 3 个含有 PuReTaq Ready-To-Go PCR Bead 的 0.5mL PCR 试管中，每管分别加入 23μL 的引物混合物。

56. 向 3 个 PCR 管中分别加入 2μL + RT 反应液、-RT 反应液（作为阴性对照，检测 PCR 扩增来自模板而不是其他 cDNA），或水（作为 PCR 阴性对照，检测 PCR 试剂是否污染）。

57. 轻敲试管外壁，混匀溶液。离心 1～2s，使试剂处于试管底部。

58. 将试管放入热循环仪中，按下列程序进行 cDNA 文库扩增：

    i. 94℃　　　　2min

    ii. 94℃　　　　15s

    iii. 58℃　　　　30s

    iv. 72℃　　　　30s

    v. 重复步骤 58ii 和 iii 4 个循环或更多。

    vi. 94℃　　　　15s

    vii. 60℃　　　　30s

    viii. 72℃　　　　30s

    ix. 重复步骤 vi～viii 16 个循环或更多。

    x. 4℃　保存

    xi. 结束

59. PCR 结束后，向各个 PCR 管中加入 5μL 6×Ficoll-Orange G 上样缓冲液，涡旋振荡混合。

> Orange G 染料迁移速度比样品快，因此不会掩盖电泳中的任何样品条带。

扩增 cDNA 文库纯化

60. 用含 0.5μg/mL 溴化乙锭的 1×TAE 缓冲液配制 2% NuSieve GTG 琼脂糖凝胶（长 1cm×宽 15cm×厚 12mm）。

61. 每孔中加入步骤 59 中的 PCR 样品 30μL，不同样品之间至少空一个孔。

62. 左右两侧边缘孔中各加入 10μL（1μg）的 100bp DNA 分子质量标准。

63. 在 1×TAE 缓冲液中恒压 100V 电泳，至 Orange G 染料移至约胶长 3/4 处（约 80min）。

64. 302nm 紫外灯下观察条带，用新刀片切下所需 DNA 条带并放入预先称重的 2.0mL 微量离心管中。

65. 每 100mg 凝胶中加入 100μL 0.6mol/L 氯化钠。

66. 70℃孵育至胶完全溶解（约 10min）。

67. 加入等体积苯酚(pH 7.9，预热至室温)。涡旋振荡 20s，室温下最大转速离心 15min，将水层与有机层分离。

68. 将水层转移至一个新的 1.5mL 微量离心管中，加入等体积酚∶氯仿∶异戊醇混合物（25∶24∶1，*V/V/V*，pH 8.0），涡旋振荡 20s。室温下最大转速离心 15min，分离水层和有机层。

69. 将水层转移至一个新 1.5mL 微量离心管中，加入等体积氯仿，涡旋振荡 20s。室温下最大转速离心 15min，分离水层和有机层。

70. 将水层转移至一个新 1.5mL 微量离心管中，加入 3 倍体积乙醇。涡旋振荡，混匀，-20℃或-20℃以下放置 3h。4℃最大转速离心 30min，收集底部沉淀。

71. 用 1mL 80%乙醇洗涤沉淀，除去残余盐分。4℃最大转速离心 15min，回收 DNA。打开离心管口并在实验台上静置数分钟，使乙醇尽可能挥发。

72. 将 DNA 沉淀溶于 20μL 无核酸酶的水中，应用 NanoDrop 分光光度计（第 1 章）检测 DNA 浓度。标准浓度范围为 20～50ng/μL，−20℃储存 DNA 溶液（如小 RNA 文库）至下次高通量测序时使用。

Sanger 测序法验证小 RNA 文库（可选）

73. 按照使用说明书，进行 TOPO TA 克隆（第 3 章方案 12），每个小 RNA 文库中挑取 20 个或更多个克隆。

74. 应用插入片段两侧的引物（如 M13 正向、反向引物），进行菌落 PCR。

75. 利用 1.5% 琼脂糖凝胶对 PCR 产物进行鉴定，然后对 PCR 产物逐个克隆进行测序。

疑难解答

问题：核糖体 RNA 交叉污染。

解决方案：核糖体 RNA 交叉污染表明制备的总 RNA 可能发生降解。而降解可能主要发生于步骤 14 之前。如果起始总 RNA 质量没有问题，那么降解可能主要发生于凝胶纯化过程（步骤 3～步骤 11）。实验全程必须戴手套并经常更换，所用的试剂、试管和移液器必须无 RNA 酶污染。RNA 凝胶电泳的 TBE 缓冲液和配胶设备必须是独立专用，同时凝胶纯化前必须彻底清洗配胶设备。如果起始总 RNA 发生降解，需重新制备高质量的总 RNA。

问题：小 RNA cDNA 文库被其他生物小 RNA 污染。

解决方案：这种污染可能主要发生于凝胶纯化过程中。实验全程必须戴手套并经常更换，凝胶设备和 SYBR Gold 染色所用托盘在使用之前必须彻底清洗。

问题：Sanger 测序发现，随意挑取的 20 个克隆中有 2 个或 2 个以上没有插入小 RNA。

解决方案：这主要是由于纯化过程中扩增文库被 PCR 引物二聚体污染。切胶必须小心，如果有必要，可以用 6%～10%的非变性聚丙烯酰胺凝胶（29∶1，丙烯酰胺∶双丙烯酰胺）代替 2% NuSieve GTG 琼脂糖凝胶以提高凝胶分离效果。

配方

务必熟悉化学品安全说明书并咨询所在研究机构的环境卫生和安全办公室，确保正确使用本方案中的仪器设备和危险化学试剂。

硼砂/硼酸缓冲液（5×，pH 8.6）

试剂	质量（100mL）	终浓度（5×）
硼砂	5.72g	150mmol/L
硼酸	0.93g	150mmol/L
H₂O	定容至 100mL	

用 0.22μm 的滤膜过滤缓冲液，室温储存。

Ficoll-Orange G 上样缓冲液（6×）

试剂	质量（100mL）	终浓度（6×）
Ficoll-400	15g	15%（*m/V*）
Orange G	250mg	0.25%（*m/V*）
H₂O	定容至 100mL	

分装成 1mL，储存于−20℃。

3′端连接反应缓冲液（10×）

试剂	质量（1mL）	终浓度（10×）
Tris-HCl（1mol/L，pH7.5）	500μL	500mmol/L
MgCl$_2$（500mmol/L）	200μL	100mmol/L
DTT（1mol/L）	100μL	100mmol/L
无 RNA 酶牛血清白蛋白（BSA）（20mg/mL）	30μL	600μg/mL
H$_2$O	170μL	

-20℃储存

氯化钠（5mol/L）

将 292g 氯化钠溶于 800mL 水，加水定容至 1L，配制成 5mol/L 的氯化钠溶液。溶液用 0.22μm 滤膜过滤或高压蒸汽灭菌，并室温储存。

高碘酸钠（200mmol/L）

将 85.56g 高碘酸钠溶于 2mL 水，配成终浓度为 200mmol/L 的高碘酸钠溶液，此溶液需现配现用。

方案 10　抑制 miRNA 功能的反义寡核苷酸制备

本方案用于设计特异性抑制细胞内 miRNA 功能的反义寡核苷酸（ASO）。2′-O-甲基化修饰的反义寡核苷酸（ASO）可以增加其有效性和抗降解能力，然而 3′端胆固醇修饰可以促进 ASO 进入细胞内。

材料

为正确使用本方案中的器材和危险试剂，必须查阅相应的材料安全数据表并咨询所在机构的环境卫生和安全办公室。

设备

连接互联网的计算机

方法

1. 从 miRBase（http://microrna.sanger.ac.uk/sequences）下载目标 miRNA 序列。

2. 根据 Watson-Crick 碱基配对原则和 miRNA 序列，设计反义 miRNA 序列。

3. 在反义 miRNA 两端加入 5 个任意碱基（如 5′-UCUUA-反义 miRNA 序列-accuu-3′），从而设计 ASO 序列。

　　　　在 ASO 两端加入任意碱基使其与 miRNA 靶标更相似，从而可以提高 ASO 效率；此作用可能通过增强 RISC 不依赖序列地与 ASO 结合，从而避免细胞内核酸酶对 miRNA 中心靶序列的降解。

4. 用 mFold 默认设置（http://mfold.bioinfo.rpi.edu/cgi-bin/rna-form1-2.3.cgi）检测 ASO 序列可能的二级结构。如果 ASO 序列可以形成稳定的二级结构，则改变侧链序列并重复步骤 4。

5. 进行 Blast 分析（第 8 章）。如果 mRNA 与侧链序列以及靶序列中 13 个以上的碱基互补，则重复步骤 3～步骤 5。

6. 设计对照寡核苷酸。所有的实验必须包含与实验组 ASO 具有相同侧链序列和相同长度的错配序列（mismatched）对照和/或无关寡核苷酸对照。错配对照是指 ASO 与目标 miRNA 间至少存在 4 个等距离的嘌呤-嘌呤错配。无关对照是指来自其他物种非同源的反义引物序列或随意序列组成的 ASO。如步骤 4 和步骤 5 所述，所有对照寡核苷酸应仔细检查可能的二级结构及其与 mRNA 的互补性。通过改变寡核苷酸序列的碱基可以尽量减少二级结构的存在及其与 mRNA 的互补性。

7. 从寡核苷酸合成公司获得 2'-O-甲基修饰的 ASO 序列。

   许多寡核苷酸合成公司，如 Dharmacon 可提供 2'-O-甲基修饰的寡核苷酸。2'-O-甲基修饰通过增强 ASO 与 miRNA 的亲和力从而提高 ASO 效力，并保护 ASO 不被 RISC 和细胞内核酸酶降解。也可以对 ASO 进行 3′端胆固醇修饰，据报道 3′端胆固醇修饰可以促进 ASO 转运进入细胞。

网络资源

miRBase http://microrna.sanger.ac.uk/sequences
mFold http://mfold.bioinfo.rpi.edu/cgi-bin/rna-form 1-2.3.cgi

方案 11　在哺乳动物细胞中通过反义寡核苷酸抑制 miRNA 功能

向哺乳动物细胞内转染反义寡核苷酸从而抑制 miRNA 功能的具体方法参照本方案。通过检测 miRNA 靶蛋白水平或携带 miRNA 靶基因的 3′端非翻译区（3′UTR）报道基因的活性来检测 ASO 对于 miRNA 的效应。本方案主要针对 24 孔板设计，如果用其他多孔板、细胞瓶或不同直径培养皿培养细胞，需根据孔/瓶表面积计算细胞密度和试剂体积（方案 2，表 18-2）。

材料

为正确使用本方案中的器材和危险试剂，必须查阅相应的材料安全数据表并咨询所在机构的环境卫生和安全办公室。

试剂

ASO（12.5μmol/L）（方案 10）和错配和/或无关对照寡核苷酸
DharmaFECT 4 转染试剂（Dharmacon，目录号 T-2004）
DMEM，不含抗生素和血清
PBS，不含钙和镁
胎牛血清（FBS），热灭活
哺乳动物细胞系（如 HeLa 或 NTera2）
青霉素和链霉素
胰蛋白酶-EDTA 溶液

设备

离心机
锥底离心管（50mL）

免疫荧光和 Western 印迹法所用设备（步骤 9）

层流生物安全柜（II 级）

体视显微镜

组织培养皿（10cm）

组织培养箱（37℃，5% CO_2），一定湿度

组织培养板（24 孔）

方法

准备转染所需细胞

1. 如方案 2 步骤 1～步骤 3 所述，准备细胞。

准备转染试剂

所有试验应该包括一个与试验组 ASO 侧翼序列一样、长度相同的错配和/或无关对照寡核苷酸。所有体积均表示单一试验孔所需的体积。实验至少需要重复 3 次。对于多个孔的转染，需配 10% 的富余试剂以弥补混合过程中溶液的损失。

2. 向一个含 24μL 无抗生素和血清的 DMEM 灭菌试管中加入 1μL（12.5pmol）的实验或对照 ASO，用移液管轻轻吹打混匀。

3. 向另一个含 24μL 的无抗生素和血清的 DMEM 灭菌试管中加入 1μL DharmaFEECT 4 转染试剂，并轻轻混匀。

4. 混合液于室温下孵育 5min。

5. 将 ASO 混合液缓缓地加入 DharmaFECT 4 转染试剂混合液中。移液管轻轻吹打，混匀，室温下孵育 20min 从而形成 ASO-脂质复合体。

转染和 miRNA 抑制效应分析

6. 将步骤 1 中生长介质换成 450μL 无抗生素、含 10% FBS 的 DMEM，加热至 37℃。

7. 将 50μL ASO-脂质转染介质（来自步骤 5）滴入各个孔中。尽量使其覆盖孔中全部细胞，并轻轻摇动。

8. 将细胞放入含 5% CO_2 的 37℃培养箱培养 1～2 天，若 1 天后观察到细胞毒性，将转染介质换成新鲜的无抗生素、含 10% FBS 的 DMEM，继续培养。

　　参见"疑难解答"。

9. 通过免疫荧光和 Western 印迹法检测蛋白质水平，从而分析 miRNA 靶基因的表达（第 19 章）。

疑难解答

问题（步骤 8）：转染 miRNA 特异的 ASO 和对照 ASO 后，细胞均发生死亡。
解决方案：这可能是转染试剂或者 ASO 用量过大引起的；此外，细胞密度可能太低；理想状态下细胞融合度应为 30%～40%，每孔约 $5×10^4$ 个细胞。实验前优化转染条件。如果细胞密度太低，需待细胞密度适合时再重复试验。

问题（步骤 8）：仅转染 miRNA 特异 ASO 时，细胞发生死亡。
解决方案：这一结果表明抑制性 miRNA 的靶 mRNA 是抗凋广调节因子。或者，miRNA 特异性 ASO 可能含一个促进天然免疫反应的序列基序。尽管这些问题可能比较棘手，但尝试一个不同化学组成的 ASO（如 LNA）可能有所帮助。

方案 12　在果蝇 S2 细胞中通过反义寡核苷酸抑制 miRNA 功能

本方案描述了将 ASO 转入果蝇 S2 细胞以便抑制 miRNA 功能的方法。通过检测 miRNA 靶蛋白水平或 miRNA 靶基因 3′UTR 报道基因的活性，可以检测 ASO 对 miRNA 的效应。本方案是针对 24 孔板设计的，若用其他多孔板、培养瓶或不同直径培养皿，应根据其表面积计算细胞密度和试剂体积（方案 3，表 18-3）。

材料

为正确使用本方案中的器材和危险试剂，必须查阅相应的材料安全数据表并咨询所在机构的环境卫生和安全办公室。

试剂

ASO（12.5μmol/L）（方案 10）和错配和/或无关对照寡核苷酸
DharmaFECT 4 转染试剂（Dharmacon，目录号 T-2004）
果蝇 Schneider 2（S2）细胞（如 Life Technologies，目录号 R690-07）
热灭活的胎牛血清（FBS）
Schneider's 果蝇生长介质（如 Life Technologies，目录号 11720-034）

设备

离心机
锥底离心管（50mL）
免疫荧光和 Western 印迹法所需设备（步骤 8）
层流生物安全柜（II 级）
体视显微镜
组织培养皿（10cm）
组织培养箱（25℃），一定湿度
组织培养板（24 孔）

方法

制备转染所需细胞

1. 如方案 3 中步骤 1～步骤 3 所述，准备细胞。

制备转染试剂

所有试验应该包含与试验组 ASO 侧翼序列一样以及长度相同的错配对照和/或无关对照寡核苷酸。所有体积均表示单一试验孔所需的体积，所有的实验至少重复 3 次。对于多孔的转染，需配置 10% 的富余试剂以补充混合过程中溶液的损失。

2. 向一个含 24μL 无血清的 Schneider's 果蝇生长培养基的灭菌微量离心管中加入 1μL（12.5pmol）实验组或对照组 ASO，移液管轻轻吹打混匀。

3. 向一个含 24μL 无血清果蝇 Schneider's 生长培养基的另一灭菌微量离心管中加入 1μL DharmaFECT 4 转染试剂，移液管轻轻吹打混匀。

4. 将两管混合液室温放置 5min。

5. 将 ASO 混合液轻轻加入 DharmaFECT 4 转染试剂混合液中，移液管轻轻吹打混匀，室温下孵育 20min，从而形成 ASO-脂质复合体。

转染和 miRNA 抑制效应分析

6. 分别向各个孔的细胞（来自步骤 5）中加入 50μL 的 ASO-脂质体转染介质。缓慢地前后直线形移动培养板以混合溶液，不是环形移动，以避免中间的细胞聚集从而降低转染效率。

7. 将细胞放入 25℃湿孵箱中培养 1～8 天。

> 由于 DharmaFECT 4 转染试剂对于果蝇 S2 细胞的毒性并不大，因此细胞密度达到 $1×10^7$ 个细胞/mL 之前不需要更换培养基。

8. 运用免疫荧光法和 Western 印迹法（第 19 章）检测蛋白质水平，从而分析 miRNA 靶基因的表达水平。

> 若没有特异性抗体，可以用含靶 3′UTR 的萤光素酶报道基因或绿色荧光蛋白（GFP）报道基因检测 miRNA 功能。利用报道基因检测方法，在转染 1 天后即可观察到 miRNA 对于其所调节 mRNA 的抑制效应，且此种效应可持续 6 天以上。

信息栏

🔬 全基因组 RNA 干扰：后基因组学时代的功能基因组学

Katerina Politi 和 Narendra Wajapeyee

Department of Pathology and Yale Cancer Center, Yale School of Medicine, New Haven, Connecticut 06510

本信息栏简要描述了有助于理解多种生物学问题的 RNA 干扰文库的类型（包括基于 shRNA 的，以及基于双链 siRNA 的），并探讨在小鼠、大鼠、人类、果蝇和蠕虫中 RNA 干扰筛选方法学的最新进展。

RNA 干扰文库

通过靶基因特定 mRNA 转录物的降解作用，RNA 干扰机制导致蛋白编码基因的蛋白质水平降低（Fire et al.1998; Hannon and Rossi 2004）。通过转录物水平的降低可以发现蛋白编码和非蛋白编码 mRNA 在细胞系中的生物学功能。与体细胞或胚胎干细胞（ES）基因敲除传统方法的费时和需要大量试验材料相比，基于 RNA 干扰的基因敲减方法比较简单且易于操作。此外，RNA 干扰技术已经发展到可以对只有单一核苷酸差异的基因转录物进行选择性沉默（Ding et al. 2003; Schwarz et al. 2006）。

近年来，RNA 干扰技术已被应用于制备人类和鼠的全基因组 RNA 干扰文库（Berns et al. 2004; Silva et al. 2005）。这些文库已覆盖全基因组并几乎靶向人类和鼠基因组中的所有单个基因（表 1）。许多 shRNA 文库是由携带短的、特异性 DNA 序列条码（bar codes）的 shRNA 组成。每个条码是一个短 DNA 序列且可以特异性地识别诸如 shRNA 的连接序列特征。连接 DNA 码序列的长度和熔点（T_m）相同，从而使实验在一个混合体系实现，并利用 PCR 使其重叠，随后进行微杂交或者高通量测序。DNA 条码技术极大地提高了遗传筛选的处理量，从而使实验更加省时和简单。此外，更新版文库包含基于慢病毒的 shRNA，从而使在未分裂且不易感染的细胞中筛选成为可能（Silva et al. 2005）。与 shRNA 库相似，siRNA 文库同样可用于 RNA 干扰筛选。然而，由于 siRNA 没有条码，因此不能用于需进行混合的实验，因此，siRNA 筛选必须用于孔-孔体系，且需要大量自动化过程。

表1　用于全基因组 RNA 干扰筛选的人和鼠 shRNA 或 siRNA 文库

文库	供应商	靶基因	总 shRNA 或 siRNA	shRNA 或 siRNA 基因	靶组织	载体	文库类型	特点
pSM2 反转录病毒库	Thermo Scientific	28 000 鼠基因 28 500 人类基因	约 61 000 81 500	约 3	人和鼠	pSM2	反转录病毒	基于 miRNA 设计 嘌呤霉素筛选标记
GIPZ 慢病毒库	Thermo Scientific	全鼠基因组 全人基因组	62 000 62 000	约 2	人和鼠	pGIPZ	慢病毒	RNA Pol II 启动子 Turbo GFP 嘌呤霉素筛选标记 可感染非分裂细胞
TRIPZ 可诱导的 shRNA 文库	Thermo Scientific	约 16 000 人类注释基因 约 15 950 鼠注释基因	约 159 000 靶向鼠和人基因	4～5	人和鼠	pLKO.1	慢病毒	人类 U6 启动子 可诱导的嘌呤霉素 可感染非分裂细胞
MISSION shRNA 文库	Sigma-Aldrich	约 16 000 人类注释基因 约 15 950 鼠注释基因	约 159 000 靶向鼠和人基因	4～5	人和鼠	pLKO.1	慢病毒	人类 U6 启动子 嘌呤霉素 可感染非分裂细胞
NKI 文库	NKI	约 8000 人基因 15 000 鼠基因		约 3 约 2	人和鼠	pRSC	反转录病毒	RNA Pol III 启动子 选择性嘌呤霉素
GeneNet shRNA 库	System Biosciences	39 000 鼠基因 47 400 人基因	24 000 30 000 150 000	4	人和鼠	基于 HIV 和 FIV 的载体	慢病毒	荧光蛋白如 GFP 等 选择性嘌呤霉素
EXPAND 库	UCSF	20 000 人基因	200 000	约 30	人		慢病毒	约 30 shRNA 或基因
siGenome SMARTpool siRNA 库	Thermo Scientific （Dharmacon）	18 236 人基因	约 600 000	约 4	人		基于 siRNA	同时针对 4 个 mRNA 区域，减少假阴性确保沉默 75%
Silencer siRNA 库	Ambion	12 585 人基因 11 134 鼠基因	37 755 33 402	约 3	人和鼠		基于 siRNA	用于低浓度（>30nmol/L）脱靶 消除多形的抗病毒感应区

RNA 干扰筛选类型

在这部分，我们主要介绍 RNA 干扰筛选类型和一些运用这些技术的相关研究。

功能获得性/阳性选择性 RNA 干扰筛选

RNA 干扰功能获得性或阳性选择性筛选是指细胞表达已知 shRNA，并具有生长优势，从而以一种已知方式生存与增殖（图 1）。已有许多类似筛选的报道，如负调节因子 p53 的鉴定和致癌 BRAF 诱导的衰老（Berns et al. 2004; Wajapeyee et al. 2008）。因为 p53 和 BERF 在特定的环境中具有生长抑制作用，通过生长抑制所需基因的 shRNA，从而引起细胞在生长抑制刺激的作用下仍然可以生存。这些细胞可以被富集，且可以通过前面所描述的条码微阵列或测序鉴别 shRNA。shRNA 使细胞获得生长优势，包括在琼脂糖上形成菌落（Westbrook et al. 2005）或表型迁移，某些情况下提示其具有转移增强潜力（Gobeil et al. 2008），因此发展了多种检测方法来筛选细胞。

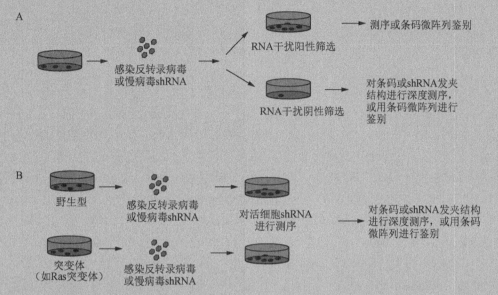

图 1　全基因组 RNA 干扰筛选。 A. 全基因组 RNA 干扰的阳性或阴性筛选；B. 与在酵母中相似，通过高通量测序和条码 shRNA 使人工致死性筛选成为可能

基于缺失/阴性选择性的 RNA 干扰筛选

与阳性选择性筛选相比，阴性筛选性 RNA 干扰筛选作为最后一步，旨在鉴别增殖或存活的丧失。例如，shRNA 抑制一个关键基因会导致细胞死亡，因此 shRNA 会从 shRNA 文库（pool）中被剔除。这些筛选需要通过条码微阵列或高通量测序来鉴别所剔除的 shRNA。近来，有两项研究利用 RNA 干扰缺失（dropout）性筛选来鉴别哺乳动物上皮细胞中的有效基因（Silva et al. 2008）和影响细胞增殖的基因及其在正常和癌症细胞中的活性（Schlabach et al. 2008）。这些筛选方法都利用多重微阵列法解析（deconvolute）shRNA 文库。

合成致死率筛选

合成致死率是指当一种遗传缺陷与另一种遗传突变结合时引起的细胞致死率，然而这两种突变中的任何一种都不具有致死性（Hartwell et al. 1997; Kaelin 2005）。例如，BRCA1 和 BRCA2 缺陷的细胞显现出同源重组（HR）修复通路的缺陷，且对多聚（ADP）核糖聚合酶（PARP）抑制剂高度敏感（Farmer et al. 2005）。利用 RNA 干扰文库，靶向人类和鼠基因的实验可以用于破解综合致死反应。近来这两种筛选被用于鉴别一个选择性地杀死 Ras 突变细胞的致死基因（Luo et al. 2009; Scholl et al. 2009）。相似地，RNA 干扰筛选被用于鉴别含 *EGFR* 突变肺癌细胞对酪氨酸激酶抑制剂厄洛替尼（erlotinib）治疗敏感性的基因（Bivona et al. 2011）。该研究中，研究人员发现在敲减 NF-κB 信号通路中的某些基因后，厄洛替尼会促进厄洛替尼抗性 *EGFR* 突变体细胞系发生细胞死亡。尤其需要注意的是，相似的筛选也可应用在表观遗传改变的环境中鉴别靶向癌细胞表观遗传改变引起的合成致死。

体内 RNA 干扰筛选

大多的生物进程发生于生物有机体中，并是多种细胞间相互作用的结果，因此，近来很多技术被用于整个有机体的体外 RNA 干扰筛选。建立蠕虫（planarian worms）和线虫体内 RNA 干扰筛选相对比较简单，然而建立鼠的体内 RNA 干扰比较困难且需要精确的检测方法来检测其效应。以下列举了近些年体外筛选的有趣之事。

线虫（*C. elegans*）和蠕虫（planarian worm）的体内 RNA 干扰。过去几年发现线虫是研究许多生物问题的重要动物模型（Finch and Ruvkun 2001; Feng et al. 2006; Harrington et al. 2010）。此外，在线虫中发现的许多通路在许多的生物包括人类中具有保守性（Segalat and Neri 2003）。线虫 RNA 干扰可通过给线虫喂食含干扰性 RNA 的大肠杆菌（*Escherichia coli*）简单获得，因此，这些 RNA 干扰的操作较鼠中的简单，并且能提供许多相关的体内功能信息。近年来，利用线虫建立许多 RNA 干扰筛选（Hamilton et al. 2005; Cram et al. 2006; Parry et al. 2007），主要包括鉴别 miRNA 途径基因（Parry et al. 2007）、线虫中细胞迁移基因网络（Cram et al. 2006）和长寿基因（Hamilton et al. 2005）。

近年来蠕虫已经作为主要的模型生物，尤其是用于研究一些与再生潜能有关的生物问题（Reddien et al. 2005）。与线虫相似，蠕虫的 RNA 干扰可通过给蠕虫（worm）喂食含干扰性 RNA 的大肠杆菌（*E.coli*）来进行（Reddien et al.2005）。利用这一基于 RNA 干扰的方法，Reddien 等（2005）鉴别出一个蠕虫干细胞调节必需的蛋白 SMEDWI-2，它是一个 Piwi 样蛋白。

果蝇（*Drosophila melanogaster*）体内 RNA 干扰筛选。与蠕虫筛选相似，许多体内 RNA 干扰筛选可在果蝇中进行（Kambris et al. 2006; Avet-Rochex et al. 2010; Lesch et al. 2010; Neely et al. 2010）。在这些 RNA 干扰筛选中，Neely 等（2010）建立的筛选旨在鉴别心脏功能调节因子中的保守因子。在果蝇中使用心脏特异性 RNA 干扰，在应激条件下敲减 7061 个进化保守基因，从而找出心血管系统通路中可能起保守作用的所有基因。其中发现的一个重要通路是 CCR4-Not 复合体，它参与转录及转录后的调节机制。研究发现在成年果蝇中沉默 CCR4-Not 复合体会引起肌纤维紊乱和心肌扩大（Neely et al. 2010）。杂合子 *not* 3 敲除鼠会出现心脏收缩自发性损伤，且对心脏衰竭的敏感性增加。抑制 HDAC 可以逆转这些心脏损伤，表明其与表观染色质重塑（remodeling）机制相关。进一步研究表明正常 NOT 3 SNP 与心脏的 QT 周期（心脏电循环的一种检测方法）改变相关，同时也是心室快速性心律失常的一个已知的可能性原因（Neely et al. 2010）。

基于小鼠模型的体内 RNA 干扰筛选。在小鼠中进行大规模的体内 RNA 干扰筛选的可行性在小鼠癌症模型得到证明（Zender et al. 2008; Bric et al. 2009; Meacham et al. 2009）。在这些筛选成功的例子中，要求之一是常用于表示致瘤进程的特征性表型改变必须易于检测。在 Zender 等（2008）的研究中，将肝癌基因组丢失的编码区编码一个含 300 个基因的 shRNA 文库导入未恶化的肝母细胞。鉴别出 13 个肿瘤抑制基因。相似地，在一个淋巴瘤细胞 Eμ-Myc 模型中，针对 1000 个癌症相关基因的 shRNA 导入造血干细胞和祖细胞（progenitor cell）或淋巴细胞；通过筛选可以鉴别新的肿瘤抑制基因（在肿瘤中 shRNA 会减少）和淋巴瘤生成中与 Myc 协同作用的癌基因（在肿瘤中 shRNA 会衰竭）（Bric et al. 2009; Mecham et al. 2009）。在 Eμ-Myc 淋巴瘤细胞中进行体内筛选与体外筛选获得不同的结果，从而鉴定出了参与细胞移动和细胞支架重构许多基因，表明淋巴瘤生成的体内外条件不同，说明在特定条件下进行筛选的重要性。

迄今这些研究具有一些共同特征。第一，每个研究筛选 300～1000 个基因亚类。第二，选用低复杂性 shRNA 库，每个大约包括 50 个不同的 shRNA。第三，筛选是在致敏的且已有癌突变和（或）肿瘤抑制因子缺失，即单因素促进肿瘤生成的细胞中进行。

RNA 干扰对研究小鼠的发育进程十分有用。例如，癌症，当不能如胚胎干母细胞或造血干细胞一样较易获得组织或细胞时，应用 RNA 干扰筛选将面临着如何将文库导入靶组织的难题。一项旨在肾生长发育基因的研究构建出针对 15 个可能性基因的 shRNA 并导入单细胞胚胎，证明了至少有一个基因对于肾的正常生长非常重要（Peng et al. 2006）。

全基因组 RNA 干扰筛选发展前景

2004 年，许多报道（Berns et al. 2004; Paddison et al. 2004; Silva et al. 2005）描述了 RNA 干扰文库在人类细胞功能基因组学中的应用，现在大量 RNA 干扰筛选被用于回答一系列生物学问题（Gazin et al. 2007; Zender et al. 2008; Bric et al. 2009; Luo et al. 2009）。这些筛选已鉴别了生物中重要的遗传和表观调节事件（Gazin et al. 2007; Palakurthy et al. 2009）、合成致死相互作用（Luo et al. 2009; Scholl et al. 2009）、肿瘤生成过程中相互关联的体内变化（Zender et al. 2008），以及果蝇生物钟调节基因（Sathyanarayanan et al. 2008）。可以肯定，RNA 干扰在未来几年中仍然是解读基因组信息和生物功能的重要研究方法。

StarFire 探针

利用聚核苷酸酶将 ^{32}P 加到寡核苷酸的 5′-OH 可以获得高达约 1.3×10^7 cpm/pmol 的特异活性。然而，利用 StarFire 探针——一个商品化系统，将多个放射性标记的三磷酸脱氧核苷酸探针（dNTP）加在研究者感兴趣的寡核苷酸 3′ 端可以将其活性提高约 10 倍。这些高特异性探针是检测较短长度和低丰度 RNA（如 miRNA）所必需的。

StarFire 探针的制备过程如图 2 所示。总之，合成一个寡核苷酸，其 5′ 端为目标序列，3′ 端为一个通用模板序列。第二个寡核苷酸通过与第一个寡核苷酸的通用模板序列复性。第二个寡核苷酸突出的单链 poly(T) 突出尾作为 *E.coli* DNA 聚合酶 I Klenow 片段（exo⁻）模板，利用 α-^{32}P-dATP 作为底物催化引物延伸反应。如图 2 所示，多达 10 个放射性标记的脱氧核苷可以催化导入到研究者感兴趣的序列上，形成一个特定长度和高特异活性的单链探针。

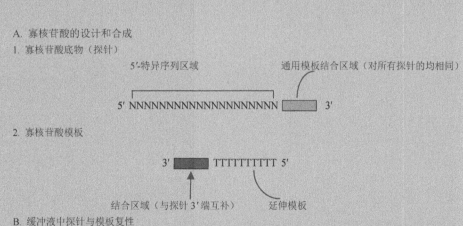

A. 寡核苷酸的设计和合成
1. 寡核苷酸底物（探针）

5′-特异序列区域　　　　　　　　通用模板结合区域（对所有探针的均相同）

5′ NNNNNNNNNNNNNNNNNNNN　3′

2. 寡核苷酸模板

3′ TTTTTTTTTT 5′

结合区域（与探针 3′ 端互补）　　延伸模板

B. 缓冲液中探针与模板复性

NNNNNNNNNNNNNNNNNNNN

TTTTTTTTTT

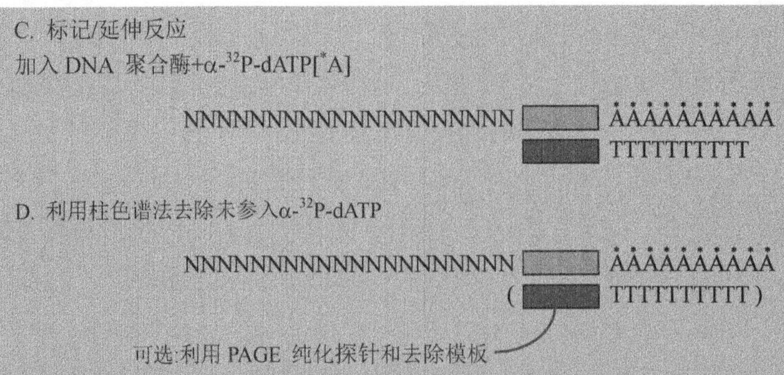

C. 标记/延伸反应

加入 DNA 聚合酶+α-³²P-dATP[*A]

NNNNNNNNNNNNNNNNNNNNNNN ▭ ÅÅÅÅÅÅÅÅÅÅÅ
▭ TTTTTTTTTT

D. 利用柱色谱法去除未参入 α-³²P-dATP

NNNNNNNNNNNNNNNNNNNNNNN ▭ ÅÅÅÅÅÅÅÅÅÅÅ
（ ▭ TTTTTTTTTT ）

可选:利用 PAGE 纯化探针和去除模板

图2 StarFire 寡核苷酸标记步骤。 （A）反应中应用的 2 个寡核苷酸——一个靶基因特异性寡核苷酸和一个通用模板寡核苷酸，两个寡核苷酸发生复性；（B）并利用 DNA 聚合酶催化的引物延伸反应对其进行标记；（C）利用凝胶过滤去除未参入 α-³²P-dATP；（D）（Redrawn from Belhke et al. 2000, 经许可可摘自 Bio Techniques）

参考文献

Belhke MA, Dames SA, McDonald WH, Gould KL, Devor EJ, Walder JA. 2000. Use of high specific activity StarFire™ oligonucleotide probes to visualize low-abundance pre-mRNA splicing intermediates in *S. pombe*. *BioTechniques* **29**: 892–897.

（陈忠斌　译，余云舟　校）

第 19 章　克隆基因的表达以及目的蛋白的纯化和分析

导　言

通常，难以从天然来源直接获得高质量的特定蛋白，尤其是人体蛋白。很多研究者通过将基因克隆至可在易培养细胞中操作的人工载体上，通过异源表达来克服这个问题，这些细胞包括大肠杆菌、毕赤（酵母）及一系列的昆虫细胞和哺乳动物细胞。异源表达系统还可以简单地通过修饰蛋白优化表达，进行蛋白质内特定位点的突变分析，设计亲和标签以方便纯化。蛋白质进行功能分析前通常需要一定程度的纯化。将蛋白质纯化至近乎均一对 X 射线晶体衍射或磁共振（NMR）分析蛋白结构以及蛋白质的生物化学和生物物理特性鉴定是非常重要的，因为杂蛋白总会对分析结果产生干扰。

大肠杆菌是很多异源蛋白表达的首选，因为对该菌的遗传学、生物化学和分子生物学研究已经积累了大量知识。大肠杆菌基因操作直接、易培养，生长廉价、与很多外源蛋白相容、可获得高表达。在过去的 30 年中，用大肠杆菌已表达和纯化了 30 000 种以上重组蛋白（Graslund et al. 2008）。但大肠杆菌也不总是可选的宿主。例如，需要通过翻译后修饰（如糖基化或在特定位点切割）才能获得完整生物活性的蛋白质，最好用真核宿主表达，如毕赤酵母或杆状病毒感染昆虫细胞系统，该系统是 20 世纪 80 年代后期出现的。在开始表达研究前，一定要评估最终目的以及分析何种宿主-载体系统最适合表达目标蛋白。

本章介绍了使用各种载体在不同表达平台上生产和纯化蛋白的方法。对生产大量不需要翻译后修饰的简单蛋白，用大肠杆菌表达是一种相对直接、成本划算的方法。真核蛋白用杆状病毒系统在昆虫细胞中表达可能获得一些功能必需的加工或修饰。杆状病毒系统更易获得可帮助用户使用的各种商业化选择。除了真核加工外，毕赤酵母表达系统还有表达载体易构建、可共表达配体蛋白，以及可获得细胞高密度等优点。该系统可用于制备大量用于生化、生理或结构研究的天然蛋白（Daly and Hearn 2005）。因此，毕赤系统是一个成本划算，可选的通用蛋白表达"工具箱"（Cregg et al. 2000）。本章的方案 1～方案 3 介绍了在大肠杆菌、昆虫细胞或毕赤酵母中表达蛋白的方法。

目的蛋白与载体蛋白融合可以增加其溶解度，改变定位，提供亲和纯化方法，或获得对免疫分析的响应。多种可切除的亲和标签可用于纯化和检测。常用的多聚组氨酸（6xHis）和谷胱甘肽-S-转移酶（GST）融合蛋白的细胞裂解和纯化方法见方案 4～方案 6。有时，大肠杆菌表达蛋白为不溶的包含体。虽然可用杆状病毒或毕赤酵母系统替代具有活性、可溶性蛋白，方案 7 还是提供了一种从大肠杆菌表达包含体中分离和回收蛋白的方法。分析表达蛋白质的量和纯度的基本方法在本章的最后几个方案（方案 8～方案 10）中叙述，这包括 SDS-聚丙烯酰胺凝胶电泳、免疫印迹法（或 Western 杂交），以及用 Bradford 法或 A_{280} 吸光度法的蛋白质浓度定量。

表达系统选择

一些用于重组蛋白表达的系统的优势和缺陷总结于表 19-1，并分别进行描述。选择表达系统主要考虑蛋白质的大小、需要蛋白质的量、蛋白质来源的物种，以及蛋白质是否有二硫键和翻译后修饰。如果只需要少量目标蛋白——如当筛选一系列点突变用于酶活性研究时，不需要优化生产条件。但是，如果必须纯化一个活性蛋白和/或需要大量蛋白质时，在发现一个大规模可用方法前就需要尝试不同的宿主-载体系统、表达条件和/或纯化方案（图 19-1）。

表 19-1　重组蛋白生产用宿主比较

属性/宿主	大肠杆菌	杆状病毒感染的昆虫细胞	毕赤酵母	哺乳动物细胞	无细胞翻译体系
产率	+通常高产	+通常高产	+易于从小量培养放大到在发酵罐中的发酵、高生物量生产	-通常表达蛋白质量小	-通常比活细胞表达产率低
倍增时间	+ 倍增快（约20min）	-倍增时间长（约20h）	+倍增时间适当（约2h）	-倍增时间长（约20h）	+直接从质粒和 PCR 产物快速表达
使用方便性	+相对直接的培养和转化过程 +可直接购买宿主菌和试剂	+良好开发的方法 +可直接购买宿主菌和试剂 -重组杆状病毒生产费时 -需要组织培养的经验	+可直接购买宿主菌和试剂 +良好开发的方法 +/-生长条件可能需要优化	-常常需要制备稳定细胞株，该过程非常耗时。高表达需要通过广泛的培养和筛选来获得高产菌株	+"开放"系统，可以方便地添加组分，以增加蛋白质的溶解性和功能 +可以直接购买包括大肠杆菌、昆虫细胞、酵母和哺乳动物细胞抽提物系统的无细胞翻译试剂盒
费用	+相对廉价的培养基	-约比大肠杆菌高12倍	+相对廉价的培养基	-约比大肠杆菌高15倍	大规模表达（数毫克）会非常昂贵
需要的特殊设备	+培养箱和摇床	-组织培养超净工作台、培养箱、摇床	+培养箱和摇床	-组织培养超净工作台、培养箱、旋转瓶或转瓶培养箱	+不需要特殊设备
宿主细胞和标签的通用型	+有大量带有标签、信号肽和蛋白酶位点的载体	+很多带有标签、信号肽和蛋白酶位点的载体	-可选的标记，标签和宿主细胞少	+天然的折叠和翻译后修饰	+可以表达一系列标签 -可选的宿主少
蛋白质质量	-大蛋白可能折叠不正确	+大蛋白较好地折叠	+大蛋白较好地折叠		+较好的折叠和翻译后修饰
翻译后修饰	-没有真核生物的翻译后修饰	-有真核蛋白的很多翻译后修饰和加工。 -蛋白质被核心糖基化（高甘露糖型） -常有一部分表达蛋白未被修饰	+有真核蛋白的很多翻译后修饰和加工，包括蛋白酶解加工、二硫桥形成、糖基化及磷酸化。 -蛋白被核心糖基化（高甘露糖型） -不能进行特定的复杂型翻译后修饰	+重组蛋白很可能与在正常组织中一样，被正确加工。包括成熟的 N-连接、O-连接糖基化、氨基化、羟脯氨酸化、豆蔻酰化、棕榈酸化或硫酸化	+/-修饰依赖于无细胞系统的物种。商业化的试剂盒有大肠杆菌、昆虫细胞、酵母和哺乳动物细胞细胞抽提物系统
毒性基因表达	-一些蛋白质可能对宿主细胞有毒性	+毒性蛋白可被表达	+很多对大肠杆菌有毒性的蛋白获得了成功表达 -一些分泌蛋白可能折叠错误，且不能从内质网中运送出来		+可以表达不稳定和有毒性蛋白
多基因表达	+有含相容复制起始区和/或双表达盒的质粒	+有双表达盒的质粒 -多种病毒可用于共感染；但这不能保证不同蛋白在相同细胞内共表达	+用 Zeocin 可方便地筛选多拷贝整合 +有用于配体蛋白定量共表达的多拷贝载体		+在同一反应体系中可以用多重 RNA 聚合酶，以不同启动子表达多种蛋白 +在设计多基因共表达时有很大的灵活性
膜蛋白表达	+/-原核膜蛋白表达成功率高，但真核膜蛋白表达可能存在问题	+常常成功用于真核膜蛋白表达	+由于可获得高生物量，特别适合于低丰度膜蛋白		-表达膜蛋白困难 +可以在去污剂存在条件下表达

（1）克隆

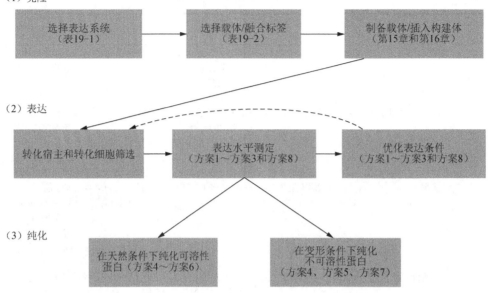

图 19-1 重组蛋白表达和纯化的总体策略。

大肠杆菌

大肠杆菌系统通常是小分子细胞质蛋白或结构域表达的首选宿主。用大肠杆菌生产蛋白质，由于只需要简单的培养基和条件，因此费用低且方便。此外，除了无细胞表达（生产蛋白只需要数小时）外，它是速度最快的系统，因为大肠杆菌的倍增时间（约 20min）比酵母（约 2h）、昆虫细胞和哺乳动物细胞（约 20h）都要快。一般来说，在大肠杆菌中表达重组蛋白包括：①将一个编码目标蛋白的质粒导入宿主菌；②培养细胞至对数生长期；③诱导蛋白表达。这些年已开发了大量可以高水平生产蛋白质（大于细胞总蛋白的 50%）的大肠杆菌菌株和表达方法（方案 1）。但是，由于各种原因，并不是所有蛋白质都可以在大肠杆菌中以可溶、有活性形式表达。一些蛋白质过表达可能对大肠杆菌产生毒性（Saida 2007）。大蛋白常会聚集，蛋白质在大肠杆菌细胞裂解物的可溶性组分中的比例随蛋白质的增大（大于 100 残基）而减少（Graslund et al. 2008），而且，大肠杆菌不具有对一些真核蛋白折叠和活性重要的翻译后修饰。这些大蛋白和/或真核蛋白常常以被称为包含体的不溶性聚集体形式存在（Marston 1986）。虽然按方案 7 可以从包含体中纯化重组蛋白，但是其重折叠成可溶活性蛋白的可能性比较低（Cabrita and Bottomley 2004; Graslund et al. 2008）。而且，通常重折叠回收的蛋白质不总适用于一些需要大量纯的、活性的和正确折叠蛋白的技术，如晶体学或磁共振结构分析。有时，通过改变大肠杆菌宿主菌株、载体和生长条件可能提高蛋白质的回收。在其他时候，应按以下叙述改变表达系统，以增加生产可溶活性蛋白的机会。

杆状病毒感染昆虫细胞

杆状病毒表达系统的基本策略是用一种在感染极晚期表达外源蛋白的病毒感染昆虫细胞。对单结构域蛋白或原核蛋白通常选用大肠杆菌表达系统，而非杆状病毒系统，因为杆状病毒系统的昆虫细胞培养基较贵，重组杆状病毒生产需要的时间长，所需经验多。但是，杆状病毒表达系统在多结构域真核蛋白生产上具有一些优势，包括：

（1）每升昆虫细胞培养物的产率可以与大肠杆菌相当；
（2）由于目标蛋白在病毒感染的极晚期才表达，表达毒性基因时副反应低；

（3）相对较低的生长温度（27～28℃）有利于突变蛋白或不稳定蛋白的折叠；

（4）由于病毒衣壳的开放末端结构，外源 DNA 序列可以很大（大于 20kb，相应于大于 7000 个氨基酸）；

（5）可以简单地用一种以上重组病毒共感染或在病毒基因组插入多个表达盒生产多蛋白复合物；

（6）昆虫细胞能从 mRNA 转录前体切除内含子。一般还是建议使用 cDNA，因为可变剪切可使产物复杂化；

（7）昆虫细胞可完成真核蛋白的翻译后修饰，已报道的修饰包括磷酸化（Miyamoto et al. 1985）、乙酰化（Kluwe et al. 1995）、羧甲基化（Rosenberg et al. 1998）、异戊烯化（Khosravi-Far and Der 1995; Lindorfer et al. 1996）、信号肽切除（Smith et al. 1985）及酶切加工（Oker-Blom et al. 1989）。昆虫细胞也可对外源蛋白进行 *N*-和 *O*-连接糖基化（Stiles and Wood 1983; Kuroda et al. 1990）。但是，糖基的组成和长度往往与哺乳动物细胞不同。

选择杆状病毒系统而不是大肠杆菌系统的主要依据是该系统可进行真核蛋白的翻译后修饰（见以上第 7 点）。但是，过表达蛋白经常超过了昆虫细胞的修饰能力，因此只有一部分蛋白被修饰（Hoss et al. 1990; Kuroda et al. 1991; Khosravi-Far and Der 1995; Hsu and Betenbaugh 1997）。例如，用杆状病毒表达系统时，只有10%～50%的 ras 相关蛋白被异戊烯化（Lowe et al. 1991; Yang et al. 1992; Khosravi-Far and Der 1995）。对需要均一蛋白的应用，必须研发从未加工重组蛋白中分离和鉴定已加工蛋白的方法。也可除了目标蛋白外同时表达伴侣蛋白或酶以增加重组蛋白的加工（Hsu and Betenbaugh 1997; Ailor et al. 1999）。这种策略也被用于导入昆虫细胞缺乏的翻译后修饰。例如，转基因 *SfSWT-1*（名为 Mimic 菌株，由 Life Technologies 销售）昆虫细胞株稳定表达哺乳动物糖基转移酶，该细胞株在有唾液酸来源（如胎牛血清）的条件下培养时，可以生产复杂型唾液酸化蛋白（Hollister et al. 2002）。尽管有这些解决方法，能生产具有良好翻译后修饰的重组哺乳动物蛋白依然是选择哺乳动物细胞而不选杆状病毒表达系统的重要原因。

毕赤酵母

作为生产真核蛋白的系统，毕赤酵母具有许多优势，如蛋白酶切加工、蛋白质折叠、二硫键形成和糖基化修饰，同时又如大肠杆菌和酿酒酵母一样易操作（Cereghino and Cregg 1999）。毕赤酵母比其他真核表达系统快、廉价，而且通常可获得高表达。与其他表达系统的基因存在于游离质粒上不同，它的表达质粒是通过同源重组整合在基因组上的，转化简单（不需要病毒原液），表达菌株可以长时间保存（大于 10 年）而不失活。毕赤酵母具有的培养基廉价、易于从小规模培养放大到发酵规模、在发酵罐中可以获得高生物量（高达 400g/L）等优点使其成为了一种非常有用的蛋白表达系统。现在，数千种蛋白质已在毕赤酵母中表达（Cregg 2007），包括很多在大肠杆菌中表达时无活性的真核蛋白和完整的膜蛋白（Lueking et al. 2003; Parcej and Eckhardt-Strelau 2003; Long et al. 2005; Andre et al. 2006; Aller et al. 2009）。

毕赤酵母表达蛋白通常被高甘露糖型短 *N*-糖链核心糖基化，这可能会产生免疫原性不良反应而影响其应用[如医药用免疫球蛋白（IgG）的生产]（Daly and Hearn 2005）。为此，两个团队对毕赤酵母进行了基因工程改造，使其模拟人的糖基化模式，从而获得了部分或全部人源化末端唾液酸化的 *N*-糖链（Hamilton et al. 2006; Jacobs et al. 2009）。Contreras 团队（GlycoSwitch 技术）研发的菌株可以提供给研究者，并可以通过 Research Corporation

Technologies, Inc. 获得许可。与哺乳动物细胞相比，毕赤酵母的另外一弱点是缺乏某些可能对正确折叠和加工重要的复杂翻译后修饰，如脯氨酰羟化、酰胺化和一些类型的磷酸化（Cereghino and Cregg 1999）。而且，一些蛋白质在过表达时对毕赤酵母有毒性，因此滞留在内质网（ER）中，错误折叠或被液泡和蛋白酶体系统降解（Sullivan et al. 2003; Schuck et al. 2009）。有时通过优化生长条件或使用蛋白酶缺陷株可以拯救蛋白质，而其他情况，改用昆虫细胞或哺乳动物细胞表达系统更合适。

其他表达系统

除大肠杆菌、昆虫细胞和毕赤酵母外，哺乳动物细胞及其来源的无细胞表达系统也常用于蛋白质表达，如表 19-1 的概述，用哺乳动物细胞表达蛋白质具有使哺乳动物蛋白正确翻译后修饰的优势。但是，其缺陷包括：①生成所需量的目的蛋白的时间长；②费用相对较高。因此，作为替代，近来无细胞表达系统逐渐流行用于小量或中等规模蛋白（多至 3mg）的生产。正如以下在"蛋白体外表达的无细胞系统"信息栏中叙述的，现在有很多无细胞表达试剂盒可以买到，且厂家提供详细的使用说明。本章重点介绍用大肠杆菌、昆虫细胞和毕赤酵母系统表达蛋白质的方法。

蛋白体外表达的无细胞系统

用无细胞系统在体外表达目标蛋白越来越流行，该方法为基于细胞的体内表达方法提供了一种快速的替代方法（综述见 Hoffmann et al. 2004; Murthy et al. 2004; Katzen et al. 2005; Endo and Sawasaki 2006; Falzon et al. 2006）。无细胞系统含有蛋白质合成所需的所有组分，如 RNA 聚合酶、核糖体、tRNA、转录因子和调控蛋白。体外系统通常来源于细胞裂解物，也可用纯化的组分重建，但后者的蛋白生产效率经常较低（Hillebrecht and Chong 2008）。

历史上，无细胞表达系统被开发用于蛋白质合成机制，尤其是用于蛋白质翻译过程的研究（Nirenberg and Matthaei 1961）。现在蛋白体外合成已演变成了一种从 mRNA 或 DNA 模板快速生产蛋白质的方法。DNA 模板是来源于质粒或聚合酶链反应（PCR）制备的模板，通常含：①一个用于 DNA 模板的、由同源噬菌体编码的、依赖于 DNA 的 RNA 聚合酶转录启动子；②一段用于增加翻译效率的 Shine-Dalgarno 序列。哺乳动物表达系统通常需要内部核糖体进入位点（IRES）、Kozak 序列（Kozak 1987）、目标序列后的 poly（A）添加信号、转录终止子和一种翻译加强序列（Hino et al. 2008）。根据体外翻译中的组分不同，目标蛋白的转录和翻译可以顺序进行（非偶联的），也可以同时进行（偶联的）。优选的是偶联反应，因为它可以在较短的时间内获得高产率，但它需要额外的三磷酸核苷酸（NTP）和噬菌体编码的依赖于 DNA 的 RNA 聚合酶。偶联反应起始于一种含转录/翻译元件的抽提物与核酸模板和氨基酸混合。短暂孵育后（通常30min），加入必需的辅因子和能量源用于生产目标蛋白。在非偶联反应中，转录和翻译在两个分离的阶段完成，这样提供了用 mRNA 作为起始模板的机会。

优点

与更常用的大肠杆菌表达方法相比，体外无细胞表达具有一些好处。最大的优点之一是可以在相对天然的条件下快速生产蛋白质。使用的表达系统模型越接近蛋白质的天然表达条件，越能使蛋白质正确地进行翻译后修饰和折叠（Gibbs et al. 1985; Hillebrecht and Chong 2008）。使用无细胞系统还能方便地加入一些可能促进蛋白溶解和功能的组分。目标蛋白可以非常快的速度生产，通常在数小时（在大肠杆菌抽提物中短至 3h），而用传统的基于细胞方式，用细菌培养需要过夜完成，用杆状病毒则需要数周才能完成蛋白质表达。而且，体外蛋白表达有助于避免蛋白聚集形成包含体，能用于合成不稳定的、易降解的或活细胞不能生产的毒性蛋白。体外蛋白合成可以在微升规模上合成，这可使目标蛋白突变体的表达和筛选更为方便（Yokoyama 2003; Spirin 2004）。反之，这些反应可以放大用于表达大量蛋白质。但是，与基于细胞的表达相比，无细胞系统大规模生产蛋白质需要更多的技术，且昂贵到难以承受，尤其是考虑到一些体内表达方法可以如何廉价地和方便地完成时，体外表达不会成为大规模生产蛋白质的实际选择。

体外表达系统类型

一些物种的细胞已被用于制备体外表达系统，如大肠杆菌（Zubay 1973）、兔网状细胞（Pelham and Jackson 1976）、麦胚（Roberts and Paterson 1973）、昆虫（Glocker et al. 1993）和人（McDowell et al. 1972; Stueber et al. 1984; Mikami et al. 2008）。每种物种的无细胞表达系统都有其自身的优势，可为表达蛋白加上不同的翻译后修饰（Endo and Sawasaki 2006; Falzon et al. 2006）。哺乳动物系统可产生较复杂的翻译后修饰，但通常较昂贵，对添加物较敏感，且一般产率较低。原核系统，如大肠杆菌，产率较高，对添加物耐受性较好，但不能产生一些哺乳动物蛋白翻译后的修饰，也不能提供促进哺乳动物蛋白正确折叠的环境。

这些需要我们在蛋白质质量和数量之间的权衡，如大肠杆菌和麦胚抽提物不能糖基化蛋白，但可高产；兔网状细胞系统（加入犬微粒膜）可以生产糖基化蛋白但总蛋白产率较低。因为上述表达系统间的所有翻译后修饰和蛋白折叠差别尚未完全清楚，尝试几个系统确定哪个可以产生所需的翻译后修饰和产率的功能基因产物，往往是有益的。现在一些公司供应数个物种来源的体外表达系统试剂盒，这些试剂盒包含了转录和翻译的必需组分：Thermo Scientific Pierce，一步人偶联 IVT 试剂盒（HeLa 细胞裂解物；http://www.thermo.com/pierce）；Life Technologies Invitrogen, Expressway Maxi 无细胞大肠杆菌表达系统或者 Ambion Retic Lysate IVT 试剂盒（分别包括大肠杆菌抽提物或兔网状细胞裂解物；http://www.invitrogen.com）；Promega, TNT Systems（麦胚抽提物，昆虫细胞裂解物或兔网状细胞裂解物；http://www.promega.com）；QIAGEN, EasyXpress 蛋白质合成系统（大肠杆菌抽提物或昆虫细胞裂解物；http://www.qiagen.com）。

选择合适的表达载体

合适的宿主选定后，相应的有许多带有工程化克隆位点和用于驱动蛋白表达的非编码序列的载体可供选用。启动子通常是可诱导的，以在细胞生长到合适的密度前阻止目标蛋白的表达。大部分载体还提供靶蛋白序列与一系列蛋白标签构建融合蛋白的选择。这些蛋白标签可增加蛋白质的溶解性和简化后续纯化（见下节"融合蛋白"中的叙述）。常用的表达载体种类按照用于表达的宿主系统类型在下文介绍，如表 19-2 所述。

表 19-2　用于蛋白质表达的常用载体

大肠杆菌表达载体 [a]					
载体系列	启动子	融合配体 [b]	蛋白酶位点 [c]	原始厂家	注释
E.coli RNA 聚合酶转录的载体					
pGEX	Tac	GST；pGEX-2TK 还带有用于 ³²P 标记的蛋白激酶位点	Xa 因子，凝血酶或 HRV 3C	GE Healthcare	—
pMAL	Tac	MBP；有些载体带有 MBP 信号肽	肠激酶，Xa 因子 Genenase I	New England Biolabs	—
pTrcHis	Trc	6xHis 及 c-myc 或 Xpress 标签	肠激酶	Life Technologies	—
pBAD	pBAD	6xHis；有些载体带有 hpTrxA；V5、Xpress 或 c-myc 标签；或 gIII 信号肽	肠激酶	Life Technologies	araBAD 启动子是受 AraC 抑制蛋白调控，加入 L-阿拉伯糖诱导。载体带有 AraC 抑制蛋白基因
pQE	T5-lac	6xHis；有些载体带有 DHFR、Tag-100 或 Strep（II）融合标签	有些载体带有 TAGZyme 或 Xa 因子位点	QIAGEN	大多数 pQE 载体需要反式提供 LacI，经常是由共转化 pREP4 质粒提供。pREP4 有一个 p15A 复制子，不适合用于带 pLysS、pLysE 或 pRARE 的宿主菌
T7 RNA 聚合酶转录的载体					
pET	T7-lac	6xHis；有些载体带有 GST，Strep（II）标签，hpTrxA、S-标签、CBP，NusA，Sumo，DsbA，DsbC；pelB 信号肽；HSV 或 T7-标签	肠激酶，Xa 因子，凝血酶，HRV 3C 或 TEV	MerckBiosciences；Gateway 或 TOPO cloning 系列衍生载体 Life Technologies	T7 聚合酶需要反式提供，经常是由 λDE3 溶原性宿主菌株提供。有少量 pET 载体带有 T7 启动子而不是 T7-Lac 启动子，没有一个拷贝的 LacI
pETduet	T7-lac	6xHis；S-标签	肠激酶，凝血酶		用于多蛋白表达的 pET 衍生载体，带有克隆位点的两个启动子，一个与 6xHis 融合；另一个与 S-标签融合。可与 Merk 提供的其他二重载体，包括 pACYCduet、pCDFduet 或 pRSFduet 共表达。由于每个可以表达两个蛋白质，用这个系统可以表达多至 8 个蛋白质
pRSET	T7	6xHis；有些载体带有荧光蛋白或 T7 标签	肠激酶	Life Technologies	可诱导的 T7 聚合酶必须反式提供，经常是由 λDE3 溶原性宿主菌株提供。pRSET 的 T7 启动子不含抑制蛋白结合位点，因此建议使用 plysS 宿主菌株，以减少渗漏活性。pRSET 的 pUC 复制子可产生高拷贝数质粒（但仍在 pBR322 相关复制子不相容组内）
pTriEx 系列	T7-lac（p10, CMV/β-actin）	6xHis；有些载体带有 HSV-标签、S-标签或 Strep（II）-标签	凝血酶，肠激酶或 HRV 3C	Merck Biosciences	含有除了大肠杆菌外还可以用杆状病毒或哺乳动物细胞表达的序列（p10, CMV/β-actin 启动子）
pQE 系列	T7-lac（p10, CMV/β-actin）	无，10xHis 或 Strep(II)-标签	无或 TAGZyme	QIAGEN	含有除了大肠杆菌外，还可以用杆状病毒或哺乳动物细胞生产的序列（p10, CMV/β-actin 启动子）

续表

重组杆状病毒 DNA 和转化载体 [d.e]		
病毒 DNA（A 组 [f]）	厂家	特征
BaculoGold	BD Biosciences Pharmingen	限制酶切去除了转移区的关键基因，因此非重组体不能存活 当存在 X-Gal 时，转移区的 *lacZ* 基因可使非重组病毒产生蓝色噬菌斑 BaculoGold Bright 表达 GFP 标志，可监视病毒的繁殖
flashBac	Oxford Expression Technologies	限制酶切去除了转移区的关键基因，因此非重组体不能存活 环状病毒 DNA 中 polyhedrin 区已被一段可在大肠杆菌中繁殖的序列替代，这保证了子代中没有非重组病毒
BacMagic	Merck Biosciences	限制酶切去除了转移区的关键基因，因此非重组体不能存活 环状病毒 DNA 中 polyhedrin 区已被一段可在大肠杆菌中繁殖的序列替代，这保证了子代中没有非重组病毒 BacMagic-2 缺失半胱氨酸蛋白酶和壳多糖酶基因，BacMagic-3 还进一步缺失抑制重组蛋白产率的基因
BacVector Triple Cut 系列	Merck Biosciences	限制酶切去除了转移区的关键基因，因此非重组体不能存活 在存在 X-Gal 时，转移区的 *lacZ* 基因可使非重组病毒产生蓝色噬菌斑 BacVector-2000 缺失抑制重组蛋白产率的 5 个非必需基因；BacVector-3000 还进一步缺失半胱氨酸蛋白酶和壳多糖酶基因
ProEasy	AB Vector	转移区含一个在标准生产条件下使病毒不能存活的基因，重组过程去除了该基因，因此只有重组病毒可被回收
ProGreen	AB Vector	表达 GFP 标志监视病毒的繁殖
ProFold 系列	AB Vector	限制酶切去除了转移区的关键基因，因此非重组体不能存活 当存在 X-Gal 时，转移区的 *lacZ* 基因可使非重组病毒产生蓝色噬菌斑 表达 GFP 标志监视病毒的繁殖 ProFold-C1 和 C2 共表达 Hsp40 和 Hsc70 分子伴侣，以促进蛋白折叠；Profold-PDI 共表达蛋白二硫键异构酶以促进分泌蛋白折叠；Profold-ER1 还共表达钙网织蛋白以促进分泌糖蛋白折叠
Bac-N-Blue	Life Technologies	线性的、限制酶消化的 DNA，由于去除了转移区的关键基因，未经重组不能存活 当使用 pBlueBac（非连续的）或 pMelBac 载体时，由于转移质粒中存在 *lacZ* 基因，当有 X-Gal 时，重组病毒产生蓝色噬菌斑，野生噬菌斑仍为无色。Bac-*N*-Blue 可与其他转移载体相容，但不能用于颜色筛选。 与 Mimic 宿主细胞不相容，因为 lacZ 重组改变 *N*-糖链
BacPAK6	Clontech	线性的，限制酶消化的 DNA，由于去除了转移区的关键基因，未经重组不能存活 在存在 X-Gal 时，转移区的 *lacZ* 基因可使非重组病毒产生蓝色噬菌斑

转移载体（A 组 [f]）	启动子	融合配体 [b]	蛋白酶位点 [c]	原始厂家	注释
pVL1392, pVL1393	*Polh*	—	—	BD Biosciences Pharmingen	经典转移载体
pAcHLT, pAcGHLT	*Polh*	6xHis，蛋白激酶 A 凝血酶位点，pAcGHLT 还有 GST		BD Biosciences Pharmingen	—
pAcG1/2T/ 3X	*Polh*	GST; pAcSecG2T 还有信号肽	无，凝血酶，或 Xa 因子	BD Biosciences Pharmingen	—
pAcGp67	*Polh*	信号肽	—	BD Biosciences Pharmingen	
pAcMP2, pAcMP3	*basic protein*	—	—	BD Biosciences Pharmingen	晚期中等水平表达可以进行更完全的加工 不管是否存在其他启动子，都与 polyhedrin 区重组
pAcAB3, pAcAB4	(*polh, p10, polh*) 或 (*polh, p10, polh, p10*)	—	—	BD Biosciences Pharmingen	有可分别表达 3 个或 4 个蛋白质的启动子/克隆位点。pAcDB3 是 pAcAB3 的缩小版

转移载体 （A 组[f]）	启动子	融合配体[b]	蛋白酶位点[c]	原始厂家	注释
pBAC -1, pBAC-2, pBAC-3	*Polh*	6xHis；pBAC-2 和 pBAC-3 载体还有 S-标签； pBAC-3 载体还 有信号肽	凝血酶或肠激酶	Merck Biosciences	pBAC 的 gus 版转移 p6.9 启动子- β-葡糖醛酸糖苷酶基因作为 重组病毒生产的阳性对照
pBAC-5, pBAC-6	*gp64*	6xHis，S-标签； pBAC-6 载体还 有信号肽	凝血酶或肠激酶	Merck Biosciences	早期和晚期中等水平表达以进 行更完全的加工
pBAC4x	*p10, polh,* *p10, polh*	6xHis	—	Merck Biosciences	有可表达 4 个蛋白质的启动子/ 克隆位点。
pIEX / Bac 系列	*hr5-ie1* 和 *p10* 串联启动子	6xHis；有些载体带有 GST 或 Strep（II）- 标签	凝血酶、肠激 酶或 HRV 3C	Merck Biosciences	重组基因在杆状病毒的整个生 命周期中都表达 *hr5* 加强子和 *ie1* 启动子用昆虫 细胞的 RNA 聚合酶进行中早 期基因表达 *p10* 启动子驱动极晚期基因表达 hr5-ie1 启动子也可用于昆虫细 胞瞬时转染时的蛋白质表达
pTriEx 系列	*p10 (T7-lac, CMV/* *b-actin)*	6xHis；有些载体带有 HSV-标签，S-标签， 或 Strep（II）-标签	凝血酶、肠激 酶或 HRV 3C	Merck Biosciences	带有除了杆状病毒还可以在大肠 杆菌或哺乳动物细胞生产蛋白 的序列（T7-lac, CMV/β-actin 启 动子）
pVL1393	*Polh*	—	—	AB Vector	经典转移载体
pVL-GFP	*Polh*	GFP	—	AB Vector	用于可溶蛋白的显影
pAB 系列	*Polh*	MBP；6xHis；6xHis- MBP；GST；flag- 6xHis；信号肽	凝血酶（用于 6xHis 或 MBP）、HRV 3C（用于 GST）	AB Vector	融合蛋白表达和切割的不同 选择
pQE-TriSystem 系列	*p10 (T7-lac, CMV/β-* *actin)*	无；10XHis；或 Strep （II）-标签	None 或 TAGZyme	QIAGEN	带有除了杆状病毒还可以在大 肠杆菌或哺乳动物细胞生产 蛋白的序列（T7-lac, CMV/ β-actin 启动子）
pMelBac	*Polh*	信号肽	—	Life Technologies	该载体只能与 Bac-*N*-Blue 重组
pBacPak8, pBacPak9	*Polh*	—	—	Clontech	经典转移载体

病毒 DNA （B 组[g]）	厂家		特征		
BaculoDirect	Life Technologies		不需要每次使用转移载体；目的基因在体外转移自 Gateway entry 载体 在更昔洛韦存在时，非重组病毒由于存在胸苷激酶基因不能存活，该基因可被目的 　基因替代 当存在 X-Gal 时，非重组病毒由于 *lacZ* 基因而产生蓝色噬菌斑，该基因可被目的 　基因替代 BaculoDirect N 端或 C 端 DNA 编码氨基端或羧基端 V5-标签和 6xHis 标签。N-Term 　包含 Tev 蛋白酶位点。"分泌性"还编码一个信号肽 BaculoDirect N-GST 编码氨基端 GST 融合标签。需与目的基因一起加入一个蛋白 　酶识别位点 *polh* 启动子驱动基因表达		
DH10Bac （Bac-to-Bac）	Life Technologies		大肠杆菌宿主菌 DH10Bac，含一个杆状病毒穿梭载体（杆粒，bacmid）和一个辅助 　质粒，从而允许转座后与一个 pFastBac 表达构建体发生重组 杆粒含一个卡那霉素抗性基因和用于从 pFastBac 或 pDest 载体插入目的基因的 　mini-*att* Tn7 转座位点 辅助质粒含一个四环素抗性基因，并表达 Tn7 转座酶		

续表

转移载体 （B 组 g）h	启动子	融合配体 b	蛋白酶位点 c	原始厂家	注释
pFastBac 1	*Polh*	—	—	Life Technologies	—
pFastBac HT	*Polh*	6xHis	TEV	Life Technologies	—
pFastBac dual	分别为 *Polh* 和 *p10* 启动子	—	—	Life Technologies	用于在同一杆状病毒中共表达两个蛋白质 有两个克隆位点，分别用于 *Polh* 和 *p10* 启动子
pFastBac/NT-TOPO 或 CT-TOPO	*Polh*	6xHis（氨基端或羧基端）	TEV	Life Technologies	TOPO 克隆位点用于基因插入
pDEST8, 10, 或 20	*Polh*	6xHis（pDEST10）；GST（pDEST20）	TEV（pDEST10）	Life Technologies	用 Gateway entry 载体，如 pENTR 的基因插入

毕赤酵母 i				
载体系统	启动子	融合配体	菌株（基因型）：表型 j	注释
pPIC-Z, pPIC-Za 系列 k-m	AOX1	c-myc 标签；6xHis；pPIC-Zα载体还有信号肽	X-33（wild-type）：Mut+ KM71H（aox1::ARG4；arg4）：MutS SMD1168H（pep4）：Mut+，pep4- His- 变异菌 GS115（his4）：Mut+,His- KM71（his4, aox1::ARG4；arg4）：MutS, His- SMD1168（his4, pep4）：Mut+, His-, pep4-	甲醇诱导启动子 Zeocin 可用于大肠杆菌和毕赤酵母筛选，容易进行多拷贝插入筛选；载体相对较小 His 变异菌株允许用不同筛选标记的双质粒共转染（如用 his4 的 pPIC3.5 和用 Zeocin 的 pPIC-Z）
pGAP-Z, pGAP-Zam 系列	GAP	c-myc 标签；6xHis；pGAP-Zα 载体还有信号肽	—	组成型启动子 Zeocin 筛选
pFLD-Z, pFLD-Zam 系列	FLD1	V5 标签；6xHis；pFLD-Zα 载体还有信号肽		甲醇和甲胺诱导启动子 Zeocin 筛选
pPIC9, pPIC3.5, pHIL-D2, pHIL-S1k	AOX1	pHIL-S1 载体还有信号肽	GS115（his4）：Mut+或 MutS KM71（his4, aox1::ARG4；arg4）：MutS SMD1168（his4, pep4）：Mut+或 MutS,pep4-	基于 *His4* 的原始载体
pPIC9K, j pPIC3.5K, pAO815	AOX1	—	—	*His4* 筛选，用卡那霉素筛选多拷贝表达
pPink-LC, pPink-HC, pPink-α--HCk	AOX1	信号肽；pPink-α –HC 载体还有信号肽	PichiaPink Strain 1（ade2）：Mut+ "白色" PichiaPink Strain 2（ade2, pep4）：Mut+,pep4- PichiaPink Strain 3（ade2, prb1）：Mut+, prb1- PichiaPink Strain 4（ade2, pep4, prb1）：Mut+, pep4-,prb1-2	PichiaPink 表达试剂盒采用 ade2 互补 有低拷贝（LC）和高拷贝（HC）载体 8 种信号肽用于优化分泌蛋白

　　a. 除非特殊说明，所有大肠杆菌载体都是可用 IPTG 诱导，具有 pBR322 相关复制子，并带有一个 *lac* 抑制蛋白基因（*lac I* 或 *lac Iq*）。

　　b. 6xHis、GST、MBP、Strep（II）-标签、hpTrxA、S-标签和 CBP 是于纯化的载体，叙述见表 19-3。NusA 和 Sumo 可提高融合蛋白的溶解性；DsbA 或 DsbC 促进二硫键形成，二氢叶酸还原酶（DHFR）活性可区别可溶性融合蛋白和包含体。pelB 和基因 III 信号肽引导融合蛋白定位到周质。HSV、T7-标签、Tag100、V5、Xpress 和 c-myc 融合提供了可用商业化抗体良好鉴定的标签。

　　c. 常用蛋白酶特异性位点见表 19-4 的叙述。

　　d. 虽然同一组的病毒 DNA 和转移载体可能相容，但还是建议双检查对应的同源区。

　　e. 多数转移载体带有氨苄西林抗性基因和 pUC 复制子，以在大肠杆菌中高拷贝复制。

　　f. A 组：在昆虫细胞中共转染产生重组病毒。

　　g. B 组：在昆虫细胞中共转染前产生重组病毒。

　　h. 与 Bac-to-Bac 系统相容的转移载体在被转移的区域带有庆大霉素基因。大多数 Gateway entry 载体与 BaculoDirect 系统相容，该系统没有特定的转移载体。

　　i. 除非特殊说明，毕赤酵母载体含有一个用于在大肠杆菌中增殖 DNA 的氨苄西林抗性基因、一个甲醇诱导启动子和一个用于毕赤酵母中的筛选标记。

　　j. 甲醇利用的野生型表型称为 Mut+，甲醇利用慢表型称为 MutS，详细见文中。

k. pPICZ 载体带有 *S. hindustanus ble*（*Sh ble*）基因用于在大肠杆菌和酵母中用 Zeocin 抗生素筛选。

l. 有可用于不同筛选的各种载体，如用 blasticidine 或卡那霉素（geneticine G114）。具有更多选择标记（ADE1、ARG4、URA3）的载体可从 Keck Graduate Institute（http: // faculty.kgi.edu /cregg/ index.htm）索取。

m. pPICZα、pGAPZα、pFLDZα、pHIL-S1 和 pPINKα 载体含一个氨基端的 pre-pro-α 分泌信号肽（来源于酿酒酵母的 α 交配因子前-原肽），用于引导重组蛋白分泌到培养基中。

含诱导型启动子的大肠杆菌表达载体（方案 1）

典型的大肠杆菌表达载体包含一个复制起始点、启动子和其后的多克隆位点、转录终止信号、抗生素抗性基因、可选的融合标签，某些时候还含有阻遏蛋白的编码序列。大多数大肠杆菌表达载体复制起始点都是基于 pBR322 的复制子（大肠杆菌素 E1 或者与其密切相关的 pMB1），因此它们都属于同一不相容群。为了克服这个问题，已经研发出了用于表达多组分复合物的特定载体。

在细胞生长达到一定密度之前，大多数大肠杆菌表达载体都会利用乳糖操纵子来阻止可能的毒性蛋白诱导表达（图 19-2）。一般来讲，在加入乳糖或者异丙基-β,D-半乳糖硫吡喃糖苷类似物（IPTG）之前，定位于靶基因启动子下游的乳糖操纵基因（*lac O*）可与乳糖阻遏物结合从而阻断转录起始。乳糖阻遏基因 *lacI*（Farabaugh 1978）或高表达的 *lac Iq* 等位基因（Stark 1987; Amann et al. 1988）是以组成型方式表达，反式方式调节。从宿主启动子或噬菌体序列中，也已研发获得了能够控制目标蛋白表达的强启动子，这些启动子的选择将在下面详细讨论。

A　　*trp-lac* (*tac*)启动子系统

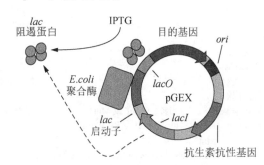

B　　*T7-lac* 启动子系统

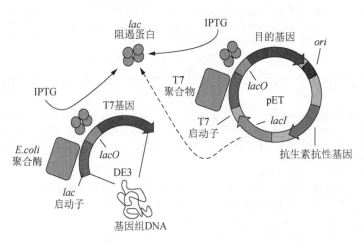

图 19-2　典型的大肠杆菌蛋白表达载体。A. pGEX 系列载体中的 *tac* 启动子利用宿主 RNA 聚合酶；B. pET 载体中的 *T7-lac* 启动子由 T7 RNA 聚合酶转录（T7 RNA 聚合酶通常会引入宿主基因组），而且由乳糖操纵子调控。

大肠杆菌中表达外源基因的宿主启动子

- 乳糖启动子。一些用于蓝白斑筛选的通用载体（pUC、pTZ、pSK、pBluescript、pGEM 等）也可以用于表达外源蛋白，通常可通过与 *lacZ* 基因氨基端和/或多接头序列编码序列融合，以形成融合蛋白表达。虽然乳糖启动子不像 *tac* 或者 *trc* 启动子那么强，但是大多数通用载体的高拷贝数量却保证了外源蛋白高水平地表达。乳糖启动子的表达最大化需要环腺苷酸 cAMP 激活蛋白 CAP（*crp* 基因产物）的作用，而只有细胞在缺少葡萄糖的培养基中生长时，该蛋白质活性最高（综述见 Reznikoff 1992）。因此，用于表达克隆在乳糖启动子控制下的目的基因时应选用含极少葡萄糖碳源的培养基（如 Luria broth）。

- *trp-lac*（*tac*）启动子。*tac* 启动子是 *trp-lac* 的杂合启动子，由 *trp* 启动子-35 区和 *lacUV5* 启动子-10 区融合形成。它可被乳糖操纵子阻遏蛋白调控，不依赖于 *crp* 基因产物介导的 cAMP 的调控（Amann et al. 1983; de Boer et al. 1983）。常用的 *tac* 启动子系列 GST 融合质粒 pGEX（Smith and Johnson 1988）可从 GE 公司购买（图 19-2A）。

- *trp-lac*（*trc*）启动子。*trc* 是另一种乳糖操纵子阻遏蛋白调控的 *trp-lac* 的杂合启动子形式，由 *trp* 启动子-35 区和 *lacUV5* 启动子-10 区融合形成（Amann and Brosius 1985）。*trc* 和 *tac* 启动子唯一的区别在于-35 区和-10 区相隔的距离。在 *trc* 启动子中，这两个元件共有的序列被 17bp 隔开，而在 *tac* 启动子中，它们被 16bp 隔开。这点对于外源蛋白表达的水平有较小或者没有任何影响（Amann and Brosius 1985）。带有 *trc* 启动子的表达质粒 pTrcHIS 可从 Life Technologies 公司购买获得。

- L-阿拉伯糖操纵子（araBAD）启动子。在大肠杆菌中表达蛋白时，由 L-阿拉伯糖诱导的 *bad* 启动子是不同于乳糖阻遏蛋白调控载体的另外一种选择。pBAD 系列载体包含一个来自于 *ara* 操纵子的 *araC-P_{BAD}* 片段（Guzman et al. 1995），这段序列编码调控的 AraC 蛋白和一个天然控制阿拉伯糖分解代谢的 *araBAD* 基因的启动子（综述见 Schleif 2000）。*araBAD* 启动子具有在 AraC 蛋白结合 L-阿拉伯糖时刺激转录，以及在缺少辅因子时又能被 AraC 蛋白所阻遏的特性（Englesberg et al. 1969）。因此含有葡萄糖作为碳源的培养基，不应当用于表达 *araBAD* 启动子控制下的目的基因。

大肠杆菌中表达外源基因的噬菌体启动子

- T7-lac 启动子。pET 系列载体最初由 Tabor 和 Richardson（1985）及 Studier 和 Moffatt（1986）构建，后来得到扩展，可通过噬菌体 T7 RNA 聚合酶调控外源基因的表达（图 19-2B）。借助特定 pET 载体的多克隆位点，将编码序列插入到 T7 RNA 聚合酶（Φ10 启动子）的"天然"启动子下（Studier and Moffatt 1986），或者插入到更为普遍的 T7-lac 启动子下，该启动子是加入了 lac 操纵基因（*lacO*）衍生而来，可实现严格调控（Dubendorff and Studier 1991）。为了目标蛋白的表达，宿主菌必须含有一个可诱导的 T7 RNA 聚合酶基因拷贝。通常，可以利用 DE3 溶原性菌株，其 T7 RNA 聚合酶基因在 *lacUV5* 启动子的控制下。因为该启动子同 lac 乳糖操纵子阻遏蛋白一样受到 CAP 的调控，为了提高目的基因的表达，应使用含极少葡萄糖碳源的培养基（如 Luria broth）。但是在细胞生长期间，加入葡萄糖可能会使 T7 RNA 聚合酶的渗漏表达降低。目的蛋白与低水平表达的 T7 RNA 聚合酶的天然抑制物——T7 溶菌酶的共表达，可作为一种减少 T7 启动子本底活性的补充手段，可以实现目的蛋白稳定表达（Studier 1991）。

- T5-lac 启动子。噬菌体启动子的一种可选形式，它能够高效地与宿主 RNA 竞争招募大肠杆菌 RNA 聚合酶，转录产量可高至宿主总 mRNA 产量的 90%。最常见的例子就是为了实现转录控制而与大肠杆菌 *lac* 操纵基因融合的 T5 启动子（PN25）（Gentz and Bujard 1985; Bujard et al. 1987）。编码乳糖操纵子阻遏蛋白基因可在载体上，也可分开存在，如在另一载体上。例如，借助不同的质粒，如 pREP4 和 QIAGEN 公司的 pQE 系列载体。

在昆虫细胞中表达蛋白的杆状病毒系统（方案2）

最早的连续培养的昆虫细胞系是 20 世纪 60 年代建立的，目的是用于生产可能会作为杀虫药的杆状病毒，以及用于研究昆虫细胞的新陈代谢（Gao 1958; Gao et al. 1959; Grace 1962）。随后在 80 年代，Max D. Summers 和 Lois K. Miller 的实验室经过各自的独立研究开发，获得了第一个运用于昆虫细胞表达外源蛋白的杆状病毒载体系统（Fraser et al. 1983; Pennock et al. 1984）。在接下来的 20 年，因其在方法学和商业用途方面的极大优势，杆状病毒表达系统得到了迅速的普及。因为历史原因，在成百上千的已知杆状病毒和鳞翅目细胞系中，只有有限的一些种类用于杆状病毒表达系统（综述见 Lynn 2007）。大多数重组杆状病毒都来源于核多角体病毒，在 *Autographa californica*（alfalfa looper）宿主最初被鉴定后，将其命名为 AcMNPV。常用于蛋白表达的昆虫细胞系包括来自于 *S. frugiperda* 的 Sf-21 或者 Sf-9（fall armyworm），来自于 *Trichoplusia ni*（cabbage looper）的 Tn-368 或 Tn-5（High-Five）以及转基因的变异体。在这些不同细胞系中，不同重组蛋白的表达水平可能有所差别（Wickham et al. 1992; Davis et al. 1993）。下面，我们将比较这些病毒 DNA 接受者之间的主要区别，描述转移载体的一般特征，深入阐明 O'Reilly 等（1994）和 Murhammer（2007）的杆状病毒表达系统。

杆状病毒表达系统共有的 3 个主要步骤是（图 19-3A）：①双链 DNA 病毒和含目的基因的转移载体之间的重组；②转染昆虫细胞，生产大量的重组杆状病毒；③感染昆虫细胞表达预期蛋白。杆状病毒基因组的大小（134kb）使得将目的基因插入至病毒 DNA 的传统连接技术受到了限制。替代方法是，将目的基因亚克隆至可在大肠杆菌中扩增的穿梭载体中。穿梭载体还在与病毒 DNA 位点同源的两段序列之间含有一个病毒启动子、克隆位点、转录终止子和选择性标记（图 19-3B）。质粒上的这个区域将通过同源重组的方式转移至杆状病毒基因组上。在大多数目前使用的系统中，利用穿梭载体的重组已替代了利用病毒 DNA 多角体蛋白基因座的重组（Smith et al. 1983b）。尽管多角体蛋白是一个外壳蛋白，对于在昆虫细胞培养中的杆状病毒复制也不是必需的，但是它的缺失能引起噬菌斑现象，这对于一个有经验的观察者区别野生型杆状病毒和重组体是非常便利的。商业化的病毒 DNA 上的多角体蛋白通常被 *lacZ* 基因取代，方便重组病毒的蓝白斑筛选。获得重组病毒的传统方法是将病毒 DNA 和转移载体共转至昆虫细胞实现同源重组。然而，野生型病毒 DNA 和转移载体的共转染只会产生约 0.1% 的重组杆状病毒（Smith et al. 1983a）。目的子代必须通过费时的技术如菌斑试验来鉴定。为了解决这个问题，已经有了几种改进的方法来获得和挑选重组病毒，归纳总结列于表 19-2 中。

重组杆状病毒共转染昆虫细胞

- 线性化病毒 DNA。通过引入唯一的 *Bsu*36I 限制性酶切位点，并依此线性化病毒 DNA，共转染时重组病毒部分可增加至约 30%（Kitts et al. 1990）。位于病毒基因组重要基因（ORF1629，一个结构蛋白）中的第二个 *Bsu*36I 限制性酶切位点的引入，可进一步使重组杆状病毒收率提高到接近 99%（Kitts and Possee 1993）。两个 *Bsu*36I 位点的酶切去除了病毒 DNA 上 ORF1629 的一部分，使得重新环化的杆状病毒不再具有活性。相应地，运用这个系统的穿梭载体除了含目的基因之外，还必须提供 ORF1629 缺失的互补部分。位于病毒 DNA 的 *Bsu*36I 位点之间的 *lacZ* 基因在 X-Gal

存在下会将非重组病毒标记为蓝色。用于这种传统方法的线性化病毒 DNA 可以从众多厂商获得，包括 BD Biosciences、Merck、Life Technologies 和 Clontech 公司。

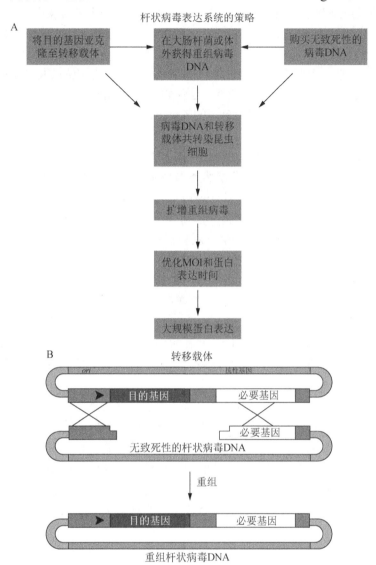

图 19-3 杆状病毒表达系统。（A）昆虫细胞内杆状病毒介导的蛋白表达步骤流程图，MOI 表示多重感染；（B）含有目的基因与病毒 DNA 的转移载体重组示意图。

- 细菌人工染色体的病毒 DNA。尽管利用 *Bsu*36I 酶切可显著增加重组的杆状病毒成分，但是来自于未消化的病毒 DNA 污染却是不可避免的。这个问题目前已被解决，即将缺失 ORF1629 的病毒基因组转变成一个低拷贝、细菌的、可在大肠杆菌中扩增的人工染色体（bacmid）（Zhao et al. 2003）。转移载体和缺失 ORF1629 的细菌人工染色体的病毒 DNA 共转换，可确保回收的杆状病毒 100%地与转移载体发生重组。flashBAC（Oxford Expression Technologies 公司）和 BacMagic（Merck 公司）的病毒 DNA 为重组杆状病毒生产提供这种选择。

昆虫细胞转染之前的重组杆状病毒

- 线性化病毒 DNA 的体外重组。Life Technologies 公司的 BaculoDirect 系统中也使用了通过几轮限制性酶切后的线性化病毒 DNA。然而位于多角体蛋白基因座侧翼的

attR1 和 *attR2* 位点也已经被设计位于该基因座周围，目的在于使其和 Gateway entry 载体在体外发生重组（Life Technologies 公司）。重组产物然后转染至用于生产杆状病毒的昆虫细胞中。病毒 DNA 在转染区域内含有一个胸苷激酶基因，这样只有重组的杆状病毒才能在含更昔洛韦的培养基中得到扩增（Godeau et al. 1992）。因为感染步骤仍然是必需步骤，所以 BaculoDirect 方法与病毒人工染色体共转染所需的时间一样长，都不需要噬菌斑纯化。此外，用于 Gateway 反应的 LR Clonase II mix（Life Technologies 公司）必须购买获得。尽管如此，BaculoDirect 系统优于其他获得重组杆状病毒的方法在于，它利用单一的 Gateway entry 就可构建获得杆状病毒和大肠杆菌的表达系统。

- 细菌宿主内的重组病毒 DNA。Bac-to-Bac 杆状病毒表达系统（Life Technologies 公司）是利用大多数分子生物学家熟悉的技术，即一种在大肠杆菌中生产重组病毒 DNA 的普遍方法（Luckow et al. 1993）。转移载体和病毒人工染色体的重组发生在细菌宿主内（DH10BacTM）。转移载体和人工染色体分别含有小型 Tn7 和小型 attTn7 位点，由 DH10BacTM 菌株的辅助质粒提供的 Tn7 转座酶来转移目的基因（Barry 1988）。转移载体在转移的区域内含有一个抗性基因，且重组会破坏人工染色体 DNA 的 *lacZα* 基因。包含重组人工染色体的大肠杆菌克隆获得了一个抗性筛选标记，不再会在 X-Gal 存在时显色。从这些扩增克隆中回收高分子质量的 DNA，并通过转染昆虫细胞来生产杆状病毒。Bac-to-Bac 杆状病毒表达系统优于其他系统的特点在于，可选择一个单一的重组克隆，并在生产杆状病毒之前进行测序分析。所有其他的系统都是运用混合重组 DNA 转染，以至于任何突变的病毒都有可能被扩增，而且与表达目的蛋白的病毒形成了竞争。

表 19-2 中列出了其中一些转移载体和其显著特征，全面的信息可从厂商网站获得。转移载体和其他大肠杆菌载体共有的特点包括：一个选择性的抗性基因，一个高拷贝的 pUC 复制子，克隆位点。与大肠杆菌蛋白表达载体一样，转移载体也带有可以用于蛋白纯化、检测的编码序列，或者带有和重组基因同框阅读后形成分泌的编码序列。很多杆状病毒转移载体都带有 6xHis 标签，可作为监测蛋白表达的选择方法之一。例如，与绿色荧光蛋白（GFP）变异体融合或者共表达，可以很容易地监测到感染的昆虫细胞的荧光，依此来了解蛋白的表达过程。

多角体蛋白基因启动子通常用来控制在昆虫细胞内的外源蛋白表达（Smith et al. 1983b）。也可以选择使用带有 *p10* 基因的载体（Zuidema et al. 1990）。在这两种情况中，当多角体病毒衣壳被正常装配完成，编码病毒的 RNA 聚合酶就会在杆状病毒转染后期阶段（转染后 1～3 天）控制转录过程（Smith et al. 1983c）。表达水平很高，可达到昆虫细胞总蛋白的 50%。在转染后期蛋白质高水平表达的一个不利因素就是翻译后修饰水平会因此降低。选择带有不同启动子的转移载体（如碱性蛋白质或 gp64），对于感染后期（感染后 8～24h）蛋白质的适度表达和翻译后修饰可能更为有利（Hill-Perkins and Possee 1990; Friesen 1997）。尽管几乎所有的商业化转移载体重组位点都位于多角体蛋白基因座侧翼，但是基于重组位点的多样性，在混合使用不同来源的转移载体病毒 DNA 时，还是建议与生产厂商校验一下。

毕赤酵母表达蛋白载体（方案 3）

大多数控制蛋白表达的毕赤酵母载体都是基于强的、甲醇诱导的 *AOX1* 启动子和 *AOX1* 转录终止序列；最初的载体还包含 3'*AOX1* 序列（表 19-2）。因为 *AOX1* 启动子受到葡萄糖和甘油的严格抑制，所以含有这些成分的碳源培养基能确保酵母菌在转移到可快速、高水平诱导表达的甲醇培养基之前，获得高密度的生长（Daly and Hearn 2005）。所有的酵母表达载体都是穿梭载体，含可稳定存在于大肠杆菌的复制起始点和抗性基因，另含有基于生物合成途径中的酵母营养缺陷型筛选标记（常用 His4）。

毕赤酵母载体实例

- pPIC-Zeocin 载体。新一代 pPIC-Zeocin 载体（pPICZ 和 pPICZα变异体）（表 19-2）含有多克隆位点（MSC）、一个便捷的羧基端 Myc 表位肽，以及一个便于检测和纯化表达蛋白的 6xHis 标签。这些载体还带有一个 *ble* 基因，可用抗生素 Zeocin 在大肠杆菌和酵母中进行筛选。使用 *ble* 基因可极大地减少载体的大小（约 3.6kb）（方案 3，图 19-5），这有利于异源基因的克隆和随后的突变。pPICZα载体还包含 pre-pro-α分泌信号肽（酿酒酵母α-交配因子 pre-pro 肽），可使重组蛋白定向分泌到培养基。可用于该载体的启动子包括：①pFLDZ，可被甲醇和甲胺诱导；②组成型启动子，大规模培养表达时的优选启动子。

- 多拷贝整合载体。Zeocin 载体的其中一个优点是，利用高浓度的抗生素从酵母转化子中直接筛选多拷贝整合子（方案 3）（Wang et al. 2006; Sunga et al. 2008）。与多拷贝表达载体 pAO815 一样，pPICZ 系列载体的另一个特点在于，体外构建的一个或多个基因的串联重复中，每一个重复都有其自身的 *AOX1* 启动子和 *AOX1* 转录终止子。这一特点对于配体蛋白的定量共表达非常有用（Cregg et al. 2000）。但是对于如 pAO815 这样的大质粒就很难操作。此外，不应当使用 *AOX1* 启动子内的线性化酶切位点，因为这样做会显著地降低转化效率。

- PichiaPink 载体。由 Life Technologies 公司提供的 PichiaPink 载体试剂盒利用了 *ADE2* 的营养互补筛选，而非抗性筛选。*ADE2* 基因对于嘌呤核苷酸的从头合成是必需的，*ADE2* 敲除的亲本菌株（PichiaPink 菌株 1～4）会因为嘌呤前体的积累而形成红色克隆。因为转化克隆的颜色（多或少的白色）与目的蛋白的表达水平间接相关，所以便于筛选克隆。Life Technologies 公司提供的试剂盒的另外一个优点在于，载体配有不同长度的 *ADE2* 启动子，这会影响到质粒插入的拷贝数，而且对蛋白质表达优化非常有用。提供的多种分泌信号肽序列，再加上 pre-pro-α-交配因子，使得蛋白质分泌到培养基的过程达到最优。

通过不同载体获得的菌株和表型。表 19-2 中列出了不同基因型的酵母菌株。X-33、GS115、SMD1168 和 PichiaPink 菌株都含一个具有功能的 *AOX1* 拷贝，该基因编码的醇氧化酶主要负责利用甲醇。这些菌株有一个野生的甲醇利用型表型，即 Mut⁺（Daly and Hearn 2005）。因为这些菌株在载体整合至基因组后能够保持表型，所以能够迅速消耗甲醇，这在大规模发酵期间易引起潜在的火情危险。"甲醇利用缓慢型"或"Mutˢ"菌株，如 KM71，含有一个无功能的 *AOX1* 基因，而且依赖于较慢的 AOX2 酶的甲醇氧化作用，因此菌株在甲醇诱导时生长缓慢。Mutˢ 有时相比于 Mut⁺而言，是一个更好的外源蛋白生产系统。如果有必要，在不抑制 *AOX1* 的前提下，可以通过甲醇和其他碳源如山梨醇或甘露醇的混合补料诱导来提高酵母生长（Inan and Meagher 2001）。利用原始表达载体（pPIC9、pPIC3.5、pHIL-D2、pHIL-S1）转化 GS115 和 SMD1168 菌株，5′*AOX1* 启动子和 3′*AOX1* 序列之间发生双交换，替代基因组中 *AOX1* 基因，就会形成 Mutˢ 表型菌株（Daly and Hearn 2005）。

GS115、KM71 和 SMD1168 菌株的组氨醇脱氢酶基因（*His4*）是缺陷的，在表达载体中将此作为一种营养缺陷型选择标记。蛋白酶缺陷菌株 SMD1168 是空泡酶 A（pep4）缺陷的，这是一种毕赤酵母主要的天冬氨酸蛋白酶，能够激活下游的蛋白酶如丝氨酸羧基肽酶 Y 和丝氨酸蛋白酶 B1（prb1）。SMD1165 和 SMD1163 变异体，也就是 PichiaPink 菌 2、3 和 4，是 *pep4* 和/或 *prb1* 缺陷的，这些缺陷型菌株比野生型菌株生长慢，但是如果外源蛋白经过囊泡途径（不是泛素蛋白酶体途径）而产生降解的问题，那么利用这些缺陷菌株就有了一定的优势。

毕赤酵母表达试剂盒

包含了载体和菌株的毕赤酵母表达试剂盒可以从 Life Technologies 公司购买获得（http://www.invitrogen.com）。商业化表达系统存在一定的局限性，包括缺乏中等强度的启动子、有限的酵母转化筛选标记（Lin-Cereghino et al. 2008）。有趣的是，在 *AOX1* 启动子的分析过程中，获得了基于 *AOX1* 敲除/突变的启动子文库，可用于微调控毕赤酵母表达（Hartner et al. 2008）。带有其他筛选标记（*ADE1*、*ARG4*、*URA3*）的载体和菌株可从 Keck 学院研究所的 James Cregg 处索取（http://www.kgi.edu/x6713.xml）。有关载体的详细讨论参见 Lin-Cereghino 和 Lin-Cereghino（2007）。

融合蛋白

重组蛋白和多肽经常以目的蛋白和载体序列相连的融合蛋白形式表达。按照预期设计的顺序组合两个或者更多的可读框（ORF），编码以获得融合蛋白。融合阅读框表达后获得杂合的融合蛋白，其中的目的蛋白通过标准的肽键连接于载体蛋白的氨基端或者羧基端（Itakura et al. 1977；综述见 Arnau et al. 2006；Esposito and Chatterjee 2006）。在融合蛋白连接区加入蛋白切割位点，方便目标蛋白的回收。

融合蛋白有一系列的潜在用途：

1. 将目标蛋白与配体结合域融合，可以很方便地标记和纯化目标蛋白。

2. 添加"载体"序列可以保护目标蛋白不被水解。

3. 添加载体序列可以提高目标蛋白的溶解性，而且可以阻止包含体的形成（见"外源蛋白表达优化中的处理不溶性蛋白"的内容）。

4. 添加具有明显特征的表位，就可利用免疫方法来检测融合蛋白。

5. 在目标蛋白中连接易位信号肽，就可将融合蛋白定向表达至特定的细胞空间内。

为亲和纯化设计或者改造的融合系统已经超过了 20 种。表 19-3 中列出了几种常用的纯化标签。连接目标蛋白的往往是和某一特定配体具有高度亲和力的载体蛋白，这就使得绝大多数融合蛋白利用一步亲和层析就可以完成纯化。例如，GST 蛋白和麦芽糖结合蛋白（MBP）是众所周知的标签蛋白，可通过利用结合它们各自配体——谷胱甘肽或直链淀粉（方案 6）的色谱树脂分离融合蛋白。此外，GST 和 MBP 如同其他载体蛋白一样，通常可以提高融合蛋白在大肠杆菌表达系统内的溶解性，而且可相应地减少包含体的形成（Esposito and Chatterjee 2006）。融合蛋白中也可以包含一些短肽，或便于纯化，或便于利用抗体检测。人工 6xHis 序列是一种普遍使用的载体短肽，借助其与层析柱螯合的 Ni^{2+} 或 Co^{2+} 的亲和性来纯化融合蛋白（Smith et al. 1988），详见本章方案 5。表位短肽也常常用于基于抗体检测的方法之中。Flag 标签是一种熟知的八肽序列，Flag 亲水性的特点增加了融合蛋白的溶解性，同时也可利用商业化的单克隆抗体进行检测（Hopp et al. 1988；综述见 Einhauer and Jungbauer 2001）。推向市场的几种不同类型的抗 Flag 抗体（M1、M2 和 M5），或可用于检测（如在方案 8 中介绍的免疫印迹），或以固定形式用于免疫沉淀。Flag 羧基端的 5 个氨基酸组成了肠激酶的识别位点，可方便地从目标蛋白中切除载体蛋白，下面会详细讨论这方面内容（Dykes et al. 1988；Hopp et al. 1988）。然而，单克隆抗体高昂的成本却使表位标签用于大规模蛋白纯化显得不切实际。

表 19-3　用于重组蛋白纯化的常用融合蛋白

融合蛋白	亲和配体	洗脱方法	残基数量	参考文献	备注
多组氨酸（6xHis）	固定的过渡金属离子（如 Ni^{2+} 或 Co^{2+}）	高浓度咪唑（>100mmol/L 用于 Ni^{2+} NTA）	6～10	Smith et al. 1988	不同类型的树脂和/或金属离子可提高蛋白分离的选择性（Gaberc-Porekar and Menart 2001） 低 pH 和 EDTA 可作为洗脱试剂 纯化过程中可使用变性条件
谷胱甘肽-S-转移酶（GST）	谷胱甘肽	还原型谷胱甘肽（10mmol/L）	220	Smith and Johnson 1988	GST 和未解离的 GST 融合蛋白通常会形成二聚体（Armstrong 1997）
麦芽糖结合蛋白（MBP）	交联的直链淀粉	麦芽糖（10mmol/L）	390	di Guan et al. 1988; Maina et al. 1988	
Strep（II）标签	StrepTactin 树脂	D-脱硫生物素	8	Schmidt and Skerra 1993; Schmidt et al. 1996; Voss and Skerra 1997	StrepTactin 是抗生蛋白链菌素的衍生物，可增加 Strep（II）标签的亲和力（Voss and Skerra 1997） D-脱硫生物素是减弱了亲和力的生物素衍生物，这样有利于色谱柱再生（Hirsch et al. 2002）
组氨酸突变硫氧还蛋白（hpTrxA）	过渡金属离子	低浓度咪唑（<100mmol/L 用于 Ni^{2+}–NTA）	109	LaVallie et al. 1993; Lu et al. 1996	与 TrxA 融合后的蛋白在某些情况下可以利用其耐热性来纯化或者利用渗透压休克来纯化（尽管其定位在细胞质中）
S-标签	S 蛋白树脂（Merck）	变性条件或蛋白酶水解	15	Kim and Raines 1993	S-标签/S-蛋白来源于牛胰脏核糖核酸酶 A 的枯草杆菌蛋白酶片段（Richards and Vithayathil 1959）。因此重构的 S-标签/S-蛋白复合物具有核糖核酸酶活性
钙调蛋白结合肽	钙调蛋白	EGTA（2mM）	26	Stofko-Hahn et al. 1992	结合条件（含 2mmol/L Ca^{2+}）

注：所列蛋白质都可以用商业化抗体进行检测，除了 S-标签，所有的融合蛋白都可以在 280nm 检测。

　　融合蛋白另外一个主要用途是添加可使蛋白质易位的信号肽。通常，大肠杆菌周质空间的氧化环境和分子伴侣，或者昆虫细胞和酵母的内质网环境（ER），均有助于正确地形成二硫键和蛋白折叠。此外，经由内质网和高尔基体的亚细胞运输过程对于在真核生物表达系统中蛋白质的 N-糖基化修饰是必需的。使用天然信号肽，通常能实现表达于异源宿主的重组蛋白质的定向分泌和加工过程（如表达于昆虫细胞的哺乳动物信号肽）（Talmadge et al. 1980; Gray et al. 1985; Jarvis et al. 1993）。可是，各种序列在促进蛋白质易位和被信号肽酶正确剪切方面的能力差异巨大，在其他表达系统中可能很低效（例如，植物或者细菌的信号肽在昆虫细胞中无效）（Iacono-Connors et al. 1990; Vernet et al. 1990）。为了避免这个问题，可用来源于表达载体的优化信号肽代替外源蛋白自身信号肽。用于重组蛋白定位的常用信号肽有：在大肠杆菌中使用的，来源于 *Erwinia carotovora* 果胶酶 B（pelB）（Keen and Tamaki 1986）、大肠杆菌外膜蛋白 3a（OmpA）的信号肽，在杆状病毒系统中使用的来源于杆状病毒糖蛋白 GP67（Murphy et al. 1993）、蜂毒肽（Tessier et al. 1991）的信号肽，以及在毕赤酵母中表达用的酿酒酵母 *S. cerevisiae* α-交配因子信号肽（表 19-2）（Cregg 2007）。然而，信号肽的易位效率和剪切都依据融合蛋白的氨基端结构和序列，因此有必要进一步优化。

融合蛋白的切割

　　为了获得天然的、具有生物活性形式的目的多肽，较好的方法就是从融合蛋白中切除标签。信号肽通常是跟随着蛋白质的易位而被内源的信号肽酶切除，而与信号肽切割不同，多种切割载体蛋白和目的蛋白之间的肽键的化学和酶学方法已被研发。实际操作中，化学切割方法很少使用，因为大多数目的蛋白都含有一个或者多个潜在的切割位点，而且有可能在苛刻的化学反应中发生变性。取而代之的是，利用特异位点蛋白酶来去除标签或者融合载体蛋白。相应地，大多数商业化载体的多克隆位点都位于编码载体蛋白和蛋白酶水解位点的下游序列中（表 19-2）。表 19-4 中总结了常用于切割融合蛋白的具有特异位点的蛋白酶。

表 19-4　用于切割重组融合蛋白的常用内肽酶

蛋白酶	识别位点 [a]	融合标签	参考文献	备注
肠激酶	DDDDK↓	—	Light et al. 1980; Dykes et al. 1988	肠激酶、因子 Xa 和 α-凝血酶可被丝氨酸蛋白酶抑制物抑制，如 phenylmethanesulfonyl fluoride（PMSF）
因子 Xa [b]	I-（E/D）-GR↓	—	Nagai and Thogersen 1984; Jenny et al. 2003	
α-凝血酶 [c]	LVPR↓GS	—	Gearing et al. 1989; Jenny et al. 2003	
HRV-3C [d]	LE-（V/A/T）-LFQ↓GP	GST 或 His 标签	Cordingley et al. 1990; Walker et al. 1994	丝氨酸蛋白酶，受 PMSF 和 Zn^{2+} 轻度抑制
Genenase I	HY↓或 H↓Y	—	Carter and Wells 1987; Carter et al. 1989	NEB 公司工程化的枯草杆菌蛋白酶变异体，可被丝氨酸蛋白酶如 PMSF 抑制
烟草蚀纹病毒（TEV）蛋白酶	ENLYFQ↓（G/S）	His 标签	Parks et al. 1994; Tropea et al. 2009	半胱氨酸蛋白酶，对氧化环境敏感，可被 Zn^{2+}（>5mmol/L）抑制。利用点突变减少野生型 TEV 蛋白酶的自溶形象（Kapust et al. 2001）

　　a. 位点超过一种类型氨基酸时，在括号中表示，氨基酸可互换时，用斜杠表示。

　　b. 肠激酶和因子 Xa 不能在脯氨酸前切割；因子 Xa 不能在精氨酸前切割。

　　c. α-凝血酶中存在两个较优的切割位点：①p4-p3-P-（R/K）-p1'-p2'，其中 p3 和 p4 是疏水性氨基酸；②p2-（R/K）-p1'，其中 p2 或 p1'是 Gly（Chang 1985）。

　　d. PreScission 蛋白酶是 GST 标记的 HRV-3C 蛋白酶的专有名称，由 GE Healthcare 公司推向市场。

　　e. Genenase I 可紧接着 His 进行切割，切割速度取决于蛋白质结构和序列组成（Carter et al. 1989）。当紧接着切割位点（p1'位置）的氨基酸是 Asp 或 Glu 时，切割速度最慢；还没有发现在 Pro 或 Ile 前可以实现酶切。

　　数个外源氨基酸通常会残留在目的蛋白的氨基端。一些蛋白酶，如肠激酶或者 Xa 因子，不需要切割位点羧基端以外的固定氨基酸。HRV-3C、TEV 和大多数其他的特异蛋白酶都会在切割位点的羧基端留下 1～2 个氨基酸，但经常因其在重组蛋白、标记蛋白中的高度序列特异性和有效性而成为优先使用的蛋白酶类。此外，使用克隆至载体中的限制性酶切位点和重组位点常常也会在目的蛋白中引入额外的氨基酸。在特定情形下，可仔细选择符合蛋白酶识别的限制性酶切位点。例如，*Bam*H I 位点编码 Gly-Ser，因此可以将其放在凝血酶和 TEV 切割位点的羧基端。事实上，几个氨基酸的存在（通常在目的蛋白切割的氨基端）并不会显著地干扰蛋白质的功能。尽管如此，能够确保重组蛋白与含单一天然序列的蛋白质具有相似的形式还是很重要的。

　　除了会在目的蛋白末端引入额外的氨基酸这个潜在的问题之外，还有 3 个有关于融合标签去除的问题。第一，个别蛋白酶的活性因融合蛋白不同而有所不同。对于许多融合蛋白，如果蛋白酶识别位点位于蛋白折叠结构内部，那么蛋白水解反应效率就会很低。在这些情况中，当融合蛋白发生部分变性，或者通过人为延伸目的蛋白的氨基端而引入了一定"空间"后，就可以利用蛋白酶来切割。第二，因为蛋白酶的特异性不是绝对的，或者因为用于切割的酶受到其他蛋白酶的污染，所以有可能目的蛋白会在内部位点被切开（Nagai and Thogersen 1984, 1987; Dykes et al. 1988; Lauritzen et al. 1991）。这种类型的问题有时可以通过调整消化酶切条件的方式解决（时间、温度，或者蛋白酶与蛋白质的比例）。否则，调整成合适的表达结构，选择不同的蛋白酶就显得很有必要。第三，切开的蛋白质必须从含有载体蛋白和蛋白酶的体系中分离出来。因此为蛋白酶融合一个与载体蛋白匹配的标签就显得极为方便。按照这种方式，蛋白酶和载体蛋白可以通过亲和树脂单独去除。带有 6xHis 和/或 GST 标签的 HRV 3C 或 TEV 蛋白酶可以在大肠杆菌中表达，或者从其他途径购买。虽然标记的多链形式和二硫键连接的蛋白酶表达困难，如因子 Xa、凝血酶或肠激酶，但是运用传统的色谱方法或者免疫学方法还是可以从目的蛋白中去除这些蛋白酶。

外源蛋白的优化表达

翻译效率的优化：翻译的起始

　　起始密码子上游的核糖体结合位点是翻译高效起始的必要条件（Huttenhofer and Noller 1994）。例如，大肠杆菌的翻译起始阶段，5～9 个核苷酸的 SD 序列与 16S RNA 的 3'端相互作用（Shine and Dalgarno 1974; Steitz and Jakes 1975; Steitz 1979）。SD 序列与起始密码子 ATG 之间的距离影响翻译效率。在表达载体中，以起始密码子开始的可读框，其与 SD 序列之间的距离已经进行了优化。但是，如果克隆基因要从可读框自身的起始密码子起始翻译，那么起始密码子与其上游的 SD 序列之间的距离应该是 5～7 个核苷酸（Ringquist et al. 1992）。

　　翻译起始区的二级结构也影响基因表达的效率（de Smit and van Duin 1994a,b）。某些情况下，通过改变 SD 序列上下游序列来降低二级结构也可增加基因的表达效率（Chen et al. 1994）。类似地，翻译偶联法即将目的基因编码序列置于一个已翻译的序列下游，也使得几个基因的表达水平最高（例如，见 Makoff and Smallwood 1990; Rangwala et al. 1992）。大多数商业化的表达载体的翻译起始点前均有合适的序列。然而，如果目的基因的 5'区有复杂的二级结构，可以通过基因突变或者与能够高效表达的载体蛋白融合来减少这些二级结构，从而增加表达效率。

密码子的使用

　　遗传密码是冗余的，61 种密码子编码特定的 20 种氨基酸。只有两种氨基酸（Met 和 Trp）是由唯一的密码子编码，而剩余的 18 种氨基酸均由数种密码子编码。同义密码子编码某一特定的氨基酸，并且同义密码子的使用频率不同（Grantham et al. 1980a,b, 1981）。

如果目的基因的编码区含有高频率的稀有密码子或者一段序列含有稀有密码子，可以通过基因再合成或基因突变将稀有密码子移除，以提高表达效率（Rangwala et al. 1992）。在大肠杆菌中有些特殊情况，如当目的基因序列中有稀有密码子 AGA 和 AGG 时可以意外形成 SD 序列（Ivanov et al. 1992）。

外源蛋白质的氨基端 DNA 编码序列很大程度上影响其表达水平（Barnes et al. 1991; Bradshaw et al. 1998）。基于这个原因，某些情况下有必要通过 PCR（第 7 章）或位点突变（第 14 章）将编码区的前 7 个或前 8 个密码子的 DNA 序列置换成特定表达系统中常用的密码子（Bennetzen and Hall 1982）。在条件允许的前提下，将目的基因的 5'端的 GC 含量降至 45% 以下。

生长条件的优化

无论何种表达系统，所用培养基的不同均可导致表达水平的巨大差异（Weickert et al. 1996）。例如，在培养大肠杆菌时可用标准培养基来确定一般的培养参数，但是，通常只有通过对生长条件作出调整才能达到最佳表达水平，这可能会用到诸如 M9 这样的基本无机盐培养基，或者是删除营养丰富的肉汤培养基、酵母胰蛋白胨（YT）或 NZCYM 培养基（附录 1）。同样，用毕赤巴斯德酵母表达异源蛋白时，像基本盐甘油培养基（MGY）和基本盐培养基（MM）这样的基本培养基对蛋白质表达是有用的，然而，培养基 pH、温度以及培养时间的微调会提高外源蛋白质的产量和质量。用杆状病毒感染的昆虫细胞表达蛋白，病毒感染细胞的时间和其他因素是十分重要的优化参数。更多的详细信息请参阅蛋白质表达方案（方案 1～方案 3）后面的疑难解答部分。

致谢

感谢 Ellen Hildebrandt 博士对方案 3、方案 8、方案 9、方案 10 的校正工作和技术编辑作出的贡献。

参考文献

Ailor E, Pathmanathan J, Jongbloed JD, Betenbaugh MJ. 1999. A bacterial signal peptidase enhances processing of a recombinant single chain antibody fragment in insect cells. *Biochem Biophys Res Commun* 255: 444–450.

Aller SG, Yu J, Ward A, Weng Y, Chittaboina S, Zhuo R, Harrell PM, Trinh YT, Zhang Q, Urbatsch IL, et al. 2009. Structure of P-glycoprotein reveals a molecular basis for poly-specific drug binding. *Science* 323: 1718–1722.

Altmann F, Schwihla H, Staudacher E, Glossl J, Marz L. 1995. Insect cells contain an unusual, membrane-bound β-N-acetylglucosaminidase probably involved in the processing of protein N-glycans. *J Biol Chem* 270: 17344–17349.

Amann E, Brosius J. 1985. "ATG vectors" for regulated high-level expression of cloned genes in *Escherichia coli*. *Gene* 40: 183–190.

Amann E, Brosius J, Ptashne M. 1983. Vectors bearing a hybrid *trp–lac* promoter useful for regulated expression of cloned genes in *Escherichia coli*. *Gene* 25: 167–178.

Amann E, Ochs B, Abel KJ. 1988. Tightly regulated *tac* promoter vectors useful for the expression of unfused and fused proteins in *Escherichia coli*. *Gene* 69: 301–315.

Andre N, Cherouati N, Prual C, Steffan T, Zeder-Lutz G, Magnin T, Pattus F, Michel H, Wagner R, Reinhart C. 2006. Enhancing functional production of G protein-coupled receptors in *Pichia pastoris* to levels required for structural studies via a single expression screen. *Protein Sci* 15: 1115–1126.

Armstrong RN. 1997. Structure, catalytic mechanism, and evolution of the glutathione transferases. *Chem Res Toxicol* 10: 2–18.

Arnau J, Lauritzen C, Petersen GE, Pedersen J. 2006. Current strategies for the use of affinity tags and tag removal for the purification of recombinant proteins. *Protein Expr Purif* 48: 1–13.

Barnes HJ, Arlotto MP, Waterman MR. 1991. Expression and enzymatic activity of recombinant cytochrome P450 17 α-hydroxylase in *Escherichia coli*. *Proc Natl Acad Sci* 88: 5597–5601.

Barry GF. 1988. A broad-host-range shuttle system for gene insertion into the chromosomes of Gram-negative bacteria. *Gene* 71: 75–84.

Bennetzen JL, Hall BD. 1982. Codon selection in yeast. *J Biol Chem* 257: 3026–3031.

Bradshaw RA, Brickey WW, Walker KW. 1998. N-Terminal processing: The methionine aminopeptidase and Nα-acetyl transferase families. *Trends Biochem Sci* 23: 263–267.

Bujard H, Gentz R, Lanzer M, Stueber D, Mueller M, Ibrahimi I, Haeuptle MT, Dobberstein B. 1987. A T5 promoter-based transcription–translation system for the analysis of proteins in vitro and in vivo. *Methods Enzymol* 155: 416–433.

Cabrita LD, Bottomley SP. 2004. Protein expression and refolding—A practical guide to getting the most out of inclusion bodies. *Biotechnol Annu Rev* 10: 31–50.

Carter P, Wells JA. 1987. Engineering enzyme specificity by substrate-assisted catalysis. *Science* 237: 394–399.

Carter P, Nilsson B, Burnier JP, Burdick D, Wells JA. 1989. Engineering subtilisin BPN' for site-specific proteolysis. *Proteins* 6: 240–248.

Cereghino GP, Cregg JM. 1999. Applications of yeast in biotechnology: Protein production and genetic analysis. *Curr Opin Biotechnol* 10: 422–427.

Chang JY. 1985. Thrombin specificity. Requirement for apolar amino acids adjacent to the thrombin cleavage site of polypeptide substrate. *Eur J Biochem* 151: 217–224.

Chen H, Bjerknes M, Kumar R, Jay E. 1994. Determination of the optimal aligned spacing between the Shine–Dalgarno sequence and the translation initiation codon of *Escherichia coli* mRNAs. *Nucleic Acids Res* **22**: 4953–4957.

Cordingley MG, Callahan PL, Sardana VV, Garsky VM, Colonno RJ. 1990. Substrate requirements of human rhinovirus 3C protease for peptide cleavage in vitro. *J Biol Chem* **265**: 9062–9065.

Cregg JM. 2007. Introduction: Distinctions between *Pichia pastoris* and other expression systems. *Methods Mol Biol* **389**: 1–10.

Cregg JM, Cereghino JL, Shi J, Higgins DR. 2000. Recombinant protein expression in *Pichia pastoris*. *Mol Biotechnol* **16**: 23–52.

Daly R, Hearn MT. 2005. Expression of heterologous proteins in *Pichia pastoris*: A useful experimental tool in protein engineering and production. *J Mol Recognit* **18**: 119–138.

Davis TR, Wickham TJ, McKenna KA, Granados RR, Shuler ML, Wood HA. 1993. Comparative recombinant protein production of eight insect cell lines. *In Vitro Cell Dev Biol Anim* **29A**: 388–390.

de Boer HA, Comstock LJ, Vasser M. 1983. The *tac* promoter: A functional hybrid derived from the *trp* and *lac* promoters. *Proc Natl Acad Sci* **80**: 21–25.

de Smit MH, van Duin J. 1994a. Control of translation by mRNA secondary structure in *Escherichia coli*. A quantitative analysis of literature data. *J Mol Biol* **244**: 144–150.

de Smit MH, van Duin J. 1994b. Translational initiation on structured messengers. Another role for the Shine–Dalgarno interaction. *J Mol Biol* **235**: 173–184.

di Guan C, Li P, Riggs PD, Inouye H. 1988. Vectors that facilitate the expression and purification of foreign peptides in *Escherichia coli* by fusion to maltose-binding protein. *Gene* **67**: 21–30.

Dubendorff JW, Studier FW. 1991. Controlling basal expression in an inducible T7 expression system by blocking the target T7 promoter with lac repressor. *J Mol Biol* **219**: 45–59.

Dykes CW, Bookless AB, Coomber BA, Noble SA, Humber DC, Hobden AN. 1988. Expression of atrial natriuretic factor as a cleavable fusion protein with chloramphenicol acetyltransferase in *Escherichia coli*. *Eur J Biochem* **174**: 411–416.

Einhauer A, Jungbauer A. 2001. The FLAG peptide, a versatile fusion tag for the purification of recombinant proteins. *J Biochem Biophys Methods* **49**: 455–465.

Endo Y, Sawasaki T. 2006. Cell-free expression systems for eukaryotic protein production. *Curr Opin Biotechnol* **17**: 373–380.

Englesberg E, Sheppard D, Squires C, Meronk F Jr. 1969. An analysis of "revertants" of a deletion mutant in the C gene of the L-arabinose gene complex in *Escherichia coli* B/r: Isolation of initiator constitutive mutants (I^c). *J Mol Biol* **43**: 281–298.

Esposito D, Chatterjee DK. 2006. Enhancement of soluble protein expression through the use of fusion tags. *Curr Opin Biotechnol* **17**: 353–358.

Falzon L, Suzuki M, Inouye M. 2006. Finding one of a kind: Advances in single-protein production. *Curr Opin Biotechnol* **17**: 347–352.

Farabaugh PJ. 1978. Sequence of the *lacI* gene. *Nature* **274**: 765–769.

Fraser MJ, Smith GE, Summers MD. 1983. Acquisition of host cell DNA sequences by baculoviruses: Relationship between host DNA insertions and FP mutants of *Autographa californica* and *Galleria mellonella* nuclear polyhedrosis viruses. *J Virol* **47**: 287–300.

Friesen PD. 1997. Regulation of baculovirus early gene expression. In *The baculoviruses* (ed. LK Miller), pp. 141–170. Plenum Press, New York.

Gaberc-Porekar V, Menart V. 2001. Perspectives of immobilized-metal affinity chromatography. *J Biochem Biophys Methods* **49**: 335–360.

Gao S-Y. 1958. Culturing all types of silkworm tissues using the monolayer culture. *Chin Sci Bull* **7**: 219–220.

Gao S-Y, Liu NT, Zia TU. 1959. Tissue culture methods for cultivation of virus *grasserie*. *Acta Virol* **3**: 55–60.

Gearing DP, Nicola NA, Metcalf D, Foote S, Willson TA, Gough NM, Williams RL. 1989. Production of leukemia inhibitory factor in *Escherichia coli* by a novel procedure and its use in maintaining embryonic stem cells in culture. *Nat Biotechnol* **7**: 1157–1161.

Gentz R, Bujard H. 1985. Promoters recognized by *Escherichia coli* RNA polymerase selected by function: Highly efficient promoters from bacteriophage T5. *J Bacteriol* **164**: 70–77.

Ghrayeb J, Kimura H, Takahara M, Hsiung H, Masui Y, Inouye M. 1984. Secretion cloning vectors in *Escherichia coli*. *EMBO J* **3**: 2437–2442.

Gibbs PE, Zouzias DC, Freedberg IM. 1985. Differential post-translational modification of human type I keratins synthesized in a rabbit reticulocyte cell-free system. *Biochim Biophys Acta* **824**: 247–255.

Glocker B, Hoopes RR Jr, Hodges L, Rohrmann GF. 1993. In vitro transcription from baculovirus late gene promoters: Accurate mRNA

initiation by nuclear extracts prepared from infected *Spodoptera frugiperda* cells. *J Virol* **67**: 3771–3776.

Godeau F, Saucier C, Kourilsky P. 1992. Replication inhibition by nucleoside analogues of a recombinant *Autographa californica* multicapsid nuclear polyhedrosis virus harboring the herpes thymidine kinase gene driven by the IE-1(0) promoter: A new way to select recombinant baculoviruses. *Nucleic Acids Res* **20**: 6239–6246.

Grace TD. 1962. The development of a cytoplasmic polyhedrosis in insect cells grown in vitro. *Virology* **18**: 33–42.

Grantham R, Gautier C, Gouy M. 1980a. Codon frequencies in 119 individual genes confirm consistent choices of degenerate bases according to genome type. *Nucleic Acids Res* **8**: 1893–1912.

Grantham R, Gautier C, Gouy M, Mercier R, Pave A. 1980b. Codon catalog usage and the genome hypothesis. *Nucleic Acids Res* **8**: r49–r62.

Grantham R, Gautier C, Gouy M, Jacobzone M, Mercier R. 1981. Codon catalog usage is a genome strategy modulated for gene expressivity. *Nucleic Acids Res* **9**: r43–r74.

Graslund S, Nordlund P, Weigelt J, Hallberg BM, Bray J, Gileadi O, Knapp S, Oppermann U, Arrowsmith C, Hui R, et al. 2008. Protein production and purification. *Nat Methods* **5**: 135–146.

Gray GL, Baldridge JS, McKeown KS, Heyneker HL, Chang CN. 1985. Periplasmic production of correctly processed human growth hormone in *Escherichia coli*: Natural and bacterial signal sequences are interchangeable. *Gene* **39**: 247–254.

Guzman LM, Belin D, Carson MJ, Beckwith J. 1995. Tight regulation, modulation, and high-level expression by vectors containing the arabinose pBAD promoter. *J Bacteriol* **177**: 4121–4130.

Haggerty DM, Schleif RF. 1975. Kinetics of the onset of catabolite repression in *Escherichia coli* as determined by *lac* messenger ribonucleic acid initiations and intracellular cyclic adenosine 3′,5′-monophosphate levels. *J Bacteriol* **123**: 946–953.

Hamilton SR, Davidson RC, Sethuraman N, Nett JH, Jiang Y, Rios S, Bobrowicz P, Stadheim TA, Li H, Choi BK, et al. 2006. Humanization of yeast to produce complex terminally sialylated glycoproteins. *Science* **313**: 1441–1443.

Hartner FS, Ruth C, Langenegger D, Johnson SN, Hyka P, Lin-Cereghino GP, Lin-Cereghino J, Kovar K, Cregg JM, Glieder A. 2008. Promoter library designed for fine-tuned gene expression in *Pichia pastoris*. *Nucleic Acids Res* **36**: e76. doi: 10.1093/nar/gkn369.

Hillebrecht JR, Chong S. 2008. A comparative study of protein synthesis in in vitro systems: From the prokaryotic reconstituted to the eukaryotic extract-based. *BMC Biotechnol* **8**: 58. doi: 10.1186/1472-6750-8-58.

Hill-Perkins MS, Possee RD. 1990. A baculovirus expression vector derived from the basic protein promoter of *Autographa californica* nuclear polyhedrosis virus. *J Gen Virol* **71**: 971–976.

Hino M, Kataoka M, Kajimoto K, Yamamoto T, Kido J, Shinohara Y, Baba Y. 2008. Efficiency of cell-free protein synthesis based on a crude cell extract from *Escherichia coli*, wheat germ, and rabbit reticulocytes. *J Biotechnol* **133**: 183–189.

Hirsch JD, Eslamizar L, Filanoski BJ, Malekzadeh N, Haugland RP, Beechem JM, Haugland RP. 2002. Easily reversible desthiobiotin binding to streptavidin, avidin, and other biotin-binding proteins: Uses for protein labeling, detection, and isolation. *Anal Biochem* **308**: 343–357.

Hoffmann M, Nemetz C, Madin K, Buchberger B. 2004. Rapid translation system: A novel cell-free way from gene to protein. *Biotechnol Annu Rev* **10**: 1–30.

Hollister J, Grabenhorst E, Nimtz M, Conradt H, Jarvis DL. 2002. Engineering the protein N-glycosylation pathway in insect cells for production of biantennary, complex N-glycans. *Biochemistry* **41**: 15093–15104.

Hopp TP, Gallis B, Prickett KS. 1988. A short polypeptide marker sequence usefule for recombinant protein identification and purification. *Bio/Technology* **6**: 1204–1210.

Hoss A, Moarefi I, Scheidtmann KH, Cisek LJ, Corden JL, Dornreiter I, Arthur AK, Fanning E. 1990. Altered phosphorylation pattern of simian virus 40 T antigen expressed in insect cells by using a baculovirus vector. *J Virol* **64**: 4799–4807.

Hsu TA, Betenbaugh MJ. 1997. Coexpression of molecular chaperone BiP improves immunoglobulin solubility and IgG secretion from *Trichoplusia ni* insect cells. *Biotechnol Prog* **13**: 96–104.

Huttenhofer A, Noller HF. 1994. Footprinting mRNA–ribosome complexes with chemical probes. *EMBO J* **13**: 3892–3901.

Iacono-Connors LC, Schmaljohn CS, Dalrymple JM. 1990. Expression of the *Bacillus anthracis* protective antigen gene by baculovirus and vaccinia virus recombinants. *Infect Immun* **58**: 366–372.

Inan M, Meagher MM. 2001. Non-repressing carbon sources for alcohol oxidase (AOX1) promoter of *Pichia pastoris. J Biosci Bioeng* **92**: 585–589.

Itakura K, Hirose T, Crea R, Riggs AD, Heyneker HL, Bolivar F, Boyer HW. 1977. Expression in *Escherichia coli* of a chemically synthesized gene for the hormone somatostatin. *Science* **198**: 1056–1063.

Ivanov I, Alexandrova R, Dragulev B, Saraffova A, AbouHaidar MG. 1992. Effect of tandemly repeated AGG triplets on the translation of CAT-mRNA in *E. coli. FEBS Lett* **307**: 173–176.

Jacobs PP, Geysens S, Vervecken W, Contreras R, Callewaert N. 2009. Engineering complex-type *N*-glycosylation in *Pichia pastoris* using Glyco-Switch technology. *Nat Protoc* **4**: 58–70.

Jarvis DL, Summers MD, Garcia A Jr, Bohlmeyer DA. 1993. Influence of different signal peptides and prosequences on expression and secretion of human tissue plasminogen activator in the baculovirus system. *J Biol Chem* **268**: 16754–16762.

Jenny RJ, Mann KG, Lundblad RL. 2003. A critical review of the methods for cleavage of fusion proteins with thrombin and factor Xa. *Protein Expr Purif* **31**: 1–11.

Kapust RB, Tözsér J, Fox JD, Anderson DE, Cherry S, Copeland TD, Waugh DS. 2001. Tobacco etch virus protease: Mechanism of autolysis and rational design of stable mutants with wild-type catalytic proficiency. *Protein Eng* **14**: 993–1000.

Katzen F, Chang G, Kudlicki W. 2005. The past, present and future of cell-free protein synthesis. *Trends Biotechnol* **23**: 150–156.

Keen NT, Tamaki S. 1986. Structure of two pectate lyase genes from *Erwinia chrysanthemi* EC16 and their high-level expression in *Escherichia coli. J Bacteriol* **168**: 595–606.

Khosravi-Far R, Der CJ. 1995. Prenylation analysis of bacterially expressed and insect cell-expressed Ras and Ras-related proteins. *Methods Enzymol* **255**: 46–60.

Kim JS, Raines RT. 1993. Ribonuclease S-peptide as a carrier in fusion proteins. *Protein Sci* **2**: 348–356.

Kitts PA, Possee RD. 1993. A method for producing recombinant baculovirus expression vectors at high frequency. *BioTechniques* **14**: 810–817.

Kitts PA, Ayres MD, Possee RD. 1990. Linearization of baculovirus DNA enhances the recovery of recombinant virus expression vectors. *Nucleic Acids Res* **18**: 5667–5672.

Kluwe L, Maeda K, Miegel A, Fujita-Becker S, Maeda Y, Talbo G, Houthaeve T, Kellner R. 1995. Rabbit skeletal muscle α α-tropomyosin expressed in baculovirus-infected insect cells possesses the authentic N-terminus structure and functions. *J Muscle Res Cell Motil* **16**: 103–110.

Kozak M. 1987. At least six nucleotides preceding the AUG initiator codon enhance translation in mammalian cells. *J Mol Biol* **196**: 947–950.

Kuroda K, Geyer H, Geyer R, Doerfler W, Klenk HD. 1990. The oligosaccharides of influenza virus hemagglutinin expressed in insect cells by a baculovirus vector. *Virology* **174**: 418–429.

Kuroda K, Veit M, Klenk HD. 1991. Retarded processing of influenza virus hemagglutinin in insect cells. *Virology* **180**: 159–165.

Lauritzen C, Tuchsen E, Hansen PE, Skovgaard O. 1991. BPTI and N-terminal extended analogues generated by factor Xa cleavage and cathepsin C trimming of a fusion protein expressed in *Escherichia coli. Protein Expr Purif* **2**: 372–378.

LaVallie ER, DiBlasio EA, Kovacic S, Grant KL, Schendel PF, McCoy JM. 1993. A thioredoxin gene fusion expression system that circumvents inclusion body formation in the *E. coli* cytoplasm. *Biotechnology (NY)* **11**: 187–193.

LaVallie ER, DiBlasio-Smith EA, Collins-Racie LA, Lu Z, McCoy JM. 2003. Thioredoxin and related proteins as multifunctional fusion tags for soluble expression in *E. coli. Methods Mol Biol* **205**: 119–140.

Light A, Savithri HS, Liepnieks JJ. 1980. Specificity of bovine enterokinase toward protein substrates. *Anal Biochem* **106**: 199–206.

Lin-Cereghino J, Lin-Cereghino GP. 2007. Vectors and strains for expression. *Methods Mol Biol* **389**: 11–26.

Lin-Cereghino J, Hashimoto MD, Moy A, Castelo J, Orazem CC, Kuo P, Xiong S, Gandhi V, Hatae CT, Chan A, et al. 2008. Direct selection of *Pichia pastoris* expression strains using new G418 resistance vectors. *Yeast* **25**: 293–299.

Lindorfer MA, Sherman NE, Woodfork KA, Fletcher JE, Hunt DF, Garrison JC. 1996. G protein γ subunits with altered prenylation sequences are properly modified when expressed in Sf9 cells. *J Biol Chem* **271**: 18582–18587.

Long SB, Campbell EB, Mackinnon R. 2005. Crystal structure of a mammalian voltage-dependent Shaker family K+ channel. *Science* **309**: 897–903.

Lowe PN, Page MJ, Bradley S, Rhodes S, Sydenham M, Paterson H, Skinner RH. 1991. Characterization of recombinant human Kirsten-ras (4B) pp21 produced at high levels in *Escherichia coli* and insect baculovirus expression systems. *J Biol Chem* **266**: 1672–1678.

Lu Z, DiBlasio-Smith EA, Grant KL, Warne NW, LaVallie ER, Collins-Racie LA, Follettie MT, Williamson MJ, McCoy JM. 1996. Histidine patch thioredoxins. Mutant forms of thioredoxin with metal chelating affinity that provide for convenient purifications of thioredoxin fusion proteins. *J Biol Chem* **271**: 5059–5065.

Luckow VA, Lee SC, Barry GF, Olins PO. 1993. Efficient generation of infectious recombinant baculoviruses by site-specific transposon-mediated insertion of foreign genes into a baculovirus genome propagated in *Escherichia coli. J Virol* **67**: 4566–4579.

Lueking A, Horn S, Lehrach H, Cahill DJ. 2003. A dual-expression vector allowing expression in *E. coli* and *P. pastoris*, including new modifications. *Methods Mol Biol* **205**: 31–42.

Lynn DE. 2007b. Available lepidopteran insect cell lines. *Methods Mol Biol* **388**: 117–138.

Makoff AJ, Smallwood AE. 1990. The use of two-cistron constructions in improving the expression of a heterologous gene in *E. coli. Nucleic Acids Res* **18**: 1711–1718.

Marston FA. 1986. The purification of eukaryotic polypeptides synthesized in *Escherichia coli. Biochem J* **240**: 1–12.

Maina CV, Riggs PD, Grandea AG III, Slatko BE, Moran LS, Tagliamonte JA, McReynolds LA, Guan CD. 1988. An *Escherichia coli* vector to express and purify foreign proteins by fusion to and separation from maltose-binding protein. *Gene* **74**: 365–373.

McDowell MJ, Joklik WK, Villa-Komaroff L, Lodish HF. 1972. Translation of reovirus messenger RNAs synthesized in vitro into reovirus polypeptides by several mammalian cell-free extracts. *Proc Natl Acad Sci* **69**: 2649–2653.

Mikami S, Kobayashi T, Masutani M, Yokoyama S, Imataka H. 2008. A human cell-derived in vitro coupled transcription/translation system optimized for production of recombinant proteins. *Protein Expr Purif* **62**: 190–198.

Miyamoto C, Smith GE, Farrell-Towt J, Chizzonite R, Summers MD, Ju G. 1985. Production of human c-myc protein in insect cells infected with a baculovirus expression vector. *Mol Cell Biol* **5**: 2860–2865.

Murhammer DW. 2007. *Baculovirus and insect cell expression protocols.* Humana Press, Totowa, NJ.

Murphy CI, McIntire JR, Davis DR, Hodgdon H, Seals JR, Young E. 1993. Enhanced expression, secretion, and large-scale purification of recombinant HIV-1 gp120 in insect cell using the baculovirus egt and pp67 signal peptides. *Protein Expr Purif* **4**: 349–357.

Murthy TV, Wu W, Qiu QQ, Shi Z, LaBaer J, Brizuela L. 2004. Bacterial cell-free system for high-throughput protein expression and a comparative analysis of *Escherichia coli* cell-free and whole cell expression systems. *Protein Expr Purif* **36**: 217–225.

Nagai K, Thogersen HC. 1984. Generation of β-globin by sequence-specific proteolysis of a hybrid protein produced in *Escherichia coli. Nature* **309**: 810–812.

Nagai K, Thogersen HC. 1987. Synthesis and sequence-specific proteolysis of hybrid proteins produced in *Escherichia coli. Methods Enzymol* **153**: 461–481.

Nirenberg MW, Matthaei JH. 1961. The dependence of cell-free protein synthesis in *E. coli* upon naturally occurring or synthetic polyribonucleotides. *Proc Natl Acad Sci* **47**: 1588–1602.

Oker-Blom C, Pettersson RF, Summers MD. 1989. Baculovirus polyhedrin promoter-directed expression of rubella virus envelope glycoproteins, E1 and E2, in *Spodoptera frugiperda* cells. *Virology* **172**: 82–91.

O'Reilly DR, Miller LK, Luckow VA. 1994. *Baculovirus expression vectors.* Oxford University Press, New York.

Parcej DN, Eckhardt-Strelau L. 2003. Structural characterisation of neuronal voltage-sensitive K+ channels heterologously expressed in *Pichia pastoris. J Mol Biol* **333**: 103–116.

Parks TD, Leuther KK, Howard ED, Johnston SA, Dougherty WG. 1994. Release of proteins and peptides from fusion proteins using a recombinant plant virus proteinase. *Anal Biochem* **216**: 413–417.

Pelham HR, Jackson RJ. 1976. An efficient mRNA-dependent translation system from reticulocyte lysates. *Eur J Biochem* **67**: 247–256.

Pennock GD, Shoemaker C, Miller LK. 1984. Strong and regulated expression of *Escherichia coli* β-galactosidase in insect cells with a baculovirus vector. *Mol Cell Biol* **4**: 399–406.

Rangwala SH, Finn RF, Smith CE, Berberich SA, Salsgiver WJ, Stallings WC, Glover GI, Olins PO. 1992. High-level production of active HIV-1 protease in *Escherichia coli*. *Gene* **122**: 263–269.

Reznikoff WS. 1992. The lactose operon-controlling elements: A complex paradigm. *Mol Microbiol* **6**: 2419–2422.

Richards FM, Vithayathil PJ. 1959. The preparation of subtilisin-modified ribonuclease and the separation of the peptide and protein components. *J Biol Chem* **234**: 1459–1465.

Ringquist S, Shinedling S, Barrick D, Green L, Binkley J, Stormo GD, Gold L. 1992. Translation initiation in *Escherichia coli*: Sequences within the ribosome-binding site. *Mol Microbiol* **6**: 1219–1229.

Roberts BE, Paterson BM. 1973. Efficient translation of tobacco mosaic virus RNA and rabbit globin 9S RNA in a cell-free system from commercial wheat germ. *Proc Natl Acad Sci* **70**: 2330–2334.

Rosenberg SJ, Rane MJ, Dean WL, Corpier CL, Hoffman JL, McLeish KR. 1998. Effect of γ subunit carboxyl methylation on the interaction of G protein α subunits with βγ subunits of defined composition. *Cell Signal* **10**: 131–136.

Saida F. 2007. Overview on the expression of toxic gene products in *Escherichia coli*. *Curr Protoc Protein Sci* **5**: 5.19.1–5.19.13.

Schleif R. 2000. Regulation of the L-arabinose operon of *Escherichia coli*. *Trends Genet* **16**: 559–565.

Schmidt TG, Skerra A. 1993. The random peptide library-assisted engineering of a C-terminal affinity peptide, useful for the detection and purification of a functional Ig Fv fragment. *Protein Eng* **6**: 109–122.

Schmidt TG, Koepke J, Frank R, Skerra A. 1996. Molecular interaction between the Strep-tag affinity peptide and its cognate target, streptavidin. *J Mol Biol* **255**: 753–766.

Schuck S, Prinz WA, Thorn KS, Voss C, Walter P. 2009. Membrane expansion alleviates endoplasmic reticulum stress independently of the unfolded protein response. *J Cell Biol* **187**: 525–536.

Shine J, Dalgarno L. 1974. The 3′-terminal sequence of *Escherichia coli* 16S ribosomal RNA: Complementarity to nonsense triplets and ribosome binding sites. *Proc Natl Acad Sci* **71**: 1342–1346.

Smith DB, Johnson KS. 1988. Single-step purification of polypeptides expressed in *Escherichia coli* as fusions with glutathione *S*-transferase. *Gene* **67**: 31–40.

Smith GE, Fraser MJ, Summers MD. 1983a. Molecular engineering of the *Autographa californica* nuclear polyhedrosis virus genome: Deletion mutations within the polyhedrin gene. *J Virol* **46**: 584–593.

Smith GE, Summers MD, Fraser MJ. 1983b. Production of human β interferon in insect cells infected with a baculovirus expression vector. *Mol Cell Biol* **3**: 2156–2165.

Smith GE, Vlak JM, Summers MD. 1983c. Physical analysis of *Autographa californica* nuclear polyhedrosis virus transcripts for polyhedrin and 10,000-molecular-weight protein. *J Virol* **45**: 215–225.

Smith GE, Ju G, Ericson BL, Moschera J, Lahm HW, Chizzonite R, Summers MD. 1985. Modification and secretion of human interleukin 2 produced in insect cells by a baculovirus expression vector. *Proc Natl Acad Sci* **82**: 8404–8408.

Smith MC, Furman TC, Ingolia TD, Pidgeon C. 1988. Chelating peptide-immobilized metal ion affinity chromatography. A new concept in affinity chromatography for recombinant proteins. *J Biol Chem* **263**: 7211–7215.

Spirin AS. 2004. High-throughput cell-free systems for synthesis of functionally active proteins. *Trends Biotechnol* **22**: 538–545.

Stark MJ. 1987. Multicopy expression vectors carrying the *lac* repressor gene for regulated high-level expression of genes in *Escherichia coli*. *Gene* **51**: 255–267.

Steitz JA. 1979. Prokaryotic ribosome binding sites. *Methods Enzymol* **60**: 311–321.

Steitz JA, Jakes K. 1975. How ribosomes select initiator regions in mRNA: Base pair formation between the 3′ terminus of 16S rRNA and the mRNA during initiation of protein synthesis in *Escherichia coli*. *Proc Natl Acad Sci* **72**: 4734–4738.

Stiles B, Wood HA. 1983. A study of the glycoproteins of *Autographa californica* nuclear polyhedrosis virus (AcNPV). *Virology* **131**: 230–241.

Stofko-Hahn RE, Carr DW, Scott JD. 1992. A single step purification for recombinant proteins. Characterization of a microtubule associated protein (MAP 2) fragment which associates with the type II cAMP-dependent protein kinase. *FEBS Lett* **302**: 274–278.

Studier FW. 1991. Use of bacteriophage T7 lysozyme to improve an inducible T7 expression system. *J Mol Biol* **219**: 37–44.

Studier FW, Moffatt BA. 1986. Use of bacteriophage T7 RNA polymerase to direct selective high-level expression of cloned genes. *J Mol Biol* **189**: 113–130.

Stueber D, Ibrahimi I, Cutler D, Dobberstein B, Bujard H. 1984. A novel in vitro transcription-translation system: Accurate and efficient synthesis of single proteins from cloned DNA sequences. *EMBO J* **3**: 3143–3148.

Sullivan ML, Youker RT, Watkins SC, Brodsky JL. 2003. Localization of the BiP molecular chaperone with respect to endoplasmic reticulum foci containing the cystic fibrosis transmembrane conductance regulator in yeast. *J Histochem Cytochem* **51**: 545–548.

Sunga AJ, Tolstorukov I, Cregg JM. 2008. Posttransformational vector amplification in the yeast *Pichia pastoris*. *FEMS Yeast Res* **8**: 870–876.

Tabor S, Richardson CC. 1985. A bacteriophage T7 RNA polymerase/promoter system for controlled exclusive expression of specific genes. *Proc Natl Acad Sci* **82**: 1074–1078.

Talmadge K, Kaufman J, Gilbert W. 1980. Bacteria mature preproinsulin to proinsulin. *Proc Natl Acad Sci* **77**: 3988–3992.

Tessier DC, Thomas DY, Khouri HE, Laliberte F, Vernet T. 1991. Enhanced secretion from insect cells of a foreign protein fused to the honeybee melittin signal peptide. *Gene* **98**: 177–183.

Thomsen DR, Post LE, Elhammer AP. 1990. Structure of *O*-glycosidically linked oligosaccharides synthesized by the insect cell line Sf9. *J Cell Biochem* **43**: 67–79.

Tropea JE, Cherry S, Waugh DS. 2009. Expression and purification of soluble His₆-tagged TEV protease. *Methods Mol Biol* **498**: 297–307.

Vernet T, Tessier DC, Richardson C, Laliberte F, Khouri HE, Bell AW, Storer AC, Thomas DY. 1990. Secretion of functional papain precursor from insect cells. Requirement for *N*-glycosylation of the pro-region. *J Biol Chem* **265**: 16661–16666.

Voss S, Skerra A. 1997. Mutagenesis of a flexible loop in streptavidin leads to higher affinity for the Strep-tag II peptide and improved performance in recombinant protein purification. *Protein Eng* **10**: 975–982.

Walker PA, Leong LE, Ng PW, Tan SH, Waller S, Murphy D, Porter AG. 1994. Efficient and rapid affinity purification of proteins using recombinant fusion proteases. *Biotechnology (NY)* **12**: 601–605.

Wang Z, Stalcup LD, Harvey BJ, Weber J, Chloupkova M, Dumont ME, Dean M, Urbatsch IL. 2006. Purification and ATP hydrolysis of the putative cholesterol transporters ABCG5 and ABCG8. *Biochemistry* **45**: 9929–9939.

Weickert MJ, Doherty DH, Best EA, Olins PO. 1996. Optimization of heterologous protein production in *Escherichia coli*. *Curr Opin Biotechnol* **7**: 494–499.

Wickham TJ, Davis T, Granados RR, Shuler ML, Wood HA. 1992. Screening of insect cell lines for the production of recombinant proteins and infectious virus in the baculovirus expression system. *Biotechnol Prog* **8**: 391–396.

Yang C, Mayau V, Godeau F, Goud B. 1992. Characterization of the unprocessed and processed forms of rab6 expressed in baculovirus/insect cell systems. *Biochem Biophys Res Commun* **182**: 1499–1505.

Yokoyama S. 2003. Protein expression systems for structural genomics and proteomics. *Curr Opin Chem Biol* **7**: 39–43.

Zhao Y, Chapman DA, Jones IM. 2003. Improving baculovirus recombination. *Nucleic Acids Res* **31**: e66. doi: 10.1093/nar/gng006.

Zubay G. 1973. In vitro synthesis of protein in microbial systems. *Annu Rev Genet* **7**: 267–287.

Zuidema D, Schouten A, Usmany M, Maule AJ, Belsham GJ, Roosien J, Klinge-Roode EC, van Lent JW, Vlak JM. 1990. Expression of cauliflower mosaic virus gene I in insect cells using a novel polyhedrin-based baculovirus expression vector. *J Gen Virol* **71**: 2201–2209.

方案 1　在大肠杆菌中利用可用 IPTG 诱导的启动子表达克隆化基因

由于乳糖操纵子是原核基因表达调控的典型代表，所以许多大肠杆菌表达载体用乳糖操纵子作为调控单元（Reznikoff 1992）。乳糖启动子是弱启动子，如今杂合的强启动子已经开发出来并用于大肠杆菌中制备外源蛋白（Baneyx 1999）。在本章导言中已经叙述，在大肠杆菌中表达外源蛋白时，所用的启动子通常要么依赖于宿主细胞的 RNA 聚合酶，要么向宿主细胞中引入来源于 T7 噬菌体的 RNA 聚合酶。基于这两种思路设计的载体均需要添加不可水解的乳糖类似物异丙基-1-硫代-β-呋喃半乳糖苷（IPTG）来诱导外源蛋白的表达。本方案旨在利用这类载体或其他可用 IPTG 诱导的载体。其他表达系统在随后讨论中涉及。

材料

为正确使用本方案中的器材和危险试剂，必须查阅相应的材料安全数据表并咨询所在机构的环境卫生和安全办公室。

本方案的专用试剂标注<R>，配方在本方案末提供。常用储备溶液、缓冲液和试剂标注<A>，配方见附录 1。储备溶液应稀释至适用浓度后使用。

试剂

考马斯亮蓝染色液

根据表达载体选择的适合蛋白质表达的大肠杆菌菌株

> 为了明确宿主细胞的选择要求，参阅构建含有重组表达载体的大肠杆菌菌株部分（也可参阅本方案中的信息栏"大肠杆菌菌株的选择"）。

目的基因或 cDNA 片段

甘油（80%）

IPTG（1mol/L）

> 储存液分装后保存于-20℃。反复冻融 1 次或 2 次后勿继续使用。

可用 IPTG 诱导的表达载体

> 对于可用阿拉伯糖诱导的表达载体，见替代方案"在大肠杆菌中利用阿拉伯糖 BAD 启动子表达克隆基因"。

含有适当抗生素的 LB 琼脂平板（如含有 200μg/mL 的氨苄青霉素）

含有适当抗生素的 LB 培养基（如含有 200μg/mL 的氨苄青霉素，用无菌水配制 200mg/mL 的氨苄青霉素储存液，用前加至培养基中）<A>

核酸和寡核苷酸

含 SDS 的聚丙烯酰胺（方案 8）

阳性质粒

> pET 系列载体通常会有对照载体，这些载体带有相同的启动子，并可表达 lacZ 融合蛋白。对于一些可用 IPTG 诱导的载体，并可表达融合有一定分子质量的融合蛋白，它们的亲本载体可作为对照载体。

SDS 上样缓冲液（5×）（方案 8）

不含 DTT 的 5×SDS 上样缓冲液可室温保存。用前加入 1mol/L DTT 储存液至终浓度为 100mmol/L。

转化的载体和阳性对照载体

> 参阅本方案中信息栏"基因克隆策略"。

仪器

Beckman JA10、Sorvall GS3 或 SLA3000 转子，也可使用离心力相当的、能容纳 500mL 离心管的转子

Beckman JA20、Sorvall SS34 或 SA600 转子，也可使用离心力相当的、能容纳 40～50mL 离心管的转子

三角烧瓶（125mL 和 1L），高压蒸汽灭菌锅

玻璃器皿或塑料制品

接种针

液氮

无菌微量离心管（1.5mL）

无菌吸头和无菌移液管

无菌旋盖管（50mL）

恒温摇床

匙状小竹板

分光光度计

涡旋振荡器

⚙ 方法

构建含有重组载体的大肠杆菌菌株

1. 将包含目的基因或 cDNA 的 DNA 片段插入到表达载体（第 3 章）。确保克隆策略使得目的蛋白的编码序列位于表达载体的可读框内，并且与翻译信号正确兼容。目的蛋白的编码序列的 3′端必须有翻译终止密码子。

基因克隆策略

- 大多数利用 IPTG 诱导的表达载体都包含了表达外源蛋白所需的所有调控元件，所以在构建表达载体时不需要额外的侧翼 DNA 序列。根据载体和预实验结果，可以在目的基因的 3′端添加其他调控序列以促进表达（参阅替代方案"少量制备可溶性蛋白"后的疑难解答部分）。

- 有些表达载体可与不依赖连接反应的克隆方法或 TOPO TA 克隆相兼容（如 Life Technologies 公司提供的 pET 变种表达载体）。

- 大多数表达载体的多克隆位点下游都包含了终止密码子，然而，这样的序列会向目的蛋白的 C 端引入另外的氨基酸。

- 利用宿主大肠杆菌的 RNA 聚合酶的 IPTG 诱导启动子的表达载体（如 pQE 载体）应当在 DNA 聚合酶和内切核酸酶缺陷的宿主菌（*recA*，*endA*）中扩增，同时宿主菌中应当包含 *lacIq* 的等位基因（如 JM109 菌株）。

- 如果载体中含有 *lacI* 基因（如 pGEX 系列载体），那么任何 *recA*、*endA* 大肠杆菌菌株（如 DH5α）均可用于扩增。

- 对于利用 T7 RNA 聚合酶转录的表达载体（如 pET 系列载体），任何 *recA*、*endA* 大肠杆菌菌株可用于质粒扩增（如 DH5α）。通常，由于宿主 RNA 聚合酶不能识别 T7 启动子，所以这类表载体在以克隆为目的时，在宿主菌中的本底表达十分低。

- 通过 PCR 扩增得到的序列必须经过测序，以确保在扩增过程中没有引入突变。

2. 将来自阳性克隆的质粒 DNA（质粒提取方法见第 1 章）转化至适合用所选载体表达蛋白的大肠杆菌（如 pGEX 载体应转化 BL21，pET 载体应转化 BL21DE3）。为了对照试验和后续步骤，应当向对应的菌株中转化阳性质粒（如向 BL21 菌株中转化 pGEX 空载体，向 BL21DE3 菌株中转化只表达 *lacZ* 的 pET 载体）。将转化反应液涂布含有相应抗生素的 LB 琼脂平板（抗生素浓度参阅附录 1），于 37℃过夜培养。

大肠杆菌菌株的选择

应当选用胞质蛋白酶缺陷的大肠杆菌菌株，以降低目的蛋白的降解。常用的 BL21 菌株为 Lon 和 OmpT 蛋白酶缺陷。

基于 T7 启动子的表达载体应当选用含有 T7 RNA 聚合酶基因的大肠杆菌菌株，如 BL21（DE3）。

一些其他载体系统（如 pQE, pRSET）对大肠杆菌菌株的要求参阅本章导言中的表 19-2。

用于蛋白质表达的大肠杆菌菌株，其转化效率往往比以克隆为目的的菌株要低。

目前已经开发了多种大肠杆菌菌株，以满足不同蛋白表达的需求。这些菌株优化的特性包括：引入稀有密码子、二硫键形成、基因可调表达，以及改善对毒性基因的忍耐力。在某些情况下，这些改变带有氯霉素抗性，如含有 pLysS/pLysE 的 BL21（DE3）菌株常用于降低 T7 启动子的渗漏表达。

---

3. 翌日，立即冻存大肠杆菌转化子备用。向冷冻管中加 800μL 含有抗生素的 LB 培养基，向培养基中接种 3～5 个新鲜的单克隆，37℃振荡 20min，并加入 200μL 80%甘油，轻轻振荡混匀，混匀 1～2min 后将冷冻管快速放入液氮冷冻，并置于-80℃保存。

> 对于大多数构建的菌株来说，冻存保存的表达菌株可反复使用数次。用于在平板上划线培养的冷冻菌株不能冻融，应该用接种环从冻存表面刮取。
>
> 通常，用于蛋白质表达的菌株应使用新鲜长出的克隆，否则蛋白质的渗漏表达会杀死细胞，所以，菌种必须是新转化的，或从冷冻保存的菌种划线培养的。
>
> 冷冻前与甘油长时间的孵育会降低菌种的存活率。

利用大肠杆菌小量制备目标蛋白

很多研究发现在细胞生长的对数中期诱导的重要性。而且，有时明显的外源蛋白低表达是由其对宿主的不良反应引起的。最后，细胞的光密度（OD）将在随后的表达试验中，进行蛋白质水平比较时，被用于调整样品的体积。因此应仔细记录细菌接入培养基的数量、诱导前培养时间、诱导后细菌密度。

4. 分别向 3mL 培养基（含 200μg/mL 氨苄青霉素的 LB 培养基）分别接入含空载体对照、阳性对照以及重组表达载体的新鲜生长单克隆 1 或 2 个。37℃过夜培养。

> 我们推荐使用氨苄青霉素的浓度比一般情况下的浓度要高，因为β-内酰胺酶可释放到培养基中并且积累，它可在对数生长中期前就将氨苄青霉素分解。另外，由于菌体代谢，培养物呈酸性，氨苄青霉素在酸性条件下易水解。因此，在诱导时应向培养物中再次添加氨苄青霉素。

5. 在 50mL 旋盖管中加 10mL 的含 200μg/mL 氨苄青霉素的 LB 培养基，并分别接种 100μL 的过夜培养物。旋盖打开 1/4，以保证通气量。置于摇床 37℃培养大于 2h 至对数生长中期（A_{550} 值为 0.5～1.0），A_{550} 值在步骤 8 中用到。

6. 每个吸取 1mL 未诱导的培养物（诱导 0 点）至微量离心管，按步骤 9 和步骤 10 迅速制备诱导 0 点样品。

7. 向剩余的培养物中加 IPTG 至终浓度为 0.5mmol/L（5μL 的 1mmol/L IPTG 储存液），37℃继续振荡培养（参阅如下信息栏）。

优化诱导温度和 IPTG 浓度

诱导温度

用大肠杆菌高表达外源蛋白，最重要的变量或许就是诱导表达的温度。测定最佳表达温度对实验有决定性作用。能够成功表达目的蛋白的温度范围是 15～42℃。蛋白质表达的最佳温度范围很窄，一般在 2～4℃。有时温度对蛋白质表达有影响或无任何影响的原因还不明确，但是，蛋白质表达受诸多因素影响，这种影响可能是单个因素作用，也可能是多个因素共同作用。影响蛋白质表达的因素包括菌体生长速率、目的蛋白在胞内折叠、营养素（如血红素、FAD、生物素等）的可用量、外源蛋白的热变性、细胞分泌装置或蛋白折叠装置过载、细胞内蛋白酶活性或者是其他溶菌酶活性、细菌 SOS 应急系统活性或其他因素。由于这些不确定因素，Gedanken（"认为"）预测最佳生长温度所起的作用极小，需要反复试验确定。

IPTG 浓度

lac 启动子诱导所用的 IPTG 浓度影响表达水平。推荐诱导的 IPTG 起始浓度为 0.5mmol/L，并可相应提高浓度。IPTG 最佳浓度一般依经验而定，其浓度范围为 0.01～2.0mmol/L。使用无 *lac* 透性酶（*lacY*，如 Merck Biosciences 公司的 Tuner 系列菌株）的大肠杆菌宿主可方便 IPTG 浓度的优化。对于某些蛋白质，应缓慢诱导表达载体的转录（低 IPTG 浓度），以免使细菌生物合成系统过载。

8. 在不同的诱导时间点取样（如在诱导 1h、2h、3h、4h、5h、6h 取样）。首先，用分光光度计测量各取样点培养物的 A_{550} 值，将诱导零点时培养物的 A_{550} 值除以当前时间点培养物的 A_{550} 值，计算得出当前时间点应取培养物的体积。将在各诱导时间点的培养物转移至微量离心管。例如，如果在培养物的 $A_{550}=0.6$ 时开始诱导，培养 2h 后 $A_{550}=1.0$，吸取 0.6/1.0=0.6mL 的培养物至微量离心管。此步骤是为了使各时间点取的培养物有相等的细胞蛋白质量。

9. 用微型离心机将微量离心管于室温最大转速离心 1min，吸弃上清。确保分光光度计的读数在其线性范围内（0.1～1.0 OD_{550}）。根据实际情况，可用 LB 培养基将样品稀释至分光光度计读数范围。

10. 用 50μL 5×SDS 加样缓冲液重悬菌体，并置于 85℃ 水浴 2min，同时剧烈振荡。用微型离心机将微量离心管于室温最大转速离心 1min，将样品置于冰上，待所有样品制备完成后进行凝胶电泳分析。

11. 将样品于 85℃ 短时重加热，每种上清取约 40μg 用合适浓度的 SDS-PAGE 分析（参阅方案 8 "SDS-PAGE 分析"）。大多数情况下，约 15μL 的样品即为合适的上样量。用考马斯亮蓝染液将凝胶染色，或是进行免疫印迹实验使蛋白质可见。进一步分析表达蛋白是否在可溶性组分中，可参阅以下附加方案 "可溶性蛋白表达的小规模分析"。

在以谷胱甘肽-*S*-转移酶（GST）为对照（如含有 pGEX 载体的细胞）的样品中，在 37℃诱导约 30min 后即可看到 29kDa 的蛋白质条带（由于表达载体上有额外的氨基酸序列，导致比 26kDa 的 GST 略大）。在诱导期间，GST 的量逐渐增加。*lacZ* 基因的表达产物是β-半乳糖苷酶，含有 *lacZ* 基因的细胞可诱导出其 116kDa 的蛋白质（增加的分子质量是载体上的蛋白标签）。在含有重组基因的细胞中，诱导相同时间后可看到与预期分子质量一致的重组蛋白。外源蛋白诱导的动力学和稳定性可能与对照蛋白有所不同。

利用大肠杆菌大量制备目标蛋白

12. 为了大量表达、纯化目的蛋白，在 125mL 摇瓶中加 25mL 的含 200μg/mL 氨苄青霉素的 LB 培养基，并接种重组大肠杆菌单克隆菌落。37℃培养过夜。

13. 在 4L 的摇瓶中加 1L 含有抗生素（200μg/mL 氨苄青霉素）的 LB 培养基，并接种 10mL 的大肠杆菌过夜培养物，37℃培养至对数生长中期（A_{550}=0.5～1.0）。

　　　　在向培养基中接种较大体积的过夜培养物时，培养物必须至少稀释 100 倍，以避免过夜培养过程中，释放到培养基中的β-内酰胺酶转移至新鲜培养基中，除非将过夜培养物离心，并用新鲜的 LB 培养基重悬。

　　　　为了优化通气，培养体积应小于摇瓶体积的 20～25%，如果没有 4L 摇瓶，可用 2 个 2L 摇瓶，每个装 500mL LB、抗生素和 5mL 过夜培养物。

14. 目的蛋白的诱导表达基于之前获得的最佳培养时间、IPTG 浓度以及培养温度。

如果所用抗生素是氨苄青霉素，在诱导表达时需要再次添加抗生素。

15. 诱导表达适当时间后，4℃ 5000g 离心 15min，收集菌体并转移至 50mL 的离心管中。在液氮中快速冷冻，并保存于-80℃，或者立即将菌体裂解（参阅方案 4），随后的纯化步骤是：如果目的蛋白带有 His 标签，纯化方法参阅方案 5；如果目的蛋白带有谷胱甘肽-S-转移酶，纯化方法参阅方案 6。

讨论

在大肠杆菌中，除了 lac 操纵子系统，许多利用营养物质诱导的启动子已应用于控制外源蛋白表达。这包括利用色氨酸诱导的 trp 启动子、限制离子强度诱导的 proU 启动子（Nichols and Yanofsky 1983; Tacon et al. 1983; Herbst et al. 1994）。目前，商业化的可替代 lac 操纵子的是 L-阿拉伯糖诱导的 araBAD 启动子，可用的表达载体是 pBAD 系列载体（Guzman et al. 1995）（Life Technologies 公司提供）。替代方案"在大肠杆菌中利用阿拉伯糖 BAD 启动子表达克隆基因"描述了诱导包含 araBAD 启动子载体的方法。

T7 RNA 聚合酶有一个优点便是它能与 T7 启动子特异性相互作用，而大肠杆菌染色体 DNA 无 T7 启动子。然而，大肠杆菌宿主细胞中必须表达 T7 RNA 聚合酶，以实现相应表达载体的功能。通常选用染色体 DNA 上有编码 T7 RNA 聚合酶基因 T7 gene 1 的λ-DE3 溶原菌作为宿主菌。T7 RNA 聚合酶的表达受 IPTG 诱导的 lacUV5 启动子调控，以避免 T7 RNA 聚合酶和外源蛋白在细胞生长阶段就有表达。另外，可同时共表达 T7 溶菌酶进一步抑制 T7 RNA 聚合酶的活性，详见附加方案"目标蛋白可溶性表达的小量试验"后的疑难解答部分。在表达有特别毒性的基因产物时，必须选用在诱导外源基因前 T7 RNA 聚合酶完全被抑制表达的宿主菌。这可通过向对数生长后期的含有表达载体的宿主菌（如 HMS174）中转染携带 T7 gene 1 基因的 CE6（λcIts857 Sam7）噬菌体实现。

我们必须知道，不是所有的含有 T7 启动子的载体都含有蛋白质在大肠杆菌中翻译的信号序列。例如，pET24 载体设计为需要通过克隆插入细菌翻译信号。相比之下，pET24a～c 系列载体在转录起始位点下游提供了核糖体结合位点和 ATG 翻译起始位点。另外，T7 启动子常存在于诸如 pCDNAtm 系列的真核表达载体，这是为了体外转录而不是翻译目标 RNA。

广泛应用的 pET 系列载体的操作手册（Merck Technical Bulletin #TB055）详细介绍了此系列的表达载体和各种大肠杆菌宿主菌，同时给出了表达外源蛋白的优化方法。T7 系统能高水平表达外源蛋白，从而导致细菌自身的生物合成和加工装置超负荷。基于这个原因，降低诱导速度和生长速度可提高外源蛋白的产量。除了这个因素外，其他因素均可影响外源蛋白在大肠杆菌中的表达效率，这在附加方案"目标蛋白可溶性表达的小量试验"后的疑难解答部分有详细的讨论。

附加方案　目标蛋白可溶性表达的小量试验

方案 1 类似于蛋白质的"小量制备"。本附加方案不仅检测细胞总蛋白中目标蛋白的表达水平，而且检测蛋白质是可溶性的还是存在于包含体中。可溶部分和不可溶部分分离后可用 SDS-PAGE 分析。在最后一个步骤中，偶联蛋白珠可以被处理用来洗脱天然蛋白，也可以直接在 SDS-PAGE 上样缓冲液中加热后做凝胶电泳分析。

附加材料

为正确使用本方案中的器材和危险试剂，必须查阅相应的材料安全数据表并咨询所在机构的环境卫生和安全办公室。

本方案的专用试剂标注<R>，配方在本方案末提供。常用储备溶液、缓冲液和试剂标注<A>，配方见附录 1。储备溶液应稀释至适用浓度后使用。

试剂

含 DNase I 和蛋白酶抑制剂的细菌细胞裂解液

一些细菌细胞裂解液可以从公司获得，如 BugBuster（Merck Biosciences）和 B-PER（Thermo Scientific Pierce）。可以选择方案 4 所介绍的其他细胞裂解方法。

细胞裂解液可以添加终浓度为 50μg/mL DNase I、0.5mmol/L MgCl$_2$ 和 100μg /mL 卵清溶菌酶，以减少细胞裂解液的黏稠度。100 倍的 DNase I 储存液（5mg/mL）溶菌酶（10mg/mL）可以溶解于水中，按 1mL/支分装，-20℃储存。分装液溶化后不应重复使用。

为减少蛋白质降解，可以添加终浓度 1mmol/L 苯甲磺酰基氟化物（PMSF）。蛋白酶抑制剂混合试剂提供了更为全面的方法。配置 100mmol/L PMSF 储存液，可将 1.74g PMSF 溶解于无水异丙醇或者二甲基亚砜（DMSO）中。PMSF 储存液应保存于 4℃。

▲PMSF 是一种具有高度毒性的丝氨酸蛋白酶抑制剂。称取干粉 PMSF 时应该戴口罩，在使用含有 PMSF 的液体时应戴手套。因为 PMSF 可以在水溶液中水解，所以在配制储存液后，称量区域应该用水彻底擦拭干净。

连接有载体融合蛋白亲和配基的层析介质

GST 融合蛋白：建议使用谷胱甘肽-琼脂糖珠（可从 Sigma-Aldrich、Thermo Scientific Pierce、Life Technologies 公司，或者其他来源获得）。

His 标签融合蛋白：建议使用螯合 Ni^{2+}或者 Co^{2+}的琼脂糖珠（可从 Sigma-Aldrich、Thermo Scientific Pierce、QIAGEN、Life Technologies 公司，或者其他来源获得）。在运用方案 5 中的描述之前，需要使琼脂糖珠与金属离子螯合（根据生产厂家的说明修改）。

添加蛋白酶抑制剂的磷酸盐 PBS 漂洗缓冲液（1×）

1×PBS 配置：用无菌水稀释 10×PBS 储存液，保存于 4℃。使用之前直接加终浓度为 1mmol/L 的 PMSF。

配置 1L 10×PBS 储存液：溶解 80g NaCl、2g KCl、14.4g Na$_2$HPO$_4$ 和 2.4g KH$_2$PO$_4$ 至 800mL 水中。如果需要，可使用 1mol/L HCl 调 pH 至 7.3。定容至 1L 体积，过滤除菌或者高压灭菌。最终 10×PBS 储存液含 1.37mol/L NaCl、27mmol/L KCl、100mmol/L Na$_2$HPO$_4$ 和 18mmol/L KH$_2$PO$_4$。

SDS-PAGE 上样缓冲液（5×）含 100mmol/L 二硫苏糖醇（DTT）（方案 8）

SDS-PAGE 上样缓冲液可以添加配体以增加洗脱效率。然而，这是不必要的，因为加热可以使绝大部分融合蛋白（如 GST）变性，DTT 可以还原 Ni^{2+}或 Co^{2+}，这些都可以使 His 标签融合蛋白释放。

仪器

SDS-PAGE 设备（方案 8）

方法

1. 按照方案 1 的步骤 1～步骤 5。添加 0.5mmol/L IPTG，37℃振荡培养 2～4h 诱导蛋白质表达（如果需要可添加终浓度为 100μg /mL 的氨苄青霉素）。设未诱导的阴性和阳性的平行对照。

2. 将 10mL 培养物于 4℃ 5000g，离心 15min 以沉淀细胞。弃上清，进行下一步或者冻存于-80℃。

3. 用已添加 DNase I、溶菌酶和蛋白酶抑制剂的 1mL 细胞裂解液重悬解冻的细胞沉淀。转移细胞裂解组分至微量离心管中，室温下轻微混合 20min。

4. 同时，用 1×PBS 溶胀谷胱甘肽或者 Ni^{2+}琼脂糖珠。转移至微量离心管中，每个样品含 25μL 珠（每个样品 50μL 的 50%琼脂糖珠悬液；1 个样品和 2 个对照共 150μL 混合悬液）。加入 10 倍体积 1×PBS。颠倒混匀。室温 500g，离心 3min 沉淀琼脂糖珠（2500r/min Eppendorf 5418 型离心机），除去大部分 PBS 上清。

5. 将步骤 3 获得的细胞裂解物于 4℃ 20 000g，离心 30min，分离可溶解组分和不溶组分。取样品上清（可溶组分）做 SDS-PAGE 分析（25μL+5μL SDS-PAGE 上样缓冲液），85℃下加热 2min，分析前置于冰上。

见"疑难解答"。

6. 将来源于步骤 5 的剩余离心上清转移至步骤 4 中的琼脂糖珠。4℃下轻微混合孵育 20min。将不溶性沉淀用于下一步处理。

7. 在不溶性的细胞碎片中加入 30μL 5×SDS-PAGE 上样缓冲液。剧烈漩涡振荡 30s，85℃加热 2min，重复漩涡振荡大于 30s，最后在室温下，15 000g，微量离心机离心 1min，去除残留的不可溶部分。冰上保存直至 SDS-PAGE（不可溶解部分）。

8. 琼脂糖珠与细胞裂解物孵育后，以 500g 离心 3min 沉淀琼脂糖珠。去掉上清（未结合部分），留样进行 SDS-PAGE 分析。用 1×PBS 250μL 重悬琼脂糖珠，轻微混匀于 4℃孵育 10min。

9. 500g 3min 离心沉淀琼脂糖珠，去掉上清并留样进行 SDS-PAGE 分析（漂洗部分）。用微量移液器尽量地小心去除上清。

10. 用 20μL 的 5×SDS-PAGE 上样缓冲液重悬琼脂糖珠（结合部分），85℃下加热 2min，剧烈振荡 30s。最后，室温下以 15 000g，离心沉淀树脂 1min。如果有必要，在 SDS-PAGE 分析前样品置于冰上保存。所有样品上样前 85℃重新稍作加热。

11. 利用 SDS-PAGE 分析可溶性部分、不可溶解部分，未结合部分，漂洗部分和结合部分。在用考马斯亮蓝染色后，应该在样品的结合部分中和阳性对照中观察到预期大小的主要条带。聚集的或者不可溶性蛋白（如在包含体中的蛋白质）将会出现在不可溶解部分中。

疑难解答

目前大多数细菌表达载体包括一个高效的 Shine-Dalgarno 序列（Shine and Dalgarno 1974）使核糖体与 mRNA 结合，此外还包括一个强细菌启动子。有几个因素可能会降低目标蛋白的表达（综述见 Berrow et al. 2006；更多信息见 pET 系统手册，*Merck Technical Bulletin* #TB055）。

除了下面给出的一些特殊问题的指导方法外，在不同培养基中，表达水平可能存在差异。LB 培养基可以用来确定上述的主要表达参数，但是，为了优化表达，或者在 LB 培养基中没有表达或表达极低时，也可以尝试使用其他的培养基。这包括基本盐培养基，如 M9，确定成分培养基如诱导培养基，以及其他营养丰富的培养基，如 Terrific Broth、YT、NZCYM。

问题（步骤 11）： 目的蛋白为包含体蛋白。

解决方案： 在大肠杆菌中，蛋白表达过程可能会在细胞质中形成不溶解的聚集物。尽管可以依据方案 7 纯化这些包含体蛋白，但是以活性和正确折叠形式蛋白回收这些蛋白质常常很困难。

- 在某些情况下，蛋白质的错误折叠与过量表达引起的局部浓度过高或者分子伴侣被饱和有关。在这些情况中，降低蛋白质产出速率能够增加可溶性的活性蛋白表达量。这可以通过在诱导过程中降低细胞培养温度来实现，例如，降低至30℃诱导 2～4h，或者降低至室温，或者更低温度下过夜诱导。也可以降低 IPTG 浓度，尤其是当 *lacY1* 缺失突变体如 Tuner（Merck）作为宿主菌时。

- 运用具有相容的复制起始点载体共表达分子伴侣也有助于目标蛋白的折叠（Tresaugues et al. 2004）。融合可溶性标签（如下所述）也可能降低包含体的形成。

- 通常，包含体的形成是因为缺乏二硫键、辅因子，如血红素，或者是由于缺乏对于外源蛋白折叠必需的翻译后修饰造成的。尽管大肠杆菌胞内蛋白一般不形成二硫键，但 *trxB/gor* 突变体（如 Origami, Merck Biosciences 的 Rosetta-gami）作为宿主菌时，其具有的胞内氧化环境会促进二硫键的形成。

- 可以选择的是，通过融合一段信号肽，目标蛋白可以输出至周质的氧化环境中。此外，pET-39b 或 pET-40b 载体中，目标蛋白可与 DsbA 酶或 DsbC 分子伴侣形成融合形式，从而促进在周质中二硫键的形成（Bardwell et al. 1991; Missiakas et al. 1994）。

- 在某些情况下，当与适合的转运受体共表达，诱导时可在生长培养基中添加辅因子，如血红素。

- 与合适的酶共表达，也可以实现某些翻译后修饰如磷酸化修饰（如 Yue et al. 2000）。对于复杂的修饰，如糖基化修饰，昆虫（方案 2）或者酵母（方案 3）宿主可以生产适当的折叠蛋白，尽管需要用哺乳动物表达系统来实现哺乳动物蛋白真实的糖基化修饰。

问题（步骤 11）： 蛋白质溶解度低。在其他一些情况下，蛋白质折叠了但在裂解缓冲液中溶解度低。

解决方案：
- 改变裂解缓冲液的成分可能会改善蛋白质的回收，如通过增加盐浓度，包括添加低浓度的非离子化去污剂（如 0.1%～2%聚乙二醇苯基醚 Igepal CA-630），或者改变纯化方法中的 pH。

- 蛋白质等电点（pI，蛋白质表面所带电荷数为零时的 pH）可能提供裂解缓冲液是否需要优化的依据。几种在线工具可以用来计算理论等电点（http://ca.expasy.org/tools/pi_tool.html），但也应谨记实际的等电点取决于带电基团所处的环境。对于中性蛋白质，通过保证 pH 偏离 pI 至少一个单位可能提高溶解度（限定在蛋白质化学稳定性范围之内，pH 5～9）。

- 表达带有融合标签的目标蛋白可以提高蛋白质的可溶性，减少包含体的形成（见 Esposito and Chatterjee 2006; Panavas et al. 2009 综述）。通常用于提高蛋白质溶解度的标签包括 NusA、硫氧还蛋白 thioredoxin, Sumo 和用于亲和层析纯化的较大的标签（如 MBP、GST）。包含这些标签的载体是可以购买得到的（见导言中的表 19-2）。在某些情况下，可溶性标签被认为在增强蛋白质折叠中发挥作用（Englander et al. 2007）。但有时，高度可溶性标签只不过"运载"融合的目标蛋白进入溶液中，结果在标签去除后，目的蛋白依然为相对不可溶性和失活状态（Hammarstrom et al. 2006）。在这些案例中，可能需要研究其他的表达方法以改善折叠效率。

问题（步骤 11）： 靶基因的编码序列在选择的表达系统中没有被优化，结果导致低表达或者截短的表达蛋白产物。大肠杆菌 tRNA 群中缺乏个别简并密码子。

解决方案：

- 当这些稀有密码子出现在外源基因中，表达水平可能低且出现截短的产物。例如，在一些案例中，稀有精氨酸密码子 AGA 和 AGG 接近靶基因氨基端，能极大地降低蛋白质产量（Brinkmann et al. 1989; Schenk et al. 1995）。能够表达稀有 tRNA 的相容性质粒的大肠杆菌菌株是可以购买到的。特别是来自 Merck 的 Rosetta2 和相关的变异体补充了 AUA、AGG、AGA、CUA、CCC、GGA 和 CGG 密码子。可选择的是，密码子优化的靶基因能够从一些基因合成公司购买（如 GeneArt, http://www.geneart.com; 或 GenScript, http://www.genscript.com），或者仅有少数密码子是稀有的，则可通过定点突变构建。

- 在某些情况下，转录物含二级结构会抑制翻译。可以使用二级结构预测服务器，如 RNAfold 分析加上目标基因 5′区表达载体的转录区（http://rna.tbi.univie.ac.at/cgi-bin/RNAfold.cgi）（Gruber et al. 2008）或者 Mfold （http://mfold.bioinfo.rpi.edu/cgi-bin/rna-form1.cgi）（Mathews et al. 1999; Zuker 2003）。如果观察到大范围的二级结构，尤其是遮蔽了 ATG 起始密码子，那么可运用定点突变来改变编码序列以改善表达。

问题（步骤 5）： 因为基因产物毒性或者质粒不稳定引起的生长缓慢和（或）宿主细胞死亡。

解决方案： 有毒性的基因产物会造成质粒的不稳定或者宿主细胞死亡。其中一个征兆就是生长缓慢，这在一定程度上取决于基因产物的毒性程度。

- 当氨苄青霉素作为抗生素使用时，生长可能先变慢，然后加速。带着毒性基因并使用氨苄青霉素可能是有问题的，因为β-内酰胺酶抗性酶被分泌至培养基中，而它分解氨苄青霉素。此外，氨苄青霉素在高密度大肠杆菌培养物的低 pH 环境中还会被酸水解。一旦氨苄青霉素的浓度降低超过一定的阈值，这将允许丢失质粒的细胞在培养基中过度生长。可能解决的方法是用更为稳定的羧苄西林或者替卡西林来替代，或者转变载体使其含有卡那霉素抗性。

- 为阻止毒性基因的表达，靶基因的合成应当被抑制直至大肠杆菌达到足够的细胞密度。当运用 pET 系统的 T7-lac 启动子，一般策略是使用具有共表达 T7 溶菌酶的相容载体的宿主菌。T7 溶菌酶能够抑制在诱导前渗漏表达而出现的 T7 RNA 聚合酶。pLysS 菌株表达适量的 T7 溶菌酶，而 pLysE 菌株表达高水平的 T7 溶菌酶，这更适合于强毒性基因的表达。因为 T7 RNA 聚合酶在溶菌酶的抑制作用被克服前必须实现相对高水平的表达，所以这些菌株在诱导和表达之间的滞留时间就会增加。此外，BL21（DE3）标准株已经衍生出能够更加耐受毒性基因的宿主菌株，包括 C41（DE3）、C43（DE3）、C41（DE3）pLysS 或 C43（DE3）pLysS（Lucigen）。在非常极端的案例中，pET 载体在完全缺失 T7 RNA 聚合酶的菌株中，能够被感染的λ或者 M13 噬菌体衍生物所诱导（Unnithan et al. 1990; Komai et al. 1997）。

- pET 载体的 T7-lac 启动子具有 cAMP 激活蛋白（CAP）调控的位点，其在葡萄糖缺乏时被激活。生长培养基中加入 2%葡萄糖（可用高压灭菌的 40%葡萄糖储存液），可在诱导之前减少在 T7-lac 启动子下的毒性基因漏表达。另外一个运用 pET 系统减少毒性基因表达的方法是，使用极低拷贝数的载体，如 pETcoco（Merck）。与其他 pET 载体类似，pETcoco 载体也是通过添加 IPTG 诱导目的基因表达的，但是在诱导之前可使用阿拉伯糖实现质粒扩增。

- 关于其他的毒性基因表达方法，包括竞争性和反向启动子参见 Saida（2007）的讨论。

问题（步骤 11）：出现截短表达产物。

解决方案： 表达蛋白中出现变短的目标蛋白可能有以下几个原因。

- 尽管常用的 BL21 宿主菌是 lon 和 ompT 蛋白酶基因缺失的，但是待纯化蛋白在细胞裂解前后仍会发生降解。这些降解可以通过比较用 SDS-PAGE 上样缓冲液加热处理的全细胞和细胞裂解物的 Western 杂交加以辨别。

- 细胞裂解之前的蛋白产物降解反映了其对宿主细胞的毒性，可以利用上面提到的措施加以改善。细胞裂解时应当添加蛋白酶抑制剂（1mmol/L PMSF，1～5mmol/L EDTA，1～5mmol/L EGTA，1～20mmol/L 苯甲醚，1～10μg/mL 亮抑酶肽，5μg/mL 胃酶抑素 A，1～10μg/mL 抑肽酶，1～20mmol/L tosyl-lysine-chloromethyl ketone，等等），还应当如方案 4 中所述保持细胞裂解物低温。

- 另外一种截短蛋白出现的可能是在靶基因内存在第二个翻译起始点（Preibisch et al. 1988）。当有一个序列与翻译起始密码子 ATG（Met）上游 5～13 核苷酸处的 Shine-Dalgarno 核糖体结合位点（AGGAGGU）类似时，这种现象就会发生。一种可行的方法是，在靶蛋白 N 端和 C 端加入不同的亲和标签，这样在第一步中分离具有同一氨基端的蛋白质，然后在第二步亲和层析中纯化具有同一羧基端的蛋白质。

问题（步骤 11）：mRNA 或者蛋白质不稳定，导致表达水平低。

解决方案：

- 在某些情况下，外源 mRNA 或者蛋白质有可能不稳定，在宿主细胞中很快被降解。在插入的 DNA 下游加入能够稳定 mRNA 的序列，或者改善翻译效率（如转录终止子，或者 RNase III 位点）也能增加表达（Panayotatos and Truong 1981；Studier and Moffatt 1986；Rosenberg et al. 1987）。

- 表达蛋白的倒数第二位氨基酸可能会造成蛋白质的降解。如果蛋白质的倒数第二位氨基酸含有大量的疏水侧链，如亮氨酸或异亮氨酸，那么氨基端的甲酰甲硫氨酸就会被氨肽酶切除（Hirel et al. 1989; Lathrop et al. 1992）。当残留的氨基端的氨基酸恰好是亮氨酸，那么残余蛋白的半衰期仅约 2min（Tobias et al. 1991）。因此，当目标基因中插入天然甲硫氨酸 Met 作为翻译起始点时，要注意蛋白质序列的第二个氨基酸不是亮氨酸。

- 一些经特殊设计以消弱 mRNA 前体降解的商业化的细胞系也可用于增加整体信息的稳定性。例如，BL21Star（Life Technologies 公司）包含一个编码 RNase E（rne131）基因的突变，它可以增加 T7 启动子类载体的 mRNA 转录稳定性，提高蛋白质表达产量。如果 mRNA 的稳定性似乎是一个问题的话，那么运用这个表达菌株，或者类似的菌株，是有可能提高表达产量的。

替代方案　在大肠杆菌中利用阿拉伯糖BAD
启动子表达克隆基因

　　来源于 *ara* 操纵子的 L-阿拉伯糖诱导系统提供了一种基于 *lac* 操纵子的替代表达系统。例如，pBAD 系列载体（New England Biolabs）运用 *araBAD* 启动子和 *AraC* 抑制基因来调控蛋白质的表达。

　　使用 *araBAD* 启动子有一些限制条件，详见于讨论部分。尽管有这些限制条件，*araBAD* 仍然是一个可有效替代乳糖操纵子的启动子。由于 *araBAD* 是一个严谨型启动子，因此在大肠杆菌中表达毒性基因时，*ara* 系统是不错的选择。*ara* 系统可用于分离和研究必需基因的无义突变，以及这些基因敲除后的表型评估等（Guzman et al. 1995）。

附加材料

为正确使用本方案中的器材和危险试剂，必须查阅相应的材料安全数据表并咨询所在机构的环境卫生和安全办公室。

本方案的专用试剂标注<R>，配方在本方案末提供。常用储备溶液、缓冲液和试剂标注<A>，配方见附录 1。储备溶液应稀释至适用浓度后使用。

试剂

L-阿拉伯糖（20%，*m/V*）
20g L-阿拉伯糖溶解于 100mL 水中，0.22μm 滤器过滤除菌

方法

　　1. 按照方案1，用0.2%阿拉伯糖（1∶100 稀释）替代步骤7 和步骤15 中的0.5mmol/L IPTG。

讨论

　　一种常见的误解是 *araBAD* 启动子可调控基因表达量，即培养基中提供的 L-阿拉伯糖浓度能够控制细胞内重组蛋白的表达量。添加到培养基中 L-阿拉伯糖的量和目标蛋白产量之间量效关系，不是由一群中间诱导水平的均一细胞产生的，而是由一群完全诱导和完全不诱导的细胞混合产生的（Siegele and Hu 1997）。相似的现象还发现在衍生的 *lac* 启动子的 L-乳糖诱导中（Novick and Weiner 1957）。在这两个例子中，全有或全无的表达水平是因为用于糖分子转运透酶量的自调控引起的（Khlebnikov et al. 2000; Khlebnikov and Keasling 2002）。像这样期望通过 L-阿拉伯糖或 L-乳糖诱导剂的浓度调控来克服与蛋白质表达相关的宿主酶的饱和（或）高浓度下蛋白质的聚集是起不了多少作用的。与之相反的是，乳糖类似物 IPTG 既能通过被动扩散的方式进入大肠杆菌中，也能借助 lac 透性酶（lacY）运送（Rickenberg et al. 1956）。因此，IPTG 浓度变化能够提供一个中间水平的基因表达，尤其是利用 *lacY* 基因灭活的宿主菌时（如 the Tuner，Origami，或 Merck Biosciences 提供的 Rosetta 菌株）。

　　第二种误解是，相比于 IPTG，阿拉伯糖较低的成本更适合用于在大肠杆菌中外源基因

的大规模化生产。在通常用于蛋白质表达中的浓度，诱导用的阿拉伯糖和 IPTG 在成本方面几乎无区别。尽管自身诱导的方法已经运用在阿拉伯糖和 IPTG 诱导载体中，但是这种方法中使用的确定成分培养基还是相对昂贵的（Studier 2005）。在成本是重要的考虑因素的情况下，温度诱导型启动子是一个更为可行的选择。例如，噬菌体 λpL 启动子和温敏抑制基因 cIts857 相结合，可利用提升温度（>40℃）诱导外源基因表达（Buell et al. 1985）。但是，要注意 λpL 系统有一些缺点，它会诱导某些编码细胞蛋白酶的热激基因同步表达，还有可能发生高温下蛋白质错误折叠的可能性。

替代方案　信号肽融合蛋白的亚细胞定位

对于某些蛋白质，分泌到周质空间表达要优于传统的在细胞质中表达的方式（详见讨论部分）。在本方案中，通过将编码序列与编码信号肽的 DNA 序列融合（如利用 pET-22b）来实现蛋白质的外运，而信号肽可在蛋白质运输到大肠杆菌细胞内膜与外膜之间的空间时被信号肽酶切除。通过检测细胞质 6-磷酸葡萄糖脱氢酶可用以区分是周质蛋白的选择性释放还是通常的细胞裂解（Battistuzzi et al. 1977）。更为准确地分析信号肽融合蛋白在不同的细胞空间内的分布，需要运用标志酶来分析每一个亚细胞组分的纯度（周质空间、细胞膜和细胞质）（Guzman-Verduzco and Kupersztoch 1990）。本方法虽然不能定量，但能提供信号肽融合蛋白细胞定位的初步信息。

附加材料

为正确使用本方案中的器材和危险试剂，必须查阅相应的材料安全数据表并咨询所在机构的环境卫生和安全办公室。

本方案的专用试剂标注<R>，配方在本方案末提供。常用储备溶液、缓冲液和试剂标注<A>，配方见附录 1。储备溶液应稀释至适用浓度后使用。

试剂

丙酮（步骤 2）

细胞裂解缓冲液（蔗糖 20%，m/V；30mmol/L Tris-Cl, pH 8.0）

来源于方案 1，步骤 1～步骤 5 的 *E. coli* 培养物（含重组表达载体）

EDTA（500mmol/L，pH 8.0）

溶菌酶（1mg/mL）

　　　见原生质球制备试剂盒。

渗透压休克缓冲液（5mmol/L MgSO$_4$），预冷

多黏菌素 B（400μg/mL）

　　　见原生质球制备试剂盒。

SDS 上样缓冲液（5×）

　　　见方案 8。

　　　室温储存无二硫苏糖醇的 5×SDS 上样缓冲液。使用前加入 1mol/L 二硫苏糖醇储存液。

原生质球裂解缓冲液（100mmol/L Tris-Cl，pH 8.0）

三氯乙酸（100%，m/V）（见步骤 2）

Tris-Cl（0.1mol/L，pH 8.0）

漂洗缓冲液（10mmol/L Tris，pH 8.0），预冷

设备

离心浓缩仪
干冰或者液氮
冰浴器
离心真空浓缩仪

原生质球的制备

本方案运用渗透压休克从周质中释放多肽（Neu and Heppel 1965）。其他的原生质球制备的方法包括利用溶菌酶处理（Repaske 1958; Marvin and Witholt 1987）、氯仿处理（Ames et al. 1984）和多肽抗生素多黏菌素 B 处理（Cerny and Teuber 1971）。

溶菌酶处理

使用溶菌酶时，在 30mmol/L Tris-Cl/20%蔗糖中添加 1mg/mL 溶菌酶，省略 5mmol/L MgSO₄ 的渗透压休克步骤。利用 10mmol/L Tris（pH 8.0）清洗细胞的步骤也可以省略。

使用溶菌酶制备原生质球存在两个潜在的缺点。第一，某些商业化的溶菌酶含有水解酶，可能会裂解菌细胞。第二，如果外源目标蛋白的分子质量大小和溶菌酶（约 15 000kDa）类似，那么在缓冲液中存在的溶菌酶可能会阻碍目标蛋白经聚丙烯酰胺凝胶（电泳）染色后的观察。相应地，本方案中的渗透压休克方法不应该使用过表达溶菌酶（plysS 或 plysE）的大肠杆菌宿主，因为它会破坏细胞内膜而释放细胞质内部组分。

抗生素处理

使用抗生素释放周质空间内的多肽，用 1mL 的 400 g/mL 多黏菌素 B 重悬步骤 1 中的细胞，冰上放置 2h。按步骤 7 离心处理的细胞。上清中含周质蛋白，细胞沉淀含细胞质蛋白和膜蛋白，按照步骤 9 和步骤 10 所述，可以再次将两者分离。

方法

1. 按照方案 1 中的步骤 1～步骤 5，通过加入 0.5mmol/L IPTG，在 37℃下培养 2～4h，诱导蛋白表达（按需加入 100μg/mL 氨苄青霉素）。设未诱导阴性和阳性平行对照。

2. 培养物于 4℃ 5000g 离心 15min，以沉淀细胞，去除上清。

> 检测上清中是否有渗漏的分泌蛋白，可按此操作：
>
> i. 在 800μL LB 上清中加入 100μL 的 100%（m/V）三氯乙酸（TCA）。
>
> ii. 将酸化溶液在冰上放置至少 20min，然后以最大转速离心 20min，去除上清。
>
> iii. 用 100μL 丙酮洗涤沉淀，以最大转速离心回收沉淀。用丙酮重复洗涤一次后，完全晾干沉淀（或用真空离心蒸发浓缩仪短暂离心）。
>
> iv. 用 50μL 1×PBS 和 50μL 5×SDS 上样缓冲液重悬沉淀，剧烈振荡混匀。
>
> v. 85℃下加热 3min，然后上样前始终置于冰上，取 20μL 样品进行 SDS-PAGE（步骤 11）。

3. 加入 4mL 洗涤缓冲液清洗细胞沉淀。5000g 离心细胞去除洗涤缓冲液。洗涤共重复 3 次。第二步洗涤之后细胞可在 4℃下存放过夜。

> 渗透压休克之前细胞洗涤可以显著地增加周质蛋白产量（Neu and Heppel 1965）。

4. 室温下用 7.5mL 细胞裂解缓冲液重悬细胞，然后加入 15μL 的 500mmol/L EDTA 至

其终浓度为 1mmol/L。室温下轻微混匀 10min。

5. 于 4℃　10 000g，离心 10min 收集细胞。弃上清。

6. 用 7.5mL 预冷渗透压休克缓冲液充分重悬细胞沉淀。冰浴下轻微混匀 10min。经该步处理，周质蛋白被释放进入缓冲液。

7. 于 4℃　10 000g，10min 离心来于步骤 6 的重悬细胞，分离原生质球（沉淀）。回收包含周质蛋白的上清，置于冰上保存。

8. SDS-PAGE 分析之前浓缩上清。可以参照步骤 2 中上清液的 TCA 沉淀法，或者利用离心浓缩仪浓缩样品至 100μL 体积。

> 建议在离心浓缩周质蛋白前，分别加入终浓度为 150mmol/L 的 NaCl 和 25mmol/L 的 Tris-Cl（pH 8.0）。因为在低离子强度和不适 pH 条件下，很少有蛋白质具有高度可溶性。

9. 用 1mL 的 0.1mol/L Tris-Cl（pH 8.0）重悬原生质球沉淀，通过反复冻融裂解细胞，将细胞置于液氮中的干冰上冷冻，然后在 37℃ 融解，至少重复 2 次该过程。

10. 于 4℃，最大转速下离心上述悬液 5min。胞质蛋白存在于上清中。用 100μL 0.1mol/L Tris-Cl（pH 8.0）重悬含有细胞膜和不可溶的包含体沉淀，并剧烈涡旋振荡。

11. 在每个 100μL 的亚细胞部分中加入 20μL 的 5×SDS 上样缓冲液，充分混合，然后在 85℃ 下加热 3min。室温下，最大转速 1min 离心加热样品。

12. 每个组分取 20μL 进行 SDS-PAGE 分析（见方案 8）。用考马斯亮蓝染胶，测定外源蛋白在亚细胞中的定位，以及蛋白质分泌进入周至空间的效率如何。

讨论

对于某些蛋白质，输送至周质具有几个优势。

1. 二硫键常常稳定细胞外蛋白质的折叠。正确的二硫键形成需要氧化环境以及定位于周质中酶的辅助。人生长激素表达是一个被发现在细胞质与周质空间中的外源蛋白的二硫键形成和蛋白折叠不同的早期例子（Gray et al. 1985; Becker and Hsiung 1986）。

2. 有些易被细胞内蛋白酶降解的蛋白质在周质中是稳定的（如 Talmadge and Gilbert 1982）。

3. 因为周质蛋白占细胞总蛋白量<20%，与细胞质蛋白相比，初始纯化时所含的杂蛋白较少（Ghrayeb et al. 1984）。

4. 当毒性蛋白如核酸酶或者蛋白水解酶翻译后直接分泌到周质空间时，有可能对宿主细胞的毒性较小（Bhattacharya et al. 2005）。

在大肠杆菌中，蛋白质通过内膜进入周质空间存在几条途径（综述见 Natale et al. 2008）。大多数可将重组蛋白定位于周质空间的载体利用了翻译后分泌途径（Sec），通过相对短的氨基端信号序列（约 20 个氨基酸）直接输送外源的融合蛋白。紧接着，信号肽酶从易位的多肽上切除信号肽，该酶要求切割位点周围为非大分子氨基酸。普遍用于融合蛋白的定位信号肽序列包括：*E. carotovora* 果胶酶 B（pelB），噬菌体 f1 基因 III（gIII），*E. coli* 外膜蛋白 3a（OmpA），*E. coli* 碱性磷酸酶（PhoA）。在某些情况下，真核生物的信号肽序列也可以直接用于大肠杆菌表达外源蛋白的分泌或者信号肽加工（Talmadge et al. 1980; Gray et al. 1985）。

在外源蛋白输送的过程中遇到的主要问题是信号肽不能切除或者切除的位点不准确（Yuan et al. 1990）、二硫键形成错误，以及产量通常很低。解决这些问题，可以在信号肽序列切割位点和外源蛋白之间插入空间隔离氨基酸，与外源蛋白融合能够催化二硫键形成的酶（DsbA，DsbC，或硫氧还蛋白），或者利用过表达一种或多种 Sec 途径基因的大肠杆菌宿主。

参考文献

Ames GF, Prody C, Kustu S. 1984. Simple, rapid, and quantitative release of periplasmic proteins by chloroform. *J Bacteriol* 160: 1181–1183.

Baneyx F. 1999. Recombinant protein expression in *Escherichia coli*. *Curr Opin Biotechnol* 10: 411–421.

Bardwell JC, McGovern K, Beckwith J. 1991. Identification of a protein required for disulfide bond formation in vivo. *Cell* 67: 581–589.

Battistuzzi G, Esan GJ, Fasuan FA, Modiano G, Luzzatto L. 1977. Comparison of GdA and GdB activities in Nigerians. A study of the variation of the G6PD activity. *Am J Hum Genet* 29: 31–36.

Becker GW, Hsiung HM. 1986. Expression, secretion and folding of human growth hormone in *Escherichia coli*. Purification and characterization. *FEBS Lett* 204: 145–150.

Berrow NS, Bussow K, Coutard B, Diprose J, Ekberg M, Folkers GE, Levy N, Lieu V, Owens RJ, Peleg Y, et al. 2006. Recombinant protein expression and solubility screening in *Escherichia coli*: A comparative study. *Acta Crystallogr D Biol Crystallogr* 62: 1218–1226.

Bhattacharya P, Pandey G, Srivastava P, Mukherjee KJ. 2005. Combined effect of protein fusion and signal sequence greatly enhances the production of recombinant human GM-CSF in *Escherichia coli*. *Mol Biotechnol* 30: 103–116.

Brinkmann U, Mattes RE, Buckel P. 1989. High-level expression of recombinant genes in *Escherichia coli* is dependent on the availability of the dnaY gene product. *Gene* 85: 109–114.

Buell G, Schulz MF, Selzer G, Chollet A, Movva NR, Semon D, Escanez S, Kawashima E. 1985. Optimizing the expression in *E. coli* of a synthetic gene encoding somatomedin-C (IGF-I). *Nucleic Acids Res* 13: 1923–1938.

Cerny G, Teuber M. 1971. Differential release of periplasmic versus cytoplasmic enzymes from *Escherichia coli* B by polymixin B. *Arch Mikrobiol* 78: 166–179.

Englander SW, Mayne L, Krishna MM. 2007. Protein folding and misfolding: Mechanism and principles. *Q Rev Biophys* 40: 287–326.

Esposito D, Chatterjee DK. 2006. Enhancement of soluble protein expression through the use of fusion tags. *Curr Opin Biotechnol* 17: 353–358.

Ghrayeb J, Kimura H, Takahara M, Hsiung H, Masui Y, Inouye M. 1984. Secretion cloning vectors in *Escherichia coli*. *EMBO J* 3: 2437–2442.

Gray GL, Baldridge JS, McKeown KS, Heyneker HL, Chang CN. 1985. Periplasmic production of correctly processed human growth hormone in *Escherichia coli*: Natural and bacterial signal sequences are interchangeable. *Gene* 39: 247–254.

Gruber AR, Lorenz R, Bernhart SH, Neubock R, Hofacker IL. 2008. The Vienna RNA websuite. *Nucleic Acids Res* 36: W70–W74.

Guzman LM, Belin D, Carson MJ, Beckwith J. 1995. Tight regulation, modulation, and high-level expression by vectors containing the arabinose pBAD promoter. *J Bacteriol* 177: 4121–4130.

Guzman-Verduzco LM, Kupersztoch YM. 1990. Export and processing analysis of a fusion between the extracellular heat-stable enterotoxin and the periplasmic B subunit of the heat-labile enterotoxin in *Escherichia coli*. *Mol Microbiol* 4: 253–264.

Hammarstrom M, Woestenenk EA, Hellgren N, Hard T, Berglund H. 2006. Effect of N-terminal solubility enhancing fusion proteins on yield of purified target protein. *J Struct Funct Genomics* 7: 1–14.

Herbst B, Kneip S, Bremer E. 1994. pOSEX: Vectors for osmotically controlled and finely tuned gene expression in *Escherichia coli*. *Gene* 151: 137–142.

Hirel PH, Schmitter MJ, Dessen P, Fayat G, Blanquet S. 1989. Extent of N-terminal methionine excision from *Escherichia coli* proteins is governed by the side-chain length of the penultimate amino acid. *Proc Natl Acad Sci* 86: 8247–8251.

Khlebnikov A, Keasling JD. 2002. Effect of *lacY* expression on homogeneity of induction from the P_{tac} and P_{trc} promoters by natural and synthetic inducers. *Biotechnol Prog* 18: 672–674.

Khlebnikov A, Risa O, Skaug T, Carrier TA, Keasling JD. 2000. Regulatable arabinose-inducible gene expression system with consistent control in all cells of a culture. *J Bacteriol* 182: 7029–7034.

Komai T, Ishikawa Y, Yagi R, Suzuki-Sunagawa H, Nishigaki T, Handa H. 1997. Development of HIV-1 protease expression methods using the T7 phage promoter system. *Appl Microbiol Biotechnol* 47: 241–245.

Lathrop BK, Burack WR, Biltonen RL, Rule GS. 1992. Expression of a group II phospholipase A2 from the venom of *Agkistrodon piscivorus piscivorus* in *Escherichia coli*: Recovery and renaturation from bacterial inclusion bodies. *Protein Expr Purif* 3: 512–517.

Marvin HJ, Witholt B. 1987. A highly efficient procedure for the quantitative formation of intact and viable lysozyme spheroplasts from *Escherichia coli*. *Anal Biochem* 164: 320–330.

Mathews DH, Sabina J, Zuker M, Turner DH. 1999. Expanded sequence dependence of thermodynamic parameters improves prediction of

RNA secondary structure. *J Mol Biol* 288: 911–940.

Missiakas D, Georgopoulos C, Raina S. 1994. The *Escherichia coli dsbC* (*xprA*) gene encodes a periplasmic protein involved in disulfide bond formation. *EMBO J* 13: 2013–2020.

Natale P, Bruser T, Driessen AJ. 2008. Sec- and Tat-mediated protein secretion across the bacterial cytoplasmic membrane—distinct translocases and mechanisms. *Biochim Biophys Acta* 1778: 1735–1756.

Neu HC, Heppel LA. 1965. The release of enzymes from *Escherichia coli* by osmotic shock and during the formation of spheroplasts. *J Biol Chem* 240: 3685–3692.

Nichols BP, Yanofsky C. 1983. Plasmids containing the *trp* promoters of *Escherichia coli* and *Serratia marcescens* and their use in expressing cloned genes. *Methods Enzymol* 101: 155–164.

Novick A, Weiner M. 1957. Enzyme induction as an all-or-none phenomenon. *Proc Natl Acad Sci* 43: 553–566.

Panavas T, Sanders C, Butt TR. 2009. SUMO fusion technology for enhanced protein production in prokaryotic and eukaryotic expression systems. *Methods Mol Biol* 497: 303–317.

Panayotatos N, Truong K. 1981. Specific deletion of DNA sequences between preselected bases. *Nucleic Acids Res* 9: 5679–5688.

Preibisch G, Ishihara H, Tripier D, Leineweber M. 1988. Unexpected translation initiation within the coding region of eukaryotic genes expressed in *Escherichia coli*. *Gene* 72: 179–186.

Repaske R. 1958. Lysis of Gram-negative organisms and the role of versene. *Biochim Biophys Acta* 30: 225–232.

Reznikoff WS. 1992. The lactose operon-controlling elements: A complex paradigm. *Mol Microbiol* 6: 2419–2422.

Rickenberg HV, Cohen GN, Buttin G, Monod J. 1956. La galactoside-permease d'*Escherichia coli*. *Ann Inst Pasteur* 91: 829–857.

Rosenberg AH, Lade BN, Chui DS, Lin S-W, Dunn JJ, Studier FW. 1987. Vectors for selective expression of cloned DNAs by T7 RNA polymerase. *Gene* 56: 125–135.

Saida F. 2007. Overview on the expression of toxic gene products in *Escherichia coli*. *Curr Protoc Protein Sci* 5: 5.19.1–5.19.13.

Schenk PM, Baumann S, Mattes R, Steinbiss HH. 1995. Improved high-level expression system for eukaryotic genes in *Escherichia coli* using T7 RNA polymerase and rare Arg tRNAs. *BioTechniques* 19: 196–200.

Shine J, Dalgarno L. 1974. The 3'-terminal sequence of *Escherichia coli* 16S ribosomal RNA: Complementarity to nonsense triplets and ribosome binding sites. *Proc Natl Acad Sci* 71: 1342–1346.

Siegele DA, Hu JC. 1997. Gene expression from plasmids containing the araBAD promoter at subsaturating inducer concentrations represents mixed populations. *Proc Natl Acad Sci* 94: 8168–8172.

Studier FW. 2005. Protein production by auto-induction in high density shaking cultures. *Protein Expr Purif* 41: 207–234.

Studier FW, Moffatt BA. 1986. Use of bacteriophage T7 RNA polymerase to direct selective high-level expression of cloned genes. *J Mol Biol* 189: 113–130.

Tacon WC, Bonass WA, Jenkins B, Emtage JS. 1983. Expression plasmid vectors containing *Escherichia coli* tryptophan promoter transcriptional units lacking the attenuator. *Gene* 23: 255–265.

Talmadge K, Gilbert W. 1982. Cellular location affects protein stability in *Escherichia coli*. *Proc Natl Acad Sci* 79: 1830–1833.

Talmadge K, Kaufman J, Gilbert W. 1980. Bacteria mature preproinsulin to proinsulin. *Proc Natl Acad Sci* 77: 3988–3992.

Tobias JW, Shrader TE, Rocap G, Varshavsky A. 1991. The N-end rule in bacteria. *Science* 254: 1374–1377.

Tresaugues L, Collinet B, Minard P, Henckes G, Aufrere R, Blondeau K, Liger D, Zhou CZ, Janin J, Van Tilbeurgh H, et al. 2004. Refolding strategies from inclusion bodies in a structural genomics project. *J Struct Funct Genomics* 5: 195–204.

Unnithan S, Green L, Morrissey L, Binkley J, Singer B, Karam J, Gold L. 1990. Binding of the bacteriophage T4 regA protein to mRNA targets: An initiator AUG is required. *Nucleic Acids Res* 18: 7083–7092.

Varnado CL, Goodwin DC. 2004. System for the expression of recombinant hemoproteins in *Escherichia coli*. *Protein Expr Purif* 35: 76–83.

Yuan L, Craig SP, McKerrow JH, Wang CC. 1990. The hypoxanthine-guanine phosphoribosyltransferase of *Schistosoma mansoni*. Further characterization and gene expression in *Escherichia coli*. *J Biol Chem* 265: 13528–13532.

Yue BG, Ajuh P, Akusjarvi G, Lamond AI, Kreivi JP. 2000. Functional coexpression of serine protein kinase SRPK1 and its substrate ASF/SF2 in *Escherichia coli*. *Nucleic Acids Res* 28: e14. doi: 10.1093/nar/28.5.e14.

Zuker M. 2003. Mfold web server for nucleic acid folding and hybridization prediction. *Nucleic Acids Res* 31: 3406–3415.

方案 2　用杆状病毒表达系统表达克隆基因

　　本方案主要包括了几乎所有用于昆虫细胞转染、杆状病毒生产和蛋白质表达的方法。转染前，用标准的分子生物学方法构建一个将目的基因置于病毒启动子控制下的大肠杆菌载体。然后这种构建体通过同源重组转入杆状病毒载体的 DNA 中。虽然主要的下游步骤相同，但是实现转移载体和病毒 DNA 之间的重组有着各种有效的策略。正如本章导言所概述的，这些方法包括从共转染到大肠杆菌宿主内或体外的重组。

　　在大多数情况下，与转移载体的重组可以拯救一个存在于受体病毒 DNA 上的致命缺失。传统上，几轮的限制性酶切和纯化被用来产生一个在线性化病毒 DNA 上的缺失（Kitts and Possee 1993）。这个方法的一个缺点是，并不是每一个病毒 DNA 分子都被切断，从而可能出现一些非重组杆状病毒。因此，需要一个耗时的病毒噬菌斑分析来分离出重组杆状病毒。随着病毒杆粒 DNA 的出现，该方法得到了改善。它包括在共转染时用于重组的 flashBAC（Oxford Technologies 公司）或 BacMagic（Merck 公司）系统，或在转染前用于大肠杆菌宿主内重组的 Bac-to-Bac（Life Technologies 公司）系统。因为这些病毒杆粒 DNA 缺乏基本的病毒基因，可以在大肠杆菌宿主内繁殖，没有被非重组杆状病毒污染的风险（Zhao et al. 2003）。

　　因此，不需要用噬菌斑分析来从亲代病毒中分离出重组体。反而，它可以直接进行放大 P1 病毒种子或进行蛋白质表达（步骤 9）。但为了实现目标蛋白表达的优化和可重复性，病毒滴度定量仍然是重要的。相应地附加了一个用于病毒噬菌斑分析的方案（见附加方案"噬菌斑测定法确定杆状病毒原液的滴度"）。

　　感谢加州理工学院蛋白表达实验室的 Jost Vielmetter 对方案 2 提供的帮助和他的同事 Nangiana Inderjit 对图 19-4 提供的帮助。

用于蛋白质表达的昆虫细胞系

　　正如导言所提到的，只有少数昆虫细胞系通常用于蛋白质表达，尽管存在 260 余种记录了的昆虫细胞系（Lynn 2007）。传统上，有两种 *S. frugiperda* 细胞株常用:衍生自蛹的卵巢的 IPLB-Sf-21AE（Sf-21）或其克隆分离株 SF-9（Vaughn et al. 1977）。*S. frugiperda* 细胞系已被进一步转基因改造，用于生产具有哺乳动物细胞末端唾液酸化修饰的 N 糖蛋白（来自 Life Technologies 和 SfSWT-3 的 SfSWT-1 或 Mimic）（Hollister et al. 2002; Aumiller et al. 2003）。有两种夜蛾细胞系已被广泛使用:衍生自成虫卵巢的 TN-368（Hink 1970）和胚胎的 BTI-TN-5B1-4（Tn-5，为 Life Technologies 销售前五的细胞系）（Granados et al. 1986）。Tn-5 细胞株已经被报道可产生异常高水平的重组蛋白，特别是当蛋白质被分泌时（Wickham et al. 1992; Davis et al. 1993; Wickham and Nemerow 1993）。然而，*T-ni* 细胞在缺乏肝素的培养基中悬浮培养时,易产生聚集（Wickham and Nemerow 1993; Dee et al. 1997）。此外，据报道 *T-ni* 细胞与 *S. fruginosa* 细胞相比，其突变率和转染效率是比较低的。因此，建议将 Sf-9 或者 Sf-21 细胞系作为一个起点，使其获得悬浮和单层培养能力，并且提高其重组杆状病毒和蛋白质的产率。

材料

为正确使用本方案中的器材和危险试剂，必须查阅相应的材料安全数据表并咨询所在机构的环境卫生和安全办公室。

本方案的专用试剂标注<R>，配方在本方案末提供。常用储备溶液、缓冲液和试剂标注<A>，配方见附录 1。储备溶液应稀释至适用浓度后使用。

试剂

适合于选择的转移载体重组的杆状病毒或者杆粒 DNA

例如，BacMagic （Merck Biosciences）、flashBac（Oxford Expression Technologies），或者 ProGreen （AB 载体）（用于生产重组杆粒 DNA，见替代方案"用于转染昆虫细胞的杆粒 DNA 的生产"）。

考马斯亮蓝染液（见方案 8）

胎牛血清

目的基因、cDNA 片段

适合细胞使用的生长培养基

脂质体转染试剂（使用前存储在 4℃；详见步骤 4 的注意事项）

例如，Bacfectin（Clontech），Escort or Escort IV（Sigma-Aldrich），FuGENE（Promega），GeneJuice（Merck），Lipofectin 或者 Cellfectin II（Life Technologies），Tfx-20（Promega）等。

磷酸盐缓冲液（PBS）（1×）

1×PBS 是将 10× 的 PBS 稀释于无菌水获得，最终 pH 应为 7.4，尽管 10×PBS 的 pH 可能较低。如果有必要，可以用 1mol/L 的 HCl 调节。

配置 1L 10×PBS 储存液：溶解 80g NaCl、2g KCl、14.4g Na_2HPO_4 和 2.4g KH_2PO_4 至 800mL 水中。如果需要，可使用 1mol/L HCl 调 pH 至 7.3。稀释至 1L 体积，过滤除菌或者高压灭菌。最终 10×PBS 储存液含 1.37mol/L NaCl、27mmol/L KCl、100mmol/L Na_2HPO_4 和 18mmol/L KH_2PO_4。

含 SDS 聚丙烯酰胺凝胶（见方案 8）

阳性对照转移载体

与荧光蛋白如 GFP 融合的融合蛋白表达后可以直接进行监测（图 19-4）。其他商品化的表达系统通常与阳性载体一起提供，这些载体携带相同的启动子，并且表达一种可以通过比色测定法检测到的蛋白质。例如，pBACgus-1（Merck Biosciences）质粒表达β-葡糖苷酸酶，当存在 X-葡糖苷酸时会产生蓝色。

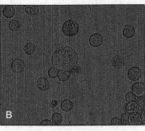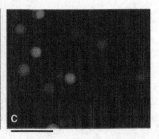

图 19-4　杆状病毒感染昆虫细胞的外观变化。 使用的是 pVL1393-碱基转移载体和线性化 ProGreen 基因组的杆状病毒载体 DNA 感染 Tn-5 细胞。A. 未感染杆状病毒的细胞；B、C. 杆状病毒感染的细胞。受感染的细胞表达由 ProGreen DNA 编码的绿色荧光蛋白。图 C 与图 B 是相同细胞的相差荧光图像。需注意的是，感染细胞均略大于未感染的细胞。比例尺为 100μm（照片来自加州理工学院蛋白表达实验室的 Drs.Jost Vielmetter 和 Inderjit Nangiana）（彩图请扫封底二维码）。

SDS 凝胶加样缓冲液（6×）<A>（见方案 8）

不含二硫苏糖醇的 6×SDS 加样缓冲液储存于室温。在使用缓冲液前，添加 1mol/L 二硫苏糖醇母液至终浓度为 100mmol/L。

昆虫细胞无血清培养基

已有一些商业化的无血清培养基可供使用，如 Sf-900 III（Life Technologies）、HyQR SFX-Insect（Hyclone）和 BD Baculogold Max-XP（BD Biosciences）。这些培养基可直接使用，并且已经包含表面活性剂，因此就不用再加普朗尼克 f-68。

已适应合适培养基的 *S. fugiperda* Sf-9 或者 Sf-21 细胞

见信息栏中"用于蛋白质表达的昆虫细胞系"。

包含插入基因的转移载体

台盼蓝储备溶液（0.4%，*m/V*）

设备

带盖子的摇瓶（1000mL），无菌（如 Kimble-Chase part no. 25630-1000 和 Corning closure 38mm 聚丙烯部分 no. 430621-0000）

Beckman JA10, Sorvall GS3 或 SLA3000 转子，或与 500mL 离心管配套的转子

Beckman JA20, Sorvall SS34 或 SA600 转子，或与 40～50mL 离心管配套的转子

设定在 85℃的热块或沸水浴

血细胞计数器

倒置相差显微镜

层流组织培养罩

液氮

无菌微量离心管

这些几乎都是聚丙烯，因此不能用于含脂质体转染混合物的保存。

28℃摇床

28℃恒温培养箱

组织培养皿（35mm 的 6 孔板，150mm 的 24 孔培养板），以聚苯乙烯为材料

因为在脂质体介导转染时 DNA 脂质复合物会吸附在玻璃或聚乙烯表面，所以应使用聚苯乙烯培养皿。

有帽的试管（2～7mL），聚苯乙烯材料，无菌（如 Greiner Bio-One 部分 no. 189171）

无菌试管（15mL）

设为 37°的水浴锅

🔩 方法

转染昆虫细胞产生重组杆状病毒

1. 将包含有目的 cDNA 或基因的 DNA 片段插入转移载体中，以使其融合到杆状病毒基因组（第 3 章）。确保克隆策略中载体的蛋白编码序列处在与载体的翻译信号相一致的读码框中。对于没有融合标签或者融合标签在氨基末端的，需要在蛋白质编码序列的 3′端置有同框的终止密码子。

PCR 得到的部分应测序，以确保在扩增反应过程中无伪突变的发生。

对于生产重组杆粒 DNA，请参阅替代方案："用于转染昆虫细胞的杆粒 DNA 制备"（Bac-Bac 系统，Life Technologies）。

2. 在无血清培养基中扩增用于转染实验的 Sf-9 或 Sf-21 细胞。将低传代数的细胞（2～20）培养到指数生长期（$1.5×10^6$～$2.5×10^6$ 个细胞/mL）。检查细胞的存活率为 95%以上。

昆虫细胞培养的更多信息，请参阅信息栏"昆虫细胞培养物的维持与繁殖"，该信息栏在替代方案"用于转染昆虫细胞的杆粒 DNA 制备"中。

悬浮或单层培养适应的 SF-9 或 SF-21 细胞可用于生产重组杆粒。该过程不建议使用 TN-5 细胞。

血清可与 DNA-脂质体混合物形成复合物，这可能会降低转染效率。最好是在脂质体介导的转染前，昆虫细胞就应适应于无血清培养基。在这种情况下，之前在含有血清的培养基中生长的细胞，必须依次在 25%、50% 和 100%（V/V）的无血清和含血清的培养基混合物中传代培养 7 天。也可以用以下方法：①洗好的细胞在无血清培养基中用 DNA-脂质体转染，然后在第 5 步时放回含血清的培养基中产生重组杆状病毒；②通过磷酸钙介导转化（详见 Burand et al. 1980）。

3. 将昆虫细胞接种于培养皿中。准备并标记好适量的 35mm 的聚苯乙烯细胞培养皿；每个重组病毒以及阳性和阴性（没有 DNA）对照各一个。准备足够的细胞使表面密度达到 50%～70% 的表面被铺满。对于每个 35mm 培养皿，加 2mL 约含 1×10^6 细胞的培养基。在水平位置将培养皿室温放置 60min，使细胞附着。

▲ 在转染时不使用抗生素，因其会导致细胞死亡。

4. 在细胞附着期间，准备 DNA 混合物和转染试剂。在微量离心管中将 100～250ng 的病毒 DNA 与 5～10 倍过量转移载体孵育 5min。对应于每个培养皿，在无菌聚苯乙烯管中把 200μL 的无血清培养基与 6μL 的转染试剂混合并旋涡混匀。在相应的离心管中加入实验和阳性对照 DNA 混合物，并轻轻颠倒混匀。准备一个额外的管，用没有 DNA 的转染试剂与培养基混合物作为阴性对照。室温下孵育最终混合物 15～30min 以形成脂质体 DNA 复合物。孵育结束后，再加入 800μL 无血清培养基使每个培养皿中的体积达到 1mL。

这个方案是对于基于合成脂类 N-[1（2，3 - 二油酰氧基）- 丙基]-N, N, N-三甲基氯化铵（DOTAP）与二油酰磷脂乙醇胺混合试剂的初始方案，如 Lipofectin（Life Technologies），Bacfectin（Clontech），GeneJuice（Merck），Escort，或 Escort IV（Sigma-Aldrich）试剂。如果有必要，可以修改以适合所选择的特定转染试剂的厂商说明。

用于转染的 DNA 应该具有高纯度，可以用一些厂家提供的阴离子交换色谱试剂盒纯化的 DNA（如 PureLink HiPure Plasmid DNA Mini-prep Kit, Life Technologies; QIAEX resin, QIAGEN）。大的病毒和杆粒 DNA 对剪切敏感。应避免振荡混合，处理高分子质量 DNA 应该用阔口吸管。这些大分子 DNA 应该在转染的几个星期内被纯化，并且应避免反复冻融。

通过改变 DNA 或转染试剂的量可以优化转染条件。

对于 BaculoDirect 系统，可以直接使用 Gateway 重组反应。对 Bac-Bac 系统，使用 1～2μg 的纯化杆粒 DNA（重组杆粒 DNA 的构建，请参阅替代方案"用于转染昆虫细胞的杆粒 DNA 制备"）。

5. 弃吸附细胞表面的培养基。立即滴加含 DNA-脂质体的 1mL 培养基至每个皿的中心。在 28℃ 培养 5h 或过夜。

为了避免干扰细胞，将皿倾斜 30°～60° 以使液体处于皿的一侧，再用无菌吸管除去。

不要让细胞层变干。

6. 弃实验组和阳性对照组中的培养基，替换为 2mL 适合生长的培养基，在 28℃ 培养。

如果需要，这一步可以添加抗生素。然而，昆虫细胞培养不建议使用抗生素，因为它们可能会掩盖微生物污染。如果细胞以前一直是在有血清的完全培养基中培养的，那么这一步就使用这种培养基。在培养期间，附近放一些水或用塑料袋密封培养皿可以减少蒸发。

7. 培养基需在 2～3 天后检查与杆状病毒感染相关的变化，以评估转染和重组反应的效率（如下所述的步骤 12）。

8. 感染后 4～5 天，收集并转移培养基至 15mL 无菌试管内，培养基中有重组 1 代的病毒（P1）。4℃ 1000g 离心 10min 去除细胞碎片。将上清转移至新的 15mL 试管。得到 P1 病毒种子。

P1 病毒原料可以在 4℃ 避光保存几个月。在储存的过程中于培养基中添加 5%～10% 的胎牛血清可以稳定杆状病毒。P1 种子应该存储用于之后的扩增。

商品化的系统，如 flashBAC、BacMagic、ProEasy 和 Bac-to-Bac 系统，可以产生大于 99% 的重组病毒，因此在扩增前不需要用噬菌斑纯化来分离单一重组病毒。对于其他系统可能含有非重组病毒，建议使用噬菌斑纯化（见附加方案中"噬菌斑测定法确定杆状病毒原液的滴度"）。

如果需要，可以在进行扩增前检查杆状病毒滴度（见附加方案中"噬菌斑测定法确定杆状病毒原液的滴度"）。然而，从步骤 6 和步骤 7 观察到的现象，包括细胞分裂的停止、细胞脱离和细胞核的增大，可以定性说明已经产生了感染杆状病毒。共表达 GFP 的载体（如使用 pVL-GFP、ProGreen 或 BaculoGold Bright）可以简单地在荧光显微镜下观察病毒的产生（图 19-4）。

扩增重组杆状病毒得到更高滴度的种子

9. 按步骤 2 扩增 SF-9 或 SF-21 细胞，以提供给每个杆状病毒实验样本、阳性对照组和阴性对照组 $2×10^7$ 个细胞。

> 如果同时扩增阳性对照组，小心避免病毒交叉污染。
>
> 通过比较细胞的生长速率和外观，阴性对照组可以帮助监测感染过程。

10. 标记适量 150mm 培养皿用于昆虫细胞培养。对于每个皿，于 20mL 培养基中接种 $1×10^6$ 个细胞/mL。在室温下使细胞吸附 60min，期间确保培养皿处于水平。然后除去旧的培养基，加入 20mL 新鲜培养基。

11. 在平皿中加入 500μL P1 杆状病毒。轻摇平皿使病毒散开，然后放于 28℃培养箱。

> 为了减少突变累积，感染复数（MOI，病毒的颗粒数目除以细胞的数量）最好为 0.1，在病毒扩增时一定小于 1.0。没有噬菌斑分析时，通过大多数商品化的系统所得到 P1 病毒原料由经验估计为 $10^6～10^7$pfu/mL（pfu 是空斑形成单位，即感染病毒颗粒）。将这种估算用于给出的体积：
>
> $$MOI = \frac{0.5×10^7 \, pfu/mL×0.5mL}{2×10^7 \, 个细胞} = 0.25$$

12. 感染 2～3 天后，肉眼检查细胞被杆状病毒感染的迹象。预计可见变化包括细胞核体积的增大、细胞尺寸增大、由于小囊泡出芽形成的颗粒状的表面、细胞脱落，以及最终细胞裂解（图 19-4A）。与阴性对照组（没有 DNA）继续生长不同，感染样品将出现细胞分裂率降低现象。一些病毒 DNA 或转移载体可用于目标蛋白与 GFP 的共表达或融合表达（如使用 pVL-GFP、ProGreen 或 BaculoGold Bright）。用荧光显微镜观察 GFP，可以在该过程早期评估病毒制备是否成功（图 19-4B）。

> 如果第 5 天细胞计数增加到 $4×10^6$ 个细胞/mL 以上，或细胞形态无明显变化，那么就不会产生有活力的病毒。不必再进行后续步骤。杆状病毒扩增失败可能是由于细胞不健康或没有在对数生长期，或使用高的 MOI 导致培养基中所有细胞在最初就被感染。

13. 经过 4～5 天的感染，收集包含重组病毒的培养基，并转移到无菌的 50mL 离心管。在 4℃以 1000g 离心 5min 除去细胞碎片。将上清转移至一个新的 50mL 离心管。这就是 P2 病毒种子。

14. 为了达到表达蛋白的最佳杆状病毒浓度（大于 10^8pfu/mL），通常大规模重复步骤 8～步骤 13 获得 P3 的种子（例如，通过增加 1 倍体积）。不建议更多的传代，因为这会积累突变病毒。

> P2 病毒的滴度量通常为 $10^7～10^8$ pfu/mL。
>
> 如果需要，P2 或 P3 的病毒的滴定量可由附加方案中"噬菌斑测定法确定杆状病毒原液的滴度"或用商业试剂盒测定。但是注意，测定滴度可能需要消耗与 P3 扩增或者小规模的蛋白质表达实验相同的时间。

在昆虫细胞中表达目标蛋白的小规模试验和优化

15. 扩增步骤 2 用于蛋白表达的细胞系[如 SF-9 SF-21，Tn-5（High-Five），或 Mimic SF-9 细胞]以提供 $0.5×10^7$ 个对数增长期细胞。

> 据报道，Tn-5 细胞能表达高水平的目标蛋白，特别是分泌蛋白（Davis et al. 1993）（如需了解更多的使用 TN-5 细胞的详情，请参阅信息栏"用 TN-5（High-Five）提高表达"。Mimic SF-9 细胞已被构建成像哺乳动物细胞一样产生末端唾液酸化的 N-糖链（Jarvis et al. 1998）。

16. 病毒与细胞数量的比值（MOI）和收获时间在初始表达试验时已优化。如果该病毒的滴度是未知的，可以测试不同体积的病毒原液来确定。例如，根据方案，浓度为 10^8pfu/mL 病毒原液 20μL、10μL、5μL 和 2.5μL 的 MOI 值分别为 10pfu/细胞、5pfu/细胞、

2.5pfu/细胞和 1.25pfu/细胞。将 24 孔板的 6 列标记为不同病毒体积，一列为阳性对照（一种已知的在给定 MOI 值下高表达的病毒），一列为阴性即无病毒对照。4 列分别在不同的时间点收获，如感染后 1 天、2 天、3 天和 4 天（24～96h）。

> 可以添加小于培养孔总体积 20%的病毒液。
>
> 如果 MOI 值已经确定，如根据附加方案"噬菌斑测定法确定杆状病毒原液的滴度"，那么 MOI 值可以为 2pfu/细胞、4pfu/细胞、6pfu/细胞和 8pfu/细胞进行试验。
>
> 高 MOI 值（5～10pfu/细胞）情况下通常最好是同步感染，但非常高的 MOI 值可能会抑制蛋白质的表达。如果 MOI 值>5 时，需要检查培养基是否适合目标蛋白表达。在高 MOI 值情况下感染 5 天后，大部分细胞应该已经裂解。
>
> 如果需要的话，目标蛋白可以用分离分泌蛋白的方法从培养基中分离出来（步骤 25）。

17. 将处于对数增长期的细胞稀释到 10^6 个细胞/mL 浓度，在板上的每个孔中接种 200μL 细胞稀释液使每个孔接种细胞数量为 $2×10^5$ 个。在室温下放置 60min 让细胞贴壁，并确保每个培养皿水平。

18. 在细胞贴壁时，准备病毒稀释液。在架子上排列 5 个微量离心管，然后将它们分别标记为 30、20、10、5 和阳性对照。第一个管中（标为 30），在 500μL 培养基中稀释病毒至 $8×10^7$pfu/mL。在剩下的 4 个管中分别加入 200μL 培养基。首先从第一个管取 200μL 的稀释病毒液转移到第二个，混匀。然后从第二个管取 200μL 转移到第三个，混匀，再重复操作稀释第三个管至第四管。在第六管中稀释阳性对照病毒液获得一个适当 MOI 值（如 $8×10^7$pfu/mL），并且稀释后管内的体积最好为 200μL 或者更多。注意，应小心避免阴性对照组受到病毒的污染，以及阳性对照组和样品交叉污染。

19. 细胞附着后，从第一个管中取 50μL 稀释的重组病毒液转移到组织培养板（参见步骤 16 和步骤 17）的标为"30μL"列的 4 个孔中。重复每个剩余的实验组和阳性对照组。将未感染的第六列作为阴性对照。轻轻旋转培养皿混匀，并将其放置在 28℃。

20. 感染后 24h 收集第一列、48h 收集第二列、72h 收集第三列，96h 收集最后一列细胞。用培养基冲散细胞。将细胞连同培养基转移到微量离心管中。以 1000g 离心 10min，沉淀细胞，然后小心取出上清液。在每管细胞沉淀物中加入 50μL 6×SDS 上样缓冲液重悬细胞，用 85℃加热块加热样品 2min，然后充分振荡。在微量离心管中以最大转速于室温下离心 1min，所有样品储存在-20℃下，直到收集完所有样品，并准备加样到凝胶。

> 单层的昆虫细胞可以很容易地用吸管吹出的温和培养基流从表面脱附。

21. 在 85℃短暂再加热后，每个悬浮液加样 40μg 到一个合适浓度的 SDS-聚丙烯酰胺凝胶。在大多数情况下，加载 5～10μL 样品比较合适。凝胶用考马斯亮蓝染色和/或用免疫印迹法使诱导蛋白显色（方案 8"蛋白质的 SDS-PAGE"和方案 9"蛋白质的免疫印迹分析"）。

> 按照经验，5000 个昆虫细胞中大约含有 10μg 的总蛋白。
>
> 如果蛋白是分泌的，加载 15μL 上清液，并通过免疫印迹法分析。
>
> 在表达重组基因的细胞提取物中，所预测分子质量的蛋白质在诱导后的一定时间点上应该是可见的。外源蛋白的诱导动力学和稳定性可能与阳性对照组有所不同。在阴性对照，即无病毒对照组中，应该没有可见的相应带。

昆虫细胞中目的蛋白的大量表达

22. 对于目标蛋白的大规模表达和纯化，需要扩增用来表达蛋白的细胞系（如 SF-21、SF-9、TN-5 或 Mimic SF-9 细胞）以获得处在对数生长期的 400mL 悬浮培养液（$1.5×10^6$～$2.5×10^6$ 个细胞/mL）（昆虫细胞培养的进一步详情，请参阅替代方案"用于转染昆虫细胞的杆粒 DNA 制备"末尾的信息栏"昆虫细胞培养物的维持和繁殖"）。如需使用 TN-5 细胞的进一步详情，请参阅下面的信息栏。

用 TN-5（High-Five）提高表达

当 Tn-5（High-Five）昆虫细胞用作宿主时，一些条件的改变可以增强表达能力。

1. 在 TN-5 培养物的增殖和维持的时候，使用含 25mg/mL 硫酸葡聚糖（分子质量 9000~20 000 Da；Sigma-Aldrich 公司，目录号 D6924）适当的培养基（如 ESF921 表达系统）可以避免细胞聚集。

2. 在高细胞密度（如下文所述）的条件下感染应减少硫酸葡聚糖，否则硫酸葡聚糖会抑制感染。

　　a. 在 400g、4℃下离心分离细胞 10min，然后用适当量的病毒和无硫酸葡聚糖的表达培养基使细胞重悬至密度为 1.6×10^7（MOI 值为 1~4）。

　　b. 130r/min、27℃下摇动细胞 1h，然后用不含硫酸葡聚糖的培养基稀释感染的细胞至密度为 2×10^6。

　　c. 在步骤 24 的条件下继续表达。

23. 添加一定体积的病毒原液到步骤 22 扩增的细胞，使 MOI 值达到 4.0（或是按上述在昆虫细胞中表达目标蛋白的小规模试验和优化的体积加）。例如：

$$\frac{400\text{mL} \times 2 \times 10^5 \text{个细胞/mL} \times 4\text{pfu/细胞}}{4 \times 10^8 \text{pfu/mL病毒滴度}} = 8\text{mL病毒液}$$

24. 加入病毒原液 4h 后，换上新鲜的培养基。在 400g 4℃下离心细胞 10min。弃去上清液，然后用 400mL 新鲜培养基轻轻重悬细胞。

25. 在感染后 72h（或上一节中确定的最佳时间），通过 400g 离心 10min 收集细胞。弃上清液，用 5mL $1 \times$ PBS 温和重悬细胞沉淀物，将细胞转移到 50mL 的带螺旋帽的离心管。再次在 400g 下离心沉淀细胞 10min。①可以选择弃去 $1 \times$ PBS 上清液，在液氮中冷冻保存细胞沉淀物，并储存在-80℃；②立即进行纯化。

　　　　如果这种蛋白质是分泌的，那么第一次离心收集培养基上清。将其转移到另一离心管中，30 000g 下离心 1h 以除去杆状病毒颗粒和细胞碎片。或者，将其通过 0.22μm 的过滤器，以澄清上清液。-80℃下冷冻保存上清液，或者直接进行纯化。纯化前，最好是用适当的缓冲液透析，以除去已污染的培养基组分。同样，上清应浓缩 10 倍体积以降低到一个易操作的量。

26. 如果表达的蛋白质中含有多聚组氨酸标签，按照方案 5 纯化。

　　　　如果所表达的蛋白质是与谷胱甘肽-S-转移酶融合的，按照方案 6 纯化。

附加方案　噬菌斑测定法确定杆状病毒原液的滴度

　　噬菌斑或终点稀释分析法是从原液中分离纯化重组杆状病毒的传统方法，原液进一步衍生并进行定量感染。噬菌斑分析最初是用于动物细胞（Dulbecco 1952），后来被 Lee 和 Miller（1978）修改用于杆状病毒感染的昆虫细胞。在噬菌斑分析中，用病毒感染单层细胞，然后用琼脂糖覆盖以维持细胞的位置，并限制病毒的传播。在非常低的病毒稀释液中，分离感染细胞。感染细胞最终溶解和释放病毒，然后立刻感染邻近的其他细胞。感染细胞的裂解导致感染平板上相应的地方形成一块透明区域，这块区域就是一个杆状病毒的后代。这些噬菌斑既可用于制备一个克隆的原液，也可在不同稀释度下计算测定病毒滴度。

病毒噬菌斑分析通常对于新手来说是一个挑战，特别是通过由目的基因的可读框替代的多角体蛋白基因所形成的不同噬菌斑形态识别重组杆状病毒时。虽然这种差别仅在野生型杆状病毒 DNA（而不是与致死缺陷的 DNA）用于重组病毒时需要，但对于新手来说鉴别病毒噬菌斑通常是比较困难的。中性红染色通过选择性染色活细胞，而受感染的区域仍然清晰，因而可使噬菌斑更加明显。终点稀释法可以替代噬菌斑法（一个很好的方案，请参阅 Harwood 2007）。然而，这两种方法的共同缺点是都需要 6～7 天的时间来完成。更多节省时间的病毒定量方法，包括基于抗体的染色、流式细胞仪、实时定量 PCR（Kitts and Green 1999; Kwon et al. 2002; Shen et al. 2002; Hitchman et al. 2007）已经被开发并流向市场（如 the BacPAK titer kits from ClonTech）。虽然这些商业化的分析方法只要不到 2 天就可以完成，但是不能直接测试病毒感染性，而且不能用于分离病毒克隆。本方案描述了传统的噬菌斑分析方法，该方法是从 King 等（2007）的方法修改获得的。

附加材料

为正确使用本方案中的器材和危险试剂，必须查阅相应的材料安全数据表并咨询所在机构的环境卫生和安全办公室。

本方案的专用试剂标注<R>，配方在本方案末提供。常用储备溶液、缓冲液和试剂标注<A>，配方见附录 1。储备溶液应稀释至适用浓度后使用。

试剂

低熔点的琼脂糖（如 Sigma-Aldrich Type VIII A4018）

　　5%（m/V）低熔点琼脂糖用去离子蒸馏水配置，高压灭菌后，用 50mL 管分装成每管 5mL，并在室温下储存固化，直到进行该方案的步骤 7。

昆虫细胞培养基

　　1×培养基按照以下方案使用。如果需要，在步骤 6 中可以用 1.3×或者 2×的储备液，通过调节体积（及根据需要添加无菌水），以获得最终浓度为 1% m/V 琼脂糖和 1×培养基的覆盖用培养基。无血清或含有血清的培养基可用于相应适应过的细胞。

中性红溶液（5mg/mL 去离子蒸馏水溶液）

　　经 0.22μm 的膜过滤除菌，并储存于室温。

无菌 PBS（1×）

Sf-9 或 SF-21 细胞（来自方案 2，步骤 2）

X-Gal 的原液[40mg/mL X-Gal（5-溴-4-氯-3-吲哚基-b-*D*-吡喃半乳糖苷）溶解在二甲基甲酰胺中]

　　避光储存在-20℃。

设备

干燥加热器（可选的；见步骤 7）
倒置显微镜
六孔组织培养板
无菌离心管（50mL）
涡旋振荡器
水浴锅（40℃）

方法

1. 按照方案 2 步骤 2 和 "昆虫细胞培养物的维持与繁殖" 信息栏中（在替代方案 "用

于转染昆虫细胞的杆粒 DNA 制备 ”)中所描述的方法，扩增 SF-9 或 SF-21 细胞。扩增后需要对每个实验组、阳性对照组和阴性对照组（无病毒）提供指数生长期细胞约 0.5×10^7 个。

> SF-21 更适合用于噬菌斑分析，因为它可在较短的时间内产生不同的噬菌斑。使用血清添加培养基也能增强噬菌斑的可见性。病毒滴度应该尽可能使用用于蛋白表达的培养基和细胞株来测定。

2. 为每个实验组样品和阳性对照样品，分别标记两个六孔板。为了易于移液操作，列应该是相同的，因此，板 1 的顶部和底部的行被标记为 0、10^{-8}、10^{-7}，板 2 的顶部和底部的行被标记为 10^{-6}、10^{-7}、10^{-8}。每孔接种 0.9×10^6 个 SF-9 或 1.4×10^6 个 SF-21 细胞到 2mL 的培养基中。接种后立即摇动板均匀分散细胞。在室温下使细胞附着 60min，并确定培养皿水平。

3. 在培养期间，准备 $10^{-1}\sim10^{-8}$ 的 10 倍系列稀释病毒，包括一个额外的管为阴性对照（无病毒）。将 900μL 的培养基加到无菌标记的微量离心管中。将 100μL 的病毒加到标有 "10^{-1}" 的管中颠倒或轻轻涡旋混匀。用新的吸头将 100μL 的 "10^{-1}" 稀释液转至标有 "10^{-2}" 的管中混匀。继续操作直到完成 "10^{-8}" 稀释。

4. 接种 1h 后，使用倒置显微镜检查细胞附着在一个汇合的单层。

5. 在无菌组织培养工作台，排列病毒系列稀释液和组织培养皿。从每个孔中取出旧的培养基，并立即更换成 0.5mL 适当稀释的病毒（对 P2 或 P3 的原液，如在步骤 3 中标记为 $10^{-4}\sim10^{-8}$）。包括无病毒对照的孔中标记为 "0"。培养细胞与病毒 60min。

6. 对应每组稀释，在 50mL 无菌管中加入 20mL $1\times$昆虫细胞培养液，并在 40℃的水浴中加热。用微波短暂加热融化一个 5mL 的 5%低熔点琼脂糖，然后将其放置在 40℃水浴。

> 如果在重组前杆状病毒 DNA 含有 lacZ 基因，则加 240μL（最终浓度为 240μg/mL）的 X-Gal 到琼脂糖混合物中用于重组病毒的蓝/白斑筛选。

> 使用适用于 50mL 管的干热块有助于避免污染。否则，请确保水浴的水是干净的，用乙醇擦拭取出管的外壁。

7. 在昆虫细胞/病毒培养结束前约 15min，加入琼脂糖溶液到热培养基，并颠倒彻底混匀，同时避免产生气泡，不能使溶液冷却。混合物最终应为 1%琼脂糖。

8. 昆虫细胞/病毒培养 1h 后，从单层细胞中小心地从倾斜的板子边上吸出培养基。轻轻吸 2mL 的琼脂糖培养基混合物加到板的一侧以覆盖单层细胞。在水平面上于室温下使覆盖的琼脂糖固化在板子上（30～60min）。

9. 再添加 1mL 昆虫细胞培养基作为覆盖层为培养物提供营养。在 28℃培养直至细胞单层铺满（4～7 天）。

10. 噬菌斑在黑色的表面上在亮光照射下，或者是背对亮光倾斜可见为透明的。用中性红染色会更加明显。这时噬菌斑为红色背景下的透明区。

> 如果亲本病毒含有 lacZ 基因，而目的基因替代了该基因，那么重组病毒的噬菌斑不应是有色的，但非重组病毒依稀会出现蓝色。

11. 进行中性红染色，需先去除覆盖层液体，更换为 1mL 中性红稀释液，28℃培养几个小时或过夜。中性红稀释液是将 50mL 的中性红（5mg/mL 水溶液）加到 950mL 无菌 $1\times$PBS 中获得的。

12. 第二天清晨，用吸头吸去染液并倒置平板于吸水纸或滤纸上。更换盖子，让平板在暗处倒置几个小时以使噬菌斑清晰可见。

13. 选择产生 10～30 噬菌斑的稀释度，并对各复孔的噬菌斑计数。测定该稀释度的平均噬菌斑数目，并计算病毒滴度，如下所示：

$$病毒滴度(\text{pfu/mL}) = \frac{噬菌斑平均数}{(\text{Dilution})\times0.5\text{mL}},$$

> 式中，5mL 是加入板中的稀释病毒的体积，以每毫升计。例如，病毒滴度为 10^7pfu/mL 时，预计 10^{-6} 稀释度的板会产生 20 个噬菌斑。

14. 挑噬菌斑用于制备一个克隆的原液，将一个无菌的巴斯德吸管的尖端插在噬菌斑的中心，然后轻轻地吸出一块琼脂糖。将其放入 1mL 的培养基中，振荡释放病毒颗粒。应选择一些噬菌斑。这些分离株在扩增前可再次用噬菌斑分析复筛。

替代方案　用于转染昆虫细胞的杆粒 DNA 制备

本方案是在转染昆虫细胞前使用分子生物学技术在大肠杆菌中产生重组杆状病毒 DNA（Luckow et al. 1993）。所有的试剂为商业销售的，BAC-BAC 系统来自 Life Technologies。

材料

为正确使用本方案中的器材和危险试剂，必须查阅相应的材料安全数据表并咨询所在机构的环境卫生和安全办公室。

本方案的专用试剂标注<R>，配方在本方案末提供。常用储备溶液、缓冲液和试剂标注<A>，配方见附录 1。储备溶液应稀释至适用浓度后使用。

试剂

感受态的大肠杆菌 DH10Bac 细胞

DH10Bac 细胞中的杆粒 bMON14272（136kb）包含杆状病毒 DNA，并且含有卡那霉素抗性基因。该质粒中还含有一个 lacZ β-半乳糖苷酶基因，该基因表达的产物在 IPTG/ X-Gal 存在时显示蓝色。如果该基因与转移质粒重组而被替代则不显示蓝色。

辅助质粒 pMON7124（13.2kb）编码 Tn7 转座酶，并含有四环素抗性基因（Barry 1988）。

肉汤（LB）琼脂平板（含 50μg/mL 卡那霉素、7μg/mL 庆大霉素、10μg/mL 四环素、100μg/mL X-Gal、40μg/mL 的 IPTG）<A>

肉汤（LB）液体培养基（有或没有 50μg/mL 卡那霉素、7μg/mL 的庆大霉素和 10μg/mL 四环素类抗生素的混合物）<A>

载体 pFastBac，含有目标蛋白的基因（在 TE 缓冲液中 0.2ng/μL）

载体 pFastBac 含有抗庆大霉素和氨苄青霉素基因。

方法

1. 用第 3 章中介绍的方法构建和转移含有目标基因的 pFastBac 质粒到 DH10Bac 感受态细胞（Life Technologies）。在含有试剂清单中用于筛选的附加试剂的 LB 琼脂平板上梯度稀释转化体系（$10^{-1} \sim 10^{-3}$）。在 37℃下培养 2 天以使非重组子显现出蓝色。

由于在 DH10Bac 细胞中杆状病毒 DNA 插入 pFastBac，使得β-半乳糖苷酶的编码序列被干扰，重组子在含有 X-Gal/IPTG 的培养基上不再产生蓝色。

用限制性内切核酸酶、TOPO 或 Gateway 克隆策略得到 pFastBac 载体。

2. 用菌落 PCR 分析 3～5 个孤立的、大的白色菌落（第 7 章），以验证目标基因的存在。

3. 按照第 1 章，方案 1 和方案 2 中所描述的碱性裂解法分离杆粒 DNA。用于重组杆粒细菌生长的 LB 培养基一定要保持有 50mg/mL 卡那霉素和 7mg/mL 庆大霉素。

此外四环素不是严格必需的，因为在这个阶段不再需要转座酶的功能。

含有杆粒 DNA 的溶液应轻弹混匀；反复吹打或涡旋会使较大的 DNA 被切断。

昆虫细胞培养物的维持和繁殖

这里概述了昆虫细胞培养技术的实践经验。深入的技术可以从一些优秀的书籍和综述中找到，如 Lynn（2002）和 O'Reilly 等（1994）。昆虫细胞的生长和其他细胞一样都是依次经过滞后期、指数增长期和稳定期阶段。按照经验，昆虫细胞在指数增长期间的倍增时间一般为 1 天，不过确切的时间还是取决于细胞株、培养基和生长条件。昆虫细胞在 27~28℃ 下培养，在用杀菌剂如 70% 乙醇擦拭过的层流通风橱内转移。不需要特殊供应二氧化碳，因为昆虫细胞培养基不依赖于碳酸盐缓冲。

培养基

昆虫细胞通常培养在一些基本培养基中，如 Grace 的培养基（Grace 1962）、TNM-FH（HINK 1970），或补充有 5%~10% 胎牛血清（FBS）的 TC-100（Gardiner and Stockdale 1975）。20 世纪 80 年代开发的无血清培养基现已广泛使用，它有以下优点：脂质体介导的转染相容性较好，减少批次间的差异，用于蛋白质纯化的难度降低，以及在某些情况下成本较低（Agathos 2007）。用于昆虫细胞培养的可靠无血清培养基的来源有：SF-900 III（Life Technologies），HYQ SFX 昆虫（Hyclone），BD BaculoGoldMax-XP（BD Biosciences）等。昆虫细胞应逐渐适应生长培养基的任何变化，如从含 FBS 的培养基转移到无血清培养基中。

增殖

虽然昆虫细胞既可以悬浮培养也可以单层细胞培养增殖，但是 SF-10 或 SF-21 细胞种子可方便地在悬浮液中持续维持。即使当昆虫细胞在悬浮培养基中增殖，它仍然有能力很容易地附着到表面，因而可以用于病毒传代的单层细胞培养和生成蛋白的悬浮培养。适应了在无血清培养基中生长的昆虫细胞可以直接从供应商处购买。相反，贴壁培养扩增的昆虫细胞必须逐步适应悬浮培养。每次传代培养，以每传代一次增加 5r/min 来增加摇动或搅拌速率，从 90r/min 到 130r/min 的摇动培养或从 40r/min 到 90r/min 的搅拌培养。

设备

用于昆虫细胞悬浮培养的摇床或培养箱和培养瓶与常用于细菌细胞生长的一样，但用于昆虫细胞培养时一定要专用以避免污染。另外，转瓶可购买获得，放置在一个立式培养箱中，靠磁力搅拌驱动。玻璃器皿必须彻底清洗，以去除所有的洗涤剂，因为洗涤剂有可能抑制昆虫细胞生长。为了适当的通气，用于摇床培养的体积不应超过摇瓶体积的 1/3（带挡板的摇瓶，为 1/2），用于旋转培养的体积不能超过培养瓶体积的 2/3。在所有情况下，瓶盖应该是松的。悬浮培养的一个优点是，可以很容易地取样监测细胞密度和活力，最经常使用的是血细胞计数器。对于大多数类型的血细胞计数器，一个单元小正方形区域中的一个细胞对应 10^4 个细胞/mL。为了确定细胞活力，1mL 的细胞中加入 0.1mL 0.4% 的台盼蓝使死细胞染成蓝色，用显微镜检查。虽然比较昂贵，但是一般人可能更愿意购买库尔特颗粒计数器或 Vi-CELL，以确定细胞密度。

培养

昆虫细胞培养应保持在指数增长期（2×10^6 个细胞/mL），大于 90% 的存活率的条件下。细胞应该用适当体积的培养基从冻存的或指数增长期培养物稀释至密度为 3×10^5 个细胞/mL。例如，通过添加 4.5mL 2×10^6 个细胞/mL 的细胞到含有 30mL 培养基的 125mL 摇瓶中（见下段）。达到指数生长期（$1\times10^6\sim3\times10^6$ 个细胞/mL，$2\sim3$ 天）后，将细胞用新鲜的培养基稀释至 3×10^5 个细胞/mL 进行传代培养。在这一阶段，可通过培养体积的扩大，达到蛋白质表达所需的细胞量。在该方法中，最初的 30mL 培养液传代 3 次或 $11\sim12$ 天后可扩增成 1L 处于指数生长期的细胞，用于蛋白质的生产。不建议简单地用大量的培养基将细胞稀释到较低的密度，因为细胞会返回到滞后期并且分裂非常缓慢。相反，绝不允许细胞培养过度并进入稳定期（4×10^6 个细胞/mL）。每隔 3 周，细胞培养基应更换，以避免有毒副产品的积聚。在无菌试管中离心培养物 $400g$、10min，然后轻轻地在适当体积的新鲜培养基中重悬细胞沉淀。重悬浮后，检查这些细胞的完整性和活力。

　　细胞可传代培养次数不是无限的。多次传代（>40 轮传代），细胞产生蛋白质的能力可能退化。谨慎的做法是将扩增培养昆虫细胞的前 $3\sim4$ 代冻存大量的小份。然后，当细胞培养传代次数变高以后或是当有污染发生时，可以使用这些冷藏的细胞液接种到新鲜培养中。将健康、指数增长中期的细胞重悬于预冷的冷冻保护培养基（45% 的新鲜培养基，45% 经 0.22μm 无菌过滤后的当前培养基，10%DMSO）至细胞密度为 $1\times10^6\sim2\times10^6$ 个细胞/mL。分装到 50mL 的冷冻管中（如 Corning, no.430656）梯度冷冻，先在 4℃ 下 30min，再在 -20℃ 下 $3\sim4$h，-80℃ 过夜，然后保存于液氮中。

　　需要注意的是，如果从冻结的细胞开始昆虫细胞培养，先清洗细胞移除 DMSO 溶液，如下所示：

1. 在 37℃ 下迅速解冻细胞，并用 10mL 的培养基稀释。
2. 在 $400g$ 离心 10min。
3. 用 5mL 新鲜的培养基重悬细胞。
4. 在接种前，计数和确定细胞的生存能力。

疑难解答

　　一些因素可能造成杆状病毒系统表达蛋白水平较低。杆状病毒在昆虫细胞中表达可能存在的问题和解决方案都在 BaculoGold（BD Biosciences）和 BAC-BAC（Life Technologies）制造商手册里详尽列出。为了提高蛋白质的表达能力，MOI 值和感染时间可以按方案 1 的附加方案"目标蛋白可溶性表达的小量试验"所述方法优化。昆虫细胞系、生长培养基和融合标签的不同也会导致表达水平的差异。在某些情况下，可能出现其他问题，如下所示。

　　问题：表达盒在病毒多次传代后丢失。

　　解决方案：用低传代数的病毒种子（P1～P2）。

　　问题：昆虫细胞在连续培养时可能会失去高效表达外源蛋白的能力。

　　解决方案：用低传代数的昆虫细胞代替。

　　问题：外源蛋白可能对昆虫宿主细胞有毒。

　　解决方案：提早收集感染的细胞。

　　问题：外源蛋白可被昆虫细胞降解。

　　解决方案：这可以通过比较 mRNA 与蛋白质表达水平加以区分。

参考文献

Agathos SN. 2007. Development of serum-free media for lepidopteran insect cell lines. *Methods Mol Biol* **388**: 155–186.

Aumiller JJ, Hollister JR, Jarvis DL. 2003. A transgenic insect cell line engineered to produce CMP-sialic acid and sialylated glycoproteins. *Glycobiology* **13**: 497–507.

Barry GF. 1988. A broad-host-range shuttle system for gene insertion into the chromosomes of Gram-negative bacteria. *Gene* **71**: 75–84.

Burand JP, Summers MD, Smith GE. 1980. Transfection with baculovirus DNA. *Virology* **101**: 286–290.

Davis TR, Wickham TJ, McKenna KA, Granados RR, Shuler ML, Wood HA. 1993. Comparative recombinant protein production of eight insect cell lines. *In Vitro Cell Dev Biol Anim* **29A**: 388–390.

Dee KU, Shuler ML, Wood HA. 1997. Inducing single-cell suspension of BTI-TN5B1-4 insect cells: I. The use of sulfated polyanions to prevent cell aggregation and enhance recombinant protein production. *Biotechnol Bioeng* **54**: 191–205.

Dulbecco R. 1952. Production of plaques in monolayer tissue cultures by single particles of an animal virus. *Proc Natl Acad Sci* **38**: 747–752.

Gardiner GR, Stockdale H. 1975. Two tissue culture media for production of lepidopteran cells and nuclear polyhedrosis virus. *J Invertebr Pathol* **25**: 363–370.

Grace TD. 1962. Establishment of four strains of cells from insect tissues grown in vitro. *Nature* **195**: 788–789.

Granados RR, Derksen AC, Dwyer KG. 1986. Replication of the *Trichoplusia ni* granulosis and nuclear polyhedrosis viruses in cell cultures. *Virology* **152**: 472–476.

Harwood S. 2007. Small-scale protein production with the baculovirus expression vector system. *Methods Mol Biol* **388**: 211–224.

Hink WF. 1970. Established insect cell line from the cabbage looper, *Trichoplusia ni Nature* **226**: 466–467.

Hitchman RB, Siaterli EA, Nixon CP, King LA. 2007. Quantitative real-time PCR for rapid and accurate titration of recombinant baculovirus particles. *Biotechnol Bioeng* **96**: 810–814.

Hollister J, Grabenhorst E, Nimtz M, Conradt H, Jarvis DL. 2002. Engineering the protein N-glycosylation pathway in insect cells for production of biantennary, complex N-glycans. *Biochemistry* **41**: 15093–15104.

Jarvis DL, Kawar ZS, Hollister JR. 1998. Engineering N-glycosylation pathways in the baculovirus-insect cell system. *Curr Opin Biotechnol* **9**: 528–533.

King LA, Hitchman R, Possee RD. 2007. Recombinant baculovirus isolation. *Methods Mol Biol* **388**: 77–94.

Kitts PA, Green G. 1999. An immunological assay for determination of baculovirus titers in 48 hours. *Anal Biochem* **268**: 173–178.

Kitts PA, Possee RD. 1993. A method for producing recombinant baculovirus expression vectors at high frequency. *BioTechniques* **14**: 810–817.

Kwon MS, Dojima T, Toriyama M, Park EY. 2002. Development of an antibody-based assay for determination of baculovirus titers in 10 hours. *Biotechnol Prog* **18**: 647–651.

Lee HH, Miller LK. 1978. Isolation of genotypic variants of *Autographa californica* nuclear polyhedrosis virus. *J Virol* **27**: 754–767.

Luckow VA, Lee SC, Barry GF, Olins PO. 1993. Efficient generation of infectious recombinant baculoviruses by site-specific transposon-mediated insertion of foreign genes into a baculovirus genome propagated in *Escherichia coli. J Virol* **67**: 4566–4579.

Lynn DE. 2002. Methods for maintaining insect cell cultures. *J Insect Sci* **2**: 9. http://www.ncbi.nlm.nih.gov/pmc/articles/PMC355909/?tool= pubmed.

Lynn DE. 2007. Available lepidopteran insect cell lines. *Methods Mol Biol* **388**: 117–138.

O'Reilly DR, Miller LK, Luckow VA. 1994. *Baculovirus expression vectors.* Oxford University Press, New York.

Shen CF, Meghrous J, Kamen A. 2002. Quantitation of baculovirus particles by flow cytometry. *J Virol Methods* **105**: 321–330.

Vaughn JL, Goodwin RH, Tompkins GJ, McCawley P. 1977. The establishment of two cell lines from the insect *Spodoptera frugiperda* (Lepidoptera; Noctuidae). *In Vitro* **13**: 213–217.

Wickham TJ, Nemerow GR. 1993. Optimization of growth methods and recombinant protein production in BTI-Tn-5B1-4 insect cells using the baculovirus expression system. *Biotechnol Prog* **9**: 25–30.

Wickham TJ, Davis T, Granados RR, Shuler ML, Wood HA. 1992. Screening of insect cell lines for the production of recombinant proteins and infectious virus in the baculovirus expression system. *Biotechnol Prog* **8**: 391–396.

Zhao Y, Chapman DA, Jones IM. 2003. Improving baculovirus recombination. *Nucleic Acids Res* **31**: e66. doi: 10.1093/nar/gng006.

方案 3 用甲醇诱导启动子 *AOX1* 在毕赤酵母中表达克隆基因

在毕赤酵母中用甲醇诱导启动子 *AOX1* 表达克隆基因。毕赤酵母是一种可以甲醇作为唯一碳源的甲基营养型酵母（Gregg et al. 1985）。用含有甲醇的培养基培养，可广泛诱导醇氧化通路中基因的表达，这些基因的产物包括甲醇氧化酶（AOX）、甲醛脱氢酶（FLD）和二羟基丙酮合酶（DHAS）（Cregg 2007a）。这些蛋白质占生物量的比例高达 30%。研究人员已经利用这些甲醇依赖基因来构建严谨型表达载体（Daly and Hearn 2005）。大多数的毕赤酵母利用严谨型 *AOX1* 启动子来启动外源蛋白的表达。pPICZ 载体图谱见图 19-5。将外源基因克隆到 *AOX1* 启动子和 *AOX1* 转录终止序列之间。这些序列与毕赤酵母基因组中的 *AOX1* 区域属于同源片段，可在同源重组中将外源基因整合到酵母基因组中（Cregg et al. 1985, 1989）。

获得整合型的毕赤酵母转化体需要比以游离质粒表达基因的酿酒酵母更多的 DNA，但是转化子非常稳定，可以保存很多年。染色体上的 *AOX1* 区与 pPICZ 载体上的 *AOX1* 启动子或是终止子区发生单交换完成外源基因的插入（图 19-6）。这可能导致基因组上 *AOX1* 基因的上游或下游被插入单个或多个拷贝的目的基因（Daly and Hearn 2005）。然而，一个

依靠 *AOX1* 启动子上的酶切位点（如 *Pme* I）处线性化的重组载体会优先插入到基因组的 *AOX1* 启动子上。随机的多拷贝插入的发生频率是单插入的 1%～10%（Cregg 2007b）。如果要得到基因的多拷贝插入，建议转化时加入大剂量的线性化 DNA（20μg 或更多）。

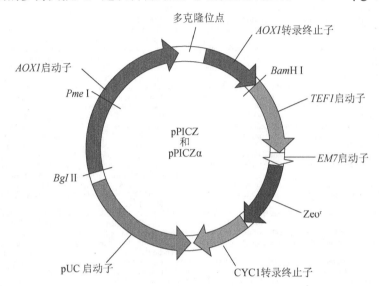

图 19-5　pPICZ 和 pPICZα毕赤酵母载体。pPICZ 和 pPICZα载体带有 *AOX1* 启动子和转录终止子（TT）序列，用于 Zeocin 抗性的 *Sh ble* 基因（*Streptoalloteichus hindustanus ble* 基因）和用于重组蛋白整合的多克隆位点（MCS）。这些载体有 3 种阅读框形式（*A*、*B*、*C*），可以同框与羧基端的 myc 标签融合用于检测，与 His6 标签融合用于纯化（经 Life Technologies 允许复制）

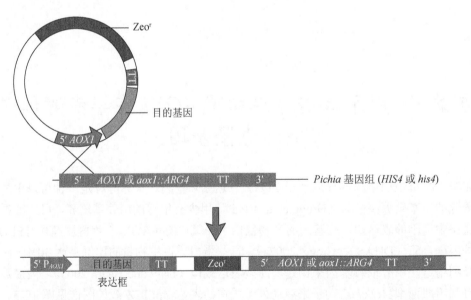

图 19-6　酵母同源重组原理示意图。通过一次互补区域的同源重组将两侧带有 *AOX1* 启动子和 *AOX1* 转录终止子（TT）序列的外源基因插入到毕赤酵母菌株 X-33（*AOX1*）或 KM71（*aox::ARG4*）。单一位点的多基因插入的进一步例子参见 *EasySelect Pichia Expression Kit* 手册（Life Technologies; http://tools.invitrogen.com /content/sfs/manuals/easyselect_man. pdf）（经 Life Technologies 允许复制）

小贴士：毕赤酵母并不像大肠杆菌一样是个过表达系统，但可以呈现高的细胞密度。一般酵母表达的异源蛋白不能用考马斯亮蓝染色凝胶检测到，它需要更灵敏的方法如 Western 杂交或功能检测（如果可能的话）。因此，在表达研究的同时或之前，需要研发一系列灵敏的检测方法（Cregg et al. 2009）。如果没有针对目的蛋白的抗体，可以检测 C 端的 myc 标签（pPICZ 载体中有介绍）。抗 myc 标签的抗体在 Western 杂交具有很高的特异性，几乎不会与毕赤酵母菌的固有蛋白发生交叉反应。

 # 材料

为正确使用本方案中的器材和危险试剂，必须查阅相应的材料安全数据表并咨询所在机构的环境卫生和安全办公室。

本方案的专用试剂标注<R>，配方在本方案末提供。常用储备溶液、缓冲液和试剂标注<A>，配方见附录 1。储备溶液应稀释至适用浓度后使用。

试剂

琼脂糖凝胶

用于分离 DNA 的琼脂糖凝胶的制备方法详见第 2 章的方案 1 和方案 2。

dNTP 溶液（PCR 等级，pH8.0，含有全部 4 种 dNTP，每种含量为 10mmol/L）

大肠杆菌培养基：

Zeocin（100mg/mL）（来自 Life Technologies 公司）

低盐 LB 固体培养基（含 25μg/mL Zeocin）<R>

低盐 LB 液体培养基（含 25μg/mL Zeocin）<R>

冰冷的无菌水（1L）

可用于转化和质粒扩增的大肠杆菌

TOP10（来自 Life Technologies 公司）、XL1-Blue 或 XL10-Gold（来自 Stratagene 公司）、DH5α（来自 Life Technologies 公司），或者其他任何重组（recA）缺陷和内切核酸酶（endA）缺陷的实验用菌株。

乙醇（70%，100%）

目的基因或 cDNA 片段

甘油

匀浆缓冲液<R>

DNA 分子质量标准

甲醇（0.5%~1%）

$MgCl_2$（25mmol/L）

寡聚核苷酸引物

寡聚核苷酸引物长度应为 20~24 个碱基对，针对目标 DNA 序列，没有潜在的二级结构，含有 10~15 个 G/C 残基。有关 PCR 引物设计的建议请参见第 7 章。

PCR 反应体系混合物（步骤 21）

转化前用限制性内切核酸酶 *Pme* I、*Sac* I 或者 *Bst* XI将质粒 DNA 线性化

含 SDS 的聚丙烯酰胺凝胶（方案 8）

具有所需表型的毕赤酵母菌株（对于不同毕赤酵母宿主的详细介绍请见本章导言的表 19-2）

野生型 X-33 用于 Mut^+表型，KM71H（arg4 aox1::ARG4）用于 Mut^S 表型。

在转入 pPICZ 质粒后，后一种菌株在甲醇培养基上生长缓慢（甲醇利用慢）

（更详细的介绍，请见导言"不同载体产生的菌株和表型"部分。）

pPICZ 或 pPICZα表达载体（EasySelect 表达试剂盒，来自 Life Technologies 公司）

这些载体含有一个多克隆位点（MCS）和 3 种不同的阅读框（A、B 和 C），用于同框克隆目的基因的可读框和羧基端的 myc 标签。pPICZα 系列载体还有含前导肽和原肽的 α 交配因子信号肽序列，用于引导蛋白分泌到培养基中。

蛋白酶抑制剂

苯甲基磺酰氟化物、抑肽素 A、亮抑蛋白酶肽、胰凝乳蛋白酶抑制剂

对于那些易降解的蛋白质，包括苯甲脒和 E-64。

抑制剂储存液配制方法：10mg/mL 亮抑蛋白酶肽溶于水，10mg/mL 胃酶抑素 A 溶于无水 DMSO，2.5mg/mL 胰凝乳蛋白酶抑制剂溶于无水 DMSO，1mol/L 苯甲基磺酰氟化物溶于无水 DMSO 中，2.5mg/mL E-64 溶于水中。储存液用前进行 1000 倍稀释。苯甲脒先配成 250mmol/L 溶液，用前进行 100 倍稀释。所有的抑制剂都应分装后于-20℃ 保存，避免反复冻融。

限制性内切核酸酶（*Pme* I、*Sac* I、*Bst*XI）

SDS 样品缓冲液（5×）<A>

不含二硫苏糖醇(DTT)的 5×SDS 样品缓冲液在室温下储存。使用前加入 1mol/L 的 DTT 至终浓度为 100mmol/L。

用于菌落 PCR 的 *Taq* DNA 聚合酶（来自 New England Biolabs 或其他公司）

Taq PCR 缓冲液 10×（*Taq* DNA 聚合酶中附带）

酵母培养基

冰冷的无菌山梨醇（30mL, 1mol/L）

YPD 液体培养基<R>

含 100μg/mL、500μg/mL 和 1000μg/mL Zeocin 的 YPD 固体培养基<R>

MD 平板<R>

MGY 培养基<R>

MM 培养基<R>

仪器

琼脂糖凝胶电泳仪

Beckman JA10、SorvallGS3 或 SLA3000 转子，或类似的用于 500mL 离心管的转子

Beckman JA20、Sorvall SS34 或 SA600 转子，或类似的用于 40～50mL 离心管的转子

无菌粗平布

锥底管（50mL）

无菌培养管（15mL）

电转仪和 0.2cm 无菌电转化杯

Fernbach 摇瓶（3.5L）

摇瓶（3.5L, 1L）

酸洗玻璃珠（42.5～600μm，Sigma-Aldrich，目录号 6-9268；或 0.5mm 直径，BioSpec，目录号 11079105）

温箱（28～30℃）

微型振荡仪-8 或-96（BioSpec）

摇床（28～30℃）

真空浓缩机或冻干机

设定好所需的扩增程序的 PCR 仪

磁力搅拌器，微型振荡仪（BioSpec Products，Cole-Parmer，BioCold Scientific）

方法

构建含重组基因的毕赤酵母表达质粒

1. 通过 PCR 扩增或酶切的方法获得一段含有 5′端和 3′端具有限制性酶切位点的 DNA

片段，这些酶切位点应与 pPICZ 表达载体上的位点相一致。

　　　　pPICZ 表达载体中含有所有表达外源蛋白所需的控制元件。利用 PCR 方法来扩增 cDNA/目的基因，确保其尾部不含有任何额外的成分。用同类载体 pPICZα 载体表达分泌型蛋白。对于 pPICZ 载体，应确保含有一段 Kozak 序列，用于翻译的正确起始（详细情况请参阅本方法中"疑难解答"部分）。

　　　　利用 PCR 方法扩增目的基因构建的载体应经过测序来确保目的基因没有发生突变。

2. 将含有目的基因的 DNA 片段克隆到表达载体上（详见第 3 章的方案 5 和方案 6）。

3. 将重组质粒转入大肠杆菌细胞（详见第 3 章的方案 1 和方案 2）。将转化后的细胞涂布到含 25mg/mL Zeocin 的低盐 LB 平板上，置于 37℃孵育过夜。

　　　　作为对照，同样条件下转化一个完整的 pPICZ 载体（阳性）和一个线性化的 pPICZ 载体（阴性）。为了保持 Zeocin 的活性，平板必须保证低盐（<90mmol/L），而 pH 则必须为 7.5。高盐的 LB 平板由于 Zeocin 功能被抑制而失去筛选作用。

4. 少量制备重组质粒，经酶切或直接测序（详见第 11 章）鉴定重组质粒是否正确。

5. 小量制备所选质粒（50～100μg）用于可读框（ORF）的全长测序和毕赤酵母转化。记得要保存阳性克隆的甘油菌。

制备用于毕赤酵母转化的表达质粒 DNA

6. 用一种可在 pPICZ 载体的 *AOX1* 启动子区域切开，而目的基因上没有位点的限制酶（*Pme* I、*Sac* I 或 *Bst* XI）线性化 5～20μg 质粒 DNA。

　　　　如果希望实现目的基因的多拷贝，可以适量增加线性化的 DNA 含量（达到或超过 20μg）。

7. 用 1/10 体积的 3mol/L 乙酸钠和 3 倍体积的无水乙醇沉淀线性化的质粒。用 70%乙醇洗两次以除去其中的盐，晾干，少量水（约 30μL）重悬沉淀。取少量线性化质粒用琼脂糖凝胶电泳鉴定其线性化的效果。如果有真空离心蒸发浓缩器或冻干机，将 DNA 溶液浓缩至 10μL。

表达质粒电转化毕赤酵母菌

　　这一部分取自 Life Technologies 公司的酵母菌蛋白表达操作手册，其公司网址为 http://tools.invitrogen.com/content/sfs/manuals/easysele。

　　电转化是目前在毕赤酵母中经常使用的转化方法，可以筛选出含有目的基因多拷贝克隆的重组酵母菌株。多拷贝发生的频率为 1%～10%不等，因此筛选大量的菌株才能筛选出一个含有所需目的基因拷贝数的菌株。传统的方法是利用原生质体法来转化毕赤酵母，但这一方法并不适合用 Zeocin 直接筛选，因为细胞壁的损伤会让一些潜在的阳性克隆在表达 Zeocin 抗性基因之前已经死亡。如果没有条件做电转化，另外一个方便快捷的选择是化学转化法，然而这个方法的转化效率很低（3μg 质粒产生约 50 个克隆），难以得到多拷贝整合体。因为电转化方法易于筛选多拷贝整合体，本方案推荐使用该方法。

8. 在 YPD 平板上用划线法分离毕赤酵母菌（KH71 或 X-33）单克隆，28～30℃温箱培养 2 天。

9. 接种一个单克隆至一个装有 10mL YPD 培养基的 50mL 三角瓶中，30℃过夜培养至 OD_{600} 约为 2。再将 0.1～0.5mL 菌液接种到含有 500mL YPD 培养基的 3.5L 摇瓶中，培养过夜至 OD_{600} 值为 1.3～1.5（在 YPD 培养基中酵母菌的倍增时间约为 90min，1 个 OD_{600} 单位相当于中约含 $5×10^7$ 个细胞）。

10. 将菌液转移至无菌的离心瓶中，4℃ 1500g 离心 10min。用 500mL 预冷的无菌水重悬菌体。

11. 按步骤 10 离心细胞，用 250mL 预冷的无菌水重悬菌体。

12. 按步骤 10 离心细胞，用 20mL 预冷的无菌 1mol/L 山梨醇重悬菌体。

13. 按步骤 10 离心细胞，用 0.5mL 预冷的 1mol/L 山梨醇重悬菌体至终体积为 1.5mL。将细胞置于冰上用于电转化，当天使用，不要存放。

14. 每个转化，取 80μL 步骤 13 制备的细胞与溶于 5～10μL 无菌水的 5～10μg 线性化 DNA（步骤 7 制备）在微量离心管中混匀，置冰上 5min，将混合物转移到一个冰冷的 0.2cm 电转杯中。

15. 按照厂家建议的毕赤酵母方法电穿孔细胞（如用 Bio-Rad Gene Pulser，2000V，25μF，200Ω），立即向电转杯中加入 1mL 冰冷的 1mol/L 山梨醇，并小心地将混合物转移至 15mL 培养管中。

16. 将离心管放在 30℃温箱孵育 1～2h，不要摇动。加入 1mL YPD 培养基后，在 30℃、250r/min 的摇床中孵育 3～6h。

17. 分别涂布 25μL、50μL、100μL 和 200μL 步骤 16 制备的细胞到含 100μg/mL Zeocin 的 YPDS 平板上。

> 低密度铺板有利于 Zeocin 的有效筛选。为了简化筛选含有多拷贝目的基因的克隆，也可以将 100μL 细胞涂布在含 100μg/mL Zeocin 的 YPDS 平板上，然后将剩下的细胞 1500g 离心 5min 后弃去上清，用 200μL 的 1mol/L 山梨醇重悬菌体，分别涂布 50μL 和 150μL 到 500μg/mL 和 1000μg/mL Zeocin 的 YPDS 平板上。

18. 将平板放置在 30℃温箱中孵育 3～10 天直到有单克隆长出来。挑取 10～20 个单克隆在新的含 100μg/mL Zeocin 的 YPD 或 YPDS 平板上纯化（划线分离）。确保每种克隆都要挑，尤其是大的，通常它们的蛋白质表达量最高。

PCR 鉴定毕赤酵母重组体

无须将酵母中的 DNA 提取出来做 PCR 鉴定。通常情况下，单克隆的少量细胞可以直接作为 PCR 反应的模板。"菌落 PCR"是一种简单方便的预筛选单克隆（酵母菌）中外源基因的方法。但是，PCR 结果只显示目的基因是否存在，并不能提供蛋白质表达的情况。建议用 Western 杂交分析细胞裂解物或细胞组分，检测不同菌株的相对表达水平（详细介绍请见下一部分）。

19. 对于引物的设计，上游引物可以选择位于 *AOX1* 启动子的引物（如 5'*AOX1* 引物，Life Technologies 公司），下游引物则可以是目的基因上的一个片段，使得 PCR 反应的终产物大小为 300～500bp 即可。引物的复性温度最好是在 55～60℃。

20. 在 PCR 小管中加入 10μL 的无菌水。用一根灭过菌的牙签挑取一个单克隆，在 10μL 的水中使细胞分散。再将这根牙签在一块新的预标记的 MD 平板上轻蘸一下，以保存这一株单克隆。将 MD 平板放置在 30℃孵育两天或者直到克隆长出来。

> 不要加入太多的酵母菌体作为 PCR 的模板，因为细胞壁的一些成分会阻碍 PCR 反应。
>
> 对于任何的 PCR 鉴定反应来说，适当的阴性对照是必不可少的，如完全不含任何酵母成分或者是含野生型酵母（不含目的基因）的阴性对照反应。阳性对照则含野生酵母，并含有目的基因用作酵母菌转化和/或重构反应的 10～100pg 质粒 DNA。

21. 准备好一份 2× 的 PCR 反应混合物，包含 PCR 缓冲液、MgCl$_2$、dNTP、引物以及 DNA 聚合酶，具体参照公司提供的方法。例如，一份典型的 *Taq* 聚合酶的配方包括：

Taq 聚合酶缓冲液（10×）	2μL
MgCl$_2$（2.5mmol/L）	1.2μL
dNTP（10mmol/L）	0.4μL
寡聚核苷酸引物	每个 10pmol
H$_2$O	至 9.8μL
Taq 聚合酶	0.2μL（5U）

22. 在每个 PCR 小管中加入 10μL PCR 反应体系混合物，然后立刻开始扩增。适宜的循环程序应该如下：

循环数	变性	复性	延伸
1	95℃，4min		
2～30	95℃，30s	50℃，30s	72℃，30s
结束			72℃，10min

　　时间与温度应根据不同种类的聚合酶、反应体积和循环数变化而改变，欲了解 PCR 反应的详细介绍，请参见第 7 章。

23. 利用琼脂糖凝胶电泳和适宜大小的 DNA 分子质量标准来鉴定 PCR 产物的大小。

　　如果目的基因的扩增条带很淡或很虚，降低复性温度 5℃（计算引物解链温度的方法，请参阅第 13 章中解链温度的相关内容）。如果阳性对照显示细胞壁对 PCR 扩增反应有抑制作用，将 PCR 管中细胞溶液的稀释倍数由 2 倍增加到 5 倍后重新做 PCR。或者提取酵母菌的基因组后用 100～200ng 基因组重新做 PCR，提取基因组的方法详见第 5 章的方案 15。

全菌裂解物和细胞组分的小规模蛋白表达分析

　　就任何一个表达系统来说，优化诱导前细胞的培养时间和诱导期细胞生长密度是很重要的。尤其是在甲醇诱导情况下，菌体过浓会导致菌体凋亡释放蛋白酶，从而降解目的蛋白。甲醇利用慢型菌株在含甲醇的培养基中的倍增时间约为 20h，诱导最好是从对数生长期的中期（OD_{600} 为 3～4）开始，这样在细胞到达稳定期之前有 20h 诱导期。甲醇诱导野生型菌株在含甲醇的培养基中的倍增时间约为 2h，因此诱导开始时的细胞密度应调整到与诱导时间（4～20h）相适应，以确保诱导期间细胞一直处于对数生长中期。

　　下面所介绍的小规模表达蛋白的条件可能无法完美适用于所有的目的蛋白。因此，确定一个能适当表达某种目的蛋白的菌株后，在进行中等规模的表达前都要优化菌体的培养条件。在本方案末尾的优化蛋白表达的部分会进一步探讨这方面的内容。

24. 从含有 Zeocin 的 MD 或 YPD 平板上挑取一个克隆（来源于步骤 18 或步骤 20）接种到一个装有 10mL MGY 培养基的 50mL 螺旋盖灭菌管中。确保将整个克隆都挑起来以便接种足够量的菌种。拧松盖子以便通气。在 28～30℃，250r/min 的摇床中培养过夜至 OD_{600} 为 2～4（适用于甲醇利用慢型菌株）。

　　10mL 培养物通常足够可以用来比较每个菌株的表达水平了，而且可以以一组处理 10～20 个菌株。如果可能，在实验设置一个阴性对照（只转入了 pPICZ 空载体）和一个阳性对照，阳性对照菌含有相同抗体表位的基因以便后续的 Western 杂交检测（见下文）。这些对照菌必须与样品进行同样的培养、诱导和处理。

25. 取 700μL 培养物以甘油菌种的形式保存，供以后使用（甘油菌种的制备方法，见附加方案"酵母培养物的冻存"）。将剩下的菌体在室温条件下以 1250g 离心 10min。弃去上清，用 10mL 含 0.5%～1%的甲醇的 MM 培养基重悬沉淀。在 28～30℃，250r/min 的摇床中至少诱导 4～16h。

　　毕赤酵母高效表达蛋白的一个重要条件是甲醇诱导时良好的通气条件。一般情况下，诱导时的培养基的量以占摇瓶体积的 10%～20%为佳。强烈建议将菌管倾斜，盖子拧松以获得良好的通气，盖子可用一小片胶带固定住。

26. 室温条件下，将菌液以 1250g 离心 10min。如果目的蛋白是分泌型的（由 pPICZα 载体表达），保留上清液进行步骤 29 操作。对于胞内目的蛋白，弃去上清，用 0.5mL 的匀浆缓冲液重悬菌体并将其转移到微量离心管中。该菌体可以在本步骤-70℃保存。

27. 在微型离心管中将细胞离心 10～15s，用加入了蛋白酶抑制剂的新制 350μL 匀浆缓冲液重悬菌体，涡旋振荡混匀。加入约 150μL 酸洗玻璃珠（直径 425～600μm 或 0.5mm），每个样品以最大速度涡旋振荡 1min，重复 6 次，每两次涡旋振荡中间冰浴 2min 以防蛋白质降解。

一个小型的珠磨式组织匀浆器（如迷你珠磨式组织匀浆器-8 或迷你珠磨式组织匀浆器-96，BioSpec 公司）可以一次性处理多个样品。后一种机型配备有一个可在-20℃预冷的铝制支架，可以一次性振荡 45 个小离心管。用含有蛋白酶抑制剂的 500μL 匀浆缓冲液重悬，加入约 500μL 酸洗玻璃珠后细胞振荡 2～3min，确保样品低温（在 10℃以下），但不要冻结。

> ▲ 在对细胞进行处理时应加入蛋白酶抑制剂防止细胞内的丝氨酸蛋白酶（用苯甲基磺酰氟化物 PMSF、亮抑蛋白酶肽和苯甲脒）、半胱氨酸蛋白酶（PMSF、E-64）、天冬氨酸蛋白酶（胃酶抑素 A）、金属蛋白酶（EDTA、EGTA）和糜蛋白酶等（胰凝乳蛋白酶抑制剂）水解目的蛋白。酵母细胞处理常用的蛋白酶抑制剂包括苯甲基磺酰氟化物、胃酶抑素 A、亮抑蛋白酶肽和胰凝乳蛋白酶抑制剂。对于易降解的蛋白质，还应额外添加苯甲脒和 E-64。蛋白酶抑制剂的储备液的配制方法如下：10mg/mL 亮抑蛋白酶肽溶于水，10mg/mL 胃酶抑素 A 溶于无水 DMSO，2.5mg/mL 胰凝乳蛋白酶抑制剂溶于无水 DMSO，1mol/L 苯甲基磺酰氟化物溶于无水 DMSO 中，2.5mg/mL E-64 溶于水中。储存液用前进行 1000 倍稀释。苯甲脒先配成 250mmol/L 水溶液，用前进行 100 倍稀释。所有的抑制剂都应分装后-20℃保存，避免反复冻融。

　　28. 用低温小型离心机 4℃ 3500g 离心 5min，沉淀未破碎的细胞、细胞核和核膜。继续在 4℃环境下以最大转速（14 000g）离心 5min 来分离线粒体和其他的一些细胞器。将上清液转移至一个新的放置在冰上的微量离心管中。上清中包含胞质蛋白和一些小的膜囊泡，因而呈混浊状。

　　29. 用 Bradford 法分析 2～5μL 样品的蛋白质含量（详见方案 10）。将 40μg 上清（约 20μL）与 5～10μL 5× 的 SDS 上样缓冲液混合（最好是用平常用量 2 倍的样缓冲）。用 SDS-PAGE 分离后进行 Western 杂交（SDS-PAGE 电泳和 Western 杂交的详细情况请见方案 8 和方案 9）。在每块 SDS-PAGE 胶上，点一个蛋白质分子质量标准，一个阴性对照来评估抗体与酵母中其他蛋白交叉反应的情况，还有一个阳性对照来比较表达水平。最好有一个用其他体系表达的目的蛋白，用来比较目的蛋白的分子质量、翻译后的修饰情况和表达水平。

> 对于可溶的蛋白质来说，用 14 000g 离心得到的上清足够用来做 Western 杂交分析。对于丰度较低的膜蛋白，含有 ER、高尔基体和质膜囊泡的微粒体膜组分（来自步骤 28）（McNamee 1989）等可以用 150 000g 超速离心（如用 TLA-100 台式超速离心机）30min 沉淀。用 30μL 含有新鲜蛋白酶抑制剂的匀浆缓冲液重悬沉淀，然后用 Bradford 法分析 2～5μL 样品的蛋白浓度。所获得的目的蛋白为 50～200μg，蛋白质的产量主要由特定培养物中细胞的浓度决定（OD$_{600}$ 值 4～6）。用作 Western 杂交的 SDS-PAGE 电泳，每个泳道加入 15～30μg。注意，膜蛋白不能在 SDS-PAGE 上样缓冲液中煮沸，而应在加样之前将膜蛋白样品与 SDS-PAGE 上样缓冲液混匀后在室温（或 37℃）孵育 5～10min（Lerner-Marmarosh et al. 1999）。

中等规模表达目的蛋白

　　中等规模（1L）的摇瓶培养通常能提供足够的材料用于目的蛋白的纯化及其初步生化分析。大规模生产一般在严格控制反应环境的发酵罐中进行。毕赤酵母在发酵罐中可以达到很高的密度（200～400g/L），为下游分析如蛋白晶体学分析提供充足的材料，即使是低丰度的膜蛋白也可以（Parcej and Eckhardt-Strelau 2003; Long et al. 2005; Aller et al. 2009）。毕赤酵母发酵指南由 Life Technologies 公司提供（http://tools.invitrogen.com/content/sfs/manuals/pichiaferm_prot.pdf）。关于不同种类酵母（甲醇利用慢型与甲醇利用野生型）的发酵细节需查阅其他资料（Lerner-Marmarosh et al. 1999; Plantz et al. 2006; Zhang et al. 2007b）。与小规模表达试验一样，优选机械剪切法裂解酵母细胞，常在 BeadBeater 中用玻璃珠或用其他匀浆器破碎。关于用于蛋白纯化的酵母菌中等规模破碎方法详细步骤请参见方案 4。

　　30. 为了中等规模表达产物和纯化目的蛋白，挑取一个克隆接种到 10mL 培养基中作为初级种子，详见步骤 24。

　　31. 将 10mL 菌液全部接种至含有 1L MGY 培养基的 3.5L 带有挡板的 Fernbach 摇瓶中，在 30℃、250r/min 摇床中培养过夜（16～20h）至 OD$_{600}$ 为 2～4。酵母菌在 MGY 培养基中的倍增时间约为 3h。

32. 将菌液转移至 500mL 已灭菌的离心瓶中，室温，3000g 离心 10min。小心弃去上清。用 1L 含 0.5%～1%甲醇的 MM 培养基重悬菌体，并将其重新放入 Fernbach 摇瓶中。为了更好的通气用两层无菌干酪包布盖住瓶口，并用橡胶筋固定。28℃、250r/min 条件下诱导 4～16h。

33. 收取细胞时，将菌液转移至预先称重的 500mL 离心管中，4℃、3000g 离心 10min。如果目的蛋白是分泌型的，收取上清液用于蛋白质纯化。

> 如果目的蛋白是胞内蛋白，小心地弃去上清，控干，称离心瓶的总质量来确定每个沉淀的菌体湿重。一般的产出量为每升菌液 10～12g 湿菌。用匀浆缓冲液重悬菌体使终浓度至少为每克细胞 2mL。细胞悬液可在这一步-70℃冻存，也可以裂解菌体用于蛋白纯化，详见方案 4。

疑难解答

根据目前的数据，通常情况下，毕赤酵母表达系统表达某一蛋白质的可能性为 50%～75%。很少有蛋白质的表达量相当高（10g/L），很多的表达量为中等（≥1g/L）（Cregg et al. 2000; Boettneret al. 2007）。考虑到酵母高密度发酵的方便性，中等或低表达（如膜蛋白）也可以为下游应用，如进行生物化学、生理和生物物理研究提供充足的原材料（Parcej and Eckhardt-Strelau 2003; Long et al. 2005; Aller et al. 2009）（参见"膜蛋白纯化的策略"信息栏）。Boettner 等比较分析了 79 种人源基因的表达。

在任何表达水平上获得蛋白质的初步表达是最大的障碍。蛋白质一旦获得表达，就可以优化一系列的参数来获得更大量的表达，甚至获得"头彩"菌株。优化这些参数的方法已列在下面。更多的问题请查阅 Life Technologies 公司提供的酵母表达手册（http://www.invitrogen.com）。

胞内表达蛋白还是分泌表达蛋白

外源蛋白在毕赤酵母中可以胞内蛋白或分泌蛋白的形式表达。一般情况下，在原宿主中是胞内蛋白的，在毕赤酵母中首选的是以胞内蛋白形式表达，反之亦然。一些例子表明胞内蛋白也可以利用酵母菌分泌表达，但很少（Cregg 2007a）。

胞内表达时（如 pPICZ 载体），必须含有一段类 Kozak 序列以有效起始翻译。例如，AAAAGAATGG 就是一个类 Kozak 序列，其中 ATG 对应 ORF 的起始 ATG，−3 和+1 位置对高水平翻译很重要。具有信号肽的载体（如 pPICZα）通常带有 Kozak 序列。

分泌蛋白的氨基末端必须含有一个信号肽，以使其定位到分泌途径中。这个分泌信号肽可以是目的蛋白自身的信号肽（如果该蛋白质本身有信号肽），也可以由特定的载体提供（最常用的是 pPICZα及 pPINKα载体中含有的酿酒酵母交配因子α的前肽-原肽信号）。毕赤酵母分泌自身蛋白很少（Mattanovich et al. 2009），因此培养上清中的蛋白质主要为目的蛋白，这一特点非常有利于目的蛋白的加工和纯化。

问题： 如果培养基可变为酸性，即使是裂解释放的少量胞内蛋白酶，也可能大量降解分泌型蛋白。

解决方案： 在培养基中加入缓冲系统（见 pH 优化方法），培养基中加入蛋白酶抑制剂或 1%酪蛋白氨基酸，或使用蛋白酶缺陷型菌（详见导言中的表 19-2）可能解决这个问题。

基因拷贝数

提高基因拷贝数通常会增加目的蛋白的表达量。

问题： 有些情况下，高拷贝数的基因对蛋白质的表达具有消极影响。

解决方案： 第一次用毕赤酵母表达某一种特定蛋白时可以同时筛选含有低拷贝数、中等拷贝数和高拷贝数目的基因工程菌（Inan et al. 2007）。这可以通过将转化子涂布在不同选择压力的 Zeocin 平板上筛选获得，详见步骤 17。

功能蛋白构象

某一特定蛋白在酵母菌中的折叠和成熟通常但不总是与其在天然宿主菌中的相一致。

问题：目的蛋白可以在毕赤酵母中表达出来，但折叠错误。

解决方案：在培养基中添加特定的配体，组氨酸或 DMSO 有时会促进表达具有正确构象的功能性蛋白（Andre et al. 2006）。

共表达分子伴侣可以促进某些蛋白质的分泌（Inan et al. 2006; Damasceno et al. 2007），也可以促进难于表达的细胞内蛋白的折叠和加工。

密码子优化

分析酵母菌中高效表达的基因表明 tRNA 多样性和密码子的选择有很大的关系（Hani and Feldmann 1998; De Schutter et al. 2009），表明密码子的使用偏好性是酵母菌细胞表达外源蛋白的一个限制性因素。不利的 GC 含量或不稳定的 mRNA 也可能导致目的蛋白的无效翻译（Daly and Hearn 2005; Boettner et al. 2007）。

问题：目的蛋白表达太低。

解决方案：毕赤酵母基因的密码子选择表可以在 Kazusa 数据库（http://www. kazusa.or. jp/codon/）或最新公布的毕赤酵母基因组（De Schutter et al. 2009）中查到。要得到目的蛋白的超高表达，可以按照 Bai 等提出的毕赤酵母高频基因表达表优化目的基因的密码子。调整目的基因序列以去除潜在的 mRNA 剪切位点、mRNA 二级结构（发夹结构）和可能导致转录终止的富含 A 和 T 的区域。改变基因的 GC 比含量，使其达到约 45%。通过全基因合成可以实现目的基因的全盘优化，尽管有点贵，但是非常便利。很多公司提供这种服务（如 GeneArt, Life Technologies；GenScript, Entelechon 等公司）。完成基因的密码子优化可以增加 3～5 倍的蛋白质表达量，特别是对于长于 3kb 的目的基因效果更佳。

🧬 讨论

在毕赤酵母中优化蛋白表达

诱导时间、pH 和温度是影响外源蛋白在酵母中的合成、折叠和转运的关键因素，因此对于特定的靶蛋白和宿主菌，需依靠经验对这些条件进行优化。

pH

对于酵母菌表达系统，pH 是最重要的优化因素。酵母菌在生长达到较高浓度的过程中会酸化培养基，进而活化培养基中的酸性蛋白酶。毕赤酵母中最重要的蛋白酶是 Pep4，该酶是一种酸性蛋白酶，其在 pH 为 4 条件下呈现最大活性。

如果靶蛋白对酸性蛋白酶敏感，则需在甲醇诱导过程中添加含有所需 pH 的 100mmol/L 磷酸盐缓冲液的 MM 培养基（BMM 培养）（对于不同 pH 的 1mol/L 磷酸盐储存液，详细见附录 1，酸碱部分的表 3 和表 4）。

可以通过以下实验获得靶蛋白的 pH 表达谱：

1. 在含有 100mL MGY 培养基的 500mL 摇瓶中接种目的菌，待其长到 OD_{600} 值为 2～4。

2. 取 10mL 液体培养物置于 50mL 离心管中，在室温下 3000g 离心 10min。

3. 用 10mL 含有 100mmol/L 磷酸盐的 BMM 培养基重悬沉淀，磷酸盐的 pH 分别为 8、

7、6、5、4 和 3.2（酵母菌在 pH 3 以下不能生长）。

4. 将上述重悬菌液分别在 28℃、250r/min 摇床上培养诱导 16h，用 Western 杂交检测其不同的表达量（步骤 26～步骤 29）。

温度

改变培养温度可以影响很多重要的细胞内过程，包括中心碳代谢、应激反应和蛋白折叠等。在培养过程中将温度从 30℃降低到 22℃甚至 15℃可以降低酵母菌的生长速度和蛋白质翻译速度，从而有助于新生多肽链的充分折叠和加工。对于难表达的靶蛋白，降低诱导温度是值得研究的。

培养时间

表达的靶蛋白可以在甲醇诱导后 0.5～1h 后检测出来，此后表达量会逐渐增加，最终达到一个稳定值，此时表达量和分解量是相同的。很多情况下，在甲醇诱导后 2～3 天，蛋白质表达量达到最大值（Lerner-Marmarosh et al. 1999），此后由于细胞凋亡和蛋白降解作用会导致表达水平下降。

时间-蛋白表达量相关性实验：

1. 在 1L 带有挡板的摇瓶中培养 200～250mL 酵母菌（步骤 30～步骤 32）。

2. 在 MM 或 BMM 培养基中用甲醇诱导后的不同时间点，如 1h、2h、4h、8h、16h、24h、72h 分别取样 10mL。

3. 按照步骤 26～步骤 29 处理样品，用 Western 杂交进行分析（方案 9）。

> 欲了解更多的关于 Mut^S 和 Mut^+ 菌株的时间-蛋白表达量的信息，请查阅 Life Technologies 公司的 "EasySelect Pichia Expression Kit" 试剂盒的使用手册第 33 页和第 34 页（http://tools.invitrogen.com/ content/sfs/manuals/ easyselect_man.pdf.）。

附加方案　酵母培养物的冻存

酵母培养物可以在含有 15%的甘油的生长培养基中-70℃冻存，本方案介绍了保存物的制备方法。

 ## 材料

为正确使用本方案中的器材和危险试剂，必须查阅相应的材料安全数据表并咨询所在机构的环境卫生和安全办公室。

本方案的专用试剂标注<R>，配方在本方案末提供。常用储备溶液、缓冲液和试剂标注<A>，配方见附录 1。储备溶液应稀释至适用浓度后使用。

试剂

甘油（50%，*m/m*）溶于水
酵母培养物（取自方案 3）

<h2 style="text-align:center">仪器</h2>

冻存管（1mL）
涡旋器
YPD 或 MD 平板（方案 3）

方法

1. 在 1mL 冻存管中添加 0.3mL 的 50%甘油（*m/m*）水溶液，高温灭菌后拧紧瓶盖。
2. 加入 0.7mL 的酵母菌培养物，然后用涡旋器将混合物混匀。
3. 将冻存管放入-70℃冰箱保存。
4. 在 YPD 或 MD 平板上划线复苏保存的酵母菌。

 ▲ 如果在-55℃以上保存酵母菌会失去活性。

配方

为正确使用本方案中的器材和危险试剂，必须查阅相应的材料安全数据表并咨询所在机构的环境卫生和安全办公室。

匀浆缓冲液

试剂	质量（1L）	终浓度
蔗糖	113g	0.33mol/L
Tris-Cl（1mol/L，pH8.0）	300mL	0.3mol/L
EDTA（0.4mol/L，pH8.0）	2.5mL	1mmol/L
EGTA（0.4mol/L，pH8.0）	2.5mL	1mmol/L
二硫苏糖醇（DTT）	0.31g	2mmol/L
6-氨基己酸（EACA）	13.1g	100mmol/L

在 4℃条件下至多储存一周，如果储存时间超过一周需要在使用前加入新鲜 DTT。

用 Zeocin 筛选的低盐 LB 培养基

试剂	每升含量
胰蛋白胨	10g
酵母抽提物	5g
NaCl	5g

摇动使溶质完全溶解，然后用 1mol/L 的 NaOH 调溶液的 pH 至 7.5（约需要 0.2mL）；用去离子水定容至 1L；如果制备平板，则需添加 15g/L 琼脂粉。121℃高温灭菌 20min。

 ▲ 为了使 Zeocin 保持活性，溶液的盐浓度必须低于 90mmol/L，pH 需为 7.5。标准 LB 培养基中的高盐浓度会使平板失去
 选择功能。含有 Zeocin 的平板可以在避光 4℃条件下保存一周。

<h2 style="text-align:center">毕赤酵母培养基</h2>

配方来自 Life Technologies 公司 EasySelect Pichia Expression Kit 试剂盒手册（http://tools.invitrogen.com/ content/sfs /manuals/ easyselect_man.pdf）。

储存液

生物素（500×）（0.02%生物素）	
生物素	20 mg
H_2O	至 100mL

溶解后过滤除菌，室温存放，可用约 1 年。

D（10×）（20%葡萄糖）

D-葡萄糖	200g
H₂O	至 1000mL

高压 15min 或过滤灭菌，室温存放可用约 1 年。

GY（10×）（10%甘油）

甘油	100mL
H₂O	900mL

高压 15min 或过滤灭菌，室温存放可用 1 年以上。

YNB（10×）（13.4%含硫酸铵，无氨基酸酵母细胞氮源）

YNB	134g
H₂O	至 1000mL

加热溶解，过滤除菌（也可在 34g 无硫酸铵、无氨基酸的 YNB 中加入 100g 硫酸铵），暗处室温存放可用 1 年。注意，毕赤酵母在较高浓度的 YNB 中生长最适，因此，这里的 YNB 成分是酿酒酵母标准配方的 2 倍。

培养基

BMM（buffered minimal methanol）培养基

水	800mL

加入 100mL 1mol/L 的所需 pH（如 pH3,4,5,6,7 或 8）的磷酸钾缓冲液（详细配方见附录 1），然后 121℃高压灭菌 20min，冷却溶液至 60℃之后添加：

YNB（10×）	100mL
生物素（500×）	2mL
甲醇（100%）	5mL

不含甲醇的 BMM 溶液可以在避光条件下于室温中保存数月。甲醇应在使用前添加。

欲了解更多关于毕赤酵母菌培养基配方的信息，请查阅 Life Technologies 公司的 EasySelect Pichia Expression Kit 试剂盒的使用手册，其网址为 http://tools.invitrogen.com/content/sfs/manuals/easyselect_man.pdf。

MD（minimal dextrose）固体培养基

MD 培养基可用于短期保存毕赤酵母菌转化体。

琼脂粉	15g
水	800mL

121℃高温灭菌 20min，待溶液温度降至 60℃以下时，加入以下组分：

YNB（10×）	100mL
葡萄糖（10×）	100mL
生物素（500×）	2mL

MD 平板可以在避光条件下于室温中保存数月。

MGY（minimal glycerol）培养基

MGY 为液体培养基。

甘油（10×）	100mL
水	800mL

121℃条件下高温灭菌 20min，待溶液温度降至 60℃以下后，加入下列物质：

YNB（10×）	100mL
生物素（500×）	2mL

MGY 培养基可以在避光条件下于室温中保存数月。

MM（minimal methanol）培养基

MM 或 BMM 培养基用于在 MGY 培养基中生长菌进行甲醇诱导。

蒸馏水	900mL

121℃高温灭菌 20min，待溶液冷却至 60℃以下后加入以下组分：

YNB（10×）	100mL
生物素（500×）	2mL
甲醇（100%）	5mL

不含甲醇的 MM 培养基在避光条件下于室温中数月。甲醇须在使用前添加。

YPD（yeast extract peptone dextrose）培养基

YPD 培养基是一种用于培养野生型酵母菌的混合型培养基。

酵母提取物	10g
蛋白胨	20g
蒸馏水	至 900mL

对于 YPD 固体培养基，则需要加入 20g 琼脂。121℃高温灭菌 20min，待溶液冷却至 60℃以下后加入 100mL 葡萄糖（10×）。培养基可以在室温下保存数月。

YPDS＋Zeocin 平板（含 1mol/L 山梨醇和 Zeocin 的 YPD 平板）

电转后，将酵母细胞涂布于含 1mol/L 山梨醇的 YPD 平板上以稳定细胞。

酵母菌提取物	10g
蛋白胨	20g
山梨醇	182.2g
琼脂粉	20g
蒸馏水	至 900mL

充分溶解山梨醇，高温灭菌 20min，待溶液冷却至 60℃以下，加入 100mL 葡萄糖（10×）。按需要加入 100mg/mL 的 Zeocin 储存液至溶液终浓度为 100μg/mL、500μg/mL 或 1000μg/mL。筛选平板最好现用现配并在避光条件下置于 4℃条件下保存。不含 Zeocin 的培养基可以在室温条件下保存数月。

参考文献

Aller SG, Yu J, Ward A, Weng Y, Chittaboina S, Zhuo R, Harrell PM, Trinh YT, Zhang Q, Urbatsch IL, et al. 2009. Structure of P-glycoprotein reveals a molecular basis for poly-specific drug binding. *Science* 323: 1718–1722.

Andre N, Cherouati N, Prual C, Steffan T, Zeder-Lutz G, Magnin T, Pattus F, Michel H, Wagner R, Reinhart C. 2006. Enhancing functional production of G protein-coupled receptors in *Pichia pastoris* to levels required for structural studies via a single expression screen. *Protein Sci* 15: 1115–1126.

Bai J, Swartz DJ, Protasevich II, Brouillette CG, Harrell PM, Hildebrandt E, Gasser B, Mattanovich D, Ward A, Chang G, et al. 2011. A gene optimization strategy that enhances production of fully functional P-glycoprotein in *Pichia pastoris*. *PLoS One* 6: e22577. doi: 10.1371/journal.pone.0022577.

Boettner M, Steffens C, von Mering C, Bork P, Stahl U, Lang C. 2007. Sequence-based factors influencing the expression of heterologous genes in the yeast *Pichia pastoris*—A comparative view on 79 human genes. *J Biotechnol* 130: 1–10.

Chloupkova M, Pickert A, Lee JY, Souza S, Trinh YT, Connelly SM, Dumont ME, Dean M, Urbatsch IL. 2007. Expression of 25 human ABC transporters in the yeast *Pichia pastoris* and characterization of the purified ABCC3 ATPase activity. *Biochemistry* 46: 7992–8003.

Cregg JM. 2007a. Introduction: Distinctions between *Pichia pastoris* and other expression systems. *Methods Mol Biol* 389: 1–10.

Cregg JM. 2007b. DNA-mediated transformation. *Methods Mol Biol* 389: 27–42.

Cregg JM, Barringer KJ, Hessler AY, Madden KR. 1985. *Pichia pastoris* as a host system for transformations. *Mol Cell Biol* 5: 3376–3385.

Cregg JM, Madden KR, Barringer KJ, Thill GP, Stillman CA. 1989. Functional characterization of the two alcohol oxidase genes from the yeast *Pichia pastoris*. *Mol Cell Biol* 9: 1316–1323.

Cregg JM, Cereghino JL, Shi J, Higgins DR. 2000. Recombinant protein expression in *Pichia pastoris*. *Mol Biotechnol* 16: 23–52.

Cregg JM, Tolstorukov I, Kusari A, Sunga J, Madden K, Chappell T. 2009. Expression in the yeast *Pichia pastoris*. *Methods Enzymol* 463: 169–189.

Daly R, Hearn MT. 2005. Expression of heterologous proteins in *Pichia pastoris*: A useful experimental tool in protein engineering and production. *J Mol Recognit* 18: 119–138.

Damasceno LM, Anderson KA, Ritter G, Cregg JM, Old LJ, Batt CA. 2007. Cooverexpression of chaperones for enhanced secretion of a single-chain antibody fragment in *Pichia pastoris*. *Appl Microbiol Bio-technol* 74: 381–389.

De Schutter K, Lin YC, Tiels P, Van Hecke A, Glinka S, Weber-Lehmann J, Rouze P, Van de Peer Y, Callewaert N. 2009. Genome sequence of the recombinant protein production host *Pichia pastoris*. *Nat Biotechnol* 27: 561–566.

Dragosits M, Stadlmann J, Albiol J, Baumann K, Maurer M, Gasser B, Sauer M, Altmann F, Ferrer P, Mattanovich D. 2009. The effect of temperature on the proteome of recombinant *Pichia pastoris*. *J Proteome Res* 8: 1380–1392.

Gietz RD, Schiestl RH. 2007. High-efficiency yeast transformation using the LiAc/SS carrier DNA/PEG method. *Nat Protoc* 2: 31–34.

Hani J, Feldmann H. 1998. tRNA genes and retroelements in the yeast genome. *Nucleic Acids Res* 26: 689–696.

Inan M, Aryasomayajula D, Sinha J, Meagher MM. 2006. Enhancement of protein secretion in *Pichia pastoris* by overexpression of protein disulfide isomerase. *Biotechnol Bioeng* 93: 771–778.

Inan M, Fanders SA, Zhang W, Hotez PJ, Zhan B, Meagher MM. 2007. Saturation of the secretory pathway by overexpression of a hookworm (*Necator americanus*) Protein (Na-ASP1). *Methods Mol Biol* 389: 65–76.

Kozak M. 1987. At least six nucleotides preceding the AUG initiator codon enhance translation in mammalian cells. *J Mol Biol* 196: 947–950.

Lerner-Marmarosh N, Gimi K, Urbatsch IL, Gros P, Senior AE. 1999. Large scale purification of detergent-soluble P-glycoprotein from *Pichia*

pastoris cells and characterization of nucleotide binding properties of wild-type, Walker A, and Walker B mutant proteins. *J Biol Chem* 274: 34711–34718.

Long SB, Campbell EB, Mackinnon R. 2005. Crystal structure of a mammalian voltage-dependent Shaker family K+ channel. *Science* 309: 897–893.

Mattanovich D, Graf A, Stadlmann J, Dragosits M, Redl A, Maurer M, Kleinheinz M, Sauer M, Altmann F, Gasser B. 2009. Genome, secretome and glucose transport highlight unique features of the protein production host *Pichia pastoris*. *Microb Cell Fact* 8: 29. doi: 10.1186/1475-2859-8-29.

McNamee MG. 1989. Isolation and characterization of cell membranes. *BioTechniques* 7: 466–475.

Parcej DN, Eckhardt-Strelau L. 2003. Structural characterisation of neuronal voltage-sensitive K+ channels heterologously expressed in *Pichia pastoris*. *J Mol Biol* 333: 103–116.

Plantz BA, Sinha J, Villarete L, Nickerson KW, Schlegel VL. 2006. *Pichia pastoris* fermentation optimization: Energy state and testing a growth-associated model *Appl Microbiol Biotechnol* 72: 297–305.

Wellman AM, Stewart GG. 1973. Storage of brewing yeasts by liquid nitrogen refrigeration. *Appl Microbiol* 26: 577–583.

Zhang W, Inan M, Meagher MM. 2007. Rational design and optimization of fed-batch and continuous fermentations. *Methods Mol Biol* 389: 43–64.

方案 4　用于纯化大肠杆菌中表达可溶性蛋白的细胞提取物的制备

提取和分离目标蛋白前，需要裂解宿主细胞以便回收胞内所有蛋白质。依据需裂解的细胞类型、细胞总量及处理的样品数，细胞裂解的方法有所不同。常用的方法包括但不局限于以下方法：低渗裂解法、溶菌酶裂解法、超声裂解法及微射流（microfluidic）或弗氏细胞破碎器机械破碎法（French press mechanical disruption）（综述见 Grabski 2009）。某些情况下，低渗裂解法就能轻易将细胞裂解，即当细胞暴露于低渗溶液中，它会迅速吸水，从而被渗透压胀破。对于有细胞壁的细胞（如大肠杆菌及酵母），温和的破碎方法如低渗裂解很难达到充分裂解的效果，这时通常需要更强烈的破碎技术如超声或弗氏细胞破碎器。虽然这些强力方法对于细胞壁裂解更为有效，但它们同时也更容易导致目标蛋白因局部受热、机械损伤、氧化反应及自由基反应而受到破坏（Hawkins and Davies 2001; Mason and Peters 2002）。因此，通常有必要针对每种细胞系，优化其裂解方案及蛋白质回收技术，以达到最大限度地提高回收蛋白的活性和总量，同时最大限度地减少操作时间和所需的仪器设备。

本方案将主要介绍大肠杆菌的超声裂解，同时介绍冻融及酶解等替代方案。用于裂解昆虫细胞的超声裂解改进技术及去污剂裂解相关信息将在信息栏"昆虫细胞裂解注意事项"中介绍，而酵母细胞的玻璃珠匀浆化将在附加方案"酵母细胞玻璃珠裂解法"中介绍。

蛋白酶抑制剂

PMSF（苯甲基磺酰氟）是一种广泛应用、价格低廉的蛋白酶抑制剂，能够有效抑制丝氨酸蛋白酶和半胱氨酸蛋白酶的活性。PMSF 可以溶于无水 DMSO（二甲基亚砜）、乙醇或异丙醇中，配制为 0.1～1mol/L 的储备液；其有效浓度范围为 0.1～1mmol/L。然而，PMSF 在液体溶液中的半衰期相对较短（pH 8 条件下约 35min），需要经常更新。毒性更低的 4-（2-氨乙基）苯磺酰氟盐酸盐（AEBSF，也被称为 Pefabloc；Roche 公司），经常会被用于替代或补充 PMSF 的效用。这种试剂在生理 pH 的环境下更稳定，能有效广谱抑制丝氨酸蛋白酶的活性。AEBSF 的使用浓度通常是 0.1～1mmol/L。除了 PMSF 和 AEBSF 外，大肠杆菌或昆虫细胞裂解过程中经常使用的蛋白酶抑制剂还包括：金属蛋白酶抑制剂（EDTA）、丝氨酸蛋白酶和半胱氨酸蛋白酶抑制剂[亮抑蛋白酶肽（leupeptin）、苯甲脒（benzamidine）和 E-64]，以及天冬氨酸蛋白酶抑制剂抑肽素 A（pepstatin A）（如果裂解过程中溶液 pH 变酸）。

蛋白酶抑制剂储备液配方如下：10mg/mL 亮抑蛋白酶肽溶于水；2.5mg/mL E-64 溶于水；10mg/mL 抑肽素 A 溶于无水 DMSO。储备液使用时需 1000 倍稀释。苯甲脒溶于水配制为 250mmol/L，使用时 100 倍稀释。所有储备液应分装冻存，避免反复冻融。

材料

为正确使用本方案中的器材和危险试剂，必须查阅相应的材料安全数据表并咨询所在机构的环境卫生和安全办公室。

本方案的专用试剂标注<R>，配方在本方案末提供。常用储备溶液、缓冲液和试剂标注<A>，配方见附录 1。储备溶液应稀释至适用浓度后使用。

试剂

二硫苏糖醇（DTT，1mol/L）

现用现配或分装冻存于-20℃。

欲进行固化的金属亲和层析（IMAC）法纯化的样品，可使用β-巯基乙醇（2mmol/L）代替 DTT。

DNaseI（1mg/mL，溶于水）

DNaseI 溶液配好后不要振荡搅拌，分装冻存于-20℃。

乙二胺四乙酸（EDTA，0.5mol/L，pH 8.0）

欲进行固化的金属亲和层析（IMAC）法纯化的样品，不要添加 EDTA。

诱导的细胞（来自于方案 1 步骤 15[①]）

溶菌酶（10mg/mL，溶于水）

溶液配好后不要振荡搅拌，分装冻存于-20℃。

MgCl$_2$（100mmol/L）

PMSF（100mmol/L，溶于异丙醇）

如果需要，可以加入其他蛋白酶抑制剂；其储备液配制及使用浓度参见"蛋白酶抑制剂"信息栏。目前，多家厂商（包括 Sigma-Aldrich、Roche、GE Healthcare、EMD Chemicals、Pierce，以及 BD Biosciences 等公司）均可提供商品化的多种蛋白酶抑制剂（含 EDTA 及不含 EDTA）的鸡尾酒预混液或片剂，可以抑制细菌、哺乳动物细胞、酵母和植物细胞提取物中的丝氨酸蛋白酶、半胱氨酸蛋白酶及金属蛋白酶。

超声缓冲液<R>

如果重悬的细胞裂解前存储于-80℃，这种缓冲液中的甘油可以提高蛋白质的稳定性。否则，可减少使用或不使用甘油，以降低快速蛋白液相色谱（fast performance liquid chromatography，FPLC[②]）纯化蛋白质过程中的反压（back pressure）。

设备

烧杯（25mL）
冰-盐水浴

---

① 译者注：原文为 Protocol 1, Step 16；但 Protocol 1 中并没有 Step 16，故译者改为步骤 15。后文相同。

② 译者注：通常 FPLC 是 fast protein liquid chromatography 的缩写，原文所用英文不常用，故本章节均译为常用的"快速蛋白液相色谱"，后文相同。

微型超声探头

电动移液器

超声仪（Branson Sonifier 250、450 或类似的制造商及产品型号）

超声隔音罩和/或合适的护耳产品

细胞刮刀

温度计

涡旋振荡器

🔷 方法

超声及酶裂解法制备大肠杆菌细胞提取物

1. 将收集的诱导细胞沉淀（来源于方案 1，步骤 15）加入至少 3 倍体积的超声缓冲液，用细胞刮刀和涡旋振荡器或电动移液器置于冰上重悬。

> 当缓冲液与细胞沉淀的体积比为 3 : 1 时，可以获得浓缩提取物。这一比例也被认为是离心后能够充分回收液体组分所需的最小体积。加入细胞沉淀 7～10 倍体积的缓冲液能够获得更多的可溶性蛋白质，同时可以减少提取物的黏性。每 1L 大肠杆菌培养物，建议加入超声缓冲液的起始体积为 9mL。然而，如果只使用 1L 大肠杆菌培养物，加入 20mL 缓冲液可以使微型超声探头（Microtip）浸没到样品溶液中足够的深度（步骤 4）。提取物重悬体积，需要根据特定应用进行优化。

2. 加入下列试剂使其终浓度为 1mmol/L PMSF、1mmol/L DTT、0.5mmol/L EDTA 和 1mg/mL 溶菌酶（增强裂解效果），颠倒混匀。

> 如果样品欲用于 IMAC 纯化（方案 5），则在上述步骤中不要加入 DTT 和 EDTA。这些试剂会干扰树脂与靶标组氨酸的结合能力。

> 如果需要，可加入其他蛋白酶抑制剂，包括丝氨酸蛋白酶抑制剂亮抑蛋白肽和苯甲脒、半胱氨酸蛋白酶抑制剂 E-64，和/或天冬氨酸蛋白酶抑制剂抑肽素 A。详细的储备液配置方法及工作浓度，参见"蛋白酶抑制剂"信息栏。

3. 在装满冰块的玻璃皿或烧杯中撒盐，准备好冰盐水浴。将含有样品的更小号的烧杯或试管安全地置于冰盐水浴中。

4. 确保超声探头干净无锈迹，将其插入样品中。探头应插入样品深度为 0.25～0.5in（英寸，1in=2.54cm）（0.625～1.27cm），不要接触到容器壁或底部。20mL 的细胞重悬液，建议选用 25mL 的烧杯。使用直径更小的尖底离心管或试管，可以在不改变样品体积的情况下，增加容器中样品溶液的深度。

> 样品容器的选择需要考虑导热性能与容积。表面积与体积比值较大（直径小）的容器及热交换率高（金属或薄壁玻璃）的容器，更有利于控制超声过程中样品的温度。

5. 根据预定优化设置，设定超声的输出功率、占空比（duty cycle）以及超声时间。

> 需要根据特定仪器型号、细胞类型及所用样品体积，对参数进行优化。对于配备微型超声探头的 Branson 250 超声仪，大约 10 轮超声（每轮包含占空比 40%，输出功率为 3 的超声暴露时间 30s，每轮超声间隔冷却时间 30s）通常足以裂解来源于 1～2L 培养物的 20mL 大肠杆菌重悬样品。每轮超声之间，样品需在冰上冷却超过 30s，并搅拌使其温度保持低于 10℃。参数设置应当在不损伤样品或不对样品造成过压（由于过量热能）情况下，能够使裂解效率最大化。使用微型超声探头时，输出功率不要超过 7。

6. 在样品中插入温度计或温度探头，注意不要碰到超声探头。样品超声的同时，监测温度。每轮超声应间隔进行，间隔期间将样品置于冰盐水浴中孵育散热，以维持样品温度不超过 10℃。

> 依据蛋白质不同，细胞超声过程可耐受的温度不同，但一般应保持在 10℃ 以内。如果样品温度在超声过程中升高超过所需温度，则需调整前述步骤建议的超声时间起始设置值（30s）——可缩短超声脉冲时长，或延长超声间隔时长。

7. 超声至大肠杆菌重悬液变为无黏性的流体，即样品从一个容器倒入另一容器时能够形成液滴而不是连续的液流。

> 当没有明显的包含体（此问题请参考方案 7）形成时，裂解效率可以通过对比细胞悬液与离心后裂解上清的 SDS-PAGE 电泳条带来计算。从定性角度讲，细胞裂解可以通过离心后细胞沉淀的相对体积、样品黏度的降低（流动性）来判断。

8. 加入 DNase I 使其终浓度为 0.1mg/mL，加入 $MgCl_2$ 使其终浓度为 1mmol/L。轻轻混匀。将裂解细胞液倒入离心管中并配平。

9. 将上述细胞裂解液置于 Sorvall（或类似品牌）离心机中 25 000g 4℃ 条件下离心 30min，以沉淀未破碎的细胞、细胞碎片及细胞膜。

10. 所得上清中包含细胞裂解液中的可溶性组分，可用于下一步实验或者纯化（6xHis 或者 GST 亲和标签，参见方案 5 或方案 6）。

讨论

机械法细胞破碎

超声破碎、玻璃珠匀浆及高压破碎已经成功应用于各类细胞的裂解。这些方法中，玻璃珠匀浆或玻璃珠碾磨法需要的特定设备最少（玻璃珠和涡旋振荡器或廉价的玻璃珠搅拌器）。快速移动的玻璃珠施加剪切力，可将即使是最难以裂解的细胞研磨或撕裂开来，如酵母细胞。高压匀浆机或压力挤压机（如弗氏细胞破碎器）可通过剪切力和压力改变来裂解细胞，但是需要更贵、更专业的设备。另一方面，相对于弗氏细胞破碎器，超声仪价格更加便宜且易于使用和维护。基于这些原因，超声常作为裂解细胞的首选方法，将在下文的主体方案中介绍。超声可以与酶解方法联合，增加细胞裂解效率。

超声裂解法

超声裂解法，或称为声孔效应，是通过超声仪发出的高频脉冲声波来破坏细胞及其质膜的完整性（图 19-7）。能量通过高频率振动（15～25kHz）的金属探头传递给与之直接接

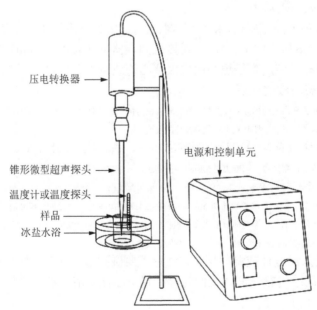

图 19-7　超声装置。一台配备微型超声探头的典型超声仪。超声仪的探头尖端插入了被冰盐水浴环绕并冷却的重悬细胞（样品）中。隔音箱和护耳产品未显示。

触的样品，从而产生微泡。当这些气泡碰撞时，会产生足以裂解细胞的冲击波，并能够切碎核酸，降低样品的黏稠度。超声过程中产生的热必须传导散去，以防破坏样品。大多数情况下，在超声过程及间隔期，将样品持续置于冰盐水浴（-6℃）中可有效防止样品因过热而受到破坏。由于长期暴露于超声仪产生的高频声波中会引起听力损伤（Mason and Peters 2002），建议将这些超声设备置于隔音箱中，或佩戴合适的护耳产品，或二者同时采用。

超声裂解条件的优化

蛋白质、宿主细胞结构和生长条件的不同，要求根据经验优化超声裂解的条件。需要优化的参数包括：细胞浓度、施加在样品上的功率大小、超声处理持续时间和冷却周期，以及所用设备（尤其是探针或探头型号）。细胞浓度取决于向菌体沉淀中加入的裂解缓冲液的量。推荐缓冲液与菌体沉淀的体积比不低于 3∶1，但更高的比例则更优，如 5～10 倍体积的缓冲液（Grabski 2009）。施加在样品上的功率大小主要取决于能量输出和占空比设置。能量输出决定每一次脉冲的总强度，而占空比决定脉冲的起始时间和持续时间。为达到裂解细胞的同时使样品维持在较低的温度（10℃以下），下述方案中给出的参数标准可能还需要进一步优化。可能需要缩短脉冲循环的持续时间和/或延长冷却持续时间，以便样品与周围冰水溶液的温度保持均衡。

探头尖端的尺寸及输出控制设置决定超声的振幅。一般而言，尖端尺寸较大的（0.75～1in）探头会降低输出强度，但适用于裂解较大体积（可达 500mL）的样品。更小的超声探头或微型探头（1/16～1/8in）会增加输出强度，可用于更小量体积（低至 1mL）样品的超声。近来，Hielscher 公司已开发出更精密的设备，可超声裂解低至 200μL 的样品，应用范围涵盖单个样品到高通量多孔板样品（Borthwick et al. 2005）。

酶裂解和反复冻融法

在缺乏可用的特定设备情况下，用溶菌酶裂解加之适度热孵育或反复冻融，可作为一个能够释放细胞中蛋白质的相对温和的备选方案（参见本方案的替代方案）（Ron et al. 1966; Wickner and Kornberg 1974）。这些方法的效率取决于冻融的次数、冻结的快慢及细胞悬液的浓度。然而，对于裂解大肠杆菌，仅依靠反复冻融，其裂解效率不如弗氏细胞破碎器或者超声破碎（Benov and Al-Ibraheem 2002）。加入溶菌酶消化细胞壁，能够极大地提高裂解效率（Ron et al. 1966）。适度的热孵育或慢慢地冻融细胞悬液，能够使大肠杆菌外膜破裂，暴露出细胞壁以便溶菌酶消化。这些方法不需要特定的设备，而且对于一些易于受到机械损伤的蛋白质，可能优于超声裂解法。然而，在其他情况下，反复多次的冻融可能影响回收蛋白的活性。另外一个潜在的弊端就是加入大量溶菌酶，可能会干扰蛋白质的检测与纯化，特别是当目标蛋白与溶菌酶（约 14kDa）大小相近时。

蛋白酶抑制剂

细胞裂解后，释放出的目标蛋白易于受到细胞蛋白酶的降解及溶液中氧气的氧化。因此，强烈推荐添加能够抑制特定蛋白酶家族的蛋白酶抑制剂，如丝氨酸蛋白酶抑制剂[PMSF、Pefabloc、亮抑蛋白酶肽、抑肽酶（aprotinin）或苯甲脒]、半胱氨酸蛋白酶抑制剂（PMSF、亮抑蛋白酶肽或 E-64），金属蛋白酶抑制剂[EDTA、磷酰二肽（phosphoramidon）或抑氨肽酶（bestatin）]及天冬氨酸蛋白酶抑制剂（抑肽素），同时加入还原剂（DTT 或 β-巯基乙醇）。细胞裂解后，在进行方案 5 和方案 6 中提到的纯化之前，需要通过离心将可溶的蛋白质与细胞碎片和未裂解细胞分离。

昆虫细胞裂解注意事项

相对大肠杆菌和酵母细胞而言，昆虫细胞更加脆弱也更容易裂解。可以使用温和的超声操作裂解昆虫细胞，进而纯化其胞内蛋白质（本操作步骤示例可参见 Altmann et al. 1995）。

超声裂解法

1. 将昆虫细胞用适于纯化的缓冲液（如 20mmol/L 磷酸钠，pH7.4，0.5mol/L NaCl）重悬至 10^7 个细胞/mL。按方案 4 中所述，加入还原剂、蛋白酶抑制剂、RNA 酶和 DNA 酶。
2. 将样品置于冰水浴中，用 30W 功率超声 3 次，每次持续 10s。
3. 10 000g 离心 10min，去除细胞碎片，收集上清用于纯化。
4. 可通过光学显微镜，或上清和沉淀组分的免疫印迹反应，监测细胞裂解程度。

机械裂解法

昆虫细胞也可用杜恩斯匀浆器（Dounce homogenizer）或针管抽拉（Wadzinski et al. 1992; Gimpl et al. 1995）等机械方法进行裂解。

非离子去污剂

另外一种方法，如果去污剂不影响随后的纯化步骤或应用，昆虫细胞也可通过加入去污剂裂解，如 1%的 IGEPAL CA-630（相当于市场上已经停售的 Nonidet P-40）（本步骤示例详见 Licari and Bailey 1991）。现在，多种基于非离子去污剂的昆虫细胞裂解剂已经上市，包括 I-PER（Pierce）和昆虫细胞裂解缓冲液（BD Biosciences 公司）。

1. 按方案 4 中所述加入适量还原剂、蛋白酶抑制剂、RNA 酶和 DNA 酶的缓冲液，将细胞重悬至 $0.25 \times 10^7 \sim 0.5 \times 10^7$ 个细胞/mL。
2. 加入去污剂后在冰上孵育 20min。
3. 离心去除细胞碎片，收集上清用于纯化。

附加方案　酵母细胞玻璃珠裂解法

首选的中/大规模酵母细胞裂解方法是机械剪切，本方案将描述借助玻璃珠在珠磨式组织研磨器（BeadBeater）中裂解酵母细胞的方法。也可以使用其他方法，如利用酵母消解酶（zymolyase）消化裂解细胞壁、弗氏细胞破碎器（Lerner-Marmarosh et al. 1999）以及最近报道的微射流（microfluidization）方法（Aller et al. 2009）。用于酵母细胞裂解的玻璃珠第一次使用前需经酸清洗，每次使用后通过温和去污剂清洗，再经盐酸处理即可反复使用。

 ## 附加材料

为正确使用本方案中的器材和危险试剂，必须查阅相应的材料安全数据表并咨询所在机构的环境卫生和安全办公室。

本方案的专用试剂标注<R>，配方在本方案末提供。常用储备溶液、缓冲液和试剂标注<A>，配方见附录 1。储备溶液应稀释至适用浓度后使用。

试剂

细胞（来自于方案 3，步骤 33）

乙醇/湿冰

HAEMO-SOL 去污剂

　　　　用于清洁医学仪器和实验室设备；溶解血渍和蛋白质类污垢。

盐酸（0.5mol/L）

匀浆缓冲液<R>

蛋白酶抑制剂：PMSF、抑肽素 A、亮抑蛋白酶肽和糜蛋白酶抑制剂（chymostatin）

　　　　可以加入其他蛋白酶抑制剂；其储备液配制及使用浓度参见主体方案中的试剂清单。

Tris-HCl（1mol/L，pH8.8）（参见步骤 9）

冰冷的 Tris-HCl 缓冲液（10mmol/L，pH7.5）<A>

设备

珠磨式组织研磨器（配备 15mL、50mL 或 350mL 聚碳酸酯研磨腔室）（BioSpec Products, Glen Mills 公司）

玻璃珠（425～600μm, Sigma-Aldrich 公司，目录号 G-9268; 或 0.5mm 直径，BioSpec 公司，目录号 11079105）

干燥炉

通风柜

玻璃烧杯（1L）及玻璃棒

🔬 方法

酸洗玻璃珠的制备

1. 如果玻璃珠是用过的，可在 1L 的大口烧杯中用水冲洗干净。用玻璃棒搅拌将有助此步及后续实验。如果玻璃珠是新的，直接进行步骤 4。

2. 向大烧杯中加入 500mL 水、2g HAEMO-SOL 去污剂，搅拌均匀并浸泡至少 20min。

3. 弃去上清，用 1L 水清洗玻璃珠 8 次。

4. 向玻璃珠中加入 500mL 0.5mol/L 的 HCl，用玻璃棒混匀，将混合液置于通风柜中 10min。

　　　　若用新珠子，可从此步酸洗开始。

5. 弃去上清，用水清洗玻璃珠 10 次，或者直至溶液 pH 为中性。

6. 倒掉多余的水，将玻璃珠置于 85℃干燥炉中过夜烘干。使用前预冷玻璃珠。

使用玻璃珠裂解酵母细胞

7. 在 30℃水浴中轻轻搅拌冷冻的细胞（来源于方案 3，步骤 33）使之解冻，然后立即将细胞转移至冰上。从这步开始，所有步骤均需在 4℃条件下进行。

8. 转移细胞悬液至置于冰上的珠磨式组织研磨器腔室内，加入新鲜的蛋白酶抑制剂，计算并加入所需酸洗玻璃珠的体积，使其终浓度为 40%（V/V）（如向 50mL 的研磨腔室加入 20mL 的玻璃珠）。向研磨腔室中加入匀浆缓冲液刚好至刻度线以下，然后组装珠磨式组织研磨器。注意避免将气泡引入研磨腔室。将乙醇/湿冰加入冷却套管至 2/3 处，立即进行打浆。每间隔 1~2min 打浆 1min，打浆时间共计 3~5min。如果需要，可更换冷却套管中冰块，以维持细胞悬液在 10℃ 以下，但应避免冻结。

> 珠磨式组织研磨器腔室大小有 15mL、50mL 和 350mL 3 种（BioSpec 公司）。为获得最好的结果，细胞碎裂时的细胞终浓度应保持低于 50%（每 2mL 缓冲液中的细胞<1g）；也就是说，10~15g 细胞选用 50mL 研磨腔室。当细胞体积较大时（也就是用 350mL 研磨腔室时），为了更有效降温，冷却套管中的乙醇/湿冰可以替换为异丙醇/干冰；且可以增加打浆循环数至总计时间为 10~12min。

> ▲ 细胞裂解过程中需要加入蛋白酶抑制剂，以保护目标蛋白不被蛋白酶降解，如丝氨酸蛋白酶抑制剂（PMSF、亮抑蛋白酶肽和苯甲脒）、半胱氨酸蛋白酶抑制剂（PMSF、E-64）、天冬氨酸蛋白酶抑制剂（抑肽素 A）、金属蛋白酶抑制剂（EDTA、EGTA）或糜蛋白酶抑制剂。储备液配置方法及工作浓度，参见方案 4 导言部分中的"蛋白酶抑制剂"信息栏。

9. 反转并拆卸珠磨式组织研磨器。立即加入新鲜的 PMSF（1mmol/L）。如果需要，可用 1mol/L Tris-HCl（pH 8.8）将悬液的 pH 调节至 7.4。当玻璃珠沉淀后，先将液体倒入一个预冷的烧杯中，再转入预冷的离心瓶中。用一半体积预冷的 10mmol/L 的 Tris-HCl 缓冲液（pH7.5）冲洗玻璃珠 3 次，并将这些清洗液也加入离心瓶。

10. 匀浆液 3500g 离心 15min。将上清转移至新的离心瓶，弃沉淀（细胞核和未破碎的细胞）。上清液 14 000g 离心 30min。小心去除这第二份"软（soft）"沉淀（线粒体等细胞器）。

11. 对于可溶性蛋白，可以 150 000g 离心 1h 净化上清液。对于膜蛋白，收集 150 000g 离心沉淀，并用适合下游纯化的缓冲液将其重悬（Lerner-Marmarosh et al. 1999）。如果表达的蛋白质带有组氨酸标签，可按方案 5 中所描述的方法，继续进行纯化。

> 更为详细的细胞分离方案，可参考 McNamee（1989）、Rieder 和 Emr（2001），以及 Chang 等（2008）。也可参见信息栏"膜蛋白纯化的策略"。

> ▲ 如果目标蛋白欲通过镍亲和层析纯化，匀浆缓冲液中应避免加入 EDTA、EGTA 或其他螯合剂。这些螯合剂会将 Ni^{2+} 从亲和树脂上去除，破坏树脂与组氨酸的结合能力。此外，需用能与大多数镍螯合树脂兼容的 2mmol/L β-巯基乙醇或 0.5mmol/L 三（2-羧乙基）膦（TCEP）替换匀浆缓冲液中还原性很强的 DTT（参见方案 5 导言部分）。

替代方案　温和的热诱导的酶裂解法制备大肠杆菌细胞提取物

本方案结合了溶菌酶处理法与短时、适度热孵育法。该方案无须使用特定设备，就可以高效、温和地裂解细胞。如果操作仔细，细菌染色体 DNA 基本上可以保持完整，并和细胞碎片一起，通过离心，从可溶性提取物中方便地去除。

本方案承蒙约翰·霍普金斯大学的 Roger McMacken 和 Brian A. Learn 提供，修改自 Wickner 和 Kornberg（1974）方法。

 材料

> 为正确使用本方案中的器材和危险试剂，必须查阅相应的材料安全数据表并咨询所在机构的环境卫生和安全办公室。

本方案的专用试剂标注<R>，配方在本方案末提供。常用储备溶液、缓冲液和试剂标注<A>，配方见附录 1。储备溶液应稀释至适用浓度后使用。

试剂

细胞沉淀（来源于方案 1，步骤 15）
二硫苏糖醇（DTT，1mol/L）

> 现用现配或分装冻存于-20℃。

> 欲进行固化的金属亲和层析（IMAC）法纯化的样品，可使用β-巯基乙醇（2mmol/L）代替 DTT。

溶菌酶（20mg/mL）溶于 50mmol/L Tris-HCl（pH 8.0）、1mmol/L EDTA、甘油（50%，*V/V*）[①]

> 分装冻存于-20℃。

NaCl（5mol/L）或者 KCl（3mol/L）
PMSF（100mmol/L 溶于异丙醇）或其他市售的蛋白酶抑制剂
氯化亚精胺（可选；参见步骤 7）
Tris-碱（2mol/L）
Tris-蔗糖缓冲液<A>

设备

液氮
pH 试纸
SDS-PAGE 电泳仪或其他可用方法所需设备
Sorvall 型离心机转子（可选，参见步骤 7）

方法

1. 用等量的冰冷的 Tris-蔗糖缓冲液重悬除水后的细胞沉淀，将重悬液在液氮中冷冻，冻存于-80℃。

2. 在 10℃冷水浴中解冻细胞悬液，可偶尔轻轻搅拌。加入冷的 Tris-蔗糖缓冲液至细胞浓度为 0.2g/mL（约 OD_{595nm} = 200）。样品完全融化后，将样品置于冰上。取出极少量悬液用试纸测其 pH，用 2mol/L 的 Tris-碱将 pH 调至 8.0 左右。

3. 加入所需的还原剂和蛋白酶抑制剂（如方案 4 步骤 1～步骤 2 所述）。

4. 加入 5mol/L NaCl 或者 3mol/L KCl 至终浓度为 0.1～0.2mol/L，轻轻颠倒混匀。

5. 加入溶菌酶至终浓度为 0.25mg/mL，轻轻混匀后在冰上孵育 30～45min。

6. 将细胞悬液转移至离心管或离心瓶中，置于 37℃中孵育，每隔 30～60s 轻轻将其颠倒混匀。孵育 2～4min 后，将离心管置于冰上孵育 30min。

> 获得完全裂解通常需要细胞悬液温度为 15～20℃。为了获得完全裂解效果，如果需要，可以将 37℃的孵育过程延长几分钟。

7. 如果目标蛋白能够结合 DNA，可调整裂解产物中 NaCl 或者 KCl 的浓度，使其浓度 ≥0.5mol/L，以阻断蛋白质与 DNA 的结合。纯化裂解产物，可于 4℃条件下超速离心（200 000*g*）1h。或者，向裂解产物中加入氯化亚精胺至终浓度为 15mmol/L，用 Sorvall 型离心机转子在 20 000*g* 条件下离心；然而，这样可能导致一些可溶性细胞提取物的丢失，

---

① 译者注：原文为 1mmol/L EDTA（50%，*V/V*），glycerol；但通常来说，液体试剂才使用体积比配制，故译者改为甘油体积比 50%。

因为染色体 DNA 和细胞碎片不会被紧密沉淀。

8. 将上清倒入或吸入置于冰上的新离心管中，保留一份样品进行 SDS-PAGE 检测（见方案 8）或其他可用方法。

替代方案　用溶菌酶裂解和冻融法联用制备大肠杆菌细胞提取物

当目标蛋白或其特定活性区域对机械方法或热胁迫方法特别敏感时，冻融裂解辅以溶菌酶可能是裂解的首选方法。然而，这种方法可能没有方案 4 中描述的酶解超声法效果好。

本方案承蒙约翰·霍普金斯大学的 Roger McMacken 和 Brian A. Learn 提供，修改自 Fuller 等（1981）方法。

⬡ 材料

为正确使用本方案中的器材和危险试剂，必须查阅相应的材料安全数据表并咨询所在机构的环境卫生和安全办公室。

本方案的专用试剂标注<R>，配方在本方案末提供。常用储备溶液、缓冲液和试剂标注<A>，配方见附录 1。储备溶液应稀释至适用浓度后使用。

试剂

细胞沉淀（来源于方案 1，步骤 15）

鸡蛋溶菌酶（20mg/mL）溶于 50mmol/L Tris-HCl（pH 8.0）、1mmol/L EDTA、甘油（体积比 50%）[①]

> 分装冻存于-20℃。

二硫苏糖醇（DTT，1mol/L）

> 现用现配或分装冻存于-20℃。
>
> 欲进行固化的金属亲和层析（IMAC）法纯化的样品，可使用β-巯基乙醇（2mmol/L）代替 DTT。

冻融裂解缓冲液<R>

> 此缓冲液中 $MgCl_2$ 能够稳定核糖体结构，从而确保大部分核糖体蛋白在超速离心过程中能从可溶性蛋白提取物中去除。

PMSF（100mmol/L 溶于异丙醇）或其他市售的蛋白酶抑制剂

Tris-碱（2mol/L，pH 8.0）

设备

冷水浴和冰

pH 试纸

SDS-PAGE 电泳仪或其他可用方法所需设备

Sorvall 离心机（可选；参见步骤 6）

[①] 译者注：原文为 1 mmol/L EDTA（50%, *V/V*），glycerol；但通常来说，液体试剂才使用体积比配制，故译者改为甘油体积比 50%。

方法

1. 用冰冷的冻融裂解缓冲液重悬除水后的细胞沉淀，至 OD_{595nm} 为 30～350，将重悬液在液氮中冷冻后，冻存于-70℃。

2. 在冷水浴中解冻细胞悬液，可偶尔轻轻搅拌。样品完全融化后，将样品置于冰上。取出极少量悬液用试纸测其 pH，用 2mol/L 的 Tris-碱将 pH 调至 8.0 左右。

3. 加入所需的还原剂和蛋白酶抑制剂（如方案 4 步骤 1 和步骤 2 所述）。

4. 加入溶菌酶至终浓度为 0.25mg/mL，彻底混匀后在冰上孵育 30min。

5. 将细胞悬液在液氮中冷冻 10min，再按上述方法使其融化。裂解产物应十分黏稠。对于某些大肠杆菌菌株来说，要达到完全裂解，需要增加冻融循环次数。

6. 如果目标蛋白能够结合 DNA，可调整裂解产物中 NaCl 或者 KCl 的浓度，使其浓度 $\geq 0.5mol/L$。纯化裂解产物，可于 4℃ 条件下超速离心（200 000g）1h。或者，裂解产物可以使用 Sorvall 型离心机，在 20 000g 条件下离心，但此方法可溶性提取物的回收率低。

7. 将上清倒入或吸入置于冰上的新离心管中，保留一份样品进行 SDS-PAGE 检测（参见方案 8）或其他可用方法。

> 如果需要进一步优化裂解效果，以下参数可做相应调整：冻融循环次数、冷冻速率及细胞悬浮液浓度（取决于加入的冻融裂解缓冲液的量）。
>
> 含有 pLysS 质粒（Studier 1991）的细胞，即使不加入鸡蛋溶菌酶，也可用这种方法有效裂解。

配方

为正确使用本方案中的器材和危险试剂，必须查阅相应的材料安全数据表并咨询所在机构的环境卫生和安全办公室。

冻融裂解缓冲液

试剂	所需量（配制 1L）	终浓度
Tris 碱（1mol/L，pH 8.0）或 HEPES-KOH （1mol/L，pH 7.5）	25～50mL	25～50mmol/L
NaCl 或 KCl	4.68～14.61g（NaCl） 5.96～18.64g（KCl）	80～250mmol/L
无水 $MgCl_2$ [a]	0.19g	2mmol/L

储存于 4℃。

a. 或者用 1～2mmol/L 的 EDTA 替代 $MgCl_2$ 以增加裂解效率并防止目标蛋白被金属蛋白酶水解。

用于酵母的匀浆缓冲液

试剂	所需量（配制 1L）	终浓度
蔗糖	113g	0.33mol/L
Tris-Cl （1mol/L，pH 8.0）	300mL	0.3mol/L
EDTA （0.4mol/L，pH 8.0）	2.5mL	1mmol/L
EGTA （0.4mol/L，pH 8.0）	2.5mL	1mmol/L
二硫苏糖醇（DTT）	0.31g	2mmol/L
6-氨基己酸（EACA）	13.1g	100mmol/L

4℃ 可储存一周，若要储存更久，DTT 应在使用前现加。

超声缓冲液

试剂	所需量（配制 1L）	终浓度
Tris Cl（1mol/L，pH 8.0）	50mL	50mmol/L
NaCl	29.22g	500mmol/L
无水甘油	150mL	15%（*V*/*V*）
咪唑（用于 IMAC 法纯化蛋白质）	0.68g	10mmol/L

4℃储存。

参考文献

Aller SG, Yu J, Ward A, Weng Y, Chittaboina S, Zhuo R, Harrell PM, Trinh YT, Zhang Q, Urbatsch IL, et al. 2009. Structure of P-glycoprotein reveals a molecular basis for poly-specific drug binding. *Science* 323: 1718–1722.

Altmann F, Schwihla H, Staudacher E, Glossl J, Marz L. 1995. Insect cells contain an unusual, membrane-bound β-*N*-acetylglucosaminidase probably involved in the processing of protein *N*-glycans. *J Biol Chem* 270: 17344–17349.

Benov L, Al-Ibraheem J. 2002. Disrupting *Escherichia coli*: A comparison of methods. *J Biochem Mol Biol* 35: 428–431.

Borthwick KA, Coakley WT, McDonnell MB, Nowotny H, Benes E, Groschl M. 2005. Development of a novel compact sonicator for cell disruption. *J Microbiol Methods* 60: 207–216.

Chang J, Ruiz V, Vancura A. 2008. Purification of yeast membranes and organelles by sucrose density gradient centrifugation. *Methods Mol Biol* 457: 141–149.

Fuller RS, Kaguni JM, Kornberg A. 1981. Enzymatic replication of the origin of the *Escherichia coli* chromosome. *Proc Natl Acad Sci* 78: 7370–7374.

Gimpl G, Klein U, Reilander H, Fahrenholz F. 1995. Expression of the human oxytocin receptor in baculovirus-infected insect cells: High-affinity binding is induced by a cholesterol–cyclodextrin complex. *Biochemistry* 34: 13794–13801.

Grabski AC. 2009. Advances in preparation of biological extracts for protein purification. *Methods Enzymol* 463: 285–303.

Hawkins CL, Davies MJ. 2001. Generation and propagation of radical reactions on proteins. *Biochim Biophys Acta* 1504: 196–219.

Lerner-Marmarosh N, Gimi K, Urbatsch IL, Gros P, Senior AE. 1999. Large scale purification of detergent-soluble P-glycoprotein from *Pichia pastoris* cells and characterization of nucleotide binding properties of wild-type, Walker A, and Walker B mutant proteins. *J Biol Chem* 274: 34711–34718.

Licari P, Bailey JE. 1991. Factors influencing recombinant protein yields in an insect cell-bacuulovirus expression system: Multiplicity of infection and intracellular protein degradation. *Biotechnol Bioeng* 37: 238–246.

Mason TJ, Peters D. 2002. *Practical sonochemistry: Power ultrasound uses and applications.* Harwood Publishing, Chichester, UK.

McNamee MG. 1989. Isolation and characterization of cell membranes. *BioTechniques* 7: 466–475.

Rieder SE, Emr SD. 2001. Isolation of subcellular fractions from the yeast *Saccharomyces cerevisiae.* *Curr Protoc Cell Biol* 3: 3.8.1–3.8.68.

Ron EZ, Kohler RE, Davis BD. 1966. Polysomes extracted from *Escherichia coli* by freeze-thaw-lysozyme lysis. *Science* 153: 1119–1120.

Studier FW. 1991. Use of bacteriophage T7 lysozyme to improve an inducible T7 expression system. *J Mol Biol* 219: 37–44.

Wadzinski BE, Eisfelder BJ, Peruski LF Jr, Mumby MC, Johnson GL. 1992. NH₂-terminal modification of the phosphatase 2A catalytic subunit allows functional expression in mammalian cells. *J Biol Chem* 267: 16883–16888.

Wickner W, Kornberg A. 1974. A holoenzyme form of deoxyribonucleic acid polymerase. III. Isolation and properties. *J Biol Chem* 249: 6244–6249.

方案 5　采用固化的金属亲和层析纯化多聚组氨酸标记的蛋白质

固化的金属亲和层析（IMAC）是基于多聚组氨酸能在色谱树脂上与二价金属阳离子（通常是 Ni^{2+}）结合形成过渡金属螯合物（参见综述 Bornhorst and Falke 2000; Block et al. 2009）。由于天然蛋白对固化二价金属离子的亲和力都不高，而重组的多聚组氨酸标记的蛋白质只需用金属螯合亲和层析这一步骤，其纯度就接近均质化（homogeneity）。清洗步骤可以去除绝大部分能与树脂结合的污染蛋白，通过可溶性竞争螯合剂洗脱即可得到感兴趣的目标蛋白。IMAC 过程中通常需要考虑多聚组氨酸标签的易接近性、金属离子和螯合剂基质的类型，以及结合、清洗、洗脱过程中缓冲液的组分及其 pH。金属亲和层析技术流行的原因是，其不仅高效，而且对蛋白质折叠、离子强度、离液剂和去污剂相对不敏感（Hochuli et al. 1988）。由于具有很高的结合能力，1mL 的 IMAC 树脂最多可纯化 50mg 的重组蛋白（如 QIAGEN 公司 Ni^{2+}-NTA 琼脂糖可纯化 2.5μmol 20kDa 蛋白）。鉴于其高效、高容量、高浓缩能力和快速的特点，该方法常常作为制订纯化方案的首选策略（有时是唯一策略）。详细的 IMAC 技巧将在讨论部分中叙述。

下述主体方案优化了一个使用 Ni^{2+}-NTA 树脂纯化带有六聚组氨酸标签可溶性蛋白的简单批处理方法（batch method），涵盖结合步骤、随后的重力流（gravity flow）清洗及洗脱。这种方法只需要一个简单的玻璃柱或塑料柱，不需要其他特定仪器设备。IMAC 树脂可应用于多种方式，包括批处理、重力流、离心柱和快速蛋白液相色谱（FPLC）系统。替代方案将介绍使用 FPLC 方法纯化六聚组氨酸标签蛋白。附加方案将介绍 IMAC 树脂再次使用所需的清洗与再生。最后，纯化蛋白质的保存注意事项将在信息栏"储存期间蛋白质品质的保持"中讨论。

材料

为正确使用本方案中的器材和危险试剂，必须查阅相应的材料安全数据表并咨询所在机构的环境卫生和安全办公室。

本方案的专用试剂标注<R>，配方在本方案末提供。常用储备溶液、缓冲液和试剂标注<A>，配方见附录 1。储备溶液应稀释至适用浓度后使用。

▲ 注意：纯化过程中所用到的水及化学试剂应确保高纯度，并在使用前用 0.45μm 的滤膜过滤，以免污染或阻塞柱子。所有的缓冲液应该在 4℃条件下使用。高纯度的咪唑在 280nm 处的吸光值应当较低或没有。

试剂

β-巯基乙醇（5mmol/L）（可选）

当目标蛋白序列中含有半胱氨酸时，可在裂解、结合、清洗、洗脱及透析缓冲液中加入低浓度（1～5mmol/L）的β-巯基乙醇。低浓度的β-巯基乙醇不会还原树脂上的金属离子。

细胞裂解产物（来自于方案 4）

含可溶性组氨酸标签蛋白的澄清细胞提取物（来自于方案 1、方案 2 或方案 3，并由方案 4 裂解）

考马斯亮蓝（见信息栏"历史注脚：考马斯亮蓝"）

透析缓冲液和洗涤缓冲液 2<R>

如果计划不进行第二轮 IMAC 实验，建议加入 0.5mmol/L EDTA（pH 8.0），以便去除金属离子。根据目标蛋白的蛋白酶敏感性及半胱氨酸含量，可以酌情加入蛋白酶抑制剂和β-巯基乙醇。

IMAC 结合缓冲液<R>

结合缓冲液中含有 10mmol/L 咪唑，能够减少非标签、杂质蛋白的结合；增加树脂对标签蛋白的结合能力；并可提高纯度、减少步骤。如果标签蛋白在这种状态下不能结合，则需要降低咪唑的浓度（1～5mmol/L）。与之相反，如果目标蛋白在非常高的咪唑浓度下才能洗脱，则可以将 IMAC 结合缓冲液、洗涤缓冲液中的咪唑浓度进一步提高到 30mmol/L，以减少污染。

相同浓度的咪唑应该出现在特定的细胞溶解产物。用 HCl 调整 pH8.0 的咪唑 1mol/L 储存液可以方便地稀释至所需浓度的结合、洗涤和洗脱缓冲液。推荐高纯度（99%）的咪唑（例如，Sigma-Aldrich/Fluka BioUltra）。

IMAC 洗涤缓冲液<R>

具有高亲和力的组氨酸标签蛋白在 20mmol/L 咪唑浓度下，依然会保持与树脂的结合。如上所述，结合缓冲液、洗涤缓冲液中的咪唑含量需要针对特定目标蛋白进行优化。

咪唑洗脱缓冲液<R>

洗脱可以通过本方案提供的梯度洗脱步骤完成，或者可以通过检测一系列不同浓度咪唑（50mmol/L、100mmol/L、150mmol/L、250mmol/L 和 500mmol/L）的洗脱效果，从而优化洗脱液中的咪唑浓度，提高纯度。线性梯度洗脱，如使用 FPLC 系统（参见替代方案"组氨酸标签蛋白的快速液相色谱纯化"），能够进一步改善目标蛋白与杂质蛋白的分离效果。

含 SDS（十二烷基硫酸钠）的聚丙烯酰胺凝胶

蛋白分离所需的 SDS-PAGE 凝胶制备方法，参见方案 8。

5×SDS 缓冲液<A>

可以加入温和的去污剂，如 Tween 20、Triton X-100 或 IGEPAL（原 Nonidet P-40 或 NP-40），以提高溶解度和/或降低非特异性结合。

设备

Beckman JA20、Sorvall SS-34 或 SA600 转子或等效转子，以及 40～50mL 的离心管

透析管

具有底孔帽的重力流色谱柱（玻璃材质或聚丙烯材质）

Ni^{2+}-NTA 琼脂（QIAGEN 公司）或类似的 IMAC 色谱树脂（如 GE Healthcare 公司；IMAC Resin，Life Technologies 公司；Ni^{2+}-NTA 琼脂或 HisLink，Promega 公司）

几种不同公司的树脂，特性稍有不同，但均可用作 IMAC 纯化。Ni^{2+}-NTA 树脂是 IMAC 纯化初期比较流行的柱子。本方案适用于 QIAGEN 公司的 Ni^{2+}-NTA 琼脂树脂。

平板摇床（Rocking platform）或试管旋转器（如 Thermo Scientific 公司的 Labquake）

方法

IMAC 树脂的制备

1. 将含有固化金属离子的 Ni^{2+} 树脂轻轻颠倒混匀，取 1mL 树脂混悬液（50%，*V/V*）到离心管中，1000*g* 离心 10s 后，小心吸出上清弃去。

纯化一定量目标蛋白所需的树脂量需要优化。根据不同样品，QIAGEN 公司的 Ni^{2+}-NTA IMAC 树脂每毫升可结合 5～10mg 的蛋白质。尽可能用最少量树脂去结合一定量的目标蛋白。树脂的使用量超过所需量，容易增加非特异蛋白的结合，使用量过少则会损失一些目标蛋白。树脂结合蛋白质的能力随金属离子、螯合剂及厂商的不同而有所差异。螯合剂和金属离子的选择细节参见本方案导言部分。如果树脂没有进行填装，再填装方法参见附加方案"Ni^{2+}-NTA 树脂的清洗与再生"。方案 1 获得的 1L 的大肠杆菌培养物，建议的树脂混悬液起始量是 1mL。

2. 加入 1.5mL（或 3 倍沉降树脂柱床体积）除菌蒸馏水清洗树脂，并轻轻混匀。树脂混悬液 1000*g* 离心 10s，弃上清。

柱床体积相当于树脂沉降床的体积。例如，如果加入 1mL 50%的树脂混悬液，则柱床体积为 0.5mL。因此，清洗和平衡所需溶液体积取决于所用树脂的量。

3. 加入 1.5mL（或 3 倍柱床体积）的 IMAC 结合缓冲液平衡树脂。将树脂与缓冲液混匀，1000*g* 离心 10s，弃上清。至此，树脂已准备好，可用于步骤 5。

多聚组氨酸标签蛋白的纯化

4. 按方案 4 中所述准备细胞裂解产物。

▲ 此步骤可能需要加入蛋白酶抑制剂，但不要加入 EDTA 或其他螯合剂。这些螯合剂能够去除亲和树脂中的金属离子，从而破坏树脂结合组氨酸的能力。

5. 将澄清的细胞裂解产物加入步骤 3 制备好的 Ni^{2+}-NTA 树脂中，并在振荡台上 4℃混匀孵育 1h。

6. 将已结合蛋白的树脂转入一个干净的、具有底孔帽的色谱柱（聚丙烯或玻璃材质）中。等待树脂在重力流作用下填充，并确保树脂床没有残留空气。移除底孔帽，使细胞裂解产物流出。

保留少量细胞裂解物和穿透液用于 SDS-PAGE 分析：将 15μL 液体与 5μL 5×SDS 加样缓冲液混合，在加热块上 85℃加热 2min。使用前，将此样品保存在-20℃或冰上。

不要让树脂变干。所有步骤尽可能使用冷冻的缓冲液并在 4℃操作。如果没有空柱管，剩下的步骤也可使用一个类似"IMAC 树脂的制备"中述及的批处理方案（batch procedure）。

7. 用 5mL（或 10 倍柱床体积）的 IMAC 结合缓冲液洗柱。直到流过液的 A_{280} 停止降低为止（最好光吸收单位<0.01）。吸光值测定时用结合缓冲液作为空白对照，因为咪唑在 280nm 处的吸光值在一定程度上取决于其纯度和浓度。

8. 用 1.5mL（或 3 倍柱床体积）的 IMAC 洗涤缓冲液洗柱。

> 洗涤过程中穿透液的 A_{280} 在洗脱前预计也将保持较高值。保存洗涤穿透液，直到通过 SDS-PAGE 分析证实了目标蛋白的位置。

> 保留少量洗涤穿透液用于 SDS-PAGE 分析：将 15μL 液体与 5μL 5×SDS 加样缓冲液混合，在加热块上 85℃ 加热 2min。使用前，将此样品保存在-20℃ 或冰上。

多聚组氨酸标签蛋白的洗脱

9. 用 2mL（或 4 倍柱床体积）的咪唑洗脱缓冲液，洗脱结合的蛋白质。从柱上收集 0.5mL（或 1 倍柱床体积）的液体组分，随后将柱子封帽并静置 10min。重复 3 次，并监测每个组分的 A_{280}。

> 或者，通过逐渐增加咪唑浓度（50mmol/L、100mmol/L、250mmol/L 和 500mmol/L）梯度洗脱蛋白质，从而优化咪唑浓度并提高蛋白质纯度。大部分多聚组氨酸标签蛋白会在咪唑浓度为 100～250mmol/L 时洗脱，但是洗脱所需的确切浓度还是依赖于目标蛋白属性。除了使用咪唑洗脱外，结合蛋白也可以使用逐渐降低 pH 的缓冲液进行洗脱。

> 如本方案导言述及，如果在标签与目标蛋白之间设计一个特定的蛋白酶切位点，柱上裂解也是一种替代洗脱方法。更多信息请参见方案 6 信息栏"蛋白酶裂解 GST 融合蛋白的注意事项"。

> 保留少量洗脱液用于 SDS-PAGE 分析：将 15μL 液体与 5μL 5×SDS 加样缓冲液混合，在加热块上 85℃ 加热 2min。使用前，将此样品保存在-20℃ 或冰上。

10. 稍稍复温 SDS-PAGE 样品至 85℃，然后将样品加样到适当浓度比例的 SDS-PAGE 凝胶（蛋白的 SDS-PAGE 分析参见方案 8）中。SDS-PAGE 凝胶经考马斯亮蓝染色后，应当能够看到纯化的蛋白质。洗脱组分可以合并，但如果需要样品浓度更高，保持分开。

> 有时，一次 IMAC 纯化步骤不能获得足够纯度的蛋白质。这种情况下，可以通过特定蛋白酶将多聚组氨酸标签从蛋白质上切除，再进行第二轮 IMAC 纯化。如果融合蛋白缺乏特定的蛋白酶切位点，则必须使用另一种纯化策略（如离子交换或分子质量大小排阻层析法）。

11. 如果多聚组氨酸标签与目标蛋白被特定蛋白酶酶切位点隔开，加入相应的蛋白酶。4℃条件下，样品在大量 IMAC 结合缓冲液（步骤 3 中也用过）中透析过夜，以清除多余的咪唑（例如，约 2mL 洗脱液需用 500mL 结合缓冲液，或者体积比>250：1）。如前述试剂列表中描述，结合缓冲液中咪唑的浓度可能需要优化。

> 透析能够有选择地稀释溶液中小于透析膜孔径或截留分子质量（MWCO）的组分。可以购买到管状或带状的由再生纤维素或玻璃纸制成的半透膜，这些半透膜的大小范围很广（1～50kDa）。合适半透膜的选择，应当既能阻止感兴趣的蛋白质通过（截留分子质量[MWCO]至少超过目标蛋白质大小的一半），同时又能允许更小的分子自由扩散穿过膜。

> 蛋白酶的用量及透析缓冲液的条件，都将需要根据特定的蛋白酶和融合蛋白进行调整。融合蛋白仍连接在树脂上时进行酶解也是一种可选策略。更多信息请参见方案 6 信息栏"蛋白酶裂解 GST 融合蛋白的注意事项"。

12. 用 3 倍柱床体积的新鲜洗涤缓冲液 2 平衡来自步骤 9 的 Ni^{2+}-NTA 树脂。将树脂与缓冲液混匀后，1000g 离心树脂混悬液 10s，弃上清。再重复 2 次（共 3 次），尽可能去除非特异性结合的蛋白质和残留的咪唑。

> 使用过的透析缓冲液不能用于平衡树脂，因为它被低浓度的咪唑污染了，可能会影响裂解的标签、标签蛋白酶以及其他污染物的结合。

> 来自步骤 9 的 Ni^{2+}-NTA 树脂使用前不需要进行再生，但可以在使用洗涤缓冲液 2 平衡前，先用 0.5mol/L 咪唑/0.5mol/L 氯化钠清洗。

13. 将透析过的酶解后蛋白加入树脂柱床，在 4℃平板摇床上轻轻混匀 1h。

14. 将已结合蛋白的树脂转入一个干净的、具有底孔帽的色谱柱（聚丙烯或玻璃材质）中。等待树脂在重力流作用下填充，并确保树脂床没有残留空气。移除底孔帽，使细胞裂解产物流出。

15. 用 3 倍柱床体积的洗涤缓冲液 2 洗柱，每次收集一份 1 倍柱床体积的组分。

保留少量穿透液用于 SDS-PAGE 分析：将 15μL 液体与 5μL 5×SDS 加样缓冲液混合，在加热块上 85℃ 加热 2min。使用前，将此样品保存在-20℃ 或冰上。

16. 稍稍复温 SDS-PAGE 样品至 85℃，然后将样品加样到适当浓度比例的 SDS-PAGE 胶（蛋白质的 SDS-PAGE 分析参见方案 8）。SDS-PAGE 凝胶经考马斯亮蓝染色后，应当能够看到纯化的蛋白质。

洗脱组分可以合并，但如果需要样品浓度更高，保持分开。欲将纯化蛋白以活性形式保存，请参见信息栏"储存期间蛋白质品质的保持"。

储存期间蛋白质品质的保持

蛋白质的提取纯化过程使之脱离了其天然环境，从而暴露于可能会导致蛋白质变性、降解或失活的潜在危险环境中（讨论参见 Deutscher 2009）。因此，缓冲液及温度条件对于蛋白质的储存至关重要。

缓冲液

缓冲条件尽可能保持接近天然状态，同时消除破坏分子（如蛋白酶），往往有助于在储存过程中保存最完整的蛋白质。例如，可溶性胞质蛋白通常产生于相对较低的盐浓度、接近中性的 pH、还原条件并且存在高浓度的大分子的环境中。考虑到这些，最佳的蛋白质存储缓冲液通常会包括盐（氯化钠、氯化钾等，50～300mmol/L）、缓冲体系（Tris、HEPES 等，25mmol/L）、还原剂（二硫苏糖醇或 β-巯基乙醇，1～5mmol/L）、蛋白酶抑制剂（如果需要），以及能够抑制金属诱导氧化和金属蛋白酶的螯合剂（如 EDTA，1～5mmol/L）。这些变量中的每一个，都会影响蛋白质天然状态的稳定性及其伸展和再折叠速率。体外模仿精确的天然条件并不总是这么简单的，特别是当它涉及再现分子聚集效应（高浓度的大分子造成的）时，后者有助于热稳定性（Despa et al., 2005）。也许模仿分子聚集最简单的方式是保持纯化和存储过程中蛋白质的高浓度（1mg/mL 以上）。当这种情况难以实现时，添加剂（如聚合物）可以起到同样的效果（Bhat and Timasheff 1992; Parsegian et al. 2000; Timasheff 2002）。或者，蛋白质稳定鸡尾酒（protein-stabilizing cocktails）试剂，一种含有多种稳定组分的特有混合物，也已作为商品化的试剂盒上市（Thermo Scientific Pierce、Expedeon 等公司）。

温度

与存储缓冲液组成变化类似，存储所需温度也存在蛋白质特异性。在一般情况下，蛋白质最好是存放在等于或低于 4℃ 的密封、高压灭菌玻璃器皿或聚丙烯管中。在室温下储存蛋白质可导致蛋白质的降解、失活或造成微生物生长。特别稳定的蛋白质可在简单的存储缓冲液中，保持在 4℃ 短期存储（一天至几个星期），其不利影响相对较少。在此温度下，样品更容易根据需要在不冻融样品的情况下分装（dispensed），但可能也需要加入另外的抗微生物剂，如叠氮化钠（0.02%～0.05%，m/V），以防止污染。对于长期储存或不太稳定的蛋白质，极力推荐降低存储温度（-20℃ 或-80℃）。

蛋白质样品储存在冷冻温度下是很常见的，这样可以显著延长蛋白质寿命。根据蛋白质稳定性的不同，建议最好以 5%～15% 的甘油作为冷冻保护剂。另外，高浓度蛋白质溶液（>10mg/mL）常作为它自己的冷冻保护剂。有几种不同的方式用于准备存放在 0℃

以下的蛋白质样品（我们经常用 5%～15%的甘油作为冻结过程的冷冻保护剂）。最常用的方法之一是，在液氮中冻结蛋白液滴（约 100μL），同时仍然在液氮下将冷冻液滴转移到储存管中。此方法能够快速冻结蛋白质，并减少冰晶的形成，后者可以使蛋白质变性。另外一种报道的方法（Deng et al. 2004）声称，蛋白质样品分装冻结在 PCR 管中会更快结冰，而且样本遭受的损伤比液滴冻结的方法更小。不论在哪种情况下，蛋白质都应被存储在一次性使用的小管中，以避免需要冻融任何未使用的蛋白质，因为反复冻融已被证明能够降低蛋白质的活性（Nema and Avis 1993）。此外，加入 50%甘油或乙二醇可以防止样品在-20℃下冻结，这样可以在不解冻样品的情况下易于使用。

❊ 讨论

多聚组氨酸序列

过渡金属离子（Zn^{2+}、Cu^{2+}、Co^{2+} 和 Ni^{2+} 等）对特异氨基酸（组氨酸和半胱氨酸）具有亲和力早在 1948 年就有记载（Hearon 1948）。但是直到 1975 年固化金属底物才被首次用于纯化表面带有组氨酸残基的蛋白质。现在，目标蛋白的暴露表位或柔性区域经常会被修饰上多聚组氨酸标签序列，最为常见的是在蛋白质的 N 端或 C 端（Van Reeth et al. 1998）。为了增加组氨酸标签的可达性（accessibility），通常会在多聚组氨酸区段与其余蛋白质序列之间加入 1～2 个甘氨酸残基。很多常用质粒（某些版本的 pcDNA 载体，Life Technologies 公司；pET 载体，Novagen 公司；pQE 载体, QIAGEN 公司）包含 6 个串联的组氨酸残基（6xHis 标签）组成的多聚组氨酸标签。如果 6xHis 标签被蛋白质的折叠所遮盖，则可通过增加多聚组氨酸的长度或将标签移至蛋白质的另一端，增强其可达性，促进其与 IMAC 层析树脂的结合（Heijbel 2003; Mohanty and Wiener 2004）。增加多聚组氨酸的长度还可以增强融合蛋白结合金属离子的亲和力，这样可以在洗脱目标蛋白之前，使用更为剧烈的咪唑清洗以去除污染蛋白。

咪唑和洗脱方法

在目标蛋白与树脂结合过程中，通常加入低浓度的咪唑，以减少非特异性相互作用（依据目标蛋白的金属离子亲和能力选择加入 5～30mmol/L 咪唑）。IMAC 溶液的离子强度一般需保持相对较高（0.2～1.0mol/L NaCl），以减少污染物和金属离子之间非特异性的静电相互作用。结合和洗涤缓冲液的 pH 应为 7～8，以保持组氨酸处于适合金属螯合的未质子化状态。当然，结合和洗涤缓冲液不应含有强还原剂（DTT）或螯合剂（EDTA 或柠檬酸盐），这些试剂能够去除固化的金属离子。

目标蛋白通常是被高浓度咪唑竞争性洗脱下来的。其他的洗脱方法还包括：使用螯合剂（如 EDTA）剥离金属离子，或降低溶液的 pH 至组氨酸侧链 pK_a 值（约 6.0）以下 1～2 个单位。咪唑是这些洗脱液中最常被选择也是最柔和的方法，应尽可能使用此方法。洗脱缓冲液通常含有 100～250mmol/L 咪唑的 Ni^{2+}-NTA 树脂，pH 为 7～8。最低有效洗脱浓度可以通过利用咪唑的线性梯度 10～250mmol/L 测定。虽然 EDTA 比咪唑更为有效，但它除了感兴趣的蛋白质外也带走了树脂上的固化金属离子。某些应用可能需要通过透析或第二轮色谱方法，从样品中除去这些金属离子。例如，Ni^{2+} 及复合物已被证明是有毒的，并干扰某些酶的活性（特别是铁依赖酶）（Chen et al. 2005, 2010）。或者，当一种金属离子干扰蛋白质的活性或下游应用时，可以使用其他的金属离子。例如，固化的 Zn^{2+} 离子是纯化锌指蛋白、结构或活性依赖于锌的其他蛋白质时的最好选择，因为蛋白金属离子还是会与色谱树脂金属离子发生部分交换（Block et al. 2009），尽管四齿配体（tetradentate ligand）的亲和力相对较高。

由于常用特异的蛋白酶裂解位点插入融合标签和感兴趣的蛋白质之间，因此可以用蛋白酶从亲和基质中洗脱蛋白质，并在纯化过程中除去 6xHis 序列（Wen-Hui and Howard 2010）。几种此类蛋白酶的序列上也含有 6xHis 修饰（在这种情况下是不被切割的），这样可以通过第二个 IMAC 纯化步骤将其从切割的目标蛋白中移除。除了含多聚组氨酸标签的蛋白酶，此第二个 IMAC 纯化步骤也去除了未切割的融合蛋白、多聚组氨酸标记，以及任何在第一个纯化步骤中可能与树脂结合的污染蛋白（Arnau et al. 2006）。

螯合树脂和配体

大多数厂商提供的螯合树脂都不含金属离子，使用前需要用合适的离子填装。所需离子类型依赖于下游应用和目标蛋白的特殊属性，如亲和标签的长度和位置，以及缓冲液的 pH。Lewis 金属离子（镍、钴、锌、铜等）是最常见的；其中 Ni^{2+} 是最经常使用的，因为它对多聚组氨酸的亲和力高，且具有很好的水溶性。但是，正是因为镍与钴相比具有更高的亲和力，其也更容易与杂质蛋白结合。因此，使用不太常见的钴离子，可能会有益于低丰度组氨酸标签蛋白的纯化。然而，回收目标蛋白的量可能会随之降低。因为固化钴离子的亲和力比相应镍离子低，较低浓度的咪唑（150～200mmol/L）通常就足以将目标蛋白从结合钴离子的树脂上洗脱。

继早期使用固化金属离子依据组氨酸天然含量纯化蛋白质的工作（Porath et al. 1975）之后，目前已开发了各种改进型螯合配体（参见综述 Block et al. 2009）（图 19-8）。亚氨基

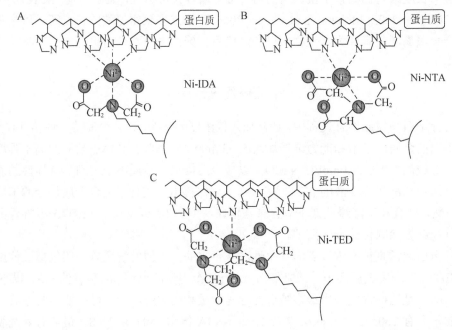

图 19-8 IMAC 树脂。 图中所示的是一种金属离子（镍），与三种常用的底物结合螯合剂的螯合基团，以及多聚组氨酸标记的融合蛋白之间的相互作用。（A）亚氨基二乙酸（IDA）的三齿配位模式，为组氨酸标签留下了 3 个可用的配位位点（顶部）。（B）次氮基三乙酸（NTA）与金属离子的四齿配位模式，为组氨酸标签提供了两个配位位点。（C）三（羧甲基）乙二胺（TED）的五齿配位模式，只允许有一个化合价绑定组氨酸。

二乙酸（IDA）是 Porath 研究组最初使用的螯合配体（Porath et al. 1975），目前仍然被一些商业化 IMAC 树脂使用（包括 GE Healthcare、Pierce 和 USB Affymetrix 公司的树脂）。20世纪 80 年代末，QIAGEN 公司开发并商业化了改进型次氮基三乙酸（NTA）螯合配体（图 19-8）（Hochuli et al. 1987），用于多聚组氨酸融合蛋白的纯化。随后，羧甲基天冬氨酸配体（CM-Asp，也称为 TALON，Clontech 公司）与 Co^{2+} 逐渐被广泛使用（Chaga et al. 1999）。IDA 配体有一个三齿配位的金属离子，不同于 NTA 和 CM-Asp 配体的四齿配位。这些配位形式，分别留下 3 个或 2 个位点可与组氨酸配位。三齿 IDA 配体的金属离子更容易浸出到周围的缓冲液中（Hochuli 1989）。使用 IDA 配体与使用四齿配体相比，获得的标签蛋白的纯度可能会较低，这可能是因为杂质蛋白会与已失去结合金属离子的 IDA 位点发生非特异性的静电相互作用。五配位的三（羧甲基）-乙二胺[tris（carboxymethyl）-ethylenediamine，TED]配体（包括 MACHEREY-NAGEL 公司树脂）具有非常低的金属离子浸出性，是第三个可选项。然而，只有一个空位点可用于组氨酸配位，降低了 TED 结合组氨酸标签蛋白的能力。因此，填装 Ni^{2+} 的 IDA 或 NTA 树脂是纯化含多聚组氨酸标记的蛋白质最常用的基质。

附加方案　Ni^{2+}-NTA 树脂的清洗与再生

　　Ni^{2+}-NTA 亲和树脂可多次重复用于一个特定重组蛋白的纯化。为防止污染，每个重组蛋白应该使用一批新的树脂。在使用期间，树脂应该用 0.5mol/L NaOH 清洗 30min，再用水清洗，并保存在 20%乙醇中以防止微生物生长。如果柱子变成灰色或以其他方式失去了螯合镍离子特征性的浅蓝色，应遵循再生程序。在大多数情况下，只需用含咪唑的洗脱缓冲液洗柱，然后经过剥离缓冲液（stripping buffer）清洗（步骤 1）和再填装（步骤 3），就足以再生了。下文提供的详细的 IMAC 清洗方案，可以用于更极端的情况下（如柱子堵塞或蛋白质沉淀在柱上）。在这个方案中，一份"体积"相当于正在清洁的树脂床的体积。例如，如果正在清洁 0.5mL 的树脂，则 1 体积等于 0.5mL。此方案适用于大多数 Ni^{2+} 填装树脂。对于填装 Co^{2+} 和/或 CM-Asp 树脂，请参阅制造商的说明进行修改。

材料

　　为正确使用本方案中的器材和危险试剂，必须查阅相应的材料安全数据表并咨询所在机构的环境卫生和安全办公室。

　　本方案的专用试剂标注<R>，配方在本方案末提供。常用储备溶液、缓冲液和试剂标注<A>，配方见附录 1。储备溶液应稀释至适用浓度后使用。

试剂

　　适当的色谱缓冲液
　　乙醇（20%、25%、50%、75%及 100%; V/V）
　　IMAC 再生缓冲液<R>
　　NaCl（2.0mol/L）

Ni^{2+}-NTA 树脂

硫酸镍（NiSO$_4$, 0.2mol/L）或其他所需金属离子

SDS（2%, *m/V*）

剥离缓冲液（pH 7.0）<R>

方法

1. 依次加入以下溶液并在每一步温和混匀，用于剥离（strip）一批树脂。这些步骤不需要孵育。更换缓冲液时，可以将试管中的树脂 1000g 离心 10s，弃去上清液，加入下一个缓冲液。以下的建议量对应于方案 5 中使用的 0.5mL 柱床体积。

剥离缓冲液	2.5mL（或 5 倍体积）
NaCl（2.0mol/L）	1.5mL（或 3 倍体积）
H$_2$O	1.5mL（或 3 倍体积）

2. 如果有必要，用以下溶液先后依次清洁树脂。在每一步温和混匀树脂，并通过 1000g 离心树脂 10s 方式更换缓冲液。

IMAC 再生缓冲液（用于移除结合蛋白）	1mL（或 2 倍体积）
H$_2$O	2.5mL（或 5 倍体积）
SDS（2%）	1.5mL（或 3 倍体积）
乙醇（25%）	0.5mL（或 1 倍体积）
乙醇（50%）	0.5mL（或 1 倍体积）
乙醇（75%）	0.5mL（或 1 倍体积）
乙醇（100%）	2.5mL（或 5 倍体积）
乙醇（75%）	0.5mL（或 1 倍体积）
乙醇（50%）	0.5mL（或 1 倍体积）
乙醇（25%）	0.5mL（或 1 倍体积）

用大量水清洗

3. 用 1mL（2 倍体积）的 0.2mol/L 硫酸镍再填装树脂，用 1.5mL（或 3 倍体积）的水清洗，并用适当的色谱缓冲液平衡。将树脂储存在 20% 乙醇中。

> 柱子用 EDTA 剥离后（或用 EDTA 洗脱蛋白质之后）应该是白色的，如果使用镍再生后的颜色应该恢复为淡蓝色。

替代方案　组氨酸标签蛋白的快速液相色谱纯化

批处理和重力流的蛋白质纯化方法（如上所述）是相对容易且价格低廉的。然而，目前已经开发出更快且更为有效的系统，能够自动化完成操作，并可将分析和纯化步骤结合。快速蛋白液相色谱（FPLC）系统是专为色谱分离蛋白质及其他生物分子而设计的。这些系统通常包含多个泵，一个在线的紫外吸收监测仪、电导率仪、酸度计、馏分收集器，以及其他装置，能够同时进行样品的纯化、分析和组分收集。与适当的设备连接后，FPLC 就成为了一套能够实现高分辨率分离目标蛋白的高精度自动化仪器。以下方案是针对 ÄKTA 系

统（GE Healthcare 公司）及其预装 Ni^{2+} 的 1mL HisTrap 柱操作手册的改进方案，但也可应用于其他系统。一份"柱体积"相当于特定柱管中含有的已填装树脂的体积（本例中为 1mL）。

本方案改编自 GE Healthcare 公司的 11-0008-88 AF HisTrap 亲和柱使用说明（http://www.gelifesciences.com/aptrix/upp00919.nsf/Content/54F1E49F7BCDD1E5C1257628001D110D/$file/11000888AF.pdf）[①]

材料

为正确使用本方案中的器材和危险试剂，必须查阅相应的材料安全数据表并咨询所在机构的环境卫生和安全办公室。

本方案的专用试剂标注<R>，配方在本方案末提供。常用储备溶液、缓冲液和试剂标注<A>，配方见附录 1。储备溶液应稀释至适用浓度后使用。

试剂

β-巯基乙醇（5mmol/L）（可选）

> 当目标蛋白序列中含有半胱氨酸时，可以使用低浓度（1～5mmol/L）的β-巯基乙醇。低浓度的β-巯基乙醇不会还原树脂上的金属离子。

来自方案 4 的细胞裂解物

透析缓冲液<R>

IMAC 结合缓冲液<R>

IMAC 咪唑洗脱缓冲液<R>

设备

ÄKTAFPLC 系统（GEHealthcare 公司）或类似设备（如 BioLogic DuoFlow System; Bio-Rad 公司）

> 如果用一步洗脱法取代线性梯度洗脱，作为一种 FPLC 系统的替代方法，可以用更简单且明显更便宜的注射器或蠕动泵，对预装 HisTrap 柱进行加样、清洗并洗脱多聚组氨酸融合蛋白。

预装 Chelating HisTrap 层析柱（GE Healthcare 公司, 1mL）或类似产品（如 Bio-Scale Mini Profinity IMAC Cartridges, 1mL; Bio-Rad 公司）

> 预装 HisTrap 层析柱（GE Healthcare 公司）的结合能力（40mg/mL 树脂）在 IMAC 柱中是非常高的。如果存在非特异性结合问题，1mL 的 Chelating HiTrap（GE Healthcare 公司，注意名称的不同）或 1mL Mini Profinity IMAC Cartridge（Bio-Rad 公司）可能更适合方案 1～方案 3 中描述的中等规模的培养物，因为它们的结合力较低（15mg /mL 的树脂），从而也降低了非特异性结合。然而，此处使用 HisTrap 柱，因为其相对经济，且为预装形式，并具有明显更高的结合能力。所有这些类型的柱都是可以再生的，并可用于多个批次的相同重组蛋白的纯化。每种重组蛋白应使用单独的柱。

方法

1. 将连接管中注满水，以"滴到滴"（drop to drop）方式连接柱，以免将空气引入系统。

   > 当连接导管与柱时，可在连接的同时，通过系统向管道中推送液体以确保排出装置中的空气。这样连接时，每个连接末端都应出现一滴液体，因此，称为"滴到滴"方式。

2. 用 5mL（或 5 倍柱床体积）的水洗柱，以移除残存的缓冲液（20%乙醇）。

---

① 译者注：此链接已失效，读者可自行访问 GE Healthcare 公司官方网站检索此款商品说明书，本替代方案翻译时此内容的对应链接为 https://www.gelifesciences.com/ gehcls_images/GELS/Related%20Content/Files/1314735988470/litdoc11000888AF_20110830235746.pdf。

遵循产品说明书标注的压力和流速限值，因为不同产品之间存在差别。对于 1mL HisTrap 柱（GE Healthcare 公司），柱压力限值为 0.3MPa（3bar, 43.5psi），推荐流速为 1mL/min。

3. 用 5mL（或 5 倍柱床体积）的 IMAC 结合缓冲液平衡柱子。

4. 按方案 4 制备细胞裂解物。

5. 将预处理过的细胞裂解物（1mL HisTrap 柱能结合最多 40mg 目标蛋白），用蠕动泵、样品环或注射器（取决于设备）进样。

当要确定柱的结合能力时，需要参考厂商的产品说明，因为不同厂家产品不相同。如果目标蛋白很可能超过柱结合能力，则可以将多个 1mL 的柱串联连接或换用 5mL 的柱，以获得最佳产出。请注意，串联使用多个柱将会增加反压。

6. 用 IMAC 结合缓冲液清洗，直至 280nm 处吸光值稳定在基线水平。然后用超过 20 倍柱床体积的线性梯度 IMAC 咪唑（浓度高至 100%）洗脱缓冲液，洗脱多聚组氨酸标签蛋白。

7. 依据 A_{280} 的值收集洗脱蛋白，并用 SDS-PAGE 分析这些洗脱组分（如方案 8 所述）。

此时，目标蛋白可以作为融合蛋白使用，如果融合蛋白序列中有特定的蛋白酶切位点，也可以将 6xHis 标签移除。如果欲将多聚组氨酸标签从目标蛋白上切除，则需继续按方案 5 步骤 11～步骤 16 类似的方法再一次过柱纯化。

疑难解答

在开始纯化前，应该优化条件使可溶性蛋白的表达产出量尽可能最大。估算出细胞裂解产物中组氨酸标签蛋白总量可以用于推算所需树脂的量。使用树脂过多会使宿主蛋白产生非特异结合，使用过少则会使目标蛋白在进样过程中遭受损失。

问题： 组氨酸标签蛋白不与 IMAC 柱结合。

解决方案：

- 确保样品和缓冲液成分不会干扰组氨酸标签与 IMAC 柱的结合。所有缓冲液中的强还原剂（DTT、DTE、TCEP）和螯合剂（EDTA、EGTA）的浓度应当在许可限定以内。参考厂商使用手册列出的可兼容试剂列表及推荐浓度（如 http://www.qiagen.com/literature/ resources/protein/compatibilitytable.pdf）[1]与树脂结合的金属离子的减少会导致其颜色的改变（镍柱会由蓝色变棕色），金属离子被螯合剂剥离后将会使树脂变为白色。样品及进样和洗涤缓冲液应为中性或弱碱性的 pH 环境（pH 7～8），以防组氨酸标签质子化。

- 蛋白分子内或分子间的相互作用可能会遮挡组氨酸标签与 IMAC 柱的结合。将标签移至蛋白质的另一端，或在蛋白质变性（或部分变性）条件下纯化，有望提高标签的可达性；也可以将多聚组氨酸标签增至 12 个组氨酸，或者在标签与蛋白质之间插入一段接头序列（linker）。

- 样品、结合缓冲液及洗涤缓冲液中咪唑浓度过高。降低咪唑浓度至能够使目标蛋白与 IMAC 树脂结合的水平。

- 不是所有的树脂都以结合金属离子的方式提供。请确认 IMAC 树脂已填装金属离子，并按附加方案"Ni^{2+}-NTA 树脂的清洗与再生"中步骤 1～步骤 3 制备。一旦正确填装后，柱子将会恢复金属离子盐溶液的原始颜色（镍柱是蓝色的，钴柱是粉色的，等等）。

问题： 感兴趣的组氨酸标签蛋白可结合树脂，但洗脱出不止一种蛋白质。

解决方案：

- 污染蛋白可能与 IMAC 树脂有一定的亲和力从而和标签蛋白一起洗脱下来。如果标

---

① 译者注：此链接已失效，读者可自行访问相关网站检索相应信息。

签蛋白对树脂的亲和度相对较高，则可以使用更高的咪唑浓度洗脱。用平缓的（≥20 倍柱床体积）线性或阶梯式梯度洗脱缓冲液可以确定出能够去除污染蛋白而又不损失目标蛋白的最适咪唑浓度。

- 若通过优化结合、洗脱缓冲液中的咪唑浓度不能去除污染蛋白，则可能需要进一步的纯化过程。常用的方法包括离子交换色谱法和/或凝胶阻滞色谱法。
- 蛋白裂解的降解产物可能会保留 His 标签，并与完整蛋白质一起被纯化。按照方案 4 描述方法使用蛋白酶抑制剂。

配方

为正确使用本方案中的器材和危险试剂，必须查阅相应的材料安全数据表并咨询所在机构的环境卫生和安全办公室。

透析缓冲液

试剂	所需量（配制 2L）	终浓度
磷酸钠	1.13g 的无水磷酸二氢钠；	25mmol/L
（25mmol/L，pH 7.4）	5.75g 的无水磷酸氢二钠	
氯化钠	58.44～116.88g	0.5～1.0mol/L
咪唑（pH 8.0）	1.36g	10mmol/L

储存于 4℃。

透析缓冲液和洗涤缓冲液 2

试剂	所需量（配制 1L）	终浓度
磷酸钠（pH 7.4）	0.57g 的无水磷酸二氢钠	25mmol/L
	2.88g 的无水磷酸氢二钠	
氯化钠	8.76g	150mmol/L

储存于 4℃。

IMAC 结合缓冲液

试剂	所需量（配制 1L）	终浓度
磷酸钠（pH 7.4）	1.13g 的无水磷酸二氢钠	50mmol/L
	5.75g 的无水磷酸氢二钠	
氯化钠	29.22g	500mmol/L
咪唑（pH 8.0）	0.68g	10mmol/L

储存于 4℃。

IMAC 再生缓冲液

试剂	所需量（配制 100mL）	终浓度
盐酸胍	57.3g	6mol/L
乙酸（17.5mol/L）	1.14mL	0.2mol/L

储存于室温。

IMAC 洗涤缓冲液

试剂	所需量（配制 1L）	终浓度
磷酸钠（pH 7.4）	1.13g 的无水磷酸二氢钠	50mmol/L
	5.75g 的无水磷酸氢二钠	
氯化钠	29.22g	500mmol/L
咪唑（pH 8.0）	1.36g	20mmol/L

储存于 4℃。

咪唑洗脱缓冲液

试剂	所需量（配制1L）	终浓度
磷酸钠（pH 7.4）	1.13g 的无水磷酸二氢钠 5.75g 的无水磷酸氢二钠	50mmol/L
氯化钠	29.22g	500mmol/L
咪唑（250mmol/L）	17.0g	250mmol/L

储存于4℃。

剥离缓冲液（pH 7.0）

试剂	所需量（配制100mL）	终浓度
EDTA（0.5mol/L，pH 8.0）	40mL	0.2mol/L
氯化钠	2.92g	500mmol/L

储存于4℃。

参考文献

Arnau J, Lauritzen C, Petersen GE, Pedersen J. 2006. Current strategies for the use of affinity tags and tag removal for the purification of recombinant proteins. *Protein Expr Purif* **48**: 1–13.

Bhat R, Timasheff SN. 1992. Steric exclusion is the principal source of the preferential hydration of proteins in the presence of polyethylene glycols. *Protein Sci* **1**: 1133–1143.

Block H, Maertens B, Spriestersbach A, Brinker N, Kubicek J, Fabis R, Labahn J, Schafer F. 2009. Immobilized-metal affinity chromatography (IMAC): A review. *Methods Enzymol* **463**: 439–473.

Bornhorst JA, Falke JJ. 2000. Purification of proteins using polyhistidine affinity tags. *Methods Enzymol* **326**: 245–254.

Chaga G, Hopp J, Nelson P. 1999. Immobilized metal ion affinity chromatography on Co²⁺-carboxymethylaspartate-agarose Superflow, as demonstrated by one-step purification of lactate dehydrogenase from chicken breast muscle. *Biotechnol Appl Biochem* **29**: 19–24.

Chen H, Davidson T, Singleton S, Garrick MD, Costa M. 2005. Nickel decreases cellular iron level and converts cytosolic aconitase to iron-regulatory protein 1 in A549 cells. *Toxicol Appl Pharmacol* **206**: 275–287.

Chen H, Giri NC, Zhang R, Yamane K, Zhang Y, Maroney M, Costa M. 2010. Nickel ions inhibit histone demethylase JMJD1A and DNA repair enzyme ABH2 by replacing the ferrous iron in the catalytic centers. *J Biol Chem* **285**: 7374–7383.

Deng J, Davies DR, Wisedchaisri G, Wu M, Hol WG, Mehlin C. 2004. An improved protocol for rapid freezing of protein samples for long-term storage. *Acta Crystallogr D Biol Crystallogr* **60**: 203–204.

Despa F, Orgill DP, Lee RC. 2005. Molecular crowding effects on protein stability. *Ann N Y Acad Sci* **1066**: 54–66.

Deutscher MP. 2009. Maintaining protein stability. *Methods Enzymol* **463**: 121–127.

Hearon JZ. 1948. The configuration of cobaltodihistidine and oxy-bis (cobaltodihistidine). *J Natl Cancer Inst* **9**: 1–11.

Heijbel A. 2003. Purification of a protein tagged with (His)₆ at its N-terminus, C-terminus, and both N- and C-termini using different

metal ions. Life Science News—Amersham Biosciences AB, Uppsala, Sweden. http://www.gelifesciences.com/aptrix/upp00919.nsf/Content/F8B746648FB96A18C1257628001D07E5/$file/18117692p22_24.pdf.

Hochuli E. 1989. Genetically designed affinity chromatography using a novel metal chelate absorbent. In *Biologically active molecules: Identification, characterization, and synthesis: Proceedings of a Seminar on Chemistry on Biologically Active Compounds and Modern Analytical Methods* (ed Schlunegger UP), Vol. 411, pp. 217–239. Springer-Verlag, Berlin.

Hochuli E, Dobeli H, Schacher A. 1987. New metal chelate adsorbent selective for proteins and peptides containing neighbouring histidine residues. *J Chromatogr* **411**: 177–184.

Mohanty AK, Wiener MC. 2004. Membrane protein expression and production: Effects of polyhistidine tag length and position. *Protein Expr Purif* **33**: 311–325.

Nema S, Avis KE. 1993. Freeze–thaw studies of a model protein, lactate dehydrogenase, in the presence of cryoprotectants. *J Parenter Sci Technol* **47**: 76–83.

Parsegian VA, Rand RP, Rau DC. 2000. Osmotic stress, crowding, preferential hydration, and binding: A comparison of perspectives. *Proc Natl Acad Sci* **97**: 3987–3992.

Porath J, Carlsson J, Olsson I, Belfrage G. 1975. Metal chelate affinity chromatography, a new approach to protein fractionation. *Nature* **258**: 598–599.

Timasheff SN. 2002. Protein hydration, thermodynamic binding, and preferential hydration. *Biochemistry* **41**: 13473–13482.

Van Reeth T, Dreze PL, Szpirer J, Szpirer C, Gabant P. 1998. Positive selection vectors to generate fused genes for the expression of his-tagged proteins. *BioTechniques* **25**: 898–904.

Wen-Hui KK, Howard CA. 2010. Absorptive detagging of poly-histidine tagged protein using hexa-histidine tagged exopeptidase. *J Chromatogr A* **1217**: 7749–7758.

方案 6　采用谷胱甘肽树脂以亲和层析纯化融合蛋白

含有谷胱甘肽-*S*-转移酶（GST）的融合蛋白可以使用偶联了谷胱甘肽的树脂进行亲和纯化，效果接近同质性（参见综述 LaVallie et al. 2000）。GST 是一类以谷胱甘肽（γ-谷氨酰半胱氨酰甘氨酸）作为底物，通过形成硫醇尿酸来失活毒性小分子的酶（参见综述 Jakoby and Ziegler 1990）。GST 对底物的亲和力是亚毫摩尔级的，因而成为了亲和层析应用的理想选择。日本血吸虫来源的 GST 是很多常用 GST 载体上的融合标签，包括 pGEX 系列（GE

Healthcare）及其他载体（参见本章导言部分的表 19-2）。谷胱甘肽作为融合蛋白中 GST 分子的底物固化于亲和基质上，如琼脂糖或 Sepharose。杂质蛋白会被清洗掉，随后，结合的 GST 融合蛋白可以被含有游离谷胱甘肽的洗脱液很容易地从树脂上洗脱下来。由于 GST 与谷胱甘肽的结合亲和力相对不依赖于溶液的离子强度，因此结合和洗涤缓冲液可使用高盐浓度（超过 150～500mmol/L NaCl 范围）（Yassin et al. 2003）以降低杂质蛋白与带负电荷的谷胱甘肽的非特异性相互作用。洗脱缓冲液中含有 50～100mmol/L Tris（pH8.0）用于中和谷胱甘肽的两个羧基（pK_a 2.1 和 pK_a 3.6）（Dawson et al. 1989）。谷胱甘肽-琼脂糖对 GST 融合蛋白的结合能力很强（>12mg GST/mL 谷胱甘肽-琼脂糖）。此外，对表达蛋白进行免疫杂交分析所需的抗 GST 抗体可从多个厂家获得（GE Healthcare、Sigma-Aldrich、Santa Cruz Biotechnology 及其他公司）。

　　本方案描述了一个使用亲和树脂结合、清洗和洗脱融合蛋白的批处理方法。另外，谷胱甘肽树脂还可应用于重力流（如方案 5 中 IMAC 树脂所述）、预装柱配合手动注射器（如方案 5 中 IMAC 树脂所述）、FPLC 技术（如替代方案"组氨酸标签蛋白的快速液相色谱纯化"所述），或者离心管柱进行高通量筛选。如果可能，FPLC 纯化是首选，因为其流动速率快，且人工干预要求低。GST 标签相对较大，且形成二聚体（如日本血吸虫 GST 是一个由 26kDa 亚基组成的二聚体蛋白），因此，GST 融合标签通常会从纯化后的目标蛋白上去除，这一过程需借助在目标蛋白与 GST 融合标记之间设计的特异性蛋白酶识别位点。蛋白酶裂解去除 GST 标签的注意事项在信息栏"蛋白酶裂解 GST 融合蛋白的注意事项"中描述。

材料

　　为正确使用本方案中的器材和危险试剂，必须查阅相应的材料安全数据表并咨询所在机构的环境卫生和安全办公室。

　　本方案的专用试剂标注<R>，配方在本方案末提供。常用储备溶液、缓冲液和试剂标注<A>，配方见附录 1。储备溶液应稀释至适用浓度后使用。

试剂

　　含可溶性 GST 标签融合蛋白的澄清细胞提取物（来自方案 1、方案 2 或方案 3，并由方案 4 裂解）

　　　　　　　另可参见以下信息栏"蛋白酶裂解 GST 融合蛋白的注意事项"。

考马斯亮蓝染色液（制备方法参见方案 8）
谷胱甘肽洗脱缓冲液（预冷至 4℃）<R>
GST 洗涤缓冲液（预冷至 4℃）<R>

　　　　　　　洗涤缓冲液中可加入非离子型去污剂（0.1%的 Triton X-100 或 2% β-辛基葡萄糖苷）以减少疏水相互作用的非特异干扰。

　　　　　　　若目标蛋白中含有半胱氨酸，且为细胞内蛋白，则应向洗涤缓冲液中加入还原剂（如 1mmol/L 的 DTT）。1mol/L 的 DTT 储备液应现用现配或分装储存于-20℃，用前解冻。

含 SDS 的聚丙烯酰胺凝胶（制备方法参见方案 8）
5×SDS 加样缓冲液（制备方法参见方案 8）

　　　　　　　未加 DTT 的 5×SDS 加样缓冲液储存于室温。缓冲液使用前加入 1mol/L 的 DTT 储备液至终浓度为 100mmol/L。

设备

Beckman JA20、Sorvall SS-34 或 SA600 转子或类似转子，以及 40～50mL 的离心管
谷胱甘肽-琼脂糖树脂混悬液（50%，V/V）

　　　　　　　目前市售有多种与谷胱甘肽的巯基共价键连接的不同基质。其中，有琼脂糖（Thermo Scientific Pierce、Sigma-Aldrich、Life Technologies 及 BD BioSciences 公司）、Sepharose（交联琼脂糖珠）（GE Heathcare 生产的用

于批处理的 Sepharose 4B 和用于 FPLC 方法的 Sepharose Fast Flow），以及磁珠（Thermo Scientific Pierce、Sigma-Aldrich、Bioclone 公司）。预装的谷胱甘肽连接柱也有售（GE Healthcare、Sigma-Aldrich、Thermo Scientific Pierce 公司）。树脂的结合能力各不相同，为 5～15mg/mL 沉降树脂（参见每个制造商的说明书）。琼脂糖基质是纯化 GST 融合蛋白的一种成本较低的选择，因此用于下述方案。另可参见下述信息栏"谷胱甘肽-琼脂糖树脂的再生"。

加热块设置在 85℃或沸水浴

聚丙烯管（15mL 或 50mL）

振荡台或试管旋转器（如 Thermo Scientific 公司的 Labquake）

SDS-PAGE 设备（参见方案 8）

分光光度计（参见步骤 15 和方案 10）

方法

采用洗涤缓冲液平衡谷胱甘肽-琼脂糖树脂

1. 轻轻颠倒内含谷胱甘肽-琼脂糖树脂的容器，重悬树脂混悬液。

> 商家提供的树脂一般为 50%的悬液，溶于 20%乙醇。冻干的树脂在使用前需要水化，通常是用大量的水（200：1，V/V）将其轻轻混匀，并在室温下孵育 30min（详情参考生产厂商手册），再用洗涤缓冲液平衡，如下所述。

2. 将适量重悬的树脂混悬液转入 15mL 或 50mL 聚丙烯管（取决于裂解物的量）。1L 大肠杆菌平均可生产 GST 融合蛋白 2.5mg，而批处理过程中每步清洗约损失 10%的珠子，据此估算，约 0.8mL 的 50%谷胱甘肽-琼脂糖树脂混悬液足以纯化 1L 大肠杆菌的裂解产物（产自方案 1，裂解于方案 4）。

> 所需树脂的量取决于特定树脂的结合能力、所用的融合蛋白和所需的产量。

3. 在 4℃条件下 500g（Sorvall SS-34 转头 2100r/min）离心 5min，小心移除上清。

4. 在树脂中加入 4mL（10 倍柱床体积或沉降树脂体积）水，颠倒数次，轻轻混匀。这一步在步骤 5 之前是很有必要的，可以防止谷胱甘肽-琼脂糖存储备液中残留乙醇沉淀洗涤缓冲液中的盐。4℃、500g（Sorvall SS-34 转头 2100r/min）离心 5min，小心移除上清。

5. 在树脂中加入 4mL（10 倍柱床体积）预冷 GST 洗涤缓冲液，颠倒数次，轻轻混匀。在 4℃条件下 500g（Sorvall SS-34 转头 2100r/min）离心 5min，小心移除上清。

6. 加入 0.4mL（相同沉降树脂体积）预冷的 GST 洗涤缓冲液制成 50%的树脂混悬液，颠倒数次，轻轻混匀。细胞抽提物制备好之前，悬液需放置冰上保存。

GST 融合蛋白的纯化

7. 将澄清的细胞裂解物（10～20mL 裂解物，来源于 1L 大肠杆菌培养物，按方案 1 和方案 4 制备）转入步骤 6 沉淀的珠子中。

> 裂解液和洗涤缓冲液中需补加蛋白酶抑制剂和 DTT（如方案 4 所述），除非目标蛋白本身分别具备蛋白酶抗性或没有自由的半胱氨酸残基。如果需要，也可加入非离子去污剂以减少污染物的非特异疏水相互作用。

8. 在 4℃条件下，使用平板摇床或颠倒摇床将混合物轻轻混匀 30min，使 GST 融合蛋白结合。

9. 在 4℃条件下，500g（Sorvall SS-34 转头 2100r/min）离心 5min，小心移除上清。

> 如果需要，树脂可以装入玻璃或塑料柱中进行清洗和洗脱步骤，如方案 5 中 IMAC 纯化所述。这种情况下的产量可能会增加，因为在批处理纯化的清洗步骤中会损失树脂。在本方案中，建议增加树脂用量也是考虑到这种损失的部分影响；因此，如果使用管柱方式，建议可用更小的树脂起始量（0.5mL 的 50%树脂混悬液）。

> 保留少量细胞裂解物和未结合组分用于 SDS-PAGE 分析：将 15μL 液体与 5μL 5×SDS 加样缓冲液混合，在加热块上 85℃加热 2min。使用前，将此样品保存在-20℃或冰上。

10. 在沉淀中加入 4mL（10 倍柱床体积）的预冷 GST 洗涤缓冲液，轻轻颠倒混匀，以洗去未结合的蛋白质。

11. 在 4℃条件下 500g（Sorvall SS-34 转头 2100r/min）离心 5min，小心移除上清并保留少量上清液进行 SDS-PAGE 分析，如步骤 9 所述。

12. 重复步骤 10 和步骤 11 两次，共清洗 3 次。经步骤 15 中 SDS-PAGE 确认 GST 融合蛋白的位置后，未结合及清洗组分才可以被丢弃。

采用还原型谷胱甘肽洗脱 GST 融合蛋白

13. 用 0.4mL（与沉降树脂体积等量）预冷的谷胱甘肽洗脱缓冲液重悬树脂，洗脱融合蛋白。4℃条件下，轻柔混匀 15min。

> 或者，如果 GST 标签与目标蛋白之间有特定的蛋白酶识别位点隔开，可将树脂与相应的蛋白酶一起孵育，使目标蛋白从 GST 分子和谷胱甘肽树脂上分离下来，如信息栏"蛋白酶裂解 GST 融合蛋白的注意事项"中所述。

14. 在 4℃条件下 500g（Sorvall SS-34 转头 2100r/min）离心 5min，将上清（此时含有洗脱下来的蛋白质）小心转入另一干净的离心管中。再重复步骤 13、步骤 14 两次，以彻底洗脱树脂上的融合蛋白。

> 保留少量组分用于 SDS-PAGE 分析：将 15μL 液体与 5μL 5×SDS 加样缓冲液混合，在加热块上 85℃加热 2min。
> 使用前，将此样品保存在-20℃或冰上。

15. 稍稍复温 SDS-PAGE 样品至 85℃，然后取每个样品 15μL 加样到适当浓度比例的 SDS-PAGE 胶（蛋白的 SDS-PAGE 分析参见方案 8）。SDS-PAGE 凝胶经考马斯亮蓝染色后，应当能够看到纯化的蛋白质。

> 根据目标融合蛋白的特性不同，洗脱步骤后可能仍会有大量蛋白质与树脂结合。洗脱缓冲液的体积和洗脱时间可能会根据融合蛋白的不同而变化，可能需要额外的洗脱步骤。融合蛋白的产率可以通过测量在 280nm 处的光吸收估算。对于包含 GST 标签的蛋白，一般规则是 1 A_{280}=0.5mg/mL。对于蛋白浓度的测定（方案 10）来说，谷胱甘肽会干扰 Lowry 或二辛可宁酸（BCA）方法，但对于 Bradford 方法没有任何不良影响。

16. 洗脱组分可以合并；或者如果需要样品浓度更高，保持分开。

> 欲将纯化蛋白以活性形式保存，请参见信息栏"储存期间蛋白质品质的保持"。

谷胱甘肽-琼脂糖树脂的再生

谷胱甘肽琼脂糖树脂可以用下述方法回收再利用：
1. 室温下用 10 倍体积的水清洗一次 10min;
2. 等体积的 6mol/L 的盐酸胍清洗一次 15min;
3. 室温下用 10 倍体积的水洗 3 次;
4. 溶于 20% 的乙醇，悬至 50% 后保存。

蛋白酶裂解 GST 融合蛋白的注意事项

可用的载体和带标签的蛋白酶

大多数 GST 融合蛋白的表达载体上都有特定蛋白酶位点，用以从目标蛋白上除去相对较大的二聚体 GST 标签。例如，pGEX 载体系列（GE Healthcare 公司）上带有凝血酶、因子 Xa 或人类鼻病毒（HRV-3C）蛋白酶的识别位点。表达 GST 融合蛋白的商业化载体很少带有烟草蚀刻病毒（TEV）蛋白酶识别位点。然而，一些表达 6xHis 标签融合蛋白的载体（本章导言表 19-2）上却有 TEV 位点，并且经常在切割 GST 融合蛋白的克隆过程中用到。重组的 HRV-3C（无自剪切位点）标签蛋白酶可以从多个供应商获得，包括

GE Healthcare 公司 GST 标签版本的 PreScission 蛋白酶（46kDa），Accelagen 公司 GST 和 6xHis 双标签版本的 Turbo3C 蛋白酶（47kDa）及 EMD Biosciences 公司 6xHis 标签版本蛋白酶（21kDa）。与 HRV-3C 一样，重组的 TEV 标签蛋白酶可被生产或购买，包括 6xHis 和 GST 双标签的 TurboTEV（52kDa; Acce-lagen）或 6xHis 标签的 TEV（29kDa; Life Technologies 公司，ProSpec）。TEV 蛋白酶的几个突变体已被证明能够提高此蛋白酶对自身消化的抵抗（如 Kapust et al. 2001）。

带 GST 标签的 HRV-3C 或 TEV 蛋白酶可在第二轮谷胱甘肽亲和纯化中被高效去除，同时去除切割后的 GST 标签。带 6xHis 标签的 HRV-3C 或 TEV 蛋白酶，在将组氨酸标签从融合蛋白上切下来后，可用类似的方法去除（参见方案 5，步骤 11～步骤 15）。从目标蛋白中除掉凝血酶（36kDa）或因子 Xa（48kDa），则需要另外的纯化方法，如脒耦合亲和树脂（GE Healthcare 公司）或体积排阻色谱。因子 Xa 也可用 Xa 因子去除树脂（QIAGEN 公司）去除。凝血酶、因子 Xa、无标签或 6xHis 标签的 HRV-3C 可用于将目标蛋白切下而不使 GST 从树脂上脱落，这样就可避免额外的透析步骤或第二轮谷胱甘肽亲和纯化以除去蛋白质样品中的 GST。与填装柱管方式相比，批处理方式的树脂可在旋转摇床上轻柔混匀，可以提高其在树脂上的酶切效率。

切割效率

由于不同融合蛋白的蛋白酶切割效率不同，因此需要优化蛋白酶的用量。在大规模制备之前，可用小规模反应来测试蛋白酶解条件。对于本方案中预期产出大约 2.5mg 的融合蛋白，4℃过夜孵育条件下，蛋白酶起始量建议为 50U（此处 1U 定义为：在 22℃ 1×PBS 缓冲液中孵育 16h，能够将 100μg 测试 GST 融合蛋白切割超过 90%），或蛋白酶与融合蛋白的比例为 1∶20（m/m）。建议在 4℃房间或冷盒中消化，以减少非特异性酶解及游离半胱氨酸氧化。HRV-3C 蛋白酶的识别位点（Leu-Glu-P4-Leu-Phe-Gln-↓-Gly-Pro，其中 P4 是 Val、Ala 或 Thr）和 TEV 蛋白酶的识别位点（Glu-P5-Leu-Tyr-Phe-Gln-↓-[Gly/Ser]，其中 P5 通常为 Asn）相对较长，因而此类目标蛋白的非特异性酶切较少。与之相反，凝血酶的识别位点（P4-P3-Pro-Arg/Lys-↓-P1′-P2′，其中 P3 和 P4 为疏水氨基酸，P1′和 P2′为非酸性氨基酸）和因子 Xa 的识别位点（Ile-Glu-Gly-Arg-↓）不太严格，可能会导致目标蛋白过分酶解。如果存在目标蛋白的非特异性酶解问题，应测试更低的蛋白酶与融合蛋白比例，可从 1∶1000（m/m）开始。此外，如果购买的是未纯化蛋白酶，那么这些蛋白酶可能会被其他蛋白酶（如胰蛋白酶）污染，应该在使用前通过离子交换纯化将其除去。另一方面，因子 Xa 比凝血酶的活性稍差，因此，将融合蛋白的 GST 标签完全切割可能需要更长的保温时间和更高的蛋白酶与融合蛋白比例（可达 1∶10）。

缓冲条件

HRV-3C 和 TEV 蛋白酶消化的最佳缓冲液条件彼此略有不同，也与凝血酶和因子 Xa 有所不同。HRV-3C 和 TEV 蛋白酶相对能够耐受一定范围的盐浓度和 pH，尽管某些去污剂（如 Triton X-100）可能会抑制 TEV 蛋白酶（Mohanty et al. 2003）。由于 HRV-3C 和 TEV 是半胱氨酸蛋白酶，因此溶液中还原剂的存在有利于这些蛋白酶的活性，并且它们也不受丝氨酸蛋白酶抑制剂（如 PMSF）的影响。与之相反，由于凝血酶和因子 Xa 通常含有对其活性和折叠具有重要作用的二硫键（Fay 2006; Bush-Pelc et al. 2007），因此洗脱液和透析缓冲液中应加入很少或者不加入还原剂。此外，凝血酶和因子 Xa 是丝氨酸蛋白酶，能够被 PMSF 抑制，因此这些蛋白酶所用的洗脱液和透析缓冲液中不应加入 PMSF。凝血酶和因子 Xa 酶切缓冲液通常需补充 2mmol/L CaCl₂ 以辅助激活这些蛋白酶（注意，磷酸盐缓冲液在 Ca²⁺ 存在时会形成沉淀，因而 Tris 或 HEPES 缓冲液需替换为其他缓冲

液）。Xa 因子会被咪唑、高 pH 和高浓度的盐（>100mmol/L NaCl）抑制。因此，使用
Xa 因子裂解融合蛋白之前，建议溶液透析或更换为低盐、pH 6.5 且无磷酸盐的条件。

使用推荐

　　基于 HRV-3C 标记重组蛋白的稳定性、特异性和可用性，如果可以容忍在目标蛋白
的氨基末端引入额外的 2～4 个氨基酸的情况下，通常推荐能够利用这种蛋白酶的载体。
如果能够构建合适的载体或者可购买到，TEV 蛋白酶位点具有如下优点：在切割的蛋白
质的氨基末端只需有一个特定的氨基酸（甘氨酸或丝氨酸）。如果氨基末端的氨基酸残留
对切割后的蛋白质的功能有影响，那么 Xa 因子在此方面有明显的优势：它不需要融合
的目标蛋白具有特定氨基酸。

疑难解答

　　不同 GST 融合蛋白的最佳洗脱条件有所不同。纯化缓冲液的离子强度应当根据目标蛋
白溶解性的需求进行调整。穿透液、清洗液及洗脱液组分应当保留并进行 SDS-PAGE 分析
（方案 8）和（或）免疫印迹分析（方案 9），以确定结合效率。读者可参考 GE Healthcare
公司的《GST 基因融合系统手册》（文件编码：18-1157-58；http://www.gelifescience.com/
aptrix/upp00919.nsf/Content/LD_169455919-F640①），深入了解 GST 融合蛋白体系，或参阅
谷胱甘肽树脂生产厂商手册了解化学成分兼容性及结合能力的详细信息。

　　问题：GST 融合蛋白与谷胱甘肽树脂不结合。

　　解决方案：

- 过度超声容易造成 GST 标签变性，导致其结合亲和力的下降。可以通过降低超声
  的功率、缩短超声时间和（或）减少超声循环次数避免这个问题。产生气泡和过热
  的现象也应避免（详情参见方案 4）。
- 通常 4℃，pH 6.5～8.0 的条件下，谷胱甘肽与 GST 结合最佳；但将 GST 与另一种
  蛋白质融合，可能会改变其结合属性，因而需要进一步优化。在结合和洗脱缓冲液
  中加入 1～10mmol/L 的 DTT 也能显著增加某些 GST 融合蛋白的结合能力。
- 降低流速。高流速可能会降低 GST 与谷胱甘肽树脂的结合效率。GE Healthcare 公
  司建议当样品与其生产的 1mL 的 GSTrap 产品结合时，流速降至 0.2～1mL/min；与
  5mL 的 GSTrap 结合时，流速降至 1～5mL/min。然而，更低流速可能会增加某些
  GST 融合蛋白的结合效率。

　　问题：GST 融合蛋白能与谷胱甘肽树脂结合，但洗脱效率不高。

　　解决方案：

- 降低流速并增加洗脱液总体积可以提高某些 GST 融合物的洗脱效率。
- 尽管建议采用 10mmol/L 的谷胱甘肽进行洗脱，但有些 GST 融合物需要更高的浓度
  （20～40mmol/L）；或者，将洗脱缓冲液的 pH 升至 8～9 可能会提高洗脱效率，且
  不需要增加谷胱甘肽的浓度。

　　问题：在 SDS-PAGE 或免疫印迹分析中，洗脱下来的 GST 融合组分含有多个蛋白质
条带。

---

① 译者注：此链接已失效，读者可自行访问 GE Healthcare 公司官方网站检索此款商品说明书，本方案翻译时此内容的
　对应链接为 https://www.gelifesciences.com/gehcls_images/GELS/Related%20Content/Files/1314807262343/litdoc18115758_
　20130624120324.pdf。

解决方案：

- 过度超声会导致宿主蛋白和 GST 融合蛋白的共纯化，尤其是伴侣分子。在大肠杆菌中，这些蛋白质包括但不局限于以下蛋白质：DnaK（约 70kDa）、DnaJ（约 37kDa）、GrpE（约 40kDa）、GroEL（约 57kDa）和 GroEL（约 10kDa）。减少超声的持续时间和功率，可能得到更清晰的洗脱曲线。

- 如果优化的 GST 亲和纯化步骤不能将杂质蛋白去除，应当采取额外的纯化步骤。这些方案通常有离子交换色谱法，和（或）凝胶过滤色谱法；或者，如果 GST 融合蛋白含有特定蛋白酶裂解位点，可以将 GST 从目标蛋白上切下来。在透析掉第一次洗脱液中的谷胱甘肽后，进行一个谷胱甘肽树脂消减步骤即可除去 GST 成分。这也会将那些与 GST 或谷胱甘肽结合的杂质蛋白同时除去。

- 蛋白酶降解将导致 SDS-PAGE 胶上出现多个蛋白条带。如方案 4 所述，使用蛋白酶抑制剂。在用凝血酶或因子 Xa 进行酶切前，需去除丝氨酸蛋白酶抑制剂。

配方

为正确使用本方案中的器材和危险试剂，必须查阅相应的材料安全数据表并咨询所在机构的环境卫生和安全办公室。

谷胱甘肽洗脱缓冲液（预冷至 4℃）

试剂	所需量（配制 1L）	终浓度
Tris-HCl（1mol/L，pH 8.0）	50mL	50mmol/L
氯化钠	29.22g	500mmol/L
还原剂 [a]	3.07g	10mmol/L

储存于 4℃。

a. 使用前即加即用。

GST 洗涤缓冲液（预冷至 4℃）

试剂	所需量（配制 1L）	终浓度
磷酸钠（pH 7.4）	1.13g 的无水磷酸二氢钠	50mmol/L
	5.75g 的无水磷酸氢二钠	
氯化钠	29.22g	500mmol/L

储存于 4℃。

洗涤缓冲液中可加入非离子型去污剂（0.1% 的 Triton X-100 或 2% β-辛基葡糖苷）以减少疏水相互作用的非特异干扰。

若目标蛋白中含有半胱氨酸，且为细胞内蛋白，则应向洗涤缓冲液中加入还原剂（如 1mmol/L 的 DTT）。1mol/L 的 DTT 储备液应现用现配或分装储存于 -20℃，用前解冻。

参考文献

Bush-Pelc LA, Marino F, Chen Z, Pineda AO, Mathews FS, Di Cera E. 2007. Important role of the Cys-191–Cys-220 disulfide bond in thrombin function and allostery. *J Biol Chem* **282**: 27165–27170.

Dawson RMC, Elliott DC, Jones KM. 1989. *Data for biochemical research.* Oxford University Press, New York.

Fay PJ. 2006. Factor VIII structure and function. *Int J Hematol* **83**: 103–108.

Jakoby WB, Ziegler DM. 1990. The enzymes of detoxication. *J Biol Chem* **265**: 20715–20718.

Kapust RB, Tözsér J, Fox JD, Anderson DE, Cherry S, Copeland TD, Waugh DS. 2001. Tobacco etch virus protease: Mechanism of autolysis and rational design of stable mutants with wild-type catalytic proficiency. *Protein Eng* **14**: 993–1000.

LaVallie ER, Lu Z, Diblasio-Smith EA, Collins-Racie LA, McCoy JM. 2000. Thioredoxin as a fusion partner for production of soluble recombinant proteins in *Escherichia coli. Methods Enzymol* **326**: 322–340.

Mohanty AK, Simmons CR, Wiener MC. 2003. Inhibition of tobacco etch virus protease activity by detergents. *Protein Expr Purif* **27**: 109–114.

Yassin Z, Clemente-Jimenez MJ, Tellez-Sanz R, Garcia-Fuentes L. 2003. Salt influence on glutathione—*Schistosoma japonicum* glutathione S-transferase binding. *Int J Biol Macromol* **31**: 155–162.

方案 7　包含体中表达蛋白的增溶

外源蛋白在大肠杆菌中的高水平表达，常常导致表达蛋白的不溶性聚集，形成细胞质颗粒或包含体。使用相差显微镜可以观察到这些包含体，而且很容易与大部分可溶性蛋白和膜结合细菌蛋白分开，如本方案所述。简而言之，高水平表达外源蛋白的细菌经离心收集后，通过机械法、超声处理法或溶菌酶加去污剂的方法进行裂解。所有裂解过程中，最为关键的是要获得最大的细胞裂解效率，从而获得高产量的包含体。包含体密度高，可通过离心（"不溶性沉淀"）和清洗进行回收。清洗的目的是尽可能从聚集的外源蛋白中除去可溶的、黏附的细菌蛋白。大多数情况下，调整清洗的条件可使包含体中外源蛋白的纯度达到 90%以上。随后，将清洗后的包含体溶于去污剂或变性剂中进行变性处理，变性的目标蛋白最后通过逐步去除变性剂进行再折叠复性。可以使用不同的变性剂[如盐酸胍（5～8mol/L）、尿素（6～8mol/L）、SDS、碱性 pH 或乙腈/丙醇]溶解包含体。每种蛋白质所需操作规程略有不同，必须根据经验确定（参见 Patra et al. 2000；Tan et al. 2007）。以下给出的操作规程使用 Triton X-100 和 EDTA（Marston et al. 1985；Estapé and Rinas 1996）或尿素（Schoner et al. 1992）进行清洗，再增溶在高浓度的尿素（8mol/L）和碱处理液（pH10.7）中。Triton X-100 和 EDTA 早已用于溶解包含体中的蛋白质（Marston et al. 1985）。从纯化后的包含体中提取的蛋白质可直接用作抗原（Harlow and Lane 1988）。另外，可以尝试使用再折叠复性（refolding）技术回收有活性蛋白。很不幸的是，从包含体中分离的蛋白质能够成功再折叠为可溶的、有功能的活性形式，这种可能性很小（Cabrita and Bottomley 2004；Graslund et al. 2008）。与包含体蛋白再折叠复性相比，生产可溶性蛋白几乎永远都是首选方案，应当首先尝试。能够减少包含体产生的表达条件优化细节，请参见方案 1。然而，对于小的细胞内蛋白质来说，基于包含体高产量和高纯度的潜能考虑，在转向另一种表达系统之前，先进行一次再折叠复性的努力也许是值得的。信息栏"从包含体中回收的可溶蛋白再折叠复性注意事项"中列出了可溶蛋白再折叠复性的几个选项。

材料

为正确使用本方案中的器材和危险试剂，必须查阅相应的材料安全数据表并咨询所在机构的环境卫生和安全办公室。

本方案的专用试剂标注<R>，配方在本方案末提供。常用储备溶液、缓冲液和试剂标注<A>，配方见附录 1。储备溶液应稀释至适用浓度后使用。

试剂

细胞裂解缓冲液 I <R>

细胞裂解缓冲液 II（冰冷）<R>

脱氧胆酸

> 使用蛋白质级别的胆酸/去污剂。

DNase I（20μL, 1mg/mL）

表达目的蛋白的大肠杆菌细胞

> 按方案 1 给出或修改的方法培养 1L 以包含体形式表达目标蛋白的大肠杆菌细胞。

盐酸（12mol/L）（浓盐酸）

包含体增溶缓冲液 I <R>

包含体增溶缓冲液 II <R>

KOH（10mol/L）

溶菌酶（80μL，10mg /mL）

PMSF（100mmol/L）

含 SDS 的聚丙烯酰胺凝胶（10%）

SDS 凝胶加样缓冲液（1× 和 2×）（参见方案 8）

> 未加 DTT 的 SDS 凝胶加样缓冲液（1×和 2×）储存于室温。缓冲液使用前加入 1mol/L 的 DTT 储备液至终浓度为 100mmol/L。

加有尿素的 Tris-Cl（0.1mol/L，pH 8.5）

> 仅用于"方法 2"，参见步骤 6[①]。配制尿素浓度递增的（如 0.5mol/L、1mol/L、2mol/L 和 5mol/L）0.1mol/L 的 Tris-Cl（pH 8.5）溶液。使用固体尿素配制溶液，现用现配。不要使用含有尿素的存储备液，因为尿素容易分解。

Triton X-100（0.5%）

设 备

Beckman JA20、Sorvall SS-34 或 SA600 转子或类似转子，及 40～50mL 的离心管

pH 试纸（可选；参见步骤 10）

抛光玻璃棒

SDS-PAGE 电泳设备（参见方案 8）

方法

细胞提取物制备

▲ 步骤 1～步骤 3 需在 4℃ 条件下进行。

1. 按方案 1 步骤 15 收集大肠杆菌细胞沉淀并称重，每克（湿重）菌体加入 3mL 细胞裂解缓冲液 I，轻微振荡或用抛光玻璃棒搅动，重悬菌体。

2. 每克大肠杆菌菌体，加入 4μL 100mmol/L PMSF，再加入 80μL 10mg/mL 溶菌酶，搅动悬液 20min。

> 此步可能需要加入其他蛋白酶抑制剂和还原剂。

3. 每克大肠杆菌菌体加入 4mg 脱氧胆酸，继续搅动。

4. 37℃ 孵育悬液，并偶尔用抛光玻璃棒搅动。当裂解物变黏时，每克大肠杆菌菌体加入 20μL 1mg/mL DNase I。

5. 裂解物室温放置，直至核酸/DNA 被消化，溶液不再黏稠（约 30min）。

纯化和清洗包含体

6. 用以下方法之一纯化和清洗包含体。

方法 1：用 Triton X-100 回收包含体

下述操作规程改编自 Marston 等（1985）所用方法。

   i. 4℃ 条件下，微型离心机最大转速离心细胞裂解物 15min。

   ii. 弃去上清，4℃ 条件下，将沉淀重悬于 9 倍体积的含 0.5% Triton X-100 的细胞裂解缓冲液 II。

   iii. 悬液室温孵育 5min。

---

① 译者注：原文为步骤 7，应为步骤 6。

iv. 4℃条件下，微型离心机最大转速离心细胞裂解物 15min。

v. 倒出上清，留置待用。沉淀重悬于 100μL 水。

vi. 上清和沉淀各取 10μL，分别与 10μL 2×SDS 凝胶加样缓冲液混合，通过 SDS-PAGE 分析，确定哪个组分含有目标蛋白（参见方案 8）。

vii. 必要时，进行步骤 7[①]溶解包含体。

方法 2：用尿素回收包含体

下述操作规程改编自 Schoner 等（1992）所用方法，使用含有不同浓度尿素的缓冲液清洗和溶解包含体。

i. 4℃条件下，微型离心机最大转速离心细胞裂解物 15min。

　　▲ 步骤 ii、步骤 iv 和步骤 vi 需在 4℃条件下进行。

　　Triton 是相对温和的非离子化去污剂，其可有效地将污染的蛋白和残留的脂质从包含体分离。

ii. 弃去上清，每克大肠杆菌菌体沉淀重悬于 1mL 水中。每份 100μL 分装于 4 支离心管，剩余悬液 4℃保存。

iii. 4℃条件下，微型离心机最大转速离心这些 100μL 等份样品 15min。

iv. 弃去上清，每份沉淀重悬于 100μL 含不同浓度（如 0.5mol/L、1mol/L、2mol/L 和 5mol/L）尿素的 0.1mol/L Tris-HCl（pH 8.5）中。

v. 4℃条件下，微型离心机最大转速离心 15min。

vi. 倾倒上清，留置待用。每份沉淀重悬于 100μL 水中。

vii. 每份上清和沉淀各取 10μL，分别与 10μL 2×SDS 凝胶加样缓冲液混合，通过 SDS-PAGE 分析，确定哪个浓度的尿素对包含体的回收效果最好、包含体纯度最高。

viii. 用步骤 vi 确定的适当尿素浓度，按上述方案清洗剩余沉淀（步骤 ii）。

ix. 必要时，进行步骤 7 溶解包含体。

包含体的增溶

7. 取适量源自方案 1 步骤 6.v 或方案 2 步骤 6.vii 的重悬细胞沉淀，4℃条件下，微型离心机最大转速离心 15min，用 100μL 含 8mol/L 尿素及 0.1mmol/L PMSF（现用现加）的包含体增溶缓冲液 I 重悬沉淀。

8. 溶液室温孵育 1h。

9. 把溶液加入到 9 倍体积的包含体增溶缓冲液 II 中，室温孵育 30min。将少量液体滴加到 pH 试纸上，检测 pH 是否维持在 10.7。必要时，用 10mol/L KOH 调节 pH 至 10.7。

10. 用 12mol/L 盐酸将溶液 pH 调至 8.0 后，室温孵育至少 30min。

11. 微型离心机最大转速室温离心 15min。

12. 倾倒上清，留置用于再折叠复性实验或抗体制备。沉淀重悬于 100μL 1×SDS 凝胶加样缓冲液。

13. 上清和沉淀各取 10μL，分别与 10μL 2×SDS 凝胶加样缓冲液混合，通过 SDS-PAGE 电泳分析，确定增溶程度（参见方案 8）。根据信息栏"从包含体中回收的可溶蛋白再折叠复性注意事项"给出的信息，进行重折叠。

从包含体中回收的可溶蛋白再折叠复性注意事项

移除变性剂和（或）去污剂时，溶解蛋白质会发生复性和重折叠。这一过程可以通过多步稀释或透析实现（每个步骤含有更低浓度的变性剂），或通过将蛋白质固定在

---

① 译者注：原文为步骤 8，应为步骤 7。

IMAC 柱的树脂上，梯度降低变性剂的浓度实现。此过程中蛋白质疏水区必然会暴露于溶剂中，如果条件控制不好，会形成不溶性的聚集体和（或）虽然可溶但没有活性的多聚体。在许多情况下，需要进行大量的工作来防止这些途径外聚集体的形成，以便使蛋白质分子能折叠成完整的天然构象。活性蛋白质或具有天然构象蛋白质的产量受很多因素的影响，包括：疏水性氨基酸残基的大小、数目和分布；多肽中重复结构的数目；多肽的纯度、浓度和大小；溶剂的 pH 和离子强度；分子中二硫键的数目以及再折叠复性速率等。

能促进有效重折叠的条件

通用的指导原则几乎不存在，因为能促进重折叠的条件因蛋白质不同而异，而且差别很大。然而，现在已建立重折叠成功条件和相应蛋白质的数据库，能够给出超过750 种蛋白质使用的特定方案（Buckle et al. 2005; Chow et al. 2006）。这些条件汇集成为了一个含有超过 1100 个重折叠条目的可搜索数据库，即称之为 REFOLD 数据库（http://refold.med.monash.edu.au/），也为找到氨基酸序列相似的蛋白质使用方案之间的差异提供了必要的工具。一个成功的重折叠实验，应当能够最大限度地减少对氨基酸侧链的化学修饰，抑制蛋白酶解作用，而且对于胞质蛋白，能抑制变性蛋白纯化过程中二硫键的形成。通过逐渐降低变性剂的浓度，或者，对于周间质蛋白，在增溶和复性的不同阶段改变氧化和还原条件之间的平衡（Wulfing and Pluckthun, 1994），能够促进重折叠过程。

商品化资源

许多商品化产品可用于实验确定所研究的特定蛋白质重折叠的最佳方案，并且厂商也提供了聚集形成包含体的重组蛋白重折叠所需的全部试剂（如 iFOLD Protein Refolding Systems，Merck Biosciences; Protein Refolding Kit，Thermo Scientific Pierce; 以及 QuickFold Protein Refolding Kit，Athena Enzyme Systems，Athena Environmental Sciences）。尽管没有完美的重折叠方案，但即使一种技术能得到的活性形式蛋白质只占表达蛋白质的百分之几，通常也足以满足后续生化实验的需要。利用体积排阻色谱方法通常可以将重折叠的蛋白质与未折叠和聚集形式的多肽分离（Lin et al. 1989）。如果即使是温和产量的功能性蛋白也不能得到，其他策略（Graslund et al. 2008）如改变表达系统（昆虫或酵母，分别如方案 2 和方案 3 所述），可能会是一个合适的选择，用于替代重折叠大肠杆菌包含体。

配方

为正确使用本方案中的器材和危险试剂，必须查阅相应的材料安全数据表并咨询所在机构的环境卫生和安全办公室。

细胞裂解缓冲液 I

试剂	所需量（配制 1L）	终浓度
Tris-HCl（1mol/L，pH 8.0）	50mL	50mmol/L
EDTA （0.5mol/L，pH 8.0）	2mL	1mmol/L
氯化钠	5.84g	100mmol/L

储存于 4℃。

细胞裂解缓冲液 II（预冷）

试剂	所需量（配制 1L）	终浓度
Tris-HCl（1mol/L，pH 8.0）	50mL	50mmol/L

续表

试剂	所需量（配制 1L）	终浓度
EDTA （0.5mol/L，pH 8.0）	2mL	1mmol/L
氯化钠	5.84g	100mmol/L
Triton X-100	5mL	0.5%（V/V）

储存于 4℃。

包含体增溶缓冲液 I

试剂	所需量（配制 1L）	终浓度
Tris-HCl（1mol/L，pH 8.0）	50mL	50mmol/L
EDTA （0.5mol/L，pH 8.0）	2mL	1mmol/L
氯化钠	5.84g	100mmol/L
Urea	480.5g	8mol/L
PMSF[a]	17.42g	0.1mol/L

使用之前即配即用。

a. 首先将 PMSF 溶于异丙醇、二甲基亚砜（DMSO）或乙醇。

包含体增溶缓冲液 II

试剂	所需量（配制 1L）	终浓度
KH$_2$PO$_4$（1mol/L，pH 10.7）	50mL	50mmol/L
EDTA （0.5mol/L，pH 8.0）	2mL	1mmol/L
氯化钠	2.92g	50mmol/L

存储于 4℃。

参考文献

Buckle AM, Devlin GL, Jodun RA, Fulton KF, Faux N, Whisstock JC, Bottomley SP. 2005. The matrix refolded. *Nat Methods* 2: 3. doi: 10.1038/nmeth0105-3.

Cabrita LD, Bottomley SP. 2004. Protein expression and refolding—A practical guide to getting the most out of inclusion bodies. *Biotechnol Annu Rev* 10: 31–50.

Chow MK, Amin AA, Fulton KF, Whisstock JC, Buckle AM, Bottomley SP. 2006. REFOLD: An analytical database of protein refolding methods. *Protein Expr Purif* 46: 166–171.

Estapé D, Rinas U. 1996. Optimized procedures for purification and solubilization of basic fibroblast growth factor inclusion bodies. *Biotechnol Tech* 10: 481–484.

Graslund S, Nordlund P, Weigelt J, Hallberg BM, Bray J, Gileadi O, Knapp S, Oppermann U, Arrowsmith C, Hui R, et al. 2008. Protein production and purification. *Nat Methods* 5: 135–146.

Harlow EL, Lane D. 1988. *Antibodies: A laboratory manual.* Cold Spring Harbor Laboratory, Cold Spring Harbor, NY.

Lin XL, Wong RN, Tang J. 1989. Synthesis, purification, and active site mutagenesis of recombinant porcine pepsinogen. *J Biol Chem* 264: 4482–4489.

Marston FA, Angal S, White S, Lowe PA. 1985. Solubilization and activation of recombinant calf prochymosin from *Escherichia coli*. *Biochem Soc Trans* 13: 1035. doi: 10.1042/bst0131035.

Patra AK, Mukhopadhyay R, Mukhija R, Krishnan A, Garg LC, Panda AK. 2000. Optimization of inclusion body solubilization and renaturation of recombinant human growth hormone from *Escherichia coli*. *Protein Expr Purif* 18: 182–192.

Schoner RG, Ellis LF, Schoner BE. 1992. Isolation and purification of protein granules from *Escherichia coli* cells overproducing bovine growth hormone. *Biotechnology* 24: 349–352.

Tan H, Wang J, Zhao ZK. 2007. Purification and refolding optimization of recombinant bovine enterokinase light chain overexpressed in *Escherichia coli*. *Protein Expr Purif* 56: 40–47.

Wulfing C, Pluckthun A. 1994. Protein folding in the periplasm of *Escherichia coli*. *Mol Microbiol* 12: 685–692.

方案 8　蛋白质的 SDS-PAGE

　　大多数蛋白质的电泳分析都是通过聚丙烯酰胺凝胶的分离来实现的，并且是在能够保证蛋白质解离为每个多肽亚单位，同时尽量避免聚集的条件下进行的。最常用的策略是在蛋白质样品加样到凝胶之前，加入阴离子去污剂十二烷基硫酸钠（SDS）和还原剂（β-巯基乙醇或二硫苏糖醇 DTT）并加热，将蛋白质解离。SDS 与多肽的结合能使其变性并带上负电荷，从而掩盖了这些多肽的天然内在电荷。SDS 的结合量通常与序列无关，而与分子质量成正比；在饱和状态下，大约每一个 SDS 分子与两个氨基酸结合，或者，每克多肽结合约 1.4g 的 SDS。因此，SDS-多肽复合物在电场作用下的迁移，与多肽链的相对大小成正比，未知蛋白质的分子质量就可通过对比其和一系列已知标准蛋白质的迁移率而确定。不过，疏水性、高电荷序列和特定的翻译后修饰（如糖基化或磷酸化）都可能影响蛋白质的迁移率（Weber et al.1972）。因此，修饰蛋白的实验分子质量并不是总能准确代表多肽链的真实分子质量。这些问题将在本方案结尾的讨论中详述。

本方案介绍了 SDS-PAGE 凝胶的配制和电泳，以及随后的考马斯亮蓝染色检测蛋白质。最后，染色后的凝胶可以扫描成图片或干燥保存。第一个替代方案"用考马斯亮蓝进行 SDS-PAGE 凝胶染色的各种不同方法"给出了各种考马斯亮蓝染色方法。第二个替代方案"用银盐进行 SDS-PAGE 凝胶染色"则介绍了 SDS-PAGE 凝胶的银染过程，可用于检测低丰度蛋白（参见方案 9"免疫印迹检测 SDS-PAGE 分离的蛋白质"）。

材料

为正确使用本方案中的器材和危险试剂，必须查阅相应的材料安全数据表并咨询所在机构的环境卫生和安全办公室。

本方案的专用试剂标注<R>，配方在本方案末提供。常用储备溶液、缓冲液和试剂标注<A>，配方见附录 1。储备溶液应稀释至适用浓度后使用。

试剂

丙烯酰胺（30%）和 N,N'-亚甲基双丙烯酰胺混合液（29∶1，m/m）

分离胶配方参见表 19-6，积层胶配方参见表 19-7。

多家厂商出售没有金属离子污染的电泳级丙烯酰胺。可以使用去离子温水制备含 29%（m/V）丙烯酰胺和 1%（m/V）N,N'-亚甲基双丙烯酰胺的储备液，温水能促进双丙烯酰胺的溶解。或者，可以从多家供应商（包括 National Diagnostics、Fisher BioReagents 和 Sigma-Aldrich 及其他公司）直接购买预混液，后者使用方便，且与粉状试剂相比更为安全。这些预混液的丙烯酰胺总浓度可能会更高（如 40%）和/或丙烯酰胺∶双丙烯酰胺的比例不同（19∶1、29∶1 和 37.5∶1 是常见比例）。增加双丙烯酰胺交联剂的量，会降低凝胶的孔径；因此，如果使用的交联剂比例不同，表 19-5 中给出的丙烯酰胺总浓度参考值可能需要相应调整。

表 19-5　用于有效分离蛋白质的不同含量的丙烯酰胺

丙烯酰胺浓度/%	分离线性范围/kDa
15	10～43
12	12～60
10	20～80
7.5	36～94
5.0	57～212

双丙烯酰胺和丙烯酰胺的物质的量比为 1∶29。

在储存过程中，光和碱性 pH 能够催化丙烯酰胺和双丙烯酰胺缓慢脱氨生成丙烯酸和双丙烯酸。请检查核实溶液的 pH 为 7.0 或更小，并将该溶液 4℃避光储存。间隔数月，需配制更换新鲜溶液。

过硫酸铵（APS）（10%，m/V）

需用去离子水配制少量 10%（m/V）储备液，4℃存储。APS 会缓慢分解，应经常配制更换新鲜溶液（间隔 1～2 周）。

考马斯亮蓝 R-250 染色溶液<R>

每 100mL 脱色液溶解 0.05g 考马斯亮蓝 R-250。

用 Whatman No.1 滤纸过滤，去除任何颗粒物质。

考马斯亮蓝 R-250 染料以及"即用型"染色液可以从多家供应商处获得（Sigma-Aldrich、Bio-Rad、Life Technologies、Promega 和 GE Healthcare 公司），且无毒的染色液也已开发上市（例如，Bio-Safe Coomassie，Bio-Rad 公司；BluePrint Fast-PAGE Stain，LifeTechnologies 公司）。

脱色液（乙酸∶甲醇∶水=10∶50∶40，*V/V/V*）

> 为了安全，乙酸应最后加入到甲醇和水的混合物中。

乙醇（20%）和 3%的甘油

甲醇（20%）含 3%的甘油（可选；见步骤 15）

标准蛋白标志物

> 可以从许多商业来源（例如，Sigma-Aldrich、Bio-Rad、Life Technologies、Promega 和 GE Healthcare 公司）获得单个或多个已知分子质量的蛋白质的混合物（高分子质量或低分子质量范围，或全范围标记物）。预染标记物混合液能使这些蛋白质在电泳中的分离过程可见，但个别蛋白质的迁移率和表观浓度可能在染色后出现一定程度的改变。

未知纯度的蛋白样品

SDS 凝胶加样缓冲液（5×）<R>

四甲基乙二胺（TEMED）

> 应使用电泳级的 TEMED，多家厂商有售（National Diagnostics、Fisher BioReagents、Sigma-Aldrich、EMD Chemicals 等公司）。

Tris 碱（1.5mol/L，pH 8.8）

> 用于分离胶的制备。

Tris 碱（1.0mol/L, pH 6.8）

> 用于积层胶的制备。

> 使用 Tris 碱制备用于分离胶和积层胶的 Tris 缓冲液至关重要。如果缓冲液用 Tris-HCl 或 TRIZMA 制备，盐浓度将会过高，多肽在凝胶中的迁移将会异常，产生极其弥散的条带。在去离子水溶解 Tris 碱后，如附录 1 所述，用 HCl 调节溶液的 pH。

> Tris-甘氨酸电泳缓冲液（10×[①], pH 8.3）（电泳槽缓冲液，Reservoir Buffer）<R>

设 备

醋酸纤维素薄膜和塑料框架（例如，AP Biotech，Owl Scientific 公司）

台式扫描仪

锥形瓶或一次性管

汉密尔顿微升注射器或凝胶加样吸头

加热块（可选）

微波炉（可选）

保鲜膜

能够提供高达 500V 和 200mA 的电泳仪电源

平板摇床

真空干胶器

> 干胶器多家厂商有售（例如，Life Technologies 及 Promega 公司）。最好是从 SDS-PAGE 制造商处购买干胶器，以确保干胶器的大小能够与凝胶匹配，并可同时容纳多个 SDS-PAGE 凝胶。

垂直电泳仪

> SDS-PAGE 使用了不连续缓冲系统，因而需要垂直凝胶形式。尽管自从 Studier（1973）介绍了该系统之后，电泳槽和板的基本设计变化不大，但至今很多小改进已被纳入其中。许多制造商（如 Bio-Rad 及 Life Technologies 公司）目前已在出售可用于分离和印迹实验的标准尺寸及小胶系统。购买哪个系统属于个人选择的问题，但一个实验室只使用一个品牌较为明智。这种一致性可以更容易地对比不同研究者的结果；也允许部分损坏装置能够被清理和再使用。

Whatman 3MM 滤纸

---

① 译者注：原文为 1×，应为 10×。

方法

灌注 SDS 聚丙烯酰胺凝胶

1. 按照生产厂商的说明组装玻璃板。

2. 确定凝胶模具的体积（此信息一般由生产厂商提供）。参照表 19-6 中给出的数值，用三角瓶或一次性塑料管配制适当体积含所需浓度的丙烯酰胺/双丙烯酰胺分离胶溶液，按所示顺序加入相应试剂后混匀溶液。一旦加入 TEMED 后，丙烯酰胺就会开始快速聚合。因此，应立即快速混匀混合液后，进行下一步操作。

> 过硫酸铵提供的自由基引发了丙烯酰胺和双丙烯酰胺的聚合反应。
>
> TEMED 通过催化过硫酸铵自由基的形成加速丙烯酰胺和双丙烯酰胺的聚合。
>
> 由于氧气能够抑制丙烯酰胺溶液的聚合反应，因此在混匀混合液时应避免产生气泡。

3. 将丙烯酰胺溶液倒入电泳设备玻璃板之间的间隙中，注意为积层胶留出足够的空间（梳齿长度加 1cm）。用巴斯德移液管小心加入 0.1% SDS（含约 8% 丙烯酰胺的凝胶）或异丙醇（含约 10% 丙烯酰胺的凝胶），覆盖丙烯酰胺溶液。将凝胶室温垂直放置。

> 覆盖液可以防止氧气扩散进入凝胶抑制聚合，并除去表面的气泡。

4. 丙烯酰胺聚合完成后（30min），倒掉凝胶上的覆盖液，用去离子水冲洗凝胶顶部数次以去除未聚合的丙烯酰胺。尽量排尽凝胶顶部的液体，并用滤纸边缘移走任何残留的去离子水。

5. 参照表 19-7 中给出的数值，用一次性塑料管配制适当体积的积层胶溶液。按顺序加入相应试剂后混匀溶液。一旦加入 TEMED 后，丙烯酰胺就会开始快速聚合。因此，应立即快速混匀混合液后，进行下一步操作。

表 19-6　Tris-甘氨酸 SDS-PAGE 分离胶的制备方案

成分	灌胶各成分所需体积，以及需配胶的体积和浓度							
	5mL	10mL	15mL	20mL	25mL	30mL	40mL	50mL
6%的胶								
水	2.6	5.3	7.9	10.6	13.2	15.9	21.2	26.5
丙烯酰胺（30%）	1.0	2.0	3.0	4.0	5.0	6.0	8.0	10.0
Tris（1.5mol/L，pH8.8）	1.3	2.5	3.8	5.0	6.3	7.5	10.0	12.5
SDS（10%）	0.05	0.1	0.15	0.2	0.25	0.3	0.4	0.5
APS（10%）	0.05	0.1	0.15	0.2	0.25	0.3	0.4	0.5
TEMED	0.004	0.008	0.012	0.016	0.02	0.024	0.032	0.04
8%的胶								
水	2.3	4.6	6.9	9.3	11.5	13.9	18.5	23.2
丙烯酰胺（30%）	1.3	2.7	4.0	5.3	6.7	8.0	10.7	13.3
Tris（1.5mol/L，pH8.8）	1.3	2.5	3.8	5.0	6.3	7.5	10.0	12.5
SDS（10%）	0.05	0.1	0.15	0.2	0.25	0.3	0.4	0.5
APS（10%）	0.05	0.1	0.15	0.2	0.25	0.3	0.4	0.5
TEMED	0.003	0.006	0.009	0.012	0.015	0.018	0.024	0.03
10%的胶								
水	1.9	4.0	5.9	7.9	9.9	11.9	15.9	19.8
丙烯酰胺（30%）	1.7	3.3	5.0	6.7	8.3	10.0	13.3	16.7
Tris（1.5mo/L，pH8.8）	1.3	2.5	3.8	5.0	6.3	7.5	10.0	12.5
SDS（10%）	0.05	0.1	0.15	0.2	0.25	0.3	0.4	0.5
APS（10%）	0.05	0.1	0.15	0.2	0.25	0.3	0.4	0.5
TEMED	0.002	0.004	0.006	0.008	0.01	0.012	0.016	0.02

续表

成分	灌胶各成分所需体积，以及需配胶的体积和浓度							
	5mL	10mL	15mL	20mL	25mL	30mL	40mL	50mL
12%的胶								
水	1.6	3.3	4.9	6.6	8.2	9.9	13.2	16.5
丙烯酰胺（30%）	2.0	4.0	6.0	8.0	10.0	12.0	16.0	20.0
Tris（1.5mo/L，pH8.8）	1.3	2.5	3.8	5.0	6.3	7.5	10.0	12.5
SDS（10%）	0.05	0.1	0.15	0.2	0.25	0.3	0.4	0.5
APS（10%）	0.05	0.1	0.15	0.2	0.25	0.3	0.4	0.5
TEMED	0.002	0.004	0.006	0.008	0.01	0.012	0.016	0.02
15%的胶								
水	1.1	2.3	3.4	4.6	5.7	6.9	9.2	11.5
丙烯酰胺（30%）	2.5	5.0	7.5	10.0	12.5	15.0	20.0	25.0
Tris（1.5mo/L，pH8.8）	1.3	2.5	3.8	5.0	6.3	7.5	10.0	12.5
SDS（10%）	0.05	0.1	0.15	0.2	0.25	0.3	0.4	0.5
APS（10%）	0.05	0.1	0.15	0.2	0.25	0.3	0.4	0.5
TEMED	0.002	0.004	0.006	0.008	0.01	0.012	0.016	0.02

修改自 Harlow 和 Lane（1988）。

表 19-7　Tris-甘氨酸 SDS-PAGE 5%浓缩胶的制备方案

成分	灌胶各成分所需体积，以及需配胶的体积							
	1mL	2mL	3mL	4mL	5mL	6mL	8mL	10mL
水	0.68	1.4	2.1	2.7	3.4	4.1	5.5	6.8
丙烯酰胺（30%）	0.17	0.33	0.5	0.67	0.83	1.0	1.3	1.7
Tris（1.5mo/L，pH6.8）	0.13	0.25	0.38	0.5	0.63	0.75	1.0	1.25
SDS（10%）	0.01	0.02	0.03	0.04	0.05	0.06	0.08	0.1
APS（10%）	0.01	0.02	0.03	0.04	0.05	0.06	0.08	0.1
TEMED	0.001	0.002	0.003	0.004	0.005	0.006	0.008	0.01

修改自 Harlow 和 Lane（1988）。

6. 向分离胶的上方倒入或用移液管加入积层胶混合液。立即将一把干净的梳子插入积层胶，小心避免引入气泡。需要时，继续添加积层胶至完全填满梳齿间的空隙，将凝胶室温垂直放置。

样品制备及电泳

7. 在积层胶聚合的同时，向蛋白质样品中加入适当体积的 SDS 凝胶加样缓冲液，煮沸或在 85℃加热块上加热 2min 使蛋白质变性。确保将一份含已知分子质量标记蛋白的样品变性。

> 疏水性极强的蛋白质，如含有多个跨膜结构域的蛋白质，在煮沸时可能会发生聚集或寡聚化。为避免这个问题，可将这些样品在 45～55℃条件下温浴 10～60min 变性。

8. 积层胶聚合完成后（30min），小心取出梳子。立即用喷嘴瓶（squirt bottle）中的去离子水洗去胶孔中没有聚合的丙烯酰胺。如果需要，可用一个钝的针头注射器将积层胶中的齿孔扶正。将凝胶装入电泳设备。向电泳槽的上槽和下槽中加入 Tris-甘氨酸电泳缓冲液，如果需要，可用一个 U 形弯曲针头注射器移除凝胶底部玻璃板之间引入的气泡。

▲ 不要在加入样品前电泳，否则将破坏不连续缓冲液系统的作用。

9. 按预定的顺序向胶孔底部逐个加入样品。最好使用汉密尔顿微升注射器加样，并在每个样品加样后，用下槽缓冲液清洗注射器，或者使用配有凝胶加样吸头的微量移液器加样。样品加样体积的多少，取决于梳子与凝胶的厚度；例如，通常使用 3.35mm 孔宽梳齿和 1mm 厚的凝胶，对应的样品体积为 20μL。

> 在所有未使用的胶孔中加入相同体积的 1×SDS 凝胶加样缓冲液，可以减少凝胶边缘处蛋白质样品电泳迁移率的差异。

10. 将电泳设备连接到电泳仪电源上（红色的阳极需与缓冲液下槽相连）。凝胶电压设定为 8V/cm。当染料前沿进入分离胶后，将电压提高到 15V/cm，电泳直至溴酚蓝到达分离胶的底部。小胶（长约 8cm）通常 1h 内可以完成；大胶则需要更长的电泳时间。

> 积层胶中蛋白质的迁移率慢，可以增加分辨率。许多生产厂商推荐用高于 15V/cm 的电压加速分离胶电泳；然而，发热量也会因此增大，凝胶过热会使条带扭曲，甚至会导致玻璃板碎裂。

11. 从装置中取出三明治样凝胶板，置于吸水纸上。用另一个间隔条或撬板轻轻撬开凝胶板。如果样品加样时是对称方式，可在凝胶底部靠近最左侧胶孔处切角（胶孔 1，Slot 1），以标记凝胶的方向。

> ▲ 不要在用于免疫印迹的凝胶上切角。

> 此时，可固定凝胶并按下文步骤进行考马斯亮蓝染色、银盐染色（替代方案"用银盐进行 SDS-PAGE 凝胶染色"）、荧光或放射自显影，或用于免疫印迹（方案 9）。

用考马斯亮蓝进行 SDS 聚丙烯酰胺凝胶染色

考马斯亮蓝 R-250 是一种氨基三苯甲烷类染料，能够与蛋白质形成较强但非共价结合的复合物，这很可能是范德华力和 NH_3^+ 基团静电相互作用的共同结果。染料的结合量大致与蛋白质量成正比。SDS-聚丙烯酰胺凝胶分离的多肽可用考马斯亮蓝 R-250 同时进行固定和染色。凝胶在含有染料的脱色液（甲醇：乙酸）中浸泡几个小时，随后，将凝胶置于没有染料的相同溶液中长时间孵育，可将多余的染色液通过扩散作用从凝胶中除去（即脱色）。替代方案"用考马斯亮蓝进行 SDS-PAGE 凝胶染色的各种不同方法"给出了几种不同方法的标准操作流程。如果要用步骤 15～步骤 21 的方法干胶，建议采用替代方案中考马斯亮蓝过夜染色方法。

12. 将凝胶浸没在至少 5 倍体积的考马斯亮蓝染色液中，置于低速摇床上室温染色至少 4h。

13. 弃去染色液，用水将凝胶简单冲洗一下，将凝胶浸泡于不含染料的甲醇：乙酸溶液中，置于低速摇床上脱色 4～8h，期间更换脱色液 3 或 4 次。

> 长时间脱色可以获得更清晰的背景，但也会导致蛋白质条带褪色。脱色 2～4h 通常可以检测到低至 0.1μg 的蛋白质条带。

> 在脱色液中放入 KimWipes 擦拭纸（KimWipes paper tissues）或海绵碎片可以加快脱色速度。这些物质可以吸收凝胶中渗出的染色液。可以将它们系成一个简单的结，在凝胶周围放置 2～4 个这种结，但不要将其直接放在凝胶上，以免造成脱色不均匀。

14. 脱色完成后，将凝胶放入一个有水的密闭塑料容器中保存。

> 凝胶可以无限期存储而不会导致着色强度的减少；然而，聚丙烯酰胺凝胶固定后保存在水中会发生膨胀。为避免失真，可将固定后的凝胶储存于含 20% 甘油的水中。染色后的凝胶不能存储在脱色液中，否则蛋白质条带将会褪色。

> 要获得凝胶的永久记录，可以使用台式扫描仪将染色凝胶透射扫描保存，或者给染色凝胶拍照，也可以按以下步骤 15～步骤 21 将其干燥。

干燥 SDS-PAGE 凝胶

含放射性标记蛋白（如 ^{35}S、^{32}P 或 ^3H 标记）的 SDS-PAGE 凝胶需要干燥后再进行放射自显影，同时干燥凝胶也是保存凝胶染色原始记录的一种有用方法。凝胶干燥时可能遇到的主要问题是：①凝胶收缩和变形；②凝胶碎裂。如果在凝胶脱水前将其贴在一张 Whatman 3MM 滤纸上，可以尽量避免第一个问题。然而，目前没有办法可以保证解决第二个问题，此问题更容易发生于较厚的凝胶和聚丙烯酰胺浓度较高的凝胶。如果凝胶在没有完全脱水之前就从干燥设备上取走，容易导致凝胶碎裂。因此，必须保证干燥设备处于良好状态，使用压力波动很小的可靠稳定的真空源，并且根据研究目标选用尽可能薄的凝胶。对于非放射性凝胶，首选方法是将凝胶置于醋酸纤维薄膜夹扣形成的一个简单的塑料框（可从 AP Biotech、Owl Scientific 及其他公司购买）内慢慢风干，这样干燥后的凝胶能够透光并清晰可见。建议使用这种方法干燥前，将凝胶浸泡在 20%乙醇/3%甘油溶液中。无论选择哪种方法，由于碎裂风险不可避免，最好是在干燥前，通过扫描或拍照，为染色后凝胶记录一张图片。

15. 如果凝胶中加样的蛋白质还没有被染色（例如，欲通过放射自显影或荧光方法可见的蛋白质），那么应在干燥前将凝胶固定。在室温下用 5~10 倍体积的固定液将凝胶固定（详见替代方案"用银盐进行 SDS-PAGE 凝胶染色"）。随着酸性固定液渗透到凝胶中，加样染料中的溴酚蓝会变为黄色。加样染料的蓝色消失后继续固定 5min（共需 15~30min）。

在干燥过程中若持续出现凝胶碎裂问题，可在进行步骤 16 之前，将固定后凝胶置于 20%甲醇/3%甘油溶液中浸泡过夜。但是，如果存在甘油，可能需要更长的干燥时间。

对于考马斯亮蓝染色凝胶的干燥，建议采用替代方案"用考马斯亮蓝进行 SDS-PAGE 凝胶染色的各种不同方法"中给出的过夜染色方法。

银染的凝胶在干燥前，可在固定液中略微平衡一段时间（15~30min）。

16. 把凝胶放在比它略大的一张保鲜膜上，使切角（胶孔 1）的位置位于右下方。

17. 在湿润的凝胶上放一张浸湿的 Whatman 3MM 滤纸。滤纸应该足够大，能够覆盖住凝胶并在其四周多出 1~2cm 的空间，同时应该足够小，使其能置于干胶器中。一旦接触凝胶后，不要再移动 3MM 滤纸。

18. 准备一张更大的干燥 3MM 滤纸放在干胶器的表面，把三明治样的滤纸/凝胶/保鲜膜整体放在这张大滤纸上，保鲜膜应在最上层。

19. 盖上干胶器的盖子，抽真空，这样就会使凝胶周围紧密封闭。如果干胶器配备加热模块，可利用低热（50~60℃）加速干燥过程。

20. 按照生产厂商建议的时间（标准 0.75mm 凝胶通常为 2~3h）进行凝胶干燥。如果应用加热模块，则需先停止加热几分钟后再释放真空。

21. 从干胶器中取出凝胶，此时凝胶应附着在滤纸上。干胶可以长期存放。进行放射自显影时，应移去保鲜膜使其暴露于胶片中。

疑难解答

聚丙烯酰胺凝胶电泳已是一项成熟完善的技术。但是，仍然存在一些需要特别注意或者进一步改进的问题。对于电泳设备的技术问题，可查阅生产厂商的仪器使用手册。

问题： 与蛋白质分子质量标准相比，蛋白质没有迁移到期望的位置。

解决方案：

- 相对较高的疏水性、高电荷序列和特定的翻译后修饰（如糖基化或磷酸化）都可能影响蛋白质的迁移率（Weber et al. 1972）。因此，蛋白质的实验分子质量可能会与多肽链的真实分子质量不同，并且总是会观察到蛋白质迁移的异常现象。

- 除了蛋白质降解外，非人为的剪切或翻译错误都能导致产生截短的蛋白质。重新检查表达该蛋白质的 DNA 序列中是否存在稀有密码子、内部起始密码子或终止密码子，或其他导致不完全翻译的基因突变。

问题： 蛋白质条带染色不佳，呈弥散状，或者染色开始后条带消失。

解决方案：

- 这种在染色和脱色过程中发生条带弥散的现象，大多通常出现于小分子蛋白质（低于 12kDa）实验。使用更快速的染色方法（参见方案 8 及其替代方案）并尽量缩短各操作步骤之间的时间能够改善条带形状。

- 非常小的蛋白质（低于 4kDa）可能需要能与蛋白质形成共价交联的固定剂，如甲醛或戊二醛。染色前，将凝胶放在用于银染（参见替代方案"用银盐进行 SDS-PAGE 凝胶染色"）的固定液中，轻轻摇振，室温孵育至少 1h 或孵育过夜。用去离子水清洗 3 次，每次 30s，然后按方案 8 所述进行考马斯亮蓝染色。当然，从凝胶中能回收到的固定后的蛋白质会大幅减少。

- 凝胶脱色时间太长，仅需重新染色即可。

- 蛋白质加样量不足。考马斯亮蓝染色最低只能检测到 0.1μg 的蛋白质条带（参见方案 10）。如果考马斯亮蓝染色不够灵敏，可以把凝胶冲洗后再进行银染（替代方案"用银盐进行 SDS-PAGE 凝胶染色"）。

问题： 凝胶边缘的染料前沿及条带呈向上弯曲状（"微笑状"）或向下弯曲状（"皱眉状"）。

解决方案：

- "微笑状"条带可能是由于凝胶横向温度不均匀引起的，凝胶边缘附近的间隔条起到了散热器的作用。这个问题可以通过以下措施解决：使用主动控制温度（如将电泳设备置于 4℃环境中），向外槽加入更多的缓冲液以散热，和/或降低电泳功率。过热能够引起条带扭曲，甚至会导致玻璃板碎裂。

- "皱眉状"条带可能是由于电的不连续导致的不均匀电场（如玻璃板底部有气泡等）或凝胶厚度不一致引起的。凝胶边缘不完全聚合也能导致"皱眉状"条带。因此，在电泳开始前需要确保凝胶中或凝胶底部没有气泡，并且凝胶已经完全聚合。

问题： 蛋白质条带分辨率不够。

解决方案：

- 可能需要优化丙烯酰胺单体浓度、双丙烯酰胺浓度或电泳时间。一般而言，高浓度的胶和更彻底的交联能够提高小蛋白质的分辨率，大蛋白质则反之。增加双丙烯酰胺交联剂的量可减少基质的孔径大小，同时也会影响表 19-5 给出的丙烯酰胺总浓度参考值。延长电泳时间可提高较大蛋白质的分离效果。电泳过程中使用预染分子质量标准品有助于蛋白质条带的分离观察。

- 在某些情况下，彼此接近的蛋白质条带可通过减少加样量或降低蛋白浓度提高分辨率，这样蛋白质条带会变得更细。

问题： 蛋白质条带呈弥散状、条纹状或模糊不清。

解决方案：

- 使用 Tris 碱制备缓冲液至关重要。如果缓冲液用 Tris-HCl 制备，离子强度就会很高，导致积层胶压胶效果差，从而出现极为弥散的条带。
- 样品中高浓度的盐可以导致条带失真。可通过透析、沉淀或脱盐降低样品的盐浓度。
- 电压可能太高。使用 8V/cm 电压直到溴酚蓝前沿穿过积层胶，然后提高到 10～15V/cm。
- 聚集性物质会积聚在胶孔中，并在电泳过程中慢慢溶解，从而产生条纹状。疏水性蛋白，如含有多个跨膜结构域的蛋白质，在煮沸时可能会发生聚集或寡聚化。为避免这个问题，可将这些样品在 45～55℃条件下温浴 10～60min 变性。对于其他的不溶性蛋白（如源自方案 4 步骤 9 的沉淀），可加入 4～8mol/L 尿素或增加 SDS 的浓度使其溶解。

问题：考马斯亮蓝染色后的凝胶呈现金属光泽。

解决方案：可能是因为染色液的溶剂蒸发，导致染料干在凝胶上，或从溶液中沉淀出来。可用甲醇冲洗凝胶 15s，立即将其放回水中或脱色液中。

问题：银染的高背景。

解决方案：应只使用高纯度的水和洁净的器皿。1%的硝酸可以非常有效地清洁用于银染的玻璃器皿。

讨论

大多数实验使用的是由 Ornstein（1964）和 Davis（1964）设计、Laemmli（1970）修订的不连续聚丙烯酰胺凝胶和缓冲液系统，其所有组分中均含有 0.1% SDS。该系统的不连续性是指积层胶和分离胶的聚丙烯酰胺含量，以及缓冲液成分的 pH 和离子组成不连续。样品和积层胶都含有 pH 6.8 的 Tris-Cl，分离胶含有 pH 8.8 的 Tris-Cl，而上槽和下槽缓冲液包含 pH8.3 的 Tris-甘氨酸。当 pH 为 6.8 时，甘氨酸迁移速率远慢于氯离子。因此，当施加电压时，样品和积层胶中的氯离子开始迁移，并与甘氨酸分离，形成一个移动的边界前沿，而甘氨酸分子组成了尾部。在这两个边界之间，随着甘氨酸的滞后，会形成一段导电性低且电压梯度急剧变化（steep）的区域。SDS 包被的多肽的迁移率位于二者之间，因而会被富集（"堆叠"，stacked）在这两个连续的边界之间。在分离胶的交界处，pH 突然改变到 8.8，这有利于甘氨酸的离子化。甘氨酸离子加速超过多肽，从而进一步将它们堆叠。这种堆叠效应会在分离前，将多肽压缩成薄而尖锐的区域，因而大大提高了样品的分辨率。随后，甘氨酸离子继续穿过分离胶，紧跟在氯离子之后。一旦 SDS-多肽复合物从移动边界脱离后，将在均匀的电压和 pH 条件下穿过分离胶，此时可通过聚丙烯酰胺基质的分子筛作用，根据分子质量大小将蛋白质分离。

聚丙烯酰胺基质的间隙决定了其可以有效分离蛋白质的分子质量范围。聚丙烯酰胺凝胶是由直链聚合的丙烯酰胺被双功能试剂 N,N'-亚甲基双丙烯酰胺交联而构成的（图 19-9）。孔径的大小取决于用于制备该凝胶的丙烯酰胺的浓度和交联的程度；也就是说，这些孔的大小随着丙烯酰胺和双丙烯酰胺浓度的升高而减小。交联也增加了凝胶的刚性和拉伸强度。大多数的 SDS-聚丙烯酰胺凝胶制备时，丙烯酰胺与双丙烯酰胺的摩尔比为 29:1，这样可以分辨大小差异少至 3%的多肽。表 19-5 列出了使用浓度为 5%～15%的聚丙烯酰胺配制的凝胶的有效分离范围。各种浓度的"即用型"聚丙烯酰胺凝胶（包括梯度凝胶），均可从多家供应商购买（Bio-Rad、Life Technologies、GenScript，以及其他公司）。需要说明的是，预制胶往往在制备时不含 SDS，既可用于 SDS-PAGE，也可用于不含变性去污剂的非变性 PAGE 系统。

PAGE 凝胶分离后的蛋白质通常使用考马斯亮蓝染色或银盐染色进行检测。考马斯亮蓝能够渗透进入凝胶，并与蛋白质以较快速度非特异性结合，从而使蛋白质能够在半透明的多聚基质上，呈现出可清晰区分的蓝色条带（Wilson 1983）。蛋白质的银染是根据银离子在化学反应中的差分还原（differential reduction）特性进行的，与照相过程所用反应类似。银染虽然较为费力，却是非常敏感的，能够检测到的蛋白质浓度下限比考马斯亮蓝方法低近 100 倍（Switzer et al. 1979；Merril et al. 1984）。

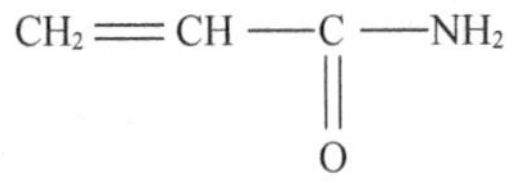

$$CH_2 = CH - C - NH_2$$
$$\|$$
$$O$$

丙烯酰胺

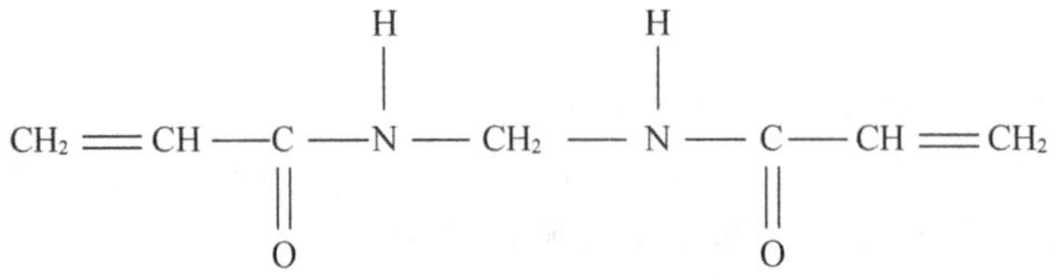

$$CH_2 = CH - C - N - CH_2 - N - C - CH = CH_2$$

N,N'-亚甲基双丙烯酰胺

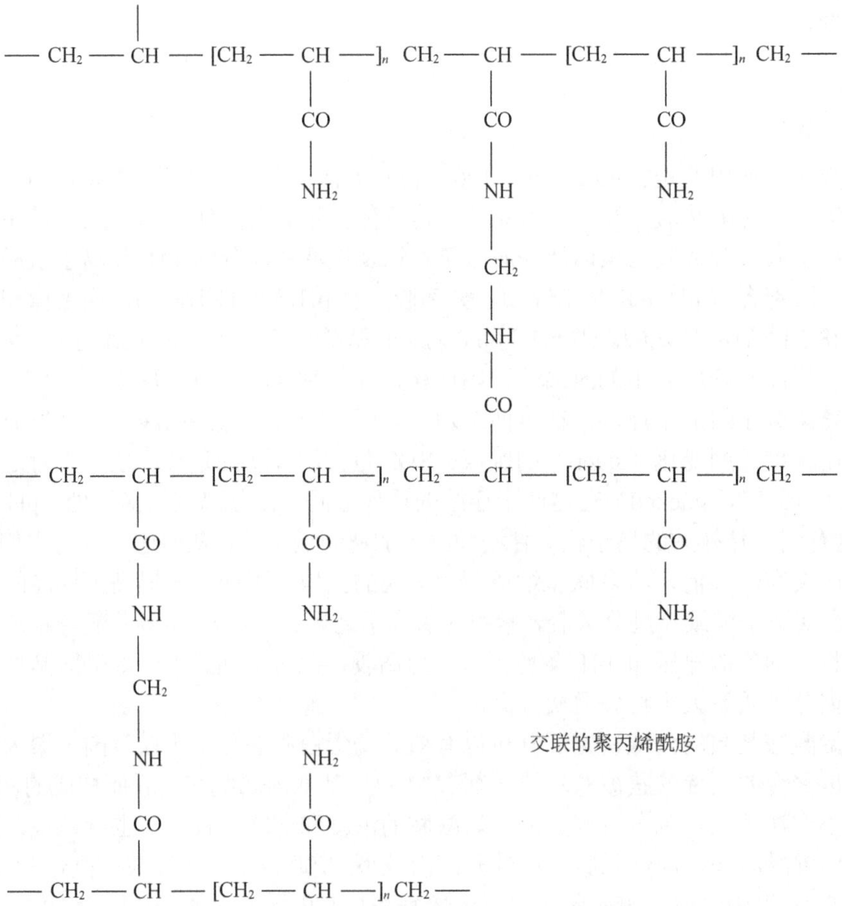

交联的聚丙烯酰胺

图 19-9　聚丙烯酰胺的化学结构。丙烯酰胺单体通过自由基引发的反应聚合为长链。在 N,N'-亚甲基双丙烯酰胺的存在下，这些链彼此交联而形成凝胶。所形成的凝胶的孔径由聚合反应期间形成的链长度和交联程度决定。

替代方案　用考马斯亮蓝进行 SDS-PAGE 凝胶染色的各种不同方法

多种基于原始考马斯亮蓝染色的方法也在被使用。染色液通常是含有 0.025%～0.1%（m/V）染料的酸醇溶液，后者的配方为 30%～50%（V/V）的甲醇（或乙醇，不常用）和 7%～10%（V/V）乙酸（Steinberg 2009）。染色液的溶剂与固定液的溶剂通常是相同的，因此可以在染色的同时达到固定的目的。固定凝胶中的蛋白质一般使用酸醇混合液（30%～50%的甲醇和 7%～10%的乙酸）。小分子蛋白质（低于 15kDa）的固定需要至少 50%的甲醇和 10%的乙酸，以减少蛋白质从凝胶中渗出（Schagger 2006），同时也要限制染色和脱色次数。本方案摘选了一些针对方案 8 中介绍的标准流程进行的改进，这些方法能够获得具有可比性和一致性的染色结果，适用于分子质量为 20～200kDa 的蛋白质。

材料

为正确使用本方案中的器材和危险试剂，必须查阅相应的材料安全数据表并咨询所在机构的环境卫生和安全办公室。

本方案的专用试剂标注<R>，配方在本方案末提供。常用储备溶液、缓冲液和试剂标注<A>，配方见附录 1。储备溶液应稀释至适用浓度后使用。

试剂

乙酸（10%，V/V）
考马斯亮蓝（参见下文具体方法制备）
凝胶，来自方案 8，步骤 1～11
甲醇（30%）/10%乙酸溶液（V/V）
甲醇（40%）/10%乙酸溶液（V/V）

设备

填满活性炭的滤器
旋转摇床
平板摇床
带盖的不锈钢托盘

方法 1：迅速加热染色

加热溶液可减少染色和脱色的时间。热考染是在 10%的乙酸（不加醇）中进行，既便宜又环保。由于没有乙醇存在，蛋白质条带将不会在背景脱色的过程中褪色，这有利于定量和实验的重复性（Westermeier 2006）。

1. 制备 0.025%的考马斯亮蓝 R-250 溶液：称取 25mg 的 R-250 染料，溶于 100mL 10%（V/V）乙酸溶液中。

2. 用带盖的不锈钢托盘将染色液加热至 50℃，将凝胶浸泡在染色液中，置于设定为 50℃的加热器具上染色 15min。

3. 在平板摇床上进行凝胶脱色：在 10%（V/V）乙酸中室温脱色至少 2h，期间需更换数次脱色液。为了降低背景，建议过夜脱色。可将脱色液倒入填满活性炭的滤器进行回收。

方法 2：微波辅助的考马斯亮蓝染色（Nesatyy et al. 2002）

用微波炉将染色液和脱色液加热至 50～70℃，重要的是不要煮沸溶液。由于微波炉的差别非常大，建议测试不同的微波时间及功率设定，以达到给定体积溶液及特定容器所需的温度。做这些预实验不需要凝胶。一旦找到合适的设定，使用这些参数进行真正的染色。确保使用微波专用的容器，并提供足够体积的溶液（小胶大约需 100mL），以便在染色或脱色过程中，凝胶可被完全覆盖并能自由移动。

1. 制备 0.1%的考马斯亮蓝 R-250 溶液：称取 100mg 的 R-250 染料，溶于 100mL 40%甲醇/10%乙酸（V/V）溶液中。

2. 用微波炉将染色液中的凝胶加热至 50～70℃。剧烈混匀使其温度均匀。将处于温热染色液中的凝胶置于旋转摇床上室温孵育 1～15min。

3. 弃去染色液，用水冲洗凝胶后，将水弃去。加入脱色液（40%甲醇/10%乙酸，V/V），用微波炉加热至 50～70℃。剧烈混匀使其温度均匀。将处于温热脱色液中的凝胶置于旋转摇床上室温孵育 5～15min，直到获得期望的对比度。为获得清晰背景，可脱色过夜。

方法 3：“过夜（End of the Day）” 考马斯亮蓝染色

使用 10×或更高浓度的考马斯亮蓝染色（0.25%的 R-250 染料溶于 30%甲醇/10%乙酸溶液中）是一种既方便又快速的染色方法。凝胶在室温下染色 30～60min，然后将其置于不加 R-250 的相同溶液中过夜脱色。凝胶在浓度降低的甲醇溶液中（50%降至 30%）不会缩水，并且能直接从脱色液取出，置于滤纸上干燥。这些特性使得这种染色法特别适合进行放射自显影之前的凝胶染色。这种方法不太适用于微弱蛋白质条带的检测。

1. 制备 0.25%的考马斯亮蓝 R-250 溶液：称取 250mg 的 R-250 染料溶于 100mL 30%甲醇/10%乙酸（V/V）的溶液中。

2. 将凝胶置于平板摇床上，室温下染色 30～60min。染色液可以回收再利用。

3. 将凝胶置于平板摇床上，用 30%甲醇/10%乙酸溶液（V/V）脱色过夜。第二天继续脱色 1～2h，期间更换两次脱色液，直至背景足够清晰。

替代方案 用银盐进行 SDS-PAGE 凝胶染色

目前已有多种用银盐对 SDS-PAGE 分离的多肽进行染色的方法。所有方法都依赖于氨基酸侧链结合的银离子发生的差分还原反应（Switzer et al. 1979；Oakley et al. 1980；Ochs et al. 1981；Merril et al. 1984；Schagger 2006）。所有的银染方法都比考马斯亮蓝 R-250 染色方法灵敏 100～1000 倍，能够检测到含量低至 0.1～1.0ng 的多肽条带（Winkler et al. 2007）。有些方法使用银氨溶液，而这容易产生爆炸性的副产物。本方案给出的方法修改自 Sammons 等（1981）和 Ochs 等（1981）的原始方案，其间经过了多次改进（Blum et al. 1987；Winkler et al. 2007）。这个方法信噪比好，并且与质谱分析兼容（Winkler et al. 2007）。此外，包含所有银染所需试剂和溶液的试剂盒可从多家厂商（如 GE Healthcare、Promega、Bio-Rad 和 Sigma-Aldrich 公司）购买。

材料

为正确使用本方案中的器材和危险试剂，必须查阅相应的材料安全数据表并咨询所在机构的环境卫生和安全办公室。

本方案的专用试剂标注<R>，配方在本方案末提供。常用储备溶液、缓冲液和试剂标注<A>，配方见附录 1。储备溶液应稀释至适用浓度后使用。

▲ 所有溶液都需要使用试剂级（reagent-grade）的去离子水。

试剂

去离子水

乙醇水溶液（30%，*V/V*）

Farmer's 试剂（可选；见步骤 9）<R>

固定液<R>

凝胶，源自方案 8，步骤 1～步骤 11

硝酸银染色液<R>

银染显色液<R>

银染猝灭液（1%的乙酸溶于水，*V/V*）<R>

银染敏化液（20mg 的硫代硫酸钠[NaS_2O_3]溶于 100mL 水）<R>

设备

台式扫描仪或相机

方法

▲ 请戴手套。轻轻操作凝胶，且尽可能不接触凝胶，因为压力和指纹都能产生染色污点。必须使用洁净的玻璃器皿和去离子水，因为污染物会显著降低银染的灵敏度。

1. 将凝胶置于至少 5 倍凝胶体积的固定液中，在低速摇床上室温孵育至少 2h 或过夜孵育。

2. 弃去固定液，加入至少 5 倍凝胶体积的 30%乙醇，在低速摇床上室温孵育 20min。重复一次以去除所有的去污剂、盐及乙酸。

3. 弃去 30%的乙醇，加入银染敏化剂以增加染色对比度和灵敏度。孵育 2min，不要过久。

4. 弃去银染敏化剂，用去离子水洗 3 次，每次至少 30s。

5. 弃去水，戴着手套，加入 5 倍凝胶体积的硝酸银染色液，在低速摇床上室温孵育 20min。

6. 弃去硝酸银染色液，用去离子水洗 3 次，每次 15s。

> 洗胶时间过长（大于 1min）可能会洗去很多银离子，从而降低银染的敏感度。若凝胶表面变干，可能导致染色污点。

7. 弃去水，加入 5 倍凝胶体积的新鲜显影液，在低速摇床上室温孵育。仔细观察显影过程，染色的蛋白质条带会在几分钟内显影，继续孵育直至得到期望的对比度。

> 显影时间取决于蛋白质加样量的多少：大多数胶孵育 2～7min，对于极低浓度的蛋白质可孵育至 15min。长时间的孵育容易导致整个凝胶呈现较深的银染背景。

8. 用银染猝灭溶液（50mL 1%的乙酸）猝灭反应几分钟，然后用去离子水冲洗凝胶数次，每次 10min。

> 加入乙酸之后，会有 CO_2 气泡产生。等到气泡不再形成时，再更换为水或其他溶液。长时间在猝灭液中孵育可能会导致褪色。

> 银染的胶不能过度染色，因为其脱色较为麻烦及难以控制。然而，如果出现过度染色，凝胶可用 Farmer's 试剂（Anghel et al. 1986）按步骤 9、步骤 10 的方法完全脱色后再染色。否则，继续进行步骤 11。

9. 将凝胶浸没于 Farmer's 试剂中，置于平板摇床上室温孵育 5～10min。

10. 弃去试剂，用去离子水洗胶数次（每次洗 10min）直到黄色完全消失。此时凝胶已可用于再次银染。可从上述步骤 3 加入银染敏化试剂开始。

11. 要获得凝胶的永久记录，可以使用台式扫描仪将染色凝胶透射扫描保存，或者拍照，也可以按方案 8 中 "SDS-丙烯酰胺凝胶的干燥" 的步骤将其干燥。

配方

为正确使用本方案中的器材和危险试剂，必须查阅相应的材料安全数据表并咨询所在机构的环境卫生和安全办公室。

考马斯亮蓝染色液

试剂	所需量（配制 100mL）	终浓度
考马斯亮蓝 R-250	0.05g	0.05%
甲醇	50mL	50%（V/V）
乙酸	10mL	10%（V/V）
H_2O	加至 100mL	

考马斯亮蓝 R-250 溶解后过滤除去杂质，室温保存。

脱色液

试剂	所需量（配制 100mL）	终浓度
甲醇	30mL	30%（V/V）
乙酸 [a]	10mL	10%（V/V）
H_2O	加至 100mL	

a. 为了安全起见，乙酸应该在最后加入到甲醇-水溶液中。
室温保存。

Farmer's 试剂

试剂	所需量（配制 100mL）	终浓度
亚铁氰化钾（III）（$K_3[Fe(CN)_6]$）	0.49g	15mmol/L
硫代硫酸钠（NaS_2O_3）	0.79g	50mmol/L
H_2O	100mL	

现配现用。

固定液

试剂	所需量（配制 100mL）	终浓度
乙醇	30mL	30%（V/V）
乙酸	12mL	12%（V/V）
37%（m/V）甲醛	50μL	0.018%（V/V）
H_2O	加至 100mL	

SDS 凝胶缓冲液（5×）

试剂	所需量（配制 1mL）	终浓度
Tris-Cl（1mol/L，pH6.8）	0.25mL	250mmol/L
SDS（电泳级别）	80mg	8%
溴酚蓝	1mg	0.1%
80%甘油（V/V）	0.5mL	40%（V/V）
二硫苏糖醇（1mol/L）	0.1mL	100mmol/L
H_2O	0.25mL	

加入 DTT 之前可室温保存。使用前加入 1mol/L 的 DTT 储备液。

硝酸银染色液

试剂	所需量（配制 100mL）	终浓度
$AgNO_3$	20mg	0.02%（V/V）
37%（m/V）甲醛	75μL	0.028%（V/V）
H_2O	加至 100mL	

现配现用。

银染显影液

试剂	所需量（配制 100mL）	终浓度
碳酸钠	6g	6%（m/V）
硫代硫酸钠	0.4mg	0.0004%（m/V）
（有时加入 2mL 的敏化溶液）		
37%（m/V）甲醛	75μL	0.028%（V/V）
H$_2$O	加至 100mL	

现配现用。

银染猝灭溶液

试剂	所需量（配制 100mL）	终浓度
乙酸	1mL	1%（V/V）
H$_2$O	99mL	

可室温保存。

银染敏化溶液

试剂	所需量（配制 100mL）	终浓度
硫代硫酸钠[NaS$_2$O$_3$]	20mg	0.02%（V/V）
H$_2$O	加至 100mL	

现配现用。

Tris-甘氨酸电泳缓冲液（10×，pH8.3）（电泳槽缓冲液，Reservoir Buffer）

试剂	所需量（配制 100mL）	储存浓度（10×）	终浓度（1×）
Tris-碱	30.3g	250mmol/L	25mmol/L
甘氨酸（电泳级）	144g	1.9mol/L	192mmol/L
SDS（电泳级）	10g	1%	0.1%（m/V）
H$_2$O	加至 1L		

pH 应调至 8.3。

　　一些制造商出售电泳级 SDS。尽管这些公司的 SDS 都能得到可重复的结果，但不可混用。我们建议固定使用某一品牌的 SDS，因为当更换不同公司的 SDS 时，其多肽迁移率可能发生明显的改变。当从胶中洗脱的蛋白用于测序时，电泳级的 SDS 仍需按 Hunkapiller 等（1983）所述进行纯化。用去离子配制 20%（m/V）的 SDS 贮存液，室温保存。

参考文献

Anghel C, Iliescu R, Repanovici R, Pecec M, Popa LM. 1986. Demonstration of viral proteins by silver staining [French]. *Virologie* 37: 237–245.

Blum H, Beier H, Gross HJ. 1987. Improved silver staining of plant proteins, RNA and DNA in polyacrylamide gels. *Electrophoresis* 8: 93–99.

Davis BJ. 1964. Disc electrophoresis. II. Method and application to human serum proteins. *Ann N Y Acad Sci* 121: 404–427.

Harlow EL, Lane D. 1988. *Antibodies: A laboratory manual*. Cold Spring Harbor Laboratory, Cold Spring Harbor, NY.

Hunkapiller MW, Lujan E, Ostrander F, Hood LE. 1983. Isolation of microgram quantities of proteins from polyacrylamide gels for amino acid sequence analysis. *Methods Enzymol* 91: 227–236.

Laemmli UK. 1970. Cleavage of structural proteins during the assembly of the head of bacteriophage T4. *Nature* 227: 680–685.

Merril CR, Goldman D, Van Keuren ML. 1984. Gel protein stains: silver stain. *Methods Enzymol* 104: 441–447.

Nesatyy VJ, Dacanay A, Kelly JF, Ross NW. 2002. Microwave-assisted protein staining: Mass spectrometry compatible methods for rapid protein visualisation. *Rapid Commun Mass Spectrom* 16: 272–280.

Oakley BR, Kirsch DR, Morris NR. 1980. A simplified ultrasensitive silver stain for detecting proteins in polyacrylamide gels. *Anal Biochem* 105: 361–363.

Ochs DC, McConkey EH, Sammons DW. 1981. Silver stains for proteins in polyacrylamide gels: A comparison of six methods. *Electrophoresis* 2: 304–307.

Ornstein L. 1964. Disc electrophoresis. I. Background and theory. *Ann N Y Acad Sci* 121: 321–349.

Ramjeesingh M, Huan LJ, Garami E, Bear CE. 1999. Novel method for evaluation of the oligomeric structure of membrane proteins. *Biochem J* 342: 119–123.

Sammons DW, Adams LD, Nishizawa EE. 1981. Ultrasensitive silver-based color staining of polypeptides in polyacrylamide gels. *Electrophoresis* 2: 135–141.

Schagger H. 2006. Tricine-SDS-PAGE. *Nat Protoc* 1: 16–22.

Steinberg TH. 2009. Protein gel staining methods: An introduction and overview. *Methods Enzymol* 463: 541–563.

Studier FW. 1973. Analysis of bacteriophage T7 early RNAs and proteins on slab gels. *J Mol Biol* 79: 237–248.

Switzer RC III, Merril CR, Shifrin S. 1979. A highly sensitive silver stain for detecting proteins and peptides in polyacrylamide gels. *Anal Biochem* 98: 231–237.

Weber K, Pringle JR, Osborn M. 1972. Measurement of molecular weights by electrophoresis on SDS–acrylamide gel. *Methods Enzymol* 26: 3–27.

Westermeier R. 2006. Sensitive, quantitative, and fast modifications for Coomassie Blue staining of polyacrylamide gels. *Proteomics* 6: 61–64.

Wilson CM. 1983. Staining of proteins on gels: Comparisons of dyes and procedures. *Methods Enzymol* 91: 236–247.

Winkler C, Denker K, Wortelkamp S, Sickmann A. 2007. Silver- and Coomassie-staining protocols: Detection limits and compatibility with ESI MS. *Electrophoresis* 28: 2095–2099.

方案 9　蛋白质的免疫印迹分析

　　免疫印迹（又称为蛋白质印迹，Western blotting）可用于能够与特异性抗体结合的大分子抗原（通常是蛋白质）的鉴定和分子大小确认（Towbin et al. 1979；Burnette 1981；综述见 Towbin and Gordon 1984；Gershoni 1988；Stott 1989；Nelson et al. 1990）。蛋白质首先通过 SDS-PAGE 分离，再从凝胶上电泳（electrophoretically）转移到能紧密结合蛋白质的基质膜上。当基质膜上不发生反应的结合位点被封闭（阻止其与抗体的非特异性结合）后，被固定的蛋白质可与特异的多克隆或单克隆抗体发生反应。抗原-抗体复合物可通过显色、荧光及化学发光进行观察。

　　免疫印迹通常出现的问题包括：蛋白质不能有效转移、抗原位点（表位）缺失、灵敏度低、背景噪声高及非定量检测。没有一种神奇配方可以为每种抗原解决所有这些难题，不过少量实验通常足以解决除了最顽固的技术问题外的其他问题。综合性综述（Bjerrum and Schaffer-Nielsen 1986；Bjerrum et al. 1988；Stott 1989；Alegria-Schaffer et al. 2009）列举了免疫印迹中可能会出现的困难，并给出了详细的解决建议。大多数蛋白质印迹供应商的使用手册中，也可以找到有用的疑难解答信息。有关免疫印迹的特定细节，可参见本方案末尾处的讨论部分。

　　不同的蛋白质印迹方案依赖于特定试剂，而且由于设备、试剂和可用抗体种类繁多，不同方案之间的差异很大。本方案是运用辣根过氧化物酶（HRP）偶联二抗和增强化学发光（ECL）试剂进行免疫印迹的一个可行方案。ECL 原理是基于 HRP 在催化鲁米诺（luminal）或其他底物发生氧化反应的过程中会发光（表 19-9）。发射光会被胶片或 CCD 相机捕获，用于定性或半定量分析。由于 ECL 灵敏度非常高，已成为了目前最常用的检测方法。本方案可根据不同的膜、抗体及检测系统进行修改。一抗和二抗的最佳稀释比例需要通过实验确定，不过抗体生产厂商建议的稀释度通常可作为较好的尝试起点。

❀ 材料

　　为正确使用本方案中的器材和危险试剂，必须查阅相应的材料安全数据表并咨询所在机构的环境卫生和安全办公室。

　　本方案的专用试剂标注<R>，配方在本方案末提供。常用储备溶液、缓冲液和试剂标注<A>，配方见附录 1。储备溶液应稀释至适用浓度后使用。

▲　实验过程和显影步骤中不要让膜变干。操作膜的时候，只能使用干净的手套或器械，以免污染物导致较高的背景噪声或黑点。

试剂

封闭液[1%（m/V）的脱脂奶粉，溶于 TBST 洗涤缓冲液，如 Carnation]

　　由于每一对抗原-抗体都有各自的特性，因而没有一种封闭剂是万能的。如果用 1%的脱脂牛奶时背景噪声高，可尝试提高浓度（至 5%，m/V），或者换用 BSA[1%～5%（m/V），溶于 TBST 洗涤缓冲液]、血清、酪蛋白、明胶或 BLOTTO（Johnson and Elder 1983）。也可以选用商品化的封闭剂（如 GE Healthcare、Thermo Fisher 及其他公司）。

去离子水

显影液和定影液

ECL 试剂盒

　　过氧化氢和鲁米诺/增强溶液作为双组分试剂盒可从多家供应商（Amersham/GE Healthcare、Thermo Scientific Pierce、Life Technologies、Bio-Rad 公司）购买。商家提供了不同灵敏度范围（如低灵敏度或皮摩尔级，高灵敏度或飞摩尔级）的试剂盒。

HRP 偶联的二抗

选择能与一抗特异性结合的 HRP 偶联物。例如，如果单克隆 IgG 抗体用作一抗，那么二抗应为抗鼠 IgG 的抗体（几乎所有的单克隆 IgG 抗体都是用小鼠生产）。某些其他类型的单抗如 IgM，则需要与之类型相匹配的二抗。如果一抗是多克隆抗体，需确定其由哪种动物（多数是兔，也可能是羊或者其他大动物）产生，再选择相应的 HRP 偶联的二抗。按生产厂商的建议，用封闭液将二抗稀释至工作浓度，通常在（1：5000）～（1：50000），或者 20～200ng/mL。最佳的稀释度取决于特定的 HRP 偶联物、膜上的抗原量以及检测系统。

丽春红 S 染色液（0.4%[m/V]的丽春红 S，溶于 1%[m/V]的乙酸）

一抗

选择特异性针对目标蛋白的抗体。一抗储备液可短期存放在 4℃。若需长期存放，可分装后冻存于-70℃。用封闭液按生产厂商的建议将一抗稀释至工作浓度，通常在（1：1000）～（1：10 000），或 0.2～1µg/mL 的工作浓度。

SDS 凝胶

剥离液（可选）<R>

TBST 洗涤缓冲液<R>

设备

台式扫描仪

胶片暗盒和暗室

凝胶转膜仪

塑料文件保护袋（办公用品店有售）

聚偏氟乙烯（PVDF）或硝酸纤维素膜

平板摇床

特百惠（Tupperware）容器

方法

1. 按照厂商的说明（也可参阅表 19-8 转膜缓冲液及"膜的类型"部分内容），使用凝胶转膜仪将 SDS 凝胶上的蛋白转移至聚偏氟乙烯（PVDF）或硝酸纤维素膜。

表 19-8　用于将蛋白质从聚丙烯酰胺凝胶上转移到膜上的缓冲液

转膜类型	缓冲液	引用
半干式	Tris 碱（24mmol/L） 甘氨酸（192mmol/L） 甲醇（20%）	Towbin et al. 1979
浸入式	Tris 碱（24mmol/L） 甘氨酸（39mmol/L） 甲醇（20%） SDS（0.0375%）	Bjerrum and Schafer-Nielsen, 1986

甲醇能减少凝胶的膨胀并提高蛋白质与硝酸纤维素膜的结合效率。转膜效率受以下因素影响：电泳缓冲液中是否存在 SDS、转膜缓冲液的 pH 及转膜前凝胶中的蛋白质是否已染色。为最大限度地提高转膜效率，SDS 的浓度不应超过 0.1%，转膜缓冲液 pH 必须≥8.0。如果膜上的蛋白质用于测序，则应使用 CAPS 缓冲液（Moss 2001）。甘氨酸会干扰测序。

使用预染蛋白标志物，不仅可以监视蛋白质从凝胶向膜上转移的效率，还可以用来辨别凝胶的方向（将分子质量标准加入第一个胶孔）、定位样品泳道，同时还有助于分辨欲检测条带的分子质量。

2. 从转膜仪中取出膜，用去离子水略微漂洗。

3. 在平板摇床上，用 0.4%的丽春红 S（溶于 1%的乙酸）将膜染色 5min，弃去染色液，然后用 300mL 去离子水略微洗膜大约 1min，直到背景脱色且蛋白质条带清晰可见。通过扫描湿膜记录转膜效率。先用去离子水，再用 TBST 洗涤缓冲液洗去染料。

4. 将膜放入 20mL 的封闭液中，置于平板摇床上室温孵育至少 20～60min。或者在 4℃条件下封闭过夜。

5. 用 30mL TBST 洗涤缓冲液洗膜，洗完后将膜沥干。

6. 将膜浸泡在用封闭液稀释的一抗中，放在平板摇床上室温孵育至少 1h，或 4℃条件下孵育过夜。

> 若加入 3mmol/L（0.02%）叠氮化钠并储存于 4℃，一抗稀释液可重复使用数次。

7. 用 30mL TBST 洗涤缓冲液洗膜 6 次，每次 5min，洗完最后一次后将膜沥干。

8. 将膜浸泡在用封闭液稀释（按生产厂商建议的稀释比例，如 1：5000）的 HRP 偶联的二抗中，放在平板摇床上室温孵育 30～60min。请每次使用新稀释的二抗。

> ▲ 不能向 HRP 偶联的二抗中加入叠氮化钠，因为后者会灭活 HRP。

9. 用 30mL TBST 洗涤缓冲液洗膜 6 次，每次至少 5min；延长洗膜时间及增加缓冲液更换次数可以减小背景噪声，特别是在使用 ECL 等灵敏的检测方法时。

10. 在即将使用前，按照厂商的说明，将 ECL 试剂盒中一定量的过氧化氢液（A 液）和鲁米诺液（B 液）混匀，配成新鲜的 ECL 工作液。

> 1～2mL 的工作液通常足够覆盖 9cm×15cm 的膜。

11. 剪开塑料文件保护袋封边，将两个塑料薄片分开。沥干膜，将其放在一个薄片上，用移液管吸取 ECL 工作液覆盖在膜的上面。从一角开始小心地将另一片薄片盖在膜上，避免产生气泡。将膜与 ECL 工作液孵育 1～5min，孵育过程中防止不必要的曝光。用滤纸吸掉四周多余的 ECL 液。

12. 将塑料薄片/膜放入胶片暗盒，并用胶布封住。在暗室中用适当的光源曝光。建议首次曝光时间 60s。曝光时间可能需要调整，以达到最佳曝光效果。

> 反应发射出强烈的光线，因此，胶片与膜之间的任何移动都会导致胶片上形成污点。在最初的 5～30min，发射光是最强烈的。

13. 用适量的显影液和定影液使其显影。在打开胶片暗盒之前，在曝光胶片上将条带和分子质量标准（或其他参考点）的相对位置做好标记。

14. 如果需要，杂交产物可以从膜上剥离，因而可以使用其他的抗体进行再次检测。将膜置于盛有剥离液的封闭容器（如特百惠容器）中，50℃孵育 5～10min，然后，先用大量去离子水、再用 TBST 洗涤缓冲液洗膜（约 45min），期间多次更换洗液[①]。从步骤 4 开始，重新进行膜的封闭及检测。

疑难解答

由于设备、试剂和抗体种类繁多，而且不同的抗体针对特定抗原的亲和力也不同，因此，蛋白质印迹的结果具有试剂特异性。要想得到最佳结果，需要优化以下所有条件：SDS-PAGE 分离的样品量、电转膜时间、膜和封闭剂的选择，以及用于特定底物检测系统的一抗和二抗浓度。对于高度灵敏的化学发光检测系统（ECL、SuperSignal、LumiGLO、Western Lightning 公司），生产厂商提供的建议非常有用。

问题：没有信号。

解决方案：信号较弱或者没有信号的原因很多，包括膜上抗原量少、蛋白质制备过程中抗原性位点（表位）丢失、一抗敏感度低（有些是构象依赖型）以及使用的二抗不合适。

---

① 译者注：此处原文没有给出具体清洗时间和次数，建议至少用 TBST 洗涤 3 次，每次 10min。

增加 SDS-PAGE 凝胶的蛋白质加样量，并加入对照样品（如果有）或荧光标记蛋白质可能有助于确定所需抗原的最小量，并优化转膜效率。大多数情况下，提高一抗和二抗的浓度（参见试剂清单和表 19-9）、延长抗体孵育时间（一抗 4℃过夜，二抗 2h），或者换用灵敏度更高的化学发光试剂盒（如 femto vs. pico ECL）可以解决此问题。如步骤 5 所述，用 TBST 洗掉底物，重新开始孵育一抗（步骤 6）。此外，必须确保二抗与一抗在物种和类型上相匹配，且 HRP 偶联的二抗中没有叠氮化钠，因为后者会灭活 HRP。

问题：信号太强、背景噪音高。

解决方案：

- 如果信号太强并且在暗室中能看到杂交产物发光，仅仅等待一段时间（20min～2h）后再拿另一张胶片曝光，并不是一个好的解决办法，因为这样会掩盖饱和蛋白质与微弱蛋白质条带间的相对信号强度差异，从而不能对蛋白质样品间进行定量比较。取而代之的方法是，如步骤 14 所述，将膜剥离再生，用稀释后的一抗二抗（至少稀释 5 倍以上）重新开始检测。

- 如果背景噪声高或呈斑点状，可使用更大体积的封闭液和洗涤缓冲液，并增加清洗次数，尤其是在孵育二抗之后（步骤 9）。增加封闭液或一抗溶液中脱脂奶粉的浓度，或者换用另一种封闭剂（参见试剂清单）有时可能会减少非特异性信号。

讨论

蛋白质从凝胶到滤膜的电泳转移

蛋白质从聚丙烯酰胺凝胶向膜的电转移效率比毛细管转移更高效也更快速。转移的方向是与分离胶平面垂直的，需用膜和电极完全覆盖整个胶面。从 SDS 凝胶转移时，需将膜置于凝胶的正极端（红色）。大多数商业化的电转移设备均使用石墨、铂或不锈钢制成的大型金属线圈或平板电极。在老旧设备中，三明治样的凝胶/膜整体浸泡在盛有转膜缓冲液的箱体中，后者位于塑料支架附着的两个垂直电极之间。这种电转移槽现在也仍然有售，但是，效率更高的"半干式"转膜仪已成为更流行的选择。在"半干式"转移中，浸满转膜缓冲液的 Whatman 3MM 滤纸作为缓冲液槽代替了旧式箱体（表 19-8）。蛋白转移的最佳条件取决于使用捕获膜的类型和转膜设备的设计。因此，最好参阅生产厂商的使用手册。

膜的类型

有 3 种类型的捕获膜可用于免疫印迹：硝酸纤维素膜、尼龙（聚酰胺纤维）膜和聚偏氟乙烯膜（PVDF）。每种蛋白质与这 3 种膜的结合效率不同，并且某种膜可能会比另一种膜能够更好地呈现某个特定的抗原表位。因此，尽可能用不同的膜、不同的抗体检测目标蛋白是值得的。

硝酸纤维素膜

硝酸纤维素膜（孔径 0.45μm）仍然是标准的免疫印迹用膜，尽管对于小蛋白（<14kDa）的免疫印迹推荐使用更小孔径（0.22μm 或 0.1μm）的膜（Burnette 1981；Lin and Kasamatsu 1983）。硝酸纤维素膜的结合和保留能力是 80～250μg/cm^2，根据蛋白质不同而不同。虽然氨基酸侧链与膜上的硝基基团形成的氢键对结合有所帮助，但是蛋白质主要是通过疏水相互作用与膜结合（Van Oss et al. 1987）。不管怎样，蛋白质被缓冲液中的甲醇和盐部分脱水后，可以确保更持久的结合作用。即便如此，某些蛋白质在处理过程中也会从膜上丢失，特别是当缓冲液中存在非离子型去污剂时。因此，很多研究者会在清洗和抗体孵育过程中

将蛋白质固定在硝酸纤维素膜上，以减少蛋白质丢失（Gershoni and Palade 1982）。然而，确保固定所用的处理方法（戊二醛、交联或紫外线照射）不会损坏目标表位非常重要。当转移后的硝酸纤维素滤膜变干时，固定可能也会加剧膜的脆性。

尼龙膜

尼龙膜和带正电的尼龙膜比硝酸纤维素膜更结实，并且能通过静电相互作用与蛋白质紧密结合。其结合能力随膜的类型、蛋白质的种类不同而各不相同，但通常为 $150\sim200\mu g/cm^2$。这类膜的优点是，可以使用不同抗体进行多轮检测。尼龙膜的一个潜在的缺点是，没有一种简单和灵敏的方法可对其固化的蛋白质进行染色，如下文讨论；另一个缺点是难以封闭这些膜上所有未结合的位点，从而会导致抗体结合的非特异性背景较高。在许多情况下，为了达到满意的效果，必须使用含 6% 热处理过的酪蛋白和 1% 聚乙烯吡咯烷酮的溶液，进行额外的封闭处理（Gillespie and Hudspeth 1991）。

聚偏氟乙烯膜

聚偏氟乙烯（PVDF）（Pluskal et al. 1986）是一种机械强度高，具有类似尼龙膜结合能力（约 $170\mu g/cm^2$）的耐用膜。在转移前，必须先用甲醇预湿膜的疏水性表面，然后再将其水化于转膜缓冲液中。由于蛋白质与 PVDF 膜的结合是通过强大的疏水相互作用（比硝酸纤维素膜强约 6 倍）（Van Oss et al. 1987），因而蛋白质在随后的检测步骤中更易被完全保留。固化在 PVDF 膜上的蛋白质，可用标准的染色方法观察，如氨基黑、印度墨汁、丽春红、考马斯亮蓝。

免疫印迹过程中的蛋白质染色

有时会将考马斯染色凝胶上的蛋白质进行电转，电转前凝胶需完全脱色并浸泡在 0.1% 的 SDS 缓冲液中（Thompson and Larson 1992）。然而，在大多数情况下，染色（或固定）蛋白质的凝胶转移效率会大幅降低，抗体结合的抗原表位也可能会被屏蔽。与之相对，非常可取的方法是在一个泳道中加入预染蛋白质标志物，用于电泳和电转步骤的质量控制。样品泳道中的蛋白质转移效率和一致性，可以通过对膜染色进行确认。此过程易于操作，但需要慎重选择一种足够敏感，且能与膜的类型兼容的染色方法。

与硝酸纤维素膜或 PVDF 膜结合的蛋白质，可以使用易去除的染料丽春红 S 进行染色（Muilerman et al. 1982；Salinovich and Montelaro 1986）。丽春红染色相对并不灵敏，但它提供了一个宝贵的"内参"，可验证每个泳道中的细胞蛋白是否等量，而这正是表达筛选和其他印迹对比分析所需的。当使用更持久的染料时，如印度墨汁（Hancock and Tsang 1983）、氨基黑（Towbin et al. 1979）、胶体金（Moeremans et al. 1985；Rohringer and Holden 1985）或银盐（Yuen et al. 1982），通常必须从膜上切下一条泳道，对其单独分开染色。短暂接触碱液，可能会降低清洗过程中膜结合蛋白的损失，从而增强墨汁或胶体金的染色效果（Sutherland and Skerritt 1986）。在这些条件下，有可能检测到含量少至几纳克的蛋白质条带。

目前没有令人满意的方法能够对固化在尼龙膜或阳离子尼龙膜上的蛋白质进行染色，因为这些膜携带的高电荷会产生高背景，从而掩盖除最强蛋白质条带之外的所有蛋白质条带。

封闭剂

传统封闭剂如 1% 脱脂奶粉或 5% 牛血清白蛋白（Johnson et al. 1984；DenHollander and Befus 1989），通常适用于基于辣根过氧化物酶的检测系统。然而，这些试剂往往残留碱性磷酸酶活性，故不应该用于基于碱性磷酸酶偶联抗体的检测系统。这一点对于化学发光系统尤为重要，因为其极高的检测灵敏度要求背景信号非常低。一般情况下，基于碱性磷酸酶系统的最佳封闭溶液是：含有 6% 的酪蛋白、1% 聚乙烯吡咯烷酮和 10mmol/L EDTA 的磷酸盐缓冲液（Gillespie and Hudspeth 1991）。封闭液应 65℃加热 1h 灭活残留的碱性磷酸酶活性，然后加入 3mmol/L 叠氮化钠储存于 4℃条件下。配方参见附录 1。一抗的特异性也应该予以考虑。例如，对于抗磷酸化氨基酸抗体，酪蛋白和牛奶不是一个合适的封闭剂，同样，牛血清白蛋白（BSA）也与抗血清蛋白和许多抗传染性病原体的抗体不兼容。相应的推荐封闭剂请参阅抗体供应商提供的文献。

探测（probing）与检测

能够与目标抗原表位反应的抗体，可以是多克隆抗体或单克隆抗体。一抗很少直接标记，而是仅需稀释于适当的缓冲液中，用于形成抗原-抗体复合物。一般情况下，除非一抗可以适当稀释（酶法检测至少稀释 1∶1000，化学发光方法检测至少稀释 1∶5000），否则免疫印迹的背景会高得令人无法接受。清洗后，结合的抗体可以使用特定的二抗检测，后者能够识别一抗的共同特征，并与一个报告酶或基团偶联。使用抗体的两步结合是标准的做法，即使这可能看上去比直接使用偶联一抗更为麻烦。但是，与仅使用一个抗体的方法相比，两步法中多个偶联二抗分子能够与一个一抗结合，这就使信号得到了显著放大。此外，一种偶联二抗可以用于检测来源于同型免疫球蛋白的任何一抗，从而有利于保持合理的必需偶联物库存。

次要试剂包括：

- 用于早期免疫印迹的放射性碘标记抗体或葡萄球菌蛋白 A（如 Burnette 1981）。放射性标记的二抗目前基本上已被更安全和/或更灵敏的检测系统所替代，如增强化学发光系统。
- 与酶（如辣根过氧化物酶或碱性磷酸酶）偶联的抗体。与之匹配的是一系列常用的显色底物、荧光底物和化学发光底物。
- 生物素标记的抗体，可以通过标记或偶联的链霉亲和素进行检测。

显色和化学发光反应的结果，最好通过常规的拍照、胶片或数字成像进行记录。表 19-9 展示了这些免疫印迹方法在使用高滴度和特异性抗体检测标准抗原时的近似灵敏度。这些检测方法的详细信息，请参阅附录 3。

表 19-9　显色法和化学发光法检测固化抗原

酶	试剂	灵敏度	注释	引用
显色法				
HRP	4-氯-1 萘酚/H$_2$O$_2$	1ng	当暴露在光下时，紫色的氧化产物迅速褪色	Hawkes et al. 1982; Dresel and Schettler 1984
	二氨基联苯胺/H$_2$O$_2$	250pg	潜在的致癌物质。二氨基反应生成棕色沉淀物，添加钴、银、镍盐可增强反应	de Blas and Cherwinski 1983; Gershoni 1988
	3,3',5,5'-四甲基联苯胺	100pg	深紫色沉淀	McKimm-Breschkin 1990
碱性磷酸酶	硝基四氮唑蓝/5-溴-4-氯吲哚基磷酸盐	100pg	钢蓝色沉淀	Leary et al. 1983; Blake et al. 1984
化学发光法				
HRP	鲁米诺/4-碘苯酚/H$_2$O$_2$	300pg	氧化鲁米诺可在 X 射线片上捕捉到其发出的蓝光。强条带能在几秒钟内激发出光，而弱条带需要 30min	Schneppenheim and Rautenberg 1987; Harper and Murphy 1991; Schneppen heim et al. 1991

续表

酶	试剂	灵敏度	注释	引用
碱性磷酸酶	AMPPF3-（4-甲氧基螺[1,2-二氧杂环丁烷-3′2′-三环-[3.3.1^{3,7}]癸烷]-4-基)-苯酯	1pg	酶的去磷酸化可发光。碱性磷酸酶凭其高的周转次数，迅速产生强烈的信号，提供了一个极其敏感的免疫检测方法	Gillespie and Hudspeth 1991

配方

为正确使用本方案中的器材和危险试剂，必须查阅相应的材料安全数据表并咨询所在机构的环境卫生和安全办公室。

剥离液（stripping solution）

试剂	所需量（配制100mL）	终浓度
Tris-Cl（0.5mol/L，pH6.7）	12.4mL	62mmol/L
SDS	2g	2%（m/V）
β-巯基乙醇（14.2mol/L）	0.7mL	100mmol/L

于密闭的瓶子中室温保存。

TBST 洗涤缓冲液

试剂	所需量（配制1L）	终浓度
Tris-Cl（1mol/L，pH7.4）	10mL	10mmol/L
NaCl	9g	0.9%（m/V）
吐温20（10%，V/V）	2mL	0.02%（V/V）

室温保存。

参考文献

Alegria-Schaffer A, Lodge A, Vattem K. 2009. Performing and optimizing western blots with an emphasis on chemiluminescent detection. *Methods Enzymol* 463: 573–599.

Bjerrum OJ, Schafer-Nielsen C. 1986. Buffer systems and transfer parameters for semidry electroblotting with a horizontal apparatus. In *Electrophoresis '86: Proceedings of the 5th Meeting of the International Electrophoresis Society* (ed Dunn MJ), pp. 315–327. VCH, Deerfield Beach, FL.

Bjerrum OJ, Larsen KP, Heegaard NH. 1988. Non-specific binding and artifacts-specificity problems and troubleshooting with an atlas of immunoblotting artifacts. In *CRC handbook of immunoblotting of proteins: Technical descriptions* (ed Bjerrum OJ, Heegaard NH), Vol. 1, pp. 227–254. CRC Press, Boca Raton, FL.

Blake MS, Johnston KH, Russell-Jones GJ, Gotschlich EC. 1984. A rapid, sensitive method for detection of alkaline phosphatase-conjugated anti-antibody on western blots. *Anal Biochem* 136: 175–179.

Burnette WN. 1981. "Western blotting": Electrophoretic transfer of proteins from sodium dodecyl sulfate–polyacrylamide gels to unmodified nitrocellulose and radiographic detection with antibody and radioiodinated protein A. *Anal Biochem* 112: 195–203.

de Blas AL, Cherwinski HM. 1983. Detection of antigens on nitrocellulose: In situ staining of alkaline phosphatase conjugated antibody. *Anal Biochem* 133: 214–219.

DenHollander N, Befus D. 1989. Loss of antigens from immunoblotting membranes. *J Immunol Methods* 122: 129–135.

Dresel HA, Schettler G. 1984. Characterization and visualization of the low density lipoprotein receptor by ligand blotting using anti-low density lipoprotein enzyme-linked immunoabsorbent assay (ELISA). *Electrophoresis* 5: 372–373.

Gershoni JM. 1988. Protein-blot analysis of receptor–ligand interactions. *Biochem Soc Trans* 16: 138–139.

Gershoni JM, Palade GE. 1982. Electrophoretic transfer of proteins from sodium dodecyl sulfate–polyacrylamide gels to a positively charged membrane filter. *Anal Biochem* 124: 396–405.

Gillespie PG, Hudspeth AJ. 1991. Chemiluminescence detection of proteins from single cells. *Proc Natl Acad Sci* 88: 2563–2567.

Hancock K, Tsang VC. 1983. India ink staining of proteins on nitrocellulose paper. *Anal Biochem* 133: 157–162.

Harper DR, Murphy G. 1991. Nonuniform variation in band pattern with luminol/horse radish peroxidase western blotting. *Anal Biochem* 192: 59–63.

Hawkes R, Niday E, Gordon J. 1982. A dot-immunobinding assay for monoclonal and other antibodies. *Anal Biochem* 119: 142–147.

Johnson DA, Elder JH. 1983. Antibody directed to determinants of a Moloney virus derived MCF GP70 recognizes a thymic differentiation antigen. *J Exp Med* 158: 1751–1756.

Johnson DA, Gautsch JW, Sportsman JR, Elder JH. 1984. Improved technique utilizing nonfat dry milk for analysis of proteins and nucleic acids transferred to nitrocellulose. *Gene Anal Tech* 1: 85–103.

Leary JJ, Brigati DJ, Ward DC. 1983. Rapid and sensitive colorimetric method for visualizing biotin-labeled DNA probes hybridized to DNA or RNA immobilized on nitrocellulose: Bio-blots. *Proc Natl Acad Sci* 80: 4045–4049.

Lin W, Kasamatsu H. 1983. On the electrotransfer of polypeptides from gels to nitrocellulose membranes. *Anal Biochem* 128: 302–311.

McKimm-Breschkin JL. 1990. The use of tetramethylbenzidine for solid phase imunoassays. *J Immunol Methods* 67: 1–11.

Moeremans M, Daneels G, De Mey J. 1985. Sensitive colloidal metal (gold or silver) staining of protein blots on nitrocellulose membranes. *Anal Biochem* 145: 315–321.

Moss M. 2001. Isolation of proteins for microsequence analysis. In *Current protocols in molecular biology* (ed Ausubel FM, et al.), pp. 10.19.1–10.19.12. Wiley, New York.

Muilerman HG, ter Hart HG, Van Dijk W. 1982. Specific detection of inactive enzyme protein after polyacrylamide gel electrophoresis by a new enzyme-immunoassay method using unspecific antiserum and partially purified active enzyme: Application to rat liver phosphodiesterase I. *Anal Biochem* 120: 46–51.

Nelson D, Neill W, Poxton IR. 1990. A comparison of immunoblotting, flow cytometry and ELISA to monitor the binding of anti-lipopolysaccharide monoclonal antibodies. *J Immunol Methods* 133: 227–233.

Pluskal MG, Przekop MB, Kavonian MR, Vecoli C, Hicks DA. 1986. Immobilon PVDF transfer membrane: A new membrane substrate for western blotting of proteins. *BioTechniques* 4: 272–282.

Rohringer R, Holden DW. 1985. Protein blotting: Detection of proteins with colloidal gold, and of glycoproteins and lectins with biotin-conjugated and enzyme probes. *Anal Biochem* **144**: 118–127.

Salinovich O, Montelaro RC. 1986. Reversible staining and peptide mapping of proteins transferred to nitrocellulose after separation by sodium dodecylsulfate-polyacrylamide gel electrophoresis. *Anal Biochem* **156**: 341–347.

Schneppenheim R, Rautenberg P. 1987. A luminescence western blot with enhanced sensitivity for antibodies to human immunodeficiency virus. *Eur J Clin Microbiol* **6**: 49–51.

Schneppenheim R, Budde U, Dahlmann N, Rautenberg P. 1991. Luminography—A new highly sensitive visualization method for electrophoresis. *Electrophoresis* **12**: 367–372.

Stott DI. 1989. Immunoblotting and dot blotting. *J Immunol Methods* **119**: 153–187.

Sutherland MW, Skerritt JH. 1986. Alkali enhancement of protein staining on nitrocellulose. *Electrophoresis* **7**: 401–406.

Thompson D, Larson G. 1992. Western blots using stained protein gels. *BioTechniques* **12**: 656–658.

Towbin H, Gordon J. 1984. Immunoblotting and dot immunobinding—Current status and outlook. *J Immunol Methods* **72**: 313–340.

Towbin H, Staehelin T, Gordon J. 1979. Electrophoretic transfer of proteins from polyacrylamide gels to nitrocellulose sheets: Procedure and some applications. *Proc Natl Acad Sci* **76**: 4350–4354.

Van Oss CJ, Good RJ, Chaudhury MK. 1987. Mechanism of DNA (Southern) and protein (western) blotting on cellulose nitrate and other membranes. *J Chromatogr* **391**: 53–65.

Yuen KC, Johnson TK, Denell RE, Consigli RA. 1982. A silver-staining technique for detecting minute quantities of proteins on nitrocellulose paper: Retention of antigenicity of stained proteins. *Anal Biochem* **126**: 398–402.

方案 10   测定蛋白质浓度的方法

蛋白质样品浓度测定一般可以通过 280nm 处的紫外吸收测定，或通过蛋白质与染料和/或金属离子的定量反应来测定（Bradford、Lowry 或 BCA 检测）。对于纯化蛋白的定量，紫外吸收仍然是最流行的方法，不仅因其快速、方便和可重复，同时还不会消耗蛋白质，也不需要额外的试剂、标准品或孵育。

本方案是 Bradford 实验的一个典型方案，修改自 Bollag 和 Edelstein（1991），适用于 10mL 试管的检测。Lowry 实验和 BCA 检测也可用相似的方式完成，但须调整相应的试剂、温度和孵育时间。Lowry 和 BCA 检测的操作准则可参考试剂供应商（如 Thermo Scientific Pierce 公司或 Bio-Rad 公司）。最后，没有一种测定蛋白质浓度的方法是完美的，因为每种方法都会受到不同条件的影响，如缓冲液组分的干扰、紫外吸收实验中的杂质蛋白，以及比色实验中某个蛋白质及缓冲液组分与检测试剂的反应。如果蛋白质浓度对研究非常重要（如酶的催化速率测定），建议对比分析多种定量方法的结果。

材料

为正确使用本方案中的器材和危险试剂，必须查阅相应的材料安全数据表并咨询所在机构的环境卫生和安全办公室。

本方案的专用试剂标注<R>，配方在本方案末提供。常用储备溶液、缓冲液和试剂标注<A>，配方见附录 1。储备溶液应稀释至适用浓度后使用。

试剂

Bradford 储备液　<R>

Bradford 工作试剂　<R>

　　　　批次质量差异较小的浓缩试剂已有市售（Bio-Rad 公司、Sigma-Aldrich 公司和 Thermo Scientific Pierce 公司等），并且可能灵敏度更高。最佳稀释程度可查阅生产厂商的使用手册。

去离子水

免疫球蛋白 G（IgG；1mg/mL，溶于去离子水）

　　　　尽管普遍使用牛血清白蛋白（BSA），但它对 Bradford 试剂的反应比一般蛋白质强烈 2 倍左右。因此，建议使用 IgG 作为蛋白质标准品。

　　　　建议通过紫外吸收实验校准用作标准品的纯蛋白溶液：1mg/mL 的 BSA 溶液 A_{280} 为 0.63，牛、人类或兔的 IgG 为 1.38。

蛋白质标准品溶液可分装储存于-20℃。

NaOH 溶液（1mol/L）（可选）

未知浓度的蛋白质样品

样品缓冲液

该缓冲液成分应与蛋白质储存缓冲液相匹配。

设备

一次性比色皿（聚苯乙烯）

建议使用一次性比色皿，因为染料和变性蛋白可能难以彻底去除。

酶标仪（96 孔）（参见步骤 3）

配备可见光光源的分光光度计（如 Spectronic 20 Genesys、Spectronic Instruments、Beckman DU series、Shimadzu BioSpec-mini 或类似型号）

涡旋混合器

方法

Bradford 法测定蛋白质浓度

1. 绘制标准曲线：从 0～20μg（0～20μL 的 1mg/mL 的 IgG）间选取多个梯度，将蛋白质标准品用去离子水稀释到 20μL，每个稀释度中加入 10μL 的样品缓冲液。检测足够的标准品浓度梯度以评估实验的重现性。8 个浓度梯度（如 0μL[①]、2μL、5μL、5μL、7.5μL、10μL、12.5μL、15μL 和 20μL）测量 2 或 3 次，通常就足以满足需要。

2. 与标准曲线相似，用样品缓冲液稀释 3 种不同体积（如 2μL、5μL 和 10μL）的蛋白质样品至终体积 10μL。每个稀释组中加入 20μL 的去离子水。

蛋白质稀释体积可能需要根据浓度进行调整。所有的读数应重复 3 次。

可以测定的蛋白质样品体积最多为 100μL，但干扰物质的影响将会随之增加。应当相应调整加入蛋白质标准品中的样品缓冲液的体积（步骤 1）。

为提高膜蛋白的溶解性和（或）减少批次间的信号差异，在此步可将等体积的 1mol/L NaOH 加入稀释后的蛋白质溶液（Stoscheck 1990）。

3. 向标准品和样品中各加入 1mL 的 Bradford 工作试剂，在涡漩混合器上完全混匀。室温放置至少 5min 使其发生颜色反应。

此实验可适用于 96 孔板模式，需按比例 5～10 倍缩减总量与体积（100～200μL Bradford 工作试剂）。这种模式的优势是：样品消耗体积更少，试剂可以使用多道移液器（排枪）迅速添加，并且所有标准品和样品结果能够使用酶标仪同时读取。如果酶标仪没有单色分光器，可以选择能够使用的最为接近的波长滤光片。对于 96 孔板模式，可以测定的蛋白质样品体积最多为 25μL。但干扰物质的影响将会随之增加；需相应调整加入蛋白质标准品中的样品缓冲液的体积。应对标准曲线线性范围内的一系列不同样品浓度，重复测定 3 次。

4. 用"空白"（0μg 的样品）将分光光度计在 595nm 处的光吸收调零，然后记录标准品和待测样品在 595nm 处的吸光值。

读数过程中，颜色反应可能在继续进行，按制样顺序依次读取每个样品的吸光值。

5. 将 595nm 处的平均吸光值作为相应蛋白质标准品的浓度的函数，绘制标准曲线。

6. 用上述标准曲线确定一个给定体积的样品中蛋白质的总量。蛋白质总量应落在标准曲线的线性范围内。计算每个不同体积的样品的蛋白质浓度（mg/mL），并计算平均浓度。样品蛋白质总量可以直接从标准曲线读出，或在 Excel 中使用线性回归分析，算出标准曲线的斜率，再计算得到蛋白质总量。

也可参见下文信息栏"蛋白质溶液的浓缩"。

———————————

① 译者注，原文为μg，但应为μL。

讨论

特定蛋白质的 A_{280} 吸光值

蛋白质溶液紫外吸收光谱的最大吸收峰在 280nm 波长附近，主要是由于芳香族氨基酸酪氨酸和色氨酸侧链的存在（参见信息栏"蛋白质消光系数的计算"）。当氨基酸的数量、类型及环境得到校正后，特定蛋白质溶液的 A_{280} 就与其浓度成比例。大多数情况下，可以按信息栏中描述的方法通过氨基酸序列手工计算（Edelhoch 1967；Gill and von Hippel 1989；Pace et al. 1995），也可以使用在线工具（如 http://us.expasy.org/tools/protparam.html）计算，得到足够精确的消光系数。一般情况下，大多数 1mg/mL 蛋白溶液的 A_{280} 值大约为 1 ± 0.6。例如，1mg/mL 的常见标准蛋白质溶液的 A_{280} 值是：牛血清白蛋白（BSA），0.63；牛、人类和兔的 IgG，1.38；鸡卵清蛋白，0.7（Fasman 1992）；以及大多数融合载体（GE Healthcare 公司）表达的日本血吸虫 GST，2.0。

吸光值的测量可用配备石英或甲基丙烯酸酯比色杯的标准分光光度计进行；玻璃比色杯和聚苯乙烯比色杯在 280nm 波长处有光吸收，因此不适用于此。在一段波长范围内（230～310nm）扫描样品光谱以监测光谱质量，并确认蛋白质溶液最大吸收峰的波长在 280nm 附近，这将是很有用的。在测量蛋白质溶液的光吸收之前，先扫描相应缓冲液作为空白或基线，可校正缓冲液组分及分光光度计设备的光吸收背景。多数分光光度计可从随后的样品光谱中自动扣减基线。对于样品的精确测量，调整蛋白质浓度使吸光值处于仪器的线性动态范围之内是很重要的。这个准确范围取决于仪器的质量、狭缝宽度和衰减器的存在；0.1～1.0 的吸光值范围对于大多数分光光度计来说应该是可靠的，尽管很多更高质量的光度计标明具有更宽的范围（如 Varian 公司的 Cary 4000 范围为 0.001 到>3.0）。因此，为了获得可靠的紫外光吸收测量结果，稀释的样品应该进行浓缩（见信息栏"蛋白质溶液的浓缩"），而更浓的样品必须稀释。获得蛋白质溶液精确的紫外光谱还依赖于没有干扰物质（在 280nm 波长处有光吸收）的存在。这些物质可能包括：核酸（DNA 或 RNA）或核苷酸（如 ATP、GTP）、很多小分子物质（如咪唑、烟酰胺腺嘌呤二核苷酸[NADH]）、某些去污剂（如 Triton X-100、Nonidet P-40）或者辅基基团在近紫外范围有光吸收的蛋白质（如血红素）。大多数标准分光光度计在测量时需要相对比较大的样本量（0.5～1mL），尽管特殊设计的比色杯（如 Starna Scientific 公司的 Sub-Micro Spectrophotometer Cells 为 10～100μL）或仪器设备（如 Thermo Scientific 公司的 NanoDrop 仅需 0.5～2.0μL）能够兼容更小的样品体积（Desjardins et al. 2009）。

蛋白质消光系数的计算

由于蛋白质的氨基酸组成不同，每个蛋白质具有不同的紫外吸收光谱和消光系数（ε_{280}）（Gill and von Hippel 1989）。蛋白质消光系数的主要贡献来自具有高消光系数的芳香族氨基酸色氨酸和酪氨酸残基，分别为 $5500 M^{-1}\cdot cm^{-1}$ 和 $1490 M^{-1}\cdot cm^{-1}$（Ward 1923；Pace et al. 1995）。与之相对，苯丙氨酸最大吸收波长为 260nm，但在 280nm 处（Ward 1923）的光吸收相当小。半胱氨酸（二硫键形式）在 280nm 处的消光系数相对较低，为 $125 M^{-1}\cdot cm^{-1}$（Pace et al. 1995），而还原态半胱氨酸在波长 260nm 以上的吸光值可忽略不计；因此，半胱氨酸的紫外吸收可以通过添加还原试剂予以消减。因此，

$$\varepsilon_{280}= n_{Trp} \times 5500 + n_{Tyr} \times 1490 + n_{Cys} \times 125 \qquad (1)$$

式中，ε_{280} 是 280nm 处的摩尔消光系数；n 是蛋白质中对应氨基酸的数量。

$$摩尔浓度 = A_{280} \times 稀释倍数 / \varepsilon_{280} \qquad (2)$$

$$浓度 \; mg/mL = A_{280} \times 稀释倍数 \times 分子质量，单位道尔顿 / \varepsilon_{280} \qquad (3)$$

比色测定法

考虑到多种因素，对于未完全纯化蛋白质、低丰度蛋白或者细胞裂解物的浓度测定，在>550nm 处测量吸光度的比色测定法是首选方法，如 Bradford、BCA 或 Lowry 蛋白测定。将分光光度计设定在一个合适的波长，监测样品的颜色变化，并与已知浓度的、系列稀释（标准曲线）的对照蛋白质（通常为 BSA 或 IgG，有时为卵清蛋白）进行对比。如果可能的话，用已知浓度的目标蛋白质绘制标准曲线更为精确，因为颜色的产率往往随每个蛋白质的不同而有所差异（Pierce and Suelter 1977；van Kley and Hale 1977）。所有这些测定都能为溶液中蛋白质的总含量提供一个合理的估计，尽管这些方法在面对蛋白质浓度、培养时间、缓冲液成分等干扰方面，分别具有其自身的局限性。

Bradford 测定法

Bradford 法（Bradford 1976）是一种快速（约 10min）且相当灵敏的方法，基于考马斯亮 G-250 染料在溶液中与变性蛋白结合后，其最大光吸收从 465nm 至 595nm 的迁移。此方法比较敏感，对于 1mL 测定体积，其线性范围为 1～20μg。由于每种蛋白质与染料结合程度存在差异，测定结果在不同蛋白质间有很大的不同（详细信息请参阅信息栏历史注脚：考马斯亮蓝）。与其他比色法相比，缓冲液组分对 Bradford 法的干扰相对较少（Compton and Jones 1985）。例如，Bradford 法可兼容常用浓度的还原剂二硫苏糖醇（DTT）和β-巯基乙醇（最高浓度分别为 5mmol/L 或 1mol/L）。但去污剂例外，如 Triton X-100 或 Tween 20 在蛋白质溶液中的常规使用浓度为 1%（V/V），而相对很低浓度的 Triton X-100（>0.125%，V/V）或 Tween 20（>0.06%，V/V）都会干扰 Bradford 法。鉴于前述优点，本方案给出的主体方案描述了 Bradford 法的操作流程。

Lowry 测定法

Lowry 法基于铜离子从 Cu^{2+} 到 Cu^{+} 的还原反应，此反应依赖于肽键的数目以及蛋白质中酪氨酸和色氨酸的含量（Lowry et al. 1951）。氧化的 Cu^{+} 通过与苯酚中的磷钨酸和磷钼酸混合物（称为福林酚试剂或福-乔试剂）反应，产生蓝色的着色产物。可以通过此产物在 750nm 处的吸光值进行检测。而且与 Bradford 法相比，不同蛋白质之间的变异性较小。Lowry 法相当敏感，对于 1mL 测定体积，其线性范围为 1～100μg。但是，与 Bradford 法相比，大量物质会干扰此方法（如低浓度的去污剂、Tris、EDTA、糖和乙醇）（Peterson 1983）。这些干扰物质大部分可以通过测定之前的沉淀步骤除去，但这会进一步延长已经相对比较缓慢的操作过程（温育需约 40min）。

BCA 测定法

二辛可宁酸法，或更常见的名称 BCA 法（Smith et al. 1985），是 Lowry 法的一种改进，受到干扰物质的影响较小。通过两个 BCA 分子与还原态 Cu^{+} 的螯合，可形成紫色的显色反应产物（检测波长在 562nm）。BCA 法并不是一个真正的终点法：即此方法会持续不停的显色，但在室温下的显色速率很慢，因而即使大量样品也足以一起检测。因此，对于 1mL 测定体积，从 1～30μg 样品 37℃温育 30min，到 0.1～10μg 样品 50℃温育 2h，其线性范围是可控的。此测定方法对去污剂的耐受较好，也是膜蛋白检测的首选方法，后者通常在显色前溶解于 1%SDS 中。还原剂（二硫苏糖醇、β-巯基乙醇）、螯合剂以及强酸或强碱，会干扰 Cu^{2+} 的还原反应，因此缓冲液对照、标准品和蛋白质样品中含有的上述物质应当相同。

蛋白质溶液的浓缩

当蛋白质原始浓度确定后，为了开展下游应用或存储，可能必须进一步增加蛋白质在溶液中的浓度。可以通过以下几种技术实现：离心浓缩（超滤的一种形式）、硫酸铵沉淀及冷冻干燥。蛋白质浓缩的主要目标是通过除去水（以及某些情况下，可溶性盐、缓冲液和其他小分子）减少样品体积，同时最大限度地减少蛋白质的损失并保持蛋白质的活性构象。由于这些原因，最佳浓缩方法将依赖于目标蛋白的具体特征。

盐析蛋白质

盐析是最早的蛋白质浓缩方法之一，是根据霍夫迈斯（Hofmeister）及其同事创建的霍夫迈斯系列工作演变而来的（Hofmeister 1888）。这一系列工作是根据不同离子对蛋白质溶解度的影响进行分析和分类的结果，其范围从"沉淀蛋白"至"增加溶解度"（"盐溶"）。使用这种分类，霍夫迈斯得出，盐与水的亲和力剥夺了蛋白质保持在溶液中所必需的溶剂水分子。后来确定，蛋白质沉淀的程度还依赖于存在的盐的量、蛋白质的浓度、pH 以及温度（Chick and Martin 1913）。一个多世纪以后，高浓度的盐（主要是硫酸铵）仍然被用作一种利用沉淀方法净化和浓缩蛋白质的手段（Kent 1999; Burgess 2009; Moore and Kery 2009）。

硫酸铵是盐析蛋白质的首选，因为它能高效溶解且高度可溶、具有广泛 pH 范围、溶解过程发热较少，并且价格便宜。沉淀通常是通过如下步骤完成：缓慢加入固体硫酸铵或硫酸铵的饱和水溶液（室温下约 4.1mol/L），同时将蛋白质溶液在冰上搅拌。如果欲使用硫酸铵分步部分纯化目标蛋白，可在最初添加硫酸铵直到大部分杂质蛋白质沉淀，而此时大部分目标蛋白仍留在溶液中。当通过离心去除沉淀的杂质后，可继续向剩余的溶液中加入硫酸铵，直至达到沉淀目标蛋白所需浓度。沉淀所需的硫酸铵分馏饱和度在不同蛋白质之间差别很大，必须根据经验来确定。由于加入的硫酸铵会改变最终体积，因而溶液的饱和度也会改变，最方便的方法是参照表格（England and Seifter 1990; Burgess 2009）或使用在线计算工具（http://www.encorbio.com/protocols/AM-SO4.htm）以确定达到所需饱和度需要多少硫酸铵。将最终沉淀的蛋白质重悬于缓冲液中，残余的硫酸铵可通过透析、超滤（下文所述）或用脱盐柱除去。虽然硫酸铵沉淀通常是可逆的，但无法保证目标蛋白的结构或功能不会受到影响。如果硫酸铵沉淀对蛋白质的完整性有不利影响（由活性实验测定），则需采用其他方法。

冷冻干燥（freeze-drying）或冻干法（lyophilization）

冷冻干燥或冻干也许是最直接的蛋白质浓缩技术之一。这一过程是在真空条件下，将水从冷冻样品中提取出来（通过升华及解吸附作用），从而达到部分或完全干燥（综述见 Gatlin and Nail 1994; Roy and Gupta 2004）。欲进行冷冻干燥的样品，通常需要补充添加剂。在最初的冷冻阶段，冷冻保护剂（如乙二醇或甘油等）可用于保护蛋白质不被变性，但是在随后的干燥过程中，冻干保护剂（糖类，如蔗糖、甘露糖醇或海藻糖等）是必需的，以防止蛋白质被破坏（Ward et al. 1999; Chang et al. 2005）。在没有冷冻保护剂和冻干保护剂的情况下，蛋白质的天然二级结构已被证明会在冷冻和冻干状态下发生改变（Schwegman et al. 2007）。

冷冻干燥保护剂的存在可以防止蛋白质发生大的构象变化(由α螺旋和非结构化区域变为β折叠二级结构所引起的）和聚集，但合适的冻干保护剂必须凭经验确定和优化。冻结干燥的另一个缺点是，随着蛋白质的浓缩，蛋白质溶液中的非挥发性盐和缓冲液也会被浓缩。这可能需要在方案中加入一个额外的缓冲液交换步骤，或者只使用可挥发的缓冲液。尽管冷冻干燥在结构完整性不是最重要（如抗原、变性蛋白质的生产）的情况下适合使用，但更高级的方法，如超滤，通常是首选方法。

超滤

超滤对蛋白质的操作更为温和，且更为有效，因为其在浓缩蛋白质的同时，可以去除溶液中的小分子物质。此过程是膜过滤方法的改进，通过使用压力（由机械泵、加压气体或离心产生）迫使液体样品穿过一个半透膜。膜的选择性渗透能力是由膜的孔径或截留分子质量（MWCO）控制的。分子质量大于截留分子质量的分子，会被保留在滤膜上游的滤器中，而水、盐和小于截留分子质量的分子则会穿过膜，形成滤液。

超滤装置有几种不同的样式（包括加压超滤室或离心设备），但设计合理之选往往是离心浓缩设备，因为其快速、高效并能够与标准离心机兼容。现在有多家公司生产各种尺寸和 MWCOs（2～300kDa）的嵌合半透膜的锥形管（Amicon 离心式滤器；Millipore 公司的 Vivaspin 超滤离心柱；Sartorius 公司的 StedimBiotech），以方便对各种体积的样本和各种大小的蛋白质进行浓缩。

一般情况下，超滤技术比传统方法能够获得更多的预期产量，而且无须添加任何稳定剂或沉淀剂。也可以通过使用一种新的缓冲液重新浓缩和稀释蛋白质，达到更换溶液缓冲体系的目的。然而，经过离心浓缩的蛋白质，有时会在浓缩过程中聚集或结合到膜上（Boyd and Zydney 1998）。已有报道称，在紧邻膜表面的样品中，快速过饱和态及高溶剂流速（产生剪切力）会导致蛋白质聚集（Kim et al. 1993）。溶剂在膜表面的流动产生的剪切力，能使蛋白质分子解折叠，并促进蛋白质与膜或其他颗粒的非特异性结合。为了防止在膜上形成过饱和层，样品每次的离心时间应相对较短（5min），并在两次离心之间彻底但温柔地混合样品。如果在浓缩过程中蛋白质的损失明显，可以采取其他措施。这些措施可能包括：在一个较低的蛋白质浓度时终止操作，膜用 5% Tween 80 或 5% 苯扎氯铵进行预处理（Lee et al. 2003），或使用另一种方法来浓缩蛋白质。

配方

为正确使用本方案中的器材和危险试剂，必须查阅相应的材料安全数据表并咨询所在机构的环境卫生和安全办公室。

Bradford 储备液

试剂	量（300mL）	终浓度
乙醇（95%）	100mL	31.67%
磷酸（88%）	200mL	58.67%
考马斯亮蓝 G-250	350mg	1.41mol/L

储备液可在室温下无限期稳定保存于棕色瓶中。

Bradford 工作液

试剂	量（500mL）	终浓度
蒸馏水	425mL	
乙醇（95%）	15mL	2.85%
磷酸（88%）	30mL	5.28%
Bradford 储备液（见上）	30mL	储备液 16.67 倍稀释

该试剂应为浅棕色。用 Whatman 1 号滤纸过滤。工作试剂在室温下棕色瓶中可稳定保存数周（根据需要可再过滤）。

参考文献

Bollag DM, Edelstein SJ. 1991. Protein concentration determination. In *Protein methods*, pp. 45–70. Wiley-Liss, New York.

Boyd RF, Zydney AL. 1998. Analysis of protein fouling during ultrafiltration using a two-layer membrane model. *Biotechnol Bioeng* **59**: 451–460.

Bradford MM. 1976. A rapid and sensitive method for the quantitation of microgram quantities of protein utilizing the principle of protein–dye binding. *Anal Biochem* **72**: 248–254.

Burgess RR. 2009. Protein precipitation techniques. *Methods Enzymol* **463**: 331–342.

Chang LL, Shepherd D, Sun J, Ouellette D, Grant KL, Tang XC, Pikal MJ. 2005. Mechanism of protein stabilization by sugars during freeze-drying and storage: Native structure preservation, specific interaction, and/or immobilization in a glassy matrix? *J Pharm Sci* **94**: 1427–1444.

Chick H, Martin CJ. 1913. The precipitation of egg-albumin by ammonium sulphate. A contribution to the theory of the "salting-out" of proteins. *Biochem J* **7**: 380–398.

Compton SJ, Jones CG. 1985. Mechanism of dye response and interference in the Bradford protein assay. *Anal Biochem* **151**: 369–374.

Desjardins P, Hansen JB, Allen M. 2009. Microvolume protein concentration determination using the NanoDrop 2000c spectrophotometer. *J Vis Exp* **pii**: 1610. doi: 10.3791/1610.

Edelhoch H. 1967. Spectroscopic determination of tryptophan and tyrosine in proteins. *Biochemistry* **6**: 1948–1954.

Englard S, Seifter S. 1990. Precipitation techniques. *Methods Enzymol* **182**: 285–300.

Fasman GD. 1992. *Practical handbook of biochemistry and molecular biology*. CRC, Boston.

Gatlin LA, Nail SL. 1994. Protein purification process engineering. Freeze drying: A practical overview. *Bioprocess Technol* **18**: 317–367.

Gill SC, von Hippel PH. 1989. Calculation of protein extinction coefficients from amino acid sequence data. *Anal Biochem* **182**: 319–326.

Hofmeister F. 1888. Zur lehre der wirkung der salze. Zweite mittheilung. *Arch Exp Path Pharmakol* **24**: 247–260.

Kent UM. 1999. Purification of antibodies using ammonium sulfate fractionation or gel filtration. *Methods Mol Biol* **115**: 11–18.

Kim KJ, Chen V, Fane AG. 1993. Some factors determining protein aggregation during ultrafiltration. *Biotechnol Bioeng* **42**: 260–265.

Lee KJ, Mower R, Hollenbeck T, Castelo J, Johnson N, Gordon P, Sinko PJ, Holme K, Lee YH. 2003. Modulation of nonspecific binding in ultrafiltration protein binding studies. *Pharm Res* **20**: 1015–1021.

Lowry OH, Rosebrough NJ, Farr AL, Randall RJ. 1951. Protein measurement with the Folin phenol reagent. *J Biol Chem* **193**: 265–275.

Moore PA, Kery V. 2009. High-throughput protein concentration and buffer exchange: Comparison of ultrafiltration and ammonium sulfate precipitation. *Methods Mol Biol* **498**: 309–314.

Pace CN, Vajdos F, Fee L, Grimsley G, Gray T. 1995. How to measure and predict the molar absorption coefficient of a protein. *Protein Sci* **4**: 2411–2423.

Peterson GL. 1983. Determination of total protein. *Methods Enzymol* **91**: 95–119.

Pierce J, Suelter CH. 1977. An evaluation of the Coomassie Brillant Blue G-250 dye-binding method for quantitative protein determination. *Anal Biochem* **81**: 478–480.

Roy I, Gupta MN. 2004. Freeze-drying of proteins: Some emerging concerns. *Biotechnol Appl Biochem* **39**: 165–177.

Schwegman JJ, Carpenter JF, Nail SL. 2007. Infrared microscopy for in situ measurement of protein secondary structure during freezing and freeze-drying. *J Pharm Sci* **96**: 179–195.

Smith PK, Krohn RI, Hermanson GT, Mallia AK, Gartner FH, Provenzano MD, Fujimoto EK, Goeke NM, Olson BJ, Klenk DC. 1985. Measurement of protein using bicinchoninic acid. *Anal Biochem* **150**: 76–85.

Stoscheck CM. 1990. Increased uniformity in the response of the Coomassie Blue G protein assay to different proteins. *Anal Biochem* **184**: 111–116.

van Kley H, Hale SM. 1977. Assay for protein by dye binding. *Anal Biochem* **81**: 485–487.

Ward FW. 1923. The absorption spectra of some indole derivatives. *Biochem J* **17**: 891–897.

Ward KR, Adams GD, Alpar HO, Irwin WJ. 1999. Protection of the enzyme L-asparaginase during lyophilisation—A molecular modelling approach to predict required level of lyoprotectant. *Int J Pharm* **187**: 153–162.

信息栏

膜蛋白纯化的策略

　　所有已知蛋白质中，有超过 1/4 的蛋白质为膜蛋白。它们可以执行多种功能，包括信号转导、离子和小分子的运输、酶促反应的催化，因此，这些蛋白质也是医药干预的主要靶标。然而，其中只有少数蛋白质的结构信息可用（综述见 White 2009）。在晶体学和功能分析中纯化足量膜蛋白的一个瓶颈是：它们在异源表达系统中的表达水平通常较低（Clark et al. 2010）。另外一个挑战是需要将它们从原生膜（native membrane）上溶解下来，同时保持结构和功能的完整性。这不是一个简单的任务，因为这些蛋白质经常会变性和聚集。

去污剂条件

　　近年来已经开发了许多去污剂，可以很好地与膜蛋白相互作用，并能模拟脂质双分子层的物理性质（Prive 2007）。去污剂像磷脂一样，是具有亲水性头部基团和疏水性尾部的两性化合物，而不像脂类，只有一个单一的疏水性尾部（图 1）。在低浓度时，去污剂能插入到脂质双分子层，破坏膜的稳定性。当去污剂浓度增加到超过临界胶粒浓度（critical micelle concentration，CMC）时，膜的双分子层就会被破坏掉，形成脂类-去污剂、蛋白质-去污剂混合胶粒；在后者的形态中，去污剂的疏水链环绕在蛋白质的疏水区周围（le Maire et al. 2000）。为了有效地溶解蛋白质，去污剂的使用浓度必须高于其 CMC 数倍；但是，太高的浓度可能造成变性（Wiener 2004）。当蛋白质浓度为 1~5mg/mL 时，0.5%~2%的去污剂浓度往往能有效提取蛋白质；对于少量和/或更高蛋白质浓度的情况，去污剂与蛋白质的比例可能需要调整。在随后的色谱层析步骤，去污剂应当减少到 CMC 浓度的 2~3 倍，以避免剥离紧密结合的脂质（Wiener 2004）。高浓度的渗透调节物甘油（10%~20%，V/V）的存在，对于在提取过程中保持蛋白活性构象是非常重要的，并且已被证明，当蛋白质重构为蛋白脂质体（proteoliposome）时，可以提高许多蛋白质的比活性 10 倍或更高（Maloney and Ambudkar 1989）。

表 1　膜蛋白纯化中常用去污剂的物理性质

试剂	分子质量	临界胶束浓度/（mmol/L，%）[a]	聚集数[b]	胶束大小/kDa
非离子				
n-辛基-β-D-吡喃葡萄糖苷	292.4	18（0.53%）	78	23
n-辛基-β-D-硫代吡喃葡萄糖苷	308.4	9（0.28%）		
n-壬基-β-D-吡喃葡萄糖苷	306.4	6.5（0.20%）	133	41
n-癸基-β-D-吡喃葡萄糖苷[c]	320.4	2.2（0.07%）		
n-癸基-β-D-麦芽吡喃	482.6	1.8（0.087%）	69	33
n-十一烷基-β-D-麦芽吡喃	496.6	0.59（0.029%）	74	37
n-十二烷基-β-D-麦芽吡喃	510.6	0.17（0.0087%）	78~149	40~76
n-十三烷基-β-D-麦芽吡喃[c]	524.6	0.033（0.0017%）	105	55
毛地黄皂苷[d]	1229.3	0.5（0.06%）	60	70
C8E4[e]	306.5	8（0.25%）	82	25
C10E6	423	0.9（0.025%）	40	17
C12E8	539	0.09（0.00048%）	123	66
Triton X-100[f]	647	0.23（0.015%）	75~165	49~107
Triton X-114	536	0.2（0.011%）		
Nonidet P40	603	50（0.05%~0.3%）	100~155	60~95
阴离子				
胆酸	430.6	9.5（0.41%）	2~3	1
去氧胆酸	414.6	6（0.24%）	22	9
牛黄胆酸	537.7	3~11（0.16%~0.59%）	4	2
十二烷基硫酸钠[c]	288.4	2.6（0.075%）	62~101	18~29
两性离子				
CHAPS	614.9	8（0.49%）	10	6
CHAPSO	630.9	8（0.50%）	11	7
月桂基二甲基氨基氧化物（LDAO）	229.4	2（0.023%）	76	17
Fos-胆碱-10	323.4	11（0.35%）	24	8
Fos-胆碱-12	351.5	1.5（0.047%）	50~60	18~21
Fos-胆碱-14	379.5	1.2（0.00446%）	108	71
Zwittergent 3-12	335.6	3（0.094%）	55~87	18~29
Zwittergent 3-14	363.6	0.2（0.007%）	93~130	34~47

　来源：Anatrace 公司目录（见 http://www.anatrace.com/downloads.htm）。

　a. 临界胶束浓度（CMC）依赖于 pH、离子强度、温度，以及蛋白质、脂类和其他去污剂分子的存在。

　b. 胶粒中去污剂的单体数目。

　c. 4℃条件下，可溶性有限。

　d. 毛地黄皂苷是来自洋地黄的一种糖苷类物质，被认为能够维持蛋白质-蛋白质相互作用，对于异源蛋白复合物的分离很重要（Herget et al. 2009）。

　e. 聚氧乙烯去污剂应避光存储于氮气中，以避免形成过氧化物。

　f. Triton 和 Nonidet 去污剂具有化学异质性，不利于结构研究。

根据蛋白质结构选择去污剂

对于一个跨膜蛋白的分离，去污剂的选择至关重要，无论如何强调都不过分。头部基团的天然属性、碳链的长度、浓度及去污剂与蛋白质的比例，对于成功提取正确折叠且具有活性构象的蛋白质来说，都是至关重要的（Prive 2007）。头部基团通常对去污剂与蛋白质的相互作用具有很大影响，而烷基链的长度决定了 CMC 和聚集数（表 1）。按照头部基团的极性，去污剂可分为离子型、非离子型或两性离子型。非离子型去污剂作用温和，如葡萄糖苷（glucoside）和麦芽糖苷（maltoside）系列、毛地黄皂苷（digitonin）、聚氧乙烯（polyoxyethylene）去污剂（如 C10E6 及 Triton），因为它们通常在溶解膜蛋白时，并不改变蛋白质的重要结构特征（le Maire et al. 2000；Seddon et al. 2004）。两性离子去污剂，如月桂基二甲基氨基氧化物（lauryldimethylamine oxide，LDAO）和 FOS-CHOLINE 系列往往是更为有效的溶解剂，但与非离子型去污剂相比，可能更容易造成蛋白质失活（White et al. 2007）。离子型去污剂[如十二烷基硫酸钠（SDS）]，是有效的溶解剂，但几乎总会使蛋白质变性，这一特点使 SDS 非常适合应用于变性凝胶电泳。而基于类固醇的去污剂，如胆盐和 3-[3-（胆酰氨丙基）二甲氨基]丙磺酸内盐（CHAPS），构成了单独一类作用相对温和的表面去污剂，其疏水性类固醇表面可以很好地与蛋白质的跨膜区相互作用（Zhang et al. 2007）。此外，越来越多地被用于膜蛋白生物化学领域的其他去污剂包括：合成的溶血磷脂（如 LysoFos Choline、LysoFos Choline Ether 和 LysoFos Glycerol）（http://www.anatrace.com），短链（C6-C8）磷脂（Hauser 2000）。

表 1 中列出了膜蛋白纯化和晶体研究中常用的去污剂示例及其物理性质。更多更全面的去污剂列表，可以在生化级去污剂供应商的网站（http://www.emdbiosciences. com，http://www.anatrace.com，http://www.sigmaaldrich.com，http://www.glycon.de，以及 http://blanco. biomol.uci.edu/Membrane_Proteins_xtal.html）上查到，后者跟踪记录了已知的膜蛋白的三维（3D）结构及其相应参考文献。

根据应用目的选择去污剂

去污剂的选择也取决于下游的纯化、浓缩和重构方法，以及纯化的蛋白质的应用目的。非离子型去污剂与大多数纯化树脂兼容，但在使用离子交换或螯合树脂的同时，使用离子型或两性离子去污剂应小心谨慎（参见方案 5 中的 His-tag 纯化）。例如，Ni^{2+}-NTA 亲和树脂仅能耐受不超过 0.3% 的离子型去污剂（http://www1.qiagen.com/literature/resources/Protein/Compatibilitytable.pdf）[①]。在去污剂溶液中纯化蛋白质，可以使用低蛋白结合力的纤维素滤膜，通过超滤进行浓缩。由于去污剂形成的胶粒尺寸相对较大（表 1），应选择高 MWCO 的滤膜（如截留分子质量为 100kDa 的 YM100 滤膜），以防去污剂伴随蛋白质一起被浓缩。最后，高 CMC 的去污剂更适合采用常用方法（如透析、快速稀释或疏水性玻璃珠吸附）将纯化的蛋白重构到蛋白脂质体中（Rigaud and Levy 2003）。对于需要可溶性蛋白的那些应用，如晶体学或其他的生物物理学研究，由于低 CMC 的去污剂不能被透析掉，最好是在蛋白质绑定到亲和树脂时将其交换掉（参见方案5），或通过凝胶过滤色谱法去除（Newby et al. 2009；Clark et al. 2010）。

---

① 译者注：此链接已失效，读者可自行访问相关网站检索相应信息。

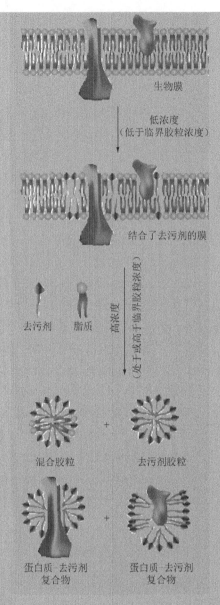

生物膜

低浓度
（低于临界胶粒浓度）

结合了去污剂的膜

去污剂 脂质 高浓度（处于或高于临界胶粒浓度）

混合胶粒 + 去污剂胶粒

蛋白质-去污剂
复合物

蛋白质-去污剂
复合物

图1 去污剂溶解膜蛋白。（©EMD Chemicals Inc., Merck KGaA 子公司, Darmstadt, Germany. 经许可后转载）（彩图请扫封底二维码）。

参考文献

Clark KM, Fedoriw N, Robinson K, Connelly SM, Randles J, Malkowski MG, Detitta GT, Dumont ME. 2010. Purification of transmembrane proteins from *Saccharomyces cerevisiae* for X-ray crystallography. *Protein Expr Purif* **71**: 207–223.

prerequisite for determination of peptide stoichiometry and ATP hydrolysis. *J Biol Chem* **284**: 33740–33749.

le Maire M, Champeil P, Moller JV. 2000. Interaction of membrane proteins and lipids with solubilizing detergents. *Biochim Biophys Acta* **1508**: 86–111.

Maloney PC, Ambudkar SV. 1989. Functional reconstitution of prokaryote and eukaryote membrane proteins. *Arch Biochem Biophys* **269**: 1–10.

Newby ZE, O'Connell JD III, Gruswitz F, Hays FA, Harries WE, Harwood IM, Ho JD, Lee JK, Savage DF, Miercke LJ, et al. 2009. A general protocol for the crystallization of membrane proteins for X-ray structural investigation. *Nat Protoc* **4**: 619–637.

Prive GG. 2007. Detergents for the stabilization and crystallization of membrane proteins. *Methods* **41**: 388–397.

Rigaud JL, Levy D. 2003. Reconstitution of membrane proteins into liposomes. *Methods Enzymol* **372**: 65–86.

Hauser H. 2000. Short-chain phospholipids as detergents. *Biochim Biophys Acta* **1508**: 164–181.

Herget M, Kreissig N, Kolbe C, Scholz C, Tampe R, Abele R. 2009. Purification and reconstitution of the antigen transport complex TAP: A

Seddon AM, Curnow P, Booth PJ. 2004. Membrane proteins, lipids and detergents: not just a soap opera. *Biochim Biophys Acta* **1666**: 105–117.

White SH. 2009. Biophysical dissection of membrane proteins. *Nature* **459**: 344–346.

White MA, Clark KM, Grayhack EJ, Dumont ME. 2007. Characteristics affecting expression and solubilization of yeast membrane proteins. *J Mol Biol* **365**: 621–636.

Wiener MC. 2004. A pedestrian guide to membrane protein crystallization. *Methods* **34**: 364–372.

Zhang Q, Ma X, Ward A, Hong WX, Jaakola VP, Stevens RC, Finn MG, Chang G. 2007. Designing facial amphiphiles for the stabilization of integral membrane proteins. *Angew Chem Int Ed Engl* **46**: 7023–7025.

🔬 历史注脚：考马斯亮蓝

考马斯亮蓝 R-250 首次被用作实验室蛋白质染色试剂是在 1963 年。Robert Webster，一个在堪培拉澳大利亚国立大学 Stephen Fazekas de St Groth 实验室里的研究生，正在寻找一种方式，来定位醋酸纤维素条上已被电泳分离的流感病毒蛋白。当时，澳大利亚羊毛业正在蓬勃发展，政府实验室也在集中研究不同类别的羊毛染料作用机制。Fazekas de St Groth 和 Webster 推测，这些染料一定具有与蛋白质的高亲和力，随后他们从联邦科学与工业组织（Commonwealth Scientific and Industrial Organization）处获得了大量染料样品。其中包括考马斯亮蓝 R-250，也被称为酸性蓝 83——一种自世纪之交以来已在纺织行业使用的染料。Webster 很快就确定考马斯亮蓝 R-250 可以作为一种高灵敏度的蛋白质染料，但令他感到沮丧的是，染色强度存在每天不同的极端变化。一天晚上在家，他突然意识到，解决问题的方法是在染色前将蛋白质固定（"fix"）在醋酸纤维素条上。他回到实验室，用磺基水杨酸固定了分离的流感病毒蛋白。这些结果公布后（Fazekas de St. Groth et al. 1963），很快就被用于聚丙烯酰胺凝胶分离后的蛋白质染色（Meyer and Lamberts 1965）。

由于考马斯亮蓝 R-250 是 Imperial Chemical Industries PLC 公司的商标，故此染料一般在生化试剂目录中被标为"亮蓝"。氨基三苯甲烷类（aminotriarylmethane）染料有两种形式可供选择：亮蓝 G 和亮蓝 R[在颜色指数中分别对应不同的数字（42655 和 42660）]。颜色指数可以看成是染料的"圣经"，根据颜色进行染料的分类和排列。亮蓝 G（G 代表"微绿"）和亮蓝 R（R 代表"微红"），分别微溶和不溶于冷水，分别可溶和微溶于热水和醇类。两种染料都能对蛋白质进行有效的染色，虽然 G-250 更灵敏，但 R-250 对比度更好且常用于凝胶中的蛋白质染色（Merril 1990）。最初的配方建议，将浓度为 0.05% 的染料溶于甲醇：乙酸：水（50：10：40，V/V）的溶液中。

参考文献

Fazekas de St Groth S, Webster RG, Datyner A. 1963. Two new staining procedures for quantitative estimation of proteins on electrophoretic strips. *Biochim Biophys Acta* 71: 377–391.

Merril CR. 1990. Gel-staining techniques. *Methods Enzymol* 182: 477–488.

Meyer TS, Lamberts BL. 1965. Use of Coomassie Brilliant Blue R250 for the electrophoresis of microgram quantities of parotid saliva proteins on acrylamide gel strips. *Biochim Biophys Acta* 107: 144–145.

（吴　军　刘星明　译，王恒樑　校）

第 20 章　利用交联技术分析染色质结构与功能

导　言

　　本章将介绍两种利用甲醛交联来研究基因组结构和功能的分子生物学方法：染色质免疫沉淀（ChIP）和染色体构象捕获（3C）（图 20-1）。通过这些方法，可以研究组蛋白修饰（如乙酰化、甲基化）的分布、组蛋白变异体（如 H2AZ、H3.3）的沉积、序列特异性转录因子和通用转录因子的结合位点，以及远距离功能性基因组位点的空间相对距离等（通过形成环形结构）。第一部分描述了使用广泛的基于 ChIP 的方法，分析活细胞中的蛋白质-DNA 相互作用。第二部分则描述了利用基于 3C 的技术，考查细胞内染色体折叠以及远距离的基因组序列相互作用。

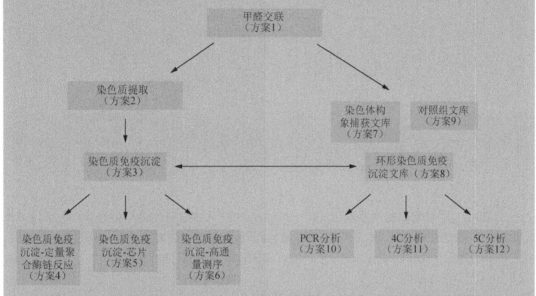

图 20-1　ChIP 和 3C 方案框架。这里展示了本章所介绍的 12 个方案之间的联系。方案 3 和方案 8 之间的水平箭头表明这些方案是紧密相连的。

利用甲醛交联考查基因组相互作用

　　自 1960 年以来，作为一种化学探针，甲醛交联广泛应用于研究蛋白质-蛋白质以及蛋白质-DNA 的体内外相互作用。甲醛介导的蛋白质与底物 DNA 之间的交联包括两步反应（图 20-2）。首先，甲醛与 DNA 或者蛋白质中游离氨基反应生成席夫碱（Schiff's base），然后席夫碱与另一个游离氨基反应，从而在 DNA 与蛋白质之间形成共价键。甲醛作为一种重要的交联剂，广泛应用于基因组局部区域或全基因组范围的染色质组成（基于 ChIP 方法）及染色质高级结构（基于 3C 方法）的研究。

　　实现最佳交联是 ChIP 和 3C 实验的关键。样品交联不充分将产生假阴性，而交联过度将产生不溶的染色质，导致无法进一步分析。对于 ChIP 和 3C，活细胞通常暴露在 1%的甲醛溶液中。除了甲醛浓度，交联时间和温度也可以根据实际情况调整，以达到最佳核内交联状态。调整交联时间和温度能够优化目的蛋白与其底物（ChIP 分析）以及两个远距离基因组位点间（3C 分析）的交联效率。不太稳定的相互作用可以通过 4℃的较长时间（30 min或更久）交联或者 37℃下的交联来增加反应的特异性。对于固定组织和器官，一定要确保组织在甲醛交联前被充分解离，以便甲醛高效且充分地扩散。

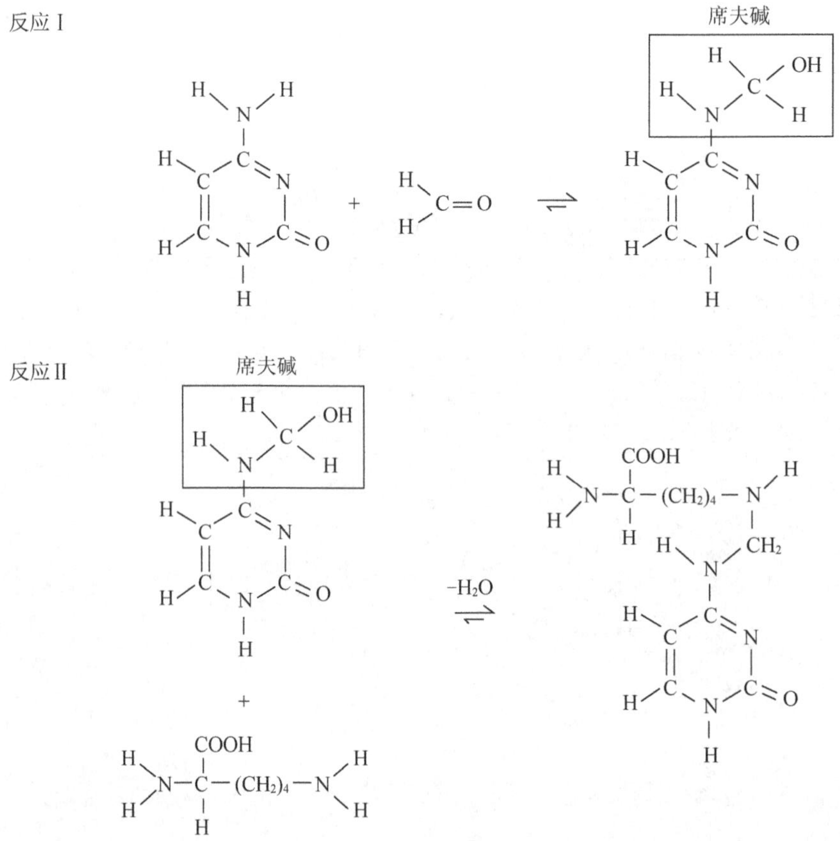

反应 I

反应 II

图 20-2　甲醛交联的两步反应。第一步反应，甲醛与一个核苷酸碱基（胞嘧啶）的游离氨基反应生成一个不稳定的席夫碱。第二步反应，席夫碱与赖氨酸残基上的游离氨基反应，从而在 DNA 和蛋白质之间形成共价键（经 Elsevier 出版社许可，修改自 Orlando 等 1997 年的出版物）。

ChIP 分析蛋白质-DNA 相互作用

　　ChIP 最早由 David Gilmour 和 John Lis 于 1984 年建立，他们利用紫外线交联研究 RNA 聚合酶在细菌基因上的体内结合情况（Gilmour and Lis 1984）。第二年，Mark Solomon 和 Alexander Varshavsky 利用甲醛交联，探查染色质的体内结构（Solomon and Varshavsky 1985）。这两篇报道的不同之处就在于交联剂的选择。尽管紫外线作为交联剂的使用比甲醛的使用更为广泛，但紫外线介导的蛋白质-DNA 交联是不可逆的，而甲醛交联在温和加热条件下即可解离（Solomon and Varshavsky 1985）。这样由甲醛交联染色体得到的 DNA 更易于进行后续的分子生物学检测，因此甲醛成为 ChIP 和 3C 的首选交联剂。

　　ChIP 的基本步骤包括活细胞的甲醛处理，目的是在细胞内将蛋白质与其底物 DNA 固定。随后通过物理剪切或者酶消化，蛋白质-DNA 复合物被提取和片段化。利用针对蛋白质的特异性抗体，通过免疫亲和纯化分离获得与特定蛋白质复合物结合的特异 DNA 序列（图 20-3）。纯化得到 DNA 后，通过一系列分子生物学技术如 Southern 印迹法（Orlando and Paro 1993）（第 2 章，方案 11 和方案 12），或聚合酶链反应（PCR，见第 7 章）等的分析，最终确定特定 DNA 序列与目的蛋白之间的相关性（Hecht et al. 1996）。

　　2000 年，有两个小组使用了一种基于 DNA 微阵列的新技术，可以在上百万个碱基对序列中检测蛋白质-DNA 相互作用的位点（ChIP-chip，又称为 ChIP-on-chip）（Ren et al. 2000; Iyer et al. 2001）。覆盖全部人类基因组序列的高密度寡核苷酸阵列的商业化，促进了利用

ChIP-chip 技术进行蛋白质-DNA 相互作用位点的系统检测（图 20-3）（Kim et al. 2005b）。利用基因表达系列分析技术（SAGE）（Velculescu et al. 1995）来研究 ChIP DNA（Roh et al. 2004; Wei et al. 2006），进一步扩展了这种全基因组范围研究蛋白质-DNA 相互作用的方法。随后，高通量测序技术的进步（ChIP-seq）（Johnson et al. 2007; Mikkelsen et al. 2007）为基于 ChIP 的基因调控和表观基因组学研究揭开了新的篇章。ChIP DNA 的直接测序，更使得人们可以对占基因组相当大比例的重复元件进行直接考查，这是 DNA 微阵列技术难以做到的。虽然相关检测方法已有很大改变，但核心的交联及免疫沉淀步骤始终未变。

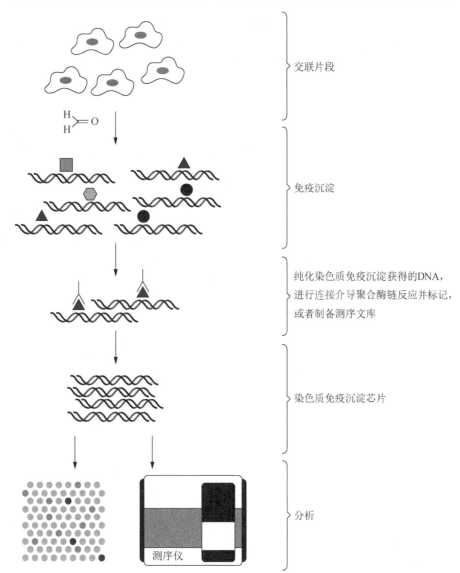

右侧标注：
交联片段

免疫沉淀

纯化染色质免疫沉淀获得的DNA，进行连接介导聚合酶链反应并标记，或者制备测序文库

染色质免疫沉淀芯片

分析

测序仪

图 20-3　ChIP-chip 和 ChIP-seq 方法框架图。首先对细胞进行甲醛交联，再提取交联后的细胞核，并使用超声将其破碎成可溶的染色质。接下来进行染色质免疫沉淀，对得到的纯化后 DNA 进行 DNA 微阵列杂交（ChIP-chip）或者直接测序（ChIP-seq），详细内容见正文（经 Cold Spring Harbor Laboratory 出版社许可，修改自 Kim 等 2005 年的出版物，Kim et al. 2005a）。

　　所用抗体的质量对于利用 ChIP 实验识别和分析结合位点至关重要。目前尚没有一种简便方法可以预测给定抗体能否适用于 ChIP，必须在实验中直接检测抗体是否合适。现在的供应商都会提供所销售抗体用途的详细信息，有助于合适抗体的选择。如果针对某种特定转录因子的抗体尚无市售，则可以通过实验动物的常规免疫获得。另外一种策略是在转基因细胞系或转基因动物组织中表达表位标记的蛋白质，从而进行 ChIP 实验。细菌人工染色体（BAC）转基因细胞系被证明是在生理表达水平下，表达标记转录因子的一种很好的方式（Poser et al. 2008）。准备 ChIP 实验时，应考虑确定：①蛋白质可能结合的基因组序列作为阳性对照；②蛋白质不会结合的基因组序列作为阴性对照；③蛋白质的结合是组成性还是诱导性。另一个需要考虑的因素是：ChIP-qPCR、ChIP-chip 和 ChIP-seq 哪一种方法更合适（表 20-1）？当需进行全基因组 ChIP 分析（ChIP-seq）时，应注意要获得准确和全面的数据所需要的序列覆盖度取决于基因组中结合位点的数量。

表 20-1　基于 ChIP 的方法概述

方法	使用难易度	所需成本和时间	应用
ChIP-qPCR	容易	便宜，3～4 天	只能分析数量有限的基因组区域
ChIP-chip	具挑战性	昂贵，2 周，需要额外的数据分析和管理	用于分析较大的、连续的基因组区域，特意挑选的基因组区域如启动子，以及整个基因组中感兴趣的蛋白质或组蛋白的分布
ChIP-seq	具挑战性	昂贵，2～3 周，需要额外的数据分析和管理	全基因组分析感兴趣的蛋白质或组蛋白的分布

预期结果和 ChIP 数据解读

基于 ChIP 的方法提供了关于蛋白质和 DNA 序列空间接近性的信息。最新的研究表明，转录因子的结合及不同组蛋白修饰模式可以用来注释基因组中功能性的顺式调控元件（Kim et al. 2005a, 2005b, 2007; Heintzman et al. 2009）。这些研究体现了基于 ChIP 的方法可以广泛用于基因组功能的研究。然而，检测到的阳性相互作用并不代表该蛋白质与序列的直接结合，因为分子间的接近也可能是由两个不同位点形成的环状结构所致。此外，由于检测到的相互作用未必会在所有细胞或整个细胞周期中都存在，所以由 ChIP 实验得到的阳性相互作用需要仔细考查分析。同时出现的相互作用（co-occurrence of interaction）同样需要仔细分析并且通过额外实验（如连续 ChIP 等）来验证是否的确是多个蛋白质共同占据同一基因组位点。

在 ChIP-qPCR、ChIP-chip 及 ChIP-seq 中，相对于对照组 DNA，ChIP DNA 两倍富集度通常被认为是确定某个基因组位点是否与目的蛋白结合的一个合适的阈值。然而，更为可靠的结合信号阈值的取舍，应根据阴性对照组中抗体在基因组中的背景结合情况等经验来确定。因此，特定蛋白质在某个位点的 ChIP 信号可能由于所使用抗体的不同而不同。此外，还可以用干扰小 RNA（siRNA）进行进一步的验证，即通过 siRNA 敲低目的蛋白，考查关联程度是否会随之降低。全基因组相互作用的功能学分析可以通过检测全基因组的表达情况来研究（综述见 Hawkins et al. 2010）。

基于 3C 分析染色质相互作用

染色体在三维层面折叠，其空间构象在基因调控、染色体分离、基因组稳定性及染色质代谢的其他方面扮演重要角色。特别地，远距离相互作用可以发生在间隔较远的基因组元件如基因与其远距离调控元件之间，两者间可能相距几百万碱基对。这些相互作用导致染色质形成环状结构。

3C 最早由 Dekker 等（2002）开创，随后一些类似的方法不断发展，均使用甲醛交联来捕获、检测并衡量染色体内或染色体间不同基因座之间的物理相互作用。这些方法的核心始终是 3C（Dekker et al. 2002）。3C 能够检测完整细胞基因组内任何一对小基因座位（可达几千碱基）之间相互作用的频率。3C 广泛用于检测基因组元件如增强子和启动子之间的成环作用（Dekker 2003, 2008; Simonis et al. 2007）。本方案详尽描述了 3C 实验方案，以及几种 3C 的衍生方案，其中包括两种利用高通量技术大规模检测全基因组染色质相互作用的方案。

3C 技术概要

3C 首先利用甲醛对完整细胞进行交联，通过蛋白质与 DNA 或者蛋白质与蛋白质交联而实现物理上接触的不同基因座位共价链接（图 20-3）。接下来，3C 利用一系列分子学手段来确定有相互作用的基因座位。首先，通过去污剂、机械裂解细胞以及在 65℃ 下短暂孵育等不同策略的组合溶解交联染色质。然后使用限制酶消化染色质，最后 DNA 被稀释并在有利于交联染色质片段的分子内连接的情况下进行连接。随后，解交联并对连接混合物进行纯化。3C 产生了全基因组范围的连接产物文库，每一条连接产物对应于两个基因座之间的特异相互作用。特定 3C 连接产物在文库中出现的频率标志着两个基因座在空间上足够接近而被交联的概率。

下一个步骤是对 3C 连接产物的定量检测，正是这一步决定了基于 3C 的几种不同方法之间的区别。传统的 3C 使用特定引物进行 PCR，一次一个地检测连接产物。PCR 引物设计靠近新形成的限制性酶切位点连接产物上下游 100～150bp（图 20-4）。PCR 产物凝胶电泳以后通过凝胶定量系统进行定量，或者通过 TaqMan 引物的实时 PCR 来对特定 3C 连接产物的丰度进行定量（Hagege et al. 2007）（第 9 章），两种方法结果非常类似。最终 PCR 产物的量可用来衡量基因座之间相互作用的频率。

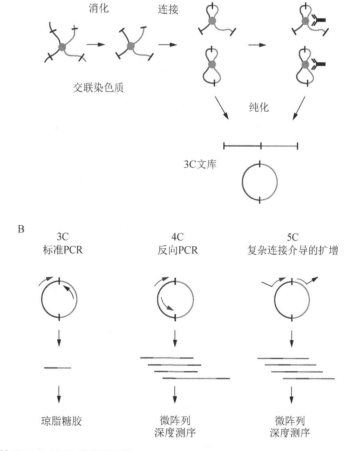

图 20-4　基于 3C 的技术框架图。（A）交联的染色体片段（浅蓝色和深蓝色实线）与蛋白质

复合物（灰色圆圈）相连，然后被限制酶（酶切位点由黑色短线标识）消化后进行连接。在标准 3C 方案中，DNA 交联后再解交联，然后进行纯化。在 ChIP-loop 方案中，连接后的染色质片段首先与特异性的抗体进行免疫沉淀，然后将交联的 DNA 解交联再纯化。这两种方案都将产生既有线性又有环形 DNA 分子的 3C 连接产物文库。（B）三种分析 3C 连接产物文库的方案。在传统 3C 方案中，通过设计引物利用 PCR 对连接片段进行扩增（引物设计如图中所示，箭头方向是引物 3′ 端），扩增后的 DNA 片段通过琼脂糖胶检测和定量。4C 方案中，利用反向 PCR 将所有与感兴趣的位点存在相互作用的片段全部扩增，然后通过微阵列或深度（高通量）测序技术对获得的 DNA 片段进行分析。5C 方案中，连接产物通过复杂连接介导的扩增进行检测，5C 引物的设计需跨过连接位点，图中箭头方向是 3′ 端。需注意，5C 引物上存在不会与 3C 连接产物复性的通用末端（灰色实线/箭头）。详细的引物设计参见图 20-5。最终获得的 DNA 片段通过微阵列或深度测序技术进行分析（彩图请扫封底二维码）。

对照组文库

3C 产物的 PCR 检测依赖于对应于各个不同连接产物的特定引物对，这些引物对的复性温度和扩增效率可能不同。为纠正这些差异，可以构建包含所有可能的连接产物且丰度一致的对照组文库。相互作用频率的计算规则如下：使用 PCR 扩增 3C 及对照组文库中的特定连接产物，然后计算 3C 与对照组文库中得到 PCR 产物量的比值。该比值作为衡量两个基因座之间相互作用频率的指标，并校正了引物效率或者目的 DNA 扩增效率的差异。

对照组文库可通过纯化后基因组 DNA 进行限制性酶切消化并随机连接获得，这种方法只适用于较小的基因组，包括细菌和酵母。对于较大的基因组（如人类或小鼠基因组），使用这种方法得到的文库过于复杂，以至于无法正确检测单个不同连接产物，因此，对于较大基因组，研究者应构建只含有感兴趣的区域的对照组文库。大多数 3C 研究只限于分析几十万个碱基长度区域，使用一个或数个覆盖该区域的 BAC 克隆即可制备对照组文库。

3C 应用

传统利用 PCR 检测连接产物的 3C 实验，通常限于研究相对较小的特定基因组区域（最多几十万碱基），以便识别候选基因组元件之间的相互作用。由于这些相互作用通常使用一个接一个的方式来检测，因而可进行检测的染色质相互作用数目被限制在数十个之内。另外，对照组文库通常会被用于校正 PCR 引物及扩增子的扩增效率的差异。

4C 技术概要

高通量检测 3C 文库连接产物的方法不断发展，这些方法均使用标准 3C 方案来建立 3C 连接产物文库，但通过不同方式对连接产物进行大规模检测。4C 技术——基于芯片的染色质构象捕获（3C-on chip），或环形染色体构象捕获（Simonis et al. 2006; Zhao et al. 2006; Gondor et al. 2008）——使用反向 PCR，扩增在 3C 实验中连接到某一感兴趣基因座的所有位点。3C 通常会产生线性或环形产物（图 20-4），为得到更小的环形分子，可对纯化后的 3C 连接产物进一步用高频切割限制性内切核酸酶（frequently cutting restriction enzyme）进行酶切消化，然后通过分子内连接再环化（Simonis et al. 2006）。反向 PCR 引物设计成与目的基因座（"诱饵"片段）的两端配对，这样使得中间未知连接片段可被 PCR 扩增（见第 7 章，方案 6），扩增后的 DNA 序列通过全基因组微阵列或者高通量测序进行确定。通过 4C 得到全基因组范围相互作用信息，可以识别基因组中那些与目的基因座在空间上密切靠近的区域。

对基因组较小的细胞如细菌和酵母进行 4C 实验时，其对照组文库的制备可参考 3C 实验，然后使用同样的反向 PCR 引物，得到的相互作用信息按照 3C 同样的策略用于校正扩增效率等差异。对基因组较大的细胞如人类或小鼠细胞进行 4C 实验时，由于得到的连接混合物过于复杂，无法简单地建立 4C 对照组文库，这一点与上一节所述相同。

4C 应用

4C 可用于识别整个基因组内与一个特定元件相互作用的所有基因座，如识别与某一基因或者调控元件相互作用的所有基因组区域。

5C 技术概要

5C 技术——染色质构象捕获 3C——碳拷贝（3C-carbon copy）（Dostie et al. 2006; Dostie and Dekker 2007）——同样始于传统 3C 方案，但其使用位点特异性引物库，对 3C 文库进行高度多重连接所介导的扩增，并通过微阵列或高通量测序来量化连接引物对（图 20-4）。5C 的标志是在单次反应中使用多达数千个引物，从而能够大规模平行检测 3C 连接产物。

5C 引物设计

目的限制性酶切片段可在整个基因组范围内进行挑选，并对每一个片段设计 5C 引物。5C 可使用两种类型引物——正向和反向引物（图 20-5），但每个限制性酶切片段只能选择一种引物。通常，5C 引物被设计用来检测"头对头"的 3C 连接产物，正向引物设计成恰好与限制性酶切片段的 3′端的底链（bottom strand）复性（如线性基因组拼接中所展示），并且包括限制性酶切位点的一半。同样，反向引物也设计成恰好与限制性酶切片段 3′端的顶链（top strand）复性（如线性基因组拼接中所展示），并且包括限制性酶切位点的一半。因此，在比对至基因组时，正向、反向引物分别位于相反的两条链上（图 20-5）。然而，组合使用正向和反向引物，其复性后将对应于同一条 DNA 链，且直接相邻于特定的"头对头" 3C 连接产物所产生的新限制性酶切位点。这样的话，引物对可被切口特异性连接酶如 *Taq* 连接酶连接。这样设计的 5C 引物仅能检测正向引物识别的片段与反向引物识别的片段之间的相互作用。最后，正向、反向引物带有通用末端（在正向引物的 5′端和反向引物的 3′端）。这些通用末端使得只使用单一 PCR 引物对就可扩增那些仅由正向、反向 5C 引物构成的连接片段。

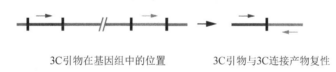

A　3C引物位置

3C引物在基因组中的位置　　　3C引物与3C连接产物复性

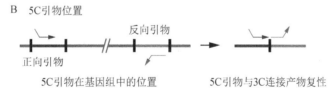

B　5C引物位置

反向引物

正向引物

5C引物在基因组中的位置　　　5C引物与3C连接产物复性

图 20-5　3C 和 5C 的引物位置。（A）用于 PCR 检测 3C 连接产物的引物，能够与基因组 DNA 的同一条链复性，使得 PCR 主要扩增头对头的 3C 连接产物。（B）用于 5C 检测的引物，能够与基因组 DNA 的不同链复性，使得 PCR 主要扩增头对头的 3C 连接产物。箭头方向指示引物的 3′端，图中灰色部分是 5C 引物中未复性结合的通用末端（详见正文），分别在正向引物的 5′端和反向引物的 3′端。

对基因组较小的细胞进行 5C 实验时，对照组文库的制备可以参照 3C 方法，并使用同样的 5C 引物库，得到的连接引物对文库可用于校正复性和扩增效率等差异。对于较大的基因组，若仅仅需要分析相对较小的基因组区域（最多几百万个碱基长度），则 5C 的对照组文库可利用 BAC 克隆的组合来构建（如前节 3C 中所述），若区域过大，则建立对照组文库几乎是不可能。需要注意的是，5C 对于引物效率的敏感程度要比普通 PCR 低很多，因此其对于对照组文库的需求程度也比 3C 要低。这是因为 5C 引物通常设计为等长（因此正向、反向引物的不同组合的扩增子长度是相同的），并使用相同的复性温度，所以引物在复性和扩增方面的差异很小，对于对照组文库的需求也就小了。另外，对于连接的 5C 引物对使用单一通用的 PCR 引物对，进一步减小了不同的 5C 引物对之间扩增效率的差异。

5C 应用

5C 能够分析两组基因组位点之间的所有相互作用——一组由正向引物识别，另一组由反向引物识别。同时，通过使用上千个引物，5C 能以极高的多重性进行（Dostie et al. 2006; Lajoie et al. 2009）。例如，1000 个正向引物和 1000 个反向引物的组合，通过一次实验 5C 可以同时考察相应 2000 个限制性酶切片段的 100 万个染色质相互作用。

5C 可以有两种不同的应用。第一种，对一组感兴趣的位点（如基因启动子）设计一种类型的引物（如反向引物），对另一组感兴趣的位点（如基因调控元件）设计另一种类型的引物（正向引物），利用这组引物通过 5C 就可以平行分析这些启动子和基因调控元件之间的相互作用关系。

第二种应用包括生成整个基因组区域的相互作用稠密矩阵。"相互作用稠密矩阵"是空间上靠近的限制性酶切片段之间相互作用信息的数据集。这些数据集可被用于识别全新的、远距离的基因组之间的相互作用，这些基因座之间以前并不知道是否存在相互作用，或者是否存在未知的功能性元件。通过相互作用稠密矩阵还可获得基因组特定区域的整个三维（3D）高级结构的折叠信息，这已在酵母染色体 III 上实现（Dekker et al. 2002）。相互作用稠密矩阵的生成方式是：根据连续的限制性酶切片段，将正向和反向 5C 引物在整个感兴趣的区域中交替进行设计，按照基因组顺序将这些限制性酶切片段编号，随后检测所有奇数号和偶数号限制性酶切片段之间的相互作用。由于 5C 能够使用数千个引物，因此以这种方式进行分析的基因组区域大小可达上千万碱基对。

环形染色质免疫沉淀技术

环形染色质免疫沉淀技术（Horike et al. 2005; Tiwari et al. 2008）是将 3C 与 ChIP 进行结合（图 20-4），其方案开始于细胞甲醛交联，随后溶解，进行限制性酶切，利用针对目的蛋白的特定抗体进行染色质免疫沉淀，最终，那些与该蛋白质结合的染色质被选择性沉淀下来，同时与这些染色质片段有相互作用的基因座也会被捕获。后面的步骤与 3C 一致，包括交联染色质片段的连接、解交联以及连接混合物的纯化。

对于 Chip-loop 连接混合物的分析与前述 3C 连接文库相同。PCR 可以一次一个地检测连接产物，4C 可以检测与目的基因座有相互作用的所有位点，5C 可以检测两组基因组元件之间的相互作用。

Chip-loop 应用

该方法可以用来确定目的蛋白质是否参与两个特定基因座之间的相互作用。

选择何种基于 3C 的实验技术

针对具体的研究问题，几种考量决定了选择哪种基于 3C 的方法。所有这类方法都开始于基本的 3C 方案，但检测连接产物的方法不同，表 20-2 描述了不同方法之间的差异和特点，可以为选择使用何种方法提供参考。

表 20-2　基于 3C 的方法特点概述

方法	使用难易度	所需成本和时间	应用
3C	容易	便宜，快速	分析较小的基因座（1～200kb），且研究者需对基因组元件之间的远距离相互作用有特定的假设
4C	中等难度	中等成本（微阵列成本，且需要额外的数据分析和管理）	用于识别基因组中与特定基因或调控元件相互作用的所有区域
5C	具挑战性，复杂的引物和微阵列设计	昂贵（引物和微阵列的成本、数据分析和管理）	绘制大量基因组元件之间的相互作用网络图谱，发现全新的远距离相互作用网络，分析多个基因座（可达数千）之间的远距离相互作用，生成基因组多位点之间的染色质相互作用稠密矩阵，用于分析染色质三维高级结构
Chip-loop	具挑战性	中等成本，随实验规模的增加而增加，特别是对于 4C 或 5C 检测；需优质抗体	用于检测某个特定蛋白质是否参与某两个基因座之间的相互作用

基于 3C 的实验方案概述

所有基于 3C 的方法首先都要根据方案 1，使用甲醛交联细胞，然后 3C、4C 和 5C 要根据方案 7 来执行，Chip-loop 则依据方案 8。方案 9 描述了如何制备随机连接产物文库，作为 3C、4C、5C 和 Chip-loop 实验的对照组。方案 10～方案 12 描述了使用不同的方法来检测 3C 文库或者 Chip-loop 文库中的连接产物，其中方案 10 描述了使用半定量 PCR 来分析 3C、Chip-loop 和对照组文库，方案 11 描述了 4C 方法检测候选基因座在全基因组范围内的相互作用谱，方案 12 描述了利用 5C 方法建立染色质相互作用网络及稠密矩阵。

基于 3C 的实验预期结果和数据判读

由于基于 3C 的方法得到的是两个基因座之间相互作用的频率，所以可预期的是，基因组中距离较近的基因座之间相互作用的频率应相对更高，直接相邻的两个限制性酶切片段之间应呈现最高的相互作用频率，并且随着间距的增加而急剧下降。一般而言，若两个位点间距超过几百 kb，则使用半定量 PCR 难以检测其中的相互作用。对于间距几十甚至上百 Mb 的基因座或者位于不同染色体的基因座之间的相互作用，使用 4C 和 5C 检测更加敏感。在没有特定染色体高级结构的情况下，可认为背景相互作用的频率与基因组距离成反比。

同样，Chip-loop 实验检测基因组中线性距离较近的基因座之间相互作用的频率应相对更高。由于有 ChIP 富集的步骤，实验背景会相对较低，具明显峰值的相互作用也会更多，不过上述情况也取决于抗体的质量。

通过分析相互作用的数据，找出那些出现频率比期望值显著增高（或降低）的相互作用，可以得到关于染色质高级结构的信息。当两个基因座（如启动子和远距离增强子）之间相互作用的频率显著高于同等线性距离下两位点之间相互作用的频率时，可认为这两个基因座之间形成了特定的环形染色质构象。基于 3C 的实验通常能够检测目的基因组区域中出现的一系列相互作用的频率，而所形成的环形染色质构象在相互作用谱中会以峰值形式呈现（在 Dekker 2006 年发表的文章中有详细讨论）。

所有基于 3C 的方法，其发现的某基因座相互作用的频率都是大量细胞下得到的平均结果，这一点在数据分析以及把数据结果与显微镜下观察单细胞所得到的结果相比较时，是必须要考虑到的。举例而言，4C 实验能够检测到基因组内数十甚至上百个区域在空间上与诱饵片段相靠近，但在显微镜下观察单个细胞时，往往只能看到一个或者少数几个位点与诱饵片段之间存在相互作用。对这种明显差异的一个可能解释是，染色体空间结构是极端动态变化的，在细胞群体水平上存在明显波动性。

最后，为了对比不同实验之间的相互作用数据，需要在每个实验分析中设置同一内部对照组，这种对照组通常要求在实验条件或细胞类型不同的情况下，检测到的相互作用没有差异。我们建议使用至少有 10～20 个相互作用，间距不超过 50kb 的在不同实验之间相同的一段基因组区域。我们成功使用了人类 16 号染色体的基因荒漠区（缺少基因的一段区域）（Dostie et al. 2006）或含有持家基因的一段区域（Gheldof et al. 2006）。在所有的实验中检测这组相互作用，得到的数值用来计算归一化因子，使不同实验数据间可以定量比较。对每一个相互作用取其两次实验中的信号值的对数比值，然后计算整组对数比值的平均值，即得到归一化因子。

致谢

我们感谢 Yeun Hee Kim，Celeste Greer 以及 Kim 和 Dekker 实验室成员对该章节的审阅。Kim 实验室受到来源于国家卫生研究院（NIH）、Rita Allen 基金会 Sidney Kimmel 肿瘤研究基金会，耶鲁肿瘤中心，Alexander 和 Margaret Stewart 信托机构的基金支持。Dekker 实验室受来源于 NIH（HG003143, HG004592）和一个 W.M. Keck 基金会医学研究杰出青年研究者奖的资助。

参考文献

Dekker J. 2003. A closer look at long-range chromosomal interactions. *Trends Biochem Sci* **28**: 277–280.

Dekker J. 2006. The three 'C's of chromosome conformation capture: Controls, controls, controls. *Nat Methods* **3**: 17–21.

Dekker J. 2008. Gene regulation in the third dimension. *Science* **319**: 1793–1794.

Dekker J, Rippe K, Dekker M, Kleckner N. 2002. Capturing chromosome conformation. *Science* **295**: 1306–1311.

Dostie J, Dekker J. 2007. Mapping networks of physical interactions between genomic elements using 5C technology. *Nat Protoc* **2**: 988–1002.

Dostie J, Richmond TA, Arnaout RA, Selzer RR, Lee WL, Honan TA, Rubio ED, Krumm A, Lamb J, Nusbaum C, et al. 2006. Chromosome Conformation Capture Carbon Copy (5C): A massively parallel solution for mapping interactions between genomic elements. *Genome Res* **16**: 1299–1309.

Gheldof N, Tabuchi TM, Dekker J. 2006. The active *FMR1* promoter is associated with a large domain of altered chromatin conformation with embedded local histone modifications. *Proc Natl Acad Sci* **103**: 12463–12468.

Gilmour DS, Lis JT. 1984. Detecting protein–DNA interactions in vivo: Distribution of RNA polymerase on specific bacterial genes. *Proc Natl Acad Sci* **81**: 4275–4279.

Gondor A, Rougier C, Ohlsson R. 2008. High-resolution circular chromosome conformation capture assay. *Nat Protoc* **3**: 303–313.

Hagege H, Klous P, Braem C, Splinter E, Dekker J, Cathala G, de Laat W, Forne T. 2007. Quantitative analysis of chromosome conformation capture assays (3C-qPCR). *Nat Protoc* **2**: 1722–1733.

Hawkins RD, Hon GC, Ren B. 2010. Next-generation genomics: An integrative approach. *Nat Rev Genet* **11**: 476–486.

Hecht A, Strahl-Bolsinger S, Grunstein M. 1996. Spreading of transcriptional repressor SIR3 from telomeric heterochromatin. *Nature* **383**: 92–96.

Heintzman ND, Hon GC, Hawkins RD, Kheradpour P, Stark A, Harp LF, Ye Z, Lee LK, Stuart RK, Ching CW, et al. 2009. Histone modifications at human enhancers reflect global cell-type-specific gene expression. *Nature* **459**: 108–112.

Horike S, Cai S, Miyano M, Cheng JF, Kohwi-Shigematsu T. 2005. Loss of silent-chromatin looping and impaired imprinting of DLX5 in Rett syndrome. *Nat Genet* **37**: 31–40.

Iyer VR, Horak CE, Scafe CS, Botstein D, Snyder M, Brown PO. 2001. Genomic binding sites of the yeast cell-cycle transcription factors SBF and MBF. *Nature* **409**: 533–538.

Johnson DS, Mortazavi A, Myers RM, Wold B. 2007. Genome-wide mapping of in vivo protein–DNA interactions. *Science* **316**: 1497–1502.

Kim TH, Barrera LO, Qu C, Van Calcar S, Trinklein ND, Cooper SJ, Luna RM, Glass CK, Rosenfeld MG, Myers RM, et al. 2005a. Direct isolation and identification of promoters in the human genome. *Genome Res* **15**: 830–839.

Kim TH, Barrera LO, Zheng M, Qu C, Singer MA, Richmond TA, Wu Y, Green RD, Ren B. 2005b. A high-resolution map of active promoters in the human genome. *Nature* **436**: 876–880.

Kim TH, Abdullaev ZK, Smith AD, Ching KA, Loukinov DI, Green RD, Zhang MQ, Lobanenkov VV, Ren B. 2007. Analysis of the vertebrate insulator protein CTCF-binding sites in the human genome. *Cell* **128**: 1231–1245.

Lajoie BR, van Berkum ZK, Sanyal A, Dekker J. 2009. My5C: Web tools for chromosome conformation capture studies. *Nat Methods* **6**: 690–691.

Mikkelsen TS, Ku M, Jaffe DB, Issac B, Lieberman E, Giannoukos G, Alvarez P, Brockman W, Kim TK, Koche RP, et al. 2007. Genome-wide maps of chromatin state in pluripotent and lineage-committed cells. *Nature* **448**: 553–560.

Orlando V, Paro R. 1993. Mapping Polycomb-repressed domains in the Bithorax complex using in vivo formaldehyde cross-linked chromatin. *Cell* **75**: 1187–1198.

Orlando V, Strutt H, Paro R. 1997. Analysis of chromatin structure by in vivo formaldehyde cross-linking. *Methods* **11**: 205–214.

Poser I, Sarov M, Hutchins JR, Heriche JK, Toyoda Y, Pozniakovsky A, Weigl D, Nitzsche A, Hegemann B, Bird AW, et al. 2008. BAC TransgeneOmics: A high-throughput method for exploration of protein function in mammals. *Nat Methods* **5**: 409–415.

Ren B, Robert F, Wyrick JJ, Aparicio O, Jennings EG, Simon I, Zeitlinger J, Schreiber J, Hannett N, Kanin E, et al. 2000. Genome-wide location and function of DNA binding proteins. *Science* **290**: 2306–2309.

Roh TY, Ngau WC, Cui K, Landsman D, Zhao K. 2004. High-resolution genome-wide mapping of histone modifications. *Nat Biotechnol* **22**: 1013–1016.

Simonis M, Klous P, Splinter E, Moshkin Y, Willemsen R, de Wit E, van Steensel B, de Laat W. 2006. Nuclear organization of active and inactive chromatin domains uncovered by chromosome conformation capture-on-chip (4C). *Nat Genet* **38**: 1348–1354.

Simonis M, Kooren J, de Laat W. 2007. An evaluation of 3C-based methods to capture DNA interactions. *Nat Methods* **4**: 895–901.

Solomon MJ, Varshavsky A. 1985. Formaldehyde-mediated DNA–protein cross-linking: A probe for in vivo chromatin structures. *Proc Natl Acad Sci* **82**: 6470–6474.

Tiwari VK, Cope L, McGarvey KM, Ohm JE, Baylin SB. 2008. A novel 6C assay uncovers Polycomb-mediated higher order chromatin conformations. *Genome Res* **18**: 1171–1179.

Velculescu VE, Zhang L, Vogelstein B, Kinzler KW. 1995. Serial analysis of gene expression. *Science* **270**: 484–487.

Wei CL, Wu Q, Vega VB, Chiu KP, Ng P, Zhang T, Shahab A, Yong HC, Fu Y, Weng Z, et al. 2006. A global map of p53 transcription-factor binding sites in the human genome. *Cell* **124**: 207–219.

Zhao Z, Tavoosidana G, Sjolinder M, Gondor A, Mariano P, Wang S, Kanduri C, Lezcano M, Sandhu KS, Singh U, et al. 2006. Circular chromosome conformation capture (4C) uncovers extensive networks of epigenetically regulated intra- and interchromosomal interactions. *Nat Genet* **38**: 1341–1347.

方案 1 甲醛交联

DNA 与其结合蛋白质的甲醛交联虽然是一种相对简单的方法，但该方法也是 ChIP 和 3C 实验中最为关键的步骤。尽管甲醛是一种可渗透的交联剂，但由于其反应仅局限于氨基之间，在哺乳动物细胞中最大交联效率往往也只能达到 1%左右。因此对 ChIP 和 3C 实验来说，大量的细胞是必需的。由于 5 亿个交联的二倍体细胞约相当于 1.66fmol 基因组的量，因此一次 ChIP 实验仅能分析约 100amol 基因组的拷贝。即使在几乎相同的条件下，交联染色质性质也存在多变性，因此倾向于多制备几个大批量样品。不同细胞类型需要采用不同的交联条件和方法。悬浮细胞由于不附着于生长表面，其交联和收集更为容易。甲醛可简单地加入培养基中，交联后的细胞通过离心即可收集。当交联细胞需要经过生长因子和信号分子诱导时，在开展实验之前，应该为交联和收集细胞制订详细的计划。对于贴壁细胞，需要决定在收集前还是收集后交联细胞。应该注意的是，如果是在贴壁状态下进行交联，贴壁细胞可能很难完全回收回来。

这一章节描述了人类原代成纤维细胞 IMR90 的生长与交联。对其他类型的细胞来说，需要略作修改。请注意一些主要的氨基基团类似物（如三羟甲基氨基甲烷、血清蛋白）能高效猝灭甲醛，因此会强烈地抑制交联。

材料

为正确使用本方案中的器材和危险试剂，必须查阅相应的材料安全数据表并咨询所在机构的环境卫生和安全办公室。

本方案的专用试剂标注<R>，配方在本方案末提供。常用储备溶液、缓冲液和试剂标注<A>，配方见附录 1。储备溶液应稀释至适用浓度后使用。

试剂

细胞（人类原代成纤维细胞 IMR90）
交联缓冲液（新制）<R>
基本培养基
胎牛血清
甲醛（37%）
甘氨酸（2.5mol/L），过滤（filtered）并高压灭菌
PBS（1×）<A>
胰蛋白酶/EDTA（100×储存液，可购买）

仪器

细胞刮刀
离心机
CO_2 恒温箱（设定为 37℃），摇晃
锥形瓶（250mL）
锥形管（50mL）
转台

方法

1. 根据美国菌种保藏中心（ATCC）的指导进行细胞培养。一般来说，收获 5×10^8 个细胞需要用 16 个 $500cm^2$（含 10% FBS 的 100mL MEM 培养基）培养皿的细胞量。当细胞几乎长满整个培养皿便可用来交联。

> 这些细胞量足够 5 次 ChIP 或 3C 实验及对照实验。

2. 将培养基从 $500cm^2$ 培养皿中吸出，用 100mL $1 \times$ PBS 清洗细胞一次。

3. 每皿中加入 4mL 的 $0.5 \times$ 胰酶-EDTA 的 PBS 溶液。

4. 将细胞从培养皿底部轻轻刮下，并收集于 250mL 的圆锥形瓶中，用 PBS 将体积补至 250mL。

5. 4℃，3000r/min 离心 15min 收集细胞。将上清倾倒入废液瓶中，加入漂白剂漂白后方可丢弃。

6. 将细胞沉淀重悬于 200mL 的 PBS 中，并用移液管将细胞轻轻吹散。将管子放置于冰上。

7. 加入 20mL 新鲜配制的交联缓冲液。

8. 室温孵育 15min 且持续振荡。

> 改变交联时间和温度可以优化交联效率。
>
> 参照"疑难解答"。

9. 加入 11mL 2.5mol/L 甘氨酸（20×）猝灭交联反应，旋转混匀，室温孵育 5min。

> 参照"疑难解答"。

10. 4℃，500g 离心 15min，将上清存放于适当的生物公害废液收集瓶中。

> 参照"疑难解答"。

11. 将沉淀重悬于 25mL 的 $1 \times$ PBS 中，转移至 50mL 的圆锥管中。

> 参照"疑难解答"。

12. 4℃，500g 离心 15min 弃上清。

> 参照"疑难解答"。

13. 将细胞沉淀速冻并存放于-80℃直到染色质抽提。

> 交联后的细胞可在-80℃稳定存放数月。
>
> 参照"疑难解答"。

疑难解答

问题（步骤 8～步骤 13）：对交联的程度和效率统一标准是很困难的。

解决方案：为了确定交联染色质的质量，可以通过 ChIP 实验（方案 3）确定已知相互作用位点的俘获效率。

配方

为正确使用本方案中的器材和危险试剂，必须查阅相应的材料安全数据表并咨询所在机构的环境卫生和安全办公室。

交联缓冲液

试剂	储液	含量（每 20mL）	终浓度
NaCl	5mol/L	0.4mL	0.1mol/L
EDTA	0.5mol/L	40μL	1mmol/L
EGTA	0.5mol/L	20μL	0.5mmol/L

续表

试剂	储液	含量（每20mL）	终浓度
HEPES （pH 8.0）	1mol/L	1mL	50mmol/L
dH$_2$O		12.59mL	
甲醛	37%	5.95mL	11%

新鲜制备。

方案 2　制备用于染色质免疫沉淀的交联染色质

染色质的质量和可用性依赖于交联的效率和相应的抗体对抗原表位的识别。为了尽可能减小这一问题，应多次分批制备染色质样品，并同时利用特性良好的抗体（TAF1 或组蛋白 H3 乙酰化抗体）进行标准化的 ChIP 实验平行检测。超声循环数应凭经验进行确定。当首次对一种特定细胞类型和交联条件进行超声时，为了获得最佳超声循环数，应在每轮超声后取小量样品（5μL）进行琼脂糖凝胶电泳检测。对于 ChIP-chip，主要染色质片段分布在 500bp 左右并不是必需的；平均片段大小分布在 1～2kb 已足够了。但是 ChIP-seq 则需要保证染色质的平均片段<500bp。其他片段化染色质的方法还有：①微球菌核酸酶消化，微球菌核酸酶主要作用于核小体间的 DNA 片段（Richard-Foy and Hager 1987）；②ChIP-loop方法中的限制性内切核酸酶消化，利用限制性内切核酸酶促进分离的细胞核中染色质的消化溶解（Simonis et al. 2007）。

材料

为正确使用本方案中的器材和危险试剂，必须查阅相应的材料安全数据表并咨询所在机构的环境卫生和安全办公室。

本方案的专用试剂标注<R>，配方在本方案末提供。常用储备溶液、缓冲液和试剂标注<A>，配方见附录 1。储备溶液应稀释至适用浓度后使用。

试剂

L1 缓冲液（裂解缓冲液）<R>

L2 缓冲液（蛋白质抽提缓冲液）<R>

L3 缓冲液（染色质抽提缓冲液）<R>

来自方案 1 的细胞

来自方案 1 的甲醛交联后的细胞沉淀

甘油（80%溶液）

蛋白酶抑制剂片（Roche 公司）

　　　1 片溶解于 1mL dH$_2$O 中，得到 50×浓度的储存液。

仪器

Branson 公司 450 系列带有微探头的超声破碎仪，或 Biorupter 超声破碎仪（Diagenode公司）

带有 50mL 和 15mL 锥形管转头的离心机

荧光计

转台

方法

细胞核分离

1. 冰上解冻甲醛交联的细胞沉淀（方案 1），将细胞重悬于 30mL 的 L1 缓冲液（裂解缓冲液）中。4℃振荡细胞悬液 10min。

2. 4℃，1000g 离心 15min。

3. 弃上清，细胞重悬于 24mL 的 L2 缓冲液中（蛋白质提取缓冲液）。

4. 室温振荡细胞悬液 10min。

5. 4℃，1000g 离心 15min 收集细胞核沉淀，弃上清。

染色质超声

6. 细胞核重悬于 5mL 的 L3 缓冲液中（染色质抽提缓冲液），并转移至 15mL 的锥形管中。

7. 将 15mL 的锥形管放入 50mL 装满冰的锥形管中。利用 Branson 450 超声仪微探头对细胞核悬液进行超声，设定 4（对应 15%～20%输出功率），功率恒定。超声 8 次，每次 20s，每次脉冲间停顿 40s，以便悬液在冰上冷却。

> 避免样品过热，因为即使是温和加热也会导致解交联。在这里描述的超声程序对于交联的 IMR90 细胞可以产生 1～2kb 的片段。避免样品过热是很关键的，因为过热会导致甲醛交联的解交联。
>
> 超声仪配套的微探头必须没有凹槽或由于过度使用产生的其他瑕疵。有缺陷的微探头会导致染色质片段化不完全。亦可使用其他类型的超声仪（如 Diagenode 公司的 Bioruptor 超声仪）。

8. 4℃，2000g 离心 15min 去除不溶的细胞残片。

> 在先前方法中，超声的染色质通过氯化铯密度梯度离心来进一步纯化。但是，这一步现在来说已没有必要，而且会由于额外的操作和透析步骤造成染色质的明显丢失。

9. 利用荧光计确定样品的 DNA 浓度。

> 当然也可以利用 260nm 波长的 UV 吸光值，但是这种测定由于染色质样品中蛋白质在 260nm 波长处也会出现吸收值，因此测定的 DNA 量会比实际偏高。所以对染色质样品 DNA 的精确测定还需要荧光计，但是 UV 吸光值仍然可以用来标准化染色质样品。

10. 使用含 80%甘油的 L3 缓冲液储存液将超声染色质样品稀释成 10%的甘油溶液以便储存。

11. 使用 L3 缓冲液将 DNA 终浓度调整为 2mg/mL。最终制备的样品需要进行琼脂糖凝胶电泳分析（参考第 2 章，方案 1 和方案 2）。样品还需要解交联（见下，65℃孵育过夜并对 DNA 进行纯化）和分析来确定片段大小的总体分布情况。

12. 将染色质按照每 2mg 等分（1mL），冻存于-80℃。

> 注意每 10^8 个细胞可以产生 2～3mg 的染色质。对于 16 个 $500cm^2$ 的培养皿，可以获得约 10mg 的染色质，足够 5 次 ChIP-chip 实验所用。

13. 将染色质样品储存于-80℃。

> 对于 ChIP 实验，添加甘油的染色质样品可储存较长时间（>1 年）活性不会发生明显变化。

配方

为正确使用本方案中的器材和危险试剂，必须查阅相应的材料安全数据表并咨询所在机构的环境卫生和安全办公室。

L1 缓冲液（裂解缓冲液）

试剂	储液	含量（每60mL）	终浓度
HEPES（pH 7.5）	1mol/L	3mL	50mmol/L
NaCl	5mol/L	1.68mL	140mmol/L
EDTA（pH 8.0）	0.5mol/L	120μL	1mmol/L
甘油	100%	6mL	10%
NP-40	100%	3mL	0.5%
Triton X-100	100%	0.15mL	0.25%
dH$_2$O		46.05mL	

L2 缓冲液（蛋白质提取缓冲液）

试剂	储液	含量（每50mL）	终浓度
NaCl	5mol/L	2mL	200mmol/L
EDTA（pH 8.0）	0.5mol/L	100μL	1mmol/L
EGTA（pH 8.0）	0.5mol/L	50μL	0.5mmol/L
Tris（pH 8.0）	1mol/L	500μL	10mmol/L
dH$_2$O		47.35mL	

L3 缓冲液（染色质抽提缓冲液）

试剂	储液	含量（每20mL）	终浓度
EDTA（pH 8.0）	0.5mol/L	40μL	1mmol/L
EGTA（pH 8.0）	0.5mol/L	20μL	0.5mmol/L
Tris（pH 8.0）	1mol/L	200μL	10mmol/L
dH$_2$O		19.74mL	

参考文献

Richard-Foy H, Hager GL. 1987. Sequence-specific positioning of nucleo-somes over the steroid-inducible MMTV promoter. *EMBO J* **6:** 2321–2328.

Simonis M, Kooren J, de Laat W. 2007. An evaluation of 3C-based methods to capture DNA interactions. *Nat Methods* **4:** 895–901.

方案 3　染色质免疫沉淀（ChIP）

染色质免疫沉淀是用来分析体内蛋白质-DNA 相互作用的一种非常有效的方法。其基本操作方案涉及交联的核蛋白复合体的沉淀、分离以及目的蛋白结合 DNA 的分析。免疫沉淀及洗脱的条件需要根据所用抗体进行优化以增加特异性富集。此外，在免疫沉淀步骤前，染色质可以用尿素部分变性从而使抗原表位更易被抗体识别。针对这一基本操作方案已有很多改进，包括降低细胞量要求（carrier ChIP）（O'Neill et al. 2006），以及通过连续的染色质免疫沉淀研究共定位情况（又称 re-ChIP）等改进。第一次尝试本方案时，应该用质量良好的抗体如针对 TAF1（通用转录因子 TFIID 的一个组分），或者经修饰的组蛋白的抗体如针对组蛋白 H3 的 4-赖氨酸三甲基化（H3K4me3）的抗体等作为整个流程的对照。

这里列出的抗体和染色体用量主要用于 ChIP-chip 和 ChIP-seq，并且是一次标准的 ChIP 实验用量的 10 倍。对于涉及不止一个样品的 ChIP 实验，在保持其他部分体积不变的情况下，免疫磁珠和抗体的体积应相应增加。"模拟"免疫沉淀中对照抗体和免疫磁珠的偶联可以设定为一个阴性对照。蛋白 A/G 琼脂糖或琼脂糖凝胶颗粒也能够用于 ChIP，但是这类颗粒因孔径更多而更易非特异性结合 DNA，需要额外的预处理。首先，用变性的鲑精 DNA 封闭颗粒；其次，在无特异性抗体存在情况下用颗粒预清除制备好的染色质，进而从染色质抽提物中去除非特异结合组分。我们推荐用低吸附试管和抗气溶胶吸头以防止 ChIP 捕获 DNA 的样品丢失及交叉污染。

材料

为正确使用本方案中的器材和危险试剂，必须查阅相应的材料安全数据表并咨询所在机构的环境卫生和安全办公室。

本方案的专用试剂标注<R>，配方在本方案末提供。常用储备溶液、缓冲液和试剂标注<A>，配方见附录 1。储备溶液应稀释至适用浓度后使用。

试剂

抗体（不同来源；如 Upstate Biotechnology 公司、Santa Cruz Biotechnology 公司、Abcam 公司）

牛血清白蛋白（BSA）

氯仿

方案 2 中的染色质

脱氧胆酸（DOC），钠盐（10%，m/V）水溶液；新鲜制备

二硫苏糖醇（DTT）（20mmol/L）（可选；见步骤 17）

洗脱缓冲液<R>

乙醇（100%，70%，V/V）水溶液

糖原（20mg/mL）（Roche 公司）

氯化钠（5mol/L）

NP-40（10%，m/V）水溶液

磷酸盐缓冲液（PBS）（1×）<A>

酚：氯仿：异戊醇（25：24：1）

PicoGreen 染料（Life Technologies 公司）

蛋白酶抑制剂混合物[50×；1mL 完全蛋白酶抑制剂药片（Roche 公司）水溶液，或者其他蛋白酶抑制剂混合物]

蛋白质 A 或 G，或抗 IgG 偶联的磁珠（Life Technologies 公司）

蛋白酶 K（10mg/mL，m/V）水溶液

QIAquick PCR 纯化试剂盒（QIAGEN 公司）

RIPA 缓冲液<R>

使用前新鲜制备。

核糖核酸酶 A（10mg/mL），不含脱氧核糖核酸酶

鲑精 DNA（ssDNA），变性处理

乙酸钠（3mol/L，pH 5.3）

氯化钠（5mol/L）

TE 缓冲液<A>

Triton X-100（10%，m/V）水溶液

仪器

化学通风柜

锥形管（15mL）

磁珠（或蛋白质 A/G 琼脂糖，或琼脂糖凝胶颗粒）

荧光计

加热块或培养箱（65℃）

磁力架（Life Technologies 公司）

微量离心机

抗气溶胶吸头

转台

低吸附试管（Axygen 公司的 Maxymum Recovery Tubes）

紫外分光光度计

涡旋振荡器

方法

偶联抗体至磁珠

1. 使用前及时制备一份 5mg/mL BSA 溶液（0.25g BSA 溶解于 50mL 1×PBS）。

2. 加 100μL（每个 ChIP 反应）适量的磁珠悬液至一个 15mL 的锥形管。

　　　　也可以选择使用蛋白 A/G 琼脂糖或者琼脂糖凝胶颗粒。首先，用变性的鲑精 DNA 和这些颗粒孵育以阻止染色体非特异地结合。

3. 4℃，500g 离心悬液 5min，用吸头移除上清。

4. 用 10mL 5mg/mL 的 BSA 溶液重悬磁珠。4℃，2000r/min 离心 5min。

5. 用 5mg/mL BSA 溶液漂洗磁珠三遍。用 1mL 5mg/mL 的 BSA 溶液重悬磁珠。

6. 加入 10μg 抗体至磁珠悬液。

7. 4℃，在转台上孵育过夜。

免疫沉淀

　　所有的漂洗步骤都在冰上或者冷室中操作。漂洗液中去污剂及盐离子浓度和漂洗次数可能需要优化。如果存在很高的非特异性富集，可以增加 RIPA 缓冲液中盐（氯化锂）或者去污剂（Triton X-100）浓度从而提高洗脱的严谨性。相反，如果特异性富集较弱，可以降低 RIPA 缓冲液中盐或者去污剂浓度。RIPA 缓冲液使用前即时制备。

8. 用磁力架收集抗体偶联的磁珠。用吸头移除上清液，再用 1mL 5mg/mL 的 BSA 溶液悬浮磁珠。

9. 重复步骤 8 三遍。

10. 用 100μL 5mg/mL 的 BSA 溶液悬浮漂洗过的磁珠。

11. 融化 1mL 方案 2 中分装的染色质。

12. 往染色质样品中加入 130μL 10%的 Triton X-100、13μL 10%脱氧胆酸、26μL 50× 完全蛋白酶抑制剂溶液以及 131μL TE。

　　　　对于大体积免疫沉淀，按比例放大 TE 缓冲液、去污剂及蛋白酶抑制剂的体积。

13. 往染色质样品中加入 100μL 磁珠，置于摇床上 4℃孵育过夜。

14. 用磁力架沉淀磁珠，吸走液体同时避免磁珠被吸出。

15. 往试管中加入新鲜制备的 1mL RIPA 缓冲液，上下颠倒试管约 10 次洗涤磁珠。

16. 用磁力架浓缩集中磁珠。吸走缓冲液，再用 1mL RIPA 缓冲液重复这个洗涤程序 7 次。

17. 用 1mL TE 缓冲液重复一次步骤 15。

> 对于连续染色质免疫沉淀（或重复染色质免疫沉淀）中用另一种的抗体检测特定位点因子的共定位情况，可以通过往漂洗的磁珠中加入 100μL 含 20mmol/L 二硫苏糖醇（DTT）的 TE 缓冲液温和洗脱纯化的染色体。37℃，适度混匀，孵育 30min。从上面步骤 8 开始转移洗脱缓冲液至新的试管，用免疫沉淀缓冲液（5mg/mL 牛血清白蛋白溶液）稀释至 1mL。

18. 吸走 TE 缓冲液，室温下，3000r/min 离心 3min，用吸头吸走残留的液体。

19. 加入 50μL 洗脱缓冲液，短暂涡旋振荡以重悬磁珠。65℃孵育 10min。孵育时每隔 2min 短暂振荡一次。

20. 用最大转速离心 30s，转移液体至新的试管。

21. 往新试管中的上清溶液加入 120μL 洗脱缓冲液。65℃孵育过夜解交联。此外，同时解交联 25μL（50μg 或更少）总染色质（来源于还未进行免疫沉淀的总染色质）。

染色质免疫沉淀捕获的 DNA 的纯化

22. 往每管中加入 140μL TE 缓冲液、3μL 20mg/mL 糖原，以及 7μL 10mg/mL 蛋白酶 K，涡旋振荡。

23. 37℃孵育 2h，再加入 13μL 5mol/L 的氯化钠溶液。

24. 加入 300μL 酚：氯仿：异丙醇（25：24：1），剧烈涡旋振荡 30s。室温下最高转速离心 5min，收集液相至新的试管。

25. 重复步骤 24。

26. 加入 300μL 氯仿，剧烈涡旋振荡 30s。室温下最高转速离心 5min，收集液相至新的试管。

27. 加入 700μL 100%乙醇，涡旋振荡。

28. -80℃孵育样品 15～30min。

29. 4℃，14 000r/min（最大转速）微量离心机离心 15min。

30. 用 500μL 冰冷 75%乙醇洗涤沉淀，涡旋振荡。4℃，14 000r/min 离心 5min。

31. 风干沉淀 5min，用含有 10μg RNase A 的 30μL TE 缓冲液重悬沉淀。

32. 37℃孵育 2h。

33. 用 QIAGEN 公司的 QIAquick PCR 纯化试剂盒纯化 DNA，用 50μL 洗脱缓冲液洗脱。

34. 用紫外分光光度计测量总的 DNA 样品（Input）的浓度。设置滴定梯度用于校准 DNA 荧光值（参见第 1 章，方案 19）。

> ChIP 捕获的 DNA 浓度太低而不能通过紫外吸收光检测。

35. 准备 50μL 浓度为 20ng/μL 的 Input DNA 稀释液（来自步骤 33）。

36. 用已知浓度的 Input DNA（来源于步骤 35）来设置浓度稀释梯度。借助 PicoGreen 染料，比较 ChIP 捕获的 DNA 和稀释梯度之间的荧光值。用线性回归分析得出捕获下来的 DNA 浓度。2μL 量的 ChIP DNA 足够用于该实验。

37. -20℃冻存 ChIP DNA 及 Input DNA。

🔬 配方

> 为正确使用本方案中的器材和危险试剂，必须查阅相应的材料安全数据表并咨询所在机构的环境卫生和安全办公室。

洗脱缓冲液

试剂	储液	含量（每 50mL）	终浓度
Tris（pH 8.0）	1mol/L	500μL	10mmol/L
EDTA	0.5mol/L	100μL	1mmol/L
SDS	10%	5mL	1%
dH$_2$O		44.4mL	

该缓冲液可以制备后储存。

RIPA 缓冲液

试剂	储液	含量（每 10mL）	终浓度
HEPES（pH 8.0）	1mol/L	500μL	50mmol/L
EDTA	0.5mol/L	20μL	1mmol/L
NP-40	10%	1mL	1%
DOC	10%	700μL	0.7%
dH$_2$O		6.955mL	
LiCl	8mol/L	625μL	0.5mol/L
蛋白酶抑制剂	50×	200μL	1×

新鲜制备。

参考文献

O'Neill LP, VerMilyea MD, Turner BM. 2006. Epigenetic characterization of the early embryo with a chromatin immunoprecipitation protocol applicable to small cell populations. *Nat Genet* **38**: 835–841.

方案 4　染色质免疫沉淀-定量聚合酶链反应（ChIP-qPCR）

判定 ChIP 实际上是否富集到与靶蛋白相关的 DNA 序列至关重要。如果存在已知的基因组结合位点，可以据此设计引物进行定量 PCR，通过和 input 染色质、用预先免疫的血清来"模拟"的免疫沉淀组比较，确定这些已知位点是否的确被免疫沉淀组特异性地富集。如果没有已知结合位点但是存在备选靶基因，可以考虑沿着潜在调节区域如启动子和位于基因间隔区和基因区域的保守非编码序列来设计定量 PCR 引物。因为实时 PCR 可在 96 孔或者 384 孔板以最小反应体积进行，引物可以以最便宜价格合成，对于大量不同实验条件和不同的细胞类型情况下靶基因及潜在的调节区域的筛查，ChIP-qPCR 是一个相当有吸引力的策略。如果没有备选靶基因或潜在的位点，那就要考虑 ChIP-chip（方案 5）或 ChIP-seq（方案 6）。

有很多方法来判定特定靶基因的相对 ChIP 富集度。这个方案用标准化后的 ChIP DNA 和全基因组 DNA 的绝对质量来对 DNA 进行最直接的定量。我们用 SYBR Green 作为 PCR 的检测染料，也可以使用 TaqMan 和其他的检测化合物。

材料

为正确使用本方案中的器材和危险试剂，必须查阅相应的材料安全数据表并咨询所在机构的环境卫生和安全办公室。

本方案的专用试剂标注<R>，配方在本方案末提供。常用储备溶液、缓冲液和试剂标注<A>，配方见附录 1。储备溶液应稀释至适用浓度后使用。

试剂

来自方案 3 中的 ChIP DNA
阴性对照 DNA
含 SYBR Green 染料的 PCR 混合成分
PCR 引物
模板 DNA（见步骤 2）

仪器

荧光计
实时定量 PCR 仪

方法

1. 用商业化的基础混合成分（通常提供 2×浓度，含有全部所需的核苷酸和酶）、引物（每个引物浓度 0.15μmol/L），500pg 模板 DNA（参见第 9 章）准备实时 PCR 反应体系。

> 需要优化引物浓度以实现靶基因的有效扩增。500pg DNA 相当于基因组中 150 个拷贝。

2. 模板可以是 ChIP DNA、总的 Input DNA，或者是仅仅用磁珠富集的阴性对照 DNA。

> 通常，仅用磁珠富集的模拟免疫沉淀产出 DNA 非常少。相反，用琼脂糖或者琼脂糖凝胶颗粒模拟免疫沉淀产出的 DNA 量足以满足大量的 PCR。

3. 依据引物熔解温度和 PCR 产物预期长度来设计实时 PCR 条件（参见第 9 章）。遵循适合仪器和反应试剂的 PCR 参数：

> i. 95℃，10min
>
> ii. 95℃，15s
>
> iii. 60℃，45s
>
> iv. 回到步骤 ii 开始循环，39 次
>
> v（可选）. 完成熔解曲线。

4. 通过比较由实时定量 PCR 仪确定的 input 和 ChIP DNA 模板的临界循环数（C_T）来比较富集度。用合适的方法来判定 C_T 值（参见第 9 章）。

> ▲C_T 值代表 ChIP 富集的相对对数，假定扩增效率接近 100%。

方案 5　染色质免疫沉淀-芯片杂交（ChIP-chip）

染色质免疫沉淀-芯片（ChIP-chip）能够用来分析某个区域范围和全基因组范围内蛋白质-DNA 相互作用。通过 ChIP 富集的 DNA 和 Input DNA 竞争性地与 DNA 芯片杂交，可以鉴定和蛋白质相互作用的基因组位点。DNA 芯片上包含代表基因组序列的 PCR 产物或寡核苷酸探针。ChIP DNA 和 Input DNA 相对杂交强度被用来判断探针序列是否是蛋白质-DNA 相互作用的潜在位点。蛋白质结合实际基因组位点的分辨率依赖于染色质的大小和芯片上探针间对应基因组序列之间的距离。

　　所研究的基因组区域的大小和性质依赖于芯片的设计和覆盖度。许多芯片平台可以用于 ChIP-chip，这些芯片包含 PCR 产物或寡核苷酸。仅仅包含启动子区域的第一代人类 ChIP-chip 芯片被用来搜寻转录因子的直接靶标（Ren et al. 2002）。第二代人类 ChIP-chip 芯片覆盖了基因组的小的连续区域（Kim et al. 2005a）。目前，整个人类基因组序列可以被高密度的寡核苷酸芯片组所覆盖（Kim et al. 2005b）。许多企业能够为客户提供多种复杂芯片，以便高密度和高通量地对特定区域进行研究，这些企业同时还可以提供一系列经确证的寡核苷酸探针，可以同时放置于客户定制芯片上。正如利用基因芯片进行表达谱分析一样，ChIP-chip 实验也要求多次重复以便获得蛋白质-DNA 相互作用的统计学上可信的测定结果。

　　ChIP-chip 方案可以划分为两个主要部分：ChIP DNA 扩增和 ChIP DNA 与芯片杂交。与芯片杂交需要大量的 DNA，与一组代表整个人类基因组序列的多个芯片杂交需要两轮 PCR 扩增。这里提供的是使用 Kim 等描述的 PCR 产物印记-ENCODE 芯片进行的 ChIP-chip 实验（Kim et al. 2005a）。

材料

为正确使用本方案中的器材和危险试剂，必须查阅相应的材料安全数据表并咨询所在机构的环境卫生和安全办公室。

本方案的专用试剂标注<R>，配方在本方案末提供。常用储备溶液、缓冲液和试剂标注<A>，配方见附录 1。储备溶液应稀释至适用浓度后使用。

试剂

BioPrime Array CGH 基因组标记系统试剂盒（Life Technologies 公司）

乙酰化的牛血清白蛋白（BSA）

BSA 溶液[5mg/mL（m/V）的 PBS 溶液和 2%（m/V）水溶液]

来自方案 3 的 ChIP DNA 和 Input DNA

人类 C_0t-1 DNA（Life Techonologies 公司）

Cy3-dCTP 和 Cy5-dCTP（GE Healthcare Biosciences 公司）

dNTP 混合物（dATP、dCTP、dGTP、dTTP 各 20mmol/L）

dNTP 混合物（dATP、dCTP、dGTP、dTTP 各 2.5mmol/L）

乙醇（70%，100%，预冷）

糖原（20mg/mL）

杂交缓冲液<R>

连接缓冲液（5×）（Life Technologies 公司）

LM-PCR 混合物<R>

　　　　JW102 oligo（5′-GCGGTGACCCGGGAGATCTGAATTC-3′，HPLC 纯化）（40μmol/L）

　　　　JW103 oligo（5′-GAATTCAGATC-3′，HPLC 纯化）（40μmol/L）

PfuUltra 聚合酶（2.5U/μL）（Agilent Technologies 公司）

酚∶氯仿∶异戊醇（25∶24∶1）

聚合酶混合物<R>

预杂交溶液<R>

QIAquick PCR 纯化试剂盒（QIAGEN 公司）

乙酸钠（3mol/L，pH 5.3）

标准柠檬酸盐水溶液（0.1×）

标准柠檬酸盐水溶液（0.1×）/十二烷基硫酸钠（0.1%）水溶液

标准柠檬酸盐水溶液（2×）/十二烷基硫酸钠（0.1%）水溶液

标准柠檬酸盐水溶液（2.2×）/十二烷基硫酸钠（0.22%）<R>
T4 DNA 连接酶（400U/mL）（New England Biolabs 公司）
T4 DNA 聚合酶（3U/mL）（New England Biolabs 公司）
Taq 聚合酶（5U/mL）和缓冲液（QIAGEN 公司）
Tris（1mol/L，pH 7.9）
酵母 tRNA（10μg/μL）

仪器

Axon GenePix 4000B 芯片扫描仪（Molecular Devices 公司）
离心管
化学通风橱
玻片染色缸
盖玻片（24mm×60mm）
Eppendorf 5840 离心机
GenePix 扫描软件
加热块（100℃、95℃、70℃）
杂交盒（Sigma-Aldrich 公司）
冷冻干燥箱（可选，见步骤46）
芯片（PCR-spotted ENCODE）
微型离心机
PCR 管（200μL）
平板（96 孔）
摇床/转台
96 孔板转子接头
片盒
片架
光谱仪
带扣帽试管
涡旋振荡器
水浴锅
Wheaton 玻璃染缸

方法

制备接头

接头可以预先制备并储存几个月。

1. 用水溶解 oJW102 和 oJW103 寡核苷酸至终浓度 40μmol/L。

2. 将 375μL 40μmol/L 的 oJW102 和 375μL 40μmol/L 的 oJW103 加入到 250μL Tris（1mol/L，pH 7.9）中。

3. 将混合物按 100μL 等体积分装进微型离心管。

4. 把试管置于 95℃热浴 5min。

5. 转移样品至 70℃热浴槽。

6. 移走热源，仍然保持试管在热浴块上，将其置于工作台，冷却至 25℃。

7. 转移热浴块至 4℃，孵育样品过夜。

8. 冻存样品于-20℃。

扩增 ChIP DNA 和 Input DNA

连接介导的 PCR（LM-PCR）方案用来将少量的 ChIP DNA 扩增至足够进行后续的芯片实验。作为对照，平行扩增 20ng 的 Input DNA。

DNA 末端补平

9. 在 200μL PCR 管中，加 40μL 的 ChIP DNA 或 20ng（1μL）的 Input DNA，再用水补平至 100μL。剩下的 DNA 冻存于-20℃。

10. 往 DNA 中加入下列成分：

T4 DNA 聚合酶缓冲液（10×）	11μL
乙酰化的牛血清白蛋白（10mg/mL）	0.5μL
dNTP（20mmol/L）	0.5μL
T4 DNA 聚合酶（3U/μL）	0.2μL

11. 吹打混匀，12℃孵育 20min。

　　　此步骤用 PCR 仪。

12. 转移补平后 DNA 至新的 1.5mL 试管，置于冰上。

13. 往其中加入 11μL 3mol/L 的乙酸钠（pH 5.3）和 1μL 20mg/mL 的糖原，涡旋振荡。

14. 加入 120μL 酚：氯仿：异戊醇（25：24：1）。

15. 涡旋振荡后在微型离型机中室温最高速离心 5min。

16. 转移 110μL 水相至新的 1.5mL 离心管中，加入 230μL 预冷 100%乙醇。涡旋振荡，-80℃放置 15～30min（直到冰冻），再于 4℃最高速离心 5min。

17. 移除上清，用 500μL 预冷 70%乙醇漂洗沉淀。

18. 4℃最高速离心 5min。

19. 移除上清，简短离心，用吸头移除残留的液体，简短干燥沉淀（5min）。

20. 用 25μL 水重悬沉淀，置于冰上。

接头连接至 DNA

21. 准备如下 25μL 连接酶混合物：

连接酶缓冲液（5×）	10μL
复性接头（15μmol/L）	6.7μL
T4 DNA 连接酶（400U/μL）	0.5μL
去离子水	7.8μL

往每个样品中加入连接酶混合物。

22. 用吸头充分混匀，16℃孵育过夜。

23. 第二天，加入 6μL 3mol/L 的乙酸钠和 130μL 预冷 100%乙醇，涡旋振荡。

24. 于-80℃冻存样品 15～30min，在微型离心机中 4℃最高速离心 15min，丢弃上清。

25. 用 500μL 冷的 70%乙醇洗涤沉淀，离心，移除所有液体，干燥沉淀 5min。

26. 用 25μL 水重悬沉淀，转移至新的 200μL PCR 管。

运行 PCR

27. 将连接后的 DNA 置于冰上。准备 LM-PCR 和聚合酶混合物。

28. 往管中加入 15μL LM-PCR 混合物。

29. 将试管置于已经加热至 55℃ 的 PCR 仪，暂停。

30. 往 PCR 仪上的试管中加入 10μL 聚合酶混合物，充分混匀。

31. 运行剩下的循环：

步骤 1	55℃ 2min
步骤 2	72℃ 5min
步骤 3	95℃ 2min
步骤 4	95℃ 1min
步骤 5	60℃ 1min
步骤 6	72℃ 2min
步骤 7	返回至步骤 4，22×
步骤 8	72℃ 5min
步骤 9	4℃ 持续

32. 用 QIAGEN QIAquick PCR 纯化试剂盒纯化样品。用 50μL 试剂盒提供的洗脱缓冲液洗脱样品。检测 PCR 产物的浓度。

> LM-PCR 产物可用凝胶电泳分析（请见第 2 章，方案 1 和方案 2）。检测全部的 LM-PCR 产物的大小分布对于测定 PCR 步骤是否导致偏性扩增很重要。理想状态下，LM-PCR 产物应该和未扩增的解交联染色体无差别。如果 LM-PCR 产物能够看见离散的条带，表明 LM-PCR 导致了偏性扩增。通过减少循环数再次运行 PCR 可能限制偏性扩增。

从 LM-PCR 产物中制备荧光标记的 DNA

33. 加 200ng LM-PCR DNA 产物至试管中，用去离子水调整体积至 22.5μL。

34. 加 20μL 2.5× 随机引物溶液（来自 QIAGEN 公司的试剂盒）至试管。

35. 用 100℃ 热浴煮沸 5min，然后置于冰上保持 5min。

36. 加入 5μL 10× 的 dNTP 混合物（来自试剂盒）。

37. 加入 1.5μL Cy5-dCTP 至免疫沉淀样品试管中，加入 1.5μL Cy3-dCTP 至总输入样品试管中。

38. 加入 1μL 高浓度 Klenow 酶（40U/μL 来自 BioPrime 公司的试剂盒），轻微涡旋振荡并简短离心收集液体。

39. 37℃ 孵育 1.5h。

40. 用 QIAGEN 公司的 QIAquick PCR 纯化试剂盒纯化标记的 DNA，用试剂盒提供的洗脱缓冲液 50μL 洗脱 DNA，用紫外光谱仪测定标记的 DNA 浓度。

制备芯片

41. 加 80mL 预杂交溶液至玻片染色缸，用水浴加热溶液至 42℃（20～30min）。

42. 将微阵列沉浸在玻片染色缸中（每个染色缸最多 4 片），然后 42℃ 孵育 40min。

43. 将微阵列轻微地浸润在反渗透水中约 10s，将片盒置于 96 孔板转子上，2000r/min 离心 30s 甩干，离心后立即开始使用芯片。

制备杂交液

44. 将 2μg Cy3 标记的 DNA（Input DNA）和 2μg Cy5 标记的 DNA（ChIP DNA）混合。

> 需要的标记 DNA 数量可能依据不同的芯片平台而有所差异。通常，探针数量较多的芯片要求更多的标记靶 DNA。

45. 加入 36μg 人类 C_0t-1 DNA 和去离子水至终体积 130μL。

> 因为 C_0t-1 DNA 用来阻止富含重复元件序列的交叉杂交，C_0t-1 DNA 的使用依赖所用的芯片平台类型。此外，C_0t-1 DNA 的量依赖芯片上探针种类和数量而变化。酵母 tRNA 也用于阻止基因组中高拷贝数量转运 RNA 序列的交叉

杂交。C_ot-1 DNA 和酵母 tRNA 在寡核苷酸芯片杂交中均可省略。

46. 加入 14μL 3mol/L 的乙酸钠和 280μL 100% 冷乙醇，振荡混合，-80℃ 孵育 15min，4℃ 最高转速离心 15min。

标记的靶标可用真空冷冻干燥仪代替乙醇沉淀干燥。

47. 用 500μL 70% 冷乙醇漂洗沉淀，移除所有残留液体，风干 5min。

48. 用 22.4μL 2.2× 的 SSC/0.22%SDS 溶液溶解沉淀。37℃ 孵育 10min 溶解，每 2min 轻微振荡样品促进溶解。

49. 加入 20μL 杂交缓冲液，轻轻且充分地振荡。

50. 盖上试管盖，95℃ 变性杂交液 5min，离心 30s。

51. 42℃ 孵育 2min。

52. 加入 4μL 酵母 tRNA（10μg/μL）。

对于寡核苷酸芯片或者不包含编码编码 tRNA 序列的芯片，tRNA 可以省略。

53. 加入 3μL 2% 牛血清白蛋白，轻轻且充分地振荡，42℃ 孵育 5min，简短离心。

杂交

54. 将来自步骤 53 的混合物 47μL（3 滴）点至芯片，将芯片的盖片首先接触芯片边缘，再将盖片覆盖至芯片上。

55. 加 15μL 去离子水至湿盒任意一边的小储存孔中，压紧杂交湿盒。

56. 60℃ 孵育过夜（16h）（浸于 60℃ 水浴）。

漂洗

2×SSC 溶液预热至 60℃，但是漂洗实际上在室温下完成。下面的每个漂洗体积最多可用于 4 个芯片的漂洗。

57. 用 50mL 预热至 60℃ 的 2×SSC/0.1%SDS 填满染色缸，轻轻将芯片放入染色缸，保持条形码向上。浸润芯片 1min，缓缓从染色缸中移除每张芯片，留下盖玻片。

58. 将芯片置于在 Wheaton 染色缸中放置的、已被预热至 60℃ 的 2×SSC/0.1%SDS 浸润的片架中，通过摇床摇动来温和搅动孵育芯片 5min。

59. 从 2×SSC/0.1%SDS 溶液中移出片架，转置于盛有 250mL 室温的 0.1×SSC/0.1%SDS 溶液的 Wheaton 染色缸中。通过转台/摇床的摇动温和搅动孵育芯片 10min。

60. 从 0.1×SSC/0.1%SDS 溶液中移出片架，转置于盛有 250mL 室温的 0.1×SSC 溶液的 Wheaton 染色缸中，手动温和搅动孵育芯片 15s，此处快洗可移除大量残留 SDS。

除去 SDS 非常关键，因为任何 SDS 残留都将干扰扫描。

61. 从 250mL 0.1×SSC 溶液中移出片架，转置于盛有 250mL 的 0.1×SSC 溶液的 Wheaton 染色缸中，孵育 1min（如有必要可以温和搅动）。

62. 重复步骤 29 两次以上（共 3 次）。

63. 15s 后，缓慢从片架上移走芯片，置于转子接头的离心管架上。平衡好，在 Eppendorf 5840 离心管中于 1500r/min 离心 1min。离心后，保存芯片于片盒中，分析前保持芯片避光避尘。

扫描

本方案的最后将描述用 Axon 4000B 扫描仪扫描的步骤。按照说明开展合适的操作，其他的扫描平台和和程序的操作流程有可能不同。

64. 漂洗及干燥后立即用 Axon 4000B 扫描仪和 GenePix 扫描软件以合适的分辨率（大于 20K 特征芯片组为 5μm）扫描芯片。

65. 校准每个通道的 PMT 得率保证每个通道的荧光值一致。

66. 用正确/合适的基因芯片列表文件（.gal）从每个斑点中提取荧光强度值。

67. 保留扫描图像（.TIFF）、图像设置（.gps）和结果文件（.gpr），相比于 Input DNA，ChIP DNA 的信号标准化后呈现两倍的增加即可认为有显著作用；但是，仍然需要用不同的芯片测量误差模型进行统计学分析以判断不同重复间 ChIP DNA 信号的统计学差异。

配方

为正确使用本方案中的器材和危险试剂，必须查阅相应的材料安全数据表并咨询所在机构的环境卫生和安全办公室。

杂交缓冲液

试剂	储液	含量（每 1mL）	终浓度
甲酰胺	100%	700μL	70%
硫酸葡聚糖	100%	0.143g	14.3%
SSC	20×	150μL	3×
去离子水		75μL	

新鲜制备。

LM-PCR 混合物

试剂	含量（每 15μL）
热聚合酶反应缓冲液（10×）（New England Biolabs 公司）	4μL
dNTP（2.5mmol/L）	5μL
oJW102（40μmol/L）	1.25μL
去离子水	4.75μL
总计	15μL

新鲜制备并保存于冰上。

聚合酶混合物

试剂	含量（每 10μL）
热聚合酶反应缓冲液（10×）（New England Biolabs 公司）	1μL
Taq 聚合酶 （5U/μL）	1μL
PfuUltra 聚合酶 （2.5U/μL）	0.01μL
去离子水	8μL
总计	10μL

新鲜制备并保存于冰上。

预杂交溶液

试剂	储液	含量（每 100mL）	终浓度
SSC	20×	10mL	2×
SDS	10%	0.5mL	0.05%
牛血清白蛋白	2%	10mL	0.2%
去离子水		79.5mL	

新鲜制备。

SSC（2.2×）/SDS（0.22%）

试剂	储液	含量（每 1mL）	终浓度
SSC	20×	110μL	2.2×
SDS	10%	22μL	0.22%
去离子水		868μL	

新鲜制备。

参考文献

Kim TH, Barrera LO, Qu C, Van Calcar S, Trinklein ND, Cooper SJ, Luna RM, Glass CK, Rosenfeld MG, Myers RM, et al. 2005a. Direct isolation and identification of promoters in the human genome. *Genome Res* 15: 830–839.

Kim TH, Barrera LO, Zheng M, Qu C, Singer MA, Richmond TA, Wu Y, Green RD, Ren B. 2005b. A high-resolution map of active promoters

in the human genome. *Nature* 436: 876–880.

Ren B, Cam H, Takahashi Y, Volkert T, Terragni J, Young RA, Dynlacht BD. 2002. E2F integrates cell cycle progression with DNA repair, replication, and G_2/M checkpoints. *Genes Dev* 16: 245–256.

方案 6 染色质免疫沉淀-高通量测序（ChIP-seq）

对 ChIP-富集 DNA 直接测序（ChIP-seq）是微阵列（芯片）检测方法的一种替代方法。在 ChIP-seq 方案中，利用二代测序平台（如 Illumina 基因组分析仪，见第 11 章）对 ChIP DNA 进行分析。对 ChIP DNA 的直接测序可以获得数百万短序列的"读本（reads）"，基因组上 ChIP 俘获序列读本的密度可以用来确定蛋白的结合位点。尽管 ChIP-seq 对 ChIP DNA 的需要量要少得多，但是目前的测序平台仍然需要通过连接作用介导的 PCR 对 ChIP DNA 进行扩增。由于该方法具有数字特性，因此逐渐成为全基因组 ChIP 分析的标准方法。

本方案涉及接头连接和随后的样品片段大小选择，是 Illumina 基因组分析仪 ChIP-seq 的标准操作。经过大小选择的 ChIP DNA 通过 LM-PCR 进行扩增，并进行第二次片段大小选择。纯化后的 ChIP DNA 随后载入基因组测序仪，ChIP DNA 也可以与 ChIP-chip 结果平行进行。

材料

为正确使用本方案中的器材和危险试剂，必须查阅相应的材料安全数据表并咨询所在机构的环境卫生和安全办公室。

本方案的专用试剂标注<R>，配方在本方案末提供。常用储备溶液、缓冲液和试剂标注<A>，配方见附录 1。储备溶液应稀释至适用浓度后使用。

试剂

ATP（10mmol/L）
溴酚蓝/二甲苯胺上样染料
来自方案 3 的 ChIP DNA
ChIP-seq DNA 样品制备试剂盒（Illumina 公司）
dATP（1mmol/L）
DNA 分子质量标准
dNTP 混合液（10mmol/L dATP、dCTP、dGTP 及 dTTP）
dNTP 混合液（2.5mmol/L dATP、dCTP、dGTP 及 dTTP）
洗脱缓冲液（QIAGEN 公司的 MinElute QIAquick 纯化试剂盒）
End-It DNA 末端修复试剂盒（Epicentre Technologies 公司）
乙醇
糖原（20mg/mL）
Illumina 公司基因组 DNA 样品制备试剂盒
Klenow 片段（3′→5′外切酶活性）（Life Technologies 公司）

最小洗脱 QIAquick PCR 纯化试剂盒（QIAGEN 公司）

Nanosep MF 过滤试管（VWR 公司）

Illumina 公司基因组 DNA 样品制备试剂盒的 PCR 引物

Phusion 热启动高保真 DNA 聚合酶（New England Biolabs 公司）

聚丙烯酰胺凝胶（浓度为 8%，溶于 1×TBE）或预制胶<R>

快速连接试剂盒（New England Biolabs 公司）

限制性内切核酸酶缓冲液 2（NEB 公司）

乙酸钠（3mol/L，pH 5.3）

SYBR 金色溶液（10000×）（Life Technologies 公司）

T4 DNA 连接酶和缓冲液

TAE 缓冲液（1×）<A>

仪器

琼脂糖凝胶电泳设备

Dark Reader 荧光透射仪（Iso BioExpress 公司）

胶染色平皿

加热板

Illumina 基因组分析仪系统

针

PCR 仪

振荡器平台/转台

外科手术刀

分光光度计

SpeedVac 浓缩仪

Thermo 混合器（Eppendorf 公司）

试管（0.5mL、1.5mL、2.0mL）

涡旋振荡器

水浴锅

方法

末端修复

1. 在 29μL 的 ChIP DNA 中加入以下成分：

末端修复缓冲液（来源于 End-It DNA 末端修复试剂盒）	10μL
dNTP（2.5mmol/L）	5μL
ATP（10mmol/L）	5μL
End-It 酶混合物	1μL
总反应体积	50μL

2. 室温孵育 45min。

3. 利用 MinElute QIAquick PCR 纯化试剂盒对 DNA 进行纯化，过程参照生产说明书。

4. 分两次从柱子上洗脱 DNA：首次利用 20μL 洗脱缓冲液洗脱，随后 12μL 洗脱缓冲液洗脱。洗脱总体积为 32μL。

在 ChIP DNA 的 3′端加 A

5. 对先前步骤中的末端修复 DNA，加入 5μL 的 10×限制性内切核酸酶缓冲液 2、10μL 1mmol/L 的 dATP、3μL 5U/μL 的 Klenow 片段（3′→5′外切）。

6. 37℃孵育 30min。

7. 利用 MinElute QIAquick PCR 纯化试剂盒对 DNA 进行纯化，过程参照生产说明书。

8. 分两次洗脱 DNA：首次利用 10μL 洗脱缓冲液洗脱，随后 10μL 洗脱缓冲液洗脱。洗脱总体积为 20μL。

9. 利用 SpeedVac 浓缩纯化的 DNA 至 4μL。

连接

10. 对浓缩的 DNA 溶液，加入 5μL 的 2×T4 连接酶缓冲液、0.5μL（用水按 1∶10 稀释）的接头寡核苷酸混合物（在 ChIP-Seq DNA 样品准备试剂盒内）和 0.5μL 的 1U/μL 的 T4 DNA 连接酶。

11. 室温连接 15min。

12. 利用 MinElute QIAquick PCR 纯化试剂盒对 DNA 进行纯化，过程参照生产说明书。

13. 分两次洗脱 DNA：首次利用 20μL 洗脱缓冲液洗脱，随后 20μL 洗脱缓冲液洗脱。洗脱总体积为 40μL。

胶纯化/片段大小选取

14. 准备一块 8%的聚丙烯酰胺胶（1×TBE）或一块预制胶。

15. 将每个孔槽中的残胶用 1×TBE 缓冲液清洗，

16. 上 8μL 溴酚蓝/二甲苯青，跟踪 DNA 条带的迁移。

17. 将步骤 13 中的已连接接头的 ChIP DNA 全部上样。

18. 上样 DNA 分子质量标准。

19. 150V 电泳，直到最前端的染料迁移到整块胶的 2/3 处。

20. 将胶放置于 100mL 含 10μL 的 10 000×的 SYBR 金色溶液的 1×TAE 缓冲液中染色。

21. 将染色平皿用锡箔纸覆盖，温和振荡孵育 15～20min。

22. 采用 Dark Reader 荧光透射仪对胶进行分析。

23. 利用一个干净的刀片将处于 200～220bp 或 250bp 的条带切下。用于 Illumina 测序的优化了的搭桥 PCR 产物簇的大小为 200～250bp。

24. 对于 ChIP-chip，胶回收的 DNA 片段大小为 400～800bp（方案 5）。

25. 将 200～250bp 条带的胶条放于 0.5mL 的用针预先扎了许多孔的管内切碎。将该 0.5mL 含有胶碎片的管子放置于 1.5mL 或 2.0mL 的管子中，14 000r/min 离心 2min。胶可以通过孔径而流下。

26. 丢弃较小的管子。向底部含有胶碎片的管子中加入 2 倍体积的 EB 缓冲液，放置于 Thermomixer 或旋转器上振荡过夜。

27. 第二天，在 Thermomixer 上，50℃，1400r/min，振荡 15min。

28. 室温下，14 000r/min 离心 2min。

29. 将上清转移至 Nanoseq 柱子中，室温，14 000r/min 离心 2min。

30. 再次室温，14 000r/min 离心 2min。

31. 将洗脱液用 EB 缓冲液补足总体积至 300μL。

32. 加入 1/10 体积（30μL）3mol/L 的乙酸钠（pH 5.2）并混合。

33. 加入 2μL 糖原（20mg/mL）及 470μL 预冷的 100%乙醇，并混合。

34. 冰冻 30min 或−80℃过夜。

35. 4℃，14 000r/min 离心 30min。

36. 去除上清。

37. 将 DNA 沉淀用 1mL 的 70%乙醇洗涤，然后涡旋。

38. 4℃，14 000r/min 离心 5min。

39. 用移液管去除残留乙醇，并将沉淀风干 5min。

40. 将 DNA 沉淀重悬于 20μL 的洗脱缓冲液中。

对大小选择后的 ChIP DNA 进行 PCR 扩增

41. 对于 20μL 的 ChIP DNA，加入以下成分：

Phusion 缓冲液（5×）	10μL
dNTP（10mmol/L）	1μL
dH₂O	13.5μL
Phusion 热启动聚合酶	0.5μL

42. 转移 PCR 管至 PCR 仪中，设置以下程序：

步骤 1	98℃ 30s
步骤 2	65℃ 20s
步骤 3	72℃ 20s
步骤 4	98℃ 10s
步骤 5	65℃ 20s
步骤 6	72℃ 20s
步骤 7	98℃ 10s
步骤 8	4℃

43. 当 PCR 仪工作至第八步 4℃时，转移 PCR 管，并加入 2.5μL 的 10μmol/L Solexa PCR 引物，将管子置于冰上。

44. 用以下参数开展新一轮的 PCR 程序：

步骤 1	98℃ 30 s
步骤 2	98℃ 10 s
步骤 3	60℃ 30 s
步骤 4	72℃ 30 s
步骤 5	返回步骤 2，20 个循环
步骤 6	72℃ 5min
步骤 7	4℃

45. 当温度达到 98℃时，转移管子至 PCR 仪中，开始运行程序。

46. 利用 MinElute QIAquick PCR 纯化试剂盒对 DNA 进行纯化，过程参照说明书。

47. 分两次洗脱 DNA：首次利用 20μL 洗脱缓冲液洗脱，随后 20μL 洗脱缓冲液洗脱。洗脱总体积为 40μL。

48. 胶纯化/片段大小选取。胶纯化 PCR 产物按照步骤 14～步骤 39。

49. 将 DNA 沉淀悬于 10μL 洗脱缓冲液中。

50. 测定胶纯化后的 DNA 的 OD 值。对纯化的 DNA 样品通过 2%的琼脂糖凝胶电泳进行再鉴定（参见第 2 章，方案 1 和方案 2）。1μL 的量足够 OD 值测定和琼脂糖凝胶电泳。

51. 在 Illumina 基因组分析仪中上样 2～4ng 纯化的 DNA。根据测序序列的长度，产生大量的（数以千万）短的序列读数需要运行约一周的时间。之后利用 Illumina 基因组分析仪的系统软件选取并与已知的基因组序列做同源比对，从而识别和定位 ChIP 富集的 DNA 片段。其他第三方的分析程序可以通过 Illumina 公司官网获得（http://www.illumina.com）。

配方

为正确使用本方案中的器材和危险试剂，必须查阅相应的材料安全数据表并咨询所在机构的环境卫生和安全办公室。

聚丙烯酰胺胶（胶浓度 8%，1×TBE 配制）

试剂	含量（每 35mL）
丙烯酰胺：双丙烯酰胺（29∶1）（40%）	7mL
TBE 缓冲液（10×）	3.5mL
dH$_2$O	23.51mL
过硫酸铵（10%）	175μL
TEMED	35μL

方案 7　交联细胞 3C 文库的制备

在这一方案中，将描述甲醛固定的哺乳动物细胞 3C 文库的制备，本实验开始于方案 1 中获得的交联细胞。在开展 3C 实验之前，应该确定使用何种限制性内切核酸酶。有两个参数必须考虑。

1. 限制性内切核酸酶的切割频率决定了限制性酶切片段的大小以及可检测到的染色质相互作用的分辨率。在最常见的研究中，研究者利用每个切割片段约为 4kb 的限制性内切核酸酶。如果研究的目的是利用 4C 方法（方案 11）分析 3C 文库的组成，则应该选择那些识别 4 个碱基对序列的高频切割限制性内切核酸酶，这是为了保证反向 PCR 介导的连接片段的有效扩增。

2. 若限制性酶切位点位于目的元件之间，将会将元件划分到不同的限制性酶切片段。在这种情况下，可以对每个独立的目的基因组元件进行相互作用研究。由于在较高温度下长时间孵育会导致甲醛交联的解交联，因此不推荐使用反应温度高于 37℃ 的限制性内切核酸酶。最后，为了避免对不同甲基化状态的 DNA 的偏好性消化，推荐使用对 DNA 甲基化不敏感的限制性内切核酸酶。

材料

为正确使用本方案中的器材和危险试剂，必须查阅相应的材料安全数据表并咨询所在机构的环境卫生和安全办公室。

本方案的专用试剂标注<R>，配方在本方案末提供。常用储备溶液、缓冲液和试剂标注<A>，配方见附录 1。储备溶液应稀释至适用浓度后使用。

试剂

琼脂糖（0.8%）/TBE（0.5×）胶含有 0.5μg/mL 溴化乙锭

3C 连接混合液<R>

3C 裂解缓冲液<R>

乙醇（预冷，70%）

甲醛交联的细胞（5×10^7）

> 交联的细胞参见方案 1 的描述。

标准分子质量

苯酚

酚：氯仿（$1:1$，V/V）

蛋白酶抑制剂混合物（例如，Roche 的完备的蛋白酶抑制剂小片，或其他的蛋白酶抑制剂混合物）

蛋白酶 K（10mg/mL）

限制性内切核酸酶缓冲液（$1 \times$）

> 3C 实验（见操作介绍）所选择的限制性内切核酸酶决定了所需要的限制性酶切反应缓冲液。关于缓冲液的细节，请参照限制性内切核酸酶生产手册的推荐。

限制性内切核酸酶的选择（参照操作介绍）

RNase A（10mg/mL）

SDS（10%，m/V）

乙酸钠（3mol/L，pH 5.2）

T4 DNA 连接酶

TE 缓冲液<A>（pH 8.0，$1 \times$）

Triton X-100（10%，V/V）

仪器

琼脂糖凝胶电泳仪

离心瓶

化学烟雾通风橱

医用离心机

杜恩斯匀浆器和研杵 A

胶定量设备

微型离心机

管子（1.7mL、15mL、50mL、200mL）

涡旋振荡器

方法

溶解交联的染色质

1. 依照方案 1，用 500μL 预冷的 3C 裂解液悬浮 5×10^7 的交联细胞，并加入 50μL 蛋白酶抑制剂混合物。

2. 冰上孵育至少 15min。

3. 将细胞混合液转移至杜恩斯匀浆器中。用研钵 A 于冰上研磨细胞 15 下，再重复研磨 15 下。确保不要将研杵完全拉出混合物，以避免裂解产生气泡。

4. 将裂解液转移至 1.7mL 离心管中，室温，5000r/min 离心 5min。

5. 去除上清，将沉淀重悬于 500μL 的 $1 \times$ 限制性内切核酸酶缓冲液。

6. 室温，5000r/min 离心 5min。

7. 重复步骤 5 和步骤 6。

8. 去除上清，将沉淀重悬于 500μL 的 1×限制性内切核酸酶缓冲液。

9. 将细胞裂解物等分成 10 份，每份 50μL 分配到 10 个离心管中。

10. 每份加入 337μL 的 1×限制性内切核酸酶缓冲液。

11. 加入 38μL 的 1%SDS，用移液管吹吸混匀。

12. 65℃孵育 10min。

> 在孵育过程中，非交联的蛋白质将从 DNA 上分开。这对于染色质的溶解和限制性酶切效率是很关键的。由于孵育时间过长会导致解交联及相互作用染色质的丢失，因此 65℃下，孵育不超过 10min 是很重要的。

13. 每支管子加入 44μL 的 10% Triton X-100，并上下吹吸混匀，要避免产生气泡。

> Triton X-100 可以与溶液中的 SDS 相互作用，以免 SDS 使限制性内切核酸酶失活，限制性内切核酸酶将要在步骤 14 加入到溶液中。

消化交联的染色质

14. 每支管子中加入已选择好的 400U 限制酶。限制酶的体积应该不大于 40μL。混匀并在 37℃孵育过夜。

15. 加入 86μL 的 10%的 SDS，并上下吹吸混匀。避免产生气泡。

16. 65℃孵育 30min 以灭活酶活性。

> SDS 的存在与 65℃孵育可以同时高效灭活限制性内切核酸酶。由于孵育时间过长会导致解交联及相互作用染色质的丢失，因此 65℃下，孵育不超过 10min。

对交联并消化后的染色质进行连接

17. 将 10 个反应分别转移至 15mL 锥形管中，每管加入 7688μL 新鲜制备的 3C 连接液。

> 连接反应是在较大的体积中进行的，因此具有较大的稀释度。在此条件下，分子内的连接要比分子间的连接优先发生。

18. 16℃连接反应 2h。

> 如果要利用 4C 方法来分析 3C 文库的话，为了保证连接产物的完全环化，需要将连接反应延长至 24h 甚至 72h。

3C 连接产物文库的纯化

19. 每管中加入 50μL 的 10mg/mL 的蛋白酶 K，65℃孵育过夜。

> 蛋白酶 K 的添加和 65℃的孵育，结果是解除交联和降解蛋白质。

20. 加入 50μL 的 10mg/mL 的蛋白酶 K，65℃继续孵育 2 h。

> 第二次的蛋白酶 K 孵育，可以增加 DNA 的产率。

21. 将 10 个反应产物合并，可获得总体积约 80mL。然后取 4 支 50mL 的锥形管，每支管中等分加入 20mL 的反应产物。

22. 每支管子加入 20mL 的酚并涡旋混匀 2min。然后在医用离心机中 3500r/min 离心 10min。

23. 将上层水相转移至 4 支新鲜的 50mL 的锥形管中。

24. 每支管子中加入 20mL 的酚∶氯仿（1∶1），并涡旋混匀 2min。然后在医用离心机中 3500r/min 离心 10min。

25. 对于每支管子，转移水（上）相（约 20mL/管）至 200mL 离心瓶中。

26. 每支管子中加入 3mol/L 的 NaAc（pH 5.2）2mL。将溶液混合均匀并用医用离心机短暂离心。

27. 每支管子中加入 50mL 的预冷的乙醇，上下颠倒瓶子温和混匀几次。将瓶子-80℃

孵育至少 30min。

28. 于医用离心机中，4℃ 10 000r/min 离心 25min。

29. 将每支管子中的上清转移，每份沉淀用 400μL 的 1×TE 缓冲液（pH 8.0）上下吹吸悬浮。将 DNA 溶液转移至 4 支微型离心管中。

30. 每支管子中加入 400μL 的酚∶氯仿（1∶1），并涡旋混匀 2min。然后室温下 14 000r/min 在微型离心管中离心溶液 5min。

31. 将 4 份水（上）相分别转移至新的微型离心管中。

> 见"疑难解答"。

32. 每支管子中加入 3mol/L 的 NaAc（pH 5.2）40μL。混合，在微型管中短暂离心。

33. 每支管子中加入 1mL 的预冷的乙醇并温和混匀。-80℃孵育至少 30min。

34. 4℃，14 000r/min 离心 20min。

35. 将每支管子中的上清转移，每份沉淀用 1mL 的 70%乙醇重悬。

36. 4℃，14 000r/min 离心 20min。

37. 重复 5 次步骤 34 和步骤 35。

> 为了去除 DNA 沉淀中所有的盐分，需要用乙醇重复洗涤。经过这几次洗涤，沉淀会变得较少。

38. 将 70%的乙醇上清从每支管子中转移，在空气中短暂晾干 DNA 沉淀。

39. 每份 DNA 沉淀用 100μL 的 1×TE 缓冲液（pH 8.0）溶解，合并 4 份水相获得一份 400μL 的 DNA 样品。

40. 在 DNA 样品中加入 1μL 的 10mg/mL 的 RNase A，37℃孵育 15min 降解样品中所有的 RNA。这就是 3C 文库，应该储存在-20℃。

> 见"疑难解答"。

41. 为了测定 3C 文库的质量和数量，用含 0.5μg/mL 的溴化乙锭的 0.8%琼脂糖/0.5×TBE 胶上样 0.1～0.5μL（见第 2 章）。在靠近 3C 文库样品旁上样已知浓度的分子质量标准，以便估计 3C 文库的浓度，其应该处于 200～250ng/mL。3C 文库应该在约 20kb 大小处富集。

疑难解答

问题（步骤 31）：酚∶氯仿抽提溶液不清澈。

解决方案：当经过酚∶氯仿抽提步骤后水相不清澈时，重复步骤 30 和步骤 31 一次或多次直到溶液变得清澈。在首次酚∶氯仿抽提之后，相当大量的去污剂（Triton X-100 和 SDS）和二硫苏糖醇（DTT 在 3C 连接混合液中）的存在可能导致水相浑浊现象。

问题（步骤 40）：3C 文库显示的条带并不像是一条单一的高分子质量条带。

解决方案：不充分的连接会产生多条小于 10kb 的条带，甚至会出现明显的弥散。增加更多的连接酶或在 4℃孵育更长的时间（步骤 18）可以增加连接效率。通过 PCR 检测几个连接产物的丰度（参照方案 10）。如果通过 10～20kb 局部分离没有检测到连接产物的话，需要重复 3C 实验。

配方

为正确使用本方案中的器材和危险试剂，必须查阅相应的材料安全数据表并咨询所在机构的环境卫生和安全办公室。

3C 连接混合液

（仅为一次反应，依据反应数调整反应体积。）

试剂	储液	一次反应的量	终浓度
Triton X-100	10%	745μL	0.98%

续表

试剂	储液	一次反应的量	终浓度
Tris-HCl （pH 7.5）	1mol/L	375μL	50mmol/L
MgCl$_2$	100mmol/L	745μL	9.8mmol/L
DTT	1mol/L	75μL	10mmol/L
BSA	10mg/mL	80μL	0.1mmol/L
ATP	100mmol/L	80μL	1.05mmol
H$_2$O		5578μL	
T4 连接酶	300 黏性末端单位/μL	10μL	3000 黏性末端单位

新鲜制备并储存于 4℃。

3C 裂解缓冲液

试剂	储液	含量（每 100mL）	终浓度
Tris-HCl （pH 8.0）	1mol/L	1mL	10mmol/L
NaCl	5mol/L	1mL	10mmol/L
dH$_2$O		97.8mL	
聚乙二醇苯基醚 CA-630	100%	200μL	0.2%（V/V）

方案 8　环形染色质免疫沉淀（ChIP-loop）文库的制备

ChIP-loop 方法是将标准 3C 步骤和常规的 ChIP 步骤结合起来，该方法用来筛选鉴定被特定的目的蛋白结合的位点之间的远距离染色质相互作用（参见本章导言）。

有两组在连接和免疫沉淀执行顺序上存在差异的环化染色质免疫沉淀方法（Horike et al. 2005; Tiwari et al. 2008）。在第一种方法中，交联的染色质被消化或者超声然后立即被免疫沉淀，当染色质被固定在磁珠上时才开始进行连接步骤（Horike et al. 2005）。在第二种方法中，交联的染色质被消化后再在稀释条件下连接，之后才免疫沉淀（Tiwari et al. 2008）。本方案描述的方法是第二种，该方法较第一种而言，不易于引起不必要的分子间连接，因为第一种方法的连接步骤不是在稀释条件下完成的。

该方案起始于方案 1 中所描述的交联细胞。该方案第一部分类似于方案 7 中步骤 1～步骤 18，紧接着就是方案 3 中步骤 8～步骤 28。通过该方案获得的连接产物文库可以通过 PCR 分析（参见方案 10）、4C 分析（参见方案 11）和 5C 分析（参见方案 12）。

ChIP-loop 实验需要像标准 3C 步骤那样去设计和安排。首先，确定一个消化染色质的限制性内切核酸酶，从而实现目的调控元件定位到不同的限制性酶切片段上。其次，需要确定是否有抗体可以在一个典型的 ChIP 实验中成功对目的蛋白进行免疫沉淀。

🍃 材料

为正确使用本方案中的器材和危险试剂，必须查阅相应的材料安全数据表并咨询所在机构的环境卫生和安全办公室。

本方案的专用试剂标注<R>，配方在本方案末提供。常用储备溶液、缓冲液和试剂标注<A>，配方见附录 1。储备溶液应稀释至适用浓度后使用。

试剂

牛血清白蛋白溶液（5mg/mL，0.05g 牛血清白蛋白粉末溶解在 10mL 1× 的 PBS 中）

细胞，经甲醛交联（5×10^7）

> 来自方案 1。

氯仿

3C 连接混合物<R>

3C 裂解缓冲液<R>

匀浆器和研钵 A

磁珠，经抗体偶联（1mL）

> 在 ChIP-loop 实验开始前 1 天新鲜制备（参见方案 3）。
>
> 磁珠的制备参见方案 3，步骤 1~步骤 7。抗体应该靶向出现在预想的长距离染色质相互作用的衔接处位点的目的蛋白。

乙二胺四乙酸二钠（0.5mol/L，pH 8.0）

洗脱缓冲液（50mL）<R>

乙醇（冰冷，75%）

糖原（20mg/mL）

氯化钠（5mol/L）

PBS（pH 7.4）<A>

酚：氯仿：异戊醇（25：24：1）

混合蛋白酶抑制剂（如完全蛋白酶抑制剂片剂[Roche 公司]或者其他有效的混合蛋白酶抑制剂）

蛋白酶 K（20mg/mL）

QIAquick PCR 纯化试剂盒（QIAGEN 公司）

限制性内切核酸酶缓冲液（1×）

> 该限制性内切核酸酶缓冲液选择依赖于在 3C 分析中选用的限制性内切核酸酶，对于缓冲液的详情，参见限制性内切核酸酶的提示手册。

合适的限制性内切核酸酶

> 参见方案 7 介绍部分。

RIPA 缓冲液（200mL）<R>（参见方案 3）

核糖核酸酶 A（10mg/mL）

SDS（10%，m/V）

乙酸钠（3mol/L，pH 5.2）

脱氧胆酸钠（DOC）

T4 DNA 连接酶

TE 缓冲液（1×，pH 8.0）<A>

TOPO 克隆载体（参照步骤 47）

Triton X-100（100%，V/V）液

仪器

凝胶设备

化学通风橱

医用离心机

匀浆器

凝胶定量设备

温箱（65℃）

磁力架

微型离心机

至少可以放置 10 个 15mL 试管的摇床

涡旋振荡器

方法

溶解交联的染色质

1. 用 500μL 冷的 3C 裂解缓冲液重悬 5×10^7 交联细胞，加入 50μL 混合蛋白酶抑制剂。

2. 冰上孵育细胞至少 15min。

3. 转移细胞混合物至匀浆器，用研钵 A 于冰上研磨细胞 15 下，重复研磨 15 下，确保避免裂解物起泡。

4. 转移裂解物至 1.7mL 微型离心管，室温下 500r/min 离心 5min。

5. 移除上清，用 500μL 1× 限制性内切核酸酶缓冲液重悬沉淀。

6. 室温下 5000r/min 离心悬浮液 5min。

7. 重复步骤 5 和步骤 6。

8. 移除上清，用 500μL 1× 限制性内切核酸酶缓冲液重悬沉淀。

9. 将细胞裂解物按照每个样品 50μL 分装成 10 份，将样品装入 10 个微型离心管中。

10. 往每管加入 337μL 1× 的限制性内切核酸酶缓冲液。

11. 加入 38μL 1% 的 SDS，用吸头混匀。

12. 65℃孵育 10min。

> 在孵育过程中，需要从 DNA 中除去任何未交联的蛋白质。这对于染色质的可溶和充分的限制性消化是十分关键的。很重要一点是 65℃孵育不要超过 10min，因为这会导致解交联和染色质相互作用的丢失。

13. 往每管加入 44μL 10% 的 Triton X-100，小心用吸头吹吸混匀以避免产生气泡。

> Triton X-100 将和溶液中的 SDS 反应，以防止将要在步骤 14 中加入到溶液中的限制性内切核酸酶失活。

交联染色质的消化

14. 往每管加入 400 U 限制性内切核酸酶。加入的酶的体积不应该超过 40μL。充分混合后，于 37℃孵育过夜。

15. 加入 86μL 10% 的 SDS，用吸头混合，以避免气泡。

16. 65℃孵育混合物 30min 灭活酶。

> SDS 的存在和 65℃孵育联系在一起可以有效灭活限制性内切核酸酶。65℃孵育不应超过 10min，因为这会导致解交联和染色质相互作用的丢失。

交联后消化过的染色质的连接

17. 将 10 个反应中每个反应单独转移至 15mL 锥形管中。往每管中加入 7688μL 新制备的 3C 连接混合物。

> 连接反应是在大体积稀释条件下完成。这些条件有助于分子内连接反应远大于分子间连接，这对于交联染色质片段的优先连接是十分重要的。

18. 16℃孵育连接反应 2h。

> 如果用 4C 方法分析 3C 文库，延长连接时间由 24h 至 72h 以上以确保连接产物的完全环化。

19. 加入 160μL 0.5mol/L 的 EDTA（pH 8.0）。

> EDTA 终止连接反应。

免疫沉淀

20. 使用前立即制备 BSA 溶液（5mg/mL）。

21. 用磁力架吸附聚集 1mL 抗体偶联磁珠。用吸头移除上清，再用 1mL 5mg/mL 的 BSA 溶液重悬磁珠。

22. 重复步骤 21 共 3 次。

23. 用 1mL 5mg/mL 的 BSA 溶液重悬漂洗好的抗体偶联磁珠。

24. 为了开展 ChIP 反应，往 10 个 3C 连接反应中的每个均加入 100μL 抗体偶联磁珠。于转台上 4℃孵育反应过夜。

25. 用磁力架沉淀磁珠。吸走溶液同时避免搅动磁珠。

26. 往每管中加入 1mL 新鲜制备的 RIPA 缓冲液，再转移溶液至 10mL 微型离心管中。通过翻转试管 10 次左右漂洗磁珠。

27. 用磁力架吸附聚集磁珠，吸出缓冲液。再用 1mL RIPA 缓冲液连续重复漂洗 7 次。

28. 按照步骤 26 和步骤 27 再用 1mL TE 缓冲液漂洗磁珠一次。

29. 吸走 TE 缓冲液，再在微型离心管中于 3000r/min 下离心 3min。用吸头小心移除任何残留的液体。

30. 加入 30μL 洗脱缓冲液，短暂振荡后重悬磁珠。65℃孵育 10min。孵育过程中每 2min 振荡一次。

31. 在微型离心机中最高速离心混合物 30s，再转移液体至 10 个新的微型离心管中。

32. 往 10 个试管中每个均加入 120μL 洗脱缓冲液，温箱中 65℃孵育反应过夜。

    这次孵育将会解除交联。

DNA 纯化

33. 往每个试管加入下列成分并振荡：

TE 缓冲液	140μL
糖原（20mg/mL）	3μL
蛋白酶 K（20mg/mL）	7μL

34. 37℃孵育混合物 2h。

35. 加入 13μL 5mol/L 氯化钠。

36. 加入 300μL 酚∶氯仿∶异戊醇（25∶24∶1），剧烈振荡 30s，再于室温下最高速离心 5min。收集液相并分装于 10 个新试管中。

37. 重复步骤 36。

38. 加入 300mL 氯仿，剧烈振荡 30s，室温最高速离心 5min。收集水相，均匀分配到 10 个新管中。

39. 加入 700μL100%乙醇并振荡混合。

40. −80℃孵育样品 15～30min。

41. 在微型离心机中于 4℃ 14 000r/min 离心样品 15min。

42. 用 500μL 冷的 75%乙醇漂洗沉淀，振荡再于 4℃ 14 000r/min 离心 5min。

43. 空气中干燥沉淀 5min，再用含 10mg RNase A 的 TE 缓冲液 30μL 分别重悬 10 个沉淀。

44. 37℃孵育沉淀 2h。

45. 用 QIAGEN 公司的 QIAquick PCR 纯化试剂盒纯化 DNA 并用 50μL 洗脱缓冲液洗脱。

46. 合并 10 个反应样品。

    为了判断 ChIP-chip 实验过程是否成功，克隆 DNA 至 TOPO 克隆载体，挑选部分克隆两端测序。应该能鉴定到两段特定的限制性酶切片段连接产物。在这些限制性酶切片段中至少有一个应该可以被免疫沉淀的蛋白所结合。

    参见"疑难解答"。

疑难解答

问题（步骤 46）：ChIP-chip 没有得到 DNA。

解决方案：在适用于 3C 条件下的缓冲液中抗体未能有效沉淀其抗原。尝试不同的抗体，或者在免疫沉淀这步修改缓冲液的成分，如加入盐离子或者稀释盐离子至更低浓度。参见方案 1 和方案 7 中的疑难解答部分。

配方

为正确使用本方案中的器材和危险试剂，必须查阅相应的材料安全数据表并咨询所在机构的环境卫生和安全办公室。

3C 连接混合液

（仅为一次反应，否则依反应数调整相应体积。）

试剂	储液	一次反应的量	终浓度
Triton X-100	10%	745μL	0.98%
Tris-HCl（pH 7.5）	1mol/L	375μL	50mmol/L
$MgCl_2$	100mmol/L	745μL	9.8mmol/L
DTT	1mol/L	75μL	10mmol/L
BSA	10mg/mL	80μL	0.1mmol/L
ATP	100mmol/L	80μL	1.05mmol/L
H_2O		5578μL	
T4 连接酶	300 黏性末端单位/μL	10μL	3000 黏性末端单位

新鲜制备并储存于 4℃。

3C 裂解缓冲液

试剂	储液	含量（每 100mL）	终浓度
Tris-HCl （pH 8.0）	1mol/L	1mL	10mmol/L
NaCl	1mol/L	1mL	10mmol/L
dH_2O		97.8mL	
聚乙二醇苯基醚 CA-630	100%	200μL	0.2%（*V/V*）

洗脱缓冲液

试剂	储液	含量（每 50mL）	终浓度
Tris（pH 7.5）	1mol/L	500μL	10mmol/L
EDTA	0.5mol/L	100μL	1mmol/L
SDS	100%	5mL	1%
dH_2O		44.4mL	

缓冲液新鲜制备或者储存。

RIPA 缓冲液

试剂	储液	含量（每 10mL）	终浓度
羟乙基哌嗪乙磺酸（pH 8.0）	1mol/L	500μL	50mmol/L
EDTA	0.5mol/L	20μL	1mmol/L
NP-40	10%	1mL	1%
脱氧胆酸钠	10%	700μL	0.7%
去离子水		6.955mL	
氯化锂	8mol/L	625μL	0.5mol/L
完全蛋白酶抑制剂	50×	200μL	1×

新鲜制备。

参考文献

Horike S, Cai S, Miyano M, Cheng JF, Kohwi-Shigematsu T. 2005. Loss of silent-chromatin looping and impaired imprinting of DLX5 in Rett syndrome. *Nat Genet* 37: 31–40.

Tiwari VK, Cope L, McGarvey KM, Ohm JE, Baylin SB. 2008. A novel 6C assay uncovers Polycomb-mediated higher order chromatin conformations. *Genome Res* 18: 1171–1179.

方案 9　连接产物对照组文库的制备

在 3C 连接产物检测过程中，需要设置对照文库用于确定 PCR 引物效率以及扩增效率的差异。像上面概述的那样，对照文库是由限制性酶切片段随机连接产生的，所以文库中每个连接产物的物质的量相同。本实验方案第一个步骤是制备基因组 DNA 或 BAC DNA。这里所使用的限制性内切核酸酶应该与 3C 或 ChIP-loop 文库制备中使用的相同（方案 7 和方案 8）。

对于小基因组，如细菌和酵母的基因组，本实验方案开始于纯化的基因组 DNA（见第 1 章）。对于具有更大基因组的生物，如小鼠和人，对照文库由纯化的、覆盖所研究基因区域的 BAC 克隆制备。当目的区域比较大以至于需要多个 BAC 克隆时，选择重合最少的 BAC 克隆。不同 BAC 覆盖区域间的缺口也应该尽可能的小。有一些纯化 BAC 克隆的试剂盒（例如，QIAGEN 公司的 Large-Construct Kit）可供选择。BAC 克隆应该等摩尔混合，以确保每个限制性酶切片段的浓度相同。利用识别共同的 BAC 载体骨架的引物通过实时 PCR，可以定量每种 BAC 的摩尔浓度（见第 9 章），进而实现 BAC 克隆的等摩尔混合。另一方面，BAC 样品的浓度也可以利用凝胶定量或 NanoDrop 检测系统测定。

材料

为正确使用本方案中的器材和危险试剂，必须查阅相应的材料安全数据表并咨询所在机构的环境卫生和安全办公室。

本方案的专用试剂标注<R>，配方在本方案末提供。常用储备溶液、缓冲液和试剂标注<A>，配方见附录 1。储备溶液应稀释至适用浓度后使用。

试剂

含有 0.5μg/mL 溴化乙锭的琼脂糖（0.8%）/TBE（0.5×）凝胶

氯仿

对照连接体系<R>

乙醇（预冷，70%）

酚：氯仿（1:1，*V/V*）

纯化的 BAC DNA 或基因组 DNA，溶于水，浓度 1μg/μL
　　　　见实验方案介绍。

限制性内切核酸酶缓冲液（10×）（由选用的限制性内切核酸酶的生产商提供）

限制性内切核酸酶

乙酸钠（3mol/L，pH 5.2）

T4 DNA 连接酶

T4 DNA 连接酶缓冲液（10×）（成分依照 T4 DNA 连接酶生产商的建议）

TE 缓冲液（1×，pH 8.0）<A>

仪器

琼脂糖凝胶设备
化学试剂通风橱
冰箱（-20℃）
凝胶定量设备
离心机
离心管（1.7mL，2mL）
96 孔 PCR 仪
涡旋振荡器
水浴锅（37℃和 65℃）

方法

1. 将 20μL 浓度为 1μg/μL 的 BAC DNA 或基因组 DNA 转移到 2mL 离心管中。

2. 加入 20μL 10×限制性内切核酸酶缓冲液。

3. 向反应体系中加入 700U 限制性内切核酸酶，然后用水调整最终反应体系体积至 200μL。加入酶的体积不应超过 20μL。

4. 以限制性内切核酸酶推荐的温度孵育过夜。

> 不建议使用孵育温度高于 37℃的限制性内切核酸酶，因为以更高的温度长时间孵育会导致解交联和染色质相互作用的丢失。

5. 向反应体系中加入 200μL 1∶1（*V/V*）酚∶氯仿，涡旋振荡混匀 30s。

6. 室温，14 000r/min 离心 5min

7. 将水相（上层）转移到一个新的离心管中。

8. 加入 20μL 3mol/L 乙酸钠（pH 5.2），混匀，离心数秒。

9. 加入 500μL 预冷的无水乙醇，颠倒混匀数次。-20℃孵育至少 15min。

10. 4℃，14 000r/min 离心 20min。

11. 去除上清，用 1mL 70%乙醇重悬以洗涤沉淀。

12. 4℃，14 000r/min 离心 20min。

13. 去除上清，短暂风干 DNA 沉淀。

14. 将 DNA 沉淀重溶于 160μL 水中，37℃孵育 15min 以溶解 DNA。

15. 将 160μL 酶切的 DNA 与 40μL 新鲜配制的对照连接体系混合。

> 在小体积中进行连接以利于分子间的随机连接。

16. 16℃孵育过夜。

17. 65℃孵育 15min，以失活连接酶。

18. 向连接体系中加入 200μL 1∶1（*V/V*）酚∶氯仿。漩涡振荡混匀 30s，然后在室温下 14 000r/min 离心 5min。

19. 将水相（上层）转移到一个新的离心管中。

20. 重复一次步骤 18 和步骤 19。

21. 加入 200μL 氯仿，漩涡振荡混匀 30s。室温，14 000r/min 离心 5min。

22. 将水相（上层）转移到一个新的离心管中。

23. 加入 20μL 3mol/L 乙酸钠（pH 5.2），混匀，离心数秒。

24. 加入 500μL 预冷的无水乙醇，颠倒混匀数次。-20℃孵育至少 15min。

25. 4℃，14 000r/min 离心 20min。

26. 去除上清，用 1mL 70%乙醇重悬以洗涤沉淀。

27. 4℃，14 000r/min 离心 20min。

28. 去除上清，风干 DNA 沉淀。

29. 将 DNA 沉淀重悬于 200μL 1×的 TE 缓冲液中（pH 8.0），37℃孵育 15min 以溶解 DNA。此即为对照文库，-20℃储存。

30. 为了确定对照文库的质量和浓度，用含有 0.5μg/μL 溴化乙锭的 0.8%琼脂糖/0.5× TBE 凝胶电泳 0.1~0.5μL 文库（见第 2 章）。当已知浓度的分子质量标准和对照文库一起电泳时，可以用来估计对照文库的浓度。浓度应该在 0.1μg/μL 左右。对照文库应该呈现为一条约 20kb 的致密条带。

见"疑难解答"。

疑难解答

问题（步骤 30）：对照文库电泳呈现为弥散条带。

解决方案：弥散条带提示可能连接不充分。当步骤 10 得到的 DNA 沉淀含有太多的盐时，这种情况经常发生，因为过多的盐会抑制步骤 15 的连接反应。通过重复步骤 11 和步骤 12 一到多次可以去除盐。

配方

为正确使用本方案中的器材和危险试剂，必须查阅相应的材料安全数据表并咨询所在机构的环境卫生和安全办公室。

对照连接体系

（用于单个反应；根据反应数量调整体积）

试剂	储液	含量(单个反应，每40μL)	终浓度
Tris-HCl（pH7.5）	1mol/L	10μL	250mmol/L
MgCl$_2$	100mmol/L	20μL	50mmol/L
DTT	1mol/L	2μL	50mmol/L
BSA	10mg/mL	2μL	0.5mg/mL
ATP	100mmol/L	2μL	5mmol/L
T4 DNA 连接酶	300 黏性末端单位/μL	1μL	300 黏性末端单位
dH$_2$O		3μL	

方案 10　PCR 检测 3C、ChIP-loop 和对照文库中的 3C 连接产物：文库滴定与相互作用频率分析

所有以 3C 为基础的实验，其目标都是测定细胞中两个基因座位相互作用的频率。这是通过确定 3C 实验方案中形成的包含两个基因座位序列的连接产物的相对丰度来实现的。

在 3C 文库、ChIP-loop 文库或对照文库中，单个的 3C 连接产物可以使用位点特异的引物进行 PCR 检测。以下实验方案概述的是利用 PCR 测定这些文库中连接产物相对丰度

的实验步骤。这个实验方案的第一部分——文库滴定，只需进行一次以便确定 PCR 检测的
线性范围。对于一个给定的连接产物文库，一旦其 PCR 检测的线性范围被确定，就可以开
始第二部分——相互作用分析，以测定该文库中感兴趣的连接产物的丰度。有关确定连接
产物的相对丰度、设计 PCR 引物和定量相互作用频率等具体问题，在讨论中介绍。

材料

为正确使用本方案中的器材和危险试剂，必须查阅相应的材料安全数据表并咨询所在机构的环境卫生和安全办公室。

本方案的专用试剂标注<R>，配方在本方案末提供。常用储备溶液、缓冲液和试剂标注<A>，配方见附录 1。储备溶液应
稀释至适用浓度后使用。

试剂

含有 0.5μg/mL 溴化乙锭的琼脂糖（1.5%）/TBE（0.5×）凝胶

> 建议使用每排梳子含有 13 或更多个泳道的凝胶。

3C 连接产物文库或 ChIP-loop 连接产物文库

> 这些文库的制备方法在实验方案 7 和 8 中有描述。

对照连接产物文库（0.1～0.25μg/μL）

> 该文库的制备方法在实验方案 9 中有描述。注意并不是总能制备和使用对照文库。详情见实验方案 9 的介绍。

3C PCR 混合液（10×），新鲜配制<R>

DNA 分子质量标准（100bp～1kb）

dNTPs（25mmol/L）

含有二甲苯青（xylene cyanol）的凝胶上样缓冲液（6×）<A>

> 见第 2 章。

> 配制缓冲液时不要混入溴酚蓝。溴酚蓝会电泳到本实验方案生成的大部分 PCR 产物的位置，因此会干扰定量。

PCR 引物（20μmol/L）

> 根据感兴趣的限制性酶切片段设计引物。见讨论部分。

Taq DNA 聚合酶

仪器

琼脂糖凝胶设备

凝胶定量设备（如 UVP 公司的 GelDoc-it）

96 孔 PCR 仪

PCR 板（96 孔）

方法

文库滴定

每一个目的连接产物文库都需要进行该流程。

1. 在置于冰上的 96 孔 PCR 板中，准备以下 12 个反应。这些反应包括对照水（孔 1）
和 11 个系列倍比稀释的连接产物文库。

> 3C 引物与基因组中相距较近的限制性酶切片段互补配对，这些限制性酶切片段通常相距不超过 5～10kb。这些
> 引物应该能够检测到 3C 和 ChIP loop 文库中高度富集的 3C 连接产物。

	孔											
	1	2	3	4	5	6	7	8	9	10	11	12
连接产物文库/μL（括号里内是稀释因子）	0	2（1/1）	2（1/2）	2（1/4）	2（1/8）	2（1/16）	2（1/32）	2（1/64）	2（1/128）	2（1/256）	2（1/512）	2（1/1024）
水/μL	2											
3C PCR mix/μL	21	21	21	21	21	21	21	21	21	21	21	21
3C 引物 1	1	1	1	1	1	1	1	1	1	1	1	1
3C 引物 2	1	1	1	1	1	1	1	1	1	1	1	1

2. 在同一块置于冰上的 96 孔 PCR 板中，再准备以下 12 个反应。这些反应包括对照水（孔 1）和 11 个系列倍比稀释的连接产物文库。

> 这些 3C 引物与基因组中相距较远的限制性酶切片段互补配对，这些限制性酶切片段通常相距 50～100kb。相对于步骤 1 里引物检测到的连接产物，这些引物应该能够检测到 3C 和 ChIP-loop 文库中富集度更低的 3C 连接产物。对于对照文库，富集度不应有较大差异。

	孔											
	1	2	3	4	5	6	7	8	9	10	11	12
连接产物文库/μL（括号内是稀释因子）	0	2（1/1）	2（1/2）	2（1/4）	2（1/8）	2（1/16）	2（1/32）	2（1/64）	2（1/128）	2（1/256）	2（1/512）	2（1/1024）
水/μL	2											
3C PCR mix/μL	21	21	21	21	21	21	21	21	21	21	21	21
3C 引物 1	1	1	1	1	1	1	1	1	1	1	1	1
3C 引物 2	1	1	1	1	1	1	1	1	1	1	1	1

3. 使用以下 PCR 程序进行 PCR 扩增：

开始反应：	95℃ 5min（热启动）
35 个循环：	95℃ 30s
	65℃ 30s
	72℃ 30s

4. 每个反应加入 5μL 6×凝胶上样缓冲液，该缓冲液含有二甲苯青作为颜色指示剂。

5. 每个 PCR 上样 20μL 到 1.5%琼脂糖凝胶，该凝胶含有 0.5μg/mL 的溴化乙锭。上样分子质量标准，该标准应含有从 100bp 到 1kb 大小的 DNA 片段。电泳直到 DNA 条带充分分开。

6. 使用凝胶定量设备观察凝胶中的 DNA，并定量每个反应中 PCR 产物的量。

7. 以 PCR 反应中连接产物文库的量为横坐标，以 PCR 产物的量为纵坐标作图。

> 对照水不应该有任何 PCR 产物。随着连接产物文库量的增加，应该看到 PCR 产物的量也增加，直到平台期出现。当连接产物文库浓度非常高时，PCR 产物量可能降低。这是高浓度 DNA 导致的正常情况。对于异常的滴定曲线，参见"疑难解答"。

8. 确定 PCR 产物量线性增加时连接产物文库量所在的范围，即 PCR 检测连接产物的线性范围。在线性范围内选择一个浓度，在该浓度下，两对引物都能产生足量的 PCR 产物。使用该浓度的连接产物文库定量相互作用频率，具体方法见本实验方案接下来的部分。

半定量 PCR 定量 3C 文库、ChIP-loop 文库和对照文库的相互作用频率

9. 对于要分析的两个基因座位的特定相互作用，用相应的 3C PCR 引物进行 PCR，针对 3C 文库（或 ChIP-loop 文库）和对照文库分别准备 3 个相同的 PCR 反应。

	孔		
	1	2	3
连接产物文库/μL[a]	2	2	2
3C PCR 混合液/μL	21	21	21
3C 引物 1	1	1	1
3C 引物 2	1	1	1

a 依照步骤 8 稀释。

10. 使用以下 PCR 程序进行 PCR 扩增：

开始反应：	95℃ 5min（热启动）
35 个循环：	95℃ 30s
	65℃ 30s
	72℃ 30s

11. 每个反应加入 5μL 6× 凝胶上样缓冲液，该缓冲液含有二甲苯青作为颜色指示剂。

12. 每个 PCR 上样 20μL 到 1.5% 琼脂糖凝胶，该凝胶含有 0.5μg/mL 的溴化乙锭。上样分子质量标准，该标准应含有从 100bp 到 1kb 大小的 DNA 片段。电泳直到 DNA 条带充分分开。

13. 使用凝胶定量设备观察凝胶中的 DNA，并定量每个反应中 PCR 产物的量。

　　　见"疑难解答"。

14. 对于每一对引物，分别计算以 3C 文库进行 3 次 PCR 得到的产物量的平均值和以对照文库进行 3 次 PCR 得到的产物量的平均值，然后根据两者的比值计算相互作用的频率。

疑难解答

问题（步骤 13）：随着 PCR 反应中连接产物文库量的增加，PCR 产物量反而减少。

解决方案：文库制备过程中残留有盐，文库浓度较高时，这些盐会抑制 PCR 反应。由于从大体积沉淀（实验方案 7，步骤 26），3C 文库可能包含大量的盐，所以彻底的脱盐是十分必要的。我们建议重新沉淀 3C 文库 DNA（见实验方案 7，步骤 32～步骤 39），洗涤沉淀直到其大小在两次 70% 乙醇洗涤间不再发生变化。不建议使用脱盐柱，因为脱盐柱通常会保留较小的 DNA 产物而使 DNA 按大小分级。

问题（步骤 13）：没有 DNA 产物或有多个 DNA 产物

解决方案：PCR 引物可能识别重复序列，或者扩增效率低。如果以对照文库为模板也不能产生大量 PCR 产物，则认为引物的扩增效率不高。在这种情况下，重新设计该限制性酶切片段的 3C PCR 引物（例如，使用离酶切位点更近一点或更远一点的序列）。

讨论

确定连接产物的相对丰度

为了确定连接产物的相对丰度，必须首先确定用位点特异性引物扩增获得的 PCR 产物量与连接产物量呈线性相关的实验条件。通常选定一套 PCR 条件（复性温度和循环数），然后滴定连接产物文库量，以确定 PCR 产物量与连接产物文库浓度线性相关的浓度范围。对于 3C 文库和 ChIP-loop 文库，这种滴定应该使用至少两对引物——一对引物检测理论上丰度高的连接产物（如由基因组中紧邻的两个限制性酶切片段形成的连接产物），另一对引物则检测丰度较低的连接产物（例如，由相距 ≥50kb 且不参与特定环形相互作用的两个限制性酶切片段形成的连接产物）。这样才能保证在所鉴定的文库浓度范围内，丰度高的和丰度低的连接产物都与文库浓度线性相关。连接产物丰度的差异，说明成功地制备了基于 3C 实验的连接产物文库，该文库能检测到两位点在空间上的相互靠近（详细讨论，见 Dekker 2006）。对于对照连接文库，所有连接产物理论上应等量。

3C PCR 引物的设计

引物应该长 28~30 碱基，GC 含量约 50%。3C PCR 引物通常设计在相关限制性酶切位点的上游 100~300 碱基。因而，产物大小 200~300bp。所有的 3C 引物通常在基因组上是单向的，也就是说，它们或者都与染色体的有义链互补配对，或者都与染色体的反义链互补配对。这样才能在基于 3C 的实验中，检测到头对头连接产物（图 20-5），而不会检测到环化的未酶切片段。

用 3C、ChIP-loop 和对照文库确定相互作用频率

利用识别感兴趣的特定位点的引物对，通过半定量 PCR 测定相互作用频率。首先确定连接产物文库量在什么范围内，PCR 产物量与文库浓度线性相关。这在实验方案的第一部分有介绍。然后在线性范围内选择一个文库浓度进行半定量 PCR，以检测特定的连接产物，对应于特定的远距离相互作用，这在实验方案的第二部分有介绍。

为确定两个基因座之间的相对相互作用频率，需要使用一对 3C 引物，以 3C 文库（或是 ChIP-loop 文库）和对照组文库作为模板，通过半定量 PCR 进行测定。通过计算 3C 文库得到的 PCR 产物量与对照组文库得到的 PCR 产物量之间的比值，得到相互作用频率，这是一个与引物效率和扩增子大小无关的相对值。由不同引物对得到的相互作用频率之间可以直接比较。

配方

为正确使用本方案中的器材和危险试剂，必须查阅相应的材料安全数据表并咨询所在机构的环境卫生和安全办公室。

3C PCR（10×）

试剂	储液	含量（每25mL）	终浓度
Tris-HCl（pH 8.4）	1mol/L	2.5mL	100mmol/L
KCl	5mol/L	2.5mL	500mmol/L
MgCl$_2$	100mmol/L	5.625mL	22.5mL
H$_2$O		14.375mL	

新鲜配制。

参考文献

Dekker J. 2006. The three 'C's of chromosome conformation capture: Controls, controls, controls. *Nat Methods* 3: 17–21.

方案 11　3C、ChIP-loop 和对照组文库的 4C 分析

4C 检测方法开始于 3C、ChIP-loop 或者对照文库，然后通过反向 PCR 扩增所有与某一

目的限制性酶切片段相连的限制性酶切片段。因而，可以获得该限制性酶切片段在全基因组范围内的相互作用谱。4C 实验前，首先要确定 3C、ChIP-loop 或对照文库的质量，这些文库用作半定量 PCR 的模板，正如实验方案 10 中所介绍。本实验方案确定连接产物能够被轻易地检测到，且附近的限制性酶切片段比远距离的连接频率高。对于如何选择用于 4C 分析的限制性内切核酸酶以及如何用 4C 的方法确定相互作用频率，在讨论部分有详细的介绍。

材料

为正确使用本方案中的器材和危险试剂，必须查阅相应的材料安全数据表并咨询所在机构的环境卫生和安全办公室。

本方案的专用试剂标注<R>，配方在本方案末提供。常用储备溶液、缓冲液和试剂标注<A>，配方见附录 1。储备溶液应稀释至适用浓度后使用。

试剂

琼脂糖凝胶（1%）

3C 文库、ChIP-loop 文库或对照文库

> 文库 DNA 的浓度应该为 0.1～0.25μg/μL。总共需要 50μg 文库。

dNTP（25mmol/L）

乙醇（预冷无水，70%）

糖原（储液 20mg/mL）

反向 4C 引物 1（储液 20μmol/L）

反向 4C 引物 2（储液 20μmol/L）

PCR 缓冲液（10×）（依照生产商的建议）

PCR DNA 聚合酶（5U/μL）

> Phusion 聚合酶（Finnzymes 公司）和 Expand Long Template PCR 聚合酶都已经有成功使用的范例（Simonis et al. 2006; Zhao et al. 2006）。

酚∶氯仿（1∶1，*V/V*）

QIAquick Nucleotide Removal System （QIAGEN 公司）

限制性内切核酸酶缓冲液（10×）（依照限制性内切核酸酶生产商的建议）

识别 4bp 序列的限制性内切核酸酶

> 酶 *Dpn*I、*Nla*III、*Mbo*I 和 *Csp*6I 工作良好（Simonis et al. 2006; Gondor et al. 2008）。

乙酸钠（3mol/L，pH 5.2）

T4 DNA 连接酶

T4 DNA 连接酶缓冲液（10×）（依照 T4 DNA 连接酶生产商的建议）

TE 缓冲液（1×，pH 8.0）<A>

仪器

琼脂糖凝胶电泳设备（见步骤 34）

离心瓶（200mL）

化学试剂通风橱

医用离心机

锥形管（15mL）

凝胶定量设备

微量离心管（1.7mL）

96 孔 PCR 仪

涡旋振荡器

方法

制备小的环形连接产物

1. 向 10 个微量离心管中分别加入 5μg 连接产物文库（3C 文库、ChIP-loop 文库或对照文库）。每管 DNA 的体积不应超过 40μL。

2. 加水使每个微量离心管中液体总体积为 360μL。

3. 向各管加入生产商提供的 10× 限制性内切核酸酶缓冲液 40μL。

> 限制性内切核酸酶缓冲液的组分依照限制性内切核酸酶生产商的推荐。

4. 向各管加入选定的限制性内切核酸酶 20U（通常 1～2μL），以限制性内切核酸酶生产商推荐的温度孵育过夜。

5. 向各管加入 1:1（V/V）酚:氯仿 400μL，漩涡振荡混匀 1min。室温，14 000r/min 离心 5min。

6. 将 10 个水相（上层）分别转移到 10 个新的微量离心管中。

7. 向各管加入 3mol/L 乙酸钠（pH 5.2）40μL，混匀，离心数秒。

8. 加入 1mL 预冷的无水乙醇，轻轻混匀。-80℃ 孵育至少 30min。

9. 4℃，14 000r/min 离心 20min。

10. 各管去除上清，用 1mL 70%乙醇重悬以洗涤沉淀。

11. 4℃，14 000r/min 离心 20min。

12. 各管去除 70%乙醇上清，风干 DNA 沉淀。

13. 各管用 100μL 水重悬 DNA 沉淀，然后合并到 15mL 锥形管中，得到 1mL DNA 样品。

14. 加入 10×T4 DNA 连接酶缓冲液 1.5mL（缓冲液成分依照生产商的推荐）。

15. 加入 12.5mL 水。

16. 加入 T4 DNA 连接酶 200U，漩涡振荡混匀数秒，然后 16℃ 孵育 4 h。

17. 将反应体系转移到 200mL 离心瓶中。

18. 加入 3mol/L 乙酸钠（pH 5.2）1.5mL。混匀，在医用离心机中离心数秒。

19. 加入预冷的无水乙醇 37.5mL，颠倒混匀数次。

20. 加入糖原（储液 20mg/mL）54μL，-80℃ 孵育至少 30min。

21. 在医用离心机中，4℃，10 000r/min 离心 25min。

22. 移除上清，用 1×TE 缓冲液（pH 8.0）250μL 重悬沉淀，用移液枪吹打混匀。将 DNA 溶液转移到微量离心管中。DNA 的浓度应该为 0.1～0.2μg/μL。

反向 PCR 扩增

23. 准备 32 个相同的 PCR 反应（终体积 50μL），每个包含：

连接产物文库（0.1～0.2μg/μL）[a]	1μL
PCR 缓冲液（10×）[b]	5μL
反向 4C 引物 1（储液 10μmol/L）	1.25μL
反向 4C 引物 1（储液 10μmol/L）	1.25μL
dNTPs（储液 25mmol/L）	1μL
PCR DNA 聚合酶（5U/μL）	0.2μL
水	40.3μL

a. 按照实验方案 7、8、9 或 11 获得（步骤 22）。

b. 依照 DNA 聚合酶生产商的建议。

准备 32 个 PCR 反应很重要，因为这些反应综合起来可以确保获得足够量的基因组拷贝用于检测分析。

24. 使用以下 PCR 程序进行 PCR 扩增：

开始反应：	95℃ 5min（热启动）
35 个循环：	95℃ 15s
	55℃ 60s
	72℃ 3min
随后：	2℃ 7min

25. 合并所有 32 个 PCR 反应的产物。

26. 用 QIAquick Nucleotide Removal System（QIAGEN 公司）纯化 DNA

27. 将 DNA 均分到 4 个微量离心管中，每管 400μL。

28. 向各管加入 3mol/L 乙酸钠（pH 5.2）40μL，混匀，离心数秒。

29. 加入预冷的无水乙醇 1mL，轻轻混匀。-80℃孵育至少 30min。

30. 4℃，14 000r/min 离心 20min。

31. 各管去除上清，用 1mL 70%乙醇重悬以洗涤沉淀。

32. 4℃，14 000r/min 离心 20min。

33. 各管去除 70%乙醇上清，风干 DNA 沉淀。

34. 各管用 10μL 水重悬 DNA 沉淀，合并。

用微阵列和深度测序分析 4C 文库。关于微阵列检测或深度（高通量）测序的样品制备的细节，见方案 5 和方案 6，ChIP-chip 和 ChIP-seq 在这两个实验方案中有介绍。

当在琼脂糖凝胶上电泳时，4C 文库应该呈现为弥散条带，范围为几十到数千碱基。

见"疑难解答"。

疑难解答

问题（步骤 34）：没有获得 4C 文库。

解决方案：反向 4C 引物可能并不适用于所用的 PCR 条件。改变 PCR 条件（例如，复性温度、延伸时间）或更换 PCR 引物。

讨论

限制性内切核酸酶的选择

正如 3C 实验方案所介绍的，应该使用高频切割 DNA 的限制性内切核酸酶来制备 3C 文库（如识别 4 个碱基序列的限制性内切核酸酶）。这样会产生小的环形连接产物，在 4C 实验方案中此种连接产物可以轻易地被扩增（Zhao et al. 2006）。为了确保连接产物环化的效率，3C 实验方案中连接这步（方案 7 步骤 18）的时间可能需要延长，正如实验方案 7 概述的。如果高频切割的限制性内切核酸酶用于制备 3C 文库，本实验方案的步骤 1～步骤 22 可以省略。另一方面，也可以用识别 6bp 序列（方案 7）、切割 DNA 频率不是很高（约每 4kb 一次）的限制性内切核酸酶制备 3C 文库。在此种情况下，完成方案 7 后，进行本实验方案的步骤 1～步骤 22，所用的限制性内切核酸酶应与制备 3C 文库的酶不同且切割频率更高，用该酶酶切已纯化的 3C 文库然后再环化，以产生小的环形连接产物（Simonis et al. 2006）。为了避免 DNA 不同甲基化状态造成的酶切效率不同，使用对 DNA 甲基化不敏感的限制性内切核酸酶。

首先，选择适用于研究全基因组相互作用谱的限制性酶切片段（"诱饵"片段）。许多情况下，该片段位于启动子或其他目的调控元件上。然后，设计 4C 引物，4C 引物应位于包含目的元件的靶片段的某一端。两个引物方向应均朝外，以便能扩增与目的限制性酶切片段相连接的片段（图 20-4）（见第 7 章）。形成小的环形连接产物后（方案 11），靶片段就是双酶切的产物了，分别是制备的 3C 文库使用的酶（方案 7）和方案 11 使用的酶。4C 引物必须设计在该短靶片段的两端，方向相反，离酶切位点越近越好。引物的长度通常约 20 个碱基，T_m 值约为 65℃。

利用 4C 确定相互作用频率

4C 得到的是全基因组的相互作用谱，这个作用谱展示了基因组各位点与靶片段的相互作用频率。通过微阵列获得的信号强度或通过高通量深度测序得到的特定片段的次数，可以被认为是相互作用频率的一个直接度量。

对于小的基因组，对对照文库进行 4C 分析，通过确定每对位点在 4C 文库和对照文库中的信号强度之比计算归一化的相互作用频率。对于大的哺乳动物基因组，如小鼠和人的基因组，无法制备对照文库，仅仅使用以 4C 文库获得的原始信号来估计相互作用频率。

参考文献

Gondor A, Rougier C, Ohlsson R. 2008. High-resolution circular chromosome conformation capture assay. *Nat Protoc* **3**: 303–313.
Simonis M, Klous P, Splinter E, Moshkin Y, Willemsen R, de Wit E, van Steensel B, de Laat W. 2006. Nuclear organization of active and inactive chromatin domains uncovered by chromosome conformation capture-on-chip (4C). *Nat Genet* **38**: 1348–1354.

Zhao Z, Tavoosidana G, Sjolinder M, Gondor A, Mariano P, Wang S, Kanduri C, Lezcano M, Sandhu KS, Singh U, et al. 2006. Circular chromosome conformation capture (4C) uncovers extensive networks of epigenetically regulated intra- and interchromosomal interactions. *Nat Genet* **38**: 1341–1347.

方案 12　3C、ChIP-loop 和对照组文库的 5C 分析

本实验方案介绍的是用 5C 的方法检测 3C、ChIP-loop 或对照文库的连接产物。本方案开始于纯化的 3C 文库（依照方案 7 制备）、ChIP-loop 文库（见方案 8）或者对照文库（见方案 9）。开始本实验方案前，首先要确定文库的质量，该文库将用作半定量 PCR 的模板，正如方案 10 所介绍。连接产物应该能够被轻易地检测到，且附近的限制性酶切片段比远距离的连接频率高。5C 引物的设计和确定相互作用频率的方法，在讨论部分有详细的介绍。

材料

为正确使用本方案中的器材和危险试剂，必须查阅相应的材料安全数据表并咨询所在机构的环境卫生和安全办公室。

本方案的专用试剂标注 <R>，配方在本方案末提供。常用储备溶液、缓冲液和试剂标注 <A>，配方见附录 1。储备溶液应稀释至适用浓度后使用。

试剂

含有 0.5μg/mL 溴化乙锭的琼脂糖（2%）/TBE（0.5%）凝胶
5C 复性缓冲液（10×）<R>
3C 文库、ChIP-loop 文库或对照文库（0.1～0.25μg/μL）

取自方案 7~9。

5C PCR mix <R>

5C 引物库

5C 引物库可以购得或者各种引物从 20μmol/L 储液[溶于 TE（pH 8.0)]取出混合而成。引物库的体积需要调整，以使每种 5C 引物的终浓度都为 1fmol/μL。

反向 5C 引物需要对它们的 5′ 端磷酸化。可以直接购买 5′ 磷酸化的引物，也可以用噬菌体 T4 多核苷酸激酶（第 13 章，方案 12)。

dNTP（25mmol/L）

该溶液含有 25mmol/L dATP、25mmol/L dTTP、25mmol/L dGTP 和 25mmol/L dCTP。可以购买各核苷酸的 100mmol/L 储液，然后等比例混合。

$MgCl_2$（50mmol/L）

已知浓度的分子质量标准

鲑精 DNA（1mg/mL）（竞争 DNA）

商业上卖的储液通常是 10mg/mL，用 TE 缓冲液（pH 8.0）稀释成 1mg/mL 的储液。

Taq DNA 连接酶

Taq 连接缓冲液（1×）

Taq 连接缓冲液（1×）组分是 20mmol/L Tris-HCl、25mmol/L 乙酸钾、10mmol/L 乙酸镁、10mmol/L 二硫苏糖醇、1mmol/L NAD、0.1% Triton X-100（pH 7.6)，25℃。

通用 5C PCR 引物对

正向 PCR 引物的序列与加到 5C 正向引物 5′ 端的通用尾巴的序列相同。反向 PCR 引物与加到 5C 反向引物 3′ 端的通用尾巴的反向互补序列相同（图 20-5）。

通用 5C PCR 引物对的序列（也就是通用 5C 引物尾巴的序列）可被用来配对特定高通量 DNA 测序平台所需要的序列（第 11 章）。如果用芯片来检测 5C 连接产物，则需要将 5C 文库进行荧光标记。可以通过使用带有 5′ 荧光标记的 5C PCR 引物来实现 5C 文库的荧光标记。

仪器

琼脂糖凝胶设备

凝胶记录/定量设备（如 UVP 公司的 GelDoc-it）

微阵列（自行设计），或高通量测序设备（见步骤 15）

MinElute 柱（QIAGEN 公司）

96 孔 PCR 仪

PCR 板（96 孔）

方法

1. 冰上，分别在 96 孔 PCR 板的 10 个孔中，将连接产物文库（3C、ChIP-loop 或对照文库）与鲑精 DNA 混合，使总 DNA 量为 1.5μg。用水调整体积到 7.3μL。同时准备两个对照孔：

    i. 水对照：不含连接产物文库；

    ii. 不含连接酶对照：含有连接产物文库，但在本实验方案的步骤 6 中不加连接酶。

      每管加入约相当于 200 000 基因组拷贝的连接产物文库。加入对照组文库的量取决于样品的复杂度。对于用 1.5Mb 基因区域制备的对照文库，我们建议使用约 1.5ng。随着文库复杂度的增加，需要的量也增加。鲑精 DNA 用作竞争 DNA。

2. 每孔加入 10×5C 复性缓冲液 1μL。

3. 每孔加入预冷的 5C 引物库 1.7μL。引物库中每种 5C 引物的终浓度应为 1fmol/μL。

吹打混匀，离心，立即进行步骤 4。

> 5C 引物库可以含有数千条浓度均相同的引物。因而，大的引物库要比小的引物库含有更高的引物总浓度。这会对后面的实验——用通用引物扩增已连接的 5C 引物库产生影响（见步骤 8～10 和"疑难解答"部分）。

4. 在 PCR 仪中 95℃孵育 5min，以使连接产物文库和引物变性。

5. 在 PCR 仪中 48℃孵育 16h，以使引物结合到连接产物文库的目标序列上。

> 在此步过程中，5C 引物与连接混合物复性。为了达到定量的复性结合，必须进行 16h 的孵育。

5C 引物的连接

6. 加入 1×*Taq* 连接缓冲液（用 10×储液新鲜配制）20μL，加入 *Taq* DNA 连接酶 10U。吹打混匀，在 PCR 仪中 55℃孵育 1 h。

> 在此过程中，并排复性结合到连接交叉点的正向和反向 5C 引物对将会连接起来。

> 对每个模板设置一个不含连接酶对照，以测定非连接酶依赖的背景。除 *Taq* DNA 连接酶外，该对照含有步骤 1～6 的所有试剂。在步骤 12 中，不含连接酶对照应该不产生任何 5C 文库。另准备一个对照，在从步骤 1 开始的整个实验方案中，该对照不含连接文库（如在步骤 1 不加连接文库），以检查 5C 引物的非特异连接。在步骤 12，该对照应该不产生任何 5C 文库。

7. 在 PCR 仪中 65℃孵育 10min，以终止连接反应。

5C 文库的 PCR 扩增

8. 每孔取 6μL 转移到一个新的 96 孔 PCR 板中。

9. 每孔加入 19μL 新鲜配制的 5C PCR mix。

> 另准备一个反应，该反应含有 6μL 水而不是 6μL 反应混合物。该对照也是用来验证扩增样品中不含有引物二聚体，在步骤 12，该对照应该不产生任何 5C 文库。

10. 使用以下 PCR 程序进行 PCR 扩增：

开始反应：	95℃	5min（热启动）
31 个循环：	95℃	30s
	60℃	30s
	72℃	30s
最后一个循环：	95℃	30s
	60℃	30s
	72℃	8min

11. 合并这 10 个 PCR 反应的产物，得到含有 5C 扩增文库的溶液。

12. 取 2～5μL 扩增的 5C 文库，用含有 0.5μg/mL 溴化乙锭的 2%琼脂糖/0.5×TBE 凝胶电泳。

> 不含连接酶对照和水对照应该没有信号。5C 文库的分子大小取决于 5C 引物的大小。5C 引物通常约为 60 个碱基，因而 5C 文库应该约为 120bp。正如上面所讲的，设计 5C 引物使它们的长度都一样，这样得到的 5C 文库电泳时会形成紧密的单一条带，有利于凝胶纯化。当设计的 5C 引物长度不等时，5C 文库电泳会呈现模糊的条带。

13. 依照生产商的方法用 MinElute 柱纯化已扩增的 5C 文库。每个样品最多用 20μL 溶液洗脱。

> 这一步去除了 5C 文库中游离（未连接）的 5C 引物和通用 5C PCR 引物。另外，5C 文库可以从胶上直接获得，这一方法仅在 5C 文库由等长的连接产物构成时推荐使用（参见讨论中关于引物设计的部分）。

14. 取 2～5μL 扩增的 5C 文库，用含有 0.5μg/mL 溴化乙锭的 2%琼脂糖/0.5×TBE 凝胶电泳，以定量 DNA 回收效率。使用已知浓度的分子质量标志物来估计样品浓度。

> 见"疑难解答"。

15. 用自行设计的微阵列（芯片）或深度（高通量）测序分析 5C 文库的成分。

对于芯片分析，5C 文库需要进行荧光标记，例如，可以在步骤 10 通过荧光标记的通用 5C PCR 引物对来标记荧光。对于深度测序分析，则需要连接特定的接头（adaptor）（见第 11 章）。方案 5 和方案 6 介绍的是如何制备用于芯片或高通量测序的样品。

疑难解答

问题（步骤 14）：没有得到 5C 文库。

解决方案：没能获得 5C 文库可能由一些不同的原因所致：

- 反向引物没有成功地磷酸化。在磷酸化反应中，磷酸水平可以用放射性标记的 ATP 测定。
- 连接产物文库中连接产物的丰度太低。提高步骤 1 中连接产物文库的量可能会有帮助。
- 步骤 10 可能需要更多的 PCR 循环以扩增 5C 连接产物。
- 步骤 9 可能需要更高浓度的通用 5C PCR 引物。特别是当 5C 引物库中的 5C 引物数量很多（通常多于 500）且反应中 5C 引物的总量相当大时。因为在这种情况下，步骤 9 和步骤 10 的 PCR 中未连接的 5C 引物浓度较高，这些未连接的引物会结合通用 5C 引物而不会有产物。增加通用 5C 引物的量可以解决这个问题，提高 5C 文库的产量。

问题（步骤 14）：不含连接酶和水的对照组中检测到 5C 连接产物。

解决方案：当任何阴性对照检测到 5C 连接产物时，说明用于制备 5C 文库的一种或多种试剂被污染。重新制备所有的试剂，从头开始做。

讨论

引物设计

为了设计 5C 引物，找出所有横跨目的基因位点的限制性酶切片段，并且需要一个正向或反向的 5C 引物。导言以及导言中图 20-3 和图 20-4 介绍了如何设计 5C 引物。用于设计 5C 引物的网上工具有网站 http://my5C.umassmed.edu（Lajoie et al. 2009）。正向和反向引物对应该结合于预测的头对头 3C 连接产物的同一条链上，且另一个引物应紧密相连于限制性酶切位点（图 20-5）。正向引物通常含有限制性位点的前半部分，而反向引物含有后半部分。5C 引物结合于 3C 文库的部分，通常长 30～40 个碱基，复性温度为 70～72℃。所有的引物长度应一致，实现方法是在 5C 引物的特异部分和通用尾巴之间插入随机碱基，以使引物的特异部分加随机插入部分总碱基数为 40。正向引物在 5'端含有通用尾，而反向引物在 3'端含有一个不同的通用尾。研究者可以选择采用何种尾序列。T7 和 T3 序列已成功地用于 5C 引物（Dostie et al. 2006）。如果使用高通量测序平台，使用的通用尾序列应与特定测序平台所需的尾序列相匹配（第 11 章）。最后，应将反向引物的 5'端磷酸化，以利于连接。可以直接购买已磷酸化的引物，也可以用 T4 多聚核苷酸激酶对引物进行磷酸化。

用 5C 确定相互作用频率

为了确定两个位点的相对相互作用频率，使用：①3C 文库作为模板；②对照文库进行 5C 实验方案。计算 3C 文库和对照文库中 5C 连接产物的比值作为相互作用频率。此相互作用频率是相对定量，不依赖于引物效率，因此，使用不同引物对获得的相互作用频率可以直接比较。值得注意的是，很多 5C 研究覆盖较大范围的复杂基因序列，以至于无法使用对照文库。鉴于 5C 实验对不同引物效率的敏感程度远远低于 3C 实验，不一定非要对照文库不可。可以简单地认为，一对位点的相互作用频率与以 3C 文库为模板检测到的 5C 连接产物量直接相关。

配方

为正确使用本方案中的器材和危险试剂，必须查阅相应的材料安全数据表并咨询所在机构的环境卫生和安全办公室。

5C 复性缓冲液（10×）

试剂	储液	含量（10mL）	终浓度
Tris-acetate（pH 7.9）	1mol/L	2mL	200mmol/L
乙酸钾	1mol/L	5mL	500mmol/L
乙酸镁	1mol/L	1mL	100mmol/L
DTT	1mol/L	100μL	10mmol/L
H_2O		1.9mL	

5C PCR 混合液

（用于单个反应；根据反应数调整体积）

试剂	储液	含量（单个反应）	终浓度
Tris-HCl（pH 8.0）	1mol/L	0.5μL	20mmol/L
KCl	5mol/L	0.25μL	50mmol/L
$MgCl_2$	20mmol/L	2μL	4mmol/L
dNTPs	25mmol/L dATP、dTTP、dCTP、dGTP	0.2μL	0.2mmol/L dATP、dTTP、dCTP、dGTP
通用 PCR 引物 1	10μmol/L	0.5μL	0.4μmol/L
通用 PCR 引物 2	10μmol/L	0.5μL	0.4μmol/L
H_2O		14.05μL	
Platinum *Taq* DNA 聚合酶，高保真性	5U/μL	1μL	1U

参考文献

Dostie J, Richmond TA, Arnaout RA, Selzer RR, Lee WL, Honan TA, Rubio ED, Krumm A, Lamb J, Nusbaum C, et al. 2006. Chromosome Conformation Capture Carbon Copy (5C): A massively parallel solution for mapping interactions between genomic elements. *Genome Res* **16:** 1299–1309.

Lajoie BR, van Berkum NL, Sanyal A, Dekker J. 2009. My5C: Web tools for chromosome conformation capture studies. *Nat Methods* **6:** 690–691.

网络资源

5C 引物设计：http://my5C.umassmed.edu

信息栏

 甲醛

　　甲醛是分子式为 CH_2O 的最简单的醛类（图 1）。当溶解在水里时候，它被称为"福尔马林"而且具有多种构象。在工业化应用中，甲醛的三聚体，有名的 1-3-5 三噁烷被用作燃料和塑料生产。甲醛的二聚体能和寡聚体以平衡态共存。甲醛的无穷聚合体即所谓的"多聚甲醛"。甲醛的饱和水溶液（100%福尔马林）是由 37%质量的甲醛（40%体积的甲醛）组成。多数商业上提供的福尔马林包含稳定剂，通常是 10%～15%的甲醇，以减少氧化和聚合。甲醛是高毒、高致癌物质。室温下甲醛是气态，$1/10^7$ 的甲醛就能对眼球产生刺激。吸入该浓度下的甲醛可能导致头痛和呼吸系统问题。操作甲醛时要小心并适当防护。

甲醛广泛应用于生物学研究，是一种多功能试剂。它也可以作为一种消毒剂用于消除细菌和真菌等不必要的生物学污染，并被用作遗体和生物标本的保存剂。在分子生物学领域，甲醛已经被广泛用作 RNA 甲醛凝胶电泳的变性剂（Lehrach et al. 1977）。甲醛在核酸生物化学中的应用开始于 20 世纪 60 年代。甲醛交联的可逆性（Solomon 和 Varshavsky 1985）使得甲醛成为体内研究蛋白-DNA 相互作用的理想试剂。

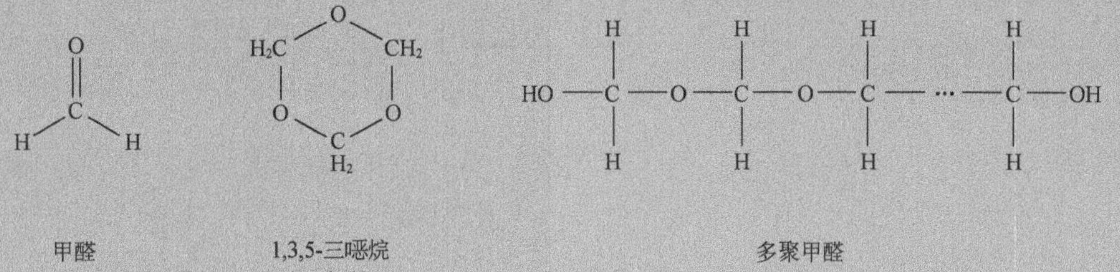

图 1　甲醛的不同衍生物。这里展示的是单聚甲醛，三聚体化的 1,3,5-三噁烷和无穷聚合体多聚甲醛。

参考文献

Lehrach H, Diamond D, Wozney JM, Boedtker H. 1977. RNA molecular weight determinations by gel electrophoresis under denaturing conditions, a critical reexamination. *Biochemistry* 16: 4743–4751.

Solomon MJ, Varshavsky A. 1985. Formaldehyde-mediated DNA–protein cross-linking: A probe for in vivo chromatin structures. *Proc Natl Acad Sci* 82: 6470–6474.

基于 3C 的实验捕获的是什么？

基于 3C 的方法，允许在细胞群体范围检测细胞核内三维结构上的成对基因座位之间彼此靠近的相对频率。如同任何其他的检测手段，这些实验并没有直接揭示这些空间关联的分子性质及生物学意义。进一步补充功能分析实验，可以将远距离染色质相互作用和特定的功能联系起来（如基因调节等），并能够鉴定驱动这些生物学现象的分子机制。

基于 3C 的方法广泛应用于研究染色体的空间结构。根据已经发表的许多详细研究，该方法能够捕获下面述及的一些特定类型的染色质相互作用（Simonis et al. 2007; Dekker 2008）。首先，位于基因启动子和对应基因调控元件之间的直接物理联系（如增强子和隔离子）可以很容易被检测到。发生在精密的顺式元件（数以百计碱基对大小）的这些频繁的相互作用，依赖于转录因子结合到两个相互作用位点，通常和基因的表达相关。其次，在基因组范围内可以检测到成组的活性基因之间的关联。这些相互作用较少发生，并且出现在较大的基因区域（达到数十万碱基对）之间。这些相互作用可能反映了细胞核内基因空间聚集位点即富含剪切因子（斑点）（Brown et al. 2008）或者 RNA 聚合酶（有时称之为"转录工厂"）（Osborne et al. 2004）的区域。最后，相对于成组的活性基因之间的相互作用，那些反映了细胞核内一般性的染色体组织结构的远距离相互作用也能被检测到。这包括呈现亚细胞核定位偏好的、来源于成对的完整染色体间的频繁的相互作用，以及反映整个基因组区室化空间结构的、来源于相邻的活性和惰性区域之间的相互作用（Simonis et al.2006; Lieberman-Aiden et al. 2009）。当分析和解释任何基于 3C 的数据的时候，考虑到所有类型的相互作用并设计其他实验来检测鉴别属于哪种类型的相互作用十分重要。

参考文献

Brown JM, Green J, das Neves RP, Wallace HA, Smith AJ, Hughes J, Gray N, Taylor S, Wood WG, Higgs DR, et al. 2008. Association between active genes occurs at nuclear speckles and is modulated by chromatin environment. *J Cell Biol* **182:** 1083–1097.

Dekker J. 2008. Gene regulation in the third dimension. *Science* **319:** 1793–1794.

Lieberman-Aiden E, van Berkum NL, Williams L, Imakaev M, Ragoczy T, Telling A, Amit I, Lajoie BR, Sabo PJ, Dorschner MO, et al. 2009. Comprehensive mapping of long-range interactions reveals folding principles of the human genome. *Science* **326:** 289–293.

Osborne CS, Chakalova L, Brown KE, Carter D, Horton A, Debrand E, Goyenechea B, Mitchell JA, Lopes S, Reik W, et al. 2004. Active genes dynamically colocalize to shared sites of ongoing transcription. *Nat Genet* **36:** 1065–1071.

Simonis M, Klous P, Splinter E, Moshkin Y, Willemsen R, de Wit E, van Steensel B, de Laat W. 2006. Nuclear organization of active and inactive chromatin domains uncovered by chromosome conformation capture-on-chip (4C). *Nat Genet* **38:** 1348–1354.

Simonis M, Kooren J, de Laat W. 2007. An evaluation of 3C-based methods to capture DNA interactions. *Nat Methods* **4:** 895–901.

（赵志虎　译，宋　宜　校）

第21章 紫外交联免疫沉淀(CLIP)技术进行体内 RNA 结合位点作图

导　言

深入理解 RNA 如何被调控，将为我们打开重新洞悉生物复杂性的大门。例如，线虫和人有显著的差异，却都有大约相同数量标准的蛋白质编码基因。对 DNA 复杂性认识的极限，加上由 RNA 世界概念产生的兴奋点和 RNA 具有极高复杂性的新证据（见 Cech 2009; Sharp 2009; Licatalosi and Darnell 2010），为这一难题给出了解决方法。现代观点认为每个物种的 DNA 是一个包含遗传信息的压缩文件（zip-file），被一套复杂的调控途径解压缩成为 RNA 世界，在 RNA 世界里每个生物的多样性得以展现。按照这一观点，了解 RNA 代谢调控将为认识复杂的细胞、组织和器官特异性的功能提供一种新的途径。

通过 RNA-蛋白质复合物共价交联、纯化和 RNA 测序的 RNA CLIP（交联免疫沉淀）方法作为获得直接的、功能性 RNA-蛋白质相互作用位点的基因组范围图谱的有力工具引起了广泛关注。这些图谱被用于确定调控位点，并有望了解正常细胞功能中 RNA 调控的动力学及其在疾病中的调节异常。

RNA CLIP 最早建立于 2003 年（Ule et al. 2003），从那时起，随着高通量测序方法（HITS-CLIP，也称为 CLIP-seq）的应用，该方法的用途得到大大扩展，用来分析交联的 RNA 序列（Licatalosi et al. 2008）。到 2011 年，CLIP 或 HITS-CLIP 被用来分析各种组织和生物体中的 RNA-蛋白质相互作用，如真细菌的耐辐射奇球菌、丝状真菌的玉蜀黍黑粉菌、酿酒酵母、秀丽隐杆线虫、HeLa 及 293T 细胞、人胚胎干细胞、小鼠脑或细精管（表 21-1）（Darnell 2010）。

用交联方法来研究 RNA-蛋白质相互作用在许多方面类似于十年或更早前建立的染色质免疫沉淀技术（ChIP）（第 20 章），该方法用来分析 DNA-蛋白质相互作用。从历史的角度来看，ChIP 的出现就预示着 CLIP，但现在这两种技术在几个重要方法上发生了差异。这两种技术都注重保持天然的蛋白质-核酸相互作用，因为这种相互作用在纯化过程中很容易丢失或重新组合，这是 DNA-蛋白质相互作用（Kuo and Allis 1999）和 RNA-蛋白质相互作用（Mili and Steitz 2004）研究中公认的难题。蛋白质-DNA 交联方法最早于 20 世纪 80 年代在分析转录和染色质调控因子（Ilyin and Georgiev 1969; Gilmour and Lis 1984; Solomon and Varshavsky 1985）的过程中建立，随着 DNA ChIP 技术的出现，这一技术在 20 世纪 90 年代得到广泛使用，例如用于研究组蛋白-DNA 相互作用（Kuo and Allis 1999）。

紫外照射（Alexander and Moroson 1962; Smith 1962）和甲醛处理（Ilyin and Georgiev 1969）是较早就被认可的两种在体外交联 DNA-蛋白质复合物的方法。1974 年，紫外照射同样被证实可以将 RNA 交联到蛋白质上（Schoemaker and Schimmel 1974）。到 20 世纪 80 年代中期，这些技术开始用于体内研究（Gilmour and Lis 1984），如被用来在照射的细胞中分析（Mayrand and Pederson 1981; Mayrand et al. 1981; Li et al. 2006）、免疫沉淀和制备作用于核糖核蛋白复合物（RNP）的抗体（Dreyfuss et al. 1984）。但当时紫外线照射还没有被考虑作为纯化蛋白质结合 DNA 或 RNA 的一种手段。这种可能性被忽视的原因有两个：一是认为紫外线交联的效率太低，没有应用价值（Fecko et al. 2007），二是知道紫外线交联会妨碍反转录酶（RT; 用于 RNA-蛋白质结合位点作图）（Urlaub et al. 2002）。因此，甲醛交联的可逆性（Kuo and Allis 1999）是其用于 ChIP 方案的一个重要因素。

有关紫外交联的担忧在 2003 年就排除了，当时第一个 CLIP 实验显示，紫外交联后反转录受阻是因为它本身效率低。照射后的样品经蛋白酶 K 消化后，就可以被反转录和

PCR 扩增，来自交联 RNA 的产物即可通过测序获知其序列。在当时建立的 CLIP 方案基础上，经过一些修改，就形成了本章所描述的方法。不过，潜在的局部反转录阻滞作用仍然引起关注，并推动了一些替代性 CLIP 方案的形成（iCLIP; Konig et al. 2010）。幸运的是，这一问题并没有被证明成为识别结合 RNA 片段的障碍；下面描述的标准紫外交联方案能产生成千上万与许多不同 RNA 结合蛋白（RNABP）交联的独特的 RNA 序列（标签）。实际上，反转录在交联位点所遇到的问题甚至更具优势：在交联位点处的错误或部分反转录受阻可被用以确定 RNA-蛋白质相互作用的确切位点（Ule et al. 2005; Granneman et al. 2009; Hafner et al. 2010; Konig et al. 2010; Zhang et al. 2010; Zhang and Darnell 2011）。

与利用甲醛交联的标准 DNA ChIP 相比，采用紫外交联的 RNA CLIP 具有独特优势。CLIP 具有提供更高时空解析度的潜力，因为紫外线照射后，只有在直接相互作用（一个键长）的蛋白质和核酸之间才会产生交联。CLIP 这种较强的特异性（下文讨论），与甲醛交联形成了鲜明的对比。在甲醛交联中，大的蛋白质-核酸和蛋白质-蛋白质复合物都可以发生交联。

表 21-1　用 CLIP 技术研究的典型的 RNA 结合蛋白

RNA 结合蛋白	方法	组织/细胞类型	主要发现	参考文献
Nova	CLIP 和 HITS-CLIP	小鼠脑组织	结合基序 生物学靶标 RNA 剪接图谱 poly（A）使用调控 3′-UTR 定位元件 络丝蛋白途径 RNA 剪接分析	Ule et al. 2003; Licatalosi et al. 2008; Racca et al. 2010; Yano et al. 2010
PTB	HITS-CLIP；已发表 CLIP 数据的重分析	HeLa 细胞	结合基序 RNA 剪接图谱	Xue et al. 2009; Llorian et al. 2010
带标签的 Khd1	HITS-CLIP	啤酒酵母	结合基序 生物学靶标 翻译调控中的作用	Wolf et al. 2010
hnRNP A1	CLIP	HeLa 细胞	pri-mRNA 加工调控过程中的作用	Guil and Caceres 2007
TIA1	HITS-iCLIP	HeLa 细胞	RNA 剪接图谱	Wang et al. 2010
Fox2	HITS-CLIP	人胚胎干细胞	生物学靶标 RNA 剪接图谱	Yeo et al. 2009
SFRS1	CLIP 和 HITS-CLIP	HEK293T 细胞	结合基序 疾病相关位点	Sanford et al. 2008，2009
带标签的 Rrm4	CLIP	丝状真菌玉米黑粉菌	结合基序 rrm4-RNP 定位	Becht et al. 2006
CUGBP1	CLIP	小鼠后脑组织	结合基序 剪接靶的验证	Daughters et al. 2009
带标签的 snRNP	HITS-CLIP	啤酒酵母	蛋白质-rRNA 和 snoRNA 相互作用位点详细作图	Granneman et al. 2009; Bohnsack et al. 2009
Ro homolog Rsr	CLIP	耐辐射球菌	与 rRNA 相互作用的发现	Wurtmann and Wolin 2010
hnRNP C	HITS-iCLIP	HeLa 细胞	结合基序 RNA 剪接图谱 剪接相关 hnRNP 颗粒结构	Konig et al. 2010
Ago 和带标签的 Ago	HITS-CLIP 和 PAR-CLIP	小鼠脑组织；HeLa 细胞；HEK293 细胞	Ago-miRNA 精确结合位点	Chi et al. 2009; Hafner et al. 2010; Leung et al. 2011
Alg-1	HITS-CLIP	秀丽新小杆线虫	Alg-1-miRNA 精确结合位点	Zisoulis et al. 2010
Msy2	CLIP	小鼠输精管	piRNA 和及其他小 RNA 相互作用	Xu et al. 2009
HuR	PAR-CLIP	HEK293 细胞	在 mRNA 稳定性及加工中的作用	Lebedeva et al. 2011; Mukherjee et al. 2011
FMRP	HITS-CLIP	小鼠脑组织	翻译抑制机制及与自闭症的联系	Darnell et al. 2011

修改自 Darnell 2010。

由于紫外交联通过形成共价键固定了 RNA-蛋白质之间的相互作用，CLIP 就可以对二者的结合进行"抓拍"，而不会受到后续操作步骤的影响。相对于缺少交联步骤的方法，包括最常使用的 RNP 免疫沉淀（RIP），这是一个非常大的优势。关键是 CLIP 还能在单个 RNA 分子中识别蛋白结合位点。如果对交联的 RNA 进行高通量测序，CLIP 技术就可以在全基因组范围获得蛋白质-RNA 结合位点图谱。针对一些 RNA 结合蛋白，HITS-CLIP 具有生成预测调控模式的能力（Darnell 2010; Licatalosi and Darnell 2010; Darnell et al. 2011），包括涉及多种 RNA-蛋白质相互作用（如 Argonaute miRNA-mRNA 复合物中的相互作用）的 RNA 结合蛋白（Chi et al. 2009; Hafner et al. 2010; Zisoulis et al. 2010; Leung et al. 2011）。HITS-CLIP 为研究人员提供了将调控性 RNA 结合蛋白的活性与小 RNA 调控网络进行整合的可能（见信息栏"紫外蛋白交联的机制和特异性"和"HITS-CLIP 数据分析"）。

交联免疫沉淀方法

交联免疫沉淀（CLIP）（图 21-1）提供了描绘 RNA-蛋白质在体内相互作用的一种通用方法，无论是 254nm 紫外线处理过的整个组织、生物体，还是单个细胞类型（Ule et al. 2003，2005; Jensen and Darnell 2008）。紫外照射诱导一个瞬态电子受激状态导致紧密接触（最多相距几埃）的 RNA 和蛋白质之间产生共价键。虽然确切的机制尚不完全清楚，但相信核酸碱基吸收紫外光后（Brimacombe et al. 1988），诱导基态电子进入单线高能状态，使电子形成一个新的共价键（Fecko et al. 2007）。蛋白质-RNA 交联反应只发生在少数结合位点（标准 CLIP 实验中 1%～5%，尽管不同蛋白质可能不同）（也见 Fecko et al. 2007）（也见信息栏"紫外蛋白交联的机制和特异性"）。

形成这个新键后，就可以在非常严谨的条件下纯化 RNA-蛋白质复合物。原则上，任何纯化方法都可以使用。但是，在实践中，一个可靠的方案取决于 3 个步骤：①用针对 RNA 结合蛋白（RNABP）本身或表达标签的抗体进行免疫沉淀；②通过 SDS-PAGE 进行大小分离；③转移到硝酸纤维素膜以去除污染的（非交联的）RNA。在该纯化过程中，RNA 被消化变小，通常消化成约 50 个核苷酸大小的片段，以便于鉴定结合位点（例如，交联的 RNA 片段为 20～100 个碱基）。一旦获得足够的纯度，再用蛋白酶 K 处理除去交联复合物中的蛋白质成分，并纯化释放的 RNA 片段。相关方案仍在不断改进，目前的方案是用 RNA 连接酶将 RNA 接头连接到释放出的所有 RNA 上，用反义引物和反转录酶进行 cDNA 合成以生成测序的模板。

CLIP 的一个主要优点是可以在体内对众多不同的系统进行相互作用分析。虽然 CLIP 最早是在小鼠的大脑中完成的，它后来被应用到一系列完整生物体中，包括细菌、真菌、酵母、线虫，以及人胚胎干细胞在内的多种培养的哺乳动物组织细胞（表 21-1）。CLIP 也被应用到许多涉及不同生物过程的不同 RNA 结合蛋白（表 21-1）。例如，来自 hnRNP A1 的少量 CLIP 序列标签，就足以推测出该复合物可能调控 miRNA 前体的加工（Guil and Caceres 2007），这一推测随后得到了证实（Michlewski et al. 2008），另一研究更提示该蛋白质参与 miRNA 调控（Newman et al. 2008）。对少量 Nova（一个在小鼠脑神经元细胞核和细胞质中发现的 55kDa 的 RNA 结合蛋白）CLIP 标签进行的分析发现了功能相关的 RNA-蛋白质相互作用，这些相互作用的重要性随后被更高通量的研究所证实（Licatalosi et al. 2008）。

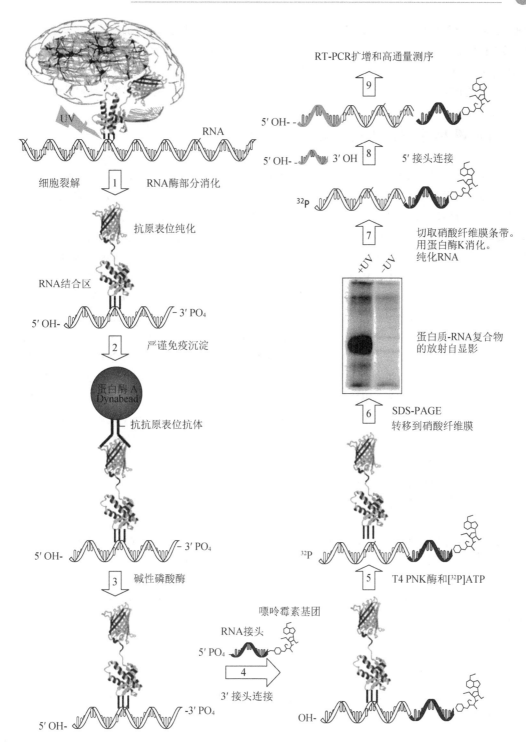

图 21-1　交联免疫沉淀（CLIP）。对组织（如脑组织）或细胞进行紫外线照射（方案 2），在体内诱导 RNA-蛋白复合物发生共价交联。（箭头 1，见方案 2 和方案 3）细胞裂解及 RNA 酶部分消化可以在免疫沉淀之前对 RNA-蛋白复合物进行部分净化，并能将交联 RNA 的长度减小到所需的大小（一般约 50 个碱基或更小）。RNase A 及 T1 在消化的 RNA 上留下一个 5′ 羟基和 3′ 磷酸基团。（箭头 2，见方案 1 和方案 3）交联允许使用严谨的条件对蛋白质进行纯化。可以使用针对天然表位或蛋白标签的抗体进行免疫沉淀。（箭头 3、4，见方案 4）为防止在 3′ 端连接接头时分子内 RNA 环化，用碱性磷酸酶去掉 3′ 磷酸基团。接头自身的 3′ 端被嘌呤霉素封闭，这样可以阻止接头-接头的自连反应。（箭头 5，见方案 4）RNA 的 5′ 端用 T4 多聚核苷酸激酶及[γ-32P]ATP 进行标记。（箭头 6，见方案 4）RNABP-RNA 复合物从

磁珠上释放，用变性 SDS-PAGE 凝胶进行电泳并转移到硝酸纤维素膜上（两个重要的纯化步骤），之后进行放射自显影。（箭头 7，见方案 5）从硝酸纤维素膜上切取放射性的 RNABP-RNA 复合物，用蛋白酶 K 消化去掉 RNABP，洗脱 RNA，再用酚：氯仿抽提，最后进行乙醇沉淀。（箭头 8，见方案 5）在 RNA 的 5′端加上第二个接头。（箭头 9，见方案 5 和 6）对 RNA 进行 RT-PCR 扩增及测序（彩图请扫封底二维码）。

高通量测序（HITS）CLIP

最早进行 CLIP 实验时，340 个单一的 Nova 结合 RNA 序列测序成本约 4000 美元（Ule et al. 2003）。少量的标签不足以完全囊括 Nova 与 RNA 相互作用的种类。后来用高通量测序 CLIP（HITS-CLIP 或 CLIP-seq）对这些研究进行了扩展。2008 年用 HITS-CLIP 技术对相同的 RNA-蛋白质相互作用进行重新分析，同样的 4000 美元成本鉴定出多达 1000 倍的单一序列标签。单个 RNA 标签的价格持续大幅下降。鉴于获得如此庞大的数据集，利用生物信息学方法分析 RNA CLIP 标签成为所有 HITS-CLIP 研究的一个重要组成部分。

HITS-CLIP 得到的 RNA-蛋白质图谱可以结合其他研究的结果一起来揭示结合位点与蛋白质和 RNA 功能之间的关系。例如，结合生物信息学研究（Ule et al. 2006），RNA-蛋白质图谱显示结合位点决定了 Nova 介导的剪接调控结果（包含或排除外显子）（Licatalosi et al. 2008）。随后的研究，包括 PTB 的 HITS-CLIP（Xue et al. 2009）结合 PTB-依赖的 RNA 剪接变异体功能分析（Llorian et al. 2010），以及其他 RNA 结合蛋白- Fox2、hnRNP C、hnRNPL、TIA1/2、TDP-43、MBNL 和 CELF 蛋白（Yuan et al. 2007; Kalsotra et al. 2008; Zhang et al. 2008; Yeo et al. 2009; Du et al. 2010; Chen and Manley 2009; Tollervey et al. 2011; Witten and Ule 2011）的相关研究都使人们意识到这种位置依赖的剪接图谱是普遍现象。它们揭示了同样适合许多 RNA 结合蛋白的剪接调控规则（Chen and Manley 2009; Corrionero and Valcarcel 2009; Licatalosi and Darnell 2010; Witten and Ule 2011）。HITS-CLIP 还揭示 Nova 在可变聚腺苷酸化调控中发挥作用（Licatalosi et al. 2008）。hnRNP C 的 HITS-CLIP 研究则提示蛋白质可以形成类似于 DNA 核小体的高度有序的 RNA-蛋白复合物，从而在剪接抑制中发挥重要作用（Konig et al. 2010）。最后，用 HITS-CLIP 对 Argonaute（AGO）足迹进行全基因组绘图发现了许多位于 3′非翻译区之外的结合位点，这暗示在 RNA 转录物上有新的 Ago-miRNA 调控点（Chi et al. 2009; Hafner et al. 2010; Zisoulis et al. 2010）。HITS-CLIP 技术的这些应用为传统调控机制的研究方法提供了一个新的帮手（Sharp 2009; Xue et al. 2009; Nilsen and Graveley 2010）。

CLIP 结果验证

要获得功能性 RNA-蛋白质图谱，把 CLIP 产生的物理 RNA-蛋白质的相互作用的种类与可检测到的 RNA 变体关联起来是非常有价值的。例如，在不同组织或遗传背景下进行 RNA-seq 分析，再结合生物信息学分析，这就能提供一个鉴定功能性 RNA-蛋白质图谱的通用方法（Licatalosi and Darnell 2010）。通常情况下，这些类似的实验协同 CLIP 数据可以带来新的生物学见解。例如，CLIP 数据可以与下列分析研究结合，如单独的 RNA 微阵列分析（Ule et al. 2005; Licatalosi et al. 2008; Daughters et al. 2009; Yeo et al. 2009）、RNA 序列分析（Bohnsack et al. 2009; Chi et al. 2009; Hafner et al. 2010; Llorian et al. 2010; Zisoulis et al. 2010）、RNA-蛋白质相互作用功能鉴定（Chi et al. 2009; Darnell et al. 2011）、生理功能（Huang et al. 2005; Ruggiu et al. 2009），甚至 RNA 定位（Racca et al. 2010）或细胞迁移（Yano et al. 2010）的细胞学研究。

CLIP 数据与其他类型数据的交叉验证的例子包括：Fox2 研究（Yeo et al. 2009）与张

等（2008）进行的独立生物信息学验证的数据，PTB 研究（Xue et al. 2009）与生物化学和生物信息学独立评估的数据（Gama-Carvalho et al. 2006; Boutz et al. 2007; Xing et al. 2008; Llorian et al. 2010）。独立确证 CLIP 研究的例子还包括一些由不同的实验室独立进行的类似研究，如同 Ago 的 HITS-CLIP 研究（Chi et al. 2009; Hafner et al. 2010; Zisoulis et al. 2010）。

CLIP 方法演化

基本的 CLIP 方法已经发生演化，并可能继续发展（表 21-2）。这些方法有共同的特性：在活细胞中紫外照射交联 RNA-蛋白质复合物，然后在严谨条件下纯化 RNA-蛋白质复合物，部分消化 RNA，以产生可克隆的片段，连接接头以进行 RT-PCR 扩增和 cDNA 测序（或在新出现的方法中，可直接进行 RNA 测序）（Ozsolak et al. 2009）。一种改进的方法是在 CLIP 之前将蛋白质带上标签以进行蛋白纯化[cross-linking reactions and purification, or cross-linking and analyses of cDNA（CRAC）]（Granneman et al. 2009）。在 CRAC 中引入标签蛋白或许是有用的，但对于其他 RNA 结合蛋白纯化手段并不合适，尽管当目的是识别生物相关位点时，关注化学计量很重要。鉴定交联位点的方法包括：监测反转录酶的中止[individual nucleotide resolution UV cross-linking and immunoprecipitation （iCLIP）]（Konig et al. 2010），以及在组织培养细胞的 RNA 中掺入 4-硫尿核苷后鉴定核苷酸的变化[photoactivatable-ribonucleoside-enhanced cross-linking and immunoprecipitation（PAR-CLIP）]（Hafner et al. 2010）。这些信息也可以通过对序列错误进行生物信息学分析或分析基本 CLIP 方案中反转录中止位点获得（Ule et al. 2005; Granneman et al. 2009; Konig et al. 2010; Zhang and Darnell 2011）。

表 21-2　CLIP 方法的演化

名称	描述	优点	缺点	参考文献
CLIP	最早用来在小鼠脑组织交联 RNA-蛋白复合物的方案。见表 21-1	便宜，被充分验证	低复杂度，需要针对内源蛋白的免疫沉淀抗体	Ule et al. 2003, 2005; Jensen and Darnell 2008; http://lab.rockefeller edu/darnell/methods/CLIP
HITS-CLIP	使用下一代测序建立全基因组 RNA-蛋白质图谱。最初用于小鼠脑组织。见表 21-1	高复杂度，被充分验证，可通过突变鉴定 RNA-蛋白质交联位点		Licatalosi et al. 2008
Crac CLIP	使用亲和标签免疫沉淀 RNABP	在缺乏针对内源蛋白的免疫沉淀抗体时可用	除非在内源位点插入标签，RNABP 的化学计量及 RNA 图谱可能受到影响。RNABP- 标签融合载体可能影响 RNA 结合特性	Granneman et al. 2009
PAR-CLIP	4-硫代鸟苷掺入到 RNA，可提高交联效率	如果需要高交联效率，或天然蛋白交联效率低时有帮助；可以确定 RNA- 蛋白作用位点	目前局限于培养细胞；4-硫代鸟苷对细胞有毒性；T-C 转换得分分析限制了 CLIP 序列间隔	Hafner et al. 2010
iCLIP	将反转录酶停顿位点确定到氨基酸-核苷酸交联位点附近的 CLIP 变种	能够确定 RNA-蛋白交联位点可高效俘获交联的 RNA 标签	需要针对内源蛋白进行免疫沉淀	Konig et al. 2010

CLIP 是相对较新的技术，并通过许多实验室不断改进（Darnell 2010）。对多数应用来说，这里所描述的基本 CLIP 方案所产生的数百万 CLIP 标签通过生物信息学筛选足以获得数十万单一 CLIP 标签，这些单一 CLIP 标签可用来生成翔实的全基因组 RNA 图谱。

CLIP 实验设计原则

在对一个感兴趣的 RNA 结合蛋白进行 CLIP 实验前，有几个问题需要考虑。一个关键的决定是起始材料的选择。CLIP 的一个主要优点是，它通过紫外线处理完整的细胞或生物体组织瞬时固定了 RNA 结合蛋白和 RNA 之间的结合，从而能检测到生理性相互作用。因此，对生物体、组织和发育状态的选择是非常关键的，而对诸如细胞或神经元活性的扰动控制及生物学相关问题是能而且应该谨慎选择的。另一个关键因素是在交联后成功地纯化RNABP-RNA 复合物，这一般使用免疫沉淀方法。因为 RNA-蛋白质相互作用对化学计量是敏感的（如过表达的蛋白质或导致非特异的 RNA 相互作用），如果可能的话，提倡使用针对内源蛋白的抗体进行免疫沉淀，这有利于获得生理相关的 RNA-蛋白质相互作用。如果实在无法实现，过表达带标签的 RNA 结合蛋白也可以考虑。这时，须尽可能使表达水平接近生理水平，因此在内源位点敲入一个标签要优于表达一个 cDNA 转基因。

因为基本的 CLIP 技术依赖于免疫沉淀作为一个主要的纯化步骤（虽然从理论上讲，任何蛋白质纯化手段都可以使用），免疫沉淀的质量常常是每个 CLIP 实验的限制因素。本章提供了几个预试验方案，用以评估 CLIP 实验的灵敏度和特异性（例如，方案 1 和方案 3）。一般说来，由于交联导致共价键结合，可以在严谨的条件下进行免疫沉淀和洗涤，而不必担心丢失 RNABP-RNA 相互作用。当然，抗体-RNABP 的相互作用强度还是需要考虑的。按下面方案所描述的方法，花些时间用渐次增强的洗涤条件评估最高严谨度是非常值得的，这样可以获得真正需要的 RNA-蛋白质复合物。

方案2～5是典型的CLIP实验。因为需要在硝酸纤维膜上进行曝光并分析 RNABP-RNA复合物，在方案 4 和方案 5 之间有一个自然的中止点。此时，滤膜可以在-80℃无限期保存，将来可以切下条带。曝光并分析方案 4 的结果后，就会发现有必要从头开始实验，以增加起始材料或稍稍调整纯化步骤。一旦各项实验因素都得到优化后（方案 1），一个完整的CLIP 实验可以在一个星期完成。随后进行的 RNA 测序（方案 6）和生物信息学分析将完成整个 HITS-CLIP 实验。

致谢

我们感谢 Robert Darnell 实验室过去和现在的成员为最初建立、使用 CLIP 方法（特别是 Kirk Jensen 和 Jernej Ule）和应用高通量测序技术（特别是 Donny Licatalosi、Sung Wook Chi 和 Chaolin Zhang）所做的贡献。我们感谢实验室成员在实验方案改进和多个 RNA 结合蛋白中的应用，以及对目前方案的审阅中做出的贡献。此外，我们感谢所有分享 CLIP 技术使用经验的研究者。本研究方案及相关问题和评注都在我们的 CLIP 论坛上（http://lab.rockefeller.edu/darnell/），欢迎大家浏览。

参考文献

Alexander P, Moroson H. 1962. Cross-linking of deoxyribonucleic acid to protein following ultra-violet irradiation of different cells. *Nature* **194**: 882–883.

Becht P, Konig J, Feldbrugge M. 2006. The RNA-binding protein Rrm4 is essential for polarity in *Ustilago maydis* and shuttles along microtubules. *J Cell Sci* **119**: 4964–4973.

Bohnsack MT, Martin R, Granneman S, Ruprecht M, Schleiff E, Tollervey D. 2009. Prp43 bound at different sites on the pre-rRNA performs distinct functions in ribosome synthesis. *Mol Cell* **36**: 583–592.

Boutz PL, Stoilov P, Li Q, Lin CH, Chawla G, Ostrow K, Shiue L, Ares MJ, Black DL. 2007. A post-transcriptional regulatory switch in polypyrimidine tract-binding proteins reprograms alternative splicing in developing neurons. *Genes Dev* **21**: 1636–1652.

Brimacombe R, Stiege W, Kyriatsoulis A, Maly P. 1988. Intra-RNA and RNA–protein cross-linking techniques in *Escherichia coli* ribosomes. *Methods Enzymol* **164**: 287–309.

Cech TR. 2009. Crawling out of the RNA world. *Cell* **136**: 599–602.

Chen M, Manley JL. 2009. Mechanisms of alternative splicing regulation: Insights from molecular and genomics approaches. *Nat Rev Mol Cell Biol* **10**: 741–754.

Chi SW, Zang JB, Mele A, Darnell RB. 2009. Argonaute HITS-CLIP decodes microRNA–mRNA interaction maps. *Nature* **460**: 479–486.

Corrionero A, Valcarcel J. 2009. RNA processing: Redrawing the map of charted territory. *Mol Cell* **36**: 918–919.

Darnell RB. 2010. HITS-CLIP: Panoramic views of protein–RNA regulation in living cells. *Wiley Interdiscip Rev RNA* **1**: 266–286.

Darnell JC, Van Driesche SJ, Zhang C, Hung KY, Mele A, Fraser CE, Stone EF, Chen C, Fak JJ, Chi SW, et al. 2011. FMRP stalls ribosomal translocation on mRNAs linked to synaptic function and autism. *Cell* **146**: 247–261.

Daughters RS, Tuttle DL, Gao W, Ikeda Y, Moseley ML, Ebner TJ, Swanson MS, Ranum LP. 2009. RNA gain-of-function in spinocerebellar ataxia type 8. *PLoS Genet* **5**: e1000600. doi: 10.1371/journal.pgen.1000600.

Dreyfuss G, Choi YD, Adam SA. 1984. Characterization of heterogeneous nuclear RNA–protein complexes in vivo with monoclonal antibodies. *Mol Cell Biol* **4**: 1104–1114.

Du H, Cline MS, Osborne RJ, Tuttle DL, Clark TA, Donohue JP, Hall MP, Shiue L, Swanson MS, Thornton CA, et al. 2010. Aberrant alternative splicing and extracellular matrix gene expression in mouse models of myotonic dystrophy. *Nat Struct Mol Biol* **17**: 187–193.

Fecko CJ, Munson KM, Saunders A, Sun G, Begley TP, Lis JT, Webb WW. 2007. Comparison of femtosecond laser and continuous wave UV sources for protein–nucleic acid crosslinking. *Photochem Photobiol* **83**: 1394–1404.

Gama-Carvalho M, Barbosa-Morais NL, Brodsky AS, Silver PA, Carmo-Fonseca M. 2006. Genome-wide identification of functionally distinct subsets of cellular mRNAs associated with two nucleocytoplasmic-shuttling mammalian splicing factors. *Genome Biol* **7**: R113. doi: 10.1186/gb-2006-7-11-r113.

Gilmour DS, Lis JT. 1984. Detecting protein–DNA interactions in vivo: Distribution of RNA polymerase on specific bacterial genes. *Proc Natl Acad Sci* **81**: 4275–4279.

Granneman S, Kudla G, Petfalski E, Tollervey D. 2009. Identification of protein binding sites on U3 snoRNA and pre-rRNA by UV cross-linking and high-throughput analysis of cDNAs. *Proc Natl Acad Sci* **106**: 9613–9618.

Guil S, Caceres JF. 2007. The multifunctional RNA-binding protein hnRNP A1 is required for processing of miR-18a. *Nat Struct Mol Biol* **14**: 591–596.

Hafner M, Landthaler M, Burger L, Khorshid M, Hausser J, Berninger P, Rothballer A, Ascano MJ, Jungkamp AC, Munschauer M, et al. 2010. Transcriptome-wide identification of RNA-binding protein and microRNA target sites by PAR-CLIP. *Cell* **141**: 129–141.

Huang CS, Shi SH, Ule J, Ruggiu M, Barker LA, Darnell RB, Jan YN, Jan LY. 2005. Common molecular pathways mediate long-term potentiation of synaptic excitation and slow synaptic inhibition. *Cell* **123**: 105–118.

Ilyin YV, Georgiev GP. 1969. Heterogeneity of deoxynucleoprotein particles as evidenced by ultracentrifugation of cesium chloride density gradient. *J Mol Biol* **41**: 299–303.

Jensen KB, Darnell RB. 2008. CLIP: Crosslinking and immunoprecipitation of in vivo RNA targets of RNA-binding proteins. *Methods Mol Biol* **488**: 85–98.

Kalsotra A, Xiao X, Ward AJ, Castle JC, Johnson JM, Burge CB, Cooper TA. 2008. A postnatal switch of CELF and MBNL proteins reprograms alternative splicing in the developing heart. *Proc Natl Acad Sci* **105**: 20333–20338.

Konig J, Zarnack K, Rot G, Curk T, Kayikci M, Zupan B, Turner DJ, Luscombe NM, Ule J. 2010. iCLIP reveals the function of hnRNP particles in splicing at individual nucleotide resolution. *Nat Struct Mol Biol* **17**: 909–915.

Kuo MH, Allis CD. 1999. In vivo cross-linking and immunoprecipitation for studying dynamic protein: DNA associations in a chromatin environment. *Methods* **19**: 425–433.

Lebedeva S, Jens M, Theil K, Schwanhäusser B, Selbach M, Landthaler M, Rajewsky N. 2011. Transcriptome-wide analysis of regulatory interactions of the RNA-binding protein HuR. *Mol Cell* **43**: 340–352.

Leung AK, Young AG, Bhutkar A, Zheng GX, Bosson AD, Nielsen CB, Sharp PA. 2011. Genome-wide identification of Ago2 binding sites from mouse embryonic stem cells with and without mature microRNAs. *Nat Struct Mol Biol* **18**: 237–244. (Erratum. 2011. *Nat Struct Mol Biol* **18**: 1084.)

Li Y, Bor YC, Misawa Y, Xue Y, Rekosh D, Hammarskjold ML. 2006. An intron with a constitutive transport element is retained in a Tap messenger RNA. *Nature* **443**: 234–237.

Licatalosi DD, Darnell RB. 2010. RNA processing and its regulation: Global insights into biological networks. *Nat Rev Genet* **11**: 75–87.

Licatalosi DD, Mele A, Fak JJ, Ule J, Kayikci M, Chi SW, Clark TA, Schweitzer AC, Blume JE, Wang X, et al. 2008. HITS-CLIP yields genome-wide insights into brain alternative RNA processing. *Nature* **456**: 464–469.

Llorian M, Schwartz S, Clark TA, Hollander D, Tan LY, Spellman R, Gordon A, Schweitzer AC, de la Grange P, Ast G, et al. 2010. Position-dependent alternative splicing activity revealed by global profiling of alternative splicing events regulated by PTB. *Nat Struct Mol Biol* **17**: 1114–1123.

Mayrand S, Pederson T. 1981. Nuclear ribonucleoprotein particles probed in living cells. *Proc Natl Acad Sci* **78**: 2208–2212.

Mayrand S, Setyono B, Greenberg JR, Pederson T. 1981. Structure of nuclear ribonucleoprotein: Identification of proteins in contact with poly(A)$^+$ heterogeneous nuclear RNA in living HeLa cells. *J Cell Biol* **90**: 380–384.

Michlewski G, Guil S, Semple CA, Caceres JF. 2008. Posttranscriptional regulation of miRNAs harboring conserved terminal loops. *Mol Cell* **32**: 383–393.

Mili S, Steitz JA. 2004. Evidence for reassociation of RNA-binding proteins after cell lysis: Implications for the interpretation of immunoprecipitation analyses. *RNA* **10**: 1692–1694.

Mukherjee N, Corcoran DL, Nusbaum JD, Reid DW, Georgiev S, Hafner M, Ascano M Jr, Tuschl T, Ohler U, Keene JD. 2011. Integrative regulatory mapping indicates that the RNA-binding protein HuR couples pre-mRNA processing and mRNA stability. *Mol Cell* **43**: 327–339.

Newman MA, Thomson JM, Hammond SM. 2008. Lin-28 interaction with the Let-7 precursor loop mediates regulated microRNA processing. *RNA* **14**: 1539–1549.

Nilsen TW, Graveley BR. 2010. Expansion of the eukaryotic proteome by alternative splicing. *Nature* **463**: 457–463.

Ozsolak F, Platt AR, Jones DR, Reifenberger JG, Sass LE, McInerney P, Thompson JF, Bowers J, Jarosz M, Milos PM. 2009. Direct RNA sequencing. *Nature* **461**: 814–818.

Racca C, Gardiol A, Eom T, Ule J, Triller A, Darnell RB. 2010. The neuronal splicing factor Nova co-localizes with target RNAs in the dendrite. *Front Neural Circuits* **4**: 5.

Ruggiu M, Herbst R, Kim N, Jevsek M, Fak JJ, Mann MA, Fischbach G, Burden SJ, Darnell RB. 2009. Rescuing Z+ agrin splicing in Nova null mice restores synapse formation and unmasks a physiologic defect in motor neuron firing. *Proc Natl Acad Sci* **106**: 3513–3518.

Sanford JR, Coutinho P, Hackett JA, Wang X, Ranahan W, Caceres JF. 2008. Identification of nuclear and cytoplasmic mRNA targets for the shuttling protein SF2/ASF. *PLoS ONE* **3**: e3369. doi: 10.1371/journal.pone.0003369.

Sanford JR, Wang X, Mort M, Vanduyn N, Cooper DN, Mooney SD, Edenberg HJ, Liu Y. 2009. Splicing factor SFRS1 recognizes a functionally diverse landscape of RNA transcripts. *Genome Res* **19**: 381–394.

Schoemaker HJ, Schimmel PR. 1974. Photo-induced joining of a transfer RNA with its cognate aminoacyl-transfer RNA synthetase. *J Mol Biol* **84**: 503–513.

Sharp PA. 2009. The centrality of RNA. *Cell* **136**: 577–580.

Smith KC. 1962. Dose dependent decrease in extractability of DNA from bacteria following irradiation with ultraviolet light or with visible light plus dye. *Biochem Biophys Res Commun* **8**: 157–163.

Solomon MJ, Varshavsky A. 1985. Formaldehyde-mediated DNA-protein crosslinking: A probe for in vivo chromatin structures. *Proc Natl Acad Sci* **82**: 6470–6474.

Tollervey JR, Curk T, Rogelj B, Briese M, Cereda M, Kayikci M, König J, Hortobágyi T, Nishimura AL, Zupunski V, et al. 2011. Characterizing the RNA targets and position-dependent splicing regulation by TDP-43. *Nat Neurosci* **14**: 452–458.

Ule J, Jensen K, Mele A, Darnell RB. 2005. CLIP: A method for identifying protein–RNA interaction sites in living cells. *Methods* **37**: 376–386.

Ule J, Jensen KB, Ruggiu M, Mele A, Ule A, RB Darnell. 2003. CLIP identifies Nova-regulated RNA networks in the brain. *Science* **302**: 1212–1215.

Ule J, Stefani G, Mele A, Ruggiu M, Wang X, Taneri B, Gaasterland T, Blencowe BJ, Darnell RB. 2006. An RNA map predicting Nova-dependent splicing regulation. *Nature* **444**: 580–586.

Urlaub H, Hartmuth K, Luhrmann R. 2002. A two-tracked approach to analyze RNA–protein crosslinking sites in native, nonlabeled small nuclear ribonucleoprotein particles. *Methods* **26**: 170–181.

Wang Z, Kayikci M, Briese M, Zarnack K, Luscombe NM, Rot G, Zupan B, Curk T, Ule J. 2010. iCLIP predicts the dual splicing effects of TIA–RNA interactions. *PLoS Biol* **8**: e1000530. doi: 10.1371/journal.pbio.1000530.

Witten JT, Ule J. 2011. Understanding splicing regulation through RNA splicing maps. *Trends Genet* **27**: 89–97.

Wolf JJ, Dowell RD, Mahony S, Rabani M, Gifford DK, Fink GR. 2010. Feed-forward regulation of a cell fate determinant by an RNA-binding protein generates asymmetry in yeast. *Genetics* **185**: 513–522.

Wurtmann EJ, Wolin SL. 2010. A role for a bacterial ortholog of the Ro autoantigen in starvation-induced rRNA degradation. *Proc Natl Acad Sci* **107**: 4022–4027.

Xing Y, Stoilov P, Kapur K, Han A, Jiang H, Shen S, Black DL, Wong WH. 2008. MADS: A new and improved method for analysis of differential alternative splicing by exon-tiling microarrays. *RNA* **14**: 1470–1479.

Xu M, Medvedev S, Yang J, Hecht NB. 2009. MIWI-independent small RNAs (MSY-RNAs) bind to the RNA-binding protein, MSY2, in male germ cells. *Proc Natl Acad Sci* **106**: 12371–12376.

Xue Y, Zhou Y, Wu T, Zhu T, Ji X, Kwon YS, Zhang C, Yeo G, Black DL, Sun H, et al. 2009. Genome-wide analysis of PTB–RNA interactions reveals a strategy used by the general splicing repressor to modulate exon inclusion or skipping. *Mol Cell* **36**: 996–1006.

Yano M, Hayakawa-Yano Y, Mele A, Darnell RB. 2010. Nova2 regulates neuronal migration through an RNA switch in disabled-1 signaling. *Neuron* **66**: 848–858.

Yeo GW, Coufal NG, Liang TY, Peng GE, Fu XD, Gage FH. 2009. An RNA code for the FOX2 splicing regulator revealed by mapping RNA–protein interactions in stem cells. *Nat Struct Mol Biol* **16**: 130–137.

Yuan Y, Compton SA, Sobczak K, Stenberg MG, Thornton CA, Griffith JD, Swanson MS. 2007. Muscleblind-like 1 interacts with RNA hairpins in splicing target and pathogenic RNAs. *Nucleic Acids Res* **35**: 5474–5486

Zhang C, Darnell RB. 2011 Mapping in vivo protein–RNA interactions at single-nucleotide resolution from HITS-CLIP data. *Nat Biotechnol* **29**: 607–614 (also see online Methods section; doi:10.1038/nbt.1873).

Zhang C, Zhang Z, Castle J, Sun S, Johnson J, Krainer AR, Zhang MQ. 2008. Defining the regulatory network of the tissue-specific splicing factors Fox-1 and Fox-2. *Genes Dev* **22**: 2550–2563.

Zhang C, Frias MA, Mele A, Ruggiu M, Eom T, Marney CB, Wang H, Licatalosi DD, Fak JJ, Darnell RB. 2010. Integrative modeling defines the Nova splicing-regulatory network and its combinatorial controls. *Science* **329**: 439–443.

Zisoulis DG, Lovci MT, Wilbert ML, Hutt KR, Liang TY, Pasquinelli AE, Yeo GW. 2010. Comprehensive discovery of endogenous Argonaute binding sites in *Caenorhabditis elegans*. *Nat Struct Mol Biol* **17**: 173–179.

方案 1　CLIP 实验免疫沉淀严谨性的优化

该方案旨在为 CLIP 实验优化 RNABP 纯化方法。需要评估的关键变量是确定抗体的质量及用以免疫沉淀大部分但非全部 RNABP 的抗体使用量（抗体滴定会减少非特异结合），以及确定抗体-抗原相互作用对严谨洗涤条件的耐受性。这些实验的结果可先用免疫印迹验证，然后再用 CLIP 预实验方案确认（如方案 3 所描述）。请注意，二者是完全不同的试验，免疫印迹或许显示结果非常干净，因为免疫印迹无法检测到与一个无关 RNA 结合蛋白交联的污染 RNA，但 CLIP 预实验通过放射自显影就可以检测到。因此，在用不同方法洗涤后，免疫印迹主要用来确定有多少 RNABP 被免疫沉淀下来并保留在珠子上，而 CLIP 预实验则用来评估交联到感兴趣 RNABP 上的 RNA 纯度。一旦预实验结束，最优化的免疫沉淀条件就应该用到正常的 CLIP 实验中，包括交联、RNA 酶消化、接头连接、RNA 标签标记以及放射自显影结果分析，这些在方案 3 和方案 4 中讨论。

实验材料

为正确使用本方案中的器材和危险试剂，必须查阅相应的材料安全数据表并咨询所在机构的环境卫生和安全办公室。

本方案的专用试剂标注<R>，配方在本方案末提供。常用储备溶液、缓冲液和试剂标注<A>，配方见附录 1。储备溶液应稀释至适用浓度后使用。

试剂

需验证的抗体

珠子洗涤缓冲液（BWB）（PBS，pH 7.4，含 0.02% Tween20）

细胞或组织裂解物（按方案 2 制备）

蛋白 A 或蛋白 G 偶联的 Dynabeads 磁珠（Life Technologies 公司，目录号 100-01D/100-03D）

高盐洗涤缓冲液<R>

高严谨性免疫沉淀洗涤缓冲液<R>

上样缓冲液（4×）（NuPAGE LDS 样品缓冲液；Life Technologies 公司，目录号 NP0008）

低盐洗涤缓冲液<R>

温和免疫沉淀洗涤缓冲液<R>

中度免疫沉淀洗涤缓冲液（参见 1×PXL 洗涤缓冲液）<R>

NuPAGE MOPS 或 MES 电泳缓冲液（20×）（Life Technologies 公司，目录号 NP0001 或 NP0002）

NuPAGE 样品还原剂（10×）（Life Technologies 公司，目录号 NP0004）

NuPAGE 转移缓冲液（20×）（Life Technologies 公司，目录号 NP00061）

无 RNA 酶水（配制缓冲液用）（如 Applied Biosystems/Ambion 公司，目录号 4387936）

设备

冷室

适用于微量离心管的旋转式混合器（免疫沉淀过程中保持珠子处于悬浮状态）

磁珠聚集装置（Life Technologies 公司，目录号 123-21D）

微量离心管[National Scientific Supply 公司，SlickSeal tubes（无 RNA 酶），目录号 CN170S-GT，VWR#20172-945]

微型凝胶转移装置（如 XCell II 印迹模块；Life Technologies 公司）和供电源

硝酸纤维膜[如 Optitran BA-S 83 或 85（增强硝酸纤维膜；Whatman 公司），Immobilon-P（PVDF；Millipore 公司），或 Protran BA85（纯硝酸纤维膜；Whatman 公司）]

> 我们在 CLIP 实验中使用 Protran BA85 分析 RNABP-RNA 复合物。

Novex NuPage Bis-Tris 凝胶和凝胶电泳装置（Life Technologies 公司）

恒温混合仪

方法

制备加载抗体的磁珠

1. 在无 RNA 酶微量离心管中对 400μL 蛋白 A Dynabead 磁珠进行清洗，洗 3 次，每次用 1mL BWB 缓冲液。

> 厂商的操作手册上包含了重要的有关 Dynabead 磁珠及磁架的辅助信息和操作小贴士。

2. 在 BWB 缓冲液中重悬磁珠，并加入 32μg 相应抗体，总体积为 400μL。在室温旋转孵育 30min。

> 如果使用桥接抗体（如 Fc 片段特异的兔抗鼠 IgG，Jackson ImmunoResearch 公司，315-001-008），加入 32μg 桥接抗体，室温翻转混合孵育 30min，用 1mL BWB 洗 3 次。再用最初体积（小于加入抗体后的体积）的 BWB 重悬，加入 64μg 按 1∶1 混合的两种针对不同蛋白表位的单克隆抗体。在室温旋转孵育 30min。

> 蛋白 A Dynabead 磁珠的结合能力大约是每 100μL 重悬磁珠可结合 8μg 人的 IgG。抗体结合到磁珠上须按照最初的磁珠体积操作（这里是 400μL，但可根据需要及抗体进行调整）。

3. 用 1mL 1×BWB 缓冲液洗涤加载抗体的磁珠，洗 3 次。

> 磁珠可用手颠倒几次重悬，但用旋转混合器让磁珠完全重悬更方便一些。

4. 洗完后，用最初体积的 1×BWB 缓冲液（这里是 400μL）重悬，置于冰上直至使用。

免疫沉淀和洗涤预实验

5. 按照方案 2 或根据具体实验修改的条件制备细胞或组织的裂解物。

> 需注意的是，在完整的 CLIP 方案中，裂解前的细胞或组织先要进行交联。但在免疫沉淀预实验中，免疫印迹用来评估抗原的消耗，交联步骤可以省略。

> 方案 2 是用类似于 RIPA 的变性缓冲液制备裂解物的标准方法。针对这种免疫沉淀预实验，除了变性裂解物，非变性裂解物也应该用作温和免疫沉淀的起始材料。

6. 在免疫沉淀前保留少量裂解物以用于免疫印迹分析，这是免疫沉淀实验的"input"。

> 裂解物保留量取决于蛋白检测的难易程度。一般来说，20μL 裂解物组分可与 5μL 5× 上样缓冲液混合。尽管这样就可以检测到许多蛋白质，但要检测其他蛋白质则需要用三氯乙酸（TCA）对较大体积的裂解物进行沉淀。需注意的是，在标准 SDS-PAGE 微型凝胶的每个泳道的上样体积超过 100μL 后，会导致异常迁移及条带拖尾。

7. 将步骤 4 准备的加载了抗体的磁珠加入到细胞裂解物中。抗体使用量取决于监测蛋白消耗的预实验结果及有效抗原量和所用抗体亲和力等因素。

> 举例：对小鼠脑组织的 Nova CLIP 实验来说，在 300mg 交联的小鼠脑组织裂解物中加入 400μL 加载的蛋白 G Dynabead 磁珠[24μg 羊抗 Nova2 抗体（C-16, sc-10546）结合到 400μL Dynabead 磁珠]。

8. 加载的磁珠和细胞/组织裂解物在 4℃旋转孵育 2h，然后用磁架富集复合物。保留 10～20μL 上清，通过免疫印迹分析抗原吸附程度。

> 需要注意的是，免疫沉淀后的上清被所加的磁珠稀释了，所以用于免疫印迹分析的量必须进行相应调整。可以把缓冲液加入到原裂解样品中，稀释到免疫沉淀后上清相应的浓度。

9. 把磁珠分成几份，分别按照下面所述的温和、中度及严谨的条件进行洗涤。所有洗涤的体积都是 1mL，在旋转混合器上旋转 2～4min 进行完全重悬。洗涤时更换离心管也有助于减少免疫沉淀的背景。

　　i. 温和洗涤条件：用温和免疫沉淀洗涤缓冲液洗 4 次。

　　ii. 中度洗涤条件：用中度免疫沉淀洗涤缓冲液（1×PXL 洗涤缓冲液）洗 4 次。

　　iii. 严谨洗涤条件：先用高严谨性免疫沉淀洗涤缓冲液洗一次，再用高盐洗涤缓冲液洗一次，最后用低盐洗涤缓冲液洗两次。

10. 最后一次洗完后，用加了还原剂的 1×NuPage LDS 上样缓冲液进行重悬。如果 RNABP 在胶上与 IgG 的轻重链大小相近，样品还原剂可以不用。

> 在标准的 SDS 样品缓冲液加热到 90℃后，蛋白 A 会从 Dynabead 磁珠上脱落，导致凝胶上背景很高并模糊所感兴趣的条带。替代方案是用 NuPAGE LDS 上样缓冲液，加热不要超过 70℃，这一方案已被成功地用来评估免疫沉淀反应。

11. 在恒温混合仪上将重悬的磁珠于 70℃振摇 10min。下一步是用 Novex NuPage 凝胶对重悬液、此前保留的 Input 裂解物和上清液进行电泳，分析你感兴趣的 RNABP（见方案 3）。再转膜进行免疫印迹分析。

12. 用免疫印迹分析比较等量 Input、免疫沉淀后的上清及免疫沉淀产物中 RNABP 的水平，判断免疫沉淀是否成功（见第 19 章，方案 19）。

> 见"疑难解答"。

疑难解答

问题（步骤 12）：免疫沉淀后上清中 RNABP 的水平与 Input 的相似，表明免疫沉淀过程只从"input"中去除了极少量的抗原。

解决方案：如果在最温和的免疫沉淀条件下，确实获得了这样的结果，可能是抗体使用量不够。另一种可能性是，裂解物制备时没有完全变性，免疫沉淀时抗原表位被隐蔽而没有充分暴露。例如，一个核糖体蛋白被埋在完整的核糖体中，就需要很强的变性处理。如果抗体识别的是天然表位（适当的折叠）的话，也可能是变性条件太强导致抗原表位被破坏。

问题（步骤 12）：在免疫沉淀后的上清中，抗原从 input 中清除，但在免疫沉淀产物中也没有。

解决方案：可能是由于抗体抗原反应亲合力低或者抗体与蛋白 A 磁珠的结合能力低，在洗涤过程中复合物丢失。免疫沉淀中用的许多小鼠 IgG 亚型与蛋白 A 的亲合力较低。替代方法：选用蛋白 G，共价交联抗体到激活的磁珠上；或按照方案所述，使用兔抗鼠的 IgG 桥接抗体。在极少情况下，可能是抗原没有从磁珠上释放出来。确认一下样品缓冲液中的还原剂是否过期以及样品是否确实加热到 70℃。如果需要，可采用更强的条件让抗原从磁珠上释放出来（加热到 95℃，加β-巯基乙醇），但这样磁珠上的蛋白 A 会掉下来，并模糊 RNABP 条带。换一种二抗（如辣根过氧化物酶偶联的蛋白 G）可以减轻这一问题。

问题（步骤 12）：只有在最温和条件下才能获得理想的抗原免疫沉淀效果。

解决方案：虽然这看起来不是问题，但实际上，我们发现如果温和的免疫沉淀是仅有的初始纯化步骤，很难获得干净的 CLIP 结果（与对照相比）。可以用另一个抗体或抗体组合试试。一般来说，多克隆抗体或混合的单克隆抗体比单个单克隆抗体具有更高的亲合力。如果没有其他抗体可用，可以用亚细胞组分进行温和免疫沉淀。如果这些方法都不行，可以使用带标签的 RNABP，这可以通过转基因表达或敲入到内源位点等手段实现。后一种在内源基因上加标签的方法更适用，因为这样可以维持正常的 RNABP 表达模式。需要进行功能分析，以确保标签不影响蛋白质的功能。

问题（步骤 12）：免疫印迹显示免疫沉淀产物有多条带，这显示免疫沉淀污染了其他蛋白质。

解决方案：这是否是一个问题，取决于其他蛋白质是否是 RNA 结合蛋白。这一问题在方案 13 的"疑难解答"部分解释的更详细，在方案 3 中，交联到免疫沉淀蛋白上的标记 RNA 可以显现出来。但需要注意的是，在 CLIP 实验中使用过量的抗体只会增加噪声，而不会增强检测信号。一旦选择了最佳的抗体、裂解物制备方案及洗涤缓冲液后，对加载了抗体的磁珠进行滴定就非常重要了。我们的目的是免疫沉淀下来大部分而不是全部 RNABP，保证只有最强亲合力的免疫表位被沉淀下来，这可以通过检测在免疫沉淀后的上清中被消耗的蛋白质来实现。

讨论

优化 CLIP 的免疫沉淀中有 3 点需要注意：①细胞或组织裂解物的制备（见方案 2）；②抗体的选择；③洗涤条件的严谨性。

优化裂解物的制备

虽然本方案的目的是确定最佳的免疫沉淀严谨性，免疫沉淀用的裂解物制备也需要优化。方案 2（1×PBS、0.1% SDS、0.5%脱氧胆酸钠和 0.5% NP-40）中的方法适合大部分蛋白质-蛋白质相互作用和非交联的蛋白质-RNA 相互作用。在某些条件下，用很强的变性条件（1%~2% SDS）完全解离 RNP 复合物是非常重要的。例如，在分析核糖体蛋白-RNA 相互作用时，就需要克服核糖体和其他稳定 RNP 复合物对 RIPA 等常规 IP 缓冲液的抵抗作用。用最多含 1% NP-40 或 Triton X-100 的非变性缓冲液去裂解细胞，并以 2000g 离心去掉细胞核，这种处理方法对胞质 RNABP 来说是合适的。

准备最佳裂解物制备方案时，需要考虑下面几个因素：选用变性还是非变性条件；这些条件是否会导致感兴趣的 RNABP 从其他蛋白质（可能构成复合体）上解离。这对每个特定的 RNABP 来说都需要通过实验确定。查看已发表 CLIP 实验所使用的条件很有价值，CLIP 实验已经在整体组织（小鼠脑组织）、组织培养细胞、线虫、酵母、真细菌及真菌和其他物种中成功完成（Darnell 2010; Darnell et al. 2011）。

抗体选择

抗体选择对理想的 CLIP 实验来说是一个关键步骤。因为有多个免疫表位可以识别，多克隆抗体对抗原有更高的亲和力；但它们并不一定总是适用，因为低特异性或识别交叉反应表位，免疫沉淀下来其他蛋白质。尽管单克隆抗体亲和力低，但可能有助于解决这一问题。增加亲和力并能保持特异性的一个方法是，用识别同一个蛋白质不同表位的不同抗体混合物进行免疫沉淀反应。在严谨的洗涤条件下，使用桥接抗体（如 Fc 片段特异的兔抗鼠 IgG）增加蛋白 A 磁珠上小鼠 IgG 的滞留量，就可以达到这一目的（Darnell et al. 2011）。

洗涤条件的严谨性

在 CLIP 实验中要利用紫外照射导致的 RNA-蛋白质共价结合的优势，在最严谨而不丢失 RNABP 的条件下进行免疫沉淀反应是非常重要的（Darnell et al. 2011）。对新的抗体，我们都要在温和、中度及非常严谨的条件下进行筛选。

配方

为正确使用本方案中的器材和危险试剂，必须查阅相应的材料安全数据表并咨询所在机构的环境卫生和安全办公室。

CLIP 方案所用的所有试剂的制备和保存必须避免 RNA 酶的污染。见第 6 章关于实验室无 RNA 酶溶液的配制及 RNA 操作的通用准则。

高盐洗涤缓冲液

试剂	含量（1L）	终浓度
Tris-HCl（1mol/L，pH 7.5）	15mL	15mmol/L
EDTA（0.5mol/L，pH 8.0）	10mL	5mmol/L
EGTA（0.5mol/L）	5mL	2.5mmol/L
Triton X-100	10mL	1%（V/V）
Na-deoxycholate（DOC）	10 g	1%（m/V）
SDS（20%）	5mL	0.1%（V/V）
NaCl（5.0mol/L）	200mL	1mol/L

用无 RNA 酶的水配至 1L，4℃储存。

高严谨性免疫沉淀洗涤缓冲液

试剂	含量（1L）	终浓度
Tris-HCl（1mol/L，pH 7.5）	15mL	15mmol/L
EDTA（0.5mol/L，pH 8.0）	10mL	5mmol/L
EGTA（0.5mol/L）	5mL	2.5mmol/L
Triton X-100	10mL	1%（V/V）
Na-deoxycholate（DOC）	10g	1%（m/V）
SDS（20%）	5mL	0.1%（V/V）
NaCl（5.0mol/L）	24mL	120mmol/L
KCl（1.0mol/L）	25mL	25mmol/L

用无 RNA 酶的水配至 1L，4℃储存。

低盐洗涤缓冲液

试剂	含量（1L）	终浓度
Tris-HCl（1mol/L，pH 7.5）	15mL	15mmol/L
EDTA（0.5mol/L，pH 8.0）	10mL	5mmol/L

用无 RNA 酶的水配至 1L，4℃储存。

温和免疫沉淀洗涤缓冲液

试剂	含量（1L）	终浓度
HEPES（1mol/L，室温下 pH 7.4）	20mL	20mmol/L
NaCl（5mol/L）	30mL	150mmol/L
MgCl$_2$（1mol/L）	5mL	5mmol/L
Nonidet P-40（NP-40）	10mL	1%（*V/V*）

用无 RNA 酶的水配至 1L，4℃储存。

中度免疫沉淀洗涤缓冲液

（也称 1×PXL 洗涤缓冲液，类似于 RIPA）

试剂	含量（1L）	终浓度
PBS（10×）	100mL	1×
SDS（20%）	5mL	0.1%（*V/V*）
脱氧胆酸钠	5g	0.5%（*m/V*）
Nonidet P-40（NP-40）	5mL	0.5%（*V/V*）

购买的 10×PBS 是组织培养级；购买的无 RNA 酶的 SDS 是 20%储存液。

用无 RNA 酶的水配至 1L，4℃储存。

参考文献

Darnell RB. 2010. HITS-CLIP: Panoramic views of protein–RNA regulation in living cells. *Wiley Interdiscip Rev RNA* 1: 266–286.

Darnell JC, Van Driesche SJ, Zhang C, Hung KY, Mele A, Fraser CE, Stone EF, Chen C, Fak JJ, Chi SW, et al. 2011. FMRP stalls ribosomal translocation on mRNAs linked to synaptic function and autisn *Cell* 146: 247–261.

方案 2　活细胞的紫外交联和裂解物制备

　　CLIP 实验最大的优势之一是活细胞内的 RNA-蛋白质复合物被紫外线照射固定在原位。本方案是对哺乳动物组织培养细胞或整体组织进行紫外交联的方法。对后者来说，组织一般先要磨碎，才能进行交联。当然，如果所选组织的厚度很薄，就没有必要再磨碎了。最好一次只处理尽可能少的组织，保持在冰冷的缓冲液中，而且一旦取材尽快交联，这样才能在交联的时候保持天然的相互作用。

材料

为正确使用本方案中的器材和危险试剂，必须查阅相应的材料安全数据表并咨询所在机构的环境卫生和安全办公室。

本方案的专用试剂标注<R>，配方在本方案末提供。常用储备溶液、缓冲液和试剂标注<A>，配方见附录 1。储备溶液应稀释至适用浓度后使用。

试剂

感兴趣的细胞或整体组织

HEPES 缓冲的 Hank's 平衡盐溶液（HHBSS）（冰冷的）

> Hank's 平衡盐溶液（1×）（无镁离子及钙离子，不加酚红）（Life Technologies 公司；目录号 14185052）（包含 10mmol/L HEPES，pH 7.3）无菌过滤，4℃保存。

磷酸盐缓冲液（PBS）（组织培养级，无镁离子或钙离子），加热至 37℃

设备

细胞培养用离心机（适用 15mL 和 50mL 圆锥形离心管；用于细胞收集）

冷室

浅托盘中含少量水的碎冰（须适用于紫外交联仪；用于组织分解和交联）

低温冰箱（-80℃）（用于细胞沉淀的长期保存）

冷冻微型离心机

微量离心管[National Scientific Supply 公司，SlickSeal tubes（无 RNA 酶），目录号 CN170S-GT，VWR#20172-945]

组织培养皿（35～150mm，按需要选用）

紫外交联仪（254nm）（如 Stratagene 公司的 Stratalinker model 2400，虽已停产但在分子生物学实验室广泛使用；或 Spectroline 公司的 Spectrolinker，带 254nm 灯管）

方法

紫外交联单层或悬浮培养单细胞

如果缺乏特异且高亲和力抗体，无法用组织进行免疫沉淀时，可以使用表达带标签 RNABP 的体外培养细胞。

1. 对单层培养细胞，细胞生长在组织培养皿上，用 37℃的 PBS 漂洗一次，再加入 PBS 至刚好覆盖单层细胞。对悬浮培养来说，温和地漂洗细胞沉淀，再用交联所需最小体积的 PBS 重悬。例如，10^7 个细胞需用 1mL PBS 重悬，并转移至一个 35mm 的皿或 6 孔板的一个孔中。将培养皿置于带冰水的浅盘上，并放进紫外交联仪。

> 用温 PBS 替代培养基，因为培养基会影响紫外交联效果。
>
> 见"疑难解答"。

2. 在紫外交联仪中照射培养细胞，先照射 $400mJ/cm^2$，再照射 $200mJ/cm^2$。

> 与完整的组织相比，单层培养的细胞只需较低剂量的紫外线就可以充分交联。更高剂量的交联并不能获得更好的效果，因为过量的紫外照射会导致 RNA 断裂（photonicking）及包括 RNA-RNA 交联（photodimerization）在内的过度交联。适度紫外线的剂量由紫外检测器确定，并不需要根据皿的大小来调整。
>
> Stratalinker 或 Spectrolinker 交联仪都配有紫外检测器，可以监测细胞/组织接收的实际剂量。计量单位是 J/m^2。例如，要照射 $400mJ/cm^2$，就在 Stratalinker 的键盘上输入"4000"，按"Energy"，然后按"Start"。因为单个细胞更容易被紫外线穿透，因此与磨碎的组织相比，只需使用较低剂量的紫外线。
>
> 见"疑难解答"。

3. 收集细胞。如果是悬浮细胞，于 4℃温和离心收集细胞，并用约 3 倍细胞沉淀体积的冰冷 PBS 重悬。每 1mL 细胞悬液分至 1 个微量离心管中。用微量离心机于 4℃以 5000r/min 离心收集细胞，去上清，并冻存于-80℃直至使用（每个离心管存放约 200～300μL 细胞沉淀）。交联的单层培养细胞通常可以被冰冷的 PBS 及 EDTA 洗下来；如果不能，可以在裂解缓冲液中用细胞刮刀直接刮下来，省掉离心步骤。裂解物可以保存于-80℃，也可以直接使用。在冷冻样品前，可以进行任何必要的纯化步骤（如亚细胞组分分离）。

　　　　冻存细胞或细胞裂解物以便以后使用，但要注意冻融过程中会发生蛋白聚集，用新鲜样品可能会获得更干净的免疫沉淀效果。但实际上，如果用含 SDS 的裂解缓冲液来制备免疫沉淀样品，我们发现蛋白聚集并不是一个严重问题。

交联组织样本

　　4. 收集组织，将组织放入装有约 25mL 冰冷 HHBSS 的组织培养皿中，培养皿放在装有冰水的托盘上，直至收集过程结束。

　　　　样品收集和紫外照射之间的时间越短越好，而且样品保持在尽可能冷的状态以避免破坏内源相互作用。根据组织类型和应用的不同，可以用不同的缓冲液替代 HHBSS。

　　　　见"疑难解答"。

　　5. 在冰冷缓冲液中对任何需要的组织进行切割操作。

　　6. 将组织块转移到 10mL 冰冷 PBS 中，将组织切割成 1～2mm 的碎块，首先用 5mL 的细胞培养用吸管，如果需要更小的组织块，可以在吸管前端加一个 1mL 的吸头。研磨操作要在冷室中进行，吸管和吸头也要预冷至 4℃，以尽量减少样品温度升高。组织也可被快速切成 1～2mm 厚的小块，如果组织块本身就很小，就不需要切割操作了。

　　　　紫外线可以穿透很多层细胞，因此并不需要将组织研磨成单细胞悬液。操作步骤越少越好。

　　　　参见"疑难解答"。

　　7. 将一个 10cm 的组织培养皿放在装有含水碎冰的托盘上，再将切割好的 10mL 悬液转移到组织培养皿中；或将切碎的组织放入装有 10mL 新鲜冰冷 HHBSS 的新皿中，培养皿也放在装有一薄层含水碎冰的托盘上。在紫外交联仪上交联 3 次，每次剂量为 400mJ/cm^2，每次照射之间，将悬液混匀一下，使样品保持冷却状态并保证获得更均一的交联效果。

　　　　参见"疑难解答"。

　　8. 于 4℃温和离心 5min，收集解离组织细胞。用细胞沉淀 3 倍体积的冰冷 PBS 重悬，并按 1mL 一份转移到微量离心管中。于 4℃以 5000r/min 离心 1min 收集细胞。

　　9. 去上清，于-80℃冷冻并保存细胞沉淀（每管装 200～300μL 细胞沉淀）。如果用的是较大的组织块，就用无菌镊子或手术刀片头将它们转移至 15mL 的锥底离心管中，按上述条件温和离心。

　　　　新鲜组织可以用来进行裂解及免疫沉淀，也可以被速冻并保存在-80℃。

疑难解答

　　问题（步骤 6）：研磨很难将组织解离。

　　解决方案：可以用手术刀或解剖工具将组织切成直径 1～2mm 的小方块，这时就没有必要进行解离操作了。也可以将组织冻在液氮里，再用研钵及研杵将组织研成粉末，在紫外照射过程中也保持冷冻状态，我们实验室进行 HITS-CLIP 实验证实这样不会造成 RNA-蛋白质特异相互作用的丢失。

　　问题（步骤 2 对细胞，步骤 7 对组织）：不清楚用多少紫外"energy"。

　　解决方案：紫外线剂量可以根据不同蛋白进行优化，因为不同 RNA 结合区域的交联效率不同。可以在 100mJ/cm^2、200mJ/cm^2 或 400mJ/cm^2 的剂量下进行 1～3 次重复交联。总之，根据方案 3 中的预放射自显影的结果，选用可获得满意信号的最低照射剂量是比较好的。在交联过程中要避免样品温度升高，并防止 RNABP 与 RNA 的重新组合。

　　问题（步骤 1 对细胞，步骤 4 对组织）：不清楚需用多少细胞或组织进行交联。

　　解决方案：按我们的经验，50～200mg 的组织或一个 150mm 培养皿 50%融合的细胞对许多 RNA 结合蛋白来说，都足以获得高质量的数据。但对一个新的 RNABP 来说，所需的起始材料都要根据表达水平、交联效率或与 RNA 相互作用的稳定性等因素来决定。

讨论

在 RNABP 与 RNA 相互作用的状态下，用紫外交联固定 RNABP 的一个重要优势是可以在生物体、组织或细胞中俘获内源的相互作用。要充分利用这一优势，选择一个在交联前和交联过程中对该系统影响最小的实验方案是很重要的。本方案描述了通过研磨解离组织的方法，这样可以增加交联时的照射面积。对软组织来说，如果组织、缓冲液及吸管都保持在很冷的状态，而且操作本身也在冷室进行，这个方案可以获得良好效果。方案中已经提到，尽可能少地处理组织，并减少组织收集和交联之间的时间，可以更好保持内源的相互作用。最近，我们发现，与进行更多的组织解离操作相比，对完整的大脑皮层进行交联可以获得大约一半的交联效果。考虑到可以更快交联组织的优势，只损失 50%的信号是可以接受的。

虽然要将 RNA 交联到相关 RNABP 上，必须进行紫外照射。但紫外线也可以导致核酸分子之间的交联（photodimerization），这会导致核酸链断裂。根据已经给定的剂量范围以及方案 3 中 CLIP 预实验的监测结果，紫外照射剂量很容易确定。根据方案 3 中交联 RNA 的放射性标记结果，不要使用超过获得复合物所需剂量的紫外照射。

方案 3　RNA 酶滴定、免疫沉淀及 SDS-PAGE

CLIP 方案继续使用来自混合裂解物或细胞沉淀的交联 RNABP-RNA 复合物（方案 2）。用 RNA 酶处理样品，部分降解结合的 RNA，再用方案 1 中优化的免疫沉淀条件纯化复合物。在 RNA 上连接 3'接头，进行放射性标记，再用 SDS-PAGE 电泳分离复合物。

首次使用本方案时，对每种样品都要进行预实验以确定最佳的 RNA 酶浓度，并用 ^{32}P 标记 RNA 片段评估 RNABP-RNA 复合物的质量和纯度。在做这些实验时，暂时不用连接 3'接头。通过预实验评估是否能通过放射自显影检测到足量的 RNA-蛋白质复合物，以及与对照样品相比是否有非特异 RNA 片段污染。一旦优化好 RNA 酶的条件，就表明免疫沉淀后 RNA-蛋白质复合物检测的信噪比是可以接受的，在进入方案 4 之前，CLIP 方案可以重复进行。

对照的选择

选择合适的对照对解释最终结果至关重要。要评估克隆的所有 RNA 标签是否来自于感兴趣 RNABP 交联的 RNA，需要几个好的阴性对照：①一个基因敲除细胞/生物体，RNA 干扰（RNAi）敲减所感兴趣的 RNABP；②转染只带标签的载体，证明免疫沉淀下来的 RNA 依赖于特异的 RNABP。样品中如果完全没有针对一个特异抗体的高亲合力表位（如基因敲除），就会出现因为抗体脱靶结合到低亲和性表位所导致的高背景。一个理想的对照是失去了 RNA 结合能力的 RNABP 突变体。对预实验来说，非交联样品是必备的对照。在缺乏更好对照的情况下，无关抗体也被用作对照。但要注意这不能证明免疫沉淀产物依赖于 RNABP，而是取决于所用的抗体，因为抗体可以免疫沉淀下来不止一个 RNABP。最后，如果有通用的阳性对照，这样可以确保所有的操作步骤都可以正常工作。例如，研究人员使用哺乳动物脑组织，Nova CLIP 是非常可靠的，相关操作步骤在本书中和已发表的工作（Ule et al. 2005; Jensen and Darnell 2008; Licatalosi et al. 2008）中都有详细描述。对其他组织和生物体来说，可以参考已发表的相关文献（Darnell 2010）。一个决定性重要阳性对照是样品重复，包括相同裂解物的技术重复或生物学重复。

材料

为正确使用本方案中的器材和危险试剂，必须查阅相应的材料安全数据表并咨询所在机构的环境卫生和安全办公室。

本方案的专用试剂标注<R>，配方在本方案末提供。常用储备溶液、缓冲液和试剂标注<A>，配方见附录 1。储备溶液应稀释至适用浓度后使用。

试剂

免疫沉淀用抗体

珠子洗涤缓冲液（BWB）（PBS，pH 7.4，包含 0.02% Tween 20）

交联的细胞或组织（方案 2 中制备）

[γ-32P] ATP（3000 Ci/mmol）

免疫沉淀洗涤缓冲液（方案 1 中所选的）

上样缓冲液（4×）（NuPAGE LDS 样品缓冲液；Life Technologies 公司，目录号 NP0008）

甲醇

分子质量标准

NuPAGE MOPS 或 MES 电泳缓冲液（20×）（Life Technologies 公司，目录号分别是 NP0001 或 NP0002）

NuPAGE 转移缓冲液（20×）（Life Technologies 公司，目录号 NP00061）

磷酸盐缓冲液（PBS）（1×）

PNK 缓冲液（1×）<R>

PNK（1×）+EGTA 缓冲液<R>

蛋白 A 或蛋白 G Dynabeads 磁珠（Life Technologies 公司，目录号 100-01D/100-03D）

PXL 洗涤缓冲液（1×）（参照方案 1 作为中度免疫沉淀洗涤缓冲液）<R>

PXL 洗涤缓冲液（5×）<R>

RNA 酶 A（分子生物学级；20U/μL）（如 Affymetrix/USB 公司，目录号 70194Y）

RNasin Plus（Promega 公司，目录号 N2611）或 SUPERASE-In（Applied Biosystems/Ambion 公司，目录号 AM2694）（可选；见步骤 8 注释）

RQ1 DNase（1U/μL）（Promega 公司，目录号：M6101）

样品还原剂（10×）（NuPAGE 样品还原剂，Life Technologies 公司，目录号 NP0004）

T4 PNK 酶（10 000U/mL）（New England Biolabs 公司，目录号 M0201S）

设备

聚碳酸酯离心管（11×34mm）（Beckman 公司，目录号 343778）

冷室

微量离心管用旋转混合器（免疫沉淀用）

盖革计数器

发光贴纸

磁珠收集装置（Life Technologies 公司，目录号 123-21D）

微量离心管[National Scientific Supply 公司 SlickSeal tubes（无 RNA 酶），目录号 CN170S-GT，VWR#20172-945]

硝酸纤维膜（Protran BA-85，Whatman 公司）

Novex NuPAGE Bis-Tris 凝胶和凝胶电泳装置（Life Technologies 公司）

胶片（如 Kodak MR）

保鲜膜（如 Saran Wrap）

恒温混合仪

> 孵育时用来避免 Dynabead 沉淀，Eppendorf 公司的 Thermomixer R 很适合这一目的。

台式冷冻超速离心机（如 Beckman 公司 Optima MAX，TLA-120.2 转子）

Wheaton 玻璃匀浆器（可选；见步骤 5）

XCell II 印迹模块（Life Technologies 公司）

方法

1. 按方案 1 制备加载抗体的磁珠。用 BWB 缓冲液洗涤 400μL 蛋白 A 或蛋白 G 磁珠，洗 3 次。用 BWB 缓冲液重悬磁珠，并加入 32μg 抗体，使总体积至最初的 400μL。

> 在方案 1 中确定选用那些试剂用于免疫沉淀。
>
> 用小鼠脑组织进行 Nova 的 CLIP，用 24μg 羊抗 Nova2 抗体（C-16，sc-10546），并用 400μL Dynabead 磁珠。

2. 抗体与磁珠在室温结合 30～45min。

3. 用 BWB 缓冲液洗磁珠 3 次，并用 400μL 根据方案 1 所选用的缓冲液（BWB 缓冲液重悬、1×PXL 洗涤缓冲液，或与 RNABP 免疫沉淀相同的缓冲液）重悬。

4. 按方案 2 获得交联细胞或组织。它们可以是用-80℃保存的样品或新鲜样品制备。

> 下列步骤适用于 200～300μL 交联的细胞或组织沉淀。根据对较少体积的组织或细胞沉淀，要进行相应的体积调整，或根据裂解物制备的方式进行调整。每个 RNABP（根据表达量、结合与不结合的比例、交联的难易程度等因素）进行 CLIP 所需的组织量（也就是装有细胞或组织沉淀的离心管数）都不相同，需要根据经验确定。对大多数 RNABP 来说，一般需要 4 管细胞或组织沉淀，可获得 4mL 裂解物。

制备免疫沉淀用裂解物，包括 RNA 酶滴定

5. 每管交联的组织沉淀，用 700μL 1×PXL 洗涤缓冲液进行重悬（总体积至 1mL），冰上放置 10min。

> 如果组织不易裂解，可以用 Wheaton 玻璃匀浆器等设备进行温和的机械破碎，制备裂解液。如果适用的话，也可以用其他制备方法，包括去核，以及用标准的密度梯度沉降技术纯化细胞核、多聚核糖体、单核糖体或 mRNP 复合物。

6. 管中加入 30μL RQ1 DNase，于 37℃，以 1000r/min 在恒温混匀仪上孵育 5min。

> 没有 Ca²⁺ 及 Mg²⁺ 时，DNase I 没有正常的活性，不过裂解液中 Ca²⁺ 及 Mg²⁺ 的浓度对 DNase I 来说足够了。
>
> 见"疑难解答"。

7. 用 1×PXL 洗涤缓冲液按 1:100 稀释 RNA 酶 A，并进行 3 次 10 倍稀释，稀释到 1:100 000，从而共有 4 种 RNA 酶浓度。

> 对于 CLIP 预实验，要用整套 RNA 酶稀释浓度。根据放射自显影结果，确定 RNA 酶浓度（图 21-2）。
>
> 对于标准的 CLIP 方案，当你确定了 RNA 酶条件，你可以只用两种稀释梯度-预实验确定的最优浓度及一个过消化的浓度（一般来说是最低稀释的 RNase A），后者用来确认交联 RNA 后蛋白的分子质量。

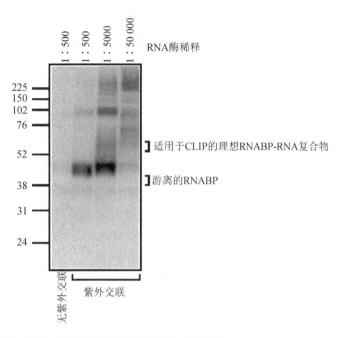

图 21-2　交联 RNA-蛋白质复合物的 RNA 酶滴定。整个鼠大脑组织进行交联，在按照方案 3 进行 RNA 酶 A 滴定及用 PNK 酶进行 ^{32}P 标记后，分子质量约 38kDa 的 RNABP 被免疫沉淀下来。高 RNA 酶浓度（1∶500）处理时，标记的 RNABP-RNA 复合物与蛋白质本身的大小接近。当使用较低浓度 RNA 酶时，就明显出现了弥散的较高分子质量 RNABP-RNA 复合物条带，其中含有较长的 RNA 片段。从分子质量（Mr）可以估算出 RNA 的大约长度，而研究人员可以选用适合他们实验的长度。非紫外交联组作为阴性/特异性对照。

8. 将不同管的裂解物混合，再按照 1mL 每管重新分配，以进行 RNA 酶处理。每管中各加入 10μL 不同稀释倍数的 RNA 酶（第一管加入 10μL 按 1∶100 稀释的 RNA 酶，第二管加入 10μL 按 1∶1000 稀释的 RNA 酶，依此类推）；于 37℃混合孵育 5min 后转移至冰上。加入 RNA 酶前取 10μL 裂解物用于后续分析。

在 Nova CLIP 方案中，一般不加 RNA 酶抑制剂终止消化，因为免疫沉淀操作在 4℃进行，而且在 RNA 酶滴定时已经考虑了剩余 RNA 酶活性的影响。不过如果需要更好地控制 RNA 酶活性，可以加入 RNasin Plus 或 SUPERASE·In。重要的是保持一致性。如果在 RNA 酶滴定实验中加入了 RNA 酶抑制剂，那就继续加吧。保留一小份裂解物对于确保你的 RNABP 没有被高速离心（32 000g）沉淀下来是很重要的。

9. 用预冷的台式超速离心机（用 11mm×34mm 聚碳酸酯离心管，TLA120.2 转子）对裂解物进行离心，4℃ 32 000g（RCFavg）离心 20min。在 TLA120.2 转子上对应是 30 000r/min。

每种 RNABP 最优的离心条件要根据经验确定。更高的转速有助于去掉核糖体等较大的 RNP，但此时需保证所需要的 RNABP 在上清里。

10. 小心转移上清，并保留 10～20μL，这是离心后的等份，用作免疫沉淀的 "input"。

免疫沉淀

11. 离心后，将全部上清加到装有洗好磁珠的新微量离心管中。

在加裂解液前，去掉磁珠中剩余的洗涤缓冲液。磁珠要一直保持湿润状态。请按照生产厂家的说明处理蛋白 A 磁珠。

按照方案 1（见方案最后的 "疑难解答" 部分）进行的免疫沉淀滴定实验，应该会对给定体积的细胞裂解物给出最合适的磁珠使用量。

12. 在 4℃，将磁珠/裂解物混合物旋转混合孵育 2h。

13. 在磁架上捕获磁珠，并去上清。上清作为免疫后沉淀（postimmunoprecipitation）

样品等分为 10~20μL 保存，进行免疫印迹分析以验证抗原去除效率。

14. 用方案 1 中步骤 9 所选的冷缓冲液洗涤磁珠。

> 方案 1 中的预实验应该确定了免疫后沉淀洗涤条件的最佳严谨度。RNABP Nova 所用的中等洗涤方案是，用 1×PXL 洗涤缓冲液洗 3 次，再用 5×PXL 洗涤缓冲液洗 1 次，每次都用 1mL 洗液。

15. 再用 1×PNK 缓冲液洗 2 次。

> 用 PNK 缓冲液洗涤是为了将磁珠转换进适合 T4 PNK 酶活性的缓冲液中。
>
> 对标准的 CLIP 方案，直接进入方案 4。

RNA 酶滴定和 SDS-PAGE 电泳（预实验）

在方案 1 和方案 2 中，裂解和免疫沉淀条件已经优化，在本方案步骤 7 中 RNA 酶也被滴定。在上述实验条件下，本预实验则被用来确定交联的 RNA-蛋白复合物的分子质量和数量。这里，RNA 直接用 T4PNK 酶进行标记。标记的 RNA-蛋白复合物则在变性 SDS 聚丙烯酰胺凝胶上进行电泳分析。标准的实验方案要用 SDS-PAGE 凝胶电泳分离 RNABP-RNA 复合物，本实验包含了相关详细操作步骤。

16. 在无 RNA 酶的微量离心管中，按顺序混合下列组分（单位是μL）制备 PNK 反应溶液。

H$_2$O	64μL
PNK 缓冲液（10×）	8μL
[γ-^{32}P]ATP（3000 Ci/mmol）	4μL
T4 PNK 酶	4μL

> 按实际样品数再加一个样品准备试剂，以容许移液过程中的误差。
>
> 使用 ^{32}P 时，采取标准防护措施以保护实验人员和实验室的其他人员免受放射性照射。

17. 吸去磁珠（步骤 15 中获得的包含免疫沉淀下来的 RNABP-RNA 复合物）中剩余的 PNK 缓冲液。每个样品中加入 80μL PNK 反应混合液，在温浴混合振荡器（Thermomixer R）上于 37℃孵育 20min，每 2min 以 1000r/min 振荡 15 s。

18. 用 1mL 缓冲液，按下面的顺序对磁珠进行旋转洗涤。1×PNK 缓冲液洗 2 次，5×PXL 洗涤缓冲液洗 1 次，再用 1×PNK 缓冲液洗 2 次。

> 如果你的免疫沉淀产物在 5×PXL 等高严谨洗液中不稳定，可以用较温和的洗涤缓冲液替代。

19. 在磁珠洗涤过程中，混合下列试剂以准备 1×LDS 样品上样缓冲液。

H$_2$O	19.5μL
LDS 样品缓冲液	7.5μL
（4×NuPAGE LDS 样品缓冲液，Life Technologies 公司）	
样品还原剂	3μL
（NuPAGE 样品还原剂）	

> 上样缓冲液可以含还原剂，也可以不含（用 3μL 水代替）。免疫沉淀中所用的大量抗体可能会干扰 RNABP-RNA 复合物在凝胶上的迁移。根据 RNABP-RNA 复合物的大小，可以使用或不用还原剂，以避免在凝胶上出现轻链和重链 IgG（25kDa 和 50kDa）或完整 IgG（150kDa）。

20. 用 30μL 1×LDS 样品上样缓冲液重悬磁珠。

21. 在恒温混匀仪上于 70℃，以 1000r/min 振荡孵育 10min。

22. 用磁架捕获磁珠，并将上清上样到适当的 Novex NuPAGE Bis-Tris 凝胶上。

> 用 Bis-Tris 缓冲的 Novex NuPAGE 凝胶，并在 MOPS 或 MES 缓冲液中进行电泳是至关重要的。标准的 SDS-PAGE 凝胶用 Tris 缓冲，电泳时 pH 可达到约 9.5，可能导致 RNA 的碱水解。Novex NuPAGE 系统则可以在电泳时保持在中性状态。
>
> 目前有 8%、10%、12%或 4%~12%梯度凝胶可选择。MES（更适合 20~30kDa 大小的小分子 RNABP）或 MOPS

电泳缓冲液的选择对蛋白质的迁移有显著影响。虽然我们使用 4%～12%梯度凝胶及 MOPS 缓冲液进行大多数预实验，但 12%的凝胶更适合分离 35kDa 大小的 RNABP，而 8%的凝胶则更适合大分子质量 RNABP（如 55～100kDa）。Life Technologies 公司提供了一个描述不同系统中的迁移标准的图表，非常有用。一般情况下，所选的凝胶及缓冲液让 RNABP-RNA 复合物比单独的 RNABP 滞后最少 20kDa。在这个范围里可以获得最佳的分离效果，这也有助于判断免疫沉淀产物中是否有小分子的 RNABP 污染。

与标准的聚丙烯酰胺凝胶相比，在 Novex NuPAGE 凝胶上一些预染分子质量标准的大小可能有些不同。不过 GE Life Sciences 公司的全范围"彩虹"预染分子质量标准在凝胶上的大小与预期分子大小相符。我们一般在每隔一个泳道之间都上分子质量标准以避免样品间的污染。

23. 作为一个分析工具，对之前保留的免疫沉淀前样品、免疫沉淀后产物及免疫后沉淀的上清各取 10μL 等量样品进行独立的免疫印迹分析（按方案 1，步骤 11）。

见"疑难解答"。

24. 按照生产厂商的说明，在冷室里以 175～200V 的电压进行 Novex NuPAGE 凝胶电泳。

与所上的样品相比，凝胶本身的放射性要低得多。大多数同位素，如单个的 ATP 和小分子未被交联的 RNA，将会在下槽的电泳缓冲液中。长至 100 个碱基未交联的 RNA 在凝胶上会迁移到小于 30kDa 的位置。

25. 电泳后，用 XCell Ⅱ印迹模块将凝胶上的复合物转移到 Protran BA-85 硝酸纤维膜（Whatman）上。在含 10%甲醇的 NuPAGE 转移缓冲液中以 30V 电压转移 1h。

Protran BA-85 硝酸纤维膜易碎，但对 RNA/蛋白质提取物来说，可以取得比增强的尼龙膜更好的效果。

通过延长转膜时间来增加 RNABP-RNA 复合物的转移量的尝试并不成功。即使有更多的复合物转移到硝酸纤维膜上，但发现只有更少的 RNA 可以被克隆，这可能是因为过长的转膜时间（长至 2.5h）损伤了 RNA 分子。

26. 转膜结束后，用无 RNA 酶的 1×PBS 漂洗，并在 KimWipe 吸水纸轻柔地吸去边缘的水分。

27. 用保鲜膜包裹硝酸纤维膜，依照交联效果，在-80℃对胶片（Kodak MR 胶片效果良好）曝光 30min 至 3 天。在保鲜膜外面至少用两个发光贴纸。

按照这个程序操作，如果 RNABP-RNA 复合物需要 3 天以上的时间才能曝光，后面很难对 RNA 进行克隆。这个时候需要用更多的起始材料从新进行 CLIP 实验。

在曝光前，可以用盖革计数器检测硝酸纤维膜上的放射性，以初步检测试验是否成功。

见"疑难解答"。

疑难解答

问题（步骤 6）：用 RQ1 DNase 处理后，裂解物仍然非常黏稠，这提示 DNA 没有被完全降解。

解决方案：这可能是因为裂解物中 Ca^{2+} 和 Mg^{2+} 的浓度不够。补充至 1mmol/L Ca^{2+} 和 10mmol/L 的 Mg^{2+} 有助于增加 RQ1 DNase 的活性。此外，DNase 的用量和作用时间也可以增加，要注意在 37℃时，裂解物中内源的 RNA 酶也会发挥活性。

问题（步骤 23）：用 10～20μL 的免疫沉淀前及免疫沉淀后样品进行免疫印迹分析时，RNABP 信号不可见，不足以评估抗原消耗效率。

解决方案：可以用更大体积的样品，也可用 TCA 对蛋白质进行沉淀浓缩。注意，微型凝胶的单个泳道最多只能上 100μg 的总蛋白样品。本问题的一个解决方案是进行一次免疫沉淀-免疫印迹操作，这样在免疫印迹之前，RNABP 蛋白先被免疫沉淀下来。为了定量，需要对剩下的上清重新进行免疫沉淀以保证第一次免疫沉淀后 100%的蛋白质都被清除。如果裂解缓冲液中含有钾离子，要用 TCA 沉淀法去除钾离子，钾离子碰到标准上样缓冲液中 SDS 会沉淀。以钠离子为基础的缓冲液是有益的，因为这样样品可以直接进行电泳。

问题（步骤 27）：不清楚所需的 RNABP-RNA 复合物会迁移到什么位置。

解决方案：在经过交联并用最高浓度 RNA 酶处理过的样品中，放射性条带会出现在 RNABP 的预期大小附近或稍大一点点的地方（表明非常小的 RNA 标签对蛋白质迁移的影响极小），而在非交联样品和对照样品中则没有放射性条带。可以封闭硝酸纤维膜，并进行免疫印迹分析显示单独 RNBP 的迁移位置。

问题（步骤 27）：在最高浓度 RNA 酶处理的样品上，没有放射性条带。

解决方案：在某些情况下，RNA 酶的过度消化可能会抑制 T4 PNK 酶的标记反应，可能是因为导致 RNA 标签太小，或者不能接触到 T4 PNK 酶。

问题（步骤 27）：在任何泳道都没有预期大小的放射性条带。

解决方案：如果即使用较低的 RNA 酶浓度，在预期分子质量位置仍然没有特异的 RNA 标记条带，需进行免疫印迹分析以分析 RNABP 是否被有效免疫沉淀下来并在胶上。如果免疫沉淀有效，但在 2～3 天的曝光后，交联 RNA 仍不可见，就需要使用本方案导言部分所描述的阳性对照对交联的效果进行分析。可以增加起始实验材料。最后，很可能所谓的 RNABP 实际上并不能直接结合 RNA，或者结合的 RNA 太少，无法检测。

问题（步骤 27）：在非交联样品中有弥散的 RNA 标记信号。

解决方案：这提示游离的 RNA 分子可能污染了免疫沉淀物。更严谨的洗涤条件，包括增加洗涤次数、洗涤时更换新的离心管，可能有助于减少背景。另外，一些 RNBP 与 RNA 结合得非常紧密，即使不进行交联，这种相互作用也能保持，如 Argonaute 与 miRNA 的相互作用就是这样。如果这是一个问题，可以用更强烈解离 RNP 的方法制备裂解物，保证去掉未交联的 RNA。

问题（步骤 27）：在非交联对照泳道，有锐利的条带。

解决方案：有时检测到蛋白质被 T4 PNK 酶直接标记的信号。在所有的泳道都有标记信号，但在非标记对照泳道信号特别强并呈锐利的条带。这通常表明蛋白质直接被[γ-^{32}P]ATP 标记上了。虽然 T4 PNK 酶并不能使蛋白磷酸化，磷酸化反应可能会来自下列 3 种途径之一：商品化的 T4 PNK 酶中污染了蛋白激酶，一种免疫共沉淀下来的蛋白激酶，或 RNABP 本身具有蛋白激酶活性。为避免在标准 CLIP 方案中蛋白被标记，我们收录了用 [γ-^{32}P]ATP 标记 3′接头，并通过 T4 RNA 连接酶反应使用标记好的接头的方法，这样就能避免蛋白激酶污染的问题（详细方案见方案 4 中的替代方案"非磷酸化 RL3 接头 5′端的标记"）。

问题（步骤 27）：在靶 RNABP 之上的位置，有交联到另一个非所需 RNABP 的 RNA 显著信号。

解决方案：如果比靶 RNBP 慢但比污染的 RNBP 要快的条带可以从硝酸纤维膜上切下来，这个 CLIP 实验有可能是成功的。虽然切下比游离 RNABP 大约 20kDa 的复合物是比较满意的，实际上 20～30mer 的标签可以从比游离蛋白大 7～10kDa 的位置克隆到。可以通过延长电泳时间或选用不同浓度的 PAGE 凝胶获得更好的分离效果。

问题（步骤 27）：在靶 RNABP 之下的位置，有交联到另一个非所需 RNABP 的 RNA 显著信号。

解决方案：用高浓度的 RNA 酶处理，减少结合较长 RNA 标签的小分子 RNABP 与结合较短 RNA 标签的较大靶 RNABP 迁移到相同位置的可能性，这样就能切下所需条带。就这一点而言，PCR 步骤（见方案 5）之后的大小选择是有益的。不过，重新评估纯化步骤以增加免疫沉淀的特异性是非常值得去做的，这包括抗体的选择、洗涤的严谨度、洗涤时更换离心管和/或在免疫沉淀之间进行亚细胞分离。优化本方案，通过与对照比较标记的 RNABP-RNA 复合物进行评估，在一个成功的 CLIP 实验中是最重要的步骤。

讨论

SDS-PAGE 凝胶分离

严谨的免疫沉淀是分离一种 RNABP-RNA 复合物的一个纯化步骤，SDS-PAGE 凝胶分离则是第二步至关重要的纯化步骤。为了从 SDS-PAGE 凝胶上去除来自任何可能污染的 RNABP 的 CLIP 标签，我们用系列 10 倍稀释的 RNA 酶优化 RNA 酶浓度。这一步也可达到确定 RNA 酶条件的目的，在这种条件下，可以按照所需的大小选择 RNA 标签（使 RNA 标签长度足以在基因组上精确定位，但又不会太长以致来自污染 RNABP-RNA 复合物的标签在 SDS-PAGE 凝胶上共迁移）（有关这一点的详细讨论见 Ule et al. 2005）。理想的结果是在被最高浓度 RNA 酶处理的样品中出现一个接近 RNABP 分子质量的放射性条带，而随着 RNA 酶浓度降低，放射性条带有拖尾现象，而且分子质量变大，如图 21-2 所示。在阴性对照样品中则没有类似信号。如果在以最高浓度 RNA 酶处理的样品中出现多条带，说明有非特异 RNABP 被免疫沉淀下来。这可能是一个问题，也可能不是，取决于下面两点：①带的大小；②是否能切下所需的 RNABP-RNA 复合物，而不被无关 RNABP-RNA 复合物污染。例如，如果污染蛋白比靶蛋白大，这就不是问题，因为可以在污染条带之下把所需的 RNABP-RNA 复合物切下来。

核酸酶的选择

选择核酸酶的一个重要考虑是降低 RNA 分子的大小。在预实验及标准方案中（方案 3～方案 5），使用的是 RNase A，RNA 酶可以水解单链 RNA 上的嘧啶残基（胞嘧啶和尿嘧啶）3′ 端的磷酸二酯键，留下 3′ 磷酸。在其他实验中，我们也用 RNase T1（Applied Biosystems/Abmion 公司 AM2280），这种酶在鸟嘌呤残基后面切割单链 RNA，并保留 3′ 磷酸，或者组合使用 RNase A 和 RNase T1。RNase A 和 RNase T1 最初在 3′ 端都留下 2′,3′ 环单磷酸中间体，这种中间体分解成 3′ 羟基，RNase T1 要比 RNase A 慢（Mohr and Thach 1969）；任何残留的 2′,3′ 环单磷酸中间体都被随后的多聚核苷酸激酶分解。其他核酸酶也曾被使用，包括微球菌核酸酶和 RNase I。RNase I 是非特异的，能切割所有 RNA 磷酸二酯键。不过，它能被 0.1%SDS 完全且不可逆地失活。最后，发现碱水解是一个有效减小 RNA 的非酶手段，而且这一方法没有序列和结构偏性。

曝光时间

检测标记 RNA 所需曝光时间的长短可以粗略评估交联的蛋白质-RNA 量，以及最终纯化及测序交联 RNA 的难易程度。对 Nova 来说，如果用大约 100mg 的小鼠脑组织作为起始材料，经过 60min 的曝光就可以在放射自显影胶片上观察的信号，并且会发现这种起始量很容易操作。对其他蛋白质来说，一个成功的 CLIP 实验，长至 3 天的曝光时间仍然能获得足够的 RNA。

在进行 RNA 酶滴定的泳道，随着 RNA 酶浓度的降低，标记条带的分子质量会变大并且有拖尾现象，这反映了交联 RNA 标签分子质量的增大。如果所需的 RNABP 距离其他任何污染 RNABP 超过 10～20kDa，纯化与所需 RNABP 特异交联的 RNA 是可行的。

配方

为正确使用本方案中的器材和危险试剂，必须查阅相应的材料安全数据表并咨询所在机构的环境卫生和安全办公室。

CLIP 方案所用的所有试剂的制备和保存必须避免 RNA 酶的污染。见第 6 章关于实验室无 RNA 酶溶液的配制及 RNA 操作的通用准则。

PNK 缓冲液（1×）

试剂	含量（1L）	终浓度
Tris-HCl（1mol/L，pH 7.4）	50mL	50mmol/L
MgCl$_2$（1mol/L）	10mL	10mmol/L
Nonidet P-40（NP-40）	5mL	0.5%（V/V）

用水补充至 1L。4℃保存。

PNK（1×）+EGTA 缓冲液

试剂	含量（1L）	终浓度
Tris-HCl（1mol/L，pH 7.4）	50mL	50mmol/L
EGTA（0.5mol/L）	40mL	20mmol/L
Nonidet P-40（NP-40）	5mL	0.5%（V/V）

用水补充至 1L。4℃保存。

PXL 洗涤缓冲液（1×）
（参见方案 1，作为中度免疫沉淀洗涤缓冲液）

试剂	含量（1L）	终浓度
PBS（10×）（组织培养级，无 Mg^{2+}，无 Ca^{2+}）	100mL	1×
SDS（20%）	5mL	0.1%（V/V）
脱氧胆酸钠	5g	0.5%（m/V）
Nonidet P-40（NP-40）	5mL	0.5%（V/V）

用水补充至 1L。4℃保存。

PXL 洗涤缓冲液（5×）

试剂	含量（1 L）	终浓度
PBS（10×）（组织培养级，无 Mg^{2+}，无 Ca^{2+}）	500mL	5×
SDS（20%）	5mL	0.1%（V/V）
脱氧胆酸钠	5g	0.5%（m/V）
Nonidet P-40（NP-40）	5mL	0.5%（V/V）

用水补充至 1L。4℃保存。

参考文献

Darnell RB. 2010. HITS-CLIP: Panoramic views of protein–RNA regulation in living cells. *Wiley Interdiscip Rev RNA* **1**: 266–286.

Jensen KB, Darnell RB. 2008. CLIP: Crosslinking and immunoprecipitation of in vivo RNA targets of RNA-binding proteins. *Methods Mol Biol* **488**: 85–98.

Licatalosi DD, Mele A, Fak JJ, Ule J, Kayikci M, Chi SW, Clark TA, Schweitzer AC, Blume JE, Wang X, et al. 2008. HITS-CLIP yields genome-wide insights into brain alternative RNA processing. *Nature* **456**: 464–469.

Mohr SC, Thach RE. 1969. Application of ribonuclease T1 to the synthesis of oligoribonucleotides of defined base sequence. *J Biol Chem* **244**: 6566–6576.

Ule J, Jensen K, Mele A, Darnell RB. 2005. CLIP: A method for identifying protein–RNA interaction sites in living cells. *Methods* **37**: 376–386.

方案 4　3′-接头的连接和用 SDS-PAGE 进行大小选择

在本方案中，免疫共沉淀下来的 RNA 标签用碱性磷酸酶处理去除 RNA 酶消化后留下的 3′磷酸。去磷酸基团可以阻止连接反应时发生分子内环化。一个 RNA 接头被连接到 RNA 标签的 3′端，这种 RNA 接头的 3′端被嘌呤霉素封闭，不能发生接头-接头多聚化。连接上接头的 RNABP-RNA 复合物通过抗体结合在蛋白 A Dynabead 磁珠上，而游离的接头则通过洗涤被去除。最后通过 SDS-PAGE 电泳及转膜，按大小选择所需的 RNABP-RNA 复合物完成进一步的纯化步骤。

材料

为正确使用本方案中的器材和危险试剂，必须查阅相应的材料安全数据表并咨询所在机构的环境卫生和安全办公室。

本方案的专用试剂标注<R>，配方在本方案末提供。常用储备溶液、缓冲液和试剂标注<A>，配方见附录 1。储备溶液应稀释至适用浓度后使用。

试剂

碱性磷酸酶（牛小肠，1U/μL，10×缓冲液）（Roche Applied Science 公司，目录号 10-713-023001）

ATP 溶液（1mmol/L）

包被了抗体的磁珠（结合免疫沉淀的交联 RNABP-RNA 复合物）（方案 3，步骤 15）

牛血清白蛋白

去磷酸缓冲液（10×）（碱性磷酸酶附带）

$[γ-^{32}P]ATP$

免疫沉淀洗涤缓冲液（方案 1 中所优化的）

上样缓冲液（4×）（LDS；NuPAGE LDS 样品缓冲液，Life Technologies 公司；目录号 NP0008）

MOPS 或 MES 电泳缓冲液（20×）（Life Technologies 公司，目录号分别是 NP0001 或 NP0002）

NuPAGE 转移缓冲液（20×）（Life Technologies 公司，目录号 NP00061）

PNK 缓冲液（1×，10×）<R>

PNK+EGTA 缓冲液（1×）<R>

嘌呤霉素封闭的 3′-接头（带 5′-磷酸）：RL3：5′-P-GUGUCAGUCACUUCCAGCGG-3′-嘌呤霉素（Dharmacon 公司；20 pmol/μL 水溶液，于-80℃ 保存）

嘌呤霉素封闭的 3′-接头（无 5′-磷酸，替代方案"去磷酸化 RL3 接头 5′端的标记"）：RL3（-P）：5′-OH-GUGUCAGUCACUUCCAGCGG-3′-嘌呤霉素（Dharmacon 公司；20pmol/μL 水溶液，于-80℃ 保存）

PXL 缓冲液（5×）<R>

RL3 RNA 接头和 RL3（-P）接头（凝胶纯化，并按方案 7 所述方法保存）

无 RNA 酶的 PBS

RNA 酶处理的裂解物

使用能获得所需大小 RNA 的 RNA 酶浓度制备（见方案 3）。

RNasin Plus（Promega 公司）

样品还原剂（10×）（NuPAGE 样品还原剂，Life Technologies 公司，目录号 NP0004）

T4 多聚核苷酸激酶（PNK；10U/μL）（NEB 公司，目录号 M0201S）

T4 RNA 连接酶（Fermentas 公司，目录号 EL0021；10U/μL，附带 BSA，10×缓冲液）

设备

G-25 柱（替代方案"去磷酸化 RL3 接头 5′端的标记"）（GE Healthcare 公司，目录号 27-5325-01）

发光贴纸（如 Agilent Technologies 公司的 Glogos）

微量离心管[National Scientific Supply 公司，SlickSeal tubes（RNase-free），目录号 CN170S-GT，VWR#20172-945]

硝酸纤维膜（Whatman 公司的 Protran BA85）

Novex NuPage Bis-Tris 凝胶和凝胶电泳装置（Life Technologies 公司）

胶片（如 Kodak MR）

保鲜膜（如 Saran Wrap）

Thermomixer R 恒温混匀仪

涡旋设备

XCell II 印迹模块（Life Technologies 公司）

方法

按照方案 3 的步骤制备细胞裂解物，用 RNase 及 DNase 处理，离心去沉淀，并进行免疫沉淀。

RNA 标签的去磷酸化以防止接头连接过程中的环化

1. 在最后一次用 1×PNK 缓冲液洗涤结合了 RNABP-RNA 复合物的磁珠（方案 3，步骤 15，称为 RNABP:RNA 磁珠）后，去掉所有痕量的 PNK 缓冲液，并立即用去磷酸反应混合液重悬磁珠，按如下方法准备去磷酸反应混合液：

在一个无 A 的微量离心管中，每个反应按顺序混合下列试剂：	
无 RNA 酶的水	67μL
去磷酸缓冲液（10×）	8μL
碱性磷酸酶	3μL
RNasin Plus（Promega）	2μL

温和涡旋重悬磁珠。

总共 80μL 的反应体积，可用于不超过 400μL 起始体积的 Dynabead 磁珠。

2. 在 Thermomixer R 恒温混匀仪上于 37℃ 孵育 20min，每 2min 以 1000r/min 振荡 15s。

3. 用 1mL 1×PNK 缓冲液洗一次，用 1mL 1×PNK+EGTA 缓冲液洗一次，再用 1×PNK 缓冲液洗两次。

> 在连接反应前，完全去掉碱性磷酸酶非常重要。不能用加热的方法（因为具有解离抗体-蛋白复合物的风险）。因此，本方案步骤 3 的洗涤非常重要。为彻底去除非特异吸附在微量离心管上的碱性磷酸酶，我们在洗涤过程中至少要换一次离心管。

3′RNA 接头的连接 (在磁珠上)

4. 在一个无 RNA 酶的微量离心管中,按顺序混合下列成分制备接头混合液:

无 RNA 酶的水	32μL
RL3 RNA 接头 (20pmol/μL 水溶液,−80℃ 保存)	8μL

5. 将 40μL 接头混合液加到每管 RNABP:RNA 磁珠中,温和涡旋混匀。置于冰上。

6. 在一个无 RNA 酶微量离心管中,按顺序混合下列成分,制备连接酶混合液:

无 RNA 酶的水	22μL
T4 RNA 连接酶缓冲液 (10×)	8μL
BSA (0.2μg/μL)	8μL
T4 RNA 连接酶	2μL

7. 将 40μL 连接酶混合液加入到每管 RNABP:RNA 磁珠中 (最终接头浓度为 2 pmol/μL)。

　　总反应体积是 80μL,用于不超过 400μL 起始体积的 Dynabead 磁珠。Fermentas 公司的 10× T4 RNA 连接酶缓冲液已包含 ATP。不过,由于在冻融过程中 ATP 非常不稳定,我们经常会在连接反应中额外补充 ATP (用保存于 −80℃ 的 10mmol/L 的 ATP 分装母液,加至终浓度为 1mmol/L)。

8. 在 Thermomixer R 恒温混匀仪上于 16℃ 孵育过夜,每 2min 以 1000r/min 振荡 15 s。

9. 用 1mL 1×PNK 缓冲液洗一次,用 1mL 5×PXL 缓冲液洗一次,再用 1×PNK 缓冲液洗 2 次。

RNA 标签的磷酸化

10. 在一个无 RNA 酶的微量离心管中,每个反应按顺序混合下列成分:

H_2O	64μL
PNK 缓冲液 (10×)	8μL
[γ-^{32}P]ATP	4μL
T4 PNK 酶	4μL

　　总反应体积是 80μL,用于不超过 400μL 起始体积的 Dynabead 磁珠。

11. 在 Thermomixer R 恒温混匀仪上于 37℃ 孵育 20min,每 2min 以 1000r/min 振荡 15s。

12. 加入 10μL 1mmol/L 的 ATP,继续孵育 5min。

13. 用 1mL 1×PNK 缓冲液洗一次,用 1mL 5×PXL 缓冲液洗一次,再用 1×PNK 缓冲液洗两次。

通过 SDS-PAGE 纯化 RNABP-RNA 复合物

　　放射性标记的 RNABP-RNA 复合物通过 SDS-PAGE 凝胶电泳进行分离,转移至硝酸纤维素膜上,并进行放射自显影。电泳方法在预实验方案 3 的步骤 19~步骤 27 有详细描述。

14. 在磁珠洗涤时,每份样品混合下列成分制备 1×LDS 样品上样缓冲液:

无 RNA 酶的水	19.5μL
LDS 样品上样缓冲液 (NuPAGE 样品上样缓冲液,Life Technologies 公司)	7.5μL
样品还原剂 (NuPAGE 样品还原剂,Life Technologies 公司)	3μL

　　制备上样缓冲液时可以加也可以不加还原剂 (用 3μL 水替代还原剂)。免疫沉淀中所用的大量抗体可能会干扰

RNABP-RNA 复合物在凝胶上的迁移。根据 RNABP-RNA 复合物的大小，可以在还原或非还原条件下进行电泳，以避免在凝胶上出现轻链和重链 IgG（25kDa 和 50kDa）或完整 IgG（150kDa）。

15. 每管用 30μL 1×LDS 样品上样缓冲液重悬磁珠。

16. 在 Thermomixer R 恒温混匀仪上于 70℃，以 1000r/min 振荡孵育 10min。

17. 用磁架捕获磁珠，上清上样到 Novex NuPAGE Bis-Tris 凝胶上，在冷室里按照厂商的说明以 175～200V 的电压进行电泳。

有关凝胶和缓冲液选择的讨论将方案 3，步骤 22。

18. 电泳结束后，用 XCELL II 印迹模块将复合物转移至 Protran BA-85 硝酸纤维膜（Whatman 公司）上。在含 10%甲醇的 NuPAGE 转移缓冲液中以 30 V 电压转移 1h。

19. 电转结束后，用 1×PBS（无 RNA 酶）漂洗硝酸纤维膜，并用 KimWipe 吸水纸轻柔地吸去边缘的水分。

20. 用保鲜膜包裹硝酸纤维膜，在-80℃对胶片（Kodak MR 效果良好）进行曝光，根据交联的程度，曝光时间为 30min 至 3 天。在保鲜膜外面至少使用两张发光贴纸，使滤膜与胶片对齐以准确切下所需条带。

21. 60min 后显影，如果需要可以重新曝光长达 3 天。

如果按照本程序操作，需要 3 天时间才能显出 RNABP-RNA 复合物，在后面很难对 RNA 进行克隆。

22. 根据与对照样品对比，鉴定所需的 RNABP-RNA 复合物，并评估是否有其他 RNABP 污染，这些 RNBP 交联的 RNA 可能会污染所需的 RNA 序列。分析胶片时，滤膜要保存在-80℃。理想的结果是，标记的 RNA-蛋白复合物比游离的 RNABP 大约 20kDa，而且与对照相比，RNABP 是非常特异的。这些在方案 3 的导言部分有所讨论。

见"疑难解答"。

疑难解答

期望放射自显影的结果与方案 3 的相似。相关解释在方案 3 有讨论。

问题（步骤 22）： 对去磷酸化 RL3 接头进行 5′端标记，并将此 ^{32}P 标记的 3′接头连接到 RNA 标签上，但在硝酸纤维膜上几乎检测不到信号。

解决方案： 我们常常发现与用 T4 PNK 酶对 RNA 直接进行 5′端标记相比，用标记好的接头进行连接标记的效果要差一些。这并不意味着 RNA 标签少，更难进行克隆，而只是要把滤膜在-80℃曝光更久一点，因为这种方法标记的效率要低一些。

问题（步骤 22）： 使用接头标记而不是直接标记时，即使经过 3～4 天的曝光，滤膜上的信号仍然很弱。

解决方案： 这可能说明接头连接不成功。检查 T4 RNA 连接酶的失效日期，确认缓冲液中的 ATP（特别是 10×T4 RNA 连接酶缓冲液）是否经过多次冻融过程。用一个 RNA 设置阳性连接对照，并进行聚丙烯酰胺凝胶电泳确认连接酶的活性。

讨论

实验到这一步，就要根据放射自显影结果判断是否进行方案 5——分离、RT-PCR 扩增 RNA 标签。如果设置了充分的对照，包括无 RNABP 对照或 RNABP 不结合 RNA 的对照，这时应该获得了令人信服的信噪比。

替代方案　去磷酸化 RL3 接头 5′ 端的标记

这是对 RNA 标签连接 3′ 接头并进行 5′ 端标记的替代方案（方案 4，步骤 10～步骤 13）。在某些时候用这一替代方案是因为，在步骤 10～步骤 13 用 PNK 酶进行标记时蛋白质可能会被直接磷酸化，从而在放射自显影时出现较强的背景条带。如果出现这种情况，可以先将 3′ 接头的 5′ 端进行磷酸化标记，然后这种 ^{32}P 标记的 RL3 接头再与 RNABP-RNA 复合物进行连接，这样 RNA 标签就可以被特异性的标记了。这样，PNK 酶处理时就不需要 [γ-^{32}P]ATP，在整个 25min 的 PNK 反应中可以用 1μL 的 10mmol/L ATP 代替。

方法

1. 在进行免疫沉淀时或之前，在无 RNA 酶的微量离心管中按顺序混合下列成分，准备 50μL 的接头标记反应混合物：

RL3（-P）接头（20pmol/μL）	6μL
PNK 缓冲液（10×）	5μL
[γ-^{32}P]ATP	25μL
T4 PNK 酶	8μL
RNasin Plus	3μL
H$_2$O	3μL

2. 在 Thermomixer R 恒温混匀仪或水浴中于 37℃ 孵育 30min。

3. 加 2μL 1mmol/L 的 ATP，再孵育 5min 以使接头的 5′端完全磷酸化。

4. 颠倒 G-25 柱并涡旋，重悬树脂。然后折断柱子的底部，并松开盖。

5. 将 G-25 柱装到一个微量离心管中，以 735g 离心 1min，再转移至一个新的无 RNA 酶微量离心管中。

6. 将样品加到树脂上，以 735g 离心 2min。末端标记好的接头可以马上使用，也可以于 -20℃ 保存直至使用。

7. 在无 RNA 酶微量离心管中，每个反应按顺序混合下列成分（体积以微升为单位）。

无 RNA 酶的水	50μL
T4 RNA 连接酶缓冲液（10×）	8μL
BSA	8μL
T4 RNA 连接酶	2μL
RNasin Plus	2μL
5′端标记的 RL3 接头	10μL

总反应体积为 80μL，用于不超过 400μL 起始体积的 Dynabead 磁珠。与主方案步骤 6 相似，如果 Fermentas 的 10×缓冲液已经冻融了 2 或 3 次，可以加终浓度为 1mmol/L 的 ATP。

8. 在 Thermomixer R 恒温混匀仪上，于 16℃ 孵育 1h，每 2min 以 1000r/min 振荡 15s。

9. 加 4μL RL3 接头（20pmol/μL，带 5′磷酸，未标记），在 Thermomixer R 恒温混匀仪上于 16℃ 孵育过夜，每 2min 以 1000r/min 振荡 15s。

10. 用 1mL 1×PNK 缓冲液洗一次，用 1mL 5×PXL 缓冲液洗一次，再用 1×PNK 缓冲液洗 3 次。

11. 在一个无 RNA 酶的微量离心管中，每个反应按顺序混合下列成分：

无 RNA 酶的水	65μL
PNK 缓冲液（10×）	8μL
ATP（10mmol/L）	1μL
T4 PNK 酶	4μL
RNasin Plus	2μL

12. 将上面的混合液加到磁珠上，并温和涡旋重悬磁珠。

13. 在 Thermomixer R 恒温混匀仪上，于 37℃孵育 20min，每 2min 以 1000r/min 振荡 15s。

14. 用 1mL 1×PNK 缓冲液洗一次，用 1mL 5×PXL 缓冲液洗一次，再用 1×PNK 缓冲液洗三次。

15. 继续进行方案 4 的步骤 14。

配方

为正确使用本方案中的器材和危险试剂，必须查阅相应的材料安全数据表并咨询所在机构的环境卫生和安全办公室。

CLIP 方案所用的所有试剂的制备和保存必须避免 RNA 酶的污染。见第 6 章关于实验室无 RNA 酶溶液的配制及 RNA 操作的通用准则。

PNK 缓冲液（1×）

试剂	含量（1L）	终浓度
Tris-HCl（1mol/L，pH 7.4）	50mL	50mmol/L
$MgCl_2$（1mol/L）	10mL	10mmol/L
Nonidet P-40（NP-40）	5mL	0.5%（*V/V*）

用水补充至 1L。4℃保存。

PNK（1×）+EGTA 缓冲液

试剂	含量（1L）	终浓度
Tris-HCl（1mol/L，pH 7.4）	50mL	50mmol/L
EGTA（0.5mol/L）	40mL	20mmol/L
Nonidet P-40（NP-40）	5mL	0.5%（*V/V*）

用水补充至 1L。4℃保存。

PXL 洗涤缓冲液（5×）

试剂	含量（1L）	终浓度
PBS（10×）（组织培养级，无 Mg^{2+}，无 Ca^{2+}）	500mL	5×
SDS（20%）	5mL	0.1%（*V/V*）
脱氧胆酸钠	5g	0.5%（*m/V*）
Nonidet P-40（NP-40）	5mL	0.5%（*V/V*）

用水补充至 1L。4℃保存。

方案 5　RNA 标签的分离、5'-接头的连接和反转录 PCR 扩增

本方案描述了通过蛋白酶 K 消化交联的蛋白质以纯化 RNA 标签，在 RNA 标签的 5' 端加上接头，并通过 RT-PCR 进行扩增。使用本方案增加了一个重要的纯化步骤：根据大

小选择 PCR 产物，这样可以富集那些与所需 RNABP 交联 RNA 的扩增产物。

材料

为正确使用本方案中的器材和危险试剂，必须查阅相应的材料安全数据表并咨询所在机构的环境卫生和安全办公室。

本方案的专用试剂标注<R>，配方在本方案末提供。常用储备溶液、缓冲液和试剂标注<A>，配方见附录 1。储备溶液应稀释至适用浓度后使用。

试剂

AccuPrime Supermix（Life Technologies 公司，目录号 12344-024）

丙烯酰胺：亚甲双丙烯酰胺（40%溶液；19∶1）

琼脂糖凝胶（3% MetaPhor）（可选；见步骤 56）

过硫酸铵（APS；10%，*m/V*；用水新鲜配制，或分装保存于-20℃）

AmpliSize 分子标尺（Bio-Rad 公司，目录号 170-8200）

溴酚蓝/二甲苯蓝溶液（各 0.5%；Sigma-Aldrich 公司，目录号 B-3269）

氯仿：异戊醇（24∶1）（OmniPur；EMD 公司，目录号 3155-OP）

变性聚丙烯酰胺凝胶<R>

二硫苏糖醇（DTT；0.1mol/L）

DNA 分子质量标准（如 AmpliSize Molecular Ruler，Bio-Rad 公司）

dNTP 溶液（PCR 级；含全部 4 种 dNTP，每种浓度为 10mmol/L）（如 Life Technologies 公司，目录号 18427-088）

DP3 引物（Fisher/Operon 公司；用 TE 缓冲液配制成浓度为 20μmol/L 的溶液）：
5′-CCGCTGGAAGTGACTGACAC-3′

DP5 引物（Fisher/Operon 公司；用 TE 缓冲液配制成浓度为 20μmol/L 的溶液）：
5′-AGGGAGGACGATGCGG-3′

乙醇（75%），冷的

乙醇：异丙醇（1∶1）

糖原（5mg/mL）（Applied Biosystems/Ambion 公司，目录号 AM9510）

变性聚丙烯酰胺凝胶用上样缓冲液（2×）<R>

NaOAc（3mol/L 储存液；pH 5.2；分子生物学级）（如 EMD Biosciences/Calbiochem 公司，目录号 567422）

含所需 RNABP-RNA 复合物的硝酸纤维素膜（来自方案 4，步骤 22）

蛋白酶 K 缓冲液（1×）<R>

蛋白酶 K 缓冲液（1×）/尿素（7mol/L）<R>

蛋白酶 K（20mg/mL 储存液）（Roche 公司，目录号 1373196）

RL5D RNA 接头（Dharmacon 公司；20μmol/L，胶纯化并按方案 7 所述保存），RL5D：
5′-OH-AGGGAGGACGAUGCGGr（N）r（N）r（N）r（N）G-3′-OH

RL5 RNA 接头（Dharmacon 公司；20μmol/L，胶纯化并按方案 7 所述保存）：
5′-OH-AGGGAGGACGAUGCGG-3′-OH

RNA 酚（Applied Biosystems/Ambion 公司，目录号 AM9710）

使用水饱和酚（pH 6.6），不要将 pH 调至 7.9。

RNasin Plus（Promega 公司，目录号 N2611）

RQ1 DNase（1U/μL）及附带缓冲液（Promega 公司，目录号 M6101）

RT-PCR 级的水（Applied Biosystems/Ambion 公司，目录号 AM9935）

SuperScript III 反转录酶（RT）（200U/μL；附带 5× 第一链缓冲液及 0.1mol/L DTT）（Life Technologies 公司，目录号 18080-093）

> 按我们的经验，对 CLIP 来说，SuperScript III 的效果最好，因为 CLIP 获得的 RNA 模板上带有至少一个共价结合的氨基酸残基。在我们所设定的条件下，这种反转录酶在通读修饰的碱基时有更高的容忍度。

SYBR Gold（Life Technologies/Molecular Probes 公司，10 000× 储存液，目录号 S11494）

TBE 缓冲液（1×）

TBE 缓冲液（5×）<R>

TE 缓冲液（1×）（10mmol/L Tris-HCl，pH 8.0，1mmol/L EDTA）

TEMED

T4 RNA 连接酶（10U/μL；附带缓冲液及 BSA）（Fermentas 公司，目录号 EL0021）

尿素

设备

BA-85 硝酸纤维膜（Whatman 公司）

盖革计数器或闪烁计数器

发光贴纸

金属管塞

MetaPhor 琼脂糖凝胶（3%）（可选；见步骤 56）

微型离心机

微量离心管[National Scientific Supply 公司，SlickSeal 管（无 RNA 酶），目录号 CN170S-GT，VWR#20172-945]

PCR 仪（如 Bio-Rad 公司的 iCycler）与配套的 PCR 管

胶片（如 Kodak MR）

保鲜膜（如 Saran Wrap）

QIAquick 凝胶回收试剂盒（QIAGEN 公司，目录号 28704）

旋转振荡器

手术刀（11 号或其他一次性，无 RNA 酶外科手术刀）

Thermomixer R 恒温混匀仪

透照仪（观测 SYBR Gold 或溴化乙锭染色的 PCR 产物）

垂直凝胶电泳系统（如 Thermo Scientific Owl，P9DS-2 双凝胶系统）

⬡ 方法

含有 RNABP-RNA 复合物的硝酸纤维膜条带的切除

1. 如果还没做的话，先鉴定方案 4 步骤 12 中获得的 RNABP-RNA 复合物。避免污染其他 RNABP，因为这些 RNABP 交联的 RNA 会污染真正所需的 RNA 组分。

> 检查胶片结果时，将滤膜保持在冷却状态。
>
> 理想的结果是，RNA 强标记区域比游离的 RNABP 大约 20kDa，而且与对照相比是特异的。这在方案 3 进行了讨论。

2. 用发光贴纸，使胶片和硝酸纤维膜至少两点对齐。

> 对着光拿这种发光贴纸-胶片三明治，有助于看透滤膜。

3. 将保鲜膜包裹的滤膜固定到胶片上，防止切条带时发生移动。

4. 用手术刀，小心地把需要切取区域周围的保鲜膜切下来，并剥开以露出滤膜。

5. 用一个干净的手术刀，在游离 RNABP 上方约 20kDa 处，切下一条 1～2mm 宽硝酸纤维膜。用干净手术刀的刀头将切下的滤膜转移到一个干净、无 RNA 酶的平台表面（无 RNA 酶吸头盒盖的内表面就是一个便捷的平台表面）。同时从阳性对照及重复样品上切下对应的样品。

> 实际上，在阴性对照没有信号的情况下，即使将相应的对照区域进行进一步处理以作为消减的背景，通常都得不到结果，只会克隆到接头二聚体或其梯度产物等无意义序列。

6. 用两个手术刀，将每块滤膜切成 1～2mm 大小的方块，并转移到一个无 RNA 酶的微量离心管中。

蛋白酶 K 消化去除 RNA 标签上交联的 RNABP

7. 用 1×蛋白酶 K 缓冲液按 1：5 稀释，制备 4mg/mL 的蛋白酶 K 溶液。每个样品需要 200μL。至少按多一个样品准备。

8. 将准备好的蛋白酶 K 溶液在 37℃孵育 20min，去除任何污染的 RNA 酶。

9. 将 200μL 预处理好的蛋白酶 K 加到每管切碎的硝酸纤维膜片中。在 Thermomixer R 恒温混匀仪上，于 37℃以 1000r/min 孵育 20min。

10. 加入 200μL 1×蛋白酶 K /7mol/L 尿素溶液。再用 Thermomixer R 恒温混匀仪，于 37℃以 1000r/min 孵育 20min。

11. 加入 400μL 的水饱和 RNA 酚和 130μL 的氯仿：异戊醇（24：1），涡旋后，用 Thermomixer R 恒温混匀仪，于 37℃以 1000r/min 孵育 20min。

12. 在室温，用微型离心机以最高转速离心 5min，进行分相。

13. 收集水相（上层），转移至一个新的无 RNA 酶的微量离心管中。

14. 在水相中加 0.75μL 的糖原，涡旋。

> 糖原作为共沉剂可促进少量 RNA 的回收。不过要注意，糖原可以抑制 T4RNA 连接酶的活性。

15. 再加入 50μL 3mol/L 的 NaOAc（pH 5.2）。

16. 加入 1mL 乙醇：异丙醇（1：1）。

17. 在-20℃沉淀过夜。

5′RNA 接头连接

18. 用微型离心机，于 4℃，以最高转速离心 20～25min。

19. 用 1mL 冷的 75%乙醇（存放于-20℃）漂洗沉淀两次，再去掉全部残留乙醇。

> 用 75%乙醇对沉淀及离心管内表面进行漂洗非常重要，因为残留的盐分会降低连接效率。我们建议用 75%乙醇洗两次。洗第二次时，涡旋，再以最高转速离心 10min 回收 RNA 沉淀。
>
> 这一步要小心操作，不要丢失 RNA。因为有糖原，沉淀可见，但如果不小心的话，RNA 还是很容易丢失。
>
> 如果洗脱下来的 RNA 放射性较强，可以检测的话，可以用盖革计数器检测沉淀，也可以用闪烁计数器检测 RNA 干沉淀的契伦科夫计数（Cerenkov counts）。

20. 打开离心管的盖，在室温晾干 10min。

> 不要让沉淀过干，因为 RNA 会变得难溶。如果用真空离心蒸发浓缩器，2～5min 就够了。

21. 加入 6.9μL 无 RNA 酶的水，温和吹打 10～15 次溶解 RNA。

> 这一步也要小心，不要丢失 RNA。例如，在重悬时，RNA 沉淀可能会粘在吸头内，造成偶然丢失。

22. 在一个无 RNA 酶的微量离心管中，每份样品按顺序加入下列成分，配制 RNA 连接混合液。

> 这个配方配制的是混合液。考虑到吸取误差，多准备 1～2 份混合液是必要的。

T4 RNA 连接酶缓冲液（10×）	1μL
BSA（连接酶附带的）	1μL
T4 RNA 连接酶	0.1μL
RL5 或 RL5D RNA 接头（20 pmol/μL）	1μL

23. 将 3.1μL RNA 连接混合物加到 6.9μL 回收的 RNA 中。

24. 于 16℃，孵育 2h 至过夜。

> 因为 5′接头的 5′及 3′端都是羟基，因此它不会自身环化。RNA 标签-3′接头也不会环化，因它有一个 5′-磷酸和一个 3′-嘌呤霉素基团。

25. 在一个无 RNA 酶的微量离心管中，每份样品按顺序加入下列成分，配制 DNA 消化混合液。

无 RNA 酶的水	79μL
RQ1 DNase 缓冲液（10×）	11μL
RNasin Plus	5μL
RQ1 DNase	5μL

26. 将 100μL 的 DNase 消化混合液加入到每份样品中。

27. 在 37℃孵育 20min。

28. 每份样品中，按顺序加入下列成分：

无 RNA 酶的水	300μL
RNA 酚	300μL
氯仿∶异戊醇（24∶1）	100μL

29. 充分涡旋。

30. 用微型离心机，以最高转速离心 5min 进行分相。

31. 将水相（上层）转移到一个无 RNA 酶的微量离心管中。

32. 加入 300μL 氯仿/异戊醇（24∶1），充分涡旋，室温以最高转速离心 2min 进行分相。

33. 将水相（上层）转移到一个无 RNA 酶的微量离心管中。

34. 加入 0.5μL 糖原，涡旋。

35. 加入 50μL 3mol/L 的 NaOAc（pH 5.2），涡旋。

36. 加入 1mL 乙醇∶异丙醇（1∶1），涡旋或颠倒混匀。

37. -20℃沉淀过夜。

反转录

38. 用微型离心机，于 4℃，以最高转速离心 20~25min。

39. 按前述方法漂洗并干燥沉淀。

> 再用闪烁计数器检 测回收的 RNA 量。

40. 用 18μL 水重悬 RNA，分成两个 9μL 的等份，分别用作反转录和一个无反转录酶的对照。

41. 在每个 9μL 的 RNA 中，加入 2μL 的 DP3 引物（5pmol/μL 的储存液）和 1μL 10mmol/L 的 dNTP。

> 将 PCR 管放在 PCR 仪上，非常方便。

42. 65℃加热 5min，再置于冰上，让 DP3 引物与 RNA 复性。

43. 短暂离心，将 12μL 的混合物置于离心管底部。

44. 在一个无 RNA 酶的离心管中，每个反应按顺序加入下列成分，制备反转录混合液。

> 这个配方配制的是混合液。考虑到吸取误差，多准备 1~2 份混合液是必要的。

SuperScript 反转录缓冲液（5×）	4μL
dNTP（10mmol/L）	1μL
DTT（0.1mol/L）	1μL

RNasin Plus	1μL
SuperScript Ⅲ	1μL

准备一份无反转录酶的对照，用等体积的水替代反转录酶。

45. 在每份 RNA+DP3 引物的样品里，加入 8μL 反转录混合液，用吸头吹打 3～4 次混匀。

46. 上述样品先在 50℃反应 45min，在 55℃孵育 15min，再在 90℃处理 5min，最终保持在 4℃。将样品转移至冰上。

PCR 扩增

47. 下面的第一种 PCR 方法通常被用来扩增反转录产物。不过，每个反应中这种方法只能利用 1/10 的第一链 cDNA 模板，从而会丢失 RNA 标签池的复杂度。最近，通过运用第二种 PCR 扩增方法，改进了操作程序，可以利用更大比例的反转录产物，从而保留 RNA 标签池的复杂度。

方法 1：传统反转录产物 PCR 扩增

i. 在无 RNA 酶的微量离心管中，每个反应按顺序加入下列成分，制备 PCR 扩增混合物：

AccuPrime Pfx Supermix	27μL
DP5 引物（20pmol/mL）	0.75μL
DP3 引物（20pmol/mL）	0.75μL

ii. 混合好的 28.5μL 的扩增混合物分到做好标记的 PCR 管中，再在各管中加入 2μL 的反转录产物。盖好盖，温和涡旋后短暂离心。

iii. PCR 扩增程序如下：

循环数	变性	复性	延伸
1	95℃ 2min		
20～40	95℃ 20s	58℃ 30s	68℃ 30s
最后循环			68℃ 5min

保持在 4℃。

要确定 PCR 扩增的最佳循环数，每次 CLIP 实验都要同时运行多个样品，并从 24 个循环开始，每隔 2 个循环取出一管。然后用变性聚丙烯酰胺凝胶及 SYBR Gold 染色分析扩增效果。

方法 2：保持 RNA 标签池复杂度的 PCR 扩增

i. 在无 RNA 酶微量离心管中，按顺序混合下列成分，准备 5 个 61μL 体积（是方法 1 体积的两倍）的扩增反应。

AccuPrime Pfx Supermix	54μL
DP5 引物（20pmol/mL）	1.5μL
DP3 引物（20pmol/mL）	1.5μL

每个 CLIP 样品共需 285μL 的混合物。

ii. 每份 57μL 混合物分到 5 个 PCR 管中（每个 CLIP 样品需 5 管），再在每管中加入 4μL 反转录产物。用完 20μL 反转录产物。

iii. 按照方法 1 步骤 iii 的扩增程序扩增 12 个循环。

iv. 在第 12 个循环 68℃延伸结束后，将 PCR 管转移至一个放在冰上的金属块上。

v. 在一个新的离心管中将 5 管合并，对起始 cDNA 池中的每个 RNA 标签，在混合的 PCR 产物就包含了多个拷贝。

vi. 在冰上，按照每份 30.5μL 分配到新的 PCR 管中，再在 PCR 仪上从 95℃开始进行进一步扩增循环。

每两个循环取出一个 PCR 管,以评估最佳循环数。最佳循环次数是获得用以评估大小的可见产物的最小循环数。

12 次循环后混合 PCR 产物是为了在每个 PCR 中保持起始模板的复杂度,从而避免因为低拷贝（在按 10 份分配反转录产物时,标签数会分配不均匀）导致的不均一扩增。

PCR 扩增产物的分析

48. 在 50mL 的圆锥管中,混合 8.4g 尿素、4mL 5×TBE 及 5mL 水,直至尿素溶解。加入 5mL 40%的丙烯酰胺：亚甲双丙烯酰胺溶液（19：1）,总体积为 20mL。

49. 装配 Owl 双垂直电泳系统的灌胶系统,按厂商说明书准备灌制一块 1.5mm 厚的凝胶。

50. 在灌胶前,加入 200μL 10%的过硫酸铵（APS）和 7.5μL 的 TEMED。灌制凝胶,并在室温聚合。

51. 每份 30.5μL 的 PCR 产物与 30.5μL 的 2×上样缓冲液混合,按下面的说明将每个反应上到一个泳道里。在第一个泳道,上 3μL 的 AmpliSize 分子标尺（DNA 低分子质量标准）。

一般按这种方式上样：分子质量标准,24 个、26 个、28 个和 30 个循环的实验样品；24 个、26 个、28 个和 30 个循环的无 RNABP 阴性对照样品（如果有的话）。在第二块胶上,分子质量标准,24 个、26 个、28 个和 30 个循环的无反转录酶实验样品对照；24 个、26 个、28 个和 30 个循环的无 RNABP 无反转录酶对照（如果有的话）。

小心操作,保证对照样品及平行反应与实验样品完全隔开,因为如果有污染的 PCR 产物,会带进测序时的 PCR 重扩增。

52. 用 1×TBE 电泳缓冲液,在 350V 电压下电泳 1h,直至溴酚蓝染料到达凝胶底部。

53. 拆开凝胶板,将凝胶浸入含有 SYBR Gold（按 1：10 000 稀释）的 TBE 中,在脱色摇床上温和染色 10～40min。

54. 将染色的凝胶放在一块保鲜膜上,并用透照仪进行成像。图 21-3 是一个 PCR 凝胶的例子。

许多透照仪用的是 254nm 的紫外光源,这会导致 PCR 产物发生光切刻（photonicking）和光二聚化作用。使用 312nm 波长的激发光源可以避免这一问题。参考 SYBR Gold 厂商的说明书可以获得更多有关使用 SYBR Gold 进行透照和成像的小窍门。

见"疑难解答"。

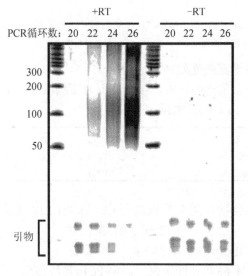

图 21-3 交联 RNA-蛋白复合物的 RNA 酶滴定。每 30.5μL 来自方案 5,步骤 47iii（传统方法）或步骤 47vi（第二种方法）与 30.5μL 的 2×上样缓冲液混合,每个反应上到尿素 PAGE 凝胶的一个泳道（按照步骤 51）。3μL AmpliSizer 分子标尺上到每块凝胶的第一个泳道。进行电泳并按照步骤 52～54 进行观测。在这个示例凝胶上,对一个含量很丰富的 RNABP 进行了 HITS-CLIP 实验；因此,我们取

出 20～26 个循环的样品进行电泳（如图所示）。不过，更常规的实验可以取 24～30 个循环的样品进行分析。在+RT 样品中，从第 22 个循环开始就在 100bp 处出现了依赖于 RT 的 PCR 产物涂抹带，而在-RT 对照 PCR 中就没有。PCR 引物则靠近凝胶的底部，如括号所示。

55. 在评估实验成功后（见"疑难解答"及讨论部分），在透照仪上用手术刀将 80～100 碱基的 PCR 产物切下来，并转移至无菌微量离心管中。

现在不再需要无 RNA 酶的离心管了，但还是要按标准预防措施操作，以避免 PCR 产物的交叉污染。

56. 按照 Qiagen 公司提供的"用户建立"的"从聚丙烯酰胺凝胶回收 DNA 片段"方案，用 QIAquick 胶回收试剂盒回收 DNA；或者，PCR 产物也可以用 1×TBE 进行标准的琼脂糖电泳，并用 EB 染色，在 254nm 或 312nm 成像（见第 2 章，方案 1 和方案 2）。我们使用 3% 的 Metaphor 琼脂糖凝胶，这可以准确地区分小 PCR 产物的大小。按标准方案，用 QIAquick 胶回收试剂盒回收 DNA，用 50μL 的 TE 缓冲液洗脱，这可以提高长期保存的稳定性。有关实验结果的更多细节见讨论部分。

PCR 产物的测序在方案 6 中描述。

疑难解答

问题（步骤 54）：在实验组中，PCR 产物呈现阶梯状。

解决方案：在连接和克隆时，如果 RNA 太少，就会发生这种现象。因为这时，无用的竞争性反应（如接头-接头连接）就会占优势。有时，RNA 接头的轻微降解，从而露出了末端的磷酸基团或丢失了封闭基团，这也会导致接头与接头发生连接。接头应该进行胶纯化，并按单次使用量进行分装，并于-80℃保存。另一个解决方法是增加起始实验材料。有可能接头连接步骤会导致 RNA 样品明显丢失。

问题（步骤 54）：在无反转录酶对照样品中有 PCR 产物。

解决方案：这说明有 DNA 污染，这种污染通常来自之前或同时进行的 CLIP 实验的 PCR 产物。本方案中，连接好的 RNA 产物最后用 DNase 进行了处理（步骤 25～27），因此污染肯定发生在步骤 27 以后所用的试剂上。所有东西，包括微量离心管、所有试剂都应该更换或验证没有污染。为避免污染，所有试剂要单独存放，按单次使用量分装（如果可能），一直使用带滤芯的吸头，并且常用无反转录酶的对照监测实验。

问题（步骤 54）：在早期循环可见 PCR 产物，而在后期循环中产物略微变大。

解决方案：我们有时也会看到这种现象，但并不清楚原因。一旦可见，尽量从早期循环中切取所需的 PCR 产物。

问题（步骤 54）：实验样品泳道有 PCR 产物，但不是预期（80～100 个碱基）的大小。

解决方案：将实验样品泳道的 PCR 产物与无 RNABP 组进行对比，确认 PCR 产物是否来自与感兴趣 RNABP 交联的 RNA。但要注意，即使样品中完全缺乏相应抗体的最佳抗原表位，但由于竞争性和化学计量（stoichiometry）等原因，也会有不同的蛋白质可能会被免疫沉淀下来。针对同一 RNABP 的第二种抗体是一个非常好的阳性对照。在对几个 RNABP 进行的 CLIP 实验中，在游离 RNABP 上方约 20kDa 处进行切取，会得到 80～100 个碱基的 PCR 产物。不过，非常小或非常大的 RNABP 会与此有些不同。

问题（步骤 54）：PCR 产物长度小于 60 个碱基。

解决方案：要与基因组进行可靠地比对，最小的 PCR 产物 56～60 个碱基——RNA 标签为 20 个碱基，接头加起来是 36 个碱基。可以从保存在-80℃硝酸纤维膜上切取更大一点的条带（与之前切取的相比），或者从使用较低 RNA 酶浓度的泳道切取所需样品。有的时候，RNABP 可能主要识别小 RNA，如 miRNA，这样就不会产生预期的 80～100 个碱基 PCR 产物。这可以在硝酸纤维膜上看出来，因为即使使用较低的 RNA 酶浓度，RNABP-RNA 复合物也不增大。

讨论

最后凝胶上应显示从 50bp 和 100bp 开始的分子质量标准，以及一系列不同 PCR 循环的 PCR 产物，如 24、26、28 和 30 循环。重要的是，在无反转录酶等阴性对照中，相同的循环数是否有类似的 PCR 产物。如果对在较少循环数下获得的结果还有些疑惑，对照组可以扩增多至 40 个循环。

理想结果

如果切取的是游离 RNABP 上方约 20kDa 的条带，理想的结果是 PCR 产物在 80~100 碱基处呈现一个拖尾的带。RNA 标签大小为 50~60 个碱基，再加 36 个碱基的接头。与较小 RNABP 交联的较长 RNA 标签会产生较大的 PCR 产物，同样，较大的污染 RNABP 交联的较小 RNA 片段会导致较小的 PCR 产物。阴性对照在 80~100bp 处没有 PCR 产物，至少在稍多几个循环后没有。例如，如果一个野生型小鼠 RNABP-CLIP 实验在 24 个循环时有很好的结果，而敲除对照小鼠在 30 个循环时开始出现 PCR 产物，这说明在野生型小鼠中，所需的 RNABP 仍很好地富集了 RNA 标签，虽然可能不是绝对干净。在分析最终序列和评估那些稀有标签是否真与靶 RNABP 结合时，这是一个需要考虑的重要数据。

确定切除条带

含 RNABP-RNA 复合物的硝酸纤维素膜上，选择切取哪条带是一个重要问题，Ago（Argonaute）CLIP 实验可以说明这一点。因为与 Ago 交联的很大一部分都是 miRNA，PCR 产物大小约为 57 个碱基（21 个碱基的 miRNA 和 36 个碱基的接头）。如果切取 Ago 上方 20kDa 的条带（97kDa+20kDa=117kDa），就不会有 miRNA 的 PCR 产物。实际上，进行 Ago 的 CLIP 实验时，在硝酸纤维膜上切取了比通常更宽的条带，同时包括了 Ago:miRNA 复合物及 Ago:mRNA 复合物，这样可以鉴定许多 Ago 所结合 miRNA 真正的靶 mRNA（Chi et al. 2009）。再用凝胶分析 PCR 产物时，可以同时看到两条带，一个在约 57 个碱基（约 21+36）处，另一个在 80~100 个（约 50+36）碱基处。根据测序结果，可以证实大部分 57 个碱基的产物来自 miRNA，而 80~100 个碱基的产物来自靶 mRNA 分子。

通常，可以知道切取较小的带不会丢失在细胞内结合的小 RNA 分子，而较大的带则可能是种类广泛的 RNA。如果怀疑靶 RNA 不能被 RNA 酶充分消化，或者需要把更长的 RNA 定向 CLIP 下来时（用基因特异引物扩增回收产物，确定特异 RNA 分子是否与一个 RNABP 直接交联），甚至可以切取更大的条带。一般来说，RNA 酶浓度越低，RNA 标签越长，其他 RNABP 造成污染的可能性也越大。

将 3′ 接头连接于 RNA 标签

CLIP 方案的一个关键步骤是在 RNA 标签上连接 3′ 接头。用 T4 RNA 连接酶对多个 RNA 结合蛋白成功地完成了实验。替代策略包括单接头连接或用环化产物进行多核苷酸延展（polynucleotide stretch）（Ingolia et al. 2009），以及 iCLIP（Konig et al. 2009）及 PAR-CLIP（Hafner et al. 2010）等演进 CLIP 方案中所用的改动方法。

 配方

为正确使用本方案中的器材和危险试剂，必须查阅相应的材料安全数据表并咨询所在机构的环境卫生和安全办公室。

CLIP 方案所用的所有试剂的制备和保存必须避免 RNA 酶的污染，见第 6 章关于实验室无 RNA 酶溶液的配制及 RNA 操作的通用准则。

变性聚丙烯酰胺凝胶

20mL 的混合物可以灌制一块 1.5mm 厚的凝胶。在灌胶前再加过硫酸铵和 TEMED。

试剂	含量（20mL）	终浓度
尿素	8.4g	7mol/L
丙烯酰胺:亚甲双丙烯酰胺（40%，19：1）	5mL	10%（V/V）
TBE 缓冲液（5×）	4mL	1×
过硫酸铵（10%，m/V）	200μL	0.1%（m/V）
TEMED	7.5μL	0.0375%（m/V）

变性聚丙烯酰胺凝胶用上样缓冲液（2×）

试剂	含量（1mL）	终浓度
去离子甲酰胺	950μL	95%（V/V）
EDTA（100mmol/L，pH 8.0）	50μL	5mmol/L

将 4 份甲酰胺混合物与 1 份 0.5% 的溴酚蓝及二甲苯蓝溶液（Sigma-Aldrich B-3269）混合，保存于-20℃。

PK 缓冲液（1×）

试剂	含量（1L）	终浓度
Tris-HCl（1mol/L，pH 7.5）	100mL	100mmol/L
NaCl（5mol/L）	10mL	50mmol/L
EDTA（0.5mol/L，pH 8.0）	20mL	10mmol/L

用水补充至 1L。4℃保存。

PK 缓冲液（1×）/尿素（7mol/L）

试剂	含量（10mL）	终浓度
Tris-HCl（1mol/L，pH 7.5）	1mL	100mmol/L
NaCl（5mol/L）	0.1mL	50mmol/L
EDTA（0.5mol/L，pH 8.0）	0.2mL	10mmol/L
尿素	4.2g	7mol/L

用水补充至 10mL。此缓冲液每次需新鲜配制。

TBE 缓冲液（5×）

试剂	含量（1L）	终浓度
Tris 碱	54g	445mmol/L
硼酸	27.5g	445mmol/L
EDTA（0.5mol/L，pH 8.0）	20mL	10mmol/L

用水补充至 1L。用 4 份水将 1 份 5×TBE 稀释成 1×TBE。

参考文献

Chi SW, Zang JB, Mele A, Darnell RB. 2009. Argonaute HITS-CLIP decodes microRNA–mRNA interaction maps. Nature 460: 479–486.

Hafner M, Landthaler M, Burger L, Khorshid M, Hausser J, Berninger P, Rothballer A, Ascano MJ, Jungkamp AC, Munschauer M, et al. 2010. Transcriptome-wide identification of RNA-binding protein and microRNA target sites by PAR-CLIP. Cell 141: 129–141.

Ingolia NT, Ghaemmaghami S, Newman JR, Weissman JS. 2009. Genome-wide analysis in vivo of translation with nucleotide resolution using ribosome profiling. Science 324: 218–223.

Konig J, Baumann S, Koepke J, Pohlmann T, Zarnack K, Feldbrugge M. 2009. The fungal RNA-binding protein Rrm4 mediates long-distance transport of ubi1 and rho3 mRNAs. EMBO J 28: 1855–1866.

方案 6　RNA CLIP 标签测序

对 CLIP 下来 RNA 标签的 PCR 产物，有两种测序策略。低通量测序是对 PCR 产物进行克隆、常规抽提及测序。对方案 5 获得的 PCR 产物，可以用 PCR 加 A 尾及 TA 克隆等常规方案处理（见第 3 章，方案 12）。分析少量克隆时，这是一个有价值的策略。例如，对一个 CLIP 预实验，可以测 50 条序列，以验证这些序列来自所用物种而不是来自细菌 RNA 污染。在刚开始建立 CLIP 方法时，细菌 RNA 污染是一个严重问题，因为一些商品化的酶被来自其他物种的 RNA 污染，而且这些 RNA 不幸被克隆进去了。我们发现 T4 RNA 连接酶是这种污染的一个常见污染源，现在我们一直用 Fermentas 公司的产品，因为它污染最少。在新 CLIP 实验中，特别是处理微量的 RNA 样品时，这一问题需要注意。

一般来说，考虑到费用的降低，如果要对 CLIP 获得的 RNA 进行测序，高通量测序策略是首选。本方案描述的是用适配 Illumina 公司 Solexa 平台的引物对 PCR 产物进行重扩增的方法。虽然本方案是特别针对 Illumina 公司 Solexa 平台的，与此类似，对初始 PCR 产物进行重扩增时，也可以将平台特异的序列加到 PCR 扩增的 DNA 末端（见 11 章）。

材料

为正确使用本方案中的器材和危险试剂，必须查阅相应的材料安全数据表并咨询所在机构的环境卫生和安全办公室。

本方案的专用试剂标注<R>，配方在本方案末提供。常用储备溶液、缓冲液和试剂标注<A>，配方见附录 1。储备溶液应稀释至适用浓度后使用。

试剂

AccuPrime Pfx Supermix（Life Technologies 公司，目录号 12344-040）

琼脂糖凝胶，高分辨率（如 MetaPhor）

AmpliSize 分子标尺（Bio-Rad 公司）

DSFP3 引物（Fisher/Operon 公司；20pmol/μL）：5′-CAAGCAGAAGACGGCATACG ACCGCTGGAAGTGACTGACAC-3′

DSFP5 引物（Fisher/Operon 公司；20pmol/μL）：5′-AATGATACGGCGACCACCGACTA TGGATACTTAGTCAGGGAGGACGATGCGG-3′

溴化乙锭溶液

Illumina 测序引物 SSP1（也称为 Solexa 测序引物）（Fisher/Operon 公司）：5′-CTATGGA TACTTAGTCAGGGAGGACGATGCGG-3′

来自方案 5 的 PCR 产物（用 DP3 及 DP5 引物进行扩增的）

TBE 缓冲液（1×）（配制凝胶和电泳用）<A>

Tris-EDTA（TE）缓冲液（1×）（10mmol/L Tris-HCl，pH 8.0；1mmol/L EDTA）<A>

设备

使用高通量测序设备

本方案针对 Illumina 的测序平台，其他平台需要不同的引物。

垂直电泳系统（如 Thermo Scientific Owl B1A EasyCast 微型凝胶系统）

金属块（Metal block）

微量离心管（National Scientific Supply 公司，SlickSeal 管[无 RNA 酶]，目录号 CN170S-

GT，VWR#20172-945）

　　PCR 仪（如 Bio-Rad 公司的 iCycler）及 PCR 管

　　QIAquick 凝胶回收试剂盒（QIAGEN 公司，目录号 28704）

　　Quant-iT DNA 分析试剂盒（高灵敏度）（Life Technologies 公司，目录号 Q33120）

　　透照仪（312nm）（如 Spectroline）

方法

用 Illumina/Solexa 融合引物进行 PCR 重扩增

1. 在一个微量离心管中，每个反应混合下列成分制备 PCR 混合物：

AccuPrime Pfx Supermix	27μL
DSFP5 引物（20μmol/L）	0.5μL
DSFP3 引物（20μmol/L）	0.5μL

2. 在置于冰上的金属块上放置足够的做好标记的 PCR 管，来自方案 5 的每个样品做 4 个 PCR 反应。

> 与方案 5 类似，这些 PCR 反应用来评估不同循环次数的扩增效果。

3. 按 28μL/管，将 PCR 混合物分装至前面准备好的 PCR 管中。

4. 每个 PCR 管中加 3μL 纯化的 PCR 产物（来自方案 5）。

5. 按下面的程序进行 PCR 扩增。

循环数	变性	复性	延伸
1	95℃ 2min		
6～12	95℃ 20s	58℃ 30s	68℃ 40s
最后循环			68℃ 5min

保持在 4℃，并转移至冰上。

6. 灌制含溴化乙锭的 2%～3%的高分辨率琼脂糖凝胶（如 MetaPhor）。

> 注意生产厂商有关使用 MetaPhor 琼脂糖的说明。若不遵循说明，它很难操作。

7. 将全部 PCR 产物上到紧邻低分子质量梯度标准的泳道，进行电泳。

8. 用透照仪观测 DNA，最好用 312nm 的激发光，避免 254nm 紫外线通过光分解及光二聚化对 DNA 损伤。

> 见"疑难解答"。

9. 从凝胶上切下 150～170 碱基处的 DNA。

10. 用 QIAquick 凝胶回收试剂盒从凝胶上回收 DNA。

> 高灵敏的 Quant-iT DNA 分析试剂盒可以有效定量用于高通量测序的微量 DNA。

11. 每个样品准备 10～30μL 10nmol/L 的 DNA，用于 Illumina 测序。如果合适的话，联系测序机构或资源中心，获得有关样品递交的具体细节。有关测序结果生物信息学分析的讨论，见 HITS-CLIP 数据分析信息栏。

疑难解答

问题（步骤 8）：在 12 轮扩增后，没有明显的产物。

解决方案：使用阳性对照以确认 PCR 工作正常。对样品来说，AccuPrime Pfx 可能会因为因为多次冻融而丧失活性。确认第一次扩增的 PCR 产物（本方案的模板）被有效回收。

方案7 RNA 接头胶回收及保存

在从生产厂商收到前面方案中要用的 RNA 接头后，它们必须用变性聚丙烯酰胺凝胶进行纯化，并按单次使用量分装，保存在-80℃。如果 3′ 接头丢失了嘌呤霉素封闭基团，在 3′ 接头连接过程中会发生 3′ 接头的连环化。此外，缩短的接头也会使测序结果的生物信息学分析变得更困难。按下面的方案，可以在 20% 的变性聚丙烯酰胺凝胶对 50μL 去保护的 RNA 接头（500μmol/L）进行电泳及纯化。

材料

为正确使用本方案中的器材和危险试剂，必须查阅相应的材料安全数据表并咨询所在机构的环境卫生和安全办公室。

本方案的专用试剂标注<R>，配方在本方案末提供。常用储备溶液、缓冲液和试剂标注<A>，配方见附录 1。储备溶液应稀释至适用浓度后使用。

试剂

丙烯酰胺：亚甲双丙烯酰胺（40%溶液；19∶1）

过硫酸铵（APS; 10%，m/V；用水新鲜配制，或分装保存于-20℃）

AmpliSize 分子标尺（Bio-Rad 公司，目录号 170-8200）

溴酚蓝/二甲苯蓝溶液（各 0.5%；Sigma-Aldrich 公司，目录号 B-3269）

乙醇（75%，保存于-20℃）

乙醇：异丙醇（1∶1）

变性聚丙烯酰胺凝胶用上样缓冲液（2×）<R>

RL3、RL3（-P）、RL5 和 RL5D RNA 接头

RNA 凝胶洗脱缓冲液（1mol/L NaOAc，pH 5.2；1mmol/L EDTA）

RT-PCR 级水（Applied Biosystems/Ambion 公司，目录号 AM9935）

TBE 缓冲液（1×）<A>

TBE 缓冲液（5×）<R>

TEMED

尿素

设备

KODAK BioMax TranScreen LE（8in×10in）（PerkinElmer 公司，目录号 1622034001EA）

微量离心管[National Scientific Supply 公司，SlickSeal 管（无 RNA 酶），目录号 CN170S-GT，VWR#20172-945]

Nanosep MF Spin 柱（0.45μm 滤膜，Part #: ODM45C34；Pall 公司）

保鲜膜（如 Saran Wrap）

手术刀（11 号或其他一次性的无 RNA 酶外科手术刀）

分光光度计

橡胶活塞注射器（1mL）

恒温混匀仪

紫外灯（手持式，检查 RNA 条带用）

垂直电泳系统（如 Thermo Scientific Owl 公司，P9DS-2 双凝胶系统）

Whatman 无黏合剂玻璃超细纤维滤膜（GF/D 型，直径 1.0cm；Whatman 公司，目录号 1823-010）

方法

1. 混合下列成分制备 20mL 20% 的凝胶：

尿素	8.4g
丙烯酰胺：亚甲双丙烯酰胺（40%；19：1）	10mL
TBE（5×）	4mL
H_2O	补充至 20mL

2. 装配垂直电泳系统的灌胶系统，准备灌制一块 1.5mm 厚的凝胶。

3. 灌胶前，加入 200μL 10% 的过硫酸铵（APS）和 7.5μL 的 TEMED。充分混合，按厂商说明灌制凝胶。

4. 用无 RNA 酶的水将 RNA 接头配制成 500mmol/L 的溶液。

5. 在 50μL RNA 接头中加入 50μL 的 2×甲酰胺上样缓冲液，上样到配好的 20% 聚丙烯酰胺凝胶。

6. 用 1×TBE 缓冲液，在 350V 电压下电泳，直至溴酚蓝到达凝胶底部。

7. 拆开凝胶板，将凝胶转移至一块置于成像屏[如 KODAK BioMax TranScreen LE（8in×10in）]上方的保鲜膜上。与荧光背景相比，RNA 接头在紫外线下呈现为黑色的条带。

　　　　　　见"疑难解答"。

8. 小心操作，只切取全长的 RNA 接头条带，并将凝胶块转移至无 RNA 酶的微量离心管中。

9. 加入 350μL RNA 凝胶洗脱缓冲液。

10. 用 1mL 注射器的橡胶活塞将凝胶块压碎，小心操作避免溅出。

11. 用恒温混匀仪，在 37℃ 温和振摇 30min，使凝胶浆充分浸泡。

12. 用 1mL 吸头，将凝胶浆转移至一个或多个 Nanosep spin 滤器（在 Nanosep spin 柱的底部放置一块 Whatman GF/D 滤膜）上，并按厂商的说明进行离心。

13. 将洗脱液转移至一个新的无 RNA 酶的微量离心管中，在微型离心机上以最高转速离心 1min。

14. 加入 1mL 乙醇：异丙醇（1：1），充分混合，于 -20℃ 沉淀几小时至过夜。

15. 用微型离心机，于 4℃，以最高转速离心 20～25min。

16. 用 1mL 预冷的 75% 乙醇（存放于 -20℃）漂洗沉淀，去掉残留乙醇。

17. 在室温，空气干燥 5～10min。

18. 用 50μL RT-PCR 级的水重悬沉淀。

19. 用分光光度计测量 260nm 的吸光度，检测 RNA 的浓度，并用 RT-PCR 级的水配制成 20mmol/L 的工作液。

　　　　　　用 NanoDrop 分光光度计进行检测非常方便。

20. 按单次使用量（注意：每次实验样品和对照样品都要进行几个接头连接反应）对凝胶纯化的 RNA 接头进行分装，并于 -80℃ 保存。

疑难解答

问题（步骤 7）：电泳时，RNA 呈现宽且弥散的带，或有拖尾现象。

解决方案：可能是上样量过大。使用更宽的上样孔（3～5cm），将样品上到多个上样孔中，或者每个孔上较少的样品，这三种办法都能提高电泳分辨率。

讨论

RNA 接头的完整性对成功的 CLIP 实验来说是非常关键的。要用凝胶纯化小批量的 RNA 接头，然后-80℃保存，并避免 RNA 接头的多次冻融。对非常微量的 RNA 样品来说，这样可以明显促进接头连接以及随后扩增的效果。在处理接头时，必须使用最高质量的试剂，并保证无 RNA 酶操作。

配方

为正确使用本方案中的器材和危险试剂，必须查阅相应的材料安全数据表并咨询所在机构的环境卫生和安全办公室。

CLIP 方案所用的所有试剂的制备和保存必须避免 RNA 酶的污染。见第 6 章关于实验室无 RNA 酶溶液的配制及 RNA 操作的通用准则。

变性聚丙烯酰胺凝胶用上样缓冲液（2×）

试剂	含量（1mL）	终浓度
去离子甲酰胺	950μL	95%（V/V）
EDTA（100mmol/L，pH 8.0）	50μL	5%（V/V）

将 4 份甲酰胺混合物与 1 份 0.5%的溴酚蓝及二甲苯蓝溶液（Sigma-Aldrich B-3269）混合，保存于-20℃。

TBE 缓冲液（5×）

试剂	含量（1L）	终浓度
Tris 碱	54g	445mmol/L*
硼酸	27.5g	445mmol/L*
EDTA（0.5mol/L，pH 8.0）	20mL	10mmol/L

用水补充至 1L。用 4 份水将 1 份 5×TBE 稀释成 1×TBE。

信息栏

紫外蛋白交联的机制和特异性

紫外线介导的交联机制现在还不完全清楚，但据信是因为核酸碱基吸收了 250～

---

* 原文为 445nmol/L，译者注。

280nm 波长的紫外线（Brimacombe et al. 1988）。基态电子激发到单线高能状态，从而在与核苷酸直接结合的分子间形成了一个新的共价键（Fecko et al. 2007）。由于交联只发生在距离以埃计的分子之间，所以在 CLIP 实验中，只有直接的蛋白质-RNA 结合才能被交联以及进行深入分析。虽然会导致 DNA-DNA 及 RNA-RNA 交联，紫外照射并不会诱导蛋白-蛋白交联（Zwieb et al. 1978; Brimacombe et al. 1988），因此被广泛用于核糖体结构制图等各种生物化学分析领域。

蛋白质-RNA 交联反应只在极少数结合位点发生[在我们自己的研究中用纯化的重组蛋白和一个高亲合力 RNA 适配子对交联效率进行了评估，结果发现最大交联效率在 1%～5%，不过不同蛋白的效率可能不同（Fecko et al. 2007）。]值得注意的是，蛋白质和 RNA 紫外交联的特异性与甲醛交联不同，甲醛交联用于 DNA ChIP，也曾被用于分析蛋白质-RNA 相互作用（Vasudevan and Steitz 2007; Yong et al. 2010）。甲醛交联通常会产生更广泛的蛋白质-核酸及蛋白质-蛋白质复合物，因为甲醛必须浸入组织，因此还有时间限制。甲醛交联的这些特征会让全基因组范围鉴定 RNA-蛋白直接相互作用位点的努力变得更麻烦。

核酸碱基和氨基酸侧链交联的特异性在生物物理水平还没有完全阐释。据报道，紫外线更偏好交联某些氨基酸和核苷酸，用高强度激光研究蛋白蛋白质-DNA 相互作用（8 纳秒 Nd:YAG 激光，约 100 MW cm^2）（Hockensmith et al. 1986）时特别偏好胸苷。但这也不完全确定，部分是因为在评估蛋白质-核酸交联的手段或作用机制方面都缺乏共识（Fecko et al. 2007）。RNA-蛋白质相互作用研究显示紫外交联可以在许多氨基酸和嘌呤及嘧啶之间都可以诱导产生共价键（Havron and Sperling 1977）。例如，所有 20 种氨基酸都被发现可以与多聚尿苷酸在体外交联（Shetlar et al. 1984）。按照这种认识，可以相信任何氨基酸可以与任何核苷酸残基发生紫外交联（Hockensmith et al. 1986）。与这些体外研究一致，CLIP 可用来在广泛序列（YCAY，CU，U 富集区，GA 元件）中鉴定 RNABP 特异的结合位点。而且，Ago 蛋白（通过特定位点与 miRNA 结合，但也能与周围的 mRNA 序列交联）的 HITS-CLIP 分析显示，Ago 蛋白对周围的 mRNA 序列也没有显示任何核苷酸偏好（Chi et al. 2009; Hafner et al. 2010; Zisoulis et al. 2010）。

考虑到紫外交联与甲醛交联相比在精确度上的优势，与目前的 ChIP 测序方法相比，DNA CLIP（Law et al. 1998）理论上是一个可提供更高分辨率的 DNA-蛋白相互作用分析手段。不过在解析 DNA-蛋白相互作用位点方面，DNA-CLIP 不一定能竞争过当前生物信息学方法的能力和速度（Johnson et al. 2007）。

参考文献

Brimacombe R, Stiege W, Kyriatsoulis A, Maly P. 1988. Intra-RNA and RNA–protein cross-linking techniques in *Escherichia coli* ribosomes. *Methods Enzymol* 164: 287–309.

Chi SW, Zang JB, Mele A, Darnell RB. 2009. Argonaute HITS-CLIP decodes microRNA–mRNA interaction maps. *Nature* 460: 479–486.

Fecko CJ, Munson KM, Saunders A, Sun G, Begley TP, Lis JT, Webb WW. 2007. Comparison of femtosecond laser and continuous wave UV sources for protein–nucleic acid crosslinking. *Photochem Photobiol* 83: 1394–1404.

Hafner M, Landthaler M, Burger L, Khorshid M, Hausser J, Berninger P, Rothballer A, Ascano MJ, Jungkamp AC, Munschauer M, et al. 2010. Transcriptome-wide identification of RNA-binding protein and microRNA target sites by PAR-CLIP. *Cell* 141: 129–141.

Havron A, Sperling J. 1977. Specificity of photochemical cross-linking in protein–nucleic acid complexes: Identification of the interacting residues in RNase–pyrimidine nucleotide complex. *Biochemistry* 16: 5631–5635.

Hockensmith JW, Kubasek WL, Vorachek WR, von Hippel PH. 1986. Laser cross-linking of nucleic acids to proteins. Methodology and first applications to the phage T4 DNA replication system. *J Biol Chem* 261: 3512–3518.

Johnson DS, Mortazavi A, Myers RM, Wold B. 2007. Genome-wide mapping of in vivo protein–DNA interactions. *Science* 316: 1497–1502.

Law A, Hirayoshi K, O'Brien T, Lis JT. 1998. Direct cloning of DNA that interacts in vivo with a specific protein: Application to RNA polymerase II and sites of pausing in *Drosophila*. *Nucleic Acids Res* 26: 919–924.

Shetlar MD, Carbone J, Steady E, Hom K. 1984. Photochemical addition of amino acids and peptides to polyuridylic acid. *Photochem Photobiol* 39: 141–144.

Vasudevan S, Steitz JA. 2007. AU-rich-element-mediated upregulation of translation by FXR1 and Argonaute 2. *Cell* 128: 1105–1118.

Yong J, Kasim M, Bachorik JL, Wan L, Dreyfuss G. 2010. Gemin5 delivers snRNA precursors to the SMN complex for snRNP biogenesis. *Mol Cell* 38: 551–562.

Zisoulis DG, Lovci MT, Wilbert ML, Hutt KR, Liang TY, Pasquinelli AE, Yeo GW. 2010. Comprehensive discovery of endogenous Argonaute binding sites in *Caenorhabditis elegans*. *Nat Struct Mol Biol* 17: 173–179.

Zwieb C, Ross A, Rinke J, Meinke M, Brimacombe R. 1978. Evidence for RNA–RNA cross-link formation in *Escherichia coli* ribosomes. *Nucleic Acids Res* 5: 2705–2720.

HITS-CLIP 数据分析

将 HITS-CLIP 与其他方法结合使用

HITS-CLIP 可以在全基因组范围分析相互作用位点。从这些研究中得出的一个原则是：在分析这种结合位点时，如果与对 RNA 的全基因组功能分析相结合，在许多情况下都更有成效。这些全基因组功能分析的例子包括：通过微阵列或 RNA 测序分析一些扰动（通常是基因敲减或遗传缺失等遗传扰动）导致的 RNA 变化。不出意料，考虑到这些实验给出的巨大数据量，一个重要的第三种分析工具是生物信息学/计算方法。最近，对有关在分析 HITS-CLIP 数据时组合使用这些工具的讨论，进行了综述（Licatalosi and Darnell 2010）。

有研究人员根据 PTB 蛋白（polypyrimidine tract-binding protein）依赖的剪接变体的全基因组分析（Llorian et al. 2010），对 HITS-CLIP 数据进行了再分析（Xue et al. 2009），这是一个有关组合使用这些功能分析工具的很有价值的例子。组合使用这些办法，在结合生物信息学分析，可以重新阐释 CLIP 数据，从而揭示有关 PTB 结合位点决定剪接抑制或增强结果的 RNA 调控图谱（Llorian et al. 2010）。在某种意义来说，其他一些 RNABP 与此相似，包括 Nova（Ule et al. 2006），Fox2（Zhang et al. 2008; Yeo et al. 2009），不均一核糖核蛋白 L（hnRNP L）（Hung et al. 2008），hnRNP C（Konig et al. 2010），类盲肌蛋白（muscleblind-like protein, MBNL）（Du et al. 2010）和 TIA1/L（Wang et al. 2010）。

HITS-CLIP 数据的生物信息学和计算分析

有文献报道通过使用生物信息学将结合位点及 CLIP 标签簇描绘为精确的结合足迹（Licatalosi et al. 2008; Granneman et al. 2009; Sanford et al. 2009; Wang et al. 2010; Khorsid et al. 2011; Kishore et al. 2011），利用 Argonaute 的 mRNA 足迹预测 miRNA 结合位点（Licatalosi et al. 2008; Granneman et al. 2009; Sanford et al. 2009; Wang et al. 2010），或建立预测计算工具（Zhang et al. 2010）。

关于这种策略的一些要点还是有必要描述一下。有关处理大规模下一代测序数据的基本生物信息学途径有几个部分构成。第一，原始标签，一般是 20～50 碱基或更长，通过生物信息学方法去掉任何接头序列，并匹配到基因组上（见第 8 章，方案 5）。虽然只保留匹配到单一基因组位点的序列标签是必要的常规策略，你也必须意识到假基因或重复基因（如核糖体 RNA）会排除掉一些真正有效的标签，因为这些标签会匹配到多个基因组位点。多数时候，单个标签的多次出现被折算单个序列组合。这样可以消除 PCR 扩增步骤带来的过扩增偏性。将来，RNA 直接测序用来分析 HITS-CLIP 标签可以消除这种担心。同时，在使用 RT-PCR 的方案中，含条形码的接头（bar-coded linker）有助于从真正的单一 RNA 标签中区分 PCR 副本（Konig et al. 2010）。与此类似，如果有污染问题（特别是同时开展多个 CLIP 实验时），除了标准的 PCR 预防措施，可以考虑使用索引接头（indexed linker）（Cronn et al. 2008），这样使每个实验都具有唯一的核苷酸代码。

　　有了一套筛选过的，并能匹配到基因组的单一序列，对数据进行更高级的分析就成为可能。RNA 结合蛋白对一些异常（非功能性）RNA 序列可能需要一定的转运时间，对这些生理及生化的背景标签，一般都要排除。一种方法是将数据标准化成每个转录物的预期标签，就像描绘 Ago 的 mRNA 足迹实验中所做的一样（Chi et al. 2009）。另一种通用方法是聚焦于那些有重叠的 RNA 标签，因为这些序列可以确定可重复的 RNA-蛋白质相互作用位点；在复杂的生物学实验中，我们发现重点关注那些在多次生物学重复实验出现的序列很有价值（用"生物复杂性"的 $>n$ 来定义位点，n 代表重复实验的次数）（Licatalosi et al. 2008）。可以设置每个簇的标签数阈值（峰值），对这些位点进行进一步精简（也见第 8 章，方案 6）。一般来说，运用类似 Excel 的程序，HITS-CLIP 数据的这种分析并不困难，很容易完成，即使要处理的是大数据集。

　　最近生物信息学研究将标准 HITS-CLIP 方案获得的 RNA-蛋白质图谱分辨率精确到单核苷酸。这最初被认为是 PAR-CLIP 特有的优势，PAR-CLIP 可以通过分析紫外照射诱导的核苷酸替代物的突变来确定交联位点。不过在标准的 CLIP 中，早就注意到交联簇内的特定位置，突变会增加（Ule et al. 2005; Granneman et al. 2009）。在对 Nova 和 Ago HITS-CLIP 实验进行交联诱导突变（cross-link-induced mutation，CIMS）分析时，这被生物信息学分析证明有效，可以通过这些突变来确定交联的核苷酸。这种方法并不需要使用核苷酸替代物（可以使用正常的细胞或组织进行分析），相对于 PAR-CLIP 来说，这也是一个明显的优势（Kishore et al. 2011）。

　　在论文发表时，按惯例要将 HITS-CLIP 获得的 CLIP 标签数据保存在美国国立卫生研究院维护的公开访问网站[基因表达综合数据库（GEO）；http://www.ncbi. nlm.nih. gov/geo/]。

（付汉江　译，郑晓飞　校）

第 22 章 Gateway 相容酵母单杂交和双杂交系统

导　言

　　蛋白质-DNA 间（PDI）和蛋白质-蛋白质间（PPI）的相互作用在生物学领域中发挥着举足轻重的作用。PDI 在基因转录、DNA 复制、重组和 DNA 修复中至关重要。基因转录涉及特定的转录因子（TF）之间的相互作用，以及顺式调控元件如启动子和增强子与转录因子之间的相互作用等。总之，这些 PDI 是基因调控网络不可分割的一部分，参与调控众多机体的发育和生理活动（Walhout 2006）。有 5%～10% 的真核基因编码 TF（Reece-Hoyes et al. 2005；Kummerfeld et al. 2006；Vaquerizas et al. 2009）。描述基因调控网络非常必要的一点就是鉴定与所有顺式调控序列相互作用的 TF，以及确定 DNA 结合每一个 TF 的特异性和亲和力。

　　PPI 在大多数（如果不是全部的话）过程中发挥功能，从抗体-抗原相互作用到信号的转导级联需要多种类型的相互作用以将信息从细胞质膜传递至细胞核。识别蛋白与 DNA 片段或者目的蛋白之间的相互作用可以很好地认知它们的功能。例如，如果某些蛋白质与 TF 在生理条件下具有相互作用，就有可能具有参与基因表达的功能。这些蛋白质可能是二聚体、共调节因子、染色体蛋白或蛋白转录机器。同样，TF 结合某一 DNA 片段，诱导该基因在特定组织中表达，那么这些 TF 就有可能参与了这种组织的生理活动和发育过程。有几种方法可用于识别 PDI 和 PPI。在这里，我们重点描述酵母"杂交"分析，既可以小规模也可以大规模应用。

　　在第一部分，我们描述酵母双杂交（Y2H）的背景及分析，为鉴定两个蛋白质间相互作用的其他生化方法如免疫沉淀反应提供一个互补的方法（综述，见 Cusick et al. 2005）。在第二部分，我们将讨论酵母单杂交（Y1H）系统，提供一种"以基因为中心"（从 DNA 到蛋白质）的研究方法，以鉴定顺式调控元件与 TF 之间的相互作用。这种方法是"以转录因子为中心"（从蛋白质到 DNA）的生化方法如染色质免疫沉淀反应（ChIP；参见第 20 章）（Walhout 2006）的互补。Y2H 和 Y1H 系统均用"诱饵"去"钓"与之相互作用的"猎物"。"酵母杂交系统"的示意图见图 22-1。该系统很大程度上受益于 Gateway 克隆系统的开发和应用（Hartley et al. 2000；Walhout et al. 2000b）（见第 4 章）。使用 Gateway 技术，多个 DNA 片段可以平行克隆，从而大大增加了产量，并降低了杂交系统的成本（Walhout et al. 2000；Deplancke et al. 2004）。在描述了 Y2H 和 Y1H 系统的概念、方法的优缺点后，我们提供了一系列的操作步骤。除了制备诱饵和使用不同的菌株及标记外（图 22-2），Y1H 和 Y2H 文库筛选在技术上非常相似。因此，我们将分别提供制备诱饵的步骤以及一个单独文库的筛选步骤，并说明哪种培养条件适用于哪种类型（Y2H 或 Y1H）的筛选。最后，我们讨论并提供专门用于该系统的 Gateway 克隆步骤。Gateway 克隆 Y1H 和 Y2H 的步骤如图 22-3 所示。

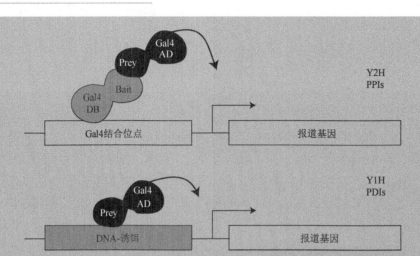

图 22-1 Y2H 和 Y1H 系统实验原理。（上图）酵母双杂交（Y2H）分析检测蛋白质-蛋白质相互作用（PPI）。"诱饵"蛋白以融合（或"杂交"）方式与酵母转录因子 GAL4 的 DNA 结合结构域（DB）融合表达，而"捕获子"蛋白表达为融合的 Gal4 的激活结构域（AD）。DB-诱饵融合蛋白可以结合到含有 Gal4 结合位点的人工克隆的报道基因上游，随后整合到宿主酵母菌株的基因组。当诱饵蛋白与捕获蛋白相互作用时，Gal4 的 TF 具有转录激活功能，从而激活报道基因的表达。（下图）酵母单杂交（Y1H）测定法检测蛋白-DNA 相互作用（PDI）。"捕获子"通常是一种转录因子（TF），表达为融合的 GAL4-AD，而"诱饵"是目的 DNA 片段。该 DNA-诱饵序列位于报道基因上游，且该 DNA 诱饵/报道基因盒整合到酵母基因组中。如果捕获子上钩，无论 TF 本身是否是激活子还是抑制基因，AD 都可以诱导报道基因的表达。

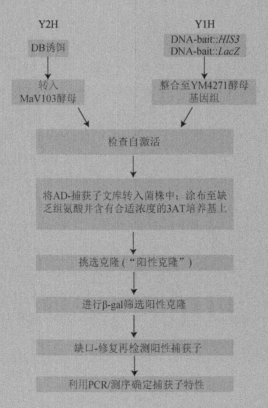

图 22-2 Y2H/Y1H 文库筛选流程。该流程图概括了 Y1H/Y2H 中设置和操作 AD-捕获物库筛选的步骤。一旦制备了诱饵菌株，Y1H 和 Y2H 在文库筛选的技术上是非常相似的。

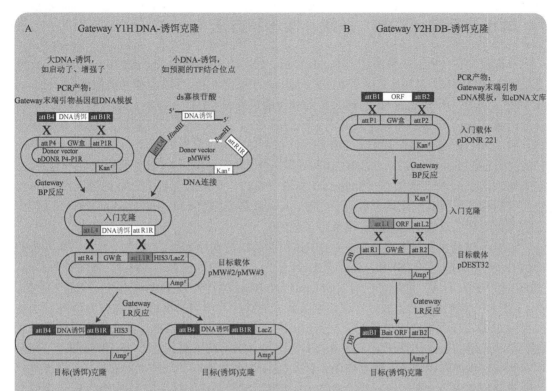

图 22-3　Y1H 和 Y2H Gateway 诱饵/猎物克隆流程概述。 Gateway 克隆使用重组技术将 DNA 片段转移到质粒上。这种转移的方向是由重组酶和重组质粒（或"ATT"）位点所决定的。例如，BP 酶将 attB（黑色）和 attP 位点重组至 attL 和 attR 位点，而 LR 酶将 attL（灰色）和 attR 位点重组，以产生 attB 和 attP 位点。只有能够互相兼容的 att 位点的不同异构体之间可以使用。例如， attB1 只有与 attP1 位重组，而不是 attP2 位。（A）构建 Y1H 的 DNA 诱饵克隆。 DNA 诱饵可以利用 Gateway BP 反应体系，使用 Gateway-attB 为 attB 在末端引物（注意，从基因组 DNA 中扩增用于 DNA 诱饵克隆的 att 位点不同于那些在 Y2H 时所用的 ORF 克隆）克隆到包含 attP 位点的载体。产生的 DNA-诱饵是由一个 attL 位点和一个侧翼的 attR Gateway 克隆位点组成（兼容的 attR 和 attL 位点和 Gateway 盒；未显示出）。小 DNA 诱饵（小于 100bp）可经复性的寡核苷酸形成双链 DNA，克隆到 pMW#5 载体中，以产生一个含有目的序列的载体；具有单链突出端的双链 DNA 片段可克隆到 pMW#5 载体的限制性酶切位点中（我们经常使用 *Hin*dIII 和 *Bam*HI，但 pMW#5 多克隆位点含有 *Hin*dIII、*Sph*I、*Sal*I、*Bam*HI、*Sma*I 和 *Kpn*I）（见方案 1 图 22-3）。利用 Gateway LR 反应体系，该 DNA-诱饵能从载体转移至两个含有 attR 和 attL 位点或者含有其中之一的 Y1H 报道基因（*HIS3* 或 *LacZ*）目标载体中。（B）构建 Y2H DB-诱饵克隆。ORF 可以通过使用 Gateway-attB 在末端引物的 cDNA 源进行扩增并克隆到含有 Gateway BP 反应体系的 attP 位点的 pDONR 221 载体上。这将获得含有 ORF 并位于 attL 位点两侧的起始克隆（attR 位点和 Gateway 盒的副产物；未显示）。ORF 可再经过 Gateway LR 反应从起始克隆转移到包含 attR 位点的 pDEST32 目的载体中。该目的克隆由 ORF 与 Gal4 DNA 结合域（DB）融合而成。这些 DB 融合物在 Y2H 实验中被用作诱饵。尽管本章具体使用 AD-捕获子结构的克隆库时采用常规方法，使用 Gateway 克隆产生的 AD-捕获克隆，也可用作 Y1H 和 Y2H 实验的捕获物（见介绍）。GW cassette，Gateway 盒（内含有毒 CCDB 基因和氯霉素抗性基因）；ORF，可读框；Kan，卡那霉素；Amp，氨苄青霉素；DB，Gal4 DNA 结合域；AD，Gal4 激活结构域。

🧬 酵母双杂交（Y2H）系统：概念和方法

　　酵母双杂交（Y2H）系统是由 Fields Stan，1989 年创建（Fields and Song 1989）。此概念来源于转录领域，尤其是来源于 Mark Ptashne 等发现的 TF 可以由独立结构域（Keegan et al. 1986）组成。用于 Y2H 和 Y1H 系统的酵母转录因子 Gal4，由 DNA 结合域（DB）和转录激活域（AD）组成，特别是具有高亲和力的 Gal4 DNA 结合位点和激活 Gal4 靶基因的转录激活域（Giniger et al. 1985）。DB 和 AD 都可以彼此独立发挥功能（Giniger and Ptashne 1987; Ma and Ptashne 1987）。Gal4-DB 和异源 AD（如病毒蛋白 VP16）蛋白之间一旦融合，就能够激活 Gal4 靶基因表达（Sadowski et al. 1988）。同样，当 Gal4-AD 通过蛋白质-蛋白质之间的相互作用募集在某个启动子上时，其功能是完整的（Ma and Ptashne 1988）。综上，这些现象为酵母双杂交系统的发展铺平了道路。

　　Y2H 系统使用两个杂交蛋白——DB-诱饵和 AD-捕获子（图 22-1）。下面的系统为我们提供的步骤中，酵母的 DB 和 AD 都是 Gal4 蛋白。在另一些版本中，例如，使用细菌 LexA 的 DB 和 VP16 的 AD 也是可以的（Golemis and Khazak 1997）。DB-诱饵是一个杂交蛋白，由 Gal4 DB 和诱饵蛋白组成，旨在识别或研究能够相互作用的蛋白质伴侣。AD-捕获子是一个由 Gal4-AD 和捕获子组成的杂交蛋白。捕获子蛋白可以从 cDNA 筛选文库中获得或者使用单独克隆的 AD-捕获子克隆。当 DB-诱饵和 AD-捕获子都表达于同一酵母细胞，如果诱饵和捕获物能够在物理上相互作用，那么 Gal4 蛋白就能够在功能上实现重组，报道基因的转录就能被激活（图 22-1）。整合的 Y2H-相容性酵母菌株的基因组为许多 Gal4 结合位点下游的报道基因片段的组合（Vidal et al. 1996b）。DB-诱饵蛋白可以结合这些 Gal4 位点，如果 AD-捕获子与诱饵结合，报道基因的转录就被激活。常用于 Y2H 系统的三个报道基因有：酵母基因 *HIS3*、*URA3* 和细菌 *LacZ* 基因（其他系统也可以使用其他报道基因）。报道基因的表达由一个基本启动子和一组 Gal4-结合位点上游序列控制。*HIS3* 报道基因编码一种参与组氨酸生物合成的酶，在其缺乏时，酵母只能依赖于外源性组氨酸补充。同样，酵母的生长需要具有功能的而不含有尿嘧啶的 *URA3* 基因。用于 Y2H 系统的菌株携带有缺陷的 *HIS3* 和 *URA3* 基因；等位基因常用 his3Δ200 和 ura3-52。*HIS3* 和 *URA3* 基因功能性的表达可以分别选择使用缺乏组氨酸和尿嘧啶的培养基。此外，实现 *HIS3* 的表达水平可通过给培养基中添加抑制剂氨基三唑（3-aminotriazole，3AT），这样，3AT 加入的浓度越高，表示 HIS3 的表达越高。*LacZ* 基因编码β-Gal（β-galactosidase），它可以通过比色测定来了解其含量；在缺乏β-Gal 时，酵母是白色的，其存在时为蓝色。我们发现，评估 Y2H 系统是否激活，*HIS3* 和 *LacZ* 通常就足够了。两个报道基因都必须由 PPI 激活，从而增强了这种相互作用的相关性和/或可靠性（Walhout and Vidal 2001）。*URA3* 基因适用在当相互作用很难判断或当其目的是使用反向 Y2H 系统确定相互作用缺陷等位基因的时候（Vidal et al. 1996）。在后者，反向选择使用 5-氟乳清酸（5-fluoorotic acid，5FOA）时，若两蛋白质间具有相互作用，则酵母能够在尿嘧啶缺陷的培养基上生长但含有 5FOA 时却不能生长。如果诱饵或捕获子蛋白突变，阻止了相互作用时，菌落可通过 5FOA 培养基确定是否生长。

　　对于 Y2H 系统，首先要生成 DB-诱饵，这需要确定实验设计（表 22-1）。首先，你必须确定需要使用的是完整蛋白质或只有部分的蛋白质（如保守结构域）。这很重要，因为并不是所有的相互作用在完整的蛋白质之间都能够检测到，相反，观察相互作用的蛋白质片段可能并非所有都发生在体内。此外，如果想充分检测与靶蛋白相互作用的蛋白质，可使用多种蛋白质片段进行筛选。这种方法的好处有三点。第一，相互作用结构域会自动发现（Boxem et al. 2008）。第二，要决定将要使用的载体——有一个带有 ARS/CEN 或 "2μ" 的 DNA 起始位点复制子。前者每个细胞只有几个拷贝 DNA，而 2μ质粒可以产生许多拷贝，因此可以使更多的 DB-诱饵蛋白表达。ARS/CEN 质粒可减少假阳性。然而，使用 2μ 质粒可能导致更少的假阴性。第三，要确定克隆方法：可以使用基于常规酶切方法或可以使用基于重组 Gateway 克隆等方法（图 22-3）（Hartley et al. 2000；Walhout et al. 2000 b）。后者尤其在克隆和筛选多个诱饵时被选用。DB-诱饵制备的其他方面还包括载体启动子的选择，其中涉及所需的 DB-诱饵蛋白的表达水平。在这里，我们描述使用 ARS/CEN 或 2μ 进行 DB-诱饵生成 Gateway 克隆的操作步骤。我们的载体使用乙醇脱氢酶（ADH1）启动子来驱动 DB-诱饵表达。

表 22-1　Y2H DB-诱饵选择

Y2H 诱饵	举例	优点	缺点
全长蛋白	基因组编码的任何蛋白	在相关生物学范围内可能存在相互作用	更高的假阴性；全长蛋白可能为自激活子
蛋白结构域	可选择组成型蛋白片段或特异的蛋白结构域	较低的假阴性率	相互作用可能不发生在全长蛋白之间；每个蛋白之间需要更多的筛选

　　Y2H，酵母双杂交；DB，DNA-结合域。

　　DB-诱饵选择后，必须确定如何识别相互作用对象，也就是说，使用什么 AD-捕获子（表 22-2），这里有几种可能性。使用最广泛的筛选为使用高复杂性的 AD-cDNA 文库获得从一个整体生物或相关组织的目的基因（因为这个原因，本章只描述筛选 cDNA 文库的步骤）。大多数 cDNA 文库并没有标准化，这意味着一些克隆具有高度代表性，因为它们在大多数或所有细胞类型中表达水平很高。因此，需要筛选许多文库克隆以确定较少量的 AD-捕获物。为了克服该问题，可以使用包含 AD-ORF 的 ORF 组库，而不是 AD-cDNA 克隆。ORF 组被定义为大量完整的可读框（ORF），经常被克隆在一个通用的（Gateway-相容）载体中（Reboul et al. 2001）。这些资源是可获得的，例如，粟酒裂殖酵母（Matsuyama et al. 2006）、秀丽隐杆线虫（Reboul et al. 2003）和人类（Rual et al. 2004）——这些克隆可以用来构建 DB-诱饵或 AD-捕获子（图 22-3）。在 ORF 组来源的 AD-捕获库中，所有克隆差不多一样，所以很少有菌落需要与 cDNA 文库进行对比筛选。此外，这些 AD-捕获子可以使用单个克隆或克隆群直接进行筛选。

表 22-2　Y2H AD-捕获子选择

Y2H 捕获子	要求	优点	缺点	费用	产量
cDNA 文库	复杂性高；与目的组织相关	无法获得 ORF 集合时的捕获物选择	难检测低丰度蛋白	高	低
ORF 组文库	足量的 ORF，克隆至 AD-捕获子载体	能够检测低丰度蛋白	不能找到未克隆的蛋白	中	中
ORF 智能群	足量的 ORF，克隆至 AD-捕获子载体	能够检测低丰度蛋白	不能找到未克隆的蛋白	中	中/高
ORF 阵列	足量的 ORF，克隆至 AD-捕获子载体	能够检测低丰度蛋白	不能找到未克隆的蛋白	低	高

　　Y2H，酵母双杂交；AD，激活结构域；ORF，可读框。

　　使用批量的单个 AD-捕获子克隆可以确保所有的捕获子能够独立检测结合 DB-诱饵的能力（Uetz et al. 2000；Zhong et al. 2003；Grove et al. 2009）。AD-捕获子克隆被放置在固定的坐标阵列中，以类似的方式（通过转换或交配）诱饵酵母菌株，导入相互作用捕获子的检测通过表型与阴性对照（仅含 AD 酵母质粒）相比较而完成。通过这种方法，可以对阵列中所有的相互作用因子进行测试，根据阵列中它们所处的位置而知晓它们的身份。然而，尽管基于阵列的使用单个捕获子克隆的筛选方法能够提供比文库筛选更高的覆盖率，但是高通量实验法的可行性受限于 AD-捕获子克隆的可获得性以及阵列的大小。例如，由于包含所有基因的每一个异构体的一个阵列在技术上筛选具有挑战性，所以只有基因的一类亚型（如 TF、激酶等）通常是以这种方式进行筛选。

收集 AD-捕获子克隆是一种了解成千上万相互作用的有效方式，筛选完成后用测序鉴定相互作用对象。该方法已被用于绘制秀丽隐杆线虫"相互作用组"图谱（Li et al. 2004）和人类蛋白质图谱（Rual et al. 2005）。利用"Smart-pool"法可收集每个 AD-捕获子。所有的 Smart-pool 都转化为含有 DB-诱饵的酵母菌，然后简化计算信号，从阳性评分集落中鉴定相互作用对象，从而减少甚至免除测序（Vermeirssen et al. 2007；Xin et al. 2009）。关于这两种类型的收集策略，相比使用单个克隆阵列技术来说，其覆盖率不高，但它优于文库筛选。

酵母单杂交（Y1H）系统：概念和方法学

酵母单杂交（Y1H）系统非常类似于 Y2H 系统，除了它使用一个单独的杂交蛋白——AD-捕获子和一个 DNA 片段作为诱饵（Li and Herskowitz 1993；Wang and Reed 1993；Deplancke et al. 2004）。DNA-诱饵分别克隆在两个报道基因 *HIS3* 和 *LacZ* 的上游（图 22-3），然后这两个构建好的质粒整合到酵母基因组（如同一酵母细胞中）。当捕获蛋白与 DNA-诱饵相互作用时，报道基因通过 AD 的作用表达激活，判别方法与 Y2H 系统类似。有必要使用捕获子与 AD 的融合体，因为这样能够促使捕获子既能够识别转录激活物，也能够识别阻遏物，以及参与其他核过程如 DNA 复制（Li and Herskowitz 1993）的蛋白质。最初，Y1H 系统（多个拷贝）以小序列诸如（预测）顺式调控元件或 TF 结合位点作为诱饵。但更大、更复杂的 DNA 片段拷贝如启动子或增强子等也可使用（Dupuy et al. 2004；Deplancke et al. 2006；Vermeirssen et al. 2007；Martinez et al. 2008）。在 Y1H 系统中，使用两个报道基因——*HIS3* 和 *LacZ*。在 Y2H 系统中用作报道基因的 *URA3* 基因在 Y1H 系统中也可作为一个 DNA-诱饵的整合标志，*HIS3* 报道基因可在组氨酸缺陷培养基上进行选择。*HIS3* 报道基因载体中的最小 HIS3 启动子就足以使 *HIS3* 表达，使酵母菌在组氨酸缺陷培养基上生长。对于检测 PDI，氨基三唑（3AT）可作为 His3 酶的竞争性抑制剂添加到培养基中。当 3AT 存在时，则需要表达更多的 *HIS3* 以支持菌落生长，因此，这种化合物可以有效地用于杂交筛选中鉴定 PDI。

像 Y2H 系统一样，Y1H 系统先需要选择和设计 DNA-诱饵（表 22-3）。这里有两种可能性：您可以使用一个或多个拷贝的短 DNA 序列，或一个拷贝更大、更复杂的 DNA-诱饵。前者可以是预测的顺式调控元件或 TF 结合位点，而后者可以是启动子、增强子，或其他复杂的基因组 DNA 片段。我们建议后者的片段大小不要超过 2kb，这样能有效获得阳性克隆，避免酵母中可能检测不到长距离的 PDI。

表 22-3　Y1H DNA-诱饵选择

Y1H 诱饵	举例	长度	克隆	优点	缺点
短的顺式调控元件	预测的 TF 结合位点	5～12bp，以 1～5 个拷贝串联	寡核苷酸复性成 ds	背景低	要预知信息
长，组合的顺式调控元件	启动子/增强子	50～2000bp	从基因组 DNA 进行 PCR	无偏差	背景较高（约 10%～20% 的片段）

Y1H，酵母单杂交；TF，转录因子；ds, 双链；PCR，聚合酶链反应。

广义上讲，在 Y1H AD-捕获子的选择上存在与前面所讨论的在 Y2H 系统中相同的问题。然而，很重要的一点是，Y1H 系统通常只用于识别 TF，因此，可以使用小的 AD-TF 迷你文库、Smart-pool 或克隆阵列，这样使筛选变得更快和更便宜（表 22-4）（Vermeirssen et al. 2007b）。

总之，方法的选择取决于几个因素：酵母杂交筛选所需达到的产量和覆盖率，也许最重要的是，AD-cDNA 或 ORF 组资源的获得。

表 22-4　Y1H AD 捕获子的选择

Y1H 捕获子	要求	优点	缺点	费用	产量
cDNA 文库	复杂性高；与目的组织相关	能够获得未克隆或未预测的 TF	难检测低丰度蛋白，只有在少数细胞或一定（发育）时期内	高	低
TF 迷你文库	足量的 TF 编码 ORF，克隆至 AD-捕获子载体	能够检测低丰度蛋白	不能找到未克隆的蛋白	中	中
TF 智能群	足量的 ORF，克隆至 AD-捕获子载体	能够检测低丰度蛋白	不能找到未克隆的蛋白	中	中/高
TF 阵列	足量的 ORF，克隆至 AD-捕获子载体	能够检测低丰度蛋白	不能找到未克隆的蛋白	低	高

Y1H，酵母单杂交；AD，激活结构域；TF，转录因子；ORF，可读框。

Y2H 和 Y1H 系统：优点和缺点

Y2H 和 Y1H 系统与其他（生化）方法相比有几个优点和缺点，特别是免疫共沉淀后进行质谱分析或染色质免疫沉淀后进行 DNA 序列分析（表 22-5）。最重要的问题是，酵母杂交系统是在酵母中进行的，而不是在体内环境（除非使用酵母蛋白质）中进行。这既被认为是一个优势，也被认为是个劣势。缺点是需要进行后续分析以确定体内相关性/相互作用的结果。该系统的优点是它基本上不受环境限制：只要相互作用发生在酵母细胞核，该系统就可以检测在体内很难检测到的蛋白质间的相互作用，因为它们在低水平、组织特异性或暂时特定的方式表达的情况下（如在发育过程中或在生理条件下）即可检测。然而，该系统在检测不定位于酵母细胞核（如膜蛋白）或者需要翻译后修饰（不发生在酵母）的蛋白质方面并不有效。对于这些蛋白质，其他杂交分析可能更合适，如泛素化剪切实验（Stagljar et al. 1998）、AVEXIS（Bushell et al. 2008）、MAPPIT 分析（Eyckerman et al. 2001）、邻位连接分析（Fredriksson et al. 2002）或 LUMIER 分析（Barrios-Rodiles et al. 2005）等，这些方法可以检测依赖于翻译后修饰的哺乳动物细胞中的 PPI。酵母杂交系统的其他优点还包括：检测双向 PPI（Y2H），低亲和力或瞬时 PPI 和 PDI（Y2H/Y1H），使用 Y2H 鉴定相互作用区域（Boxem et al. 2008）和具体相互作用缺陷等位基因（Walhout et al. 2000），使用 Y1H 鉴定 TF 结合位点（Reece-Hoyes et al. 2009），发现新的无 DNA 可识别结合域的 TF（Deplancke et al. 2006；Vermeirssen et al. 2007）。Y1H 系统也不适于异源二聚体检测，其中一个重要的缺点是几个 TF 作为强制性的二聚体结合在一条 DNA 上。然而，一般来说，Y1H 可有效地检测到同源二聚体。

表 22-5　Y2H 和 Y1H 系统的优缺点

Y2H 优点	Y2H 缺点	Y1H 优点	Y1H 缺点
培养条件独立；能够检测到生化方法难于检测到的低丰度蛋白	并非在内源情况下进行；可能得到不相关的 PPI（生物假阳性）	培养条件独立；能够鉴定 ChIP 难以检测到的低丰度和组织特异性的 TF	并非在内源情况下进行；可能得到不相关的 PDI（生物假阳性）
能够检测双方面的 PPI	某些类型的蛋白不能有效地检测到，如膜蛋白	能够鉴定结合到目的 DNA 片段上的多个 TF（以基因为中心）	不能（尚不）适用于检测 TF 异源二聚体
能够检测瞬时的 PPI	检测不到依赖于翻译后修饰的 PPI	能够检测微弱的 PDI	检测不到依赖于翻译后修饰的 PDI
能用来确定相互作用结构域		能用来确定和细化 TF 结合位点	
能用来鉴定相互作用缺陷等位基因		能用来鉴定新的可能的 TF	

Y1H，酵母单杂交；Y2H，酵母双杂交；PPI，蛋白质-蛋白质相互作用；TF，转录因子；ChIP，染色质免疫共沉淀；PDI，蛋白质-DNA 相互作用。

　　总之，Y1H 和 Y2H 的优势使它们成为发现和描述分子间相互作用的强有力工具，但也由于使一些相互作用检测不到（假阴性）而受到限制。系统检测相互作用的假阴性情况将在后面详细讨论。

假阳性

　　杂交系统中有两种类型的假阳性：在系统中，"技术假阳性"是无法重复出来的，而"生物假阳性"在酵母中很容易检测到，但体内却是不发生的。判定相互作用是否是生物学假阳性是一件很具有挑战性的事，因为用于体内验证的实验也有其局限性或假阴性率。例如，它可能难以或者不可能验证低丰度蛋白质生化反应或瞬态/低亲和力蛋白之间的相互作用。然而，可整合其他类型实验的数据以确定 PPI 或 PDI 的可靠性，这点非常有用。例如，当几个蛋白质在同一细胞中表达、在同一亚细胞定位且同时表达时，那么它们之间的 PPI 就可能非常真实。

　　如果操作得当，酵母杂交系统的技术假阳性率很低（Venkatesan et al. 2009）。有几个重要的问题需要考虑。首先，最重要的技术假阳性来源于蛋白质或 DNA-诱饵蛋白的高度自激活，也就是说，它在缺乏一个 AD-捕获子的情况下仍然能够激活报道基因表达（见下文）。一些诱饵为"天然"自激活因子，也就是说，所有的诱饵酵母显示出统一且高度的报道基因激活能力（例如，许多 TF 有自己的 AD，这些 AD 本身在酵母中就具有功能）。然而，一些诱饵可以转化为新的自激活因子 （Walhout and Vidal 1999），也就是说，一些来源于同一群体的普遍自激活水平较低的单个酵母，由于 PCR（最初克隆诱饵时）突变或者在酵母的繁殖突变而显示出高自激活水平。当自发的自激活因子发生在筛选过程中时，它们均显示为阳性菌落。然而，当用新鲜的含诱饵的酵母细胞重新在菌落中检测 AD-捕获子时（如使用 gap-repair 技术，详情见方案 3），相互作用就不能重复出来。因此，重复检测以避免 PDI 和 PPI 这种类型的假阳性是至关重要的。在 Y1H 系统中，将 DNA-诱饵整合到酵母基因组中以确保固定拷贝数及固定背景的报道基因表达是至关重要的（Deplancke et al. 2004）。总之，虽然可能出现技术上假阳性，但通常可以利用在新鲜的诱饵酵母细胞中重复测试相互作用以消除之。

酵母单杂交和酵母双杂交的操作步骤

　　本章的操作步骤描述了如何使用 Gateway 重组技术制备 Y1H 和 Y2H 系统的诱饵质粒，如何将这些质粒导入到酵母菌株，以及如何使用这些诱饵菌株从 AD-捕获子蛋白表达文库中筛选相互作用因子。首先在 Y1H（方案 1）和 Y2H（方案 2）中分别描述了质粒构建和菌株转化的过程；方案 3 描述了如何筛选 cDNA 文库。后者除了使用不同的培养条件外（表 22-6），与 Y1H 和 Y2H 本质上是相同的。传统的限制酶克隆和连接方法可以用来构建 DNA、DB-诱饵和 AD-捕获子。表 22-7 列出了方案中所要使用的载体和引物序列。方案 4~6 提供了前三个方案所要使用的具体步骤。这些方案提供了高效转化酵母、用酵母菌落分析 β-半乳糖苷酶活性，以及进行酵母菌落 PCR 的详细步骤。

致谢

　　本工作由 NIH 基金资助（DK068429 和 GM082971）。

参考文献

Barrios-Rodiles M, Brown KR, Ozdamar B, Bose R, Liu Z, Donovan RS, Shinjo F, Liu Y, Dembowy J, Taylor IW, et al. 2005. High-throughput mapping of a dynamic signaling network in mammalian cells. *Science* 307: 1621–1625.

Boxem M, Maliga Z, Klitgord N, Li N, Lemmens I, Mana M, de Lichtervelde L, Mul JD, van de Peut D, Devos M, et al. 2008. A protein domain-based interactome network for *C. elegans* early embryogenesis. *Cell* 134: 534–545.

Bushell KM, Söllner C, Schuster-Boeckler B, Bateman A, Wright GJ. 2008. Large-scale screening for novel low-affinity extracellular protein interactions. *Genome Res* 18: 517–520.

Cusick ME, Klitgord N, Vidal M, Hill DE. 2005. Interactome: Gateway into systems biology. *Hum Mol Genet* 14: R171–R181.

Deplancke B, Dupuy D, Vidal M, Walhout AJ. 2004. A Gateway-compatible yeast one-hybrid system. *Genome Res* 14: 2093–2101.

Deplancke B, Mukhopadhyay A, Ao W, Elewa AM, Grove CA, Martinez NJ, Sequerra R, Doucette-Stamm L, Reece-Hoyes JS, Hope IA, et al. 2006. A gene-centered *C. elegans* protein-DNA interaction network. *Cell* 125: 1193–1205.

Dupuy D, Li QR, Deplancke B, Boxem M, Hao T, Lamesch P, Sequerra R, Bosak S, Doucette-Stamm L, Hope IA, et al. 2004. A first version of the *Caenorhabditis elegans* promoterome. *Genome Res* 14: 2169–2175.

Eyckerman S, Verhee A, der Heyden JV, Lemmens I, Ostade XV, Vandekerckhove J, Tavernier J. 2001. Design and application of a cytokine-receptor-based interaction trap. *Nat Cell Biol* 3: 1114–1119.

Fields S, Song O. 1989. A novel genetic system to detect protein–protein interactions. *Nature* 340: 245–246.

Fredriksson S, Gullberg M, Jarvius J, Olsson C, Pietras K, Gústafsdóttir SM, Ostman A, Landegren U. 2002. Protein detection using proximity-dependent DNA ligation assays. *Nat Biotechnol* 20: 473–477.

Giniger E, Ptashne M. 1987. Transcription in yeast activated by a putative amphipathic helix linked to a DNA binding unit. *Nature* 330: 670–672.

Giniger E, Varnum SM, Ptashne M. 1985. Specific DNA binding of GAL4, a positive regulatory protein of yeast. *Cell* 40: 767–774.

Golemis EA, Khazak V. 1997. Alternative yeast two-hybrid systems. The interaction trap and interaction mating. *Methods Mol Biol* 63: 197–218.

Grove CA, De Masi F, Barrasa MI, Newburger DE, Alkema MJ, Bulyk ML, Walhout AJ. 2009. A multiparameter network reveals extensive divergence between *C. elegans* bHLH transcription factors. *Cell* 138: 314–327.

Hartley JL, Temple GF, Brasch MA. 2000. DNA cloning using in vitro site-specific recombination. *Genome Res* 10: 1788–1795.

Keegan L, Gill G, Ptashne M. 1986. Separation of DNA binding from the transcription-activating function of a eukaryotic regulatory protein. *Science* 231: 699–704.

Kummerfeld SK, Teichmann SA. 2006. DBD: A transcription factor prediction database. *Nucleic Acids Res* 34: D74–D81.

Li JJ, Herskowitz I. 1993. Isolation of the ORC6, a component of the yeast origin recognition complex by a one-hybrid system. *Science* 262: 1870–1874.

Li S, Armstrong CM, Bertin N, Ge H, Milstein S, Boxem M, Vidalain PO, Han JD, Chesneau A, Hao T, et al. 2004. A map of the interactome network of the metazoan *C. elegans*. *Science* 303: 540–543.

Ma JM, Ptashne M. 1987. Deletion analysis of GAL4 defines two transcriptional activating segments. *Cell* 48: 847–853.

Ma J, Ptashne M. 1988. Converting a eukaryotic transcriptional inhibitor into an activator. *Cell* 55: 443–446.

Martinez NJ, Ow MC, Barrasa MI, Hammell M, Sequerra R, Doucette-Stamm L, Roth FP, Ambros VR, Walhout AJ. 2008a. A *C. elegans* genome-scale microRNA network contains composite feedback motifs with high flux capacity. *Genes Dev* 22: 2535–2549.

Matsuyama A, Arai R, Yashiroda Y, Shirai A, Kamata A, Sekido S, Kobayashi Y, Hashimoto A, Hamamoto M, Hiraoka Y, et al. 2006. ORFeome cloning and global analysis of protein localization in the fission yeast *Schizosaccharomyces pombe*. *Nat Biotechnol* 24: 841–847.

Reboul J, Vaglio P, Tzellas N, Thierry-Mieg N, Moore T, Jackson C, Shin-I T, Kohara Y, Thierry-Mieg D, Thierry-Mieg J, et al. 2001. Open reading frame sequence tags (OSTs) support the existence of at least 17,300 genes in *C. elegans*. *Nat Genet* 27: 1–5.

Reboul J, Vaglio P, Rual JF, Lamesch P, Martinez M, Armstrong CM, Li S, Jacotot L, Bertin N, Janky R, et al. 2003. *C. elegans* ORFeome version 1.1: Experimental verification of the genome annotation and resource for proteome-scale protein expression. *Nat Genet* 34: 35–41.

Reece-Hoyes JS, Deplancke B, Shingles J, Grove CA, Hope IA, Walhout AJ. 2005. A compendium of *Caenorhabditis elegans* regulatory transcription factors: A resource for mapping transcription regulatory networks. *Genome Biol* 6: R110. doi: 10.1186/gb-2005-6-13-r110.

Reece-Hoyes JS, Deplancke B, Barrasa MI, Hatzold J, Smit RB, Arda HE, Pope PA, Gaudet J, Conradt B, Walhout AJ. 2009. The *C. elegans* Snail homolog CES-1 can activate gene expression in vivo and share targets with bHLH transcription factors. *Nucleic Acids Res* 37: 3689–3698.

Rual JF, Hirozane-Kishikawa T, Hao T, Bertin N, Li S, Dricot A, Li N, Rosenberg J, Lamesch P, Vidalain PO, et al. 2004. Human ORFeome version 1.1: A platform for reverse proteomics. *Genome Res* 14: 2128–2135.

Rual JF, Venkatesan K, Hao T, Hirozane-Kishikawa T, Dricot A, Li N, Berriz GF, Gibbons FD, Dreze M, Ayivi-Guedehoussou N, et al. 2005. Towards a proteome-scale map of the human protein–protein interaction network. *Nature* 437: 1173–1178.

Sadowski I, Ma J, Triezenberg S, Ptashne M. 1988. GAL4-VP16 is an unusually potent transcriptional activator. *Nature* 335: 563–564.

Stagljar I, Korostensky C, Johnsson N, te Heesen S. 1998. A genetic system based on split-ubiquitin for the analysis of interactions between membrane proteins in vivo. *Proc Natl Acad Sci* 95: 5187–5192.

Uetz P, Giot L, Cagney G, Mansfield TA, Judson RS, Knight JR, Lockshon D, Narayan V, Srinivasan M, Pochart P, et al. 2000. A comprehensive analysis of protein–protein interactions in *Saccharomyces cerevisiae*. *Nature* 403: 623–627.

Vaquerizas JM, Kummerfeld SK, Teichmann SA, Luscombe NM. 2009. A census of human transcription factors: Function, expression and evolution. *Nat Rev Genet* 10: 252–263.

Venkatesan K, Rual JF, Vazquez A, Stelzl U, Lemmens I, Hirozane-Kishikawa T, Hao T, Zenkner M, Xin X, Goh KI, et al. 2009. An empirical framework for binary interactome mapping. *Nat Methods* 6: 83–90.

Vermeirssen V, Barrasa MI, Hidalgo CA, Babon JA, Sequerra R, Doucette-Stamm L, Barabási AL, Walhout AJ. 2007a. Transcription factor modularity in a gene-centered *C. elegans* neuronal protein-DNA interaction network. *Genome Res* 17: 1061–1071.

Vermeirssen V, Deplancke B, Barrasa MI, Reece-Hoyes JS, Arda HE, Grove CA, Martinez NJ, Sequerra R, Doucette-Stamm L, Brent MR, et al. 2007b. Matrix and Steiner-triple-system smart pooling assays for high-performance transcription regulatory network mapping. *Nat Methods* 4: 659–664.

Vidal MR, Brachmann R, Fattaey A, Harlow E, Boeke JD. 1996a. Reverse two-hybrid and one-hybrid systems to detect dissociation of protein–protein and DNA–protein interactions. *Proc Natl Acad Sci* 93: 10315–10320.

Vidal M, Braun P, Chen E, Boeke JD, Harlow E. 1996b. Genetic characterization of a mammalian protein-protein interaction domain by using a yeast reverse two-hybrid system. *Proc Natl Acad Sci* 93: 10321–10326.

Walhout AJM. 2006. Unraveling transcription regulatory networks by protein-DNA and protein-protein interaction mapping. *Genome Res* 16: 1445–1454.

Walhout AJM, Vidal M. 1999. A genetic strategy to eliminate self-activator baits prior to high-throughput yeast two-hybrid screens. *Genome Res* 9: 1128–1134.

Walhout AJM, Vidal M. 2001. High-throughput yeast two-hybrid assays for large-scale protein interaction mapping. *Methods* 24: 297–306.

Walhout AJ, Sordella R, Lu X, Hartley JL, Temple GF, Brasch MA, Thierry-Mieg N, Vidal M. 2000a. Protein interaction mapping in *C. elegans* using proteins involved in vulval development. *Science* 287: 116–122.

Walhout AJ, Temple GF, Brasch MA, Hartley JL, Lorson MA, van den Heuvel S, Vidal M. 2000b. GATEWAY recombinational cloning: Application to the cloning of large numbers of open reading frames or ORFeomes. *Methods Enzymol* 328: 575–592.

Wang MM, Reed RR. 1993. Molecular cloning of the olfactory neuronal transcription factor Olf-1 by genetic selection in yeast. *Nature* 364: 121–126.

Xin X, Rual J-F, Hirozane-Kishikawa T, Hill DE, Vidal M, Boone C, Thierry-Mieg N. 2009. Shifted Transversal Design smart-pooling for high coverage interactome mapping. *Genome Res* 19: 1262–1269.

Zhong J, Zhang H, Stanyon CA, Tromp G, Finley RL Jr. 2003. A strategy for constructing large protein interaction maps using the yeast two-hybrid system: Regulated expression arrays and two-phase mating. *Genome Res* 13: 2691–2699.

方案 1　构建酵母单杂交 DNA-诱饵菌株

制备 Gateway 相容的、用于 Y1H 筛选的 DNA 诱饵菌株包括三个步骤（图 22-3A 的章节中介绍）。第一步是制备包含目的 DNA 的诱饵 Gateway 克隆。Gateway 克隆用来克隆较大诱饵，如将启动子克隆至 pdonr-p4-p1r 载体中（该方案也提供了一系列替代步骤，即质粒构建可利用复性引物以及常规方法连接至 PMW＃5 载体，该策略最适合于小于 100bp 的 DNA 诱饵）。第二步是将 DNA 诱饵从 Gateway 克隆转移到两个 Y1H 报道基因载体中，即 pMW#2（*HIS3*）和 pMW#3（*LacZ*）。这两个步骤作为构建 Gateway 克隆的一个通用方法，可将 DNA 诱饵连接到各种载体中，例如，克隆绿色荧光蛋白的一上游编码可读框以研究时空表达模式（Dupuy et al.，2004；Reece-Hoyes et al. 2007；Martinez et al. 2008）。最后一步是将 *HIS3* 和 *lacZ* 报道基因载体整合到 Y1H 酵母菌株 YM4271 的基因组中。整个过程需要 24～32 天，必要时需要加测序验证。

材料

为正确使用本方案中的器材和危险试剂，必须查阅相应的材料安全数据表并咨询所在机构的环境卫生和安全办公室。

本方案的专用试剂标注<R>，配方在本方案末提供。常用储备溶液、缓冲液和试剂标注<A>，配方见附录 1。储备溶液应稀释至适用浓度后使用。

试剂

琼脂糖

小牛血清白蛋白（1mg/mL 溶于水）

高效 DH5α菌种（>10^7cfu/μg）

DNA 分子质量和浓度标准

dNTP 溶液（PCR 梯度）

BP 克隆酶 II 混合液

LR 克隆酶 I 混合液

基因组 DNA（100μg/mL 溶于 TE; pH 7.0）

甘油溶液（15%,*V*/*V*; 30%, *V*/*V*）溶于蒸馏水

1H1FW 引物（5′-GTTCGGAGATTACCGAATCAA-3′）

HIS293RV 引物（5′-GGGACCACCCTTTAAAGAGA-3′）

LacZ592RV 引物（5′-ATGCGCTCAGGTCAAATTCAGA-3′）

含有氨苄青霉素的 LB 培养基和平板（50mg/mL）<A>

含有卡那霉素的 LB 培养基和平板（50mg/mL）<A>

M13F 引物（5′-GTAAAACGACGGCCAGT-3′）

M13R 引物（5′-CAGGAAACAGCTATGAC-3′）

MW#5F 引物（5′-GACTGATAGTGACCTGTTCGTTGC-3′）

MW#5R 引物（5′-CATAGTGACTGCATATGTTGTGTTTTACAG-3′）

硝酸纤维素（NC）膜（45μm, 137mm）（Fisher Scientific, 目录号 WP4HY13750）

PCR 级水

　　PCR 级水有稳定的 pH，不含离子、盐、核酸酶。它可从 Ambion 和很多其他供应商购买获得。

pDONR P4-P1R

pMW#2、pMW#3 和 pMW#5

各种限制性内切核酸酶和相关的 10×缓冲液

Sc-Ura-His+3AT 板（10mmol/L、20mmol/L、40mmol/L、60mmol/L、80mmol/L 3AT;
150mm）<A>

Sc-Ura-His 板（150mm）<A>

T4 DNA 连接酶和相关 10×缓冲液

10×TBE 缓冲液<A>

TE 缓冲液（pH 8.0）<A>

耐热性的高保真 DNA 聚合酶，如 *Pfu* 酶和相关的 10×PCR 缓冲液

耐热性的常规 DNA 聚合酶，如 *Taq* 酶和相关的 10×PCR 缓冲液

YAPD 模板（150mm）<R>

YM4271 酵母菌

> YM4271 基因型是 MATa、ura3-52、his3-Δ200、ade2-101、ade5、lys2-801、leu2-3、112、trp1-901、tyr1-501、
> gal4Δ、gal80Δ、ade5::hisG。

设 备

15mL 无菌培养管

无菌玻璃珠

培养箱温度设定在 25℃、37℃、30℃、15℃

> 如果没有足够的培养箱可用，有些步骤可以使用热循环仪。

Miniprep 试剂盒

PCR 板（96 孔板）

Replica-plating apparatus（Cora Styles，目录号 4006，150mm 板）

测定 DNA 浓度的分光光度计（260nm 波长）

热循环仪

无菌牙签和/或无菌的一次性塑料环

天鹅绒（220mm×220mm 平绒；100%棉绒不含人造丝）

水浴温度为 37℃、42℃

方法

PCR 制备诱饵 DNA

用基因组 DNA 作为模板扩增大的、复杂的诱饵 DNA，如启动子和增强子，这部分将需一天时间完成。

1. 合成 attB4 序列上游引物（5′-GGGGACAACTTTGTATAGAAAAGTTG-3′）；attB1R 下游引物（5′-GGGGACTGCTTTTTTGTACAAACTTGTC-3′）。用 PCR 级水将引物最终稀释至浓度为 20μmol/L。

> 设计引物时在 3′端需要有足够的诱饵特殊序列，因此，引物特殊诱饵部分熔解温度为 55~65℃（引物长度通常
> 约为 50nt）。这些 attB 部分可以一起转移到 Entry 载体 pDONRP4-P1R。

2. 无菌 PCR 管（或 PCR 孔），设置以下每对引物的混合物：

上游引物（20μmol/L）	1μL
下游引物（20μmol/L）	1μL
dNTP（1mmol/L）	5μL

10×PCR 缓冲液	5μL
基因组 DNA（100μg/mL）	10μL
耐高温高保真 DNA 聚合酶	2U
加水至	50μL

DNA 诱饵也可从另外一个适当的模板扩增（例如，黏粒或人工合成的细菌染色体、BAC）。建议用高保真 DNA 聚合酶，它可以减少 PCR 引起的错误。请记得加上一个缺少 PCR 模板的阴性对照。

3. 把管（或板）放置在热循环仪上，使用如下 PCR 程序：

循环数	变性	复性	聚合
1	94℃，2min		
35	94℃，1min	56℃，1min	DNA 诱饵序列扩增速度 1 kb/min，72℃
最后一个循环			72℃，7min

PCR 条件（包含很多增加的模板）可能会由于选择的 DNA 聚合酶需要作出改变和优化，这样才会产生需要的扩增（见第 7 章，方案 1）。通常具有代表性的 DNA 诱饵长度为 300～2000bp。

4. 取 5～10μL PCR 产物，用 1×TBE 配制的 1%（m/V）琼脂糖胶，在旁边点上 DNA 分子质量标准，以确认得到大小正确的扩增产物（见第 2 章，方案 1）。扩增产物保存到 −20℃。

如果出现非特异性条带，PCR 产物电泳回收，切下并纯化大小正确的那条带。

见"疑难解答"。

通过 Gateway 克隆 DNA 诱饵 PCR 产物并插入到入门载体

如果需要，这部分包括序列确认需要 4 天的时间。

如果目的 DNA 诱饵很小（一般大于 100bp），它可由复性互补的寡核苷酸生成长臂双链 DNA，并用常规方法连接到 Entry 载体 pMW#5。此过程在备选方案的通过诱饵 DNA 引物复性产生入门克隆产物中提供。

5. 每一个克隆的 DNA 诱饵，混合到 1.5mL 无菌离心管，置冰上：

PCR 产物（来自步骤 4）	100ng
pDONR P4-P1R	100ng
Gateway BP clonase II 混合酶	1μL
TE 缓冲液（pH 8.0）至	5μL

混匀每一个反应，25℃过夜培养。

PCR 产物和载体可以通过凝胶电泳跑一个已知同样大小的 DNA 或通过分光光度法定量。通常取 2μL PCR。用之前将 Gateway BP clonase II 混合酶置冰上融化。按照第 4 章方法将所有非重组的 Gateway 载体准备好。作为阴性对照，准备一个相同反应的 BP 混合物加上 TE 缓冲液而非相同体积的 PCR 产物。

可以在热循环仪上或培养箱里孵育。我们不推荐室温孵育（例如，on the bench）。因为温度可能有很大变化。

6. 全部反应的混合物加到 50μL 大肠杆菌 DH5α 感受态细胞中，每微克 DNA 超过 10^7 转化菌细胞。全部转化产物涂到含卡那霉素的 LB 板（50μg/mL），平板 37℃过夜培养。

很多克隆在 10～200 不等。阴性对照应该没有或者只有几个克隆（少于 5 个）。

见"疑难解答"。

7. 使用无菌 PCR 管（或 PCR 板的孔），从步骤 6 步挑选至少 6 个细菌克隆并准备如下 PCR 混合物：

M13F 上游引物（10μmol/L）	1μL
M13F 下游引物（10μmol/L）	1μL
dNTP（1mmol/L）	2.5μL

10×PCR 缓冲液	2.5μL
高保真 DNA 聚合酶	1U
加水至	25μL

用移液器无菌吸头挑每个克隆，将吸头放到新鲜的含卡那霉素的 LB 板上使克隆增殖，把带着细胞的吸头在 PCR 的混合物管里吹打混匀，弃掉吸头。将含卡那霉素的 LB 板在 37℃条件下培养 18h。

记得加上不含细菌的 PCR 阴性对照。

鉴别 PCR 用 M13F 和特殊诱饵反转录引物也在这步完成，因此通过测序确认插入的序列。菌液 PCR 鉴定是通过分离多个克隆接种到含卡那霉素的 LB 培基和按步骤 10 提取质粒 DNA，通过 DNA 测序或鉴定反应确认插入的序列。

8. 把管放到热循环仪上，使用如下 PCR 程序：

循环数	变形	复性	聚合
1	94℃，2min		
35	94℃，1 min	56℃，1min	DNA 诱饵序列
			1kb/min，72℃
最后一个循环			72℃，7min

PCR 克隆条件可能需要优化（见第 7 章，方案 1）。

9. 取 5～10μL PCR 产物跑 1×TBE 配制的 1%（m/V）琼脂糖胶，同时跑 DNA 分子质量（见第 2 章，方案 1）。用 M13F 测序来确认 1 或 2 个插入的大小正确的 PCR 产物。

当分析 PCR 产物时，记住扩增时 M13F 上游引物和下游引物可以增加 400bp。另外，当使用通用引物时，在不正确的克隆里可以发现约 100bp 或约 2000bp 未用完的 Gateway 盒引物二聚体。极少数情况下，通过 PCR 或测序分析其他克隆对于获得一个正确克隆是必要的。

10. 把步骤 7 提取的并对应步骤 9 测序正确的克隆接种到 3mL 含卡那霉素的 LB 培养基里，菌液 37℃过夜培养。50μL 过夜混合物加上 50μL 30%（V/V）的甘油至无菌的 1.5mL 离心管，把此含 15%（V/V）甘油的菌液储存在-80℃。用剩下的菌液通过 miniprep 提取质粒（见第 1 章，方案 1）。质粒 DNA 保存在-20℃。

pDONR P4-P1R 是低拷贝的质粒，使用 50μL 终体积来提取期望浓度达到约 100ng/μL。对 DNA 诱饵来说 Entry 克隆完全不需要测序。如果需要，多个克隆可以单独保存为诱饵 DNA。

通过 Gateway LR 克隆将诱饵 DNA 从入门克隆转化入 Y1H 报道载体

Y1H 系统中，含有两个报道基因，一个是 HIS3（用 pMW#2），另一个是 LacZ（用 pMW#3）（导言部分图 22-2A）。这部分实验加上序列确认需用 4 天时间完成（如果有必要的话）。

11. 每个 DNA 诱饵克隆，混合到 1.5mL 无菌微型离心管，冰上（一管为 pMW#2，另一管为 pMW#3）：

Entry 克隆（步骤 10 或替代方案步骤 8）	100ng
pMW#2 或 pMW#3	100ng
Gateway LR clonase II 混合酶	1μL
TE 缓冲液（pH 8.0）	至 5μL

混匀每一个反应，25℃过夜培养。

使用分光光度法定量质粒。我们通常使用 2mL。可以将 Gateway LR clonase II 混合酶放置在冰上融化，然后使用。所有 Gateway 非重组载体需要根据第 4 章中提及的实验方法事先备好。作为阴性对照，准备一个相同的 LR 反应剂，使用 TE 溶液来代替入门克隆（entry clone）的量。这个孵育过程可在循环变温加热器或者孵育箱中进行。我们不推荐在室温下进行（如工作台），因为温度变化可能很大。

12. 将整个反应体系转到 50μL 的大肠杆菌 DH5α细胞中，其转化效率应大于 $10^7/\mu g$

DNA。使用无菌玻璃珠子,按照 9：1 的比例关系将转化液涂在氨苄青霉素抗性（50mg/mL）的 LB 平板上,37℃过夜孵育。

获得的菌落数量一般在 100~1000。阴性对照中的菌落应该少于 5 个。

见"疑难解答"。

13. 根据步骤 7~9 和步骤 12 分析至少两个细菌菌落,除了用于细菌的引物 PCR 是 pMW#2 的 HIS293RV、M13F,以及 pMW#3 的 1H1FW 和 Lac592RV 外,DNA 测序使用 M13F（pMW#2 克隆）或 1H1FW（pMW#3 克隆）,以验证插入位置,然后将细菌菌落涂在 氨苄青霉素抗性的 LB 平板上生长。

分析 PCR 产物时,注意如果使用 pMW#2 引物扩增,扩增子将增加 400bp,而使用 pMW#3 引物则增加 800bp。

14. 将步骤 13 中经 DNA 测序证实的菌落接种在 3mL 氨苄青霉素抗性的 LB 培养液中,37℃振荡过夜。将 50μL 的过夜振荡培养液与 50μL 的 30%（V/V）甘油溶液混合放于无菌 1.5mL 微型离心机管中,存储在-80℃。使用剩余的培养液小量提取质粒(见第 1 章,方案 1)。质粒 DNA 可以存储在-20℃。

pMW#2 和 pMW#3 都是高拷贝数的质粒。小量提取的目标克隆浓度必须至少 150ng/mL,再进行下面的步骤。

Y1H 报道基因整合入 YM4271 酵母

该方法需要 5~7 天。

15. 配制以下限制性酶切反应液消化 DNA 诱饵::构建的报道基因在不同管中（一个用于基于 pMW#2 的构建和一个用于基于 pMW#3 的构建）：

pMW#2 DNA 诱饵克隆（步骤 14 中）	1~4μg
牛血清白蛋白（1mg/mL）	2.5μL
限制缓冲液（10×）	2.5μL
以下之一 *Afl*II、*Xho*I、*Nsi*I、*Bse*RI	2μL（20U）
H₂O	补至 25μL

在另外一管中

pMW#2 DNA 诱饵克隆（步骤 14 中）	1~4μg
牛血清白蛋白（1mg/mL）	2.5μL
限制缓冲液（10×）	2.5μL
以下之一：*Nco*I、*Apa*I、*Stu*I	2μL（20U）
H₂O	补至 25μL

混匀溶剂并在 37℃孵育 3h。

选择的限制性内切核酸酶不能切割 DNA 诱饵序列。这些酶可以使构建的目标基因 Y1H 报告载体线性化,这样 同源性酵母基因组的区域会出现在两端。当这些线性载体转入酵母菌株,构建的 pMW#2 会整合到宿主株 YM4271 突 变的 *HIS3* 位置（his3-D 200）,而构建的 pMW#3 则整合到突变 *URA3* 的位置（ura3-52）。

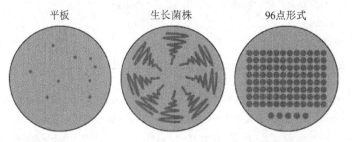

图 22-4 接种酵母板的不同方法。显示为三种不同的酵母接种方式。（左板）板中显示的是将 Y1H 的 DNA 诱饵整合到酵母基因组获得的单独克隆,或者是 Y1H/Y2H 文库筛选。（中板）显示了 8 株菌株在 150mm 板中的生长情况。（右板）"96 点形式",可用于同时检查 96 株酵母交互或自体活化表型。

16. 取 1~2μL 的酶切反应混合物跑 1×TBE 配制的 1%（m/V）琼脂糖胶，同时跑等量的、未酶切的、构建的质粒和 DNA 分子质量标准（见第 2 章，方案 1）。

17. 使用高效的酵母转化（方案 4），将 20μL 的线性化质粒（步骤 15 中酶切混合物）加入到 200μL 的 TE/LiAc/ssDNA YM4271 悬浮液中。

> 同时准备没有 DNA 加入的酵母作为阴性对照。

18. 将转化子重悬于 700μL 无菌水，然后用无菌玻璃珠全部涂到 150mm Sc-Ura-His 氨基酸缺陷板。30℃孵育 3~5 天；每个菌落应如图 22-4 左板所示。

> 因为存在未转化酵母，如果将整个转化液涂到 100mm 板，整合子（integrant）将难以生长。因此，如果使用 100mm 板，每个转化液至少涂三个平板。构建的报道基因 Y1H 是 integrative（YIp）载体，所以不能在酵母中复制，因此必须整合这个阶段生长的菌落。菌落的数量通常在 10~100。阴性对照不长克隆。
>
> 参见"疑难解答"。

酵母菌株诱饵 DNA 自活化检测

此部分需要 10~16 天，不包括测序时间。

整合的 DNA 诱饵的自体活化::报道基因在缺乏 AD 时的表达水平。自体活化的原因可能是内源性酵母激活子结合 DNA 诱饵。同样的转化对于不同整合菌株可以显示不同程度的自体活化,这可能是由整合到每个菌株的 DNA 诱饵::报道基因盒数量不同所致（甚至在每个菌株的每个突变位点）（Deplancke et al . 2004）。遴选最低的自体活化对于随后 Y1H 实验检测报道基因是很重要的，这样便于 PDI 的恢复和重测。因此，每个 DNA 诱饵需要检测几个整合子自体活化情况。

19. 使用无菌牙签，通过"96 点形式"将步骤 18 中的 Sc-Ura-His 氨基酸缺陷板的 12~24 个克隆转移至新的 150mm Sc-Ura-His 氨基酸缺陷板（图 22-4 右板）。30℃孵育 1~2 天。

> 为确定自激活的程度，我们使用控制 Y1H 菌株来显示报道基因低、中、高表达水平。如果可能的话，添加这些对照到 Sc-Ura-His 氨基酸缺陷板。

20. 将步骤 19 中的酵母复印至一个新的 150mm Sc-Ura-His 氨基酸缺陷板（无 3AT），制备一系列的 150mm Sc-Ura-His+3AT 平板（含 10mmol/L、20mmol/L、40mmol/L、60mmol/L 或 80mmol/L 3AT）和一个已放置硝化纤维（NC）滤器的 150mm YAPD 板（这样的酵母会在滤器上生长）。当 3AT 达到一定浓度后，酵母菌在平板上不再可见（通常三次）。30℃孵育所有培养板。

21. 在 30℃温度孵育 1 天后，使用步骤 20 的 NC 过滤/YAPD 培养基板按照方法 5 进行比色测定。图片记录或用定性的方法符号表示每个菌株产生蓝色化合物的颜色深度（如白色、浅蓝色、深蓝色、墨蓝色）。

22. 在 30℃孵育 5~10 天后，检查步骤 20 中的 Sc-Ura-His+3AT 平皿，并记录抑制每个整合菌株需要的 3AT 量。

23. 选择 1~4 个对两个报道基因都显示最低的自体活化的菌株。对于每一个整合菌株，利用方法 6 中 pMW#2 的引物 M13F 和 HIS293RV 以及 pMW#3 的引物 1H1FW 和 Lac592RV 进行扩增，以确认报道基因上游的 DNA 诱饵是正确的,然后利用 M13F（pMW#2）或 1H1FW（pMW #3）对 PCR 产物进行测序。在等待序列结果时，仍保留在 YAPD 或 Sc-His-Ura 板上的菌株（酵母需要每 2 周转移到新鲜培养基）。

> 最优整合菌株在比色测定中产生少量的蓝色化合物（图 22-5），在 10mmol/L 3AT 板有一些增长，但在 20mmol/L 3AT 板极少或根本没有生长。如果在 10mmol/L 3AT 没有观察到蓝色化合物或根本没有生长，这可能表明整个报道基因构建存在问题，那么就尽量不选择这种整合菌株。文库筛选应使用能阻止生长的最低 3AT 浓度（如整合菌株在 20mmol/L 3AT 浓度生长却不在 40mmol/L 3AT 浓度生长就应该选择 40mmol/L）。如果整合菌株在 80mmol/L 3AT 上明显生长则不能用于 Y1H 的文库筛选，因为很少有通过蛋白质-DNA 相互作用激活 HIS3 报道基因并足以克服这种高背景，而且更高浓度的 3AT 对酵母有毒性。对于高度自体活化诱饵获得的结果应谨慎地判断（见方案 3，表 22-3）。

请注意，对于一些 DNA 诱饵（10%～20%），过高的自体活化水平使得 Y1H 筛选不能进行。这些高度自体活化 DNA 诱饵，可能需要使用更小的 DNA 诱饵来获得较低的自体活化。

24. 使用无菌牙签，把从步骤 23 中的两个报道基因上游都正确的 DNA 诱饵整合菌株转移到 Sc-Ura-His 板中（图 22-4，中间），30℃过夜孵育。

虽然只需要筛选一个 DNA 诱饵整合菌株，但保存一个备份是非常有用的。

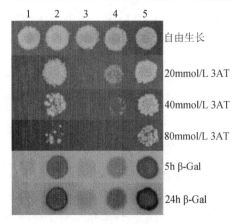

图 22-5　酵母杂交检测分析示例。 酵母菌株包含诱饵猎物混合物（1～5）。（最顶端板）在不处理组 30℃孵育一天后的生长。（下面三个板）在含有 3AT 浓度逐渐增加（20mmol/L、40mmol/L 和 80mmol/L）的培养基培养 7 天后的生长。（底部两个板）这些菌株在β -Gal 存在的情况下 37℃孵育 5h 和 24h 的结果。在不处理的板中，所有的酵母都会生长。因为菌株 1 是阴性对照，没有发生相互作用，没有报道基因激活。菌株 2 和 5 显示了较强相互作用表型（5 略强于 2），*HIS3* 的激活水平使酵母能在 80mmol/L 3AT 的板上生长，深蓝色β-Gal 显色底物表明 *LacZ* 的强表达。菌株 3 和 4 都显示较弱相互作用表型，且 3 比 4 更弱（彩图请扫封底二维码）。

25. 使用无菌牙签转移火柴头大小的新鲜酵母 200μL 到 15%（*V/V*）无菌甘油溶液中。吹打溶液 5s，并将酵母存储在-80℃。

转移一些冷冻酵母（5μL）到 YAPD 板，然后 30℃生长 2 天可以重新获得酵母。

26. 继续进行方法 3。

疑难解答

问题（步骤 4）： 基因组 PCR 不能扩增得到 DNA 片段（酵母单杂交分析诱饵）。

解决方案： 当从基因组 DNA 进行 PCR 失败时，除去一些一般的 PCR 问题（遗忘、污染或者加入错误的试剂），模板降解是最常见的问题。取几微克基因组 DNA 进行琼脂糖凝胶电泳，确认可以呈现出一个单独的高分子质量的条带（大于 20kb）。如果出现了"笑脸型"的条带（尤其小于 5kb），则需要更换新的模板。如果模板的质量很好但是 PCR 失败了，我们需要用一对不同的引物（最好是之前以同样的模板成功进行过片段扩增的引物）来检测是否模板已经被污染或者引物抑制了 PCR。我们或许有必要来设计新的引物，如果可以在其他不同的区域来设计引物，则可以将一条或者两条引物相对于原始的位点向上游或者下游移动 50～100bp。当确定了引物的大体位置，我们可以在不超过溶解温度的前提下在 3'端加上或者去除一些核苷酸。

问题（步骤 6 和步骤 12）： Gateway 反应没有得到细菌菌落。

解决方案： 假设：①实验中用了一致的 Gateway 位点（仔细检查引物的尾端和载体）；②必要的对照显示所用细菌的量是适当的（将已知量的质粒采用相同的转化方法接种在相同的介质上）；③Gateway 所用的酶是起作用的（用与酶一起提供的试剂来检测一下重组），低质量的 Gateway 载体（或者在 LR 反应中入门克隆）会带来一些问题。所有批次的 Gateway

载体必须经过检测并能在 Gateway 中发挥作用，而且可以如第 4 章中所说的能转化细菌。通常来说，准备一个新的小量制备的入门克隆或者用一个可选的入门克隆（从步骤 10 或者可选步骤中的步骤 8）就可以获得成功。极少数情况下，在载体上的 Gateway 位点处会发生突变，我们可以用 DNA 测序来检测。如果在 BP 反应中没有加入足够的扩增子，PCR 克隆可能会失败。在这种情况下，我们可以扩大 Gateway 的反应体系来进行更多的 PCR。再或者，我们可以提高扩增子的浓度，通过在小体积中重悬后用盐或者乙醇来沉淀，或者在一个新的 PCR 反应中用 0.5μL 低浓度的 PCR 产物作为模板来获得高浓度的溶液。

问题（步骤 6）：Gateway BP 克隆可以获得很多包含一些引物二聚体的克隆。

解决方案：有时我们用含 Gateway 尾巴的引物进行 PCR 时，在产生我们需要的目的片段的同时，还有引物二聚体形成，因为引物之间也会发生复性。这些包含 Gateway 位点的短的二聚体片段会优先于大片段插入到载体中。尽管在更多的（约 48）细菌克隆中会存在我们想要的克隆，一种去除引物二聚体的办法就是对全基因组的 PCR 产物（步骤 4）进行琼脂糖凝胶电泳，切出包含目的条带的那一段胶，回收得到 DNA 后进行后续的 Gateway BP 克隆反应（步骤 5）。

问题（步骤 18）：整合后没有得到酵母的克隆。

解决方案：将每微克 DNA 加入到 200μL 足量的酵母中，在得到少于 30 个整合体的情况下，同时将 DNA 诱饵和报道基因盒整合在 YM4271 酵母链上的成功率是很低的（步骤 17）。然而，HIS3 单独构建的整合率是每微克少于 300 个，而 LacZ 构建的整合率可以达到每微克 1000 个。如果同时构建两个整合体有难度的话，我们可以尝试如步骤 17 中所说的进行转化，然后将其中的一半混合后接种于 150mm 的 Sc-His 板子上，将另一半接种于 150mm 的 Sc-Ura 板子上。我们得到的克隆中会产生一个整合的报告体，在经过自身活化检测和诱饵 DNA 本底确认后可以与另一个报道基因进行整合（需要注意的是，这里需要第二轮的自身活化检测和诱饵 DNA 确认后，酵母菌才可以被使用）。如果只有一个报道基因进行了成功的整合，也就是说最终的整合失败了（切到了同源区域外边或者完全没有切开）。如果两个整合体都没有得到，可能是板子上的介质或者转化过程中出了问题。在方案 4 的"疑难解答"部分这些问题都有所涉及。

替代方案　用复性引物从 DNA 诱饵中获得入门克隆产物

小 DNA 诱饵（通常不多于 100bp），比如假定的顺式调节元件或者（预测的）存在于单个或者多个（不多于 5 个）拷贝中的 TF 结合位点，可以通过将足量的寡核苷酸复性来构建末端突出的双链 DNA 并将它插入到入门载体 pMW#5 上。这种插入片段的大小受限于化学合成的引物长度。该过程再加上必要的序列检测确认需 4 天时间。

方法

1. 按照诱饵 DNA 序列合成引物，并在左右两边加上突出的末端：在正链引物的 5′端加上 5′-AGCT-3′（HindIII 酶切位点），在负链引物的 5′ 端加上 5′-GATC-3′（BamHI 酶切位点）。用 PCR 级水重悬引物使终浓度为 200µmol/L。

注意步骤 3 的说明。

2. 构建双链诱饵 DNA 插入片段，取 5µL 引物到一个无菌的 1.5mL 离心管，煮沸 30s，然后慢慢冷却至室温（约 5min）。用无菌的 PCR 级水将片段稀释 20 倍，DNA 可以保存在-20℃。

3. 在一个无菌的 1.5mL 离心管中，配制如下的 pMW#5 载体酶切体系：

pMW#5 载体	10µg
牛血清蛋白（1mg/mL）	4µL
酶切缓冲液（10×）	4µL
*Bam*HI	2µL（20U）
*Hind*III	2µL（20U）
H₂O	补足至 40µL

将溶液混合均匀后在 37℃消化过夜。

pMW#5 载体的多克隆位点处同样存在其他酶切位点（当 DNA 诱饵序列中存在 *Bam*H I 或 *Hind*III 位点时）（图 22-6）。

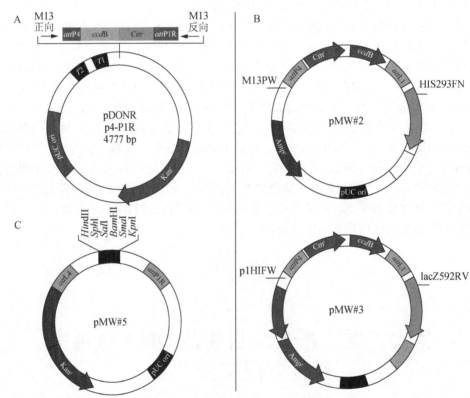

图 22-6　Y1H 入门载体和目的载体图谱。

4. 将所有酶切后的溶液在 1×TBE 溶液中进行琼脂糖凝胶电泳，同时在旁边加入 DNA 分子质量标准，将凝胶中的大（2.8kb）线性 DNA 片段切出来，然后将 DNA 回收（见第 2 章，方案 8 和方案 9）。

回收大线性片段可以移除那些在连接反应中与诱饵 DNA 产生竞争的小片段。

见方案 2 中的"疑难解答"部分。

5. 在无菌的 1.5mL 小离心管中配制如下的连接反应体系，放于冰上：

稀释后的片段（来自步骤 2）	2µL
经 *Bam*HI 和 *Hind*III 酶切后的 pMW#5 载体（来自步骤 4）	50ng

T4 DNA 连接缓冲液（10×）	2μL
T4 DNA 连接酶	3U
H$_2$O	补足至 20μL

上述反应体系在 15℃温育过夜。

连接反应体系的设定：（载体/无插入片度/连接酶）-检测单酶切载体量（载体/无插入片度/无连接酶）-检测无酶切载体量。在我们的实验中，即使载体没有完全酶切，可能由于 DNA 诱饵插入片段较小，连接反应也可以成功。反应可在热循环仪中进行。

6. 每个连接反应取 5μL 转化至 50μL *E. coli* DH5α感受态细胞中，此感受态细胞每毫克 DNA 可产生 10^7 转化子。利用无菌玻璃棒将 1/10 或 9/10 体积的转化子铺于含卡那霉素（50mg/mL）的培养皿中，37℃培养过夜。得到的总克隆数一般为 1000。

见"疑难解答"部分的步骤 2。

7. 按照主要实验步骤 7~9 至少分析步骤 6 中三个独立的细菌克隆，细菌 PCR 引物为 pMW#5F 和 pMW#5R，DNA 测序引物为 pMW#5F。

利用 pMW#5F 和 pMW#5R 在扩增子上加入 300bp。由于引物合成中会偶然发生错误，最好整个插入序列都进行测序。

8. 利用 3mL 含卡那霉素的 LB 培养基培养步骤 7 中经 DNA 测序过的克隆，37℃培养过夜。利用 50μL 过夜培养菌与 50μL 30%甘油混合，将此含15%甘油的细菌液冻存于-80℃。剩余菌液用于小量制备质粒（第 1 章，方案 1）。质粒可储存于-20℃。

pMW#5 是低拷贝质粒，用 50μL 溶解质粒时，浓度大约为 100ng/μL。

配方

为正确使用本方案中的器材和危险试剂，必须查阅相应的材料安全数据表并咨询所在机构的环境卫生和安全办公室。

YAPD 培养板

试剂	含量（2L）
蛋白胨	40g
酵母提取物	20g
腺嘌呤	0.32g
琼脂	35g
葡萄糖（40%, m/V）溶于无菌水	100mL

很多酵母菌存在 *ADE5* 突变，因此，如果培养基中没有足够的腺嘌呤，酵母克隆会变为粉红色。值得注意的是，腺嘌呤对野生型 *ADE5* 突变菌没有影响，颜色的不同不影响 Y1H 和 Y2H 结果的分析。将粉红色菌转移至 YAPD 培养板上一次或两次可使克隆变为白色。在 2L 的培养瓶中，将粉末溶于 950mL 水中，将搅拌棒置于培养瓶中。另取一个 2L 的培养瓶，将琼脂加入 950mL 水中（不要加入搅拌棒，搅拌棒会在高温灭菌过程中使琼脂浓缩），液体循环 15psi 高温灭菌 40min。立即将第一个培养瓶中的内容物倒入第二个培养瓶（包括搅拌棒），加入葡萄糖，在搅拌器上混匀，冷却至 55℃（最好将培养瓶在 55℃水浴中放置 1h）。倒入 150mm 培养皿（每个培养皿 80mL），室温干燥 3~5 天，用塑料袋或锡箔纸包裹，室温可储存至少 6 个月。

参考文献

Deplancke B, Dupuy D, Vidal M, Walhout AJ. 2004. A Gateway-compatible yeast one-hybrid system. *Genome Res* 14: 2093–2101.
Deplancke B, Vermeirssen V, Efsun Arda H, Martinez NJ, Walhout AJM. 2006. Gateway-compatible yeast one-hybrid screens. *Cold Spring Harb Protoc* doi: 10.1101/pdb.prot4590.
Dupuy D, Li QR, Deplancke B, Boxem M, Hao T, Lamesch P, Sequerra R, Bosak S, Doucette-Stamm L, Hope IA, et al. 2004. A first version of the *Caenorhabditis elegans* promoterome. *Genome Res* 14: 2169–2175.
Martinez NJ, Ow MC, Reece-Hoyes JS, Barrasa MI, Ambros VR, Walhout AJ. 2008. Genome-scale spatiotemporal analysis of *Caenorhabditis elegans* microRNA promoter activity. *Genome Res* 18: 2005–2015.
Reece-Hoyes JS, Shingles J, Dupuy D, Grove CA, Walhout AJ, Vidal M, Hope IA. 2007. Insight into transcription factor gene duplication from *Caenorhabditis elegans* promoterome-driven expression patterns. *BMC Genomics* 8: 27. doi: 10.1186/1471-2164-8-27.

方案 2 生成酵母双杂交 DB-诱饵菌株

制备用于与 Gateway 相容的用于酵母双杂交筛选的 DB-诱饵蛋白包括三步（参见本章导言部分的图 22-3B），首先构建入门克隆，该克隆具有编码目的蛋白的 DNA 片段（如目的基因的可读框）；然后是将该 DNA 片段从入门克隆转移至酵母双杂交目的载体 pDEST32（这些载体的图谱参见图 22-7）中；最后将该载体转化酵母细胞株 MaV103。该实验流程需要 24～37 天。

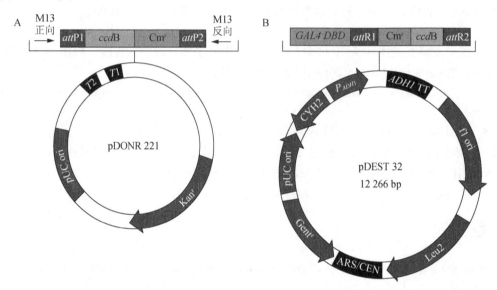

图 22-7 酵母双杂交的入门载体和目标载体图谱（摘自 Life Technologies 公司）。

材料

为正确使用本方案中的器材和危险试剂，必须查阅相应的材料安全数据表并咨询所在机构的环境卫生和安全办公室。

本方案的专用试剂标注<R>，配方在本方案末提供。常用储备溶液、缓冲液和试剂标注<A>，配方见附录 1。储备溶液应稀释至适用浓度后使用。

试剂

琼脂糖

cDNA

DH5α感受态细菌（>10^7cfu/μg）

DB 引物（5′-GGCTTCAGTGGAGACTGATATGCCTC-3′）

DNA 分子质量标准

dNTP 溶液（PCR 级别）

Gateway BP clonase II 酶混合物

Gateway LR clonase II 酶混合物

灭菌的甘油稀释液（15%，*V/V*；30%，*V/V*）；

含 50g/mL 氨苄青霉素的液体 LB 与 LB 琼脂平板<A>

含 50g/mL 卡那霉素的液体 LB 与 LB 琼脂平板<A>

LB 液体培养基<A>

M13F 引物（5′-GTAAAACGACGGCCAGT-3′）

M13R 引物（5′-CAGGAAACAGCTATGAC-3′）

MaV103 酵母细胞株

基因型为：MATa, leu2-3, 112, trp1-901, his3-Δ200, ura3-52, gal4Δ, gal80Δ, cyh2^r, can1^r, GAL1::HIS3@LYS2,
GAL1::LacZ, SPAL10::URA3@ura3。

硝酸纤维素膜（45mm、137mm 两种规格）（Fisher Scientific, 目录号 WP4HY13750）

pDEST32

Pdonr221

鲑精 DNA（10mg/mL）<A>

Sc-Leu 平板（150mm）<A>

Sc-Leu-His+3AT（3AT 为氨基三唑的缩写，以下均缩写为 3AT）平板（分别含 10mmol/L、20mmol/L、40mmol/L、60mmol/L、80mmol/L 3AT；150mm）<A>；

TBE 缓冲液（10×）<A>；

TE 缓冲液（pH 8.0）<A>、TE/LiAc 溶液<R>；

TE/LiAc/PEG 溶液<R>；

TERM 引物（5′-GGAGACTTGACCAAACCTCTGGCG-3′）

热稳定的高保真 DNA 聚合酶（如 *Pfu*）和相关 PCR 缓冲液（10×）

热稳定的常规 DNA 聚合酶（如 *Taq*）

相关 PCR 缓冲液（10×）

YAPD 平板（150mm）<R>

设备

灭菌的培养用的试管（15mL）

灭菌的玻璃珠；温度设为 25℃、37℃、30℃、15℃的培养箱

质粒小量制备试剂盒

PCR 板（96 孔）

平板影印装置（Cora Styles 公司，目录号 4006，用于影印 150mm 平板）

能够测定 DNA 浓度的分光光度计（波长为 260nm）

PCR 仪

灭菌的牙签或可经灭菌处理的塑料环

绒布（22cm×22cm，100%棉绒，没有人造丝成分）

温度可设定为 37℃和 42℃的水浴锅

方法

通过 Gateway 克隆构建含目的基因编码序列的入门克隆

该方法包括测序需 5～8 天时间。

1. 按照第 4 章方案 2 的步骤 1～15 进行。

pDONR 221 的入门克隆与目标载体 pDEST32 相匹配，pDEST32 载体中目的基因编码序列与 DB 的 N 端序列形成融合蛋白。

参见"疑难解答"。

通过 Gateway 克隆方法将诱饵从入门克隆转移至 酵母双杂交 DB 目标载体中

该部分算上测序需要 4～7 天时间。

2. 对于每一个入门克隆，在 1.5mL 灭菌的小离心管中在冰上加入下列试剂：

入门克隆	100ng
pDEST32	100ng
Gateway LR clonase II 酶混合物	1μL
TE 缓冲液（pH8.0）	补至 5μL

混匀，25℃孵育过夜。

质粒可以通过分光光度计进行定量。将 Gateway LR clonase II 酶混合物用前在冰上融化，所有需要制备的非重组的 Gateway 储存载体根据第 4 章的实验步骤进行制备。作为阴性对照，用 TE 缓冲液替代入门克隆制备相同的 LR 反应混合液。

孵育可在热循环仪或恒温箱中进行，不建议在常温下孵育（如在实验台上），因为温度变化很大。

3. 转化反应产物至 50μL 的 *E.coli* DH5α 感受态细胞中，该感受态细胞每微克 DNA 能产生超过 10^7 的转化子。就阴性对照组而言，将转化的所有产物涂至 LB 氨苄平板上（50μg/mL）。对进行克隆反应的实验组，取转化产物的 1/10 涂至 LB 氨苄平板上，余下的转化产物接种于 3mL 的 LB-氨苄液体培养基中，37℃振荡培养过夜，将平板在 37℃孵育过夜。

入门克隆和目标载体中的基因编码序列是以 PCR 产物混合体的形式存在的，由于 PCR 诱发的错误会引进错义和无义突变，因此，如果需要制备单个克隆，需要对其中的插入片段进行全序列测序以检测错误。在克隆平板上的转化子应当至少为 50 个，转化子如太少会增加基因编码序列产生突变的概率，如果这种情况发生，建议重复实验，可多加入些入门克隆和目标载体的数量直至转化子超过 50 个，阴性对照平板中应少于 5 个克隆。

4. 在灭菌的 1.5mL 小离心管中，将 50μL 过夜培养菌与 50μL 30%的甘油溶液（*V/V*）混合，将终浓度为 15%（*V/V*）的细菌甘油冻存液保存在-80℃，余下的培养菌用于质粒制备（参见第 1 章，步骤 1），质粒在-20℃保存。

5. 在无菌的 PCR 管中（或者 PCR 板的小孔），制备如下 PCR 混合液：

质粒 DNA（来自步骤 4）	0.5μL
DB 引物（10μmol/L）	1μL
TERM 引物（10μmol/L）	1μL
dNTP（1mmol/L）	2.5μL
PCR 缓冲液（10×）	2.5μL
热稳定的 DNA 聚合酶	1U
H₂O	补至 25μL

在此处对克隆总混合物的分析是很必要的，这样可以证实只有所需目的基因编码序列的存在，使用一个通用引物和一个基因编码序列特异的引物是不合适的，这是由于不能扩增污染物，记住 PCR 时设一个不加模板的阴性对照。

6. 将试管放入热循环仪中，运行以下程序：

循环数	变性	复性	聚合
1	94℃，2min		
35 循环	94℃，1min	56℃，1min	72℃，1min/kb
最后一个循环			DB-bait 序列
			72℃，7min

PCR 的条件根据需要可以优化（参见第 7 章，方案 1）。

7. 取 5～10μL 的 PCR 产物在 1%（*m/V*）琼脂糖胶中进行电泳，电泳液为 TBE，同时加入 DNA 标准分子质量做对照（参见第 2 章，方案 1），如果产生了具有不同大小的 PCR 产物，继续进行步骤 8，如果只有一条正确的 PCR 产物，用 DB 引物（可同时使用 TERM 引物或单独使用 TERM 引物）。如果测序证实正确的可读框得到了扩增且只有需要的可读框产物，跳至步骤 11。

> 当分析 PCR 产物时，注意使用 DB 和 TERM 引物会将目的扩增产物增加 200bp，另外，使用通用引物时，如果克隆不正确，可能扩增出大约 100bp 的引物二聚体或者大约 2000bp 的 Gateway 盒。在测序反应中出现多于 1 个可读框的明显特征是紧挨着克隆位点或者在峰图中其他位置的测序结果不可读，也有可能检测出的外源可读框是目的基因的不同剪切形式，因此需要以下步骤再将其分离出来。

8. 用经灭菌的加样器尖头在步骤 4 冻存的甘油菌液中划取少许（大约 2μL）至 1mL LB 中，并将其按 1∶1000 和 1∶10 000 用 LB 稀释，取 100μL 将不同的稀释液用灭菌的玻璃珠涂至 LB 平板中，37℃培养过夜。

> 该步是为了产生彼此很好分离的细菌克隆，因此需要更高的稀释度。

9. 按实验流程 1、步骤 7～9 进行菌落 PCR，每一个 DB 诱饵克隆的平板上至少分析 24 个克隆，所用的引物为 DB 和 TERM 引物，使用通用引物对所有的 PCR 产物进行测序。

> 细菌可在 LB 氨苄平板中于 4℃储存 2 周。

10. 转接克隆 PCR 中产生的细菌克隆且至少含有正确插入片段的 10 个克隆于 3mL LB 氨苄液体培养基中（相同的培养液包含所有正确的克隆），37℃振荡培养过夜，在 1.5mL 小离心管中，将 50μL 的过夜培养菌与 50μL 的 30%（V/V）甘油溶液混匀，将此 15%（V/V）的甘油细菌储存液于 -80℃保存。余下的菌液用于质粒的小量制备（参加第 1 章，方案 1）。该混合克隆在转入目标载体时应当按照步骤 8～10 再进行检验以确保只含有单个的基因编码序列/剪切体。

DB-诱饵质粒低效转入 MaV103 酵母中

该部分的方法包括测序证实需要 8～10 天。

11. 使用灭菌的牙签或一次性的塑料环接种一些 MaV103 细胞于 YAPD 固体培养基中（参见方案 1，图 1），将平板于 37℃培养过夜。

12. 在 1.5mL 的小离心管中，从步骤 11 中的平板中挑取克隆重悬于 1mL 无菌水中。

> 对于低效率的转化而言这些酵母足够了。

13. 700g 在室温下离心 30s。

14. 准备一些鲑鱼精 DNA（在步骤 12 中的每个管子中至少加入 20μL）（单链 DNA，10mg/mL），在螺丝盖子的管中沸水煮 5min，放在冰上至少 3min。

15. 在步骤 13 的每个管子中，吸弃液体，将细胞重悬于 1mL 新鲜制备的 TE/LiAc 溶液中，按步骤 13 离心，再吸弃上清液。

> 关键的一点是在转化的当天从储存液中制备新鲜的 TE/LiAc 和 TE/LiAc/PEG 溶液。

16. 将细胞悬于 200 μL 的 TE/LiAc 溶液。

17. 加入 20μL 经煮沸随后又经冰浴的单链 DNA，用加样器尖头上下混匀。

18. 在每个转化组中分别分装 50 μL TE/LiAc/单链 DNA 至相应的无菌离心管中。

19. 从步骤 7～10 的 DB-诱饵质粒中，取大约 50ng 至步骤 18 分装的酵母中。

> 注意保留一份没有加入质粒 DNA 的酵母细胞作为对照。

20. 加入 300μL 新鲜制备的 TE/LiAc/PEG 溶液，用尖头上下混匀。

21. 将酵母细胞于 30℃孵育至少 30min。

> 该步可持续至少 4h，但是如果孵育时间少于 30min 或者超过 4h，转化效率会显著降低。

22. 将酵母细胞丁 42℃热激 20min。

> 水浴是最好的选择，可以确保有效的热传递，按我们的经验，热激时间少于或者大于 20min 会减少转化效率，

但注意热激结束到涂平板的时间对转化效率的影响不很重要。

23．700g 室温离心 1min，小心去除上清液。

24．将细胞用 20μL 的无菌水重悬，按 96 个点阵的形式将其用加样器滴加到 Sc-Leu 平板的几个区域（参见方案 1，图 22-4），将平板于 30℃培养 5 天（不要涂）。

> 培养 3 天后，DNA 转化的酵母克隆应当可以看到，而没用 DNA 转化的平板则没有克隆生长。
>
> 参见"疑难解答"。

25．对每一个 DB 诱饵质粒而言，使用无菌的牙签或者一次性的塑料环，将至少 50 个酵母克隆混匀在一起，转移至一新鲜的 Sc-Leu 平板，30℃培养过夜。

26．使用灭菌的牙签，从步骤 25 中新长出的酵母中挑取火柴头大小转移至 1.5mL 含 200μL 无菌 15%（V/V）的甘油溶液中，混匀 5s，将其保存于-80℃。或者按照步骤 6 进行最后的一致性检测，在检测酵母自激活之前进行测序。

> 这些冻存的酵母可以通过以下方式复苏：取少许冻存的储存液（大约 5μL）于 YAPD 平板上，30℃生长 2 天，
> 然后将其转移至 Sc-Leu 平板中保存。

诱饵蛋白转化的酵母细胞自激活的检测

该方法需要 7～12 天。

自激活是 DNA 结合诱饵蛋白在没有活化域捕获蛋白时激活报道基因表达的能力，当 DB 诱饵蛋白具有转录激活结构域时这种情形会发生，该自激活将使报道基因表达的背景很高。

27．使用一无菌的牙签将步骤 26 中的 Sc-Leu 平板中的酵母转接至一新鲜的 150mm Sc-Leu 平板中，如果有许多酵母双杂交 DB-诱饵细胞需要检测，可将它们按照"96 点方式"（参见方案 1，图 22-4）转移至相同的平板，30℃培养过夜。

> 为判断自激活的程度，运用具有低、中和高水平报道基因表达的对照 Y2H 酵母细胞，如可能，将它们转接至
> Sc-Leu 平板中生长。

28．将步骤 27 中的酵母平板影印至一新鲜的 150mm Sc-Leu 平板（没有 3AT）中，以及几个分别含有 10mmol/L、20mmol/L、40mmol/L、60mmol/L 和 80mmol/L 3AT 的 150mm Sc-Leu-His 平板中，还有一个 150mm 含有硝酸纤维素膜的平板中（酵母将在滤纸中出现）。将含有 3AT 的选择培养基的平板影印清洗干净直至没有可见的酵母（通常 3 次），30℃培养过夜。

> 参考使用天鹅绒进行影印平板和影印清洗的步骤。

29．30℃培养 1～2 天后，使用 150mm 含有硝酸纤维素膜的平板按照实验 5 进行比色分析，通过照相并以定量的方式记录每一种酵母蓝色复合物产生的水平（如白色、淡蓝色、深蓝色、蓝黑色）。

30．30℃培养 5～10 天后，检测步骤 28 的 Sc-Leu-His+3AT 平板，记录抑制 DB-诱饵转化的酵母的生长所需要的 3AT 的浓度。

> 理想情况是，DB-诱饵转化的酵母在 10mmol/L 3AT 的平板上进行比色分析时将产生少量的蓝色物质，同时也
> 会有一些生长，但是在 20mmol/L 3AT 的平板上生长极少或者就没有生长，在 80mmol/L 3AT 的平板上生长的酵母
> 不能够用于酵母双杂交筛选，这是由于很少的相互作用能够通过激活 HIS3 报道基因而克服如此高背景的抑制作用。
> 但是具有较低 HIS3 自激活能力和较高的 LacZ 自激活能力的酵母是能够筛选的，因为相互作用首先是通过 HIS3 报
> 道基因进行检测，而如果仔细观察的话，这些 HIS3 阳性的酵母的 LacZ 的活性会高于背景。注意一些诱饵蛋白（大
> 约 10%）对两个报道基因的自激活活性由于太高而不能进行双杂交筛选。对于这些诱饵蛋白而言，可以筛选小片段
> 或者特定的蛋白结构域，最后，DB 融合蛋白对酵母也可能具有毒性。

31．按方案 3 进行。

疑难解答

问题（步骤 1）：PCR 不能扩增 DNA 片段。

解决方案：根据我们的经验，用 cDNA 进行的 PCR 失败的最常见原因是由于目的分子不在其中，这可能是由于基因产物不正确，与真实的基因不匹配。或者是由于收集转录物时 mRNA 没有表达，因此目的分子在 cDNA 中丢失，不同类型的或者发育时间点的组织可能是目的 cDNA 的更好来源。模板丢失的另一个原因是转录物太长，反转录不能产生全长的 cDNA。如果基因产物不正确，可以考虑使用其他的引物扩增其他的区域，或者先使用 RACE 以确定转录物的 5′端和 3′端。

问题（步骤 1）：Gateway 反应不能够产生转化的细菌。

解决方案：参照第 4 章方案 2 "疑难解答" 部分。

问题（步骤 24）：转化不能够产生酵母克隆。

解决方案：由于转化效率依赖于酵母的健康状态，使用在 YAPD 培养基中新长出的 MaV103 酵母，在各步都不要用力混匀，确保所有的感受态在室温下进行操作，由于待转化质粒 DNA 的数量和质量也很重要，在进行转化前检测质粒的质量和浓度，通常新制备的质粒有利于转化，如果怀疑培养基会产生问题，将在方案 4 的 "疑难解答" 部分进行讨论。

配方

为正确使用本方案中的器材和危险试剂，必须查阅相应的材料安全数据表并咨询所在机构的环境卫生和安全办公室。

TE/LiAc/PEG 溶液

试剂	体积（500mL）
TE（10×，pH 8.0）	50mL
LiAc（1mol/L）	50mL

加入无菌的 PEG3350 溶液（50%，m/V，溶于水）至 500mL 使 PEG 的终浓度为 40%。

TE/LiAc/PEG 溶液

试剂	体积（500mL）
TE（10×，pH 8.0）	50mL
LiAc（1mol/L）	50mL

加入无菌水至 500mL。

YAPD 平板

试剂	含量（500mL）
蛋白胨	40g
酵母提取物	20g
无水硫酸腺嘌呤	0.32g
琼脂	35g

葡萄糖（40%，m/V，溶于水，无菌）100mL。

许多酵母含有 ADE5 突变，如果在培养基中不额外加入腺嘌呤，酵母会变为粉红色，外加的腺嘌呤对野生型的 ADE5 酵母没有影响，这些颜色变化不会影响酵母单或双杂交的结果，只要将粉红色的酵母转入 YAPD 培养基 1 或 2 次，颜色将变回正常的灰白色，在一个 2L 的烧瓶中，将各试剂的粉末溶解于 950mL 的水中，将搅拌子放入其中，在另外一个 2L 的烧瓶中将琼脂加入至 950mL 的水（不能加入搅拌子，否则在高压时它将使琼脂聚集而沸腾溢出），15psi 高压 40min，将第一个烧瓶中的液体立即倒入第二烧瓶中，加入葡萄糖，搅拌器上混匀，冷却至 55℃（最好将烧瓶放在温度设为 55℃ 的水浴锅中），将其倒入 150mm 无菌的平板中（每个平板大约 80mL），室温晾干 3～5 天，包在塑料袋或铝箔中，室温下可储存 6 个月。

方案 3　从活化域捕获文库中鉴定相互作用分子

在酵母双杂交检测中，有必要将表达活化域捕获蛋白的质粒转入含有诱饵的细胞中，这可以通过两种途径：首先可以将两个相反交配型的单倍体酵母细胞进行交配，其中一种交配型含有表达活化域捕获蛋白的质粒，另一种交配型含有表达诱饵的质粒；其次可以将表达活化域捕获蛋白质粒直接转入具有诱饵的单倍体酵母株中。我们运用单倍体转化进行文库筛选，但每种方法都能用于基于阵列依赖的方法（Vermeirssen et al. 2007b）。对于高通量大规模实验而言，交配实验比较划算，因为它并不需要重复地制备活化域捕获蛋白的克隆，但是，当捕获蛋白和诱饵蛋白通过交配的方法放在一起时，有些相互作用会诱发中度至弱的酵母表型。与酵母单杂交相比，这对于酵母双杂交更是一个问题。灵敏度的问题可以通过改变载体或者酵母菌株解决，而对一些实验而言（比如大规模的基因组水平的工程），灵敏度的降低与费用的减少是等价的。

发现与目的诱饵相互作用的捕获蛋白的过程包括几个步骤：①在本实验流程中，将诱饵酵母株用活化域捕获蛋白文库转化，并涂在含有 3AT 的选择性培养基中，这将筛选出能激活 HIS3 报道基因表达的活化域捕获蛋白的酵母株；②这些 HIS 阳性的克隆可用于 LacZ 诱导的分析（或者在酵母双杂交实验中选择诱导 URA3）；③在双阳性的克隆中用酵母 PCR 的方法扩增出活化域捕获蛋白质粒中的插入片段；④一些 PCR 片段用于进行缺口修复检验以证实在新鲜制备的诱饵酵母株中发生的相互作用，余下的则用于 DNA 测序以证实经过重复测试的捕获蛋白的身份，最后，仔细检测相互作用以排除可能存在的假阳性。活化域捕获蛋白克隆文库可商业购买（如 Clontech 公司），或者从实验室获取，从 cDNA 产生克隆文库可通过标准的方法或者从几个生产厂家购买商业的 cDNA 试剂盒实现，这些方法适用于使用合适的诱饵-融合载体（比如 Life Technologies 公司的 pPC86 载体），这些载体能够复制，可在细菌和酵母中进行筛选。

该实验包括测序在内需要 20～43 天完成。

材料

为正确使用本方案中的器材和危险试剂，必须查阅相应的材料安全数据表并咨询所在机构的环境卫生和安全办公室。

本方案的专用试剂标注<R>，配方在本方案末提供。常用储备溶液、缓冲液和试剂标注<A>，配方见附录 1。储备溶液应稀释至适用浓度后使用。

试剂

AD-cDNA 文库 DNA（溶于 pH 7.0 的 TE 中，浓度为 1μg/μL）

几个公司可提供该文库，如 Clontech 公司、Life Technologies 公司以及 Dualsystems Biotech 公司，有的研究型的实验室也能提供。

AD 引物（5′-CGCGTTTGGAATCACTACAGGG-3′）

琼脂糖

牛血清白蛋白（BSA）（溶于水，1mg/mL）

dNTP 溶液（PCR 级别）

空载体质粒（如 Ppc86）（参见图 22-8）

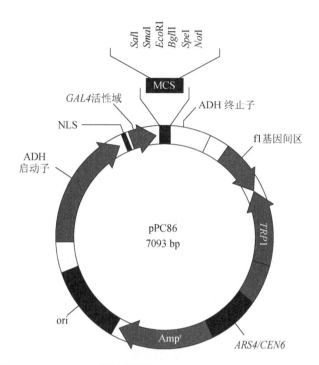

图 22-8　Ppc86 载体图谱（摘自 Life Technologies 公司）。

硝酸纤维素膜（45μm，137mm；Fisher Scientific WP4HY13750）

限制性内切核酸酶（不同种类，见下文）与相关的 10×缓冲液

鲑鱼精 DNA（10mg/mL）<A>

Sc-Leu 平板（150mm）（用于 Y2H 酵母株的液体培养）<A>

Sc-Leu-His-Trp+3AT 平板（含 10mmol/L、20mmol/L、40mmol/L、60mmol/L、80mmol/L 不同浓度的 3AT；150mm）（用于涂酵母双杂交的筛选细胞株）<A>

Sc-Leu-Trp 平板（150mm）（涂布转化的酵母双杂交诱饵细胞株，包括酵母双杂交的对照）<A>

Sc-Ura-His-Trp 平板（150mm）（用于转化的酵母单杂交诱饵细胞株，包括酵母单杂交的对照）<A>

Sc-Ura-His-Trp+3AT 平板（含 10mmol/L、20mmol/L、40mmol/L、60mmol/L、80mmol/L 3AT；150mm）（用于酵母单杂交筛选）<A>

TBE 缓冲液（10×）<A>

TE/LiAc 溶液<R>

TE/LiAc/PEG 溶液<R>

TERM 引物（5′-GGAGACTTGACCAAACCTCTGGCG-3′）

热稳定的常用 DNA 聚合酶（比如 Taq）与相关的 PCR 缓冲液 （10×）

YAPD 平板（150mm）（用于酵母单杂交酵母细胞株的液体培养）<R>

设备

灭菌的玻璃珠

稳定设定为 30℃和 37℃的水浴锅

PCR 反应板（96 孔）

平板影印装置（Cora Styles，目录号 4006，用于 150mm 平板）

热循环仪

灭菌的牙签和无菌的一次性塑料环

棉绒布（22cm×22cm），无菌

温度设定为 37℃和 42℃的水浴锅

方法

将 AD-Prey 文库转入酵母单杂交或酵母双杂交 DNA-诱饵酵母细胞中。

该步需要 6～18 天完成。

1. 向每个待检测的诱饵酵母细胞按照方案 4 进行如下的高效转化。

    i. 将 30μg 的 AD-cDNA 文库加入至 2mL 的 TE/LiAc/单链 DNA 诱饵酵母悬液中。

    ii. 将 50ng 的空文库质粒（即无 cDNA 插入的质粒）加入至 30μL 2mL 的 TE/LiAc/单链 DNA 诱饵酵母悬液中。

> 文库 DNA 的转化数量取决于文库的复杂度，这里列出的量是包含 $4×10^7$ 个克隆的线虫 cDNA 文库，代表 20 000 个基因中的 16 000 个，在文库质粒的骨架为非 Gateway pPC86（Walhout et al. 2000），同时注意制备无 DNA 加入的酵母阴性对照组，这些酵母在 Sc-Ura-His-Trp （酵母单杂交）或者在 Sc-Leu-Trp（酵母双杂交）平板中不生长，酵母/文库/PEG 混合物应当在 15mL 的试管中首先制备好，然后分装至 1.5mL 小离心管中（每管 1mL），已保证在 30℃和 42℃加热时每管受热相同，转化后，将分装的各组在离心之前混合在一个无菌的 15mL 试管中。

2. 将 cDNA 文库的转化产物用 5mL 的无菌水重悬，空质粒对照酵母悬于 30μL 的无菌水中。

3. 从步骤 2 中的文库转化混合物取出 5μL 加入至 495μL 的无菌水中制备 1∶100 的稀释液，从中取 50μL 加入至 450μL 的无菌水中以制备 1∶100 的稀释液，使用无菌的玻璃珠将其涂布在 150mm 的 Sc-Ura-His-Trp 平板（用于酵母单杂交）或者在 Sc-Leu-Trp 平板（用于酵母双杂交）中。

> 这些平板不含有 3AT，是因为它们将用于转化效率的计算，有效的文库筛选需要至少转化出 100 万个克隆，随着转化效率的增加，发现相互作用的概率也增加。注意，随着文库复杂度的提高（也就是说有更多的基因或者基因的剪切体），需要筛选更多的克隆数目，如果转化效率低于 100 万，需要进行重复筛选直至获得了需要的筛选数量。

4. 使用无菌的玻璃珠，将余下的转化的酵母涂至 10 个 150mm 的 Sc-Ura-His-Trp+3AT 平板（用于酵母单杂交）或者 Sc-Leu-His-Trp+3AT 平板中（用于酵母双杂交）。

> 这些平板中 3AT 浓度是在 HIS3 自激活检测中使酵母生长至最小时 3AT 的浓度，需要多个大的平板以确保彼此分开的酵母能够生长。

5. 取 5μL 空质粒对照酵母悬液点在 Sc-Ura-His-Trp 平板（用于酵母单杂交）或者 Sc-Leu-His-Trp 平板中（用于酵母双杂交）。

> 不需要将单个克隆在平板上涂匀，空文库载体转化的酵母将作为阴性对照来展示在没有相互作用时报道基因的表达水平。

6. 将所有平板于 30℃孵育。

7. 3 天后，来自步骤 3 和步骤 5 的酵母克隆明显生长，如果在阴性对照平板中出现了克隆，该筛选不能进行，这是由于某种试剂发生了污染。转化效率（每微克 DNA 转出的克隆数目）可以使用步骤 3 的平板计算，来自步骤 5 的平板可在室温储存至需要进一步实验时为止，来自步骤 4 的平板可在 30℃生长 14 天，经常检查这些平板，当克隆明显时挑选阳性克隆。

> 根据使用的诱饵蛋白不同，获得的克隆的数目和大小差别很大，由于强和弱的酵母表型通常取决于不同的转录因子，在可能的情况下同时选择大的和小的克隆。
>
> 参见"疑难解答"。

8. 使用无菌的牙签，将从步骤 4 平板中获得的 HIS 阳性的克隆转移至 150mm Sc-Ura-His-Trp 平板（用于酵母单杂交）或者 Sc-Leu-His-Trp 平板中（用于酵母双杂交），按照"96 点方式"（参见方案 1 图 22-4）。另外，将来自步骤 7 的一些空质粒对照克隆转移至这些平板-它们将被用来判断报道基因的诱导情况，如果有表达已知水平报道基因的阳性对照酵母株，也将它们转移至这些平板中，30℃孵育 1～2 天。

> 从每个诱饵筛选平板中挑取的克隆数量仅仅取决于克隆生长的数目，但我们通常不超过 96 个[它们可以转移至同一块平板（参见方案 1 图 22-4），以便方便地进行 96 孔 PCR]，一些诱饵转化株由于没有好的转化效率并不能够得到克隆，这些诱饵可以再进行筛选，尽可能使用低浓度的 3AT 或者不同的 cDNA 文库（如从其他组织来源的 mRNA），但是也可能一些诱饵株得到几百个克隆，这些诱饵蛋白能够与许多伴侣结合（也就是说它们在相互作用网络中处于重要地位），或者它们与文库中高丰度的蛋白作用（这个问题对于没有经过标准化的 cDNA 文库尤其重要），有许多相互作用分子的诱饵可能需要在更高浓度的 3AT 中进行筛选。

"双阳性"酵母细胞的鉴定

该步骤需要 5～10 天。

9. 影印"HIS 阳性"（与空质粒对照）平板至一块新鲜制备的 150mm Sc-Ura-His-Trp（或者 Sc-Leu-Trp）平板、一块含有 3AT（其浓度与进行筛选时的浓度一致）的 150mm Sc-Ura-His-Trp（或者 Sc-Leu-His-Trp）平板，以及一块 150mm 含硝酸纤维素膜的 YAPD 平板。

10. 将含 3AT 的平板复制干净（通常复制 3 次），30℃孵育 5～10 天。

> 该平板将证实"HIS 阳性"结果。

11. 30℃孵育 1～2 天后，按方案 5 进行菌落转移比色测定法检测含硝酸纤维素膜的 YAPD 平板，根据检测结果，发现那些双阳性的克隆（这些克隆中两个报道基因的诱导水平将比阴性对照组高）。

> 对于具有中度或高度自激活活性的诱饵蛋白而言，在结果确定之前常将可能是阳性的酵母细胞与空载体转化的对照酵母细胞进行比较，以便确定报道基因的激活，这一点很有必要。

通过切口-修复复检证实相互作用

完成该部分的方法包括序列测定在内需要 9～15 天。

对步骤 11 中发现的相互作用进行重新检测是非常必要的，这是因为一些"双阳性"的酵母表型并非是由于活化域捕获蛋白与诱饵蛋白的相互作用而产生的（比如当诱饵酵母细胞株具有自激活活性时——参见导言），证实相互作用最早的方法是运用切口-修复实验，它包括在每一个阳性的酵母克隆中运用 PCR 方法从 pPC86 克隆中扩增基因编码序列，将每一个扩增片段与线性载体 pPC86 共转染至新鲜的诱饵酵母株中。载体与 PCR 扩增片段在酵母中进行重组为新的质粒，然后在转化的酵母中检测报道基因的激活。如果没有切口-修复实验，每个相互作用的验证均需要将活化域捕获载体转入新鲜的酵母中，虽然从双阳性的酵母中抽提质粒是可行的，但是如果同时检测许多相互作用将带来很大的挑战。而当获得 AD-cDNA（从酵母中提取）或者 AD-cDNA（从基因组编码的可读框架文库中分离）的克隆时，可以运用方案 2 步骤 11～23 中低效转化技术，或者方案 6 的高效转化方法进行重新验证，然后再按照下面的步骤 16 进行实验。

12. 使用无菌的牙签（或者复制的平板）将步骤 11 中发现的双阳性酵母转移至 150mm 新鲜制备的 Sc-Ura-His-Trp 平板（用于酵母单杂交）或者 Sc-Leu-Trp 平板中（用于酵母双杂交）中，30℃孵育过夜。

13. 按照实验 6 使用 AD 和 TERM 引物对可能发生相互作用的所有酵母克隆进行 PCR 扩增，PCR 产物保存于-20℃。

> PCR 延伸时间应当反映插入片段的平均长度，只有扩增出一条片段的 PCR 产物才能用于后续实验，含有多个片段的酵母裂解物中可能含有多个活化域捕获克隆，因此不能够通过测序发现相互作用分子。

14. 在无菌的 1.5mL 小离心管中，建立如下的限制性内切核酸酶反应体系：

pPC86（non-Gateway AD 载体）	10μg
牛血清白蛋白（1mg/mL）	4μL
限制性内切核酸酶缓冲液（10×）	4μL
SalI	2μL（20U）
BglII	2μL（20U）
H₂O	补平至 40μL

混匀，37℃孵育过夜。

该酶切将从载体的多克隆位点切出小的（大约 20bp）片段，结果产生末端不匹配的线性片段，如果选择的文库不是基于 pPC86 载体，应当根据载体选择合适的限制酶以便产生相同类型的线性片段，没有必要将酶切后的载体片段从酶切反应体系中纯化出来。

15. 对每个诱饵酵母株而言，按照方案 4 进行酵母的高效转化，取 40ng 线性的 pPC86 和 5μL 的捕获 PCR 产物（来自步骤 13）加入至 20μL 的 TE/LiAc/单链鲑精 DNA 酵母混悬液中，没有 PCR 产物的三个阴性对照应当包括：无 DNA、40ng 线性 pPC86 及 40ng 未经酶切的 pPC86 载体。

该转化可在 96 孔 PCR 板中（每孔 200μL 体积）进行，PCR 产物末端是与载体序列匹配的大约为 100bp 大小的片段，该序列有利于同源重组。

16. 将转化的酵母悬于 20μL 的无菌水中，用加样器尖头上下混匀，使用 5μL 的悬液在 Sc-Ura-His-Trp 平板（用于酵母单杂交）或者 Sc-Leu-Trp 平板（用于酵母双杂交）中点一个点（96 点方式）（参见方案 1 的图 22-4），如果手头有表达已知水平的报道基因的酵母阳性对照株的话，也应当将其转移至这些平板中，37℃孵育 2 天。

转化子的数量会比切口-修复样品转化子数多一个数量级，没有酶切的 pPC86 对照组比线性 pPC86 对照组转化子的数量也高一个数量级，没有 DNA 的对照组将没有转化子出现。

参见"疑难解答"。

17. 将转化的平板复制到一新鲜制备的 150mm Sc-Ura-Trp 平板（用于酵母单杂交）或者 Sc-Leu-Trp 平板（用于酵母双杂交）、含有 3AT（其浓度与进行筛选时的浓度一致）的 Sc-Ura-His-Trp 平板（用于酵母单杂交）或者 Sc-Leu-Trp 平板（用于酵母双杂交）中，以及一个 150mm 含硝酸纤维素膜的 YAPD 平板中，以用于 β-Gal 检测，第一类平板用于维持酵母生长，其他平板用于重新验证 HIS3 和 LacZ 的表达。

18. 根据步骤 10 和步骤 11 检测双阳性的酵母克隆。

19. 通过使用 AD 引物对步骤 13 产生的 PCR 产物进行测序，确定通过切口修复验证的双阳性猎物分子的特征。

参见"疑难解答"。

Y1H 及 Y2H 预期结果和解释

参见表 22-6 对杂交到的相互作用进行评价。在酵母单杂交筛选中，使用单个的 DNA-诱饵可以发现 0～40 个相互作用蛋白（Deplancke et al. 2006；Vermeirssen et al. 2007a；Martinez et al. 2008）。通常，大的、复杂性高的 DNA 诱饵如启动子将获得更多的蛋白分子，而转录因子结合位点或者小的顺式作用元件通常仅获得一个或几个相互作用蛋白（Reece-Hoyes et al. 2009；数据未显示）。大多数（>95%）获得蛋白为转录因子，但是没有可预测的 DNA 结合域的蛋白质仅占相互作用的少数（<5%），这些蛋白质可能具有一个新型的 DNA 结合结构域或者间接与 DNA-诱饵作用（Deplancke et al. 2006；Vermeirssen et al. 2007a），由于酵母单杂交捕获蛋白含有很强的激活结构域，因此，激活子和抑制基因都能够被发现，相互作用分子的功能需要用其他实验进行检测。

表 22-6　Y1H/Y2H 相互作用的评价

特征	说明
相互作用发现的频率	如果一种相互作用出现了多次，那非常令人振奋，但是，也不能排除它是单个克隆的重复，特别是当这些蛋白质表现出特定的表达方式和水平时
诱饵蛋白具有弱的自激活活性	如果筛选到的克隆中报道基因的激活明显高于背景时，可以认为它具有与诱饵蛋白相互作用的可能性
诱饵蛋白自激活活性非常高	在这种情况下要对发现的相互作用非常慎重，获得假阳性的可能性很高
过缺刻修复对猎物进行验证	这对减少假阳性非常必要，除非用含基因编码序列/cDNA 的克隆进行验证，经验证后的相互作用是真实的，除非诱饵蛋白具有弱的/强的自激活活性
相位	确保猎物与 Gal4 AD 的编码序列相位一致，如不能，将是假的多肽赋予了相互作用的表型

Y1H，酵母单杂交；Y2H，酵母双杂交；AD，激活结构域。

酵母双杂交能够得到 0～10 个克隆，有时甚至可以得到几百个相互作用蛋白（Rual et al. 2004），与大量蛋白结合的蛋白质在相互作用网络中处于中心地位，这些蛋白质在不同的生物学过程中起核心作用，与许多蛋白相互作用的分子可以作为大的复合物的组分与其他分子结合或者在不同的组织、不同的环境或生理条件下中具有不同的作用分子，需要进一步的实验来解释通过酵母杂交发现的相互作用的生物学功能。

疑难解答

问题（步骤 7）：转化效率低。

解决方案：高效的转化效率应当达 1×10^6/mg DNA（环状的），如果出现的克隆太少，注意酵母的转化效率是否严重受到酵母生长状态的影响，因此，只用新鲜生长的酵母株，不要振荡，确保所有的溶液保存在室温下。由于待转化质粒的数量和质量也非常重要，制备 DNA 时应当使用乙醇沉淀以去除污染物，DNA 浓度应当用分光光度计进行测定。如果根本没有克隆生长，很可能培养液不正确（如葡萄糖没有加入、溶液的交叉污染），这将在方案 4 的"疑难解答"部分进行讨论。

问题（步骤 16）：切口-修复转化失败。

解决方案：切口-修复样品不能够产生比线性载体对照更多的克隆的原因主要有两个。首先，载体没有被有效地消化，这时线性载体与没有酶切的载体将产生相同数目的克隆，如果是这样，应当制备新的线性化载体（在重复切口-修复转化之前应当先进行对照组的转化实验）。其次，在转化中没有足量的 PCR 产物，对于这些样品而言，转化更多的 PCR 产物（最多可以转 20μL），或者取一些 PCR 产物为模板（0.5μL）进行下一轮 PCR 以便获得更高浓度的 PCR 产物，如果没有克隆出现，很可能是培养基不正确，这将在方案 4 的"疑难解答"部分进行讨论。

问题（步骤 19）：你不能检测到用另外的一种方法发现的相互作用。

解决方案：酵母杂交检测相互作用的说明在介绍中进行了讨论（参见表 22-3）。

配方

TE/LiAc 溶液

试剂	含量（500mL）
TE（10×，pH8.0）	50mL
LiAc（1mol/L）	50mL

加入灭菌水至终体积。

TE/LiAc/PEG 溶液

试剂	用量（500mL）
TE（10×，pH8.0）	50mL
LiAc（1mol/L）	50mL

加入灭菌 PEG 3350 溶液（50%，*m/V*；水配置）至终体积（PEG 终浓度为 40%）。

YAPD 平板

试剂	用量（2L）
蛋白胨	40g
酵母提取物	20g
脱水硫酸腺嘌呤	0.32g
琼脂粉	35g
葡萄糖（40%，*m/V*）水溶液，灭菌	100mL

我们使用的很多酵母菌株是 *ADE5* 基因突变株，因此如果不在培养基中加入腺嘌呤，这些菌株生长出来的酵母克隆是粉红色的。需要注意的是，腺嘌呤对 *ADE5* 野生型的酵母菌株没有影响，这种不同的颜色也不会影响酵母单杂交和酵母双杂交的实验结果。将粉红色的酵母菌转移到 YAPD 培养基中，培养一到两次后菌液的颜色就会回复到正常的乳白色。配制 YAPD 培养板需准备两个烧瓶，在第一个 2L 的烧瓶中，用 950mL 水溶解粉末，并将搅拌棒置于烧瓶中；在第二个烧瓶中，在 950mL 水中加入琼脂粉（不要加入搅拌棒，否则会导致浓缩的琼脂粉在高压时沸腾溢出），15psi 高压 40min，立即将第一个烧瓶中的内容物（含搅拌棒）倒入装有琼脂粉的烧瓶，加入葡萄糖，磁力搅拌器上混合均匀，冷却至 55℃（可以将烧瓶在 55℃水浴锅中放置至少 1h）。将烧瓶中的液体倒入 150mm 灭菌培养皿中（每皿约 80mL），室温干燥 3～5 天，用塑料袋或箔纸包裹，室温可保存 6 个月。

参考文献

Deplancke B, Mukhopadhyay A, Ao W, Elewa AM, Grove CA, Martinez NJ, Sequerra R, Doucette-Stamm L, Reece-Hoyes JS, Hope IA, et al. 2006. A gene-centered *C. elegans* protein-DNA interaction network. *Cell* 125: 1193–1205.

Martinez NJ, Ow MC, Barrasa MI, Hammell M, Sequerra R, Doucette-Stamm L, Roth FP, Ambros VR, Walhout AJ. 2008. A *C. elegans* genome-scale microRNA network contains composite feedback motifs with high flux capacity. *Genes Dev* 22: 2535–2549.

Reece-Hoyes JS, Deplancke B, Barrasa MI, Hatzold J, Smit RB, Arda HE, Pope PA, Gaudet J, Conradt B, Walhout AJ. 2009. The *C. elegans* Snail homolog CES-1 can activate gene expression in vivo and share targets with bHLH transcription factors. *Nucleic Acids Res* 37: 3689–3698.

Rual JF, Hirozane-Kishikawa T, Hao T, Bertin N, Li S, Dricot A, Li N, Rosenberg J, Lamesch P, Vidalain PO, et al. 2004. Human ORFeome version 1.1: A platform for reverse proteomics. *Genome Res* 14: 2128–2135.

Vermeirssen V, Barrasa MI, Hidalgo CA, Babon JA, Sequerra R, Doucette-Stamm L, Barabási AL, Walhout AJ. 2007a. Transcription factor modularity in a gene-centered *C. elegans* core neuronal protein-DNA interaction network. *Genome Res* 17: 1061–1071.

Vermeirssen V, Deplancke B, Barrasa MI, Reece-Hoyes JS, Arda HE, Grove CA, Martinez NJ, Sequerra R, Doucette-Stamm L, Brent MR, et al. 2007b. Matrix and Steiner-triple-system smart pooling assays for high-performance transcription regulatory network mapping. *Nat Methods* 4: 659–664.

Walhout AJ, Temple GF, Brasch MA, Hartley JL, Lorson MA, van den Heuvel S, Vidal M. 2000. GATEWAY recombinational cloning: Application to the cloning of large numbers of open reading frames or ORFeomes. *Methods Enzymol* 328: 575–592.

方案 4　高效的酵母转化

高效的酵母转化适用于以下实验：①将外源质粒整合到 YM4271 菌株（以产生酵母单杂交的 DNA-诱饵菌株）；②将 AD-捕获文库转化到酵母单杂交和酵母双杂交诱饵菌株；③用于缺口修复。尽管这是一个稳定且可靠的转化方法，但是偶尔转化效率会很低，一旦发生这种情况，可以参考该部分和方案 3 的"疑难解答"部分。完成该方案需要 2 天。

材料

为正确使用本方案中的器材和危险试剂，必须查阅相应的材料安全数据表并咨询所在机构的环境卫生和安全办公室。

本方案的专用试剂标注<R>，配方在本方案末提供。常用储备溶液、缓冲液和试剂标注<A>，配方见附录 1。储备溶液应稀释至适用浓度后使用。

试剂

转化用 DNA

线性化的 pMW#2/pMW#3 载体（用于整合）、AD-cDNA 文库（用于筛选），或者线性化的 pPC86 和 AD-TERM PCR 产物（用于缺口修复）。

葡萄糖水溶液（40%，m/V），灭菌

鲑精 DNA（10mg/mL）<A>

Sc-Leu 平板（150mm）（用于培养酵母双杂交 DB-诱饵菌株的液体培养基）

Sc-Leu-His-Trp+3AT 平板（10mmol/L、20mmol/L、40mmol/L、60mmol/L 或者 80mmol/L 3AT；150mm）（用于酵母双杂交筛选）<A>

Sc-Leu-Trp 平板（150mm）（用于酵母双杂交缺口修复的重复实验）

Sc-Ura-His 平板（150mm）（用于酵母单杂交 DNA 诱饵整合）

Sc-Ura-His-Trp 平板（150mm）（用于酵母单杂交缺口修复的重复实验）

Sc-Ura-His-Trp+3AT 平板（10mmol/L、20mmol/L、40mmol/L、60mmol/L 或者 80mmol/L 3AT；150mm）（用于酵母单杂交筛选）<A>

TE/LiAc 溶液<R>

TE/LiAc/PEG 溶液<R>

YAP 溶液<R>

YAPD 平板（150mm）（用于酵母单杂交 DNA-诱饵株液体培养）<R>

设备

合适体积的锥形管，灭菌

玻璃珠，灭菌

30℃孵箱

PCR 板（96 孔）

30℃振荡孵育器

分光光度计

灭菌牙签和/或灭菌一次性塑料接种环

37℃和 42℃水浴锅

方法

1. 使用灭菌牙签或一次性塑料接种环将酵母单杂交 DNA-诱饵菌株转移到一个 YAPD（或 Sc-Ura-His）平板，或将酵母双杂交 DB-诱饵菌株转移到 Sc-Leu 平板。如方案 1 中图 22-4 所示，多种酵母菌株可以接种到单个 150mm 平板，30℃过夜培养。

酵母双杂交 DB-诱饵菌株需要在选择性培养基中培养，在无选择性培养基中培养会丢失 DB 诱饵质粒，而酵母单杂交 DNA-诱饵菌株由于已经整合到酵母基因组中，因此不会丢失报告质粒。

2. 计算体积，即方案 1（整合）步骤 17 或方案 3 步骤 1（文库转化）或步骤 15（缺口修复重复试验）转化所需的酵母重悬物的总体积（Q）。

3. 用液体 YAPD 培养基重悬诱饵菌至 OD_{600}=0.15～0.20，起始培养基为 200 Q。

在 YAPD 中培养的这段时期，酵母双杂交 DB 诱饵菌所丢失的 DB-诱饵质粒的量是很少的。

4. 步骤 3 得到的重悬物在摇床（30℃，200r/min）培养，直到 OD_{600}=0.4～0.6。

大约需要培养 5h，定期检查培养基 OD 值。

参考"疑难解答"。

5. 室温 700g 离心 5min 以收集细胞。

在锥形管中离心会得到更好的效果。

6. 至少准备 Q/10 鲑精 DNA（单链 DNA，10mg/mL），煮 5min，冰上放置至少 3min。

7. 倒去步骤 5 中的上清液（酵母菌会形成牢固的沉淀物），加入 20 Q 的灭菌水，上下颠倒或摇动使细胞重悬，不要振荡。

8. 按照步骤 5 的方法离心，弃上清，加入 4 Q 的新鲜配制的 TE/LiAc 溶液，上下颠倒重悬细胞，不要振荡。

应在转化的当天用母液配置 TE/LiAC 和 TE/LiAC/PEG 溶液。

9. 按照步骤 5 的方法离心，吸出并弃去上清，加入 Q 的 TE/LiAc 溶液，上下颠倒重悬细胞。

10. 将步骤 6 经煮沸/冰浴的 Q/10 的鲑精单链 DNA 加入酵母重悬液，上下颠倒混匀。

11. 将每次转化需要的 TE/LiAC/单链 DNA 分装至灭菌管中（1.5mL 或 15mL）或者 PCR 板的小孔中。

12. 加入需要转化的 DNA（线性化的用于整合到酵母单杂交 DNA-诱饵的 pMW#2/pMW#3 载体，用于酵母单杂交或酵母双杂交筛选的 AD-捕获载体，或者是用于缺口修复的线性化的 pPC86 载体和 PCR 产物）。

13. 加入 5 倍转化物（步骤 11+步骤 12）体积的新鲜配制的 TE/LiAc/PEG 溶液，上下颠倒多次混匀，不要振荡。

14. 30℃ 孵育 30min

孵育时间可延长至 4h，但是<30min 或>4h 都会大大降低转化效率。

15. 42℃ 热激 20min。

最好用水浴以保证有效地导热，根据我们的经验，超过或不足 20min 都会有效降低转化效率，但是从热激结束到涂板的时间间隔不是很重要。

16. 室温 700g 离心 1min，小心吸出并去除上清液。

17. 用合适体积（按照方案 1 中的步骤 18，方案 3 中的步骤 2 或步骤 16）的灭菌水重悬细胞，上下颠倒（不要振荡），并涂布在相应的选择性平板上。

参考"疑难解答"。

疑难解答

问题（步骤 4）：酵母菌在 5h 内即达到 OD_{600}=0.4～0.6，或者长时间培养也不能达到所需的 OD 值。

解决办法：酵母在 YAPD 液体培养基中的生长速度遵循经充分研究过的生长率，因此，如果在<4h 即达到需要的 OD 值，提示起始培养物太浓或被细菌等污染，如果培养基中含有细菌，离心下来的沉淀不会太牢固，而且培养基会发臭（步骤 7）。可以通过划线挑取单克隆的方法排除酵母中的细菌污染，YAP 液体培养基使用前也应该检查是否有污染。如果起始培养物浓度过低，需要更长的时间才能达到需要的 OD 值，但是如果培养 8h 之后 OD_{600} 仍不能达到 0.4，可能是由于 YAP 培养基中未加入葡萄糖。

问题（步骤 17）：转化后未长出酵母克隆。

解决方案：YAPD 培养基可以用于培养很多污染的微生物，包括细菌、真菌、YM4271 及 MaV103 以外的酵母菌。识别是需要的酵母菌还是其他微生物的污染很重要，这些酵母菌需要 3 天时间长出乳白色的针头大小的克隆，3 天后克隆变成圆锥形并逐渐突起。酵母闻起来像是新烤出来的面包，如果克隆的生长情况或味道发生改变，提示可能不是需要的酵母克隆。

问题（步骤 17）：平板上长不出克隆。

解决方案：转化失败的两个主要原因是培养板或转化技术有问题，可以通过检测下列酵母菌的生长情况检测培养板是否有问题：YM4271、MaV103、酵母单杂交 DNA-诱饵菌（±AD-捕获载体）或者酵母双杂交 DB-诱饵菌（±AD-捕获载体）。菌株生长或不生长的结果可以反映平板中缺少哪种成分。例如，仅有酵母双杂交菌株（±AD-捕获载体）生长，提示亮氨酸缺失或者失活；如果都没有长，可能是更基础的问题，如是否添加葡萄糖和 pH 是否正确，这两个问题可用试纸检测，其他成分的缺失或错误需要用新的或已经被证明过的试剂进行检测，找到问题后重新配制培养板。如果是转化技术的问题，根据我们的经验，最可能的过程是热激的温度和时间，确定热激的温度是准确的 42℃，热激时间是 20min。

配方

为正确使用本方案中的器材和危险试剂，必须查阅相应的材料安全数据表并咨询所在机构的环境卫生和安全办公室。

TE/LiAc/PEG 溶液

试剂	含量（500mL）
TE（10×，pH 8.0）	50mL
LiAc（1mol/L）	50mL

加入灭菌 PEG 3350 溶液（50%，m/V；水配制）至终体积（PEG 终浓度为 40%）。

TE/LiAc 溶液

试剂	含量（500mL）
TE（10×，pH 8.0）	50mL
LiAc（1mol/L）	50mL

加入灭菌水至终体积。

YAPD 平板

试剂	含量（2L）
蛋白胨	40g
酵母提取物	20g
脱水硫酸腺嘌呤	0.32g
琼脂粉	35g
葡萄糖（40%，m/V）水溶液，灭菌	100mL

我们使用的很多酵母菌株是 *ADE5* 基因突变株，因此如果不在培养基中加入腺嘌呤，这些菌株生长出来的酵母克隆是粉红色的。需要注意的是，腺嘌呤对 *ADE5* 野生型的酵母菌株没有影响，这种不同的颜色也不会影响酵母单杂交和酵母双杂交的实验结果。将粉红色的酵母菌转移到 YAPD 培养基中，培养 1～2 次后菌液的颜色就会回复到正常的乳白色。配制 YAPD 培养板要准备两个烧瓶，在第一个 2L 的烧瓶中，用 950mL 水溶解粉末，并将搅拌棒置于烧瓶中，在第二个烧瓶中，在 950mL 水中加入琼脂粉（不要加入搅拌棒，否则会导致浓缩的琼脂粉在高压时沸腾溢出），15psi 高压 40min，立即将第一个烧瓶中的内容物（含搅拌棒）倒入装有琼脂粉的烧瓶，加入葡萄糖，磁力搅拌器上混合均匀，冷却至 55℃（可以将烧瓶在 55℃水浴锅中放置至少 1h）。将烧瓶中的液体倒入 150mm 灭菌培养皿中（每皿约 80mL），室温干燥 3～5 天，用塑料袋或箔纸包裹，室温可保存 6 个月。

YAP 液体培养基

试剂	含量（2L）
蛋白胨	40g
酵母提取物	20g
脱水硫酸腺嘌呤	0.32g

用 2L 水溶解粉末，15psi（1.05kg/cm²）高压灭菌 20min，室温保存，使用前加入葡萄糖溶液（40%，*m/V*）至终浓度为 2%（*m/V*）。加入葡萄糖的培养基即为 YAPD 培养基。

方案 5 用于β-半乳糖苷酶活力的菌落转移比色测定

细菌 *LacZ* 基因是酵母杂交实验中常用的报道基因。这种克隆转移实验用来检测诱饵菌株中由于自激活或者 AD-捕获子诱导的β-半乳糖苷酶的表达。完成该方案需要 2 天。

材料

为正确使用本方案中的器材和危险试剂，必须查阅相应的材料安全数据表并咨询所在机构的环境卫生和安全办公室。

本方案的专用试剂标注<R>，配方在本方案末提供。常用储备溶液、缓冲液和试剂标注<A>，配方见附录 1。储备溶液应稀释至适用浓度后使用。

试剂

β-巯基乙醇
X-Gal（4%，*m/V*）溶解在 *N*，*N*-二甲基甲酰胺中
Z-缓冲液<R>

设备

钳子
37℃培养箱
液氮罐
培养皿（150mm）
Whatman 滤纸（直径 125mm），硬质（目录号 1452125）

方法

1. 对于每一个要分析的硝酸纤维滤膜/YAPD 平板，均需要放置 2 张 Whatman 滤纸在一个空的 150mm 培养皿上。

　　　参见"疑难解答"。

2. 步骤 3～5 需转移到一个通风橱中进行。

3. 每个平板需要配制一个反应体系，包括以下成分：

Z-缓冲液	6mL
β-巯基乙醇	11μL
X-Gal	100μL

用上述混合物浸没步骤 1 中的 Whatman 滤纸；使用钳子掀起滤纸将气泡挤压到侧边并去除，然后通过倾斜培养皿将多余的液体倒入废液瓶中。

4. 用钳子把硝酸纤维素膜从 YAPD 平板中掀起，然后把酵母面向上放在液氮中 10s。弃掉 YAPD 平板。

5. 用钳子把冷冻的硝酸纤维素膜以酵母面朝上的方式放置在湿的 Whatman 滤纸上，由于硝酸纤维素膜（和酵母裂解物）会融化，因此尽快用钳子（或针）去除 NC 滤膜下面的气泡。

6. 在 37℃ 孵育每个平板。

> 24h 内定时检查蓝斑（如果必要每个小时检查一次），每个酵母裂解物产生的蓝斑都要拍照。
> 参见 "疑难解答"。

疑难解答

问题（步骤 1）：酵母在硝酸纤维素膜上生长较差或不生长。

解决方案：酵母在膜上生长缓慢或不生长通常是由于从绒布上转移的效果较差所致。这通常是由于使用的平板是在 2 天之内配制的，使用时培养基仍然潮湿，而潮湿会抑制酵母从绒布转移到膜上。有两种方法可以使培养基充分干燥，一是在通风橱里取下盖子干燥 20min，二是把它们（盖上盖子）在台子里放置一个星期。酵母从绒布上转移较差的另一个原因是绒布上原本就没有足够的酵母，从选择性培养基上转移酵母到绒布上时确保按紧压实，确保硝酸纤维素膜/YAPD 平板是从新制备的绒布上转移的第一个或第二个平板。检查硝酸纤维素膜上是否有成功转移的酵母是一个可行的办法，硝酸纤维素膜在 30℃ 多孵育一天，酵母就可以生长到一个足够用于检查的数目。如果怀疑是培养基的问题，请参考方案 4 的 "疑难解答" 部分。

问题（步骤 6）：没有蓝斑产生。

解决方案：如果在 37℃ 孵育 24h 后，酵母裂解物没有产生任何蓝斑，可能是缺少或错配了其中的一种试剂。最可能的原因是 Z-缓冲液的 pH 不是 7.0，X-gal 浓度正确且状态良好也是重要的原因。要检测上述试剂是否有问题，最简单的办法是用已知能表达不同水平 β-gal 的酵母菌株作为对照，进行检测。

配方

为正确使用本方案中的器材和危险试剂，必须查阅相应的材料安全数据表并咨询所在机构的环境卫生和安全办公室。

Z-缓冲液

试剂	数量（1L）	终浓度
$Na_2HPO_4 \cdot 7H_2O$	16.1g	60mmol/L
$NaH_2PO_4 \cdot H_2O$	5.5g	60mmol/L
KCl	0.75g	10mmol/L
$MgSO_4 \cdot 7H_2O$	0.25g	1mmol/L

用 Millipore 水溶解粉末，用 10mol/L NaOH 调整 pH 至 7.0，高压锅 15psi（1.05kg/cm²）20min 灭菌。室温储存 Z-缓冲液。

方案 6　酵母克隆的 PCR

酵母克隆的 PCR 是从酵母基因组和转化的质粒上扩增片段，可用于检测方案 1 中准备整合的酵母菌 DNA-诱饵质粒是否在双报道基因的上游，检测方案 2 中酵母是否成功转化了 DB-诱饵载体，也可以用于扩增缺口修复时插入的相互作用文库克隆。完成该方案需要 2 天。

材料

为正确使用本方案中的器材和危险试剂，必须查阅相应的材料安全数据表并咨询所在机构的环境卫生和安全办公室。

本方案的专用试剂标注<R>，配方在本方案末提供。常用储备溶液、缓冲液和试剂标注<A>，配方见附录 1。储备溶液应稀释至适用浓度后使用。

试剂

AD 引物（5'-CGCGTTTGGAATCACTACAGGG-3'）

琼脂糖

DB 引物（5'-GGCTTCAGTGGAGACTGATATGCCTC-3'）

DNA 分子质量标准

dNTP 溶液（PCR 级）

1H1FW 引物（5'-GTTCGGAGATTACCGAATCAA-3'）

HIS293RV 引物（5'-GGGACCACCCTTTAAAGAGA-3'）

LacZ592RV 引物（5'-ATGCGCTCAGGTCAAATTCAGA-3'）

M13F 引物（5'-GTAAAACGACGGCCAGT-3'）

Sc-Leu 平板（150mm）（用于生长的酵母双杂交 DB-诱饵菌的 PCR）<A>

Sc-Leu-Trp 平板（150mm）（用于生长的酵母双杂交"HIS-阳性"的 PCR）<A>

Sc-Ura-His-Trp 平板（150mm）（用于生长的酵母单杂交"HIS-阳性"的 PCR）<A>

TBE 溶液（10×）<A>

TERM 引物（5'-GGAGACTTGACCAAACCTCTGGCG-3'）

热稳定的 DNA 聚合酶（如 *Taq* 酶）以及相应的 PCR 缓冲液（10×）

　　　　根据我们的实验，Life Technologies 公司的 *Taq* DNA 聚合酶（目录号 10342-053）效果最好。

YAPD 平板（150mm）（用于酵母单杂交 DB-诱饵菌的 PCR）<R>

Zymolyase 悬液<R>

设备

30℃水浴锅

PCR 板（96 孔）

PCR 热循环仪

灭菌牙签和/或灭菌一次性塑料接种环

方法

1. 利用 YAPD 固体培养基或适当的选择性培养基培养酵母，30℃过夜。

相对于选择性培养基培养的酵母菌，以 YAPD 培养基培养的整合了酵母单杂交 DNA-诱饵质粒的酵母菌的基因组作为模板，PCR 会获得更高的扩增效率，但是选择培养基培养的克隆更适合于从质粒模板中扩增。

2. 对于每一个酵母克隆，向每个灭菌 PCR 管或 96 孔 PCR 板的每个孔中加入 15μL zymolyase 悬液。

> 基于 YM4271 的酵母克隆的 PCR 扩增反应需要加入 zymolyase 裂解细胞，由于 zymolyase 在水中溶解度很低，在加入前需要彻底地、间歇性地（间隔 30s）混匀悬液，其他酵母菌（如 MaV103）可能不需要 zymolyase 处理。

3. 用灭菌的牙签或吸头将步骤 1 中少量的（约每个克隆的 1/4）酵母菌转移至步骤 2 中的 zymolyase 分装液中。

> 过多的酵母会抑制 PCR 扩增。

4. 将 PCR 管/板放到 PCR 仪中，将酵母-酶混合液在 37℃ 孵育 30min，然后 95℃ 10min 使酶失活。

5. 取出 PCR 管/板，加入 85μL PCR 级的灭菌水稀释裂解物。

> 裂解物可放置于 -20℃。

6. 对于每一次 PCR 反应，需要在 PCR 管或 PCR 板的每个孔中准备下列 PCR 混合物：

稀释的裂解物（来自步骤 5）	5μL
上游引物（20μmol/L）	1μL
下游引物（20μmol/L）	1μL
dNTP（1mmol/L）	5μL
PCR 缓冲液（10×）	5μL
热稳定的 DNA 聚合酶	2U
H_2O	至 50μL

> PCR 应包括不加模板的阴性对照。

7. 将 PCR 管放到 PCR 仪中，运行如下 PCR 程序：

循环数	变性	复性	聚合
1	94℃，2min		
35 个循环	94℃，1min	56℃，1min	72℃扩增，1min/kb
末循环			72℃，7min

> PCR 反应条件可能需要优化（参考第 7 章，方案 1）

8. 取 5～10μL PCR 产物在 1×TBE 配制的 1%（m/V）琼脂糖凝胶进行电泳，以 DNA 分子质量标准作为对照（参考第 2 章，方案 1）。

> 分析 PCR 产物时，利用载体上的引物扩增得到的片段会大于插入的片段。
> 参考"疑难解答"。

疑难解答

问题（步骤 8）：酵母克隆的 PCR 未见条带。

解决方案：除了影响 PCR 的常规因素外（如操作遗漏、DNA 降解或试剂配错等），还需要考虑酵母克隆的 PCR 的一些特殊因素。首先，酵母应该被 zymolyase 高效裂解以释放出 PCR 模板，zymolyase 是一种酶，因此需要放在冰上且反复冻融不能超过 3 次，此外，zymolyase 是悬液，因此需要间歇地混合（每隔 30s）以避免样品裂解不均匀。第二个需要考虑的因素是加入太多酵母菌会抑制 PCR 反应，如何决定合适的酵母量，一种有效的方法是加入不同量的酵母到 zymolyase 中以明确合适的酵母量。

配方

为正确使用本方案中的器材和危险试剂，必须查阅相应的材料安全数据表并咨询所在机构的环境卫生和安全办公室。

YAPD 平板

试剂	含量（2L）
蛋白胨	40g
酵母提取物	20g
脱水硫酸腺嘌呤	0.32g
琼脂粉	35g
葡萄糖（40%，*m/V*）水溶液，灭菌	100mL

我们使用的很多酵母菌株是 *ADE5* 基因突变株，因此如果不在培养基中加入腺嘌呤，这些菌株生长出来的酵母克隆是粉红色的。需要注意的是，腺嘌呤对 *ADE5* 野生型的酵母菌株没有影响，这种不同的颜色也不会影响酵母单杂交和酵母双杂交的实验结果。将粉红色的酵母菌转移到 YAPD 培养基中，培养 1~2 次后菌液的颜色就会回复到正常的乳白色。配制 YAPD 培养板要准备两个烧瓶，在第一个 2L 的烧瓶中，用 950mL 水溶解粉末，并将搅拌棒置于烧瓶中，在第二个烧瓶中，在 950mL 水中加入琼脂粉（不要加入搅拌棒，否则会导致浓缩的琼脂粉在高压时沸腾溢出），15psi 高压 40min，立即将第一个烧瓶中的内容物（含搅拌棒）倒入装有琼脂粉的烧瓶，加入葡萄糖，磁力搅拌器上混合均匀，冷却至 55℃（可以将烧瓶在 55℃ 水浴锅中放置至少 1h）。将烧瓶中的液体倒入 150mm 灭菌培养皿中（每皿约 80mL），室温干燥 3~5 天，用塑料袋或箔纸包裹，室温可保存 6 个月。

Zymolyase 悬液

试剂	含量（100mL）
Zymolyase-100T（Cape Cod，目录号 120493-1）	200mg

粉末混合于灭菌磷酸钠缓冲液（0.1mol/L，pH 7.5），粉末不能完全溶解，部分沉淀物即使混合 30min 还能看到，分装至每管 1mL，−20℃ 保存 12 个月。

信息栏

🔶 为什么整合 DNA-诱饵？

将 DNA-诱饵整合到酵母菌基因组，第一个优点是能够保证稳定的 DNA-诱饵报道基因拷贝数，这意味着从一个整合体得到的所有酵母菌都含有同样拷贝数的报道基因，并且保持一致的报道基因水平（方案 1 的步骤 23 讨论了如何选择优化的整合体）。相反，如果使用复制型质粒，每个酵母的报道基因质粒数量就会发生改变，质粒拷贝数越多，酵母菌的报道基因的背景就会越强，发生 PDI 时还可能被误认为是阳性。更大的优点在于 DNA-诱饵会以染色体的形式存在，犹如酵母基因组的一部分，这样 DNA-诱饵就会以模拟体内染色体的形式暴露于捕获蛋白，而不是以细胞质中"裸露"的质粒的形式。

🔶 选择载体和酵母菌

建立酵母双杂交的平台时，载体和酵母菌的特定组合对于实验结果有重要的影响。首先，选择适合实验需要的酵母菌，不能包含有功能的 *GAL4* 和 *GAL80* 基因，否则会干扰实验结果的读取。第二个需要考虑的是用于筛选的目的载体的选择标记，几乎通用的是，酵母双杂交体系中可选择的标记都是营养缺陷的生长基因，酵母菌中由于这些基因的突变而无法在缺乏特定分子（如某种氨基酸或核苷酸）的条件下生长。一旦目的载体中相应的可读框表达，缺失的基因会得到回复，例如，*TRP1* 基因突变的酵母菌在色氨酸缺失的条件下不能生长，除非转入表达野生型 *Trp1p* 的 AD-可读框融合载体。由此可见，菌株必须有某个基因的突变而载体能够回复该基因的表达，载体和菌株的选择是相互依赖的。第三，使用者需要考虑载体的克隆和复制能力，大部分用于酵母实验的载体在 Gateway 相容和传统的酶切实验中都是可用的。尽管酵母实验所用的载体均含有在细菌中繁殖所需的序列（如氨苄抗性及高拷贝的细菌复制起始位点），但是它们在酵母中的复制能力是有区别的。用于整合的载体（YIp）不能在酵母中复制，而是通过同源重组整合到酵母的基因组中（如酵母单杂交 *LacZ* 和 *HIS3* 报道基因载体），因为被这些载体转化的酵母菌如果没有整合到基因组就不能形成克隆。YCp 载体由于含有 ARS（自发复制序列）和 CEN（着丝粒）元件，复制水平低（每个细胞 1～3 个拷贝），然而 YEp 载体含有酵母 2μ质粒片段所提供的高拷贝的复制起始位点（每个细胞 10～40 个拷贝）。表达 AD 和 DB 融合蛋白的载体是 YCp 或 YEp 载体，其中 YEp 载体含有更高的拷贝数，所以每个细胞可以表达更多的融合蛋白。改变融合蛋白数量的一个备选方案是使用不同表达强度的启动子（如截短的乙醇脱氢酶 1 启动子启动的表达水平低于全长的启动子）。事实上，所有的 AD 和 DB 融合蛋白均使用全长的乙醇脱氢酶 1 启动子。使用者需要考虑的最后一个因素是，不同的酵母菌在实验中表现不同，一些菌株是可以和酵母单杂交和/或酵母双杂交兼容的，但是已经发现一些菌株比别的菌株更适合于鉴定相互作用，实验中最好使用经过证实的菌株-载体的组合，或者在新的系统里尝试多种组合。

使用绒布影印平板和影印平板

使用"绒布"将一个克隆从一个平板转移至另一个平板，绒布是大于 22cm×22cm 的、方形的、供酵母附着的棉绒（100%棉不含纤维，不要使用丝绒）。剪成方形后，缝边以避免磨损，洗 10 次以上以去除多余的线，否则这些线可能转移到平板上。将灭菌的绒布（绒布面向上）放置到影印器上（用于 150mm 培养板），固定好位置以保证在转移过程或间隔中不会移动。将长有酵母的平板置于绒布上（酵母面向下），按压使酵母菌转移到绒布上，平板需要标记以保持方向，取下平板，将一个新的平板朝下放置到绒布上，按压新板使酵母菌从绒布转移到新的平板上，一块绒布最多可以转移 5 次。有时候新平板需要先清理，清理平板需要将平板按压到一系列灭菌的绒布上（每块只能用一次）以去除多余的酵母，通常需要 2～3 块绒布。每次用完后，高压灭菌绒布，洗净（避免使用肥皂）并烘干，可以将绒布叠成一堆（大约 40 个/堆），用铝箔包好，再次高压灭菌。

（叶棋浓　译，张令强　校）

附录 1 试剂和缓冲液

配方

为正确使用本方案中的器材和危险试剂，必须查阅相应的材料安全数据表并咨询所在机构的环境卫生和安全办公室。

丙烯酰胺溶液（45%，m/V）

丙烯酰胺（DNA 测序分析级）	434g
N，N'-亚甲基双丙烯酰胺	16g
加水至	600mL

加热至 37℃使之溶解。用蒸馏水定容至 1L，硝酸纤维素滤膜（如 Nalgene 滤器，0.45μm 孔径）过滤，于室温避光保存。

放线菌素 D（5 mg/mL）

将放线菌素 D 以 5 mg/mL 的浓度溶解于甲醇中，于-20℃避光保存。

腺苷二磷酸（ADP）（1mmol/L）

将固体腺苷二磷酸溶解于无菌的 25mmol/L Tris-Cl（pH 8.0）中。分装成小份（约 20μL），于-20℃保存。

含有琼脂和琼脂糖的培养基

根据本附录中的配方，配制相应的液体培养基。在高压蒸气灭菌之前，加入下列物质中的一种：

细菌培养用琼脂（配制平板用）	15g/L
细菌培养用琼脂（配制顶层琼脂用）	7g/L
琼脂糖（配制平板用）	15g/L
琼脂糖（配制顶层琼脂糖用）	7g/L

在 15psi（1.05kg/cm^2）压力条件下，液体循环高压蒸汽灭菌 20min。将培养基从高压锅中取出时，轻轻旋动，使熔化了的琼脂或琼脂糖均匀地分布在整个溶液中。当心！液体可能会因为过热而在旋转时暴沸。让培养基冷却至 50～60℃时再加入不耐热的物质，如抗生素等。为了避免产生气泡，可使用旋动的方法将培养基混匀。直接将培养基倒入平板中，每块直径 90mm 的平板约 30～35mL。为了去除平板上产生的气泡，可在琼脂或琼脂糖变硬之前用本生灯灼烧培养基的表面。设置有颜色的记号，用相应的彩色记号笔标记平板的边缘（例如，LB-青霉素平板用两个红色条纹标记，LB 空平板用一个黑色条纹标记，等等）。

当培养基完全变硬后，将平板倒置，于 4℃冰箱中保存。使用前 1～2h 将平板取出来。如果平板是新鲜的，在 37℃培养时会"出汗"。如果冷凝的水珠掉落在琼脂/琼脂糖表面时，会使菌落或噬菌斑伸展，从而增加交叉污染的机会。解决这一问题的方法是，在使用前将板盖上的冷凝水擦干，并于 37℃倒置几个小时；或者迅速甩去板盖上的液体。为了使污染的可能性降至最低，在去除板盖上的液体时，要将打开的平板倒置。

碱性琼脂糖凝胶电泳缓冲液（10×）

NaOH	500mmol/L
EDTA	10mmol/L

将 50mL 的 10mol/L NaOH 和 20mL 的 0.5mol/L EDTA（pH 8.0）加入到 800mL 水中，定容至 1 L。使用前将 10× 的碱性琼脂糖凝胶电泳缓冲液用水稀释至 1× 工作液。使用相同的 10× 碱性琼脂糖凝胶电泳缓冲液来制备碱性琼脂糖凝胶和 1× 碱性电泳缓冲液工作液。

碱性凝胶电泳加样缓冲液（6×）

NaOH	300mmol/L
EDTA	6mmol/L
Ficoll（Type 400）	18%（*m/V*）
溴甲酚绿	0.15%（*m/V*）
二甲苯蓝	0.25%（*m/V*）

碱裂解溶液 I（质粒制备）

葡萄糖	50mmol/L
Tris-Cl（pH 8.0）	25mmol/L
EDTA（pH 8.0）	10mmol/L

溶液 I 一次可配制 100mL，在 15psi（1.05kg/cm^2）压力下高压蒸汽灭菌 15min，4℃储存。

碱性裂解溶液 II（质粒制备）

NaOH（用 10mol/L 的储存液稀释）	0.2mol/L
SDS	1%（m/V）

溶液 II 需新鲜配制，在室温下使用。

碱性裂解溶液 III（质粒制备）

乙酸钾（5mol/L）	60.0mL
冰醋酸	11.5mL
水	28.5mL

在所配制的溶液中，钾的浓度为 3mol/L，乙酸盐的浓度为 5mol/L。溶液于 4℃储存，使用前置于冰浴中。

碱性转移缓冲液（用于碱性转移 DNA 至尼龙膜上）

NaOH	0.4mol/L
NaCl	1mol/L

乙酸铵（10mol/L）

配制 1L 的溶液时，将 770g 乙酸铵溶解于 800mL 水中，定容至 1L。过滤除菌。或者，配制 100mL 溶液，将 77g 乙酸铵在室温条件下溶解于 70mL 水中，定容至 100mL。用 0.22μm 滤膜过滤除菌。将溶液储存于密封的瓶子中，于 4℃或室温条件下保存。乙酸铵在热水中会分解，因此，含有乙酸铵的溶液均不可高压灭菌。

过硫酸铵（10%，m/V）

过硫酸铵	1g
水	定容至 10mL

将 1g 过硫酸铵溶解于 10mL 水中，4℃储存。过硫酸铵在溶液中会慢慢地衰变，因此，储存液要每 2～3 周更换一次。过硫酸铵是丙烯酰胺和亚甲双丙烯酰胺凝胶聚合反应的催化剂。该聚合反应由一个氧化还原反应所产生的自由基所驱动，而在这一氧化还原反应中，二元胺（如 TEMED）被用来作为辅助催化剂（Chrambach and Rodbard 1972）。

腺苷三磷酸（ATP）（10mmol/L）

将适量的固体 ATP 溶解于 25mmol/L 的 Tris-Cl（pH 8.0）中，分装成小份储存于-20℃。

T4 噬菌体 DNA 连接酶缓冲液（10×）

Tris-Cl（pH 7.6）	200mmol/L
MgCl$_2$	50mmol/L
二硫苏糖醇	50mmol/L
牛血清白蛋白（Fraction V; Sigma-Aldrich 或其他公司的）	0.5 mg/mL

将缓冲液分装成小份，储存于-20℃。在建立反应体系时，加入适当浓度的 ATP（如 1mmol/L）。

T4 噬菌体 DNA 聚合酶缓冲液（10×）

Tris-乙酸（pII 8.0）	330mmol/L
乙酸钾	660mmol/L

乙酸镁	100mmol/L
二硫苏糖醇	5mmol/L
牛血清白蛋白（Fraction V; Sigma-Aldrich）	1 mg/mL

将 10×储存液分装成小份，冷冻储存于-20℃。

T4 噬菌体多核苷酸激酶缓冲液（10×）

Tris-Cl（pH 7.6）	700mmol/L
$MgCl_2$	100mmol/L
二硫苏糖醇	50mmol/L

将 10×储存液分装成小份，冷冻储存于-20℃。

BPTE 电泳缓冲液（10×）

PIPES	100mmol/L
Bis-Tris	300mmol/L
EDTA	10mmol/L

10×缓冲液的最终 pH 约为6.5。10×缓冲液的配制如下：将 3g PIPES（游离酸）、6g Bis-Tris（游离碱）和 2mL 0.5mol/L 的 EDTA 加入到 90mL 蒸馏水中，然后用焦碳酸二乙酯（终浓度 0.1%；详情见第 6 章中有关焦碳酸二乙酯的资料）处理。

溴酚蓝溶液（0.4%，m/V）

将 4 mg 固体溴酚蓝溶解于 1mL 无菌水中。溶液于室温保存。

溴酚蓝蔗糖溶液

溴酚蓝	0.25%（m/V）
蔗糖	40%（m/V）

氯化钙（2.5mol/L）

将 11g $CaCl_2 \cdot 6H_2O$ 溶解于终体积为 20mL 的蒸馏水中。0.22μm 滤膜过滤，1mL/支分装，-4℃储存。

Church 缓冲液

牛血清白蛋白	1%（m/V）
EDTA	1mmol/L
磷酸盐缓冲液 [a]	0.5mol/L
SDS	7%（m/V）

a 0.5mol/L 磷酸盐缓冲液：134g $Na_2HPO_4 \cdot 7H_2O$、4mL 85%的 H_3PO_4（浓磷酸），用水定容至 1 L。

考马斯亮蓝染色液

将 0.25g 考马斯亮蓝 R-250 溶解于 90mL 甲醇：水（1：1，V/V）和 10mL 冰醋酸中。用 Whatman 1 号滤纸过滤去除不溶性的颗粒。溶液于室温储存。见资料：第 19 章，考马斯亮蓝。

甲酚红溶液（10mmol/L）

将 4mg 甲酚红钠盐（Sigma-Aldrich）溶解于 1mL 无菌水中。室温储存。

变性液（中性转移用，仅用于双链 DNA）

NaCl	1.5mol/L
NaOH	0.5mol/L

脱氧核苷三磷酸（dNTP）

将每种 dNTP 以约 100mmol/L 的浓度溶解于水中。用 0.05mol/L 的 Tris 碱和微量移液器调节各溶液的 pH 至 7.0（使用 pH 试纸检测）。将每种已中和的 dNTP 各取一小份做适当稀释，检测下表中各给定波长处的光密度值，计算每种 dNTP 的实际浓度。然后用水将各溶液稀释成终浓度为 50mmol/L 的 dNTP。各溶液独立分装成小份，于-70℃储存。

碱基	波长/nm	消光系数（E）（$M^{-1} \cdot cm^{-1}$）
A	259	1.54×10^4
G	253	1.37×10^4
C	271	9.10×10^3
T	267	9.60×10^3

对于光径为 1cm 的比色皿，吸光度=$E \cdot M$，式中，M 是浓度。各 dNTP 有市售的 100mmol/L 的储存液。

用于聚合酶链反应（PCR）的 dNTP，要用 2mol/L 的 NaOH 将 dNTP 溶液的 pH 调节至 8.0。市售的 PCR 级 dNTP 溶液不需要调 pH。

去磷酸化缓冲液（用于 CIP）（10×）

Tris-Cl（pH 8.3）	100mmol/L
$MgCl_2$	10mmol/L
$ZnCl_2$	10mmol/L

去磷酸化缓冲液（用于 SAP）（10×）

Tris-Cl（pH 8.8）	200mmol/L
$MgCl_2$	100mmol/L
$ZnCl_2$	10mmol/L

二甲基亚砜（DMSO）

购买高级的 DMSO（HPLC 级或更高级），1mL/支分装入无菌管中，盖紧，于-20℃储存。每支仅使用一次，剩余部分丢弃。

二硫苏糖醇（DTT, 1mol/L）

将 3.09g 二硫苏糖醇溶解于 20mL 0.01mol/L 的乙酸钠溶液（pH 5.2）中，过滤除菌。1mL/支分装，于-20℃储存。在这一条件下，二硫苏糖醇可抵抗空气的氧化作用。

乙二胺四乙酸（EDTA）（0.5mol/L, pH 8.0）

将 186.1g 二水合乙二胺四乙酸二钠（EDTA·$2H_2O$）加入到 800mL 水中。在磁力搅拌器上剧烈搅拌，用 NaOH（约需 20g NaOH 颗粒）调节 pH 至 8.0，定容至 1L。分装，高压蒸气灭菌。直到用 NaOH 将溶液的 pH 调节至约 8.0 时，EDTA 二钠盐才会溶解。

EGTA（0.5mol/L, pH 8.0）

EGTA 是乙二醇双（β-氨基乙基醚）N,N,N',N'-四乙酸。EGTA 溶液的配制基本上与上述 EDTA 的配制方法相同，可高压蒸汽灭菌或过滤除菌。无菌溶液于室温储存。

溴化乙锭（10mg/mL）

将 1g 溴化乙锭加入到 100mL 水中。用磁力搅拌器搅拌几个小时，以确保染料完全溶解。用铝箔包裹储存容器避光或将溶液转移至棕色瓶中，于室温保存。

甲醛凝胶加样缓冲液（10×）

甘油（用 DEPC 处理过的水稀释）	50%（V/V）
EDTA（pH 8.0）	10mmol/L
溴酚蓝	0.25%（m/V）
二甲苯苯胺 FF	0.25%（m/V）

甲酰胺加样缓冲液

去离子化甲酰胺	80%（m/V）
EDTA（pH 8.0）	10mmol/L
二甲苯苯胺 FF	1mg/mL
溴酚蓝	1mg/mL

购买蒸馏的去离子化甲酰胺，分装成小等份，充氮气，于-20℃储存。或者，按有机试剂部分所描述的方法对试剂级的甲酰胺去离子化。

凝胶加样缓冲液 I（6×）[a]

溴酚蓝	0.25%（m/V）
二甲苯苯胺 FF	0.25%（m/V）
蔗糖水溶液	40%（m/V）

a 于 4℃储存。

凝胶加样缓冲液 II（6×）[a]

溴酚蓝	0.25%（m/V）
二甲苯苯胺 FF	0.25%（m/V）
Ficoll（Type 400）水溶液	15%（m/V）

a 于室温储存。

凝胶加样缓冲液 III（6×）[a]

溴酚蓝	0.25%（m/V）
二甲苯苯胺 FF	0.25%（m/V）
甘油水溶液	30%（m/V）

a 于 4℃储存。

凝胶加样缓冲液 IV（6×）[a]

溴酚蓝	0.25%（m/V）
蔗糖水溶液	40%（m/V）

a 于 4℃储存。

甘油（10% V/V）

将 1 体积的分子生物学级甘油稀释于 9 体积的无菌纯水中。0.22μm 滤器过滤除菌，200mL 每瓶，于 4℃储存。

含甲酰胺的杂交缓冲液（RNA 用）

PIPES（pH 6.8）	40mmol/L
EDTA（pH 8.0）	1mmol/L
NaCl	0.4mol/L
去离子甲酰胺	80%（V/V）

使用 PIPES 的二钠盐来配制这一缓冲液，用 1mol/L HCl 将 pH 调至 6.4。

不含甲酰胺的杂交缓冲液（RNA 用）

PIPES（pH 6.4）	40mmol/L
EDTA（pH 8.0）	1mmol/L
NaCl	0.4mol/L

使用 PIPES 的二钠盐来配制这一缓冲液，用 1mol/L HCl 将 pH 调至 6.4。

IPTG（20%，m/V，0.8mol/L）

IPTG 是异丙基-β-D-硫代半乳糖苷。将 2g IPTG 溶解于 8mL 蒸馏水中，制备 20% 的 IPTG 溶液，用蒸馏水定容至 10mL。用 0.22μm 滤器过滤除菌。1mL/支分装，于-20℃储存。

Klenow 缓冲液（10×）

磷酸钾（pH 7.5）	0.4mol/L
$MgCl_2$	66mmol/L
β-巯基乙醇	10mmol/L

LB 冷冻缓冲液

无水 K_2HPO_4	36mmol/L
KH_2PO_4	13.2mmol/L
柠檬酸钠	1.7mmol/L
$MgSO_4 \cdot 7H_2O$	0.4mmol/L
硫酸铵	6.8mmol/L
甘油	4.4%（V/V）

用 LB 肉汤培养基配制

LB 冷冻缓冲液（Zimmer and Verrinder Gibbins 1997）的配制最好是用 100mL LB 溶解上述的盐配成特定浓度。量取 95.6mL LB 冷冻缓冲液转移至新的容器中，然后加入 4.4mL 甘油。充分混匀，用 0.45μm 的一次性 Nalgene 滤器过滤除菌。将无菌的冷冻培养基于可控室温下保存（15～25℃）。

LB 培养基（Luria-Bertani 培养基）

配制 1L 培养基，于 950mL 去离子中加入：

胰蛋白胨	10g
酵母抽提物	5g
NaCl	10g

摇动容器直至溶质完全溶解。用 5mol/L NaOH（约 0.2mL）将 pH 调至 7.0。用去离子水定容至 1L。15psi（1.05 kg/cm²）压力条件下液体循环高压蒸汽灭菌 20min。

溶菌酶（10mg/mL）

使用前即刻将固态溶菌酶以 10 mg/mL 的浓度溶解于 10mmol/L Tris-Cl（pH 8.0）中。配制时，要确保 Tris 的 pH 是 8.0。如果溶液的 pH<8.0，溶菌酶将不能有效地发挥作用。

MgCl₂·6H₂O（1mol/L）

将 203.3g $MgCl_2 \cdot 6H_2O$ 溶解于 800mL 水中，定容至 1L。分装后高压蒸汽灭菌。$MgCl_2$ 极易潮解，应选购小瓶（如 100g）试剂，启用后勿长期存放。

MgSO₄（1mol/L）

将 12g $MgSO_4$ 溶解于适量水中，定容至 100mL。高压蒸气灭菌或过滤除菌。室温储存。

M9 基本培养基

配制 1L 培养基，于 750mL 无菌水（冷却至 50℃或更低）中加入：

M9 盐溶液 [a]（5×）	200mL
MgSO₄（1mol/L）	2mL
20%的适当碳源溶液（如 20%葡萄糖）	20mL
CaCl₂（1mol/L）	0.1mL
无菌去离子水	至 980mL

如果需要，可在 M9 培养基中添加适当的氨基酸类或维生素类储存液。

a M9 盐（5×）的配制：将下列盐类溶解至终体积为 1L 的去离子水中：

Na₂HPO₄·7H₂O	64g
KH₂PO₄	15g
NaCl	2.5g
NH₄Cl	5.0g

分装成 200mL 一份，在 15psi（1.05kg/cm²）压力条件下液体循环高压蒸汽灭菌 15min。

分别配制 $MgSO_4$ 和 $CaCl_2$ 溶液，高压蒸汽灭菌。用无菌水将 M9 盐（5×）稀释至 980mL，加入 $MgSO_4$ 和 $CaCl_2$ 溶液。葡萄糖溶液在加入到 M9 盐稀释液之前，需用 0.22μm 滤器过滤除菌。如果使用的 *E.coli* 菌株其染色体上缺失脯氨酸生物合成操纵子[Δ（*lac-proAB*）]而补充的 *proAB* 基因在 F'质粒上时，需在 M9 培养基中添加如下物质：

葡萄糖（右旋糖）	0.4%（*m/V*）
MgSO₄·7H₂O	5mmol/L
硫胺	0.01%

MOPS 电泳缓冲液（10×）

MOPS（pH 7.0）	0.2mol/L
乙酸钠	20mmol/L
EDTA（pH 8.0）	10mmol/L

将 41.8g MOPS 溶解于 700mL 无菌的 DEPC 处理过的水中。用 2mol/L NaOH 将 pH 调节至 7.0。加入 20mL DEPC 处理的 1mol/L 乙酸钠和 20mL DEPC 处理的 0.5mol/L EDTA(pH 8.0)。用 DEPC 处理的水定容至 1L。用 0.45 μm 的 Millipore 滤器过滤除菌，于室温避光储存。如果缓冲液暴露于可见光或被高压灭菌后将会变成黄色。淡黄色的缓冲液可良好地发挥效果，但颜色变深的缓冲液不能使用。

NaCl（氯化钠，5mol/L）

将 292g NaCl 溶解于 800mL 水中，定容至 1L，分装，高压蒸汽灭菌，室温保存。

NaOH（10mol/L）

10mol/L NaOH 的配制涉及一个强烈的放热反应，会导致玻璃容器的破裂。需要非常小心地在塑料烧杯中制备。在 800mL 水里慢慢地加入 400g NaOH 颗粒，不断地搅拌。作为一种预防措施,可将烧杯放在冰上。当颗粒完全溶解后,用水定容至 1L。将溶液于塑料容器中室温保存。不需要灭菌。

中和缓冲液 I (用于将 DNA 转移至不带电的膜上)

Tris-Cl (pH 7.4)	1mol/L
NaCl	1.5mol/L

中和缓冲液 II (用于将 DNA 碱性转移至尼龙膜上)

Tris-Cl (pH 7.2)	0.5mol/L
NaCl	1mol/L

中和液 (适于中性转移,仅用于双链 DNA)

Tris-Cl (pH 7.4)	0.5mol/L
NaCl	1.5mol/L

核酸酶 S1 消化缓冲液

NaCl	0.28mol/L
乙酸钠 (pH 4.5)	0.05mol/L
$ZnSO_4·7H_2O$	4.5mmol/L

分装成小份,于-20℃储存。使用前加入核酸酶 S1 至浓度为 500U/mL。

NZCYM 培养基

配制 1L 培养基,于 950mL 去离子水中加入:

NZ 胺 [a]	10g
NaCl	5g
酵母抽提物	5g
酪蛋白氨基酸	1g
$MgSO_4·7H_2O$	2g

a NZ 胺:酪蛋白水解酶 (ICN Biochemicals 公司)。NZCYM、NZYM 和 NZM 也可用来自 BD Biosciences 公司的脱水培养基。

摇动容器直至溶质完全溶解。用 5mol/L 的 NaOH (约 0.2mL) 调节 pH 至 7.0。用去离子水定容至 1L。在 15psi ($1.05kg/cm^2$) 压力条件下高压蒸汽灭菌 20min。

NZM 培养基

NZM 培养基除不含酵母抽提物外,其他成分与 NZYM 培养基相同。

NZYM 培养基

NZYM 培养基除不含酪蛋白氨基酸外,其他成分与 NZCYM 培养基相同。

胰 DNase I (1mg/mL)

将 2mg 粗制的胰 DNase I (Sigma-Aldrich 或类似产品) 溶解于 1mL 下述溶液中。

Tris-Cl (pH 7.5)	10mmol/L
NaCl	150mmol/L
$MgCl_2$	1mmol/L

当胰 DNase I 溶解后,加入 1mL 甘油,盖紧管盖,轻轻颠倒几次混匀。尽量避免产生气泡或泡沫。将溶液分装,于-20℃储存。

胰 RNase I（1 mg/mL）

将 2mg 粗制的胰 RNAase I（Sigma-Aldrich 或类似产品）溶解于 2mL TE（pH 7.6）中。

PEG 8000

PEG 的工作浓度范围在 13%～40%（m/V）。将适量的 PEG 8000 溶解于无菌水中，制备适当浓度的溶解。如果有必要，在配制时可进行加热。使用 0.22μm 的滤器过滤除菌，于室温储存。

磷酸缓冲盐液（PBS）

NaCl	137mmol/L
KCl	2.7mmol/L
Na_2HPO_4	10mmol/L
KH_2PO_4	2mmol/L

将 8g NaCl、0.2g KCl、1.44g Na_2HPO_4 和 0.24g KH_2PO_4 溶解于 800mL 蒸馏水中。用 HCl 将 pH 调至 7.4，定容至 1 L。将溶液分装，15psi（1.05kg/cm^2）高压蒸汽灭菌 20min 或过滤除菌，于室温储存。

PBS 是常用试剂，适用范围广。需要注意的是，这里的配方缺少二价阳离子。如果需要，可往 PBS 中添加 1mmol/L 的 $CaCl_2$ 和 0.5mmol/L 的 $MgCl_2$。

乙酸钾（5mol/L）

乙酸钾（5mol/L）	60mL
冰醋酸	11.5mL
H_2O	28.5mL

本溶液的钾浓度为 3mol/L，乙酸根浓度为 5mol/L。溶液于室温储存。

预杂交/杂交溶液（适用于水性缓冲液中的杂交）

SSC（或 SSPE）	6×
Denhardt's 试剂	5×
SDS	0.5%（m/V）
Poly（A）	1μg/mL
鲑精 DNA	100μg/mL

预杂交/杂交溶液（适用于在甲酰胺缓冲液中的杂交）

SSC（或 SSPE）	6×
Denhardt's 试剂	5×
SDS	0.5%（m/V）
Poly（A）	1μg/mL
鲑精 DNA	100μg/mL
甲酰胺	50%（m/V）

充分混匀后，用 0.45μm 的一次性醋酸纤维素膜（Schleicher and Schuell 单流式注射器膜或类似产品）过滤。为了降低在非严格的条件下（如 20%～30%甲酰胺）杂交的背景，需使用纯度尽可能高的甲酰胺（见有机试剂部分的甲酰胺去离子化）。

预杂交/杂交溶液（适用于在磷酸-SDS 缓冲液中的杂交）

磷酸盐缓冲液（pH 7.2）[a]	0.5mol/L
EDTA（pH 8.0）	1mmol/L
SDS	7%（m/V）
牛血清白蛋白	1%（m/V）

a 0.5mol/L 磷酸盐缓冲液：134g $Na_2HPO_4 \cdot 7H_2O$、4mL 85%的 H_3PO_4（浓磷酸），加水定容至 1 L。使用电泳级的牛血清白蛋白。用这一特殊的预杂交/杂交溶液不需要封闭剂或杂交率增强剂。

预杂交溶液（适用于 Dot、Slot 和 Northern 杂交）

磷酸钠（pH 7.2）[a]	0.5mol/L
SDS	7%（m/V）
EDTA（pH 7.0）	1mmol/L

a 0.5mol/L 磷酸盐缓冲液：134g $Na_2HPO_4 \cdot 7H_2O$、4mL 85%的 H_3PO_4（浓磷酸），加水定容至 1 L。

蛋白酶 K（20mg/mL）

购买的蛋白酶 K 是冷冻干燥的粉末，以 20mg/mL 的浓度溶解于无菌的 50mmol/L Tris（pH 8.0）、1.5mmol/L 乙酸钙中。将储存液分装成小份，于−20℃储存。每份可冻融几次，但冻融几次之后应丢弃。不像许多粗制的蛋白酶（如链霉蛋白酶），蛋白酶 K 在使用前不需要自消化处理。

蛋白酶 K 缓冲液（10×）

Tris-Cl（pH 8.0）	100mmol/L
EDTA（pH 8.0）	50mmol/L
NaCl	500mmol/L

放射性墨水

放射性墨水是将少量 ^{32}P 与不透水的黑色绘画墨水混合而成。我们发现可方便地制备三个级别的放射性墨水：极热级（>2000cps，依据手提式小型探测器），热级（>500cps，依据手提式小型探测器），冷级（>50cps，依据手提式小型探测器）。用纤维尖笔将所需放射性活性的墨水涂到胶带上。纤维尖笔应贴上放射性物质专用提示胶带，并妥善保管。

反转录酶缓冲液（10×）

Tris-Cl（pH 8.3）	500mmol/L
KCl	750mmol/L
$MgCl_2$	30mmol/L

RNA 凝胶加样缓冲液

去离子化甲酰胺	95%（m/V）
溴酚蓝	0.025%（m/V）
二甲苯苯胺 FF	0.025%（m/V）
EDTA（pH 8.0）	5mmol/L
SDS	0.025%（m/V）

RNase H 缓冲液

Tris-Cl（pH 7.6）	20mmol/L
KCl	20mmol/L

| EDTA（pH 8.0） | 0.1mmol/L |
| 二硫苏糖醇 | 0.1mmol/L |

使用前新鲜配制。

鲑精 DNA（约 10mg/mL）

鲑精 DNA 是两种预杂交/杂交溶液的成分。基本上在任何类型的杂交实验中，变性的鲑精 DNA 碎片在预杂交/杂交溶液中的使用浓度为 100μg/mL。

制备过程：

1. 将鲑精 DNA（Sigma Aldrich type III sodium salt）以 10mg/mL 的浓度溶解于水中。如果需要，用磁力搅拌器搅拌 2～4h 助溶。

2. 加入 NaCl 至浓度为 0.1mol/L，分别将溶液用酚和酚：氯仿各提取一次。

3. 回收水相溶液，使用 17G 皮下注射针头快速吸打 12 次，以切断 DNA。

4. 加入 2 倍体积的预冷乙醇沉淀 DNA，离心回收 DNA，以 10mg/mL 的浓度溶解于水中。

5. 检测溶液的 A_{260}，计算出 DNA 的近似浓度。

6. 将溶液煮沸 10min，分装成小份，于 -20℃ 储存。使用前，将溶液于沸水中加热 5min，然后快速地转移至冰上冷却。

SDS（20%，*m/V*）

也称为十二烷基硫酸钠。将 200g 电泳级的 SDS 溶解于 900mL 水中。加热至 68℃，磁力搅拌器搅拌助溶。如果需要，加几滴浓盐酸调节 pH 至 7.2。定容至 1L，室温储存。不需要灭菌，不要高压。

SDS-EDTA 染料混合物（2.5×）

SDS	0.4%（*V/V*）
EDTA	30mmol/L
溴酚蓝	0.25%
二甲苯苯胺 FF	0.25%
蔗糖	20%（*m/V*）

SDS 凝胶电泳加样缓冲液（2×）

Tris-Cl（pH 6.8）	100mmol/L
SDS（电泳级）	4%（*m/V*）
溴酚蓝	0.2%（*m/V*）
甘油	20%（*V/V*）
二硫苏糖醇或β-巯基乙醇	200mmol/L

无硫醇试剂的 1× 或 2×SDS 凝胶上样缓冲液可在室温储存。在缓冲液使用前加入硫醇试剂，如 1mol/L 的二硫苏糖醇或 14mol/L 的β-巯基乙醇。

SOB 培养基

配制 1L 培养基，于 950mL 去离子水中加入：

胰蛋白胨	20g
酵母抽提物	5g
NaCl	0.5g

摇动容器使溶质完全溶解。加入 10mL 250mmol/L 的 KCl 溶液（该溶液的配方是将 1.86g

KCl 溶解于 100mL 去离子水中）。用 5mol/L NaOH（约 0.2mL）调节 pH 至 7.0。用去离子水定容至 1L。在 15psi（1.05 kg/cm²）压力条件下液体循环高压蒸汽灭菌 20min。该溶液在使用前，加入 5mL 无菌的 2mol/L MgCl₂ 溶液。（该溶液的配方是将 19g MgCl₂ 溶解于 90mL 去离子水中，用去离子水定容至 100mL。在 15psi（1.05 kg/cm²）压力条件下液体循环高压蒸汽灭菌 20min。）

SOC 培养基

SOC 培养基除含有 20mmol/L 的葡萄糖外，其他成分与 SOB 培养基相同。SOB 培养基经高压蒸汽灭菌后，让其冷却至 60℃ 或 60℃ 以下，加入 20mL 无菌的 1mol/L 葡萄糖（该溶液的配方是将 18g 葡萄糖溶解于 90mL 去离子水中。待完全溶解后，用去离子水定容至 100mL，0.22μm 滤器过滤除菌）。

乙酸钠（3mol/L, pH 5.2 和 pH 7.0）

将 408.3g 三水合乙酸钠溶解于 800mL 水中。使用冰醋酸将 pH 调节至 5.2 或使用稀醋酸调 pH 至 7.0。用水定容至 1L。分装成小份，高压蒸汽灭菌。

亚精胺（1mol/L）

将 1.45g 亚精胺（游离碱形式）溶解于 10mL 去离子水中，用 0.22μm 滤器过滤除菌。分装成小份，于-20℃储存。储存时间不能超过 1 个月。

SSC（20×）

将 175.3g NaCl 和 88.2g 柠檬酸钠溶解于 800mL 水中。用几滴 14mol/L HCl 调 pH 至 7.0。定容至 1L，分装，高压蒸汽灭菌。溶液中各成分的终浓度为 NaCl 3.0mol/L、柠檬酸钠 0.3mol/L。

SSPE（20×）

将 175.3g NaCl、27.6g NaH₂PO₄·H₂O 和 7.4g EDTA 溶解于 800mL 水中。用 NaOH（约 6.5mL 10mol/L 溶液）调 pH 至 7.4。定容至 1L，分装，高压蒸汽灭菌。溶液中各成分的终浓度为 NaCl 3.0mol/L、NaH₂PO₄ 0.2mol/L、EDTA 0.02mol/L。

STE

Tris-Cl（pH 8.0）	10mmol/L
NaCl	0.1mol/L
EDTA（pH 8.0）	1mmol/L

15psi（1.05kg/cm²）压力条件下液体循环高压蒸汽灭菌 15min，4℃储存。

STET

Tris-Cl（pH 8.0）	10mmol/L
NaCl	0.1mol/L
EDTA（pH 8.0）	1mmol/L
Triton X-100	5%（*V/V*）

确保每种成分加入后 STET 的 pH 为 8.0。在使用前 STET 不需要灭菌。

酵母用完全合成培养基（SC）或完全基本培养基（CM）和营养缺陷型培养基 [a]

为了确定菌株生长的必需成分，采用相应的营养缺陷型培养基是非常有用的。培养基添加物干粉是各自分开储存的。CM（或 SC）培养基是含有所有生长成分的培养基（也就是没有一种营养成分的缺陷）。

　　所有配方均需要使用去离子蒸馏水。除非其他方面的说明，培养基或溶液需在 15psi（1.05kg/cm^2）的压力条件下高压蒸汽灭菌 15～20min。

　　营养缺陷混合物（drop-out mix）：混合适当的成分，缺失相关的添加物，在密封容器中混合。反复颠倒转动至少 15min。加入几粒干净的大理石以助于固体颗粒的混合。

腺嘌呤	0.5g
丙氨酸	2.0g
精氨酸	2.0g
天冬酰胺	2.0g
天冬氨酸	2.0g
半胱氨酸	2.0g
谷氨酰胺	2.0g
谷氨酸	2.0g
甘氨酸	2.0g
组氨酸	2.0g
肌醇	2.0g
异亮氨酸	2.0g
亮氨酸	10.0g
赖氨酸	2.0g
甲硫氨酸	2.0g
对氨基苯甲酸	0.2g
苯丙氨酸	2.0g
脯氨酸	2.0g
丝氨酸	2.0g
苏氨酸	2.0g
色氨酸	2.0g
酪氨酸	2.0g
尿嘧啶	2.0g
缬氨酸	2.0g
无氨基酸的酵母氮基 [b]	6.7g
葡萄糖	20g
细菌用琼脂	20g
营养缺陷混合物	2g
加水至	1000mL

a 摘录 Adams 等（1998）的资料。

b 市售的无氨基酸酵母氮基（YNB）有的含有硫酸铵，有的不含。这一配方中的 YNB 是含有硫酸铵的。如果现有的 YNB 不含有硫酸铵，可加 1.7g YNB 和 5g 硫酸铵。

TAE（50×）

Tris 碱	242g
冰醋酸	57.1mL
EDTA（0.5mol/L）（pH 8.0）	100mL

TBE[a]（5×）

Tris 碱	54g
硼酸	27.5g
EDTA（0.5mol/L）（pH 8.0）	20mL

　　a TBE 通常配制成 5 ×或 10 ×的储存液。储存液的 pH 应约为 8.3，用前稀释。应该用同一浓度的储存液配制凝胶液和电泳缓冲液。有些人喜欢使用更浓的 TBE 储存液（10×而不是 5×）。然而，5×的储存液更加稳定，在保存的过程中不会产生沉淀。可将 5×或 10×的储存液用 0.22 μm 的滤器过滤以防止或减缓沉淀的形成。

TEN 缓冲液（10×）

Tris-Cl（pH 8.0）	0.1mol/L
EDTA（pH 8.0）	0.01mol/L
NaCl	1mol/L

Terrific 肉汤（也称为 TB 培养基，Tartof and Hobbs 1987）

配制 1L 培养基，于 900mL 去离子水中加入：

胰蛋白胨	12g
酵母抽提物	24g
甘油	4mL

摇动容器使溶质完全溶解，在 15psi（1.05kg/cm^2）压力条件下液体循环高压蒸汽灭菌 20min。当溶液冷却至 60℃ 或 60℃ 以下时，加入 100mL 无菌的 0.17mol/L KH$_2$PO$_4$、0.72mol/L K$_2$HPO$_4$ 溶液（该溶液的配方是：将 2.31g KH$_2$PO$_4$ 和 12.54g K$_2$HPO$_4$ 溶解于 90mL 去离子水中。待完全溶解后，用去离子水定容至 100mL，在 15psi [1.05kg/cm^2]压力条件下液体循环高压蒸气灭菌 20min）。

TES

Tris-Cl（pH 7.5）	10mmol/L
EDTA（pH 7.5）	1mmol/L
SDS	0.1%（m/V）

TNT 缓冲液

Tris-Cl（pH 8.0）	10mmol/L
NaCl	150mmol/L
Tween-20	0.05%（V/V）

TPE（10×）

Tris 碱	108g
磷酸（85%, 1.67g/mL）	15.5mL
EDTA（5mol/L）（pH 8.0）	40mL

三氯乙酸（TCA；100%溶液）

在装有 500g TCA 的从未开封的瓶内加入 227mL 水。所得到的溶液将含有 100%（m/V）的 TCA。

Tris 缓冲盐溶液（TBS）

将 8g NaCl、0.2g KCl 和 3g Tris 碱溶解于 800mL 蒸馏水中。加入 0.015g 酚红，用 HCl 调节 pH 至 7.4，定容至 1L。分装，在 15psi（1.05kg/cm^2）压力条件下液体循环高压蒸汽灭

菌 20min。溶液于室温储存。

Tris-Cl（1mol/L）

将 121.1g Tris 碱溶解于 800mL 水中。用浓盐酸调节 pH 至所需值。

pH	HCl
7.4	70mL
7.6	60mL
8.0	42mL

在调整 pH 至最终值之前，需让溶液冷却至室温。用水将溶液定容至 1L，分装，高压蒸汽灭菌。

如果 1mol/L 的溶液显示黄色，需将其丢弃，使用质量更高的 Tris 重新配制。Tris 缓冲液的 pH 是温度依赖的，每升高 1℃ 将会降低约 0.03 个 pH 单位。例如，0.05mol/L 的该溶液，其 pH 在 5℃、25℃ 和 37℃ 的 pH 分别为 9.5、8.9 和 8.6。

Tris-EDTA（TE）（10×）

pH 7.4

Tris-Cl（pH 7.4）	100mmol/L
EDTA（pH 8.0）	10mmol/L

pH 7.6

Tris-Cl（pH 7.6）	100mmol/L
EDTA（pH 8.0）	10mmol/L

pH 8.0

Tris-Cl（pH 8.0）	100mmol/L
EDTA（pH 8.0）	10mmol/L

在 15psi（1.05kg/cm^2）压力条件下高压蒸汽灭菌 20min。缓冲液于室温储存。

Tris-甘氨酸[a]（5×）

Tris 碱	15.1g
甘氨酸（电泳级）	94g
SDS（10%）（电泳级）	50mL

a Tris-甘氨酸缓冲液用于 SDS-聚丙烯酰胺凝胶电泳（见第 19 章，方案 8）

Tris-蔗糖

Tris-Cl（pH 8.0）	50mmol/L
蔗糖	10%（m/V）

0.22μm 滤器过滤除菌，室温储存。含有蔗糖的溶液不能高压，因为糖在高温情况下容易碳化。

Triton/SDS 溶液

Tris-Cl（pH 8.0）	10mmol/L
Triton X-100	2%（V/V）
SDS	1%（m/V）
NaCl	100mmol/L
EDTA（pH 8.0）	1mmol/L

0.22μm 滤器过滤除菌，于室温储存。

胰蛋白酶

用 200mmol/L 的碳酸氢铵（pH 8.9）（测序分析级，Roche Applied Science）将牛胰蛋白酶配制成 250μg/mL。分装后于-20℃保存。

通用 KGB 缓冲液（限制性内切核酸酶缓冲液）（10×）

乙酸钾	1mol/L
Tris-乙酸（pH 7.6）	250mmol/L
四水合乙酸镁	100mmol/L
β-巯基乙醇	5mmol/L
牛血清白蛋白	0.1 mg/mL

将 10 ×的缓冲液分装，于-20℃储存。

X-Gal 溶液（2%，*m/V*）

X-Gal 是 5-溴-4-氯-3-吲哚基-β-D-半乳糖苷。储存液的配制是将 X-Gal 以 20mg/mL 的浓度溶解于二甲基甲酰胺中。该溶液需使用玻璃或聚丙烯材质的管子储存。装有 X-Gal 溶液的试管须用铝箔包裹以防止因光照而被破坏，并应储存于-20℃。X-Gal 溶液无需过滤除菌。请见第 1 章中有关 X-Gal 的信息。

酵母重悬浮缓冲液

Tris-Cl（pH 7.4）	50mmol/L
EDTA（pH 7.5）	20mmol/L

YPD（YEPD）培养基

YPD 是用于酵母常规生长的复合培养基。

酵母抽提物	10g
蛋白胨	20g
葡萄糖	20g
水	定容至 1L

制备平板时，在高压前加入 20g 细菌培养用琼脂（2%）。

YT 培养基（2×）

配制 1L 培养基，于 900mL 去离子水中加入：

胰蛋白胨	16g
酵母抽提物	10g
NaCl	5g

摇动容器直至溶质溶解。用 5mol/L NaOH 调节 pH 至 7.0，用去离子水定容至 1L。在 15psi（1.05kg/cm^2）压力条件下高压蒸汽灭菌 20min。

溶细胞酶 5000（Zymolyase 5000）（2 mg/mL）

在 0.01mol/L 含 50%甘油的磷酸钠中溶解，终浓度为 2mg/mL，使用前配制。

参考文献

Adams A, Gottschling D, Kaiser C, Stearns T. 1998. *Methods in yeast genetics: A laboratory course manual.* Cold Spring Harbor Laboratory Press, Cold Spring Harbor, NY.

Chrambach A, Rodbard D. 1972. Polymerization of polyacrylamide gels: Efficiency and reproducibility as a function of catalyst concentrations. *Sep Sci* 7: 663–703.

Tartof KD, Hobbs CA. 1987. Improved media for growing plasmid and cosmid clones. *Focus (Life Technologies)* 9: 12.

Zimmer R, Verrinder Gibbins AM. 1997. Construction and characterization of a large-fragment chicken bacterial artificial chromosome library. *Genomics* 42: 217–226.

缓冲液

Tris 缓冲液

生物学反应只能在氢离子很窄的浓度范围内充分进行。然而，自相矛盾的是，许多这样的反应自身在产生或消耗质子。缓冲液是一类可在特定的 pH 范围内耐受可逆质子化作用的物质，因此它可在容许的范围内维持氢离子的浓度（表 1）。完美的缓冲液就像圣杯一样，总是可望而不可即。理想的生物学缓冲液应该是：

- pK_a 在 pH 6.0 和 pH 8.0 之间；
- 对多种化学试剂和酶是惰性的；
- 高度极性，也就是说它可在水溶液中完全溶解而又不太可能扩散进入生物膜，从而影响细胞内的 pH；
- 无毒；
- 廉价；
- 不易受盐类和温度效应的影响；
- 不吸收可见光和紫外线。

在分子生物学实验中所使用的缓冲液没有一种能完全达到这些标准。目前已知只有极少数的弱酸具有介于 $10^{-7} \sim 10^{-9}$ 的解离常数。在无机盐中，只有硼酸盐、碳酸氢盐、磷酸盐和铵盐位于这一范围内。然而，它们都会有这样或那样的方式而与生理介质不相容。

表 1　不同 pH Tris 缓冲液的配制

所需的 pH（25℃）	所需 0.1mol/L HCl 的体积/mL
7.10	45.7
7.20	44.7
7.30	43.4
7.40	42.0
7.50	40.3
7.60	38.5
7.70	36.6
7.80	34.5
7.90	32.0
8.00	29.2
8.10	26.2
8.20	22.9
8.30	19.9
8.40	17.2
8.50	14.7
8.60	12.4
8.70	10.3
8.80	8.5
8.90	7.0

注：以上所需 pH 的 Tris 缓冲液（0.05mol/L）的配制方法是：将 50mL 0.1mol/L 的 Tris 碱与特定体积的 0.1mol/L HCl 混合，然后加水定容至 100mL。

Tris 缓冲液

Tris 首次引起广泛注意的商业性的成功是在处理和运输鱼的过程中降低了鱼的死亡率。20 世纪 40 年代，活鱼是在盛有海水的桶里运送到市场的。不幸的是，由于二氧化碳的积累，pH 降低，从而导致鱼的大量死亡。对此，人们往水里加入了麻醉剂，以尽量减少鱼的代谢活动，但这种办法仅能部分缓解这一问题，而且这些麻醉剂在吃鱼者体内的作用并没有被记录。Tris 通过稳定海水的 pH 确实降低了鱼的死亡率（McFarland and Norris 1958），并使食鱼者愈加爱吃。在许多生物化学用途方面 Tris 也表现出令人非常满意的缓冲能力。

Tris [三（羟甲基）氨基甲烷]具有很强的缓冲能力，高度溶于水，并对很多种酶反应是惰性的。然而，Tris 也有许多不足之处。

- Tris 的 pK_a 是 pH 8.0（20℃条件下），这就说明它在 pH<7.5 和 pH>9.0 的时候缓冲能力很低。
- 温度会显著影响 Tris 的解离。每升高 1℃，Tris 溶液的 pH 会下降约 0.03 个单位。例如，0.05mol/L 的 Tris 溶液在 5℃、25℃和 37℃的 pH 分别为 9.5、8.9 和 8.6。根据惯例，在科学文献中 Tris 溶液的 pH 是其在 25℃时所检测到的 pH。在配制 Tris 储存液时，最好先将 pH 调节到所需范围，让其冷却至 25℃后再做最终的 pH 调节。
- Tris 与多种类型的含有亚麻纤维接头的 pH 酸度计电极起反应，这显然是因为 Tris 可与亚麻纤维起反应。这种效应表现为液体接界电势大、电动势（EMF）漂移和平衡时间加长。因此，含有亚麻纤维接头的电极不能够准确的测量 Tris 溶液的 pH。只有这些使用陶瓷或玻璃接头的、被生产商认证的电极适用于 Tris 溶液。
- 浓度对 Tris 的解离具有显著影响。例如，含有 10mmol/L 和 100mmol/L Tris 溶液的 pH 会相差 0.1 个 pH 单位，溶液的浓度越大，其 pH 越高。
- Tris 对多种哺乳动物细胞具有毒性。
- Tris 作为一种伯胺，不能用于像戊二醛和甲醛这样的固定剂。Tris 也会与乙二醛反应。在这些情况下，通常用磷酸盐或 MOPS 缓冲液来代替 Tris。

在 1946 年，George Gomori（1946）提出，有机多胺可用来将溶液的 pH 控制在 6.5～9.7。他所研究的三种化合物中的其中一种就是 Tris（2-氨基-2-羟甲基-1,3-丙二醇），而 Tris 最早于 1897 年被 Piloty 和 Ruff 描述。对于许多生物化学的用途，Tris 表现出令人非常满意的缓冲能力；迄今 Tris 仍是用于分子克隆中大多酶反应的标准缓冲液。

Good 缓冲液

Tris 在 pH<7.5 的时候是一种缓冲能力很差的缓冲液。在 20 世纪 60 年代中期，为了获得在 pH 7.5 以下具有更好缓冲能力的缓冲液，Norman Good 和他的同事开发了一系列在生物学相关 pH 范围内表现出强烈两性离子的 N-取代的氨基磺酸（Good et al. 1966; Ferguson et al. 1980）（表 2）。如果没有这些缓冲液，分子克隆的多个核心技术要么全然不会存在，要么工作效率将大大降低。这些技术包括哺乳动物细胞的高效转染（HEPES、Tricine 和 BES）、RNA 凝胶电泳（MOPS）和细菌的高效转化（BES）。

表 2 Good 缓冲液的性质

缩写词	化学名称	FW	pK_a	有效范围（pH 单位）
MES	2-(N-吗啉代)乙磺酸	195.2	6.1	5.5～6.7
Bis-Tris	[二(2-羟乙基)亚胺基]三(羟甲基)甲烷	209.2	6.5	5.8～7.2
ADA	N-(2-乙酰氨基)-2-亚氨基双乙酸	190.2	6.6	6.0～7.2
ACES	2-[(2-氨基-2 氧代乙基)氨基]乙磺酸	182.2	6.8	6.1～7.5
PIPES	哌嗪-N,N'-双(2-乙磺酸)	302.4	6.8	6.1～7.5
MOPSO	3-(N-吗啉代)-2-羟基丙磺酸	225.3	6.9	6.2～7.6
Bis-Tris 丙烷	1，3-双[三(羟甲基)甲氨基]丙烷	282.3	6.8[a]	6.3～9.5
BES	N,N-双(2-羟乙基)-2-氨基乙磺酸	213.2	7.1	6.4～7.8
MOPS	3-(N-吗啉代)丙磺酸	209.3	7.2	6.5～7.9
HEPES	N-(2-羟乙基)哌嗪-N'-(2-乙磺酸)	238.3	7.5	6.8～8.2
TES	N-三(羟甲基)甲基-2-氨基乙磺酸	229.2	7.4	6.8～8.2
DIPSO	3-[N,N-双(2-羟乙基)氨基]-2-羟基丙磺酸	243.3	7.6	7.0～8.2
TAPSO	3-[N-三(羟甲基)甲氨基]-2-羟基丙磺酸	259.3	7.6	7.0～8.2
TRIZMA	三(羟甲基)氨基甲烷	121.1	8.1	7.0～9.1
HEPPSO	N-(2-羟乙基)哌嗪-N'-(2-羟基丙磺酸)	268.3	7.8	7.1～8.5
POPSO	哌嗪-N,N'-双(2-羟基丙磺酸)	362.4	7.8	7.2～8.5
EPPS	N-(2-羟乙基)哌嗪-N'-(3-丙磺酸)	252.3	8.0	7.3～8.7
TEA	三乙醇胺	149.2	7.8	7.3～8.3
Tricine	N-三(羟甲基)甲基甘氨酸	179.2	8.1	7.4～8.8
Bicine	N,N-双(2-羟乙基)甘氨酸	163.2	8.3	7.6～9.0
TAPS	N-三(羟甲基)甲基-3-氨基丙磺酸	243.3	8.4	7.7～9.1
AMPSO	3-[(1,1-二甲基-2-羟乙基)氨基]-2-羟基丙磺酸	227.3	9.0	8.3～9.7
CHES	2-(N-环己基氨基)乙磺酸	207.3	9.3	8.6～10.0
CAPSO	3-(环己基氨基)-2-羟基-1-丙磺酸	237.3	9.6	8.9～10.3
AMP	2-氨基-2-甲基-1-丙醇	89.1	9.7	9.0～10.5
CAPS	3-(环己基氨基)-1-丙磺酸	221.3	10.4	9.7～11.1

以上资料汇编出自多种来源,包括1994 年 Sgima-Aldrich 公司的 Biochemical and Reagents for Life Science Research 及其参考文献。

a. pK_a=9.0 为第二解离阶段的 pK_a。

磷酸盐缓冲液（Gomori 缓冲液）

最常用的磷酸盐缓冲液是以其发明者的名字 Gomori 来命名的（Gomori 1955）。该缓冲液是由单价的磷酸二氢盐和双价的磷酸一氢盐的混合物组成的。通过改变两种盐的量,可以配制出 pH 在 5.8～8.0 的一系列缓冲液（表 3 和表 4）。磷酸盐具有非常高的缓冲能力,在水中极易溶解。然而,它们也具有一些潜在的缺点。

- 磷酸盐缓冲液抑制许多酶促反应和过程,而这些酶促反应和过程恰好是分子克隆的基础,其中包括许多限制性内切核酸酶对 DNA 的剪切、DNA 的连接和细菌转化。
- 由于磷酸盐在乙醇中沉淀,因此,不可能从包含有大量磷酸根离子的缓冲液中把 DNA 和 RNA 沉淀分离出来。
- 磷酸盐螯合二价阳离子,如 Ca^{2+} 和 Mg^{2+} 等。

表3　25℃条件下 0.1mol/L 的磷酸钾缓冲液的配制

pH	1mol/L K$_2$HPO$_4$ 的体积/mL	1mol/L KH$_2$PO$_4$ 的体积/mL
5.8	8.5	91.5
6.0	13.2	86.8
6.2	19.2	80.8
6.4	27.8	72.2
6.6	38.1	61.9
6.8	49.7	50.3
7.0	61.5	38.5
7.2	71.7	28.3
7.4	80.2	19.8
7.6	86.6	13.4
7.8	90.8	9.2
8.0	94.0	6.0

根据 Green（1933）的资料汇编。

将 1mol/L 混合的储存液用蒸馏水稀释至 1L。pH 根据 Henderson-Hasselbalch 方程式进行计算：

$$pH=pK'+log\{质子受体/质子供体\}$$

在这里，pK'=6.86（25℃）。

表4　25℃条件下 0.1mol/L 磷酸钠缓冲液的配制

pH	1mol/L Na$_2$HPO$_4$ 的体积/mL	1mol/L NaH$_2$PO$_4$ 的体积/mL
5.8	7.9	92.1
6.0	12.0	88.0
6.2	17.8	82.2
6.4	25.5	74.5
6.6	35.2	64.8
6.8	46.3	53.7
7.0	57.7	42.3
7.2	68.4	31.6
7.4	77.4	22.6
7.6	84.5	15.5
7.8	89.6	10.4
8.0	93.2	6.8

根据 ISCO（1982）的资料汇编。

将 1mol/L 混合的储存液用蒸馏水稀释至 1 L。pH 根据 Henderson-Hasselbalch 方程式进行计算：

$$pH=pK'+log\{质子受体/质子供体\}$$

在这里，pK'=6.86（25℃）。

参考文献

Ferguson WJ, Braunschweiger KI, Braunschweiger WR, Smith JR, McCormick JJ, Wasmann CC, Jarvis NP, Bell DH, Good NE. 1980. Hydrogen ion buffers for biological research. *Anal Biochem* **104**: 300–310.

Gomori G. 1946. Buffers in the range of pH 6.5 to 9.6. *Proc Soc Exp Biol Med* **6**: 233–234.

Gomori G. 1955. Preparation of buffers for use in enzyme studies. *Methods Enzymol* **1**: 138–146.

Good NE, Winget GD, Winter W, Connolly TN, Izawa S, Singh RMM. 1966. Hydrogen ion buffers for biological research. *Biochemistry* **5**: 467–477.

Green AA. 1933. The preparation of acetate and phosphate buffer solution of known pH and ionic strength. *J Am Chem Soc* **55**: 2331–2336.

ISCO. 1982. *ISCOTABLES: A handbook of data for biological and physica scientists*, 8th ed. ISCO, Inc., Lincoln, NE.

McFarland WN, Norris KS. 1958. Control of pH and CO$_2$ by buffers in fisl transport. *Calif Fish Game* **44**: 291–310.

Piloty O, Ruff O. 1897. Über die Reduktion des tertiären Nitroisobutylglycerins und das Oxim des Dioxyacetons. *Ber Dtsch Chem Ges* **30**: 1656–1665.

酸和碱

表 1　酸和碱的浓度：常见的商品化浓度

溶质	分子式	相对分子质量	mol/L	g/L	重量百分比/%	比重	配制 1L 1mol/L 溶液加入的量/mL
冰醋酸	CH₃COOH	60.05	17.4	1045	99.5	1.05	57.5
乙酸		60.05	6.27	376	36	1.045	159.5
甲酸	HCOOH	46.02	23.4	1080	90	1.20	42.7
盐酸	HCl	36.5	11.6	424	36	1.18	86.2
			2.9	105	10	1.05	344.8
硝酸	HNO₃	63.02	15.99	1008	71	1.42	62.5
			14.9	938	67	1.40	67.1
			13.3	837	61	1.37	75.2
高氯酸	HClO₄	100.5	11.65	1172	70	1.67	85.8
			9.2	923	60	1.54	108.7
磷酸	H₃PO₄	80.0	18.1	1445	85	1.70	55.2
硫酸	H₂SO₄	98.1	18.0	1766	96	1.84	55.6
氢氧化铵	NH₄OH	35.0	14.8	251	28	0.898	67.6
氢氧化钾	KOH	56.1	13.5	757	50	1.52	74.1
			1.94	109	10	1.09	515.5
氢氧化钠	NaOH	40.0	19.1	763	50	1.53	52.4
			2.75	111	10	1.11	363.6

注：对于某些酸和碱来说，不同摩尔浓度/当量浓度的储存液是通用的。浓的储存液常常缩写成 "conc"，稀释的储存液缩写为 "dil"。

表 2　不同浓度储存液的近似 pH

溶质	1mol/L	0.1mol/L	0.01mol/L	0.001mol/L
乙酸	2.4	2.9	3.4	3.9
盐酸	0.10	1.07	2.02	3.01
硫酸	0.3	1.2	2.1	
柠檬酸		2.1	2.6	
氢氧化铵	11.8	11.3	10.8	10.3
氢氧化钠	14.05	13.07	12.12	11.13
碳酸氢钠		8.4		
碳酸钠		11.5	11.0	

有机试剂

酚

大多数商品化的液体酚是无色透明的，不需要再蒸馏就可用于分子克隆实验。偶尔有些批次的液化酚显示粉红色或黄色，这些都应该拒绝签收，并退回生产厂家。不建议购买结晶酚，因为它必须在 160℃条件下进行再蒸馏以去除诸如醌这样的氧化物。这些氧化物会引起磷酸二酯键的断裂，或导致 RNA 和 DNA 的交联。

酚的平衡

在使用前，酚必须平衡至 pH 大于 7.8。因为在酸性 pH 条件下，DNA 会进入到有机相中。在平衡酚时要戴上橡皮手套、防护面具，并穿上实验服。

1. 液化酚储存于-20℃。用前将酚从冰箱里取出，让其温暖至室温，然后于 68℃熔化。添加羟基喹啉至终浓度为 0.1%。羟基喹啉是一种抗氧化剂，可部分抑制 RNA 酶，并且是金属离子的弱螯合剂（Kirby 1956）。此外，它的黄色有助于更方便地识别有机相。

2. 对于熔化了的酚，加入等体积的缓冲液（通常是 0.5mol/L 的 Tris-Cl，室温下 pH 8.0）。在磁力搅拌器上将混合液搅拌 15min。关闭搅拌器，当两相分离后，使用与装有抽滤瓶的真空装置相连的玻璃管尽可能地将上层水相吸弃。

3. 往酚中加入等量体积的 0.1mol/L 的 Tris-Cl（pH 8.0）。在磁力搅拌器上将混合液搅拌 15min。关闭搅拌器，按步骤 2 所述去除上层水相。重复抽提过程，直至酚相的 pH 大于 7.8（用 pH 试纸检测）。

4. 在酚已经平衡，并且最后的水相去除之后，加入 0.1 倍体积的含有 0.2% β-巯基乙醇的 0.1mol/L 的 Tris-Cl（pH 8.0）。这种形式的酚溶液可装在不透光的瓶中并处于 100mmol/L 的 Tris-Cl（pH 8.0）之下，于 4℃可保存 1 个月。

酚：氯仿：异戊醇（25：24：1）

从核酸样品中去除蛋白质常用等体积平衡酚和氯仿：异戊醇（24：1）混合物。其中，氯仿可使蛋白质变性，并有助于水相和有机相的分离，异戊醇可减少抽提过程中泡沫的产生。在使用前，氯仿和异戊醇都不需要进行处理。酚：氯仿：异戊醇混合物可在 100mmol/L Tris-Cl（pH 8.0）溶液下，在不透光的瓶子里于 4℃保存 1 个月。

甲酰胺的去离子化

很多试剂级的甲酰胺的纯度已经足够高，它们在使用前不需要进行进一步的处理。然而，如果呈现黄色，可往甲酰胺中加入 Dowex XG8 混合床树脂，磁力搅拌 1h，然后用 Whatman 1 号滤纸过滤两次进行去离子化。将去离子化的甲酰胺分装成小份，充氮，于-70℃储存。

参考文献

Kirby KS. 1956. A new method for the isolation of ribonucleic acids from mammalian tissues. *Biochem J* 64: 405.

抗生素

表 1 常用抗生素溶液

抗生素	贮存液[a]		工作浓度	
	浓度	保存温度	紧密型质粒	松弛型质粒
氨苄青霉素	50mg/ml（溶于水）	-20℃	20μg/ml	50μg/ml
羧苄青霉素	50mg/ml（溶于水）	-20℃	20μg/ml	60μg/ml
氯霉素[b]	34mg/ml（溶于乙醇）	-20℃	25μg/ml	170μg/ml
卡那霉素	10mg/ml（溶于水）	-20℃	10μg/ml	50μg/ml
链霉素	10mg/ml（溶于水）	-20℃	10μg/ml	50μg/ml
四环素[b]	5mg/ml（溶于乙醇）	-20℃	10μg/ml	50μg/ml

注：镁离子是四环素的拮抗剂。对于以四环素为筛选抗性的细菌，应使用不含有镁的培养基（如 LB 培养基）。

a 以水为溶剂的抗生素贮存液应用 0.22μm 滤膜过滤除菌

b 用乙醇溶解的抗生素溶液无须除菌处理，所有抗生素贮存液都应放于避光容器中保存。

表 2 抗生素的作用方式

抗生素	相对分子质量	作用方式
放线菌素 C₁（放线菌素 D）	1255.4	通过结合双链 DNA 抑制 RNA 的合成
两性霉素	924.1	来自链霉菌的广谱抗真菌剂
氨苄西林	349.4	通过干扰肽聚糖交联而抑制细胞壁合成

续表

抗生素	相对分子质量	作用方式
博来霉素	1415.5	抑制 DNA 合成，剪切单链 DNA
羧苄西林（二钠盐）	422.4	抑制细菌壁的合成
氯霉素	323.1	通过阻断 50S 核糖体亚基上的肽转移酶而抑制翻译，高浓度下可以抑制真核 DNA 的合成
遗传霉素（G418 遗传霉素二硫酸盐）	692.7	氨基葡糖苷对大多数类型的细胞（细菌、高等植物、酵母、哺乳动物、原生动物、蠕虫）具有毒性；用于筛选新霉素抗性基因转化的真核细胞。
庆大霉素	477.6	通过结合 50S 核糖体亚基上的 L6 蛋白以抑制蛋白合成
潮霉素 B	527.5	抑制蛋白合成
卡那霉素单硫酸盐	582.6	广谱抗生素；结合 70S 核糖体亚基并抑制革兰阳性菌和革兰阴性菌及支原体的生长
氨甲蝶呤	454.4	一种叶酸类似物，是二氢叶酸还原酶的强效抑制剂
丝裂霉素	334.3	抑制 DNA 合成；对革兰阳性菌，革兰阴性菌和耐酸类杆菌都具有抗菌作用
新霉素 B 硫酸盐	908.9	结合 30S 核糖体亚基并抑制细菌蛋白的合成
新生霉素钠盐	634.6	一种抑菌抗生素，能够抑制革兰阳性菌的生长
青霉素 G 钠盐	356.4	抑制细菌细胞壁肽聚糖的合成
嘌呤霉素二氢氯化物	544.4	作为氨酰基 tRNA 的类似物抑制蛋白合成（引起早期链的终止）
利福平	823.0	强烈抑制原核生物 RNA 聚合酶，对哺乳动物 RNA 聚合酶有稍轻程度的抑制
链霉素硫酸盐	1457.4	抑制蛋白合成；结合 30S 核糖体亚基
四环素氢氯化物	480.9	抑制细菌蛋白的合成；阻断核糖体与氨酰基 tRNA 的结合

封闭剂

封闭剂能防止配体黏附于表面。分子克隆实验中，通常用封闭剂来阻止 Southern、Northern 和 Western 印迹中的探针的非特异结合。如果不封闭，这些探针会非特异牢固地结合在硝酸纤维膜或尼龙膜上。如果不使用封闭剂除非是最强的大分子靶标，否则不可能检测出任何分子。

没有人确切知道探针非特异结合的原因。疏水性的补丁区、木质素杂质、探针浓度过高、硝化纤维素滤纸烘烤过度或烘烤不足，以及核酸探针中的同聚物序列有时都被认为是非特异结合的原因，另外尚有一些没有料到的因素。无论什么原因，解决办法一般来说很简单：用含有混合多种物质的封闭液来处理，封闭液与探针在固体支持物上的非特异性结合位点上竞争。封闭剂结合力大，一般由一些高分子质量聚合物（肝素、聚乙烯吡咯烷酮、核酸）、蛋白质（牛血清白蛋白、脱脂奶粉）以及去垢剂（SDS 或 Nonidet P-40）的混合物组成，使用时浓度较高。下述推荐的方法仅适用于尼龙滤膜和硝酸纤维素滤膜。使用带电荷的尼龙滤膜时应按厂商推荐的方法处理。

用于核酸杂交的封闭剂

两种常用于核酸杂交的封闭剂分别为 Denhardt's 液（Denhardt 1966）和 BLOTTO（牛乳转移技术优化液；Johnson et al. 1984）。通常，在探针加入之前将载有固定靶分子的滤膜放入封闭剂中孵育 1h 或 2h。大多数情况下，当滤膜与由含有 5×Denhardt's 液的 6×SSC 或 SSPE，1.0% SDS 和 100μg/ml 变性并剪切后的鲑精 DNA 组成的封闭液温育时，背景杂交会完全被抑制。当预期信噪比较低时，应当使用这种封闭剂（例如，当进行低丰度 RNA Northern 分析或对哺乳动物 DNA 单拷贝序列进行 Southern 分析时）。然而，在许多其他情况下（Grμnstein-Hogness 杂交（菌落原位杂交），Benton-Davis 杂交（噬菌斑原位杂交），高丰度 DNA 序列 Southern 杂交等），可用稍便宜的含 0.25%～0.5%脱脂奶粉的 6×SSC 或 SSPE（BLOTTO，Johnson et al. 1984）。

当使用硝酸纤维素滤膜时，封闭剂通常包含在预杂交和杂交溶液中。但是，当靶核酸分子固定在尼龙膜上时，在杂交液中往往省掉封闭剂。这是由于高浓度蛋白被认为会干扰探针与其靶分子的退火。使用寡核苷酸作为探针时，由封闭剂导致的杂交信号的猝灭是尤其需要注意的。这一问题通过在含有高浓度 SDS（6%～7%）、磷酸钠（0.4 mol/L）、牛血清白蛋白（1%）和 EDTA（0.02 mol/L）（Church and Gilbert 1984）的溶液中进行杂交往往能够解决。

杂交过程中若有促进剂葡聚糖硫酸酯的存在时，有时用肝素代替 Denhardt's 液或 BLOTTO。在含葡聚糖硫酸酯的杂交液中，肝素的使用浓度为 500μg/ml。而不含葡聚糖硫酸酯时，肝素的浓度为 50μg/ml（Singh and Jones 1984）。肝素（Sigma-Aldrich 公司，猪源 II 级或相当规格的产品）用 4×SSPE 或 SSC 配制成浓度为 50 mg/ml 的溶液，储存于 4℃。

用于 Western 印迹的封闭剂

脱脂奶粉是最为价廉物美的封闭剂（Johnson et al. 1984）。它使用简便并适用于所有普通的免疫检测系统。只有当 Western 印迹可能检测出牛乳中的蛋白质时，脱脂奶粉不应作为封闭剂。

一种用于 Western 印迹的封闭液是含有 5%（m/V）脱脂奶粉，0.01%消泡剂及 0.02%叠氮化钠的磷酸缓冲盐溶液。另一种封闭液是含有 1%（m/V）明胶，3%（m/V）牛血清白蛋白，或含有 5%（m/V）脱脂奶粉的 TNT 缓冲液。各实验室对哪种封闭液最好持不同观点。我们建议进行预实验以确定最佳封闭液。封闭缓冲液可以保存在 4℃ 并重复使用若干次。添加终浓度为 0.05%（m/V）的叠氮化钠以抑制微生物的生长。

Denhardt's 试剂

Denhardt's 试剂用于：

- Northern 杂交
- 单拷贝的 Southern 杂交
- 将 DNA 固定在尼龙膜上的杂交

Denhardt's 试剂通常制备成 50×贮存液，过滤后保存在-20℃。贮存液 10 倍稀释于预杂交缓冲液（通常为含有 1.0% SDS 和 100 μg/ml 变性鲑精 DNA 的 6×SSC 或 6×SSPE）中。50× Denhardt's 试剂用水配制（Denhardt 1966）的成分为：

1%（m/V）聚蔗糖 400（Ficoll 400）

1%（m/V）聚乙烯吡咯烷酮（PVP）

1%（m/V）牛血清白蛋白（Sigma-Aldrich，组分 V）

BLOTTO

BLOTTO 试剂用于：

- Grunstein-Hogness 杂交（菌落原位杂交）
- Benton-Davis 杂交（噬菌斑原位杂交）
- 除单拷贝斑点印迹和狭缝印迹外的所有 Southern 印迹

1×BLOTTO 是含有 0.02%叠氮化钠的 5%（m/V）脱脂奶粉水溶液，储存在 4℃。使用前可 10～25 倍稀释于预杂交缓冲液中。BLOTTO 不应该与高浓度 SDS 共同使用，因为后者会导致牛奶中的蛋白质沉淀。如果背景杂交是个问题的话，可加入终浓度为 1%（V/V）的 Nonidet P-40。

BLOTTO 可能含有高水平的 RNA 酶，当用在 Northern 杂交或用 RNA 作探针时，应将 BLOTTO 用焦碳酸二乙酯处理（Siegel and Bresnick 1986）或在 72℃ 保温过夜（Monstein et al. 1992）。当靶 DNA 固定于尼龙滤膜上时，BLOTTO 不如 Denhardt's 液有效。

参考文献

Church GM, Gilbert W. 1984. Genomic sequencing. Proc Natl Acad Sci 81:1991-1995.

Denhardt DT. 1966. A membrane-filter technique for the detection of complementary DNA. Biochem Biophys Res Commun 23: 641-646.

Johnson DA, Gautsch JW, Sportsman JR, Elder JH. 1984. Improved tech-nique utilizing nonfat dry milk for analysis of proteins and nucleic acids transferred to nitrocellulose. Gene Anal Tech 1: 3-8.

Monstein H-J, Geijer T, Bakalkin GY. 1992. BLOTTO-MF, an inexpensive and reliable hybridization solution in northern blot analysis using complementary RNA probes. BioTechniques 13: 842-843.

Siegel LI, Bresnick E. 1986. Northern Hybridization analysis of RNA using diethylpyrocarbonate-treated nonfat milk. Anal Biochem 159:82-87.

Singh L, Jones KW. 1984. The use of heparin as a simple cost-effective means of controlling background in nucleic acid hybridization proce-dures. Nucleic Acids Res 12: 5627-5638.

细菌保存培养基

详细阅读配方中各种物质的化学品安全说明书以及向所在研究机构中健康环境和安全办公室咨询关于设备和危险品的正确操作是很有必要的。

▲ 所有配方中均使用蒸馏去离子水。

液体培养基

生长在平板上或液体培养的细菌可在含 30%（*V/V*）无菌甘油的 LB 培养基中保存。制备成 1 mL 一份的含有甘油的 LB 培养基，为确保甘油均匀分布需涡旋振荡。作为一种代替方法，菌株也可以保存在 LB 冷冻缓冲液中（见配方部分）。

穿刺培养基

使用容量为 2～3 mL 并带有螺旋盖和橡皮热圈的玻璃小瓶，加入相当于约 2/3 容量的熔化 LB 琼脂，旋上盖子，但不拧紧。在 15 psi（1.05 kg/cm²）高压下蒸汽灭菌 20min。从高压蒸汽灭菌器中取出试管，冷却至室温后拧紧盖子。放室温保存备用。

元素周期表

表 1 元素周期表

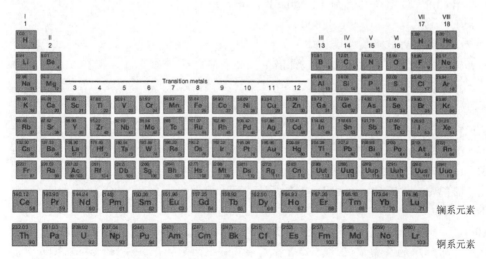

括弧中的数字为该元素最稳定的同位素的质量数。

（侯利华 译，于长明 校）

附录 2　常用技术

玻璃制品和塑料制品准备

所有玻璃制品均需高压或烘烤灭菌。有些塑料制品是可以高压灭菌的，但并非所有塑料制品都能高压，这取决于塑料的种类。市场上还售有许多灭菌的塑料制品。所有分子克隆的常规操作均需使用灭菌的玻璃或塑料制品。容器表面的吸附作用所造成实验材料的损失一般不大，然而对于某些操作（如处理极小量单链 DNA 或用 Maxam-Gilbert 法进行测序时），还是使用涂油硅氧烷薄层的玻璃或塑料制品为好。下面介绍的简便方法可用于吸头、试管和烧杯等小件物品的硅烷化。大件物品的硅烷化方法参见操作方案结尾处的注释。

玻璃制品、塑料制品和玻璃棉的硅烷化

以下方法由 Brain Seed（麻省总医院）提供。

为正确使用本方案中的器材和危险试剂，必须查阅相应的材料安全数据表并咨询所在机构的环境卫生和安全办公室。

1. 将待硅烷化的物品放入一个大的玻璃干燥器内。

2. 在干燥器内放置一个小烧杯，加 1mL 二氯二甲硅烷。

3. 通过真空阱将干燥器与真空泵相连，开启真空泵抽气至二氯二甲硅烷开始沸腾，立即用夹子夹住真空泵和干燥器之间的连接管，并关闭真空泵。应使干燥器保持在真空状态。

> 二氯二甲硅烷一开始沸腾就应立即关闭真空泵，否则这种挥发性试剂会抽入泵内不可挽回地破坏真空密封。

4. 二氯二甲硅烷挥发干后（1~2h），在化学通风橱内打开干燥器，待二氯二甲硅烷的气雾挥发，取出塑料或玻璃制品。玻璃制品或玻璃棉在使用前要在 180℃烘烤 2h。塑料制品不要高压灭菌，用前应用水彻底冲洗。

注意

● 大件玻璃物品的硅烷化可将物品放在溶于氯仿或庚烷的 5%二氯二甲硅烷溶液中浸泡。另外也有市售的硅烷化产品（如 Sigmacote、Sigma-Aldrich）。

● 随有机溶剂的挥发，二氯二甲硅烷即沉积在玻璃物品上，用前须用水反复冲洗多次或于 180℃烘烤 2h。

无 RNA 酶的玻璃制品

用于操作 RNA 的玻璃制品的处理方法，可参考第 6 章中信息栏 "如何去除 RNase"。

透析袋的处理

> 为正确使用本方案中的器材和危险试剂，必须查阅相应的材料安全数据表并咨询所在机构的环境卫生和安全办公室。

分子在半透膜间的分离是由膜两侧溶液的浓度差驱动的，受到相对于膜内微孔尺寸的分子大小（分子质量）限制。微孔尺寸决定着截留分子质量，截留分子质量的定义是当 90%的溶质分子可被膜截留时的分子质量。某一溶质的实际通透性不仅取决于分子的大小，还取决于分子的形状、分子的水化程度及其所带的电荷。这些参数均受溶剂的性质、pH 及离子强度的影响。因此，截留分子质量只能作为参考，而不能绝对地用来预测在各种溶质和溶剂下的透析行为。市售的透析膜孔径范围很大（从 100Da 到 2000kDa）。在透析大多数质粒 DNA 和许多蛋白质时，截留分子质量在 12 000~14 000 Da 比较适合。

1. 将透析袋剪成适当长度（10~20cm）。

2. 在大体积的 2%（m/V）碳酸氢钠和 1mmol/L EDTA（pH 8.0）中将透析袋煮沸 10min。

3. 用蒸馏水彻底漂洗透析袋。

4. 将透析袋置于 1mmol/L EDTA（pH 8.0）中煮沸 10min。

5. 待透析袋冷却，存放于 4℃，应确保透析袋始终浸没在液体中。

> ▲ 从此步起，需戴手套操作透析袋。

6. 在使用前用蒸馏水清洗透析袋内外两侧。

注意

也可将透析袋放在装满水的广口瓶中，松开瓶盖，于 20psi（1.40 kg/cm^2）高压灭菌 10 min，代替步骤 4 用 1mmol/L EDTA（pH 8.0）煮沸 10min 的操作。

细胞数目估算

本操作步骤采自 Spector 等（1998 *Cells: A Laboratory Manual*）。

> 为正确使用本方案中的器材和危险试剂，必须查阅相应的材料安全数据表并咨询所在机构的环境卫生和安全办公室。

在某一特定体积培养基中，哺乳动物细胞的数目可以通过血细胞计数板测定。当需要测定样品的数目较大时，可使用细胞计数仪之类的自动测定方法，比如 Coulter 公司就生产这种仪器。这里还介绍了采用活体染料染色估算某一群体中活细胞数目的方法。

血细胞计数板计数

血细胞计数板有两个计数室，每个计数室充满液体并盖上盖玻片后总容积为 9μL。每个计数室分为 9 个大方格，每个方格为 1mm×1mm，深度为 0.1mm，故盖上盖玻片后每个方格的体积为 0.1mm³，即 0.1μL。进行细胞计数时可无视小格的存在，不必再将 9 个大方格细分。图 1 为血细胞计数板上纹格的示意图。

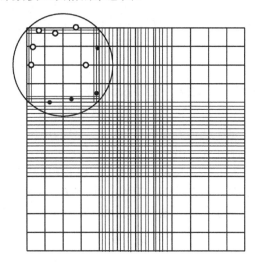

图 1　标准血细胞计数板计数室。大圆圈表示 100×放大倍数下（10×物镜和 10×目镜）显微镜视野大致可覆盖的区域。计数上边和左边压着中线的细胞（空心小圆圈），下边和右边压着中线的细胞（实心小圆圈）不要计数。计数两个计数室 4 个角及中央的方格。图中仅画出了一个计数室（引自 Spector et al. 1998）

1. 用胰酶消化细胞：加两滴（约 100μL）1×trypsin-EDTA 至细胞并孵育 30～60s，将细胞重悬于生长培养基中。

2. 用巴斯德移液管移取两份待计数的细胞悬液样品，通过毛细作用分别加到血细胞计数板的两个计数室中。

> 要使液体刚好充满计数室，勿使其溢到计数室外的凹漕内，将第一份样品加至一个计数室，第二份样品加至另一个计数室。

3. 分别从两个计数室的 9 个方格中数出 5 个方格中细胞的数目，共数 10 个方格。

> 10×物镜和 10×目镜的显微镜视野能够包容计数室 9 个方格中 1 个方格的大部分，用此放大倍数计数起来较为容易。对压在格线上的细胞只能计数两个边，另外两个边的细胞不要计数。若初始的细胞稀释液每个方格细胞数达 50～100 个细胞，可作进一步稀释，以提高计数的准确性和细胞计数的速度。

4. 把 10 个方格（每个计数室 5 个共 10 个）中的细胞数目加在一起，得到 $1×10^{-3}$mL（$1×10^{-4}$mL/方格×10 个方格＝10^{-3}mL 体积）的体积中细胞的数目，再乘以 1000 即为每 mL 计数样品中的细胞数目。

> 若对原始样品作了稀释，计算时还应乘以稀释倍数。

5. 计数完毕，立即将血细胞计数板和盖玻片用蒸馏水清洗，再浸泡在 70%乙醇中，用镜头纸拭干。

> ▲ 不要让细胞悬液干结在血细胞计数板上。

实例

从 10mL 细胞悬液中取出 1mL 用 4mL 培养基稀释，分两次用巴斯德移液管移取稀释液，将第一份样品加到血细胞计数板的一个计数室中，将第二份样品加到另一计数室中。计数每侧计数室中 5 个方格内的细胞数。

每方格内的细胞数目：45，37，52，40，60，48，54，70，58，60

总数：524

稀释倍数：（1+4）/1=5

原始细胞悬液中的细胞数目（细胞/mL）：$524 \times 10^3 \times 5 = 2.62 \times 10^6$ 细胞/mL

注意

以下因素可能引起血细胞计数板计数结果出现误差：

● 从原始细胞悬液中取样的不定性。应将细胞悬液搅匀，勿使细胞沉降到容器底部。

● 在血细胞计数室中加样方法不当或过量。计数室的体积是由架在计数板两侧的盖玻片决定的，细胞样品悬液溢出则计数体积偏高。

● 细胞结团。大的细胞团可能太大，不能通过毛细作用渗入计数室内而未被计数，能够进入计数室的小细胞团也难以准确地进行计数。为确保计数准确，应使细胞悬液分散成单个细胞，细胞应充分混合以达到均匀。

活 体 染 色

为正确使用本方案中的器材和危险试剂，必须查阅相应的材料安全数据表并咨询所在机构的环境卫生和安全办公室。

各种细胞操作，包括传代、冷冻及从原始组织上分离，都会引起细胞死亡。借助细胞对染料台盼蓝的排斥作用可以测定细胞群体中活细胞的数目（Phillips 1973）。正常健康的细胞能够排斥台盼蓝，而这种染料却能够扩散到细胞膜完整性丧失的细胞中。染料排斥法是一个的粗略估算细胞存活率的方法，常常在差异小于 10%～20%时无法加以区分。此外，能够排斥染料的细胞也并不一定都有贴壁及长期生存或增殖的能力。

1. 用胰酶处理细胞：加两滴（约 100μL）1×trypsin-EDTA 至细胞并孵育 30～60s，在无菌操作下将 0.5mL 细胞稀释至磷酸缓冲盐中，使细胞浓度在 $2 \times 10^5 \sim 4 \times 10^5$ 细胞/mL。

2. 在无菌操作下将 0.5mL 上述稀释的细胞转移到一支新试管中，加 0.5mL 台盼蓝溶液（0.4%，*m/V*）。

3. 细胞在染料溶液中滞留的时间不要短于 3min，也不要长于 10min，用巴斯德移液管从染液中取样，通过毛细作用加到血细胞计数板上。

4. 数不少于 500 个细胞，蓝色细胞单独计数，确定蓝色细胞即没有染料排斥作用细胞的频率。

5. 由不具染料排斥作用细胞的数目确定百分存活率。

实例

将单层细胞培养物用胰酶消化后重悬于 5mL 培养基中，取 0.5mL 细胞悬液与 4.5mL PBS 混合，将 0.5mL 悬于 PBS 的细胞转移到一支小试管中，与 0.5mL 台盼蓝溶液混合。

在加到计数室的样品中计数了 540 个细胞,其中有 62 个细胞不能排斥染料而呈蓝色,其百分存活率则为 88.5%。

$$540-62=染料拒染细胞的数目$$
$$540=计数的总细胞数目$$
$$(540-62)\times100/540=88.5\%的存活率$$

参考文献

Phillips HJ. 1973. Dye exclusion tests for cell viability. In *Tissue culture: Methods and applications* (ed. Kruse PF Jr, Paterson MK Jr), pp. 406–408. Academic, New York.

Spector DL, Goldman RD, Leinwand LA. 1998. *Cells: A laboratory manual,* Vol. 1. *Culture and biochemical analysis of cells*, pp. 2.8–2.10. Cold Spring Harbor Laboratory Press, Cold Spring Harbor, NY.

核酸中放射性的测定

为正确使用本方案中的器材和危险试剂,必须查阅相应的材料安全数据表并咨询所在机构的环境卫生和安全办公室。

放射性同位素可作为一种示踪物用来监视许多 DNA 和 RNA 合成反应的进程。在计算这些反应的效率时,需要精确测定放射性前体掺入到目标产物的比例。达到这一目的的有效方法是用三氯乙酸(TCA)对核酸产物进行分级沉淀。

核酸的三氯乙酸沉淀

1. 用软芯铅笔在适当数目的 Whatman GF/C 玻璃纤维滤膜(直径为 2.4cm)上作标记,把每张滤膜用大头针固定于一聚苯乙烯支持物上。

2. 取已知体积(最多 5μL)的各份待测样品分别点在两张标记好的滤膜上。

> 一张滤膜用于测定总的放射性(即酸溶性和酸沉淀物的放射性),另一张用来测定酸沉淀物的放射性。在本实验条件下,50 个核苷酸以上的 DNA 和 RNA 分子将沉淀到滤膜表面上。

3. 将滤膜置于室温至所有液体挥发干,可用加热灯加速蒸发,但通常并无此必要。

4. 用一平头镊子(如 Millipore 镊子)从每对滤膜中取一张转移到装有 200～300mL 冰冷的 5% TCA 和 20mmol/L 焦磷酸钠的烧杯中,在此酸溶液中旋动滤膜 2 min,再将滤膜转移到一只新的、装有同样体积冰冷 5% TCA 和焦磷酸钠混合液的烧杯中,重复浸洗两次。

> 浸洗过程中未掺入的核苷酸前体被洗脱下来,含放射性的核酸则被固定在膜上。
> 市售一种真空驱动的复式滤器,可同时容纳的滤膜达 24 张,亦可用于漂洗滤膜。

5. 将漂洗过的滤膜转移到一只装有 70%乙醇的烧杯中并放置片刻,再于室温或加热灯下使之干燥。

6. 将每对滤膜(漂洗和未漂洗过的)的每一张置于闪烁瓶中,测定每张滤膜的放射性强度。

> Cerenkov 计数器亦可测定 ^{32}P(使用液体闪烁计数仪的 ^{3}H 通道)。Cerenkov 辐射的效率在用不同仪器测量时可能有所不同,还与闪烁瓶的几何性状和残留在滤膜上水的量有关。滤膜干燥时 Cerenkov 计数器的计数效率约为 25%(在 4 次放射性衰变中只测到 1 次)。如在干燥滤膜上加数毫升含甲苯的闪烁液,则在 ^{32}P 通道上液闪仪的计数效率可达 100%。
> 测定其他同位素(^{3}H、^{14}C、^{35}S 及 ^{33}P 等)时,应使用含甲苯的闪烁液并选用液闪仪的适当通道。不同仪器对这些同位素的计数效率会有所不同,应首先确定每台仪器的计数效率。

7. 将漂洗滤膜上的放射性与未漂洗滤膜上的放射性加以比较,用下面框图给出的方法计算掺入放射性前体的比率。

放射性标记探针比活性的计算

可用下列公式计算放射性标记探针的比活性：

$$比活性 = \frac{L(2.2 \times 10^9)(PI)}{m + [(1.3 \times 10^9)(PI)(L/S)]}$$

式中，L 为放射性标记的输入值（μCi）；PI 为掺入放射性前体的比率（漂洗滤膜上的 cpm 值/未漂洗滤膜上的 cpm 值，见上述）；m 为 DNA 模板的质量（ng）；S 为输入放射性标记的比活度（$\mu Ci/nmol$）。

上式中的分子项是以下 3 个因数的乘积：①反应物的总 dpm $[(L)(2.2 \times 10^6 dpm/\mu Ci)]$；②这些 dpm 的掺入率（PI）；③将最后比活性得数由 dpm/ng 转换为 dpm/μg 的因数（10^3）。

式中的分母项表示反应结束 DNA 的总量（以 ng 计），这个值等于起始的量（m）加上反应过程中合成的量（以 ng 计）。后者可由掺入 dNMP 的纳摩尔数 $[(PI)(L/S)]$ 乘以 4 倍四种 dNMP 的平均分子质量得出（$4 \times 325ng/nmol = 1.3 \times 10^3 ng/nmol$）。

实例

在一个随机引物反应中，50% 的放射性掺入到 TCA 沉淀物，反应起始物中含有 25ng 模板 DNA 及 $50\mu Ci$ 放射性标记的 dNTP（比活性为 $3000\mu Ci/mmol$）。即 $L=50\mu Ci$，PI=0.5，$m=25ng$，$S=3000Ci/mmol$，则

$$探针的比活性 = \frac{50(2.2 \times 10^9)(0.5)}{25 + [(1.3 \times 10^3)(0.5)(50/3000)]}$$
$$= 1.5 \times 10^9 dpm/\mu g$$

污染有溴化乙锭溶液的处理

从 DNA 中去除溴化乙锭

溴化乙锭与 DNA 的反应是可逆的（Waring 1965），但复合物的解离过程非常缓慢，一般要以天计算而不是以分钟或小时来计算。在实际工作中解离可将复合物过一个装有阳离子交换树脂（如 Dowex AGW-X8）的小柱子（Waring 1965; Radloff et al. 1967），或者用异丙醇（Cozzarelli et al. 1968）或正丁醇（Wang 1969）等有机溶剂提取。实践证明前一种方法去除溴化乙锭后结合比率低于荧光检测水平（染料：核酸的摩尔比为 1：4000，Radloff et al. 1967）。

溴化乙锭的处置

溴化乙锭本身并不具强诱变性，但可被酵母和鼠伤寒沙门氏菌的微粒体酶代谢为具有中度诱变性的化合物（Mahler and Bastos 1974; MacCann et al. 1975; MacGregor and Johnson 1977; Singer et al. 1999）。文献中介绍了净化含有或接触到溴化乙锭的溶液或表面的数种方法。用活性炭处理可使溶液中的溴化乙锭浓度降至 $0.5\mu g/mL$ 以下，然后可焚烧处理（Menozzi et al. 1990）。另外，溴化乙锭也可用亚硝酸钠和次磷酸加以分解（Lunn and Sansone 1987）。

溴化乙锭浓溶液（浓度>0.5mg/mL）的净化处理

为正确使用本方案中的器材和危险试剂，必须查阅相应的材料安全数据表并咨询所在机构的环境卫生和安全办公室。

方法 1

沙门氏菌-微粒体法测定结果表明，本方法（Lunn and Sansone 1987）可使溴化乙锭的诱变活性降低约 200 倍。

1. 加入足量的水使溴化乙锭的浓度降至 0.5mg/mL 以下。

2. 在溶液中加 0.2 体积新鲜的 5%次磷酸及 0.12 体积新鲜的 0.5mol/L 亚硝酸钠，小心混匀。

　　▲ 溶液的 pH 一定要低于 3.0。
　　市售次磷酸一般为 50%溶液，具腐蚀性，须小心操作。应在临用之前现稀释。
　　亚硝酸钠溶液（0.5mol/L）应新鲜配制，用水溶解 34.5g 亚硝酸钠定容至 500mL 即可。

3. 于室温下保温 24h，加充分过量的 1mol/L 碳酸氢钠。至此该溶液可予废弃。

方法 2

用沙门氏菌-微粒体法检查，本方法（Quillardet and Hofnung 1988）可使溴化乙锭的诱变活性降低约 3000 倍。但也有报道（Lunn and Sansone 1987）称，在用净化溶液处理的"空白"样品偶尔也有诱变活性。

1. 加入足量的水使溴化乙锭的的浓度降至 0.5mg/mL 以下。

2. 加 1 体积 0.5mol/L $KMnO_4$，小心混匀，再加 1 体积 2.5mol/LHCl，小心混匀，于室温下保温数小时。

3. 加 1 体积 2.5mol/LNaOH，小心混匀，将溶液废弃。

溴化乙锭稀溶液的净化处理
（如含有 0.5μg/mL 溴化乙锭电泳缓冲液的净化）

为正确使用本方案中的器材和危险试剂，必须查阅相应的材料安全数据表并咨询所在机构的环境卫生和安全办公室。

方法 1

下述方法采自 Lunn 和 Sansone（1987）。

1. 在每 100mL 溶液中加入 2.9g Amberlite XAD-16（Sigma-Aldrich），这是一种非离子型的多聚吸附剂。

2. 将溶液于室温下放置 12h，不时摇动。

3. 用 Whatman 1 号滤纸过滤，废弃滤液。

4. 将滤膜和 Amberlite 树脂密封在塑料袋内，丢弃在有害废物中。

方法 2

下述方法采自 Bensaude（1988）。

1. 在每 100mL 溶液中加入 100mg 活性炭粉末。

2. 溶液于室温下放置 1h，不时摇动。

3. 用 Whatman 1 号滤纸过滤，废弃滤液。

4. 将滤膜和 Amberlite 树脂密封在塑料袋内，丢弃在有害废物中。

注意

● 用次氯酸（漂白剂）净化溴化乙锭稀溶液的方法不可取。沙门氏菌-微粒体法检测结果表明，这种处理方法可使溴化乙锭的诱变活性降至原来的 1000 倍左右，但在微粒体存在下溴化乙锭可转化为一种具有诱变活性的化合物（Quillardet and Hofnung 1988）。

- 溴化乙锭在 262℃下分解，在标准条件下焚烧后不可能再有危害。
- Amberlite XAD-16 浆或活性炭可用于污染有溴化乙锭物体表面的净化。

市售的净化试剂盒

许多商家出售一些能够方便地从溶液中提取溴化乙锭的装置，包括 MP Biomedicals 公司的 EtBr Green Bag、Whatman 公司的 Extractor system 和 AMRESCO 公司的 Destaining Bags。

参考文献

Bensaude O. 1988. Ethidium bromide and safety—Readers suggest alternative solutions (letter). *Trends Genet* **4**: 89–90.

Cozzarelli NR, Kelly RB, Kornberg A. 1968. A minute circular DNA from *Escherichia coli* 15. *Proc Natl Acad Sci* **60**: 992–999.

Lunn G, Sansone EB. 1987. Ethidium bromide: Destruction and decontamination of solutions. *Anal Biochem* **162**: 453–458.

MacGregor JT, Johnson IJ. 1977. In vitro metabolic activation of ethidium bromide and other phenanthridinium compounds: Mutagenic activity in *Salmonella typhimurium*. *Mutat Res* **48**: 103–107.

Mahler HR, Bastos RN. 1974. Coupling between mitochondrial mutation and energy transduction. *Proc Natl Acad Sci* **71**: 2241–2245.

McCann J, Choi E, Yamasaki E, Ames BN. 1975. Detection of carcinogens as mutagens in the Salmonella/microsome test: Assay of 300 chemicals. *Proc Natl Acad Sci* **72**: 2241– 2245.

Menozzi FD, Michel A, Pora H, Miller AOA. 1990. Absorption method for rapid decontamination of solutions of ethidium bromide and propi-

dium iodide. *Chromatographia* **29**: 167–169.

Quillardet P, Hofnung M. 1988. Ethidium bromide and safety—Readers suggest alternative solutions (letter). *Trends Genet* **4**: 89–90.

Radloff R, Bauer W, Vinograd J. 1967. A dye-buoyant density method for the detection and isolation of closed circular duplex DNA: The closed circular DNA in HeLa cells. *Proc Natl Acad Sci* **57**: 1514–1521.

Singer VL, Lawler TE, Yue S. 1999. Comparison of SYBR® Green I nucleic acid gel stain mutagenicity and ethidium bromide mutagenicity in the Salmonella mammalian microsome reverse mutation assay (Ames test). *Mutat Res* **439**: 37–47.

Wang JC. 1969. Variation of the average rotation angle of the DNA helix and the superhelical turns of covalently closed cyclic λ DNA. *J Mol Biol* **43**: 25–39.

Waring MJ. 1965. Complex formation between ethidium bromide and nucleic acids. *J Mol Biol* **13**: 269–282.

（于长明　译，侯利华　校）

附录 3　检 测 系 统

核酸染色

溴化乙锭

溴化乙锭于 20 世纪 50 年代合成成功，主要是作为一种有效的杀锥虫剂而发展起来的菲啶化合物。溴化乙锭在筛选过程中脱颖而出。它的杀锥虫效能是其母化合物的 10～50 倍，并对小鼠无毒，且与早期的菲啶化合物不同，对牛不具有光致敏作用（Watkins and Wolfe 1952）。直到最近，溴化乙锭在热带及亚热带国家仍被广泛应用于牛锥虫病的治疗和预防。溴化乙锭的化学结构如下图所示。

溴化乙锭与核酸结合

溴化乙锭包含一个平面的三环菲啶环，它能插入到双链 DNA 堆叠的碱基对之间。当它插入到螺旋结构中，将保持与螺旋结构纵轴垂直的位置，并在其上下方与碱基对形成范德华（van der Waals）接触。尽管其平面三环结构被包埋，其外围苯基及乙基基团却伸出插入到 DNA 双螺旋结构的大沟中。在高离子强度的溶液中，大约每 2.5 个碱基对中插入 1 个分子的溴化乙锭，且与 DNA 的碱基组成无关。除沿螺旋纵轴方向发生 3.4Å 的位置偏移外，碱基对的几何结构和位置相对于螺旋结构并未发生改变（Waring 1965）。这使得与溴化乙锭结合达到饱和的双链 DNA 的长度增加了 27%（Freifelder 1971）。

溴化乙锭也同样可以通过不同的化学作用方式与 RNA 及热变性或单链 DNA 链内碱基对所形成的螺旋结构区相结合（Waring 1965, 1966; LePecq and Paoletti 1967）。溴化乙锭平面基团的固定位置，以及它与碱基的高度邻近使被结合的染料所产生的荧光与在自由溶液状态的染料相比增强 20～25 倍。254nm 的紫外线首先被 DNA 吸收，然后被传送到染料；而 302nm 及 366nm 的射线直接被染料自行吸收。这些被吸收的能量将在 590nm 的橙红色可见光谱区以 0.3 的量子产额被重新释放出来（LePecq and Paoleti 1967; Tuma et al. 1999）。

大部分商品化的紫外线光源产生 302nm 的紫外线。溴化乙锭-DNA 复合物在受到紫外线照射激发所产生的荧光，在 302nm 的紫外线下明显要比 366nm 的要强，但要比短波紫外线（254nm）的稍弱。然而，302nm 紫外线所造成染料的光褪色效应，以及造成 DNA 的断裂和缺口明显要较 254nm 紫外线少得多（Brunk and Simpson 1977）。

凝胶中的 DNA 染色

溴化乙锭被广泛地用于琼脂糖凝胶中 DNA 片段的定位（Aaij and Borst 1972; Sharp et al. 1973; 见第 2 章，实验方案 2 和 4）。通常将它以 0.5μg/mL 的浓度加入胶中和电泳缓冲液中。尽管加入溴化乙锭会导致线性双链 DNA 的电泳迁移率减慢约 15%，但却可在紫外灯下直接检查凝胶。由于溴化乙锭-DNA 复合物的荧光强度要比未结合的染料强很多，少量的 DNA（约 10ng/条带）也能从存在游离状态溴化乙锭的凝胶中被检测出来（Sharp et al. 1973）。如果预先用氯乙醛（chloroacetaldehyde）对 DNA 进行处理，则更小量的 DNA 也可被检测出来。氯乙醛是一种化学诱变剂，可与腺嘌呤、胞核嘧啶及鸟嘌呤发生反应（Premaratne et al. 1993）。一种更为可行的增强荧光的方法是先将凝胶在含 10mmol/L Mg^{2+} 的溶液中脱色，然后再在紫外灯下观察（Sambrook et al. 1989）。

双链 DNA 的定量分析

DNA 与溴化乙锭复合物的形成过程能通过肉眼被观察到是由于结合过程中在吸收光谱上发生了巨大的因光异色偏移（metachromatic shift）。原来的最大吸收峰在 480nm（橙黄色）逐渐漂移到 520nm（粉红色），并在 510nm 处具有一个特征的等消光点。这为应用定量分光光度法来估算 DNA 浓度提供了一种简洁的方法（Waring 1965）。

一种更为快捷和灵敏的方法是应用溴化乙锭分子的插入可通过紫外线照射产生荧光。由于荧光的亮度与 DNA 的含量成比例，DNA 含量可通过比较样品与一系列标准品在 590nm 处的发射光来估算。

溴化乙锭的改进版

插入染料的二聚体与 DNA 的亲和力要比其单体化合物大得多（Gaugain et al. 1978）。溴化乙锭的同型二聚体或吖啶与溴乙菲啶形成的杂二聚体在 DNA 的检测灵敏度上要比单体的溴化乙锭高出很多。例如，少至 30pg 的 DNA 可在共聚焦荧光凝胶扫描仪（confocal fluorescence gel scanner）上被检测出来（Glazer et al. 1990; Glazer and Rye 1992）。然而，价格的上涨与这种灵敏度的增高是很不相称的，购买 1mg 溴化乙锭同型二聚体的花费大约是购买 1g 溴化乙锭的花费的 10 倍。与溴化乙锭无关的非对称性花青染料（unsymmetric cyanine dyes）对于检测 DNA 同样具有更高的灵敏度，但是这些染料也同样很昂贵（见下面的 SYBR 染料部分）。关于溴化乙锭的处理信息参见附录 2。

亚甲基蓝

亚甲基蓝（methylene blue）又名瑞士蓝（Swiss Blue），由瑞士人 Heinrich Caro 首先于 1876 年合成成功。亚甲基蓝（Fierz-David and Blangey 1949）有时被用于转移到硝酸纤维素膜或特定的尼龙膜上的 RNA 染色（Herrin and Schmidt 1988）（见第 6 章，实验方案 12）。

亚甲基蓝也同样可用于琼脂糖凝胶中 DNA 条带的染色（见下面信息栏"凝胶中 DNA 的亚甲基蓝染色"）。其目的是为了避免使用溴化乙锭，以及尽量减少紫外线对 DNA 的照射，紫外线照射可导致形成嘧啶二聚体，降低 DNA 的生物活性。这个问题似乎并不严重，但对于某些研究它却是问题的根源。

凝胶中 DNA 的亚甲基蓝染色

1. 用 GTG 琼脂糖所制凝胶在 1×TAE 缓冲液中上样电泳。

　　用亚甲基蓝染色所能检测出的 DNA 条带最低含量为约 40ng，因而在通常情况下 DNA 的上样量需比正常增大 2～3 倍。

2. 电泳结束后，将凝胶置于玻璃盘中，加入 5 倍凝胶体积的染液，含 0.001%～0.0025% 亚甲基蓝（可从 Sigma 购得）、1mmol/L Tris-乙酸（pH 7.4）、0.1mmol/L EDTA（pH 8.0）。

3. 室温温育 4h，在旋转混合器上轻微搅动。

4. 在蒸馏水中短暂漂洗后在类似于 X 光片观片灯的灯箱上观察结果。

亚甲基蓝在可见光谱区内有两个最大吸收峰（668nm 和 609nm），并可溶于水。对于固定于尼龙膜或硝酸纤维素膜上的 RNA 的染色，其通常的使用浓度为 0.04%，并溶于 0.5mol/L 的乙酸钠溶液中（pH 5.2）。染色是可逆的，并可在杂交前使用。

SYBR 染料

SYBR 染料为一种非对称菁化合物，由 Molecular Probes 公司开发。它作为一种 DNA 和 RNA 染料，与菲啶类染料如溴化乙锭相比具有一些优越性。有关 SYBR 染料的科学文献很少，然而在制造商的网站上有许多有用的信息（http://www.probes.com），现小结如下。有关 SYBR 染料的优越性及使用的更详细的资料请参看第 1 章和第 6 章实验方案 6。

有三种 SYBR 染料被用于分子克隆试验中，分别为 SYBR Green I、II 和 SYBR Gold。所有三种染料在溶液状态基本上不产生荧光，然而，当其结合到核酸上时，将产生很强的荧光及高的量子产率。比如，SYBR Green I 在结合到双链 DNA 上时量子产率为 0.8，而 SYBR Gold 具有 0.7 的量子产率及 1000 倍的增强荧光（Tuma et al. 1999）。由于 SYBR 染料能产生很强的信号和极低的背景，以及对核酸的高度亲和力，它们能在低浓度条件下使用，并比传统的染料如溴化乙锭具有更高的灵敏度。然而，SYBR Green I 及 II 也具有一些不如人意的特点。

- 这些染料在标准的紫外透射仪上的 300nm 紫外线下不能达到理想的荧光激发状态，在紫外波长为 254nm 时信号强度会得到改善，但在这个波长下，对 DNA 的损伤也达到最大。

- 两种染料对凝胶的渗透都很慢，如果凝胶较厚或浓度较高，电泳后染色需要 2h 或更长时间。
- 这些染料的光稳定性不是特别好。
- SYBR Green I 在检测凝胶中单链 DNA 时只比溴化乙锭稍微灵敏一点。

由于上述原因，SYBR Green I 和 II 通常不用于凝胶中 DNA 染色。然而，SYBR Green II 用于检测变性凝胶中的 RNA 时，其灵敏度为溴化乙锭的 5 倍并且不会干扰 Northern 转移。因而，这种染料可用于难以用溴化乙锭检测的微量 RNA 定量分析。而 SYBR Green I 主要用于溶液中 DNA 的定量，比如用于实时聚合酶链反应（real time polymerase chain reactions）（见第 9 章）。

SYBR Gold 为最近才上市的产品，是最好的 SYBR 染料。它比溴化乙锭灵敏度高 10 倍以上，且其信号检测动态范围极佳。与 SYBR Green I 和 II 不同，SYBR Gold 对凝胶的渗透作用很快，因而既可用于传统的非变性聚丙烯酰胺凝胶及琼脂糖凝胶中 DNA 和 RNA 的染色，也可用于含有变性剂的凝胶，如尿素、乙二醛、甲醛。由于 SYBR Gold 通常主要结合在主链的带电磷酸残基上，结合了染料的 DNA 的电泳迁移会明显减缓，并且有时会造成 DNA 条带的弯曲。因而，用 SYBR Gold 进行凝胶染色通常在电泳完成后进行。由于背景染色非常低，所以不需要进行脱色。使用标准的紫外透射仪波长 300nm 照射，应用 SYBR Gold 染色的核酸产生明亮的金色荧光，可用传统的黑白宝丽来胶卷（Polaroid film）（type 667）拍摄或用基于电荷耦合装置（charged couple device, CCD）的图像探测系统摄取。染色的核酸可直接转移到膜上用于 Northern 或 Southern 杂交（Tuma et al. 1999）。

尽管许多酶促反应都不会被 SYBR Gold 所抑制，但聚合酶链反应对于高浓度的这种染料是敏感的，然而这种抑制可通过调整 Mg^{2+} 浓度来减弱（Tuma et al. 1999），或通过标准的乙醇沉淀将 SYBR Gold 从模板 DNA 上移除来避免。

SYBR Gold 是以 10 000× 的浓度溶解在无水的二甲基亚砜溶液（DMSO）中提供的。由于这种染料的高昂价格，使得它不能用于常规凝胶染色。然而，这种染料在某些技术中作为 DNA 放射性标记或银染的替代选择也许是划算的，如在单链构象多态性（single-strand conformation polymorphism, SSCP）和变性梯度凝胶电泳（denaturing gradient gel electrophoresis, DGGE）等试验中。

参考文献

Aaij C, Borst P. 1972. The gel electrophoresis of DNA. *Biochim Biophys Acta* **269**: 192–200.

Brunk CF, Simpson L. 1977. Comparison of various ultraviolet sources for fluorescent detection of ethidium bromide-DNA complexes in polyacrylamide gels. *Anal Biochem* **82**: 455–462.

Fierz-David HE, Blangey L. 1949. *Fundamental processes of dye chemistry*. Interscience, New York.

Freifelder D. 1971. Electron microscopic study of the ethidium bromide-DNA complex. *J Mol Biol* **60**: 401–403.

Gaugain B, Barbet J, Oberlin R, Roques BP, LePecq JB. 1978. DNA bifunctional intercalators. I. Synthesis and conformational proerties of an ethidium homodimer and of an acridine ethidium heterodimer. *Biochemistry* **17**: 5071–5078.

Glazer AN, Rye HS. 1992. Stable dye-DNA intercalation complexes as reagents for high sensitivity fluorescence detection. *Nature* **359**: 859–861.

Glazer AN, Peck K, Mathies RA. 1990. A stable souble-stranded DNA-ethidium homodimer complex: Application to picogram fluorescence detection of DNA in agarose gels. *Proc Natl Acad Sci* **87**: 3851–3855.

Herrin DL, Schmidt GW. 1988. Rapid, reversible staining of northern blots prior to hybridization. *BioTechniques* **6**: 196–200.

LePecq JB, Paoletti C. 1967. A fluorescent complex between ethidium bromide and nucleic acids. Physical-chemical characterization. *J Mol Biol*

27: 87–106.

Premaratne S, Helms M, Mower HF. 1993. Enhancement of ethidium bromide fluorescence in double-stranded DNA reacted with chloroacetaldehyde. *BioTechniques* **15**: 394–395.

Sambrook J, Fritsch E, Maniatis T. 1989. *Molecular cloning: A laboratory manual*, 2nd ed., p. 18.15. Cold Spring Harbor Laboratory Press, Cold Spring Harbor, NY.

Sharp PA, Sugden B, Sambrook J. 1973. Detection of two restriction endonuclease activities in *Haemophilus parainfluenzae* using analytical agarose–ethidium bromide electrophoresis. *Biochemistry* **12**: 3055–3063.

Tuma RS, Beaudet MP, Jin X, Jones LJ, Cheung CY, Yue S, Singer VL. 1999. Characterization of SYBR Gold nucleic acid gel stain: A dye optimized for use with 300-nm ultraviolet transilluminators. *Anal Biochem* **268**: 278–288.

Waring MJ. 1965. Complex formation between ethidium bromide and nucleic acids. *J Mol Biol* **13**: 269–282.

Waring MJ. 1966. Structural requirements for the binding of ethidium bromide to nucleic acids. *Biochim Biophys Acta* **114**: 234–244.

Watkins TI, Wolfe G. 1952. Effect of changing the quaternizing group on the trypanocidal activity of dimidium bromide. *Nature* **169**: 506.

化学发光

在分子生物学的部分技术中，放射性试剂已逐步被非同位素试剂所取代。造成上述改变的主要原因是考虑到实验室的安全、放射性废物处理的经济和环境问题。总体来说，新的非同位素系统在分析的灵敏度以及获得结果所需的时间方面已有了很大的改进。化学发光是目前最突出的非同位素技术。当这种技术与酶标记技术结合使用时效果尤其好，这样，酶标记技术的放大特性与化学发光检测的高灵敏度相结合可产生出超高灵敏度的分析效果（如过氧化物酶和碱性磷酸酶标记的蛋白质及核酸探针的化学发光检测）。在所有分子生物学的常规实验中，化学发光系统的分析效果已基本达到基于 ^{125}I 或 ^{32}P 的分析效果。化学发光系统同时也避免了基于 ^{32}P 方法试验周期长的缺陷，可在数分钟内获得结果而不是数天。而且，化学发光探针可以很容易地从膜上去除，因此膜可以反复使用而不会造成分辨率明显下降。直接将非同位素标记连接到核酸，以及基于生物素、荧光素和地高辛等非直接标记法的实验方案现已建立完好。亲和素（avidin）、链霉亲和素（streptavidin）、抗地高辛（antidigoxingenin）及抗荧光素酶交联剂（antifluorescein enzyme conjugates）等用于非直接标记的辅助试剂都很容易找到。除此之外，数家公司已开发了功能完备的、用于标记或检测的化学发光试剂盒，使化学发光分析变得更为简便。

化学发光是在特定的化学反应中由化学激活的中间体衰变为电子基态时所发出的光。大部分化学发光反应为氧化反应，因为产生可见光需要很高能量的反应（在波长 450nm 产生可见光需 63.5kcal/mol）（见信息栏"化学发光反应"）。

通常，化学发光反应的效率是低下的，尤其是在含有水的环境中。化学发光的量子产率一般都<10%。尽管效率低，这类反应对于分析应用十分有效，许多高灵敏度的分析应用所基于的化合物的量子产率仅 1%[如鲁米诺（5-amino-2,3-dihydro-1,4-phthalazinedione）；鲁米诺的化学结构如左图所示]。

化学发光已有很长的历史（综述请参见 Campbell 1988），并且目前常规使用的一些化合物在很久以前就已知道了。鲁米诺于 1853 年首次合成（但它的化学发光特性直到 1928 年才被认识），光泽精（硝酸双-N-甲基吖啶；化学结构如右图）在 1935 年被合成。化学发光反应可发生在气相（氧化一氮与臭氧反应）、液相（鲁米诺氧化反应）和固相（磷的氧化反应）（Gundermann and McCapra 1987; Campbell 1988; Van Dyke and Van Dyke 1990）。

化学发光的应用十分广泛，从大家熟悉的应用氟化致敏的过氧草酸盐氧化反应的紧急照明光源（cyalume Lightsticks）到应用光泽精或鲁米诺来增强微弱的细胞化学发光的噬菌作用研究（Allen and Loose 1976）。在分子生物学研究中，化学发光化合物被用于作为核酸探针及蛋白印迹（如 Southern 和 Western 印迹）的标记，同时也用于酶标核酸及蛋白质的检测试剂（表 1 和表 2）（Kricka 1992; Nozaki et al. 1992）。化学发光分析及操作独特的优势主要体现在：其改进的灵敏度已超过了传统的放射检测、比色检测及荧光检测系统，使用无害试剂，能快速获得结果，是通用的分析方法（如基于溶液或膜的分析）。

化学发光反应

呀啶酯+过氧化物+碱

磷酸金刚烷基 1,2-二氧杂环丁烷+碱性磷酸酶

光泽精+过氧化物+碱

鲁米诺+过氧化物+碱

氧化一氮+臭氧

bis（2,4,6-trichlorophenyl）oxalate+过氧化物+荧光剂

化学发光的标记

呀啶酯以及相关化合物

通过简单地加入氢氧化钠及过氧化氢就可以使呀啶酯标记的抗原或抗体发光，这种抗原或抗体采用一种活性标记物（2′,6′-dimethyl-4′-[N-succinimidyloxycarbonyl] phenyl 10-methylacridinium-9-carboxylate）来获得。发光过程非常短暂，只是快速的一闪，持续时间小于 5s。这么短暂的发光过程给反应的起始与测量带来了一定的限制（Weeks et al. 1983; Law et al. 1989）。通常是将试剂直接注入放在光度计暗仓内光探测器前面的试管内来检测发光。呀啶酯及氨甲酰呀啶类似物（acridinium-9-[N-sulfonyl]carboxamide）（Kinkel et al. 1989; Mattingly 1991）是用于免疫分析的主要化学发光标记物（可从 Cayman Chemical Company、Enzo Life Sciences、Gen-Probe Incorporated 和 Novartis Corporation 购买）。这类标记的检测最低限约为 0.5 amol（0.5×10^{-18} mol）（表 1）。

表 1　免疫学测定与核酸杂交标记的化学发光分析

酶	底物	检测限/zmol
呀啶酯	NaOH + 过氧化物	500
碱性磷酸酶	AMPPD	1
β-D-半乳糖苷酶	AMPGD	30
辣根过氧化物酶	鲁米诺 + 过硼酸盐+ 4-碘苯酚	5 000
异鲁米诺	微过氧化物酶+ 过氧化物	50 000
黄嘌呤氧化酶	鲁米诺 + Fe EDTA	3 000

Bronstein and Kricka（1989）;　Kricka（1991）

zmol=10^{-21} mol

基于杂交保护的非分离 DNA 探针分析（nonseparation DNA probe assay）方法已被设计出来（Arnold et al. 1989）。这种类型的分析无需将结合与未结合的标记物分开，因而分析可方便的一步完成。这种杂交保护分析利用已与互补 DNA 杂交的呀啶酯标记探针和溶液中游离探针之间水解速率相差百万倍的特性，在 pH 7.6 的硼酸缓冲液中破坏游离探针的化学发光特性，从而使水解后的化学发光仅仅来源于已杂交的标记探针（可从 Gen-Probe, San Diego, CA 购买）（表 2）。

表 2　化学发光在分子生物学中的应用

技术	实例	参考文献
细胞表面分子分析	CD2	Meier et al.（1992）
克隆筛选	包含 N-*ras* 原癌基因的 pSP65 转化 *E.coli*	Stone and Durrant（1991）

技术	实例	参考文献
DNA 指纹	植物和真菌基因组；争论	Decorte and Cassiman（1991）；Bierwerth et al.（1992）
DNA 序列分析	单载体和多重的	Beck et al.（1989）；Creasey et al.（1991）；Martin et al.（1991）；Karger et al.（1993）
斑点/狭缝印迹	M13 单链 DNA	Stone and Durrant（1991）
凝胶迁移试验	DNA-结合蛋白复合物 AP-1（Jun/Fos）	Ikeda and Oda（1993）
原位杂交	单纯疱疹病毒 I	Bronstein and Voyta（1989）
Northern 印迹	LDL 受体	Höltke et al.（1991）
	IL-6, PGDF	Engler-Blum et al.（1993）
PCR 产物的检测	*Bcl*-2t（14:18）染色体易位；*Listeria monocytogenes*	Nguyen et al.（1992）；Holmstrom et al.（1993
菌斑筛选	包含 N-*ras* 原癌基因的 M13mp8	Stone and Durrant（1991）
报道基因	β-D-半乳糖苷酶 *lacZ* 基因	Jain and Magrath（1991）
反转录酶分析	HIV 和慢病毒（lentivirus）反转录酶	Cook et al.（1992）；Suzuki et al.（1993）
RFLP 分型	*Clostridium difficile*	Bowman et al.（1991）
Southern 印迹	PBR328	Höltke et al.（1991）
	t-PA	Cate et al.（1991）
	HLA I 型抗原（HLA class I antigens）	Engler-Blum et al.（1993）
Southwestern 分析	蛋白：*c-myb* 内含子 DNA 反应	Dooley et al.（1992）
Western 印迹	HIV-1 抗体；转铁蛋白	Bronstein et al.（1992）

PCR，聚合酶链反应；RFLP，限制性酶切片段长度多态性；LDL，低密度脂蛋白；PDGF，血小板衍化生长因子；HIV，人类免疫缺陷病毒；HLA，人白细胞抗原。

鲁米诺及类似物

鲁米诺（luminol）是第一个用于免疫学分析标记的化学发光化合物（Schroeder et al. 1978）。在合适的催化剂[辣根过氧化物酶、微过氧化物酶（microperoxidase）、铁氰化物]存在的情况下，通过加入氧化剂（如过氧化氢）可导致发光。然而，通过鲁米诺的 5-氨基进行标记会使发光量减少 10 倍。异鲁米诺是一种鲁米诺 6 氨基异构体，其发光效率较鲁米诺低（量子产额 0.1%），但当通过第 6 位进行标记时可使发光量增加 10 倍。因而，这种化合物及其氨基取代类似物，如 N-（4-氨丁基）-N-乙基异氨基苯二酰一肼（ABEI），已在免疫分析应用中成为最受欢迎的标记物（Kohen et al. 1979; Pazzagli et al. 1982）。

吡啶哒嗪（pyridopyridazines）代表另一类化学发光化合物。早期的数据显示这些化合物，尤其是 8-氨基-5-氯-7-苯基和 8-羟基-7 苯基衍生物，可作为检测过氧化物酶标记的标记和协同底物（co-substrates）。与鲁米诺相比，这类化合物具有很强的化学发光特性（约为 50 倍）（Masuya et al. 1992）。

化学发光酶分析

碱性磷酸酶

磷酸金刚烷基 1,2-二氧杂环丁烷（如 AMPPD; disodium 3-（4-methoxyspiro[1,2-dioxetane-3,2′-tricyclo[3.3.13,7]decan]-4-yl)-phenylphosphate）及 5-位取代类似物（如 5-choro：CSPD; 可从 Life Technologies 购买）已成为碱性磷酸酶标记的、使用最为广泛的化学发光底物（Bronstein et al. 1989, 1990, 1991; Schaap et al. 1989）。这种酶的检测极限是 1zmol（zmol=10^{-21}mol），并且其发光持续时间超长（>1h），因而成为基于膜分析的理想系统。这个反应的发光强度可被尼龙膜表面及特定的多聚物增强，如聚氯苄（苄基二甲基铵）乙烯[polyvinylbenzyl（benzyldimethylammonium）chloride]。对尼龙膜来说，这种增强作用用于

其疏水性基团对去磷酸化的反应中间体的螯合作用，从而稳定和减少中间体的非发光性降解。碱性磷酸酶标记的化学发光分析目前被广泛地用于印迹试验及 DNA 序列测定（Beck and köster 1990; Tizard et al. 1990）。

β-半乳糖苷酶

AMPGD（adamantyl 1,2-dioxetane aryl galactoside）作为这种酶的底物现已越来越流行。这种酶从芳香环的第 3 位裂解半乳糖苷基团产生一种苯氧化物中间体，这种中间体的降解可导致发光。β-半乳糖苷酶用这种分析方法的检测限为 30zmol。

辣根过氧化物酶

鲁米诺及其他环状二酰基酰肼（cyclic diacylhydrazides）化合物是辣根过氧化物酶的化学发光协同底物。采用鲁米诺、过氧化氢及一种增效剂（如 4-碘苯酚或 4-羟基肉桂酸），辣根过氧化物酶的碱性同工酶可被检测出的最小量<5amol（5×10^{-18}mol/L）（Whitehead et al. 1983; Thorpe et al. 1985; Thorpe and Kricka 1986）。过氧化物酶的酸性同工酶被增强的效率较低。增效剂的作用是增强发光亮度并减少由于过氧化物或其他氧化剂导致鲁米诺氧化所产生的背景发光。这种双重效果能奇迹般地使过氧化物酶活性的分析以及分析的信噪比增强数千倍（这种增强化学发光试剂可从 Amersham 获得）。过氧化物酶的这种灵敏的检测方法（较比色分析的灵敏度高 10 倍以上）已经与催化报道分子沉积方案（catalyzed reporter deposition protocol）有效的结合（Wigle et al. 1993）。在这个放大方案中，过氧化物酶标记与酪胺生物素底物反应所产生的高活性基团再与标记物，以及与标记物直接相邻的任何蛋白质反应。然后，沉积的生物素与链霉亲和素过氧化物酶作用（通过这种方式，原来的过氧化物酶标记被放大了许多倍），从而使结合的过氧化物酶通过增强的化学发光法得到检测。采用催化报道分子沉积方案与化学发光分析相结合的方法，与沉积过氧化物酶比色分析（colorimetric detection）相比可使灵敏度显著提高。

黄嘌呤氧化酶

采用鲁米诺及铁 EDTA 络合物可对此酶进行分析（Baret et al. 1990; Baret and Fert 1990）。反应的灵敏度很高（检测限为 3amol）。采用黄嘌呤氧化酶催化的化学发光反应的显著特点是发光的持续时间非常长（>96h）。

葡萄糖氧化酶

目前已经发展了几种用于葡萄糖氧化酶的法学发光分析。异鲁米诺或鲁米诺在微过氧化物酶催化剂存在的情况下可用于分析葡萄糖氧化酶与葡萄糖反应所产生的过氧化物（Sekiya et al. 1991）；另一种方法是采用化学发光荧光基团致敏的 bis(2,4,6-trichlorophenyl) oxalate 反应来检测（Arakawa et al. 1982）。

市售试剂、试剂盒及光度计

对于可获得的化学发光试剂和试剂盒，以及用于发光测定的光度计的全面的评述已有发表（见 Stanley 1992, 1993）。一系列关于化学发光在基础及应用领域的当前进展的资料汇编也同样可以得到（见 Kricka and Stanley 1992; Kricka et al. 1993; Wilkinson 1998）。化学发光可采用一系列的检测设备来进行，包括光电倍增管[采用光子计数或灵敏度较低的光子流模式（photon current mode）]、硅光电二级管、用 CCD 照相机（Wick 1989）进行摄影或胶片摄影（Kricka and Thorpe 1986）。由于 CCD 照相机是检测二维光源（如膜以及 96 孔微板）的方便且灵敏的方法而被广泛使用。除此以外，它还能容易地监测发光动力学，可通过图像增强及背景减影来改善结果质量。

参考文献

Allen RC, Loose LD. 1976. Phagocytic activation of a luminol-dependent chemiluminescence in rabbit alveolar and peritoneal macrophages. *Biochem Biophys Res Commun* **69**: 245–252.

Arakawa H, Maeda M, Tsuji A. 1982. Chemiluminescence enzyme immunoassay of 17 α-hydroxyprogesterone using glucose oxidase and bis(2,4,6-trichlorophenyl)oxalate: fluorescent dye system. *Chem Pharm Bull* **30**: 3036–3039.

Arnold LJ Jr, Hammond PW, Wiese WA, Nelson NC. 1989. Assay formats involving acridinium-ester-labeled DNA probes. *Clin Chem* **35**: 1588–1594.

Baret A, Fert V. 1990. T_4 and ultrasensitive TSH immunoassays using luminescent enhanced xanthine oxidase assay. *J Biolumin Chemilumin* **4**: 149–153.

Baret A, Fert V, Aumaille J. 1990. Application of a long-term enhanced xanthine oxidase-induced luminescence in solid-phase immunoassays. *Anal Biochem* **187**: 20–26.

Beck S, Köster H. 1990. Applications of dioxetane chemiluminescent probes to molecular biology. *Anal Chem* **62**: 2258–2270. (Erratum *Anal Chem* [1991] **63**: 848.)

Beck S, O'Keeffe T, Coull JM, Köster H. 1989. Chemiluminescent detection of DNA: Application for DNA sequencing and hybridization. *Nucleic Acids Res* **17**: 5115–5123.

Bierwerth S, Kahl G, Weigand F, Weising K. 1992. Oligonucleotide fingerprinting of plant and fungal genomes: A comparison of radioactive, colorigenic and chemiluminescent detection methods. *Electrophoresis* **13**: 115–122.

Bowman RA, O'Neil GL, Riley TV. 1991. Non-radioactive restriction fragment length polymorphism (RFLP) typing of *Clostridium dificile*. *FEMS Microbiol Lett* **63**: 269–272.

Bronstein I, Voyta JC. 1989. Chemiluminescent detection of herpes simplex virus I DNA in blot and in situ hybridization assays. *Clin Chem* **35**: 1856–1860.

Bronstein I, Edwards B, Voyta JC. 1989. 1,2-dioxetanes: Novel chemiluminescent enzyme substrates. Applications to immunoassays. *J Biolumin Chemilumin* **4**: 99–111.

Bronstein I, Voyta JC, Lazzari KG, Murphy O, Edwards B, Kricka LJ. 1990. Rapid and sensitive detection of DNA in Southern blots with chemiluminescence. *BioTechniques* **8**: 310–314.

Bronstein I, Juo RR, Voyta JC, Edwards B. 1991. Novel chemiluminescent adamantyl 1,2-dioxetane enzyme substrates. In *Bioluminescence and chemiluminescence: Current status* (ed Stanley PE, Kricka LJ), pp. 73–82. Wiley, Chichester, UK.

Bronstein I, Voyta JC, Murphy OJ, Bresnick L, Kricka LJ. 1992. Improved chemiluminescent western blotting procedure. *BioTechniques* **12**: 748–753.

Campbell AK. 1988. *Chemiluminescence*. Ellis Horwood, Chichester, UK.

Cate RL, Ehrenfels CW, Wysk M, Tizard R, Voyta JC, Murphy OJ, Bronstein I. 1991. Genomic Southern analysis with alkaline phosphatase-conjugated oligonucleotide probes and the chemiluminescent substrate AMPPD. *Genet Anal Tech Appl* **8**: 102–106.

Cook RF, Cook SJ, Issel CJ. 1992. A nonradioactive micro-assay for released reverse transcriptase activity of a lentivirus. *BioTechniques* **13**: 380–386.

Creasey A, D'Angio LJ, Dunne TS, Kissinger C, O'Keefe T, Perry-O'Keefe H, Moran L, Roskey M, Schildkraut I, Sears LE, et al. 1991. Application of a novel chemiluminescent-based DNA detection method to a single vector and multiplex DNA sequencing. *BioTechniques* **11**: 102–109.

Decorte R, Cassiman JJ. 1991. Detection of amplified VNTR alleles by direct chemiluminescence: Application to the genetic identification of biological samples in forensic cases. *Exper Suppl* **58**: 371–390.

Dooley S, Welter C, Blin N. 1992. Nonradioactive southwestern analysis using chemiluminescent detection. *BioTechniques* **13**: 540–542.

Engler-Blum G, Meier M, Frank J, Muller GA. 1993. Reduction of background problems in nonradioactive northern and Southern blot analyses enables higher sensitivity than ^{32}P-based hybridizations. *Anal Biochem* **210**: 235–244.

Gundermann K-D, McCapra F. 1987. *Chemiluminescence in organic chemistry*, Springer-Verlag, Berlin.

Holmstrom K, Rossen L, Rasmussen OF. 1993. A highly sensitive and fast nonradioactive method for detection of polymerase chain reaction products. *Anal Biochem* **209**: 278–283.

Höltke H-J, Ettl J, Obermaier J, Schmitz G. 1991. Sensitive chemiluminescent detection of digoxigenin (DIG) labeled nucleic acids. A fast and simple protocol and its applications. In *Bioluminescence and chemiluminescence: Current status* (ed Stanley PE, Kricka LJ), pp. 179–182. Wiley, Chichester, UK.

Ikeda S, Oda T. 1993. Nonisotopic gel-mobility shift assay using chemiluminescent detection. *BioTechniques* **14**: 878–880.

Jain VK, Magrath IT. 1991. A chemiluminescent assay for quantitation of β-galactosidase in the femtogram range: Application to quantitation of β-galactosidase in lac Z-transfected cells. *Anal Biochem* **199**: 639–650.

Karger AE, Weiss R, Gesteland RF. 1993. Line scanning system for direct digital chemiluminescence imaging of DNA sequencing blots. *Anal Chem* **65**: 1785–1793.

Kinkel T, Lubbers H, Schmidt E, Molz P, Skrzipczyk HJ. 1989. Synthesis

and properties of new luminescent acridinium-9-carboxylic acid derivatives and their application in luminescence immunoassays (LIA). *J Biolumin Chemilumin* **4**: 136–139.

Kohen F, Pazzagli M, Kim JB, Lindner HR. 1979. An assay procedure for plasma progesterone based on antibody enhanced chemiluminescence. *FEBS Lett* **104**: 140–143.

Kricka LJ. 1992. *Nonisotopic DNA probe techniques* Academic, San Diego.

Kricka LJ, Stanley PE. 1992. Bioluminescence and chemiluminescence literature–1991: Part I. *J Biolumin Chemilumin* **7**: 47–73.

Kricka LJ, Thorpe GH. 1986. Photographic detection of chemiluminescent and bioluminescent reactions. *Methods Enzymol* **133**: 404–420.

Kricka LJ, Nozaki O, Stanley PE. 1993. Bioluminescence and chemiluminescence literature–1992: Part I. *J Biolumin Chemilumin* **8**: 169–182.

Law S-J, Miller T, Piran U, Klukas C, Chang S, Unger J. 1989. Novel poly-substituted aryl acridinium esters and their use in immunoassay. *J Biolumin Chemilumin* **4**: 88–98.

Martin C, Bresnick L, Juo RR, Voyta JC, Bronstein I. 1991. Improved chemiluminescent DNA sequencing. *BioTechniques* **11**: 110–113.

Masuya H, Kondo K, Aramaki Y, Ishimori Y. 1992. Pyrido-pyridazine compounds and their use. European Patent No. EP0491477.

Mattingly PG. 1991. Chemiluminescent 10-methyl-acridinium-9-(*N*-sulphonylcarboxamide) salts. Synthesis and kinetics of light emission. *J Biolumin Chemilumin* **6**: 107–114.

Meier T, Arni S, Malarkannan S, Poincelet M, Hoessli D. 1992. Immuno-detection of biotinylated lymphocyte-surface proteins by enhanced chemiluminescence: A nonradioactive method for cell-surface protein analysis. *Anal Biochem* **204**: 220–226.

Nguyen N, Hansen C, Braman J. 1992. Detection of bcl-2 t(14;18) chromosomal translocation using PCR and chemiluminescent probes. *Clin Chem* **38**: 469.

Nozaki O, Kricka KJ, Stanley PE. 1992. Nucleic acid hybridization assays. *J Biolumin Chemilumin* **7**: 223–228.

Pazzagli M, Bolelli GF, Messeri G, Martinazzo G, Tomassi A, Salerno R, Serio M. 1982. Homogeneous luminescent immunoassay for progesterone: A study on the antibody-enhanced chemiluminescence. In *Luminescent assays: Perspectives in endocrinology and clinical chemistry* (ed Serio M, Pazzagli M), pp. 191–200. Raven Press, New York.

Schaap AP, Akhavan H, Romano LJ. 1989. Chemiluminescent substrates for alkaline phosphatase: Application to ultrasensitive enzyme-linked immunoassays and DNA probes. *Clin Chem* **35**: 1863–1864.

Schroeder HR, Boguslaski RC, Carrico RJ, Buckler RT. 1978. Monitoring specific binding reactions with chemiluminescence. *Methods Enzymol* **57**: 424–445.

Sekiya K, Saito Y, Ikegami T, Yamamoto M, Sato Y, Maeda M, Tsuji A. 1991. Fully-automated analyzer for chemiluminescent enzyme immunoassay. In *Bioluminescence and chemiluminescence: Current status* (ed Stanley PE, Kricka LJ), pp. 123–126. Wiley, Chichester, UK.

Stanley PE. 1992. A survey of more than 90 commercially available luminometers and imaging devices for low-light measurements of chemiluminescence and bioluminescence including instruments for manual, automatic and specialized operation, for HPLC, LC, GLC, and microtiter plates. I. Descriptions. *J Biolumin Chemilumin* **7**: 77–108.

Stanley PE. 1993. A survey of some commercially available kits and reagents which include bioluminescence or chemiluminescence for their operation: Including immunoassays, hybridization, labels, probes, blots and ATP-based rapid microbiology. *J Biolumin Chemilumin* **8**: 51–63.

Stone T, Durrant I. 1991. Enhanced chemiluminescence for the detection of membrane-bound nucleic acid sequences: Advantages of the Amersham system. *Genet Anal Tech Appl* **8**: 230–237.

Suzuki S, Craddock BP, Kana T, Steigbigel RT. 1993. Chemiluminescent enzyme-linked immunoassay for reverse transcriptase illustrated by detection of HIV reverse transcriptase. *Anal Biochem* **210**: 277–281.

Thorpe GH, Kricka LJ. 1986. Enhanced chemiluminescent reactions catalyzed by horseradish peroxidase. *Methods Enzymol* **133**: 331–353.

Thorpe GHG, Kricka LJ, Moseley SB, Whitehead TP. 1985. Phenols as enhancers of the chemiluminescent horseradish peroxidase-luminol-hydrogen peroxide reaction: Application in luminescence monitored enzyme immunoassays. *Clin Chem* **31**: 1335–1341.

Tizard R, Cate RL, Ramachandran KL, Wysk M, Voyta JC, Murphy OJ, Bronstein I. 1990. Imaging of DNA sequences with chemiluminescence. *Proc Natl Acad Sci* **87**: 4514–4518.

Van Dyke K, Van Dyke R. eds. 1990. *Luminescence immunoassay and molecular applications*. CRC Press, Boca Raton, FL.

Weeks I, Beheshti I, McCapra F, Campbell AK, Woodhead JS. 1983. Acridinium esters as high-specific activity labels in immunoassay. *Clin Chem* **29**: 1474–1479.

Whitehead TP, Thorpe GHG, Carter TJN, Groucutt C, Kricka LJ. 1983. Enhanced luminescence procedure for sensitive determination of peroxidase-labelled conjugates in immunoassay. *Nature* **305**: 158–159.

Wick RA. 1989. Photon counting imaging: Applications in biomedical research. *BioTechniques* **7**: 262–268.

Wigle DA, Radakovic NN, Venance SL, Pang SC. 1993. Enhanced chemiluminescence with catalyzed reporter deposition for increasing the sensitivity of Western blotting. *BioTechniques* **14**: 562–563.

Wilkinson D. 1998. Products for the chemiluminescent detection of DNA. *Scientist* **12**: 20–22.

信息栏

辣根过氧化物酶

辣根过氧化物酶（horseradish peroxidase, HRP）是一种含血红素蛋白，通常是从野生山葵的根部提取的几种同工酶（isozyme）的混合物。经典的制剂（Shannon et al. 1966）主要是两种形式酶（同工酶 B 和 C）的混合物，每个的相对分子质量均为约 40 000。HRP催化两个电子从底物转移到过氧化氢，生成水和氧化了的供体。当 3,3′-二氨基联苯胺（3,3′-diaminobenzidine, DAB）作为底物时（Graham and Karnovsky 1966），氧化产物会聚合形成不溶于水和乙醇的深棕褐色残渣。在过渡元素（如钴和镍）存在的情况，残渣是石板样的蓝黑色。这个反应形成了过氧化物酶的灵敏显色分析的基础，它已在电子显微镜（Robbins et al. 1971）、免疫细胞化学（Nakane and Pierce 1967）、不同的酶联免疫吸附分析和 Western 印迹（图 1）中使用多年。但是，二氨基联苯胺作为底物有一些不利

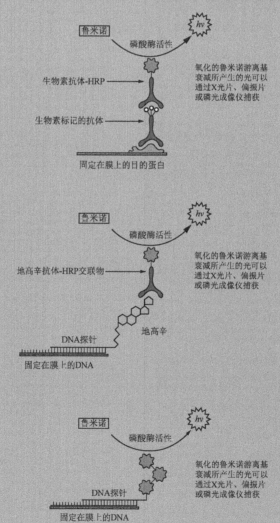

图 1　用辣根过氧化物酶（HRP）检测固定的核酸和蛋白的实验原理图。 氧化的鲁米诺游离基衰变所发出的光由 X 光胶片或 CCD 相机捕获。h，普朗克常量；v，光频率。

之处：它可能是致癌物（Garner1975; Weisburger et al. 1978），并且它检测 HRP 的活性不如 3,3′,5,5′-四甲基联苯胺（3,3′,5,5′-tetramethylbenzidine, TMB）（例如，请见 Roberts et al. 1991）等新近开发的复合物灵敏。TMB 的氧化产物通常是可溶的，但是可通过硫酸葡聚糖（dextran sulfate）的预印迹（pretreating blot）捕获（McKimn-Breschkin 1990），或通过使用商品化的特定形式 TMB 捕获。经过这些修改，TMB 适合 HRP-抗体交联物的检测，这些抗体针对蛋白质（包括异种抗体）或可以结合核酸探针的配体。

除 DAB 和 TMB 外，其他可以氧化成不溶于水的显色产物的 HRP 底物有 4-氯-1-萘酚（4-chloro-1-naphthol）（紫色沉淀物）和 3-氨基-4-乙基咔唑（3-amino- 4-ethycarbazole）（红色沉淀物）。这些底物检测 HRP 活性的灵敏度没有一个比二氨基联苯胺更高。另外，还有许多其他的 HRP 显色底物，它们生成的氧化产物显色效果好，并且可溶。除 TMB 外，还包括二盐酸邻苯二胺（O-phenylenediamine dihydrochloride, OPD）（橙色）（Wolters et al. 1976）和 2,2′-连氮-双-（3-乙基苯并噻唑啉磺酸）[2,2′-azino-di（3-ethylbenzthiazoline-6-sulphonic acid），ABTS]（绿色）（Engvall 1980）。最好的荧光底物是 3-对羟基苯基丙酸 [3-（p-hydroxyphenyl） propionic acid, HPPA]（紫罗兰色）（Roberts et al. 1991）。

过氧化氢存在时，HRP 也可用于激发化学发光连锁反应，这个反应能使鲁米诺氧化成邻苯二甲胺（3-aminophthalate）的激发态（Isaacson and Wettermark 1974; Roswell and White 1978; Durrant 1990; Stone and Durrant 1991）（图 2）。此复合物返回至基态时，将发

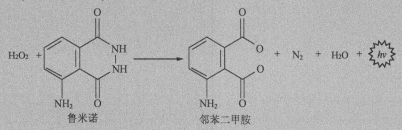

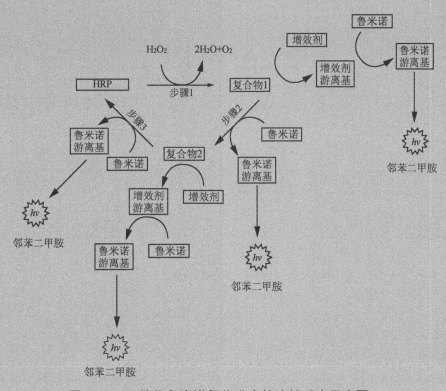

图 2　HRP 催化鲁米诺氧化发光的连锁反应示意图。

射 428nm 的蓝光。然而，由于这个反应的低效率，可采用不同的基于苯酚的侧链取代化合物来增加发射光的强度和持续时间（Whitehead et al. 1983；Hodgson and Jones 1989）。例如，加入对碘苯酚（p-iodophenol）后，生成光的强度会增加 1000 倍以上，并持续几个小时。另外，这些增效剂通过抑制鲁米诺的化学氧化反应来减少背景。这些增效剂被认为是通过：①与 HRP 反应；②形成增效剂游离基并与鲁米诺作用形成鲁米诺游离基（图2）来消除连锁反应的限速步骤达到这个效果的。总体效果是增加了反应的效率和速度，但没有改变发光反应的特性。从反应中发出的光可通过 X 光片、磷光成像仪（phosphorimager）或 CCD 相机来捕获。

HRP 可以直接交联到单链核苷酸探针上（Renz and Kurz 1984; Stone and Durrant 1991），或可以交联到如针对生物素或地高辛之类配体的特异性抗体上，生物素或地高辛配体可以通过标准的酶学技术连接到核酸探针上。不管哪种情况，对于 Southern 和 Northern 杂交，HRP/鲁米诺反应对核酸的非放射性检测都非常灵敏（Thorpe and Kricka 1986）。理想条件下，检测核酸探针的下限约为 5×10^{-17}mol（Urdea et al. 1988）。但是，HRP/鲁米诺反应远没有碱性磷酸酶催化的 1,2-二氧杂环丁烷（1,2-dioxetanes）分解反应的化学发光反应灵敏（参见信息栏中有关 AMPPD 的内容）。另外，要达到最大的敏感度，HRP/鲁米诺反应需要对不同成分进行最大限度的优化。由于以上原因，目前 HRP 比碱性磷酸酶较少用于核酸和蛋白质的化学发光检测。

参考文献

Durrant I. 1990. Light-based detection of biomolecules. *Nature* 346: 297–298.

Engvall E. 1980. Enzyme immunoassay ELISA and EMIT. *Methods Enzymol* 70: 419–439.

Garner RC. 1975. Testing of some benzidine analogues for microsomal activation to bacterial mutagens. *Cancer Lett* 1: 39–42.

Graham RC Jr, Karnovsky MJ. 1966. The early stages of absorption of injected horseradish peroxidase in the proximal tubules of mouse kidney: Ultrastructural cytochemistry by a new technique. *J Histochem Cytochem* 14: 291–302.

Hodgson M, Jones P. 1989. Enhanced chemiluminescence in the peroxidase-luminol-H₂O₂ system: Anomalous reactivity of enhancer phenols with enzyme intermediates. *J Biolumin Chemilumin* 3: 21–25.

Isaacson U, Wettermark G. 1974. Chemiluminescence in analytical chemistry. *Anal Chim Acta* 68: 339–362.

McKimm-Breschkin JL. 1990. The use of tetramethylbenzidine for solid phase immunoassays. *J Immunol Methods* 67: 1–11.

Nakane PK, Pierce GB Jr. 1967. Enzyme-labeled antibodies for the light and electron microscopic localization of tissue antigens. *J Cell Biol* 33: 307–318.

Renz M, Kurz C. 1984. A colorimetric method for DNA hybridization. *Nucleic Acids Res* 12: 3435–3444.

Robbins D, Fahimi HD, Cotran RS. 1971. Fine structural cytochemical localization of peroxidase activity in rat peritoneal cells: Mononuclear cells, eosinophils and mast cells. *J Histochem Cytochem* 19: 571–575.

Roberts IM, Jones SL, Premier RR, Cox JC. 1991. A comparison of the sensitivity and specificity of enzyme immunoassays and time-resolved fluoroimmunoassay. *J Immunol Methods* 143: 49–56.

Roswell DF, White EH. 1978. The chemiluminescence of luminol and related hydrazides. *Methods Enzymol* 57: 409–423.

Shannon LM, Kay E, Lew JY. 1966. Peroxidase isozymes from horseradish roots. I. Isolation and physical properties. *J Biol Chem* 241: 2166–2172.

Stone T, Durrant I. 1991. Enhanced chemiluminescence for the detection of membrane-bound nucleic acid sequences: Advantages of the Amersham system. *Genet Anal Tech Appl* 8: 230–237.

Thorpe GH, Kricka LJ. 1986. Enhanced chemiluminescent reactions catalyzed by horseradish peroxidase. *Methods Enzymol* 133: 331–353.

Urdea MS, Warner BD, Running JA, Stempien M, Clyne J, Horn T. 1988. A comparison of non-radioisotopic hybridization assay methods using fluorescent, chemiluminescent and enzyme labeled synthetic oligodeoxyribonucleotide probes. *Nucleic Acids Res* 16: 4937–4956.

Weisburger EK, Russfield AB, Homburger F, Weisburger JH, Boger E, Van Dongen CG, Chu KC. 1978. Testing of twenty-one environmental aromatic amines or derivatives for long-term toxicity or carcinogenicity. *J Environ Pathol Toxicol* 2: 325–356.

Whitehead TP, Thorpe GHG, Carter TJN, Groucutt C, Kricka LJ. 1983. Enhanced luminescence procedure for sensitive determination of peroxidase-labelled conjugates in immunoassay. *Nature* 305: 158–159.

Wolters G, Kuijpers L, Kacaki J, Schuurs A. 1976. Solid-phase enzyme-immunoassay for detection of hepatitis B surface antigen. *J Clin Pathol* 29: 873–879.

地高辛

地高辛卡烯内脂（cardenolide digoxygenin）（Mr=390.53）可以通过化学或酶学方法将从紫花洋地黄（*Digitalis purpurea*）中分离的 desacetylanatoside C 去掉 4 个糖基而得到（Reichstein 1962），也可以直接从 *D. orientalisi* 和 *D. lanata* L. *Scrophulariaceae* 中提取出来（Maanich and Schneider 1941；Hegenauer 1971）。地高辛的化学结构（Cardwell Smith 1953，1954；Patali et al. 1963）见右边

的方框。

　　在分子克隆中，地高辛可以作为结合 DNA 和 RNA 探针的配基，并在杂交后用抗地高辛的酶标抗体进行检测（Kessler et al. 1989；Kessler1991）（图 1）。地高辛标记的探针因而可以用于 Southern、Northern 和点杂交。它在原位杂交中也有相当的优势，部分原因是因为动物细胞中没有地高辛半抗原（例如，见 Tautz and Pfeifle 1989；Hemmati-Brvanlou et al. 1990），从而消除了内源分子产生的背景。而生物素标记的探针就不总是这样。在大体积的 0.1%SDS、2mmol/L EDTA（pH 8.0）溶液中将尼龙滤膜加热到 37℃保持 20～30min，就能将地高辛标记的核酸探针从尼龙滤膜上剥离下来（Church and Kieffer-Higgin 1988）。清洗之后，滤膜还可以重新结合探针，效能和敏感性也不会有明显下降。

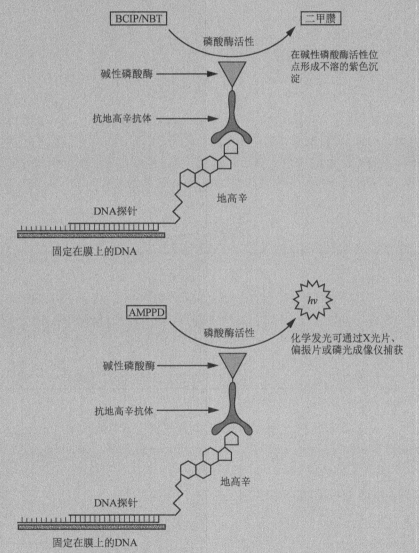

图 1　用 BCIP/NPT 或 AMPPD 检测地高辛标记的核酸探针。

　　需要注意的是，在经过探针杂交、剥离、再杂交的几个循环之后，化学发光的背景可能会因为滤膜上碱性磷酸酶残留的累积而显著增加。这个问题可以通过在每个循环的第二步和第三步杂交时用蛋白酶 K 和甲酰胺处理滤膜而避免（Dubitsky et al. 1992）。

地高辛标记核酸

对于核酸的标记，生产商 Boehringer Mannheim 提供了两种形态的地高辛：地高辛-11-dUTP（DIG-11-dUTP）和地高辛-11-UTP（DIG-11-UTP）。每种形态的地高辛都分别由一个耐碱的连接和一个间隔臂分别与脱氧尿苷三磷酸或尿苷三磷酸相连。

- DIG-ll-dUTP 是大肠杆菌 DNA 聚合酶、DNA 聚合酶 I 的 Klenow 片段、耐热聚合酶如 *Taq*、反转录酶和末端转移酶的底物。因而地高辛可通过不同的标准反应结合到 DNA，包括随机引物法、缺口平移、扩增、末端补平和 3 端加尾。
- DIG-ll-UTP 是在体外用噬菌体编码的 DNA 依赖的 RNA 聚合酶（T3、T7 和 SP6 聚合酶）转录 DNA 模板时结合到 RNA 上的（表 1）。

表 1　地高辛标记核酸的方法

标记方法	酶	结合的地高辛分子数	参考文献
随机引导	Klenow 片段	每 25～36 个核苷酸 1 个	Kessler et al.（1990）
缺口平移	大肠杆菌 DNA 聚合酶 I	每 25～36 个核苷酸 1 个	Holtke et al.（1990）
加尾	末端转移酶	每 12 个核苷酸 1 个	Schmitz et al.（1991）
PCR 扩增	*Taq* 和其他耐热聚合酶	每 25 个核苷酸 1 个	Seibl et al.（1990）
转录	T3、T7 和 SP6 聚合酶	每 25～36 个核苷酸 1 个	Kessler and Holtke（1990）
CDNA 合成	反转录酶	每 25～36 个核苷酸 1 个	McCracken（1989）

综述请见 Kessler（1991）。

合成中被 5′端氨基化的寡聚核苷酸可以通过与 NHS-地高辛（digoxygenin-3-*O*-methylcarbonyl-ε-aminocaproic acid-N-hydroxysuccinamide ester；Boehringer Mannheim）反应来进行标记（Richterich and Church 1993）。

地高辛特异性抗体与报道酶的偶联

可以通过用地高辛包裹的麻仁球蛋白（edestin）和牛血清白蛋白（bovine serum albumin）免疫绵羊来获得高亲和力的地高辛特异的抗体。用于检测地高辛标记探针的最为通用的免疫试剂是偶联着碱性磷酸酶（Boehringer Mannheim）的抗地高辛免疫球蛋白的 Fab 片段。针对免疫定位（immunolocalized）的碱性磷酸酶最好的显色底物是二元试剂 BCIP（5-溴-4-氯-3-吲哚磷酸盐，5-bromo-4-chloro- 3-indolyl phosphate）和 NBT（盐酸氮蓝四唑，4-nitroblue tetrazolium chloride）。有关这些试剂更多的信息请参见信息栏中有关 BCIP 的内容。

最理想的条件下，在杂交阶段用高浓度（50～100ng/mL）的地高辛标记探针并且延长显色反应孵育时间（16～24h），有可能在斑点印迹实验中检测到小于 1pg 的目标 DNA（例如，见 Kerkhof 1992）。然而，利用可溶的化学发光底物 AMPPD（adamantyl 1,2-dioxetane phosphate；Tropix；Inc.；Roche）能够得到更高的灵敏度和线性度更好的反应（Kerkhof 1992；Bronstein et al. 1993）。近几年，AMPPD 发光系统得到极快的普及，在该系统中，用碱性磷酸酶去除磷酸残基会刺激底物发出 477nm 的化学发光，这可由光度计测量。发光在溶液中可持续数小时，在尼龙表面则持续时间更长（Tizard et al. 1990）。可以用 X 光胶片、偏振的快速黑白胶片（polaroid instant black and white film）（Kricka and Thrpe 1986）、磷光成像仪和 CCD 照相机来捕获印迹的图像（Karger et al. 1993）。在最好的情况下，地高辛标记探针化学发光检测的灵敏度会达到极高的水平（0.03pg 的目标 DNA 或 RNA），并且速度很快（曝光时间小于 30min）。因而这种方法比 ^{32}P 标记的核酸探针放射自显影检测的灵敏度高 10 倍，速度快 50 倍。另外，由于不怎么需要对滤膜进行剥离再生，所以重新检测也就简化了。鉴于以上优势，碱性磷酸酶标记的化学发光检测被用于检测固定核酸序列的许多技术中，包括印迹和 DNA 测序。有关 AMPPD 更多的信息请参见信息栏中有关 AMPPD 的内容。

参考文献

Allefs JJ, Salentijn EM, Krens FA, Rouwendal GJ. 1990. Optimization of non-radioactive Southern blot hybridization: Single copy detection and reuse of blots. *Nucleic Acids Res* 18: 3099–3100.

Bronstein I, Voyta JC, Murphy OJ, Tizard R, Ehrenfels CW, Cate RL. 1993. Detection of DNA in Southern blots with chemiluminescence. *Methods Enzymol* 217: 398–414.

Cardwell HME, Smith S. 1953. The structure of digoxygenin. *Experientia* 9: 267–368.

Cardwell HME, Smith S. 1954. Digitalis gluosides. VII. The structure of the digitalis anhydrogenins and the orientation of the hydroxy-groups in digoxygenin and gitoxigenin. *J Chem Soc* 1954: 2012–2023.

Church GM, Kieffer-Higgins S. 1988. Multiplex DNA sequencing. *Science* 240: 185–188.

Dubitsky A, Brown J, Brandwein H. 1992. Chemiluminescent detection of DNA on nylon membranes. *BioTechniques* 13: 392–400.

Hegenauer R. 1971. Pflanstoffe und Pflanzensystematik. *Naturwissenschaften* 58: 585–598.

Hemmati-Brivanlou A, Frank D, Bolce ME, Brown BD, Sive HL, Harland RM. 1990. Localization of specific mRNAs in *Xenopus* embryos by whole-mount in situ hybridization. *Development* 110: 325–330.

Karger AE, Weiss R, Gesteland RF. 1993. Line scanning system for direct digital chemiluminescence imaging of DNA sequencing blots. *Anal Chem* 65: 1785–1793.

Höltke H-J, Kessler C. 1990. Non-radioactive labeling of RNA transcripts in vitro with the hapten digoxigenin (DIG): Hybridization and ELISA-based detection. *Nucleic Acids Res* 18: 5843–5851.

Höltke H-J, Seibl R, Burg J, Mühlegger K. 1990. Non-radioactive labeling and detection of nucleic acids. II. Optimization of the digoxigenin system. *Biol Chem Hoppe-Seyler* 371: 929–938.

Kerkhof L. 1992. A comparison of substrates for quantifying the signal from a nonradiolabeled DNA probe. *Anal Biochem* 205: 359–364.

Kessler C. 1991. The digoxigenin:anti-digoxigenin (DIG) technology—A survey on the concept and realization of a novel bioanalytical indicator system. *Mol Cell Probes* 5: 161–205.

Kessler C, Höltke H-J, Seibl R, Burg J, Mühlegger K. 1989. A novel DNA labeling and detection system based on digoxigenin: Anti-digoxigenin ELISA principle. *J Clin Chem Clin Biochem* 27: 130–131.

Kessler C, Höltke H-J, Seibl R, Burg J, Mühlegger K. 1990. Non-radioactive labeling and detection of nucleic acids. I. A novel DNA labeling and detection system based on digoxigenin:anti-digoxigenin ELISA principle (digoxigenin system). *Biol Chem Hoppe-Seyler* 371: 917–927.

Kricka LJ, Thorpe GH. 1986. Photographic detection of chemiluminescent and bioluminescent reactions. *Methods Enzymol* 133: 404–420.

Maanich C, Schneider W. 1941. Uber die Glykoside con *Digitalis orientalis* L. *Arch Pharm* 279: 223–248.

McCracken S. 1989. Preparation of RNA transcripts using SP6 RNA polymerase. In *DNA probes* (ed Keller GH, Manak MM). pp. 119–120. Stockton Press, New York.

Pataki S, Meyer K, Reichstein T. 1953. Die Konfiguration des Digoxygenins. *Experientia* 9: 253–254.

Reichstein T. 1962. Besonderheiten der Zucker von herzaktiven Glkosiden. *Angew Chem* 74: 887–918.

Richterich P, Church GM. 1993. DNA sequencing with direct transfer electrophoresis and nonradioactive detection. *Methods Enzymol* 218: 187–222.

Schmitz GG, Walter T, Seibl R, Kessler C. 1991. Nonradioactive labeling of oligonucleotides in vitro with the hapten digoxigenin by tailing with terminal transferase. *Anal Biochem* 192: 222–231.

Seibl R, Höltke H-J, Ruger R, Meindl A, Zachau HG, Rasshofer R, Roggendorf M, Wolf H, Arnold N, Wienberg J, et al. 1990. Non-radioactive labeling and detection of nucleic acids. III. Applications of the digoxigenin system. *Biol Chem Hoppe-Seyler* 371: 939–951.

Tautz D, Pfeifle C. 1989. A non-radioactive in situ hybridization method for the localization of specific RNAs in *Drosophila* embryos reveals translational control of the segmentation gene hunchback. *Chromosoma* 98: 81–85.

Tizard R, Cate RL, Ramachandran KL, Wysk M, Voyta JC, Murphy OJ, Bronstein I. 1990. Imaging of DNA sequences with chemiluminescence. *Proc Natl Acad Sci* 87: 4514–4518.

BCIP

　　BCIP[5-溴-4-氯-3-吲哚磷酸盐，5-bromo-4-chloro-3-indolyl phosphate，相对分子质量：370.4（钠盐）；433.6（甲苯铵盐）]与氮蓝四唑盐（nitroblue-tetrazolium salt，NBT）共同用来检测原位的碱性磷酸酶。该二元试剂在碱性磷酸酶的活性位置形成不溶于水的沉淀，它是适用于碱性磷酸酶父联物发色检测的最灵敏的指示系统。此反应中（图 1），碱性磷酸酶催化 BCIP 磷去除酸根基团，生成 5-溴

-4-氯-3-吲哚的羟化物；该羟化物二聚化形成不溶的蓝色化合物，即 5,5'-溴-4,4'-二氯吲哚。在二聚化反应中生成的两个还原当量（reducing equivalent）会将一分子的氮蓝四唑还原为不可溶的浓紫色染料二甲脒（McGadey 1970；Franci and Vidal 1988）。显色过程超过几个小时，但是产生最强信号需要的时间变化很大，依赖于结合到目标分子上的抗体数量。

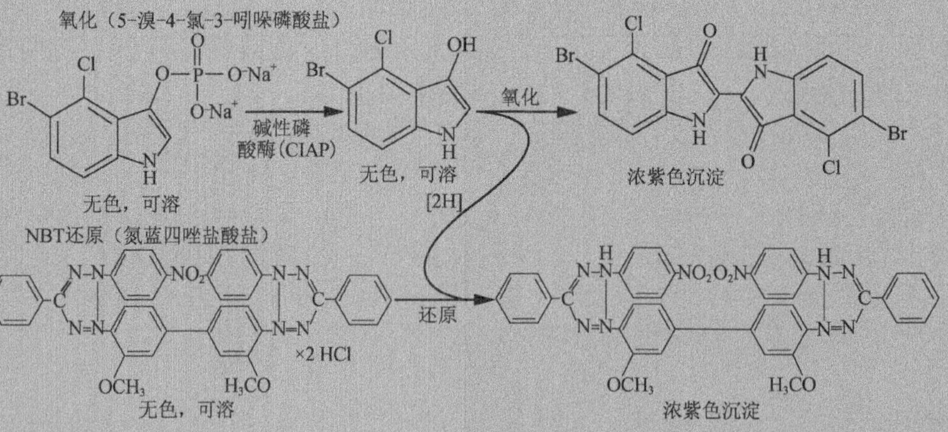

图 1 在 BCIP/NPT 指示剂反应中 BCIP 的氧化和 NBT 的还原（经 Elsevier 允许，翻印自 Klessler 1991）。

BCIP/NBT 是一个敏感的碱性磷酸酶活性检测剂，但不能定量。碱性磷酸酶活性的定量分析需要用到生色底物——硝基磷酸苯（p-nitrophenyl phosphate）（McComb and Bowers 1972；Brickman and Beckwith 1975；Michaelis et al. 1983）。这个底物在 Sigma 公司的商用名称是"Sigma 104 号磷酸酶底物"（Sigma No.104 phosphatase substrate）。Sigma 104 水解生成硝基苯酚，在水溶液中其在 420nm 处有很强的吸收峰。有文献报道，萤光素-磷酸酯（D-luciferin-O-phosphate）作为底物时生物发光分析会更敏感（Miska and Geiger 1987）。用萤光素酶滴定可以测量该底物水解后释放的萤光素量，然后用照度计测量光脉冲。

在分子克隆中，BCIP/NBT 广泛用作非放射性系统的指示剂，用来检测核酸或蛋白质。几乎自始至终，这些系统由按顺序使用的多种成分组成。最佳工作状况下，BCIP/NBT 指示剂系统的灵敏度足以在 Southern 杂交中检测哺乳动物全部 DNA 中的单拷贝基因。典型的设计如图 2 所示。

用 N,N-二甲基甲酰胺（N,N-dimethylformamide）从带电的尼龙膜剥离二甲脒沉淀后，Southern、Northern 和斑点印迹可以重新杂交。注意，N,N-二甲基甲酰胺蒸汽对皮肤和黏膜有刺激作用，因此应该在通风良好的化学通风橱中使用。在室温用 N,N-二甲基甲酰胺或在含有高浓度的 SDS 缓冲液中 70～75℃加热，可以从膜上除去地高辛标记的寡聚核苷酸探针（Richerich and Church 1993）。之后膜可以再次探针杂交。

碱性磷酸酶生色检测的灵敏度远没有使用可溶的 1,2-二氧杂环丁烷底物 AMPPD 的发光方法的灵敏度高（Schaap et al. 1987）。在这个系统中，斑点印迹的灵敏度可以从 16h 检测到 0.2pg 上升到 1h 检测到 1fg。在 Southern 杂交中，使用 AMPPD 作为指示剂，灵敏度为 1h 检测到约 70 fg（例如，见 Allefs et al. 1975）。

BCIP/NBT 除了用作碱性磷酸酶交联物的指示剂外，它还可用于检测脊椎动物组织切片中表达的碱性磷酸酶（Fields-Berry et al. 1992）和鉴定表达 BAP 的细菌群落（Brickman and Beckwith 1975；综述请见 Manoil et al. 1990）。

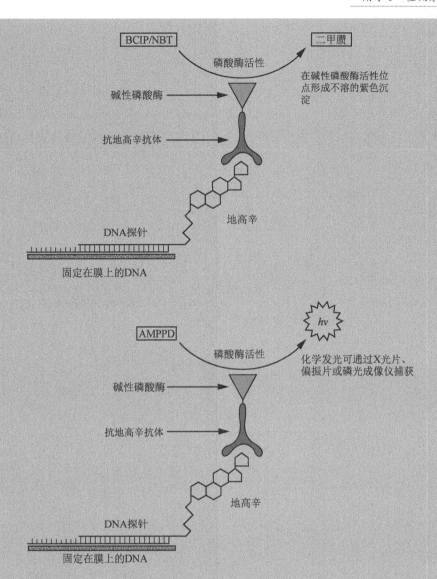

图 2　用 BCIP/NPT 检测地高辛和生物素标记的核酸探针。

　　BCIP 一般以钠盐或甲苯铵盐形式出售。甲苯铵盐形式的 BCIP 适合在商品化的蛋白质和核酸的非放射性探测系统中使用。

参考文献

Allefs JJ, Salentijn EM, Krens FA, Rouwendal GJ. 1990. Optimization of non-radioactive Southern blot hybridization: Single copy detection and reuse of blots. *Nucleic Acids Res* 18: 3099–3100.

Brickman E, Beckwith J. 1975. Analysis of the regulation of *Escherichia coli* alkaline phosphatase synthesis using deletions and phi80 transducing phages. *J Mol Biol* 96: 307–316.

Fields-Berry SC, Halliday AL, Cepko CL. 1992. A recombinant retrovirus encoding alkaline phosphatase confirms clonal boundary assignment in lineage analysis of murine retina. *Proc Natl Acad Sci* 89: 693–697.

Franci C, Vidal J. 1988. Coupling redox and enzymic reactions improves the sensitivity of the ELISA-spot assay. *J Immunol Methods* 107: 239–244.

Michaelis S, Guarente L, Beckwith J. 1983. In vitro construction and characterization of phoA-lacZ gene fusions in *Escherichia coli J Bacteriol* 154: 356–365.

Miska W, Geiger R. 1987. Synthesis and characterization of luciferin derivatives for use in bioluminescence enhanced enzyme immunoassays. New ultrasensitive detection systems for enzyme immunoassays, I. *J Clin Chem Clin Biochem* 25: 23–30.

Kessler C. 1991. The digoxigenin:anti-digoxigenin (DIG) technology—A survey on the concept and realization of a novel bioanalytical indicator system. *Mol Cell Probes* 5: 161–205.

Manoil C, Mekalanos JJ, Beckwith J. 1990. Alkaline phosphatase fusions: Sensors of subcellular location. *J Bacteriol* 172: 515–518.

McComb RB, Bowers GN Jr. 1972. Study of optimum buffer conditions for measuring alkaline phosphatase activity in human serum. *Clin Chem* 18: 97–104.

McGadey J. 1970. A tetrazolium method for non-specific alkaline phosphatase. *Histochemie* 23: 180–184.

Richterich P, Church GM. 1993. DNA sequencing with direct transfer electrophoresis and nonradioactive detection. *Methods Enzymol* 218: 187–222.

Schaap AP, Sandison MD, Handley RS. 1987. Chemical and enzymatic triggering of 1,2-dioxetanes. 3. Alkaline phosphatase-catalyzed chemiluminescence from an aryl phosphate substituted dioxetane. *Tetrahedron Lett* 28: 1159–1162.

AMPPD

金刚烷基-1,2-二氧杂环丁烷磷酸（adamantyl 1,2-dioxetane phosphate 也称为[2'spiroa-damantane]- 4-methoxy-3-[3″-（phosphoryl)phenyl]1,2,-dioxetane 或 disodium 3-（4-methoxyspiro {1,2-dioxetane-3,2′-tricyclo-[3.3.13,7]decan}-4-yl）-phenyphosphate ））是碱性磷酸酶引发化学发光反应中的底物，可用来检测在尼龙或 PVDF 膜上固定的生物多聚体（Bronstein and McGrath 1989；Bronstein et al. 1990；Tizard et al. 1990；Gillespie and Hudspeth 1991）。图 1 显示了典型的用于 Western 印迹蛋白质和固定核酸杂交检测流程。

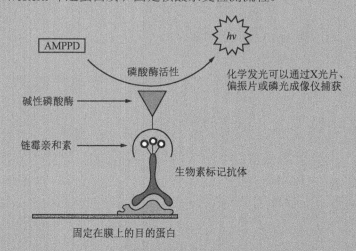

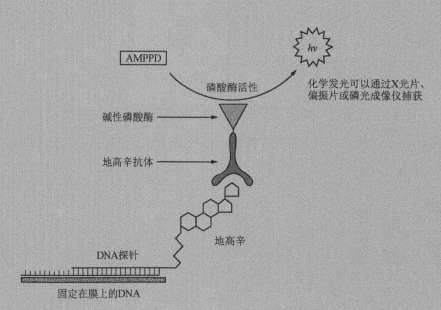

图 1 用 AMPPD 检测固定的核酸和蛋白质。（上）Western 印迹检测目标蛋白质；（下）Southern 和 Northern 印迹检测核酸序列。

采用 AMPPD 化学发光检测 DNA、RNA 和蛋白质的灵敏度高于比色法、生物发光法或荧光测定法，并且至少相当于过去 20 年处于分子克隆领先地位的放射自显影技术（Beck and Koster 1990；Bronstein et al. 1990；Carlson et al. 1990；Pollard-Knight et al.

1990）。在溶液中，有可能测量出少于 1000 个碱性磷酸酶分子（1zmol 或 10^{-21}mol）活性的光输出（Schaap et al. 1989）。标准的 Southern 和 Northern 杂化或许可以检测出少于 0.1pg 的 RNA 或 DNA（Beck et al. 1989），而 Western 印迹也许可以检测出全细胞蛋白中少于 1pg 的目标蛋白（Gillespie and Hudspeth 1991）。

图 2 显示的是 AMPPD 去磷酸化所引发的光生成。碱性磷酸酶催化 AMPPD 单个磷酸基团的去除，产生一个中度稳定的二氧杂环丁烷阴离子（dioxetane anion），该阴离子能分解成金刚烷酮（adamantanone）和激发态的 methyl- metaoxybenzoate 阴离子。当返回基态时，该阴离子发射出可见的黄绿光（Bronstein et al. 1989）。碱性磷酸酶催化二氧杂环丁烷去磷酸化的效率很高，周转率（turnover rate）约为每秒 4.0×10^3 分子（Schaap，引自 Beck and Koster 1990）。然而，激发态的 1,2-二氧杂环丁烷阴离子的半衰期比较长，变化范围从 2min 到数小时，与局部环境有关（Bronstein 1990）。因而，在过量 AMPPD 情况下进行的去磷酸化反应，最初二氧杂环丁烷阴离子产生的速度比衰减的速度快。这就解释了为什么化学发光是以"辉光"的形式辐射，且它的强度在数分钟不断增强，然后持续几个小时（图 3）。在尼龙膜上，动力学过程甚至更慢，因为膜上的疏水口袋会稳定二氧杂环丁烷阴离子的激发态（Tizard et al. 1990）。尼龙和阴离子之间的疏水作用也会导致发射光大约 10nm 的"蓝移"[例如，从 477nm 到 466nm（Beck and Koster 1990；Bronstein et al. 1990）]。

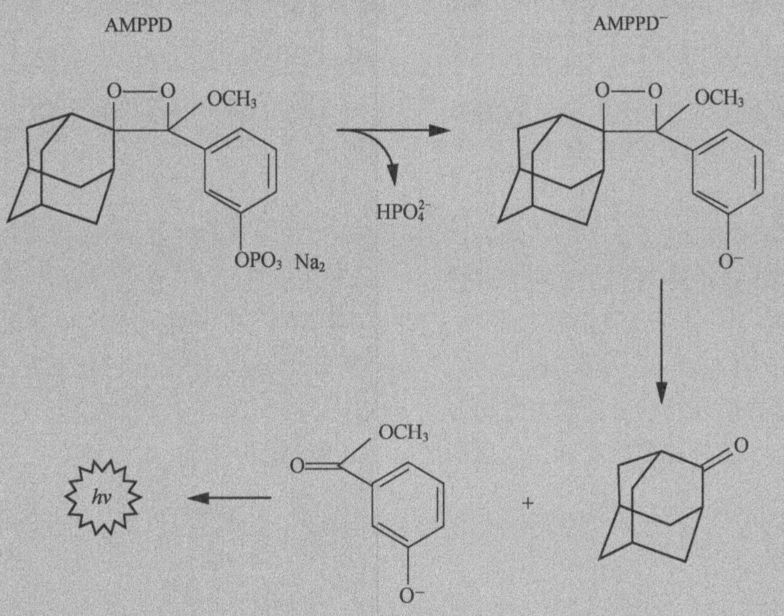

图 2 AMPPD 去磷酸化产生的化学发光。

在大多数实验情况下，在尼龙膜上延长的化学发光动力学过程是一个优势，因为这可以为捕获图像提供多次曝光的时间。然而，当碱性磷酸酶引发的化学发光用于检测浓度特别低的 DNA、RNA 和蛋白质（如滤膜上的 DNA 目标带预计包含少于 10^{18} 个分子时）时，慢动力学过程可能会十分重要。在这种情况下，CSPD（AMPPD 的卤素取代的衍生物）可能是一个更好的选择。在金刚烷基（adamantyl group）的第 5 位加入一个氯原子消除了 1,2 二氧杂环丁烷自我聚集的趋势，并限制了其与尼龙膜的作用。CSPD 显著地减少了到达最大光发射所需的时间，从而能够快速地检测到很少量的目标分子（Martin et al. 1991）。

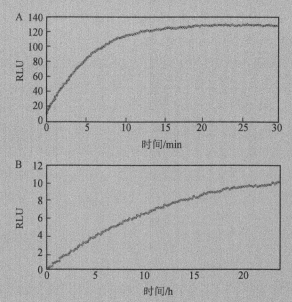

图 3　AMPPD 化学发光的动力学。碱性磷酸酶催化 AMPPD 分解的化学发光动力学：（A）于 0.05mol/L 碳酸盐/碳酸氢盐/1mmol/L MgCl$_2$（pH 9.5）溶液中；（B）在 Biodye A 膜上。发光速率用相对光单位（relative light units, RLU）表示（经允许复制于 Tizard et al. 1990）

CDP-Star 是第三个 1,2 二氧杂环丁烷的底物，遵循与 AMPPD 和 CSPD 相似的降解途径，但它产生的信号亮几倍。与其他竞争对手对比，CDP-Star 信号在反应中更早达到峰值，并能持续更长的时间（达几天）（来源：Life Technologies 网站 www. lifetechnologies.com）。

硝基纤维素膜缺乏合适的疏水表面，因而不建议与 AMPPD、CSPD 或 CDP-Star 一起使用；但 PVDF 膜可用于这三个底物。

AMPPD 是一个非常稳定的化合物，其在水中热分解的活化能是 21.5kcal/mol，在 25℃ 时它的半衰期约 20 年。因为非酶水解非常慢，所以对于印迹法，它的化学发光背景很弱。实际上，蛋白质和核酸的化学发光检测的灵敏度通常不受 AMPPD 自发衰变的限制，而受缓冲液中细菌来源的痕量碱性磷酸酶的影响（Bronstein et al. 1990）。

参考文献

Beck S, Köster H. 1990. Applications of dioxetane chemiluminescent probes to molecular biology. *Anal Chem* 62: 2258–2270. (Erratum *Anal Chem* [1991] 63: 848.)

Beck S, O'Keeffe T, Coull JM, Köster H. 1989. Chemiluminescent detection of DNA: Application for DNA sequencing and hybridization. *Nucleic Acids Res* 17: 5115–5123.

Bronstein I. 1990. Chemiluminescent 1,2-dioxetane-based enzyme substrates and their applications. In *Luminescence immunoassays and molecular applications* (ed Van Dyke K, Van Dyke R), pp. 255–274. CRC Press, Boca Raton, FL.

Bronstein I, McGrath P. 1989. Chemiluminescence lights up. *Nature* 338: 599–600.

Bronstein I, Edwards B, Voyta JC. 1989. 1,2-dioxetanes: Novel chemiluminescent enzyme substrates. Applications to immunoassays. *J Biolumin Chemilumin* 4: 99–111.

Bronstein I, Voyta JC, Lazzari KG, Murphy O, Edwards B, Kricka LJ. 1990. Rapid and sensitive detection of DNA in Southern blots with chemiluminescence. *BioTechniques* 8: 310–314.

Carlson DP, Superko C, Mackey J, Gaskill ME, Hansen P. 1990. Chemiluminescent detection of nucleic acid hybridization. *Focus (Life Technologies)* 12: 9–12.

Gillespie PG, Hudspeth AJ. 1991. Chemiluminescence detection of proteins from single cells. *Proc Natl Acad Sci* 88: 2563–2567.

Martin C, Bresnick L, Juo RR, Voyta JC, Bronstein I. 1991. Improved chemiluminescent DNA sequencing. *BioTechniques* 11: 110–113.

Pollard-Knight D, Simmonds AC, Schaap AP, Akhavan H, Brady MA. 1990. Nonradioactive DNA detection on Southern blots by enzymatically triggered chemiluminescence. *Anal Biochem* 185: 353–358.

Schaap AP, Akhavan H, Romano LJ. 1989. Chemiluminescent substrates for alkaline phosphatase: Application to ultrasensitive enzyme-linked immunoassays and DNA probes. *Clin Chem* 35: 1863–1864.

Tizard R, Cate RL, Ramachandran KL, Wysk M, Voyta JC, Murphy OJ, Bronstein I. 1990. Imaging of DNA sequences with chemiluminescence. *Proc Natl Acad Sci* 87: 4514–4518.

免疫球蛋白结合蛋白：蛋白 A、G 和 L

蛋白 A

蛋白 A 是金黄色葡萄球菌细胞壁的一种成分，能结合很多哺乳动物免疫球蛋白（IgG）的 Fc 区，因而帮助细菌躲避宿主的免疫应答（Forsgren and Sjöquist 1966；综述请见 Langone 1982；Boyle and Reis 1987；Boyle 1990；Bouvet 1994）（表 1）。蛋白 A 与 IgG 分子 Fc 部分的相互作用并不影响该抗体结合其抗原的能力（图 1）。蛋白 A 已被广泛用于免疫化学反应的定量和定性分析（Goding 1978；Harlow and Lane 1988,1999）。

表 1 蛋白 A 和蛋白 G 与哺乳动物免疫球蛋白 Fc 的结合

免疫球蛋白	蛋白 A（金黄色葡萄球菌）	蛋白 G（C 组和 G 组的链球菌菌株）
人 IgG1	++	++
人 IgG2	++	++
人 IgG3	−	++
人 IgG4	++	++
小鼠 IgG1	+	+
小鼠 IgG2a	++	++
小鼠 IgG2b	++	++
小鼠 IgG3	++	++
大鼠 IgG1	+	+
大鼠 IgG2A	−	++
大鼠 IgG2b	−	+
大鼠 IgG2c	++	++
兔 IgG	++	++
牛 IgG1	−	++
牛 IgG2	++	++
绵羊 IgG	−	++
绵羊 IgG2	++	++
山羊 IgG1	+	++
山羊 IgG2	++	++
马 IgG（ab）	+	++
马 IgG（c）	+	(+)
小鸡	−	(+)
大颊鼠	(+)	+
几内亚猪	++	+

人的 IgG 数据来自 Forsgren and Sjoquist（1966）、Kronvall（1973）和 Myhre and Kronall（1977，1980a）；小鼠的来自 Kronall et al.（1970a）、Chlon et al.（1979）和 Myhre and Kronvall（1980b）；大鼠的来自 Medgyesi et al.（1978）和 Nilsson et al.（1982）；兔的来自 Forsgren and Sjoquist（1967）、Kronvall（1973）和 Myhre and Kronal l（1977）；牛的来自 Lind et al.（1970）、Myhre and Kronall（1981）；绵羊、马和山羊的资料来自 Kronall et al.（1970b）和 Sjöquist et al.（1972）；其他动物的数据来自 Richman et al.（1982）、Bjorck and Kronvall（1984）、Akerstrom et al.（1985）和 Akerstrom and Bjorck（1986）。

- 当偶联到放射性、酶活性或荧光标签时，蛋白 A 是一种很好的试剂，用来检测和定量对其有高亲和力的抗体。化学偶联到胶体金颗粒上的蛋白 A 可用于电子显微镜中 IgG 的定位。
- 固定在固相介质上的蛋白 A 可用于纯化抗体和收集免疫复合物、抗原或完整的细胞（图 2）。

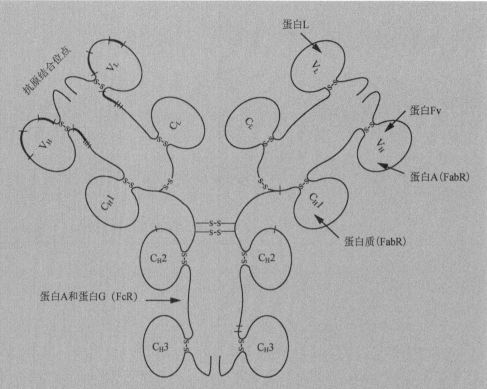

图1　Fab 结合分子识别的免疫球蛋白区（经 Elsevier 允许，翻印自 Bouvet 1994）。

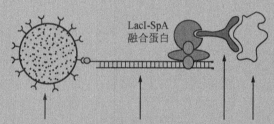

图2　用 LacI-SpA 融合蛋白提取抗原或整个细胞。图示为用包含乳糖操纵子(lac operator, lacO) 的 DNA 片段偶联磁珠，乳糖操纵子阻碍蛋白（lac repressor）与蛋白 A 的融合蛋白 LacI-SpA 可用于可逆回收蛋白质抗原或全细胞。

- 采用双抗体夹心 ELISA（ELISA-like sandwich）技术，用纯化的蛋白 A 或包含蛋白 A 的 IgG 结合结构域的工程融合蛋白可以纯化和检测 DNA 片段（Lindbladh et al. 1987；Peterhans et al. 1987；Werstuck and Capone；综述请见 Stahl et al. 1993）。

包含两个独立配体结合结构域的嵌合蛋白也曾被用作免疫学的黏附试剂来研究。例如：

- 地高辛标记的分子可以用包含蛋白 A 的 IgG 结合结构域和地高辛抗体的抗原结合位点的融合蛋白来标记。任何能与蛋白 A 结合的抗体都可以检测到此标记（Tai et al. 1990）。
- 链霉亲和素-蛋白 A 嵌合蛋白可以用于酶对抗体间接的标记（Sano and Cantor 1991）。
- 蛋白 A-麦芽糖结合蛋白嵌合蛋白可作为将抗体结合到固态基质的双功能试剂（Xue et al. 1995）。

- 蛋白 A 可以作为亲和标签以纯化在原核和真核细胞中表达的融合蛋白（如 Kobatake et al. 1995；Nilsson et al. 1985；综述见 Nilsson and Abrahmsen 1990；Uhlen and Moks 1990；Uhlen et al. 1992；Stahl et al. 1993）。最简单的实验方案包括用 IgG 填料的亲和层析来纯化包含蛋白 A 的 Fc 区结合结构域的融合蛋白（Uhlèn et al. 1983；Nilsson et al. 1985）。

蛋白 A 的基因（Uhlèn et al. 1984）编码 509 个氨基酸的蛋白质前体，该前体包括：在分泌时去除的信号肽；5 个同源的、独立的 IgG 结合结构域，每个结构域有 58 个氨基酸；以及一个重复的、180 个氨基酸的 C 端锚定区（X 区）。对蛋白 A 单个 IgG 结合结构域与人 Fc 复合物的晶体学分析表明，IgG 结合结构域由两条α螺旋组成，两条螺旋与 Fc 结构域的第二和第三个恒定区之间形成广泛的疏水作用（Deisenhofer 1981）。

蛋白 G

蛋白 G 最初从 C 群和 G 群的链球菌菌株中分离出来（Björck and Kronvall 1984）。与葡萄球菌蛋白 A 一样，蛋白 G 与哺乳动物抗体的 Fc 区也具有很高的亲和力。但是，这两个蛋白结构上差别很大，而且对抗体的亲和力也不同（表 2）（Akerstrom et al. 1985）。蛋白 A 富含α螺旋，与免疫球蛋白之间形成疏水作用，而蛋白 G 的β折叠结构含量很高（Olsson et al. 1987；Gronenborn et al. 1991）。蛋白 G 与 IgG 的第一个恒定区（Erntell et al. 1985）结合，并且两个分子之间的作用将折叠股沿着作用表面排列成折叠片（Derrick and Wigley 1992）。蛋白 G 和蛋白 A 识别的结构密切相关（Stone et al. 1989）。然而，很多种属和亚类的 IgG 与蛋白 A 的结合并不好，但却能与蛋白 G 高效结合。例如，蛋白 G 能够有效地与 IgG3 亚类的人免疫球蛋白结合，而蛋白 A 则不能（Sjöbring et al. 1991）。包含蛋白 G 和蛋白 A 配体结合结构域的嵌合蛋白显示出两者的亲本蛋白特异性（Eliasson et al. 1988,1989）。

表 2　免疫球蛋白对蛋白 L、蛋白 A 和蛋白 G 的结合

免疫球蛋白	蛋白 L	蛋白 LA[a]	蛋白 A	蛋白 G
人				
IgG	++	++	+	+++
IgM	++	++	-	-
IgA	++	++	-	-
IgE	++	++	-	-
IgD	++	++	-	-
Fab	++	++	-	+
F（ab'）2	++	++	-	+
κ轻链	++	++	-	-
ScFv	++	++	+	-
小鼠				
IgG1	++	++	+	++
IgG2a	++	++	++	++
IgG2b	++	++	+	++
IgG3	++	++	+	++
IgM	++	++	-	-
IgA	++	++	++	-

续表

免疫球蛋白	蛋白 L	蛋白 LA[a]	蛋白 A	蛋白 G
多克隆				
小鼠	++	++	++	++
大鼠	++	++	+	++
兔	+	++	++	+++
绵羊	−	++	++	++
山羊	−	++	++	++
牛	−	++	+	++
猪	++	++	++	++
鸡 IgY/IgG	++	++	+	−

经允许修改自 CLONTECH（www.clontech.com/archive/JUL98UPD/proteinL.html）。

a 蛋白 LA 结合了蛋白 L 和蛋白 A 的免疫球蛋白结合结构域。

用蛋白 G 收集免疫复合物和纯化 IgG 的一个潜在劣势是它对牛血清白蛋白具有很强的结合性（Björk et al. 1987）。然而，IgG 结合位点和牛血清白蛋白结合位点在结构上是截然不同的（Nygren et al. 1988；Sjölander et al. 1989），已经有了工程化后缺失牛血清白蛋白结合位点的商品化的蛋白 G。蛋白 G 的血清白蛋白结构域已被用作融合标签以纯化蛋白质（Nygren et al. 1988,1991；Sjölander et al. 1993）。

蛋白 L

蛋白 L（相对分子质量约 76 000）（Åkerström and Björk 1989）是厌氧性细菌大消化链球菌（*Peptostreptococcus magnus*）（Björk 1988）的一种细胞壁成分，它对免疫球蛋白的 κ 轻链具有很高的亲和力。这种结合并不影响抗体的抗原结合位点（Åkerström and Björk 1989）。蛋白 L 能结合的免疫球蛋白的亚类范围很广，包括人、小鼠、大鼠、兔和鸡（表1），但并不能结合牛、山羊或绵羊的 Ig。蛋白 L 的种属特异结合性使其成为纯化抗体的有用工具，特别是从添加了胎牛血清或牛血清白蛋白的培养基中纯化单克隆抗体和从转基因动物中纯化人源化抗体。现已有了商品化的蛋白 L（如 Clontech and Pierce）。

参考文献

Åkerström B, Björck L. 1986. A physicochemical study of protein G, a molecule with unique immunoglobulin G-binding properties. *J Biol Chem* 261: 10240–10247.

Åkerström B, Björck L. 1989. Protein L: An immunoglobulin light chain-binding bacterial protein. Characterization of binding and physicochemical properties. *J Biol Chem* 264: 19740–19746.

Åkerström B, Brodin T, Reis K, Björck L. 1985. Protein G: A powerful tool for binding and detection of monoclonal and polyclonal antibodies. *J Immunol* 135: 2589–2592.

Björck L. 1988. Protein L: A novel bacterial cell wall protein with affinity for IgL chains. *J Immunol* 140: 1194–1197.

Björck L, Kronvall G. 1984. Purification and some properties of streptococcal protein G, a novel IgG-binding reagent. *J Immunol* 133: 969–974.

Björck L, Kastern W, Lindahl G, Wideback K. 1987. Streptococcal protein G, expressed by streptococci or by *Escherichia coli*, has separate binding sites for human albumin and IgG. *Mol Immunol* 24: 1113–1122.

Bouvet JP. 1994. Immunoglobulin Fab fragment-binding proteins. *Int J Immunopharmacol* 16: 419–424.

Boyle MDP. 1990. *Bacterial immunoglobin-binding proteins*. Academic, San Diego.

Boyle MDP, Reis KJ. 1987. Bacterial Fc-receptors. *Bio/Technology* 5: 697–703.

Chalon MP, Milne RW, Vaerman JP. 1979. Interactions between mouse immunoglobulins and staphylococcal protein A. *Scand J Immunol* 9: 359–364.

Deisenhofer J. 1981. Crystallographic refinement and atomic models of a human Fc fragment and its complex with fragment B of protein A from *Staphylococcus aureus* at 2.9- and 2.8-Å resolution. *Biochemistry* 20: 2361–2370.

Derrick JP, Wigley DB. 1992. Crystal structure of a streptococcal protein G domain bound to a Fab fragment. *Nature* 359: 752–754.

Eliasson M, Olsson A, Palmcrantz E, Wiberg K, Inganas M, Guss B, Lindberg M, Uhlén M. 1988. Chimeric IgG-binding receptors engineered from staphylococcal protein A and streptococcal protein G. *J Biol Chem* 263: 4323–4327.

Eliasson M, Andersson R, Olsson A, Wigzell H, Uhlén M. 1989. Differential IgG-binding characteristics of staphylococcal protein A, streptococcal protein G, and a chimeric protein AG. *J Immunol* 142: 575–581.

Erntell M, Myhre EB, Kronvall G. 1985. Non-immune IgG F(ab')2 binding to group C and G streptococci is mediated by structures on γ chains. *Scand J Immunol* 21: 151–157.

Forsgren A, Sjöquist J. 1966. "Protein A" from *S. aureus*. I. Pseudo-immune reaction with human γ-globulin. *J Immunol* 97: 822–827.

Forsgren A, Sjöquist J. 1967. "Protein A" from *Staphylococcus aureus*. III. Reaction with rabbit γ-globulin. *J Immunol* 99: 19–24.

Goding JW. 1978. Use of staphylococcal protein A as an immunological reagent. *J Immunol Methods* 20: 241–253.

Gronenborn AM, Filpula DR, Essig NZ, Achari A, Whitlow M, Wingfield PT, Clore GM. 1991. A novel, highly stable fold of the immunoglobulin binding domain of streptococcal protein G. *Science* 253: 657–661.

Harlow E, Lane D. 1988. *Antibodies: A laboratory manual*. Cold Spring Harbor Laboratory, Cold Spring Harbor, NY.

Harlow E, Lane D. 1999. *Using antibodies: A laboratory manual*. Cold Spring Harbor Laboratory Press, Cold Spring Harbor, NY.

Kobatake E, Ikariyama Y, Aizawa M. 1995. Production of the chimeric-binding protein, maltose-binding protein-protein A, by gene fusion. *J Biotechnol* 38: 263–268.

Kronvall G. 1973. A surface component in group A, C, and G streptococci with non-immune reactivity for immunoglobulin G. *J Immunol* 111: 1401–1406.

Kronvall G, Grey HM, Williams RC Jr. 1970a. Protein A reactivity with mouse immunoglobulins. Structural relationship between some mouse and human immunoglobulins. *J Immunol* 105: 1116–1123.

Kronvall G, Seal US, Finstad J, Williams RC Jr. 1970b. Phylogenetic insight into evolution of mammalian Fc fragment of G globulin using staphylococcal protein A. *J Immunol* 104: 140–147.

Langone JJ. 1982. Protein A of *Staphylococcus aureus* and related immunoglobulin receptors produced by streptococci and pneumonococci. *Adv Immunol* 32: 157–252.

Lind I, Live I, Mansa B. 1970. Variation in staphylococcal protein A reactivity with gamma G-globulins of different species. *Acta Pathol Microbiol Scand B Microbiol Immunol* 78: 673–682.

Lindbladh C, Persson M, Bulow L, Stahl S, Mosbach K. 1987. The design of a simple competitive ELISA using human proinsulin-alkaline phosphatase conjugates prepared by gene fusion. *Biochem Biophys Res Commun* 149: 607–614.

Medgyesi GA, Fust G, Gergely J, Bazin H. 1978. Classes and subclasses of rat immunoglobulins: Interaction with the complement system and with staphylococcal protein A. *Immunochemistry* 15: 125–129.

Myhre EB, Kronvall G. 1977. Heterogeneity of nonimmune immunoglobulin Fc reactivity among gram-positive cocci: Description of three major types of receptors for human immunoglobulin G. *Infect Immun* 17: 475–482.

Myhre EB, Kronvall G. 1980a. Immunochemical aspects of Fc-mediated binding of human IgG subclasses to group A, C and G streptococci. *Mol Immunol* 17: 1563–1573.

Myhre EB, Kronvall G. 1980b. Binding of murine myeloma proteins of different Ig classes and subclasses to Fc-reactive surface structures in gram-positive cocci. *Scand J Immunol* 11: 37–46.

Myhre EB, Kronvall G. 1981. Specific binding of bovine, ovine, caprine and equine IgG subclasses to defined types of immunoglobulin receptors in gram-positive cocci. *Comp Immunol Microbiol Infect Dis* 4: 317–328.

Nilsson B, Abrahmsén L. 1990. Fusions to staphylococcal protein A. *Methods Enzymol* 185: 144–161.

Nilsson R, Myhre E, Kronvall G, Sjogren HO. 1982. Fractionation of rat IgG subclasses and screening for IgG Fc-binding to bacteria. *Mol Immunol* 19: 119–126.

Nilsson B, Abrahmsén L, Uhlén M. 1985. Immobilization and purification of enzymes with staphylococcal protein A gene fusion vectors. *EMBO J* 4: 1075–1080.

Nygren PA, Eliasson M, Abrahmsén L, Uhlén M, Palmcrantz E. 1988. Analysis and use of the serum albumin binding domains of streptococcal protein G. *J Mol Recognit* 1: 69–74.

Nygren PA, Flodby P, Andersson R, Wigzell H, Uhlén M. 1991. In vivo stabilization of a human recombinant CD4 derivative by fusion to a serum-albumin-binding receptor. In *Vaccines 91: Modern approaches to new vaccines including prevention of AIDS* (ed RM Channock, et al.), pp. 363–368. Cold Spring Harbor Laboratory Press, Cold Spring Harbor, NY.

Olsson A, Eliasson M, Guss B, Nilsson B, Hellman U, Lindberg M, Uhlén M. 1987. Structure and evolution of the repetitive gene encoding streptococcal protein G. *Eur J Biochem* 168: 319–324.

Peterhans A, Mecklenburg M, Meussdoerffer F, Mosbach K. 1987. A simple competitive enzyme-linked immunosorbent assay using antigen-β-galactosidase fusions. *Anal Biochem* 163: 470–475.

Richman DD, Cleveland PH, Oxman MN, Johnson KM. 1982. The binding of staphylococcal protein A by the sera of different animal species. *J Immunol* 128: 2300–2305.

Sano T, Cantor CR. 1991. A streptavidin-protein A chimera that allows one-step production of a variety of specific antibody conjugates. *Bio-Technology* 9: 1378–1381.

Sjöbring U, Björck L, Kastern W. 1989. Protein G genes: Structure and distribution of IgG-binding and albumin- binding domains. *Mol Microbiol* 3: 319–327.

Sjöbring U, Björck L, Kastern W. 1991. Streptococcal protein G. Gene structure and protein binding properties. *J Biol Chem* 266: 399–405.

Sjölander A, Stahl S, Lovgren K, Hansson M, Cavelier L, Walles A, Helmby H, Wahlin B, Morein B, Uhlén M, et al. 1993. *Plasmodium falciparum*: The immune response in rabbits to the clustered asparagine-rich protein (CARP) after immunization in Freund's adjuvant or immunostimulating complexes (ISCOMs). *Exp Parasitol* 76: 134–145.

Sjöquist J, Meloun B, Hjelm H. 1972. Protein A isolated from *Staphylococcus aureus* after digestion with lysostaphin. *Eur J Biochem* 29: 572–578.

Stahl S, Nygren PA, Sjölander A, Uhlén M. 1993. Engineered bacterial receptors in immunology. *Curr Opin Immunol* 5: 272–277.

Stone GC, Sjöbring U, Björck L, Sjöquist J, Barber CV, Nardella FA. 1989. The Fc binding site for streptococcal protein G is in the Cγ2-Cγ3 interface region of IgG and is related to the sites that bind staphylococcal protein A and human rheumatoid factors. *J Immunol* 143: 565–570.

Tai MS, Mudgett-Hunter M, Levinson D, Wu GM, Haber E, Oppermann H, Huston JS. 1990. A bifunctional fusion protein containing Fc-binding fragment B of staphylyococcal protein A amino terminal to antidigoxygenin single-chain Fv. *Biochemistry* 30: 8024–8030.

Uhlén M, Moks T. 1990. Gene fusions for purpose of expression: An introduction. *Methods Enzymol* 185: 129–143.

Uhlén M, Guss B, Nilsson B, Gatenbeck S, Philipson L, Lindberg M. 1984. Complete sequence of the staphylococcal gene encoding protein A. A gene evolved through multiple duplications. *J Biol Chem* 259: 1695–1702.

Uhlén M, Nilsson B, Guss B, Lindberg M, Gatenbeck S, Philipson L. 1983. Gene fusion vectors based on the gene for staphylococcal protein A. *Gene* 23: 369–378.

Uhlén M, Forsberg G, Moks T, Hartmanis M, Nilsson B. 1992. Fusion proteins in biotechnology. *Curr Opin Biotechnol* 3: 363–369.

Werstuck G, Capone JP. 1989. Identification of a domain of the herpes simplex virus trans-activator Vmw65 required for protein-DNA complex formation through the use of protein A fusion proteins. *J Virol* 63: 5509–5513.

Xue GP, Denman SE, Glassop D, Johnson JS, Dierens LM, Gobius KS, Aylward JH. 1995. Modification of a xylanase cDNA isolated from an anaerobic fungus *Neocallimastix patriciarum* for high-level expression in *Escherichia coli*. *J Biotechnol* 38: 269–277.

（于长明　译，侯利华　校）

附录4 一般安全原则和危险材料

该手册适用于对实验室及化学药品安全性有所了解的实验室人员或受过该培训的人员监督下的学生。若不能遵循谨慎操作、处理和使用的方法，以及与实验室安全操作一致的方式，这本手册中涉及的实验步骤、化学试剂和仪器设备是很危险的，且能引起严重损害。按照该手册步骤执行实验的学生和研究人员同样具有一定的风险。对于个人安全而言，正确处理本手册中的危险物质，需要认真查阅物质的化学品安全说明书、制造商提供的仪器配套的使用手册、所在研究机构的环境健康与安全办公室的规定，以及附录中的安全与弃置警示是很有必要的。冷泉港实验室对出现在该手册中的材料不做任何陈述和保证，同时对这些材料的使用不负任何责任。

在这本书中提到的所有注册商标，商品名称和品牌名称均为其各自所有者的财产。读者若要获取个别商品的当前信息，请咨询生产厂家和其他渠道。

若要了解个别商品的当前信息和危险材料使用与废弃的指导原则，使用者应该咨询生产商、生产商的安全指导原则和其他渠道，包括地方安全部门。

实验室人员需了解的首要安全信息资源

机构的安全办公室。所在机构的安全办公室是有毒试剂和危险品的保存及处置相关信息的最佳来源，它维护并提供最新的信息。务必向该部门咨询正确的使用和处置步骤。

将安全办公室、保卫办公室、毒物控制中心及实验室应急人员的电话号码张贴在实验室易见之处。

化学品安全说明书。美国职业安全与健康管理局（OSHA）要求所有发货的危险物品都要配备化学品安全说明书。这些说明书包含详细的安全说明。化学品安全说明书作为一种参考指南应该摆放在实验室的中心位置。

一般安全和处置注意事项

本册提供的一些准则一般情况下可以通用。然而，不同机构有不同的、正确的废物处理方案，因此，务必向当地安全办公室咨询具体说明。所有化学类废物应该放置到贴有标签的容器内，标签上注明材料类型及废物处置日期。

实验室工作人员必须熟悉实验中所用材料的潜在危害，并要按照推荐方法来使用、操作、储存及弃置这些材料。

下面的一般注意事项请务必遵守：

- 在开始操作之前，对要使用的所有物质的性质要十分熟悉。
- **缺乏警告**未必意味着物质是安全的，因为信息可能不完全或者没有。
- **如果接触**了有毒的物质，请立即与当地安全机构联系，以接受指导。
- 对于所有的化学、生物及放射性废物都要采**用适当的处理程序**。
- 关于合适手套的**具体指导原则**，向当地安全部门查询。
- **处理浓酸和浓碱要特别小心**。要戴护目镜和合适的手套。当处理量大时要佩戴面罩。

  强酸不能与有机溶剂混合，它们可能会发生反应。特别是硫酸和硝酸能发生剧烈放热反应，易引起失火和爆炸。强酸不能与卤化溶剂混合，因为它们能形成可导致爆炸的活性卡宾。

- 小心**处理和保存加压气体容器**，容器中可能含有易燃、有毒或腐蚀性的气体、窒息剂或氧化剂。查询售货方提供的化学品安全说明书以获取合适的使用方法。
- **不要**用嘴吸取的方式移取溶液。该方法既不能保证无菌，同时存在风险。请用移液管或吸球。
- **将卤化溶剂和非卤化溶剂分开保存**（如氯仿和丙酮混合在碱存在条件下能引起意外反应）。卤化溶剂是有机溶剂，包括氯仿、二氯甲烷、三氯三氟乙烷及二氯乙烷。某些非卤化溶剂包括戊烷、庚烷、乙醇、甲醇、苯、甲苯、*N,N*-二甲基甲酰胺（DMF）、二甲基亚砜（DMSO）及乙腈。
- **激光辐射**（可见或不可见的）都能引起对眼睛和皮肤的严重损伤。采取适当的预防措施以防止接触直接或反射的光束。务必遵循厂商的安全指导准则并向当地安全机构咨询。更详细的信息参见下面的告诫。
- **闪光灯**：由于其光强，易伤害眼睛，偶尔也会发生爆炸。请佩戴眼睛保护设备并按照厂商指导操作。
- **定影剂、显影剂、光致抗蚀剂，**同样含有有害化学物质。小心使用并遵循厂商指导。
- **动力供应和电泳装置，**倘若使用不当，也存在火灾或电击隐患。
- 实验室中的**微波炉和高压锅，**需要可靠的预防措施。使用过程中可能会发生事故（如融化瓶中的琼脂或蛋白琼脂时、灭菌时）。如果瓶子上的旋口帽没有松或松到足够的程度，蒸汽则没有足够空隙排除，当容器从微波炉或高压锅拿出来时瓶子会爆炸，从而造成严重伤害，因此要确保微波炉加热或高压灭菌前完全打开瓶盖。另外一个不需要灭菌琼脂来制备常规琼脂糖凝胶的可选择方法是称量出琼脂，并在烧瓶中配制溶液。
- **超声仪，**使用高频音波（16～100kHz）进行细胞破碎及其他用途。这种"超声波"在空气中传导不会直接对人造成伤害，但附带的能听到的高音会造成许多影响，包括头疼、恶心和耳鸣。应该避免身体与高强度超声（非医学影像设备）的直接接触。使用时需要佩戴合适的护耳装置，并在实验室门外贴上警示。
- **使用剪切器具时要非常小心，**如显微镜用切片刀、解剖刀、剃刀或针头。显微镜用切片刀非常锋利！切片时需要小心使用。如果操作者使用不熟练，应找经验丰富的人演示正确的使用程序。为了适当的处置，在实验室里要使用一个"利器"处理容器。丢弃用过的、无罩的注射针时，应仍与注射器连接。这种方法预防受伤和可能的感染。在处理用过的注射针时，要谨慎操作，因为在试图把针罩套回时，往往会出现许多事故。破碎的巴斯德移液管、盖玻片、载玻片等同样可能引起损伤。
- 要时刻了解**动物的人道待遇方法**。向当地动物机构寻求指导。动物，如鼠被认为会引发过敏，并且在反复暴露之后过敏还会加剧。操作动物实验时需穿戴实验服和手套。如果对头屑或唾液过敏，还需佩戴面具。

实验室废物处置

美国环境保护机构特别指出了处理所有医学废物和生物样品的一些具体要求（参照 http://www.epa.gov/epawaste/hazard/tsd/index.htm），个别州及地区也参与管理（参照 http://www.epa.gov/epawaste/wyl/stateprograms.htm）。那些需要特殊操作和处理的医学和生物样品被统称为医疗病理性废物（MPW），医学、兽医学及生物学机构会为这些废物的收集和处置提供方案。由美国核管理委员会规定的放射性废物的处理，能够在 10 CFR 20.2001 中废弃物处置的总体要求中找到（参照 http://www.nrc.gov/reading-rm/doc-collections/cfr/part020/part020-2001.html），或者个别获批准的州的要求。

处理放射性污染医疗病理性废物的优选办法是以存放方式来衰弱放射源（参照 http://www.nrc.gov/reading-rm/doc-collections/cfr/part035/part035-0092.html）。

废物及其他被生物危害材料污染的材料应该按照规定的医疗废物处理方法进行去污染和弃置。不能将有害物质以不受控制的方式释放到环境中，这包括组织样品、针头、注射器、外科手术刀等。确保向你所在机构的安全部门了解正确的生物危害废物的操作和处理。

下文陈述一些基本原则。关于放射性和生物废物的处理，参照放射性安全方案和生物安全方案。

- 事实上，只有不含重金属离子和有机溶剂的**中性水溶液**可以倒入排水沟（如大多数的缓冲液）。酸和碱水溶液在倒入排水沟之前应该先被中和。
- 正确处理**强酸强碱**，要放置在冰上进行稀释，随后进行中和。不要将水倒入强酸、强碱。如果溶液中不含有毒物质，盐溶液可以倒入排水沟。
- 处理**其他液体废物**时，性质相近的化学物质可收集起来一并处理，而化学性质不同的废物需分开收集，这样可避免混合物中的组分间发生化学反应（见前述）。至少非有机水溶液废物、非卤化溶剂及卤化溶剂要分开收集。
- 源自于**照片处理和自动显影**的废物应该分开收集，并循环使用其中少量的银。

放射性安全方案

在美国和其他国家，获取放射性物质受到非常严格的控制。使用者被要求成为一个注册的使用者（如参加指定的培训会、收到个人辐射剂量测定器）。一种便捷的完成常规辐射剂量计算的方法可参阅 http://www.graphpad.com/quickcalcs/ChemMenu.cfm。

如果你从未从事放射工作，请参考下列步骤。

- **尽量避免接触**！许多传统需要放射帮助完成的实验现在可以通过荧光或化学发光及比色法来完成，包括 DNA 测序、Southern 和 Northern 印迹、蛋白质激酶分析。但是，其他情况下（如细胞代谢标记）就必须使用放射物了。
- **被告知**。当需要进行的实验涉及放射物使用，包括：同位素的理化性质（半衰期、放射类型、能量），放射性物质的化学形态，放射浓度（比活），总量及化学浓度时，按需订购和使用。
- **使自己熟悉**指定的工作场所。进行一场心理和实践上的试运行（用有色溶液代替放射物质）以确保所有需要的设备可用，并习惯在防护措施下工作。要像要求无菌来避免污染一样处理你的样品。
- 当操作放射性材料时**要始终佩戴合适的手套**，穿实验服和佩戴安全护目镜。
- 在实验前后及进行过程中都要**检查工作场所**有无被污染（包括实验服、手和鞋子）。
- **保证放射性仅局部存在**。避免形成气溶胶，避免大量缓冲液的污染。

- **液体闪烁液**经常用于放射活性的定量。它们含有有机溶剂和小分子质量有机物。尽量避免皮肤的接触。使用后这些液体被当做放射性废物；装这些液体的小瓶要收集至指定容器中，并与其他（水性）液体放射废物分开。

- **处理放射废物**时只能将其倒入指定的、有防护措施的容器中[按照同位素，物理形态（固体/液体）及化学形态（水相/有机相）区分]。更多放射物质处理方式请向当地安全部门咨询。

- 实验中需要引起特别注意的是[^{35}S]甲硫氨酸和 ^{125}I，危险在于它们能在空气中传播辐射。[^{35}S]甲硫氨酸在保存过程中会分解成氧硫化物气体，随容器敞口时而释放。同位素 ^{125}I 会在甲状腺积累，对健康存在潜在危害。^{125}I 被用于制备 Bolton-Hμnter 试剂，用来对蛋白质进行放射性标记。实验前，向当地安全部门咨询更多的合理使用和处理这些放射性材料的建议。当操作可能会挥发的放射物质时需佩戴合适手套，并只能在放射性碘通风橱中工作。

生物安全方案

生物安全需满足三个目的：避免你的生物样品被其他种类污染；避免研究者暴露接触样品；避免活性材料释放到环境中。生物安全开始于收到活性材料时；接下来是储存、操作和增殖；结束于正确处理所有的污染材料。一些操作类型如"无菌操作"通常被用于操作有活性的物质。然而，实际处理方式绝大部分取决于实际样品，这些样品充满了多样性：大肠杆菌和其他菌株、酵母、动物或植物来源的组织、哺乳动物细胞培养，甚至是人类血液的衍生物，按惯例都是在生物实验室中进行操作的。其中两样——细菌和人类血液制品，下述会讨论更多。

美国健康、教育和福利部（HEW）将各种细菌根据其运输需要分成了不同的类型（见 Sanderson and Zeigler, Methods Enzy-mol 204:248-264 [1991]）。大肠杆菌（如 K12）和枯草芽孢杆菌这样的非致病菌被列为 I 类，在正常运输条件下被认为是没有危险或危险性很小。然而，沙门氏菌、嗜血杆菌，以及链霉菌和假单胞菌属的某些菌株被列为 II 类菌。II 类菌是"普通潜在危险物质：这些物质能引起不同严重程度的疾病……但包含在常规的实验室技术中。"涉及运输生物材料时，与你所在机构的安全办公室联系。

人的血液、血液制品及组织可能含有像乙肝病毒和人类免疫缺陷性病毒（HIV）这样的隐藏的传染性物质，这些病毒可以导致实验室获得性感染。用 EBV 转化了的淋巴母细胞系工作的研究者也有感染 EBV 的危险。所有人的血液、血液制品或组织都应认为是生物危害品并相应地加以严格管理。操作时要戴一次性适宜的手套，使用机械移液装置，在生物安全柜中工作，防止气溶胶产生，在弃置之前要对所有的废物进行消毒。弃置前对污染的塑料器具要高压蒸汽消毒；对于污染的液体要么高压蒸汽消毒，要么用终浓度10%（*V/V*）的漂白剂处理至少30 min（这同样对使用过的细菌培养基有效）。

务必向当地机构的安全部门咨询你的样品的具体操作和处置步骤。更多信息可以在美国模式培养物保藏中心（ATCC）主页的 FAQ 中找到（http://www.atcc.org），同样也可以在国立环境卫生与公共服务研究所生物安全部分中找到（http://www.niehs.nih.gov/about/stewardship）。

常用有害化学品的一般性质

有害物质清单总结在下述目录中。

- **无机酸**，如盐酸、硫酸、硝酸或磷酸等有刺激性气体的无色液体，防止泼溅在皮肤或衣服上。溅上液体后应该用大量水稀释。这些酸的高浓度形式会腐蚀纸张、纺织品和皮肤，并会对眼睛造成严重损伤。

- **无机碱**，如氢氧化钠，是能够在水中溶解并放热的白色固体。浓缩液会慢慢腐蚀皮肤甚至指甲。
- **重金属盐**，通常是能溶于水的有颜色的粉末状固体。它们中的许多都是有效的酶抑制剂，因此对人和环境（如鱼和藻类）具有毒性。
- 大多数**有机溶剂**是易燃挥发性液体。防止吸入挥发气体，它们会导致恶心或头晕。同样也要防止皮肤接触。
- 其他**有机物**包括有机硫化合物，如巯基乙醇或有机胺，会产生令人不适的气味。其他的还具有高活性，并且需要适当谨慎处理。
- **染料及其溶液**，如果处理不当，不仅会沾染上你的样品，而且会沾染你的皮肤和衣服。某些具有致突变作用（如溴化乙锭）、致癌作用和毒性。
- **绝大部分名字以 "ase" 结尾的物质**（如过氧化氢酶、β-葡萄糖醛酸酶、酵母消解酶）都是酶。还有一些非系统命名的酶如胃蛋白酶。它们中许多由生产商提供并与缓冲物质等制备在一起。注意这些物质中材料的个体属性。
- **毒性物质**通常用于操作细胞。它们具有一定危险性，应该谨慎操作。
- **注意**所列的若干化合物的毒理学特性还没有被完全研究透。处理每个化学品时要注意。尽管物质的毒性作用可以被量化（如 LD_{50} 值），但这对于一次暴露就会产生影响的致癌物或致突变物是不可能做到的。同样，需要意识到某给定化合物的毒性也可能取决于其物理状态（细粉还是大晶体/乙醚还是甘油/干冰还是二氧化碳，这些状态取决于储气瓶的气压条件）。要在某个实验前预计出哪种情况下会发生暴露，并且怎么做才能尽量保护好自己及周边环境。

冷泉港实验室出版社（CSHLP）尽力收集和准备这些材料，但并不承担，也不对任何由本刊中错误和忽略引起的损失及伤害负责，无论这些错误和忽略的结果是由疏忽、事故还是其他原因引起的。对于那些没有向我们咨询更多关于本刊所列的有害物质的完整信息的使用者，CSHLP 也概不负责。

参考文献

Sanderson KE, Zeigler DR. 1991. Storing, shipping, and maintaining records on bacterial strains. Methods Enzymol 204: 248-264.

网络资源

ATCC Home Page http://www.atcc.org

ATCC, Sample Handling (in Frequently Asked Questions) http://www.atcc.org/CulturesandProducts/TechnicalSupport/FrequentlyAskedQuestions/tabid/469/Default.aspx

GraphPad Software, Radioactivity Calculations http://www.graphpad.com/quickcalcs/ChemMenu.cfm

National Institute of Environmental Health and Human Services, Biological Safety (NIEHS) http://www.niehs.nih.gov/about/stewardship

U.S. Environmental Protection Agency (EPA), Federal Waste Disposal Regulations, Laboratory http://www.epa.gov/epawaste/hazard/tsd/index.htm

U.S. Environmental Protection Agency (EPA), Individual States and Territories http://www.epa.gov/epawaste/wyl/stateprograms.htm

U.S. Nuclear Regulatory Commission (NRC), Medical Pathological Radioactively Contaminated Waste (Decay-in-Storage) http://www.nrc.gov/reading-rm/doc-collections/cfr/part035/part035-0092.html

U.S. Nuclear Regulatory Commission (NRC), Radioactive Waste Disposal Regulations: General Requirements http://www.nrc.gov/reading-rm/doc-collections/cfr/part020/part020-2001.html

（侯利华　译，于长明　校）

索　引

（按汉语拼音顺序）

（徐俊杰　译，李建民　校）